科学出版社"十四五"普通高等教育本科规划教材

卓越工程师教育培养计划食品科学与工程类系列教材

食品工艺学

（第二版）

朱蓓薇　主编

科学出版社

北　京

内 容 简 介

本书在第一版教材的基础上，保留了原有框架，并根据学科发展，增加了食品包装、未来食品等全新内容，注重原理、技术、工艺三方面的有机结合，突出完整性和实用性。结合新的教育形式，本书将经典案例、视频放在二维码中，方便学生学习。同时配套精美课件，搭建了数字化课程平台和习题库（登录"中科云教育"平台搜索本课程），方便教师授课。本书共三篇23章。绪论主要介绍基本概念、食品工业发展现状与趋势及本门课程的基本内容。第一篇是食品加工基础，涉及食品加工原料、食品加工的化学基础、物性基础和生物学基础等内容；第二篇是食品加工与保藏技术，包括食品的热处理和杀菌技术、食品的浓缩和干制技术、食品的挤压加工技术、食品的低温冷藏和冷冻技术、食品的腌制与烟熏技术、食品的发酵技术、食品的包装技术、食品成分提取分离与精制技术等内容；第三篇具体介绍食品加工工艺与产品，主要涉及果蔬制品、粮谷制品、植物油脂、大豆制品、乳制品、肉制品、蛋制品、水产制品、软饮料、调味品的加工工艺与产品及未来食品等内容。

本书适合作为食品科学与工程、食品质量与安全、粮食工程、乳品工程等相关专业本科生的教材，也可供科研院所和相关领域研究人员作为参考用书。

图书在版编目（CIP）数据

食品工艺学 / 朱蓓薇主编. —2 版. —北京：科学出版社，2022.7
科学出版社"十四五"普通高等教育本科规划教材　卓越工程师教育培养计划食品科学与工程类系列教材
ISBN 978-7-03-072108-2

Ⅰ. ①食… Ⅱ. ①朱… Ⅲ. ① 食品工艺学－高等学校－教材
Ⅳ. ① TS201.1

中国版本图书馆CIP数据核字（2022）第064455号

责任编辑：席　慧 / 责任校对：宁辉彩
责任印制：吴兆东 / 封面设计：蓝正设计

科学出版社 出版

北京东黄城根北街16号
邮政编码：100717
http://www.sciencep.com

北京富资园科技发展有限公司印刷
科学出版社发行　各地新华书店经销

*

2015年 7 月第　一　版　　开本：889×1194　1/16
2022年 7 月第　二　版　　印张：27 1/2
2025年 1 月第二十二次印刷　字数：1 030 000

定价：98.00元
（如有印装质量问题，我社负责调换）

《食品工艺学》编委会名单

前　言

　　食品工艺学是全国高等学校食品科学与工程专业的主干课程和学位课程。为了紧跟时代发展步伐，有效服务"健康中国"国家战略和经济社会发展对人才培养的需要，弘扬自信自强、守正创新的伟大精神，在"新工科"建设和"卓越工程师教育培养计划"的背景下，本书对第一版进行了修订和更新。我国食品科学技术和食品产业取得了巨大的发展，食品专业的教学体系和思路也在不断改变和完善，第一版教材累计印刷 13 次，累计印量 12 000 册，被全国多所院校选用。为了适应新的形势，在保留原版教材特色的基础上，第二版从内容上注重原理、技术、工艺三方面的有机结合，增加了食品包装、未来食品等新内容，突出完整性和实用性。每章设置学习目标和本章小结，并附课后思考题，利于学生把握知识要点，拓展思维；提供了新形态数字化教学资源，设置了延伸阅读，在方便教学的同时，更有助于学生对所学知识的理解与应用。

　　注册、登录"中科云教育"平台（www.coursegate.cn），搜索"食品工艺学"可在线学习。全书共分三篇23章，由 15 所高校 22 名教授参与编写工作。绪论主要介绍一些基本概念、食品工业发展现状与趋势及食品工艺学课程的基本内容，由大连工业大学朱蓓薇院士编写。第一篇是食品加工基础，涉及食品加工原料、食品加工的化学基础、物性基础和生物学基础等内容，其中第一章和第二章由大连工业大学吴海涛编写；第三章由南京农业大学潘磊庆编写；第四章由吉林大学张铁华编写。第二篇是食品加工与保藏技术，包括食品的热处理和杀菌技术、食品的浓缩和干制技术、食品的挤压加工技术、食品的低温冷藏和冷冻技术、食品的腌制与烟熏技术、食品的发酵技术、食品的包装技术、食品成分提取分离与精制技术等内容，其中第五章由郑州轻工业大学白艳红编写；第六章由吉林农业大学于雷编写；第七章由长沙理工大学程云辉编写；第八章和第九章由合肥工业大学徐宝才、蔡克周编写；第十章由东北农业大学姜毓君编写；第十一章由南京农业大学章建浩编写；第十二章由福建农林大学庞杰编写。第三篇是食品加工工艺与产品，主要有果蔬制品加工工艺与产品、粮谷制品加工工艺与产品、植物油脂加工工艺与产品、大豆制品加工工艺与产品、乳制品加工工艺与产品、肉制品加工工艺与产品、蛋制品加工工艺与产品、水产制品加工工艺与产品、软饮料加工工艺与产品、调味品加工工艺与产品、未来食品等内容，其中第十三章由华中农业大学徐晓云编写；第十四章和第十五章由北京工商大学张敏编写；第十六章由中国农业大学郭顺堂编写；第十七章由内蒙古农业大学陈永福编写；第十八章由南京农业大学李春保编写；第十九章、第二十章和第二十一章分别由大连工业大学林松毅、周大勇和启航编写；第二十二章由西南大学张宇昊编写；第二十三章由江南大学刘元法编写。

　　本书涉及的学科多、内容范围广，加之编者水平和能力有限，难免有不足和不妥之处，敬请同行专家和广大读者批评指正，以便使本书在使用中不断完善和提高。

编　者

2022 年 5 月

"中科云教育"平台数字化课程登录路径

- **电脑端**

  注册、登录"中科云教育"平台（www.coursegate.cn），搜索"食品工艺学"并报名学习，可查看各种数字资源。

- **手机端**

  微信扫描右侧二维码，报名学习，注册后登录，再次扫描本二维码，进入本课程，可查看各种数字资源。

食品工艺学课程码

《食品工艺学》（第二版）教学课件索取单

凡使用本书作为教材的主讲教师，可获赠教学课件一份。欢迎通过以下两种方式之一与我们联系。本活动解释权在科学出版社。

1. 关注微信公众号"科学 EDU"索取教学课件

关注→"教学服务"→"课件申请"

科学 EDU

2. 填写教学课件索取单拍照发送至联系人邮箱

姓名：	职称：	职务：
学校：	院系：	
电话：	QQ：	

电子邮箱（重要）：

所授课程 1：	学生数：
课程对象：□研究生 □本科（＿＿年级）□其他＿＿	授课专业：
所授课程 2：	学生数：
课程对象：□研究生 □本科（＿＿年级）□其他＿＿	授课专业：

使用教材名称 / 作者 / 出版社：

食品专业
教材最新目录

联系人：席慧　　　咨询电话：010-64000815　　　回执邮箱：xihui@mail.sciencep.com

目 录

第三篇 食品加工工艺与产品

绪　论

食品工艺学是建立在食品化学、食品微生物，以及食品工程原理等学科基础课的基础之上的，食品学科专业的一门重要的、实践性很强的专业基础课。本章以食品及食品工艺学的研究对象和内容为基础，紧密联系我国食品工业的发展、现状和对策，阐述我国食品工业未来发展的方向。目前，食品功能化和技术创新是社会发展进步的必然要求，也是现代食品工业未来的发展趋势，因此本章对食品及食品加工的目的、种类及特性进行了叙述。同时对未来食品、新型食品及其加工工艺进行了概述。

学习目标

掌握食品工艺学研究对象和内容。

掌握食品加工工艺的种类、目的及特性。

掌握我国食品工业的发展、现状及对策。

掌握我国食品工业技术创新的必要性。

一、基本概念

（一）食物与食品

可供人类食用并提供能量的物质统称为食物。食物是人类生存之本，是能经人体消化吸收后调节生理机能或供给能量的物质。食物通常由碳水化合物、脂肪、蛋白质、水等物质构成，能够为人类或者其他生物提供营养或愉悦。食物的来源可以是生物质及少量矿物性物质。生物质资源的食物包括动物与植物、陆产与水产、野生与种植（养殖）、固态与液态等，品种和种类多种多样；而矿物性食物包括钙、镁和锌等营养素，机体的需求量少但又不可或缺。人类可经由采集、耕种、畜牧、狩猎、渔猎等许多不同的方式获得食物。

食品是对食物资源进行人为处理后的产品，可分为初级（粗级）加工品与高级（深度）加工品。《中华人民共和国食品安全法》第一百五十条修订"食品"的含义为：食品，指各种供人食用或者饮用的成品和原料以及按照传统既是食品又是中药材的物品，但是不包括以治疗为目的的物品。《食品工业基本术语》对"食品"的定义为：可供人类食用或饮用的物质，包括加工食品、半成品和未加工食品，不包括烟草或只作药品用的物质。从食品安全立法和管理的角度，广义的食品概念还涉及所生产食品的原料，食品原料种植或养殖过程中接触的物质和环境，食品中的添加物质，所有直接或间接接触食品的包装材料，设施及影响食品原有品质的环境等。

1. 食品加工的目的　　食品加工的目的是满足人体营养需求，消除或减少食物中的抗营养成分和有害成分，提高食物消化吸收率。此外，依靠食品加工，可以实现防止或延缓食品的腐败变质，提高食品原料的可食性、安全性和货架期，避免资源浪费，改善营养和食用价值的目的。具体到特定产品，其加工的目的性可能有所不同。例如，食品的冷冻加工，其主要目的是提高保藏性或延长货架期，利于储运；糖果工业的主要目的是提供多样性；农副产品加工要提高其附加值。

食品加工的目的可以归纳为以下几个主要方面。

1）满足消费者要求　　在市场经济的大环境下，大多数产品的加工以市场需求为导向，食品加工也是如此，即要满足消费者对食品功能和营养的全面需求。随着社会经济的不断发展，消费者的食品需求不断更新，新的食品也要不断涌现。例如，随着生活节奏的加快，快餐、方便食品应运而生；随着对健康的重视，功能保健食品层出不穷。因消费者个性的千差万别，需要有更多样的食品产品种类供消费者选择。对食品原材料进行加工就是迎合消费者需求的一种有效手段。

2）延长食品的保藏期　　过去，在食物收成不易、获取不便的情况下，最初的食品加工，多数是为了保存食材，延长其可食用时间，因此现在对大多数食品的加工都存在着延长产品保藏期，即延长食品货架寿命的目的，以确保食品的市场供应。

3）增加食品的安全性　　食品加工是一门与日常生活密切相关的科学，食品加工中需要维持的共同要素之一是在食品从生产到最终到达消费者手中的过程中保证食品的安全性。有资料表明，大约有92%的食物中毒是由致病菌引起的，而经加工过的食品造成的食物中毒只占所有食物中毒的一小部分。

4）提高附加值　　对食品原料进行加工，可以增加其商品价值，带来相应的经济效益和社会效益，若进行深加工或精深加工，进一步提高食品的品质，将会使食品的附加值大大增加。所有食品加工的共性是可以赋予食品原材料更高的价值。如将原材料转变成应用广泛的配料，这样的产品在食品工业中十分常见。同样地，将原料或食品配料转变成最终消费的食品会使食品的原料价值增加。

2. 食品的种类　　由于人们对食品关注的侧重点各异，不同地域也有不同的风俗和实际情况，食品的分类没有统一标准，分类方法多种多样。一般来说，按照食品加工工艺的原理不同，食品可分为：罐头食品、干藏食品、冷冻食品、腌渍食品、发酵食品、辐射食品、烟熏食品等；按照加工食品的原料种类不同，食品又可分为：谷物制品、果蔬制品、肉蛋制品、乳制品、水产品、其他制品等；按照食品的产品特点，通常分为：方便食品、功能保健食品、休闲食品、快餐食品、工程食品、疗效食品、特殊膳食用食品等。

食品还能从营养学角度进行分类，如富含碳水化合物的食品：谷物类、果蔬类等；富含蛋白质的食品：肉类、鱼类、蛋、豆类等；富含油脂的食品：花生油、大豆油、橄榄油、猪油、乳油等；富含维生素、矿物质和纤维素的食品：蔬菜、水果等。

依据食品在体内代谢后残留的离子类型进行分类，可分为：酸性食品，如谷类、鱼类、肉类、蛋类等食品，其中含有较多阴离子的酸性元素，如硫（SO_4^{2-}）、磷（PO_4^{3-}）。碱性食品，如蔬菜、水果、乳类等食品，其中含有较多阳离子的碱性元素，如钾（K^+）、钠（Na^+）、钙（Ca^{2+}）、镁（Mg^{2+}）。与之相应的，依据食品本身酸碱值（pH）之高低，将食品区分为：低酸性食品（pH 5.3～7.0），如洋菇、芦笋、新鲜鱼肉等；中酸性食品（pH 4.6～5.3），如甜椒、马铃薯、胡萝卜等；酸性食品（pH 3.7～4.6），如菠萝、番茄、草莓等；强酸性食品（pH 3.7 以下），如青檬果、青梅、柠檬等。对于pH 4.6 以下的酸性食品，可以在100℃以下常压杀菌；pH 4.6 以上的低酸性食品，须在100℃以上高温高压杀菌。

3. 食品的功能　　食品对人类所发挥的作用即是食品的功能。食品的功能一般包括营养功能、感观功能（嗜好性）、保健功能（生理功能）和文化功能四类。可以说，营养功能是食品功能的基础；嗜好性是食品的表征；生理功能是食品功能的重要方面；文化功能则是食品的灵魂。

食品的第一功能就是营养功能，也是最基本的功能。食物中的水、蛋白质、碳水化合物（糖）、脂肪、维生素、矿物质、膳食纤维等营养素中包含的化学能和化学基础可满足人体正常的生理需要。一种食品的营养价值不仅取决于营养素的全面和均衡，而且还体现在食品原料的获取、加工、贮藏和生产全过程中的稳定性和保持率方面，以及体现在营养成分是否以一种能在代谢中被利用的形式存在，即营养成分的生物利用率。

为了满足摄食者的视觉、触觉、嗅觉、味觉、听觉的需要，使食物被多吃、吃好，就是人类对食物物理、化学和心理反应的感观功能，即为食品的第二功能。食品带来的视觉感受包括食品的大小、形状、色泽、光泽、稠度等；食品带来的触觉感受包括食品的硬度、黏性、韧性、弹性、酥脆等物理特性；食品的风味可分为"风"和"味"两部分，"风"指的主要是食物中的挥发性物质，可引起食用者的嗅觉反应，"味"指食物进入食用者的口腔后引起的酸、甜、苦、辣、咸、鲜、麻等味觉反应；食品带来的听觉感受，则主要指在咀嚼或触碰时发出的声响。食品的感官功能不仅出于消费者对心理享受的需求，而且还有助于促进食品的消化吸收。

长期以来的医学研究证明，饮食与健康存在密切关系，健康产业对功能性食品的发展也提出了新的要求。食品的第三功能——保健功能是多方面的，对调节人体生理功能具有作用，起到增进健康、抑制疾病、延缓衰老、美容等效果。含有功能因子和具有调节机体功能作用的食品被称为保健食品或功能性食品。功能性食品越来越受到人们的重视，全世界在食品科学领域对食品功能作用和药理作用的研究已发展形成了功能性食品科学。

人类饮食作为文明和文化的标志，已渗透到政治、经济、军事、文化、宗教等各个方面。例如，大到外交场合上的国宴，小到民族节日、人生纪念日，都少不了食品，以及通过食品对文化的展示。生日蛋糕、春节饺子、感恩节火鸡，都反映着不同的文化内涵。国家的各种节日庆典，食品更是一种文化的象征，往往发挥了主角作用。这些正是更高层次的食品的第四功能——文化功能所赋予食品的内涵。

4. 食品的特性　　除了上述功能外，食品要被大规模工业化生产并进入商业流通领域，还具有下列三个基本特性。

1）安全性　　食品的安全性是指食品中不含有可能损害人体健康的有毒、有害物质或因素，不会因食用食品而导致食源性疾病的发生或中毒和产生任何危害作用，不会对食用者及其后代的健康产生隐患。

影响食品安全性的因素有多种，大致可分为微生物引起的食源性疾病、农用化学品和饲料添加剂、环境污染、食品添加剂、食品加工与贮藏过程、食品的新兴技术等方面，因此为保证食品的安全性，需要建立 GMP（Good Manufacturing Practice，良好操作规范）和 HACCP（Hazard Analysis Critical Control Point，危害分析与关键控制点）等标准，从使用的原料到生产设备、工艺条件、环境及操作人员的卫生等进行严格的管控，以使食品在可以接受的危险程度下，不会对人类健康造成损害。

2）方便性　　随着当代社会生活节奏的加快和人们消费水平的提升，食品作为一种日常的快速消费品，其方便性受到越来越多的重视。近年来伴随着食品科技的发展，食品的食用方便性得到了快速发展，在包装容器及外包装上的发展则反映了方便性这一特性。

食品的方便性充分体现了食品加工工艺中人性化的一面，将直接影响食品消费者的可接受性，是食品加工工艺中不容忽视的一个重要方面。

3）保藏性　　食品营养丰富，因此也导致了其极易腐败变质。为了保证食品品质和安全性，食品必须具有一定的保藏性，在一定的时期内食品应该保持原有的品质或加工时的品质或质量。食品的品质降低到不能被消费者接受的程度所需要的时间为食品货架寿命或货架期。

食品货架寿命是生产商和销售商必须考虑的指标，也是消费者选择食品的重要依据之一，这是商业化食品所必备和要求的。

（二）食品加工与食品工艺学

食品加工是以食品科学为基础，采用工程手段对食品进行加工的过程，即以农、林、牧、渔业产品等为主要原料，用物理、化学及生物学方法处理，改变其形态以提高保藏性，或制造新型食品的过程或方法。

食品工艺学是应用化学、物理学、生物学、微生物学、食品工程原理和营养学等各方面的基础知识，研究食品的加工、保藏、包装、运输等因素对食品质量、营养价值、货架寿命、安全性等方面的影响；开发新型食品；探索食品资源利用；实现食品工业生产合理化、科学化和现代化的一门应用科学。可见，食品工艺学是根据技术先进，经济合理，以及安全可靠的原则，研究食品的原材料、半成品和成品的加工过程和方法的一门应用科学。

食品加工工艺即食品的加工过程，每种食品都有相应的加工工艺。将一种原料加工成产品，其中涉及加工方法或构成食品加工过程的单个操作及其相互组合；从原料到成品可能的加工途径有很多种，具体到每一种过程则取决于食品加工的目的和要求，根据不同的食品要求选用相应的单元操作。将这些单元操作有机地、合理地组合起来形成的加工步骤就是一个完整的食品加工工艺流程。

食品工艺决定了加工食品的质量。食品质量的高低取决于工艺的合理性和每一道工序所采用的加工技术，其中的每一道工序都可以通过不同的加工技术实现。应用不同的技术所得到的产品质量也会不同，这被认为是食品技术的核心。

食品是一个复杂的多组分体系，在加工过程中会发生一系列变化，最终影响食品的品质和安全性。因此，明确食品组分在加工过程中的物理、化学和生物学变化，有效控制食品加工过程的分子转化及热量和质量的传输，将有助于发展新型食品加工技术，提升食品产业竞争力。目前，各种食品品质的形成机理及其控制技术的研究已广泛开展。并且，对该领域的研究已深入到从分子水平上对食品组分三维结构的研究；细胞和分子水平上对食品组分结构与物性、功能之间相关性的研究等。人们通过食品组分的相互作用及其对食品物性的影响，以及在加工过程中食品组分的物理、化学和生物学变化等方面，探索更安全、高效的食品品质控制途径。

二、食品工业的发展

食品工业指主要以农业、渔业、畜牧业、林业或化学工业的产品或半成品为原料，制造、提取、加工成食品或半成品，具有连续而有组织的经济活动工业体系，可分为制糖、酿造、粮油、罐头制造及食品加工、饮料、调味品、食品冷藏及食品加工废料利用等工业。食品工业作为我国国民经济工业各门类中的第一大产业，经济迈向高质量发展的必然要求是食品工业稳定发展。

（一）我国食品工业发展的历史

严格来讲，中国近代意义的食品工业，始于清末进口机械进行的面粉加工业。直到新中国成立后，中国才真正开始比较系统和稳定的食品工业发展。尤其是改革开放以来，伴随着中国工业化、城市化的历史进程，以及中国经济的腾飞，中国现代食品工业才得以迅猛发展。我国的食品工业发展主要经历了以下四个阶段。

1. 平稳缓慢的增长阶段　新中国成立初期，中国的食品工业基础薄弱、发展缓慢，整个行业的劳动效率比较低，技术生产水平严重依赖国外进口，而且对引进技术的消化吸收水平也很低。因此，这一阶段全国的食品消费都处于小农经济自给自足的状态，以直接的农产品消费为主，加工食品的消费比例非常低。另外，受到国家发展政策的影响，优先发展重工业，对包括食品工业在内的轻工业的发展不够重视，造成全行业投资严重不足、食品供应严重短缺。这个阶段我国的食品工业处于"进口型"的状态。

2. 食品工业的觉醒阶段　1978年，我国实行了改革开放，经济呈现全面振兴之势。改革开放后，中国社会的工业化和城市化快速发展，为食品工业的发展带来了历史机遇。20世纪80年代初，国家加大对食品工业的投资，较大规模引进先进技术设备，有力促进了国内食品工业的发展。从20世纪90年代开始，中国食品行业的发展开始全面提速。1990～2000年间，食品工业总产值年均增速超过10%。至此，我国的食品工业已经发展为门类较齐全，不仅能基本满足国内市场需求，而且具有出口竞争力的现代产业。这一阶段我国食品工业呈现出了觉醒之势，整体发展水平迈上了新台阶。

3. 食品工业的高速发展阶段　进入21世纪，尤其是2001年中国加入世界贸易组织后，我国在政策上逐渐重视食品工业的发展，使得我国食品工业迎来了发展最快的历史时期。"十五"以来，政府通过863计划、国家自然科学基金、国家科技支撑计划等科技专项的实施，持续加大对食品工业科技研发的支持力度；在全国范围内布局建设了一批国家重点实验室、工程技术研究中心、企业博士后工作站和研发中心等，不断提高食品科技研发实力，增强基础研究水平，攻克了多项食品工程领域的前沿关键技术。"十一五"时期，我国食品工业继续保持快速增长，有力带动了农业、流通服务业及相关制造业的发展。食品工业已经成为国民经济基础性、战略性支柱产业。"十二五"时期是我国食品工业发展的战略机遇期，通过调整产业结构，转变增长方式，保证食品产业健康发展。

4. 食品工业的转型升级新发展阶段　我国社会的主要矛盾已经转变为人民日益增长的美好生活需要和不平衡不充分的发展之间的矛盾，随着人民群众对营养健康食品的需求逐渐加大，食品工业也必须加快产业升级和转型。受益于国家扩大内需政策的推进、居民收入水平持续增加、食品需求刚性及供给侧结构性改革红利逐步释放等，食品产业保持平稳增长，产业规模稳步扩大，并伴随着我国食品工业科技进步持续展开一系列新举措。随着互联网、物联网、大数据、人工智能等新一代信息技术不断深入发展与应用，食品加工制造业从生产、加工、包装、物流到销售，整个产业链的发展模式正在发生深刻变革。传统食品加工企业加快产业转型升级，并将信息化、智能化、数字化技术引入食品生产各环节中，已日渐成为食品工业领域提高效率、产能，减少成本，实现高质量发展的热点。有专家预测，中国社会将全面进入营养健康时代，人民对营养健康的需求，必将成为食品工业发展的战略目标、优先方向和重点任务。

（二）我国食品工业发展的现状

新中国成立70周年以来，食品工业不断发展壮大，已经成为国家现代化工业体系中的第一大产业，产业规模位居全球第一，是我国经济中高速增长的重要驱动力，在实施制造强国战略和推进健康中国建设中具有重要地位。党的十八大召开十年来，我们党完成脱贫攻坚、全面建成小康社会的历史任务，实现第一个百年奋斗目标。2022年，全国规模以上的食品工业企业营业收入达到了97 991.9亿元，同比增长5.6%，利润总额达到了6815.3亿元，同比增长了9.6%。近年来，我国持续加大对食品工业的科技研发资金支持，并且将食品作为独立的科技领域纳入国家创新体系，为食品工业的持续健康发展提供了强大的科技支撑。目前，我国食品工业技术总体上处于国际领先水平，在食品营养研究、食品装备制造技术、食品生物加工和制造等多个领域解决了一系列前沿新技术问题，增强了食品工业自主创新的能力，对推进食品工业快速发展起到了积极作用。在食品工业总体发展成效显著的同时，仍然存在一些突出问题亟待解决。我国食品工业生产体系庞大，企业数量众多，但规模普遍偏小，技术装备水平还比较落后，资源消耗和环境污染严重，副产物综合利用水平较低。虽然我国食品行业发展的规范性逐渐增强，质量安全追溯体系已经加快建设，但是源头污染、农兽药使用不合理、食品冷链物流建设滞后等问题依然存在，严重影响我国食品质量安全。随着我国消费需求的持续变化，"健康、营养、安全、方便、个性化、多元化"的产品新需求不断增加，对食品产业发展提出了新的挑战。

（三）我国食品工业未来发展的方向

中国经济已进入新常态，食品工业也展现出相应的变化和趋势，这不仅给中国食品企业提出了新的挑战，也带来了新的机遇。如何应对这些变化，化挑战为机遇，实现更大发展，是中国食品工业面临的重大课题。随着中国经济从外需向内需的转变，经济增长的质量和可持续性也将得到提高。总体而言，未来食品和农业需求的增长与整体经济增长相似，即从过去的数量驱动型增长到价值驱动型增长，从"吃得多"到"吃得好"。

1. 食品安全是我国食品工业发展的紧迫任务　客观地说，食品安全问题是我国最普遍、最严重的食品问题。随着人民生活水平的提高，人们对自身生命健康的日益关注，食品销售和消费的国际化和合理化，将进一步推动我国食品工业企业注重提高食品生产安全性。

随着食品相关领域认知水平的提高，特别是检测技术和医学的发展，以及对农药、抗生素和非法添加剂危害性的深入研究，影响食品质量安全的风险因素不断被认知；同时新材料、新技术、新工艺的广泛应用使食品安全风险增大，使得与食品安全相关的问题时有发生，对食品安全风险分析与控制能力、检验检测技术和监管方式提出了新的要求。随着人们生活水平的提高和健康意识的增强，对食品安全与营养提出了更高要求，而食品工业在产品标准、技术设备、管理水平和行业自律等方面还有较大差距。

近年来西方国家的疯牛病事件，我国的有毒食用油、致癌大米、有毒奶粉和有毒香肠等事件，均造成恶劣影响，触目惊心，已敲响了食品卫生安全性的警钟。要提高食品的卫生安全性，食品工业企业必须注意：①优质原料的选择。严禁有毒有害原料的购入，保持原料的新鲜状态，选用非疫区、无公害、绿色食物原料。②加强生产过程的质量控制。规范加工工艺流程，制定并执行相关的生产标准，保持环境卫生，杜绝食品交叉污染，严防有毒有害成分的混入，规范食品添加剂的使用。③强化销售过程的管理。注重对食品运输、贮存条件的完善及跟踪配套管理的控制，防止变质、过期食品流入市场。

目前，重点强调对食品添加剂的认识与使用。说到食品添加剂，人们往往谈虎色变，嗤之以鼻，这其实是种误解。事实上，几乎所有的食品生产都不同程度地使用食品添加剂。所谓食品添加剂是指能促进食品加工过程缩短与产品保存，能改善食品品质和营养价值的化学或天然添加物。可以说，没有食品添加剂，就没有现代食品工业。按规定的种类、剂量和范围使用食品添加剂，是国家食品卫生要求所允许的。为了确保食品安全，在食品加工中，应采取多种形式正确认识食品添加剂和其使用方法，安全适量地使用食品添加剂。

2. 食品营养化、方便化是我国食品工业发展的根本趋势　长期以来，我国人民对食品的"色香味形"和"吃饱喝足"过于关注。从营养的角度来看，这是一种不良的饮食文化。事实上，颜色、味道和形状只是表象、形式和外部原因。营养价值是食品的本质、内容和内因，是食品的根本。生产营养丰富、各种营养成分比例合理的营养均衡食品是食品加工企业的根本宗旨。只有这样，消费者才能"吃好"，增强国民体质，保持健康状态。为实现这一目标，首先要求食品加工企业采用先进的生产设备和合理的工艺流程，最大限度地保证食品原料中应有的营养成分不会丢失、破坏和分解。其次，要求食品加工企业的工艺技术人员掌握现代营养学知识，根据不同食物的营养特点，通过不同食物原料的有机结合，研制出营养基本平衡的复合食品。

各国营养产业的含义不完全一致。我国的营养产业年产值约 1000 亿元，主要是由营养补充剂产业、营养强化食品产业和富营养食品产业组成。随着人们健康意识的觉醒和增强，消费者对营养产品的需求增加，促进了营养产业市场空间及利润空间的放大。公众营养状况是宏观反映人口发展水平和素质的关键指标，也是一个国家和民族文明进步程度的重要标志。全面保证和积极改善公众营养是政府的一项公共职能和战略任务。然而，目前我国食品工业为改善营养而开发生产的食品，无论是品种、质量，还是方便水平，还较难满足人们对营养健康的需要和市场的需要，必须以现代营养科学为指导，开拓食品工业发展新领域。

食品方便化是现代食品消费的发展趋势。随着人民生活水平的提高和生活节奏的加快，人们期望从繁杂、琐碎的家庭厨房劳作中解脱出来，以便有更多的时间进行休闲、娱乐和工作、学习。方便食品行业的增长速度超过了食品行业的平均增长速度。产品形态的创新和科技内涵的提升已成为方便食品保持活跃的内生驱动力。与外部力量带来的新的竞争变化相比，行业的主要竞争对手是自身。正是在激烈的竞争中，这个行业爆发出了更大的竞争力。

3. 食品功能化是社会发展进步的必然要求　　随着人们保健意识的增强和对自身健康状况的关注，人们期望食品不仅具有良好的营养功能，还能提高自己的免疫力，减少患病概率。人们生活水平的提高导致的文明病、富贵病（糖尿病、心脑血管疾病、肥胖症等）高发已成为损害人们健康状况的一大顽症，这在客观上也促进了保健食品的发展。保健食品是调节人体生理功能，适宜特定人群食用，不以治疗疾病为目的的一类食品。这类食品除了具有一般食品皆具备的营养功能和感官功能，还具有一般食品所没有或不强调的调节人体生理活动的功能。开发保健食品是一个十分复杂的过程，它不仅需要经过人体及动物试验证明该产品具有某项生理调节功能，还需查明具有该项保健功能的功能因子的结构、含量及其作用机理，此功能因子在食品中应有稳定形态。并且还需要经过严格的实验及科学验证，确保保健食品长期服用无毒无害，保证其安全性。同时要理性认识保健食品的功效，那种认为保健食品是能治病的食品，是含药的食品，是包医百病的灵丹妙药的观点是不科学的。

4. 技术创新是现代食品工业未来的发展趋势　　在加快实施创新驱动发展战略，不断塑造发展新动能新优势的大背景下，生物技术、材料科学、信息技术等基础科学技术与超临界提取、超高温瞬时杀菌、新型冷杀菌、微能评价、在线检测和监测等新技术相结合越来越普遍、广泛地应用于食品工业生产和研发之中。这样的结合不仅使食品更安全、更营养、更多样，也使食品生产更经济、更环保和更智能化。尤其热点工业技术可能是食品工业转型升级的巨大推动力，推动行业高质量发展。

食品生物技术在传统生物学的发展基础上，利用基因工程、酶工程、细胞工程、现代发酵工程等现代生物技术不断地为我们提供越来越多的"设计食品"：新食品资源、食品和添加剂，如保健的食用油、脱敏的花生和大豆、食品抗生素等。

材料科学将为食品包装带来革命性的推陈出新。目前，高阻隔、保鲜、抗菌及可降解已经成为食品包装材料热点研究对象，这些材料将会大大提高食品的贮藏期，确保食品的安全消费。

信息技术将渗透到食品研发、生产、销售、服务、教育等各个环节，食品及加工行业从生产到销售整个产业链的发展模式由于数字化和智能化正在发生深刻变革。计算机控制将广泛应用于食品加工，大大推动食品工业的自动化进程，互联网则会为电子食品商务、食品信息发布及反馈、食品营养及安全消费指导，以及远程食品科学教育等提供更广阔的舞台。

就目前来看，现代生物技术已与食品工业不断融合，食品生物技术已经成为我国的新型产业。在食品工业中，采用现代生物技术，如基因技术和细胞技术等手段，可以对动植物及微生物的生物特性进行改善，或者培育新的优良品种，以获取更优质的食品原料。近年来，食品安全事件频发，人民群众对安全健康食品的新需求新期待不断增加。将现代生物技术用于食品安全检测，可有效缩短检测时间，并获得更准确的检测结果，为人们的饮食安全提供了基本保障。

尽管我国的食品生物技术产业已取得初步发展，有了一定的成绩，但仍存在诸多问题，制约了产业的快速发展，并且与发达国家存在一定差距。食品生物技术产业的发展需要足够的资金支持，但是目前我国食品生物技术产业的融资途径狭窄，加重了科研工作者的负担。另外，食品生物技术产业起步较晚，在专业人才方面存在较大缺口，导致食品生物技术的研究成果无法转化为产业价值。因此，在今后的发展中，需要不断寻求一些推动我国食品生物技术快速平稳发展的有效策略，充分发挥现代生物技术的作用，加强与食品工业的高效融合，强化食品工业发展水平，实现中国食品安全整体层次的提升和食品产业经济效益的持续获取。

三、食品工艺学的研究对象和内容

随着科学技术的不断进步，现代的食品工业发展迅速，食品加工的范围和深度不断扩展，利用的科学技术也越来越先进。

（一）根据食物原料特性，研究食品的加工和保藏

作为食品的原料，食物主要是由蛋白质、碳水化合物、脂肪、维生素、矿物质、有机酸等多种化学成分组成，构成体系相当复杂。食物除营养成分外，还含有其他几十种到上百上千种的化合物；胶体、固体、液体等分散体系在食物中都存在；大多数食物原料都是活体，如蔬菜、水果、坚果等植物性原料在采收或离开植物母体之后仍然是活的；家畜、家禽和鱼类在屠宰后，组织即死亡，但污染这些产品的微生物是活的，同时，细胞中的生化反应仍在继续。因此，品质会随贮藏时间的延长而变差，食品原料一经采收或屠宰后即进入变质过程，加工过程本身不能改善原料的品质，也许使有些制品变得更加可口，但不能改善最初的品质。影响食品原料品质的因素主要包括微生物的影响；酶在活组织、垂死组织和死组织中的作用；物理化学因素，如热、冷、水分、氧气、光、时间等。

针对食品原料的特性，采用相应的加工方式，达到食品长期保藏或改善食品风味的目的。目前常用的食品保藏原理大致包括：维持食物最低生命活动的保藏方法；抑制食物生命活动的保藏方法；应用发酵原理的食品保藏方法；利用无菌原理的保藏方法；控制微生物生长的保藏方法。

（二）研究影响食品质量的要素和加工对食品质量的影响

食品质量是指食品好坏的程度，包括物理感觉（外观、质构、风味等方面）、营养质量、卫生质量、耐储藏性等方面。或者将食品质量看成是构成食品特征及可接受性的要素。

对于已经生产好的食品，影响其质量的因素包括：生物学因素、化学因素、物理因素等。生物学因素中由微生物污染引起的腐败变质是最为主要和普遍的，包括细菌、酵母和霉菌等，食品原料种类不同，引起变质的微生物种类也不同。食品作为营养丰富的生物有机体，化学因素中的酶类影响随处可见。例如，氧化酶催化酚类物质氧化，引起褐色聚合物的形成；脂肪氧化酶催化脂肪氧化，导致食品产生异味。物理因素是促进微生物生长繁殖、诱发或加快食品发生化学反应而引起变质的外在原因，主要因素有温度、氧气、水分、光照和机械损伤等。温度对食品中微生物繁殖影响较大，对食品腐烂速度影响也相当明显；空气中的氧对食品营养成分有破坏作用；食品吸收水分以后，不但会改变和丧失它的固有性质，甚至容易导致食品的氧化腐烂变质，加速食品的腐败；光照会引发、加速食品中营养成分的分解，造成食品的腐烂变质。

在食品工艺学中，我们重点探讨加工对食品质量的影响。食品加工对食品质量的影响是一个复杂的问题，加工工艺和技术的选择，需要综合多方面的因素来考虑。这就需要深入研究食品加工过程中的生物、化学和物理变化，以及这些变化所带来的对食品质量的影响，从而加工出质量上乘的食品。

（三）创造满足消费者需求的新型食品

人们对食品的需求会随着时代的前进而不断变化。方便化、安全化、功能化、工程化、全球化、专用化，是 21 世纪食品工业发展的大趋势。

方便快捷性食品日益走俏。随着消费需求的多元化，不同层次人群对方便即食食品的消费需求更具个性，但对品质的需求又趋向一致，这都影响着我国方便即食食品行业发展的方向，推动其创新与变革，实现方便即食食品品质和价值的双提升。

有机食品、天然食品日益受到青睐。近些年来，食品安全问题频发，污染问题依然形势严峻，人们身体也普遍是亚健康的状态。安全生产已日益引起人们的重视。21 世纪人们一方面会致力于环境保护、探索人与环境之间友好共生和协调发展的问题，另一方面也会大力发展有机食品、天然食品、无公害食品，推动该类食品向着标准化、系列化、规范化和产业化的方向发展。

健康食品、功能性食品日益得到关注。随着人类基因图谱的破译，功能基因组学的创立和发展，人们越来越注意到饮食与健康，营养与基因之间的关系。未来的食品更加以人为本，根据一张张以人为模板的图纸打造不同的工程化、功能化的食品。

全球化的民族食品深入人心。商品生产的国际化、标准化、产业化，商品流通的现代化，人们思想意识的全球化，使得食品的区域性特点越来越小，人们有可能在当地品尝世界各地的特色食品。而且随着全球化的日益渗透，不同人种、不同民族、不同国家的概念将逐渐淡化，与人们生活密切相关的食品则更加走向具有本土化特点的全球化。

专用化的食品生产品种日益繁多。食品形式的多样性要求加工原料的专用化。包括农产品、园林产品加工品种的选育和人们利用特定的技术手段生产各种专用原料。进入21世纪，发展中国家与发达国家在食品专用原料之间的距离会越来越小，而随着科技的发展，发达国家则需要根据新的食品形式和加工工艺的要求开发更细分化的专用食品原料。

（四）研究充分利用现有食品资源和开辟食品资源的途径

食品工艺学还要研究合理利用现有食物资源，将以前未被充分利用的资源作为新食品原料进行研发。2013年10月，依据我国《食品卫生法》制定的《新资源食品管理办法》修订为《新食品原料安全性审查管理办法》，新资源食品由此正式更名为"新食品原料"。新食品原料包括在我国无传统食用习惯的以下物品：①动物、植物和微生物等，如蝎子、阿萨伊果、螺旋藻等；②从动物、植物和微生物中分离的成分；③原有结构发生改变的食品成分，具体包括从动、植物中分离、提取出来的对人体有一定作用的成分；④其他新研制的食品原料。

加大对现有食物资源的开发，还包括食品加工中副产物的综合利用。随着食品生产和消费的日益增长，产生大量的食品加工副产物。若这些副产物得不到合理利用，不仅会造成资源的闲置和浪费，而且会导致环境的污染。加强对食品加工副产物的开发利用，拥有巨大的经济效益和深远的社会、生态效益。

（五）研究加工和制造过程，实现食品工业生产合理化、科学化和智能化

食品工业是国民经济的重要支柱产业，随着人类文明的发展而不断更新，食品工业现代化水平逐渐成为反映人民生活质量及国家文明程度的重要标志。随着市场竞争的加剧和企业的结构调整优化，食品加工企业规模逐步扩大，生产集中度明显提高。"十三五"以来，我国食品产业集群呈现良好发展态势，已成为区域经济发展新的增长点，是推动实施乡村振兴战略、提高产业竞争力、实现跨越式发展的重要方式。只有通过继续整合食品工业产业，才能有实力和条件不断采用新技术、新工艺、新设备，才会使食品加工向深度加工和综合利用方向进一步发展，才有可能增加创新型企业数量。

随着科学技术的发展，工业发达国家将一系列现代营养、生物、卫生、电子、光电、电磁、机械、程控、材料等科学领域中的高新技术广泛应用于食品工业的科研与各项加工环节中，从而提高产品质量，改善产品品质与风味，保证营养与卫生安全，提高生产效率并节能降耗。近年来，我国食品科技自主创新能力和产业支撑能力显著提高，硬件设施、工艺流程、产品品控的整体水平也有明显进步，与发达国家食品工业差距显著缩小，现已形成一批具有较强国际竞争力的知名品牌、跨国公司和产业集群。

对加工食品的质量控制应贯穿于食品原料生产、加工过程、包装、贮藏的整个环节中，以确保产品满足消费者需求和法规要求。近年在食品质量与安全控制方面推广应用的食品质量管理体系包括：TQM（全面质量管理）、GMP（良好操作规范）体系、HACCP（危害分析与关键控制点）体系、GAP（良好农业规范）、GHP（良好卫生规范）和ISO系列（国家产品质量认证体系）等。

食品工艺学应顺应历史发展的洪流，通过课堂教学，使学生了解食品加工的门类、重点类别食品加工工艺过程。掌握在食品加工过程中所普遍采用的原材料、添加剂、所涉及的工艺流程、设施设备和技术要点。进而了解并掌握从农业初级产品通过工业化的加工过程，转化为可食用或者饮用的物质的过程。并能深入理解现代食品加工与食品质量及安全之间的关系，为应用专业知识和技能解决生产实际需要奠定基础。

本章小结

1. 食品是对食物资源进行人为处理后的产品，可分为初级（粗级）加工品与高级（深度）加工品。食品对人类所发挥的作用即是食品的功能，一般包括营养功能、感观功能、保健功能和文化功能等四类。除了上述功能外，食品要被大规模工业化生产并进入商业流通领域，还具有安全性、方便性和保藏性三大特性。

2. 我国的食品工业发展主要经历了增长、觉醒和飞速发展三个阶段。目前，我国食品行业总体上仍属于传统工业。食品加工新技术在食品工业中的应用情况是衡量国家食品工业竞争力的最重要的指标。

3. 随着人们生活水平的提高和健康意识的增强，对食品安全与营养提出了更高要求，人们期望食品不仅具有良好的营养价值，而且希望食品具有特定的保健功能，同时，食品营养化、方便化也是我国食品工业发展的未来趋势。

4. 新食品原料是指在我国无传统食用习惯的以下物品：①动物、植物和微生物；②从动物、植物和微生物中分离的成分；③原有结构发生改变的食品成分；④其他新研制的食品原料。

5. 对加工食品的质量控制应贯穿于食品原料生产、加工过程、包装、贮藏的整个环节中，以确保产品满足消费者需求和法规要求。近年在食品质量与安全控制方面推广应用的食品质量管理体系包括：TQM（全面质量管理）、GMP（良好的生产操作规范）体系、HACCP（危害分析与关键控制点）体系、GAP（良好农业规范）、GHP（良好卫生规范）和 ISO 系列（国家产品质量认证体系）等。

【思考题】

1. 简述食品工艺学的主要研究对象与内容。
2. 食品工业有何特征？谈谈我国食品工业的现状及发展趋势。
3. 谈谈你对新型食品资源的看法。

参考文献

陈文. 2018. 功能食品教程. 北京：中国轻工业出版社.

楚玉峰. 2021. 数字化成为食品工业转型的必然趋势. 现代制造，（3）：34.

郭雪霞，张慧媛，刘瑜，等. 2015. 中国农产品加工副产物综合利用问题研究与对策分析. 世界农业，（8）：119-123.

黄利华，梁兰兰. 2019. 水产加工副产物高值化利用的研究现状与展望. 食品安全导刊，255（30）：162-164.

唐辉，汤立达. 2020. 我国药品与保健食品、特医食品、新资源食品的界定和监管比较. 现代药物与临床，（2）：372-377.

辛卫，孙永立. 2020. 稳定增长、深化改革、保障民生　2020 年中国食品工业三大关键词. 中国食品工业，（1）：6-8.

周玉瑾. 2021. 食品添加剂与食品安全概述. 现代食品，（1）：155-160.

Tze Loon Neoh, Shuji Adachi, Takeshi Furuta. 2016. Introduction to Food Manufacturing Engineering. Shizuoka: Springer Nature.

第一篇

食品加工基础

第一章

食品加工原料

食品原料是食品工艺学的基本内容之一，通过对食品原料知识的正确理解，使食品的保藏、流通、烹调、加工等操作更加科学合理，达到最大限度地利用食物资源，满足人们对饮食生活的需求。本章从食品原料的生物学特点出发，紧密联系食品原料的加工，阐述食品原料的分类与特征、食品原料的结构和加工特性。目前，食品安全问题已经成为全球的热点问题，而食品安全问题的解决在很大程度上依赖于食品原料生产过程中的安全控制，因此，本章对食品原料的安全生产和控制进行了叙述。同时，对食品加工中常用的辅料进行了概述。

学习目标

掌握食品原料的分类方式。

掌握动植物食品原料的特征。

掌握动植物原料的结构及生理特性。

掌握各类食品原料的安全生产与控制。

掌握食品加工中常用辅料的种类及其特点。

第一节　食品原料的分类与特征

食品原料的来源广泛、种类繁多、品质各异、成分复杂，对食品原料进行分类，有助于系统地了解食品原料的性质和特点。

一、食品原料的分类

在食品加工与流通中，为了对复杂、繁多的食品原料进行有效的管理和评价，一般要对这些原料按一定方式进行分类，现代学者的分类方法主要有按自然属性分类和按生产方式分类两种。

1. 按自然属性分类　食品原料可分为动物性原料，如畜类、鱼类、禽类等；植物性原料，如粮食作物、蔬菜、水果、坚果等；矿物质原料，如盐、碱等；微生物原料，如益生菌、微生物油脂等；人工合成或从自然物中萃取的添加剂类，如香料、色素等。这种分类方法较好地反映了各种食品原料的基本属性。

2. 按生产方式分类

1）农产品　农产品是指来源农业的初级产品，即在农业活动中获得的植物、动物、微生物及其产品，不包括经过加工的产品，包括谷物、油脂、农业原料、畜禽及产品、林产品、渔产品、海产品、蔬菜、瓜果和花卉等产品。

2）畜产品　畜产品指人工在陆上饲养、养殖、放养各种动物所得到的食品原料，包括畜禽肉类、乳类、蛋类、蜂蜜类及动物内脏类产品等。

3）水产品　水产品指在水域生态系统中捕捞的产品和人工水中养殖得到的水产动植物产品，包括鱼类、蟹类、贝类、藻类等。

4）林产品　林产品虽然主要指取自林木的产品，但由于林业有行业和区域的划分，一般把坚果类和林区生产的食用菌、山野菜算作林产品，把水果类归入园艺产品或农产品。

5）其他食品原料　其他食品包括水、调味料、香辛料、油脂、食品添加剂等。

二、食品原料的特征

（一）植物性原料的特征

1. 呼吸作用　　呼吸作用是生物体生命活动最重要的生理机能之一，也是新鲜的粮食、果蔬在储藏中最基本的生理变化。

呼吸作用分有氧呼吸和无氧呼吸两种类型。有氧呼吸是指细胞在氧气的参与下，通过多种酶的催化作用，把有机物质彻底氧化分解，放出二氧化碳和水，同时释放能量的过程。无氧呼吸是指在无氧条件下，细胞把某些有机物质分解成为不彻底的氧化产物，同时产生少量二氧化碳并释放少量能量的过程。这个过程如发生于微生物，则习惯上称为发酵。

无论是哪种类型的呼吸，在呼吸作用的过程中，都将消耗原料中贮藏的有机物质，导致储藏中的原料风味和营养价值的降低，呼吸热的产生和积累还会加速原料腐败变质，缩短储藏时间，尤其是无氧呼吸在消耗大量呼吸底物的同时还会产生乙醛等有毒化合物，引起生理病害。但是，正常的呼吸作用又是新鲜的粮食、蔬菜、水果最基本的生理活动，它是一种自卫反应，有氧呼吸有利于抵御病原微生物的侵染。所以在植物类原料储藏过程中应尽量避免无氧呼吸，保持较弱的有氧呼吸，以维持其生理活性，将原料的品质变化降低到最低限度。

2. 后熟作用　　后熟作用是果蔬采收后其成熟过程的继续，是果蔬的一种生物学性质。在果蔬原料形态上成熟被收获后，原料仍然进行着一系列复杂的生理生化变化，直至生理成熟。原料中的有机成分在酶的作用下发生着分解与化合的变化，一般是淀粉被淀粉酶和磷酸化酶作用，如淀粉水解为单糖，增加原料的甜味；叶绿素在叶绿素酶、酸、氧、乙烯的作用下分解，使绿色消失，而呈现类似胡萝卜素和花青素的红、黄、紫等颜色；蛋白质的含量因氨基酸的合成而增加；同时随着后熟产生的芳香油，原料产生香味；细胞壁间的原果胶质水解为水溶性胶质。但从生物学特性来看，原料的后熟又是生理衰老的过程。当完全后熟后，原料组织变软，风味变淡，营养物质消失，失去储藏性能，易腐败变质，也称过熟。因此，在储藏果蔬过程中应通过控制条件等手段控制其后熟过程。

3. 萌芽和抽薹　　萌芽和抽薹是两年生或多年生蔬菜在终止休眠状态，开始新的生长时发生的一种变化，主要发生在以变态的根、茎、叶等作为食用部位的蔬菜，如土豆、大蒜、大白菜等。蔬菜在休眠期生理代谢降低到最微弱的程度，但终止休眠期后，适宜的环境条件可使蔬菜随时萌芽和抽薹，导致营养成分消耗很大，组织变得粗老，食用品质降低，甚至产生有毒、有害物质。

延伸阅读

马铃薯毒素

马铃薯毒素学名为龙葵素（solanine），是马铃薯中的有毒物质（也可见于茄子、未熟的番茄），是一种有毒的糖苷生物碱。一般每100g马铃薯含有的龙葵素只有10mg左右，不会导致中毒。马铃薯不成熟或储存不当而引起发芽或皮肉变绿发紫时，龙葵素的含量显著增加。发芽的薯块中龙葵素的含量可由正常的0.004%提高到0.08%，增加20倍；芽内由0.5%提高到4.76%，增加近10倍；霉坏的薯块可达0.58%～1.84%，提高145～460倍；增加储存时间、提高储存温度都会使毒素增多，而人体不慎食入0.2～0.4g即会引起急性食物中毒。

（二）动物性原料的特征

家畜、家禽、鱼类及贝类等在被宰杀或捕捞致死后，它们的肌肉组织会发生一系列生化变化，主要体现在以下几个方面。

1. 僵直作用　　僵直作用也称尸僵作用。当畜类、禽类、鱼类被宰杀时其肌肉组织是松弛柔软的，但经过一段时间后，肌肉的弹性和延展性逐渐消失，开始变得僵硬，失去鲜肉的自然风味，粗糙且肉汁流失多，烹调时也不易煮熟，这种变化就是肉的僵直作用。僵直作用对肉的食用品质和加工品质均有着负面影响。

普遍认为僵直作用的机制是动物胴体在宰后仍在进行无氧呼吸，酶的作用使肌肉中的葡萄糖和糖原分解为乳酸，血液循环的终止导致这些乳酸不能排出，致使肌肉的 pH 降低，当其酸度达到一些蛋白质的等电点时，使蛋白质变性，肌肉纤维紧缩，肉的持水能力下降，肌肉机械强度增强但弹性消失。

僵直状态的形成与温度有关，在冷却条件下，牛肉在 10～24h 达到充分僵直；猪肉 2～8h；鸡肉 3～4h；鱼 1～2h。在常温下，达到充分僵直的时间要短得多。例如，在 37℃ 的条件下，牛肉只需要 0.5h 就可达到僵直。

2. 成熟作用　　成熟作用又称后熟作用，是指僵直状态的肌肉在一定条件下，由于肌肉中酶类的进一步活动，肌肉结缔组织变软，使肌肉变得柔软而有弹性，并带有鲜肉的自然气味，这种变化结果称为肉的成熟作用。

在成熟过程中，肉中的蛋白质在酶的作用下部分发生水解，生成物有多肽、二肽及氨基酸等。此外，腺苷三磷酸还可产生次黄嘌呤，磷酸肌酸分解产生肌苷酸。这些物质都可使肉具有鲜美的滋味，当次黄嘌呤的含量达到 1.5～2.0μg/g，肉的芳香为最适宜的状态。同时，肉的表面因蛋白质凝固形成有光泽的膜，可在一定程度上阻止微生物的入侵。

肉的成熟是在僵直阶段中逐渐形成的，温度、电刺激和机械拉伸等物理因素会对肉的成熟产生较大影响。温度越高，肉的成熟速度越快。以牛肉为例，当环境温度为 2～3℃ 时，完成成熟需要 7～10 天；18℃ 时仅需 2 天；29℃ 时仅需数小时即可解除僵直达到成熟。但在较高温度下，僵直产生的热会对肉质产生不利影响。当温度高于 60℃ 时，相关的酶类蛋白会发生变性，中断肉的成熟。对僵直发生后的肌肉进行电刺激可以加速僵直进程，使嫩化提前。此外，在肉成熟时，通过将肉挂起，抑制肌肉的缩短，可得到较好的内化效果。

3. 自溶　　自溶又称自身分解。当成熟的肉在环境适宜时，在其自身组织层的酶作用下，使肉中的复杂有机物，如蛋白质进一步水解为小分子物质，如氨基酸、肽等，这个过程称为自溶。

处于自溶阶段的肉，其弹性逐渐消失，变得柔软而松弛，又由于空气中的二氧化碳与肉中的肌红蛋白相互作用，致使肉色发暗，并略带有酸味和轻微异味，实际上是开始腐败的过程。这一阶段的肉尚无大量腐败菌侵入，经高温后尚可食用，但气味和滋味已大减，并不宜再保存。

4. 腐败　　处于自溶阶段的肉，在组织酶和微生物的作用下发生质的变化，在适宜的温度下，主要表现为肉中的蛋白质与脂肪进一步分解，使肉质变得毫无弹性，并有明显的异味和臭味，这个过程就是肉的腐败。

肉的腐败在表观上表现为肉体发黏、变色、形成霉斑、气味发生改变，失去肉的风味产生不愉快气味等。腐败微生物将肉中蛋白质先分解为氨基酸，再由氨基酸分解成更低级的产物，如尸胺、硫化氢，这些物质有恶臭味的同时还具有毒性。另外，在蛋白质分解的同时，脂肪会进行水解和氧化酸败，产生具有不愉快气味的酮类或酮酸及有特异臭的醛类和醛酸，此时的肌肉失去食用和加工价值。

第二节　食品原料的结构和加工特性

食品原料的两大类群（植物性原料和动物性原料）在结构和加工特性方面有着明显的不同。在我国，人们的主食结构绝大多数是以植物性原料为主，热量由植物性原料提供。但是，动物性原料肉、乳、蛋及内脏却可以为人类提供丰富的蛋白质、脂肪和维生素。动物性原料加热后，一部分蛋白质水解为氨基酸，使食品及菜肴的口味变得十分鲜美，各种技法、调味料的使用都会使原料中蛋白质发生微妙的变化，形成各种食品菜肴独特的风味。

一、植物性原料的一般结构和加工特性

（一）一般结构

植物原料都是由细胞构成的，植物细胞基本上都是由细胞壁、原生质体、液泡和内含物所组成。

细胞壁由纤维素组成，包围在原生质体外围，是具有一定硬度和弹性的固体结构。细胞壁也是由原生质体所产生的，从初生壁到次生壁，原生质还可以合成一些物质渗透到细胞壁中去，以改变细胞壁的性质，如木质、角质等以增加细胞壁的支持力量和降低透水性。

原生质体指去除细胞壁后剩余的细胞结构，细胞的一切代谢和生命活动都在这里进行。原生质中最主要的成分是以蛋白质和核酸为主的复合体，也称"蛋白体"。通过纤维素酶可以降解细胞壁，获得原生质体。在显微镜下观察发现，原生质中有细胞核、质体、线粒体等各种细胞器。细胞核的主要功能是控制细胞的生长、发育和遗传；线粒体内含有蛋白质和脂类，以及与呼吸作用有关的酶和与能量代谢有关的腺苷三磷酸；质体是绿色植物所特有的细胞器，它包括含大量淀粉的白色体，含叶黄素和胡萝卜素的有色体，以及含叶绿素甲、叶绿素乙、叶黄素和胡萝卜素的叶绿体。

液泡是一种囊状单层膜细胞器，其中含有细胞液，为酸性环境。液泡是植物细胞的显著特征，特别是成熟的细胞，其液泡可以占据细胞整个体积的90%。液泡里的细胞液成分复杂，通常含有糖类、有机酸、氨基酸、植物碱、色素和盐类等。同时，液泡中的水使细胞具有膨压，是植物支持作用的主要来源。

内含物是细胞在生长分化过程中，以及成熟后，由于新陈代谢作用，产生的一些代谢物，最常见的储藏物质是淀粉，在植物原料的块根、块茎、种子或子叶中都储存大量的淀粉。蛋白质、脂肪也是许多植物细胞的储存物质，此外还含有各种形状的晶体、维生素、生长素等物质。

（二）加工特性

每一种植物原料都具有其特有的风味，要想加工出有独特风味特点的食品，必须熟悉原料的食品生理特性。

1）风味特征　　植物性原料的风味首先与品种有关，不同的品种其风味特点不同，即便是同一类别，品种不同，其风味也有不同。例如，同样是葱，楼葱与龙爪葱的风味明显不同。另外，同一物种的植物性原料由于生长期不同，致使其风味特点产生明显差异，如北方稻与南方稻、新疆西瓜与海南西瓜等，由于地理位置及生长期的不同，各品种在风味特点上产生明显特征。同时，即便是同一原料，由于部位的不同，其风味特点也不尽相同。例如，西瓜的中心部与边缘部的口感不同、甘蔗顶端与根端的口感不同等。

2）质感特征　　如同风味特征一样，可供食用的部位不同，其质感有着明显的差异。例如，黄瓜的顶花部与蒂把部、藕芽与藕鞭、冬笋的尖部与根部、芦笋的顶芽与躯干部等，其质感的不同，制约和决定着加工方法的应用。

3）色彩特征　　植物性原料的色彩沉积有相当一部分是不稳定的，任何一种食品加工方法对其都可能造成不同程度的影响，如绿色植物中的叶绿素在加热情况下，其色素状况会发生改变；有色蔬菜中的叶黄素和胡萝卜素等有色体在加热及不同环境状态下也会发生变化，当然加热温度和环境酸碱度对其的影响大小至关重要，在食品加工过程中应按照食品质量要求给予相应的技术处理。

4）营养损耗　　植物性原料中含有大量人体所需的各类营养物质，特别是维生素和矿物质，而这些营养素在食品加工中因机械加工和高温加热或人为因素会受到不同程度的破坏和损失，包括洗涤流失、高温分解流失、成分反应物生成流失等，这些特性在食品加工中都应给予考虑。

下面主要介绍粮食和果蔬的生理特性。

1. 粮食的生理特性

1）后熟　　粮食种子在田间达到完熟收割以后，有的品种在生理上并未完全成熟，主要表现在呼吸旺盛，发芽率低，耐储性差、加工出品不高，食用品质差。经过贮藏一段时期以后，这种现象便会逐步得到改善，达到生理上的完全成熟。这种由完熟到生理成熟所进行的生理变化，称为"后熟作用"。这段过程所需要的时期称为"后熟期"。通常以发芽率达到80%以上作为完成后熟期的标志。

粮食种子在后熟期间的生理变化，主要是继续合成作用，即种子中的可溶性糖、非蛋白态氮、游离脂肪酸等低分子物质，逐步合成为淀粉、蛋白质和脂肪等高分子物质。随着合成作用的完成，种胚成熟，水分减少，干物质增加，酶的活性降低呼吸渐趋微弱，种皮透气性增强。因而工艺、食用品质及种用品质都得到改善。

粮食种子的后熟期，随品种不同而异。大部分早、晚籼稻和晚粳稻品种无明显的后熟期，早粳一般为半月以上；玉米、高粱需2～3周；麦类后熟期较长，小麦2～2.5个月，大麦需3～4个月，燕麦需

2~6个月；蔓生大粒型花生需4~7个月。后熟期的长短不仅与种子品种有关，而且与环境条件密切相关。高温、干燥、通风良好，有利于促进和加速后熟的完成。反之，低温、潮湿和通风不良，则会延缓和推迟后熟的完成。

2）陈化　粮食和其他生物一样，都有一定的寿命期。当它完成后熟以后，随着贮藏时间的延长，尽管没有发热霉变或其他危害，其理化性质也会发生一系列变化，使品质逐渐劣变而趋于衰老，这种现象称为"陈化"。

粮食的陈化，主要是由于酶的活性减弱，呼吸能力降低，原生质胶体结构松弛萎缩，造成生理、化学和物理方面的改变。在生理方面，由于酶活性的逐渐减弱，呼吸逐渐停止，导致粮食生活力衰退，发芽率降低。化学变化主要体现在脂肪中的游离脂肪酸增加，品质下降。淀粉中的糊精和麦芽糖被水解，还原糖含量增加，黏性下降，失去原有的色泽和香味，甚至产生陈臭气味。在物理方面则表现为水分降低；千粒重减小，容重增大，硬度增加，米质变脆、起筋、淀粉糊化，吸水力降低，持水力下降，面粉发酵力减弱等。总之，粮食陈化后，对加工、食用、营养品质及商品价值都有不利影响。

粮食开始陈化的时间随品种而异。据实验，在安全水分和正常贮藏条件下，籼稻谷贮藏3~4年，玉米贮藏2年，在食用品质上没有显著变化。从实践经验来看，成品粮一般都比原粮陈化快，大米的陈化以糯米最快，粳米次之，籼米较慢，特别是粉状粮食更易陈化。

2. 果蔬的生理特性

1）成熟度　果蔬原料的成熟度和采收期适宜与否直接关系到加工成品质量高低和原料的损耗大小。不同的加工品对果蔬原料的成熟度和采收期的要求不同。果蔬加工上，一般将成熟度分为三个阶段，即可采成熟度、加工成熟度和过分成熟度。

（1）可采成熟度是指果实充分膨大长成，但风味还未达到顶点。这时采收的果实，适合于贮运并经后熟后方可达到加工的要求，如香蕉、西洋梨等水果。一般工厂为了延长加工期常在这时采收进厂入贮，以备加工。

（2）加工成熟度是指果实已具备该品种应有的加工特征，分为适当成熟与充分成熟。根据加工类别不同，要求成熟度也不同，如制造果汁类，要求原料充分成熟，色泽好，香味浓，糖酸适中，榨汁容易，吨耗率低；制造干制品类，也要求果实充分成熟，否则缺乏应有的果香味，制成品质地坚硬，而且有的果实，如杏，若青绿色未退尽，干制后会因叶绿素分解变成暗褐色，影响外观品质。

（3）过分成熟度是指果实质地变软，风味变淡，营养价值降低。这种果实除了可作果汁和果酱外（因不需保持形状），一般不适宜加工其他产品。一般加工品均不提倡在这个时期进行加工。但制作葡萄加工品时，则应在这时采收，因为此时果实的含糖量高，色泽风味最佳。总体而言，加工原料越新鲜，加工的品质越好，损耗率也越低。因此，应尽量缩短从采收到加工的时间，这也是加工厂要建在原料基地附近的原因。

2）易腐性　果品蔬菜多属易腐农产品，这些原料在采收、运输过程中，极易造成机械损伤，若及时进行加工，尚能保证成品的品质，否则腐烂严重，失去加工价值或造成大量损耗。例如，葡萄、番茄等，不耐重压，易破裂，极易被微生物侵染，给后期的消毒杀菌带来困难。总之，果品蔬菜要求从采收到加工的时间尽量短，如果必须放置或进行远途运输，则应有一系列的保藏措施。同时在采收、运输过程中防止机械损伤、日晒、雨淋及冻伤等，以充分保证原料的新鲜。

3）柔嫩性　部分蔬菜和浆果类原料具有柔嫩性，如叶菜、甜玉米、草莓等。罐头制品要求原料质地柔嫩细致，但要有一定耐煮性；速冻更是要求原料新鲜、组织脆嫩、内部纤维含量少；腌制也要求原料肉质紧密而脆嫩。

4）耐贮性和抗病性　不同的果蔬有不同的耐贮性和抗病性。所谓耐贮性是指果蔬在一定贮藏期内保持其原有质量而不发生明显不良变化的特性，如成熟期采收的冬瓜在通常环境条件下放置数十天仍可保持鲜态。而抗病性则是指果蔬抵抗致病微生物侵害的特性。生命消亡，新陈代谢终止，耐贮性、抗病性也就不复存在。

二、动物性原料的一般结构和加工特性

（一）肉的形态结构

动物组织按其机能可概括为上皮组织、结缔组织、肌肉组织和神经组织。作为食品加工使用的主要是

动物的胴体，胴体是指畜禽屠宰后除去毛、头、蹄、内脏、去皮或不去后的部分。从广义上讲，肉指各种动物宰杀后得到的以胴体为代表的可食部分的总称。从狭义上讲，原料肉是指胴体中的可食部分，即除去骨的净肉，俗称白条肉。胴体由肌肉组织、脂肪组织、结缔组织、骨骼组织四大部分构成，这些组织的结构和性质直接影响肉品的质量、加工用途及其商品价值，且因动物的种类、品种、年龄、性别、营养状况不同而异。

1. 肌肉组织 肌肉组织是构成肉的主要组成部分，分横纹肌、心肌、平滑肌三种，占胴体的40%～60%。横纹肌是肉类原料中最主要的肌肉组织，又称随意肌或骨骼肌。

1）横纹肌的宏观结构 从组织学看，肌肉组织是由丝状的肌纤维集合而成，每50～150根肌纤维由一层薄膜所包围形成初级肌束。数十个初级肌束集结并被稍厚的膜包围，形成次级肌束；数个次级肌束集结，外层再包裹较厚的膜，便构成了肌肉。初级肌束和次级肌束外包围的膜称为内肌周膜，也称为肌束膜，肌肉最外面包围的膜称为外肌周膜，这两种膜都是结缔组织。

在肌肉内，脂肪组织容易沉积在外肌周膜间，而难以沉积到内肌周膜和肌内膜处。在良好的饲养管理条件下，脂肪才会沉积在内、外肌周膜、肌内膜间。结缔组织内的脂肪沉淀较多时，使肉呈大理石纹状，能提高肉的多汁性。

2）横纹肌的微观结构 构成肌肉的基本单位是肌纤维，也叫肌纤维细胞，属于细长、多核的纤维细胞，长度由数毫米到20cm，直径只有10～100μm。横纹肌在显微镜下可观察到肌纤维沿细胞纵轴有规则排列的明暗条纹。横纹肌的肌纤维由肌原纤维、肌浆、细胞核和肌鞘构成，其粗细随动物类别、年龄、营养状况、肌肉活动情况的不同而有所差异。例如，猪的肌纤维比牛肉的细，幼龄动物的比老龄的细。

（1）肌原纤维。肌原纤维是构成肌纤维的主要组成部分，是直径为0.5～2.0μm的长丝，是肌肉收缩的单位，由丝状的蛋白质凝胶构成，支撑着肌纤维的形状，参与肌肉的收缩过程，故常称为肌肉的结构蛋白质或肌肉的不溶性蛋白质。肌原纤维蛋白质的含量随肌肉活动而增加，并因静止或萎缩而减少。而且，肌原纤维中的蛋白质与肉的某些重要品质特性（如嫩度）密切相关。肌原纤维蛋白质占肌肉蛋白质总量的40%～60%，它主要包括肌球蛋白、肌动蛋白、肌动球蛋白和2或3种调节性结构蛋白质。肌原纤维上具有和肌纤维一样的横纹，横纹的结构按一定周期重复，周期的一个单位叫肌小节。肌小节又称肌节、肌肉纤维节，是肌原纤维的基本单位。肌小节由三种不同的肌丝系统组成，分别为粗肌丝、细肌丝、伴肌纤维蛋白与肌联蛋白。肌节静止时约为2.3μm。肌节两端是细线状的暗线，称之为Z线，中间是宽约1.5μm的暗带或称A带，A带和Z线之间是宽约0.4μm的明带或称I带。在A带中央还有宽约0.4μm的稍明的H区。这就形成了肌原纤维上明暗相间的现象（图1-1）。

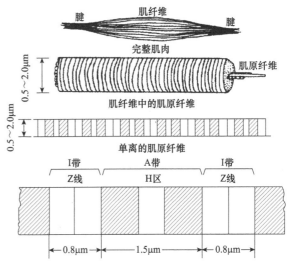

图1-1 不同显微水平下的肌肉组织结构（蒋爱民和赵丽芹，2020）

（2）肌浆。肌浆是充满于肌原纤维之间的胶体溶液，分布在肌原纤维间，呈红色，含有肌红蛋白、其他可溶性蛋白质和参与代谢的多种酶类。由于肌肉的功能不同，在肌浆中肌红蛋白的数量不同，这就使不同部位的肌肉颜色深浅不一。

肌肉组织生长的最重要阶段是在中胚层发育起来的，以不同的细胞类型发育而形成不同生理功能的两种肌肉，按肌浆含量的多寡，分为红肌和白肌（慢肌和快肌）。红肌中肌浆含量较多，含有丰富的肌红蛋白，肌红蛋白可把氧带到肌纤维内部，使有较大收缩性的肌肉不易疲劳。白肌中肌浆含量较少，肌红蛋白较少，颜色浅，收缩快而有力，但易疲劳。

2. 脂肪组织 脂肪组织是仅次于肌肉组织的第二大重要组成部分，脂肪的构造单位是脂肪细胞，它是动物体内最大的细胞，直径为30～120μm，最大可达250μm。脂肪细胞外层有一层脂肪细胞膜，膜内有凝胶状的原生质细胞核，中间为脂肪滴。脂肪细胞由网状的结缔组织相连。脂肪细胞大、脂肪滴多，出油率高。

脂肪在体内的蓄积，依动物的种类、品种、年龄、肥育程度不同而异。猪多蓄积在皮下、体腔、大网膜周围及肌肉间；羊多蓄积在尾根、肋间；牛蓄积在肌肉间、皮下；鸡蓄积在皮下、体腔、卵巢及肌胃周围。脂肪蓄积在肌束内使肉呈大理石状，肉质较好。脂肪组织中脂肪占87%～92%，水分占6%～10%，蛋白质占1.3%～1.8%，另外，还有少量的酶、色素及维生素等。

3. 结缔组织 结缔组织由细胞、纤维和无定形基质组成，占胴体的15%～20%，其含量和肉的嫩度有密切关系。结缔组织的主要纤维有胶原纤维、弹性纤维、网状纤维三种，以前两种为主，属于不完全蛋白质。

结缔组织是构成肌腱、筋膜、韧带及肌肉内外膜、血管、淋巴结的主要成分，分布于体内各部，起到支撑、连接各器官组织和保护组织的作用，使肌肉保持一定硬度，具有弹性。在畜体中分布遵循前多后少，下多上少的规律，在前腿、颈部、肩胛处分布较多。结缔组织的含量取决于动物的年龄、性别、运动及营养状况等因素。老畜、公畜、消瘦及使役的动物，结缔组织发达。同一动物不同部位其含量也不同，一般来讲，前肢由于支持沉重的头部，结缔组织较后肢发达，下躯较上躯发达。结缔组织为非全价蛋白，不易消化吸收。例如，牛肉结缔组织的吸收率仅为25%。

4. 骨组织 骨组织是由细胞纤维性成分和基质组成，起着支撑机体和保护器官的作用，同时，又是钙、镁、钠等元素的贮存组织。骨组织包括软骨和硬骨，硬骨分为管状骨和板状骨，其中管状骨内有骨髓。成年动物骨骼含量比较恒定，变化幅度较小。猪骨占胴体的5%～9%，牛骨占15%～20%，羊骨占8%～17%，兔骨占12%～15%，鸡骨占8%～17%。

骨由骨膜、骨质及骨髓构成。骨髓分红骨髓和黄骨髓。红骨髓细胞较多，为造血器官，幼龄动物含量多；黄骨髓主要是脂肪，成年动物含量多。骨中水分占40%～50%，胶原蛋白占20%～30%，无机质占20%。无机质主要是羟基磷灰石 $[Ca_3(PO_4)_2 \cdot Ca(OH)_2]$。

（二）肉的加工特性

肉品的感观及物理性状包括颜色、风味、弹性、坚度、韧度、嫩度、容重、比热、导热系数、保水性等。这些性状和特性与肉的形态结构，动物的种类、年龄、性别、经济用途、不同部位、宰前状态、冻结程度等因素有关，它们不但代表了肉来源动物种属特性，还常被作为人们识别肉品质量的依据。

1. 肉的颜色 肉的颜色根据肌肉与脂肪组织的颜色来决定，肌肉的颜色由肉中所含的色素蛋白质——肌红蛋白所决定，肌红蛋白含量越多，肉的颜色越深。它因动物的种类、性别、年龄、经济用途、肥度、宰前状态等而异，也和放血、加热、冷却、冻结、融冻等加工情况有关，还以肉中发生的各种生化过程，如发酵、自然分解、腐败等为转移。家畜的肉均呈红色，但色泽及色调有所差异。家禽肉的颜色有红白两种，腿肉为淡红色，胸脯肉为白色。

肉的颜色对肉的质量及可接受性的影响很大，但其变化比较复杂，肉质颜色的深浅受内因和外因的影响。

1）影响肉颜色的内在因素

（1）动物种类、年龄及部位。猪肉一般为鲜红色，牛肉深红色，马肉紫红色，羊肉浅红色，兔肉粉红色。老龄动物肉色深，幼龄的色淡。生前活动量大的部位肉色深。

（2）肌红蛋白（Mb）的含量。肌红蛋白是一种复合性的色素蛋白质，其相对分子质量约为16 700，仅为血红蛋白的1/4，它的每分子珠蛋白仅和一个铁卟啉连接，但对氧的亲和力却大于血红蛋白。肌红蛋白含量多则肉色深，含量少则肉色淡。

（3）血红蛋白（Hb）的含量。血红蛋白由4分子亚铁血红素与1分子珠蛋白结合而成，用以运输氧气到各组织。在肉中血液残留多则血红蛋白含量多，肉色深。放血充分肉色正常，放血不充分或不放血（冷宰）的肉色深且暗。

2）影响肉颜色的外部因素

（1）环境中的氧含量。肌肉色素对氧有显著的亲和力。肉中的肌红蛋白会受到空气中氧气的影响，发生热氧化作用，如真空包装的分割肉，由于缺氧呈暗红色，当打开包装后，接触空气很快变成鲜艳的亮红色。通常含氧量高于15%时，肌红蛋白才能被氧化为高铁肌红蛋白。

（2）湿度。环境中湿度大，则氧化速度慢。因在肉表面有水气层，影响氧的扩散。如果湿度低且空气流速快，则加速高铁肌红蛋白的形成。

（3）温度。环境温度高不仅有利于微生物生长繁殖和酶的活动，还会促进氧化，加速高铁肌红蛋白的形成。因此低温可增加颜色的稳定性。

（4）pH。pH对氧化肌红蛋白的还原有着重要影响，对肉的颜色保持至关重要。动物宰前糖原消耗多，宰后最终pH高，往往肌肉颜色变暗，组织变硬并且干燥，切面颜色发暗。

（5）微生物的作用。储藏过程中的微生物污染引起的肉的腐败会导致肉表面颜色的改变。污染细菌会分解蛋白质使肉色污浊；污染霉菌，则在肉表面形成白色、红色、绿色、黑色等色斑或产生荧光。

2. 肉的风味　　肉的风味是指生鲜肉的气味和加热后肉制品的香气和滋味，其成分复杂多样，含量甚微，用一般方法很难检测。除少数成分外，多数无营养价值，不稳定，加热易破坏或挥发。

1）气味　　肉的气味是肉质量的重要条件之一，取决于其中所存在的特殊挥发性脂肪酸及芳香物质的量和种类。

肉气味的强弱受动物种类、加工条件等影响，如牛肉的气味及香味随年龄的增长而增强，成熟后的牛肉会改善其滋味。大块肉烧煮时比小块肉味浓。加热可明显改善和提高肉的气味。虽然牛肉、猪肉、鸡肉等生肉的味道很弱，并有明显的差别，但分析测定结果表明，其气味的主要成分基本上属于同类物质。此外，一些生鲜肉有各自的特有气味，如羊肉的膻味（4-甲基辛酸、壬酸、癸酸等），鱼肉的腥味（三甲胺、低级脂肪酸等），性成熟的公畜的特殊气味（腺体分泌物）。肉经过水煮加热后产生的强烈肉香味，主要是由低级脂肪酸、氨基酸及含氮浸出物等化合物产生。

2）滋味　　肉的鲜味（香味）由味觉和嗅觉综合决定。肉的滋味包括鲜味和外加的调料味。肉的鲜味成分主要有肌苷酸、氨基酸、三甲基胺肽、有机酸等。

成熟肉风味的增加，主要是核苷类物质及氨基酸变化所致。牛肉的风味主要来自半胱氨酸，猪肉的风味可从核糖、脱氨酸获得。牛、猪、绵羊的瘦肉所含挥发性的香味成分主要存在于脂肪中，如大理石样肉。脂肪交杂状态越密风味越好。因此肉中脂肪沉积的多少对风味更有意义。

3. 肉的弹性、坚度、韧度和嫩度　　肉的弹性是指肉在加压时缩小，去压时又复原的能力。肉类中含有丰富的蛋白质，蛋白质与其水化层形成的网状结构，对外力有一定的抵抗力，而肉的弹性正是这种抵抗力的表现。用手指按压肌肉，如指压形成的凹陷迅速变平，表示肉有弹性，新鲜度和品质良好。解冻后肉往往会失去弹性。禽肉变质后经按压后形成的凹陷难以恢复。

肉的坚度表示肉的结实程度，指肉对压力的抵抗性，依动物的种类、年龄、性别等而不同。

肉的韧度是指肉在被咀嚼时具有高度持续性的抵抗力。

肉的嫩度是指肉在咀嚼或切割时所需的剪切力，表明了肉在被咀嚼时柔软、多汁和容易嚼烂的程度。肉的韧度和嫩度是矛盾的对立面，两者相互依存，可相互转化。

影响肉的嫩度的因素很多，除与遗传因子有关外，主要取决于肌肉纤维的结构和粗细、结缔组织的含量及构成、热加工和肉的pH等。

肌纤维本身的肌小节连接状态对硬度影响较大。肌节越长肉的嫩度越好。用胴体倒挂等方式来增长肌节是提高肉的嫩度的重要方法之一。加热是影响肉嫩度的主要因素，经过加热熟化后肉的嫩度有很大改善，并且使肉的品质有较大变化。另外，肉的嫩度还受pH的影响。pH在5.0~5.5时肉的韧度最大，而偏离这个范围，则嫩度增加，这与肌肉蛋白质等电点有关。

4. 肉的热学性质

1）肉的比热和冻结潜热　　肉的比热和冻结潜热随其含水量、脂肪比例的不同而变化。一般含水量越高，则比热和冻结潜热越大；含脂肪率越高，则比热和冻结潜热越小。另外，冰点以下比热急骤减小，这是由于肌肉中水结成冰而造成的，因为肉的比热小于水。肉的种类不同，含水量不同，其比热和冰结潜热则不同。

2）肉的冰点　　肉中水分开始结冰的温度称为冰点，也称为冻结点。它随动物种类、宰杀后条件不同而不同。另外还取决于肉中盐类的浓度，盐类的浓度越高，冰点就越低。通常，猪肉、牛肉的冰点为0.6~1.2℃。

3）肉的导热系数　　肉的导热系数大小取决于冷却、冻结和解冻时温度升降的快慢，也取决于肉的组织结构、部位、肌肉纤维的方向、冻解状态等。因此，准确地测定肉的导热系数是很困难的。肉的导热系数随温度下降而增大，这是因为冰的导热系数比水大2倍多，故冻结之后的肉类更易导热。

5. 肉的保水性　　肉的保水性即持水性、系水性，是指肉在受到压榨、加热、切碎搅拌等外力作用时，保持其原有水分的能力，或在向其中添加水分时的水合能力。影响保水性的主要因素有畜禽种类、年龄、性别、饲养条件、屠宰工艺、加工工艺、脂肪厚度、pH、金属离子、添加剂等。

第三节　食品原料的安全生产与控制

一、植物性食品原料的安全生产与控制

植物性食品原料的不安全因素很复杂，了解其来源、性质，可以为用科学合理的储藏加工方法处理植物类食品原料以确保食品安全奠定基础。

（一）农药残留与控制

1. 农药残留对食品原料安全生产的影响　　农药残留是农药使用后残存在生物体、食品（农副产品）和环境中的微量农药、有毒代谢物、降解物和杂质的总称，具有毒理学意义。当农药过量使用，超过最大残留限量时，将对人畜产生不良影响或通过食物链对生态系统中的生物造成毒害。

2. 农药污染的途径　　农药污染的过程主要有：①施用农药后对作物或食品的直接污染；②空气、水、土壤的污染造成动植物体内含有农药残留，从而间接污染食品；③来自食物链和生物富集作用；④运输及储存中由于和农药混放而造成食品污染。

3. 主要农药残留　　农药残留指农药施用后，残存在生物农副产品和环境中微量原体、有毒代谢物、降解物和杂质的总称。主要的农药残留包括有机氯农药、有机磷农药和其他农药。

1）有机氯农药　　有机氯农药化学性质很稳定，不易降解，易残留于农业环境和农产品中。有机氯农药残留在生物体内会产生生物富集现象，被人类食用后，可能影响人的智力发育与神经系统，甚至对生殖机能造成不良影响。

2）有机磷农药　　早期发展的有机磷农药大部分是高效高毒品种，随后逐步发展了许多高效低毒低残留品种，直到现在人们还在大量地使用剧毒的有机磷农药。有机磷农药化学性质不稳定，分解快，在作物中残留时间短。

3）其他农药　　氨基甲酸酯类农药和拟除虫菊酯类农药是当前常用于农业的农药。

（1）氨基甲酸酯类农药。氨基甲酸酯类农药具有高效、低毒、低残留的特点。农业上的氨基甲酸酯类农药可分为两类：一类是 N-烷基化合物，用作杀虫剂；另一类是 N-芳香基化合物，用作除草剂。

（2）拟除虫菊酯类农药。拟除虫菊酯类农药也是近年发展较快的农药，主要有氰戊菊酯、溴氰菊酯、氯氰菊酯、杀灭菊酯（速灭杀丁）、苄菊酯（敌杀死）和甲醚菊酯等。

4. 降低农药残留的措施　　对于农业生产来说，要建立健全的农药法规，加强对原料作物的生产管理。例如，严格按照《农药安全使用标准》（GB 4285—89）施药；严格按照安全隔离期进行收获；综合防治病害虫害，减少农药的使用量。

（二）植物性食品原料中的天然有毒有害物质

1. 苷类　　苷是糖分子中的环状半缩醛形式的羟基和非糖类化合物分子中的羟基脱水缩合而成具有环状缩醛结构的化合物。苷类一般味苦，可溶于水及醇中，极易被酸或共同存在于植物中的酶水解，最终产物为糖及苷元。苷元，是糖苷类化合物中与糖结合的非糖部分。苷元主要包括氧苷、硫苷、氮苷、碳苷等。

2. 生物碱　　存在于食用植物中的生物碱主要是龙葵碱、秋水仙碱及吡啶烷生物碱，在医药中常有独特的药理活性。

3. 毒蛋白　　毒蛋白主要包括：①外源凝集素（lectin），又称植物红细胞凝集素（hemagglutinin），是一类由植物合成的对红细胞有凝聚作用的糖蛋白；②消化酶抑制剂，许多植物的种子和荚果中都存在动

物消化酶抑制剂。

（三）真菌毒素

真菌（fungi）在自然界中分布广泛，有些真菌会在农作物上生长繁殖或污染食品，使农作物发生病害或使食品发霉变质。真菌毒素（mycotoxin）是由真菌产生的具有毒性的二级代谢产物。真菌毒素的产生条件与真菌生长繁殖的环境条件密切相关，一般在温度25~33℃、相对湿度85%~95%的环境下最适合真菌的生长繁殖，也最容易形成真菌毒素。

1. 典型的真菌毒素

1）黄曲霉毒素（aflatoxin） 是一种有强烈生物毒性的化合物，常由黄曲霉及寄生曲霉等另外几种霉菌在霉变的谷物，如豆类、花生等中产生，是目前已知最强的致癌物质。黄曲霉在有氧、高温（30~33℃）和湿润（89%~90%）的条件下容易生长。黄曲霉毒素在中性和不太强的酸性条件下比较稳定，在较强的碱性条件下（pH 9~10）迅速分解，耐高温，268~269℃高温条件下才能被破坏，280℃下裂解，故其在通常的烹调加热条件下不易被破坏。进入人体后，黄曲霉毒素主要在肝脏内代谢，产生活性环氧化中间产物或羟基化，最终生成毒性较低的黄曲霉毒素 M1。黄曲霉毒素至少存在 14 种，其中主要有 B_1、B_2、G_1 与 G_2 4 种，又以 B_1 的毒性最强，可导致肝损伤、免疫抑制，甚至肝癌。

黄曲霉毒素的污染途径主要是污染粮油原料及其制品。一般而言，如果食物和食物原料的储存条件足够潮湿，允许黄曲霉生长但又并不足以潮湿到使其他生物生长时，都有可能产生黄曲霉毒素。我国食品中黄曲霉毒素 B_1 限量指标如表 1-1 所示。

表 1-1 我国食品中黄曲霉毒素 B_1 限量指标（GB 2761—2017）

食品种类	允许量标准/（μg/kg）	食品种类	允许量标准/（μg/kg）
玉米、玉米面及玉米制品	20.0	婴儿配方食品	0.5（以粉状产品计）
稻谷、糙米、大米	10.0	较大婴儿和幼儿配方食品	0.5（以粉状产品计）
小麦、大麦、其他谷物	5.0	特殊医学用途婴儿配方食品	0.5（以粉状产品计）
小麦粉、麦片、其他去壳谷物	5.0	婴幼儿谷类辅助食品	0.5
发酵豆制品	5.0	特殊医学用途配方食品（特殊医学用途婴儿配方食品涉及的品种除外）	0.5（以固态产品计）
花生及其制品	20.0		
其他熟制坚果及籽类	5.0	辅食营养补充品	0.5
植物油脂（花生油、玉米油除外）	10.0	运动营养食品	0.5
花生油、玉米油	20.0	孕妇及乳母营养补充食品	0.5
酱油、醋、酿造酱	5.0		

2）镰孢菌毒素 镰孢菌毒素是真菌毒素的一大类，是主要由镰孢菌属（*Fusarium*）产毒菌株产生的非蛋白质和非甾类的次生代谢产物。主要有玉米赤霉烯酮等毒素。

3）青霉毒素 青霉毒素主要有橘青霉素（citrinin）、展青霉素（patulin）、黄天精（luteoskyrin）和黄绿青霉素（citreoviridin）等。

2. 真菌毒素的预防和控制措施 虽然真菌毒素可以污染水果、蔬菜，甚至乳及乳制品，但人体摄入的大部分真菌毒素均来源于谷物。因此，控制食品原料中的真菌毒素污染最为关键。

谷物收获前必须加强管理，建立和维持轮作制度。种植新作物前，应尽量将陈谷穗、根和其他残留物犁到地下或清除掉。收获期间的管理要注意收获的时间、温度及湿度，防止其他污染物的污染。收获时尽可能避免谷物的机械损伤和土壤污染。收获后的谷物应立即测定其水分含量并尽快干燥，使水分达到可储存的推荐含量。储存期间的储存设备应包括干燥和通风良好的设施。

二、畜产食品原料的安全生产与控制

畜产食品原料的安全性主要取决于食源性致病菌、人兽共患病和兽药残留的控制。

（一）食源性致病菌及其控制

世界卫生组织指出："凡是通过摄入食物而使病原体进入人体，以致人体患感染性或中毒性疾病，统称为食源性疾病（foodborne disease）。"食源性疾病包括食物中毒、肠道传染病、人兽共患病、肠源性病毒感染及经肠道感染的寄生虫病等。

1. 常见的食源性致病菌及其危害

1）沙门氏菌　　沙门氏菌属（*Salmonella*），属于肠杆菌科，为革兰氏阴性杆菌，按抗原成分可分为甲、乙、丙、丁、戊等基本菌型。与食物中毒相关的典型菌种是肠炎沙门氏菌。沙门氏菌属污染食物后无感官性状的明显变化，易被忽视而引起食物中毒。

沙门氏菌常寄生在人类和动物肠道中，并在动物中广泛传播而感染人群。如果畜禽肉蒸煮加热不当或在冰箱中放置时间过长，都容易发生沙门氏菌感染或中毒。

2）致泻性大肠杆菌　　大肠埃希菌俗称大肠杆菌（*Escherichia coli*），为革兰氏阴性菌，是肠杆菌科埃希氏菌属的一个物种，因主要寄生于大肠内而得名，约占肠道菌的 0.1%。大部分的大肠杆菌不会致病，但有些血清型会造成严重的食物中毒或食物污染。无害的菌株是人体肠道中正常菌丛的一部分，会制造维生素 K、防止肠道中其他致病菌的生长，对人体有益。但是当机体抵抗力下降或大肠杆菌侵入肠外组织或器官时，可作为条件性致病菌而引起肠道外感染，有些血清型可引起肠道感染。在卫生学上大肠杆菌常作为卫生监督的指示菌。

3）金黄色葡萄球菌　　葡萄球菌属于微球菌科，为革兰氏阳性兼性厌氧菌，在 60℃ 加热 30min 即可被杀死。其中，金黄色葡萄球菌（*Staphylococcus aureus*）是引起食物中毒的常见菌种。若破坏食物中污染的金黄色葡萄球菌肠毒素需在 100℃ 加热 2h。金黄色葡萄球菌常见于皮肤表面及上呼吸道黏膜，因此在食品加工过程中需要注意加工操作人员的个人卫生。

葡萄球菌在适宜的条件下可迅速生长繁殖并产生肠毒素，引起食用者发生食物中毒。

4）肉毒梭状芽孢杆菌　　肉毒梭状芽孢杆菌（*Clostridium botulinum*），简称肉毒梭菌，为革兰氏阳性杆菌，广泛存在于自然界，尤其是土壤中，因此极易对食品造成污染。在适宜的环境下可产生肉毒毒素，引起食物中毒。肉毒毒素是一种神经毒素，是目前已知的化学毒物和生物毒物中毒性最强的一种。少量毒素即可产生症状甚至致死，对人的致死量为 0.1μg。罐头的杀菌效果一般以肉毒梭菌为指示菌。

5）志贺氏菌　　志贺氏菌属（*Shigella*）即通称的志贺菌或痢疾杆菌，为一类革兰氏阴性杆菌，不活动、不产生孢子，是导致典型细菌性痢疾的病原菌。其会制造一种能杀死细胞的毒素，称为志贺毒素，可造成出血性腹泻。引起志贺氏菌中毒的食品主要是冷盘和凉拌菜，特别是畜禽肉的凉调。

2. 食源性致病菌的主要预防控制措施　　针对食源性致病菌，需加强对屠宰场所的卫生监督和管理，加强对畜禽胴体卫生检疫，加强食品原料加工、贮运和餐饮食品烹调、制备等环节的卫生管理。

如果畜禽患有沙门氏菌病，胴体无病变或病变轻微时，高温处理后方可出厂（场），血液及内脏作化制或销毁；肌肉有显著病变时，化制或销毁。确认为李斯特氏菌、肉毒梭菌感染的病畜或整个胴体及副产品均销毁处理。

（二）人兽共患病及控制

人兽共患病是指由细菌、真菌、立克次体、衣原体、病毒和寄生虫等引起的一类在脊椎动物和人之间自然传播的疾病的总称，它可通过人与患病的动物直接接触，也可经由动物媒介或被污染的空气、水和食物传播。

1. 主要畜禽病毒病的病原体及危害　　病毒性疾病既可以通过食物和粪便污染，也可以通过衣物、接触、空气等感染。人和动物是病毒复制、传播的主要来源。

1）口蹄疫（foot and mouth disease）　　俗称口疮热和流行性口疮，是由口蹄疫病毒所引起的偶蹄动物的急性、发热性、高度接触性传染病。中国把其列为进境动物检疫一类传染病。

2）牛海绵状脑病（bovine spongiform encephalopathy，BSE）　　俗称疯牛病（mad cow disease），主要是由于朊病毒（prion）引起的，并且可以通过喂食含有疾病的动物骨粉传播。该病主要引起脑组织空泡变性、淀粉样蛋白斑块、神经胶质增生等。

3）禽流行性感冒（avian influenza）　简称禽流感（bird flu），是一种由甲型流感病毒引起的家禽和野禽的急性、高度致死性传染病。世界卫生组织（WHO）指出，目前的 H_7N_9 型病毒株仅能通过禽类传染给人体，但是这种病毒很容易变异，突变出"人传人"的禽流感病毒。

2. 主要人兽共患传染病的病原菌及危害

1）炭疽病（anthrax）　是由炭疽芽孢杆菌（*Bacillus anthracis*）引起的人兽共患的急性、热性、败血性、烈性传染病。人类炭疽病以皮肤炭疽为主，可发生败血症而死亡。

2）结核病（tuberculosis）　是由结核杆菌感染引起的慢性传染病。结核病主要由呼吸道和消化道传播，其中以呼吸道传播为主。

3）布氏杆菌病　布鲁氏菌病（brucellosis，简称布氏杆菌病）是由布氏杆菌（*Brucella*）引起的一种慢性接触性传染病，为我国《传染病防治法》法定乙类传染病。

4）猪链球菌病（swine streptococcicosis）　是由溶血性链球菌引起的人兽共患疾病。染病后潜伏期一般为 1～3 天，急性型发病急，病程短，常无任何症状即突然死亡。

3. 人兽共患病的控制　防止人兽共患病，首先要注意对饲养动物及时有效地给予疫苗接种，一经发现病畜，应立即对病畜采取消毒、封锁隔离措施，必要时对病畜和同群牲畜予以扑杀销毁，同时做好健康动物和人的预防工作。其次，加强屠宰前的兽医卫生检疫检验，屠宰过程中发现可疑病畜应立即停宰送检。最后，饲养和屠宰场所及用具等进行必要的消毒处理，从事畜牧业及其相关工作的人员应做好个人防护，每年进行预防接种，并采取卫生防护措施。

（三）兽药残留及其控制

兽药残留（veterinary drug residue）是指给动物使用兽药或饲料添加剂后，药物的原形及其代谢产物可蓄积或储存于动物的细胞、组织、器官或可食性产品（如肉、乳、蛋）中。人类长期摄入含兽药残留的畜产品，药物不断在体内蓄积，当浓度达到一定量后，就会对人体产生毒性作用。

1. 主要的兽药残留　目前，对人畜危害较大的兽药及药物饲料添加剂主要包括抗生素类、磺胺类、呋喃类、抗寄生虫类和激素类等药物。

2. 兽药残留的主要危害　如果没有按照规定对兽药进行合理使用，没有按规定的休药期进行停药，药物就会在动物组织中产生残留，产生一定的危害或潜在的副作用。

1）细菌耐药性　细菌耐药性是指有些细菌菌株对通常能抑制其生长繁殖的某种浓度的抗菌药物产生了耐受性。同时也有引起与这些药物接触的内源性菌群中的某一种或几种细菌产生耐药性的危险。经常食用含药物残留的动物性食品，动物体内的耐药菌株可通过动物性食品传播给人体，给临床上感染性疾病的治疗带来一定的困难。

2）菌群平衡失调　过多的抗微生物药物的使用会导致菌群平衡发生紊乱，造成一些非致病菌的死亡，使菌群平衡失调，进而导致长期腹泻或维生素缺乏等反应，甚至使人体因某些营养素和活性物质的缺乏而产生生理功能紊乱，导致疾病发生。

3）残留毒性　人长期摄入含兽药残留的动物性食品后，药物不断在体内累积，当浓度达到一定量后就会对人体产生毒性作用。

4）过敏反应　人群中有一些对抗生素易感的个体，即使在残留量非常低的情况下也能产生不耐受性甚至致命的过敏反应。

5）激素的副作用　人长期食用含有低剂量激素类药物的动物性食品，由于累积效应，有可能干扰人体的激素分泌体系和身体的正常机能。

3. 兽药残留的控制　为了控制动物性食品中的兽药残留，可采取以下几种主要措施。

1）按照兽药的使用规范进行科学合理用药　包括合理配伍用药、使用兽用专用药，能用一种药的情况下不用多种药，特殊情况下一般最多不超过 3 种抗菌药物。

2）严格按照规定的休药期进行用药　兽药的休药期指畜禽停止给药到许可屠宰或畜禽的产品（乳、蛋）许可上市的间隔时间。

3）加强监督检测工作　兽药残留具有潜在的危害性，一些对药物非常敏感的人群，其危害更严重。

4）重视食品安全宣传　除对兽药残留问题进行严格的监管和控制外，也要重视对食品安全知识的宣传，进而提升人们的防范意识。

三、水产食品原料的安全生产与控制

了解水产食品原料中的有毒有害物质的来源、分布和主要特性，有利于采取有效控制和相应加工措施，减少危害。

（一）海洋鱼类的毒素

1. 河鲀毒素

1）来源及分布　河鲀毒素（tetrodotoxin，TTX）多存在于河鲀、海洋翻车鱼、斑节虾虎鱼和豪猪鱼等多种鲀科鱼类，是一种生物碱。毒素的浓度由高到低依次为卵巢、鱼卵、肝脏、肾脏、眼睛和皮肤，而肌肉和血液中含量较少。

2）特性及危害　河鲀毒素是自然界中所发现的毒性最大的神经毒素之一，化学性质和热性质均很稳定，盐腌或日晒等一般烹调手段均不能将其破坏，只有在高温加热 30min 以上或在碱性条件下才能被分解。220℃加热 20~60min 可使毒素全部被破坏。中毒潜伏期很短，短至 10~30min，长至 3~6h 发病，发病急，如果抢救不及时，中毒后最快的 10min 内死亡，最迟 4~6h 死亡。

河鲀毒素的毒性很强，主要作用于神经系统，抑制呼吸，引起呼吸肌和血管神经麻痹，对胃、肠道也有局部刺激作用。河鲀毒素的毒性比氰化钠高 1000 倍。

3）预防与控制　①大力开展宣传教育，加强监督管理；②新鲜河鲀必须统一收购，集中加工；③新鲜河鲀去掉内脏、头和皮后，肌肉经反复冲洗，加入 2% 碳酸钠处理 24h，然后用清水洗净，可使其毒性降至对人体无害的程度。

2. 鲭鱼中毒（组胺中毒）

1）来源及分布　莫根氏变形杆菌、组胺无色杆菌、埃希大肠杆菌、沙门氏菌、链球菌和葡萄球菌等富含组氨酸脱羧酶的细菌污染鱼类后，可以使鱼肉中游离的组氨酸脱掉羧基，形成组胺。

2）特性及危害　鲭鱼中毒是一种过敏性食物中毒，主要是人体对组胺的过敏反应所致，通常表现为面部、胸部或全身潮红、头痛、头晕、胸闷、呼吸急促，预后良好，一般没有后遗症，死亡也很少发生。

3）预防与控制　在温度 15~37℃，有氧，中性或弱酸性（pH 6.0~6.2），渗透压不高（盐分 3%~5%）的条件下，易产生大量组胺。因此，控制组胺的产生是预防鲭鱼中毒的关键，如改善捕捞方法，烹饪时加入食醋都可以一定程度上降低其毒性。

3. 西加毒素

1）来源及分布　西加毒素（ciguatoxin，CTX）中毒是吃了在热带水域捕获的鱼中毒而引起的临床综合症状的总称。

2）特性及危害　西加毒素是一种脂溶性聚醚，毒性是河鲀毒素的 20~100 倍，对小鼠的半致死量（LD_{50}）为 0.45μg/kg。

西加毒素主要影响人类的胃肠道和神经系统，中毒症状与有机磷中毒有些相似，表现为腹泻、恶心、呕吐及腹痛，严重者会导致瘫痪和死亡。

3）预防与控制　美国食品药品监督管理局（FDA）规定新鲜、冷冻和生产罐头食品的鱼类中西加毒素的含量不得超过 80μg/100g。

（二）贝类毒素

大多数贝类中均含有一定数量的有毒物质。

1. 麻痹性贝类毒素

1）来源及分布　麻痹性贝类毒素（paralytic shellfish poisoning，PSP）是 20 多种腰鞭毛虫分泌的毒素的总称，是所有的海产品中对健康危害最严重的毒素，主要在海产品中出现，尤其是在软体动物中富集。

2）特性及危害　PSP 属于非蛋白质毒素，毒理与河鲀毒素相似，主要是通过对钠离子通道的影响而

抑制神经的传导。食人后使人出现晕眩、休克等神经中毒症状。使人致死的PSP剂量为500～1000μg/kg。

3）预防与控制　　我国《无公害食品水产品中有毒有害物质限量》（NY 5073—2006）中规定贝类中PSP的含量不得超过400MU/100g（mouse unit，鼠单位，使体重18～22g小鼠15min内死亡的毒素量为1MU）。

2. 腹泻性贝类毒素

1）来源及分布　　腹泻性贝类毒素（diarrhetic shellfish poisoning，DSP）主要来源于可形成赤潮的部分藻类，可被DSP毒化的贝类是双壳贝类。DSP大多分布在贝类的中肠腺中。

2）特性及危害　　到目前为止，尚没有人类因中腹泻性贝毒而致死的报道，但发病率很高。中毒症状以消化系统为主，如恶心、腹痛、腹泻（水样便）。

3）预防与控制　　DSP对人的最小致病剂量为12MU。我国《无公害食品水产品中有毒有害物质限量》（NY 5073—2006）中规定DSP在贝类中不得检出。

3. 神经性贝类毒素

1）来源及分布　　神经性贝类毒素（neurotoxic shellfish poisoning，NSP）的发生与海洋赤潮有关。赤潮生物短裸甲藻在细胞裂解、死亡时会释放出一组毒性较大的短裸甲藻毒素（brevitoxin，BTX），是一种神经性毒素。

2）特性及危害　　NSP的毒性较低，对小鼠的半致死量（LD_{50}）为50μg/kg。当人类食用被短裸甲藻污染的贝类后30min～3h便会出现NSP中毒症状，如感觉异常、冷热感交替、恶心、呕吐、腹泻和运动失调等。NSP中毒很少致死。

3）预防与控制　　对NSP的控制主要以预防为主。水中铁的含量异常升高可作为赤潮发生之前的标志。

第四节　食品加工的常用辅料

一、水

水与产品质量的关系十分密切，其中，凡直接与原料及其制品接触的用水都称为生产用水，而洗涤设备、工具和清洁卫生用水为清洁用水。

食品生产用水的水质必须与生活饮用水相同，一般以自来水为水质来源，可不必检验，但使用井水、泉水或其他水源生产时则必须对水质进行检验，若水质过硬，含有较多无机盐离子，可能会因离子强度过高而影响产品质量。因此，部分天然水资源需要经过软化处理后才能使用。此外，还要检查微生物含量是否合格。

二、油脂

油脂是油和脂肪的统称，从化学成分上来讲是脂肪酸甘油三酯的混合物，食品加工中可使用的天然油脂按所含的脂肪酸不同可分为三类，即固态油脂类、半固态油脂类和液态油脂类，这也是依照饱和脂肪酸量逐渐减少及不饱和脂肪酸逐渐增加的次序排列的。固态油脂包括猪脂、牛脂和羊脂等；半固态油脂包括奶油、椰子油、棕榈仁油和棕榈油等；液态油脂包括含油酸较多的橄榄油和茶油，以油酸和亚油酸为主的花生油、芝麻油、棉籽油和米糠油，亚油酸含量较高的玉米油、豆油、葵花油和红花油，亚麻酸含量高的亚麻油及含特种脂肪酸的菜油和蓖麻油。油脂的摄入可以为人体提供能量和人体必需的脂肪酸。同时，油脂可以改善食品食用口感，使口感更佳细腻润滑。此外，食品原料中一些气味和营养分子不溶于水而易溶于油脂，因此油脂有利于在烹饪过程中增加食物香味和更好地利用食品原料中的营养物质。

三、淀粉

淀粉是由许多葡萄糖分子脱水缩合而成的天然高分子碳水化合物，纯淀粉是一种白色粉末，无臭无味，相对密度为 1.499~1.513。商品淀粉含水分为 12%~18%。淀粉因分子内氢键卷曲成螺旋结构的不同，可分为直链淀粉（糖淀粉）和支链淀粉（胶淀粉）。前者为无分支的螺旋结构；后者以 24~30 个葡萄糖残基以 α-1,4-糖苷键首尾相连而成，在支链处为 α-1,6-糖苷键。淀粉不溶于冷水，将淀粉放在水中边加热边搅拌，到一定温度后淀粉颗粒开始吸水透明度增大，黏度升高，这一温度称为糊化起始温度。随着加热温度继续升高，淀粉颗粒继续吸水膨润，体积增大直至达到膨润极限后颗粒破裂，分裂形成均匀糊状溶液，黏度下降，这种淀粉加热后的吸水—膨润—崩坏—分散的过程称为淀粉的糊化（见第二章第二节相关内容）。

四、蛋白制品

（一）植物蛋白制品

1. 大豆蛋白制品　　大豆蛋白制品指大豆油脂被提取后，剩下的豆粕经不同工艺的再加工，得到的不同产品。除其本身所具有的营养成分之外，还具有热凝固性、保水性、分散脂肪性和纤维形成性等优良性状。根据所需功能选取合适的大豆蛋白制品用于食品加工中，可以改善食品品质，提高食品质量。例如，大豆蛋白溶液加热后会产生凝胶化，所以加入到肉糜中后可增强肉糜制品的弹性，一般加入量为 5%。pH 在 6.5 以上时，其保水力可达 90% 以上。它能使水中呈油滴形的脂肪乳化，且乳化物的稳定性与蛋白质浓度成正相关性。

2. 小麦蛋白制品　　小麦蛋白，也被称为谷朊粉，是从小麦粉中提取出来的天然蛋白质。小麦蛋白在中性附近几乎不溶于水，形成极有黏弹性的黏糊状筋力物质。这种筋力物质的弹性受 pH 和食盐浓度的影响。它在 pH 6.0 左右显示出其物性特征，在 pH 8.0 左右凝胶强度最高，随着食盐浓度的增加，其伸展性和耐捏性增加，在食盐浓度 3.0% 时显示出良好的特性，小麦蛋白一般可吸水 1~2 倍，加热后有凝固性或结着性，加热温度在 80℃ 以上时就能起到增强制品特性的作用。

3. 豌豆蛋白制品　　豌豆蛋白粉是通过低温低压工艺从豌豆中分离提取出来的优质蛋白制品。豌豆蛋白由不同类型的球状蛋白混合而成，球蛋白含量占 65%~80%，其余为少量白蛋白和谷蛋白。豌豆蛋白具有表面活性易成型的特性，故豌豆蛋白适用于包埋和递送体系。天然豌豆蛋白表面具有亲水性，这意味着其往往是水溶性的。此外，豌豆蛋白也常被用作乳化剂来形成和稳定高压均质生产的水包油纳米乳液。

（二）动物蛋白

1. 明胶　　明胶是动物的皮、骨等结缔组织经加热溶出后得到的一种胶原蛋白，经过进一步脱脂、浓缩、干燥等工艺处理后得到的。其本质为胶原的水解产物，是一种天然营养型食品增稠剂。干燥的明胶是一种无色无味的物质，呈白色或浅黄褐色，通常为片状或粉末状，可溶于乙酸、甘油等有机溶剂，不溶于乙醇、氯仿等多数非有机溶剂。明胶在浓度 1.0% 以上就会失去流动性，变成有弹性的凝胶。溶胶与凝胶之间的转换温度随明胶的种类的不同而不同，一般当温度上升至 30~35℃ 时发生溶胶化，形成高黏度的溶胶，随着温度的降低，其黏度增加，当温度下降到 26~28℃ 时开始凝胶化，形成具有网状结构的凝胶体。因此，常被用作悬浊液和油脂乳化剂、色素和香料的分散剂、产品的增亮剂等。

2. 蛋清　　在全蛋清中，外水蛋清占 25% 左右，浓厚蛋清占 50%~60%，其余为内水状蛋清和其他成分。蛋清的凝固一般从 56℃ 开始，66℃ 时大部分凝固，至 80℃ 时完全凝固，这种凝固不同于明胶，是一种蛋白质的不可逆变性。

新鲜全蛋清和冷冻全蛋清的弹性增强效果几乎没有差别，咀嚼感与光泽以新鲜蛋清为好。新鲜的浓蛋清与水状蛋清的添加效果差，白度低。添加杀菌蛋清的产品破断度和凹陷度比添加冷冻蛋清差。干蛋清比冷冻蛋清的弹性增强效果差，但白度高。加盐全蛋清比冷冻全蛋清的添加效果差，白度也较低。

3. 鱼糜　　鱼糜是一种新型水产食品原料。鱼糜是用生鱼肉经斩拌后，添加 2%~3% 的食盐和其他副原料进行擂溃，形成黏稠的肉糊，成型后加热定型，最终形成有弹性的凝胶体。鱼糜肌肉中的蛋白质分为三类：盐溶性蛋白质、水溶性蛋白质和不溶性蛋白质。盐溶性蛋白质即肌原纤维蛋白质，由肌球蛋白、肌动蛋白和肌动球蛋白组成。肌原纤维蛋白能溶于中性的盐溶液，占鱼糜总蛋白的 60% 左右，是鱼糜形成弹性凝胶体的主要成分。一般来说，鱼肉纤维较粗的原料，盐溶性蛋白质含量较高。

五、酵母制品

酵母（yeast）是一种分布于整个自然界，椭圆形或球形的单细胞真核生物，广泛生活于潮湿且富含糖分的物体表层。酵母属于化能异养、兼性厌氧型微生物，在有氧和无氧条件下都能够存活，能够直接吸收利用多种单糖分子，将糖分解为酒精和二氧化碳，一些酵母能够通过出芽的方式进行无性生殖，也可以通过形成孢子的形式进行有性生殖，是一种天然发酵剂。常用于酒类的酿造、焙烤食品和部分茶叶的发酵。其自溶物可作为肉类、汤类、调味料的添加剂。

六、调味料及香辛料

调味料指在加工或烹饪过程中，被用来少量加入其他食物中来改善食物风味的食品成分。调味料大多直接或间接来自于植物、动物和矿物成分，少部分由人工合成，如鸡精、味精等。调味料可以为其他食物添加的味道分别有酸、甜、苦、辣、咸、麻、鲜等。

（一）食盐

联合国粮农组织和世界卫生组织（FAO/WHO）规定："食盐以氯化钠为主要成分，指海盐、地下矿盐或天然卤水制的盐，不包括由其他资源生产的盐，特别是化学工业的副产品。"食用盐的主要成分是氯化钠，同时还含有少量水分、杂质及铁、磷、碘等元素。

（二）糖类

糖类是多羟基醛、多羟基酮及能水解生成多羟基醛或多羟基酮的有机化合物。糖类在水产品生产上的应用，除了作为调味用甜味剂外，还起到减轻咸味、防腐、去腥、解腻等作用，更主要的是可以用于冷冻鱼糜中防止鱼肉蛋白质的冷冻变性。

（三）味精

味精是以粮食为原料经发酵提纯的谷氨酸钠结晶。我国自1965年以来已全部采用糖质或淀粉原料生产谷氨酸，经等电点结晶沉淀、离子交换或锌盐法精制等方法提取谷氨酸，再经脱色、脱铁、蒸发、结晶等工序制成谷氨酸钠结晶。

味精具有强烈的鲜味，是含有一个结晶水的L-谷氨酸钠。其味觉呈味成分中，鲜味占71.4%，咸味占13.3%，甜味占9.8%，酸味占3.4%，苦味占1.7%，其他占0.4%。味精的溶解度较大，其阈值（即仅能察觉到味道时的最低浓度）为0.03%，作为调味料广泛应用于食品加工中。

延伸阅读

味精的由来

味精又称味素，是调味料的一种，主要成分为谷氨酸钠，是一种无臭无色的晶体，在232℃时解体熔化。谷氨酸钠的水溶性很好，在100mL水中可以溶解74g谷氨酸钠。味精的发展经历了三个阶段。第一阶段：1866年德国人H.Ritthasen（里德豪森）博士从面筋中分离到氨基酸，他称其为谷氨酸，根据原料定名为麸酸或谷氨酸（因为面筋是从小麦里提取出来的）。1908年日本东京大学池田菊苗试验，从海带中分离到L-谷氨酸结晶体，这个结晶体和从蛋白质水解得到的L-谷氨酸是同样的物质，而且都是有鲜味的，命名为"味之素"。第二阶段：以面筋或大豆粕为原料通过用酸水解的方法生产味精，在1965年以前是用这种方法生产的。这个方法消耗大，成本高，劳动强度大，对设备要求高，需耐酸设备。第三阶段：随着科学的进步及生物技术的发展，使味精生产发生了革命性的变化。自1965年以后我国味精厂都采用以粮食为原料（玉米淀粉、大米、小麦淀粉、甘薯淀粉）通过微生物发酵、提取、精制而得到符合国家标准的谷氨酸钠，为市场上增加了一种安全又富有营养的调味品。

（四）香辛料

香辛料是指各种具有特殊香气、香味和滋味的植物全草、叶、根、茎、树皮、果实或种子，如月桂皮、桂皮、茴香和胡椒等，用以提高食品风味。因其中大部分用于烹调，故而又称调味香料。

香辛料中主要的呈香基团和辛味物质是其中的醛基、酮基、酚基及一些杂环化合物，除了有增香、调味、矫臭、矫味的效果之外，还含有抗菌和抗氧化性的成分。香辛料的种类繁多，用于食品加工的香辛料有使制品形成独特香气的胡椒、丁香、茴香，对制品有矫臭、抑臭和增加芳香性的肉桂和花椒，有以辣味为主的生姜和以颜色为主的洋葱等。

七、动植物提取物

（一）植物提取物

植物提取物是通过采用适当的溶剂，通过物理化学手段从植物的全部或植物的一部分中提取出来的物质。这些物质往往含有某一种或多种有效成分，其中的有效成分不会因富集手段而发生改变。

根据有效成分含量，植物提取物可分为有效单体提取物、标准提取物和比率提取物；按照成分，可分为酸、多酚、多糖、黄酮、萜类、生物碱等；按照产品形态，可分为植物油、膏、粉、晶状体等；按照使用用途，可分为天然色素、中草药提取物、提取物制品类和浓缩制品类。

（二）动物提取物

动物提取物是以动物胴体、动物的部分组织或脏器等为原料，通过生物酶解或经过物理、化学手段进行提取、浓缩、干燥后得到的混合物，大多为粉末形式，易溶于水。

动物提取物的主要类别为蛋白质、氨基酸、肽、酶、多糖、脂质、核酸及其衍生物等。常见的动物提取物有天然肉类提取物、天然海鲜类提取物等。

研究表明，动物提取物中的肽类，如多肽、糖肽等具有抗菌、抗肿瘤、抗衰老等功效。以牡蛎提取物、文蛤提取物为代表的动物提取物，也成为优秀的新型海洋药物和功能性保健食品资源。

本章小结

1. 食品原料按自然属性分类可分为动物性原料、植物性原料、矿物质原料、微生物原料及人工合成或从自然物中萃取的添加剂类等。按生产方式可分为农产品、畜产品、水产品、林产品和其他食品原料等。

2. 呼吸作用和后熟作用是植物性食品原料的两大特征。呼吸作用是生物体生物活动最重要的生理机能之一，分为有氧呼吸和无氧呼吸。后熟作用指在果蔬原料形态上成熟被收获后，原料仍然进行着一系列复杂的生理生化变化，直至生理成熟。

3. 家畜、家禽、鱼类及贝类等在被宰杀或捕捞致死后，它们的肌肉组织会发生一系列生化变化，主要体现在僵直作用、成熟作用、自溶和腐败等。

4. 植物原料由细胞构成，植物细胞基本由原生质体、细胞壁、液泡和内含物所组成。粮食的生理特征包括后熟和陈化。后熟作用指由完熟到生理成熟所进行的生理变化。陈化指随贮藏时间的延长，理化性质的改变使品质逐渐劣变而趋于衰老的现象。

5. 动物组织按其机能可概括为上皮组织、结缔组织、肌肉组织和神经组织。作为食品加工使用的主要是动物的胴体。肉品的感观及物理性状包括颜色、风味、弹性、坚度、韧度、嫩度、容重、比热、导热系数、保水性等。这些性状取决于肉来源动物种属特性，常被作为人们识别肉品质量的依据。

6. 食品原料安全隐患主要来源于植物源的农药残留（如有机氯和有机磷）、天然毒素（如苷类、生物碱及毒蛋白）和真菌毒素（如黄曲霉毒素），畜产食品源的食源性致病菌（如沙门氏菌、致泻性大肠杆菌及金黄色葡萄球菌）、人兽共患病（如口蹄疫）和兽药残留（如抗生素类、磺胺类、抗寄生虫类），水产食品源的海洋鱼类的毒素（如河鲀毒素）和贝类毒素（如麻痹性贝类毒素）；随着相关法律，如《农药安全使用标准》的完善，原料前处理等制度的完善，以及及时有效的销毁等处理方式，可有效控制食品原料的安全。

?【思 考 题】

1. 简述肌肉的基本结构。

2. 简述肉品在宰杀后和保藏过程中的变化。

3. 植物性原料的生理变化特征有哪些?

4. 果蔬产品为何需要及时加工?

5. 常见植物性油脂的主要品种及品质特征有哪些?

6. 食品中常用的香辛料有哪些? 试述各自的作用特点。

7. 动植物提取物均有什么特点? 日常生活中常见的动植物提取物有哪些?

参考文献

蒋爱民,赵丽芹. 2020. 食品原料学. 第 3 版. 南京:东南大学出版社.

刘勤华. 2018. 我国肉类加工的现状分析. 食品安全导刊,(33):145-147.

王志伟. 2021. 果蔬加工技术现状与发展探讨. 现代农业研究,27(6):135-136.

Fathi M, Donsi F, Mcclements D J. 2018. Protein - based delivery systems for the nanoencapsulation of food ingredients. Comprehensive Reviews in Food Science and Food Safety, 17(4): 920-936.

Zhang M, Li F, Diao X, et al. 2017. Moisture migration, microstructure damage and protein structure changes in porcine longissimus muscle as influenced by multiple freeze-thaw cycles. Meat Science, 133:10.

第二章

食品加工的化学基础

食品加工的化学基础是从化学角度和分子水平研究食品的化学组成、结构、理化性质等，为改善食品品质、开发食品资源等奠定理论基础。本章从食品加工的化学基础出发，介绍了粮食、油脂、畜禽、果蔬及水产等食品原料的化学组成；食品在加工和储藏过程中蛋白质、脂类、碳水化合物及维生素发生的化学变化；食品风味化学的基本概念及食品风味物质的形成；食品添加剂的种类、作用和功能。

学习目标

掌握主要粮食原料的化学组成。

掌握食品加工和贮藏中常见化学变化的概念及原理。

掌握食品风味及风味物质的分类。

掌握食品风味及风味物质的作用方式。

掌握食品添加剂的种类及作用。

第一节　食品主要原料的化学组成

一、粮食原料的化学组成

（一）禾谷类

1. 稻米

1）碳水化合物　　从营养角度讲，精白米的蛋白质、脂肪和其他微量成分较少。越是精白的大米，由于富含蛋白质、脂肪的糠层部分被除去，因此含淀粉比例越大。稻米淀粉在谷物淀粉中粒度最小，直径为 $7\sim9\mu m$，往往由 $5\sim15$ 个淀粉单粒聚集为复合淀粉粒。

2）蛋白质　　稻米蛋白质主要由谷蛋白、球蛋白、白蛋白和醇溶性蛋白组成。米谷蛋白是主要组分，占总蛋白的 $70\%\sim80\%$。在谷类中稻米蛋白组成比较合理，限制氨基酸只有赖氨酸，但精白米总蛋白含量较少。

3）脂类　　稻米的脂类主要存在于糠层、胚芽和糊粉层中，精白米中脂肪含量随加工精度的提高而降低，因此脂类含量被用来测定精米程度。稻米中维生素 B_1 和维生素 B_2 主要在胚芽和糊粉层中，因此精米的维生素 B_1、维生素 B_2 含量只有糙米的 1/3 左右；维生素 E 主要存在于糠层中，其中 1/3 是 α-生育酚。

2. 小麦

1）碳水化合物　　小麦中碳水化合物约占麦粒重的 70%，其中淀粉占绝大部分，包括直链淀粉和支链淀粉，还有纤维、糊精及各种游离糖和戊聚糖。其中小麦粗纤维大多存在于麸皮中，虽不能被人体吸收，但作为功能因子有整肠作用，对预防心血管疾病、结肠癌等有一定效果。

2）蛋白质　　小麦的蛋白质含量一般为 $12\%\sim14\%$。按 Osborne 的种子蛋白质分类法，小麦中的蛋白质主要可分为麦胶蛋白（约占蛋白质 33.2%）、麦谷蛋白（约占 13.6%）、麦白蛋白（约占 11.1%）、球蛋白（约占 3.4%）4 种，其余还有低分子蛋白和残渣蛋白。小麦蛋白的氨基酸组成中，赖氨酸含量少。

3）脂类　　小麦的脂质主要存在于胚芽和糊粉层中，含量为 $2\%\sim4\%$，多由不饱和脂肪酸组成，易氧化酸败，所以在制粉过程中一般要将麦芽除去。小麦粉脂质含量约 2%，其中约 1/2 为脂肪，其余有磷脂质和糖脂质，它们在面团中和面筋质结合，对加工性有一定影响。卵磷脂可使面包柔软。

4）其他微量成分　小麦或面粉中的矿物质以盐类形式存在，含量丰富。灰分大部分在麸皮中，灰分越少面粉越白，因此小麦粉的等级划分也往往以灰分量的多少为标准，以表示去除麸皮的程度。

（二）薯类

1. 马铃薯　马铃薯的蛋白质为完全蛋白，含有人体所需的 8 种必需氨基酸，其块茎中的蛋白质含量为 2% 左右（无水计算为 9.8%）。马铃薯是人体获得碳水化合物的重要途径之一，其块茎中约有 16.5% 的碳水化合物，其中淀粉占 9%～30%。

2. 红薯　每 100g 红薯（红心）含有碳水化合物 24.7g（以淀粉为主），蛋白质 1.1g，不溶性膳食纤维 1.6g，维生素 C 20mg，胡萝卜素 150μg，钾 130mg。另外，红薯中的黏液蛋白能保持血管壁的弹性，防止动脉粥样硬化。

3. 紫薯　紫薯含有 20% 左右的蛋白质，包括 18 种氨基酸，易被人体消化和吸收，其中包括维生素 C、维生素 B、维生素 A 等 8 种维生素和磷、铁等 10 多种矿物元素，更主要的是含有大量药用价值较高的花青素。

二、油脂原料的化学组成

（一）大豆（黄豆、黑豆、青豆）

1. 蛋白质　大豆包括黄大豆、青大豆、黑大豆、白大豆等品种，以黄大豆较常见。黄大豆蛋白质含量达 35%～45%，是植物中蛋白质质量和数量最佳的作物之一。大豆蛋白质的赖氨酸含量高，是谷类物质的 2 倍以上，但甲硫氨酸为其限制氨基酸。

2. 脂类　大豆的脂肪含量为 15%～20%，是世界上主要的油料作物。大豆油中的不饱和脂肪酸含量高达 85%，亚油酸含量达 50% 以上，油酸达 30% 以上，维生素 E 含量高，是一种优质的食用油脂。大豆含有较多磷脂，占脂肪含量的 2%～3%。

3. 碳水化合物　大豆中的碳水化合物含量约为 25%，主要成分为蔗糖、棉籽糖（raffinose）、水苏糖（stachyose）等低聚糖及纤维素和多缩半乳糖等多糖。它们在大肠中能被微生物发酵产生气体，引起腹胀，但同时也是肠内双歧杆菌的生长促进因子。

（二）花生

1. 脂类　花生仁中含有丰富的油脂，但因品种类型和栽培条件不同，其脂肪含量也有所不同。在几种主要的油料作物中，花生的脂肪含量仅次于芝麻，而高于大豆、油菜和棉籽。油脂是花生仁中含量最高的成分，一般占其质量的 40%～56%。

2. 蛋白质　花生仁中含有 24%～36% 的蛋白质，与几种主要油料作物相比，仅次于大豆，而高于芝麻和油菜。

3. 碳水化合物　花生仁中含有 10%～24% 的碳水化合物，但因品种和成熟度不同其含量有较大变化。花生仁中的碳水化合物主要是淀粉（约 4%）、双糖（约 4.5%）、还原糖（约 0.2%）及戊聚糖（约 2.5%）。

三、畜禽食品原料的化学组成

（一）原料肉

1. 蛋白质　畜类的肌肉和部分内脏组织，如肝脏、肾脏、心脏等含有丰富的蛋白质，含量可达到 10%～20%。禽类肌肉的蛋白质含量比畜类略高，可达 20% 以上，都是优质蛋白质。禽类肌肉组织中，结缔组织的含量比畜类的少，故禽肉较畜肉口感更细嫩、更容易消化。

2. 脂类　畜禽类原料脂类的含量因动物的品种、年龄、肥瘦的程度和部位而有很大的差异。含量：猪肥肉＞猪瘦肉＞鹅肉＞鸭肉＞牛肉＞鸡肉。在质量方面，畜肉脂肪含较多饱和脂肪酸，畜肉特别是脑和内脏富含胆固醇；禽肉脂肪一般含较多不饱和脂肪酸，较低胆固醇，分布较均匀。

3. 水分　　水分是肉中含量最多的组分，一般为70%～80%。畜禽肉质越肥水分含量越少，老龄比幼龄的少，公畜比母畜的低。水分按状态分为自由水与结合水，结合水的比例越高，肌肉的保水性能也就越好。

4. 碳水化合物　　禽肉中的碳水化合物含量较低，为0.2%～4%，主要以糖原形式存在于肌肉和肝脏中。畜类原料缺乏碳水化合物，只有很少量的糖原以肝糖原和肌糖原的形式存在于肝脏和肌肉组织中。

（二）原料牛乳

牛乳的成分主要有水分、蛋白质、脂肪、乳糖、无机盐类、磷脂、维生素、酶、免疫体、色素、气体及其他的微量成分。

1. 水分　　水是乳中的主要组成部分，占87%～89%。其中游离水占水分的绝大部分，是乳汁的分散媒；结合水与蛋白质、乳糖及某些盐类结合存在。

2. 蛋白质　　牛乳中的含氮物质除游离氨基酸、肌酸、嘌呤等非蛋白态氮外，95%是蛋白质。乳蛋白主要包括酪蛋白、乳清蛋白及少量的脂肪球膜蛋白，它是牛乳中的主要营养成分，含有人体必需氨基酸，是一种全价蛋白质，其中酪蛋白占牛乳蛋白质的80%。

3. 脂类　　牛乳中脂肪的97%～98%是由三个脂肪酸与甘油形成的酯类。其他的甘油酯、硬脂酸、磷脂、游离脂肪酸等仅占很少部分。乳脂肪主要是被包含在细小的球形或椭圆形脂肪球中，形成乳包油型的乳浊液。

4. 乳糖　　乳糖是哺乳动物乳汁中特有的、主要的碳水化合物，是一种双糖，溶解度比蔗糖差，甜度仅为蔗糖的1/6～1/5，水解时生成葡萄糖和半乳糖。牛乳中的乳糖含量为4.5%～5.0%，占干物质的38%～39%，呈溶液状态存在于乳中。

（三）原料蛋类

1. 水分和能量　　鸡蛋中含水75%左右，其中蛋清含水85%左右，蛋黄含水55%左右，每100g含能量150kcal（1cal＝4.19J）左右；鸭蛋中含水70%左右，每100g含能量180kcal左右。

2. 蛋白质　　全蛋蛋白质含量为11%～13%，其中蛋黄14%～17%，蛋清11%～12%，每枚鸡蛋平均可为人体提供6～7g的蛋白质，是动物蛋白质中成本最低，质量最佳的蛋白质之一。

3. 脂类　　98%的脂肪存在于蛋黄中，几乎全部与蛋白质乳化结合。蛋黄中脂肪含量为30%～33%，脂肪酸中油酸约占50%，并富含花生四烯酸和二十二碳六烯酸（DHA）。

4. 维生素　　鸡蛋中富含维生素A、D、E、K及维生素B族，一枚鸡蛋约可满足成年女子一天维生素B_2推荐量的13%，维生素A推荐量的22%。

四、水产食品原料的化学组成

（一）蛋白质

1. 鱼类　　蛋白质是组成鱼类肌肉的主要成分。按其在肌肉组织中的分布大致分为三类：肌原纤维蛋白、肌浆蛋白和肉基质蛋白。这几种蛋白质与陆生动物中的种类组成基本相同，但在数量组成上存在差别。

2. 虾蟹类　　大多数虾蟹类可食部分蛋白质含量为14%～21%。相较而言，蟹类的蛋白质含量略低于虾类的。

（二）脂类

1. 鱼类　　鱼类脂质的种类和含量因鱼种而异。鱼体组织中脂质的种类主要有三酰甘油、磷脂、蜡脂及不皂化物中的固醇（甾醇）、烃类、甘油醚等。脂质在鱼体组织中的种类、数量、分布，还与脂质在体内的生理功能有关。

2. 虾蟹类　　虾蟹类的脂肪含量较低，一般都在6%以下。比较而言，蟹类的脂肪含量显著高于虾类的，尤其是中华绒螯蟹高达5.9%，而虾类脂肪含量一般都在2%以下。

（三）碳水化合物

1. 鱼类　　鱼中的糖类含量很少，一般都在1%以下。鱼类肌肉中，碳水化合物是以还原糖的形式存在，红色肌肉比白色肌肉含量略高。

2. 虾蟹类　　除中华绒螯蟹含量高达7.4%外，其他虾蟹类的碳水化合物都在1%以下。在虾蟹类的壳中，含有丰富的几丁质（chitin），又叫甲壳素或甲壳质，以自然干物计，虾蟹壳含水分10%～12%、无机盐25%～45%，有机物43%～65%，其衍生物广泛应用于食品、医药、建筑等行业。

（四）微量成分

1. 鱼类　　鱼体中的矿物质是以化合物和盐溶液的形式存在。其种类很多，主要有钾、钠、钙、磷、铁、锌、铜、硒、碘、氟等人体需要的大量元素和微量元素，含量一般较畜肉的高。

2. 虾蟹类　　与鱼类相比较，除中华绒螯蟹维生素A含量为389μg/100g外，虾蟹类脂溶性维生素A和维生素D的含量都极少，这与虾蟹类脂肪含量低有关；但维生素E的含量却与鱼类没有差异。

第二节　食品加工和贮藏中的化学变化

一、蛋白质在食品加工和贮藏中的化学变化

1. 水合性质　　蛋白质制品的许多功能性与水合作用有关，如水吸收作用（又称水亲和性）、溶胀、湿润性、持水性、分散性、黏度等。蛋白质的水合作用是通过蛋白质的肽键，或有亲水基团的氨基酸侧链同水分子之间的相互作用来实现的。

2. 溶解度　　蛋白质的许多功能特性都与蛋白质的溶解度有关，特别是增稠、起泡、乳化和胶凝作用。目前不溶性蛋白质在食品中的应用非常有限。

蛋白质的溶解度是反映其水合性质的一个重要指标，也是非常实用的指标，其准确含义是达到饱和溶解时每升水中溶解蛋白质的质量。蛋白质在水中的分散和聚集是一对相反的过程，二者存在平衡点。当平衡点偏向于分散时，蛋白质高度分散于水中形成溶胶或溶液。蛋白质分子（或胶粒）间的静电吸引和疏水相互作用有利于聚集，蛋白间的静电排斥、立体排斥和蛋白质的水合作用有利于分散溶解。

3. 界面性质　　蛋白质的界面性质表现在其优良的乳化性和起泡性上。

许多食品，如牛乳、冰淇淋、豆奶、黄油等属于乳胶体，蛋白质成分在稳定这些胶态体系中通常起着重要的作用。天然的乳状液是靠着脂肪球"膜"来稳定。这种膜由三酰甘油、磷脂、不溶性脂蛋白和可溶性蛋白质的连续吸附层所构成。蛋白质吸附在分散的油滴和连续的水相之间的界面上，氨基酸侧链的离子化可提供稳定乳状的静电斥力。

4. 黏度　　蛋白质体系的黏度和稠度是流体食品的主要功能性质，如饮料、肉汤、汤汁、沙司和稀奶油。了解蛋白质分散体的流体性质，对于确定加工的最佳操作过程同样具有实际意义，如泵传送、混合、加热、冷却和喷雾干燥，都包括质和热的传递。

5. 胶凝作用　　蛋白质胶体溶液在一定条件下，蛋白质之间相互作用形成三维有序网络，水分分散在网络之中，体系失去流动性，成为具有一定形状、弹性的半固体"软凝胶"状态。这一过程称为蛋白质的胶凝作用。

6. 蛋白质的分解　　在动植物组织酶及微生物分泌的蛋白酶和肽链内切酶等的作用下，蛋白质水解成多肽，进而分解形成氨基酸。氨基酸通过脱氨基、脱羧基和脱硫等作用，进一步分解成相应的氨、胺类、有机酸类和碳氢化合物。

1）氨基酸的分解

（1）脱氨反应。在氨基酸脱氨反应中，通过氧化脱氨生成羧酸和α-酮酸，直接脱氨则生成不饱和脂肪酸，若还原脱氨则生成有机酸。

$$RCH_2CHNH_2COOH（氨基酸）+O_2 \longrightarrow RCH_2COCOOH（\alpha\text{-}酮酸）+NH_3$$

$$RCH_2CHNH_2COOH(氨基酸)+O_2 \longrightarrow RCOOH(羧酸)+NH_3+CO_2$$
$$RCH_2CHNH_2COOH(氨基酸) \longrightarrow RCH=CRCOOH(不饱和脂肪酸)+NH_3$$
$$RCH_2CHNH_2COOH(氨基酸)+H_2 \longrightarrow RCH_2CH_2COOH(有机酸)+NH_3$$

（2）脱羧反应。氨基酸脱羧基生成胺类。有些微生物能脱氨、脱羧同时进行，通过加水分解、氧化和还原等方式生成乙醇、脂肪酸、碳氢化合物和氨、二氧化碳等。

$$CH_2NH_2COOH(甘氨酸) \longrightarrow CH_3NH(甲胺)+CO_3$$
$$CH_2NH_2(CH_2)_2CHNH_2COOH(鸟氨酸) \longrightarrow CH_2NH_2(CH_2)_2CH_2NH_2(腐胺)+CO_2$$
$$CH_2NH_2(CH_2)_3CHNH_2COOH(精氨酸) \longrightarrow CH_2NH_2(CH_2)_3CH_2NH_2(尸胺)+CO_2$$
$$(CH_3)_2CHCHNH_2COOH(缬氨酸)+H_2O \longrightarrow (CH_3)_2CHCH_2OH(异丁醇)+NH_3+CO_2$$
$$CH_3CHNH_2COOH(丙氨酸)+O_2 \longrightarrow CH_3COOH(乙酸)+NH_3+CO_2$$
$$CH_2NH_2COOH(甘氨酸)+H_2 \longrightarrow CH_4(甲烷)+NH_3+CO_2$$

2）胺的分解　腐败中生成的胺类通过细菌的胺氧化酶被分解，最后生成氨、二氧化碳和水。

$$RCH_2NH_2(胺)+O_2+H_2O \longrightarrow RCHO+H_2O_2+NH_3$$

过氧化氢通过过氧化氢酶被分解，同时，醛也经过酸再分解为二氧化碳和水。

3）硫醇的生成　硫醇是通过含硫化合物的分解而生成的。

$$CH_3SCH_2CHNH_2COOH(甲硫氨酸)+H_2O \longrightarrow CH_3SH(甲硫醇)+NH_3+CH_3CH_2COCOOH(\alpha-酮酸)$$

4）甲胺的生成　鱼类、贝类、肉类的正常成分三甲胺氧化物可被细菌的三甲胺氧化还原酶还原生成三甲胺。此过程需要有可使细菌进行氧化代谢的物质（有机酸、糖、氨基酸等）作为供氢体。

$$(CH_3)_3NO+NADH \longrightarrow (CH_3)_3N+NAD^+$$

二、脂类在食品加工和贮藏中的化学变化

1. 脂解　脂类化合物在酶作用或加热条件下发生水解，释放出游离脂肪酸。活体动物组织中的脂肪实际上不存在游离脂肪酸，然而动物在宰杀后由于酶的作用可生成游离脂肪酸，动物脂肪在加热精炼过程中使脂肪水解酶失活，可减少游离脂肪酸的含量。

油脂脂解严重时可产生不正常的臭味，其主要来自游离的短链脂肪酸所具有的特殊汗臭味和苦涩味。脂解反应游离出的长链脂肪酸虽无气味，但易造成油脂加工中不必要的乳化。大多情况下，人们采取工艺措施降低油脂的脂解，在少数情况下则有意增加脂解产生食品特有的风味，如制造面包和酸奶时。

2. 脂类氧化　脂类氧化是食品败坏的主要原因之一，它使食用油脂、含脂肪食品产生各种异味和臭味，统称为酸败。另外，氧化反应能降低食品的营养价值，某些氧化产物可能具有毒性。而在某些情况下，脂类进行有限度氧化是需要的。例如，产生典型的干酪或油炸食品香气。

油脂的自发氧化速度决定了含油脂食品的货架寿命，所以常常要在此类食品中添加抗氧化剂，以阻止或延迟油脂自动氧化的进程。油脂中脂肪酸不饱和度、油料中动植物残渣等，均有促进油脂酸败的作用；而油脂的脂肪酸饱和程度、维生素 C、维生素 E 等天然抗氧化物质及芳香化合物含量高时，则可减慢氧化和酸败。

3. 热分解　油脂经长时间加热会发生黏度增高、酸价增高的现象。在高温下，脂肪可先发生部分水解，然后聚集或缩合成相对分子质量更大的物质，不仅味感变劣，丧失营养，甚至还有致癌毒性。因此对于煎炸食品来说，油的加热温度和使用时间都必须加以控制。

4. 乳化　油脂中甘油的羟基和脂肪酸的羧基都具有亲水性，只是因为它是非极性分子，所以不溶于水。但如加入蛋白质、卵磷脂、固醇、单硬脂酸甘油酯等同一分子中兼有极性和非极性基的成分时，则脂肪可以以微粒分散于水中，这种现象称为乳化。利用流体剪切、超声波等物理方法，也能产生乳化现象，但得到的乳浊液不稳定。乳化的相反过程称为破乳。油脂乳化有利于人体的消化与吸收，人体分泌的胆液也是良好的乳化剂。

三、碳水化合物在食品加工和贮藏中的化学变化

1. 碳水化合物的分解　食品中的碳水化合物包括纤维素、半纤维素、淀粉、糖原、双糖和单糖等，含这些成分较多的食品主要是粮食、蔬菜、水果和糖类及其制品。在微生物及动植物组织中各种酶及其他因素作用下，这些食品组分被分解成单糖、醇、醛、酮、羧酸、二氧化碳和水等产物。由微生物引起糖类

物质发生的变质，习惯上称为发酵或酵解。在分解糖类的微生物的作用下碳水化合物分解为有机酸、乙醇和气体等。

碳水化合物含量高的食品变质的主要特征为酸度升高、产气和稍带有甜味、醇类气味等。食品种类不同也表现为糖、醇、醛、酮含量升高或产气（CO_2），有时常带有这些产物特有的气味。水果中果胶可被一种曲霉和多酶梭菌所产生的果胶酶分解，并可使含酶较少的新鲜果蔬软化。

2. 淀粉的糊化和老化

1）糊化　　淀粉颗粒具有结晶区和非结晶区交替的结构，通过加热提供足够的热量，破坏了结晶胶束区的弱氢键后，颗粒开始水合和吸水膨胀，结晶区消失，大部分支链淀粉溶解到溶液中，溶液黏度增加，淀粉颗粒破裂，双折射现象消失，这个过程称为淀粉的糊化。各种淀粉的糊化温度不相同，其中直链淀粉含量越高的淀粉，糊化温度越高；即使是同一种淀粉，因为颗粒大小不同，其糊化温度也不相同。一般来说，小颗粒淀粉的糊化温度高于大颗粒淀粉的糊化温度。

2）老化　　放冷后糊化淀粉失去流动性，形成凝胶，并有一定的强度，其凝胶强度与膨润度呈正相关性，浓度、温度和加热时间是很重要的因素，凝胶化的淀粉在放置一段时间后，由于糊化而分散的淀粉的分子会再凝集，使凝胶劣化，水分离析，出现淀粉老化现象。例如，面包、馒头等在放置时变硬、干缩，主要就是因淀粉老化的缘故。

四、维生素在食品加工和贮藏中的化学变化

1. 加工前处理对食品加工中维生素的影响　　加工前处理与维生素的损失程度关系很大。在工业生产和家庭烹调中，水果和蔬菜往往要进行去皮、修整等加工前处理，而许多维生素在表皮或老叶中含量丰富，因而修整后使原料的营养价值降低。水果加工中的碱液去皮法会破坏表皮附近的维生素，包括维生素C、维生素 B_1 和叶酸，但对水果内部的维生素含量影响不大。

2. 精加工对维生素的影响　　粮谷类通常要经去壳、研磨、磨粉等精加工工序，除去了大量胚芽和谷物表皮，胚芽和谷物表皮富含维生素，因此，会造成维生素损失。例如，糙米和精白米相比，精白米损失维生素 E 85% 左右，维生素 B_1、维生素 B_2、维生素 B_5 分别损失 80%、40%、65%。小麦经精加工后维生素损失更大。

3. 热烫和热加工对维生素的影响　　热烫是水果和蔬菜加工中的一个重要步骤。热烫处理可钝化对产品品质有不良影响的酶类，降低微生物的数量，除去组织中的氧气，为进一步的加工做准备。一些氧化酶被钝化有利于产品中维生素的保存，但热烫中维生素损失较大，主要原因首先是氧化和溶水流失，其次是热降解。

4. 热加工后贮藏中发生的维生素损失　　热加工后贮藏中的维生素损失通常比较小，主要是因为在常温下化学反应的速度较慢，而且原料中的溶氧已经基本被除去。贮藏中维生素损失量的大小与贮藏时间、温度、湿度、气体组成、机械损伤及种类、品种等因素有关。易被氧化分解的维生素有维生素C、维生素 B_1、维生素 B_6、维生素 H、维生素 A、维生素 D、维生素 E 等，对光、射线敏感的维生素有维生素 A、维生素 K、维生素 B_1、维生素 C、维生素 D 等。

第三节　食品风味化学

一、食品风味

"风味"两字可这样理解，风，挥发性物质，能引起人的嗅觉反应；味，不挥发的水溶性或油溶性物质，能引起人的味觉反应。多种刺激因素尽管都是建立在物质基础上，和化学密不可分，但一般以最终的感觉效果将食品风味分为三类。

（1）食品的心理感觉：主要指食品的色泽、形状和品种对人的心理感受。

（2）食品的物理感觉：主要指由食品组成和食品工艺特点决定的一些食品特征。

（3）食品的生理感觉：主要指各种化学物质直接产生的感官效果，是食品风味化学重点研究的内容。

二、化学特性与风味强度

（一）味感物质

1. 甜味与甜味因子　食品的甜味不但可以满足人们的爱好，同时也能改进食品的可口性和某些食用性质，并且可供给人体热能。具有甜味的物质可分为天然甜味剂和合成甜味剂两大类。

糖类是最有代表性的天然甜味物质，甜味的强度可用甜度来表示，为了便于确定、比较不同甜味剂所具有的甜味程度的大小，通常将日常生活中最常使用的天然甜味剂——蔗糖的甜度定位100（或者为1），作为各种糖和甜味剂的甜度比较标准。

2. 苦味与苦味分子　苦味是分布广泛的味感，自然界中苦味的有机物及无机物要比甜味物质多得多。单纯的苦味令人不愉快，但它在调味和生理上都有重要意义。当与甜、酸或其他味感调配得当时，能起着某种丰富和改进食品风味的特殊作用。例如，苦瓜、莲子、白果等，均被视为苦味，而茶、咖啡、啤酒等，更广泛地受到人们的喜爱。

3. 酸味、咸味及呈味物质

1）酸味　酸味是由于舌黏膜受到氢离子刺激引起的，因此凡是在溶液中能电离出氢离子的化合物都具有酸味。酸味物质的阴离子还能对食品风味有影响，多数有机酸具有爽快的酸味，而无机酸具有苦涩味，因此调味酸常用有机酸，如醋酸、柠檬酸、酒石酸、葡萄糖酸、苹果酸等。

2）咸味　咸味化合物中具有代表性的是 $NaCl$，它作用于味觉感受器所产生的味觉最具代表性。其他一些化合物（主要是无机物）也具有咸味，但没有任何一个的咸味像 $NaCl$ 那样纯正。具有咸味的化合物主要是一些碱金属的化合物，如 $LiCl$、KCl、NH_4Cl 等，此外，苹果酸钠、新近发现的一些肽类分子也具有咸味；而 KBr、NH_4I 等无机物虽然也具有咸味，但呈现的是咸苦味。

4. 其他味感物质和呈味物质

1）鲜味　鲜味是一种很复杂的综合味觉，它是能够使人产生食欲、增加食物的可口性。一些物质在用量较大时能够增加食品的鲜味，但在用量较少时只是增加食品的风味，所以食品加工中使用的鲜味剂也称为呈味剂、风味增强剂，它是指能增强食品的风味，使之呈现鲜味感的一些物质。

2）辣味　辣的感觉是物质刺激触觉神经引起的痛觉，嗅觉神经和其他感觉神经可同时感受到这种刺激和痛感，包括舌、口、鼻和皮肤，属于机械刺激现象。适当的辣味有增进食欲，促进消化液分泌的作用，因此辣味在调味中有广泛的应用。花椒、胡椒、辣椒和生姜是辣味物质的典型代表。

（二）嗅感物质

1. 基本嗅感与非基本嗅感　基本嗅感包括麝香、樟脑香、薄荷香、麦芽香等。非基本嗅感包括柿子椒香气（绿铃胡椒香气）和焦糖香气。

2. 官能团风味特征　官能团风味特征是指化学基团与其产生的嗅感特征，它可以是一个极性基团，如—OH、—COOH，也可以是一个非极性基团，如—CH_2—、—R、—Ph 及 N、S、P、As 等原子构成的基团。

常见的官能团有羟基、醛基、酮基、羧基、酯基、内酯基、亚甲基、烃基、苯基、氨基、硝基、亚硝酸基、酰胺基、疏基、硫醚基、杂环化合物等，但只有当化合物的相对分子质量较小、官能团在整个分子中所占的比例较大时，官能团对嗅感的影响才会明显表现，有时甚至可根据某官能团的存在而预计其嗅感。

（三）风味物质与食品成分的相互作用

1. 脂类与风味物质的作用　纯净油脂几乎无气味，它们除作为风味化合物前体外，还可以通过它对口感及风味成分挥发性和阈值的影响调节许多食品的风味。脂类在保藏或加工过程中能发生很多反应，生成许多中间产物和最终产物，这些化合物的物理和化学性质差别很大甚至完全不同，因此，它们所表现的风味效应也不一样，其中有些具有使人产生愉快感觉的香味，像水果和蔬菜的香气，而另一些则有令人厌恶的异味。

2. 碳水化合物与风味物质的作用　食品中的双糖比单糖能更有效地保留挥发性风味成分，这些风味成分包括多种羰基化合物（醛和酮）和羧酸衍生物（主要是酯类），双糖和相对分子质量较大的低聚糖是有效的风味结合剂，环状糊精因能形成包埋结构，所以能有效地截留风味剂和其他小分子化合物。

3. 蛋白质与风味物质的作用 食品中存在的醛、酮、醇、酚和氧化的脂肪酸可以产生豆腥味、酸味、苦味或涩味。这些物质能与蛋白质结合，当烹调或咀嚼时，它们会释放出来并被感受到，所以某些蛋白质制剂必须进行脱臭步骤。与此相反，蛋白质又能作为需宜风味的载体，使织构化的植物蛋白产生肉的风味。

三、风味物质的形成

（一）美拉德反应

美拉德（Maillard）反应又称羰氨反应，是氨基化合物和羰基化合物之间的反应。美拉德反应不仅能影响食品颜色，而且对风味也有重要作用，几乎所有含羰基（来源于糖或者油脂氧化酸败过程中产生的醛和酮）和含氨基（来源于蛋白质）的食品在常温和高温条件下都能发生反应，并生成各种嗅感物质。因此，美拉德反应是热加工食品中风味物质产生的最重要途径之一和研究热点。

（二）热降解与嗅感物质的形成

1. 脂质的热氧化降解与嗅感物质的形成 脂质易于氧化，在受热条件下的氧化速度则更快，由氧化降解产生的许多挥发性物质都是食品风味的重要成分。不饱和脂肪酸在热作用下很容易离解出自由基，然后和氧结合形成过氧化自由基，而过氧化自由基又可从其他脂肪酸的 α-亚甲基上夺取氢，形成氢过氧化物。饱和脂肪酸在192℃时的裂解产物主要有 $C_3 \sim C_{17}$ 的甲基酮、$C_4 \sim C_{14}$ 的内酯类、$C_2 \sim C_{12}$ 的脂肪酸类及丙烯醛等化合物。

2. 氨基酸的热降解与嗅感物质的形成 通常当氨基酸受热到较高温度时，都会发生脱羧、脱氨或脱羰反应，反应所生成的胺类产物往往具有令人不快的嗅感，若在热的继续作用下，生成的产物可以进一步相互作用，生成具有良好香味的嗅感物质。

3. 碳水化合物的热降解与嗅感物质的形成 碳水化合物即使在没有胺类物质存在的情况下受热，也会发生一系列的降解反应，所形成的嗅感物质会因受热的温度、时间等条件的不同而有所不同。当温度较低或时间较短时，会产生一种牛奶糖样的香气特征；如果受热的温度较高或时间较长时，则会形成焦苦而无甜香味的焦糖色素，有一种焦烟气味。

四、典型的风味食品

（一）乳及乳制品

新鲜牛乳的风味：新鲜优质的牛乳具有一种鲜美爽口的香味（aromas），但这种香味中所含有的成分很复杂，至今还没有完全弄清楚。一般认为，未消毒的牛乳是由低级脂肪酸、丙酮类、乙醛类、碳酸气及其他挥发性物质组成的复杂化合物。新鲜牛乳的风味成分，如羰基化合物、脂肪酸和含硫化合物是在牛乳代谢过程中形成的，有些是从胃肠和呼吸系统吸收而进入乳汁中的，包括饲料及其污染物，加热、光照射、酶和细菌等的作用。

（二）肉及肉制品

1. 肉类的风味特点 肉的风味是指生鲜肉的气味和加热后肉及肉制品的香气和滋味。熟肉香气的生成途径主要是加热分解，因加热温度不同，香气成分有所不同。肉香形成的前体物有氨基酸、多肽、核酸、糖类、脂质、维生素等。肉香中的主要化合物有内酯类、呋喃衍生物、吡嗪衍生物及含硫化合物等。

2. 水产品的风味特点 新鲜鱼淡淡的清鲜气味是内源酶作用于多不饱和脂肪酸生成中等碳链不饱和碳化物所致。熟鱼肉中的香味成分是由高度不饱和脂肪酸转化产生的。淡水鱼的腥味的主体是哌啶，存在于鱼鳃部和血液中的血腥味的主体成分是 δ-氨基戊酸。

（三）发酵食品

1. 酒类的风味 关于酒类的风味成分研究很多，白酒、葡萄酒、各种果酒、啤酒、黄酒等都因其品种、产地、生长条件和加工工艺的不同，其风味千差万别。

白酒中的风味物质：我国酿酒历史悠久，名酒极多，如茅台、五粮液、泸州大曲等。白酒中的香气成分有 300 多种，呈香物质以各种脂类为主体，而羰基化合物、羧酸类、醇类及酚类也是重要的芳香成分。很多微量成分虽然含量少，却对白酒风味起着决定性作用。我国的白酒按风味可分成 5 种主要类型：浓香型、清香型、酱香型、米香型、其他香型（兼香型）。

2. 发酵蔬菜的风味　　蔬菜发酵是利用有益微生物活动的产物及控制适当加工条件对蔬菜进行保藏的一种方式，其产品有泡菜、酸菜、酱菜、腌菜等。这些产品在加工的整个过程中伴随着以乳酸菌为主的微生物的发酵活动，蔬菜发酵体系是一种微生态环境。发酵蔬菜的风味除与蔬菜本身的风味有关外，微生物的活动对风味的贡献也很大。

◆ 延伸阅读

山西老陈醋：三千年的历史文化

柴米油盐酱醋茶，是老百姓生活的七样必需品。民以食为天，而醋在中国菜的烹饪中有举足轻重的地位。醋古称醯，又称酢，《周礼》有"醯人掌共醯物"的记载，由此可见，西周时期已有酿造食醋。晋阳（今太原）是中国食醋的发源地，史载公元前八世纪晋阳已有醋坊，春秋时期已遍布城乡，至北魏时《齐民要术》共记述了 22 种制醋方法。当时，制醋、食醋已成为山西人生活中的一大话题。《本草纲目》等古籍中有许多关于醋的记载，民间中流传着许多关于醋的掌故。

山西老陈醋是中国四大名醋之一，已有 3000 余年的历史，素有"天下第一醋"的盛誉，以色、香、醇、浓、酸五大特征著称于世。老陈醋具有一般醋的酸醇、味烈、味长等特点，同时，还具有香、绵、不沉淀的特点。另外，老陈醋储存时间越长越香酸可口，耐人品味。

第四节　食品添加剂

一、食品添加剂的种类及作用

（一）食品添加剂的定义和分类

1. 定义　　食品添加剂，是指为改善食品色、香、味和品质，以及为满足防腐和加工工艺的需要而加入食品中的化学合成物质或天然物质。食品添加剂一般都不能单独作为食品食用，且其添加量有严格的规定。

2. 分类　　各国对食品添加剂的分类方法差异甚大，使用较多的是按其在食品中的功能来分类。目前中国通过《食品安全国家标准　食品添加剂使用标准》（GB 2760—2014）公布批准使用的食品添加剂共有 2318 种（含香精香料 1870 种）。它们分属于酸度调节剂、抗结剂、消泡剂、抗氧化剂、漂白剂、膨松剂、胶基糖中基础剂物质、着色剂、护色剂、乳化剂、酶制剂、增味剂、面粉改良剂、被膜剂、水分保持剂、营养强化剂、防腐剂、稳定和凝固剂、甜味剂、增稠剂、其他、香料、加工助剂 23 个大类。

（二）食品添加剂的作用及卫生标准

1. 食品添加剂的作用　　食品的色、香、味、形等是衡量食品品质的重要指标，通过适量添加着色剂、增味剂、增稠剂或香料等食品添加剂可显著提高食品的感官质量；在食品加工过程中可加入天然范围内的营养强化剂，以满足不同人群营养健康的需要；此外，食品添加剂还具有防腐保鲜、利于食品加工、增加食品品种和方便性等重要作用。

2. 卫生标准　　我国于 1973 年成立食品添加剂卫生标准科研协作组，开始有组织有计划地管理食品添加剂，1980 年在原协作组基础上成立了中国食品添加剂标准化技术委员会，并于 1981 年制定了《食品添加剂使用卫生标准》（GB 2760—1981），经多次修订于 2014 年修订为 GB 2760—2014。另于 1986 年颁布了《食品营养强化剂使用卫生标准（试行）》作为国家标准在国内执行，1994 年公布《食品营养强化剂使用卫生标准》（GB 14880—1994），2012 年又被《食品安全国家标准 食品营养强化剂使用标准》（GB 14880—2012）所替代。这些标准规定了我国允许使用的添加剂、允许使用它们的食品和在不同食品中的允许使用它们的最高限量。

延伸阅读

起云剂 vs 塑化剂

起云剂是一种正规的食品添加剂，也称乳化稳定剂，其作用是使饮料具有某种特定的味道、良好的口感，以及浓稠、均匀的外观。

塑化剂，或称增塑剂、可塑剂，是一种用于增加材料的柔软性等特性的工业原料。它可以使塑料制品更柔软、更具韧性和弹性、更耐用。DEHP（邻苯二甲酸二酯）是塑化剂中最常用的一种。它主要用于 PVC（聚氯乙烯）塑料制品中，如保鲜膜、食品包装、玩具等。很多医用塑料用品，如导管、输送袋等，也都含有这种物质。

起云剂和塑化剂，是完全不同的两种物质。只是因为用塑化剂 DEHP 代替棕榈油或其他规范的食品乳化稳定剂添加到食品中后，能达到和正规起云剂比较相似的效果，所以不良商家动起了 DEHP 的歪脑筋。而一旦超过安全用量，DEHP 就会严重威胁人们身体健康。

二、常见的食品添加剂

（一）抗氧化剂

食品抗氧化剂是防止或延缓食品氧化，提高食品稳定性和延长食品贮藏期的食品添加剂。抗氧化剂按溶解性可分为油溶性与水溶性两类：油溶性的有丁基羟基茴香醚（butylated hydroxyanisole，BHA）、没食子酸丙酯（propyl gallate，PG）等；水溶性的有异抗坏血酸及其盐等。按来源可分为天然的与人工合成的两类：天然的有生育酚、茶多酚等；人工合成的有丁基羟基茴香醚等。部分抗氧化剂的化学结构式见图 2-1。

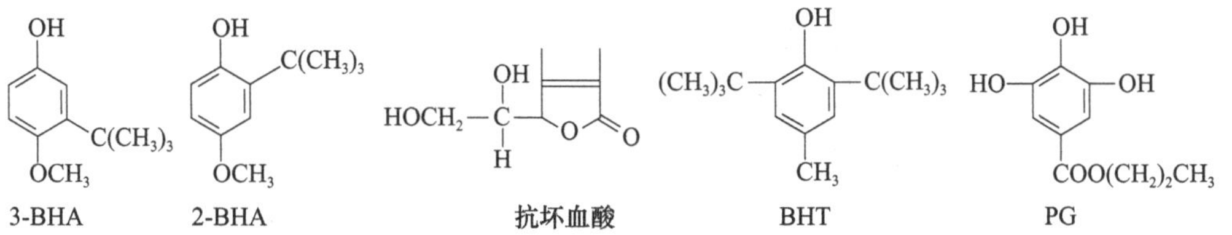

图 2-1 常见抗氧化剂的化学结构式

3-BHA　　2-BHA　　抗坏血酸　　BHT　　PG

BHT 俗称抗氧化剂 264，化学名称为二丁基羟基甲苯，它的抗氧化作用是因其自身发生自动氧化而实现的，是我国目前生产量最大的抗氧化剂之一

（二）面粉改良剂

面粉改良剂是专用于改善小麦面粉及其制品品质，延长食品保质期，改善食品加工性能，增强食品营养价值的一类化学合成或天然物质。主要分为增白剂、强筋剂、减筋剂、酶制剂及品质调节剂等。例如，面粉增白剂偶氮甲酰胺，其化学结构式见图 2-2。

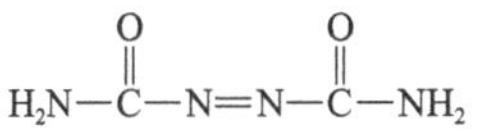

图 2-2 偶氮甲酰胺的化学结构式

（三）膨松剂

膨松剂是指使食品在加工中形成膨松多孔的结构而制成柔软、酥脆产品的食品添加剂，又称为疏松剂、膨胀剂、发粉，分为碱性膨松剂、复合膨松剂和生物膨松剂。一般情况下，膨松剂在和面过程中加入，在醒发和焙烤加工时因受热分解产生气体使面坯起发，在内部形成均匀、致密的多孔性组织，从而使产品具有酥脆、膨松或松软的特点。

（四）水分保持剂

水分保持剂广义上指有助于保持食品中的水分而加入的添加剂，狭义上多指由于肉类和水产品加工中增强其水分的稳定性和具有较高持水性的磷酸盐类。主要分为四大类，即正磷酸盐、焦磷酸盐、聚磷酸盐和偏磷酸盐。用量一般在 0.2～5.0mg/kg，多复合使用。

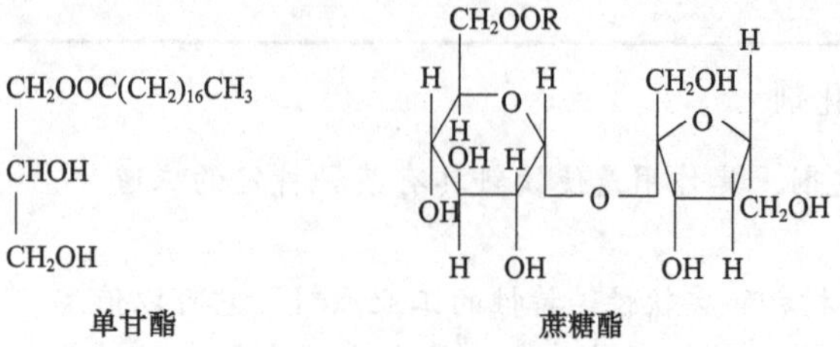

图2-3 单甘酯和蔗糖酯的化学结构式

（五）乳化剂

凡能使两种或两种以上互不相溶的液体（如油和水）均匀分散成乳状液（乳浊液）的物质，称为乳化剂。常用的食品乳化剂有单甘酯及其改性产品、蔗糖酯、聚甘油脂肪酸酯、卵磷脂、司盘系列、吐温系列、硬脂酰系列、丙二醇脂肪酸酯等。部分乳化剂的化学结构式见图2-3。

（六）增稠剂

食品增稠剂是指在水中溶解或分散，能增加流体或半流体食品的黏度，并能保持所在体系的相对稳定的亲水性食品添加剂。

增稠剂品种很多，按来源可分为两类：天然增稠剂和人工合成增稠剂。天然增稠剂多数来自植物，也有来自动物和微生物的。来自植物的增稠剂有树胶（如阿拉伯胶、黄蓍胶等）、种子胶（如瓜尔豆胶、罗望子胶等）、海藻胶（如琼胶、海藻酸钠等）和其他植物胶（果胶等）。人工合成的增稠剂，如羧甲基纤维素钠和聚丙烯酸钠等，以及近几年发展较快的变性淀粉，如羧甲基淀粉钠、淀粉磷酸酯钠等。

海藻酸盐可与 Mg^{2+}、Hg^{2+} 以外的二价离子形成热不可逆凝胶。可以用于保水、保鲜，不被人体吸收，不影响人体钙磷平衡，含有海藻酸盐的食品具有降低血糖、促进胆固醇排泄等生理功能，是保健食品的理想材料。

◀ 延伸阅读

从"瘦肉猪"到"瘦肉羊"，瘦肉精害人不浅

时隔几年，瘦肉精再次登上央视《2021年3·15晚会》的舞台，但是这次瘦肉精的枪口对准了羊肉，相信大家在买羊肉的时候都不曾想过当年发生在猪肉身上的事情会在昂贵的羊肉上重演。

瘦肉精到底是什么？"瘦肉精"其实是对一类化学药品的简称，也是市场上一些黑心商家对它最形象的称呼。在饲料中加入这类药物，可抑制动物脂肪生成，促进瘦肉生长，这就好比健美运动员那样有一身好肌肉，只有很少的脂肪，这迎合了一部分消费者不要肥膘，只要瘦肉的喜好。瘦肉型的羊肉更好卖，但其危害也很明显——食用被瘦肉精污染过的肉类，可能会产生肌肉震颤、恶心、呕吐、心悸、头痛、头晕、失眠等不良中毒反应。我国早在2002年就明令禁止在动物饲养中使用瘦肉精。

《2021年3·15晚会》曝光的瘦肉精羊位于河北青县。其中新兴镇某村庄是当地最集中的养殖区域之一，每年大约出栏70万头羊，添加瘦肉精后，每只羊能多卖50元左右，对于整个基地来说，每年可以多盈利几千万甚至更多，在金钱的驱使下难免有人会铤而走险，做一些损人利己的事情。而对消费者健康的伤害则是难以用金钱来衡量的。

（七）食品防腐剂

防腐剂是指能防止由微生物所引起的食品腐败变质、延长食品保存期的食品添加剂。它兼有防止微生物繁殖而引起食物中毒的作用，故又称抗微生物剂。

食品防腐剂按照来源和性质可分为有机防腐剂、无机防腐剂、生物防腐剂等。有机防腐剂主要包括苯

甲酸及其盐类、山梨酸及其盐类、对羟基苯甲酸酯类、丙酸盐类等。无机防腐剂主要包括二氧化硫、亚硫酸及其盐类、硝酸盐类、各种来源的二氧化碳等。生物防腐剂主要是指由微生物产生的具有防腐作用的物质，如乳酸链球菌素和纳他霉素；还包括来自其他生物的甲壳素、鱼精蛋白等。

本章小结

1. 食品中的化学成分可分为天然成分和非天然成分两大类，天然成分包括无机成分和有机成分，六大营养素中的水和矿物质属于无机成分，而碳水化合物、脂类、蛋白质、维生素则属于有机成分，另外激素和风味物质、有毒物质也属于有机成分；非天然成分包括天然或合成的食品添加剂，还有加工环境和过程产生的污染物。

2. 食品在加工储藏过程中，由于加工要求和设备等的影响，使得六大营养素发生各种各样的化学变化，从而也使食品在质地、风味、色泽、营养价值和质量等几个方面发生各种各样的变化，有的变化是符合人们对食品的要求的，但同时也可能产生不良物质，甚至造成食品营养价值的降低。

3. 风味物质是指能够改善口感，赋予食品特征风味的化合物，通常根据味感与嗅感特点分类。很多能产生嗅觉的物质易挥发、易热解、易与其他物质发生作用，因而在食品加工中，哪怕是工艺过程很微小的差别，都将导致食品风味发生很大变化。食品贮藏期的长短对食品风味也有极其显著的影响。

【思 考 题】

1. 试述粮食的概念，粮食原料分为哪几类，各有哪些主要品种？
2. 大豆中主要的微量成分各有什么功能？
3. 淀粉的糊化和老化的概念及在粮食原料加工中有何实际意义？
4. 简述三种甜味理论的基本内容。
5. 形成乳制品特征香气的原因有哪些？
6. 肉类的风味特点是什么？
7. 简述水产品的风味成分及其异味物质有哪些？
8. 常见发酵乳包括哪些种类？
9. 我国食品添加剂可以分为哪几类，它们的作用各是什么？

参考文献

刘邻渭. 2011. 食品化学. 郑州：郑州大学出版社.

阚建全. 2016. 食品化学. 第3版. 北京：中国农业大学出版社.

朱蓓薇. 2010. 水产品加工工艺学. 北京：中国农业出版社.

第三章

食品加工的物性基础

食品物性学（physical properties of food）是一门以实验为基础研究食品物理性质的科学。食品加工的物性基础重点讲述食品和食品原料的物理性质和工程特性，如主要形态、流变性、质构特性、热特性、磁特性、电特性和光学特性等，还涉及表观、水分活度与吸湿、界面、相的转变、声学等特性。这些特性与食品的原料、贮藏、加工、流通等关系密切，对食品物理品质定量评价与控制、加工过程中食品物性变化的研究，对以单位操作为核心的加工工程技术研究与过程控制极为重要。因此，食品物性是食品工艺学的基础，也是食品分析和质量评价的重要理论基础。因此，在学习过程中应注重把握食品物性的特征性物理参数、内因（如食品的组分、组分的基本物性及食品形态、结构等），以及外部环境条件对物理参数的影响及机制，运用食品物性学知识开展定量检测及在食品加工中的应用。

学习目标

了解食品的两种形态结构及转变机理。

掌握食品的分子结构及食品分子间的作用力。

了解三种食品分散体系及分类。

能够描述食品质地及主要分析方法。

了解黏性流体的特性、分类及特点。

掌握液态食品、黏弹性食品的流变性。

了解食品的热特性、介电特性、声特性、磁特性和光学特性。

第一节 食品的主要形态与物理性质

一、食品形态结构及转变

（一）宏观形态

1. 液态食品　　液态食品是指以水为分散介质，具有一定的稳定性、流变性，易形成气泡，并可能产生泡沫的一类食品。其特点在于：①液态食品最主要的组成部分是水，水分子属于偶极子，具有偶极子结构的水分子之间，氢原子与氧原子可通过氢键的形式结合，进而在一定程度上保持了水的稳定性。②液态食品大多属于胶体溶液或乳胶体液，具有胶体或乳胶体液的性质，因此具有一定的稳定性、流动性和黏稠性，如牛奶、果汁、大豆油、酱油等。

2. 固态食品与半固态食品　　固态食品主要指食品中具有固体性质的食品原料或加工后的食品。半固态食品主要指能同时表现出固体性质和流体性质的食品物质，这类食品与液态食品相比，水所占的比例相对较低一些，黏度较高或流动性比较差，温度对其形态和质地的影响不如液态食品显著。

（二）微观形态

1. 晶态　　晶态分子结构（原子或离子亦可）间的集合排列具有三维结构，同时排列具有三维长程有序。晶态中，分子与分子的排列十分紧密有规则，粒子间有强大的作用力将分子凝聚在一起。分子来回振动，但位置相对稳定，因此，其在宏观上会具有一定的体积和形状。

2. 液态　　液态分子（原子或离子亦可）间的几何排列短程有序，即在1或2分子层内排列有序，但长程无序。体现在宏观中的液态物质的特征是分子没有固定的位置，运动比较自由，粒子间的作用力比固体小。因此，液体没有确定的形状，具有流动性。

3. 气态　　气态其分子（原子或离子亦可）间的几何排列不但短程无序，长程也无序。

4. 玻璃态　　玻璃态也叫无定形态，其物理性质像晶体一样，表现为固体，微观结构上像液体一样无序，其分子间的排列只有短程有序，而无长程有序，即与液态分子排列相同。它与液态主要区别在于黏度上的不同，前者的黏度非常高，以至于阻碍了分子间的相对流动，在宏观上近似固态，因此玻璃态也被称为非结晶固态或过饱和液态，是没有发生相变的固液转化，如面筋蛋白、淀粉、蔗糖均能以无定形状态存在。

5. 橡胶态　　橡胶态也叫高弹态，是指链段运动但整个分子链不产生移动，此时受较小的力就可发生很大的形变（100%～1000%），外力除去后形变可完全恢复，称为高弹形变。

（三）食品形态的转变

食品的形态无论是宏观上还是微观上，在具备一定的外界条件时，会发生形态的转变。宏观上固态、液态等会发生相互转变。例如，饱和脂肪酸在低温下一般呈固体，但在加热情况下会熔化成液体，这个形态变化对于食品加工是非常重要的，各种食物烹调后产生的风味和滋味，与油脂的变化有很大关系。而在微观方面，食品的形态结构和温度有着密切的关系，如当对食品的非晶高聚物的玻璃态、高弹态施加一个恒定的压力时，这些食品的形变状态与温度变化有一定的关系。在较低温度环境时，高聚物呈刚性固体态，在外力作用下只有很小的形变，与玻璃的特点相似，所以称这种状态为玻璃态；如果把这个环境温度升高至一定温度，则其在外力作用下，形状会有明显的变化，在一定的温度区间内，形态变化相对稳定，这个状态称为高弹态。一般把高弹态向玻璃态的转变叫作玻璃化转变，形态转变过程的温度区间称为玻璃化温度。

二、食品的分子结构及相互作用

（一）食品的分子结构

食品主要来自农产品，即动植物组织或器官，其组织结构及特性主要取决于其中的大分子物质（又称高分子物质或高聚物），如淀粉、蛋白质、果胶物质、纤维素等，此外，现代食品工业常用的稳定剂、增稠剂等也属于高分子物质，对食品的质构与特性具有重要影响。

1. 一级结构　　高分子重复单元的化学结构和立体结构合称为高分子的近程结构，又称为一级结构，是构成高分子聚合物最底层、最基本的结构。化学结构是指分子中的原子种类、原子排列、取代基和端基的种类、单体单元的连接方式、支链的类型和长度等。立体结构又称为构型，是指组成高分子的所有原子（或取代基）在空间的排列，包括几何异构和立体异构，它反映了分子中原子与原子之间或取代基与取代基之间的相对位置。其变化一般涉及分子中共价键的变化。近程结构从根本上影响着高分子的物理性质和化学性质，对高分子性质的影响最直接。其中受影响较大的性质包括反应性、溶解性、密度、黏度、黏附性、玻璃化温度等。

2. 二级结构　　由若干个重复单元组成的高分子链的长度和形状称为高分子的二级结构，属于远程结构范畴。与一级结构相比，二级结构研究的是整个高分子链的大小和形状，即稀溶液中孤立的高分子的形态，其变化一般不涉及分子中共价键的变化。高分子链的大小一般用重复单元的个数（聚合度）来表示，高分子链的形状一般有直链结构、折叠链结构、螺旋结构、双螺旋结构、无规线团结构或椭球结构等。远程结构是高分子特有的结构，高分子的远程结构影响着高分子链的柔性，使其具有高弹性。

3. 三级结构　　指高分子聚集态结构，是指具有一定构象的高分子链通过次级键的作用，聚集成按一定规则排列的高分子聚集体的结构，即分子链之间的堆砌。

（二）食品分子间的作用力

构成食品的分子间既存在吸引力又存在排斥力。当吸引力和排斥力达到平衡时就形成了平衡态结构。

分子间的相互作用力有键合力和非键合力。键合力包括共价键、离子键、金属键等；非键合力包括范德华力、氢键、疏水键等。

1. 键合力　在食品中，主要是共价键和离子键。C—N之间的共价键是连接氨基酸的肽键，其键能维持蛋白质的一级结构形态，与维持蛋白质空间构象的其他次价键相比，其键能较高，因此蛋白质构象容易发生变化，但是氨基酸链不易断开。S—S是维持蛋白质三级结构的键合力，称为二硫键，其值略低于肽键。离子键又称盐键或盐桥，它是正电荷与负电荷之间的一种静电相互作用，吸引力与电荷电量的乘积成正比，与电荷质点间的距离平方成反比，而且几乎没有方向性。在溶液中吸引力随周围介质的介电常数增大而降低。在近中性环境中，蛋白质分子中的酸性氨基残基侧链电离后带负电荷，而碱性氨基酸残基侧链电离后带正电荷，二者之间可形成离键。

2. 非键合力

1）范德华力　范德华力包括静电力、诱导力和色散力。范德华力是永远存在于一切分子之间的吸引力，没有方向性和饱和性。作用能比化学键能小1或2个数量级。作用范围较宽（$0.1nm < R < 10nm$），随着距离增大，作用力明显下降，但是在大于10nm时仍然检测到该作用力，并且与R^{-7}成正比，而不是与R^{-6}成正比。当两物体并非两个点时，它们之间的范德华力与之间的距离也并非与R^{-6}成正比。例如，点和大平板之间的范德华力与R^{-2}成正比，当距离增大时，范德华力与R^{-3}成正比。静电力（electrostatic force）是极性分子间的相互作用力，由极性分子的永久偶极（permanent dipole）之间的静电相互作用所引起，作用能为$12 \sim 20kJ/mol$。静电力大小受分子间的距离影响最大。诱导力（debye force）是当极性分子与其他分子（包括极性分子和非极性分子）相互作用时，其他分子产生诱导偶极（induced dipole），极性分子的永久偶极与其他分子的诱导偶极之间的作用力称为诱导力。色散力（dispersion force）存在于一切极性和非极性分子中，原子内的电子不停地旋转，原子核也不停地振动，因而在任何一瞬间，一些电子与原子核之间必然会发生相对位移，使分子具有瞬间偶极。瞬间偶极之间的相互作用力称为色散力。

2）氢键　氢原子与电负性大、半径小的原子X（氟、氧、氮等）以共价键结合，若与电负性大的原子Y（可以与X相同）接近，在X与Y之间以氢为媒介，生成X—H…Y形式的一种特殊的分子间或分子内相互作用，称为氢键（hydrogen bond）。其本质是强极性键（X—H）上的氢核与电负性很大的、含孤电子对并带有部分负电荷的原子Y之间的静电作用力。氢键是一种比范德华力稍强，比共价键和离子键弱很多的相互作用，其稳定性弱于共价键和离子键。氢键键能大多在$25 \sim 40kJ/mol$。氢键通常是物质在液态时形成的，但形成后有时也能继续存在于某些晶态甚至气态物质中。能够形成氢键的物质很多，如水、水合物、氨合物、无机酸和某些有机化合物等。

3）疏水键　疏水键（hydrophobic bond）是不溶于水的分子或基团间的相互作用。当疏水化合物或基团进入极性溶剂（如水）中时，因不能被水溶剂化，界面水分子整齐排列，导致体系熵值降低，能量增加，产生界面张力。为了降低界面张力，使体系趋于稳定，疏水化合物会自发地相互靠近及疏水基团收缩、卷曲和结合，将原来规则排布于界面的水分子挤出，减少疏水物与水的接触面积，挤出的水分子呈无序状态，熵值回升，焓变值减少，从而降低体系能量。这种非极性的疏水化合物及疏水基团因能量效应和熵效应等热力学作用在水中相互结合的作用称为疏水键。可见，疏水键并不是疏水基团之间存在的引力，不是真正的化学键，而是体系为了稳定而进行的自发调整，因此也称为疏水作用力。

三、固体食品的基本物理特征

（一）形状与尺寸

粮食、种子、果蔬的大小常用尺寸来描述，形状则是各种尺寸的综合体现。虽然规则形状的食品，如球形食品、立方体食品等的尺寸可以用相应的几何尺寸来表示，但大部分食品和农产品的形状是不规则的，所以很难用单独的一个尺寸简单地表示出它们的形状。

通常以食品与农产品凸起部分的尺寸来表示其大小，所用三维尺寸分别为大直径、中直径和小直径。大直径是最大凸起区域的最长尺寸；小直径是最小凸起区域的最短直径；中直径是最大凸起区域的最小直径，一般假设它与最小凸起区域的最长直径相等。商业和工业中评价食品大小时，常用三个相互垂直的轴向尺寸——长度（l）、宽度（b）和厚度（d）进行代替。长，是指食品平面投影图中的最大尺寸；宽，是指垂直于长度方向的最大尺寸；厚，则为垂直于长和宽方向的直线尺寸。例如，许多果蔬的长度都是指平行于茎的最长尺寸，直径则指正交于茎的最长尺寸。大多数水果的形状类似于球状，称为类球体，类球体又分成扁球体、椭球体等。通常用圆度和球度定量描述类球状食品和农产品的形状。

（二）体积与表面积

物体各种尺寸之间的数字关系取决于物体的形状。物体各种尺寸与其面积或体积之间的关系称为形状，是表示物体实际形状与球形不一致程度的尺度，如面积形状系数、体积形状系数等。通过测定气体或液体的排出量可以确定固体食品的体积，常见的方法有密度瓶法、台秤称量法、气体排出法。对于表面积，针对不同的食品，其测量方法也不同。对于果蔬和鸡蛋等大体积产品来说，用剥皮法或涂膜剥皮结合法测量。果蔬的皮可以用刀削成窄条，然后将全部窄条放到纸上，画出轮廓轨迹，按照轨迹图形计算表面积。鸡蛋和一些大体积产品不易剥皮，可以涂上硅胶等物质，涂层干燥后成条剥下，测量膜的表面积，测量方法同剥皮法。对于小体积物质，如谷物和种子，可以采用表面涂金属粉法测量。

（三）密度

密度是质量与体积之比。在食品工程中，质量容易测量，而体积受形状、组织结构、成分等多种因素影响，较难准确测量。密度有多种表述名称，为了避免概念和应用混淆，介绍基本概念如下。

1）真实密度（true density，ρ_t）　真实密度是指纯物质的质量与其体积之比。

2）固体密度（solid density，ρ_s）　固体密度是物质的质量与去除材料内部孔隙体积后材料的体积之比。固体密度的体积可以通过气体排出法测量获得。

3）物质密度（material density，ρ_m）　物质密度与固体密度相似，只是测量方法不同。物质密度是通过将物质粉碎至充分细小，达到组织结构内没有孔隙存在的程度，由此获得的质量与体积之比。

4）颗粒密度（particle density，ρ_p）　颗粒密度是指颗粒组织结构完整的情况下，颗粒质量与体积之比。颗粒体积包括颗粒内部的（不与外部环境相通的）孔隙体积。

5）表观密度（apparent density，ρ_a）　表观密度是指材料质量与包含所有孔隙（这种孔隙既有内部封闭的孔隙，也有与外界相通的孔隙）的材料体积之比。对于几何形状规则的材料，其表观密度的体积可由几何尺寸计算（如长方形体积 $a \times b \times c$）。

6）堆积密度（bulk density，ρ_b）　堆积密度也称为容积密度，是指散粒体在自然堆放情况下的质量与体积之比。

四、食品分散体系

食品属于分散体系。分散体系是指数微米以下，数纳米以上的微粒子在气体、液体和固体中浮游悬浊（即分散）的系统。其中，分散的微粒子称为分散相，而连续的气体、液体或固体称为分散介质或连续相。分散体系的一般特点是：分散体系中的分散介质和分散相都以各自独立的状态存在，所以分散体系是一个非平衡状态；每个分散介质和分散相之间都存在着接触面，整个分散体系的两相接触面面积很大，体系处于不稳定状态。按照分散程度的高低（即分散粒子的大小），分散体系大致分为如下三种。

1）分子分散体系　分子分散体系分散的粒子半径小于 10^{-7}cm，相当于单个分子或离子的大小。此时分散相与分散介质形成均匀的相。因此分子分散体系是一种单相体系。与水的亲和力较强的化合物，如蔗糖溶于水后形成的"真溶液"。

2）胶体分散体系　胶体分散体系分散相粒子半径为 $10^{-7} \sim 10^{-5}$cm，比单个分子大得多。分散相的每一粒子均为由许多分子或离子组成的集合体。虽然用肉眼或普通显微镜观察时体系呈透明状，与真溶液没有区别，但实际上分散相与分散介质并非为一个相，存在着相界面。换言之，胶体分散体系为一个高分散的多相体系，有很大的比表面积和很高的表面能，致使胶体粒子具有自动聚结的趋势。与水亲和力差的难溶性固体物质高度分散于水中所形成的胶体分散体系，简称为"溶胶"。

3）粗分散体系　粗分散体系分散相的粒子半径为 $10^{-5} \sim 10^{-3}$cm，可用普通显微镜甚至肉眼都能分辨出是多相体系，如"悬浮液"泥浆和"乳状液"牛奶。

可将分散体系分成如表 3-1 所示的 9 种类型。流体食品主要指液体中分散有气体、液体、固体的分散体系，分别称为泡沫、乳胶体、溶胶或悬浮液。

表 3-1　食品分散系统的分类（李里特，2010）

连续相	分散相	类型名称	食品举例
气体	液体	气溶胶	加香气的雾
	固体	粉末	淀粉、小麦粉、砂糖、脱脂奶粉
液体	气体	泡沫	搅打奶油、软冰淇淋、啤酒沫
	液体	乳胶体	牛奶、生乳油、奶油、蛋黄酱
	固体	溶胶	浓汤、淀粉糊
		悬浮液	酱汤、果汁
		凝胶	凉粉、鸡蛋羹、豆腐
固体	气体	固体泡沫	面包、蛋糕、馒头
	液体	固体凝胶	果冻、熟米饭粒

第二节　食品的质地与评价

一、食品质地和感官评价的概念

（一）食品质地的定义

2012 年，我国国家标准 GB/T 10221—2012《感官分析术语》中对质地的定义为在口中从咬第一口到完成吞咽的过程中，由动觉和体觉感应器，以及在适当条件下视觉及听觉感受器感知到的所有机械的、几何的、表面的和主体的产品特性。目前还没有十分令人满意的食品质地定义，共识在于：①质地是由食品结构产生的诸多物理性质的集合。②质地性质不是单一一种性质，而是诸多性质的集合。③质地属于食品物理性质中的力学或流变学性质，不包括光学性质、电学性质、磁学性质、温度与热学性质等。④质地性质中不包含化学感觉，如滋味和气味。⑤质地主要是通过触觉感知的，通常是在口腔中感知，但是有时也包括人体其他部位，如手、耳、眼等。⑥质地的客观测量可通过质量（m）、长度（l）和时间（t）来表示。

（二）感官评价的定义

感官评定是一种测量、分析、解释由食品与其他物质相互作用所引发的，能通过人的味觉、触觉、视觉、嗅觉和听觉进行评价的一门科学。美国食品科学技术专家学会（IFT）感官评价分会定义为用于唤起（evoke）、测量（measure）、分析（analyze）和解释（interpret）通过视觉、嗅觉、味觉和听觉而感知到的食品及其他物质的特征或性质的一种科学方法。其含义包括：①感官评价包含了所有感官的活动，是多种感官反应的综合结果。②感官评价是建立在多种理论基础上的，其中包括心理学、物理学、生理学、统计学、社会学、食品科学等。③感官评价是以人作为检测仪器的，因此存在不稳定性（如不同个体差异、不同时间差异、心理和生理因素等）和易干扰性（如周围环境、生活经历）。④感官评价一般包含 4 种活动，即唤起、测量、分析和解释。唤起，要求评价员单独评价产品、样品随机标号、样品呈递顺序要随机等，目的是在一定控制条件下进行试验以最大限度地降低外界因素干扰。测量，通过数据采集，在产品特性和人的感知之间建立量化关系。分析，要求感官评价在试验设计和数据采集方面要有合适的统计分析方法，以此也可以验证试验数据的真实性。解释，要求能够对试验结果做出合理的、技术性的解释。

二、食品的口腔加工

从口腔科学角度研究食品质地时，将食物在口腔中的咀嚼、摩擦、混合、清除、吞咽等过程称为口腔加工（oral processing），这里涉及口腔黏膜和唾液作用、口腔中食物的变形和食团的形成，以及食物在口腔中的颗粒粉碎动力学等。食品口腔加工的研究概念图如图 3-1 所示。咀嚼（mastication）是口腔的主要功能，如粉碎食物，便于机体对食物的吞咽与消化，特别是咀嚼粗糙及纤维较多的食物，既能刺激唾液分泌帮助消化，又能按摩牙龈，达到清洁牙面及口腔的作用，增强牙周组织健康，促进颌面部的发育。咀嚼也是食物消化的第一阶段，具体包括将食物粉碎成小块，唾液将食物润滑，结成黏性食团，并最终将其送至咽部以便吞咽。咀嚼可以使食物释放汁液并形成味道，增进食欲。咀嚼次数取决于食团的大小、黏度、味道持续时间等因素。

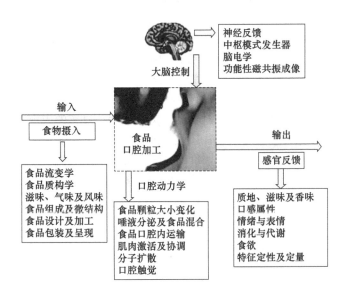

图 3-1　食品口腔加工研究概念图（陈建设和王鑫淼，2018）

　　食物的口腔加工过程一般包括纳食、加工处理、食团形成、送入咽部、清除残渣等过程。加工情况因食品的形态和质地不同而不同。水分、半流态食品不必咀嚼，主要在于口腔内的保持。半固态食品的口腔加工主要取决于舌部运动，而固体食物则主要取决于咀嚼。

　　在纳食方面，液态食品靠口唇，而固态食品靠前牙。用杯子饮用液体时，杯子边缘置于上下唇之间，下唇紧贴杯子边缘，防止液体外漏。上唇稍稍闭拢并下移，接触杯中液体，以此感知液体的性质、温度、流入口腔的速度，做微妙调节。上下唇以这种微张的状态固定，由于下颌降低，口腔内形成气压，液体流入口腔内。固态食品则以前牙咀嚼纳入。根据食品质地性质不同，有时口唇极少参与，有时不光有腭参与，而且口唇也发挥着强有力的闭锁作用。在使用勺、筷等餐具摄取固体食物时，餐具的一部分进入口腔内，在拔出餐具前的刹那，口唇闭锁，留住食物并纳入口腔前部。纳入口腔的食物因形态和质地的不同而有不同的加工方法。为使食物有可能在口腔内进行处理加工，原则上口腔必须为封闭空间。口腔加工食物的基本动作包括：①液态食品一般不需在口腔内进一步加工处理，原样经舌背进入食团形成阶段。②蜂蜜等高黏度食品和酸乳等半固态食品与其说被咀嚼，不如说是用舌和腭来挤压。③固态食品则通过下颌的咀嚼运动及与之协调的舌部、脸颊运动，经过移动、粉碎、臼磨、唾液混合等处理，形成可吞咽的食团。清除与吞咽一般同时开始，主要依靠舌部运动将适宜吞咽的食团移至咽部。但是，清除作用一般都不会很彻底，一些食物残渣会滞留在口腔内。

三、食品质地的分析

　　食品质地的分析方法主要有仪器测定和感官评价两种方法。食品质地的仪器测定方法分为基础力学测定法、半经验测定法和模拟测定法。基础力学测定仪器，即测定具有明确力学定义的参数的仪器，如黏度计、基础流变仪等。它们测出的值具有明确的物理学单位，如黏度、弹性率、强度等。基础力学测定法有许多优点，如定义明确，数据互换性强，便于对影响这一性质的因素进行分析等。它的缺点是很难表现对食品质地的综合力学性质。例如，面团的软硬度、肉的嫩度等，很难用某一种单纯的力学性质表达。食品质地的仪器测定多属于半经验或模拟测定。它与基础力学测定方法所不同的是，变形并非保持在线性变化的微小范围，而是非线性的大变形或破坏性测定。例如，质构仪通过模拟人的触觉，分析检测触觉中的物理特征。在计算机程序控制下，可安装不同传感器的横臂在设定速度下上下移动，当传感器与被测物体接触达到设定的触发应力（trigger force）或触发深度时，计算机以设定的记录速度（单位时间采集的数据信息量）开始记录，并在计算机显示器上同时绘出传感器受力与其移动时间或距离的曲线。通过配置不同的传感器，可以检测多个机械性能参数和感官评价参数，包括拉伸、压缩、剪切、扭转等。

食品感官评价是指通过人的感觉器官评价食品特性的方法。在评价食品的感官特性时，首先应明确食品特性的表述语言和表示特性差异的尺度。另外还应明确咀嚼和吞咽功能。食物是通过咀嚼和吞咽送到胃中的。通过测定咀嚼和吞咽功能来评价食品感官特性的方法称之为生理学方法。食品感官评价的方法分为分析型感官评价和嗜好型感官评价两种。分析型感官评价（analytic sensory evaluation）是以人的感觉作为测定仪器，把评价的内容按感觉分类，逐项评分，用来测定食品的特性或差别的感官评价方法。这种评价方法与食品的物理、化学性质有着密切的关系。嗜好型感官评价（preference sensory evaluation）根据消费者的嗜好程度评价食品特性的方法。对食品的美味程度、口感的内容不加严格明确要求，只由参加品尝人的随机感觉决定。这种评价结果往往还受参加者的饮食习惯、个人嗜好、环境、生理等的影响，最后的结果反映参加者的个人喜好。感官评价的方法主要包括差别试验（difference test）、阈值试验（threshold test）、排列试验（ranking test）、分级试验（scoring test）、描述试验（descriptive test）、消费者试验（consumer test）。

第三节　食品的流变性

一、黏性流体的特性

流变学（rheology）是研究物质的流动和变形的科学，主要研究作用于物体上的应力和由此产生的应变的规律，是力、变形和时间的函数。食品组成和形态非常复杂，为了方便研究，把主要具有流体性质的食品归属于黏性液态食品，同时表现出固体性质和黏性流体性质的食品归属于黏弹性食品。黏性液态食品又可分为两大类，符合牛顿黏性定律的液体称为牛顿流体，不符合牛顿动性定律的液体称为非牛顿流体。

1. 黏性及牛顿黏性定律　黏性是表现流体流动性质的指标。水和油（食用植物油，下同）都是很容易流动的液体，但是当把水和油分别倒在平板上时，就会发现水的摊开流动速度要比油快，也就是说，水比油更容易流动。这一现象说明油比水更黏。这种阻碍流体流动的性质称为黏性。设有两个平行平板，上板移动，下板固定，这时两平板内的液体就会出现不同的流速。紧贴固定板壁的流体质点，因与板壁的附着力大于分子的内聚力，所以速度为零，而与移动平板接触的液体层将随上平板一起移动。

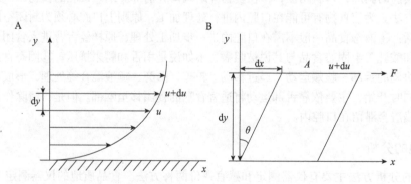

图 3-2　两平板间液体的黏性流动（A）和流体微元（B）（李云飞等，2009）

在垂直于流动方向的液体内部就会形成速度梯度，层与层之间存在着黏性阻力，如图 3-2（A）所示。如果沿平行于流动方向取一流体微元，如图 3-2（B）所示，微元的上下两层流体接触面积为 A（m^2），两层距离为 dy（m），两层间黏性阻力为 F（N），两层的流速分别为 u 和 $u+du$（m/s）。这一流体微元，可以看成是在某一短促时间 dt（s）内发生了剪切变形的过程。剪切应变 ε 一般用它在剪切应力作用下转过的角度（弧度）来表示，即 $\varepsilon=\theta=\mathrm{d}x/\mathrm{d}y$，则剪切应变速率 $\dot{\varepsilon}$ 为：

$$\dot{\varepsilon}=\frac{\theta}{\mathrm{d}t}=\frac{\dfrac{\mathrm{d}x}{\mathrm{d}y}}{\mathrm{d}t}=\frac{\dfrac{\mathrm{d}x}{\mathrm{d}t}}{\mathrm{d}y}=\frac{\mathrm{d}u}{\mathrm{d}y} \tag{3-1}$$

可见液体的流动也是一个不断变形的过程。用应变大小与应变所需时间之比表示变形速率。上式表示的剪切应变速率 $\dot{\varepsilon}$ 就是液体的应变速率，也称剪切速率或速度梯度，单位为 s^{-1}。

另外，剪切应力 σ 可定义为

$$\sigma=\frac{F}{A} \tag{3-2}$$

剪切应力 σ 实际是截面切线方向的应力分量，单位为 Pa。牛顿黏性定律指出：流体、流动时剪切速率 $\dot{\varepsilon}$ 与剪切应力 σ 成正比关系，即

$$\sigma=\eta \cdot \dot{\varepsilon} \tag{3-3}$$

式中，比例系数 η 称为黏度，是液体流动时由分子之间的摩擦产生的。因此，黏度是物质的固有性质。物理意义是促使流体产生单位速度梯度的剪应力。在国际单位制中，黏度的单位是 Pa·s。

2．黏性流体的分类及特点

1）牛顿流体（Newtonian fluid）　牛顿流体的特征是剪切应力与剪切速率成正比，黏度不随剪切速率的变化而变化，即在层流状态下，黏度是一个不随流速变化而变化的常量。严格地讲，理想的牛顿流体没有弹性，且不可压缩，各向同性。所以在自然界中理想的牛顿流体是不存在的。在流变学中只能把在一定范围内基本符合牛顿流动定律的流体按牛顿流体处理，其中最典型的是水。可归属于牛顿流体的食品有糖水溶液、低浓度牛乳、油及其他透明稀溶液等。

2）非牛顿流体（non-Newtonian fluid）

（1）假塑性流体（pseudoplastic liquid）。黏度随着剪切应力或剪切速率的增大而减小的流动，称为假塑性流动。因为随着剪切速率的增加，表观黏度减小，所以还称为剪切稀化流动。符合假塑性流动规律的流体称为假塑性流体。具体内容见**资源 3-1**。

资源 3-1

（2）胀塑性流体（dilatant liquid）。随着剪切应力或剪切速率的增大，表观黏度逐渐增大。表现为胀塑性流动的流体，称为胀塑性流体。在液态食品中属于胀塑性流体者较少，比较典型的为生淀粉糊。当往淀粉中加水，混合成糊状后缓慢倾斜容器时淀粉糊会像液体那样流动。但如果施加更大的剪应力，用力快速搅动淀粉，那么淀粉糊反而变"硬"，失去流动性质，甚至用筷子迅速搅动，其阻力能使筷子折断。剪切增黏现象可用胀容现象说明。具体内容见**资源 3-2**。

资源 3-2

3．塑性流体　根据宾汉理论，在流变学范围内将具有下述性质的物质称为塑性流体：当作用在物质上的剪切应力大于极限值时，物质开始流动，否则，物质就保持即时形状而停止流动。剪切应力的极限值定义为屈服应力，所谓屈服应力是指使物体发生流动的最小应力，用 σ_0 表示。对于塑性流动来说，当应力超过 σ_0 时，流动特性符合牛顿流动规律的，称为宾汉流动，不符合牛顿流动规律的流动称为非宾汉塑性流动，把具有上述流动特性的流体分别称为宾汉流体和非宾汉流体。属于宾汉流体的食品有熔化的巧克力、瓜尔豆胶水溶液、橘子汁、梨酱、酵母蛋白液等。属于非宾汉流体的食品有番茄酱、白汁沙司等。

4．触变性流体　所谓触变性是指当液体在振动、搅拌、摇动时黏性减小，流动性增加，但静置一段时间后，又变得不易流动的现象，即黏度不但与剪切速率有关，而且也与剪切时间有关。例如，番茄酱、蛋黄酱等在容器中放置一段时间后倾倒时则不易流动，但将容器猛烈摇动或用力搅拌即可变得容易流动，再长时间放置时又会变得不易流动。具体内容见**资源 3-3**。

资源 3-3

5．黏度的测定　流体的黏度无法直接测量，其数值往往是通过测量与其有关的其他物理量，再用相关方程进行计算而得到。由于所依据的方程及所测量的物理量不同，测量方法有许多种，所得到的黏度种类、数值及单位也不尽相同。表 3-2 列举了国家标准《液体黏度的测定》（GB/T 22235—2008）中所规定的 5 种液体黏度的测定方法，其中仅旋转黏度计法可用于非牛顿流体。

表 3-2　常用黏度计及其应用（张志健和秦礼康，2018）

测定方法	动力黏度 /（mPa·s）	运动黏度 /（mm²/s）	测定范围 /（mPa·s 或 mm²/s）	标准来源	温度要求 /℃
毛细管黏度计		√	$0.5 \sim 1 \times 10^5$	ISO3104	±0.1
流量杯		√	$8 \sim 700$	ISO3105	±0.5
旋转黏度计	√		$10 \sim 1 \times 10^9$	ISO3218.2	±0.2
落球黏度计	√		$0.5 \sim 1 \times 10^5$	DIN53015	±0.1
拉球黏度计	√		$0.5 \sim 1 \times 10^7$	DIN52007.2	±0.1

二、液态食品分散体系的流变性

（一）液态食品分散体系黏度表示方法

在一般情况下，分散体系溶液的黏度比分散介质的黏度大。设 η_0 表示分散体系介质的黏度（Pa·s），η 表示溶液的黏度（表观黏度）（Pa·s），则

$$\eta_r = \frac{\eta}{\eta_0} \tag{3-4}$$

$$\eta_s = \frac{\eta - \eta_0}{\eta_0} = \eta_r - 1 \tag{3-5}$$

$$\eta_d = \frac{\eta_s}{c} \tag{3-6}$$

式中，η_r 为相对黏度；η_s 为比黏度；η_d 为换算黏度（或还原黏度）（100L/kg）；c 为溶液浓度（kg/100L）。换算黏度为单位浓度的溶液中黏度的增加比例。有时用相对黏度的对数与浓度的比来表示换算黏度，即

$$\frac{\ln(\eta / \eta_0)}{c} = \frac{\ln \eta_r}{c} = \{\eta\} \tag{3-7}$$

（二）影响液态食品黏度的因素

1. 温度的影响　　液体的黏度是温度的函数。在一般情况下，温度每上升 1℃，黏度减小 5%～10%。

2. 分散相的影响　　包括分散相相对分子质量、浓度、黏度、形状。

3. 分散介质的影响　　分散介质本身的黏度，如流变性质、化学组成、极性、pH 及电解质浓度等。

食品加工中，为了改善食品的口感、提高食品的稳定性，往往要向食品中添加高分子物质（如乳化剂、增稠剂、稳定剂等），这也会造成黏度发生很大的变化。

三、黏弹性食品的流变性

黏弹性（viscoelasticity）食品是指既具有固体的弹性又具有液体的黏性这样两种特性的食品。图 3-3 所示为理想的黏性物体、理想的弹性物体和典型的黏弹性物体，当同时受外力作用时，三种物体对外力的反应不同，其中，黏弹性体在 t_1（s）时表现近似理想的弹性体，而在 t_3（s）时表现近似理想的黏性体。人们咀嚼质地食品时，口腔作用在食品上的时间非常短，因此，感知食品似弹性体。但是，在加工，如混合、搅拌、挤压等过程中，食品受的力往往时间较长，这时黏弹性体更近似于黏性体。黏弹性食品往往都有一定形状的组织结构或者网格结构，在受到外力作用

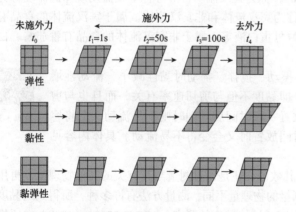

图 3-3　弹性、黏性和黏弹性体受力反应（李云飞等，2009）

时，将发生变形、屈服、断裂、流动等多种现象，是比较复杂的力学问题。黏弹性主要分为线性黏弹性和非线性黏弹性两种类型。对于线性黏弹性来说，黏弹性质仅与时间有关，与外力大小等无关，多数食品在小的应变量内均可视为线性黏弹性体。然而，对于非线性黏弹性，黏弹性质不但与时间有关，而且与外力大小和应变速率等有关，食品在口腔内咀嚼时就是非线性黏弹性体，是非常复杂的力学问题。

食品在加工、储藏与消费过程中，受各种各样力的作用，会发生弹性变形、塑性变形、黏滞流动、破碎、应力松弛、形态蠕变等现象。这些现象与材料本身、作用力性质及作用时间等因素有关，可能表现为一种现象，更多的可能是几种现象的混合。

（1）黏滞流动。前述的黏性理论均适用于黏弹性食品，但是，这里突出的黏性部分是分散在一定形态的食品之中，而不是完全流动的食品。

（2）食品弹性。具有一定形状的食品在一定的应变范围内总是存在一定的弹性。对于具有一定网格结构的凝胶体，主要是熵弹性，弹性应变量较大。而对于脱水等硬质食品，其弹性应变量很小，主要是能弹性。对于成分复杂的实际食品，具有熵弹性和能弹性的组分往往分散存在，与具有其他力学特性的组分混合在一起，在一定条件下表现出某种弹性特征。

（3）应力松弛（stress relaxation）。应力松弛是指试样瞬时变形后，在应变量不变的情况下，试样内部的应力随时间的延长而下降的过程。应力松弛是以一定大小的应变为条件的（ε＝常数）。应力松弛实际上是材料内部的黏性流动导致能量耗散。

（4）蠕变（creep）。蠕变和应力松弛相反。蠕变是指把一定大小的力（应力）施加于黏弹性体时，物体的变形（应变）随时间的变化而逐渐增加的现象。蠕变是以一定大小的应力为条件的。

四、颗粒食品的特性

（一）基本概念

当颗粒物料之间及物料和所接触的固体表面间发生相对运动或有运动趋势时，均存在阻碍运动的摩擦力。物料在克服其与接触表面的摩擦力之前，不可能产生相对运动。而一旦开始运动，摩擦力会相应减小。摩擦力与接触表面间的滑动速度及接触物料的特性有关，颗粒食品物料的摩擦力，还受作用于物料的压力、物料的湿度、颗粒表面的化学物质，以及测试环境、表面接触的时间等的影响，而且动摩擦力与滑动速度、湿度的关系无一定的规律。

（1）滑动摩擦角（angle of sliding friction）：表示颗粒物料与接触固体相对滑动时，物料与接触面间的摩擦特性，是衡量颗粒物料散落性的指标，其正切值为滑动摩擦系数。

（2）休止角（angle of repose）：指颗粒物料通过小孔连续散落到平面上时，堆积成的锥体母线与水平面底部直径的夹角，它与散粒粒子的尺寸、形状、湿度、排列方向等都有关。休止角越大的物料，内摩擦力越大，散落能力越小。

（3）内摩擦角（angle of internal friction）：指散粒物料堆在垂直重力作用下发生剪切破坏时错动面的倾角。内摩擦角是反映散粒物料间摩擦特性和抗剪强度大小的重要指标，它是确定物料仓壁压力及设计重力流动的料仓和料斗的重要设计参数。内摩擦角越大，散粒体抗剪强度越大，表明散粒体在流动时越难保持恒定的流速，即流动性越差。

（二）散粒体的特性

1. 黏聚性　生产及生活中，会经常看到两种或多种物质黏合在一起，如粉体的粘壁、粉粒结块等。通常将物料颗粒间的自身黏合称为黏聚（如奶粉的结块），而将粉末物质与其他固体壁面（如容器、设备等）的黏合称为黏附。具有黏聚性的散粒物料往往也具有黏附性。影响黏附（聚）的因素很多，情况也很复杂。黏聚现象虽然对分级、混合、粉碎、输送等单元操作不利，但对于集尘、沉降浓缩、过滤等操作而言，由于颗粒变大，会带来好处。黏聚现象对粒子的堆积和充填状态有很大影响。黏聚现象对粉体的摩擦特性有较大影响。粉末食品以水分含量10%～12%为界，休止角会发生大的改变。也可以利用休止角的改变，判断粉末食品在这一范围内的水分含量、受潮程度。另外，黏聚现象对粉体流动、充填也有很大影响，它会引起粉体流动的阻塞、充填的架空、排料不畅等问题。

2. 流动变形　　根据散粒体的流动特点，分为自由流动物料和非自由流动物料两种。对于非自由流动物料，颗粒料层内的内力作用（由黏聚性、潮湿性和静电力等造成）大于重力作用，这种内力在物料流动开始后会逐渐扰乱原有的层面而导致形成落粒拱。由于颗粒粒子处于非平衡状态，落粒拱会周期性地塌方，接着又重新形成。

散粒体的变形包括结构变形和弹塑性变形。结构变形是指在外力作用时颗粒间的相互位移，是不可恢复的，带有断裂的性质，即不是连续函数。弹塑性变形则是颗粒本身的可恢复和不可恢复的变形，在每个颗粒所占据的体积范围内是连续的。一般情况下，弹塑性变形是非线性的。通常散粒体颗粒之间及与固体壁面之间的接触为点接触，点接触所产生的应变要大于面接触，对物料的影响程度较大，甚至可能使脆性物料颗粒破碎，塑性较大的物料颗粒发生塑性变形（如压扁）。接触点面积越大、接触点数越多，物料颗粒的抗变形能力越强，在同样压力下的变形程度越小。此外，随着压力的增大，散粒体的结构发生变化，孔隙率减小，颗粒间的接触点数量增加，抵抗压缩的能力增强，压缩变形程度下降。

第四节　食品的热特性、介电特性、声特性、磁特性和光学特性

一、食品的热特性

（一）食品的导热性

1. 气体的导热性　　气体分子未被固定，可以自由运动，当输入热量使分子动能增大时分子运动加剧，因此，气体导热是通过分子间的相互碰撞传递动能实现的，这种动能传递随分子运动速度的增大而加快。气体的热导率随温度的升高和分子质量的减小而增大。这便是为什么当人们需要强化传热（如加热或冷却）时常选用低分子质量的水蒸气。在同一能量水平时，分子间的碰撞频率会随分子间距的减小而增大，因此气体的热导率也随分子间平均间距的减小而增大。当气体压力增大时，分子相互靠近。因此，增大气体压力会使气体的热导率增大。这便是为什么真空环境的热导率很小，甚至不存在导热性的原因。不过在通常的压力范围内，其热导率随压力变化很小，只有在压力大于196.2MPa，或压力小于2.67kPa时，热导率才随压力的增加而加大。故工程计算中常可忽略压力对气体热导率的影响。人们利用真空条件下热导率小的特点对某些食品在真空条件下进行加工处理，如真空冷冻干燥。冻干机在真空条件下不允许气体通过导热方式将热量传给食品。

2. 液体的导热性　　在非金属液体中水的热导率最大，且一般来说水溶液的热导率低于水的热导率。液体品大多以水为介质，如果汁等饮料，其热导率与水接近。液体对热量的传递主要通过热对流，其机制是热量随液体的流动而迁移，因此液体的热导率很难测定。要测定液体的热导率，只有采取一定措施完全阻止液体的流动，如将液体转化为凝胶。水的热导率随温度的升高稍有增大。除水和甘油外，绝大多数液体的热导率随温度升高而略有减小。

3. 固体食品的导热性　　固体是由自由电子和被束缚在晶格上周期性排列的原子组成。因此，热传导会产生两种效果：晶格振动和自由电子运动。金属主要靠电子的热运动导热。食品属于非金属，几乎不含电子。固体（含半固体）食品有晶体和非晶体之分。晶体食品（包括非晶体的晶区）主要靠晶格的振动传热，且温度越高热导率越大。非晶体食品的导热性受多种因素的影响，除食品的物质组成、组织结构、形状、大小等内在因素外，还受到环境温度、压力、湿度等外界因素的影响。水和空气是食品中热导率最大和最小的成分，其他食品成分的热导率在这两者之间。虽然在湿基固体食品中水分所占的比率最大，但有细胞结构固体食品中的水分被食品的细胞或组织结构所固定，不具有自由流动性，因此几乎不会产生对流传热或者很小，热量传递主要靠热传导。正是由于这个原因，在固体食品热导率的估算经验公式中，水分含量是重要的变量。

（二）食品的相态变化

1. 相态变化的概念　　稳定在一定温度和压强下的物质单相系，当温度或压强改变时其稳定性遭到破坏，这时体系会自发地改变自己的结构，以达到新的稳定状态。将物质从一种相态转变为另一种相态，

称为相态变化。将一定压力下物质发生相态变化的温度称为相变温度。相变过程也就是物质结构发生变化的过程，并伴随着热量的吸收或释放。将相变过程吸收或释放的热量称为相变潜热。食品是一种多成分多相分散体系，且高分子物质占主要部分，因此其相态变化与纯小分子物质有较大差别。在食品加工过程中除结晶外，更具有实际意义的相态变化是非晶态物质的变化，如玻璃化转变、淀粉糊化与老化、溶胶的凝胶化等。食品的这类相变主要是由温度和压力变化引起，然而pH、电解质、酶等因素对其往往也具有重要影响。例如，大豆蛋白的胶凝作用除了加热外，还必须有盐（$MgCl_2$ 或 $CaSO_4$）或酸（H^+）的存在。

2. 食品加工过程玻璃化相变的实例

（1）蔗糖溶液在水分蒸发浓缩时会产生结晶作用，但在硬糖果生产时，将蔗糖与葡萄糖浆等质量混合，即可有效抑制晶体的形成而呈玻璃态。

（2）食品焙烤时，如果缓慢加热，使水分充分蒸发，也会形成玻璃态，如面团可由部分胶凝化（糊化）的淀粉和面筋蛋白组成。在高温下烘烤时，水分很容易除去，当冷却时就可以形成玻璃态，如硬质饼干。

（3）蔬菜干燥时，细胞壁会形成玻璃态，产生坚硬而易碎的产品品质。

（4）在膨化食品加工时，当食品物料受热时，由于环境压力很大，形成温度很高的水（过热），当产品离开挤压设备时，由于压力突然降低，水变为水蒸气并带走大量热量，使物料的温度迅速下降，形成了足够高的降温速率，从而形成玻璃态的食品。

二、食品的介电特性

（一）概述

介电特性（dielectric property）是指物质分子中的束缚电荷对外加电场的响应特性，即物质在电场作用下，表现出对静电能的储蓄和损耗的性质，通常用介电常数（dielectric constant）和介电损耗因数（dielectric loss factor）来表示。

1. 介电常数　已知当在平板电容器两极板之间插入电介质时，由于电介质的极化会使电容器的电容量增大。电容器极板间插入固体电介质后的电容量 C 为：

$$C = \varepsilon_r C_0 = \varepsilon_r \varepsilon_0 \frac{A}{d} \tag{3-8}$$

式中，d 为平板间距（m）；A 为平板面积（m^2）；C_0 为平行板电容器在真空中的电容量，$C_0 = \dfrac{\varepsilon_0 A}{d}$；$\varepsilon_r$ 为物质的相对介电常数（$\varepsilon/\varepsilon_0$），也称为相对电容率（$C/C_0$）；$\varepsilon_0$ 为真空的介电常数；ε 为物质的介电常数。由于 $\varepsilon > \varepsilon_0$，$\varepsilon_r > 1$，因此 $C > C_0$，表明电介质的插入使电容器存储电荷的能力增强，即物质在外电场中具有储蓄能量的能力。物质在电场中储蓄电能的相对能力可用介电常数表示，且物质介电常数越大，其储蓄能量的能力越强。

各种食品在25℃下的介电常数如图3-4所示。可以看出水的介电常数很大，而油脂的介电常数很小。通常相对介电常数大于3.6的物质为极性物质，在2.8～3.6范围内的物质为弱极性物质，小于2.8的为非极性物质。

2. 介电损耗　介电损耗（dielectric loss）是指物质在外电场作用下，将一部分电能转换成热能的现象（或过程或那部分能量），也称为介质损耗。概括来讲，当偶极子在交变电场中时，会不断做取向运动，质点间发生碰撞和摩擦，从而将一部分电能转化为热能。因此，介质损耗可用作一种电加热手段，即利用高频电场（一般为0.3～300MHz）对介质损耗大的材料进行加热。这种加热由于热量产生在物质内部，比外部加热的速度快、热效率高，且加热均匀。频率高于300MHz时，达到微波波段，故称为微波加热。

介质损耗按形成机理可分为弛豫损耗、共振损耗和电导损耗。①弛豫损耗，当交变电场改变其大小和方向时，介质极化的程度和方向随之改变。若介质为极性分子组成（极性介质）或含有弱束缚离子，取向或弛豫极化需要一定时间（弛豫时间），造成介质内部电位移和外电场强度具有一定的相位差，这种相位差便导致产生了介质弛豫损耗。②对于电子位移极化和离子位移极化，介质可以看成是许多振子的集合，这些振子在电场作用下做受迫振动，并最终以热能方式损耗。当电场频率比振子频率高得多或低得多时，振子跟不上电场振动或振动速率太慢，导致损失能量很少。只有当电场频率等于振子固有频率时，损失能

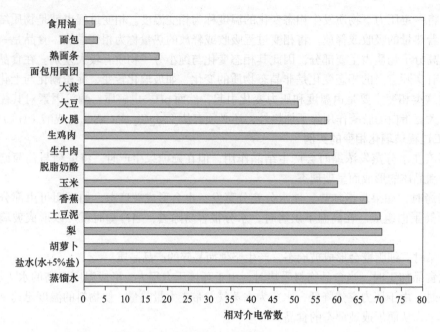

图 3-4　部分食品的介电常数（25℃）（Serpil and Servet，2006）

量最大，故称为介质共振损耗。③电导损耗，实际介质均具有一定电导，因贯穿电导电流引起的介质损耗（焦耳损耗）称为介质电导损耗，它与电场频率无关。

弛豫损耗与介质的弛豫极化、取向极化和空间极化相联系；共振损耗与共振极化相联系；而电导损耗则与介质的电导相联系。

（二）不同食品组分的介电特性

1. 细胞的介电特性　食品原料大多为动植物组织或器官，具有细胞结构，并对食品原料及加工品的介电特性具有重要影响。假设细胞规则排列，在这样的细胞水平上，由于细胞膜（壁）的电阻和电容量很大，在低频情况下，电流只在细胞外液流过，因此，电阻非常大；而在高频情况下，细胞膜（壁）间的电容量大，细胞内液中也有电流流过，此时，电阻明显减小。由于在这样的细胞水平上变化起因于组织的不均匀性，所以，称之为构造耗散（β 耗散）。在生物组织中，除了 β 耗散之外，还存在 α 耗散和 γ 耗散。α 耗散起因于细胞膜（壁）在低频条件下的变化，γ 耗散起因于高频条件下的变化，β 耗散位于其中间频率。

2. 淀粉等多糖的介电特性　淀粉是高分子聚合物，其介电特性相对较弱，且不同淀粉的介电特性不同。淀粉的介电特性与淀粉的种类、存在状态及温度、浓度、频率和电解质等有关。温度对淀粉介电特性的影响取决于淀粉的存在状态（固体状态，悬浮液）。例如，在 2450MHz 频率下测定不同粉末状淀粉的介电特性，淀粉的介电常数和损耗常数均随温度的升高而增大，低水分（水分含量＜1%）淀粉的介电常数和介电损耗常数与处理温度呈线性关系，并且随着处理温度的升高，二者数值都增大；而较高水分含量（水分含量 13%，水分活度 0.6）淀粉的介电常数和介电损耗常数与随处理温度的升高快速呈非线性增大。其他种类淀粉也有类似的变化规律。

3. 单糖的介电特性　与其他亲水性成分相比，糖是食品成分中吸收微波最重要的物质。糖分子中存在大量亲水性羟基，能与水形成氢键，固化水分子。因此，糖溶液的介电特性既不同于固体糖，也不同于水。与淀粉相比，葡萄糖的羟基更易形成氢键。在淀粉中，只有少数羟基暴露于水中与少量水形成稳定的氢键。因此，糖溶液的介电损耗常数较淀粉溶液要大。糖溶液的介电特性与浓度和温度有关。有研究表明，不同浓度（10%～60%）葡萄糖溶液的介电常数随温度的升高而增大，而其介电损耗常数随温度的升高而减小。这可能与温度升高，糖与水分子形成的氢键减少有关。随着葡萄糖溶液浓度的增大，被氢键束缚的水分子增多，使溶液的介电常数减小，但葡萄糖溶液有一个影响介电损耗常数的临界糖浓度。当温度超过 40℃时，损耗常数随浓度的增加而增大，而在较低的温度时，葡萄糖溶液会在较低的浓度下达到饱和，损耗常数随浓度增大而减小。

4. 蛋白质的介电特性 游离氨基酸和多肽有助于增大介电损耗常数。由于蛋白质偶极矩与构成它的氨基酸和介质的 pH 有关，因此，预计谷物、豆类、奶、肉和鱼类中蛋白质的介电特性和对微波的反应不同。蛋白质对水分的吸附也会影响蛋白质的介电特性。蛋白质的变性会导致蛋白质的介电特性改变。因为在蛋白质变性过程中，蛋白质的空间结构被破坏，电荷分布的不对称性增大，这会增大偶极矩和极化度，以及变性蛋白质的溶解度降低，溶液黏度增大，从而影响介电特性。此外，在蛋白质变性过程中水分可能被蛋白质分子束缚，也可能被释放出，导致蛋白质的介电特性减弱或增强。蛋白质所在体系的其他物质（如离子、淀粉等）也会影响蛋白质的介电特性。有研究结果表明，面筋蛋白的介电特性也受加热的影响。面筋和淀粉的混合物加热后其介电常数和损耗常数较加热前小。当体系中面筋蛋白质量增加时，介电常数减小，而损耗常数未受影响，保持不变。已经发现面筋与微波的相互作用对微波烘焙的面包质构有不良影响。用微波炉烤制的低面筋面包较高面筋面包要柔软。

5. 脂肪的介电特性 脂类物质是疏水性的，它们不与电场相互作用。因此，脂肪和油脂的介电特性非常弱。脂肪对食品体系介电特性的影响主要是其稀释作用。脂肪含量的增加降低了体系中自由水的含量，从而减弱了体系的介电特性。为了了解食用植物油在微波频段（100～10 000MHz）的介电特性，以几种常见食用植物油（大豆油、菜籽油、花生油、橄榄油、玉米油、调和油、葵花籽油和芝麻油）为研究对象，采用同轴探针技术，对不同频率和温度下的介电特性进行了测定。结果表明：植物油的介电常数值较小，且变化有一定的规律，在低频段（100～300MHz），植物油的介电常数随着频率的增加呈现先增大后减小的趋势；在较高频段（300～10 000MHz），植物油的介电常数随着频率的增大而逐渐减小；在这段频率内，频率对植物油的介电损失率变化虽有影响，但是变化规律没有介电常数明显。温度对植物油的介电特性有一定影响，频率一定时，介电常数随温度的升高而减小。结果还表明：在低频段（100～300MHz），除花生油外，同频率下各种食用植物油介电常数大小与油中不饱和脂肪酸总含量成正相关，即随着不饱和脂肪酸含量的增加，介电常数逐渐增大；在较高频段（300～10 000MHz），植物油的介电常数随亚油酸含量的增加而增加。随着油炸的进行，大豆油的酸值和极性成分含量逐渐增大，过氧化值先增大后减小，大豆油的介电常数值也逐渐增大，且在频率为 700MHz 时，两者之间相关性较好。

三、食品的声特性

食品与农产品的声特性是指食品与农产品在声波作用下的反射特性、散射特性、透射特性、吸收特性、衰减系数和传播速度及其本身的声阻抗与固有频率等，它们反映了声波与食品或农产品相互作用的基本规律。超声波指的是振动频率超出 20 000Hz 的声波，其频率高，传播性强，在液体和固体中均能传播。在食品方面，利用超声技术可检测品质、节约原料、改进食品生产过程、提高效率、改善食品质量、提高产量，具有良好的应用前景。工业中超声波分为两种类型。一类是利用高能量超声波破坏处理对象的结构和组织，如清洗设备和管道、破坏生物和处理细胞、化学反应的乳化等，这种类型超声波的特征是频率较低（不超过 100kHz）、能量较高和采用连续式操作。另一类是利用低能量超声波进行无损检测，其特点是频率较高（0.1～0.2MHz）、能量较低和大多采用脉冲式操作。

1. 声波衰减与吸收 声波在媒质中传播，声波强度将随传播距离增加而减小的现象，统称为声波衰减。按照引起声波减弱的原因的不同，可以将声波衰减分为三种主要的类型：散射衰减、吸收衰减和扩散衰减。散射衰减是介质散射，使声波原方向声强减弱。吸收衰减是介质的吸收将声能转化为热能，超声能量减少。扩散衰减是声束扩散，使声波原方向声强减弱。造成衰减的主要原因是媒质对超声的吸收。此外如流体媒质中有悬浮粒子，固体媒质中有颗粒结构等时，则超声波在这些粒子上发生散射，也是形成衰减的重要原因。前两类衰减取决于媒质的性质，而后一类衰减则是由声源特性引起的。所以在通常讨论媒质与声波的关系时，主要就考虑前两种衰减。如果要估计声波传播损失时，就必须考虑第三类衰减因素。

超声波吸收是衰减的一个重要组成部分。介质对超声波能量的吸收可以由各种超声波和介质间所发生的物理的和化学的变化来解释。按机理归类为如下 9 种主要类型：①由黏滞阻尼引起的吸收；②由热传导引起的吸收；③由热辐射引起的吸收；④由声波对介质中分子固有自由度和平移自由度的平衡态的扰动所引起的吸收；⑤由声波对介质中同分异构体之间的平衡态的扰动所引起的吸收；⑥由声波对介质中单体和二聚体及多聚体之间平衡态的扰动所引起的吸收；⑦由声波对介质的远程有序平衡度的扰动所引起的吸收；⑧由相位转换和扩散所引起的吸收；⑨由磁流体动力学相互作用而引起的吸收。一般称前两类吸收为经典吸收,而将其余的统称为弛豫过程。

2. 超声与物质的相互作用

1)热效应　　超声波在媒质中传播时,由于传播介质存在着内摩擦,部分的声波能量会被介质吸收转变为热能从而使媒质温度升高,此种升温方式与其他加热方法相比达到同样的效果,从而这种使媒质温度升高的效应称之为超声的热作用。超声波在媒质中传播时,大振幅声波会形成锯齿形波面的周期性激波,在波面处造成很大的压强梯度。振动能量则不断被媒质吸收转化为热量而使媒质温度升高,吸收的能量可升高媒质的整体温度和边界外的局部温度。同时,由于超声波的振动,使媒质产生强烈的高频振荡,介质间相互摩擦而发热,这种能量能使固体、流体媒质温度升高。超声波在穿透两种不同介质的分界面时,温度升高值更大,这是由于分界面上特性阻抗不同,将产生反射,形成驻波引起分子间的相互摩擦而发热。

超声波的热作用能产生两种形式的热效应。一是连续波产生的热效应,二是瞬时热效应。连续波的热效应是由于媒质的吸收及内摩擦损耗,一定时间内的超声连续作用,使媒质中声场区域产生温升。瞬时热效应主要指空化气泡闭合产生的瞬间高温。

2)机械效应　　超声波能量作用于介质,会引起质点高速细微的振动,产生速度、加速度、声压、声强等力学量的变化,从而引起机械效应。超声波是机械能量的传播形式,与波动过程有关,会产生线性效变的振动作用。超声波在介质中传播时,质点位移振幅虽然很小,但超声引起的质点加速度却非常大。当超声介质不是均匀的分层介质时(如生物组织、人体等),各层介质的声阻抗不同将使传播的声波产生反射、形成驻波,驻波的波腹、波节造成压力、张力和加速度的变化。由于不同介质质点(如生物分子)的质量不同,则压力变化引起的振动速度有差异,使介质质点间的相对运动所造成的压力变化,是引起超声机械效应的另一原因。利用超声的机械效应进行加工处理(面强化、焊接、清洗、抛光及去除不希望的薄膜和脏物等),也用于加速分散、均质、乳化、粉碎、杀菌等其他过程。

3)空化效应　　超声空化就是指液体中的微小气泡核在超声波作用下产生振动,当声压达到一定值时,气泡将迅速膨胀,然后突然闭合,在气泡闭合时产生冲击波,这种膨胀、闭合、振荡等一系列动力学过程称超声空化。超声波的空化作用会导致气泡周围的液体中产生强烈的激波,形成局部点的高温高压,空化泡崩溃时,在空化泡周围极小空间内可产生 5000K 的瞬态高温和约 50MPa 的高压,且温度冷却率可达 109K/s,并伴有强烈冲击波和时速达 400km 的射流。这种巨大的瞬时压力,可以使悬浮在液体中的固体表面受到急剧的破坏。

通常将超声波空化分为稳态空化和瞬间空化两种类型。在液体或软组织中,存在一些小气泡(或受声波照射时形成小气泡)。在超声波的作用下,当声压与静压力之和很小时,气泡会生长,反之则会缩小,故声波引起的气泡呼吸的振动或脉动。在超声强度比较低时,这种振动不会很剧烈,通常不产生破坏力,称为稳定空化。即使在稳定空化的情况下,由于声流的存在,气泡周围的应力增加,可能造成某些生物功能的改变。当声强超过某一阈值时,气泡的振动十分剧烈。在膨胀期,即声压与静压力的合力趋于零时,气泡直径迅速增大,然后,当声压改变时,在很大的合压力的作用下,气泡猛烈收缩,以致破裂成许多的小气泡,产生强烈的冲击波和局部的高温高压,这种现象称为瞬态空化。超声的空化作用还产生了相应的效应,如高温效应、放电效应、发光效应、压力效应等,在日常生产和生活中得到了广泛的应用。

四、食品的磁特性

(一)饱和与松弛

核磁共振是基于低能级自旋原子核吸收共振频率下的电磁能,发生能级跃迁,并释放出能量信号。如果低能级自旋原子核不断跃迁或者跃迁数量大于高能级自旋原子核的回落数量,则低能级自旋原子核数量下降,能级跃迁释放出来的能量信号减弱。当低能级自旋原子核数量与高能级自旋原子核数量相等时,即跃迁与回落相等时,体系没有能量变化信号,这时称为"饱和"。"饱和"状态下核磁共振失去检测信号。事实上,高能级的自旋原子核会通过非辐射途径将能量释放掉,重新回到低能级状态上,这种能量释放过程称为"松弛"。

1. 自旋-晶格松弛(spin-lattice relaxation)　　高能级的自旋原子核将能量传递给周围物质,以热能形式释放掉，并重新回到低能级状态，这种能量释放方式称为自旋-晶格松弛。自旋-晶格松弛所需要的时间（半衰期）以 T_1 表示，与核的种类、样品状态和温度有关。液体样品松弛时间短，可小于 1s，固体样品松弛时间长，可大于数小时。

2. 自旋-自旋松弛（spin-spin relaxation）　高能级的自旋原子核将能量传递给同类低能级的自旋原子核上，即高能级的变为低能级，而低能级变为高能级。高、低能级的自旋原子核数量不变，总能量也不变。自旋-自旋松弛所需要的时间以 T_2 表示。由于固体样品分子排列紧密，自旋-自旋松弛显著，即 T_2 很小。

（二）检测信息

1. 化学位移　根据磁旋比 γ 的不同，核磁共振仅可检测到不同的元素和同位素。也就是说，同类原子核应该有相同的磁旋比 γ，也应该有相同的共振频率。但是，实际情况并不是这样。自旋原子核不是一个裸核，其外电子自旋也产生一个附加磁场，并对共振频率产生影响。如果核外电子的化学环境（化学键性质、相邻基团性质、溶剂种类等）不同，虽然是同类原子核，但是附加磁场使共振频率偏移程度不同，同类原子核会出现多个共振峰值。把因化学环境不同引起的共振频率偏移称为化学位移。

2. 自旋-自旋耦合　分子内自旋原子核与自旋原子核之间的磁矩干扰，使核磁共振谱峰发生分裂。这种现象称为自旋-自旋耦合。耦合程度用耦合常数表示，它反映了自旋原子核之间的化学键性质和数量等信息，是研究分子结构的重要参数。

3. 磁共振成像（MRI）　核磁共振成像是通过检测氢核在生物体内的分布，从而确定组织病变和损伤的位置与程度。氢核有很强的磁矩，它是食品和农产品的主要成分，在水、淀粉、糖和油中均有大量氢核。所以，氢核（质子）磁共振（H-MR）常用于食品含水量和成分的非破坏性检验。水分含量高，氢核密度大，磁共振图像明亮。空穴、絮状结构和脱水组织，其磁共振图像黯淡。

4. 其他信息　由于磁共振成像给出氢核信息，主要是水分信息，因此，根据图像灰度等信息，建立与食品水分相关的物性关系，如黏度、水分活度、玻璃化转变、质构等，可以指导新型食品研发、揭示食品品质变化过程。

五、食品的光学特性

（一）光的反射

将光射在两种介质分界面上改变其传播方向又返回原来介质中的现象称为光的反射。光的反射有两种类型：镜面反射和漫反射。镜面反射是平行光线经界面反射后沿另一方向平行射出，只能在某一方向接收到反射光线。当反射面是光滑平面时，即产生镜面反射。漫反射是平行光经界面反射后向各个不同的方向发射出去，即在各个不同的方向都能接收到反射光线。当反射面是粗糙平面或曲面时，即产生漫反射。正是由于漫反射的存在，才使人可以辨别物体的形状和存在。各种食品具有明显的光谱反射特征，且这种特征与食品的种类、色泽、形态、含水量、品质等条件密切相关。因此，可以通过测定食品的反射光谱，即对不同波段的反射电磁波信息测定，分析其差异性，来识别食品的属性。例如，番茄在不同成熟阶段（青、白、粉、橙、红）的反射光谱存在明显差异，番茄对波长为 565nm 光的反射率随番茄红素含量的增大而增大。因此，可以通过测定番茄表面对波长为 565nm 光的反射率来判断番茄果实的成熟度。

（二）光的折射

当光由一种介质进入另一种介质时，其传播方向会发生改变，将这种现象称为光的折射。介质对光的折射能力大小用折射率（又称折光指数或折光率）来表示。折射率是物质的一种物理性质，它是食品生产中常用的工艺控制指标，通过测定液态食品的折射率，可以鉴别食品的组成、确定食品的浓度、判断食品的纯净程度及品质。可溶性固形物是指液体（包括酱体）食品（包括原料）中所能溶解于水的化合物的总称，包括糖、酸、维生素、矿物质等。由于食品中的可溶性固形物以糖为主，因此，将食品中可溶性固形物的含量也称为糖度，指 100g 溶液中所含可溶性固体物的克数。在工业上一般用白利度（Brix）表示，单位为°Bx或%。白利度值以折射指数和特定重力为标准，它以纯净水作为标准点——零点，当其他的物质溶解于水，特定重力就增加，数值就上升到零点以上。所以，溶解于水的固体浓度越高，白利度数值越高。常用仪器是折光仪，也称糖度计，其测量原理是液体中可溶性固形物含量与折射率在一定条件下（同一温度、压力）成正比，故通过测定液体的折射率，即可求出液体的浓度。液体的折射率越大，其浓度也越高。

（三）光的散射

当光进入介质后，由于介质的不均匀性导致光在介质内改变传播方向而分散传播，从侧向也可以看到光的现象，称为光的散射。根据光散射的原因不同可将光散射分为悬浮质点散射和分子散射两类。

1. 悬浮质点散射　　若介质中含有许多呈无规则分布的微粒（称为散射体），且这些微粒的线度在数量级上略小于光波的波长，引起的光散射称为悬浮质点散射（suspended particle scattering）。散射光的强度和入射光波长的关系不明显，散射光的波长和入射光的波长相同。悬浮质点散射从入射光的垂直方向可以观察到介质里出现的一条光亮的"通路"，称此现象为丁达尔现象，也称丁达尔效应（Tyndall effect），因此，将这种散射也称为丁达尔散射。当可见光透过胶体时会产生明显的散射作用；而当有光线通过悬浊液时有时也会出现光路，但是由于悬浊液中的颗粒对光线的阻碍过大，使得产生的光路很短。此外，散射光的强度还随分散体系中粒子浓度的增大而增强。显然，丁达尔散射对食品（特别是液体食品）的感官品质具有重要影响。

2. 分子散射　　某些从表面看来是均匀纯净的介质，当有光波通过时，也会产生散射现象，只是它的散射光强度比不上混浊介质的散射光强。散射光的强度随散射粒子体积的减小而明显减弱，对于真溶液，分子或离子很小，因此，真溶液对光的散射作用很微弱。这种散射现象是由线度远小于光波长的介质分子所产生，是由于分子热运动而造成的密度的涨落所引起，称为分子散射（molecular scattering）。分子散射的光强度和入射光的波长有关，但散射光的波长仍和入射光相同。

（四）光的吸收和透射

介质对光的吸收有选择性，这取决于介质的化学组成。同一介质对不同波长光的吸收程度不等。无色透明物质，如玻璃，对可见光吸收很少，相对透过量很大。通常1cm厚的玻璃对可见光只吸收约1%，但玻璃对紫外线吸收较为显著。石英对紫外线吸收不多，而对红外线的吸收性较强。一般有色透明体只能透过本色色光，其他色光则全部吸收。红色玻璃对红色、橙色光吸收较弱，而透过较多，但对其他色光吸收较强，透过较弱。这类现象称为透明介质对光的选择透射。相对来说，也就是选择吸收。不透明物质对光也有选择性吸收，相对来说也就是选择性反射。白色物体对各种波长的可见光的吸收程度很小，而反射程度很大。有色物体对可见光的选择吸收或反射性显著。有色不透明物质只反射本色色光，其他色光则全部吸收。例如，黄色物体对黄色光反射最强而吸收弱，对橙色和绿色光反射很弱而吸收强，对红色、蓝色等光吸收很强而反射弱。物质对光的吸收是物质和光相互作用的一种形式。只有当入射光的能量同吸光物质的基态和激发态能量差相等时才会被吸收，而物质的基态和激发态是由物质原子的结构和原子间相互作用决定的，物质的能态不同，会选择性吸收不同的光。所以物质对光具有选择吸收性。介质对光的吸收能力或透过能力用吸光度或透光度量度，可用比尔-朗伯定律（Beer-Lambert law）表示。

对果冻、凉粉、澄清饮料、酒等透明或半透明食品及其生产原料往往有透光度（生产上多用透明度）要求。透光度反映了光穿透介质的能力或介质的透光性强弱，与介质对光的吸收、反射、散射等有关。介质对光的透射也有两种类型：漫透射和直线透射。当光进入介质后分散，并向其他方向扩散，即产生散射，然后从介质的不同方向透出，称此为漫透射。漫透射导致视觉上为暗晦、烟雾或半透明。直线透射是指光线穿过物体后没有散射，直线穿过介质。食品检测主要采用直线透射。光通过任何介质都会被不同程度地吸收，未被吸收的部分则透过介质再发射出来，即透射。

本章小结

1. 食品的主要形态与物理性质：食品的形态结构包括宏观形态和微观形态；食品的分子结构可分为一级结构、二级结构和三级结构；食品分子间的作用力可分为键合力和非键合力两种形式；固体食品包括形状与尺寸、体积与表面积、密度等基本物理特征；食品分散体系根据分散程度的高低可以分为分子分散体系、胶体分散体系及粗分散体系。

2. 食品的口腔加工包括纳食、加工处理、食团形成、送入咽部、清除残渣等一系列过程，食品质地的分析可以通过仪器测定和感官评价。

3. 食品的流变性分析从黏性流体入手，包括黏性及牛顿黏性定律、黏性流体的分类及特点、塑性流体、触变性流体、黏度的测定等方面。食品的流变性还可分为液态食品的流变性和黏弹性食品的流变性。

4. 食品具有热特性、介电特性、声特性、磁特性和光学特性5种特性。其中食品的热特性包括热导性、相态变化；食品的电特性包含介电常数、介电损耗、介电特性；食品的声特性包括声波衰减与吸收、超声与物质的相互作用；食品的磁特性则涵盖饱和与松弛、检测信息；食品的光学特性可分为光的反射、折射、散射、吸收和透射。

【思 考 题】

1. 简述食品宏观形态结构和微观形态结构。
2. 简要说明食品的分子结构。
3. 什么是食品分子间的相互作用力？包括哪几种？
4. 食品的物理特征在实际生活中有哪些应用？
5. 什么是密度？包括哪几种？请简要介绍。
6. 什么是黏性流体？具有什么特性？
7. 什么是食品分散体系？简要说明其分类。
8. 简述散粒体的特性。
9. 食品的热特性在实际生产加工过程中有哪些应用？
10. 食品的光学特性包括哪些方面？简述其联系和区别。

参考文献

陈建设，王鑫淼. 2018. 食品口腔加工研究的发展与展望. 中国食品学报，18（9）：1-7.

李里特. 2010. 食品物性学. 北京：中国农业出版社.

李云飞，殷涌光，徐树来，等. 2009. 食品物性学. 第2版. 北京：中国轻工业出版社.

张志健，秦礼康. 2018. 食品物性学. 北京：科学出版社.

Serpil S, Servet G S. 2006. Physical Properties of Foods. New York: Springer.

第四章

食品加工的生物学基础

食品生物学基础是食品加工的重要基础之一。本章主要介绍常用的食品发酵微生物、发酵食品加工的基本原理，食品酶促反应的特点、酶促反应动力学及常用的食品酶制剂，转基因食品等，从而较全面地阐述食品加工过程中的生物学基础。

学习目标

掌握常用的食品发酵微生物种类及应用。

掌握食品微生物发酵的主要生物化学变化。

掌握食品微生物发酵的主要影响因素。

掌握酶促反应特性及影响因素。

掌握常见的内源酶对食品加工的影响。

掌握食品加工中常用的酶制剂。

掌握转基因食品的概念、种类及其特点。

掌握转基因食品的检测技术。

第一节 食品微生物与发酵

一、常用的食品发酵微生物

利用有益微生物来发酵的食品生产方式已有数千年的历史，我们所熟悉的食醋、酱油、黄酒、啤酒、泡菜、腐乳、酸奶、干酪等都是发酵食品。发酵作用可以使食品原料中的淀粉、蛋白质和脂肪三大营养物质进行分解、转化，生成了醇类、有机酸、酯类、脂肪酸、氨基酸、芳香族化合物等物质，赋予了食品以独特的风味、色泽、质地、口感及丰富的营养价值。食品中常见的发酵微生物主要有细菌、酵母和霉菌三种类型。

（一）细菌

细菌在自然界分布广泛，与人们的生活关系密切，食醋、味精、乳制品（酸奶、干酪）、葡萄酒、泡菜、黄原胶等发酵食品的生产环节均有细菌的参与，如醋酸杆菌、乳酸菌、芽孢杆菌和链球菌等。

1. 革兰氏阴性无芽孢杆菌

1）大肠埃希氏菌（*Escherichia coli*）　　大肠埃希氏菌俗称大肠杆菌，作为基因工程受体菌，经改造后可作为工程菌，用于发酵行业。常用于制取氨基酸（如天冬氨酸、色氨酸、苏氨酸和缬氨酸）和多种酶（凝乳酶、溶菌酶、谷氨酸脱羧酶、多核苷酸化酶、α-半乳糖苷酶等）。

2）醋酸杆菌属（*Acetobacter*）　　常用的醋酸菌菌种有沪酿1.01巴氏醋酸杆菌（*A. pasteurianus*）、AS 1.41恶臭醋酸杆菌（*A.rancens*）、奥尔兰醋酸杆菌（*A.orleanense*）、许氏醋酸杆菌（*A.schutzenbachii*）等（陶兴无，2016）。可用于生产如乙酸、酒石酸、葡萄糖酸、山梨酸等多种有机酸等。

3）黄单胞菌属（*Xanthomonas*）　　黄单胞菌属的某些菌株能产生黄原胶，野油菜黄单胞菌（*X. campestris*）是我国大多黄原胶生产中所使用的菌种。

2. 革兰氏阳性无芽孢杆菌

1）短杆菌属（*Brevibacterium*）　　主要菌种有发酵生产多种氨基酸的黄色短杆菌（*B. flavum*）及

其变种、乳糖发酵短杆菌（*B. lactofermentum*）及其基因工程菌；发酵生产腺苷三磷酸（ATP）、肌苷酸（IMP）、烟酰胺腺嘌呤二核苷酸（NAD）、辅酶Ⅰ（CoⅠ）、辅酶A（CoA）、黄素腺嘌呤二核苷酸（FAD）等核苷酸类产物的产氨短杆菌（*B. ammoniagenes*）及其变异菌种。

2）棒状杆菌属（*Corynebacterium*）　棒状杆菌主要菌种有味精生产中使用的谷氨酸棒杆菌（*C. glutamicum*）、AS 1.299 北京棒杆菌（*C. pekinense*）及其诱变株 7338、D110、WTH-1、AS 1.542 钝齿棒杆菌（*C. crenatum*）及其诱变株 B9、B9-17-36、F-263 等（陶兴无，2016）。棒状杆菌的变异株用于生产多种氨基酸、5′-核苷酸、水杨酸、棒状杆菌素等。

3）乳杆菌属（*Lactobacillus*）　乳杆菌主要用于工业生产乳酸，发酵生产酸奶、干酪等乳制品，生产酸菜、豆豉、酸面团馒头、谷物乳酸发酵饮料，腊肉、香肠、火腿肠等发酵肉制品，生产药用乳酸菌制剂和乳酸菌类益生素。主要生产菌种，如德氏乳杆菌（*L. delbrueckii*）、德氏乳杆菌保加利亚亚种（*L. delbrueckii* subsp. *bulgaricus*）、嗜酸乳杆菌（*L. acidophilus*）和干酪乳杆菌（*L. casei*）等。

4）双歧杆菌属（*Bifidobacterium*）　在食品工业中，双歧杆菌用于生产有活性的双歧杆菌乳制品：以双歧杆菌和嗜酸乳杆菌为主，再辅以嗜热链球菌和保加利亚乳杆菌等菌种，混种发酵生产而成的酸乳，是一种具有很好保健作用的食品。

动物体内有益的细菌或真菌组成的复合活性益生菌，广泛应用于生物工程、工农业、食品安全及生命健康领域。

益生菌与益生元的具体内容见**资源 4-1**。

资源 4-1

5）丙酸杆菌属（*Propionibacterium*）　主要菌种有薛氏丙酸杆菌（*P. shermanii*）和傅氏丙酸杆菌（*P. freudenreichii*），是食品工业中生产丙酸和维生素 B_{12}（氰钴胺素）的重要菌种。

3. 革兰氏阳性芽孢杆菌

1）枯草芽孢杆菌（*Bacillus subtilis*，俗称枯草杆菌）　枯草杆菌是良好的基因工程受体菌，可在细胞中表达各种外源基因，其表达产物（酶、蛋白质）可分泌于胞外，用于生产各种多肽、蛋白质类药物和酶。枯草杆菌 BF7658、枯草杆菌 AS 1.398 是目前生产 α-淀粉酶、蛋白酶的主要菌种。

2）其他芽孢杆菌（*Bacillus*）　嗜热脂肪芽孢杆菌（*B. stearothermophilus*）产生 α-半乳糖苷酶；环状芽孢杆菌（*B. circulans*）生成环糊精葡基转移酶、丁酰苷酶 A、丁酰苷酶 B 等；果糖芽孢杆菌（*B. fructosus*）生成葡萄糖异构酶、溶菌酶等。此外，丁酸梭状芽孢杆菌（*Cl. butyricum*）能产生丁酸，巴氏芽孢梭菌（*Cl. barkeri*）能产生己酸，丁酸或己酸在传统大曲酒生产中能形成赋予白酒浓香型香味的成分，如丁酸乙酯、己酸乙酯等。

4. 革兰氏阳性球菌

1）微球菌属（*Micrococcus*）　主要菌种有谷氨酸微球菌（*M. glutaraicum*）及其变异株，可用于生产谷氨酸、赖氨酸、缬氨酸、鸟氨酸和高丝氨酸等各种重要的氨基酸。溶壁微球菌（*M. lysodeikticus*）和玫瑰色微球菌（*M. roseus*）可用于生产青霉素酰化酶和溶壁酶等多种酶类。黄色微球菌（*M. flavus*）能氧化葡萄糖，生产葡萄糖酸和黄色色素。

2）链球菌属（*Streptococcus*）　主要菌种有乳链球菌、嗜热链球菌（*S. thermophilus*）、粪链球菌（*S. faecalis*）等。乳链球菌（*S. lactis*）可用于生产乳链球菌肽（nisin）和乳醇菌素（lactolin）。其中乳链球菌肽是一种细菌素，属于多肽或蛋白质类抗菌物质，可作为一种高效、无毒的天然食品防腐剂，已被广泛应用于多种食品、饮料的防腐保鲜。嗜热链球菌常与保加利亚乳杆菌（*L. bulgaricus*）混合用作酸牛乳和干酪生产的发酵剂。粪链球菌，现改称粪肠球菌（*Enterococcus faecalis*）用于生产乳酸酶（也称表飞鸣，Biofermin），是我国最早的乳酸菌药品，用于治疗消化功能紊乱，现又加入乳杆菌以提高其疗效（称新表飞鸣）。

3）明串珠菌属（*Leuconostoc*）　肠膜明串珠菌（*L. mesenteroides*）或葡聚糖明串珠菌（*L. dextranicum*）可生产右旋糖酐（葡聚糖），广泛应用在医疗、食品和生化试剂等方面，在临床上是一种优良的血浆代用品。也能产生葡萄糖异构酶，用于制造高果糖浆。

（二）酵母

酵母是单细胞真核微生物，在食品发酵领域的应用很早，其作用主要有以下两方面：一是酵母可以利用糖发酵产生乙醇和二氧化碳，这是酒类生成和面包膨松的关键步骤。二是酵母可以使酒类、酱油、泡菜等食品在发酵过程中产生醇、酯、酚、醛、有机酸等风味物质，赋予其独特的宜人气味。在食品生产过程中主要涉及酿酒酵母、鲁氏酵母、球拟酵母等。

1. 酿酒酵母（*Saccharomyces cerevisiae*） 酿酒酵母又称面包酵母、啤酒酵母，是糖酵母属中最主要的酵母种，也是发酵工业上最常用最重要的菌种之一。主要用于生产工业用、食用、医用等级乙醇，也适用于淀粉质糖化原料液态生产白酒。可用于酿造葡萄酒和果酒，也可用于酿造啤酒和白酒（小曲米酒、大曲酒）等饮料酒。生产活性干酵母，用于制造面包；生产单细胞蛋白（SCP），用作食品或饲料添加剂；生产酵母精，作为助鲜剂用于生产各种调味品（鸡精粉、鸡粒、鲜味剂等）；生产转化酶，用于水解蔗糖，制造果糖、果葡糖浆等。

2. 卡尔斯伯酵母（*Saccharomyces carlsbergensis*） 该菌种是发酵啤酒的主要生产菌种，国内啤酒酿造目前使用的菌种中，很多是来自卡氏酵母或其变种。该菌种还可用于生产食用、药用和饲料酵母，用于提取麦角固醇。此外，作为维生素测定菌，可用于测定泛酸、维生素 B_1、吡哆醇、肌醇等。

3. 鲁氏接合酵母（*Zygosaccharomyces rouxii*） 鲁氏接合酵母具有良好的耐盐性能，在18%食盐浓度下仍能正常生长，适用于制酱油、甜酱、腌制食品等。在酱油发酵过程中能够产生许多醇类物质，对酱油中风味和香气的形成有重要作用（何国庆等，2016）。鲁氏接合酵母是泡菜腌制初期常见的有益酵母，通过发酵作用可产生乙醇（酒精发酵阶段），而乙醇在后熟阶段可以与有机酸发生酯化反应生成酯类物质，赋予泡菜以独特香气（陶兴无，2016）。

4. 异常汉逊酵母（*Hansenula anomala*） 该酵母可利用烃类、甲醇、乙醇和甘油作为碳源而旺盛生长繁殖，因此可用这些原料生产菌体蛋白，用作饲料添加剂。可产生香味成分乙酸乙酯，故可用于白酒和清酒的浸香和串香，也可用于无盐发酵酱油的增香。在印度尼西亚，人们将该酵母与啤酒酵母、米根霉和米芽孢毛霉一起制成一种米粉发酵食品——拉兹。

5. 假丝酵母属（*Candida*） 假丝酵母能够在不需任何生长因子，只需少量氮源的条件下，利用造纸工业的亚硫酸废液、木材水解液及食品工厂的某些废料废液（五碳糖和六碳糖），便可大量生长菌体，用于制取酵母蛋白。例如，产朊假丝酵母（*C. utilis*），其蛋白质和维生素B含量均比酿酒酵母高。

6. 红酵母属（*Rhodotorula*） 红酵母的某些种能合成较多的β-胡萝卜素（维生素A原）。粘红酵母变种（*R. glutinis* var. *glutinis*）的脂肪含量可达细胞干重的50%～60%，菌体可提取脂肪。某些种可制取青霉素酰化酶、谷氨酸脱羧酶、酸性蛋白酶等酶制剂。

（三）霉菌

霉菌不仅在酿酒、制酱等传统食品中有重要作用，在生产柠檬酸、青霉素、酶制剂等领域也有广泛应用。在发酵食品生产过程中常用的霉菌有米根霉、总状毛霉、米曲霉、娄地青霉等。

1. 根霉属（*Rhizopus*） 米根霉（*R. oryzae*）、中国根霉（*R. chinensis*）、河内根霉（*R. tonkinensis*）、代氏根霉（*R. delemar*）和白曲根霉（*R. peka*）等许多根霉具有活力强大的淀粉糖化酶，多用来做糖化菌，并与酵母配合制成小曲（又称酒药、酒饼），用于生产小曲米酒（白酒）。除糖化作用外，根霉还能产生少量乙醇和乳酸，乳酸和乙醇能生成乳酸乙酯，赋予小曲米酒特有的风味。此外，单独用根霉制成甜酒曲（药酒），以糯米为原料，可配制出风味甚佳的甜酒或黄酒等传统性饮料酒，Q303、3.851、3.866等是黄酒中常用的根霉菌纯菌种（陶兴无，2016）。

上述所列根霉含有糖化型淀粉酶与液化型淀粉酶的比例约为3.3∶1，可见其糖化型淀粉酶特别丰富，活力强，能将淀粉结构中的α-1,4键和α-1,6键打断，最终较完全地将淀粉转化为纯度较高的葡萄糖，故根霉可用于酶法生产葡萄糖。此外，还可用于生产淀粉糖化酶、脂肪酶、果胶酶、酸性蛋白酶、α-半乳糖苷酶等酶制剂。米根霉可生产高纯度的L-（＋）乳酸，葡枝根霉和少根根霉的某些菌株可生产反丁烯二酸（富马酸）和顺丁烯二酸（马来酸）。葡枝根霉、米根霉和少根根霉可用于发酵豆类和谷类传统发酵食品，如大豆发酵食品Tempeh（甜胚、丹贝）。

2. 毛霉属（*Mucor*） 大部分毛霉都能生产活力强大的蛋白酶，有很强的分解大豆的能力。我国的传统食品腐乳就是用毛霉发酵生产的，在川渝贵一带普遍利用总状毛霉（*M. racemosus*）发酵豆豉。

毛霉可用于生产多种酶类和有机酸，如雅致放射毛霉（*Actinomucor elegans*）可生产蛋白酶；高大毛霉（*M. mucedo*）、鲁氏毛霉（*M. rouxianus*）和总状毛霉（*M. racemosus*）等生产淀粉糖化酶；高大毛霉生产脂肪酶；爪哇毛霉（*M. javanicus*）生产果胶酶；微小毛霉（*M. pusillus*）、灰蓝毛霉（*M. griseo-cyanus*）和刺状毛霉（*M. spinosus*）等生产凝乳酶。多数毛霉都可生产草酸，鲁氏毛霉可生产乳酸、琥珀酸、甘油，高大毛霉可生产琥珀酸、3-羟基丁酮。

3. 曲霉属（*Aspergillus*）　曲霉属的菌种具有很多活力强大的酶，可生产多种重要的酶制剂，应用于食品、发酵和医药工业。黄曲霉、黑曲霉、栖土曲霉（*A. terricola*）和海枣曲霉（*A. phoenicis*）等产生酸性或中性蛋白酶，广泛用于蛋白质的分解、食品加工、药用消化剂、化妆品、纺织工业上除胶浆等。米曲霉、黄曲霉、黑曲霉等产生果胶酶，用于果汁和果酒的澄清，制酒、酱油、糖浆、精炼植物纤维等。亮白曲霉（*A. candidus*）、黄柄曲霉（*A. flacipes*）和黑曲霉等可生产葡萄糖氧化酶。黑曲霉和土曲霉（*A. terreus*）均产生纤维素酶和半纤维素酶。半纤维素酶能软化植物组织，用于造纸工业、饲料加工、果汁澄清等。黑曲霉是目前工业发酵生产柠檬酸的主要菌种。

4. 红曲霉属（*Monascus*）　紫色红曲霉（*M. purpureus*）、红色红曲霉（*M. ruber*）等能产生鲜红的红曲霉红素和红曲霉黄素。可用于大量培养并提取食用色素或做成菌体粉末，作为食物染色剂和调味剂等。红曲霉能产生活力较强的淀粉糖化酶和麦芽糖酶，可用于酿制红酒、红露酒、老酒、曲醋、红曲及红腐乳等中国传统发酵食品，用于工业化生产葡萄糖，制作中药神曲和红曲。

5. 青霉属（*Penicillium*）　点青霉（*P. notatum*）又称音符青霉，是第一个用于生产青霉素的菌种。产黄青霉、点青霉、产紫青霉（*P. purpurogenum*）可生产葡萄糖酸、柠檬酸、抗坏血酸等有机酸，以及葡萄糖氧化酶、中性蛋白酶、碱性蛋白酶、真菌细胞壁溶解酶等多种酶类。橘青霉可生产 5′-磷酸二酯酶、脂肪酶、凝乳酶。

二、食品微生物发酵的原理

（一）食品微生物发酵的基本过程

食品微生物发酵一般指微生物和酶对蛋白质、脂肪和碳水化合物等营养物质作用的过程。食品中微生物种类繁多，但根据微生物发酵作用对象的不同，发酵产物不同，大致上可以分为蛋白质分解、脂肪分解和碳水化合物分解三种类型。少数微生物在其他各种酶的相互协作下可同时进行蛋白质、脂肪和碳水化合物的分解活动。

在发酵食品的制造中，存在的微生物类型和它们生长环境及代谢模式的不同，同一物质的最终降解产物也各不相同。以糖分发酵为例，根据不同微生物对碳水化合物发酵产生的不同产物，可以将糖分发酵分成酒精发酵、乳酸发酵、醋酸发酵和丁酸发酵等。

1. 酒精发酵　酒精发酵是食品中的糖类在酵母的作用下转化为酒精的过程。葡萄酒、果酒、啤酒等都是利用酒精发酵制得的产品。在蔬菜腌制过程中也存在着酒精发酵，不过酒精产量较低，为 0.5%～0.7%，这对蔬菜腌制过程中的主要发酵过程——乳酸发酵影响不大，反而还起到了增香作用。

2. 乳酸发酵　乳酸发酵是食品中的糖类在微生物的作用下产生乳酸的过程。发酵产生单一产物的，可以称为同型发酵；发酵产物有很多的，称为异型发酵。乳酸发酵在食品工业中占有极其重要的地位，常被作为保藏食品的重要措施。乳酸发酵生成的乳酸不仅能降低产品的 pH，有利于食品的保藏，而且对酱油、酱腌菜、酸菜和泡菜风味的形成也起到一定的作用。

3. 醋酸发酵　醋酸发酵是在空气存在的条件下醋酸菌将酒精氧化为醋酸的过程。调味品中食醋的生产就是利用的醋酸发酵，但如果在酒类生产及果蔬罐头制品中出现醋酸发酵，则说明有变质现象产生。蔬菜腌制时也会产生醋酸，由于其量较低，基本上对食品品质无影响；或者说醋酸本来就是期望出现的产物之一。

4. 丁酸发酵　食品中的乳酸和糖类在丁酸菌的作用下产生丁酸的过程称为丁酸发酵。丁酸发酵是食品保藏中最不受欢迎的，丁酸并无防腐效果，并会给腌制食品带来不良风味，丁酸菌只有在缺氧条件和低酸度条件下才能生长旺盛。一般在食品腌制初期及高温条件下比较容易发生丁酸发酵，利用温度是控制丁酸发酵的重要手段。

除了以上几种类型外，还有一种产气发酵，一般的产气微生物常导致食品腐败和变质。大肠杆菌和产气杆菌是蔬菜、肉类和乳品中常见的产气微生物。肠膜明串珠菌和短乳杆菌是蔬菜腌制中常见的微生物，是产气发酵不正常的预兆。

在发酵食品的制造中，随着食品的性质，存在的微生物类型和它们生长环境，以及代谢模式的不同，蛋白质、脂肪和碳水化合物的最终降解产物也各不相同。对于一定的食品发酵来说，有必要控制微生物类型和环境条件，以便形成具有所需特点的产品。

（二）食品微生物发酵的主要生物化学变化

发酵食品生产的基本原理是原料中的蛋白质、淀粉等大分子物质在微生物酶催化下水解从而转化为小分子的醇类、有机酸、氨基酸等物质的过程，最终在复杂的生物化学变化中合成具有色、香、味的物质。

1. 蛋白质的降解　食品中的蛋白质主要被微生物降解并加以利用，微生物分泌蛋白酶作用于蛋白质等含氮物质，使蛋白质降解为小分子的多肽、氨基酸、胺类、甲烷等。小分子物质被微生物吸收，进行下一步的降解或者直接被利用。例如，高盐稀态酱油的原料为大豆和小麦，米曲霉为主要微生物，在制曲时，米曲霉分泌蛋白酶，蛋白酶使大豆中的蛋白质分子断裂，肽键破坏，经过胨、多肽等一系列中间产物，降解成可溶性含氮物（肽类、氨基酸等）完成其酿造过程。

2. 淀粉的糖化和酒化　淀粉不溶于水，无还原性，无甜味，不能直接被某些微生物利用。在各种淀粉酶（α-淀粉酶、β-淀粉酶、葡萄糖淀粉酶等）的催化下，淀粉可逐渐变成可溶性淀粉、各种糊精、麦芽糖，最后生成葡萄糖。淀粉受热吸水膨胀形成糊化淀粉后，有利于淀粉酶的分解。酵母富含酒化酶，可以参与乙醇发酵，淀粉在酒化酶的作用进一步催化葡萄糖生成乙醇，作为产生发酵食品香气和风味成分的前体物质（刘素纯等，2018）。

3. 有机酸的生成　发酵食品中，含量较多的有机酸是乳酸、乙酸和琥珀酸。适量有机酸的生成并与其他成分的结合，对于发酵食品的香气和风味的形成，具有十分重要的意义。乳酸发酵对于饮料的口感、色泽、风味等感官品质具有重要影响，也能够降低食品的 pH，有利于食品的保藏。例如，苹果酸-乳酸发酵是在葡萄糖酒精发酵后，乳酸菌将苹果酸转化为乳酸和二氧化碳的过程。苹果酸的口感较为酸涩，通过乳酸发酵可以使其口味绵软柔和（彭传涛等，2014）。

在有氧条件下醋酸可以由醋酸菌氧化酒精而生成，醋酸在食品工业生产中不仅可以抑菌防腐，也可以改善食品的色香味。镇江香醋是由天然多菌种混合发酵而成的，其醋酸发酵的最后阶段可产生多种风味物质，包括有机酸、氨基酸和挥发性物质，而其中的重要微生物就是细菌群落（王宗敏，2016）。

以玉米、木薯等农产品为原料，通过一些厌氧和兼性厌氧的微生物（胃肠细菌和瘤胃细菌）的代谢可以产生琥珀酸，在食品工业中它可以用于调味剂、防腐剂、酸味剂等，也可以提高一些农产品的附加价值（詹晓北等，2003）。

4. 酯的合成　各种有机酸与相应的醇类可以酯化生成具有芳香气味的酯。在发酵食品生产中，微生物酯化酶把相应的酸和醇酯化成酯。例如，紫色红曲霉可以通过固态发酵和液态发酵两种方式产生酯化酶（李付丽，2015）。原料中的脂肪也可经脂肪酶的作用生成软脂酸、油酸，分别与乙醇结合，生成了软脂酸乙酯和油酸乙酯；部分乳酸与乙醇结合生成乳酸乙酯，在白酒发酵过程中，乳酸先由乳酸菌在糖类的作用下生成，然后在酯化酶的催化下形成乳酸乙酯，在白酒口感香甜柔和（李维青，2010）。

5. 色素的形成　发酵食品所具有的深红棕色，主要来自氨基糖、蔗糖和黑色素。微生物发酵过程中会产生各种颜色和种类的色素，如红曲色素、黑色素等（徐春明等，2015）。

总之，发酵食品生产过程是一个复杂的酶解与合成的过程。原料中的蛋白质、碳水化合物、油脂等，在各种微生物酶的催化作用下水解，并在此基础上再经过复杂的合成过程，形成了各种具有色、香、味的发酵食品（调味品）。

（三）影响食品微生物发酵的主要因素

微生物生长是受内外条件相互作用的复杂过程，内部条件主要是细胞内的生化反应条件；外部条件主要是物理、化学条件及发酵液中的生物学条件，影响发酵的因素主要有菌种的选择、灭菌情况和培养条件（温度、pH、溶氧量和盐含量等）。

1. 菌种的选择　菌种选择是食品发酵的影响因素之一，需根据不同的发酵目的选择合适的菌种，选择时以产品的主要技术特性，如产香性、产酸力、产黏性及蛋白水解力作为发酵剂菌种的选择依据。菌种选择能够有效地提高发酵水平、产品质量和产量，满足产业化生产的需求。如使用不同菌种发酵薏米乳，植物乳杆菌可有效增加三萜类化合物的含量，而保加利亚乳杆菌使多糖含量也有明显增加。

在进行食品发酵工业化处理之前，对菌种选择有如下基础要求：①能在廉价原料制成的培养基上生长，且生成目的产物产量高、易于回收；②生长较快，发酵周期短；③培养条件易于控制；④抗噬菌体及杂菌污染的能力强；⑤菌种不易变异退化，以保证发酵生产和产品质量的稳定；⑥对大型设备的适应性强；⑦菌种不是病原菌，不产生任何有害的生物活性物质和毒素。

2. 灭菌情况　　任何一家发酵工厂都十分重视杂菌污染，发酵染菌会给企业带来不可逆的危害，特别对于无菌程度要求高的液体深层发酵，防治杂菌污染更加重要。灭菌目的不同，所采用的方法也不同，一般采用的方法有过滤除菌、高压脉冲、化学试剂灭菌、射线灭菌和湿热灭菌等，培养基灭菌一般采用湿热灭菌，空气则采用过滤除菌。

发酵产物应有一定纯度且无毒无污染，如果有杂菌存在，会使产物不纯甚至变质，或者杂菌与目的菌种争夺养料，占用生存空间，最终影响产物的产量与质量。例如，腐乳发酵，如果混入杂菌，腐乳的鲜度、味道都会受到很大影响，严重时则会导致食用人群腹痛、腹泻，甚至危及生命。

因此，在发酵中除所需要的生产菌外，其余菌种都不允许存在，这就要求对于培养基、仪器设备等进行灭菌处理，尤其是芽孢杆菌的含量、被灭菌物料的性质、细菌的致死范围、物料的体积、总蒸汽的质量及压力等都需要综合考虑。

一般而言，随灭菌温度的升高、时间的延长对营养成分的破坏作用愈发严重，进而影响微生物的生长代谢及产物合成。葡萄糖在食品发酵过程中使用频繁，但其在高温条件下，葡萄糖与氨类物质结合，促进美拉德反应的进行，造成工业生产中的杂色或有害物质污染，不利于微生物的生长，因此，一般应对培养基中的葡萄糖单独灭菌，并将温度控制在115℃，灭菌时间控制在20min以内（平丽英等，2017）。

3. 温度　　温度是影响食品发酵重要的因素之一，主要表现在对细胞生长、发酵液的物理性质、产物合成途径、产物形成、酶系组成及酶的特性等方面。温度越高，细胞的生长繁殖速度加快，发酵效果越好，但由于酶本身对于温度敏感，发酵温度升高的同时，又会使酶失活的速度加快，菌体提前衰老，发酵周期缩短，最终影响发酵产物量，所以需要选择最适温度进行处理。杨培青（2016）在进行蓝莓果渣酵素发酵时，为确定酵母在发酵过程中的最适温度，采用单因素实验的方法改变不同的温度，对蓝莓果渣中蛋白酶活力和酵母浓度进行最适条件的探究，在25℃时达到最大值，低于或高于此温度，蛋白酶活性和酵母浓度都偏小。在四环素发酵中，采用变温控制，在中后期保持较低的温度，以延长抗生素分泌期，放罐前24h提高2～3℃培养，能使最后24h的发酵单位提高50%以上。又如青霉素发酵最初5h维持30℃，6～35h为25℃，36～85h为20℃，最后40h再升到25℃。采用这种变温培养比25℃恒温培养的青霉素产量提高14.7%。发酵液的黏度、基质和氧在发酵液中的溶解度和传递速率，某些基质的分解和吸收速率等，都受温度变化的影响，进而影响发酵动力学特征和产物的生物合成（贾晓峰等，2001）。在各种微生物的培养过程中，各个发酵阶段的最适温度的选择是从各方面综合进行考虑确定的。

4. pH　　发酵过程中pH的变化对菌体的生长繁殖和产物积累有较大影响，是一项需重点监测的发酵参数。由于高酸度时，高浓度的氢离子可以降低细菌菌体表面输送溶质的相关蛋白质，以及催化合成被膜组分的酶活性，从而影响菌体对营养物的吸收；另外，高浓度的氢离子还会影响微生物的正常呼吸作用，抑制微生物体内酶系统的活性，阻碍发酵。例如，林可霉素发酵初期，葡萄糖转化为有机酸类中间产物，发酵液pH下降，直到有机酸被生产菌利用，pH开始上升。若不及时补糖、$(NH_4)_2SO_4$或酸，发酵液的pH可迅速升到8.0以上，阻碍或抑制某些酶系，使林可霉素增长缓慢，甚至停止（李啸等，2009）。

pH影响微生物生长繁殖和代谢产物形成的主要原因有下列几个方面。①pH影响酶的活性，当pH抑制或激活菌体中某些酶的活性时，可使菌体的代谢途径发生改变；②pH影响微生物细胞膜所带电荷的状态，从而使膜的透性发生改变，影响微生物对营养的吸收及代谢产物的分泌；③pH影响培养基中某些组分中间代谢产物的解离，从而影响微生物对这些物质的利用；④pH影响菌体代谢途径和产物的形成，使代谢产物的质量和比例发生改变；⑤pH还影响某些微生物的形态。因此，在发酵过程中，要注意pH对食品发酵的影响（黄芳一等，2009）。

大多数细菌生长的最适pH为6.5～7.5，霉菌一般为4.0～5.8，酵母为3.8～6.0，放线菌为6.5～8.0。同一种微生物由于pH的不同，也可能会形成不同的发酵产物。例如，黑曲霉在pH 2.0～3.0的情况下，发酵产生柠檬酸；而在pH接近中性时，则生成草酸。微生物生长的最适pH和发酵的最适pH往往不同。例如，丙酮丁醇杆菌生长最适pH为5.5～7.0，而发酵最适pH为4.3～5.3；青霉素菌生长最适pH为

6.5~7.2，而青霉素合成最适 pH 为 6.2~6.8。谷氨酸产生菌由于菌种不同，其最适 pH 也略有差别，黄色短杆菌为 7.0~7.5。一般最适 pH 是根据实验结果来确定的，通常将发酵培养基调节成不同的起始 pH，在发酵过程中定时测定，并不断调节 pH，以维持其起始 pH，或者利用缓冲剂来维持发酵液的 pH（夏文水等，2007）。同时观察菌体的生长情况，菌体生长达到最大值的 pH 即为菌体生长的最适 pH。因此，根据不同微生物的特性，在发酵过程中控制适当的 pH 是非常重要的。

5. 溶氧量　　氧气在发酵液中溶解度不大，但在需氧发酵中溶氧仍是重要的因素之一。工业发酵过程中，可以通过控制罐体压力、通气量、选择合适的搅拌形式及速度等来满足微生物发酵对氧的需求。工业发酵过程中，微生物自身生长阶段的代谢水平不同，对溶氧的需求也相对不同。在发酵前期，菌体大量繁殖，溶氧逐渐降低，当降到一定量时，需要增加通气量和搅拌转速来维持溶氧水平；在产物合成期，菌体进入稳定期，对溶氧的需求也相对稳定；发酵后期，由于菌体衰老，溶氧开始回升，一旦菌体自溶，溶氧将明显上升。徐庆阳等（2007）在 L-苏氨酸生产菌大肠杆菌 TRFC 发酵过程中改变不同溶氧含量，观察其对 L-苏氨酸合成的影响，供氧充足、菌体呼吸旺盛可保持较快的生长速率，提供高于临界氧浓度以上的溶氧，菌体呼吸较为旺盛，菌体生长效果较好。但也不是溶氧越高越好，过高的溶氧会产生新生态 O、超氧化物基 O_2^- 或羟基自由基 OH^-，破坏许多细胞组分造成菌体含量的减少。

霉菌是完全需氧性的，在缺氧条件下不能存活，控制缺氧条件是控制霉菌生长的重要途径；酵母是兼性厌氧菌，氧气充足时，酵母繁殖远超过发酵活动；缺氧条件下，酵母则进行酒精发酵，将糖分转化成酒精；葡萄酒酵母和啤酒酵母或者面包酵母就是这样，在缺氧条下，它们能将糖分迅速发酵，葡萄酒酵母可将果汁酿成果酒，啤酒酵母则在制作面包时用于面团发酵，产生大量 CO_2 气体，促使面团松软。因此供氧或断氧可以促进或抑制某种菌的生长活动，同时可以引导发酵向预期的方向进行。

6. 盐含量　　食品发酵工业中食盐是非常重要的原料之一，不仅增加发酵制品的咸度，提高风味，而且对产品形成独特的品质和加工特性有重要的作用。适量的食盐能够促进有益菌的生长，抑制有害菌的繁殖，对食品发酵工业产生重要的影响。

一般来说，发酵制品的菌类可以分为两大类，一类是可以提高产品安全性及品质的菌群，如酵母、乳酸菌、葡萄球菌、微球菌、霉菌等有益微生物；另一类是降低产品质量，引起毒害作用的菌群，如假单胞菌、金黄色葡萄球菌等（扈莹莹等，2019）。

乳酸菌通过降低 pH 和产生细菌素，促进发酵制品产生粉红色，减少亚硝酸盐含量，增加食品的安全性和保质期；微球菌则将脂质降解为脂肪酸，进而产生独特的风味物质。发酵的初期风干肠中乳酸菌含量显著增加，但发酵后期由于细胞脱水，渗透压降低，细菌活力下降，乳酸菌数量也明显减少，但经过低量食盐处理后，乳酸菌含量显著增加（陈佳新等，2018）。低盐处理（3%）可促进腊肉中乳酸菌、微球菌、酵母和葡萄球菌的生长（张平，2014）。

适量食盐可防止致病菌和腐败菌等有害菌的大量繁殖，保证产品安全性和增加保质期。食品发酵过程中，腐败微生物会与有益微生物产生竞争性抑制，从而影响发酵制品的品质。当食盐浓度达到 2.5% 以上时，腐败菌一般不能生长，10%~15% 的食盐溶液可抑制腐败性杆菌、副伤寒菌属及肉毒梭状芽孢杆菌的生长，同时可抑制蛔虫卵发育成有感染性的虫卵，部分发酵食品初期就已采用较高的食盐浓度抑制腐败菌，发酵后期则靠已形成的酸度防腐（谭雅等，2016）。如果食盐添加量降低，发酵制品中的水分活度增加，内源酶稳定性随之提高，营养物质分解，腐败菌和病原微生物更易繁殖。食盐水含量的不同对食品的感官性质也有不同的影响，向泡菜中添加不同浓度的食盐水，泡菜的感官品质有明显的变化，经过感官评价雷达，综合色泽、口味、脆度等指标进行综合测评，1% 的食盐水评分最低，3% 的食盐水评分最高，品质较好。

第二节　食品酶促反应与酶制剂

一、酶促反应

（一）酶促反应的定义

酶促反应（enzyme catalysis）又称酶催化或酵素催化作用，指的是由酶作为催化剂进行催化的化学反应。生物体内的化学反应绝大多数属于酶促反应。在酶促反应中，酶作为高效催化剂，使得反应以极快的速度或在一般情况无法反应的条件下进行。

（二）酶的催化特性

酶是一类具有催化功能的生物大分子物质，这些大分子生物的化学本质绝大多数属于蛋白质。与一般化学催化剂相比，酶具有下列的共性和特点。

1. 共性

（1）具有较高的催化效率，用量少。

（2）不改变化学反应的平衡常数。酶对一个正向反应和其逆向反应速率的影响是相同的，即反应的平衡常数在有酶和无酶的情况下是相同的，酶的作用仅是缩短反应达到平衡所需的时间。

（3）降低反应的活化能。酶作为催化剂能降低反应所需的活化能，因为酶与底物结合形成复合物后改变了反应历程，而在新的反应历程中过渡态所需的自由能低于过渡的能量，增加反应中活化分子数，促进了由底物到产物的转变，从而加快了反应速率。

2. 特点

（1）专一性（specificity）。酶与化学催化剂之间最大的区别就是酶具有专一性，即酶只能催化一种化学反应或一类相似的化学反应，酶对底物有严格的选择。根据专一程度的不同可分为以下4种类型。①键专一性（bond specificity），这种酶只要求底物分子上有合适的化学键就可以起催化作用，而对键两端的基团结构要求不严。②基团专一性（group specificity），有些酶除了要求有合适的化学键外，还对作用键内端基团有不同专一性要求。例如，胰蛋白酶仅对精氨酸或赖氨酸的羧基形成的肽键起作用。③绝对专一性（absolute specificity），这类酶只能对一种底物起催化作用，如脲酶，它只能作用于底物尿素。大多数酶属于这一类。④立体化学专一性（stereochemical specificity），很多酶只对某种特殊的旋光或立体异构物起催化作用，而对其对映体则完全没有作用。例如，D-氨基酸氧化酶与DL-氨基酸作用时，只有一半的底物（D型）被分解，因此，可用此法来分离消旋化合物。利用酶的专一性还能进行食品分析。酶的专一性在食品加工上极为重要。

（2）活性容易丧失。大多数酶是蛋白质，其反应的条件比较温和，如中性pH、常温和常压等。强酸、强碱或高温等条件都能使酶的活性部分或全部丧失。

（3）催化活性是可调控的。酶作为生物催化剂，它的活性受到严格的调控。调控的方式有许多种，包括反馈抑制、别构调节、共价修饰调节、激活剂和抑制剂的作用等。

二、酶催化反应动力学

（一）影响酶促反应速率的因素

影响酶活力的因素除了酶和底物的本质及它们的浓度外，还包括其他一系列环境条件，如底物浓度、酶的浓度、pH、温度、水分活度、抑制剂和其他重要的环境条件。控制这些因素对于在食品加工和保藏过程中控制酶的活力是非常重要的。

1. 底物浓度对酶活力的影响 所有的酶反应，如果其他条件恒定，则反应速率取决于酶浓度和底物浓度；如果酶浓度保持不变，当底物浓度增加时，反应速率增加，并以双曲线形式达到最大速率。底物浓度对酶活力的影响详情见**资源4-2**。

资源4-2

2. 酶浓度的影响 对大多数的酶促催化反应来说，在适宜的温度、pH和底物浓度一定的条件下，反应速率至少在初始阶段与酶的浓度成正比，这个关系是测定未知试样中酶浓度的基础。详细内容见**资源4-3**。

资源4-3

3. 温度的影响 温度对酶反应的影响是双重的：①随着温度的上升，反应速率也增加，直至最大速率为止；②在高温时有一个温度范围，在该范围内反应速率随温度的增高而减小，高温时酶反应速率减小，这是酶本身变性所致。

在一定条件下每一种酶在某一温度下才表现出最大的活力，这个温度称为该酶的最适温度（optimum temperature）。最适温度是上述温度对酶反应的双重影响的结果。一般来说，动物细胞的酶的最适温度通常为 37～50℃，而植物细胞的酶的最适温度较高，在 50～60℃或以上。在食品加工中，通常采用加热的方法来灭活不利的内源酶。

4. pH 的影响   一般催化剂当 pH 在一定范围内变化时，对催化作用没有多大影响，但 pH 对酶的反应速率则影响较大，即酶的活性随着介质的 pH 变化而变化。每一种酶只能在一定 pH 范围内表现出它的活性，而且在某一 pH 范围内酶活性最高，称为最适 pH（optimum pH）。在最适 pH 的两侧酶活性都骤然下降，所以一般酶促反应速率的 pH 曲线呈钟形（图 4-1）。

所以在研究和使用酶时，必须先了解其最适 pH 范围，反应混合液必须是具有缓冲能力的缓冲液，从而加以控制，以维持反应液中的 pH 的稳定，使酶具有最高的活性。如果要避免某种酶的作用，可以改变 pH 而抑制此酶的活性。例如，酚酶能产生酶褐变，其最适 pH 为 6.5，若将 pH 降低到 3.0 时就可以防止褐变产生，如在水果加工时常添加酸化剂（acidulant），如柠檬酸、苹果酸和磷酸等。

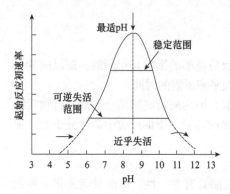

图 4-1   pH 对酶促反应速率的影响（马永昆和刘晓庚，2007）

资源 4-4

为什么在最适 pH 下酶的催化作用最大？详情见**资源 4-4**。

5. 水分活度的影响   酶在含水量相当低的条件下仍具有活性。水分对酶活性的影响，以水分活度表示要比用绝对含水量表示更为准确。水分活度不同，酶的作用效果也不同。例如，脱水蔬菜最好在干燥前进行热烫，否则将很快产生干草味而不宜贮藏。干燥的燕麦食品，如果不用加热法使酶失活，则经过贮藏后会产生苦味。

（二）酶的抑制作用和抑制剂

许多化合物能与一定的酶进行可逆或不可逆的结合，而使酶的催化作用受到抑制，这种化合物称为抑制剂（inhibitor），如药物、抗生素、毒物、抗代谢物等都是酶的抑制剂。酶的抑制作用可以分为两大类，即不可逆抑制和可逆抑制。可逆抑制又包括竞争性抑制和非竞争性抑制。

资源 4-5

1. 不可逆抑制   不可逆抑制剂是靠共价键与酶的活性部位相结合而抑制酶的作用。过去将不可逆抑制作用归入非竞争性抑制作用，现在认为它是抑制作用的不同类型。有机磷化合物是活性中心含有丝氨酸残基的酶的不可逆抑制剂。例如，二异丙基氟磷酸（DIFP）能抑制乙酰胆碱酯酶（有关"乙酰胆碱酯酶"的内容见**资源 4-5**）。

2. 可逆抑制

（1）竞争性抑制。有些化合物，特别是那些在结构上与天然底物相似的化合物可以与酶的活性中心可逆地结合，所以在反应中抑制剂可与底物竞争同一部位。在酶反应中，酶与底物形成酶底物复合物 ES，再由 ES 分解生成产物与酶。抑制剂则与酶结合成酶-抑制剂复合物。

$$E+I \longrightarrow EI$$

式中，I 表示抑制剂；EI 表示酶-抑制剂复合物。

酶-抑制剂复合物（EI）不能与底物（S）反应生成 EIS，因为 EI 的形成是可逆的，并且底物和抑制剂不断竞争酶分子上的活性中心，这种情况称为竞争性抑制作用（competitive inhibition）。

资源 4-6

竞争性抑制作用的典型例子为琥珀酸脱氢酶（succinate dehydrogenase）的催化作用（**资源 4-6**）。

（2）非竞争性抑制。有些化合物既能与酶（E）结合，也能与酶-底物复合物（ES）结合，称为非竞争性抑制剂。非竞争性抑制剂与竞争性抑制剂不同之处在于非竞争性抑制剂能与 ES 结合，而 S 又能与 EI 结合，都形成 EIS。高浓度的底物不能使这种类型的抑制作用完全逆转，因为底物并不能阻止抑制剂与酶结合，这是由于该种抑制剂和酶的结合部位与酶的活性部位不同，EI 的形成发生在酶分子的不被底物作用的部位。

许多酶能被重金属离子，如 Ag^+、Hg^{2+} 或 Pb^{2+} 等抑制，这些都是非竞争性抑制。例如，脲酶对这些离子极为敏感，微量重金属离子即起抑制作用（**资源 4-7**）。

资源 4-7

（3）反竞争性抑制。反竞争性抑制剂不能与酶直接结合，而只能与 ES 可逆结合成 EIS，其抑制原因是 EIS 不能分解成产物。反竞争抑制剂对酶促反应的抑制程度随底物浓度的增加而增加。反竞争抑制剂不是一种完全意义上的抑制剂，它之所以造成对酶促反应的抑制作用，完全是因为它使最大反应速率（$v_{\max}$）降低而引起抑制。当酶促反应为一级反应，则抑制剂对 $v_{\max}$ 的影响几乎完全被对米氏常数（$K_{\mathrm m}$）的相反影响所抵消，这时几乎看不到抑制作用。

竞争性抑制作用、非竞争性抑制作用及正常酶反应的比较可扫码**资源 4-8**。

资源 4-8

三、内源酶与食品加工

内源酶是指作为食品加工原料的动植物体内所含有的各种酶类。内源酶是使这些食品原料在屠宰或者采收后成熟或变质的重要原因，是影响食品质量的重要因素之一，其在食品加工贮藏过程中引发的生物化学反应直接影响食品的营养、质构及感官性质。其中，有些影响是有利的，可通过适当的条件来加强这些酶的作用。有些影响是不利，需要采取一定的措施抑制或者消除酶的作用。因此，在食品加工贮藏过程中采取措施控制内源酶活力对于有效保持食品营养价值及感官品质具有重要的意义。

（一）影响动物食品品质的内源性蛋白酶

1. 组织蛋白酶（cathepsin）　组织蛋白酶存在于动物组织的细胞内，是一类酸性蛋白酶，通常位于细胞的溶酶体中，无法与底物接触，因此它们在动物的活体内通常为无活性状态。随着动物体的死亡，溶酶体膜的破坏，组织蛋白酶被释放出来，对肌细胞中的蛋白质产生作用。组织蛋白酶对肌肉成熟具有重要的影响（王慧平等，2021）。

2. 钙离子激活中性蛋白酶（calcium-activated neutral protease，CANP）　CANP 为中性半胱氨酸蛋白酶，具有钙依赖性，包括 CANP-1 和 CANP-2 两类。二者对 Ca^{2+} 的敏感度不同，在细胞的生理 pH 下活跃，均由 Ca^{2+} 激活而表现活性。该酶是由大小两个亚基组成的异二聚体，大亚基分子质量为 80kDa，小亚基分子质量为 28kDa。肌肉 CANP 可能通过分解特定的肌原纤维蛋白质，使肌原纤维中的 Z 线消失而影响肉的嫩化过程（王慧平等，2021）。

3. 氨肽酶（aminopeptidase）　氨肽酶是一类外肽酶的总称，能够从蛋白质或者肽链的氨基端选择性切割氨基酸残基。根据氨肽酶对各种氨基酸残基切割的特异性可分为亮氨酰氨肽酶（LAP）、丙氨酰氨肽酶（AAP）、精氨酰氨肽酶（RAP）、酪氨酰氨肽酶（TAP）和赖氨酸氨肽酶（LysAP）等，其中对风味的形成贡献较大的是 LAP、RAP 和 AAP。在干腌火腿加工过程中，氨肽酶水解产生的小肽和游离氨基酸是火腿特征风味的重要来源。此外，氨肽酶还有从 N 端切除疏水性氨基酸残基而脱苦的作用（李琳等，2015）。

4. 碱性乳蛋白酶　碱性乳蛋白酶是丝氨酸蛋白酶，其含量随着泌乳期的延长而增加，分子质量为 81kDa，专一性类似于胰蛋白酶，能够催化水解的肽键一般由赖氨酸、精氨酸的羧基形成。此酶能够水解 β-酪蛋白产生疏水性更强的 γ-酪蛋白，也能水解 αs-酪蛋白产生 λ-酪蛋白，但不能水解 κ-酪蛋白。在奶酪成熟过程中乳蛋白酶参与乳蛋白质的早期水解作用。由于乳蛋白酶对热较稳定，因此，它的作用对于经超高温处理的乳的凝胶作用也有贡献。碱性乳蛋白酶将 β-酪蛋白转变成 γ-酪蛋白这一过程对于原料乳中蛋白质的组成、性质有着重要影响，泌乳后期的原料乳一般不适合做干酪，可能与其中碱性蛋白酶的活性过高有关（高向阳，2016）。

5. 乳过氧化物酶（lactoperoxidase）　乳过氧化物酶存在于生鲜乳中，分子质量约为 77kDa，是单肽链蛋白，含有 1 个血红素和大约 10% 的碳水化合物，通常还会结合钙离子。通过激活乳过氧化物酶体系可以延长牛乳保质期，并且该体系只适用于生鲜牛乳的保存。乳过氧化物酶具有一定的热稳定性，在 63℃ 时仍保持 75% 酶活力，所以对一般的巴氏杀菌牛乳仍有延长保质期的作用（高向阳，2016）。

畜禽在屠宰后，其体内很多酶仍具有很高的活力，肉的成熟过程就是多种内源酶作用的结果，如在磷酸化酶、乳酸脱氢酶等糖酵解酶的作用下，肌糖原分解成为乳酸，使其 pH 下降。由于肌浆中 ATP 酶的作用，使肌肉中 ATP 含量迅速下降，并在磷酸肌酸激酶和腺苷酸脱氨酶的作用下产生具有强烈鲜味的 5′-肌苷酸二钠（IMP）。随着 pH 的降低和组织破坏，组织蛋白酶被释放，导致了肌肉蛋白质的分解，生成肽和游离的氨基酸，使其在加工中形成肉的香气和鲜味。

（二）影响植物食品品质的内源性蛋白酶

1. 脂肪氧合酶（lipoxygenase） 脂肪氧合酶能够催化含有顺、顺-1-,4-戊二烯单元的不饱和脂肪酸及酯的氧化，生成相应的氢过氧化物。脂肪氧合酶广泛存在于植物性食品原料中，尤其是豆类植物中的大豆，其脂肪氧合酶占蛋白质总量的 1%~2%（高向阳，2016）。

脂肪氧合酶在食品加工中的作用是双向的。在大豆的加工过程中，在脂肪氧合酶的作用下，大豆中的亚油酸被氧化，产生"豆腥味"。因此，通常通过抑制脂肪氧合酶的活性，解决大豆食品的异味问题。目前，热处理是对植物组织中脂肪氧合酶灭活的有效方法。但在小麦面粉加工过程中，脂肪氧合酶可以氧化漂白小麦粉中的色素。在面包制作过程中，脂肪氧合酶可以氧化蛋白质产生交联，释放脂肪，产生风味等。

2. 多酚氧化酶（polyphenol oxidase，PPO） PPO 亦称多酚酶或酚酶，存在于植物、动物和某些微生物中。主要特点是酶活性位点有双铜原子，在氧分子存在时，能够催化氧化单酚类和多酚类物质，生成有色邻苯醌化合物，随后邻苯醌非酶促进聚合形成黑色素。在果蔬的成熟、冷藏、机械损伤（切分、去皮、粉碎、去核）等过程中，发生酶促褐变的产生，影响果蔬及其加工制品的品质。主要包括单酚氧化酶、双酚氧化酶及漆酶（高向阳，2016）。

3. 过氧化物酶 在植物组织中，过氧化物酶以结合态、游离态存在。结合态的酶与细胞壁活细胞器结合，游离态的酶存在于细胞质中。多数水果、蔬菜中的过氧化物酶是以游离态、共价结合、离子结合的形式存在。过氧化物酶参与果蔬的成熟与衰老过程。

果实的后熟作用是在各种内源酶的参与下进行的较为复杂的生理生化过程。内源酶主要参与水解反应，如淀粉分解为糖，果实变甜；可溶性单宁凝固，果实涩味消失，原果胶水解为果胶，果实变软；同时果实色泽加深，香味增加。在这个过程中，由于果实呼吸作用产生了酒精、乙醛和乙烯等产物，促进了后熟过程，影响了原料的贮存性和加工性。

在贮藏过程中，广泛存在于果蔬原料中的多酚氧化酶、过氧化物酶等则会催化果蔬制品发生酶促褐变，并对其营养及感官品质造成不良影响。

在罐头加工中，苹果、梨和马铃薯等果蔬在削皮切开后，由于组织内多酚氧化酶的作用，会发生酶促褐变，严重影响产品的外观和品质。所以，这类水果蔬菜在去皮切开后，需尽快将其放入沸水或蒸汽中进行短时间加热处理，以破坏酶的活力，也可以将其浸入亚硫酸盐溶液中抑制多酚氧化酶活力。

四、酶制剂与食品加工

（一）酶制剂的来源

食品工业用酶的来源主要包括动物、植物和微生物。来源于动物的酶主要从动物的脏器，如胃黏膜、胰脏和肝脏中提取得到。例如，从动物的胃中可以提取胃蛋白酶和凝乳酶，从胰脏中可以提取胰蛋白酶和胰凝乳蛋白酶等。能够提供食品工业用酶的植物的品种较多，包括大麦芽、菠萝、木瓜、无花果和大豆粉等。例如，从大麦芽中提取的 α-淀粉酶和 β-淀粉酶，可以用在淀粉工业中；从菠萝的果皮和茎、木瓜汁和无花果汁中提取的菠萝蛋白酶、木瓜蛋白酶及无花果蛋白酶可以用来生产蛋白水解物，用于防止啤酒冷混浊和肉类嫩化等。目前工业上应用的酶大多采用微生物发酵法生产。例如，用于酱油和面包制造中的曲霉蛋白酶及用于酿造和焙烤业的中性蛋白酶等。

（二）酶制剂的分类

根据催化反应的类型可将酶分成以下 6 大类。

（1）氧化还原酶类（oxidoreductase）：指催化底物进行氧化还原反应的酶类，如乳酸脱氢酶、琥珀酸脱氢酶、细胞色素氧化酶和过氧化氢酶等。

（2）转移酶类（transferase）：指催化底物之间进行某些基团的转移或交换的酶类，如转甲基酶、转氨酶、己糖激酶和磷酸化酶等。

资源 4-9

（3）水解酶类（hydrolase）：指催化底物发生水解反应的酶类，如淀粉酶、蛋白酶、脂肪酶和磷酸酶等。主要的水解酶见**资源 4-9**。

（4）裂解酶类（lyase）：指催化一个底物分解为两个化合物，催化 C—C、C—O、C—N 的裂解，或消去某一小的原子团形成双键，或加入某原子团而消去双键的反应，如半乳糖醛酸裂解酶和天冬氨酸酶等。

（5）异构酶类（isomerase）：指催化各种同分异构体之间相互转化的酶类，如磷酸丙糖异构酶和消旋酶等。

（6）连接酶类（ligase）：指催化 2 分子底物合成为 1 分子化合物，同时还必须偶联有 ATP 的磷酸键断裂的酶类，如谷氨酸胶合成酶和氨基酸-tRNA 连接酶等。

（三）食品加工中常用的酶制剂

在食品加工中加入酶的目的：①提高食品品质；②制造合成食品；③增加提取食品成分的速率与产量；④改良风味；⑤稳定食品品质；⑥增加副产品的利用率。

酶在食品工业中主要应用于淀粉加工，乳品加工，果蔬加工，酒类酿造，肉、蛋、鱼类加工，面包与焙烤食品的制造，食品保藏及甜味剂制造等工业。目前，食品加工中只有少数几种异构酶得到应用。酶在食品加工中的应用见表 4-1。

表 4-1　酶在食品加工中的应用（马永昆和刘晓庚，2007）

酶	食品	目的与反应
淀粉酶	焙烤食品	增加酵母发酵过程中的糖含量
	酿造	在发酵过程中使淀粉转化为麦芽糖，除去淀粉造成的混浊
	各类食品	将淀粉转化为糊精、糖，增加吸收水分能力
	巧克力	将淀粉转化成流动状
	果汁	除去淀粉以增加起泡性
	糖浆和糖	将淀粉转化为相对低分子质量的糊精（玉米糖浆）
葡聚糖蔗糖酶	糖浆	使糖浆增稠
	冰淇淋	使葡聚糖增加，起增稠剂作用
乳糖酶	冰淇淋	阻止乳糖结晶引起的颗粒和砂粒结构
	牛奶	除去牛乳中的乳糖以稳定冰冻牛乳中的蛋白质
纤维素酶	酿造	水解细胞壁中复杂的碳水化合物
	咖啡	咖啡豆干燥过程中将纤维素水解
	水果	除去梨中的粒状物，加速杏及番茄的去皮

续表

酶	食品	目的与反应
果胶酶（可利用方面）	可可巧克力	增加可可豆发酵时的水解活动
	咖啡	增加可可豆发酵时明胶状种衣的水解
	果汁	增加压汁的产量，防止絮结，改善浓缩过程
	果酒类	澄清
果胶酶（不利方面）	橘汁	破坏和分离果汁中的果胶物质
	面粉	若酶活性太高会影响空隙的体积和质地
脂肪酶（可利用方面）	干酪	加速熟化、成熟及增加风味
	油脂	使脂肪转化成甘油和脂肪酸
	牛乳	使牛奶巧克力具特殊风味
脂肪酶（不利方面）	谷物食品	使黑麦蛋糕过分褐变
	牛乳及乳制品	水解性酸败
	油类	水解性酸败
核糖核酸酶	风味增加剂	增加 5'-核苷酸与核苷
过氧化物酶（不利方面）	蔬菜	产生异味
	水果	增强褐变反应
葡萄糖氧化酶	各种食品	除去食品中的氧气或葡萄糖，常与过氧化氢酶结合使用
脂氧合酶	面包	改良面包质地、风味并进行漂白
双乙酰还原酶	啤酒	降低啤酒中双乙酰的浓度
多酚氧化酶（可利用方面）	茶叶、咖啡、烟草	使其在熟化、成熟和发酵过程中产生褐变

第三节　转基因食品

　　随着生物技术的发展，大量的分子学研究发现，生物的任何性状都是由基因决定的，是特定基因表达的结果。在这一理论的指导下，生物改良的基因工程应运而生。转基因食品（genetically modified food，GMF）是利用现代分子生物技术，将某些生物的基因转移到其他物种中去，改造生物的遗传物质，使其在形状、营养品质、消费品质等方面向人们所期望的目标转变。以转基因生物为直接食品或为原料加工生产的食品就是"转基因食品"。

　　转基因食品的主要优势是转基因技术能够增加食品总量、提高营养质量、延长食品的货架期，采用这种技术可以广泛促进农业和食品产业的发展，能够提供更健康、稳定、成本低、营养丰富的安全食品，能够增加植物抗病虫害、抗杂草和恶劣气候等不良环境因素的应激性。

　　转基因食品给人类带来了巨大的社会和经济利益，然而转基因技术与任何一项新技术一样，在实际应用中有利有弊，其中以转基因食品的安全性问题尤为突出。由于目前的科学水平尚难以准确预测该技术所造成的生物变化及对人体健康和环境的影响，尤其是长期效应。因此，转基因食品的安全问题已越来越受到各国政府、消费者、国际组织的重视和关注。联合国粮食与农业组织及世界卫生组织一致认为：凡得到安全证书、通过安全评价的转基因食品，安全性和传统食品一样，人们都是可以放心食用的。

一、食品转基因技术的原理

　　基因是具有遗传效应的 DNA 分子片段，是控制生物性状的基本遗传单位。转基因技术是利用生物技术将人们期望的目标基因，导入并整合到生物体的基因组中，从而改善生物原有的性状或赋予其新的优良性状。另外，通过转基因技术对生物体基因进行敲除、屏蔽、加工等同样能够改变生物体的遗传特性（图 4-2）。常用的基因转化方法有农杆菌介导转化法、花粉管通道法、基因枪介导转化法、细胞融合法等。

二、转基因食品的种类及特点

根据转基因食品来源的不同，分为植物源性转基因食品、动物源性转基因食品和微生物源性转基因食品。

（一）植物源性转基因食品

植物源性转基因食品，即利用转基因技术生产的植物性食品，以提高抗病虫害、改善食品成分、改善农业品质、延迟食品货架期等为目的，主要有小麦、玉米、大豆、蔬菜、水稻、马铃薯、番茄及其加工制品等。目前已被批准商业化生产的转基因食品中 90% 以上为转基因植物及其衍生产品。

图 4-2　转基因技术流程示意图

知识链接

转基因大豆的研制与草甘膦除草剂的使用密切相关，草甘膦作为一种非选择性的除草剂，可以杀灭多种植物，包括作物。因此，虽然这种除草剂的效果很好，但是却难以投入使用。草甘膦杀死植物的原理在于破坏植物叶绿体或者质体中的 5-烯醇丙酮莽草酸-3-磷酸合成酶（EPSPS）。通过转基因的方法，让植物产生更多的 EPSPS，就能抵抗草甘膦，从而让作物不被草甘膦除草剂杀死。耐除草剂转基因大豆的研发，避免过多除草剂的使用，实现免耕或少耕，减少水土流失。除抗草甘膦的大豆之外，还包括转基因油菜、棉花、玉米等作物。此外还有抗草丁膦除草剂的作物，不过草丁膦与草甘膦杀灭植物的原理并不相同，而培养这两类作物所转入的基因也不相同。目前，转基因大豆主要用来提炼大豆油。

（二）动物源性转基因食品

动物源性转基因食品主要产品有肉、蛋、乳、鱼及其他水产品和蜂产品。转基因动物性食品主要以提高动物的生长速度、瘦肉率、饲料转化率、产奶量和改善奶的组成成分为主要目标，主要应用于鱼类、猪、牛等。此外，转基因技术也可将人类所需的各种生长因子的基因导入动物体内，使转基因动物分泌人类所需的生长因子。1999 年上海医学遗传研究所培育的中国第一头转基因牛携带人体白蛋白。

（三）微生物源性转基因食品

用转基因技术改造微生物，以生产食用酶及生物制剂，提高酶的产量和活力，产品主要有转基因酵母、食品发酵用酶等。基因工程技术在微生物中的应用主要是用于改良菌种，其中最成功是用于改造酿酒酵母（*Saccharomyces cerevisiae*）菌株。

三、转基因食品的安全性及检测技术

（一）转基因食品的安全性

转基因食品受到的关注程度越来越高，但不同国家消费者对转基因食品的态度存在很大差异。接受转基因食品的国家认为转基因食品通过了严格的审批程序，是安全的；拒绝转基因食品的国家认为转基因食品进行的安全性研究都是短期的，无法有效评估人类几十年进食转基因食品的风险。消费者对此必须有一个平静的心态和理性的认识，慎重地对待。

目前，人们对转基因食品的安全性问题的关注主要有两方面：一方面是转基因植物的环境安全性；另一方面是转基因食品的食用安全性。

在环境安全性方面，很多转基因生物具有较强的生存能力或抗逆性，这样的生物一旦进入环境中，就会间接伤害生态系统中的其他生物。例如，植入抗虫基因的农作物会比一般农作物更能抵抗病虫的袭击。长此下去，转基因作物将会取代原来的作物，造成部分物种灭绝。但这种问题在转基因食品发展的初始阶段很难发现，可能要经过许多年后才能显现出来。此外，保持生物多样性是减少生物遭受疾病侵袭的重要方式。由于转基因作物特性优良，很多人选择种植转基因作物，使某些作物的多样性大大降低。自然界本身具有优胜劣汰的规则，物种之间也有天然的相互依存关系。由于病虫害的泛滥而不得不借助农药，但是在杀灭害虫的同时这些害虫的天敌也被杀灭，使得病虫害问题日益严重。如今转基因技术虽然解决了病虫害的问题，但不知是否会给这些害虫的天敌带来不利的影响。

在食用安全性方面，转基因食品还存在广泛争议，反对转基因食品的人担忧转基因食品中导入的外源基因可能以难以预料的方式，改变食品的营养价值和不同营养素的含量，引起营养失衡，甚至可能引起抗营养因子的改变。抗生素抗性标志基因在转基因技术中是必不可少的，主要应用于对已转入外源基因生物体的筛选。人类食用了带有抗生素抗性标志基因的转基因食品后，在体内可将抗生素抗性标志基因插入肠道微生物中，并在其中表达，使这些微生物转变为抗药菌株，可能影响口服抗生素的药效，对健康造成危害。此外，转基因食品在毒性、过敏性及基因漂移问题方面还存在广泛争议。

转基因食品对人和环境的影响具有不确定性。为了确保转基因食品的安全性，一定要做好安全性评价和风险性评估。既不能以个别不利的研究结果来否定整个转基因食品，也不能对转基因食品存在的安全隐患视而不见。随着科技的发展，相信转基因的安全性在不同的国家会找到一个共识的平衡，我国应加大对转基因食品的研究，特别是转基因食品的检测技术和风险性评估，客观、公正地评价转基因食品的安全性，让转基因食品在安全的轨道上健康发展，更好地造福人类。

（二）转基因食品的检测技术

1. 核酸水平的检测技术

1）聚合酶链反应技术（PCR技术）　PCR技术作为常用的转基因食品检测方法，基于特定的DNA片段设计特异性引物，在生物体外进行DNA复制，将外源DNA序列扩增到检测的数值。目前采用检测转基因食品的PCR技术包括普通PCR技术、巢式PCR技术、热不对称交错PCR技术、实时荧光定量PCR技术和数字PCR技术等。

2）Southern印迹杂交技术　Southern印迹杂交技术主要依据一定同源性的两条核酸单链在一定的条件下，可按碱基互补的原则形成双链。Southern印迹杂交技术主要操作过程包括DNA分子酶切、琼脂糖凝胶电泳、印迹转移和杂交等步骤。

3）环介导等温扩增技术　环介导等温扩增（loop-mediated isothermal amplification，LAMP）针对目标基因的6个区域设计4种特异性引物，具有链置换活性的DNA聚合酶，在恒温条件下完成DNA的扩增。该方法避免了传统PCR技术需要反复热变性获得单链模板的缺点，具有更高的灵敏度和扩增效率。

4）基因芯片技术　基因芯片技术又称DNA微阵列（DNA microarray），是将特异性核酸探针固定在载体表面，同时检测转基因生物体中多个靶基因信息，实现对待测样品中转基因外源序列的分析，是一种高通量的检测技术。

资源4-10
核酸水平的检测技术流程见**资源4-10**。

2. 蛋白质水平的检测技术

1）蛋白质印迹检测技术　通过聚丙烯酰胺凝胶电泳分离外源蛋白质，利用特异性抗原抗体杂交技术检测目标蛋白。对于样品中不可溶蛋白质的分析，采用蛋白质印迹检测技术检测蛋白质含量，再与蛋白质预期限值比对，从而分析转基因食品的质量和安全性。

资源4-11
蛋白质印迹流程图见**资源4-11**。

2）酶联免疫法（ELISA）检测技术　　ELISA检测技术是利用抗体和抗原的特异性结合，通过酶与底物的有机结合产生的显色反应，鉴定转基因生物体中外源蛋白质。由于加工过程会引起转基因食品中部分蛋白质的降解，因此该方法仅适用于检测部分未加工的转基因原料。

3）免疫试纸条检测技术　　免疫试纸条检测技术将硝化纤维作为固相载体，特异性抗体与显色剂反应检测样品中转基因成分。该检测技术操作简单、方便、快捷，但是灵敏度较低，可初步检测转基因食品中外源蛋白。

延伸阅读

转基因食品的研究现状

随着分子生物学和生物技术的迅猛发展，转基因技术不断提高。20世纪80年代，转基因技术逐渐渗入到农业、医药等领域，并先后取得重大突破，其中利用转基因技术，转入由植物、动物或微生物中提取的基因而制成的转基因食品意义最为重大。世界上许多国家正在大力开展基因食品的研究，转基因作物对粮食安全、可持续性和气候变化也出了贡献。

世界上第一种转基因作物是1983年美国培植成功的一种含抗生素抗体的烟草；1985年转基因鱼问世，从此拉开了转基因食品的研究和生产的大幕；1986年首批转基因作物获准田间试验；1989年，美国政府批准在奶牛中使用重组牛生长激素（rbST）以增加奶的产量；1992年中国成为第一个商品化种植转基因作物烟草的国家；1994年美国的世界上第一个批准商业化转基因食品（延熟保鲜转基因番茄）问世；随后又产生转基因大豆、大米、土豆、棉花、油菜等。目前已有上百种转基因植物问世，其中有以抗真菌、抗病毒、抗虫害、抗逆、抗除草剂为目的的转基因植物；有以增加果实颗粒营养成分或生产药用成分为目的的转基因植物（如"金稻米"中的β-胡萝卜素含量较高）。

目前，全球已商品化大面积种植的转基因作物主要有大豆、玉米、油菜及棉花，小面积种植的有苜蓿、甜菜、甘蔗、木瓜、土豆等。2019年，美国以7150万hm^2的转基因作物种植面积排名第一，占全球总面积的38%。截至2020年，我国批准颁发安全证书的农业转基因生物包括棉花、番茄、木瓜、辣椒、水稻、玉米等。我国批准进口的转基因农作物有5种，分别是棉花、玉米、大豆、油菜和甜菜。

本章小结

1. 常用的食品发酵微生物种类有细菌、酵母、霉菌等。其中，常用细菌包括革兰氏阴性无芽孢杆菌、革兰氏阳性无芽孢杆菌、革兰氏阳性芽孢杆菌、革兰氏阳性球菌。常用酵母包括异常汉逊酵母、假丝酵母、红酵母、酿酒酵母、卡尔斯伯酵母、鲁氏酵母。常用霉菌有根霉、毛霉、曲霉、青霉、红曲霉。

2. 食品微生物发酵的主要生物化学变化包括蛋白质的降解、淀粉的糖化和酒化、有机酸的生成、酯的合成、色素的形成。

3. 食品微生物发酵的主要影响因素有菌种的选择、灭菌、温度、pH、溶氧量、盐含量。

4. 酶的催化特性。共性：①具有较高的催化效率，用量少。②不改变化学反应的平衡常数。③降低反应的活化能。特点：①专一性；②活性容易丧失；③催化活性是可调控的。

5. 影响酶促反应的因素：①底物浓度；②酶浓度；③温度；④pH；⑤水分活度。

6. 内源酶对食品加工的影响。内源酶是使动植物食品原料在屠宰或者采收后成熟或变质的重要原因，是影响食品质量的重要因素之一，其在食品加工贮藏过程中引发的生物化学反应直接影响食品的营养、质构及感官性质。其中，有些影响是有利的，可通过适当的条件来加强这些酶的作用。有些影响是不利，需要采取一定的措施抑制或者消除酶的作用。

7. 在食品加工中加入酶的目的：①提高食品品质；②制造合成食品；③增加提取食品成分的速率与产量；④改良风味；⑤稳定食品品质；⑥增加副产品的利用率。

8. 转基因食品的种类：植物源性、动物源性和微生物源性转基因食品。

9. 转基因食品的检测技术分为核酸水平的检测技术和蛋白质水平的检测技术。

【思考题】

1. 简述发酵食品常用的微生物有哪些?
2. 发酵食品加工的基本原理是什么?
3. 食品酶促反应的特点是什么?
4. 影响食品酶促反应速率的因素有哪些?
5. 食品中常用的水解酶制剂有哪些?
6. 转基因食品的分类和特点有哪些?
7. 简述转基因食品的检测方法。

参考文献

陈佳新, 陈倩, 孔保华. 2018. 食盐添加量对哈尔滨风干肠理化特性的影响. 食品科学, 39 (12): 85-92.

高向阳. 2016. 食品酶学. 北京: 中国轻工业出版社.

何国庆, 贾英民, 丁立孝. 2016. 食品微生物学. 第 3 版. 北京: 中国农业大学出版社.

扈莹莹, 温荣欣, 陈佳新, 等. 2019. 低盐对发酵肉制品品质形成影响及减盐手段研究进展. 食品工业科技, 40 (16): 324-328, 335.

黄芳一, 程爱芳, 邓政东, 等. 2019. 发酵工程. 武汉: 华中师范大学出版社.

贾晓峰. 2001. 四环素发酵方法: CN1074460C.

李付丽. 2015. 紫色红曲霉产酯化酶的研究. 贵州: 贵州大学.

李琳, 王正全, 张晶晶, 等. 2015. 内源蛋白酶对肉类食品风味的影响. 食品与发酵工业, 41 (2): 237-241.

李维青. 2010. 浓香型白酒与乳酸菌、乳酸、乳酸乙酯. 酿酒, 37 (3): 90-93.

李啸, 储炬, 张嗣良, 等. 2009. 林可霉素发酵过程代谢特性与 pH 调控的研究. 中国抗生素杂志, 34 (4): 215-218, 230.

刘素纯, 刘书亮, 秦礼康. 2018. 发酵食品工艺学. 北京: 化学工业出版社.

马永昆, 刘晓庚. 2007. 食品化学. 南京: 东南大学出版社.

彭传涛, 贾春雨, 文彦, 等. 2014. 苹果酸-乳酸发酵对干红葡萄酒感官质量的影响. 中国食品学报, 14 (2): 261-268.

平丽英, 陈琳, 方丽纳, 等. 2017. 浅谈微生物发酵中试的影响因素. 发酵科技通讯, 46 (4): 212-215.

谭雅, 黄晴, 曹熙, 等. 2016. 发酵肉制品中常见有益微生物及其功能研究进展. 食品工业科技, 37 (21): 388-392.

陶兴无. 2016. 发酵产品工艺学. 第 2 版. 北京: 化学工业出版社.

王慧平, 张欢, 陈倩, 等. 2021. 鱼肉内源性蛋白酶对其贮藏期品质影响的研究进展. 食品工业科技, 1-8.

王宗敏. 2016. 镇江香醋醋酸发酵阶段菌群结构变化与风味物质. 无锡: 江南大学.

夏文水. 2007. 食品工艺学. 北京: 中国轻工业出版社.

夏文水. 2017. 食品工艺学. 北京: 中国轻工业出版社.

徐春明, 王晓丹, 焦志亮. 2015. 食用微生物色素的研究进展. 中国食品添加剂, (2): 162-168.

徐庆阳, 冯志彬, 孙玉华, 等. 2007. 溶氧对 L-苏氨酸发酵的影响. 微生物学通报, 34 (2): 312-314.

杨培青, 李斌, 颜廷才, 等. 2016. 蓝莓果渣酵素发酵工艺优化. 食品科学, 37 (23): 205-210.

詹晓北, 朱一晖, Donghai Wang. 2003. 琥珀酸发酵生产工艺及其产品市场. 食品科技, (2): 44-49.

张平. 2014. 食盐用量对四川腊肉加工及贮藏过程中品质变化的影响. 雅安: 四川农业大学.

第二篇

食品加工
与保藏技术

第五章 食品的热处理和杀菌技术

食品的热处理和杀菌是食品加工和保藏中用于改善食品品质、延长食品贮藏期最重要的处理方法之一。本章主要介绍热处理的原理、热处理的方法、热杀菌技术、非热杀菌技术、热处理对食品品质的影响，以及热处理的安全生产与控制。

学习目标

掌握食品加热杀菌的原理。

掌握食品热处理加工的方法及对食品品质的影响。

了解食品非热杀菌技术的应用前景。

了解栅栏保藏技术的原理。

第一节 食品热处理的原理

食品工业中采用的热处理有不同的方式和工艺，不同种类的热处理所达到的主要目的和作用也有所不同，但热处理过程对微生物、酶和食品成分的作用及传热的原理和规律却有相同或相近之处。食品热处理的效果受到多种因素的影响，包括食品特性、黏度、颗粒大小、固体液体比例、罐头大小、装罐前预处理过程，污染微生物的种类、习性、数量等。从热处理时微生物被杀死的难易程度来看，细菌的芽孢具有更高的耐热性，它通常较营养细胞难被杀死。另外，专性好氧菌的芽孢较兼性和专性厌氧菌的芽孢更容易被杀死。在考虑确定具体的热处理条件时，通常以某种具有代表性的微生物作为热处理的对象，通过这种目标菌的死亡情况反映热处理的程度。

一、微生物的耐热性

温度是微生物生存及繁殖最重要的环境因素之一。不同种类的微生物耐热性不同，一般而言，霉菌和酵母的耐热性都比较低，在 $55\sim60℃$ 条件下就可以杀灭；而有一部分细菌却很耐热，尤其是有些细菌可以在不适宜生长的条件下形成非常耐热的芽孢，如枯草芽孢杆菌在 $125℃$ 条件下，其热致死时间可达 30min。除此之外，微生物的繁殖诱发期、繁殖速度、最终细胞量、营养要求、细胞中的酶及细胞的化学组成等也都会受到温度的制约（Cebrian et al., 2017）。各种微生物繁殖所要求的最适温度范围是不同的，可大致分为嗜冷菌（好低温性菌）（*Psychrophiles*）、嗜温菌（*Mesophiles*）和嗜热菌（高温性菌）（*Thermophiles*）三种类型。但是，有的微生物在发育最适温度得不到满足时，在低温条件下也能发育，如低温性菌（*Psychrotrophs*）；还有的细菌在高温条件下也能繁殖。

（一）微生物的热致死反应动力学

1. 微生物的热致死反应动力学方程 实验证明，微生物营养细胞的热致死反应动力学符合化学反应的一级反应动力学方程（Peleg, 2006），即

$$-\frac{dN}{dt}=kN \tag{5-1}$$

式中，N 为任一时刻活菌浓度（CFU/mL）；t 为时间（min）；k 为热致死速率常数（min^{-1}）。

对式（5-1）进行积分，设边界条件 $t_0=0$，$N=N_0$，则反应至 t 时的结果为

$$-\int_{N_0}^{N}\frac{\mathrm{d}N}{\mathrm{d}t}=k\int_{0}^{t}\mathrm{d}t$$

也可以写成

$$\lg N=\lg N_0-\frac{k}{2.303}\qquad\qquad(5\text{-}2)$$

式（5-2）所反映的意义可用热致死速率曲线表示，该曲线为一直线，该直线的斜率为$-\dfrac{k}{2.303}$。

如果微生物的活菌数跨过一个对数循环，即减少90%所对应的时间是相同的，这一时间被定义为D值，称为指数递减时间。因此直线的斜率可表示为$-\dfrac{k}{2.303}=-\dfrac{1}{D}$，则$D=\dfrac{2.303}{k}$。

D值是在一定温度下活菌（或芽孢）数量下降90%所需要的时间，通常以min为单位。D值的大小可以反映微生物的耐热性。D值可以通过计算求得，即根据残存活菌曲线中的时间与残存活菌数的数据，用最小平方法求出曲线方程，再取其斜率的倒数，即D值。也可按式（5-3）进行计算。

$$D=\frac{t}{\lg N_0-\lg N}\qquad\qquad(5\text{-}3)$$

式中，N_0为原始微生物数；N为t时残存的微生物数；t为经过的时间（min）。

D值因微生物的种类、环境、热处理温度的不同而不同。由D值的大小，可以区别不同菌的耐热性大小。需注意的是，D值不受原始菌数的影响，但随热处理的温度不同而变化，温度越高，菌的死亡速率越大，D值则越小。此外，由于细菌芽孢在热处理时所处的环境不同，其死亡率也不相同，因此D值也会变化。为区别不同温度下的D值，可在D的右下角标注温度T的符号或热处理温度值，如D_T或D_{121}，因为D_{121}在实际杀菌时应用较多，通常以D_{121}代替D_T。

除D值外，反映微生物的耐热性的指标还有TDT值、F值、Z值和TRT值。

2. TDT值、F值、Z值　在一定的时间内对细菌进行热处理时，从细菌死亡的最低热处理温度开始的各个加热期的温度称为热致死温度。热致死时间（thermal death time，TDT）是在热致死温度下杀灭一定浓度的菌所需要的全部时间。TDT值的单位为min。同样在右下角标注上杀菌温度，如TDT_{121}等。在121.1℃（250℉）热致死温度下的腐败菌的热致死时间，通常用F值来表示，即F值就是在121℃温度下杀死容器中全部微生物所需的时间。F值等于D值与微生物降低对数数量级的乘积。

求得D值后，就可用$\lg D$对温度T作图，在一定温度范围内，$\lg D$与T成直线关系，直线的斜率为$\dfrac{\lg D_2-\lg D_1}{T_2-T_1}$，由于此斜率为负值，为避免引入负值而提出$Z$值。

$$Z=-\frac{T_2-T_1}{\lg D_2-\lg D_1}\qquad\qquad(5\text{-}4)$$

故定义Z值为降低一个$\lg D$值所需的温度数。Z值也可以认为是当热致死时间减少1/10或增加10倍时所需提高或降低的温度值。Z值是衡量温度变化时微生物热致死速率变化的一个尺度。由于D值和热致死速率常数k互为倒数关系，则

$$\lg\frac{k}{k_1}=\frac{T-T_1}{Z}\qquad\qquad(5\text{-}5)$$

式（5-5）说明，热致死速率常数的对数与温度成正比，较高温度的热处理所取得的杀菌效果高于低温热处理所取得的杀菌效果。不同微生物对温度的敏感程度可以由Z值反映，Z值小的对温度的敏感程度高。F值可用于比较相同Z值时腐败菌的耐热性，它与原始菌数、菌种、菌株、环境温度等有关。为简便起见，习惯上使用F_0，它表示致死温度为121.1℃时，杀死Z值为10℃的一定量的细菌所需的热处理时间（min）。因此，应用F值和Z值可以比较处于不同环境下菌的耐热性，只是比较F值时还应注意原始菌数是否一致。

3. TRT值（即热力指数递减时间）　在某特定的热致死温度T下，将细菌或芽孢数减少到10^{-n}时所需的热处理时间为TRT值，单位为min。例如，设将供试菌减少到原始菌数的百万分之一需要5min，则TRT_n的值用$TRT_6=5$来表示，n为10^{-n}中的指数，称为递减指数（reduction exponent），D值即$n=1$时的TRT值（TRT_1）。

（二）微生物的耐热机制

目前通过对嗜冷菌、嗜温菌（好低温性菌、中温性菌）和嗜热菌的细胞壁、细胞膜、核糖体、RNA、DNA 和酶等的研究，阐明了微生物的耐热机制。当温度超过微生物繁殖的上限温度并足以使微生物细胞内的蛋白质发生变性时，微生物即会出现死亡现象。这一机制与耐热机制和损伤恢复机制有关。

微生物细胞首先接受外界刺激的部位是细胞表层，其结构因微生物的种类不同而有差异，但一般是从外侧向里，分别由黏液层、细胞壁、细胞膜组成，其组成成分和生活机能都对微生物的耐热性有影响。不同种类微生物的细胞壁组成成分差异如下。

霉菌：纤维素、壳质。

酵母：葡聚糖、甘露聚糖、蛋白质、微量的类脂。

细菌：黏肽、多糖类（革兰氏阳性菌）、磷脂、脂多糖、脂蛋白（革兰氏阴性菌）。

细胞膜由磷脂、复合蛋白体组成。

这些细胞表层的脂肪含量、脂肪酸组成、黏肽及多糖类含量等与耐热性相关。许多嗜热菌细胞中的酶更耐高温，主要与酶蛋白质本身的结构与保护因子（如钙、多胺）有关。但一般认为，嗜热菌的主要高分子化合物不一定都具耐热性，嗜热菌和中温性菌中的 DNA 及 tRNA 的热稳定性大体相近。核糖体和rRNA 在耐热性方面存在着差异，嗜热菌中的 rRNA，因为鸟嘌呤和胞嘧啶的含量多，所以它的高级构造有助于耐热性的增强，而且核糖体的稳定性与发育最高温度之间也存在相关性。

细胞的其他成分还包括水分和无机盐等，水分的存在状态造成了细菌的营养细胞与芽孢耐热性上的极大差异，而无机盐中，钙、镁、磷酸等物质对酶、核酸、核糖体等细胞成分的热稳定性起着重要的作用。

（三）热杀菌的原理

热杀菌的基本原理是破坏微生物的蛋白质、核酸、细胞壁和细胞膜，从而导致其死亡。

1. 热处理对细胞壁和细胞膜的损伤　　细菌的细胞壁和细胞膜是热力的重要作用点。细菌可由于热损伤细胞壁和细胞膜而死亡。产气荚膜梭菌（*Clostridium perfringens*）芽孢受 105℃ 高温作用 5min，受损伤的细菌表现出对多黏菌素及新霉素的敏感性增高。多黏菌素作用于细胞膜，而新霉素有抑制蛋白质的合成和表面活性的作用。已知受损伤的芽孢对表面活性剂，如十二烷基硫酸钠、脱氧胆酸钠等敏感性增强。受损伤的芽孢对多黏菌素和新霉素渗透性增加，并且在液体培养基中生长时发生死亡，除非培养基中含有 20% 糖、10% 葡聚糖或 1% 聚乙烯吡咯烷酮。这就说明，芽孢的细胞膜和细胞壁是热损伤的位点。

2. 热处理对蛋白质的作用　　蛋白质是细菌的主要成分，它不仅是细菌基本结构的组成部分，而且与能量、代谢、营养、解毒、增殖及稳定内环境密切相关的酶都是蛋白质。因此，破坏了微生物的蛋白质的活性，即可导致微生物的死亡。

干热和湿热对微生物蛋白质破坏的机制是不同的。湿热主要是通过凝固微生物的蛋白质导致其死亡，而干热灭活微生物的机制是氧化作用。在高温和缺乏水分的情况下，细菌细胞内蛋白质发生氧化变性，各种酶失去活力，甚至内源性分解代谢也被终止，导致微生物死亡。实验证明，在干热灭菌时，并无蛋白凝固发生。在高温下细菌死亡更迅速，这是由于氧化作用速率增加的缘故。

3. 热处理对核酸的作用　　热处理不仅可以破坏微生物的酶蛋白和结构蛋白，而且也可破坏微生物的核酸。曹伟和许晓曦（2012）研究了蒸制、煮制和生鲜三种不同的处理方式对镜鲤鱼呈味核苷酸的影响。结果表明，蒸制和煮制处理后，5 种呈味核苷酸的含量与生鲜鱼肉相比出现了明显的差异。步营等（2020）研究了不同热处理温度（60℃、70℃、80℃、90℃ 和 100℃）对蓝蛤提取液核酸类物质的影响。结果表明，不同温度处理组的提取液挥发性风味差异明显，得到的蓝蛤提取液味觉差异主要体现在苦味、丰度和鲜味。不同处理方式下蓝蛤提取液的核酸和核苷酸含量差异显著（$P<0.05$）。

二、食品热杀菌效果的影响因素

在选择食品的杀菌温度和时间时，除考虑腐败菌的耐热性影响的因素外，还必须考虑食品的传热速度，这是因为任何食品在杀菌时总有一个传热过程，这个过程的快慢将直接影响杀菌效果。各种食品的性状不同，传热进度也不相同，这就需要了解食品的传热方式和传热速度，为科学制定商业灭菌工艺奠定基础。

（一）食品的传热类型

食品的传热类型主要有传导型、对流型和混合型。不同的食品其传热类型不同，杀菌时需控制的温度、时间等参数也就有所不同。食品加热过程中温度上升最慢的一点叫冷点，一般位于包装食品的几何中心，在测温时，热电偶应固定在冷点位置。糊状玉米、南瓜、浓汤、午餐肉和西式火腿等食品，在加热时就是以传导型为主的食品；果汁、蔬菜汁、清肉汤、稀的调味汁及片状蘑菇、清水青豆等罐头就是以对流为主传热的食品，测温时冷点位置将下移。需要说明的是，在实际测定时，冷点位置随容器大小及放置在杀菌锅中的位置而改变。如果测温时测温头垂直罐盖安装，则测温点通常应在容器的中心线上，高于罐头容器底部 19mm（小型罐）至 38mm（大型罐）处。

（二）食品初温

食品的初温对杀菌时间有明显的影响，尤其对传导型加热方式的食品影响更大。例如，南瓜罐头，在取得同等杀菌效果和罐型相同的情况下，当初温为 82℃时，杀菌时间短，但初温为 60℃时，杀菌时间明显延长。杀菌时间的延长，不仅影响生产效率，而且罐内食品成分在长时间受热时会分解或相互作用，以致影响罐头的质量。因此，封装后的罐头食品，应尽快进入杀菌设备中进行杀菌，罐头密封后至杀菌前停留时间一般不超过 30min。

（三）原料的质量

用同一种但不同品质的原料加工成同一类型的食品，要达到同等的杀菌值（即 F 值）所需的时间是不相同的。例如，等级差的片菇在杀菌时碎屑率可能增加，相互聚集影响传热速度。所以，同等条件下等级差的片菇杀菌时间延长。

（四）原料颗粒的大小

食品原料颗粒的大小会影响到食品加热过程中热量的传递效率和温度分布的均匀性，进而对食品的杀菌效果产生影响。例如，整装（或段装）刀豆与法国式刀豆，欲达到同等 F 值，后者比前者需多用 50% 的杀菌时间；片厚不同的蘑菇罐头，3.97mm 厚时，121.1℃的杀菌需时 41min，而片厚 2.38mm 时，虽片薄，但易聚集，同样的杀菌温度却需时 46min。

（五）食品黏稠度

淀粉含量不同的食品（即黏稠度不同）其杀菌时间也不相同（表 5-1）。

表 5-1　淀粉含量（黏稠度）对杀菌时间的影响（达到同等的 F 值）（徐怀德和王云阳，2005）

淀粉浓度 /%	黏度 /（Pa·s）	初温 /℃	115.5℃杀菌时间 /min	杀菌值 F/min
1	0.9×10^3	60	36.5	8
2	1.8×10^3	60	45.6	8
3	6.0×10^3	60	83.4	8
4	24.0×10^3	60	111.0	8

食品的黏稠度越高，杀菌时间越长，如甜马铃薯罐头，当糖水浓度从 25% 以下提高到 25% 以上时，115.5℃时杀菌时间从 32min 提高到 48min。

（六）装罐量和固形物量

装罐量和固形物量也会对食品的杀菌效果产生影响，一般而言，装罐量和固形物量越多，需要杀菌的时间越长。例如，片蘑菇罐头，装罐量 2267g（固形物量 1927.8g）时，121.1℃杀菌需时 31min，当装罐量增加到 2551.5g（固形物量 2154.6g）时，121.1℃杀菌需时增至 41min。

（七）其他

食品所用的包装材料、包装形式、食品在杀菌设备内的排列方式、杀菌设备的型号、杀菌设备内的热源分布状态、杀菌过程的操作、杀菌设备内有无气囊、升温时间长短等都会影响食品杀菌所需要的时间。

第二节　食品的热处理方法

一、烫漂

烫漂（blanching）有多种用途。在进一步加工前破坏蔬菜和某些水果中的酶活性是其重要作用之一。烫漂通常作为一种在原料准备和后续加工之间进行的预处理，有时也与食品的去皮和（或）清洗结合起来，达到节约能源消耗、空间和设备成本的目的。烫漂也可以软化蔬菜组织，以利于包装充填的进行，并可除掉细胞间隙的空气以增加食品的密度，有助于罐头中顶隙内形成真空。

（一）烫漂对营养成分的影响

烫漂造成一些矿物元素、水溶性维生素和其他水溶性成分的损失。维生素的损失主要是由于沥滤损失、热破坏和氧化作用，其中氧化作用造成的损失较小。维生素的损失程度取决于下列几个因素：①食品的成熟度和种类；②原材料的准备方式，尤其是切块、切片和切丁的程度；③食品个体的表面积与体积之比；④烫漂方式；⑤烫漂时间和温度（在较高温短时间烫漂中维生素损失较小）；⑥冷却方式；⑦在热水烫漂和水冷却时水与食品的比例。

抗氧化能力是评价食品质量的一个指标，所以也是检验烫漂伤害程度的指标（表 5-2）。

表 5-2　烫漂方式对秋葵品质及抗氧化能力的影响（王迪，2016）

烫漂方式	评价指标			
	过氧化物酶（POD）	脆度 /g	收缩率 /%	色泽（L^*）
常规烫漂	灭活较慢、酶可能会复活	985	55.03	62.32
超声烫漂	灭活较快、酶被彻底灭活	773	52.52	65.62

（二）烫漂对食品的色泽和风味的影响

由于除去了食品表面的空气和尘土，烫漂使食品的色泽变淡，也因此改变了其反射光的波长。烫漂时间和温度也会影响食品中色素的变化，这种变化因色素 D 值的不同而异。尽管 pH 的升高会增加抗坏血酸的损失，但烫漂器中往往会加入碳酸钠（0.125% m/V）或氧化钙保护叶绿素，保持绿色蔬菜的色泽。为了防止切开的苹果或马铃薯发生酶促褐变，在烫漂前需将它们浸泡在稀释的盐水（2% m/V）中。如烫漂得当，大部分食品的风味和香味不会有太大的变化，但烫漂程度不够时，干燥或冷冻食品会在储藏期间变味。

（三）烫漂对食品质地的影响

烫漂目的之一就是在包装前软化蔬菜的组织以利于装罐。但是，当应用于冷冻或干燥时，用于使酶失活的时间-温度条件可引起某些类型食品（如某些种类的马铃薯和大块食品）的过度软化，所以烫漂时可在水中加入氯化钙（1%~2%），形成不溶的果胶酸钙复合物，以保持组织的硬度。

案例

烫漂在盘菜腌制品加工中的应用

盘菜（*Brassica campestris* L. ssp. *rapifera* Matzg），学名芜菁，属十字花科芸薹属芜菁种，因其肉质根形扁如盘而得名，是浙江具有地方特色的蔬菜品种。盘菜肉质洁白、质地脆嫩致密，属优质块根类蔬菜，具有良好的经济效益。盘菜不耐储藏，供应季节短，当地人一般多将盘菜用盐水腌渍做成泡菜，食用时可另行加入其他调味料丰富口感。

工艺流程：盘菜→清洗去皮→切片→低温烫漂→洗涤沥干→入坛腌渍→分装。

操作要点：清洗去皮后的盘菜用果蔬切片机切分为厚度为 2mm 左右的薄片，根据前期预实验，选择 55℃为烫漂温度，以钙离子溶液为护脆液，护脆后的盘菜用 1%~2% 盐水腌制 3 天（15~20℃环境条件），3 天后取出装袋。

二、烘烤和焙烤

烘烤和焙烤本质上是同一种单元操作，二者都是选用热气来改变食品的食用品质。两个术语的区别在于通常用法的不同。烘烤主要应用于主要成分为面粉的食品或水果，而焙烤则应用于肉类、坚果和蔬菜中。烘焙的第二个目标是通过杀灭微生物和降低食品表面的水分活度达到防腐的目的。但是除非借助冷冻或包装，大部分烘焙食品的货架期并不长。

（一）烘焙对食品质地的影响

质地的变化取决于食品的性质（水分、脂肪、蛋白质及结构性碳水化合物，如纤维素、淀粉和果胶的含量）和加热的温度和时间。许多烘焙食品的一个特点是形成一层干的焦皮，内部包含着湿润的部分（如肉类、面包、马铃薯）。

另一些食品（如饼干）烘焙至含水量较低的水平，使食品内外都发生了在焦皮中发生的变化。

当肉被加热时，脂肪发生溶解并以油的形式分散到食品内部或作为"滴液损失"中的一种成分流到食品之外。胶原蛋白在表面之下溶解，形成明胶。蛋白质发生变性，失去持水力并收缩，使多余的脂肪和水分被挤出，使肉硬化。温度的进一步升高使微生物被杀死并使酶失活。

视频 5-1

烘焙使食品表面失去水分，蛋白质发生凝固、分解和部分热解，表面的质地变得较为脆硬。在谷类食品中，淀粉的颗粒结构发生胶化和脱水等变化，形成了焦皮的特征性质地。

烘焙对饼干质地的影响可查看**视频 5-1**。

（二）烘焙对食品风味、香气和色泽的影响

烘焙产生的香气是烘焙食品一个重要的感官特征。在剧烈的高温下食品还原糖和氨基酸之间发生美拉德褐变。食品表层的高温低湿条件还引起了糖的焦化和脂类的氧化，产生醛、内酯、酮、醚和酯。在一种特定的食品中，由于所含的游离氨基酸和糖类的组合不同，美拉德反应和斯特雷克尔（Strecker）氨基酸降解反应也会生成不同的香味（如脯氨酸与不同的糖在不同的温度下加热时可产生马铃薯、蘑菇或焦鸡蛋的香气）。

上述反应生成的一些芳香物质进一步分解，产生焦味或烟熏味。因此在烘焙过程中会产生种类繁多的芳香物质成分。香气的类型取决于食品表层含有的脂肪、氨基酸和糖的特定组合、温度、含水量及加热时间。烘焙食品通常具有的特征性金褐色是美拉德反应、糖和糊精（包括食品中原来就有的和由淀粉的水解产生的）的焦化形成糖醛，以及糖、脂肪和蛋白质碳化的结果。

（三）烘焙对食品营养价值的影响

烘焙中的主要营养变化发生在食品的表面，因而在确定烘焙对营养损失量的影响时，食品的表面积与体积比是一个重要因子。在烤盘面包中，只有上表面受到影响，烤盘避免了面包其他部分发生大幅度的营养变化。除了作为改良剂加入到生面团中的维生素 C 在烘焙过程中受到破坏以外，其他维生素的损失相对较小。在化学发酵的面团中，碱性发酵条件使面团中烟酸释放出来，从而提高发酵面团中 B 族维生素的含量。对肉类而言，营养物的损失受肉块大小、类型，骨和脂肪的比例，屠宰前后的处理和动物种类的影响。

饼干、谷类早餐和脆面包在烘焙时其整体被加热至接近的温度。但这些是要求烘焙时间较短的小块粒，因此营养损失减少。在调理食品中，其成分都被加工过以使它们在储藏过程中保持稳定，因此其营养价值可能会有更多的损失（如小麦粉、水果干、冻藏肉或经过发酵和干燥的可可豆和咖啡豆）。

硫胺素是谷类食品和肉类中易被热破坏的而又最重要的维生素，在谷类食品中硫胺素的损失程度取决于烘焙的温度和食品的 pH。烤盘面包中硫胺素的损失约为 15%，但在用碳酸氢钠进行化学发酵的蛋糕或饼干中，其损失量增至 50%～95%。

三、煎炸

煎炸是将食品置于热油中，其表面的温度迅速升高，水分以蒸汽形式被蒸发掉。蒸发层向食品内部移动，形成焦皮。食品表面的温度升高至热油的温度，而其内部的温度也以比较慢的速度上升至 100℃。传热速度受油、食品间的温差和表面传热系数控制。食品中的热穿透速度则受食品的热传导率控制。

煎炸的主要目的是形成煎炸食品焦皮中特征性的色泽、风味和香气。这些食用品质的形成通过美拉德反应和食品从油中吸收的化合物共同实现。因此控制某种食品的色泽和味道变化的主要因素有：①煎炸用油的类型；②油的使用时间和受热记录；③油和产品之间的表面张力；④煎炸的温度和时间；⑤食品的大小、含水量和表面特征；⑥煎炸后的处理。

（一）煎炸对食品品质的影响

煎炸食品的质地是蛋白质、脂肪和碳水化合物等发生的变化形成的，这些变化和烘焙中发生的变化相似。蛋白质品质发生变化是焦皮中蛋白质与氨基酸发生美拉德反应的结果。碳水化合物和矿物质的损失大多未见报道，但可能损失量不大。由于对油的吸收和夹带，食品的脂肪含量增加。但这些脂肪的营养价值难以判定，因为它随诸多因素的变化而变化。这些因素包括油的种类、受热记录及在食品中受夹带的油量。

（二）煎炸对食品营养价值的影响

煎炸对食品的营养价值的影响取决于采用的加工方式。高的油温使焦皮迅速形成，将食品表面密封起来，减少了食品内部的变化程度，因此保留了大部分的营养物质。另外，这些食品往往在煎炸后很短时间内就被食用，因此由于储藏造成的营养损失也不多。据报道，尽管使用被热破坏的油煎炸的鱼肉中可消化赖氨酸的损失量可增至25%，但一般损失量为17%；煎炸马铃薯中维生素C的损失比沸煮后维生素C的损失要低，这是因为低含水量使维生素C以脱氢抗坏血酸（DAA）的形式积累，而沸煮时DAA水解成2,3-二酮古洛糖酸，使人体无法吸收。

旨在干燥食品和延长货架期的煎炸使营养物质的损失量大大增加，尤其是脂溶性维生素的损失更为严重。例如，薯条在煎炸过程中吸收的维生素E会在后续的储藏过程中发生氧化。低温下氧化反应的速度与常温下相似，因而经过约8周的冷冻储藏后炸薯条的维生素损失为74%。在这样的条件下煎炸也会使对热和氧敏感的水溶性维生素受到破坏。

四、电介和红外加热

电介（微波和射频）能和红外（或辐射）能是两种形式的电磁能（或辐射能）。它们都以波的形式传播，穿透食品，被食品吸收后转化为热能。

（一）电介加热方法

微波一般是指波长为1mm～1m（其相应频率为300～300 000MHz）的电磁波，在微波电磁场作用下，介质中的极性分子从原来的热运动状态转为跟随微波电磁场交变而排列取向。例如，采用的微波频率为2450MHz，介质中的极性分子就会出现每秒245亿次交变产生激烈的摩擦而生热。在这一微观过程中，微波能量转化为介质的热能，使介质呈现宏观上的温度升高。目前在食品工业中的应用主要是利用其热效应和非热效应，根据其使用的目的分为微波干燥、微波杀菌、微波蒸煮和微波膨化等。

射频波是一种高频交流电磁波，频率介于10～300MHz，射频波可穿透物料，引起食品中极性分子的极化运动与离子振荡迁移而产生摩擦并转化为热能，使食品的表面与内部同时升温。当达到病原菌热致死温度时，便引起病原菌体内蛋白质和生理活性物质发生变异，导致其生长发育延缓并死亡，达到灭菌和保鲜的目的（Wang et al., 2008）。为避免对通讯产生干扰，美国通讯委员会规定了三个可在工业、医疗行业和科研用的射频加热频率：13.56MHz、27.12MHz、40.68MHz。射频加热技术在饼干的焙后干燥和肉制品的解冻处理中实现了商业化应用（Marra et al., 2009）。射频加热与传统加热相比，由于能量可穿透至物料内部，物料内外可同时均匀受热，有别于依靠物料内部传导、表面对流及辐射的传统加热方式，能有效避免食品物料表面温度远高于中心温度的现象发生。尤其在低水分食品的流通环境中食源性致病菌可长期存活，一旦外界条件发生变化就能迅速繁殖，产生许多潜在的食品安全问题。射频技术作为一种新型物理加热方法，在低水分食品灭菌中具有显著优势和潜在应用前景。通过食品微生物、食品化学和食品工程三大学科的交叉融合，建立安全有效的食品射频灭菌方法，为保障我国食品的食用安全提供可靠的理论与技术支持。

微波和射频能的穿透深度都取决于食品的介电常数和损耗因数。它们随着食品的含水量、温度和电场的频率而变化。总的来说，损耗因数越小，频率越低，穿透深度越大。在允许的波段范围内针对某一特定损耗因数，选择一个可产生适当电场强度的频率是可行的。大多数食品的含水量高，因而其损耗因数也大，因此它们易于吸收微波和射频能，不会出现弧闪的问题。但在选择某种设备用于干燥低含水量的食品时，需注意电场强度不得超过一定水平，以免出现弧闪现象。射频能主要用于加热或使食品中的水分蒸发掉，而高频微波则用于解冻和低压干燥。

（二）红外加热方法

红外线辐射出的热能以电磁波的形式产生，其波长范围介于微波和可见光之间，分为远红外、中红外和近红外三个波段，其对应的光谱范围为3～1000μm，1.4～3.0μm和0.75～1.40μm。红外加热技术在食品加工行业应用以远红外为主，原因是大部分的食品组分吸收红外辐射的范围主要集中在远红外波段上（高扬等，2013）。远红外加热是利用远红外线照射食品时，将热量通过热辐射传递给食品，同时引起食品内部水分及有机物质分子振动，导致体系温度上升。显然，它对于食品体系的作用分为两方面：一方面是在远红外线照射时的热辐射作用，通过热辐射作用将热量传给食品，起到对体系加热的作用；另一方面远红外线照射还会引起蛋白质、碳水化合物等物质的分子振动，从而使其性质发生变化，如变性等。单一认为远红外线处理仅在于加热是不全面的。远红外加热的特点有辐射率高、热损失小、容易进行操作控制、加热速度快、有一定的穿透能力、产品质量好、热吸收率高。

与传统加热技术相比，红外加热技术具有高效、清洁的技术特点，20世纪80年代起该技术在食品加工领域开始推广应用，并引起了广泛的关注。现阶段红外加热技术逐渐应用在食品的干燥脱水、灭酶和杀菌等食品加工过程。红外加热能够提高能源利用率、提升产品品质、清洁环保等优点，有着广泛的应用前景（高扬等，2013）。但是，红外加热技术在我国食品领域的应用还没有得到广泛推广，与国外发达国家仍有一定的差距，需要深入研究红外加热技术的理论研究和进一步推广红外加热工艺。随着红外加热技术的广泛应用，必将促进我国食品行业的快速发展。

第三节　食品的热杀菌技术

一、食品的低温杀菌技术

巴氏杀菌是指在低于水的沸点（100℃）温度下的热杀菌，故又常称为低温杀菌。它最初是以杀灭所有污染于食品中的致病菌为目的的加热杀菌。巴氏杀菌最早用于牛乳消毒，以杀灭主要对象菌——结核杆菌为目标，并无常温下保存期限的要求。经巴氏杀菌后的产品，因其中尚存在有非致病的腐败芽孢杆菌，在常温下可能增殖，因而只有有限的货架期。若要贮藏，则还需要与其他保藏手段相结合，如冷藏、发酵、加入添加剂（食盐、糖、防腐剂及低水分活性物质）、包装、脱氧剂等。市售无菌乳在2～4℃下保存，即为常见的例证。

巴氏杀菌也常用于pH 4.5以下的酸性食品，如饮料、果汁、果酱、糖水水果类罐头的酸液，蔬菜类罐头的杀菌，统称为低温杀菌。这种方法虽不能杀灭芽孢杆菌，但因酸性环境能抑制其生长，而在pH 4.5以下能增殖的酵母及大部分耐酸的非芽孢细菌都不耐热；少数耐酸的芽孢杆菌（如巴氏固氮梭状芽孢杆菌）D_{100}（100℃下活菌数量下降90%所需的时间）=0.1～0.5min，在100℃下经一定时间也可杀灭。只有在番茄制品这类酸性食品中，可能出现有耐热性较高的凝结芽孢杆菌（$D_{121.1}$=0.01～0.07min），它繁殖时发生不产气的酸败变质，由表5-3可知它是酸性食品中重要的腐败菌。

表5-3　腐败罐头中重要的芽孢杆菌（徐怀德和王云阳，2005；项丰娟，2015）

增殖的最适温度	食品中的pH	
	3.7<pH<4.5	pH>4.5
嗜热性（35～55℃）	凝结芽孢杆菌、肉毒梭状芽孢杆菌	嗜热解糖梭状芽孢杆菌、致黑梭状芽孢杆菌、嗜热脂肪芽孢杆菌
中温性（10～40℃）	酪酸梭状芽孢杆菌	肉毒梭菌A、肉毒梭菌B
	巴氏固氮梭状芽孢杆菌	生芽孢梭状芽孢杆菌
低温性（5～35℃）	浸麻芽孢杆菌	地衣形芽孢杆菌
	多黏芽孢杆菌	枯草芽孢杆菌
		肉毒梭菌E

低温杀菌对于绝大多数经密封的酸性食品具有可靠的耐藏性。因此，对于那些不耐高温处理的低酸性食品，只要不影响消费习惯，常利用加酸或借助于微生物发酵产酸的手段，使pH降至酸性食品的范围，就可采用低温杀菌达到保持食品品质和耐藏的目的。因为，低温杀菌比高温杀菌对生产来说要简便得多。

二、食品的高温杀菌技术

食品的高温杀菌是指食品经100℃以上的杀菌处理，称为阿佩尔杀菌法（Appertization）。主要应用于pH>4.5的低酸性食品的杀菌。这类食品因酸度较低，能被各种致病菌、芽孢杆菌、产毒菌及其他腐败菌污染变质，特别是肉毒梭状芽孢杆菌能在pH4.8以上的低酸性食品中繁殖，并能分泌毒素。因此，凡是低酸性食品都必须接受以杀死肉毒梭状芽孢杆菌芽孢所制订的热杀菌过程。考虑到肉毒梭状芽孢杆菌为厌氧性嗜温菌，其芽孢的耐热性较强，且需要杀灭一定的数量级才能保证食品的安全，故必须采用高温杀菌的手段。

高温杀菌技术还广泛用于乳制品和罐藏食品等生产中（徐怀德和王云阳，2005）。高温杀菌应用于乳制品的杀菌过程时，工艺上需要先经过78~80℃预热，均质装瓶，110~120℃中保温15~30min杀菌，冷却等流程后，可在室温下保存一年不变质，但要注意对高温杀菌过程中温度的控制，以免对乳制品的色泽、风味等品质产生显著影响。高温杀菌用于罐头类食品的杀菌时，由于罐头的种类繁多，在杀菌工艺上差别也很大，需要更好地控制高温杀菌过程的温度、时间等参数。近年来计算机模拟和优化技术被应用于高温杀菌过程的优化控制。以蘑菇罐头的杀菌工艺为例，其预热、均质、杀菌、冷却等工艺全部进行自动化控制。采用老式杀菌锅，完成上述过程需要26min，而采用自动化控制只需要16min就能完成，得到的蘑菇罐头品质更好。当高温杀菌用热水或蒸汽作介质杀菌时，要达到超过100℃以上的温度，只有用高压水或高压蒸汽才行，所以又常有高温高压杀菌之称。

三、食品的超高温瞬时杀菌技术

（一）超高温瞬时杀菌的含义及其杀菌效率

1966年英国政府把热处理温度不低于132℃，保温时间不少于1s的牛乳，称为超高温杀菌牛乳。习惯上将135~150℃的温度下保温2~8s的处理工艺称为超高温瞬时（ultra high temperature，UHT）杀菌。

根据加勒斯路特（Galesloot）法则，超高温工艺杀菌效率（SE）是以杀菌前后孢子数的对数比或式（5-6）来表示。

$$SE = \lg \left(\frac{原始孢子数}{最终孢子数} \right) \tag{5-6}$$

通过比较杀菌前后的孢子数，SE值也可用来评价超高温工艺。

林德格伦和斯瓦特林提出，灭菌牛乳成品的商业标准为含菌包装品不得超过1/1000。为了满足这一要求，SE值最起码为6~9。把135℃和4s杀菌条件结合起来，就可以使SE值全部大于6~9。因此，温度标准为135℃或135℃以上，时间标准为4s，对于超高温装置来说结果是令人满意的。

虽然牛乳巴氏杀菌的温度-时间标准是把牛乳加热到63℃以上，至少30min，或者72℃以上，至少15s。实际上，在这两种情况下所有致病的微生物均已被杀死，并且大部分物理和化学性质，如色泽和风味也保持不变。但还有较多的非致病微生物存活，产品的保藏环境和保质时间很有限。

如果将牛乳的杀菌温度升高，那么杀死微生物或细菌的效力会提高。但与此同时，物理变化和化学变化也变得更为显著。不过，就这两种情形而言，增长的速率并不相等。富兰克林等用嗜热脂肪芽孢杆菌（*Bacillus stearothermophilus*）TH24的孢子来确立不同温度下的残存细菌数曲线，发现温度每上升10℃，杀死孢子的速率上升约11倍。特别是对热敏感的芽孢杆菌，如枯草杆菌（*B. subtilis*），温度每上升10℃，其被杀死的速率上升约30倍。

（二）超高温瞬时杀菌的化学变化

1. 酸度变化　虽然在加热之后酸度会明显下降，但是超高温瞬时杀菌处理前后的牛乳pH变化不大。瑞典研究人员对 66 个样品进行化验所得的结果是：酸度由处理前的 14.36°T 变为处理后的 13.28°T，pH 由 6.68 变为 6.67。

2. 酶的复活　　酶的活性受处理温度的影响很大。张昊（2019）对经过不同温度处理后样品的磷酸酶活性和乳过氧化物酶活性进行了研究。由表 5-4 可知，样品处理后酶的活性直接取决于处理温度。随着处理温度的升高，样品磷酸酶活性和乳过氧化物酶活性逐渐降低。

表 5-4　不同处理温度下乳品的碱性磷酸酶活性和乳过氧化物酶活性（张昊，2019）

乳品加工条件	碱性磷酸酶活性 /（mU/L）	乳过氧化物酶活性 /（U/L）
生乳	1.2×10^6	7970.9
72℃，15s	33.3	5037.5
80℃，15s	<20，ND	8.9
90℃，15s	<20，ND	<2.8，ND
100℃，15s	<20，ND	<2.8，ND
110℃，15s	<20，ND	<2.8，ND
120℃，15s	<20，ND	<2.8，ND

注：ND 表示未检出

3. 风味变化　　风味分级带有主观随意性。从事乳品研究的相关人员曾采用点数法表示乳品风味。研究认为刚杀过菌的牛乳一般属于很好到好（4 点到 3 点）这两级，经巴氏杀菌法处理的牛乳可作为理想级（5 点）。实验表明，在 140℃下保持 2～4s 的超高温瞬时灭菌牛乳，其风味较为理想，但在贮藏期会发生轻微变质。杨姗姗等（2020）利用电子舌、气相色谱-质谱研究了高温短时和低温长时两种热处理条件对巴氏杀菌乳风味品质的影响。研究表明，在低温长时巴氏杀菌乳中，挥发性风味物质主要为醇、酯、酸、烷类物质；高温短时巴氏杀菌组中，酚、醛、酮类物质较多。与低温长时巴氏杀菌法相比，高温短时巴氏杀菌更能保留原料乳中的风味。

4. 维生素的分解　　在牛乳含有的所有维生素中，维生素 C 是对热分解最敏感的一种，然而，超高温瞬时杀菌处理对维生素 C 的破坏并不比一般高温短时巴氏杀菌的大或者相同，经实验处理后，维生素 C 的含量，前者为 15.6mg/L，后者为 15.7mg/L。然而，在贮存期间维生素 C 分解很快，在高温及经过长时间贮存，分解尤其严重。在 37℃下，置于菱形袋中的灭菌牛乳，其中维生素 C 在贮存 2 天后即全部分解，但在低温下，即使贮存 9 天以后也只分解了其中一部分。由实验结果知道，超高温瞬时杀菌牛乳的维生素 C 的分解在密封玻璃瓶中要比在菱形袋中缓慢得多，而空气是可以渗透进菱形袋的。因此，氧的渗透显然对于维生素 C 的分解起重要作用。

（三）超高温瞬时杀菌的物理变化

超高温杀菌处理引起的灭菌牛乳的物理变化包括沉淀物生成和脂肪分离等。

1. 沉淀物生成　　研究人员对影响超高温瞬时杀菌法灭菌牛乳沉淀的因素做了专门研究，表 5-5 给出了研究结果。

表 5-5　沉淀物生成的平均值（徐怀德和王云阳，2005）

因素	沉淀量 /（μL/mL）	因素	沉淀量 /（μL/mL）
80℃下均质	1.07	无稳定剂	0.79
60℃下均质	0.86	加稳定剂	1.05
单独均质	0.79	无添加剂	1.15
稳定后均质	1.04	添加氯化钠	1.64
均质后稳定	1.06	添加柠檬酸钠	0.11

杀菌温度和杀菌时间对于沉淀作用也有影响。如表 5-6 表明，在各种杀菌温度中持续时间为 4s 时，沉淀量最大。就超高温瞬时杀菌所致的灭菌牛乳而言，77 组实验所得沉淀量平均为 0.37～0.66μL/mL，平均值为 0.5μL/mL，这一数值似乎是微不足道的。

表 5-6　不同热处理强度时的沉淀量（μL/mL）

杀菌温度/℃	保温时间/s		
	2	4	6
140	0.19	0.40	0.38
145	0.48	0.53	0.53
150	0.43	0.55	0.50

2. 脂肪分离　　超高温瞬时杀菌装置采用的平均均质压力和均质温度分别为 $200kg/cm^2$ 和 60℃。这个条件对于脂肪的稳定是合适的，超高温瞬时杀菌所致的灭菌牛乳的均匀度很好。

第四节　食品的非热杀菌技术

一、低温等离子体杀菌技术

等离子体（plasma）是由电子、正负离子、自由基、基态或激发态分子和电磁辐射量子（光子）等组成，具有能量密度高、化学活性成分丰富等特点。能在常压下产生低温等离子体的放电方式有电晕放电（corona discharge, CD）、介质阻挡放电（dielectric barrier discharge, DBD）、射频放电（radio frequency discharge, RFD）等。研究表明，等离子体杀菌效果取决于多种处理参数的变化。长时间、高电压处理能够增加低温等离子处理过程中高能粒子的密度，提高杀菌率，但当时间、电压增加到一定程度时，各类粒子进一步聚合或反应消耗，有效杀菌成分不再增加。此外，微生物特性，如细胞壁的厚度、组成成分、微生物负荷等因素也决定着低温等离子体对微生物的抑制率。要使橙汁中大肠杆菌、金黄色葡萄球菌和白色念珠菌的杀菌率均达到 100%，低温等离子体的灭活时间分别为 10s、12s 和 25s，其中，革兰氏阴性菌更容易被灭活。

研究发现，介质阻挡放电等离子体可引起苹果汁可滴定酸度和某些色泽参数的显著变化，但对总可溶性固形物、还原糖和总酚含量没有显著影响。辉光放电低温等离子体杀菌处理的橙汁，其中维生素 C 下降了 9.5%。因此，低温等离子体杀菌对果蔬汁感官和营养物质的影响还有待于进一步的研究和探索。

二、超高压杀菌技术

超高压技术（ultra-high pressure, UHP）或高静压技术（high hydrostatic pressure, HHP）是指利用 100MPa 以上的压力，使被处理食品中的酶类、蛋白质及淀粉等大分子物质在常温或较低温度下发生失活、变性或糊化，同时对细菌等微生物产生致死效应的一种非热杀菌技术。影响超高压杀菌效果的因素主要有处理温度、压力、保压时间、微生物的种类和生长状态、微生物生长环境（样品性质），以及超高压升/卸压过程等。

超高压杀菌对果蔬、肉制品等的色泽影响较小。通过对多种蔬菜经超高压处理后色泽变化的研究，发现仅有少数蔬菜，如莴苣、菠菜等绿色蔬菜的色泽外观会发生轻微改变，这是因为超高压激发或抑制了叶绿素降解的相关酶活性，从而对上述蔬菜的绿色造成了影响。超高压处理能使法兰克福香肠的亮度升高，红色度降低，但变化微小。超高压杀菌能够通过改变食品中的生物大分子结构，从而引起质构的变化。超高压杀菌处理后的牡蛎在储藏期间硬度略有下降，但相比热处理组变化幅度较小。在对牛肉的超高压实验中，发现 700MPa 杀菌时，牛肉肌肉纤维组织结构发生了显著改变，其嫩度得到提升。这是由于超高压激发了酶促反应，促使蛋白质分解，从而破坏了肌原纤维结构。同时，也发现牛的不同部位在超高压下嫩度的变化也不一致，外脊、里脊嫩化程度最高，颈肉的变化最不显著。

三、辐照杀菌技术

辐照杀菌是利用钴-60、铯-137 等放射源产生的 γ 射线或 5MeV 以下的 X 射线及电子加速器产生的 10MeV 以下的高能电子束辐射食品，使食品中的微生物发生物理、化学和生物效应，从而达到抑制微生物的生长或杀灭微生物的目的。采用辐照杀菌技术处理肉制品时，不同的原材料其品质变化并不一致。鲤鱼肉经 0.5～5.0kGy γ 射线辐照后，18 种氨基酸总量均高于对照，增加幅度在 3.1%～7.2%，其中人体必需的 9 种氨基酸和 5 种鲜味氨基酸总量也均高于对照。然而，冷冻虾仁和冷冻鱿鱼经 10kGy γ 射线辐照后，原料中的维生素 A 和维生素 E 的含量均有所下降。

采用中等剂量γ射线（2～5kGy）辐照肉馅，发现在不影响食品质量的情况下，γ射线辐照可降低致病菌存在的风险，从而提出当初始致病菌量不太高时，可采用辐照来提高冷冻肉的安全性。在同等辐照剂量下γ射线和电子束辐照处理冷鲜猪肉时，发现电子束辐照后猪肉的理化性质、营养品质和感官风味均优于γ射线辐照。辐照杀菌还能更有效地保持果蔬汁的营养和风味，采用10kGy辐照处理的鲜榨脐橙汁，可使脐橙汁中菌落总数、霉菌与酵母、大肠杆菌的数量分别下降2.48、2.97、4.61个对数级，且辐照对脐橙汁的总糖、总酸、可溶性固形物含量及pH等理化指标影响不大，但辐照处理使维生素C含量降低61.2%。

第五节 热处理对食品品质的影响

食品加工中的热处理对食品成分的影响可以产生有益的结果，也会造成营养成分的损失。大部分与食品保藏加工有关的热处理会引起质量属性的降低，主要表现在食品中热敏性营养成分的损失和感官品质的劣化。例如，热处理虽然可提高蛋白质的消化性，但可引起美拉德反应、蛋白质热变性、聚集、降解等。过分的或不适当的热处理会降低蛋白质的功能性质和可消化性。

一、热处理对食品色泽的影响

罐头生产中，时间-温度的结合使用对食品中大部分天然色素都会产生巨大影响。例如，肉中鲜红色的氧合肌红蛋白转变为褐色的高铁肌红蛋白，而淡紫色的脱氧肌红蛋白转变为红褐色的肌血色原。美拉德褐变及焦糖化反应也参与灭菌后肉类颜色的形成。但是对于熟肉而言，这种变化是可以接受的。一些肉制品中会加入硝酸钠和亚硝酸钠以减少肉毒梭菌生长的可能性，由此产生的深粉红色是氧化氮肌红蛋白和硝酸高铁肌红蛋白的形成造成的。

在果蔬中，叶绿素变成脱镁叶绿素，类胡萝卜素会发生异构化作用，由5,6-环氧化物变成颜色较浅的5,8-环氧化物，而花色素苷分解为褐色的色素。这种色泽的劣变常常用批准使用的人工着色剂来补救。罐头食品在贮藏期间也会变色。例如，花色素与铁或锡反应生成紫色色素，或者无色的白色色苷形成粉红色的花色素复合体时也会使一些种类的梨和榅桲变色。灭菌后牛奶轻微的变色是由于焦糖化作用、美拉德褐变和酪蛋白胶粒反射能力的变化造成的。

在超高温瞬时灭菌处理中，肉类色素会改变颜色，但很少发生焦糖化作用或美拉德褐变。胡萝卜素和甜菜苷几乎不受影响，叶绿素和花色素能更好地保留下来，而牛奶的洁白度会增加。

二、热处理对食品风味和香气的影响

肉类罐头会发生复杂的变化，如氨基酸发生高温裂解、脱氨基和脱羧基反应，碳水化合物发生分解、美拉德褐变和焦糖化作用变为糖醛和羟甲基糖醛，以及脂质发生氧化和脱羧基反应，这些组分之间发生的相互作用可形成10个化学分类的600多种风味化合物。在水果和蔬菜中发生的变化是由于乙醛、酮、糖、内酯、氨基酸和有机酸发生的分解、再结合、挥发等复杂反应而造成的。而奶类中产生的煮过的味道是由于乳浆蛋白变性形成氢硫化物，以及脂质形成内酯和甲基酮造成的。在无菌条件下，灭菌的食品发生的变化仍是比较轻微的，奶类、果蔬汁的天然风味能更好地保留下来。

三、热处理对食品质地的影响

在罐装肉类中，由于蛋白质的凝固和持水力的丧失、肌肉组织收缩和硬化，使肉类的质地发生变化。其软化则是由胶原的水解和其水解产物凝胶的溶解，以及脂类溶解并分散于产品组织中造成。某些产品中会加入聚磷酸盐来保持水分，这样可增加产品的柔嫩度和减少收缩程度。在水果和蔬菜中，其烫漂用水或罐头盐水或糖水中可能会加入钙盐以形成不溶的果胶酸钙，从而增加罐装果蔬的硬度。

四、热处理对食品营养价值的影响

罐头生产可导致碳水化合物和脂肪的水解，但这些营养成分仍可被人体吸收，因此食品的营养价值不受影响。蛋白质会发生凝固，在罐装肉类中，氨基酸的损失为10%～20%。赖氨酸含量的减少与加热的剧烈程度呈比例，但损失量极少超过25%。色氨酸的损失及程度较低的甲硫氨酸的损失，可使蛋白质的生物值减少6%～9%。维生素的损失大多限于硫胺素（50%～75%）和泛酸（20%～35%）的损失，在果蔬罐头中，所有的水溶性维生素，尤其是抗坏血酸会有大量损失。但由于食品种类、包装容器中残余的氧的出现及原料的准备方法（削皮及切片）或烫漂方法的差异，损失量也不相同。在某些食品中，维生素转移到盐水或糖水中，但仍可被人体吸收，因此其营养损失量较小。

（一）热处理对碳水化合物的影响

对于碳水化合物，人们一般不考虑它们在热处理中的损失量，而对其降解反应产物的有关特性非常关注，如焦糖化反应、凝胶化、降解产物等。通过加热使淀粉糊化，可以改善糖类物质的营养品质，如加工生产方便面，其淀粉已经糊化，用开水冲泡后即可食用，这既方便摄食，又易于人体吸收。然而在水果、蔬菜的加工过程中，往往需要进行烫漂处理，这就有可能使一些可溶性糖类物质受到损失。此外，在食品加工时，还会发生焦糖反应或美拉德反应（羰氨反应）而使糖类失去营养作用。

（二）热处理对蛋白质的影响

含蛋白质的食品在过度受热后生物价值将降低。肉与乳中的蛋白质比蛋中的蛋白质热稳定性强，肉中的主要结构蛋白质决定肉的加工性、持水性，直接关系到肉加热后的软硬度和口感。肉中的蛋白质在100℃以上的温度时，会产生有机硫化物或硫化氢，在罐头中与包装材料中的铁、锡离子作用而形成黑色的硫化物，从而污染食品，这是肉类罐头常产生的黑变原因之一。但肉和骨头在长时间蒸煮后，会产生一些化学变化，使汤汁具有良好的风味。

为了解决蛋白质的变性问题，采用高温短时杀菌方法是一种解决办法。例如，112℃对牛肉杀菌时，蛋白质的消化率为85%～89.5%，若改用121℃杀菌，时间可以减少，消化率可达91%～96%。牛乳经瞬时超高温加热后，在贮藏中生成的沉淀物较少。

（三）热处理对脂质的影响

在热加工时，食品中脂类所发生的化学变化与食品的成分和加热的条件有关。脂类在超过200℃时可发生氧化聚合，影响肠道的消化吸收，尤其是高温氧化的聚合物对肌体甚为有害。在食品加工中，高温氧化的聚合物很少出现，那些氧化后足以危害人体健康的油脂和含油食品，大都因为它们的感官性状变得令人难以接受而不再被食用。然而值得提出的是，在食品加工和餐馆的油炸操作中，由于加工不当，油脂长时间高温加热和反复冷却后再加热食用，致使油脂颜色越来越深，并且越变越稠，这种黏度的增加即与油脂的热聚合物含量有关。据检测，经食品加工后抛弃的油脂中常含有高达25%以上的多聚物。

（四）热处理对维生素的影响

热处理造成营养素的损失，研究最多的对象是维生素。脂溶性维生素一般比水溶性维生素对热较稳定。通常的情况下，食品中的维生素C、维生素B_1、维生素D和泛酸对热最不稳定。排除空气中氧的影响，在无水状态下，用100～130℃加热时，维生素E最稳定，维生素C的热敏感性最强，维生素A、维生素D、维生素B_{12}随温度上升而渐渐分解，维生素B_1、叶酸、维生素B_6在上述温度下则急剧分解。维生素的稳定性与其类别、加热温度和加热时间等有关。维生素的分解速度还受pH、金属离子、氧化剂、还原剂及与空气接触与否的影响。肉类罐头中的维生素B_2，在113℃杀菌85min后可保存23%～85%，在120℃杀菌30min后能保存42%～45%，杀菌时间延长到100min时则全部被破坏。值得一提的是，糖水橘子和浆果罐头杀菌后，维生素B_2从原来的结合态变为游离态，反而使维生素B_2的含量增加。杀菌温度从99℃提高到110℃时，杀菌时间可以从142min降低到3min，而维生素B_1的破坏率却从10%降至2%。由此可知，高温短时对热敏感性强的维生素的保存是有利的。

（五）热处理对酶的影响

在一定的温度范围内，酶的热失活反应并不完全遵循一级破坏反应。例如，甜玉米中的过氧化物酶在88℃下的失活具有明显的双向特征。一些酶的失活可能是可逆的。果品蔬菜中的过氧化物酶和乳中的碱性磷酸酶等在一定条件下热处理时被钝化，在食品贮藏过程中会部分再生。但如果热处理温度足够高的话，所有酶的变性将是不可逆的。

传统的耐热性酶是腺苷激酶，可在100℃，pH1.0的条件下保留相当长时间的活性。通过适当的基因控制方法所生产的微生物酶，如细菌淀粉酶，耐热性可达到相当高的程度。食品中的过氧化物酶的耐热性也较高，通常被选作热烫的指示酶。与食品相关的酶类中有不少是中等耐热性的，这些酶在40~80℃时可起作用。这些酶包括果胶甲酯酶、植酸酶、叶绿素酶、胶原酶等；此外还包括一些真菌酶类，如淀粉酶；作为牛乳和乳制品巴氏杀菌指示酶的碱性磷酸酶也属于此类。食品中绝大多数酶是耐热性一般的酶，如脂酶和大蒜素酶等，其作用的温度为0~60℃，最适的温度在37℃，通常对温度的耐受性不超过65℃。

第六节　食品热处理的安全生产与控制

一、食品热处理的 HACCP 分析的过程

食品热处理过程主要有预处理、熟化、包装、杀菌等过程。具体操作过程可根据原料种类和热处理方式进行选择，因此每一种物料有不同的热处理工艺，进行危害分析与关键控制点（HACCP）分析的过程比较复杂。

食品热处理过程的 HACCP 分析可遵循以下步骤进行：①分析具体热处理生产工艺流程；②分析热处理过程中的主要质量问题；③关键控制点的确定；④关键点的控制措施。

二、食品栅栏保藏技术

（一）栅栏因子和栅栏技术

在食品加工和食品安全领域，为了阻止残留的腐败菌和致病菌的生长繁殖，可以使用一系列的防范方法：①高温处理（H）；②低温冷藏或冻结（t）；③降低水分活度（A_w）；④酸化（pH）；⑤降低氧化还原值（Eh）；⑥添加防腐剂（Pres）。生产中常将这6种方法归结为六因子，称为栅栏因子。栅栏因子之间具有协同作用，协同后的效果强于这些因子单独作用的累加。栅栏因子共同防腐作用的内在统一，称为栅栏技术。某种栅栏因子的组合应用可以大大降低另一种栅栏因子的使用强度，比运用单一而高强度的因子更有效，多因子协同作用可最大限度地减少对最终产品品质的破坏，保持食品原有的风味。

（二）栅栏效应

栅栏效应是将栅栏因子单独或相互作用，形成特有的防止食品腐败变质的栅栏，这决定着食品的微生物稳定性。栅栏效应较常见的模式有7种，即理论化栅栏效应模式、实际栅栏效应模式、低初始菌数栅栏效应模式、高初始菌数栅栏效应模式、加热杀菌不完全栅栏效应模式、顺次作用栅栏效应模式和协同作用栅栏效应模式。

栅栏效应是食品保藏的根本所在，不同的食品有独特的抑菌防腐栅栏的相互作用，两个或两个以上栅栏的作用不仅仅是各单一栅栏作用的累加。食品的可贮性可通过两个或更多个栅栏因子的相互作用而得到保证，这些因子中任何单因子的存在都不足以抑制腐败性微生物或产毒性微生物。

三、熟肉制品的安全生产与质量控制

熟肉制品是指以猪、牛、羊、鸡、兔、狗等畜、禽肉为主要原料，经酱、卤、熏、烤、腌、蒸、煮等任何一种或多种加工方法而制成的直接可食用的肉类加工制品。根据熟肉制品的特点，对生产过程的危害分析及控制措施可参考表5-7进行。

熟肉制品的品种较多，从工艺上可分为高温加热和低温加热处理两大类。其中低温加热处理的产品工艺要求高，质量不易控制。下面以低温三文治火腿加工工艺为例，从 HACCP 管理角度介绍熟肉制品的安全生产和质量控制。

（一）工艺操作要求

（1）原料肉验收：对每批原料肉依照原料验收标准验收，合格后方可接收。

表 5-7 熟肉制品生产过程 HACCP 分析表

加工步骤	确定在本步骤中引入、控制或增加的危害	频次	程度	风险等级	确定依据	危害来源	控制参数	是否关键控制点（CCP）	措施评价依据
原料肉验收	生物:细菌、致病菌	经常	一般	高	GB2707	产品及运输过程	菌落总数/（CFU/g）≤50 000,大肠菌群/（MPN/100g）≤70,致病菌不得检出	是	GB/T 22000—2006 食品安全管理体系 食品链中各类组织的要求;GB/T 27341—2009 危害分析与关键控制点（HACCP）体系食品生产企业通用要求;GB 14881—2013 食品安全国家标准食品生产通用卫生规范
	化学:农药兽药残留、重金属	偶尔	严重	高		养殖过程的投入品	砷/（mg/kg）≤0.5,镉/（mg/kg）≤0.1,铅/（mg/kg）≤0.5,总汞/（mg/kg）≤0.05,六六六/（mg/kg）≤0.1,滴滴涕/（mg/kg）≤0.1		
	物理:杂质、异物	经常	一般	低		加工、运输过程中	清理、清洗过程除去		
解冻	生物:霉菌、致病菌	经常	一般	高	经验	从原料、人员带入	执行作业指导书	否	
	化学:无								
	物理:异物	经常	一般	低	经验	可能混入异物	执行作业指导书		
分割、清洗	生物:霉菌、致病菌	经常	一般	高	经验	可能混入异物	执行作业指导书	否	
	化学:无								
	物理:杂质	经常	一般	高	经验	可能混入异物	执行作业指导书		
煮制	生物:霉菌、致病菌	经常	一般	高	经验	蒸煮温度或时间与操作限值不符	执行作业指导书	是	
	化学:无								
	物理:杂质	经常	一般	低	经验	可能混入异物	执行作业指导书		
杀菌	生物:霉菌、致病菌	偶尔	严重	高	经验	产品污染	温度、时间达到标准后,可有效控制细菌危害	否	
	化学:无								
	物理:无								
金属探测	生物:无							是	
	化学:无								
	物理:金属碎片	经常	严重	高	经验	切割过程中	执行作业指导书,每袋检测		
二次杀菌	生物:霉菌、致病菌	经常	严重	高	经验	温度未达到杀菌所需温度	温度、时间达到标准后,可有效控制细菌危害	是	
	化学:无								
	物理:无								
冷藏	生物:霉菌、致病菌	偶尔	严重	高	经验	温度高造成污染	温度控制在0~8℃	否	
	化学:无								
	物理:杂质	偶尔	一般	低	经验	可能混入异物	执行作业指导书		
运输	生物:霉菌、致病菌	偶尔	严重	高	经验	温度高造成污染	温度控制在0~8℃	否	
	化学:无								
	物理:无	偶尔	一般	低	经验	可能混入异物	执行作业指导书		

（2）原料肉的贮存：经过冷冻后的肉品放置在−18℃以下、具有轻微空气流动的冷藏间内。应保持库温的稳定，库温波动不超过1℃。

（3）冷冻肉的解冻：采取自然解冻，解冻室温度应控制在15℃以下，避免在解冻过程中因局部温度升高而利于微生物繁殖。

（4）原料肉的修整：控制修整时间，修整后如果不立即使用应及时转入0～4℃暂存间。

（5）腌制、绞制：腌制温度为0～4℃，肉温应不超过7℃，腌制18～24h。控制绞制前肉馅温度，绞制后肉馅温度不宜超过10℃。

（6）混合各种原料成分：按工艺要求，混合均匀。

（7）灌装、成型：控制灌装车间温度为10～15℃。三文治火腿灌装后立即装入定型的模具中，模具应符合食品用容器卫生要求。烤肠灌装后立即结扎。

（8）热加工处理：按规定数量将三文治火腿装入热加工炉进行蒸煮，控制产品蒸煮的温度、时间及产品的中心温度。

（9）冷却：控制冷却水温度、冷却时间、产品中心温度。

（10）贴标、装箱贮藏：控制包装车间温度≤20℃，贴标前除去肠体上的污物。

（11）运输：装货物前对车厢清洗、消毒，车厢内无不相关物品存在，在0～8℃条件下冷藏运输和销售。

（二）质量控制

1. 原料、辅料的卫生要求　　用于加工肉制品的原料肉，须经兽医检验合格，符合国家有关标准的规定；原料、辅料在接收或正式入库前必须经过对其卫生、质量的审查，对产品生产日期、来源、卫生和品质、卫生检验结果等项目进行登记验收后，方可入库。食品添加剂应按照GB 2760—2014规定的品种使用，禁止超范围、超标准使用食品添加剂；加工用水的水源要求安全卫生。

2. 原料的贮存要求　　原料的入库和使用应本着先进先出的原则，贮藏过程中随时检查，防止风干、氧化、变质。冻肉、禽类原料应贮藏在－18℃以下的冷冻间内，同一库内不得贮藏相互影响风味的原料。冻肉、禽类原料在冷库贮存时应在垫板上分类堆放，并与墙壁、顶棚、排管有一定间距。使用的鲜肉应吊挂在通风良好、无污染源、室温为0～4℃的专用库内。

3. 加工要求和质量控制　　工厂应根据产品特点制定配方、工艺规程、岗位和设备操作责任制及卫生消毒制度。加工过程中应严格按各岗位工艺规程进行操作，各工序加工好的半成品要及时转移，防止不合格的堆叠和污染。各工序的设计应遵循防止微生物大量生长繁殖的原则，保证冷藏食品的中心温度为0～4℃、冷冻食品在－18℃、杀菌温度达到中心温度70℃以上、保温贮存肉品的中心温度保持60℃以上、肉品腌制间的室温控制在0～4℃。加工人员应具备卫生操作的习惯，规范、有序地进行加工、操作，随时清理自身岗位及其周围的污染物和废物。食品添加剂的使用应保证分布均匀，并制定保证腌制、搅拌效果的控制措施。加工好的肉制品应摊开晾透，不得堆积，并尽量缩短存放时间。各种熟肉产品的加工均不得在露天进行。

4. 包装要求　　包装熟肉制品前应对操作间进行清洁、消毒处理，对人员卫生、设备运转情况进行检查。各种包装材料应符合国家卫生标准和卫生管理办法的规定。

5. 贮藏要求　　无外包装的熟肉制品限时存放在专用成品库中。如需冷藏贮存则应包装严密，不得与生肉、半成品混放。

6. 运输要求　　运送熟肉制品应采用加盖的专用容器，并使用专用防尘冷藏或保温车运输。所有运输车辆和容器在使用后都应进行清洗、消毒处理。

知识链接

HACCP

国家标准GB/T 15091—1994《食品工业基本术语》对HACCP的定义为：生产（加工）安全食品的一种控制手段；对原料、关键生产工序及影响产品安全的人为因素进行分析，确定加工过程中的关键环节，建立、完善监控程序和监控标准，采取规范的纠正措施。

国际标准CAC/RCP1—1969《食品卫生通则2003修订4版》对HACCP的定义为：鉴别、评价和控制对食品安全至关重要的危害的一种体系。

危害的含义是指生物的、化学的或物理的因素或条件所引起潜在的健康的负面影响。食品生产过程的危害案例包括金属屑（物理的）、杀虫剂（化学的）和微生物污染，如病菌等（生物的）。今天的食品工业所面临的主要危害是微生物污染，如沙门氏菌、大肠杆菌 O157：H7、胚芽菌、梭菌、肉菌等。

在食品的生产过程中，控制潜在危害的先期觉察决定了 HACCP 的重要性。通过对主要的食品危害，如微生物、化学和物理污染的控制，食品工业可以更好地向消费者提供消费方面的安全保证，降低食品生产过程中的危害，从而提高人民的健康水平。

HACCP 并不是新标准，它是 20 世纪 60 年代由皮尔斯伯公司联合美国国家航空航天局（NASA）和美国一家军方实验室（Natick 地区）共同制定的，体系建立的初衷是为太空作业的宇航员提供食品安全方面的保障。

随着全世界人们对食品安全卫生的日益关注，食品工业和其消费者已经成为企业申请 HACCP 体系认证的主要推动力。世界范围内食物中毒事件的显著增加激发了经济秩序和食品卫生意识的提高，在美国、欧洲、英国、澳大利亚和加拿大等国家，越来越多的法规和消费者要求将 HACCP 体系的要求变为市场的准入要求。一些组织，如美国国家科学院、国家微生物食品标准顾问委员会及 WHO/FAO 营养法委员会，一致认为 HACCP 是保障食品安全最有效的管理体系。

传统的食品安全控制流程一般建立在"集中"视察、最终产品的测试等方面，通过"望、闻、切"的方法去寻找潜在的危害，而不是采取预防的方式，因此存在一定的局限性。举例来说，在规定的时间内完成食品加工工作，靠直觉去预测潜在的食品安全问题，在最终产品的检验方面代价高昂，为获得有意义的、有代表性的信息，在收集和分析足够的样品方面存在较大难度。

在 HACCP 管理体系原则指导下，食品安全被融入设计的过程中，而不是传统意义上的最终产品检测。因而，HACCP 体系能提供一种能起到预防作用的体系，并且能更经济地保障食品的安全。部分国家的 HACCP 实践表明实施 HACCP 体系能更有效地预防食品污染。例如，美国食品药品管理局的统计数据表明，在水产加工企业中，实施 HACCP 体系的企业比没有实施的企业食品污染的概率降低了 20%～60%。

本章小结

1. 热杀菌的基本原理是对微生物的蛋白质活性、核酸、细胞壁和细胞膜等结构造成破坏，从而导致其死亡。

2. 烫漂、烘焙和煎炸能改变食品中水分、蛋白质等含量，影响食品的质地，形成食品的独特风味，但热处理会造成食品营养成分的损失。电介和红外加热有别于依靠物料内部传导、表面对流的加热方式，能有效避免食品物料表面温度远高于中心温度的现象发生，有效保护了食品品质。

3. 低温杀菌指在低于水的沸点（100℃）温度下的热杀菌，常用于 pH 4.5 以下的酸性食品，如饮料、果汁、果酱、果蔬类罐头的杀菌。高温杀菌指食品经 100℃以上的杀菌处理，主要应用于 pH 4.5 以上的低酸性食品的杀菌。超高温瞬时杀菌指温度在 135～150℃下保温 2～8s 的处理工艺。

4. 非热杀菌技术具有热杀菌技术不可比拟的优势，在对食品进行杀菌的同时，能够最大限度地保持食品品质，且没有化学物残留。常用的非热杀菌技术有低温等离子体杀菌技术、超高压杀菌技术和辐照杀菌技术等。

5. 食品加工中的热处理对食品成分的影响可以产生有益的结果，也会造成营养成分的损失。大部分与食品保藏加工有关的热处理会引起质量属性的降低，主要表现在食品中热敏性营养成分的损失和感官品质的劣化。

6. 食品热处理过程的 HACCP 分析应遵循的步骤：①分析具体热处理生产工艺流程；②分析热处理过程中的主要质量问题；③关键控制点的确定；④关键点的控制措施。

【思考题】

1. 简述热杀菌对微生物结构和成分的影响。
2. 简述食品热杀菌技术的分类及对食品品质的影响。

3．运用食品加热杀菌的原理，设计罐头食品杀菌工艺。

4．简述影响食品超高压杀菌效果的主要因素。

5．简述热处理对食品营养价值的影响。

6．运用 HACCP 体系管理知识和栅栏保藏技术原理，设计低温三文治火腿的安全生产工艺。

参考文献

步营，李月，祝伦伟，等．2020．不同处理方式对蓝蛤提取液核酸类物质及其风味的影响．包装与食品机械，38（3）：7-12.

曹伟，许晓曦．2012．HPLC 测定不同热处理方式对镜鲤鱼中呈味核苷酸的影响．食品工业科技，33（3）：136-137.

高扬，解铁民，李哲滨，等．2013．红外加热技术在食品加工中的应用及研究进展．食品与机械，29（2）：218-222.

王迪．2016．干燥与烫漂方式对黄秋葵品质及抗氧化能力的影响．南京：南京师范大学．

项丰娟．2015．肉毒梭状芽孢杆菌芽孢萌发条件及鸡肉罐头低温杀菌方法的研究．郑州：河南科技学院．

徐怀德，王云阳．2005．食品杀菌新技术．北京：科学技术文献出版社．

杨姗姗，丁瑞雪，史海粟，等．2020．热处理条件对巴氏杀菌乳风味品质的影响．食品科学，41（24）：131-136.

张昊．2019．乳及乳制品中碱性磷酸酶和乳过氧化物酶活性检测方法的评估及应用．兰州：兰州大学．

Cebrian G, Condon S, Manas P. 2017. Physiology of the inactivation of vegetative bacteria by thermal treatments: Mode of action, influence of environmental factors and inactivation kinetics. Foods, 6(12):107.

Marra F, Zhang L, Lyng J G. 2009. Radio frequency treatment of foods: Review of recent advances. Journal of Food Engineering, 91: 497-508.

Peleg M. 2006. Advanced quantitative microbiology for foods and biosystems: Models for predicting growth and inactivation. Florida: CRC Press.

Wang S, Luechapattanaporn K, Tang J. 2008. Experimental methods for evaluating heating uniformity in radio frequency systems. Biosystems Engineering, 100: 58 65.

Xiang Q, Liu X, Li J, et al. 2018. Effects of dielectric barrier discharge plasma on the inactivation of *Zygosaccharomyces rouxii* and quality of apple juice. Food Chemistry, 254: 201-207.

第六章

食品的浓缩和干制技术

食品的浓缩与干制就是减少食品中水分的过程，即食品的脱水过程，干燥加工食品的水分含量通常低于10%，浓缩加工食品水分含量通常在40%~60%。食品的浓缩与干制是食品保藏的重要手段，也是一项重要的食品加工技术。通过浓缩与干制技术将食品中的大部分水分除去，达到降低水分活度、抑制微生物的生长和繁殖、延长食品贮藏期的目的。水分含量下降，便于贮运，降低了贮运成本，为食品的后续加工提供了方便。本章主要围绕食品的浓缩与干制技术，介绍食品的脱水原理、食品干制方法、脱水对食品品质的影响及干制品的安全生产与控制等相关内容。

学习目标

掌握食品脱水（干燥）的基本原理。

掌握食品的干制和浓缩的方法，并能够进行比较和选择。

了解食品干燥设备的差异。

了解干制对食品品质的影响。

掌握食品干制的安全生产关键环节。

掌握设计科学合理的干制工艺获得高品质的干制产品的方法。

第一节　食品脱水（干燥）原理

脱水（或干燥）是指在自然条件或人工控制条件下降低食品中水分含量，达到干燥的水分要求，同时要求食品品质变化较小，甚至改善食品质量的过程。

脱水的主要目的是通过降低水分活度延长食品的货架期。这样就抑制了微生物的生长和酶的活性，但由于加工温度往往不足以使其失活，因此贮藏期间含水量的任何增加（如由于包装问题）都会引起食品迅速腐败。脱水使食品的质量和体积减小，从而降低了贮运成本。对有些类型的食品而言，脱水为消费者提供了方便的产品，也为食品制造商提供了易于加工的原料成分。具有重要商业价值的脱水食品有咖啡、牛奶、葡萄干、无籽葡萄干和其他水果、意大利面食、各种面粉（包括制面包用的面粉混合物）、豆类、坚果、早餐谷类、茶和香料等。供生产商使用的重要脱水原料成分的例子有蛋粉、增味剂和着色剂、乳糖、蔗糖或果糖粉、酶和酵母。

一、食品中水的状态及水分活度

（一）食品中水的状态

食品中的水分根据其存在形式分为自由水和结合水。

自由水是指水分子之间的氢键键合产生的连续相结构未遭破坏的那部分水。主要包括滞化水、毛细管水及自由流动水。滞化水是指被组织中的显微或亚显微结构与膜所阻留的水，不能自由流动；毛细管水是指通过毛细管力系留的水；而自由流动水，顾名思义，指可以在食品组织中自由流动的水分，如动物的血浆、植物的导管和细胞内液泡中的水。

结合水指存在于溶质附近，通过静电相互作用或氢键与溶质分子结合的那部分水。根据其结合牢固程度的强弱，分为化合水、邻近水及多层水。化合水指作为化学水合物中的水；邻近水指处在非水组分亲水性最强的基团周围的第一层位置，与离子或离子基团缔合的水；多层水指邻近水外层形成的几个水层，其与非水物质的结合程度最弱，但性质与纯水性质不相同。

尽管食品中的水分有自由水和结合水之分，但很难定量地截然区分，往往只能根据物理、化学性质作定性区分。结合水与自由水在性质上有很大差别。

结合水的量与食品中有机大分子的极性基团的数量有较稳定的比例关系，结合水对食品风味有重要作用。例如，每100g蛋白质通常可结合水分50g，每100g淀粉可结合水分30～40g。首先，结合水在干燥加工过程中往往不易除去，若强行除去，对食品的风味、质构有重大影响。其次，结合水沸点高于自由水，冰点低于自由水。结合水的蒸汽压比自由水低得多，在常压100℃下，结合水不能从食品中分离出来，但结合水的冰点却低于自由水，环境温度即使−20℃也不结冰。最后，结合水不起溶剂的作用，不能被微生物所利用。自由水能为微生物所利用，因此食品是否被微生物污染，主要取决于食品中的自由水含量，而非总含水量。

（二）水分活度

水分活度可反映食品中的水分可被微生物利用的程度。由于结合水不能被微生物利用，蒸汽压比自由水低很多，因此食品中水蒸气分压与同温度下纯水饱和蒸气压之比就是水分活度。水分活度的表示如式（6-1）所示。

$$A_w = \frac{p}{p_0} = \frac{ERH}{100} = \frac{n_1}{n_1 + n_2} \tag{6-1}$$

式中，A_w 为水分活度；p 为食品在某一密闭容器中平衡后的水蒸气分压；p_0 为相同温度下的纯水蒸气压；ERH（equilibrium relative humidity）为样品周围的空气平衡相对湿度；n_1 为溶剂物质的量；n_2 为溶质物质的量。

1. 水分活度的测定方法

1）冰点测定法　先测定样品的冰点降低和含水量，然后按式（6-1）、式（6-2）计算 A_w。

$$n_2 = \frac{G \cdot \Delta T_1}{100K_1} \tag{6-2}$$

式中，n_2 为溶质物质的量；G 为溶剂克数；ΔT_1 为冰点降低温度；K_1 为水的摩尔冰点降低常数（1.86）。

2）相对湿度传感器测定法　将样品置于密闭小容器中，平衡后，用湿度仪测定平衡相对湿度。

3）扩散法　样品在康威氏微量扩散皿的密封和恒温条件下，分别在水分活度较高和较低的标准饱和溶液中扩散平衡后，根据样品质量的增加和减少，以质量的增减为纵坐标，各个标准试剂的水分活度为横坐标，计算样品的水分活度值，该法适用于中等及高水分活度的样品。

2. 水分活度与食品稳定性的关系

1）水分活度与微生物的关系　不同微生物在食品中繁殖时，都有其最适宜的 A_w 范围，通常情况下，$A_w < 0.90$ 时，细菌不能生长；$A_w < 0.87$ 时，酵母受抑制；$A_w < 0.80$ 时，霉菌不能生长；$A_w < 0.60$ 时，绝大多数微生物不能生长繁殖。

2）水分活度与酶的关系　水分在酶促反应中，既起到溶剂的作用，又起到反应物的作用，有时可能还起到激活酶活性的作用。当食品中水分活度降低到 0.80 时，大多数酶的活力受到抑制；继续降低至极低时，酶促反应几乎停止，或者反应极慢，一般控制食品中的水分活度在 0.30 以下，食品中的淀粉酶、酚氧化酶、过氧化物酶受到极大的抑制，而脂肪酶在水分活度小于 0.10 时仍能保持其活性。

3）水分活度与其他化学反应的关系　食品化学反应的最大反应速率一般发生在具有中等水分含量的食品中（A_w 为 0.70～0.90），而最小反应速率一般出现在 A_w 为 0.20～0.30 时，进一步降低水分活度，除脂肪的氧化酸败速度增大外，其他反应速率保持最低。例如，含水量为 30%～60% 时，淀粉老化的速度最快，若含水量降至 10%～15% 时，淀粉不会发生老化。

水分活度除影响微生物生长和生化反应外，还影响干燥和半干燥食品的质地。例如，欲保持饼干、花生米的脆性，防止砂糖、奶粉和速溶固体饮料结块，以及糖果、蜜饯等黏结，均应保持适当低的水分活度值。

3. 降低食品中水分活度的方法　根据水分活度的定义及内涵，只要能够降低食品中自由水的含量就能降低食品的水分活度，降低食品中自由水含量的方法主要有两种：加入破坏食品中水分子之间的氢键键合产生的连续相结构的物质，如糖、盐、蛋白质等，尽管食品的总水量没有变化，但自由水所占的比例下降，从而水分活度降低；另外，以加热或非加热的方式使食品脱水，降低其自由水含量，如食品的干燥、浓缩及烟熏等。但值得一提的是食品的稳定性不仅与其水分活度有关，还与微生物、食品本身的理化性质及环境因素等紧密相关。

案例

水分活度降低剂在虾干加工中的应用

水分活度降低剂可不同程度地降低虾干的 A_w 值，其能力大小为复合磷酸盐＞柠檬酸＞丙三醇＞1,2-丙二醇＞乙醇。其中复合磷酸盐、柠檬酸都能有效地降低虾干的水分活度，在 0~1.0% 时，随着复合磷酸盐及柠檬酸浓度的增加，虾干水分活度持续下降，在添加量为 0~0.6% 时下降速度较快，在添加量为 0.6%~1.0% 时下降速度较慢，而添加低剂量水分活度降低剂对虾干色泽、质地、组织结构和风味基本无影响（罗海波等，2005）。

二、食品脱水（干燥）的基本原理

（一）物料干燥过程的推动力和阻力

当湿物料受热进行干燥时，虽然开始时水分均匀分布于物料中，但由于物料水分汽化是在表面进行，故逐渐形成从物料内部到表面的水分梯度。从而物料内部的水分就以此梯度为推动力，逐渐向表面转移。设物料从内部到表面的水分梯度为 $\dfrac{dm_w}{dx}$，则这种单纯由于水分梯度而引起的内部水分扩散速率为 $\dfrac{dm_w}{dt}$，表示为

$$\frac{dm_w}{dt} = -k_w A \frac{dm_w}{dx} \tag{6-3}$$

式中，A 为干燥物料的表面积；k_w 为物料内部水分扩散系数。

但是，物料内部水分的扩散推动力不只是水分梯度，温度梯度也可以使物料内部水分发生迁移，称为热湿导。水分分布均匀的物料，由于温度分布不均，水分将从温度高处向温度低处转移。因此热湿导的方向是由高温向低温进行。设物料内部到表面的温度梯度为 $\dfrac{dm_T}{dt}$，则物料内部热湿导的速率可表示为

$$\frac{dm_T}{dt} = -k_T A \frac{dT}{dx} \tag{6-4}$$

式中，k_T 为由温度梯度引起的水分扩散系数。

对任何一种干燥方法，上述两种梯度均存在于物料内部，故水分传递应是两种传递水分的代数和，即 $m_S = m_w + m_T$。

对于热风干燥和一般辐射干燥，物料内部的温度梯度与水分梯度方向相反，此时，$m_w > 0$，而 $m_T < 0$，若 m_w 大于 m_T 的绝对值，水分将按照物料水分减少方向转移，水分由物料内部扩散至表面后，便在表面汽化，并向气相中传递。可以认为在表面附近存在一层气膜，此层内的水蒸气分压等于物料中水分的蒸汽压。显然，此蒸汽压的大小主要取决于物料中水分的结合方式。水分在外部气相中传递的推动力即为此膜内的蒸汽分压与气相主体中蒸汽分压之差。造成这种蒸汽分压差（推动力）的原因，对热风干燥来说是干燥介质的流动不断带走汽化的蒸汽，对真空干燥来说是真空泵的抽吸带走汽化的蒸汽。

若 m_w 小于 m_T 的绝对值，则水分含量减少变慢或停止，于是物料表面水分就会向它的深层转移，而物料表面仍进行水分蒸发，以致其表面迅速干燥而温度也迅速上升，这样水分蒸发就会转移到物料内部深处。只有物料内层因水分蒸发而建立足够的压力，才会改变水分转移的方向，扩散到物料表面进行蒸发，这不利于物料干燥，延长了干燥对间。

对于接触干燥和采用微波加热的干燥，两种梯度方向一致，即 $m_w > 0$，而 $m_T > 0$。水分由内向外传递速度加快，从而缩短了干燥的时间。

（二）干燥特性曲线

干燥特性曲线包括物料水分含量随干燥时间而变化的曲线、物料温度随时间而变化的曲线及物料干燥速率随时间而变化的曲线，如图6-1所示。

典型干燥工艺过程包括预热、等速干燥、减速干燥、缓速及冷却5个阶段，各阶段的过程如下。

1. 预热阶段 此阶段物料因受热而升温，食品表面水分开始蒸发，但此时由于存在温度梯度会使水分的迁移受到阻碍，因而水分下降较缓慢，水分含量变化很小，但干燥速率由零迅速增加。

2. 等速干燥阶段 此阶段的物料温度达到了干燥空气的湿球温度，由于物料表层水分初始较充分，由里向外扩散的距离较小，因此能够及时补充表面汽化掉的水分，维持稳定的干燥速率，物料水分直线下降。该阶段相当于自由水的蒸发，物料温度恒定在空气的湿球湿度上。

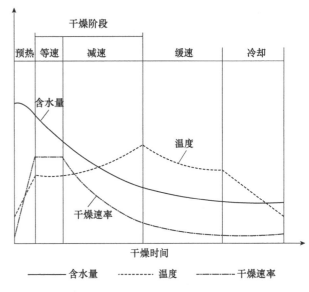

图 6-1 干燥特性曲线（李云飞和葛克山，2018）

3. 减速干燥阶段 此阶段的水分较等速干燥阶段的水分显著减少，其内部扩散速率小于表面汽化速率，因而干燥速率逐渐下降，物料温度逐渐上升，物料水分曲线趋于平缓。

4. 缓速阶段 此阶段的物料为保温堆放状态，使物料颗粒内外层的热量和水分相互传递，逐渐达到表里均衡，缓速后物料表面温度有所下降，水分也少许降低，干燥速率变化很小。

5. 冷却阶段 此阶段的物料温度要求下降到不高于环境温度5℃，冷却过程中物料水分基本保持不变。

（三）影响干燥的因素

干制条件和干燥食品的性质是干制的主要影响因素。

1. 干制条件的影响

1）温度 空气作为干燥介质，提高温度，干燥加快。温度提高导致空气与食品温差加大，传热增强，水分蒸发扩散速率增大，从而使恒速干燥阶段的干燥速率增加。温度提高会使空气相对饱和湿度下降，增加水分从食品表面扩散的动力；另外，也会形成水分梯度使内部水分扩散速率增加。

2）空气流速 热空气流速越大，越有利于增加干燥速率。这不仅是因为热空气能及时将食品表面附近的饱和湿空气带走，维持水蒸气分压差；同时还因为形成的界面层气膜越薄，与食品表面接触的空气量越多，对流质量传递速率越快，而显著地加速食品中水分的蒸发。因此，空气流速越快，食品干燥也越迅速，会使干燥恒速期缩短。

3）空气相对湿度 脱水干制时，空气相对湿度越低，食品干燥速率也越快。因为食品表面和干燥空气之间的水分蒸汽压差是影响外部质量传递的推动力，空气相对湿度低，水蒸气分压小，使食品与空气的水蒸气分压差加大，进一步吸收来自食品的蒸发水分，直至两者水蒸气压达到相互平衡，干燥就不再发生。

4）环境压力 气压影响水蒸气的平衡关系，进而影响干燥。气压越低，沸点也越低。当在真空下干燥时如仍用和大气压力下干燥时相同的加热温度，则将加速食品水分的蒸发，还能使干制品具有疏松的结构。在真空室内加热干制时，可以在较低的温度条件下进行，适合热敏物料的干燥。

2. 食品性质的影响

1）表面积 食品被切割成薄片或小块后大大减小了食品的粒径或厚度，缩短了热量向食品中心传递的距离，增大了加热介质与食品接触的表面积，缩短了内部水分向食品表面扩散的距离。食品传热传质速率增加，从而加速了水分的蒸发和食品的脱水干制。食品表面积越大、料层厚度越薄，干燥效果越好。

2）组分定向 食品组分的定向会影响水分从食品中转移的速率。沿纤维结构方向比横穿细胞结构方向干燥快。

3）细胞结构　　在大多数食品中，细胞内含有部分水，组织中细胞结构间的水分比细胞内的水更容易除去。因为细胞内的水穿过细胞膜有一定的阻力，当细胞结构破碎时，有利于干燥。但细胞破碎会引起干制品质量下降。

4）溶质的类型和浓度　　食品组成决定了干燥时水分子的流动性，食品中的溶质，如糖、淀粉、盐和蛋白质与水的相互作用。在高浓度溶质（低水分含量）时，溶质会影响水分活度和食品的黏度，会降低干燥速率。

第二节　食品干制方法

一、食品干燥方法

食品干燥方法很多，按照所用热量的来源，可分为自然干燥和人工干燥；按照水分蒸发环境，可分为常压干燥及真空干燥；按照水分去除的原理，可分为热力干燥及冷冻升华干燥；按照操作方式可分为间歇式干燥及连续式干燥；按照热能传递方式，可分为对流干燥、传导（接触）干燥和辐射干燥，其中对流干燥在食品工业中应用最多。

（一）对流干燥

对流干燥又称热风干燥，以热空气为干燥介质，将热量传递给物料，物料表面水分汽化，因表面水分汽化使物料内部及表面产生水分梯度，内部水分扩散至表面，热空气既是载热体也是载湿体。

1. 自然干燥　利用自然条件（阳光及空气），把食品物料置于晒场、晒席或晒架上，通过空气自然对流带走水蒸气直至水分含量降低到和空气温度及其相对湿度相适应的平衡水分为止。

自然干燥方法简单、费用低廉、不受场地局限，我国广大农户多用于粮食谷物的晒干和菜干、果干的制作。由于这种干制品长时间在自然状态下受干燥和各种因素的作用，物理化学性质发生了变化，以致生成了具有特殊风味的制品。我国许多有名的土特产品都是用这种方法制成，如干枣、柿饼、葡萄干、萝卜干、腊肉、火腿等。

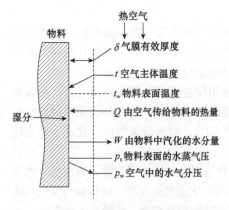

图6-2　热空气与湿料之间的传热和传质
（秦文和曾凡坤，2011）

这种方法的缺点是干燥时间长，制品易变色，对维生素类破坏较大，受气候条件限制，食品卫生得不到保证。例如，容易被灰尘、蝇、鼠等污染，难以规模化生产。

2. 厢式干燥　这是一种在一个外形为厢的干燥室中进行干燥的方法。

设备主要由加热器、鼓风机、干燥室、物料盘等组成。空气由鼓风机送入干燥室，经加热器加热及滤筛清除灰尘后，流经载有产品的料盘，直接和食品接触，携带着由食品中蒸发出来的水蒸气，由排气道排出（图6-2）。

料盘所载食品一般较薄，料盘还有孔眼以便让部分空气流经物料层，保证热空气与食品充分接触。部分吸湿后的热空气还可以和新鲜空气混合再次循环利用，以提高热量利用率和改善干制品品质。

厢式干燥中，如果热风沿物料表面平行通过称为并流厢式干燥（图6-3），若热风垂直通过物料表面则称为穿流厢式干燥，只需在有孔的料盘之间插入斜放的挡风板，引导热风垂直通过料层即可。穿流厢式干燥中，热空气与物料的接触面积大，内部水分扩散距离短，其干燥速率通常是并流式的3～10倍。但穿流式干燥动力消耗大，对设备密封性要求较高，由于垂直通过物料层容易引起物料飞散，要注意选择适宜风速和料层厚度。

厢式干燥设备制造和维修方便，通常使用的空气温度<94℃，空气流速2～4m/s。这种方法的缺点是热能利用不经济，设备容量小，只能间歇性工作，通常只用于小批量生产。

厢式干燥设备的工作原理可查看**视频6-1**。

视频6-1

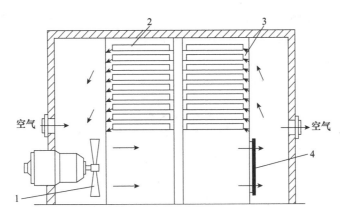

图 6-3 并流厢式干燥设备的结构示意图（董全和黄艾祥，2007）
1. 风机；2. 料盘；3. 出气管；4. 导流叶片

3. 隧道式干燥 隧道式干燥设备是在厢式干燥设备的基础上，将干燥室加长至 10～15m，呈隧道形式，可容纳 5～15 辆装满料盘的小车。每辆小车在干燥室内停留时间等于食品必需的干燥时间。载有物料的小车间歇地送入和推出干燥室。因此，这种干燥设备的操作属半连续性，提高了工作效率。

隧道式干燥中根据热空气与物料运动的方向分为顺流、逆流和逆顺流组合式三种，如图 6-4、图 6-5 所示。三种方式的比较见表 6-1。

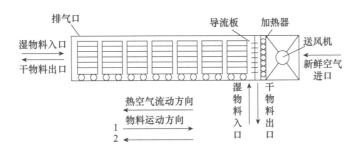

图 6-4 顺流和逆流隧道式干燥设备结构示意图（夏文水，2017）
1. 逆流隧道式干燥设备的物料运动方向；2. 顺流隧道式干燥设备的物料运动方向

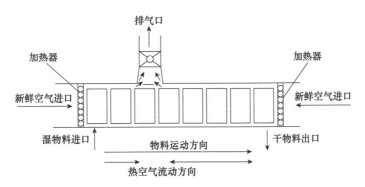

图 6-5 逆顺流组合式隧道干燥设备结构示意图（夏文水，2017）

表 6-1 顺流、逆流及逆顺流组合式隧道干燥比较（秦文和曾凡坤，2011）

干燥类型	空气方向与物料运动方向	初期干燥速率	干物料的水分	使用范围
顺流	相同	慢	>10%	要求表面硬化、形成多孔性的食品
逆流	相反	快	<5%	水果、吸湿性强的食品
逆顺流组合	阶段一相同，阶段二相反	快	<5%	应用广泛

4. 输送带式干燥 输送带式干燥设备除载料系统由输送环带取代装有料盘的小车外，其他部分结

构与隧道式干燥设备相同，如图6-6所示。湿物料由进料口均匀地散布在缓慢移动的输送带上，随着带的移动，依次落入下一条带子，促使物料实现翻转和混合，两条带子的方向相反，物料受到顺流和逆流不同方式干燥，最后干物料从底部卸出。

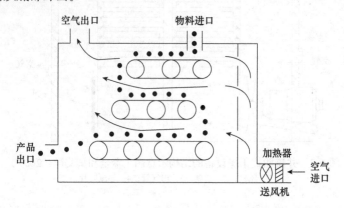

图6-6　多层输送带式干燥设备结构示意图（夏文水，2017）

此外，这种设备还可以实现多阶段热风穿流式干燥，如图6-7所示。在每一阶段内分成多区段的干燥方式，各区段的空气温度、相对湿度和流速可各自分别控制，干燥气流可以设计成向下和向上轮流交替流动，以改善厚层物料干燥的均匀性。在前阶段的第一区段内空气自下向上流动，在下一区段内则自上向下流动，最后阶段宜自上而下，以免将轻物料吹走。这样的气流方式在干燥上是极其有效的。干制时前一区段的空气温度应比后一区段低5～8℃，如果阶段多时，甚至第一区段的空气温度可达到120℃以上，这将有利于高品质和高质量的干制品生产。

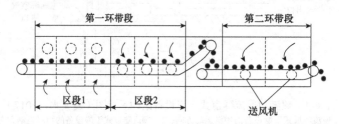

图6-7　双阶段连续输送带式干燥设备示意图（夏文水，2017）

这种方法使用带式载料系统能减少装卸食品物料的体力劳动和费用，操作连续化和自动化，可使工艺条件更加合理和优化，获得品质更加优良的干制品。已用于干制苹果、胡萝卜、洋葱、马铃薯和干薯片等。使用这种方法的工厂日益增多，可取代隧道式干燥。

5. 气流干燥　气流干燥是一种连续高效的固体流态化干燥方法。它是把湿物料送入热气流中，物料一边呈悬浮状态与气流并流输送，一边进行干燥。这种方法只适用于潮湿状态下仍能在气体中自由流动的颗粒状、粉状、片状或块状物料，如葡萄糖、味精、鱼粉、肉丁、薯丁等。

气流干燥器稳定操作的关键是连续而均匀地加料，并将物料分散于气流中。按进料方式，干燥器可分为三种：直接进料式、带分散器的进料式及带粉碎机的进料式。

气流干燥器的应用可查看**资源6-1**。

气流干燥有以下几方面优点。

1）干燥强度大　干燥时物料在热风中呈悬浮状态，每个颗粒都被热空气所包围，因而能使物料最大限度地与热空气接触。同时气流速度较高，一般可达20～40m/s，空气涡流的高速搅动使气固边界层的气膜不断受到冲刷，减少了传热和传质的阻力。如果以单位体积干燥管内的传热来评定干燥速率，则传热系数比转筒干燥器大20～30倍，尤其是在干燥管前段或底部，因机械粉碎装置或送风机叶轮的粉碎作用，效果更为显著。

2）干燥时间短　大多数物料的气流干燥只需0.5～2s，最长不超过5s。并且因为是并流操作，所以即使是热敏性或低熔点物料也不会因过热或分解而影响品质。

3）散热面积小　　对于完成一定的传热量，所需的干燥器的体积可以大大减小，能实现小设备大生产的目的。而热损失小，最多不超过 5%，因而热效率高，干燥非结合水分时，热效率可达 60%，干燥结合水分也可达 20% 左右。

4）适用范围广　　被干燥颗粒直径可达 10mm，湿物料含水量为 10%～40%。气流干燥可用于已用滚筒干燥法干制过的颗粒状马铃薯半干制品的进一步干燥。在热空气气流中马铃薯的水分从 25% 降低到 6% 左右，干燥效率比用滚筒干燥高得多。这是因为降速干燥阶段难以除去的水分，在悬置颗粒体和加热介质密切接触情况下，就容易蒸发得多。气流干燥也大规模地用于将水分为 3%～4% 的喷雾干燥蛋粉进一步降低到 0.5%～1.0%，以便提高它在贮藏过程中的稳定性。生产乳粉时，气流干燥不仅可用于进一步降低其水分，如用冷空气取代热空气，还可以在包装前用于冷却乳粉。

气流干燥操作连续稳定，故可以把干燥、粉碎、输送、包装等工序在内的整个过程在密闭条件下进行，以减少物料飞扬，防止污染，不但提高了制品品质，同时也提高了产品得率。

气流干燥的缺点：由于气流速度高，对物料有一定的磨损，故对晶体形状有一定要求的产品不宜采用；气流速度大，全系统的阻力大，因而动力消耗大。

6. 流化床干燥　　流化床干燥又称沸腾床干燥，待干燥食品颗粒物料放在分布板上，热空气从多孔板的底部送入使其分散，并与物料接触，当气体速度较低时，固体颗粒间的相对位置不发生变化，气体在颗粒层的空隙中通过，干燥原理与厢式干燥器类似，此时的颗粒层通常称为固定床。当气流速度继续增加后，颗粒开始松动，并在一定区间变换位置床层略有膨胀，但颗粒仍不能自由运动，床层出于初始或临界流化状态。当流速再增高时，颗粒即悬浮在上升的气流之中做随机运动，颗粒与流体之间的摩擦力恰与其净重力相平衡，此时形成的床层称为流化床。由固体床转为流化床时的气流速度称为临界流化速度。流速越大，流化床层越高；当颗粒床层膨胀到一定高度时，固定床层空隙率增大而使流速下降，颗粒又重新落下而不致被气流带走。如气体速度进一步增高，大于颗粒的自由沉降速度，颗粒就会从干燥器顶部吹出，此时的流速称为带出速度。因此，流化床中的适宜气体速度应在临界流化速度与带出速度之间。

流化床干燥适宜处理粉粒状食品物料，当粒径范围为 30μm～6mm，静止物料层高度为 0.05～0.15m 时，适宜的操作气速可取颗粒自由沉降速度的 0.4～0.8 倍。如粒径太小，气体局部通过多孔分布板，床层中容易形成沟流现象；粒度太大又需要较高的流动速度时，动力消耗和物料磨损都很大。在这两种情况下，操作气体的气流速度需要通过实验来确定。

流化床干燥，物料在热气流中上下翻动，彼此碰撞和充分混合，表面更新机会增多，大大强化了气固两相间的传热和传质。虽然两相间对流传热系数并非很高，但单位体积干燥器传热面积很大，故干燥强度大。干燥非结合水分，蒸发量为 60%～80%，干燥结合水分，蒸发量也可达 30%～50%，因此流化干燥特别适宜处理含水量不高且已处在降速干燥阶段的粉状物料。例如，对气流干燥或喷雾干燥后物料所留下的需要较长时间进行后期干燥的水分更为合适。粉状物料含水量要求为 2%～5%，粒状物料则要求低于 10%，否则物料的流动性变差。

流化床干燥器结构简单、便于制造、活动部件少、操作维修方便。与气流干燥器相比，气速低、阻力小、气固较易分离、物料及设备磨损轻；与厢式干燥器和回转圆筒干燥器相比具有物料停留时间短、干燥速率快的特点。

但由于颗粒在床层中高度混合，可能会引起物料的返混短路，因空气流速过大，容易出现风道，以致大多数热空气会经风道排出，不再和物料接触完成加热和干燥的效能，造成热量的浪费。此外，高速气流还会将粉粒食品从干燥床上带走。

流化床干燥实验设备的工作流程可查看视频 6-2。

7. 喷雾干燥　　将溶液、浆液或微粒的悬浮液在热风中喷雾成细小的液滴，在其下落过程中，水分迅速汽化而成为粉末状或颗粒状的产品，称为喷雾干燥。

视频 6-2

喷雾干燥设备的类型虽然很多，各有特点，但是喷雾干燥系统总是由空气加热系统、喷雾系统、干燥室、从空气中收集干燥颗粒的系统及供料系统组合而成，主要结构如图 6-8 所示。料液由泵送至喷雾塔顶，并同时导入热风，料液经雾化装置喷成液滴，与高温热风在干燥室内迅速进行热量交换和质量传递。干制品从塔底卸料，热风降温增湿后，作为废气排出，废气中夹带的微粉用分离装置回收。

雾化系统将待干燥液体喷洒成直径为 10～60μm 的小液滴，以产生大的汽化表面积从而有利于水的

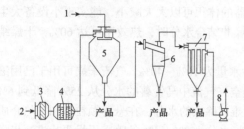

图6-8　喷雾干燥示意图（李云飞和葛克山，2018）
1. 料液；2. 压缩空气；3. 空气过滤器；4. 翅片加热器；
5. 喷雾塔；6. 旋风分离器；7. 袋滤器；8. 排风机

蒸发。不同的雾化系统对物料的适用情况有所不同，因此合理选择雾化装置是喷雾干燥的关键。常用的雾化系统主要有压力式、离心式、气流式三种。压力喷雾使液体在高压下（1700～3500kPa）送入喷雾头内以旋转方式经喷嘴孔向外喷成雾状，一般这种液滴颗粒大小为100～300μm；离心喷雾使液体被泵入高速旋转的盘中（5000～20 000r/min），在离心力的作用下经圆盘周围的孔眼外逸并被分散成雾状液滴，大小为10～500μm；气流喷雾就是在压力为150～500kPa的压缩空气经双流体喷头内环孔向外喷射时，同时将来自喷头中心孔的液态食品分散成雾状液滴。食品工业中最常用的是压力式及离心式两种。

空气加热系统一般有蒸汽加热和电加热两种，工业化工厂一般采用蒸汽加热。

干燥室是液滴和热空气接触的地方，干燥室一般几米到几十米长。液滴在雾化器出口处速度达50m/s，但很快降到0.2～2m/s，在整个干燥室的滞留时间为5～100s，食品水分含量降低至5%～10%，甚至可达2%。根据空气和液滴运动方向可分为并（顺）流、逆流及混流式三种。并流式中物料不会受热过度，适宜热敏性物料，如奶粉、蛋粉、果汁粉等的干燥；逆流式中液滴与热风呈反向流动，物料在干燥室内停留时间长，适宜水分含量高的物料的干燥；混流式中，液滴与热风呈混合交错流动，液滴运动轨迹长，适宜不易干燥的物料。

从空气中收集干燥颗粒的系统主要有旋风分离器和布过滤器，将空气和粉末分离，对于较大粒子粉末由于自身重力而沉降到干燥室底部，细粉末的分离靠旋风分离器来完成。由于旋风分离器难以去除所有的细末，在某些情况下，需要增加纺织布袋过滤器，空气在排出前通过布袋，细粉末被布袋捕获，最后用反向空气吹向布袋而回收。

喷雾干燥的特点是干燥迅速，一般只需5～40s，所得产品基本上能保持与液滴相近似的中空球状或疏松团粒状的粉末状，具有良好的分散性、流动性和溶解性。喷雾干燥生产过程简单、操作方便，适宜连续化大规模生产。

喷雾干燥的主要缺点是单位产品耗热量大，设备的热效率低。

为了提高热效率，可以将喷雾干燥与流化床干燥结合使用，即物料首先被喷雾干燥成含水量6%的粉末，再经流化床干燥成2%的产品，这不仅降低了喷雾干燥设备排出的高温废气的温度，提高了热效率，而且有利于形成大颗粒粉粒，提高制品的可溶性。

8. 过热蒸汽干燥　过热蒸汽干燥是在密闭的系统内，直接使用具有较高焓值的过热蒸汽干燥食品物料并带走蒸发的水分。过热蒸汽是指温度高于所处压力对应的饱和蒸汽温度的蒸汽。根据操作压力的不同，过热蒸汽干燥设备可分为常压、低压及高压过热蒸汽干燥设备。

由图6-9可见，离心风机将蒸汽发生器产生的饱和蒸汽输送到加热器，压力不变但是温度升高，高于饱和蒸汽温度，形成过热蒸汽进入干燥室，带走食品物料中的水分。过热蒸汽干燥在预热段时，如果物料温度相对比较低，过热蒸汽易产生凝结，由于潜热非常大，会释放出很多的热量，可使物料预热，但也会增加物料的湿度。在恒速干燥阶段，水分蒸发速率不会改变，直到物料中水分不足以使得物料表面保持湿润，即达到临界湿含量后，才进入降速干燥阶段。在降速干燥阶段，过热蒸汽干燥速率是由水分从湿物料内部向表面移动的速率决定。水分的迁移速率与温度密切相关，温度越高，则迁移速率越大。

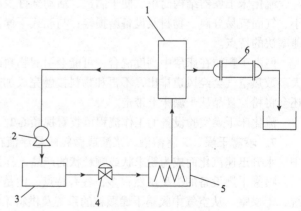

图6-9　过热蒸汽干燥设备示意图
1. 干燥室；2. 离心风机；3. 蒸汽发生器；4. 蒸汽调节阀；
5. 加热器；6. 冷凝器

与湿空气相比，过热蒸汽具有更大的比热和传热系数，过热蒸汽干燥在恒速干燥和降速干燥段都会有较高的干燥速率。干燥过程中没有无氧气参加，物料不会氧化变色或燃烧。另外，干燥过程可以对食品物料巴氏杀菌、灭菌和除臭。但该系统较为复杂，辅助设备的成本通常比蒸汽干燥器本身的成本更高，干燥对象的种类还有限。

9. 其他干燥

1）膨化干燥　　将食品物料在一个密闭的干燥容器中加热，室内压力上升到预定值后，迅速打开容器，则压力陡然下降，物料中水分瞬间蒸发，并促使物料结构膨化成多孔状态，这既有利于产品脱水，也有利于产品复水，如膨化食品薯片、米饼等。

2）泡沫干燥　　为了生产轻质乳粉和速溶咖啡，出现了泡沫喷雾干燥方法，即先将液态食品发泡而后喷雾干燥，发泡后雾状液滴表面积大，水分蒸发加速，干制品的密度小、颗粒直径大，改善其速溶性。一般干燥后粉粒不会黏壁，但含糖量高的果汁粉却会溶化和黏壁，这就需要建立双重壁式喷雾干燥设备，凡设备内壁上有果汁粉堆积处（主要是底部），就用冷却水或空气循环进行冷却，预防其结块或黏壁。

案例

麦片原片加工工艺

麦片原片加工工艺流程如下。

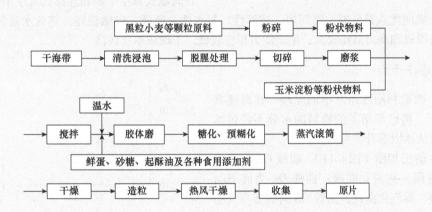

麦片加工过程中涉及两步热加工过程，包括蒸汽滚筒干燥和热风干燥。蒸汽滚筒干燥是生产麦片原片的关键，原片的色香味主要在此定型，此工序应注意控制协调好蒸汽滚筒干燥机的转速与温度的关系问题。而热风干燥对原片的二次干燥，可更好地发挥原辅料的色、香、味综合效果，延长保质期（吴翠程，1998）。

（二）接触干燥

接触干燥是指被干燥物料与加热面处于直接接触状态，蒸发水分的能力来自于被加热的固体接触面，热量以传导的方式传递给物料，热源常用热蒸汽、油及电热。在常压状态下干燥时，需要借助空气流动带走蒸发的大量水蒸气，此时空气与物料也存在热交换。但空气不是热源，其功能是载湿移动，以加速物料水分的进一步蒸发。接触干燥也可在真空状态下进行。

典型的接触干燥是滚筒干燥，滚筒在物料槽中缓慢转动，将物料在不断加热的滚筒表面上铺成薄层，在旋转中水分蒸发至干，并被固定或往复运动的刮刀刮下，经输送器将产品输送至贮槽内进行包装。滚筒干燥设备常见的类型有单滚筒、双滚筒或对装滚筒等。按滚筒的供料方式又可分为浸液式、喷溅式及顶槽式等类型。

滚筒干燥的主要优点是可实现快速干燥，热效率高，热能经济，干燥费用低，对不易受热影响的食品，如麦片、米粉、马铃薯等来说，是一种费用较低的干燥方法，可适用于浆状、泥状、糊状、膏状物料。

滚筒干燥的主要缺点是由于滚筒表面温度较高，会使制品带有煮熟味和不正常的颜色。在干制水果、果汁一类热塑性的食品时，处于高温状态下的干制品会发黏并呈半熔化状态，干燥后很难刮下或即使刮下也难以粉碎，对此可在刮料前先行冷却，或在真空滚筒干燥设备中进行。

（三）真空干燥

有些食品物料在常压下加热干燥时易发生褐变、氧化等反应，而使产品风味、外观（色泽）和营养价值受到一定程度损失，因而希望在较低的温度下进行干燥。但低温时水分蒸发慢，如果降低气压，则水的沸点相应降低，从而水分沸腾易产生水蒸气，由于水分汽化吸收热量，导致物料温度下降，就需要物料由传导、热辐射等传热方式提供足够的热量加快汽化速度，产生的水蒸气则由真空泵抽出使食品干燥。图6-10可见真空干燥设备主要由真空系统（真空泵）、真空室（干燥室）、冷凝水收集装置（储液器）和加热系统等组成。

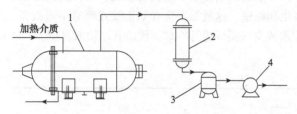

图6-10 真空干燥设备示意图
1. 干燥室；2. 冷凝器；3. 储液器；4. 真空泵

真空系统采用真空泵或蒸汽喷射泵。用蒸汽喷射泵抽真空时，它不但从真空室内抽出空气，而且还需要同时将带入的水蒸气冷凝，因而需要有冷凝器。真空干燥设备的类型很多，大多数密闭的常压干燥机如果与真空系统连接，都能作为真空干燥设备。常用的有间歇式真空干燥和连续式真空干燥。

真空干燥的优点是低温，时间短，溶解性、复水性、色泽、口感较好，终含水量低，热量利用经济。缺点是设备投资和动力消耗较大，生产能力相应较低，干燥成本比较高。

（四）冷冻干燥

冷冻干燥是利用冰晶升华的原理，在高度真空的环境下，将已冻结了的物料的水分不经过冰的融化直接从冰固态升华为蒸汽。

根据水的三相图（图6-11），曲线OL为固态与液态的界限，称液化曲线；曲线OK为液态与气态的界限，称汽化曲线；曲线OS为固态与气态的曲线，称升华曲线。在每条曲线上，两相可同时存在，三条曲线的交点O则三相同时存在，称三相点（温度0.01℃，压力610Pa），升华在三相点以下可能发生。

根据上述冷冻干燥的原理，欲冷冻干燥，物料需先冻结。冻结的方法有两种：自冻法及预冻法。

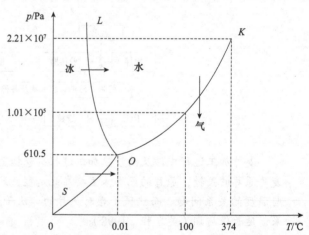

图6-11 水的相平衡示意图（刘伟民和赵杰文，2011）

自冻法利用物料在真空环境中，物料表面水分迅速蒸发，因汽化潜热来自物料本身，促使物料温度下降，这种方法由于水分瞬间大量蒸发，液态变为气态过程中会使食品形状变化，出现发泡及沸腾现象，因此只适合小型设备及具有一定形状的食品，如芋头、肉块等。

预冻法是将物料放在预冻机上预冻，然后再放入真空室干燥，一般大中型生产设备采用此方式。食品冻结时，随着水分的不断结晶，剩下溶液的溶质浓度越来越高，冰点也越来越低，因此要使食品中水分最大程度结冰，通常要将食品冻结到-45～-30℃。预冻过程对制品的品质也有较大影响，缓慢冻结时，形成的冰晶体较大，升华时，会留下多孔性通道，使水蒸气容易扩散，加快干燥速度，但大冰晶会引起细胞结构的机械破坏及溶质浓缩效应引起的蛋白质变性等会降低干制品的弹性、复水性。快速冻结时形成较为均匀细小的冰晶体，冰升华后留下的空隙小，水蒸气须扩散通过食品的固态结构，干燥花费时间长，因此宜兼顾多方面考虑预冻工艺参数的选择。

真空冷冻干燥主要由制冷系统、真空系统、加热系统及干燥室等几部分组成，如图 6-12 所示。

冷冻干燥的过程主要分为两个阶段：初级干燥和二级干燥。初级干燥只能使物料的水分降低到 10%～20%，该过程中，若传给升华表面的热量等于从升华表面逸出水蒸气扩散所需的热量，则升华表面的温度和压力均达到平衡，升华正常进行。若供给的热量不足，冰的升华夺去了物料自身的热量而使升华表面的温度降低，相应的平衡压力也降低，干燥速率

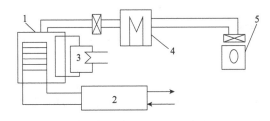

图 6-12　冷冻干燥设备组成示意图（刘成梅等，2011）
1. 干燥室；2. 制冷系统；3. 加热系统；4. 真空系统；5. 控制系统

放慢，若升华表面温度降低到低于冰晶体的饱和水蒸气压相对应的温度，干燥不能进行。干燥过程中由于冰升华后水分子外逸留下了原冰晶体大小的孔隙，形成了多孔性结构，这种结构限制了传热。为了加快升华，采用一些穿透力强的热能，如辐射热、红外热、微波等，使之直接穿透到升华界面上，就能有效地加快干燥速率。当食品中的冰升华完毕后，升华界面消失时，干燥进入二级干燥阶段，此时物料中的水分尚未结冰，而是处于玻璃态，必须补加热量使之加快运动而克服束缚从而外逸出来，此时温度不宜上升太快，否则导致食品结构的塌陷（物料因温度上升，原先形成的固态状框架结构变为易流动的液态状）。

冷冻干燥的优点：物料处于低温及真空环境，可以较好保持食品的色、香、味、形及营养成分，特别适合热敏性和易氧化食品的干燥；水分存在的空间因水分的排除后形成了多孔性结构，因此具有良好的速溶性及快速复水性；由于冷冻干燥过程是水分的直接升华，避免了一般干燥方法因物料内部水分向表面扩散时携带无机盐、糖类物质等而造成表面硬化现象；水分升华时所需热源温度不高，采用常温或稍高于常温的加热载体即可满足要求，整个干燥设备往往不需要绝热处理，不会有很多热损失，热能利用率高。

冷冻干燥的缺点：操作需要在高真空及低温下进行，投资费用高，真空状态下多孔性物料的导热系数低、传热速率低，导致冻干的时间较长，能耗大，致使设备的操作费用较高从而使得冻干产品的生产成本较高，为热风干燥的 5～7 倍、喷雾干燥的 7 倍。因此，目前冻干技术主要应用在一些高档产品的生产加工。

冷冻干燥设备的仿真视频可查看**视频 6-3**。

视频 6-3

（五）辐射干燥

辐射干燥是用红外线、微波等作为能源直接向食品物料传递能量，使物料内外部受热，从而使物料水分逸出。辐射干燥没有温度梯度，加热速度快，热效率高，加热均匀，不受物料形状限制，从而提高了干制品质量。根据使用的电磁波的频率，辐射干燥可分为红外线干燥和微波干燥两种方法。

1. 红外线干燥　发射红外线的物质，如二氧化钛、二氧化锆、三氧化二铁等金属氧化物或二氧化硼、二氧化硅、碳化硅等非金属化合物受热后发出 3～1000μm 的电磁波，而食品中的水、有机物等物质具有很强的吸收这种电磁波的能力。吸收红外线后，产生共振现象，引起原子、分子的振动，从而产生热而使温度升高。

红外线干燥器的主要特点是干燥速度快，干燥时间仅为热风干燥的 10%～20%，因此生产效率较高；由于食品表层和内部同时吸收红外线，因此干燥较均匀，干制品质量较好；设备结构较简单，体积较小，成本也较低。

2. 微波干燥　微波干燥就是将物料置于 300～300 000MHz 频率的交变电场中，物料中的有极和无极电解质都被反复极化，从电磁场中获得能量。同时，偶极子在反复极化的剧烈运动中又相互作用，从而使分子间剧烈摩擦，这样就把它从电磁场中获得的能量转变成热能，从而达到使电解质升温的目的。常用于食品加热和干燥的微波频率为 915MHz 和 2450MHz。微波干燥，一般只适合于将物料水分干燥 80%，余下的 20% 常常要用其他方法进行干燥。因为微波干燥速度很快，所以干燥终点很难确定，如干燥时间稍长，产品就会严重烧焦。

案例

微波干燥技术在蚕豆加工中的应用

蚕豆又名胡豆，籽粒含有较高的蛋白质、B族维生素及磷、镁、硒等微量元素。它不仅营养丰富，而且具有一定的药用价值，研究表明蚕豆具有健脾、利湿、降血脂的功效，对动脉硬化的治疗有辅助作用，易消化吸收，粮、饲、菜兼用和深加工增值等特点。

工艺流程：鲜蚕豆→去荚→清洗→烫漂→沥干→冷冻→热风预干燥→均湿→真空微波膨化干燥→包装。

将去荚后的蚕豆粒清洗，沸水烫漂120s，冷却，置于（−27±1）℃的冰箱中冷冻备用。将冷冻的蚕豆单层平铺于电热恒温鼓风干燥箱60～70℃中进行预干燥2～3h，干燥至所需的水分含量后，在4℃密闭容器中均湿24h。均湿后的蚕豆放入真空微波干燥设备内进行真空微波干燥，使蚕豆最终含水率小于6%。将干燥后的蚕豆取出放入密闭容器冷却至室温，最后进行充氮包装。

微波干燥的特点：①干燥速度快，微波能深入到物料内部加热，而不只靠物料本身的热传导，因此物料内部升温快，所需加热时间短，只需一般干燥方法的1/100～1/10的时间就能完成全部干燥过程；②加热比较均匀，制品质量好，物料内部加热，往往可以避免一般加热时出现的表面硬化和内外干燥不均匀现象，因加热时间短，能较好地保持食品原有的色、香、味及营养成分；③微波加热的惯性小，可立即发热和升温，而且微波输出功率调整和加热温度变化的反应都很灵敏，故便于自动控制；④微波具有选择加热的特性，物料中水分所吸收的微波要远远多于其他物质，因而水分易加热被蒸发，避免了干物质的过热现象；⑤微波加热效率高，微波加热设备虽然在电源部分及微波管本身要消耗一部分热量，但由于加热作用来自加工物料本身，基本上不辐射散热，因此热效率高，可达80%；⑥同时，避免了环境高温，改善了劳动条件，也缩小了设备的占地面积。但微波干燥也具有电消耗大的缺点。

二、食品浓缩方法

浓缩是从溶液中除去部分溶剂（通常是水）的操作过程，按浓缩的原理，可分为平衡浓缩和非平衡浓缩两种物理方法。

平衡浓缩是利用两相在分配上的某种差异而达到溶质和溶剂分离的方法，如蒸发浓缩和冷冻浓缩。无论蒸发浓缩还是冷冻浓缩，两相都是直接接触的，故称平衡浓缩。

非平衡浓缩是利用固体半透膜来分离溶质与溶剂的过程，两相被膜隔开，分离不靠两相的直接接触，故称为非平衡浓缩。

（一）蒸发浓缩

蒸发是将溶液加热至沸腾，将其中的部分溶剂汽化并移除，以提高溶液中溶质浓度的操作，蒸发是挥发性溶剂和不挥发性溶质的分离过程。

1. 蒸发浓缩技术的特点及分类　蒸发浓缩在食品工业中广泛应用。溶液受热时，水分子获得了动能，当某些水分子的能量足以克服分子间的吸引力时，就会汽化逸出，如果不断地除去这些已经逸出的水分子，则食品中的水分子就不断地被汽化逸出，食品得到浓缩。因此蒸发浓缩的必要条件就是不断供给热能和不断排除食品所处环境的水蒸气。

蒸发操作中的热源常采用新鲜的饱和水蒸气，又称生蒸汽。从溶液中蒸出的蒸汽称为二次蒸汽，以区别于生蒸汽。在操作中一般用冷凝方法将二次蒸汽不断地移出，否则蒸汽与沸腾溶液趋于平衡，使蒸发过程无法进行。若将二次蒸汽直接冷凝，而不利用其冷凝热的操作称为单效蒸发。若将二次蒸汽引到下一蒸发器作为加热蒸汽，以利用其冷凝热，这种串联蒸发操作称为多效蒸发。

蒸发操作可以在加压、常压或减压下进行，工业上的蒸发操作经常在减压下进行，这种操作称为真空蒸发。真空蒸发的特点在于：①减压下溶液的沸点下降，有利于处理热敏性物料，且可利用低压强的蒸汽或废蒸汽作为热源；②溶液的沸点随所处的压强减小而降低，故对相同压强的加热蒸汽而言，当溶液处于减压时可以提高总传热温差，但与此同时，溶液的黏度加大，所以总传热系数下降；③真空蒸发系统要求有造成减压的装置，使系统的投资费用和操作费用提高。

2. 蒸发浓缩过程中食品物料的变化

1）食品化学成分的变化　食品物料中的蛋白质、脂肪、糖类、维生素及其他风味物质在高温下或长时间加热要受到破坏，发生变性、氧化等作用。食品蒸发中应严格控制加热温度和加热时间。在保持食品质量的前提下为提高生产能力常采用高温短时蒸发，尽量减少料液在蒸发器内的平均停留时间。

2）腐蚀性　有些食品物料，如果汁等含有较多的有机酸，随着浓缩的进行，酸浓度也增加，它们可能对蒸发设备造成腐蚀。因此对这类食品的浓缩时宜选择既耐腐蚀又有良好的导热性的材料且易定期更换的蒸发器类型，如柠檬酸液的浓缩可用不透性石墨加热管或耐酸搪瓷夹层蒸发器。

3）黏稠性　溶液的黏稠性对蒸发过程的传热影响很大，尤其是一些蛋白质、多糖等高分子溶液，随着浓缩进行，黏稠性显著增大，流动性下降，物料的导热系数和总传热系数都会降低。因此，对于这类物料宜选择强制循环或刮板式蒸发器，使经浓缩的黏稠物料迅速离开加热表面。

4）结垢性　食品中的钙、镁等离子在浓缩后可能会沉淀下来，在加热面上形成垢层。蛋白质、糖类、果胶等物质受热过度会产生变性、结块、焦化等现象，也形成垢层。垢层严重影响传热速率。经验证明，提高物料流速可显著减轻结垢的形成。因此，采用强制循环和及时清洗对减轻污垢的形成是有效的。

5）泡沫性　某些食品物料，尤其是含蛋白质较多的物料具有较大的表面张力，沸腾时会形成稳定的泡沫。特别是在真空蒸发液层静压高的场合下更是如此，这会使大量的料液随二次蒸汽导入冷凝器，造成料液损失。可以使用表面活性剂以控制泡沫的形成，或降低二次蒸汽的流速，防止跑料，或采用管内流速很大的升膜式或强制循环式蒸发器，也可用各种机械装置消除泡沫。

6）结晶性　某些物料浓缩过程中，当其浓度超过饱和浓度时，会出现溶质结晶。结晶形成造成料液流动状态的改变，大量结晶的沉积，更会妨碍加热面的热传递。有结晶产生的溶液蒸发，需选择强制循环、外加热式及带有搅拌的蒸发设备，用外力使晶体保持悬浮状态。

7）风味形成与挥发　物料在高温下较长时间加热蒸发，因美拉德等反应产生一些风味物质，但对大多物料来说，常需控制这些反应的发生，常采用真空蒸发，但真空蒸发浓缩会造成物料中原有的芳香成分挥发，因此常采用从二次蒸汽冷凝液中回收风味物质，再移入浓缩制品中。在浓缩果汁的生产中，这尤显重要。

3. 多效蒸发浓缩的特点　在单效蒸发器中每蒸发 1kg 的水要消耗比 1kg 多一些的加热蒸汽。在工业生产中，蒸发大量的水分必须消耗大量的加热蒸汽。为了减少加热蒸汽消耗量，可采用多效蒸发操作。多效蒸发时要求后效的操作压强和溶液的沸点均较前效的低，因此可引入前效的二次蒸汽作为后效的加热介质，即后效的加热室成为前效二次蒸汽的冷凝器，仅第一效需要消耗生蒸汽，这就是多效蒸发的操作原理。一般多效蒸发装置的末效或后几效总是在真空下操作。由于各效的二次蒸汽都作为下一效蒸发器的加热蒸汽，因此提高了生蒸汽的利用率，即提高食品工厂的经济效益。按加料与蒸汽流动方向不同，有顺流式、逆流式及并流式多效蒸发器。

（二）冷冻浓缩

冷冻浓缩是利用冰与水溶液之间的固液相平衡原理的一种浓缩方法。当溶液中所含溶质浓度低于共熔浓度时，则冷却结果表现为溶剂（水分）成晶体（冰晶）析出。随着溶剂成晶体析出的同时，溶质浓度得到提高。

冷冻浓缩方法特别适用于热敏食品的浓缩。由于溶液中水分的排除不是用加热蒸发的方法，而是靠从溶液到冰晶的相间传递，因此可以避免芳香物质因加热所造成的挥发损失。这种方法应用于含挥发性芳香物质的食品浓缩，除成本外，就制品质量而言，要比用蒸发和反渗透法［见后文"（三）膜浓缩"］都好。

冷冻浓缩的主要缺点：①因为加工过程中，细菌和酶的活性得不到抑制，所以制品还必须再经热处理或加以冷冻保藏；②采用这种方法，不仅受溶液浓度的限制，而且取决于冷晶与浓缩液可能分离的程度，一般而言，溶液黏度越高，分离就越困难；③过程中会造成不可避免的溶质损失；④成本高。迄今，冷冻浓缩法尚有许多技术问题未获满意解决。

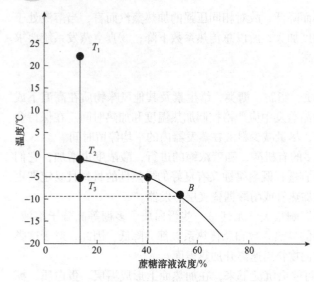

图6-13　蔗糖水溶液的液固相图（秦文和曾凡坤，2011）

1. 冷冻浓缩技术的原理　冷冻浓缩操作的相平衡不同于结晶操作中的相平衡。冷冻浓缩的溶液浓度必须低于最低共熔点浓度，且固相为溶剂冰晶与溶液成平衡，而不是溶质固体。

蔗糖水溶液在不同温度与浓度的相平衡关系如图6-13所示。图中 B 为低共熔点（浓度为56.2%，温度为 $-9.5℃$），15%的蔗糖溶液从温度 T_1 降低到 T_2 以下，水成晶体析出，蔗糖溶液的浓度得到提高。

蔗糖溶液因为蔗糖的加入，冰点比纯水的低，蔗糖溶液的浓度越大，冰点下降就越多，冰点下降的计算公式见式（6-5）。

$$\Delta T_i = \frac{-RT_0 \ln(1-x)}{\Delta S} \qquad (6\text{-}5)$$

式中，ΔT_i 为冰点下降温度（K）；R 为摩尔气体常数 [8.314kJ/（kmol·K）]；T_0 为纯水的冰点；x 为溶液的浓度（kmol/m³）；ΔS 水转为冰时的熵变（J/K）。

根据图6-13可看出，15%的蔗糖溶液从温度 T_1 降低到 T_3 时，蔗糖溶液浓度浓缩为40%。设原蔗糖溶液的总量为 M，蔗糖浓缩液量为 F，生成冰晶量为 X，则应有下列等式成立：$M×15\%=F×40\%$。由于 $M=F+X$，将此代入上式，化简后得到蔗糖浓缩液量 F 与生成冰晶量 X 的关系：$F/X=15/25$。这个关系式称为冷冻浓缩操作中的杠杆法则，据此可计算出冷冻浓缩操作过程中的冰晶量或浓缩液量。

图6-14所示的为咖啡、蔗糖、苹果汁、葡萄汁及果糖溶液的冻结曲线，利用该曲线可以进行冷冻浓缩计算。例如，浓度为11%的苹果汁冷却至 $-7.5℃$，在平衡条件下，得到浓缩液浓度为40%，约有81.5%的水成为冰晶而析出。

理论上讲，冷冻浓缩可继续到最低共熔点，但是由于浓缩液的黏度随温度降低越来越高，使冰晶与浓缩液很难分离，故冷冻浓缩是有限度的。

2. 冷冻浓缩过程与控制　冷冻浓缩过程包括冰晶生成、冰晶体的分离与洗涤。

1）冰晶生成　冷冻浓缩中的结晶为溶剂的结晶，同一般的溶质结晶操作一样，被浓缩的溶液中的水分也是利用冷却除去结晶热的方法使其结晶析出。

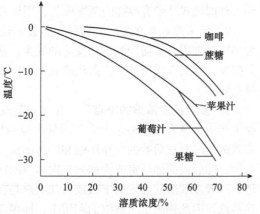

图6-14　一些液态食品的冻结曲线

冷冻浓缩时，冰晶要有适当的粒度，晶体粒度过大，结晶慢，操作费用增加；冰晶过小，造成分离困难，溶质夹带较多，因此生产过程中应该确定一个最佳晶体粒度，既能使结晶和分离成本降低，又能使溶质损失减小。而冰晶尺寸取决于结晶形式、结晶条件、分离器形式及浓缩液的商品价值等。影响冰晶大小的因素主要有冰晶的生成方式及冰晶生成速率两方面。

（1）冰晶的生成方式。一般冷冻过程的结晶有两种形式：一种是层状冻结，另一种是悬浮冻结。

层状冻结也称规则冻结，是一种单向冻结，在管式、板式及转鼓式、带式设备中进行。晶层依次沉积在先前由同一溶液形成的晶层之上，一般为针状或棒状。层状冻结有以下几方面特点：①随着冷冻浓缩的进行，溶液浓度逐渐增加，晶尖处溶液的过冷度逐渐降低，冻结速率或晶尖生长速度也随之降低，晶体直径逐渐增大；②在溶液浓度不变的情况下，晶体平均直径与水分的分子扩散系数及溶液的黏度有关，水分扩散系数越小，黏度越大，则平均直径越小；③在平行的晶体之间存在着液层，此液层厚度与浓度有关，当溶液浓度低于20%时，浓度增加，厚度也增加，但当浓度大于20%时，则厚度将保持不变；④水分冻结时，具有排斥溶质析出、保持冰晶纯净的现象，称为溶质脱除作用，这种脱除作用只有在极低的浓度下（如1%）才明显发生，对于浓度大于10%的溶液的单向冻结，如果非冻结液层的温度在冰点左右或略呈过冷状态，则冻结层解冻后的溶质浓度等于非冻结溶液的浓度，在这种场合下，不发生溶质脱除作用，因而不会产生冷冻浓缩的效果；⑤只有在极其缓慢的冻结条件下，如晶体成长速率为每天 1cm 或小于 1cm 的条件下，才有可能产生溶质脱除的现象。

在受搅拌的冰晶悬浮液中进行的冰晶成长过程称为悬浮冻结。悬浮冻结的特点：①提高溶液中溶质的浓度，冰晶体的成长速率将降低；②在溶液过冷度的低值范围内，成长速率与溶液主体过冷度成正比；③当晶体大于 50μm 时，冰晶成长速率不随晶体的大小而改变；④连续搅拌结晶槽生产的晶体，当溶液主体过冷度和溶质浓度不变时，则平均晶体粒度与晶体在结晶槽内的停留时间成正比；⑤在连续搅拌结晶槽内，保持一定的结晶生产能力，但在晶体颗粒量不同的情况下，晶体平均直径与晶体在槽内的平均停留时间的关系是不同的。

（2）冰晶体生成速率。冰晶体生成速率取决于冻结速率、冻结方法、搅拌、溶液浓度和食品成分。

冻结速率快，易形成局部过冷，形成较多的晶核，冰晶体积细小，溶质夹带多。

在层状冻结中，当冻结面的温度较低时，靠近冻结面的液体易出现局部过冷，产生细小的冰晶，形成的冻结层溶质脱除率很低。在悬浮冻结过程中晶核形成速率与溶质浓度成正比，并与溶液主体过冷度的平方成正比。由于结晶热一般不可能均匀地从整个悬浮液中除去，因此总存在着局部过冷度大于溶液主体的过冷度。从而在这些局部冷点处，晶核形成就比溶液主体快得多，晶体成长就要慢一些。因此，提高搅拌速度，使温度均匀化，减少这种冷点的数目，对控制晶核形成过多是有利的，而且适当的搅拌有利于主体溶液中的水分转移到冰晶表面进行晶析，形成的冰结晶也越大，同时促使冰晶附近液中的溶质向溶液主体扩散，减少溶质夹带。

浓度较高的溶液起始冻结点较低，在冻结时不易出现局部过冷的现象。成分不同的食品具有不同的导热性，导热性越强，冻结速度越快，越不易出现局部过冷的现象。

含小冰晶悬浮液的平衡温度低于含大冰晶的悬浮液，当含大小冰晶的两种悬浮液混合时，混合后溶液主体温度介于大小冰晶的平衡温度之间，由于此主体温度高于小晶体的平衡温度，小晶体就溶解，相反大晶体就会长大，而且小晶体的溶解速度和大晶体的成长速度都随着晶体本身的尺寸差值的增加而增加，因此，若冷点处所产生的小晶核立即从该处移出并与含大晶核的溶液主体均匀混合，则所有小晶核将溶解。这种以消耗小晶核为代价而使大晶体成长的作用，常为工业悬浮冻结操作所采用。

2）冰晶体分离与洗涤

（1）冰晶体分离。影响冰晶分离的因素主要是冰晶体的大小和浓缩液的性质。一般来说，分离时的生产能力与冰晶体的大小的平方成正比，与浓缩液的黏度成反比。

分离操作方式可以是间歇式或连续式。分离设备主要有压滤机、过滤式离心机、洗涤塔等。采用压滤机时，冰晶易被压实，后续的洗涤难以进行，易造成溶质损失，只适用于浓缩比为 1 的冷冻浓缩。采用过滤式离心机，分离效果较压榨法好，可以用洗涤水或冰融化后来洗涤滤饼，但易造成浓缩液的稀释，同时浓缩液旋转甩出时与空气充分接触造成挥发性芳香物质的损失和对氧敏感物料的氧化变质。洗涤塔内分离较为完全，而且没有稀释现象，同时因为操作时完全密闭且无顶部空隙，可避免芳香物质的损失。

（2）冰晶体洗涤。冰晶形成过程中，存在溶质夹带现象，夹带主要由冰晶表面吸附造成，因此溶质主要存在于冰晶表层，可采用稀溶液、冰晶熔化后的水或者清水对冰晶体进行洗涤，从而减少溶质损失，但往往也造成了浓缩液被稀释。

冰晶体的洗涤在洗涤塔内进行。洗涤塔有几种类型，主要区别在于使晶体沿塔移动的动力不同。按推动力的不同，可分为浮床式、螺旋式和活塞推动式三种。

a. 浮床式洗涤塔：其工作原理结构如图 6-15 所示。从结晶器出来的晶体悬浮液从塔的下端进入，浓缩液从同端经过滤器排出。因冰晶密度比浓缩液小，故冰晶逐渐上浮到顶端。塔顶设有熔化器（加热器）使部分冰晶溶解。熔化后的水分即运行下流，与上浮冰晶逆流接触、洗去冰晶间浓缩液。这样晶体就沿着液相溶质浓度逐渐降低的方向移动，因而晶体随浮随洗，残留溶质越来越少。

b. 螺旋式洗涤塔：螺旋洗涤塔是以螺旋推送为两相相对运动的推动力。如图 6-16 所示，晶体悬浮液进入两同心圆筒的环隙内部，环隙内有螺旋在旋转。螺旋具有棱镜状断面，除了迫使冰晶沿塔体移动外，还有搅动晶体的作用。

c. 活塞推动式洗涤塔：这种洗涤塔以活塞的往复运动迫使冰床移动为推动力，如图 6-17 所示。晶体

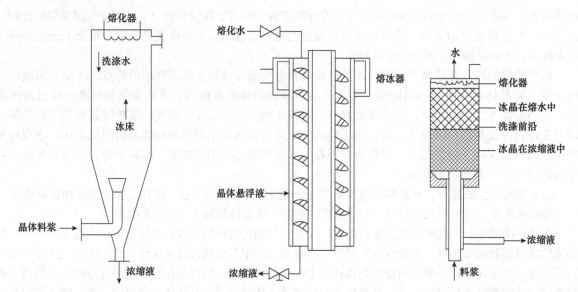

图 6-15 浮床式洗涤塔的工作原理（秦文和曾凡坤，2011）　　图 6-16 螺旋式洗涤塔示意图　　图 6-17 活塞推动式洗涤塔示意图（秦文和曾凡坤，2011）

悬浮液从塔的下端进入，由于挤压作用使晶体压紧成为结实而多孔的冰床。浓缩液离塔时经过滤器。利用活塞往复运动，冰床被迫移向塔的顶端，同时与洗涤液逆流接触。

案例

冷冻浓缩在西瓜汁制备中的应用

西瓜汁是低酸、热敏性、不适于热处理浓缩的果汁。冷冻浓缩技术可以减少西瓜汁中挥发性芳香成分损失，不会引起西瓜汁中酶、色素、维生素等热敏性成分的剧烈变化，因而能最大限度地保持西瓜汁的营养、品质和风味，同时能防止操作中微生物的增殖。

1. 工艺流程

西瓜→清洗→去皮→螺旋榨汁→沉降离心（2min）→冷却降温→冰晶生成、长大→固液分离（过滤离心 2min）→浓缩液

2. 冷冻浓缩设备操作步骤

（1）把经过过滤处理的果汁移入结晶罐中。

（2）调节制冷压缩机组温度控制器设定所需温度，开启制冷压缩机组的制冷开关，压缩机启动制冷直至达到所设定温度后自动停机。

（3）启动冷媒输送泵，同时开启刮刀驱动装置。罐内果汁温度持续下降至低于过冷温度后，板壁上出现的冰晶被刮刀刮下，悬浮于溶液表面成为种冰。

（4）冰晶体在冰晶生长罐内充分生成、长大后，用滤网将冰晶捞出。

（5）利用过滤离心机分离捞出的冰晶，并对冰晶称重记录，同时用阿贝折射仪测出冰晶可溶性固形物含量，并回收滤液。

（三）膜浓缩

膜浓缩是一种类似于过滤的浓缩方法，只不过"过滤介质"为天然或人工合成的高分子半透膜，如果"过滤"膜只允许溶剂通过，把溶质截留下来，使溶质在溶液中的相对浓度提高，就称为膜浓缩。如果这种"过滤"过程中透过半透膜的不仅是溶剂，而且是有选择地透过某些溶质，使溶液中不同溶质达到分离，则称膜分离。

膜浓缩技术常根据过程的推动力不同进行分类。例如，以压力为主推动力的有反渗透、超滤技术，以电力为推动力的有电渗析技术等。膜浓缩技术的优点是过程比较简单，没有相变，可在常温下操作，且易于连续化生产，既节省能耗又适合对热敏性物质的浓缩，在食品浓缩中应用较多的膜浓缩是反渗透和超滤，目前已成功应用于牛乳、咖啡、果汁、明胶、乳清蛋白、蛋清等的浓缩。在工业上电渗析主要用于分离除杂，很少专门用于浓缩，有报道称可采用电渗析浓缩海水制盐和从发酵液中分离浓缩柠檬酸。

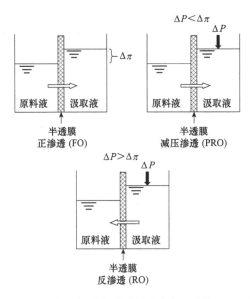

图6-18　渗透与反渗透原理图（齐亚兵等，2021）

1. 反渗透　　反渗透的原理如图6-18所示。半透膜将一侧的原料液与另一侧的汲取液隔开时，在无外界压力存在情况下，水分自发地从原料液一侧向汲取液一侧迁移，汲取液液位升高，直至膜两侧液位压力差（ΔP）与膜两侧渗透压差（$\Delta \pi$）相等，正渗透过程才会停止。当膜两侧的压力差（ΔP）大于渗透压差（$\Delta \pi$）时，水将通过半透膜向原料液一侧扩散，此过程称为反渗透。

反渗透的最大特点就是能截留绝大部分和溶剂分子大小同数量级的溶质，而获得相当纯净的溶剂（如水）。

溶解-扩散机制认为高压侧溶液中的组分先溶解在膜中，然后以扩散的方式通过均匀无孔表面层，渗透过膜并进入低压侧的稀溶液中。由此似乎和膜的空隙无关。

优先吸附-毛细孔流动机制认为，膜的表面是不均匀的和多孔的。由此，膜材料适宜的化学性质和所具有孔径的大小将是反渗透得以进行的两个必备条件。膜材料的极性和它的介电常数值往往能优先吸附（如水）或排斥（如溶质）流体中某一组分。水被优先吸附在膜表面后，在压差的推动下，就有可能通过膜的毛细管连续进入产品中。但毛细管的大小必须给予限制，一般认为吸附层约为2个水分子厚度。定膜的孔隙为水分子厚度的2倍，为1.0～2.0nm，称为膜的临界直径。在此直径内，在压差下通过膜孔隙的是纯水，盐类无法通过；反之，盐离子就可以泄漏过膜，并以一价盐最甚，二价盐次之，三价盐更差。上述机制并不服从筛分机制，只有当溶质为有机物时，才完全服从筛分机制。这些机制都有它的不完善之处，还有待进一步的深入研究。根据优先吸附-毛细孔流动机制，反渗透浓缩时溶剂的透过速率见式（6-6）。

$$J_{\mathrm{w}} = \frac{D_{\mathrm{w}} c_{\mathrm{w}} V_{\mathrm{w}} (\Delta P - \Delta \pi)}{RT \Delta X} = A(\Delta P - \Delta \pi) \tag{6-6}$$

式中，D_{w} 为溶剂在膜中的扩散系数（m^2/s）；c_{w} 为溶剂在膜中的浓度（$kmol/m^3$）；V_{w} 为溶剂的摩尔体积（$m^3/kmol$）；ΔP 为压力差（Pa）；$\Delta \pi$ 为渗透压差（Pa）；R 为摩尔气体常数 [8.314kJ/（kmol·K）]；T 为热力学温度（K）；ΔX 为膜的有效厚度（m）；A 为溶剂对膜的渗透系数 [（kmol·m^2）/s]。

溶质的透过率（J_{s}）见式（6-7）。

$$J_{\mathrm{s}} = \frac{-D_{\mathrm{s}} K_{\mathrm{s}} (c_{\mathrm{R}} - c_{\mathrm{P}})}{\Delta X} = B(c_{\mathrm{R}} - c_{\mathrm{P}}) \tag{6-7}$$

式中，D_{s} 为溶质的扩散系数（m^2/s）；K_{s} 为溶质在膜中的溶解度系数；c_{R}、c_{P} 分别为溶质在高、低压侧的浓度（$kmol/m^3$）；B 为溶质对膜的渗透系数 [（kmol·m^3）/s]；ΔX 为膜的有效厚度（m）。

2. 超滤　　应用孔径为1.0～20.0nm（或更大）的半透膜来过滤含有大分子或微细粒子的溶液，使大分子或微细粒子在溶液中得到浓缩的过程称为超滤。超滤与反渗透类似，超滤的推动力也是压力差，在溶液侧加压，使溶剂透过膜而使溶液得到浓缩。与反渗透不同的是，超滤膜对大分子的截留机制主要是筛分作用，决定截留效果的主要是膜的表面活性层上孔的大小和形状。除了筛分作用外，粒子在膜表面微孔内的吸附和在膜孔中的阻塞也使大分子被截留。由于理想的分离是筛分，因此要尽量避免吸附和阻塞的发生。在超滤过程中，小分子溶质将随同溶剂一起透过超滤膜。由于超滤浓缩的是大分子物质，因此可不考虑渗透压的影响。

3. 电渗析　　电渗析是一种在直流电场作用下使溶液中离子通过膜进行传递的过程。根据所用膜的不同，电渗析可分为非选择性膜和选择性膜两种。

非选择性膜电渗析利用天然或人工半透膜（如火棉胶、膀胱膜）能透过离子而不能透过颗粒较大的胶体粒子的性质，在外加直流电场的作用下，作为杂质的离子就从胶体中透过半透膜进入水中，被水流带走，从而使溶胶得到提纯，由于阴阳离子都能穿过膜，因此对于水溶液中离子的脱除效果就很差。而改为选择性离子膜，则溶液中的阴阳离子在外加直流电场作用下做定向迁移时，利用阴阳离子交换膜对溶液中离子的选择性透过，就可以达到分离溶液中离子的目的。本部分仅介绍离子交换膜的电渗析过程。

电渗析操作在工业中作为一项新的分离技术，广泛用于海水和苦咸水的淡化、海水浓缩制盐，工业废水处理，以及某些有机物的浓缩提纯、食品工业水的纯化处理上。

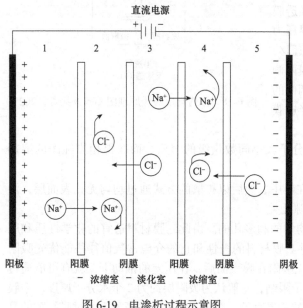

图 6-19　电渗析过程示意图

图 6-19 是除去水中盐的电渗析器示意图。在正负两电极间交替地平行放置阳离子交换膜（阳膜）和阴离子交换膜（阴膜），并依次构成浓缩室与淡化室。

阳膜由带负电荷的酸性活性基团（如磺酸基）的阳离子交换树脂构成，它能选择性地使阳离子透过，而阴离子不能透过。阴膜由带正电荷的碱性活性基团（如氨基）的阴离子交换树脂构成，它能选择性地使阴离子透过，而阳离子不能透过。

在淡化室中通入含盐水，接上电源。溶液中带正电荷的阳离子在电场作用下，向阴极方向移动到阳膜，受到膜上带负电荷的基团的异性相吸作用而穿过膜，进入右侧的浓缩室；带负电荷的阴离子，向阳极方向移动到阴膜，受到膜上带正电荷的基团的相吸作用穿过膜，进入左侧的浓缩室。这样，盐水中的盐被除去而得到淡水。在浓缩室中（如右侧的浓缩室），阴离子向阳极移动，碰到阳膜，受到膜上带负电荷基团的同性相斥作用，受阻而不能透过膜；阳离子向阴极移动，碰到阴膜，受到膜上带正电荷基团的同性相斥作用，受阻而不能透过膜，而浓缩室两侧室中的正负离子则可以分别通过阳膜和阴膜而进入浓缩室，因而在浓缩室中浓集。

第三节　脱水对食品品质的影响

一、干制对食品品质的影响

（一）物理变化

食品在干制过程中因受加热和脱水双重作用的影响，将发生显著的物理变化，主要有质量减少、干缩、表面硬化、多孔性形成、热塑性形成、挥发性物质损失及溶质迁移等。

1. 干缩　　细胞壁结构有一定的弹性和硬度，即使细胞死亡，它们仍保持不同程度的弹性。但应力增大到一定数值，超过了细胞的弹性限度，发生了结构的屈服，在应力消失后细胞无法恢复原有形态，便产生了干缩。有充分弹性的细胞组织在均匀而缓慢地失水时，物料各部分会均匀地线性收缩。实际上，干燥时食品内的水分难以均匀排除，随着干燥过程的进行，水分的排出向深层发展，最后至中心处，干缩也不断向物料中心进行，形成了凹面的外形。

2. 表面硬化　　表面硬化是食品物料表面收缩和封闭的一种现象。表面硬化不仅会阻碍干燥过程中热量向食品内部的传递和水分向表面迁移，使干燥速率下降，而且长期储藏过程中，会使干制品内部水分缓慢渗出至干制品表面，引起干制品霉变。

引起表面硬化的原因有二：其一，食品干燥时，溶质借助水分的迁移不断在食品表层形成结晶，导致表面硬化；其二，由于食品表面干燥过于强烈，水分蒸发很快，而内部水分又不能及时扩散到表面，因此表层就会迅速干燥而形成一层硬膜。

一些含有高浓度糖分和可溶性物质的食品干燥时最易出现表面硬化。对于由细胞构成的食品，内部水分常以分子扩散方式流经细胞膜或细胞壁，到达表面后以蒸汽分子形式向外扩散，使溶质残留；对于块片状和浆质态食品，由于存在大小不一的气孔、裂缝和微孔，食品内的水分也会经这些孔通路上升到表面蒸发而使溶质残留于表面；这些表面堆积的溶质会将干燥时正在收缩的微孔和裂缝封闭，表面堆积的高浓度溶质在高温下形成干燥膜。此时，如果降低食品表面的温度，有利于延缓表面硬化。

3. 多孔性　　食品在干燥过程中会形成多孔性结构，分为下列几种情形。

情形一：快速干燥时由于食品表面的干燥速度比内部水分迁移速度快得多，因而迅速干燥硬化。在内部继续干燥收缩时，内部应力将使组织与表层脱开，干制品中就会出现大量的裂缝和孔隙，形成多孔性结构。

情形二：物料内部蒸汽压的迅速建立支持物料维持原有形状，当这种蒸汽压释放后，物料已经干燥，形成孔隙。膨化马铃薯正是利用外逸蒸汽促使其膨化，形成多孔性结构。

情形三：加发泡剂并经搅拌形成稳定泡沫状的液体或浆质体食品干燥后，也能形成多孔性制品，如蛋糕疏松性结构的形成。

情形四：真空干燥时的高度真空也会促使水蒸气迅速蒸发向外扩散，从而形成多孔性制品。

情形五：冷冻干燥时，物料被冻结，干燥后物料维持原有形状，内部形成孔隙。

现在，不少干燥技术或干燥前预处理促使物料形成多孔性结构，以有利于质的传递，加快物料的干燥速率。实际上多孔性海绵结构为最好的绝热体，会减慢热量的传递，为此不一定能加快干燥速率，最后的效果却取决于干燥系统及该种食品物料的多孔性对质、热传递的影响何者为大。

4. 热塑性　　不少食品为热塑性物料，即加热时会软化的物料。糖分及其他物质含量高的果蔬汁就属于此类。例如，橙汁或糖浆在平盘或输送带上干燥时，水分虽已全部蒸发掉，但残留固体物质却仍像保持水分那样呈热塑性黏性状态，黏结在设备上难以取下，然而冷却时它会硬化成结晶体或无定形玻璃态而脆化，此时就便于取下。为此，大多数输送带式干燥设备区常设冷却区。

5. 挥发性物质的损失　　从食品中逸出的水蒸气中总是夹带着微量的各种挥发性物质，使食品特有的风味受到不可恢复的损失。虽然能够从水蒸气中回收部分，但是目前减少挥发性物质损失的方法几乎没有。

6. 溶质迁移　　食品在干燥过程中，其内部除了水分会向表层迁移外，溶解在水中的溶质，如糖、盐、有机酸等也会迁移。溶质迁移一种是由于食品干燥时表层收缩使内层受到压缩，导致组织中的溶液穿过孔隙和毛细管向表层流动，当表层溶液蒸发后，浓度逐渐增大，如果脱水速度较快，溶质会在物料表面形成干硬膜或结晶；另一种是如果脱水速度较慢，在表层与内层溶液浓度差的作用下高浓度溶质由表层向内层迁移，使溶质分布均匀化。干制品内部溶质的分布是否均匀，最终取决于干燥速度，即取决于干燥的工艺条件。

（二）化学变化

1. 主要营养成分的变化

1）单位质量干制品中的主要营养成分含量高于新鲜食品　　从表6-2中可以看出，新鲜牛肉制品中蛋白质含量为20%，而干制品牛肉中的含量为55%。但比较复水干制品和新鲜食品，前者的品质总是低于后者。

表6-2　新鲜和脱水干制食品营养成分的比较（%）（秦文和曾凡坤，2011）

营养成分	牛肉		青豆	
	新鲜	干制品	新鲜	干制品
蛋白质	20	55	7	25
脂肪	10	30	1	3
碳水化合物	1	1	11	65
灰分	1	4	1	2

2）蛋白质脱水变性及营养损失　　含蛋白质的食品脱水后，吸水还原时，其外观、水分含量及硬度等均不能恢复到原有状态，其主要原因是蛋白质脱水变性。同时干燥过程中，氨基酸也因与脂肪自动氧化的产物发生反应或者参与美拉德反应而损失。

干燥导致蛋白质变性的原因有两个：其一是在热的作用下，维持蛋白质空间结构稳定的氢键、二硫键等被破坏；其二是干燥脱水增加了蛋白质所处环境中的离子浓度，蛋白质因盐析作用而变性。

蛋白质脱水变性程度受干燥温度、时间、水分活度、pH、脂肪含量及干燥方法等因素的影响。干燥温度对蛋白质在干制过程中的变化起着重要作用。一般情况下，干燥温度越高，蛋白质变性速度越快。干燥时间也是影响蛋白质变性的主要因素之一。一般情况下，干燥初期蛋白质的变性速度较慢，而后期较快。但是，蛋白质在冻结干燥过程中的变性与此相反，呈初期快而后期慢的模式。蛋白质在干燥过程中的变化与含水量之间有密切的关系。水分含量高者，易变性。通常认为脂质对蛋白质的稳定有一定的保护作用，但脂质氧化的产物将促进蛋白质的变性。干燥方法对蛋白质的变性有明显的影响，冷冻干燥法引起的蛋白质变性程度要轻微得多。研究人员研究了冷冻干燥牛肉的蛋白质变性情况，指出肌球蛋白溶解度、ATPase活性、蛋白质沉降及电泳图等在冷冻干燥前后均无显著变化。

3）脂肪氧化损失　　干制过程中，食品（尤其是含油脂食品）中的油脂极易发生氧化，干燥温度越高，氧化越严重。若干制前添加抗氧化剂能有效地控制脂肪氧化。

干燥方式不同，脂肪损失率也不同。例如，冷冻干燥的乳粉其必需脂肪的损失率比喷雾干燥的少30%～40%。但冷冻干燥后食品出现多孔性结构，水分和空气很容易穿过食品内部。若暴露在空气中，将促使脂肪氧化反应加速，因而这种食品须采用真空包装。

4）维生素的损失　　维生素的损失与干制方式密切相关。自然干燥脱水，由于长时间与空气接触，某些容易被氧化的维生素其损失率大于人工干制的损失。例如，杏子用晒干、阴干和人工脱水法制成杏干，则维生素 C 的损失率分别为 29%、19% 和 12%，β-胡萝卜素损失率分别为 30%、10.1%、9.2%；而冷冻干燥维生素 C 损失率低于 10%，胡萝卜素和维生素 A 的损失率一般低于 5%。

乳类及蛋类在喷雾干燥、滚筒干燥的过程中，维生素 A、维生素 D 几乎不损失。

5）碳水化合物的损失　　水果中含有丰富的碳水化合物，葡萄糖、果糖等糖类不稳定，高温长时间作用下，因焦糖化反应及美拉德反应而损失。

2. 色泽的变化　　新鲜食品的色泽一般都比较鲜艳。干燥会改变其物理性质和化学性质，使食品反射、散射、吸收和传递可见光的能力发生变化，从而改变了食品的色泽。

高等植物中存在的天然绿色是叶绿素 a 和叶绿素 b 的混合物。叶绿素呈现绿色的能力和色素分子中的镁有关。湿热酸性条件下叶绿素将失去镁原子而转化成脱镁叶绿素，呈橄榄色，微碱条件下能控制镁的转移。干燥过程中温度越高，处理时间越长，色素变化量也就越多。类胡萝卜素、花青素也会因为干燥处理有所破坏。

植物组织受损伤后，组织内氧化酶活能将多酚或其他物质，如鞣质、酪氨酸等氧化成有色物质，这种酶促褐变会给干制品品质带来不良后果。为此，干燥前需进行酶钝化处理以防止变色。

糖分焦糖化和美拉德反应是干制过程中常见的非酶褐变反应。前者反应中糖分首先分解成各种羰基中间物，然后再聚合反应生成褐色聚合物。后者为氨基酸和还原糖的相互反应，常出现于水果脱水干制品中。脱水干制时高温和残余水分中反应物质的浓度对美拉德反应有促进作用。美拉德褐变反应在水分下降到 20%～25% 时最迅速，水分继续下降则它的反应速率逐渐减慢，当干制品水分低于 1% 时，褐变反应可减慢到甚至长期储藏也难以觉察的程度。

维生素 C 能自动向形成有色物质方向变化，温度越高、时间越长，这种转化进程就越快。如果有氨基酸的存在，则 R 基团首先与维生素 C 进行反应生成褐色物质，R 基团中含氨基或苯环的氨基酸反应最快。

3. 风味的变化　　引起水分除去的物理力，也会引起一些挥发性物质的去除，从而导致风味变差。例如，牛乳失去极微量的低级脂肪酸，特别是硫化甲基，虽然其含量仅亿分之一，但其制品却已失去鲜乳风味。

在热干燥中，风味挥发性物质比水更易挥发，因为如醇、醛、酮、醋等沸点更低。干制品的风味物质比新鲜品要少，干制品在干燥中还会产生一些特殊的蒸煮味。

食品失去挥发性风味成分是脱水干制时常见的一种现象。要完全防止干制过程风味物质损失比较困难。解决的有效办法是从干燥设备中回收或冷凝外逸的蒸汽，再回加到干制食品中，以便尽可能保存它原有的风味。此外，也可以从其他来源取得香精或风味制剂补充到干制食品中，或干燥前在某些液体食品中添加树胶或其他包埋物质将风味物质微胶囊化以防止或减少风味损失。

二、干制品的复原性和复水性及速溶性

干制品一般都在复水（重新吸回水分）后才食用。干制品复水后恢复到原来新鲜状态的程度是衡量干制品品质的重要指标。干制品的复原性就是干制品重新吸收水分后在重量、大小和形状、质地、颜色、风味、成分、结构及其他可见因素等各个方面恢复原来新鲜状态的程度。在这些衡量品质的因素中，有些可用数量来衡量，而另一些只能用定性方法来表示。

干制品复水性就是新鲜食品干制后能重新吸回水分的程度，一般常用干制品吸水增重的程度来衡量，或用复水比、复重系数来表示。复水方法是把干制品浸入 12～16 倍质量的冷水中，经半小时，迅速煮沸 5～7min 即可。

复水比（$R_{复}$）：物料复水后沥干重（$m_{复}$）和干制品试样重（$m_{干}$）的比值。

复重系数（$K_{复}$）：复水后制品的沥干重（$m_{复}$）和同样干制品试样量在干制前的相应原料重（$m_{原}$）之比。

干燥方法及干燥工艺不同，干制品复水性差别很大，一般情况下，快速干燥制品的复水性比慢速干燥的制品好，冷冻干燥制品的复水性比其他干燥方法制得的制品复水性好。

评价干燥后粉末类食品，如奶粉、果蔬粉、咖啡类饮品、方便茶饮料等的一个重要指标是速溶性。速溶性包含两方面内容：粉末在水中形成均匀分散相的时间及形成分散相的量。影响粉末类干制品速溶性的主要因素有粉末的成分、结构及加工工艺。可溶性成分含量大，粉末微细的易溶；结构疏松、多孔的易溶；喷雾干燥造粒的易溶。

第四节　干制品的安全生产与控制

一、食品干燥的 HACCP 分析的过程

食品干燥过程主要有预处理（挑选、清洗、烫漂、冷却、切分）、干燥（热风干燥、真空干燥、冷冻干燥）、包装等过程。具体操作过程可根据原料种类和干燥方式进行选择，因此每一种物料有不同的干燥工艺，进行 HACCP 分析的过程就比较复杂。

食品干燥过程的 HACCP 分析可遵循以下步骤进行：①分析具体干燥生产工艺流程；②分析加工过程中的主要质量问题；③关键控制点的确定；④关键点的控制措施。以上各步骤分析结果可由危害分析工作表显示，如表 6-3 所示。

表 6-3　生姜片干制中 HACCP 体系危害分析及控制措施（董全和黄艾祥，2007）

加工工序	本工序被引入控制或增加的潜在危害	潜在危害是否显著	第三栏的判定依据	采取什么措施预防严重危害	该工序是不是关键控制点
原料的验收	农药残留、寄生虫、金属、泥沙等	是	是否有细菌污染和农药残留	拒收无合格证明的原、辅料	是
清洗	无	否	清洗可清除、减少微生物，SSOP 可控	—	否
去皮	凹槽处去皮不彻底	是	生姜形状不规则	由专门检验员检查，将不合格的生姜重新去皮	是
切分	细菌污染	否	从切分到护色不能超过30s，细菌繁殖少，SSOP可控	—	否
护色	溶液浓度过大或过小，时间过长或过短	是	检测	控制溶液浓度和时间	否
热处理	酶仍有活性	是	酶的活性导致姜片发生褐变，颜色变暗	彻底使酶失活，严格执行 GMP 可控	是
甩干	表面水分过多	否	检测水分	脱去表面水分	否

续表

加工工序	本工序被引入控制或增加的潜在危害	潜在危害是否显著	第三栏的判定依据	采取什么措施预防严重危害	该工序是不是关键控制点
干制	温度过高或过低、时间过长或过短	是	保证干制的温度和时间	控制干制的温度和时间	是
分拣	产品最终质量	是	目测检测	挑选	是
包装	微生物再污染	否	通过 SSOP 可控制	—	否

注："—"表示无预防措施；SSOP（sanitation standard operating procedure，卫生标准操作规程）

二、干燥过程的 HACCP 分析

已有的研究表明，在干燥过程中产生危害的主要控制点不在于干燥过程本身，而是干燥的辅助过程，如原料的选择、护色、杀菌、烫漂、包装等。现有的干燥方法中，基本不会引入新的危害。由于食品干燥温度一般低于 100℃，因此杀灭细菌的作用很弱，能够一定程度去除微生物危害的主要原因是降低了食品的水分活度。干燥过程一般不会促进物料显著的物理变化，化学变化基本不存在，所以很难通过干燥去除物理和化学污染物。因此，对于食品干燥过程的 HACCP 分析应将重点放在干燥的辅助过程上。

（一）原料的要求

原料的选择对其干制品的质量具有直接影响，需要保证原料的品质达到干燥加工要求。通常会对购入原料进行检验，剔除老化、酸败、霉烂、有病虫害的原料。

（二）清洗和消毒

原料清洗过程主要为了去除异物和表面生物、微生物，一般不能加入化学消毒剂进行消毒。但工厂在浸泡和清洗过程中加入次氯酸钠消毒是普遍现象。工厂这个认识误区在很多加工企业都存在，即重视微生物危害，没想到化学危害对产品和消费者的不良影响。例如，葱类含微生物比起其他蔬菜要严重，浸泡过程一般加入次氯酸钠，浓度为 150mg/kg，时间 30min。次氯酸钠浸泡确实能有效减少致病微生物的存活率，但是负面影响有两个：其一是如此高浓度的次氯酸钠直接接触蔬菜，一旦下一步清洗过程不彻底，残留的化学污染明显危害人体；其二是高浓度消毒液长时间浸泡蔬菜，损坏蔬菜表面组织，降低了感官质量，如果次氯酸钠消毒确实能够彻底杀灭微生物，对于不加热的品种来说，可以作为消灭微生物危害的关键控制点，但必须通过实验和验证数据来说明。次氯酸钠消毒必须保护好蔬菜的感官品质不被破坏（表皮不揉烂），否则实验失去意义。根据国内外客户对各种食品成品的微生物要求限量，对不同类型的食品成品有不同的微生物可接受水平。

（三）去皮核

对于有些果蔬需要进行去皮、核、柄。常采用热力、碱液或者两种方法联合进行去皮；采用人工或机械方法去核、柄。番茄等表皮较薄，可置于热水或蒸汽中，使果皮膨胀，果胶物质溶解，去除外皮。苹果、梨、桃等表皮较厚，可至于强碱溶液，在一定温度和浓度下，利用清水冲洗或揉搓，表皮脱落后用清水或 0.25%~0.5% 的柠檬酸或盐酸浸泡，再用清水漂洗。有些原料采用联合方法去皮效果更好。

（四）烫漂

烫漂的主要目的是使蔬菜中的酶失去活性，杀死部分微生物和虫卵，排除细胞组织内的空气，去除异味，色泽鲜艳。但是由于蔬菜本身的特点，烫漂的温度、时间不易掌握。考虑到蔬菜的品质等因素，烫漂最易出现的问题是烫漂不足，造成酶活性残留；漂烫过度，营养成分损失大，复水能力下降。

工业生产中烫漂温度一般为 85~95℃，时间为 4~7min，以烫漂至过氧化酶失活为度，烫漂程度检验可通过愈创木酚检验，将蔬菜从中心一撕两半，放入 0.1% 愈创木酚中浸泡片刻，取出在断面中心滴上 0.3% 的过氧化氢溶液，若变红则烫漂不足，不变色则表示酶已失活。具体内容可参见第五章第二节的相关内容。

（五）冷却及切片

烫漂后的原料应立即冷却至10～15℃以下，沥去表面水分，视需要切分至需要的长度，一般为3～4cm，砧板要保持清洁，刀口每半小时清洗一次。

切片过程中要严格控制加工的切割厚度、切盘转速、切割温度、停留时间等工艺参数。例如，蒜片的切割厚度为1.5～2.2mm，切盘转速为230r/min。

（六）预冻及保存

预冻结可在速冻机中进行，也可以在急冻间中进行。冻结时铺盘应均匀，一般控制在2～3cm厚，温度在25℃以下，时间3～4h，至内部完全冻结为止。

在冷冻干燥中，升华是主要工序，而升华的快慢与冻结时的速度有关。冻结过快时，即速冻时，产品品质好，但冰晶升华后形成的孔隙小，升华速度慢；冻结速度慢，升华快，但复水后易造成营养成分损失。若冻结时不彻底，升华时产品易出现发泡，外形不整，冻结温度应在共晶点之下。在冷冻保存时，冷库内温度的波动，易造成产品表面水分的变化，特别是温度波动较大时，会对品质产生影响。此外，空气的流动也会对产品质量产生影响。山野菜季节性强，采收期冻结后一般需冻藏保存，冻藏时间最长可达10个月之久。为保证品质，冷冻库温度波动应在±1℃之间，尽量保持温度平稳。在风冷却器制冷的库中，风也会影响产品的水分变化，造成产品干耗，因而产品应进行包装，可用聚乙烯塑料袋进行包装，封口要严。

（七）干燥过程

干燥方法不同，干燥过程参数控制差别很大，对干燥过程是否为关键控制点有不同的认识，表6-4显示了一些学者对干燥过程是否为关键控制点的认识。从表6-4中可以看出，大家对干燥过程是否为关键控制点分歧比较大，其主要原因是大家对干燥过程引入控制或增加的潜在危害的认识有差别。在这里仅以冷冻干燥过程为例作进一步的分析。

表6-4　干燥过程 HACCP 危害分析及控制措施（董全和黄艾祥，2007）

应用	干燥方法	本工序被引入控制或增加的潜在危害	潜在危害是否显著	第三栏的判定依据	采用什么措施预防严重危害	该工序是不是关键控制点
生姜片干制	热风干燥	温度过高或过低，时间过长或过短	是	保证干制的温度和时间	控制干制的温度和时间	是
真空冻干大蒜生产	冷冻干燥	物理性	是	真空干燥工艺参数	严格控制真空干制的压力、温度和时间	否
干香菇生产	热风干制	变色	是	干燥工艺参数	控制温度和湿度	是
贡枣生产	热风烘干	致病菌残留存活，细菌、霉菌污染	是	烘干温度、时间操作不当，造成存活，员工卫生控制不当	通过建立良好操作规范与贡枣生产过程关键生产工序相关技术参数的监控来控制	否
速溶枣粉生产	真空干燥	致病菌	是	设备污染	SSOP 控制	否

1. 关键控制点分析　在生产过程中真空度、真空干燥过程总时间、过程最高温度、最高温度持续时间、真空干燥前的细菌指标和真空干燥后的细菌指标等项目和产品质量有直接关系。对经真空干燥加工的物料进行检测，发现微生物依然存在，只是像前一步的冻结工序一样，起到了降低微生物存活的作用，降低率远远不如次氯酸钠消毒的效果。

这种现象和低温真空冷冻干燥的原理有关，是通过降低空气压力，将产品中的固态冰直接升华。常压下水是在100℃蒸发，压力越低，蒸发点越低，真空度达到630Pa时，固态冰只要20℃就可以升华。冻结状态的微生物不会随水分而升华，活着的耐低温的微生物依然存在于细胞中，水分脱除以后，微生物和其他营养成分都留下来了。干燥仓内最高温度（90～100℃）持续时间不超过2～3h，其余时间都是波动于50～60℃直至干燥完毕产品出仓。在完成干燥过程之后，产品中残留的次氯酸钠会基本随水分升华，对干燥前后的产品的余氯测定证实了这一现象。需要引起注意的是，不能把清除余氯寄希望于升华步骤。原因如下：①余氯检测应当在产品进入干燥仓之前进行，以证实加工过程的卫生程度；②产品中带有余氯，影响本身应有的风味；③产品中带有余氯，影响产品的色泽，尤其绿色和红色产品外部产生一些白霜，影响外观色泽质量。

通过以上分析可显示，真空冷冻干燥过程对产品中的微生物没有杀灭作用，不能作为微生物关键控制点。真空冷冻干燥过程对产品中残留氯有携带升华作用，可减少产品化学危害，但是从产品品质考虑，不能依赖这一工序。

2. 真空冷冻干燥过程中质量控制 真空冷冻干燥过程中要根据生产工艺和产量，按产品质量控制要求选好型号规格，注意节能原则和各环节的质量技术控制要点，认真落实设计确认、安装确认、运行确认、性能确认等工作。要重视安装调试、技术文档的管理工作，加强操作人员的技术培训，能够正确操作，精心维护检修，保障制品在冻干过程中按设定程序安全运行，生产出符合质量标准的合格产品。

案例

野菜真空冷冻干燥过程中的质量控制

1. 铺盘与进料 无论是前处理后直接冻干或是冻藏原料的冻干，在铺盘时应根据本品种的冻干曲线参数合理控制装料量。注意装料要厚度均匀一致。例如，野菜进料温度要保证使菜中心达到−20℃，板温在室温状态下，冷阱温度在−45℃以下。进料要快，一般在5min内完成。

2. 冻干过程控制措施 进料后立即启动真空泵，10min左右使干燥仓内压力达到50MPa左右，然后启动加热开关，使板温升到60~80℃，冷阱温度维持在−50~−45℃，当料温达0℃以上时，逐步降低加热温度至45~50℃。最终板温控制在45℃以下，直至干燥终点。

3. 升华装盘 升华装盘时要均匀，避免过厚或过薄，否则易造成产品变形或热量不均引起的焦化，也容易损失部分活性成分。升华时干燥仓内的压力、加热温度、冷阱温度及最终加热温度都与山野菜活性成分损失有关。升华的终点控制不准确，也会使含水量过高，产品质量下降。升华过程中还要注意其工艺参数的合理性，以使升华干燥时间最短。

（八）包装与贮存

干燥后应快速进行真空包装，可以防止发霉和生虫，以及防止氧化、变色和香味的挥发。内包装材料卫生指标要符合国家标准的规定。干制品要贮存在避光、阴凉、干燥、清净处，防止霉变和生虫。例如，冻干山野菜含水量低，一般在5%以下，因此若包装间空气湿度大则极易吸潮，造成产品含水量过高，对保藏不利，在包装时包装间空气洁净度直接关系到制品表面的微生物含量，若空气中微生物过多，则会造成制品微生物超标。包装时应轻拿轻放，并可采用真空包装避免空气的氧化作用，同时防止运输中的振动使制品折断等，避免造成制品的感官质量下降。

本章小结

1. 食品脱水的主要目的是通过降低水分活度延长食品的货架期。这样就抑制了微生物的生长和酶的活性。典型的干燥工艺过程包括预热、等速干燥、减速干燥、缓速及冷却5个阶段。

2. 干制条件和干燥食品的性质是干制的主要影响因素。干制条件的影响因素主要有温度、空气流速、空气相对湿度、环境压力；食品性质的影响因素主要有表面积、组分定向、细胞结构、溶质的类型和浓度。

3. 食品干燥方法主要有对流干燥（自然干燥、厢式干燥、隧道式干燥、输送带式干燥、气流干燥、流化床干燥、喷雾干燥、过热蒸汽干燥、其他干燥）、接触干燥、真空干燥、冷冻干燥和辐射干燥（红外线干燥、微波干燥）等。

4. 蒸发浓缩的必要条件就是不断供给热能和不断排除食品所处环境的水蒸气。蒸发浓缩过程中食品物料的变化包括食品化学成分的变化、腐蚀性、黏稠性、结垢性、泡沫性、结晶性和风味形成与挥发等方面。

5. 水分和溶质在干燥过程中的迁移是影响品质物理变化的主要因素；而营养成分的改变和非酶褐变反应是影响品质化学变化的主要因素。

6. 果蔬真空冷冻干燥工艺中烫漂是冷冻食品生产的重要工艺环节，冻干过程中冰晶的升华是关键的工序。

【思 考 题】

1. 食品的干燥方法有哪些？
2. 食品的浓缩方法有哪些？
3. 流化床干燥与喷雾干燥的异同是什么？
4. 反渗透的原理是什么？
5. 脱水对食品的品质有哪些方面的影响？

参考文献

董全，黄艾祥. 2007. 食品干燥加工技术. 北京：化学工业出版社.

李云飞，葛克山. 2018. 食品工程原理. 北京：中国农业大学出版社.

刘成梅，罗舜菁，张继鉴. 2011. 食品工程原理. 北京：化学工业出版社.

刘伟民，赵杰文. 2011. 食品工程原理. 北京：中国轻工业出版社.

罗海波，杨性民，刘青梅，等. 2005. 水分活度降低剂在虾干加工中的应用研究. 食品科学，26（8）：181-184.

孟宪君. 2006. 食品工艺学概论. 北京：中国农业出版社.

齐亚兵，张思敬，杨清翠. 2021. 正渗透水处理技术研究现状及进展. 北京：现代化工，8：52-57.

秦文，曾凡坤. 2011. 食品加工原理. 北京：中国质检出版社.

吴翠程. 1998. 儿童营养麦片的开发研制. 食品科学，19（6）：56-57.

夏文水. 2017. 食品工艺学. 北京：中国轻工业出版社.

郑先哲，汪春，贾富国. 2009. 农产品干燥理论与技术. 北京：中国轻工业出版社.

周家春. 2017. 食品工艺学. 第3版. 北京：化学工业出版社.

第七章

食品的挤压加工技术

与传统食品加工方法相比，食品挤压加工技术集原料输送、混合、蒸煮、膨化、组织化及成型于一体，具有生产效率高、营养损失小、原料适用范围广、产品多样化及节能减耗环保等优点。本章内容包括食品挤压加工的原理与设备、挤压加工对食品品质的影响和食品挤压加工的安全生产与控制，本章学习内容全面涵盖了挤压食品生产和品质控制所需的基础理论知识。

学习目标

掌握食品挤压蒸煮、挤压膨化与挤压组织化的技术原理。

掌握挤压加工过程中食品主要营养素结构及功能性质的变化。

掌握影响挤压食品安全生产的因素及控制措施。

第一节 食品挤压加工的原理与设备

食品挤压加工是指经预处理（粉碎、调湿、混合）的物料在挤压机机筒同时受到螺杆的推动作用和节流装置的反向阻滞作用时，会因加热和剪切作用发生熔融变性，再通过一个专门设计的孔口（模头）形成具有一定形状、结构产品的过程。与传统食品加工技术相比，食品挤压加工技术具有以下显著特点。

（1）生产效率高，一机多能，挤压机集原料输送、混合、蒸煮、膨化、组织化及成型于一体，连续高效运行，工艺简化、流程短，便于管理；

（2）产品品质高，挤压系高温短时加工过程，不仅主要营养素损失小，同时提高了淀粉和蛋白质的消化吸收率，并能有效破坏内源和外源性抗营养因子；

（3）生产可控性强，小型挤压机生产能力可低至 20～50kg/h，大型挤压机生产能力可达 5～10t/h，可实现全过程自动化；

（4）原料适用性广、产品种类多，只需改变挤压机操作参数，就可利用谷物、豆类等粮食类原料或果蔬、动物性蛋白质等原料，生产出包括早餐谷物、方便、休闲和组织化仿生等多样化食品，生产膨化食品时只需简单更换模具即可改变产品外形，便于形成系列化产品；

（5）节能减耗环保，因避免串用多台单功能机种，能耗仅为传统生产方法的 60%～80%；除开机和停机时需投入少许原料作头料和尾料外，不存在其他原料浪费现象；无废水、废气排放，原料预处理及产品生产过程中的污染少。

一、食品挤压加工原理

20 世纪 80 年代以来，Jassen 和 Harper 等学者对食品挤压加工理论进行了较为系统的研究，Jassen 研究了挤压加工过程中过程参数之间的关系，Harper 在深入分析双螺杆挤压机结构与加工特点基础上，于 1980 年出版《食品挤压》（*Extrusion of Foods*）一书，为食品挤压加工理论研究奠定了基础。

挤压加工食品种类繁多，按照加工原理不同可分为蒸煮成型产品、挤压膨化产品、挤压组织化产品等。在挤压加工过程中，通过调节挤压工艺参数，即可较方便地改变压力、剪切力、加热温度及作用时间等而加工出不同挤压加工产品。通常可根据挤压加工产品最终形态与要求的不同，将挤压加工技术原理分为挤压蒸煮、挤压膨化和挤压组织化。

（一）挤压蒸煮原理

挤压蒸煮是含淀粉或蛋白质的食品物料通过挤压机机筒时因水分、温度、压强和机械剪切力的共同作用而塑化和熟化的过程。从热力学角度来看，挤压蒸煮过程是热力状态变化可控的多变过程，可通过精确的过程控制，实现使用更广泛的原料制备产品或改进产品质量的目标。与其他蒸煮方法相比，挤压蒸煮的最大特点是生产过程的可连续化，即使是干粉物料也能经连续预混合而均匀地喂入挤压设备中。

1. 挤压蒸煮系统 不管是双螺杆还是单螺杆挤压设备，其挤压蒸煮系统的通用配置通常包括存储仓、喂料装置/变速计量仪、预调质器、挤压机机筒、模板、切割装置等（图7-1）。

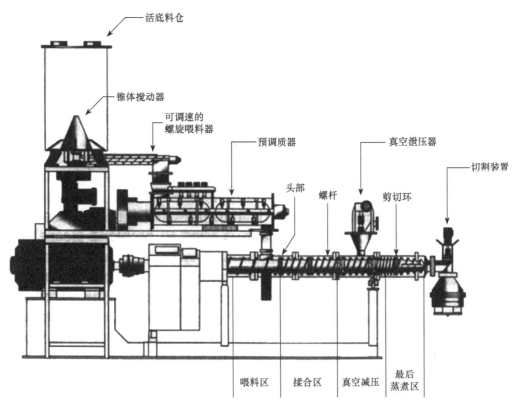

图 7-1 挤压蒸煮系统示意图（金征宇和田耀旗，2012）

存储仓用于混合原料，包括干物料的预混，保证连续、均匀地进料；喂料装置/变速计量仪可按照所要求的流量，连续均匀地将原料、干预混料喂入挤压设备中；预调质器负责将液体、蒸汽或其他气体与已计量的干物料均匀混合；挤压机机筒可在预先选择好机筒段、螺杆和剪切栓的构型后，达到正确喂料、揉合和蒸煮干的或预加湿原料的目的；模板用来控制挤压机排料并使最终产品成型；切刀装置则可根据产品所要求长度对挤出物料进行切割。

食品物料在螺杆推进作用下由进料端向模具端输送的过程中，加热蒸煮与挤压成型两种作用方式的结合，可使食品物料经挤压后成为具有一定形状和结构的熟化或半熟化产品。

早餐谷物——玉米片的生产工艺查看视频 **7-1**。

视频 7-1

2. 蒸煮原理 蒸煮可使食品物料的温度上升，在糊化温度以上维持足够时间即可使淀粉发生糊化和蛋白质发生变性，进而达到塑化或熟化的加工效果。同时，为保证产品特征风味的形成，也需要对特定产品选择适宜的加热温度和时间。

1）能量源供给方式 蒸煮所需能量源的供给有3种方式，如图7-2所示。一种方式是间壁导入热量（传导热），加热介质进入挤压设备的外围加热夹套，热量经筒壁传给内腔中食品物料；另一种方式是直接蒸汽注入的热量（汽注热），加热蒸汽直接进入挤压设备内腔，与食品物料直接接触与混合，热量可快速扩散与均匀分布；还有一种方式是机械能转化的热量（转化热），机械能由传动件传入挤压设备的内

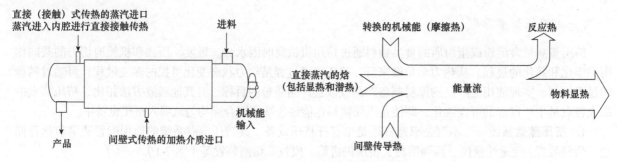

图 7-2 连续式蒸煮设备和能量流动示意图

腔，依赖换能部件与食品物料间的黏性摩擦，机械能转化为热能，进而被挤压设备内腔的食品物料吸收。

2）影响蒸煮速度的因素　　根据设备类型、食品物料所处环境、剪切速度与压强等不同，挤压加工中蒸煮模式通常包括沸水式蒸煮、蒸汽式蒸煮、自热式挤压蒸煮、高剪切式蒸煮、低剪切高压式蒸煮、低剪切低压式蒸煮、带蒸汽注入和（或）预蒸煮设备的高剪切式蒸煮等，蒸煮方式的选择主要取决于所需产品性质。

影响蒸煮过程中淀粉糊化、蛋白质变性等反应速率的重要因素包括温度、水分含量和剪切作用。据化学反应 Arrhenius 法则，在食品物料蒸煮过程中，淀粉糊化、蛋白质变性等反应速率皆可随温度升高而加快，较高温度下达到指定加工程度所需时间也随之缩短。

挤压加工中常见谷物原料，含有大量主要以淀粉形式存在的复合碳水化合物，这些淀粉往往被包裹在天然淀粉颗粒中，在水分存在的条件下进行蒸煮即可使淀粉颗粒破碎，释放出淀粉分子，进而形成糊化淀粉的网状结构。无剪切作用时，淀粉糊化仅为水合过程，此时水是反应物，水分含量 30% 以上时可明显提高蒸煮速度，而低水分时蒸煮速度将减慢。

机械力也可使天然谷物淀粉结构发生变化，进而导致淀粉糊化。低水分挤压通常可在食品物料中引起强烈的剪切作用，剪切作用的存在降低了低水分蒸煮对谷物原料淀粉糊化的阻滞作用；高水分低剪切蒸煮处理一般不会引起淀粉分子降解，而低水分高剪切蒸煮处理则可使淀粉分子断裂，过度剪切的食品物料会迅速吸水发潮而丧失应有的脆性。

（二）挤压膨化原理

挤压膨化食品是挤压加工食品的主要产品形态，对挤压膨化过程及机理的掌握，有助于合理选择加工原料与配方、精确设置加工工艺条件及有效控制挤压膨化食品质量。

1. 挤压膨化过程与方式

1）挤压膨化过程　　一定水分含量的食品物料，在挤压设备套筒内不仅受到了螺杆推动作用和出料模具或套筒内节流装置的反向阻滞作用；同时，还受到了来自外部的加热或物料与螺杆、套筒的内部摩擦产生的加热作用；两者综合作用可使食品物料处于 3～8MPa 的高压和 150～200℃ 的高温状态下，因 3～8MPa 压力远高于挤压温度下的饱和蒸汽压，所以挤出设备套筒内的水分不会沸腾蒸发；而 150～200℃ 的高温下食品物料呈熔融状态。当高温高压的食品物料由模口挤出时，压力突然降为常压，在强大压力差作用下，水分急骤汽化，产生了类似于"爆炸"的效果，产品随之膨化；水分汽化带走了大量热量，使物料温度瞬间从挤出时的高温迅速降至 80℃ 左右，使食品物料固化定型并保持膨胀后的形状。

2）直接膨化与间接膨化　　除挤压加工外，食品膨化还可采取焙烤、油炸、喷射、气流膨化等其他技术手段。不能简单地将挤压加工食品理解为膨化食品，同时膨化食品也不等同于挤压加工食品。据膨化工艺不同，挤压膨化食品可分为直接膨化和间接膨化两大类。

直接膨化指食品物料经挤压设备模口挤出后，直接可达到产品所需膨化度、熟化度和外观造型，不需后期膨化加工，只需在挤出膨化后据产品特点及需求进行调味和喷涂。

间接膨化指食品物料经挤压设备模口挤出后，产品没有膨化或仅产生少许膨化，产品膨化主要依赖挤出后的焙烤或油炸工艺。为使产品质地更均一、糊化更彻底，有时候挤出后的半成品先期会进行一段时间的恒温恒湿处理，后期再进行焙烤或油炸。在间接膨化生产工艺中，挤压加工只是使食品物料达到熟化、半熟化、组织化及赋予产品外观造型的目的，此时，食品物料水分含量可适当提高，而挤压过程中的温度和压力则可适当降低。虽然间接膨化的生产工艺流程较长，所需辅助设施较多，但间接膨化食品具有较均匀组织结构，口感较好，淀粉糊化较彻底，膨化度易控制；特别是对造型较复杂产品，直接膨化工艺通常不能直接成形，而间接膨化则成形率较高。

2. 挤压膨化机理 从机理上说，食品挤压膨化包括物料从有序到无序转变、成核、膨胀、气泡生长和收缩5个阶段（图7-3）。

1）第一阶段：食品物料从有序到无序的转变 主要指在挤压设备内的压力、加热和剪切作用下，食品组分发生了包括天然结构破坏与重组、生物大分子变性及分子水平上的化学变化等多种变化，使颗粒或粉状的食品物料转变成具黏弹性的熔融体。主要变化是淀粉糊化与降解和蛋白质变性，低水分挤压加工时淀粉以糊化淀粉、熔融淀粉和降解淀粉的形式存在；挤压加工过程中维持蛋白质三级、四

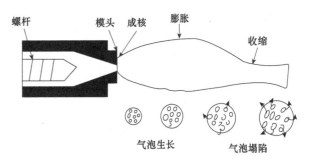

图7-3 挤压膨化过程示意图（魏益民等，2009）

级结构的作用力减弱，蛋白质变性，致使蛋白质降解与聚合、溶解性降低和消化性提高，而发生变化的程度取决于食品物料特性和挤压机操作条件。

2）第二阶段：成核 与结晶需要"晶种"类似，气核形成首先需要热力不稳定的小气泡（即"泡种"）生成。第一阶段形成的熔融体中固体颗粒、未糊化淀粉粒、淀粉脐点等都可以是"泡种"生成的地方，"泡种"直径达到临界值2.3~28nm范围时气泡才能够生长。挤压加工过程中从熔融体内捕获的气泡也可作为气核，如图7-4所示。因食品挤压加工通常采用饥饿式喂料，挤压设备内不会全部充满物料，而喂料速度、螺杆转速等挤压工艺条件的不同，也会导致挤压设备内食品物料充满段的长度不同。食品物料在向前输送到一定位置时开始熔融，其中的一些空气被"捕获"到熔融体中，若充满段长度大于熔融段，这时一些食品物料就会在喂料口和融体输送区之间形成阻隔，可防止被捕获空气返回到喂料口而后逸出，被捕获的空气就可作为"气核"形成气泡，随熔融体排出模口后发生膨胀，使挤压膨化食品产生较多气泡；若充满段长度小于熔融段，喂料口与融体输送区之间没有食品物料形成阻隔，熔融体中的空气就将通过食品物料与挤压腔内壁之间的间隙经喂料口逸逸出去，挤压膨化食品中的气泡数量也随之减少。

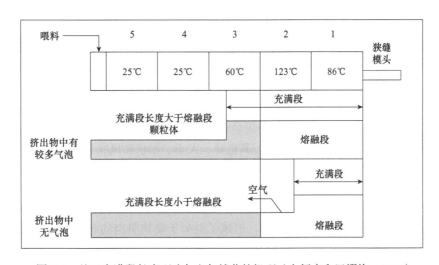

图7-4 基于充满段长度理论与空气捕获的机理（金征宇和田耀旗，2012）

3）第三阶段：膨胀 因熔融体有弹性，离开模口时，随着弹性应力的释放而出现模口膨胀现象，是基于熔融体的弹性对挤压膨化食品的径向膨胀产生影响。

4）第四阶段：气泡生长 熔融体离开模口后，因压力突然降低，水分闪蒸而转变为水蒸气。从气泡生长过程的力学分析，其动力来自于气泡壁内外的压力差，其阻力则源于表面张力、惯性力、黏性力

等，通常可看成是动力、阻力综合作用的结果；实际上熔融体与气泡、周围空气之间的热量与质量传递也会间接影响气泡生长。

5）第五阶段：收缩　　随着温度降低，熔融体失去弹性，气泡将停止生长。气泡生长停止也是挤压膨胀的重要阶段，对挤压膨化最终产品的结构与质构特性皆有着重要影响。当气泡壁的强度不能承受内部压力时，气泡开始塌陷，其塌陷程度取决于水分含量、熔融体流变特性和挤压温度。熔融体黏度低、水分含量＞20%时容易发生塌陷。气泡塌陷也是导致收缩的原因之一，而气泡停止生长后是否发生收缩及收缩程度取决于熔融体温度（T_p）和气泡生长临界温度（T_{cr}）的交点与100℃的相对位置。

资源 7-1

3. 影响挤压膨胀的因素　　影响挤压膨胀的因素见**资源 7-1**。

（三）挤压组织化原理

挤压组织化主要是指植物蛋白质的组织化。经挤压组织化后，植物蛋白质可变成具有类似肌肉结构和纤维特征的组织化植物蛋白质（textured vegetable protein，TVP），不仅可改善口感和扩大使用范围，同时因为 TVP 无胆固醇且可加工为低脂食品，从而为因健康原因不能过多食用肉类产品的消费者提供了肉类代替物；另外，因宗教和文化方面的原因，TVP 也成为素食主义者青睐的蛋白质来源。目前，用于生产 TVP 的原料有大豆蛋白、花生蛋白、小麦谷蛋白、豌豆蛋白、棉籽蛋白和油菜籽蛋白等。据 TVP 用途，可分为添加至肉食原料中使用的肉类填充料（meat extender）和能代替肉类的仿肉类产品（meat analogs）两大类。

1. 挤压组织化加工工艺　　根据食品物料水分含量不同，可分为低水分（20%～40%）和高水分（40%～80%）挤压技术。20 世纪 90 年代前，食品挤压加工技术以低水分为主，对设备的要求较低，单螺杆和双螺杆挤压设备均可使用。以植物蛋白质挤压组织化技术为例，其生产工艺如图 7-5 所示。

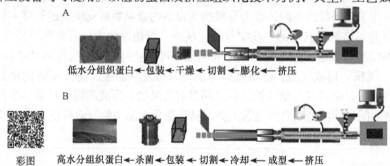

A
低水分组织蛋白←包装←干燥←切割←膨化←挤压

B
彩图　高水分组织蛋白←杀菌←包装←切割←冷却←成型←挤压

图 7-5　植物蛋白质低水分（A）和高水分挤压组织化（B）生产工艺（张金闯等，2017）

1）低水分挤压加工工艺　　低水分挤压组织化技术的主要熟化能为机械能，沿挤出方向其温度分布为低—高—高，获得质构特性较好的低水分组织化 / 拉丝蛋白质的工艺条件为食品物料水分含量＞30%、挤压温度150℃左右和螺杆转速＞200r/min。挤出的低水分组织蛋白表观膨胀、易干燥，呈海绵状组织结构，在外观和口感方面与动物肉存在较大差异，其色泽、大小、形状和风味各异，是目前市场上的主流产品，复水后主要用作肉制品添加剂。

2）高水分挤压加工工艺　　高水分挤压组织化技术是国际新兴的蛋白质重组技术，主要熟化能为水蒸气热能，沿挤出方向其温度分布为低—高—低，挤压温度多低于130℃，具有组织化程度高、弹性强、不需复水的优势，其产品质地致密、口感细腻，形成了类似于动物肌肉的纤维状组织结构，营养和生理活性成分损失少，可作为模拟肉制品经卤制直接食用。在高水分条件下挤压加工植物蛋白质，可获类似动物肉的丝状结构，促进成丝的必要条件为食品原料蛋白质含量50%～75%、水分含量＞60% 和挤压温度＞120℃，目前已在水分含量＞60% 的条件下经挤压加工制备出大豆蛋白模拟肉；但高水分挤压加工设备还有待改进，较长的冷却模口是获得 TVP 丝状结构的关键，模口设计是需要重点研究的关键部件。

2. 植物蛋白质挤压组织化原理　　在挤压加工设备内，蛋白质含量较高的食品物料因受到剪切力、摩擦力的双重作用，维持蛋白质三级、四级结构的氢键、范德华力、离子键和二硫键遭到破坏，而蛋白质高级结构的破坏进而形成了相对呈线性的蛋白质分子链；在一定温度和水分含量的条件下，随着剪切不断进行，呈线性的蛋白质分子链不断增多，相邻蛋白质分子链之间因分子间相互吸引而结合；当被挤压通过模具时，较高剪切力和定向流动作用进一步促使蛋白质分子线状化、纤维化和直线排列，挤出食品物料就形成了一定的纤维状结构和多孔结构，纤维状、多孔结构分别给予挤压加工产品良好的口感与弹性、复合性与松脆性。

1）挤压组织化过程中的化学键变化　　作为挤压组织化的主要组分，对蛋白质分子变化的研究尤为重要。蛋白质分子的变化主要涉及两个方面：一是在高温高压和剪切力作用下，球状蛋白质分子变性，其肽链充分伸展；二是蛋白质分子中各种化学键的断裂、重新形成及其相互作用。与蛋白质挤压组织化相关的化学键变化主要涉及疏水作用、二硫键、蛋白质分子与脂氧化作用产生的聚合作用、非二硫键引起的蛋白质交联等，非二硫键引起的蛋白质交联可能包括赖丙氨酸与含硫氨基酸的分子间交联、美拉德反应和异肽键交联等。

在大豆蛋白质高水分挤压组织化过程中，起主要作用的是疏水相互作用、疏水键与二硫键的交互作用，以及氢键，80~120℃挤压区间内，以疏水相互作用为主，二硫键起次要作用；而熔融段和冷却成型段的变化则由疏水相互作用和二硫键共同导致。在花生蛋白质高水分挤压组织化过程中，影响其组织化结构的主要化学键是非共价键结合（疏水作用和氢键），其次是二硫键与离子键；维持一定数量的游离氨基有利于花生蛋白质分子间的聚合作用和组织化结构的形成；一定比例的高分子质量亚基也是获得高质量花生蛋白质挤压加工产品所必需的。

2）植物蛋白质挤压产品纤维化结构的形成机理　　挤压加工技术成功应用于 TVP 制备以来，不少学者对 TVP 产品纤维化结构的形成机理进行了研究。图 7-6 为双螺杆挤压机的结构示意图。目前普遍认可在高水分挤压过程中蛋白质纤维状结构可形成"膜状气腔"的理论假设，认为植物蛋白质高水分挤压产品纤维化结构的形成机理包括以下 3 个阶段。

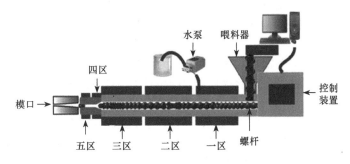

图 7-6　双螺杆挤压机的结构示意图（张金闯等，2017）

第一阶段，植物蛋白质物料与水分在挤压机第一、第二区混合与预热（图 7-6），形成黏性面团，同时被螺杆元件向前输送；大量水分的存在使物料黏度降低，与螺杆和机筒的摩擦作用减小，可在挤压机内快速移动。

第二阶段，在螺杆混合、输送和剪切的共同作用下，高水分黏性面团被运行至挤压机第三、第四区而继续加热熟化（图 7-6），形成熔融胶体状黏性面团，此时蛋白质由高级有序结构转变为线性无序结构，无序线性蛋白质在高水分含量条件下可自由伸展，蛋白质分子聚合交联的程度和平均分子质量皆降低。

第三阶段，当熔融无序的蛋白质分子经过长冷却模头时，模孔的定向限制、冷却定型作用促使无序线性蛋白质分子发生定向排列和凝固定型，最终形成类似动物肉纤维状结构。

案例

营养强化重组米的制作工艺

营养强化重组米是以大米或碎米为主要原料，复配玉米、黑米、荞麦、燕麦、小麦等谷物和（或）某些人体缺少及特需的营养素，经挤压加工而成的再制米制品。重组米不仅可保证营养均衡，还可粗粮细作，显著改善粗杂粮口感差的技术难题。

其工艺流程为：

按营养功能需求配料→物料混合均匀→双螺杆挤压机熟化和膨化→流化床预干燥→带式干燥机干燥（水分<5%）→冷却→计量包装→成品

二、食品挤压加工设备

从 20 世纪 40 年代首次将单螺杆挤压机应用于宠物食品生产，到 20 世纪 80 年代双螺杆挤压机以巨大优势逐步取代单螺杆挤压机，挤压加工设备一直朝着多功能、大型化、智能化、可视化等方向发展。目前在挤压机构造及功能的设计、挤压设备及配件的通用性等方面还存在一些技术难题，亟待尽快提高食品挤压机的设计与制造水平，特别是机筒、螺杆和模头的设计及在线监测技术，生产出螺杆与模头灵活多变、加工性能高效的食品挤压机，以期为高品质挤压食品的生产提供硬件保障。

（一）挤压机的分类

挤压机种类繁多，主要包括柱塞式挤压机、辊式挤压机和螺杆挤压机等，食品加工领域使用最广泛的是螺杆挤压机。其分类方法各异，目前尚缺乏统一的分类标准，通常可根据用途、剪切力高低、受热方式、螺杆数量等进行分类。

1. 按用途分类　　即按照原料处理与加工目的或产品来分类。如按照原料处理与加工目的分类，可分为大豆挤压膨化机、植物蛋白质组织化挤压机、淀粉预糊化挤压机、油料预处理挤压机等；按照产品来分，更为直接明了，可分为谷物早餐挤压机、玉米圈（棒）挤压机、糖果挤压机、工程重组米挤压机等。

2. 按挤压过程剪切力高低分类　　据挤压过程挤压机对食品物料剪切力的大小，可分为高剪切力挤压机和低剪切力挤压机。

高剪切力挤压机通常会在螺杆结构上增加一些产生剪切力的装置，如带有反向螺杆、加剪切环和阻力环等，以提高挤压过程对食品物料的压力和剪切力。此类挤压机作业性能较好，控制好工艺参数即可方便生产出多种产品；一般具有较高的转速和挤压温度，但因剪切力较高，导致复杂形状产品的成形较困难，多适用于简单形状产品的生产。

低剪切力挤压机的螺杆结构较为简单，其主要作用为混合、蒸煮与成型。此类挤压机较适合于湿软的动物、鱼类饲料或高水分食品的生产，对形状复杂的产品成型率较高，挤压过程中食品物料黏度较低，操作引起的机械能黏滞耗散较少。

3. 按挤压机受热方式分类　　挤压加工过程往往伴随着食品物料的温度提升，据受热方式不同可分为自热式和外热式。自热式挤压机大多是高剪切力挤压机；而外热式挤压机高剪切力和低剪切力皆可，其灵活性大，温度控制精准，产品质量稳定性好。

自热式挤压机的温升热量主要来自于物料与螺杆、套筒，以及物料与物料等之间的强烈摩擦生热，挤压温度受到食品物料的物理参数（如水分含量、粒径大小、黏度）、螺杆与套筒的结构及表面光洁度、环境温度和螺杆转速等因素的影响，温度不易控制。其转速可达 500～800r/min，产生的剪切力较大。因产品质量不易保持稳定，一般仅适用于即时小吃食品生产。

外热式挤压机的温升热量由外部加热源提供。加热方式主要有蒸汽加热、油加热、电热丝加热和电磁加热等，可据挤压加工过程各阶段的温升要求控制不同挤压段的温度，设计成等温式或变温式挤压机。等温式挤压机筒体温度全部一致，而变温式挤压机可通过加热或冷却方式对筒体分段进行温度控制。

4. 按挤压腔内螺杆数量分类　　挤压机最重要的工作部件是挤压腔内的螺杆，按螺杆数量可分为单螺杆、双螺杆和多螺杆挤压机。螺杆挤压机主要由套筒和在套筒中旋转的带螺旋螺杆组成。螺杆上螺旋的作用是推挤可塑性食品物料向前运动。因螺杆或套筒结构变化及出料模孔截面比机筒与螺杆之间空隙横截面小得多，食品物料在出口模具的背后受阻形成压力；同时，螺杆旋转、摩擦生热及外部加热，也使食品物料在机筒内受到了高温高压和剪切力的作用，最后被迫通过模孔而挤出，并在切割刀具作用下形成一定形状。挤压过程中，为增强螺杆对物料剪切效果，有时会在套筒内面设置轴向凸棱、在螺杆上增加反向螺段，以限制物料运动。

1）单螺杆挤压机　　在挤压腔内只设置了一根螺杆，挤压腔的套筒截面是圆形的。食品物料在挤压腔内的输送主要依赖螺杆和机筒对物料的摩擦进行，并形成一定压力。若物料与螺杆之间的摩擦系数大于物料与机筒之间的，则物料将停滞不前或原地打滑。

单螺杆挤压机易操作、造价低，但存在混合、分散与均化效果差和物料温差大、难以喂粉状物料等不足，通常仅适用于简单膨化食品、膨化饲料和榨油或酿酒的原料预处理等。

2）双螺杆挤压机　　按啮合程度，双螺杆挤压机可分为完全啮合型、部分啮合型和非啮合型；按两根螺杆相对旋转方向，可分为同向旋转型和异向旋转型，其中，啮合同向双螺杆挤压机在食品加工领域中得到了广泛应用。

双螺杆挤压机在同一挤压腔内并排设置了两根相互啮合的螺杆，在螺杆之间有重合区域，其挤压腔的套筒截面是 2 个 C 字形相向对接，其工作原理与单螺杆挤压机存在较大差异。与单螺杆挤压机相比，双螺杆挤压机在强制输送、强烈混合、自洁作用和压延作用方面皆体现出明显优势。

（1）强制输送作用。单螺杆挤压机对食品物料的输送是基于物料与螺杆和物料与机筒之间的摩擦系数不同，若物料与机筒之间摩擦系数太小，物料将抱住螺杆一起转动，就难以发挥螺杆上螺旋的推进作用，物料也不能向前输送，更不能形成压力和剪切力。而双螺杆挤压机两根螺杆可设计成不同程度相互啮合，其机筒形状如图 7-7 所示。

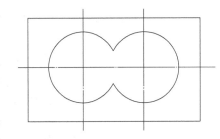

图 7-7　双螺杆挤压机套筒

在螺杆啮合处，一根螺杆的螺纹部分或全部插入另一螺杆的螺槽中，使连续的螺槽被分成相互间隔的"C"形小室。螺杆每转一圈，"C"形小室就向前移动一个导程距离；"C"形小室中的食品物料，因受啮合螺纹的推力，使物料抱住螺杆旋转的趋势受阻，从而被螺纹推着前进，物料输送过程通常不会产生倒流或滞流现象，具有很大程度强制输送性。因双螺杆挤压机强制输送特点，不论其螺槽是否填满，输送强度基本保持不变，不易产生局部积料、焦料和堵机等现象。

（2）强烈混合作用。双螺杆的横断面可看作两个相交的圆，其相交处为双螺杆啮合处，如图 7-8 所示。对反向旋转螺杆，啮合处螺纹与螺槽的旋转速度虽然相同，但仍存在相对速度差，被螺纹带入啮合处的食品物料将受到螺纹与螺槽之间的挤压、剪切和研磨作用，进而使物料得到混合。对同向旋转螺杆，啮合处螺纹与螺槽之间的旋转方向相反，被螺纹带入啮合处的食品物料也会受到螺纹与螺槽之间的挤压、剪切和研磨作用，因相对速度比反向旋转大，啮合处物料所受剪切力也较大，因而更提高了物料混合效果与均匀度。

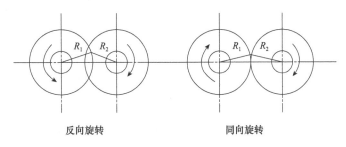

反向旋转　　　　　　　　　　同向旋转

图 7-8　双螺杆旋转方向

R_1 代表啮合处某点距螺杆 1 轴心间的距离；R_2 代表啮合处某点距螺杆 2 轴心间的距离

（3）自洁作用。对依赖摩擦系数不同使物料向前推送的单螺杆挤压机来说，当停止进料时，如果滞留时间太长，黏附在螺杆螺纹和螺槽上的积料将因受热时间过长而产生焦料、堵机、停机等现象，热敏性食品物料尤为突出，一般需停机后进行人工清理。而双螺杆挤压机因两根螺杆之间有重合的啮合区域，可以相互咬合而推送物料向前运动，即使停止进料，物料也能向前推进；同时，在反向旋转的螺杆啮合处，螺纹和螺槽间存在速度差，能产生一定的剪切速度，旋转过程中会相互剥离黏附在螺杆上的物料而使螺杆自洁；在同向旋转的螺杆啮合处，螺纹和螺槽的旋转方向相反，相对速度及所产生的剪切力皆很大，更有利于黏附物料的剥离，自洁效果更为突出。

（4）压延作用。物料进入双螺杆挤压机后，很快被拉入啮合间隙。因螺纹和螺槽间存在速度差，物料会立即受到研磨与挤压作用，这些作用与压延机上的压延作用相似。对反向旋转的双螺杆挤压机，物料在啮合间隙受到压延作用的同时，还产生了使螺杆向外分离和变形的反压力，进而导致螺杆和套筒间的磨损增大。螺杆转速越高，压延作用越大，磨损越严重，因此反向旋转挤压机螺杆转速不能太高，一般控制在 8～50r/min。同向旋转的双螺杆挤压机，因不会产生使螺杆相互分离的压力，对磨损的敏感性较小，可在 300r/min 的较高转速下工作。

3）多螺杆挤压机　　指在一个挤压套筒中并排设置几根螺杆的挤压机，这种挤压机的混合效果更理想，但制造较困难，对传动系统要求较高，生产时更易产生摩擦，在食品行业中极少使用。

（二）挤压机的主要配置

一台挤压机通常由主机、辅机和控制系统组成，常见的挤压系统配置如图 7-9 所示。

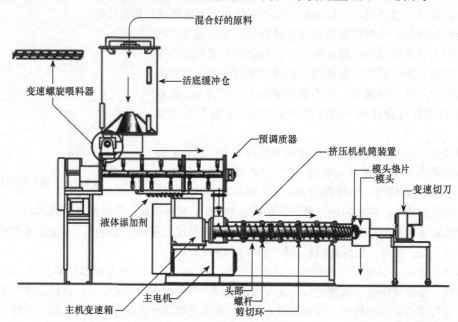

图 7-9　挤压系统配置示意图

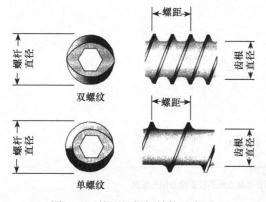

图 7-10　挤压机螺杆结构示意图

1. 主要部件　　挤压机的主要部件包括挤压系统、传动系统和加热冷却系统，其中挤压系统主要由螺杆和机筒组成，是挤压加工设备的关键部分；传动系统的主要作用是驱动挤压机螺杆，保证传输螺杆在工作过程中所需的扭矩和转速；加热冷却系统的主要作用是保证挤压加工过程中对所需温度的控制。

1）螺杆　　螺杆是挤压机最重要的组成部件，也是推送食品物料向前的主要动力源。其主体是在一根可旋转的轴上，缠绕一根或几根阿基米德线的螺旋齿，其结构如图 7-10 所示。

螺杆是挤压机的"心脏"构件，挤压机的输送、剪切、混合等作用，主要由螺杆完成。挤压螺杆从进料到模头出料，按功能一般分为喂料、压缩、限流三段。详细内容见**资源 7-2**。

螺杆构型指螺杆元件在芯轴上的排列与组合，是描述或表示螺杆的术语。不同构型的螺杆具有不同的作用和功能。据挤压机具体结构要求和物料与产品加工属性的不同，螺杆有多种构型可供选择。按照螺杆的螺纹导程和螺槽深度是否变化，可将螺杆构型分成等距变径、等径变距、变距变径和带反向螺纹的螺杆等形式。详细内容见**资源 7-3**。

不同构型螺杆属于挤压参数中的设备参数，螺杆的作用与功能可通过螺杆填充度、单位机械能耗（或扭矩）、压力、停留时间分布等系统参数和挤压产品的分子结构、力学特性、流变学特性、感官特性等产品参数进行表征。不同构型螺杆属于分类变量，可用元件长度、元件与模头位置、元件间距、元件类型和元件几何参数等变量表示。

不同螺杆元件具有不同功能，常见的螺杆元件如图 7-11 所示。

正向螺纹输送元件用于混合和输送；反向螺纹输送元件作为阻力元件，用于形成密封和建立高压，其

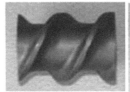

正向输送螺纹　　　　　　捏合块　　　　　　齿形盘

图 7-11　常见的 3 种螺杆元件（魏益民等，2009）

输送方向与挤出方向相反；捏合块具有很强的剪切和混合作用；齿形盘主要作用为搅乱料流、均化和混合，可使浓度很低的添加剂混合得更均匀。

2）套筒　　包裹在螺杆外面的机身即为套筒，套筒可以是整体的，也可分段连接在一起。一般小型挤压机是整体式套筒，而大型挤压机则是分段式套筒，分段式利于拆卸、组装和清洗。套筒内壁有光滑的，也有为了增加摩擦力和挤压效果而开槽的，开槽的形式有横向、纵向和螺旋等。

套筒和螺杆之间的空间即称为挤压腔，为保证食品物料从挤压机进口输送到出口过程中所受到的压力逐渐提升，通常挤压腔截面空隙大小被设计得沿轴向越来越小，即物料沿输送方向的物理空间越来越小，从而体积被逐渐压缩；且相互摩擦加剧，料温也因此升高。

3）模头　　挤压机的模头是食品物料从挤压腔出去的最后通道，也称为模板。其出料截面积远小于出口段挤压腔的空隙截面积，物料在此处受到的压力最大、温度也最高，从模头出来的物料一般会高速喷出。同时，因物料由原来沿着螺杆的螺旋运动变为通过模头时的直线运动，因而更有利于物料纵向拉丝。可据产品所需形状、大小而将模头设置成不同的开孔形状，如圆孔、三角孔、方孔、五角星孔、环形孔等，还可设置成字母型孔、动物造型孔等。

4）模头的导流装置　　因挤压腔与模头之间的物料运动轨迹不同，且模头截面积减少显著，不仅物料所受压力增加，物料流动也受到阻碍。为减缓此现象，一般可在螺杆末端和模头之间设立一段导流装置，使物料能较为顺畅地流向模头。导流装置的形式可据模头的分布和形状进行设置，常见模头导流装置如图 7-12 所示。

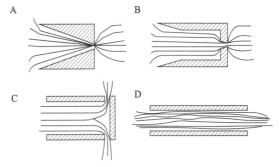

图 7-12　常见模头导流装置

A. 锥形导流；B. 突变截面导流；C. 侧向导流；D. 长通道导流

2. 辅助部件　　挤压机的辅助部件包括喂料器、调质器和切割装置等。

1）喂料器　　其主要作用是将待挤压加工的食品物料按照产量和挤压机操作要求，以一定的速度喂入挤压机或下一个设备。一般采用可变速的螺旋输送机，当被输送物料易破碎或水分含量较高时，也可采用皮带输送机。

2）调质器　　其主要作用是对进入挤压机主体的食品物料进行水分和温度的预调节，使进入挤压机的食品物料水分含量满足挤压机的生产要求；同时，预调节物料温度，以减少挤压机主体的热量供给，节省能耗；对淀粉、蛋白质为主的物料，也能通过提高淀粉糊化和蛋白质变性的程度，满足最终产品的熟化指标与要求。一般可通过注入直接蒸汽达到上述目的。

3）切割装置　　主要作用是将从挤压机模头出来的食品物料切割成一定长度或厚度，并保证最终产品具有稳定的外形，如柱状、片状、圆球状、环状及骨头、五角星等特殊造型。其主要构件是旋转切刀，可通过调节切刀转速、切刀与模头间隙等控制产品大小。

第二节　挤压加工对食品品质的影响

在挤压加工的高温、高压、高剪切过程中，食品物料历经固体输送、过渡态、熔融态及模头排出，其主要营养素，如淀粉、蛋白质、脂肪、纤维素、维生素等的结构及性质皆发生了变化，进而影响了挤压食品的理化性质和营养价值。过程中所发生的变化主要包括化学键断裂、高级结构破坏、大分子失去原有结构、小分子发生聚合或降解和美拉德反应等，这些变化与喂料速度、螺杆转速、挤压温度、模口大小和物料水分含量等工艺条件密切相关，通常较低挤压温度、较短物料停留时间、较高水分含量皆有利于挤压食品营养素的保留和美拉德反应的有效控制。

一、挤压加工过程中食品主要营养素的变化

作为一种高温短时加工方法，挤压加工技术可实现连续化生产，有着较高的生产效率和营养素保留能力。

（一）挤压加工过程中淀粉的变化

挤压加工过程中的高温、高压和高剪切作用，可使淀粉发生糊化、糊精化和降解等变化，这些变化的程度与淀粉来源及结构、糊化温度和挤压工艺参数等密切相关；淀粉降解而产生的还原糖可能参与了挤压过程中的美拉德反应，进而影响挤压食品的色泽与和风味。

1. 挤压加工对淀粉结构的影响

1）淀粉颗粒结构　　挤压加工的剪切与高温作用可使淀粉吸水膨胀、熔融，伴随着淀粉颗粒由椭球形或多角形变为不规则形状，内部结构变得松散，进而形成凝胶网状结构；高水分挤压加工形成的淀粉凝胶网状结构的孔洞较少、较大，且孔壁较厚；而高温挤压加工可使淀粉凝胶网络结构的孔洞增多、孔壁变薄。

2）淀粉结晶度　　挤压加工可使淀粉结晶区被破坏、结晶度降低，X射线衍射呈现为无定形结构的特征衍射曲线，无规则剪切作用则使淀粉内部有序的链排列被破坏、重结晶能力下降，并成为非晶颗粒态淀粉。

3）直链与支链淀粉　　挤压加工的剪切与高温作用可促使糖苷键断裂，淀粉分解为糊精、麦芽糖等，直链淀粉含量增加，而总淀粉与支链淀粉含量减少；挤压加工对支链淀粉的降解作用类似于普鲁兰脱支酶的作用，降解发生在支链淀粉分支点处的 α-1,6-糖苷键，这是因为支链淀粉分子尺寸较大、柔韧性不佳所致。

2. 挤压加工对淀粉功能特性的影响

1）糊化特性　　挤压加工后，淀粉部分或全部糊化，挤出物黏度减小，且高度糊化、低度膨胀也将导致淀粉峰值黏度显著降低；糊化温度越高，说明淀粉的抗吸水膨胀能力和抗破坏能力越强；回生值降低则可能是因挤压加工中淀粉降解产生的多糖延迟了淀粉分子的重新结合，从而有效抑制了回生。

2）凝胶特性　　支链淀粉分子链长和直链淀粉与支链淀粉比例影响淀粉凝胶特性，较高温度下的挤压加工可能会使淀粉凝胶网状结构变差，可通过挤压加工条件的控制来提高淀粉凝胶的弹性、拉伸强度和纵向强度。

3）流变特性　　淀粉类食品普遍具有剪切变稀性质，即随着剪切速率增加、黏度降低，呈现出非牛顿假塑性流体特性；而淀粉静态流变特性符合幂律模型。淀粉流变特性与凝胶特性密切相关，流体指数与凝胶硬度、黏度成负相关，稠度系数与其成正相关。

4）消化特性　　淀粉可消化性很大程度上取决于其是否充分糊化，挤压加工过程中剪切、高温和水分的多重影响可使淀粉糊化，高含水量和高温处理皆能有效提高淀粉糊化程度，较高的淀粉可消化性对婴幼儿食品非常必要。但近年来慢消化、抗性淀粉含量高的食品受到了糖尿病患者、肥胖人群的青睐，通过控制螺杆转速和水分含量等工艺条件，可使慢消化淀粉含量提高、快消化淀粉含量降低，该技术已用于全谷物燕麦食品的开发。

（二）挤压加工过程中蛋白质的变化

蛋白质变性程度与温度、水分含量、原料 pH 等密切相关，通常挤压机筒温度越高，蛋白质变性程度越大，挤压产品水溶性越差。因美拉德反应的发生，挤压加工后各种氨基酸，特别是赖氨酸会有不同程度损失，并导致蛋白质含量也有所减少。

1. 挤压加工对蛋白质结构的影响　　挤压加工过程的高温、高压和剪切作用，使蛋白质经历了分子链展开等构象变化及二级、三级及四级结构的改变，蛋白质分子间重新聚集和交联，并形成新的网络结构。

1）一级结构　　挤压加工过程一般不涉及蛋白质分子中肽键等主化学键的断裂或改变，也基本上不会形成异肽键，主要是疏水相互作用和氢键等较弱的相互作用力发生变化。

2）二级结构　　受挤压温度影响较为显著，如 α 螺旋和 β 折叠等结构在高于温度临界值时将完全遭到破坏，对不同食品原料，其挤压温度临界值会有所差异。

3）三级结构　　随着挤压机筒温度逐渐升高，维持蛋白质结构的氢键断裂，分子链展开；进入温度急剧升高的挤压蒸煮区后，分子内二硫键断裂、分子间二硫键逐渐形成，但温度高于150℃可破坏二硫键，并引起自由疏基含量增加；同时，剪切力也可促进蛋白质分子链展开，暴露出更多疏基，进而通过二硫键促进蛋白质聚集体形成，低强度剪切有利于蛋白质聚集，可通过螺杆转速和螺杆构型调控剪切强度。

4）四级结构　　蛋白质受热后结构伸展，暴露出硫醇基团和疏水性残基，氢键发生断裂，通过二硫键形成聚合体并使聚集体逐渐增大；提高温度增加了反应物热动能，使反应物具有足够高的碰撞频率来克服活化能，从而使蛋白质聚集速度加快。但挤压加工过程中，较高压力的处理可能反而会使最初形成的蛋白质聚集体分解成较小聚集体。

2. 挤压加工对蛋白质功能特性的影响

1）溶解性　　挤压加工过程中蛋白质最显著的变化即水溶性降低，蛋白质分子受热变性和交联反应被认为是其溶解性降低的主要原因。通过疏水相互作用与二硫键连接形成蛋白质聚集体、与淀粉或脂肪等形成聚集体皆可导致其溶解性变差，但在高湿条件下挤压处理大豆蛋白质，机械能的增加可使蛋白质聚集体发生解聚，进而使组织化蛋白质溶解度提高。

2）持水性和吸油性　　挤出物的孔隙度直接影响蛋白质的持水性和吸油性，挤压加工过程的高温高压处理致使食品物料内部水分瞬间汽化而形成多孔结构，可使其产品具有良好吸水性和吸油性。组织化植物蛋白质能模拟肉类蛋白质被消费者接受，就是基于其吸水性和吸油性可给产品提供更多的风味成分与润滑感。

3）乳化性　　挤压加工处理使蛋白质其分子链展开，暴露出内部疏水基团，可降低蛋白质表面张力，提高其乳化性；同时，蛋白质分子间相互作用力减弱则降低了其乳化稳定性。

4）起泡性　　挤压加工处理可破坏蛋白质分子内的二硫键，改变其表面疏水性进而影响其起泡性；虽然能提高泡沫容量，但会使泡沫稳定性降低。

5）黏性　　虽然机筒温度的提高会降低机筒内物料黏度，但也促使了蛋白质变性和组织化程度的提高，这两种效应皆会提高组织化蛋白质的黏性。

6）消化性　　挤压加工后蛋白质消化性均有提高，原因之一是游离氨基酸含量提高；之二是蛋白质分子变性伸展，蛋白水解酶作用位点暴露；之三是植酸和胰蛋白酶抑制剂等抗营养因子含量均明显下降，挤压产品蛋白质效率比值、消化率和修正氨基酸评分值等提高。

（三）挤压加工过程中脂类的变化

因高温蒸煮和剪切导致的细胞壁破坏可将脂质从细胞中释放出来，从理论上说，存在着脂质晶体结构被破坏和甘油三酯分子发生不同程度水解、氧化及聚合的可能，但事实上，挤压加工对脂肪氧化酶与水解酶、过氧化物酶的钝化可阻止上述变化发生；同时，脂质可通过与蛋白质、淀粉形成复合物，降低脂质氧化程度与速度、延长产品货架期和改善产品质构与口感；但脂肪含量大于7%时会因脂肪润滑作用而使扭矩滑移、压力降低。

1. 挤压加工对脂质稳定性的影响　　挤压加工过程中温度达到70℃以上，可使脂肪酶失活而阻止游离脂肪酸生成；温度达到110℃时，可使脂肪不产生非酶氧化，又因挤压加工过程时间较短，此温度下脂肪氧化几乎也可忽略；但温度高于130℃时，脂质氧化将加速，对挤压产品品质的不良影响也不可忽略。因脂肪的氧化程度与机筒温度密切相关，对于脂肪含量或脂肪中不饱和脂肪酸含量较高的食品物料，可考虑加入抗氧化剂控制氧化。

2. 挤压加工过程中脂质复合物的形成　　在挤压机混合区段，脂质与蛋白质、淀粉等混合并在其分子表面形成润滑层，这可降低物料受到的摩擦力与剪切力。在蒸煮区段形成的蛋白质-脂质复合物或淀粉-脂质复合物可分布在蛋白质聚集体表面，干扰蛋白质去折叠和聚集行为。促进脂质复合物形成的主要因素是挤压温度和物料水分，当温度低于100℃时，温度升高，脂质复合体生成量略有增多；温度高于100℃时，温度升高，脂质复合体生成量反而较明显下降；而水分含量越高，脂质复合体生成量越小。

（四）挤压加工过程中膳食纤维的变化

膳食纤维包括可溶性和不溶性两类，挤压加工后，往往伴随着可溶性膳食纤维含量的提高和不溶性膳食纤维含量的减少；并可以改变膳食纤维结构，进而影响其功能性质。

1. 挤压加工对可溶性膳食纤维含量的影响　　挤压加工提高可溶性膳食纤维含量的途径可能涉及 3 个方面。途径一是基于不溶性膳食纤维向可溶性膳食纤维的转变，挤压加工的高温、高压和强剪切力可使不溶性膳食纤维因热分解而导致糖苷键断裂，形成可溶性微粒；途径二是挤压加工过程中产生的脱水化合物（1,6-脱水-D-葡萄糖）能与淀粉发生反应，通过转糖苷作用形成新的不能被淀粉酶水解的支链葡聚糖，进而提高可溶性膳食纤维含量；途径三是因挤压加工后的食品物料组织结构更为均匀疏松，更有利于可溶性膳食纤维的溶出。

2. 挤压加工对膳食纤维结构的影响

1）相对分子质量　　挤压加工时的高温、高压和高剪切力，可使糖苷键、氢键等不同程度被破坏，膳食纤维中的半纤维素等不溶性长链分子降解为短链分子，相对分子质量降低。

2）结构与粒径　　挤压加工前后，膳食纤维微观网状结构由表面较光滑平整转变为表面粗糙、凹凸不平；其粒径也随之变小，挤压加工前后米糠膳食纤维粒径分别为 150nm、100nm；常规挤压加工处理仅影响膳食纤维无定形区结构，对结晶区无显著影响，但高剪切力挤压加工可能会导致膳食纤维结晶区减少。

3. 挤压加工对膳食纤维功能特性的影响

1）溶解性　　大麦、小麦麸、燕麦麸、甜菜粕等富含膳食纤维的物料经挤压加工之后皆有效提升了其持水性和溶胀性，溶解性提高应该主要源于可溶性膳食纤维含量的提高。

2）持水力和持油力　　挤压加工后膳食纤维分子变小、表面积增大，原本被包裹在膳食纤维内部的吸附基团暴露出来，进而使其持水力和持油力得到了改善。

3）膨胀力　　挤压加工导致膳食纤维膨胀力增大，原因之一是因膳食纤维微粒化，使物料初始紧密组织变得松散，出现更多孔隙，有利于水分的渗入；之二是因挤压机内外压差大，被挤出瞬间压力的突然降低使其膨胀力增大，高品质膳食纤维膨胀力通常不低于 10mL/g。

（五）挤压加工过程中维生素的变化

基于水溶性、脂溶性维生素（vitamin）结构和性质的差异，尽管挤压加工过程中维生素稳定性的差异明显，但尽可能降低挤压机机筒内温度和剪切力仍是保护大多数维生素不受损失的主要途径。相较于脂溶性维生素，水溶性维生素更易受到挤压温度、剪切力、物料水分含量等工艺参数的影响。

1. 降低挤压温度保护维生素不受损　　因维生素对热不稳定，向挤压机机筒中注入 CO_2 降低挤压温度的冷冻挤压法也随之出现。对传统挤压加工方法，食品物料进料水分含量越高，硫胺素维生素 B_1 保留率越大，而核黄素维生素 B_2 保留率变化不显著，挤压加工过程中玉米和燕麦的 B 族维生素保留量可达 44% ～ 62%；对冷冻挤压加工法，进料水分含量对维生素 B_1 和维生素 B_2 保留率的影响均不显著，且所加工产品中维生素 B_1 和维生素 B_2 保留率均大于传统挤压加工方法。但对淀粉质食品，此法局限性在于机筒内温度是否能达到淀粉充分糊化所需温度，否则挤压产品质量特性不能得到保证。

2. 食品物料中补充加入维生素　　在食品物料中混入维生素含量高的原料，以补充挤压加工过程中维生素的损失，此法应用较为广泛。水溶性维生素中，对热处理非常敏感的是维生素 B_1 和维生素 C，挤压加工过程中损失较大；脂溶性维生素中，维生素 D 和维生素 K 相当稳定，但维生素 A、维生素 E 及类胡萝卜素、生育酚单体在氧和热的作用下呈不稳定状态，维生素 A 前体 β-胡萝卜素常作为着色剂、抗氧化剂被添加到食品中，热降解是挤压过程中 β-胡萝卜素损失的主要因素。向食品物料中预先加入挤压加工过程中损失较大的水溶性维生素 B_1、维生素 C 和（或）脂溶性维生素 A、维生素 E 及类胡萝卜素，再进行挤压加工，可在不改变挤压工艺条件的基础上使产品中维生素的保留量提高。

二、挤压加工过程中的美拉德反应

美拉德反应是羰基化合物与氨基化合物之间发生的复杂反应，糖类、氨基酸等反应底物的种类与比例和温度、时间、pH 及水分活度等反应条件，皆能影响美拉德反应的进程与美拉德反应产物（Maillard reaction product，MRP）的生成。在挤压加工过程中，特别是较高机筒温度和较低进料水分时，美拉德反应极易发生。除了使挤压食品色泽和风味变佳的有利作用外，其不利作用包括蛋白质营养价值降低和热加工有害物质，如丙烯酰胺（acrylamide，AA）、杂环胺（heterocyclic amines，HAs）和晚期糖基化末端终产物（advanced glycation end product，AGE）等的生成。

（一）美拉德反应对挤压食品品质的影响

1. 对挤压食品感官品质的影响　　食品物料经挤压加工后，不仅形成了独特的色泽与外观结构，而且赋予了产品特殊风味，挤压加工过程中程度合适的美拉德反应可提升其产品的感官品质。

1）色泽　　随着美拉德反应进程的推进，挤压食品色泽会由浅黄向黑灰色发展，除烤制食物、可可和咖啡外，产品褐变大多不被消费者接受。挤压加工工艺参数中，物料水分含量对色泽影响最大，产品色泽随物料水分含量提高而逐渐变浅，说明美拉德反应程度逐渐降低；产品色泽随机筒温度升高而逐渐加深，说明美拉德反应程度逐渐加剧；但螺杆转速对产品色泽影响并不显著。生产过程中合理控制美拉德反应程度可使产品呈现出消费者所喜爱的色泽。

2）风味　　挤压加工过程中美拉德反应风味物质的生成主要取决于糖类、氨基酸种类与比例及挤压工艺条件。对风味较淡的燕麦、小麦等谷物原料，通过挤压加工改善其产品风味不失为一条有效加工途径，在小麦淀粉中加入 1% 葡萄糖和 1% 水解植物蛋白，其挤压产品中风味物质强度和种类显著增加，较高机筒温度下变化更明显。随着消费者对食品风味要求越来越高，通过美拉德反应的合理控制使挤压产品产生独特风味已成为有效途径之一。

2. 对挤压食品氨基酸损失的影响　　氨基酸是美拉德反应的底物，挤压加工过程中食品物料中的各种氨基酸皆有不同程度损失。其中，赖氨酸损失明显，玉米挤压加工过程中赖氨酸保留率为 51%～89%；甲硫氨酸、胱氨酸和精氨酸损失也较大，其余氨基酸损失相对较小。在物料挤压温度高、机筒停留时间长和水分含量低等较极端加工条件下，赖氨酸损失更为明显；通常认为对赖氨酸、胱氨酸及精氨酸等氨基酸损失影响较大的主要是挤压温度、水分含量和剪切力，而螺杆转速的影响很小。因此，可通过挤压工艺参数的优化，使挤压食品中的氨基酸得到最大程度保留。

3. 对挤压食品抗氧化与抗突变活性的影响　　大量研究结果表明还原糖-氨基酸经美拉德反应产生的美拉德反应产物（MRP）大多具有较强抗氧化活性，且其抗氧化活性随美拉德反应时间延长而增强。同时，大部分 MRP 对苯并芘的致突变性有中等程度抑制效果，木糖-色氨酸反应产物对黄曲霉毒素 B1 的致突变性亦具有抑制作用。MRP 抗氧化、抗突变机制可能是基于类黑精的还原性。

4. 对热加工有害物形成的影响　　较高机筒温度和较低进料水分的挤压加工过程大多伴随着美拉德反应的发生，热加工有害物丙烯酰胺（AA）、杂环胺（HAs）和晚期糖基化末端终产物（AGE）也随之产生。

1）AA　　一种具神经毒性的小分子物质，1994 年国际癌症研究机构将其定为 2A 类致癌物，它主要是由游离的天冬酰胺在食品热加工过程中经美拉德反应而生成，马铃薯因富含天冬酰胺和糖类物质，在热加工过程中容易生成 AA。控制 AA 生成的可行措施主要包括适当降低挤压处理温度或缩短挤压时间、调整体系初始 pH 和添加天然抗氧化剂等。

2）AGE　　是还原糖与蛋白质、多肽或氨基酸的游离氨基通过美拉德反应等途径生成的一系列结构复杂化合物的总称，绝大部分食品皆含 AGE，从平均含量来看，谷物类最高、果蔬类最低，但均在 mg/100g 水平，抑制 AGE 生成多采用植物提取物一类的抗氧化组分。

通过控制美拉德反应条件，在促使更多有益美拉德反应产物生成的同时抑制有害物生成，这对提升挤压食品的健康效应具有重要意义。

（二）影响美拉德反应的因素

1. 原料组成　　影响美拉德反应的因素很多，其中反应底物的影响尤为重要，其反应底物包括糖类和氨基化合物，它们的种类及比例都会影响美拉德反应的发生与程度。不同氨基酸与不同还原糖通过美拉德反应能产生不同的特征风味，如半胱氨酸、甘氨酸、谷氨酸与木糖、葡萄糖经美拉德反应可分别产生鸡肉味、焦糖味和苦杏仁味；且氨基酸种类越多，风味越丰富。在挤压加工过程中，食品物料中的小分子还原糖和蛋白质、多肽、氨基酸中的氨基，直接参与了产品风味、色泽的形成。随着食品物料中葡萄糖等还原糖含量提高，挤压食品色泽逐渐变深，说明美拉德反应加剧，且底物浓度与反应程度成正相关；且葡萄糖的呈色速率大于果糖的。

2. 挤压工艺条件　　挤压加工过程中高机筒温度、低水分含量会促进美拉德反应的发生。在高温、高压和低水分物料的挤压加工过程中，即使食品物料在机筒内停留时间很短，也会产生明显的呈色物质，因为挤压加工过程中的剪切力会加速非酶褐变反应。美拉德反应程度与食品物料水分含量成反比、与机筒温度成正比，温度对美拉德反应产物的形成起决定性作用，而机筒停留时间、螺杆转速的影响相对较小。挤压加工过程中，高温挤压工艺可提高美拉德反应的发生概率及反应程度，提高物料水分含量则可降低美拉德反应的发生概率及反应程度。

3. 贮藏条件　　挤压食品贮藏期间的美拉德反应也不容忽视，因食品物料经挤压加工后，有些产品内部形成了许多孔隙结构，这大大增加了食品的表面积及与空气中氧气的接触机会。研究表明玉米粉经挤压后，虽然有效赖氨酸损失率仅为10%，但将挤压产品在40℃温度下贮存一段时间后，产品的感官可接受性明显降低，脂类氧化速度加速，总羰基化合物含量明显升高。

第三节　食品挤压加工的安全生产与控制

挤压加工技术作为一种高效环保的食品加工方法，近年来得到迅速推广应用。虽然挤压加工过程中的短时间高温、高压和高剪切力处理，可使食品物料的营养素损失减小、蛋白质与淀粉消化率提高，但是原料中的抗营养因子、过程中产生的热加工有害物和调味拌料与机械设备带来的安全隐患仍然是挤压食品安全生产与控制的关键问题。

一、影响挤压食品安全生产的因素

（一）食品原料中的抗营养物质

常见食物中的抗营养物质可分为内源性和外源性两类。内源性抗营养物质包括植酸、植物凝集素、胰蛋白酶抑制因子、硫代葡萄糖苷、棉酚及乳糖、水苏糖、棉籽糖等；外源性抗营养物质主要是指微生物代谢产生的黄曲霉毒素、赭曲霉毒素等，还包括食物中残留的杀虫剂和杀菌剂等。挤压加工过程的高温、高压、高剪切处理可显著降低食品原料中抗营养物质的含量，经双螺杆挤压机挤压后脱脂菜籽粉中的硫代葡萄糖苷含量可减少67%，同时挤压加工还可钝化芥子苷酶而防止进一步水解产生有毒物质；挤压加工可显著降低大豆粉中胰蛋白酶抑制因子活力。黄曲霉毒素（aflatoxins，AF）具有高毒性和强致癌性，传统烹饪方法不能破坏，150℃以上热处理才能部分破坏。挤压加工的机筒温度和水分是影响AF降解的最主要参数，105℃挤压加工可破坏玉米中40%～70%的AF，物料水分提高则会增大AF的降解量。

挤压加工中应用最为广泛的原料是小麦、稻米和玉米等谷物，谷物中常见的真菌毒素均被报道在挤压加工处理后有着不同程度减少。但挤压加工使产品中黄曲霉毒素减少的原因可能是食物基质中的大分子对黄曲霉毒素分子进行了修饰改性，被"修饰"的毒素仍可在食用后重新被水解成游离形式，一部分毒素有可能再次被小肠吸收。因此，将挤压加工技术用来降低原料中真菌毒素含量仍存在一定风险，对谷物原料中真菌毒素含量需严格限制。

（二）热加工有害产物

挤压过程产生的热加工有害产物包括AA、HAs和AGE等，它们对挤压食品安全性的影响不可忽视。挤压食品中AA含量受制于产品配方（水分含量、天冬酰胺含量、添加剂使用等）和挤压加工参数（进料量、套筒温度、螺杆转速等），因挤压加工过程用时短，食品物料热处理时间也短，产品中AA生成量并不大。然而，不同类型挤压食品的产品配方和挤压加工参数各不相同，在实际生产中还应根据产品类型有效控制AA的生成。除AA外，挤压食品中其他热加工有害产物的生成与控制也同等重要；而对需要烘烤或油炸等二次加工处理才能成为最终产品的挤压食品，二次加工过程中热加工有害产物还会继续产生和变化，同样需要持续关注其安全性问题。

（三）调味拌料

从原料、加工、储运到食用的各个环节，挤压食品都有可能受到微生物污染而影响其安全性。经过挤压加工过程的高温、高压和高剪切力处理，要保证产品微生物指标合格并不难。但对一些挤压加工后还需要喷涂调味料或者调味拌料的产品，其微生物污染的风险问题仍然存在。调味料的质量与安全性、喷涂或拌料过程中环境与人员操作的安全规范性都会影响最终产品的质量，为避免挤压加工后的半成品遭受二次污染，调味拌料过程的安全生产与控制尤为重要。

（四）机械设备

挤压加工设备直接接触食品物料，其安全卫生状况与挤压食品品质密切相关。首先，应保证挤压机螺杆和套筒的材质符合食品安全要求。同时，挤压加工时因受到高温、高压及机械摩擦作用，螺杆螺棱顶面和机筒内表面之间会产生磨损，这不仅加大了螺杆与机筒之间的间隙，影响挤压机的工作性能，而且金属部件的磨损将产生金属杂质而污染食品物料，所以生产过程中应实时监控挤压机磨损情况，必要时须及时更换相关金属部件。

二、挤压食品安全评价与控制

（一）严格按照相关食品安全国家标准监管挤压食品生产

据食品挤压加工原理，挤压加工应该是一种较为安全的食品加工手段。食品生产企业只要严格按照《食品安全国家标准 食品生产通用卫生规范》（GB 14881—2013）中的要求和管理准则实施生产，挤压食品的安全性即可得到基本保障。挤压膨化食品还可参照《食品安全国家标准 膨化食品生产卫生规范》（GB 17404—2016）规范产品生产过程，严格控制产品质量。

（二）采用 HACCP 体系保障挤压食品生产安全

HACCP 体系是一种能有效控制食品安全的管理体系，可预防、消除或降低可能存在于加工环节中的危害。以膨化型休闲食品玉米卷生产为例，其工艺流程为：原料验收及贮存→挤压膨化→烘焙干燥→喷涂调味料→计量包装。将玉米粉投入双螺杆挤压机中挤压膨化，通过模孔挤出成型后，经切割机切成一定大小半成品；半成品进入输送带式干燥器，在烘烤室内完成干燥；干燥后产品进入涂料机喷涂油脂和调味料。依据 HACCP 原理，可确定其生产过程关键控制点有 3 个，一是原辅料验收，其显著性危害是真菌毒素和重金属污染，应严格要求原辅料都采购于具有相应资质、证照齐全、合法经营的供应商，每批原辅料都须提供检验合格证明，并由原料验收检验员检验，对不合格品拒收；二是烘焙干燥，其显著性危害是菌落总数、大肠菌群等污染，生产人员要严格控制半成品干燥时间和温度，产品水分含量一般控制低于 7%，水分含量超标批次要进行二次干燥；三是喷涂调味料，其显著性危害是菌落总数、大肠菌群等污染和添加剂安全性，挤压最终产品微生物限量和食品添加剂应符合我国相应标准，品控人员对每批产品进行抽检，不符合要求的产品不得上市，并对喷涂调味料的生产环节进行相应整改。

（三）借鉴国际相关食品安全标准或规定监测挤压食品中的有害物质

目前我国还没有发布相应标准对热加工过程中产生的有害物质在食品中的限量进行规定。2007 年 5 月欧盟委员会通过了关于监测食物中丙烯酰胺水平的 2007/331/EC 号决议，开始对炸薯条、薄脆面包和速溶咖啡等特定食品中的丙烯酰胺含量进行监测；2017 年 11 月欧盟委员会发布（EU）2017/2158 号"制定减少食品中丙烯酰胺含量的缓解措施和基准水平的规范"，制定了食品中丙烯酰胺的降低策略和参考水平，如即食炸薯条、薄脆面包、速溶咖啡等食品中丙烯酰胺含量分别必须低于 500μg/kg、350μg/kg、850μg/kg 的相应参考值。2012 年，我国国家风险评估部门发布关于食品中丙烯酰胺的危险性评估报告，并对如何减少食品中的丙烯酰胺做出具体指导。2019 年 8 月国家卫生健康委启动国家食品安全标准《食品中丙烯酰胺污染控制规范》的立项工作，2021 年 9 月中国食品科学技术学会已就《食品安全国家标准 食品中丙烯酰胺控制规范（草案）》公开征求意见，国内大型食品企业已开始主动关注食品中丙烯酰胺及其他热加工有害产物的含量控制。随着研究的不断深入，我国相应的法律法规也在逐渐完善，可以预计挤压食品的安全性评价与控制将日趋科学合理。

本章小结

1. 挤压蒸煮是食品物料在螺杆推进作用下由挤压机进料端向模具端输送过程中，因水分、温度、压强和机械剪切力的共同作用而塑化和熟化的过程，蒸煮可使食品物理温度上升，在糊化温度以上维持足够时间即可使淀粉糊化和蛋白质变性。

2. 挤压膨化是高温高压的食品物料由挤压机模口挤出时，因压力突然降为常压，强大压差下水分急骤汽化，产生类似于"爆炸"效果，产品即随之膨胀。从机理上说，食品挤压膨化包括物料从有序到无序转变、气核生成、模口膨胀、气泡生长和生长停止与收缩5个阶段。

3. 挤压组织化主要指植物蛋白质组织化，在挤压过程中植物蛋白质高水分挤压产品纤维化结构的形成机理包括蛋白质与水分混合预热形成黏性面团、加热熟化形成熔融胶体状黏性面团和无序线性蛋白质分子发生定向排列与凝固定型3个阶段。

4. 挤压加工工程中食品主要营养素结构及功能性质皆发生了变化，主要包括化学键断裂、高级结构破坏、大分子失去原有结构、小分子发生聚合或降解和美拉德反应等，如淀粉糊化与降解、蛋白质变性导致溶解性降低与消化性提高、可溶性膳食纤维含量提高、氨基酸与维生素不同程度损失等。

5. 影响挤压食品安全生产的因素包括原料中抗营养因子、热加工有害物丙烯酰胺与晚期糖基化末端终产物产生、调味拌料与机械设备带来的安全隐患等。

【思考题】

1. 试从机理上分析食品挤压膨化各阶段的特点。
2. 试分析植物蛋白质挤压产品纤维化结构的形成机理。
3. 挤压加工过程中食品主要营养素发生了哪些变化？
4. 影响挤压食品安全生产的因素有哪些？怎样控制？

参考文献

高福成，郑建仙. 2020. 食品工程高新技术. 北京：中国轻工业出版社.

金征宇. 2005. 挤压食品. 北京：中国轻工业出版社.

金征宇，田耀旗. 2012. 农产品高值化挤压加工利用技术. 北京工商大学学报（自然科学版），30（6）：1-9.

魏益民，杜双奎，赵学伟. 2009. 食品挤压理论与技术（上卷）. 北京：中国轻工业出版社.

魏益民，康立宁，张泺. 2009. 食品挤压理论与技术（中卷）. 北京：中国轻工业出版社.

魏益民，张波，陈锋亮. 2009. 食品挤压理论与技术（下卷）. 北京：中国轻工业出版社.

张金闯，刘丽，刘红芝，等. 2017. 食品挤压技术装备及工艺机理研究进展. 农业工程学报，33（14）：275-283.

Brahma S, Weier S A, Rose D J. 2016. Effects of selected extrusion parameters on physicochemical properties and *in vitro* starch digestibility and β-glucan extractability of whole grain oats. Journal of Cereal Science, 70:85-90.

Day L, Swanson B G. 2013. Functionality of protein-fortified extrudates. Comprehensive Reviews in Food Science and Food Safety, 12(5): 546-564.

Egal A, Oldewage-Theron W. 2020. Extruded food products and their potential impact on food and nutrition security. South African Journal of Clinical Nutrition, 33 (4): 142-143.

Ghumman A, Kaur A, Singh N, et al. 2016. Effect of feed moisture and extrusion temperature on protein digestibility and extrusion behaviour of lentil and horsegram. LWT-Food Science and Technology, 70:349-357.

Harper J M. 1981. Extrusion of Foods. Inc. New York: CRC Press.

Jozinović A, Šarkanj B, Ačkar Đ, et al. 2019. Simultaneous determination of acrylamide and hydroxymetylfurfural in extruded products by LC-MS/MS method. Molecules, 24 (10):19-71.

Lampia M, Damerau A, Li J, et al. 2015. Changes in lipids and volatile compounds of oat flours and extrudates during processing and storage. Journal of Cereal Science, 62:102-109.

Massarolo K C, Mendoza J R, Verma T, et al. 2021. Fate of aflatoxins in cornmeal during single-screw extrusion: A bioaccessibility approach. LWT, 138: 110-734.

Moraru G I, Kokini J L. 2003. Nucleation and expansion during extrusion and microwave heating of cereal foods. Comprehensive Reviews in Food Science and Food Safety，2：120-138.

Mulla M Z, Bharadwaj V R, Annapure U S, et al. 2011. Effect of formulation and processing parameters on acrylamide formation: A case study on extrusion of blends of potato flour and semolina. LWT - Food Science and Technology, 44 (7): 1643-1648.

Nikmaram N, Leong S Y, Koubaa M, et al. 2017. Effect of extrusion on the anti-nutritional factors of food products:An overview. Food Control, 79:62-73.

Osen R, Toelstede S, Eisner P, et al. 2015. Effect of high moisture extrusion cooking on protein-protein interactions of pea(*Pisum sativum* L.) protein isolates. International Journal of Food Science & Technology, 50(6): 1390-1396.

第八章 食品的低温冷藏和冷冻技术

与其他各类食品保藏方法相比，冷冻食品的风味、组织结构、营养价值等方面与新鲜状态食品更为接近，食品的稳定性也相对更好。特别是冷冻贮藏，只要遵守简单的规则，就能贮存相当长时间。这些因素使冷冻食品越来越受到消费者的欢迎。本章内容包括食品低温加工的基本原理和基本方法、食品低温加工对产品质量的影响及食品低温加工过程中的安全控制。通过本章的学习，可以对低温加工食品有更为深入的理解，为低温冷藏和冷冻食品的加工提供理论和方法指导。

学习目标

掌握食品低温加工的原理。

掌握食品冷却和冷冻的传统方法。

掌握食品冷却和冷冻的新型方法。

了解食品冷却和冷冻方法的优势和限制，以及未来发展趋势。

掌握食品冷藏和冻藏的原理和概念。

掌握冷藏和冻藏对食品品质的影响。

掌握食品冻藏工艺条件的控制。

第一节 食品低温加工原理

无论是由微生物作用、酶的作用、氧化作用和呼吸作用引起的食品变质，还是由于冻结过程中冰晶导致机械损伤引起的食品变质，都与食品所处的温度或降温速率有密切关系。食品冷冻冷藏的目的就是通过降低食品温度使上述作用减弱，从而阻止或延缓食品的腐败变质。

一、低温对反应速率的影响

温度因提供物质能量可使分子或原子运动加快、反应时增加碰撞概率而使反应速率提高。根据Arrhenius方程，温度与反应速率常数呈指数关系。食品中物质的变质反应通常符合一级反应动力学，因而，反应速率随温度的变化可用温度系数 Q_{10} 表示，如式8-1所示。

$$Q_{10} = \frac{k_{\theta+10}}{k_\theta} \tag{8-1}$$

利用Arrhenius方程可得出

$$\lg Q_{10} = \frac{2.18E}{\theta(\theta+10)} \tag{8-2}$$

式中，k_θ 表示温度为 θ℃时的反应速率；$k_{\theta+10}$ 表示温度为（$\theta+10$）℃时的反应速率；E 表示活化能。因此，温度系数 Q_{10} 表示温度每升高10℃时反应速率所增加的倍数。换言之，温度系数表示温度每下降10℃反应速率所减缓的倍数。低温或冷冻的作用就是抑制反应速率，因此温度系数越高，低温保藏的效果越好。许多化学和生物反应中 Q_{10} 值为2~3。

（一）温度对酶促反应的影响

温度对酶促反应的影响比较复杂。只有在最适温度下，酶促反应效果最好，如图8-1所示。一般来

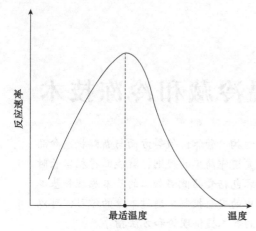

图 8-1　温度对酶促反应速率的影响

讲，在 0～40℃时，温度每升高 10℃，反应速率将增加 1～2 倍。一般最大反应速率所对应的温度均不超过 60℃。当温度高于 60℃时，绝大多数酶活性急剧下降。过热后酶失活是由于酶蛋白发生变性的结果。而温度降低时，酶的活性也逐渐减弱。例如，若以脂肪酶 40℃时的活性为 1，则在 −12℃时降为 0.01，在 −30℃时降为 0.001。

由此可见，在低温区间，降低温度可以降低酶促反应速率，因此食品在低温条件下，可以抑制由酶的作用而引起的变质。低温贮藏温度要根据酶的品种和食品的种类而定，对于多数食品，在 −18℃低温下贮藏数周至数月是安全可行的；而对于含有不饱和脂肪酸的多脂鱼类等食品，则需在 −30～−25℃低温中贮藏，以达到有效抑制酶的作用的目的。酶活性虽在低温条件下显著下降，但并不是完全失活。因此，低温虽然能抑制酶的活性，但不能完全阻止酶的作用，长期低温贮存的食品质量可能会由于某些酶在低温下仍具有一定的活性而下降。当食品解冻后，随着温度的升高，仍保持活性的酶将重新活跃起来，加速食品的变质。

基质浓度和酶浓度对催化反应速率影响也很大，一般说来，基质浓度和酶浓度越高，催化反应速率越快。食品冻结时，当温度降至 −5～−1℃时，有时会出现其催化反应速率比高温时快的现象，其原因是在这个温度区间，食品中的水分有 80% 变成了冰，使未冻结溶液的基质浓度和酶浓度都相应增加的结果。因此，快速通过这个冰晶生成带不但能减少冰晶对食品的机械损伤，同时也能减少酶对食品的催化作用。

（二）温度对氧化反应的影响

除酶促反应外，有一些引起食品变质的化学反应不直接与酶有关，其中氧化作用是影响食品品质的主要因素。食品氧化作用包括非酶褐变、维生素氧化分解和色素氧化褪色或变色等。非酶褐变的主要反应是羰氨反应；维生素氧化分解反应主要有抗坏血酸（维生素 C）的降解反应、维生素 B_1（硫胺素）的降解反应及 β-胡萝卜素的裂解等；色素氧化变色的反应主要有叶绿素脱镁反应和类胡萝卜素的氧化褪色。

食品贮藏中最常见的氧化反应是脂类的氧化酸败和维生素的氧化。食品中脂类含有各种各样的脂肪酸，这些脂肪酸对氧化敏感性有较大区别。油脂与空气直接接触会发生氧化反应，生成醛、酮、酸、内酯和醚等化学物质，并且油脂本身黏度增加，相对密度增加，出现令人不愉快的哈喇味。食品中还有很多非脂类组分，这些非脂类组分可能产生共氧化（如脂肪和蛋白质的交互氧化），或者与氧化脂及其氧化产品产生相互作用，因此食品中脂类氧化是非常复杂的。一般来说，随着温度上升，脂类的氧化速率增大，氧在脂与水中溶解度下降，氧分压对速率影响较小。抗坏血酸对氧气高度敏感，其很容易被氧化成脱氢维生素，若脱氢抗坏血酸继续分解生成二酮古洛糖酸，则失去抗坏血酸的生理作用。番茄色素是由 8 个异戊二烯结合而成，由于其有较多的共轭双键，故易被空气中的氧所氧化。胡萝卜素也有类似氧化作用，因此，降低食品温度，可减弱各类氧化反应速率，从而延长食品的贮藏期限。

（三）温度对呼吸作用的影响

果蔬类食品采摘以后虽然不再继续生长发育，但仍然进行着呼吸作用，这也是导致其发生衰老变质的主要因素。采摘后的果蔬食品不能再从母体植株上获取水分及其他营养物质，其呼吸作用只能消耗体内的物质而逐渐衰老。因此，要长期贮藏果蔬食品，必须在维持活体状态的情况下尽量减弱其呼吸作用。

果蔬在氧气充足条件下进行的呼吸称为有氧呼吸。该过程中细胞内的糖分被充分分解为二氧化碳和水，并释放出大量的能量，反应式如下：

$$C_6H_{12}O_6 + 6O_2 \longrightarrow 6CO_2 + 6H_2O + 2822kJ/mol$$

果蔬在缺氧状态下进行的呼吸称为无氧呼吸。该过程中细胞内的糖分不能充分氧化，而是生成二氧化碳和乙醇，同时释放出少量能量，反应式如下：

$$C_6H_{12}O_6 \longrightarrow 2C_2H_5OH + 2CO_2 + 117kJ/mol$$

无论是有氧呼吸还是无氧呼吸，呼吸都使食品的营养成分损失，而且呼吸放出的热量也加速食品的腐败变质。由于呼吸是在酶的催化下进行的，因此呼吸速率的高低也可以用温度系数 Q_{10} 衡量。果蔬食品的 Q_{10} 一般为 2～3，即温度升高 10℃，化学反应速率增加 2～3 倍。降低温度能够减弱果蔬类食品的呼吸速率，延长其贮藏期。但温度过低会导致果蔬食品的生理病害，甚至死亡。因此，贮藏温度应该选择在接近冰点但又不会引起果蔬食品生理病害发生的温度。

二、低温对微生物的影响

微生物的生长和繁殖功能均建立在复杂的生化反应基础上，而反应速率随温度降低而减慢，因此微生物都有一定的正常生长和繁殖的温度范围。温度越低，其活动能力也越弱，故降温能减缓微生物生长和繁殖的速度。温度降低到其最低生长点时，其停止生长并出现死亡。

微生物的生长繁殖是酶活力下物质代谢的结果，因此温度下降，酶活性随之下降，物质代谢减缓，微生物的生长繁殖就随之减慢。并且降温时，由于各种生化反应的温度系数不同，破坏了各种反应原来的协调一致性，影响了微生物的生理机能。温度下降时，微生物细胞内原生质黏度增加，蛋白质分散度改变，并且最后还可能导致不可逆性蛋白质变性，从而破坏微生物的正常代谢。冷冻时介质中冰晶体的形成会促使微生物细胞内原生质或胶体脱水，使溶质浓度增加促使蛋白质变性。同时冰晶体的形成还会使微生物细胞遭受机械性破坏。

通常足够的高温能使蛋白质受热凝固变性，从而终止微生物的生命活动。大多数细菌不耐高温，当温度为 55～70℃时，10～30min 就会失活。相对而言，细菌耐低温的能力更强一些，当其处于比它们的最低生长温度更低的温度下，虽然停止生长，但仍然极缓慢地进行新陈代谢，维持生存，当温度一旦恢复到适宜条件，微生物则可以再度继续生长并恢复正常代谢。

根据温度的适宜范围可将微生物分为三大类：嗜热菌、嗜温菌和嗜冷菌（表 8-1）。在实际低温贮藏过程中，嗜温菌和嗜冷菌是影响食品品质的主要微生物。

表 8-1　微生物的生长温度（杨瑞，2006）

微生物种类	最低生长温度 /℃	最适生长温度 /℃	最高生长温度 /℃	举例
嗜冷菌	−10～5	10～20	20～40	水和冷库中微生物
嗜温菌	10～15	25～40	40～50	腐败菌、病原菌
嗜热菌	40～45	55～75	60～80	温泉、堆肥中微生物

大多数食品中致毒性微生物和粪便污染性菌都属于嗜温菌类，其在低于 5℃ 的环境中既不能生长也不产生毒素。能在冷藏环境中生长繁殖的微生物菌落大多属于嗜冷菌类。由于大多数动物性食品中存在的嗜冷菌主要是好氧性的，因此可通过抽真空包装、充氮包装等方式使之隔绝氧气，达到延长保质期的目的。大多数蔬菜中存在的嗜冷菌为细菌和霉菌，而水果中主要是霉菌和酵母。许多嗜冷菌和嗜温菌的最低生长温度低于 0℃，有的可达 −8℃。温度越接近最低生长温度，微生物生长延缓的程度就越明显，一些微生物的最低生长温度见表 8-2。

表 8-2　一些微生物的最低生长温度（夏文水，2007）

菌名	最低生长温度 /℃	菌名	最低生长温度 /℃
灰绿曲菌	5	毕赤氏酵母	−5
黑曲霉	10	高加索乳酒酵母	−2
灰绿葡萄孢	−5	圆酵母	−6～−5
大毛霉	−2	蔬菜中各种细菌	−6.7
乳粉孢	2	乳酸杆菌	−4
灰绿青霉	−5	肉毒梭菌	10 左右
黑根霉	5	大肠杆菌	2～5
荧光杆菌	−8.9～−5		

长期处于低温中的微生物能产生新的适应性，这对冷冻保藏是不利的。这种微生物的低温适应性可以从微生物生长时出现的滞后期缩短的情况中加以判断。滞后期一般指微生物接种培养后观察到有生长现象出现时需要的时间。温度降低到微生物最低生长温度后，再进一步降温，就会导致其死亡。不过在低温下，微生物的死亡速率比高温下慢得多。

第二节　食品低温加工方法

一、食品冷却及冻结的温度范围

表8-3　低温食品的温度范围（包建强，2011）

名称	温度范围/℃	备注
冷却食品	0～15	冷却未冻结
冻结食品	−30～−12	冻结坚硬
微冻食品	−3～−2	稍微冻结

目前，低温食品的种类和数量都呈逐年增加的趋势，按照加工温度范围划分，大致有冷却食品、冻结食品、微冻食品（表8-3）。实际使用时，可根据食品的种类、性质、贮藏期、用途等不同，选择适宜的冷加工温度范围。冷却食品可用于活体食品和非活体食品；其他温度范围，只能以非活体食品作为加工对象。

冷却食品的温度上限为15℃，下限为0～4℃。对动物性食品来说，温度越低贮藏期越长；对果蔬食品来说，温度要求在冷害温度以上，否则会引起食品的冷害，造成过早衰老或死亡。

冻结食品的品温一般在−12℃以下，但只有达到−18℃以下才能有效地抑制食品品质的下降。在此温度范围内，食品温度越低，品质保持越好，贮藏期越长。近年来，国际上冻结食品的温度有下降趋势，尤其是一些经济价值较高的水产品，温度一般都保持在−30℃。日本用来作为生鱼片食用的金枪鱼，为了长期保持其颜色，采用−70～−55℃的贮藏温度。

微冻食品之前也称为半冻结食品，近年来基本上都统一称为微冻食品。微冻是将食品温度降低到低于其冻结点2～3℃，并在此温度下贮藏的一种保鲜方法。与冷却加工方法相比，微冻食品的保鲜期是冷却食品的1.5～2倍。有研究表明在食品冰点（以上）至0℃范围内的冰温保鲜技术，以及在食品冰点以下2℃至冰点温度范围内的微冻保鲜技术，均能够有效保护食品品质。

二、食品的冷藏

冷藏是将食品的温度降低到接近冰点而不冻结的一种食品保藏方法。一般冷藏温度为−1～8℃。冷藏可以降低生化反应速率和微生物的生长速率，并且延长新鲜食品和加工制品的货架期。过去它曾作为果蔬、肉制品短期贮藏的一种方法。近年来，随着其他保藏技术，如气调贮藏、发酵技术、超高温瞬时杀菌技术、辐射保藏及气调包装等技术的推广，冷藏技术与这些单元操作结合，使很多食品，如冷鲜肉、清洁菜、冷藏的四季鲜果、鲜牛奶等的货架寿命显著提高。另外，很多加工食品，如酸奶、果汁、火腿、香肠、蛋糕、调理加工食品（快餐、菜肴、汉堡等）能够大规模生产并销售。

（一）冷藏食品物料的选择和前处理

对于冷藏的果蔬食品物料的选择应特别注意原料的成熟度和新鲜度。果蔬食品物料采收后仍具有生命力，有继续成熟的过程，低温可以延缓这一继续成熟的过程。一般而言，达到采收成熟度的果实，采收后果实的成熟度越低，原料越新鲜，贮藏时间越长；此外，动物食品及水产品原料一般应选择屠宰或捕获后的新鲜状态进行冷藏；食品物料冷藏前的处理对保证冷藏食品的质量非常重要。果蔬食品的前处理包括挑选、去杂、分级和包装等。动物性食品物料在冷藏前需要清洗、去除血污及其他一些在捕获和屠宰过程中带来的污染物，同时降低原料中初始微生物数量以延长贮藏期。

（二）食品冷却的方法

食品的冷却是将食品或食品原料从常温或高温状态经过一定的工艺处理降低到适合后续加工或者贮藏的温度。冷却是食品冷藏或冷冻前的必经阶段，其本质上是一种热交换的过程，在尽可能短的时间内使食品温度降低到食品冷藏或其他加工的预定温度，以及能及时地抑制食品内的生物化学反应和微生物的繁殖活动。冷却处理对食品品质及其贮藏期有显著影响，预冷时的冷却速度及其最终的冷却温度是抑制食品本身生化变化和微生物繁殖活动的决定性因素。

冷却可以通过传导、对流、辐射或蒸发冷却来达到目的。当产品的几何形状适合于与固体冷却器件接触时，可以采用热传导方式。大多数食品是靠对流或对流与传导相结合的方式来进行冷却的。冷却方式的选择主要取决于产品的类型，即液体食品、固体食品或半固体食品。

1．固体食品的冷却

1）空气冷却法　　适合固体食品冷却的方法有很多，最经常使用的方法是空气冷却法。空气冷却法分自然通风冷却和强制通风冷却。

自然通风冷却是最简单易行的一种方法，常用于采收后的果蔬预冷，即将采后的果蔬放在阴凉通风的地方，使产品所带的田间热散去。这种方法冷却的时间较长，而且难以达到产品所需要的预冷温度，但是在没有更好的预冷条件下，自然通风冷却仍然不失为一种有效的方法。

强制通风冷却即让低温空气流经包装食品或未包装食品表面，将产品散发的热量带走，以达到冷却的目的。强制通风冷却可先用冰块或机械制冷使空气降温，然后用冷风机将被冷却的空气从风道吹出，在冷却间或冷藏间中循环，吸收食品中的热量，促使其降温。其工艺效果主要取决于空气的温度、相对湿度和流速等因素，工艺条件的选择根据食品的种类、有无包装、是否干缩、是否需要快速冷却等因素来确定。

空气冷却法应用的范围很广，常用于冷却果蔬、鲜蛋、乳品及畜禽肉等冷藏、冻藏食品的预冷处理，特别是青花菜、绿叶类蔬菜等经浸水后品质易受影响的蔬菜产品，适宜于用空气冷却法。个体较小的食品也常放在金属传送带上吹风冷却。对于未包装的食品，采用空气冷却时会产生较大的干耗损失。

2）冷水冷却法　　冷水冷却法是用于喷淋产品或将产品浸泡在冷却水中，使产品降温的一种冷却方式。冷却水的温度一般在0℃左右，冷却水的降温可采用机械制冷或碎冰降温。喷水冷却多用于鱼类、家禽，有时也用于水果、蔬菜和包装食品的冷却。如所用冷水是静止的，其冷却效率较低，而采用流水漂烫、喷淋或浸喷相结合则效果较好。冷却水可循环使用，但必须加入少量次氯酸盐消毒，以消除微生物或某些个体食品对其他食品的污染。

冷水和冷空气相比有较高的传热系数，可以大大缩短冷却时间，而不会产生干耗，费用也低。然而，并不是所有的食品都可以直接与冷水或其他冷媒接触。适合采用水冷法冷却的蔬菜有甜瓜、甜玉米、胡萝卜、菜豆、番茄、茄子和黄瓜等。

3）冰冷却法　　冰冷却法是在装有蔬菜、水果、鱼、畜禽肉等的包装容器中直接放入冰块使其降温的冷却方法。目前，应用较多的是在产品上层或中间放入装有碎冰的冰袋与食品一起运输。但冰冷法只适用于那些与冰接触后不会发生伤害的产品，如某些叶菜类、花椰菜、青花菜、胡萝卜、竹笋、荔枝、桂圆、鱼、畜禽胴体等。

当冰块和食品接触时，冰的融化可以直接从食品中吸收大量热量使食品迅速冷却，所以，冰是一种比用冷水更有效的良好冷却介质。冰融化时温度恒定不变，用冰块冷却时食品温度不可能低于0℃。碎冰冷却法特别适宜于鱼类的冷却，它不仅能使鱼冷却、湿润、有光泽，而且不会发生干耗现象。为了提高冰冷却法的效果，要将大块的冰碾碎，使冰与食品的接触面积增大，并及时排除冰融化成的水。一般有碎冰和水冰冷却两种方式，对于水产品冷却较为适用。

碎冰冷却（干式冷却）：该法要求在底部和四周先添加碎冰，然后再一层冰一层鱼进行逐层码放。这样鱼体的温度可降至1℃，一般可保鲜7～10天不变质。

水冰冷却（湿式冷却）：先将海水预冷到1.5℃，送入船舱或泡沫塑料箱中，再加入鱼和冰，要求冰完全将鱼浸没，用冰量是鱼与冰的比例为2∶1或3∶1。水冰冷却法易于操作、用冰量少，冷却效果好，但鱼在冰水中浸泡时间过长，易引起鱼肉变软、变白，因此该法主要用于鱼类的临时保鲜。

4）真空冷却法　　真空冷却也称为减压冷却，是把食品物料放在可以调节空气压力的密闭容器中，使产品表面的水分在真空负压下迅速蒸发，带走大量汽化潜热，从而使食品冷却的方法。

真空冷却法降温速度快、冷却均匀，30min内可以使蔬菜的温度从30℃左右降至0～5℃，而其他方法需要约30h。真空冷却法适用于叶菜类，对葱蒜类、花菜类、豆类和蘑菇类等也可应用，某些水果和甜玉米也可用此法预冷。叶菜具有较大的表面积，实际操作中，只要减少产品总重量的1%，就能使叶菜温度下降6℃。此外，通常的做法是先将食品原料湿润，为蒸发提供较多的水分，再进行抽空冷却操作。这样，既加快了降温速度，又减少了植物组织内水分损失，从而减少了原料的干耗。真空冷却法的缺点是食品干耗大、能耗大，设备投资和操作费用都较高，除非食品预冷的处理量很大和设备使用期限长，否则使用该法并不经济。

2. 液体食品的冷却　　大多数液体食品的冷却采用热交换器进行，目前工业上通常运用板框热交换器或列管式换热器对液体物料进行快速降温，这些降温的原理均基于对流传热。在板框式交换器的设计中，许多板片被堆积在框架上，板片之间保留一定的空间，由橡胶垫片进行流体的导流。被冷却的液体和冷媒分别流经相隔的板片。这类热交换器热交换面积大、占地面积小，具有能量守恒或能量回收的特点，通过对冷、热流体不同流动过程的安排可以达到节省能量的目的。热交换器冷却方法缺点是可能存在冷媒泄漏的风险，对食品物料的安全性有一定的威胁。

三、食品的冻藏

食品冻藏就是采用缓冻或速冻方法先将食品冻结，继而在能保持食品冻结状态的温度下贮藏的保藏方法。常用的贮藏温度为-23～-12℃。食品的冻结或冻制时运用各种冻结技术，在尽可能短的时间内，将食品温度降低到它的冻结点（即冰点）以下预期的冻藏温度，使它所含的全部或大部分水分随着食品内部热量的外散而形成冰晶体，以减少生命活动和生化变化，从而保证食品在冻藏过程中的稳定性。常见的冻藏食品有经过初加工的新鲜果蔬、果汁、肉类、禽类、水产品和去壳蛋等，还有不少加工品，如面包、点心、冰淇淋及品种繁多的预煮和特种食品、膳食用菜肴等。

（一）冷冻食品物料的选择和前处理

任何冻制食品最后的品质及其耐藏性取决于：①原料的成分和性质；②原料的严格选用、处理和加工；③冻结方法；④贮藏情况。

只有新鲜优质原材料才能供冻制之用，对于水果、蔬菜来说，应选用适宜于冻制的品种，并在成熟度最高时采收。此外，为了避免微生物和酶活动引起不良变化，采收后应尽快冻制。

蔬菜原料冻制前首先要进行清洗、除杂，以清除表面上的尘土、昆虫汁液等杂质，减少微生物的污染。由于低温并不能破坏酶，为了提高冻制蔬菜的耐藏性，需要进行预煮或烫漂的前处理，但仍会有大量嗜热细菌残留下来，为了阻止这些残存细菌的腐败活动，预煮后应立即将原料冷却到10℃以下。

水果也要进行清理和清洗。水果中酶性变质比蔬菜还要严重些，可是水果不宜采用预煮的方法来破坏酶的活力，因为这会破坏新鲜水果原有的品质。由于氧化酶的活动，冻制水果极易褐变。为了有效地控制氧化，在冻制水果中常使用有以浸没水果为度的低浓度糖浆，有时还另外添加柠檬酸、抗坏血酸和二氧化硫等添加剂以延缓氧化作用。加糖处理也可用于一些蛋品，如蛋黄粉、蛋清粉和全蛋粉等，加糖有利于对蛋白质的保护。

肉制品一般在冻制前并不需特殊加工处理，我国大部分冻肉都是在屠宰清理后直接预冻、冻制而成的。在国外，为了适应人们的烹调特点和口味要求，牛肉一般须先冷藏进行酶嫩化处理，但如果冷藏期超过7天，会对冻肉制品的耐藏性产生影响。生产中有时还会在冻制前对水产品和肉类采用加盐处理，类似于盐腌。加入盐分除了可对微生物和酶抑制外，也可减少食品物料和氧的接触，降低氧化作用。对于家禽来说，实验表明，如果屠宰后12～24h内冻结，其肉质要比屠宰后立即冻结有更好的嫩度；如果屠宰后超过24h才冻结，则肉的嫩度无明显改善，贮藏期反而缩短。

对于液态食品，如乳、果汁等，不经浓缩而冻结时会产生大量的冰结晶，使未冻结液体的浓度增加，导致蛋白质等物质的变性、沉淀等不良后果。浓缩后液态食品的冻结点大大降低，冻结时结晶的水分量减少，对胶体物质的影响小、解冻后容易复原。

为了减少食品物料在冻结过程和冻藏过程中的氧化、水分蒸发和微生物污染等，在冻结前还常常采用不透气的包装材料对食品物料进行包装。

（二）食品传统冻结方法

冻结方法按照冻结速度，可以分成缓冻和速冻两大类。缓冻就是食品放在绝热的低温室中（-40～-18℃，常用-29～-23℃），并在静态的空气中进行冻结的方法。速冻方法常用的主要有三类：第一类，鼓风冻结，采用连续不断的低温空气在物料周围流动；第二类，平板冻结或接触冻结，物料直接与中空的金属冷冻盘接触，其中冷冻介质在中空的盘中流动；第三类，浸渍冷冻和喷雾冷冻，物料直接与冷冻介质接触。

1. 鼓风冻结　　鼓风冻结法实际上就是空气冻结法，它主要是利用低温和空气高速流动，促使食品快速散热，以达到迅速冻结的要求。速冻设备的关键就是保证空气流畅，并使之和食品所有部分都密切接触。速冻设备内所用的空气温度为-46～-29℃，而强制的空气流速则为5～15m/s（或300～900m/min），这是速冻设备和缓冻室的不同之处。空气流动方式有多种，空气可在食品的上面或是下面流过，还有流经食品堆层的（流化床冻结）。逆向气流是速冻设备最常见的气流方式，即冷空气的流向和食品传送方向相反。这样，在离开隧道或直立井筒体时与冷冻食品相接处的空气最冷，故冻结食品的温度就不会一直上升，也不会出现部分解冻的可能。

鼓风冻结机的主要优点是用途的多面性，鼓风冻结机适用于具有不规则形状、不同大小和不易变形的食品物料。因此，对于生产单体速冻制品非常有利，包括各种蔬菜、水果、不同的甲壳类制品、鱼片及附加值高一点的食品，如鱼棒。然而，与浸渍冻结相比，鼓风冻结的速度相对较慢而且需要不断除霜，另一个缺点是风速小幅度提高需要大幅度提高动力来支持。在使用鼓风冻结时，当需要很高的生产能力或延长冻结时间时，传送带的长度将会变得过长，这个问题可通过使用螺旋冻结机（图8-2）来解决。

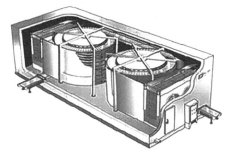

图8-2　螺旋冻结机示意图

2. 平板或接触冻结　　用制冷剂或低温介质（如各类盐水）冷却的金属板和食品密切接触下使食品冻结的方法称为间接接触冷冻法。目前，平板采用挤压过的铝制作，这种平板的截面上有通道可供液态制冷剂在其中流动，热传递在平板的上下表面发生，通过冷却面与产品直接接触完成冷冻。在接触制品的各个平板上加压有助于接触紧密，从而提高平板与产品间的热传递系数。所使用的压力为0.1～1MPa，采用液压可使平板紧密与产品接触。平板冻结机可用于冻结未包装的和用塑料袋、玻璃纸或纸盒包装的食品。金属板有静止的，也有可上下移动的。常用的有平板、浅盘、输送带等。食盐水、氯化钙溶液等为常用的低温介质，或静止，或流动。这种方法常用于生产机制冰块。图8-3为接触式冻结机的结构示意图。

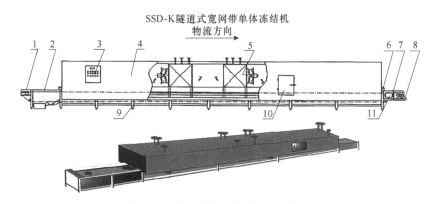

图8-3　接触式冻结机的结构示意图

1. 进料支架；2. 输送网带；3. 电控箱；4. 库体；5. 冷风机；
6. 防逃冷板；7. 出料支架；8. 出料斗；9. 中间支架；10. 库门；11. 传动电机

3. 浸渍冷冻和喷雾冷冻　　散态或包装食品在低温介质或超低温制冷剂直接接触下进行冻结的方法，称为直接接触冻结法，有浸渍冷冻和喷雾冷冻两种。它们通常用于单体速冻技术制品，仅用于一些特殊的、高价值的产品上，如虾及高附加值或调味制品，如双壳软体动物的肉等。

1）浸渍冷冻　　浸渍冷冻机可以保证制品表面与冷冻介质之间紧密接触，保证良好的传热。冷冻介质有盐水、糖液和甘油溶液。通常采用氯化钠盐水，其低共熔点为−21.2℃，因此，在冷冻过程中通常采用−15℃左右的盐水温度。要使温度进一步下降必须将制品转移到冷库中。

在盐水中冷冻的大型金枪鱼，可能需要 3 天才能彻底冻结。采用现代的鼓风冷冻机在−60～−50℃下操作，鱼的冷冻时间可能会低于24h。对于捕获后鱼的保藏，盐水冷冻曾经在金枪鱼渔业工业中非常流行，但现在正逐渐被鼓风冷冻所取代。

水果一般可用甘油-水混合液冻结，67% 甘油水溶液的温度可降低到−46.7℃，但这种介质对不宜变甜的食品并不适用，对于一些速冻肉产品，如调理牛排、调理猪排及速冻肉饼等，浸渍冻结是比较好的选择，有研究表明选取海藻糖、聚葡萄糖和黄原胶作为调理肉制品冻藏期间抗冻剂的主要成分，以调理肉制品的汁液损失率和硬度为评价指标，得出了适合调理肉制品的低热量、低甜度的功能性抗冻剂配方：1.8% 海藻糖、3.3% 聚葡萄糖和 0.5% 黄原胶，可以有效地保持肉品在冻藏期间的品质。

2）喷雾冷冻　　喷雾冷冻也可称为深冷冻结，在深冷冻结时，通过将未包装或仅薄层包装的制品暴露在具有低沸点、温度极低的制冷剂中，取得极快的冷冻速率。在这个方法中，制冷剂被喷射到产品表面，在制冷剂相态变化时将热带走。制冷剂通常采用二氧化碳或液氮。

在以二氧化碳为冷冻介质的冻结机中，当产品通过冷冻隧道二氧化碳喷嘴时，液态二氧化碳喷到产品上，在离开喷嘴时发生相态变化，吸收大量的热量致使制品快速冷却。在一些系统中，固体二氧化碳（干冰）层被置于传送带上，制品则置于干冰之上，然后液态二氧化碳从上喷下。由于干冰在−78℃时升华，因此冷却至少在−75℃时发生。在这种情况下冷冻非常快，汁液损失也下降到小于 1%。

在液氮冻结机中，当产品在移动的传送带上经过隧道时液化的气体喷射到产品的表面，氮气与传送带逆向流动，这种物料在液氮喷射前已被预冷。在大气压下，液氮的沸点是−196℃，因此在进入冷冻隧道前预冷非常重要，否则制品可能会由于冷却太快而出现应力破碎。在喷嘴后，必须要有个回温区，使产品在出冷冻隧道前回温，这可以使制品表面与中心的温度梯度趋向于一定程度的平衡。一旦产品被移入冻藏库，其通常会发生完全的平衡。

（三）食品新型冻结方法

在食品的冷冻过程中，水分的分布和结晶直接影响着冷冻食品的冷冻效率和质量。快速冷冻能够在细胞内部和外部形成均匀分布的细小冰晶，减少对食品的组织结构的机械损伤，这有利于保持冷冻食物的原始特性。在冷冻过程中应用一些新型物理技术可以增加过冷水中成核的概率，并在较高的温度下诱导成核，从而产生更多更均匀的冰晶，降低对组织结构的破坏。

1. 超声辅助冻结　　超声波是一种波长极短的机械波，在空气中波长一般短于 2cm，常用于食品保存和分析。超声波会在液体介质中引起剧烈的湍流，并提高传热效率。超声波浸入式冷冻（ultrasound-assisted immersion freezing，UIF）是提高热传递系数并加速食品冷冻过程、保存食品品质的有效方法，其设备示意图见图8-4。功率超声产生的空化作用是缩短食品冷冻时间的主要原因。此外，超声可以增加过冷水中成核的可能性，并在较高温度下诱导成核，这对于控制冻结食品中冰晶的大小和分布是非常有效的。

有研究表明与没有施加功率超声的样品相比，使用超声辅助冷冻的马铃薯组织、蘑菇显示出优越的细胞结构。此外，在畜禽产品及水产品冷冻过程中也得到了类似的结果，施加合适的功率超声可以有效地维持肌肉中肌原纤维蛋白的结构，保存其功能特性，进而维持冷冻产品品质。这都表明，UIF 可能是保持冷冻食品质量的一种新方法。但是对于一些重量和尺寸较大的样品冷冻过程而言，超声波的产热特性可能会对其更广泛的应用造成一些限制。

2. 超高压辅助冻结　　超高压辅助冻结是通过控制温度或压力来实现食品内部水、冰相变的过程，液态水的冰点在外界施压时降低到0℃以下，一旦压力释放即可获得较高的过冷度，从而增加冰核形成速率，促进小冰晶形成。有研究表明在不同的压力水平下（100MPa、150MPa 和 200MPa）压力辅助冷冻对虾肉和猪肝的影响，发现压力辅助下，冻结的速率显著提高，且在冻结过程中样品内部生成的冰晶颗粒小且排列规整；同时还发现高压（350MPa，3min）处理对冷冻鸡肉表面的大肠杆菌有显著抑制作用，可将大肠杆菌数量减少6 个数量级。此外，Méndez 等人在沙丁鱼冷冻期间的实验中发现，通过施加高压处理（125～200MPa）对样

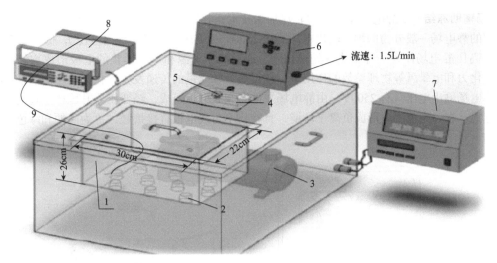

流速：1.5L/min

图 8-4 超声波浸入式冷冻设备示意图（Sun et al.，2019）

1. 超声波罐；2. 超声波换能器；3. 制冷压缩机；4. 冷却液储罐；
5. 循环泵；6. 控制面板；7. 超声波发生器；8. 温度检测仪；9. K 型热电偶

品的脂质氧化有较好的抑制作用，且不改变肌浆蛋白和肌原纤维蛋白组分，以及不诱导酸性磷酸酶和组织蛋白酶活性的实质性修饰。上述研究表明超高压辅助冻结是一种具有潜力的新型冷冻方式，超高压辅助冷冻设备示意图见图 8-5。然而由于超高压设备较昂贵，且在连续化加工中有一定局限性，故而未能进行大规模工业化应用。

3. 低频磁场辅助冻结 低频磁场（LF-MF）是一种非电离辐射场，易于产生且对人体健康安全无危害。近年来，研究表明磁场可能会对蛋白质的结构和功能产生一定程度的影响，这种辐射场已在肉类加工中得到应用。其中通过对永磁场（PMF：0~16mT）和交变磁场（AMF：

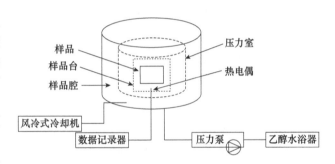

图 8-5 超高压冷冻设备示意图（程丽娜，2017）

超高压低温体系是由超高压及风冷式冷水机组构建成，超高压的样品腔是由承压内腔、外腔及两腔之间的夹层构成，夹层内充斥着由风冷式冷水机提供的冷媒（66% 聚乙二醇），承压内腔的冷媒（50% 乙醇）由超高压水箱提供

0~1.8mT）对冷冻猪肉品质影响的研究表明，PMF 可以显著降低初始成核温度，导致更高的过冷度，进行促进更多更均匀的小冰晶的形成，减少对食品组织结构的破坏，最大限度地保持其品质。与 AMF 相比，PMF 可能是一种控制水分子成核结晶更有前途的方法，可用于食品冷冻行业。低频磁场辅助冷冻设备示意图见图 8-6。然而磁场的穿透效果和不稳定性需要更多的实验来进行验证及加强。

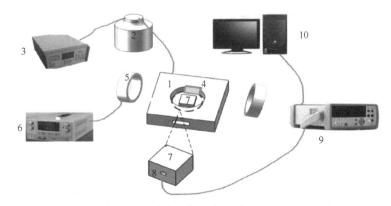

图 8-6 低频磁场冷冻设备示意图（Tang et al.，2019）

1. 冷却台；2. 氮气罐；3. 控制器；4. 永磁体；5. 交流线圈；6. 交流电源；7. 样品；8. 热电偶；9. 数据采集器；10. 计算机

4. 电场辅助冻结　　静电场作为一种非热加工技术，其在食品工业中的应用已得到广泛探索。用于食品加工中的静电场一般分为两种，输出电压高于2500V为高压静电场（输出电压），低于2500V则是低压静电场。高压静电场作为一种微能量处理技术，通过高压电源和不同形状的电极形成均匀或不均匀的电场，在极化力和电晕风等物理参数的作用下，使得热量和质量的传递发生变化，对生命活动有一定的影响。低压静电场输出电压只有2500V，由静电场发生器和放电板组成，经变压器升压产生直流电压，采用空间放电方式，在一定范围内形成负离子环境，且物料不与放电板直接接触，更为简便和绿色。其设备示意图见8-7。

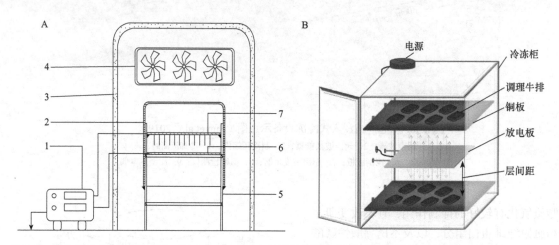

图8-7　高压静电场冷冻设备（A）（Jia et al., 2017）及低压静电场冷冻设备（B）示意图（Xie et al., 2021）
1. 电力供应器；2. 处理室盖子；3. 冷冻冰箱；4. 风扇；5. 处理室；6. 样品放置板；7. 针状电极

据报道，从热力学定律的角度来看，电场可以改变和降低冰成核的自由能垒，从而减少成核的临界半径，提高了冰的成核速率和数量，因此，所得冰晶的尺寸相对较小，减少了对食品细胞及组织结构的机械损伤，从而改善品质。已经有研究关于将静电场用于畜禽产品及水产品中，如猪里脊肉、牛里脊肉、鸡胸肉、调理牛排、金枪鱼片等冷冻过程中，发现施加电场可以有效地缓解食品的品质劣变。对于高压静电场而言，其工业化应用限制在于高电压导致的安全隐患问题及高能耗；而低压静电场相对安全绿色，其效果则没有高压静电场这样显著。之后的研究重点则应该在于提高安全性的同时保持静电场的效用，或是选择其他物理场进行协同，或是与一些抗冻化学物质进行协同增强，以提高静电场技术的应用价值。

5. 微波辅助冷冻　　微波是一种波长为0.3～300GHz的电磁波。将微波技术应用于食品冻结的原理为：微波可以诱导水分子偶极旋转并产生摩擦热，可以显著地影响冰核的形成和生长，从而促进小尺寸的冰结晶形成，减少其对食品组织的破坏作用。研究表明，在鳕鱼的冻结过程中施加功率为3W的微波，可以显著地减少鳕鱼组织内的冰晶尺寸，并且持续的微波处理可以抑制冰晶的重结晶，然而微波产生的热效应可能会对冻结速率产生不利的影响。

资源8-1　　微波辅助冷冻设备示意图见**资源8-1**。

第三节　食品低温加工与产品质量

一、食品在冷藏过程中的质量变化

食品在冷藏过程中会发生一系列变化，其变化程度与食品的种类、成分、食品的冷却、冷藏条件密切相关。除了肉类在冷却过程中的成熟作用有助于提高肉的品质和果蔬的后熟可以增加产品风味外，其他变化均会引起食品品质的下降。研究和掌握这些变化及其规律将有助于改进食品冷却冷藏工艺，以避免和减少冷藏过程中食品品质的下降。

（一）水分的蒸发

食品在冷却时，不仅温度下降，食品中汁液的浓度也会有所增加，食品表面水分蒸发，出现干燥现象。失水干燥会导致食品质量损失（俗称干耗），而且会导致食品的品质恶化，如使得水果蔬菜重量减少，失去新鲜饱满的外观甚至出现明显的凋萎现象；鸡蛋则会出现气室增大、重量减轻、品质下降等问题。

为了减少水果、蔬菜类食品冷却时的水分蒸发作用，要根据它们各自的水分蒸发特性，控制其适宜的湿度和低温条件。植物性食品在冷却贮藏过程中，开始湿度大，因为水果、蔬菜刚收获时水分多，贮藏一段时间后，就会出现干燥的趋势，所以冷却贮藏室的湿度要经常记录，适当调整。另外，未成熟的水果要比成熟的水果蒸发量大。肉类水分蒸发的量与冷却贮藏室的空气温度、湿度及流速有关，还与肉的种类、单位质量、表面积的大小、表面形状、脂肪含量有关。一般是低温高湿（温度0~1℃，湿度为80%~90%）的条件下质量损失小。但是在可提供蒸发潜热的条件下，干耗就比较明显。

（二）冷害

有些水果、蔬菜在冷藏过程中的温度虽未低于其冻结点，但当贮温低于某一温度界限时，这些水果、蔬菜的正常生理机能就会因受到障碍而失去平衡，引起一系列生理病害，这种由于低温造成的生理病害现象为冷害。

冷害有各种现象，最明显的症状是组织内部变褐和表皮出现干缩、凹陷斑纹等。像荔枝的果皮变黑、鸭梨的黑心病、马铃薯的发甜现象都属于低温伤害。有些水果、蔬菜在冷藏后从外观上看不出冷害的现象，但如果再放到常温，却不能正常成熟，这也是一种冷害。例如，绿熟的番茄保鲜温度为10℃，若低于这个温度，番茄就失去后熟能力，不能由绿变红。

引起冷害发生的因素很多，主要与果蔬的种类、贮藏温度和时间有关。热带和亚热带果蔬由于系统发育处于高温的气候环境中，对低温较敏感，在低温贮存中易遭遇冷害。温带果蔬的一些种类也会发生低温冷害，寒代地区的果蔬耐低温的能力要强些。同一种类果蔬，不同的品质和冷却、冷藏条件引起低温冷害病的临界温度也会发生一些波动，不同种类的果蔬对低温冷害病的易感性的大小也不同。另外，发生低温冷害病的程度与所采用的温度低于其冷害临界温度的程度和时间长短也有关。采用的冷藏温度较其临界温度低得越多，冷害发生的情况就越严重（表8-4）。水果、蔬菜冷害的出现需要一定的时间，如果果蔬在冷害临界温度下经历的时间较短，即使温度低于临界温度也不会出现冷害。冷害现象出现最早的品种是香蕉，只需要几个小时，冷害就会发生；像黄瓜、茄子这类品种一般需要10~14天。

表8-4　果蔬冷害临界温度及症状（包建强，2011）

种类	临界温度/℃	症状
香蕉	11.7~13.8	果皮变黑，催熟不良
西瓜	4.4	凹斑，风味异常
黄瓜	7.2	凹斑，水浸状斑点，腐败
茄子	7.2	表皮变色，腐败
马铃薯	4.4	发甜，褐变
番茄（熟）	7.2~10	软化，腐烂
番茄（生）	12.3~13.9	催熟果颜色不好，腐烂

（三）移臭

食品冷藏时大多数食品都需要单独的贮藏室以提供各自适宜的贮藏条件，实际上这很难做到。有时要贮藏的食品种类较多而数量不多，一般会将这些食品混合贮存。各种食品的气味不尽相同，这样在混合贮藏过程中就会有串味的问题。对于那些容易在冷藏中发出或吸收气味的食品，即使贮藏期很短，也不宜将它们一起存放。例如，洋葱和苹果放在一起冷藏，洋葱的臭味就会传到苹果上去；梨和苹果与土豆冷藏在一起，会使梨或苹果产生土腥味；柑橘或苹果不能与肉、蛋、奶冷藏在一起，否则相互串味。串味会引起食品原有的风味发生变化，因此，凡是气味相互影响的食品应分开贮藏或包装后进行贮藏。另外，冷藏库长期使用后有一种特殊的冷藏臭，也会转移给冷藏食品，应及时清理。

（四）后熟作用

水果、蔬菜在收获后还有后熟过程，温度会直接影响果蔬的后熟，适宜的贮藏温度可以将其有效推迟。应根据不同品种选择最佳贮藏温度，既要防止冷害的发生，又不能产生高温病害，否则果蔬会失去后熟能力。例如，香蕉的最适宜贮藏温度是15～20℃，在30℃时会产生高温病害，12℃以下又会出现冷害。未成熟的果蔬风味一般较差，对于呼吸高峰型的水果（如香蕉、猕猴桃等）在销售、加工之前可以对其进行人为控制的催熟，以满足适时的加工或鲜货上市的需要。

（五）肉的成熟

刚屠宰的动物的肉食也有成熟过程，即使在低温下，这个过程也在缓慢地进行。由于动物种类不同，成熟作用的效果也不同。对猪肉、家禽等原来就比较柔嫩的肉类来说，成熟作用并不十分重要。但对牛、羊、野禽肉等成熟作用就十分重要，它对肉质的嫩化和风味的增加具有显著的效果，可以大大提高其商品价值。

（六）冷收缩

畜禽屠宰后在未出现僵直前如果进行快速冷却，肌肉会发生显著收缩，以后即使经过成熟过程，肉质也不会得到明显改善，这种现象称为冷收缩。肉类在冷却时若发生冷收缩，其肉质变硬、嫩度差，如果再经冻结，在解冻后会出现大量的汁液流失。一般来说，牛肉在宰后10h内，pH降到6.2以前，肉温降到8℃以下，就容易发生冷收缩。但这些温度与时间未必是固定的，成牛与小牛，或者同一头牛的不同部位都有差异。成牛出现冷收缩的温度是8℃以下，而小牛则是4℃以下。

（七）脂类的变化

冷却冷藏过程中，食品中所含的油脂会发生水解、脂肪酸会发生氧化、聚合等复杂的变化，其反应产生的低级醛、酮类等物质会使食品的风味变差、使食品出现变色、酸败、发黏等现象。这种变化进行得非常严重时称为油烧。

（八）淀粉老化

老化的淀粉不易被淀粉酶作用，因此也不易被人体消化吸收。淀粉老化作用的最适宜温度是2～4℃。例如，面包在冷却贮藏时淀粉迅速老化，味道就变得非常不好；土豆放在冷藏陈列柜中贮存时，也会发生淀粉老化。当贮藏温度低于−20℃或高于60℃时，均不会发生淀粉老化。因为低于−20℃时，淀粉分子间的水分迅速冻结，形成了冰晶，阻碍了淀粉分子间的相互靠近而不能形成氢键，所以不会发生淀粉老化。

（九）微生物的繁殖

食品在冷藏状态下，其中的微生物特别是低温微生物的繁殖和分解作用并没有被充分抑制，只是繁殖和分解速度缓慢了一些，其总量还在不断增加，如时间较长，就会使食品发生腐败。低温细菌的繁殖在0℃以下变得缓慢，如果要使它们停止繁殖，一般需要将温度降低到−10℃以下。对于个别低温细菌，在−40℃的低温下仍有繁殖现象。

二、食品在冻藏过程中的质量变化

冻结食品时如操作处理不当会引起食品组织瓦解、质地改变、乳化液被破坏、蛋白质胶体变性及其他一些物理变化。因此，合理控制冻制对食品品质的影响是保证冻制食品品质的重要条件，冻制对食品品质的影响大致有下列几个方面。

（一）冻结对食品体积的影响

一般来说，食品物料在冻结后会发生体积膨胀，膨胀的程度与食品中的水分和气体含量有关。液态食品（如牛奶）冻结时体积膨胀较严重，而液体和冰块都无压缩性，瓶装液体食品冻结时由于食品体积增大常会引起跳盖或玻璃瓶爆裂的现象。因此，在使用玻璃瓶或塑料瓶等硬质容器装液态食品时，必须为冻结时的容积增长留有余地。

（二）冻结对溶质重新分布的影响

冻结使溶液中的溶质按几何梯度重新分布，越到中心浓度越高。在冻结开始时，物料内的水分理论上是以纯水的形式形成冰结晶，原来水中溶解的组分会转移到冻结层表面附近的溶液中，使其浓度增加，与远离冻结层的溶液之间形成了浓度差和渗透压力差。在浓度差的推动下，溶质不断向食品中部位移，而溶剂则在渗透压力差影响下，逐渐向冻结层附近溶液浓度较高的方向推进。随着冻结过程的进行，即冻结层厚度的增加，溶液或液态食品内不断地进行着扩散平衡。同时由于食品温度不断下降，冻结点与食品温度相等的低浓度溶液不断被冻结，未冻结层内溶质浓度不断增大，从而使冻结溶液内的溶质按几何梯级重新分布。

（三）冰晶体对食品的危害性

动植物组织构成的固态食品（如鱼类、肉类和果蔬等）都是由细胞壁或细胞膜包围住的细胞构成。在所有的细胞内都有胶质状原生质存在。水分则存在于原生质或细胞间隙中，或呈结合状态或呈游离状态。当冻结过程中温度降低到食品冻结点时，和亲水胶体结合较弱、存在于低浓度溶液内的部分水分（主要是处于细胞间隙内）就会首先形成冰晶体；从而引起冰晶体附近的溶液浓度升高，即胞外溶液的浓度上升，高于胞内溶液的浓度；此时，胞内水分就透过细胞外膜向外渗透，达到新平衡的趋势。在缓慢冻结的情况下，细胞内的水分不断穿过细胞膜向外渗透，以致细胞收缩，过度脱水。如果水的渗透率很高，细胞壁可能被撕裂和折损。同时，冰晶体对细胞产生挤压，且细胞和肌纤维内汁液形成的水蒸气压大于冰晶的蒸汽压，导致水分向细胞外扩散，并围绕在冰晶体的周围。结果随着食品温度不断下降，存在于细胞与细胞间隙内的冰晶体就不断地增大（直至它的温度下降到足以使细胞内部所有汁液转化成冰晶体为止），从而破坏了食品组织，使其失去了复原性。冻结速率越慢，水分重新分布越显著，冰晶体对食品的危害越严重。有些食品本身虽非细胞构成，但冰晶体的形成对其品质同样会有影响。例如，像奶油那样的乳胶体，像冰淇淋那样的冻结泡沫体。奶油的脂肪为连续相而水分为分散相。奶油冻结时分散的水滴就会越过奶油层聚合在一起形成冰晶体，因此，奶油解冻后就会出现水孔和脱水的现象。缓冻制成的冰淇淋不仅会因形成大粒冰晶体而质地粗糙，不像速冻制成的那样细腻，而且冰晶体将破坏冰淇淋内的气泡，使其在部分解冻时或在贮藏过程中出现容积缩小的现象。

（四）浓缩的危害

大多数冻藏食品，只有在全部或几乎全部冻结的情况下才能保持成品的良好品质。食品内如尚有未冻结核心或部分冻结区存在就极易出现色泽、质地和胶体性质等方面的变质现象。未冻结核心或部分冻结区的高浓度溶液是造成部分冻结食品变质的主要原因。由于浓缩区水分少，可溶性物质浓度高，可能会导致很多危害，举例说明如下。

（1）溶液中若有溶质结晶或沉淀，那么其质地就会出现沙粒感。

（2）在高浓度的溶液中若仍有溶质未沉淀出来，蛋白质就会因盐析而变性。

（3）有些溶质属酸性，浓缩会引起 pH 下降，当 pH 下降到蛋白质等电点（溶解度最低点）时，会导致蛋白质凝固。

（4）胶体悬浮中阴、阳离子处于微妙的平衡状态中，其中有些离子还是维护悬浮液中胶质体的重要离子。如果这些离子的浓度增加或沉淀会对悬浮液内的平衡产生干扰作用。

（5）食品内部存在着气体成分，当水分形成冰晶体时溶液内的气体的浓度也同时增加，可能导致气体过饱和，最后从溶液中挤出。

（6）如果食品微小范围内溶质的浓度增加，会引起相邻的组织脱水。解冻后这种转移水分难以全部复原，组织也难以恢复原有的饱满度。

（五）蛋白质的冻结变性

食品中的蛋白质在冻结过程中会发生冻结变性，在冻藏过程中，因冻藏温度的变动和冰结晶的长大，会增加蛋白质的冻结变性程度。通常认为，冻藏温度越低，可溶性蛋白质的质量越高，说明蛋白质的冻结变性程度越小。

（六）脂类的变化

冷冻鱼脂类的变化主要表现为水解、氧化及由此产生的油烧。鱼类按含脂量的多少可分为多脂鱼和少脂鱼。多脂鱼大多为洄游性鱼类，少脂鱼大多为底栖性鱼类。鱼的脂类主要是甘油三酸酯，还有一些其他的脂类，如磷酸甘油酯、固醇类等。它们在脂酶和磷脂酶的作用下水解，产生游离脂肪酸。鱼类的脂肪酸大多为不饱和脂肪酸，特别是一些多脂鱼，如鲱鱼、鲭鱼，其高度不饱和脂肪酸的含量更多，主要分布在皮下靠近侧线的暗色肉中，即使在很低的温度下也保持液体状态。鱼类在冻藏过程中，脂肪酸往往因冰晶的压力由内部转移到表层中，因此很容易在空气中氧的作用下发生自动氧化，产生酸败。脂肪酸败并非油烧，脂类氧化产物与蛋白质的分解产物发生反应，初步生成黄褐色物质，进一步生成褐色物质的现象称为油烧。只有与蛋白质的分解产物共存时，脂类氧化产生的羰基与氨基反应，脂类氧化产生的游离基与含氮化合物反应，氧化脂类互相反应，其结果使冷冻鱼发生油烧，产生褐变。

鱼类在冻藏过程中，脂类发生变化的产物中还存在有毒物质，如丙二醛等，对人体健康有害。另外，脂类的氧化会促进鱼肉冻藏中的蛋白质变性和色素的变化，使鱼体的外观恶化，风味、口感及营养价值下降。

（七）色泽的变化

冻结食品在冻藏过程中，除了因制冷剂泄漏造成变色（如氨泄漏时，胡萝卜的橘红色会变成蓝色，洋葱、卷心菜、莲子的白色会变成黄色）外，其他凡在常温下发生的变色现象，在长期的冻藏过程中都会发生，只是进行的速度十分缓慢。

植物细胞的表面有一层以纤维素为主要成分的细胞壁，没有弹性，当植物细胞冻结时，细胞壁就会胀破，在氧化酶的作用下，果蔬类食品容易发生褐变。所以蔬菜在速冻前一般要将原料进行烫漂处理，钝化过氧化酶，使速冻蔬菜在冻藏中不变色。如果烫漂的温度与时间不够，过氧化酶失活不完全，绿色蔬菜在冻藏过程中会变成黄褐色；如果烫漂时间过长，绿色蔬菜也会发生黄褐变，这是因为蔬菜叶子中含有叶绿素而呈绿色，当叶绿素变成脱镁叶绿素时，叶子就会失去绿色而呈黄褐色，酸性条件会促进这个变化。蔬菜在热水中烫漂时间过长，蔬菜中的有机酸溶入水中使其变成酸性的水，会促进发生上述变色反应。所以正确掌握蔬菜烫漂的温度和时间是保证速冻蔬菜在冻藏中不变颜色的重要环节。

对于肉及肉制品来说，颜色是影响消费者购买的最重要的因素之一，肉品的颜色主要取决于肌肉中的色素物质，即肌红蛋白和血红蛋白。在冻藏过程中肌红蛋白分子的球蛋白部分会发生变性，导致肌红蛋白对自氧化的敏感性增加，随后失去最佳的色泽；此外，肉品在冷冻贮藏过程中，脂质氧化会加剧，从而产生大量的自由基，导致肌红蛋白氧化速率增加，不可避免地生成高铁肌红蛋白，降低肉产品的肉色稳定性。有研究证明在调理肉制品的腌制过程加入 0.1% 的血红素，可以有效提高产品在冻融循环过程中的颜色稳定性。

第四节　食品低温加工工艺的控制

一、食品冷藏工艺条件的控制

传统冷藏法是用空气作为冷却介质来维持冷藏库的低温，在冷藏过程中，冷空气以自然对流或强制对流的方式与食品接触。食品冷藏的工艺效果主要取决于贮存温度、空气湿度和空气流速等。这些工艺条件可随食品种类、贮藏期的长短和有无包装而异。若食品的贮藏期短，对冷藏工艺条件的要求可以适当降低；若贮藏期长，则要严格遵守这些冷藏工艺条件。表 8-5 给出了一些食品的适宜冷藏工艺条件。

表 8-5　部分食品的冷藏工艺条件

品名	最适条件		贮藏期	冻结温度 /℃
	温度 /℃	湿度 /%		
橘子	3.3～8.9	85～90	3～8 周	−1.3
苹果	−1.1～4.4	90	3～8 个月	−1.6

续表

品名	最适条件		贮藏期	冻结温度/℃
	温度/℃	湿度/%		
桃子	−0.6～0	90	2～4周	−1.6
西瓜	7.2～10.0	85～90	3～4周	−0.9
香蕉（完熟）	13.3～14.4	90～95	2～4d	−0.9
番茄（完熟）	12.8～21.1	85～90	4～7d	−0.6
番茄（绿熟）	7.2～12.8	85～90	1～3周	−1.1
黄瓜	7.2～10.0	85～90	10～14d	−0.5
茄子	7.2～10.0	90～95	1周	−0.5
白菜	0	90～95	2个月	−0.8
胡萝卜	0	90～95	4～5个月	−0.5
牛肉	3.3～4.4	90	3周	−0.6
猪肉	−1.1～0	85～90	3～7d	0.9
羊肉	0～1.1	85～90	5～12d	−2.2～1.7
家禽	−2.2～1.1	85～90	10d	−2.2～1.7
全蛋粉	−1.7～0.5	尽可能低	6个月	−0.56

（一）贮藏温度

贮藏温度是冷藏工艺条件中最重要的因素。贮藏温度不仅是指冷藏库内空气温度，更为重要的是指食品温度。食品的贮藏期是贮藏温度的函数，在保证食品不至于冻结的情况下，冷藏温度越接近冷冻温度则贮藏期越长。因此，选择各种食品的冷藏温度时，了解食品的冻结温度极其重要。

在冷藏过程中，冷藏室内温度应严格控制，减小其波动幅度和次数。任何温度变化都有可能对食品造成不良后果，因而冷藏库应具有良好的绝热层，配置合适的制冷设备。温度的稳定对于维持冷藏室内的相对湿度也极为重要。冷藏室内温度波动，会引起空气中水分在食品表面凝结，并导致发霉。

（二）空气相对湿度及其流速

冷藏室内空气的相对湿度对食品的耐藏性有直接的影响，冷藏室内空气既不宜过干，也不宜过于潮湿。如果空气过于潮湿，低温的食品表面与高湿空气相遇，就会有水分冷凝在其表面上，导致食品容易发霉、腐烂。如空气的相对湿度过低，食品水分又会迅速蒸发，并出现萎缩。食品的种类不同，其适宜的相对湿度也不同。冷藏时，大多数水果适宜的相对湿度为85%～90%；绿叶蔬菜、根菜类蔬菜及脆质蔬菜适宜的相对湿度可高至90%～95%，而坚果在70%相对湿度下比较合适；干态颗粒食品，如乳粉、蛋粉及吸湿性强的食品（如果干等）宜在非常干燥的空气（相对湿度50%以下）中贮藏。

冷藏室内空气流速也极为重要，一般冷藏室内的空气应保持一定的流速以保持室内温度的均匀和进行空气循环。空气流速越大，食品表面附近的空气不断更新，水分的扩散系数增大，食品水分的蒸发率也就相应增大。例如，空气流速增加1倍，则食品水分的损失将增大1/3。在空气湿度较低的情况下，空气流速将对食品干耗产生严重的影响。只有相对湿度较高而空气流速较低时，才会使水分的损耗降到最低程度，但是，过高的相对湿度对食品品质并不一定有利。因此，空气流速的确定原则是及时将食品所产生的热量（如生化反应热或呼吸热和外界渗入室内的热量）带走，保证室内温度均匀分布，同时将冷藏食品脱水干耗现象降到最低程度。冷藏食品若覆有保护层，室内的相对湿度和空气流速则不再成为影响因素。例如，分割肉冷藏时常用塑料袋包装，或在其表面上喷涂不透蒸汽的保护层；苹果、柑橘、番茄等果蔬也常用涂膜剂进行处理，以减少其水分蒸发，并增添光泽。

二、冷藏食品的回热

出冷藏库后不立即食用的冷藏食品在出冷库前均需经过回热，即在保证空气中的水分不会在冷藏食品表面上冷凝的前提下，逐渐提高冷藏食品的温度，使其最终与外界空气温度一致。如果冷藏食品不经回热就直接出冷藏库，当所遇外界空气的露点温度高于其表面温度时，就会有带灰尘和微生物的水分在冷藏食品的冷表面上凝结，使冷藏食品受到污染。在湿条件下，冷藏食品温度上升后微生物（特别是霉菌）会迅速生长、繁殖，加上由于温度的上升而加速的生化反应，食品的品质会迅速下降，甚至腐烂。回热的技术关键是必须使与冷藏食品的冷表面接触的空气的露点温度始终低于冷藏食品的表面温度，否则食品表面就会有冷凝水出现。

延伸阅读

冷藏蛋"出汗"

经冷藏的蛋，因室内外温差加大，出库时应将蛋放在特设的房间，使蛋的温度逐渐回升，当蛋温升到比外界温度低3～4℃时便可出库。如果未经过升温而直接出库，由于蛋温较低，外界温度较高，鲜蛋突然退热，蛋壳表面就会凝结水珠，俗称"出汗"，这将使蛋膜破坏，容易感染微生物，加速蛋的腐败。有人做过试验，把冷藏库中0℃的鲜蛋直接放入27℃的室内，5天后次蛋率达13%，而将同样质量的蛋放入升温间缓慢升温，未发现有变质蛋，可见，出过"汗"的蛋非常容易腐败。

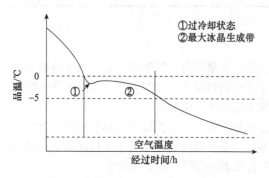

图 8-8　冻结时食品中心温度的变化图
（包建强，2011）

三、冻结过程中冰结晶的条件

水或水溶液的温度降低至冻结点时并不都会结冰，较多的场合时温度要降至冻结点以下，造成过冷却状态时，水或水溶液才会结冰。当冰晶产生时因放出相变热，使水或水溶液的温度再度上升至冰结点温度，如图 8-8 所示。

水或水溶液结冰时，冰核形成是必要条件。当液体处于过冷却状态时，由于某种刺激作用会形成晶核。例如，溶液内局部温度过低，水溶液中的气泡、微粒及容器壁等都会刺激形成晶核。由温度起伏形成的晶核称为均一晶核，除此以外形成的晶核称为非均一晶核。食品是具有复杂组成的物质，其形成的晶核属于非均一晶核。晶核形成后，冰结晶开始生长。冷却的水分子向晶核移动，凝结在晶核或冰结晶的表面，形成固体的冰晶。食品冻结时，冰晶体的大小与晶核数直接有关。晶核数越多，生成的冰晶体就越细小。缓慢冻结时，晶核形成放出的热量不能及时被除去，过冷却度小并接近冻结点，对晶核的形成十分不利，晶核数少且生成的冰晶体大。快速冻结时，晶核形成放出的热量及时被除去，过冷却度大，晶核大量形成，所以生成大量的小冰晶。

为了促进晶核的生成，日本采用微生物作为冻结促进剂。一种已商业化的冰核活性菌，具有可形成水冻结时的晶核的功能，加快冻结的进行，减少能耗。实验表明可降低能量消耗10%～15%；此外很多新型物理技术也被证明可以促进成核，如电磁场、微波、超声波、超高压等。

四、食品的冻结曲线和最大冰晶生成带

食品冻结时，随着时间的推移表示其温度变化过程的曲线称为食品冻结曲线。新鲜食品冻结曲线的一般模式如图 8-9 所示。图中有三条曲线，表面冻结过程中的同一时刻，食品的温度始终以表面为最低，越接近中心

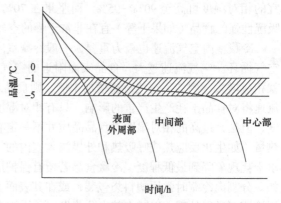

图 8-9　食品冻结曲线（包建强，2011）

部位温度越高，不同深度的温度下降速度是不同的。

食品的冻结曲线表示的食品冻结过程大致可分为三个阶段。第一阶段是食品从初温降至冰点，放出的是显热。此热量与全部放出的热量相比值较小，故降温快，曲线较陡。第二阶段是食品温度达到冰点后，食品中大部分水分冻结成冰，水转变成冰的过程中放出的相变潜热通常是显热的50～60倍，食品冻结过程中绝大部分的热量是在第二阶段放出的，温度将不降低，曲线出现平坦段。对于新鲜食品来说，一般温度降至−5℃时，已有80%的水分生成冰结晶。通常把食品冻结点至−5℃（或者−7℃）的温度区间称为最大冰晶生成带，一般通过此阶段的时间越短，形成的冰晶越小。第三阶段是残留的水分继续结冰，已成冰的部分进一步降温至冻结终温。水变成冰后其比热容下降，冰进一步降温的显热减小，但因还有残留水分结冰放出冻结潜热，因此降温没有第一阶段快，曲线也不及第一阶段那样陡。

五、食品冻藏工艺条件的控制

（一）冻藏温度

冷冻食品食用时的品质除了受冻结过程的影响外，还受贮藏条件的影响。虽然食品质量的变化随着冻藏温度的降低而减小，但保持质量要权衡成本。在冻结过程中，要将食品的温度降到更低水平必须采用高制冷能力的冷冻系统，此外，保持较低贮藏温度也增加了冷冻食品贮藏的费用。

从保证冻藏食品品质的角度看，要有效地控制酶反应，温度必须降低到−18℃以下。通常认为，−12℃是食品冻藏的安全温度，−18℃以下则能较好地抑制酶的活力、降低化学反应速率，更好地保持食品的品质。因此，食品短期冻藏的适宜温度为−18～−12℃，长期冻藏的适宜温度为−23～−18℃。我国目前对冻结食品采用的冻藏温度大多为−18℃。在国际上，食品冻藏温度目前趋向于更低的温度。

果蔬冻藏温度越低，冻藏过程中果蔬品质越稳定。经过热烫处理的果蔬，多数可在−18℃下跨季度冻藏，少数果蔬（如蘑菇）必须在−25℃以下才能实现跨季度冻藏。为了提高经济效益，降低冻藏成本，广泛采用的冻藏温度仍是−18℃。

畜禽肉冻藏库内的空气温度一般为−20～−18℃，相对湿度95%～100%。目前，许多国家的冻藏温度向更低的温度（−30～−28℃）发展，冻藏的温度越低，贮藏期越长。

鱼在冻藏前应包冰衣或包装处理。冰衣的厚度一般为1～3mm。鱼的冻藏期与鱼的脂肪含量有很大关系，多脂鱼（如鲭鱼、大马哈鱼、鲱鱼、鳟鱼等）在−18℃下仅能贮藏2～3个月；而少脂鱼（如鳕鱼、比目鱼、鲈鱼等）在−18℃下能贮藏4个月。多脂鱼的冻藏温度一般在−29℃以下，少脂鱼在−23～−18℃，而部分肌肉呈红色的鱼的冻藏温度应低于−30℃。

（二）冻藏时重结晶

冻结食品在−18℃以下的低温冷藏室中贮藏，食品中90%以上的水分已冻结成冰，但其冰晶不稳定，大小也不全部均匀一致。在冻结贮藏过程中，由于冻藏期很长，再加上温度波动等因素，导致反复解冻和再结晶所出现的结晶体积增大的现象，称为重结晶。这种现象会对冻结食品的品质带来很大的影响。即使原来用快速冻结方式生产的、含有微细冰结晶的快冻食品的结构，也会在冻藏温度经常变动的冻藏室内遭到破坏。巨大的冰结晶使细胞受到机械损伤，蛋白质发生变性，解冻时汁液流失增加，食品的口感、风味变差，营养价值下降。为了减少冻藏过程中因冰结晶的长大给冻结食品的品质带来的不良影响，可从两个方面采取措施来加以预防。

（1）采用快速深温冻结方式，使食品中90%的水分在冻结过程中来不及移动，就在原位置变成微细的冰结晶，其大小、分布都较均匀。同时由于冻结终温低，提高了食品的冻结率，使食品中残留的液相减少，从而减少冻结贮藏中冰结晶的长大。

（2）冻结贮藏室的温度要尽量低，并要保持稳定、少变动，特别要避免−18℃以上的温度变动。

（三）干耗与冻结烧

食品在冷却、冻结、冻藏过程中都会发生干耗，因冻藏期限较长，干耗问题也更为突出。冻结食品的干耗主要是由于食品表面的冰结晶直接升华而造成。

在冻藏室内，由于冻结食品表面的温度、室内空气温度和空气冷却器蒸发管表面的温度三者之间存在着温度差，因而也形成了水蒸气压差。冻结食品表面的温度，如高于冻藏室内空气的温度，冻结食品进一步被冷却，同时存在水蒸气压差，冻结食品表面的冰结晶升华，蒸发到空气中。这部分含水蒸气较多的空气，吸收了冻结食品放出的热量，密度减小向上运动，当流经空气冷却器时，就在温度很低的蒸发管表面水蒸气达到露点，凝结成霜。冷却并减湿后的空气因密度增大而向下运动，当遇到冻结食品时，因水蒸气压差的存在，食品表面的冰结晶继续向空气中升华。这样周而复始，以空气为介质，冻结食品表面出现干燥现象，并造成质量损失，俗称干耗。冻藏室的围护结构隔热不好，外界传入的热量多；冻藏室内收容了品温较高的冻结食品，冻藏室内空气温度变动剧烈；冻藏室内蒸发管表面温度与空气温度之间温差太大；冻藏室内空气流动速度太快等都会使冻结食品的干耗现象加剧。

在氧的作用下，食品中的脂肪氧化酸败表面发生黄褐变，使食品的外观损坏，食味、风味、质地、营养价值都变差，这种现象称为冻结烧。冻结烧的食品局部含水率非常低，接近 2%～3%，断面呈海绵状，蛋白质脱水变性，食品质量下降。

为了减少和避免冻结食品在冻藏中的干耗与冻结烧，在冷藏库的结构上要防止外界热量的传入，提高冷库外墙围护结构的隔热效果。如果冻结食品的温度能与库温保持一致，可以基本上不发生干耗。对于食品本身来讲，可采用加包装或镀冰衣的方法。冻结食品使用包装材料的目的通常有三方面：卫生、保护表面和便于解冻。包装通常有内包装和外包装之分，对于冻品的品质保护来说，内包装更为重要。由于包装把冻结食品与冻藏室的空气隔开了，就防止水蒸气从冻结食品中移向空气，抑制了冻品表面的干燥。为了达到良好的保护效果，内包装材料不仅应具有防湿性、气密性，还要求在低温下柔软，有一定的强度和安全性。此外，在冻藏室内要增大冻品的堆放密度，加大堆垛的体积，提高装载量。对于采用冷风机的冻藏间来说，商品都要有包装或镀冰衣，库内气流分布要合理，并要保持微风速（不超过 0.2～0.4m/s）。

资源 8-2

镀冰衣在冻结水产品中的应用及我国速冻食品市场状况见**资源 8-2**。

本章小结

1. 食品低温加工的原理在于低温对反应速率（包括酶促反应、氧化反应及呼吸作用）和微生物的生长代谢有显著的抑制作用。

2. 食品冷却和冻结是保存食品品质有效的方法，常规的食品冷却方法有空气冷却、冷水冷却、冰冷却、真空冷却等；常规的冻结方法包括鼓风冻结、平板冻结、浸渍和喷雾冷冻。

3. 几种新型物理加工技术在食品冷冻中的优势与限制如下：超声波、超高压、电磁场及微波等物理技术辅助冷冻可以显著地促进食品冻结过程中水分子成核，生成多数小而均匀的冰结晶，降低对食品结构的破坏作用，最大限度地维持食品的质量；然而部分技术存在设备成本过高、未能大规模工业化、效果不稳定及能耗过高等限制。

4. 食品在冷藏及冻藏过程中会发生品质上的变化，冷藏过程主要包括：水分蒸发、冷害、移臭、后熟作用、肉的成熟、冷收缩、脂类的变化、淀粉老化、微生物的繁殖；冻藏过程主要包括：对食品体积的影响、冰晶对食品结构的破坏、浓缩的危害、蛋白质的冻结变性、脂类的变化、色泽的变化等。

【思考题】

1. 酶促反应速率随温度发生怎样的变化？大多数酶的最适反应温度在什么范围内？

2. 低温影响微生物活动的机制是什么？

3. 低温食品按照温度可以划分为哪几类？各自的温度都在什么范围内？

4. 果蔬类冷藏食品对于原料有哪些要求？如何减少对其品质的破坏？

5. 列举几种新型物理冻结方法的原理、应用及其限制。

参考文献

包建强. 2011. 食品低温保藏学. 北京：中国轻工业出版社.

程丽娜. 2017. 超高压冷冻中压力及冷冻因素不同作用模式下虾蛋白质变性的研究. 广州：华南理工大学.

汪小帆. 2019. 不同冻结方式和复合抗冻剂对调理牛排品质的影响. 无锡：江南大学.

夏文水. 2007. 食品工艺学. 北京：中国轻工业出版社.

谢勇. 2021. 低压静电场辅助冻结对调理牛排品质的影响及机理探究. 合肥：合肥工业大学.

杨瑞. 2006. 食品保藏原理. 北京：化学工业出版社.

Dalvi-Isfahan M, Hamdami N, Le-Bail A. 2016. Effect of freezing under electrostatic field on the quality of lamb meat. Innovative Food Science & Emerging Technologies, 37: 68-73.

Guo J, Zhou Y, Yang K, et al. 2018. Effect of low-frequency magnetic field on the gel properties of pork myofibrillar proteins. Food Chemistry, 274 (15): 775-781.

He X, Liu R, Nirasawa S, et al. 2014. Factors affecting the thawing characteristics and energy consumption of frozen pork tenderloin meat using high-voltage electrostatic field. Innovative Food Science & Emerging Technologies, 22: 110-115.

Islam M N, Zhang M, Adhikari B, et al. 2014. The effect of ultrasound-assisted immersion freezing on selected physicochemical properties of mushrooms. International Journal of Refrigeration, 42: 121-133.

Jia G L, Hongjiang Liu H J, Nirasawa S, et al. 2017. Effects of high-voltage electrostatic field treatment on the thawing rate and post-thawing quality of frozen rabbit meat. Innovative Food Science & Emerging Technologies, 41: 348-356.

Li B, Sun D W. 2002. Effect of power ultrasound on freezing rate during immersion freezing of potatoes. Journal of Food Engineering, 55 (3): 277-282.

Li B, Sun D W. 2002. Novel methods for rapid freezing and thawing of foods—a review. Journal of Food Engineering, 54 (3): 175-182.

Méndez L, Fidalgo L G, Pazos M. 2017. Lipid and protein changes related to quality loss in frozen sardine (Sardina pilchardus) previously processed under high-pressure conditions. Food & Bioprocess Technology, 10: 296-306.

Su G, Yu Y, Ramaswamy H S, et al. 2014. Kinetics of Escherichia coli inactivation in frozen aqueous suspensions by high pressure and its application to frozen chicken meat. Journal of Food Engineering, 142: 23-30.

Sun Q, Li X, Wang H, et al. 2019. Effects of low voltage electrostatic field thawing on the changes in physicochemical properties of myofibrillar proteins of bovine Longissimus dorsi muscle. Journal of Food Engineering, 261: 140-149.

Tang J, Shuangquan S, Changqing T. 2019. Effects of the magnetic field on the freezing parameters of the pork. International Journal of Refrigeration, 107: 31-38.

Wang Z, He Z, Gan X, et al. 2018. Interrelationship among ferrous myoglobin, lipid and protein oxidations in rabbit meat during refrigerated and superchilled storage. Meat Science, 146, 131-139.

Wang Z, Tu J, Zhou H, et al. 2021. A comprehensive insight into the effects of microbial spoilage, myoglobin autoxidation, lipid oxidation, and protein oxidation on the discoloration of rabbit meat during retail display. Meat Science, 172: 108359.

Xanthakis E, Le-Bail A, Ramaswamy H. 2014. Development of an innovative microwave assisted food freezing process. Innovative Food Science & Emerging Technologies, 26: 176-181.

Xie Y, Zhou K, Chen B, et al. 2021. Applying low voltage electrostatic field in the freezing process of beef steak reduced the loss of juiciness and textural properties. Innovative Food Science & Emerging Technologies, 68: 102600.

Zhang M, Niu H, Qian C, et al. 2017. Influence of ultrasound-assisted immersion freezing on the freezing rate and quality of porcine longissimus muscles. Meat Science, 136: 1-8.

Zhou K, Zhang J, Xie Y, et al. 2021. Hemin from porcine blood effectively stabilized color appearance and odor of prepared pork chops upon repeated freeze-thaw cycles. Meat Science, 175: 108432.

第九章　食品的腌制与烟熏技术

腌制与烟熏都是食品保藏的一种方法，其目的是防止食品腐败变质，延长食品的食用期，特别是当今食品极其丰富，食品流通迅速而广泛，食品的保鲜问题显得更为重要。本章内容包括食品腌制和烟熏的基本原理、食品腌制和烟熏的具体方法及腌制和烟熏食品生产过程中品质和风味的影响因素和安全控制措施，对食品的生产贮藏具有重要的指导意义。腌制食品是利用食盐、糖等腌渍材料处理食品原料，使其渗入食品组织内部，提高其渗透压，降低水分活度，并选择性地抑制微生物的活动，促进有益微生物的活动，从而防止食品的腐败，改善食品食用品质的加工方法。腌制所使用的材料通称为腌制剂，经过腌制加工的食品称为腌渍品。

烟熏食品是一种用各种燃料，如玉米穗、软质和硬质木材不完全燃烧得到的熏烟熏制加工的食品。烟熏可以使肉制品脱水，赋予产品特殊的香味，改善肉品的颜色，并且有一定的杀菌防腐和抗氧化作用，提高肉类的保存性，烟熏用于其他食品可以改善食品的风味。

学习目标

掌握腌制与烟熏的主要原理。

掌握腌制剂与烟熏剂的主要种类、成分及其作用。

掌握腌制与烟熏对食品品质的影响。

掌握烟熏的方法及它们之间的区别与联系。

掌握腌制的主要工艺流程和工艺要点。

掌握腌制食品亚硝酸盐的危害性及控制方法。

掌握烟熏食品常见有害物质及控制方法。

第一节　食品腌制的原理

腌制时，首先是腌制剂溶于水（食品组织内的水或外加的水）形成腌制液，因此，又可称为浸制。食品在腌制过程中，需要使用不同类型的腌制剂，常用的有盐、糖等。腌制剂在腌制过程形成溶液后，才能通过扩散和渗透作用进入食品组织内，降低食品内的水分活度，提高其渗透压，借以抑制微生物和酶的活动，达到防止食品腐败的目的。

一、溶液的扩散

扩散是分子热运动或胶粒布朗运动的必然结果。分子的热运动或胶粒的布朗运动并不需要存在着浓度差才能发生，但是当有浓度差存在时，分子或胶粒从高浓度向低浓度迁移的数目大于从低浓度向高浓度迁移的数目。总的结果使分子或胶粒呈现出从高浓度向低浓度的净迁移，这就是扩散。

食品的腌制过程，实际上是腌制液向食品组织内扩散的过程，从高浓度处向低浓度转移，并持续到各处浓度平衡时才停止。扩散过程中，通过单位面积（A）的物质扩散量（dQ）与浓度梯度（即单位距离浓度的变化比 dc/dx）成正比。

$$dQ = -DA\frac{dc}{dx}dt \qquad (9\text{-}1)$$

式中，Q 为物质扩散量（mol）；dc/dx 为浓度梯度（mol/m）（c 为浓度、x 为间距）；A 为面积（m²）；t 为扩散时间（s）；D 为扩散系数（m²/s）（随溶质及溶剂的种类而异）。

如果将上式用 dt 除，则可得到扩散速度的计算公式。

$$\frac{dQ}{dt}=-DA\frac{dc}{dx} \tag{9-2}$$

利用式（9-2）计算扩散速度时，首先确定扩散系数（D）。在缺少实验数据的情况下，扩散系数可用下式推算。

$$D=\frac{RT}{N\pi 6r\eta} \tag{9-3}$$

式中，D 为扩散系数，单位浓度梯度下单位时间内通过单位面积的溶质量（m²/s）；R 为气体常数［8.314 J/(K·mol)］；N 为阿伏伽德罗常数（$6.02×10^{23}$）；T 为绝对温度（K）；η 为介质黏度（Pa·s）；r 为溶质微粒（球形）直径（m）。

在食品腌制过程中，腌制剂的扩散速度与扩散系数成正比，扩散系数本身还与腌制剂的种类和腌制液的温度有关。一般来说，溶质分子越大，扩散系数越小。由此可见，不同种类的腌制剂，在腌制过程中的扩散速度是各不相同的，如不同糖类在糖液中的扩散速度由大到小为：葡萄糖＞蔗糖＞饴糖中的糊精。

腌制剂的扩散速度与温度及浓度有关。扩散系数随温度的升高而增加，温度每上升1℃，各种物质在水溶液中的扩散系数平均增加2.6%（2%～3.5%）。物质的扩散总是从高浓度向低浓度扩散，浓度差越大，扩散速度也随之增加，但溶液浓度增加时，其黏度也会增加，扩散系数随黏度的增加会降低。因此浓度对扩散速度的影响还与溶液的黏度有关。

二、渗透

渗透是指溶剂从低浓度处经半透膜向高浓度溶液扩散的过程。细胞膜就属于半透膜。从热力学观点来看，溶剂只从外逸趋势较大的区域（蒸汽压高）向外逸趋势较小的区域（蒸汽压低）转移，由于半透膜孔眼非常小，因此对液体溶液而言，溶剂分子只能以蒸汽状态（分子状态）迅速地从低浓度溶液中经半透膜孔眼向高浓度溶液内转移。

溶剂的渗透作用是在渗透压的作用下进行的，溶液的渗透压可由式（9-4）计算出。

$$\rho_0=\frac{\rho_1 RTc}{100M_2} \tag{9-4}$$

式中，ρ_0 为渗透压（Pa 或 kPa）；ρ_1 为溶媒的密度（kg/m³ 或 g/L）；R 为气体常数［同式（9-3）］；T 为绝对温度（K）；c 为溶质质量浓度（mol/L）；M_2 为溶质的分子质量（g 或 kg）。

上面的计算公式对于理解食品腌制过程中的扩散过程极其重要。进行食品腌制时，腌制的速度取决于渗透压，而渗透压与温度及浓度成正比。为了提高腌制速度，应尽可能提高腌制温度和腌制剂的浓度。但在实际生产中，很多食品原料如果在高温下腌制，会在腌制完成之前出现腐败变质。因此应根据食品种类的不同，采用不同的温度，很多果蔬类产品可在温室下进行腌制，而鱼、肉类食品则需在10℃以下（大多数情况下要求在2～4℃）进行腌制。

食品腌制过程中，溶媒的密度和溶质分子质量对腌制速度的影响相对较小，因为在实际生产中，能够选用的腌制剂和溶媒是有限的，但是，由式（9-4）可以看出，渗透压与腌制剂的分子质量及浓度有一定的关系，而且与其在溶液中的存在状况（是否成离子状态）有关。例如，食用盐和糖腌制食品时，为了达到同样的渗透压，食盐的浓度比糖的浓度要小得多。另外，不同的糖类，其渗透压也不相同。

在食品的腌制过程中，食品组织外的腌制液和组织内的溶液浓度会借溶剂渗透和溶质的扩散而达到平衡。所以说，腌制过程其实是扩散与渗透相结合的过程。

三、腌制剂的防腐作用

（一）食盐对微生物的影响

1. 食盐溶液对微生物细胞的脱水作用　食盐的主要成分是氯化钠，在水溶液中离解为氯离子和钠离子，因此食盐溶液具有很高的渗透压，1%食盐溶液可以产生61.7kPa的渗透压，而大多数微生物细胞内的渗透压为30.7～61.5kPa。如果微生物处于高渗的溶液中，细胞内的水分就会透过原生质膜向外渗透，结果使细胞的原生质因脱水而与细胞壁发生质壁分离，并最终使细胞变形，微生物的生理代谢活动呈抑制状态，造成微生物停止生长或者死亡。

2. 食盐能降低食品的水分活度　　食盐溶于水后会离解为钠离子和氯离子，水分子聚集在钠离子和氯离子周围，形成水合离子。食盐的浓度越高，所吸引的水分子也就越多，这些被离子吸引的水就变成结合水状态，导致自由水减少，水分活度下降。微生物能利用的水分减少，生长受到抑制。饱和食盐溶液（26.5%），由于水分全部被离子吸引，没有自由水，因此，所有的微生物都不能生长。

3. 食盐溶液对微生物产生一定的生理毒害作用　　食盐溶液中的钠离子、镁离子、钾离子和氯离子，在高浓度时能和原生质中的阴离子结合产生毒害作用，酸能加强钠离子对微生物的毒害作用。一般情况下，酵母在20%的食盐溶液中才会被抑制，但在酸性条件下，14%的食盐溶液就能抑制其生长。

4. 食盐溶液中的氧含量降低　　食品腌制时使用的盐水或渗入食品组织内形成的盐溶液浓度大，氧在盐溶液中的溶解度比水中的低，盐溶液中氧含量减少，造成缺氧环境，一些好气性微生物的生长受到抑制。

（二）糖对微生物的影响

食品中的糖同样可以降低水分活度，减少微生物的生长、繁殖所能利用的水分，并借渗透压导致细胞质壁分离，抑制微生物的生长活动。在食品腌制过程中，糖通过扩散进入食品组织内部，并且糖是一种亲水性化合物，含有许多羟基，可以与水分子形成氢键，从而降低了溶液中自由水的量，水分活性也因此而降低，使微生物得不到足够的自由水。同时由于糖产生很高的渗透压，使微生物脱水，从而抑制微生物的繁殖，达到防腐的目的。另外，蔗糖溶液中氧的浓度大为下降，不仅能防止维生素 C 的氧化，而且能抑制好气性微生物的活动。

案例

食糖在水果类腌制品中的应用

食糖在水果类腌制品（如果脯、蜜饯）的腌制中使用量较大，主要起调味的作用，常用的糖类有葡萄糖、蔗糖和乳糖。蔗糖在水中的溶解度高，25℃时饱和溶液的浓度可达67.5%，能使水分活度降低到0.85以下，产生高渗透压。相同浓度的糖溶液和盐溶液产生的渗透压不同，对微生物的抑制作用也不同。6倍食盐浓度的蔗糖溶液，才能达到与食盐相同的抑制效果。在高浓度的糖液中，霉菌和酵母的生存能力较细菌强。因此用糖制方法加工保藏食品时，要注意防止霉菌和酵母的影响。

糖的种类不同，抑菌效果也不同。一般糖的抑菌能力随相对分子质量的增加而降低。例如，抑制食品中葡萄球菌所需要的葡萄糖浓度为40%～50%，而蔗糖为60%～70%。相同浓度下的葡萄糖溶液比蔗糖溶液对啤酒酵母和黑曲霉的抑制作用强。葡萄糖和果糖对微生物的抑制作用比蔗糖和乳糖大。因为葡萄糖和果糖的相对分子质量为180，而蔗糖和乳糖为342。相同浓度下相对分子质量越小，含有分子数目越多，渗透压越大，对微生物的抑制作用也越大。

（三）肉品腌制的辅助腌制剂

1. 硝酸盐和亚硝酸盐　　在腌制过程中，硝酸盐可被还原成亚硝酸盐，因此，实际起作用的是亚硝酸盐。其作用主要表现为如下几点。

1）具有良好的呈色和发色作用　　为了使肉制品呈鲜艳的红色，在加工过程中多添加硝酸盐与亚硝酸盐。硝酸盐在细菌作用下还原成亚硝酸盐，亚硝酸盐在一定的酸性条件下会产生亚硝酸。亚硝酸很不稳定，即使在常温下也可分解产生亚硝基，亚硝基会很快地与肌红蛋白反应生成鲜艳的、亮红色的亚硝基肌红蛋白，亚硝基肌红蛋白遇热后，放出巯基，而呈亚硝基血色原有的鲜红色。

2）抑制腐败菌的生长　　亚硝酸盐在肉制品中，对抑制微生物的繁殖有一定的作用，其效果受 pH 影响。当 pH 为 6 时，对细菌有一定的作用；当 pH 为 6.5 时，作用降低；当 pH 为 7 时，则完全不起作用。亚硝酸盐与食盐并用可使抑菌作用增强，另外一个非常重要的作用是亚硝酸盐可以防止肉毒梭菌的生长。真空包装和无氧气调包装的熟肉制品易发生肉毒梭菌生长、产毒的问题而引起食物中毒，亚硝酸盐是抑制肉毒梭菌生长繁殖的特效防腐剂。

3）具有增强肉制品风味作用　　亚硝酸盐对于肉制品的风味有两方面的影响：可产生特殊腌制风味，这是其他辅料所无法取代的；抑制脂肪氧化酸败，保持腌肉制品独有的风味。

2. 磷酸盐　　磷酸盐的作用主要是提高肉的保水性。其主要作用机制如下。

1）提高 pH　　当肉的 pH 在 5.5 左右，已接近蛋白质的等电点，此时肉的持水性最差。加酸，使 pH 低于蛋白质的等电点，这时肉的持水性会提高。另一种方法是加碱性物质，如磷酸盐，使肉的 pH 高于蛋白质的等电点，也能使肉的保水性提高。

2）增加离子强度　　多聚磷酸盐是多价阴离子化合物，即使在较低的浓度下也具有较高的离子强度，使处于凝胶状态的球状蛋白的溶解度显著增加（盐溶现象）而达到溶胶状态。提高了肉的持水性。

3）与金属离子发生螯合作用　　多聚磷酸盐与多价金属离子结合的性质，使其能结合肌肉蛋白质中的钙离子、镁离子，使蛋白质的羧基解离出来。由于羧基之间同性电荷的相斥作用，使蛋白质结构松弛，可提高肉的保水性。

4）解离肌动球蛋白　　焦磷酸盐和三聚磷酸盐有解离肌肉蛋白质中的肌动球蛋白的功能，可将肌动球蛋白解离成肌球蛋白和肌动蛋白。肌球蛋白的增加也可使肉的持水性提高。

5）抑制肌球蛋白的热变性　　肌球蛋白是决定肉的持水性的重要成分，但是，肌球蛋白对热不稳定，其凝固温度为 42～51℃，在盐溶液中 30℃就开始变性。肌球蛋白过早变性会使其持水能力降低。焦磷酸盐对肌球蛋白的变性有一定的抑制作用，可以使肌肉蛋白质的持水能力稳定。

3. 抗坏血酸钠和异抗坏血酸钠　　抗坏血酸钠和异抗坏血酸钠在肉的腌制过程中主要有以下几方面作用。

（1）抗坏血酸盐可以同亚硝酸根发生化学反应，增加一氧化氮的形成，以加快发色速率，缩短腌制时间。例如，在法兰克福香肠的加工中，使用抗坏血酸盐可使腌制时间减少 1/3。

（2）抗坏血酸盐有利于高铁肌红蛋白还原为亚铁肌红蛋白，从而改善肉色。通过向肉中注射 0.05%～0.1% 的抗坏血酸盐能有效地减轻由于光线作用而使腌肉褪色的现象。

（3）在一定条件下抗坏血酸盐具有减少亚硝酸形成的作用。

（四）腌制过程中微生物的发酵作用

1. 乳酸发酵　　乳酸发酵是由乳酸菌将食品中的糖分解为乳酸及其他产物的反应。不同的乳酸菌生成的产物也不同，根据发酵产物的不同乳酸发酵可分为正型乳酸发酵和异型乳酸发酵。

（1）正型乳酸发酵一般以六碳糖为底物，发酵只生成乳酸，在食品发酵的中后期一般以正型乳酸发酵为主。

（2）异型乳酸发酵的发酵产物除了乳酸外，还包括其他产物和气体，在乳酸发酵初期比较活跃，这样就可以利用其抑制有害微生物的繁殖。虽然异型乳酸发酵产量不高，但其发酵产物中含有微量乙醇、乙酸等，对腌制品的风味有增进作用。异型乳酸发酵产生的二氧化碳气体可将食品组织和水中溶解的氧气带出，造成缺氧条件，促进正型乳酸发酵活力。

2. 酒精发酵　　酒精发酵是由酵母将食品中的糖分解生成乙醇和二氧化碳的过程。发酵型蔬菜腌制品腌制过程中也存在着酒精发酵，其量可达 0.5%～0.7%，对乳酸发酵没有影响。酒精发酵除生成乙醇外，还能生成异丁醇和戊醇等高级醇。另外，腌制初期发生的异型乳酸发酵也有微量乙醇的产生。蔬菜腌制过程中在被卤水淹没时所进行的无氧呼吸也可产生微量的乙醇。不管是在酒精发酵过程中生成的乙醇及高级醇，还是其他作用中生成的乙醇，都对腌制品在后熟期中品质的改善及芳香物质的形成起着重要作用。

3. 醋酸发酵　　醋酸发酵是由醋酸杆菌氧化乙醇生成乙酸的反应，醋酸杆菌为好氧性细菌，因而发酵作用多在腌制品表面进行。正常情况下，乙酸积累量为 0.2%～0.4%，这可以增进产品品质，但对于非发酵型腌制品来说，过多的乙酸又损其风味。例如，榨菜制品中，若乙酸含量超过 0.5%，则表示产品酸败，品质下降。

（五）腌制过程中酶的作用

1. 果蔬制品腌制过程中的酶　　蛋白酶是食品腌制中非常关键的酶，首先蛋白质分解产生的各种氨基酸都具有一定的鲜味，特别是谷氨酸，它可以与食盐作用产生谷氨酸钠，这是腌制品鲜味的主要来源。其次，蛋白质分解产生的氨基酸可以与醇发生反应形成氨基酸酯等芳香物质，还可以与戊糖或甲基戊糖的还原产物 4-羟基戊烯醛作用生成含有氨基的烯醛类芳香物质，这是腌制品香味的两个重要来源。最后，氨基酸能与还原糖发生美拉德反应，生成褐色至黑色的物质，这些褐色物质不但色深而且有香气。

硫代葡萄糖酶是芥菜类腌制品形成菜香的关键酶，芥菜类蔬菜原料在腌制时搓揉或挤压使细胞破裂，细胞中所含硫代葡萄糖苷在硫代葡萄糖酶的作用下水解生成异硫氰酸酯类、腈类和二甲基三硫等芳香物质，苦味、生味消失，这些芳香物质的香味称为"菜香"，是咸菜的主体香。果胶酶类是导致蔬菜腌制品软化的主要原因之一，蔬菜腌制中，蔬菜本身含有的或有害微生物分泌的果胶酶类将蔬菜中的原果胶酶水解为水溶性果胶，或将水溶性果胶进一步水解为果胶酸和甲醇等产物时，就会使细胞彼此分离，使蔬菜组织脆性下降，组织变软，易腐烂，严重影响腌制品的质量。

2. 肉制品腌制过程中的酶　　猪肉含有多种蛋白水解酶，尤其是内切肽酶和外切肽酶，它们在干腌过程中肌原纤维和肌浆蛋白的蛋白水解中起重要作用。蛋白水解由内肽酶启动，如加工前几周的钙蛋白酶和组织蛋白酶，尤其是组织蛋白酶 B、H 和 L，即使在加工 15 个月后仍具有活性，导致蛋白质分解成多肽。这些多肽可以被外肽酶进一步水解，产生更小的肽和游离氨基酸。蛋白水解的程度和产生的生物活性肽的数量取决于多个变量，包括原材料、肌酶的类型和活性、加工条件和加工时间。因此，火腿一旦进入腌制和后腌制阶段，在干燥和成熟过程中温度升高，水分活度逐渐降低。腌腊肉制品加工过程中脂质也会发生水解，从而显著影响最终产品品质。此外，脂肪酶类催化脂质水解，脂肪酶类主要包括脂肪酶和磷脂酶。

第二节　食品烟熏的原理

一、熏烟的组成与产生

烟熏有利于形成熏烤食品的特色风味、特有的色泽和食品的保存。熏烟是植物性原料，如不含树脂的阔叶林（槲、山毛榉、赤杨、白杨、白桦等）、竹叶或柏枝等缓慢燃烧或不完全氧化产生的蒸汽、气体、液体（树脂）和微粒固体的混合物。其主要成分为酚类、酸类、醇类、羰基化合物和烃等。较低的燃烧温度和适当空气的供给是缓慢燃烧的必要条件。

正常烟熏温度在 100～400℃以上，可产生 400 种以上的成分。燃烧温度在 340～400℃及氧化温度在 200～250℃所产生的熏烟质量最高，400℃的燃烧温度最适宜于形成酚，同时也有利于苯并芘及其他环烃的形成。例如，将致癌物质形成量降低到最低程度，实际燃烧温度应控制在 340℃左右最为适宜。

二、熏烟的性质

刚发生的熏烟为气态，但它迅速分成气相和固相。在气相成分中含有较多挥发性成分，大部分都具有特有烟熏芳香风味。利用静电沉积固相的实验表明，肉制品中有 95% 烟熏风味来自气相。如果将固相沉淀并除去后，熏烟中有害的焦油和多环芳烃的含量会大幅度下降。熏烟刚发生时有许多反应和缩合同时进行，其中醛类和酚类缩合形成树脂，在熏烟成分中可占 50%，烟熏肉中的大部分色泽也由此形成。多酚类也是缩合产物，并且还可能有更多的相互间的分解和缩合。缩合产物的性质和原来的熏烟成分不同。这类变化对熏烟的适应性、吸收及通过肠衣的渗透都会有所影响。熏烟的正常色泽应为暗灰色。如果熏烟中夹有煤灰，容易污染食品。如果燃烧温度低，燃烧缓慢，熏烟的浓度高，树脂含量也会提高，产品则会呈深色，并带苦味。

三、熏烟中的有用成分及作用

传统的烟熏方法是用木材的燃烧，特别是不完全燃烧产生烟雾来熏制食品的。在熏烟及熏液中已知有

400 多种化学成分,在熏烟及熏液中已被鉴定出来的酚类化合物随木材的种类不同所产生的熏烟成分也有所不同,如硬木和软木在木质素的构造上有差异,硬木的木质素部分经不完全燃烧后主要生成愈创木酚和丁香酚的混合物,而软木主要生成丁香酚。熏烟中的有用成分主要是酚类、羰基化合物和有机酸等,它们在生成特殊风味、色泽、杀菌和抗氧化性方面做出贡献,对食品的营养也有一定的影响。

第三节 食品腌制和烟熏的方法

一、食品糖制方法

糖制,即用糖液对食品原料进行处理。食品原料应选择适用于糖制加工的品种,并且具备适宜的成熟度,加工用水应符合国家饮用水标准,糖制前对加工原料要进行预处理,所用的砂糖要求蔗糖含量高,符合国家标准。糖渍是食品原料排水吸糖的过程,是糖制的一个中间过程。糖渍的目的是保藏、增加风味和增加新的食品品种。人们在日常生活中常见的果酱、果脯、蜜饯、凉果等食品都属于糖渍食品。

食品糖制方法按照产品的形态不同可分为两类:保持原料组织形态的糖制法和破碎原料组织形态的糖制法。分别描述如下。

（一）保持原料组织形态的糖制法

采用这种方法糖制的食品原料虽经洗涤、去皮、去核、去心、切分、烫漂、浸硫或熏硫及盐腌和保脆等预处理,但在加工后仍在一定程度上保持着原料的组织结构和形态,如果脯、蜜饯和凉果类产品。

> **知识链接**
>
> **腌制食品历史**
>
> 中国商周已有酱腌菜的记载。秦汉以后的文字记载中,已将腌菜和酱菜加以区别。南北朝的《齐民要术》中,已记载了多种类型的腌菜和酱菜。明清两代,腌制工艺趋于完善,品种很多。在其他国家,食品的腌制历史也较为悠久,罗马帝国时已有腌制的咸菜。在蔗糖发现以前,中国用天然甜味料——蜂蜜作为保藏剂用于水果的糖制;待饴糖发现以后,曾用饴糖代替蜂蜜;到了唐代,蔗糖的生产逐渐普遍,其后一直用蔗糖制造糖制品。糖制的果蔬原叫蜜煎,后改称蜜饯。

1. 果脯、蜜饯类糖制法 果脯和蜜饯的糖制在原料经预处理后,还需经过糖制、（烘晒）、上糖衣、整理和包装等工序,或其中某些工序制成产品。其中糖制是生产中的主要工序。糖制方法根据是否对原料加热可分为蜜制和煮制两种。其中蜜制用于蜜饯的生产,煮制用于果脯的生产。

1）蜜制 蜜制就是将果蔬原料放在糖液中腌制,不对果蔬原料进行加热,从而能较好地保存产品的色、香、味、营养价值及组织状态。该法适用于皮薄多汁、质地柔软的原料。糖制过程为果品原料先以 30% 左右的糖液浸渍 8～12h,然后逐次提高糖液浓度为 10%,分 3 或 4 次糖制,直到糖液浓度达 60%～65% 为止。蜜制过程中为了使产品保持一定的饱满度,糖液浓度一开始不要太高。生产上常用分次加糖法、一次加糖分次浓缩法、减压蜜制法等方法来加快糖分在果蔬原料组织内部的扩散渗透。

2）煮制 煮制是将原料在热糖液中合煮的操作方法,多用于肉质致密的耐煮制的果蔬原料。其优点是生产周期短、应用范围广,但因加热处理,产品的色、香、味不及蜜制产品,而且维生素 C 等营养成分保存率较低。

煮制分常压煮制和减压煮制两种。常压煮制又分为一次煮制、多次煮制和快速煮制三种;减压煮制分为真空煮制法和扩散煮制法两种。

（1）一次煮制法是将经过预处理的原料加糖后一次性煮制成功,如苹果脯、蜜枣等。此法的特点是快速省工,但原料持续受热时间长,容易煮烂,产品色、香、味差,维生素 C 等热敏性物质破坏严重,糖分难以达到内外平衡,致使原料失水过多而出现干缩现象。因此,煮制时应注意渗糖平衡,使糖逐渐均匀地进入果实内部,初次糖制时,糖浓度不宜过高。

（2）多次煮制法是将预处理的原料放在糖液中经多次加热糖煮和放冷糖制，逐步提高糖浓度的糖制方法。该法缺点是加工所需时间长，煮制过程不能连续化，费时、费工。蜜枣的加工一般采用此法，对于糖液难于渗入的原料、容易煮烂的原料及含水量高的原料，如桃、杏、梨和番茄等也可采用该法。

（3）快速煮制法是将原料在冷热两种糖液中交替进行加热和放冷浸渍，是果蔬内部水气压迅速消除，糖分快速渗入而达到平衡的糖制方法。该法可连续进行，煮制时间短，产品质量高，但糖液需求量大。

（4）真空煮制法是将原料在真空和较低温度下煮沸，因组织中不存在大量空气，糖分能迅速渗入果蔬组织内部而达到平衡。该法煮制温度低，时间短，因此制品色、香、味、形都比常压煮制好。

（5）扩散煮制法是在真空煮制的基础上进行的一种连续化糖制方法，机械化程度高，糖制效果好。

2. 凉果类糖制法　　凉果又谓香料果干或香果，它是以梅、李、橄榄等果品为原料，先将果品盐腌制成果坯进行半成品保藏，再将果坯脱盐，添加多种辅助原料，如甘草、糖精、精盐、食用有机酸及天然香料（如丁香、肉桂、豆蔻、茴香、陈皮、蜜桂花和蜜玫瑰花等），采用拌砂糖或用糖液蜜制，再经干制而成的甘草类制品。主要产地在我国广东、广西和福建等地。凉果类制品兼有咸、甜、酸、香多种风味，属于低糖蜜饯，深受消费者欢迎。代表性的产品有话梅、话李、陈皮梅、橄榄制品等。

（二）破碎原料组织形态的糖制法

采用这种糖制法，食品原料组织形态被破碎，并利用果胶质的凝胶性质，加糖熬煮浓缩使之形成黏稠状或胶冻状的高糖高酸食品，产品可分为果酱、果冻、果泥三类，统称为果酱类食品。

加糖煮制浓缩是果酱类制品加工的关键工序，糖制前要按原料种类和产品质量标准确定配方，一般要求果肉（果浆或果汁）占总配料的40%~55%，砂糖占45%~60%，果肉（果浆或果汁）与加糖量的比例为1∶1~1∶1.2。形成凝胶的最佳条件为果胶1%左右、糖65%~68%、pH 3.0~3.2。煮制浓缩时根据原料果胶、果酸的含量多少，必要时可以添加适量柠檬酸、果胶或琼脂。

二、食品腌制方法

不同的食品种类、地区、消费者的要求对食品腌制的方式各有不同，按照用盐等方式的不同，可分为干腌、湿腌、混合腌制，以及肌内注射或动脉注射腌制等，其中干腌和湿腌是基本的腌制方法，肌内注射或动脉注射腌制仅适合于肉类腌制。不论采用哪种方法，腌制时都要求腌制剂渗入食品内部深处并均匀地分布在其中，这时腌制过程才基本完成，因而腌制时间主要取决于腌制剂在食品内进行均匀分布所需要的时间。

腌制剂通常用食盐。腌肉时除了要用到食盐外，还需用到糖、硝酸钠、亚硝酸钠及磷酸盐、抗坏血酸或异抗坏血酸盐等，将它们混合制成混合盐，用来改善肉类的色泽、持水性、风味等。其中硝酸盐、亚硝酸盐除了可改善色泽及风味外，还具有抑制微生物，尤其是肉毒梭菌的作用，不过研究表明亚硝酸盐具有致癌危险，因此要严格控制用量。醋有时也用作腌制剂成分。

（一）干腌法

干腌法是将干盐（结晶盐）或混合盐撒布于食品原料表面，利用食盐产生的高渗透压使原料有汁液外渗脱水的现象（腌鱼肉时则不一定先擦透），食盐溶解在汁液中形成盐水并渗入到原料组织内部。一般需将撒盐后的原料层堆在腌制架上或层装在腌制容器内，各层间还均匀地撒上食盐，依次压实，在外加压力或不加压的条件下，盐水渗透并使其在原料内部分布均匀。由于开始腌制时仅加食盐不加盐水，因此称为干腌法。在食盐的渗透压和吸湿性的作用下，使食品组织渗出水分并溶解食盐，形成食盐溶液称为卤水。腌制剂在卤水内通过扩散向食品内部渗透，比较均匀地分布于食品内。但因盐水形成缓慢，开始时，盐分向食品内部渗透较慢，延长了腌制时间。因此这是一种缓慢的腌制过程，但腌制品的风味较好。我国名产火腿、咸肉、烟熏肋肉及鱼类常采用此法腌制。各种蔬菜也常用干腌法腌制。在国外，虽然干腌法已不是主要的腌制方法，但仍应用于某些特种腌制品，如乡村腌腿、干腌烟熏肋肉，并作为优质产品供应市场。

干腌方法因所用腌制容器而有差别，一般腌制常在水泥池、缸或坛内进行。食品外渗汁液和食盐形成卤水聚积于容器的底部，为此腌肉时有时加用假底，以免出现上下层腌制不均匀现象，因而，在腌制过程中常需定期地将上下层食品依次翻装，又称翻缸。翻倒的方式因腌制品类别不同而异。腌肉采取上下层依次翻倒；腌菜则采用机械抓斗倒池，工作效率高，节省大量劳动力和费用。翻缸时同时要加盐复腌，每次复腌时的用盐量为开始腌制时用盐量的一部分，一般需复腌2~4次，视产品种类而定。采用容器腌制时需面积较大的腌制室，地面和空间利用率也较低，装容器腌制时常需加压，以便保证食品能浸没在卤水中。干腌也经常层堆在腌制架上进行。堆在架上的腌制品不再和卤水相接触，我国特产火腿就是在腌制架上腌制，腌制过程中常须翻腿7次，至少复腌4次。

　　干腌法的优点是所用的设备简单，操作方便，用盐量较少，腌制品含水量低而利于贮存，同时蛋白质和浸出物等食品营养成分流失较别的方法少。其缺点是食盐撒布不均匀而影响食品内部盐分的均匀分布，且产品脱水量大，减重多，特别是脂肪含量少的部位，含水量大，质量损失也大（肉损失10%~20%，副产品达35%~40%），在一定程度上降低产品的滋味和营养价值。当盐卤不能完全浸没原料时，易引起蔬菜的长膜、生花和发霉等劣变。

　　（二）湿腌法

　　湿腌法是将食品原料浸没在一定浓度的食盐溶液中，利用溶液的扩散和渗透作用使盐溶液均匀地渗入原料组织内部，最终使原料组织内外溶液浓度达到动态平衡的腌制方法。分割肉类、鱼类和蔬菜均可采用湿腌法进行腌制。此外，果品中的橄榄、李子、梅子等加工凉果时多采用湿腌法将其加工成半成品。

　　湿腌法的腌制操作和盐液的配制因食品原料及对口味的要求不同而异。肉类多采用混合盐腌制，盐液中食盐含量与砂糖的比值（称盐糖比值）对腌制品的风味影响较大。甜味制品盐糖比值较低，为2.8~7.5；咸味腌制品盐糖比值较高，可达25~42。用湿腌法腌肉一般在2~3℃条件下进行，将无血液的肉块洗去附着的盐液，再堆积在腌渍池中，注入肉块质量1/2左右的混合盐液，盐液温度2~3℃，最上层压以重物避免腌肉上浮。肉块较大时腌制过程还需要翻倒，以确保腌制均匀。腌制时间随肉块大小而定，一般1kg肉块腌制4~5天即可。鱼类腌制时，因盐水浓度较稀，需经常搅拌以加快盐液渗入鱼肉的速度，或者采用高浓度盐以缩短腌制过程。鱼类还可以采用干腌与湿腌的混合腌制法。例如，先经过湿腌后，再进行干腌；或加压干腌后，再进行湿腌；或以盐酸调节鱼肉的pH至3.5~4.0时，再湿腌。采用减压湿腌法及盐腌注射法等均能加速腌制过程和获得优质的腌制品。

　　至于用盐腌法贮藏果蔬时，即制盐坯时，由于食盐是唯一的防腐剂，为了抑制微生物生长，盐液浓度须高达15%~29%，因此在进一步加工时，因盐坯过咸须先经脱盐处理。

　　湿腌法的优点是食品原料完全浸没在浓度一致的盐溶液中，既能保证原料组织中的盐分均匀分布，又能避免原料接触空气出现氧化变质现象。其缺点是制品的色泽和风味不及干腌制品，腌制时间和干腌法一样，比较长；所需劳动量比干腌法大；腌肉时肉质柔软，但蛋白质流失较大（0.8%~0.9%）；因含水分多不易保藏。此外，湿腌法劳动强度比干腌法大，需用容器设备多，工厂占地面积大。

延伸阅读

果蔬湿腌方法

　　果蔬湿腌的方法有多种：①浮腌法，即将果蔬和盐水按比例放入腌制容器，使果蔬悬浮在盐水中，定时搅拌并随着日晒水分蒸发使菜卤浓度增高，最终腌制成深褐色产品，菜卤越老品质越佳；②泡腌法，即利用盐水循环浇淋腌制池中的果蔬，能将果蔬快速腌成；③暴腌法，即利用低浓度盐水快速腌制果蔬的方法；④低盐发酵法，即以低于10%的食盐水腌制果蔬，该方法乳酸发酵明显，腌制品咸酸可口，除直接食用外还可作为果蔬保鲜的一种手段，但该方法腌制时因醭酵母和圆酵母等微生物易在高浓度盐液中生长而易出现变质现象，同时，缺氧又是乳酸发酵的必要条件，需要将容器加以密封腌制。

　　（三）动脉注射或肌内注射腌制法

　　注射腌制法是进一步改善湿腌法的一种措施，为了加速腌制时的扩散过程，缩短腌制时间，最先出现动脉注射腌制法，其后又发展了肌内注射腌制法。注射法目前在生产西式火腿、腌制分割肉时使用较广。

1. 动脉注射腌制法　　动脉注射腌制法是用泵及注射针头将食盐水或腌制液经动脉系统输送到分割肉或腿肉内的腌制方法。由于一般分割胴体时并没有考虑原来动脉系统的完整性，因此此法仅用于腌制前后腿。该法在腌制肉时先将注射用的单一针头插入前后腿的股动脉切口内，然后将盐水或腌制液用注射泵压入腿内各部位上。动脉注射法的优点是腌制速度快，产品得率高。如果采用多聚磷酸盐，得率还可以进一步提高。缺点是只能用于腌制前后腿，胴体分割时要注意保证动脉的完整性，并且腌制品易腐败变质，需冷藏。

2. 肌内注射腌制法　　肌内注射腌制法又分为单针头和多针头注射法两种，目前多针头注射法使用较广，主要用于生产西式火腿和腌制分割肉。肌内注射腌制法与动脉注射腌制法基本相似，主要区别在于，肌内注射腌制法不需经动脉而是直接将腌制液或盐水通过注射针头注入肌肉中。

（四）混合腌制法

混合腌制是将干腌和湿腌相结合的腌制方法。混合腌制法常用于鱼类、肉类及蔬菜等的腌制。腌制时可先进行干腌，然后再进行湿腌。干腌和湿腌相结合可以先利用干腌适当脱除食品中一部分水分，避免湿腌时因食品水分外渗而降低腌制液浓度，同时也可以避免干腌法对食品过分脱水的缺点。

注射腌制法常和干腌法或湿腌法结合进行，即腌制液注射入鲜肉后，再在其表面擦盐，然后堆叠起来进行干腌。或者注射后装入容器内进行湿腌，湿腌时腌制液浓度不要高于注射用的腌制液浓度，以免导致肉类脱水。

对肉制品来说，制品色泽好、营养成分流失少、咸度适中，并且因为干盐及时溶解于外渗水内，可避免因湿腌时食品水分外渗而降低盐水的浓度。对果蔬制品来说，具有咸酸甜口味，制品风味独特，同时腌制时不像干腌那样会使食品表面发生脱水现象。该方法的缺点是生产工艺较复杂，周期长。

（五）其他辅助腌制技术

用腌液注射肌肉时因为注射时盐液经常会过多地聚集在注射部位的四周，短时间内难以散开，因而通常在注射后采用嫩化、滚揉和超声等辅助腌制处理。

嫩化技术是通过嫩化机械作用增加肉类的表面积，就是用尖锐的齿片刀、针、锥或带有尖刺的挤辊，对注射盐水后的大块肉，进行穿刺、切割、挤压，对肌肉组织进行一定程度的破坏，打开肌束膜，从而加速盐水的扩散和渗透，加快腌制的进行。

滚揉技术是将已经注射的肉块，进行慢速柔和的翻滚，使肉块得到均匀的挤压、按摩，加速肉块中盐溶蛋白的释放及盐水的渗透，增加黏着力和保水性能，改善产品的切片性，提高出品率。滚揉机在肉制品行业内也称为按摩机。目前在西式火腿的生产中，盐水注射、嫩化和滚揉都是广泛使用的腌制方法。

超声波技术是一种非热食品加工技术，由于超声波方向性好，穿透能力强，可以使腌肉中的盐分布更加均匀。超声波技术由于其良好的传质效果，加速了食盐在肉的腌制过程中的扩散，减少了腌制时间。超声波在肉基质中的深度可达 2cm，其强度较低而发射面积较广，有利于食盐快速渗入，分布更加均匀。

三、食品烟熏方法

烟熏方法大致可分为以贮藏为主要目的的冷熏法（cold smoking）和以调味为主要目的的温熏法（hot smoking）。温熏法可进一步区分为中温熏法和高温熏法。此外，也有以快速为目的的速熏法、液熏法和静电熏法。

1. 冷熏法　　将原料长时间盐腌，使盐分含量稍重，然后吊挂在离热源较远处，经低温（15～30℃，平均25℃）长时间（1～3周）熏干，这一方法称为冷熏法。冷熏法生产的产品贮藏性好，可以保藏1个月以上，但风味不及温熏制品。冷熏法的熏干温度为23～25℃，因此，在夏季温度高时难以生产。水产品中常用于冷熏的品种有鲱鱼、鲑鱼、鲥鱼、鳕鱼、鲐鱼等。冷熏品的水分含量较低，一般在40% 左右。

2. 温熏法　　在添加适量食盐的调味液中短时间浸渍烟熏原料，然后在接近热源之处，用较高温度（50～80℃，有时高达90℃）短时间（2～12h）熏制，这种方法称为温熏法。因此，熏制品仅仅是略加干燥，水分含量在50% 以上，不耐贮藏，一般为4～5天，味道好。熏制温度高，常年均可生产。温熏产品的水分为45%～60%，盐分为2.5%～3%，产品的贮藏性较差。

3. 热熏法 热熏法在德国最为盛行，采用高温（120～140℃）短时间（2～4h）烟熏处理，因此蛋白质凝固，食品整体受到蒸煮，也是一种即食型的方便食品。热熏法因为熏制温度高，熏制时间为2～4h，产品水分含量高，因此贮藏性差，生产后一般要尽快消费食用。热熏法所用熏材量大，温度调节困难，所以一般在白天进行，很少在夜间作业。

4. 速熏法 速熏法（quick smoking）是在短时间内达到烟熏效果、人工制烟的烟熏方法。将熏烟成分杂酚油（creosote）、杜松子油（juniper berries oil）等混合后置于烟熏室使之蒸发，或将上述混合液涂抹于肉表面，也可将肉浸渍于混合液中进行熏干。但这种方法与烟熏法相比，产品质量和贮藏性均较差。

5. 静电熏法 静电熏法是将熏烟通过一个20～60kV电压的连续管道，熏烟中的化合物和微粒在高静压电场作用下充电，荷电的化合物和微粒很快沉积在带相反电荷的肉品表面，并且被吸收。静电熏制的全部过程只需2～5min，而目前发烟熏制大多需要数小时甚至几天。对于各种烟熏产品，静电过滤的烟雾通常比未经过滤的烟熏香气和颜色偏淡，但感官风味基本相当。

6. 液熏法 烟熏液目前已经在国内外广泛应用。液熏法的优势包括：①相比传统烟熏加工熏烟成分多沉积在食品表面，液熏法可以将烟熏成分通过直接添加的方式融入整个产品中，产品风味更加均匀稳定；②它可以通过科学添加和合理配伍，更加方便增强和调控产品特有风味；③烟熏液使用之前，可以通过分馏和精制备工序增强烟熏液风味，并去除潜在的有害化合物；④适用于传统上不适合熏制的各种食品；⑤更方便在家庭消费者层面及中小规模商业和酒店层面使用；⑥液熏法不需要木材和烟熏液制作装备，节约成本；⑦对环境的污染较小；⑧可以通过喷洒、浸渍与食品混合等多种方式使用。

四、食品烟熏工艺及不同原料烟熏食品分类

（一）食品烟熏工艺

烟熏制品按原料不同，可以分为水产烟熏制品、畜肉烟熏制品等；按烟熏方法不同可以分为冷熏和热熏两大类。

冷熏、热熏的生产工艺大致相同，但根据原料的性质和产品的不同，要选择相适应的生产工艺流程。烟熏制品的一般生产工艺如下。由于烟熏方法的不同，产品的质量和耐贮藏性会有很大的差别。

视频 9-1

烟熏香肠的制作工艺如下，具体流程可扫码查看**视频 9-1**。

原料 → 预处理 → 腌制 → 绞肉、斩拌 → 灌肠 → 蒸煮、烟熏 → 冷却 → 包装

（二）不同原料的烟熏食品分类

烟熏食品的范围极广。水产品中有各种鱼类、贝类等。禽畜类中有熏肉进一步调味生产的火腿、香肠等。用于烟熏处理的乳制品主要有奶酪，还有鸡蛋的烟熏制品。第二次世界大战以后，用乌贼、章鱼之类的调味烟熏制品作成的袋装方便食品也逐渐开始生产。

延伸阅读

液熏技术能否保障烟熏食品的安全

液熏技术作为一种新型的烟熏加工工艺，可以很大程度上降低烟熏过程中危害物的生成，减轻烟熏食品对人体的危害。目前液熏有两种使用方法：一种是将烟熏液代替木材对其加热，使其挥发移向制品的方法；另一种是将烟熏液直接添加到制品中。液熏技术避免了烟气与食物的直接接触，它是先将烟气收集、冷凝，再经过一系列的工艺，在去除烟气中的固体杂质后得到烟熏液，烟熏液的风味成分仍然能较好地保留，且几乎不含苯并芘等致癌物，从而保证了烟熏食品的安全。

烟熏液也称烟熏香味料，是液熏技术的重要环节。目前，我国已制定标准来保障烟熏液的安全性。《食品安全国家标准 食品添加剂 山楂核烟熏香味料Ⅰ号、Ⅱ号》（GB 1886.127—2016）

中就规定了以山楂核为原料制备烟熏液的过程、参数和质量检测方法。如今，烟熏液已经被列为一种食品添加剂，广泛应用于各类熏制食品的生产之中。可见，严格按照国家标准进行规范生产的烟熏食品，只要适量食用，不会损害消费者的身体健康。

第四节　腌制和烟熏对食品品质的影响

一、腌制对食品品质的影响

（一）腌制对食品贮藏的影响

食盐（氯化钠）作为一种重要的防腐剂，对腌制食品的贮藏品质有着重要影响，它通过降低微生物细胞和食品组织的水分活度和形成缺氧环境抑制微生物生长繁殖，防止食品快速变质，延长保质期，对腌制品的货架期有重要的作用。食盐还可通过延缓食品中脂肪和蛋白质分解来抑制脂肪氧化和蛋白质氧化，延长贮藏期。此外，蔬菜腌制过程经过发酵作用产生的有机酸也能抑制腐败微生物生长。

针对不同种类的腌制品，食盐的纯度、种类和含量及温度、空气等因素对腌制品贮藏特性具有重要影响。例如，为了保证食盐迅速渗入食品内，应该尽可能选用纯度较高的食盐；降低腌制过程中食盐含量也会影响腌制品的贮藏期，包括滋生微生物、加快脂肪氧化和蛋白质氧化；腌制时温度越高，微生物生长也就越迅速，特别对于易腐食品，还没有完全腌制就可能会发生腐败变质，如肉类腌制时应在10℃以下进行，但不宜低于2℃，因为温度太低会显著延缓腌制速度；腌制过程中控制缺氧条件可以控制有害霉菌的生长繁殖，延长保质期。

（二）腌制对食品风味的影响

食品腌制加工产生的风味是多种风味物质综合作用的结果，主要包括原料成分及加工过程中形成的风味和发酵作用产生的风味。蔬菜腌制过程中蛋白质分解产生的氨基酸可以与醇发生酯化反应形成具有芳香味的酯类物质，与戊糖的还原产物4-羟基戊烯醛作用生成含有氨基的烯醛类芳香物质，与还原糖发生美拉德反应生产具有香气的褐色物质。

干腌肉的特殊风味就是腌制过程中蛋白质在水解酶的作用下，分解成一些带甜味、苦味、酸味和鲜味的游离氨基酸及亚硝基肌红蛋白；脂肪在腌制过程分解为甘油和游离脂肪酸，少量甘油可使干腌肉润泽，游离氨基酸经过脂肪氧化会产生醛类、醇类等风味物质。食盐通过影响渗透压降低挥发性香气化合物在肉基质中的溶解度，增强其释放，从而增强香气。

腌制食品的风味也与微生物的发酵有密切关系，发酵型蔬菜腌制品在腌制过程中，微生物经过乳酸发酵、醋酸发酵、酒精发酵后会使腌制品产生爽口的酸味。高盐或低盐则会影响微生物的生长繁殖和发酵作用，进而影响腌制品的风味。

（三）腌制对食品色泽的影响

在食品腌制过程中，主要通过褐变作用、吸附作用及添加发色剂的作用影响食品的色泽。

1. 褐变作用　褐变的程度与温度及反应时间的长短有关，温度越高、时间越长则色泽越深。对于果蔬糖制品来说，褐变作用往往会降低产品的质量，所以在腌制这类产品时，就要采取措施来抑制酶促褐变，通过降低反应物的浓度和介质的pH、避光及降低温度等措施来抑制非酶促褐变的进行。

2. 吸附作用　在食品腌制使用的腌制剂中，酱油、食醋等有色调味料均含有一定的色素物质，辣椒、花椒、桂皮、小茴香、八角等香辛料也分别具有不同的色泽。食品原料经腌制后，这些腌制剂中的色素会被吸附在腌制品的表面，并向原料组织内扩散，结果使产品具有了相应的色泽。

3. 发色剂　肉类腌制中常加入发色剂——亚硝酸盐（或硝酸盐），使肉中的色素蛋白与亚硝酸盐反应，形成色泽鲜艳的亚硝基肌红蛋白（NO-Mb）。NO-Mb是构成腌肉色泽的主要成分。为了使肉制品获得鲜艳的色泽，除了要用新鲜的原料外，还必须根据腌制时间长短选择合适的发色剂、发色助剂。而为了保持肉制品的色泽，应该注意低温、避光、隔氧等措施。例如，添加抗氧化剂、真空或充氮包装、添加脱氧剂等来避免氧化褪色。

（四）腌制对食品质构的影响

食盐和肉中其他成分的相互作用会影响肉制品的质构。氯化钠可促进蛋白质的水合作用、增强蛋白质与蛋白质，以及蛋白质与脂肪之间的结合，这些特性使肉制品与脂肪混合后的乳化性更加稳定，让腌肉富有弹性。氯化钠会影响蛋白质的溶解度和含水量，并进一步改变肉制品的流变学和质构特性。肉本身的蛋白酶的作用、腌制过程微生物产生的蛋白酶的作用等都会影响最终腌肉的质构。此外，氯化钠添加量的降低会引起蛋白质过度水解和组织蛋白酶活性的增强，进而使肉制品的质构产生缺陷（如质地变软）。

蔬菜腌制时，保持质构脆嫩是腌制蔬菜的一项重要质量指标。蔬菜的脆度主要受蔬菜中果胶物质含量的影响，随着腌渍时间的延长，果胶在自身果胶酶作用下，逐渐水解为可溶的果胶酸，使细胞壁中胶层溶解，细胞间黏合力下降，从而引起腌菜软化。同样，蔬菜在腌渍时，组织细胞由于内外渗透压的不同，产生质壁分离现象，增大了细胞膨压和脆度。高浓度的盐腌制能够抑制果胶酶和纤维素酶的活性，从而在一定程度上提高腌制蔬菜的脆度。低盐腌菜腌渍过程中，受到腌渍条件和环境、微生物生长繁殖，以及蔬菜自身组织细胞等因素的影响使得腌渍菜的脆度下降。

（五）腌制对食品营养成分的影响

腌制品虽然具有良好的感官品质，但在腌制过程中由于水分损失、脂肪和蛋白质等成分氧化、降解导致营养成分流失。加入食盐可使鲜肉中水分析出，肉局部脱水，造成部分水溶性维生素，如B族维生素的丢失，同时无机盐也有一定程度的损失。干腌肉在后熟阶段进行脱盐会造成大量的营养成分和风味物质的流失。由于腌制步骤不当，腌制品发生酸败，也会致使营养价值降低。

二、烟熏对食品品质的影响

（一）烟熏对食品贮藏的影响

烟熏对食品贮藏的影响是多方面因素综合作用的结果。一方面，在热的影响下，肉制品脱去部分水分，可延长食品保质期，增强保藏效果。另一方面，微生物的大量繁殖会导致肉制品腐败、产生异味。而熏烟中的酚类、醛类、有机酸等物质则可以起到防腐杀菌和抗氧化的作用，能够延长熏制品的保质期。

微生物繁殖是肉制品变质的主要原因。但是熏烟对不同菌种的抑制效果大不相同，抑制效果最为明显的是细菌。例如，酚类物质具有较强的抗菌活性，尤其是愈创木酚及其衍生物、甲酚、邻苯二酚等。熏制品中酚类物质可以改变微生物细胞膜的渗透性，从而导致胞内成分流失，进而抑制微生物的生长。熏烟中的有机酸，如醋酸、丁酸等同样也具有微弱的杀菌防腐作用。此外，烟熏的抗菌性还受到木材种类的影响，如来自道格拉斯冷杉的木材熏烟对金黄色葡萄球菌和嗜水气单胞菌有抑制作用，白红树的液态烟熏剂能够抑制大肠杆菌和金黄色葡萄球菌的生长。

另外，肉制品中蛋白质和脂肪氧化也是腐败变质的重要原因。然而，烟熏可以提高肉制品的抗氧化性，熏烟中的成分可以渗入肉品内部进而降低蛋白质和脂肪氧化率以延长食物的保质期。这主要是由于各种酚类物质的抗氧化性，它们作为氢供体可稳定氧化自由基，抑制游离基的形成，从而有效抑制蛋白质和脂肪的氧化，尤其是烟熏过程产生的甲氧基苯酚能够对脂质的氧化起到较好的抑制作用。

（二）烟熏对食品风味的影响

烟熏食品的特有风味可能是由熏烟成分本身、熏烟成分与食品某些组分发生化学反应产生新的风味化合物，以及食品本身成分在烟熏中所引起的反应产物形成的。具体影响烟熏食品风味的物质主要有酚类、呋喃类、酮类、吡嗪类等。

酚类物质是烟熏食品风味的重要贡献者。有一些酚类物质在水中味道与气味阈值较低，而另一些酚类物质在油中更为敏感；呋喃类物质有助于改善烟熏食品风味。呋喃是一类五元含氧杂环化合物，可以缓和与酚类物质相关的烟熏味；酮类物质对烟熏风味的整体风味也有增强作用，从烟熏液中分离出来的带有熏烤香味的酮类化合物可以改善烟熏风味。此外，烟熏风味的形成也受加工工艺、设备、原料本身、配料等因素的影响。

（三）烟熏对食品色泽的影响

色泽是评价熏制品的一个非常重要的指标。肉制品烟熏过程中，熏烟会使肉表面产生特有的烟熏色泽。这种烟熏色泽产生的原因多样，最主要的是由于熏烟中的羰基化合物与食品中的蛋白质（氨基化合物）发生美拉德反应，产生褐色物质，沉积在烟熏食品表面。烟熏食品表面所形成的褐变色素会阻碍羰基化合物及其他熏烟成分的渗入，烟熏食品表面的色泽和熏味成分比内部更浓。根据木材的种类、产品类型及工艺的时间或温度不同，熏烟呈现出的颜色为轻度金黄色到棕褐色。例如，使用山毛榉木、枫木、白蜡木、梧桐木或椴木有利于呈现金黄色，而用赤杨木和栎木作燃料时，可以呈现深黄色或棕色。熏烟成分中的酚和醛发生反应后可使熏制品呈现茶褐色，肉品经过添加硝酸盐腌制、熏制、干燥后可呈现红色。此外在烟熏过程中，温度也能够使肉制品中的脂肪渗出而起到润色的作用。

（四）烟熏对食品质构的影响

硬度、弹性等质构特性是反映烟熏食品的重要指标。烟熏食品质构的影响因素很多，比如原料品质、辅料类型、烟熏工艺、烟熏操作、烟熏温度、烟熏成分与食品组分之间的相互作用等都会影响烟熏肉制品的质构。烟熏过程中温度对食品质构也有一定的影响，如热熏制的俄罗斯鲟鱼鱼片比冷熏鲟鱼鱼片的硬度、弹性、内聚性、咀嚼性更高。不同的烟熏方式对食品质构也有一定的影响。例如，对香肠进行液熏和木熏加工后，液熏香肠由于失水相对较少，弹性高于木熏香肠，且液熏香肠的品质在一定程度上优于木熏香肠。

熏烟中丰富的有机酸吸附和沉积在肉制品上，导致肉类表面或附近区域的有机酸含量较高，pH 相对较低，pH 的变化会影响产品的质构特性，也造成烟熏肉制品内部和外层质构的差异。对于液熏肠而言，有机酸含量更为丰富，随着液熏液添加量的增加，产品 pH 下降，导致产品结构松散、不紧致，硬度、弹性、黏聚性会有所下降。

（五）烟熏对食品营养成分的影响

熏烟中的酚类化合物具有抗氧化性，能防止脂溶性维生素的氧化分解，可以较好地保护脂溶性维生素不被破坏，减少维生素的损失和食品的营养成分的损失。熏烟中的酚类和蛋白质的—SH 基反应，羰基和胺基产生不可逆的反应，可导致食品中一些氨基酸减少，使之营养价值有所降低。同时烟熏操作也会影响氨基酸的品质。例如，冷熏鲟鱼片的氨基酸品质略高于热熏鲟鱼片，其所含的人体必需氨基酸的含量略高于热熏鲟鱼片。烟熏操作不只对蛋白质、氨基酸有影响，对维生素也有一定的影响。例如，鱼经过烟熏加工之后，核黄素、泛酸等维生素有部分损失。

第五节　食品腌制和烟熏加工的安全生产与控制

一、食品腌制加工的影响因素与控制

食品腌制的主要目的是防止腐败变质，改善食品的食用品质，同时也为消费者提供具有特别风味的腌制食品。为了达到这些目的就应对腌制过程进行合理的控制。腌制剂的扩散速度是影响品质的关键，发酵是否正常进行则是影响发酵型腌制品质量的关键，如果对影响这两方面的因素控制不当就难以获得优质腌制食品。这些因素主要有食盐的纯度、食盐的浓度、原料的性质、温度和空气等。

（一）食盐的纯度

食盐的主要成分是氯化钠，还含有氯化钙、氯化镁、硫酸钠等杂质，氯化钙、氯化镁的溶解度远远超过氯化钠的溶解度，而且随着温度的升高，溶解度的差异变大，因此食盐中含这些杂质时，氯化钠的溶解

度会降低，从而影响食盐在腌制过程中向食品内部渗透的速度。有研究表明用不同纯度的食盐腌制鱿鱼时腌制所用的时间是不同的，用纯食盐腌制时从开始到渗透平衡仅需 5.5 天，若含 1% 氯化钙就需要 7 天，含 4.7% 氯化镁就需要 23 天之久。因此，为了保证食盐迅速渗入食品内，应尽可能选用纯度较高的食盐，以便防止食品的腐败变质。食盐中硫酸镁和硫酸钠过多还会使腌制品具有苦味。此外，食盐中不应有微量的铜、铁、铬存在，它们对腌肉制品中脂肪氧化酸败会产生严重的影响，若食盐中含有铁，腌制蔬菜时，它会和香料中的鞣质和醋作用，使腌制品发黑。

表 9-1　GB 5461 对食用盐中污染物限量要求

项目	指标
铅（以 Pb 计）/（mg/kg）	≤2.0
总砷（以 As 计）/（mg/kg）	≤0.5
镉（以 Cd 计）/（mg/kg）	≤0.5
钡（以 Ba 计）/（mg/kg）	≤15
总汞（以 Hg 计）/（mg/kg）	≤0.1

我国食用盐国家标准（GB 5461）将食盐分类为：精制盐、粉碎洗净盐、日晒盐。根据其等级分为优级、一级和二级。此外，食用盐标准中增加了碘酸钾添加量（20～50mg/kg），亚铁氰化钾为 10mg/kg，并提出了食用盐中污染物限量要求（表 9-1）。

（二）食盐用量或盐水浓度

根据扩散渗透理论，盐水浓度越大，则扩散渗透速度越快，食品中食盐的含量就越高。生产中食盐用量取决于腌制目的、腌制温度、腌制品的种类及消费者口味。要想腌制品完全防腐，食品中含盐量至少为 17%，所用盐水的浓度则至少要达到 25%。腌制环境温度的高低也是影响用盐量的一个关键因素，腌制时气温高则食品容易腐败变质，故用盐量应该高些，气温低时用盐量则可以降低些。例如，腌制火腿的食盐用量一般为鲜腿重的 9%～10%，气温升高时（如腌房的平均温度在 15～18℃时），用盐量可增加到 12% 以上。

干腌蔬菜时，用盐量一般为菜重的 7%～10%，夏季为菜重的 14%～15%。腌制酸菜时，为了利于乳酸菌繁殖，食盐用量不宜太高，一般控制在原料重的 3%～4%。泡菜加工时，盐水的浓度虽然在 6%～8%，但是加入蔬菜原料后经过平衡后一般维持在 4% 以内。

从消费者能接受的腌制品咸度来看，其盐分以 2%～3% 为宜。但是低盐制品还必须考虑采用添加防腐剂、合理包装等措施来防止制品的腐败变质。

（三）原料的性质

原料中的水分含量，与腌制品品质有密切关系，尤其是咸菜类要适当减少原料中的水分。生产实践证明，榨菜含水量为 70%～74%，榨菜的鲜、香均能较好地表现出来，由于含水量的多少与氨基酸的转化密切相关，如果榨菜含水 80% 以上，相对来说可溶性氮少，氨基酸呈亲水性，向羰基方向转化，则香气较差，反之含水在 75% 以下，保留的可溶性含氮物相对增加，氨基酸呈疏水性，在水解中生成甲基、乙基及苯环等香物质较多，香味较浓。同一食盐浓度的腌制品，若原料中含水量不一样，保存性也不一样。例如，榨菜含盐量为 12% 时，含水在 75% 以下的较耐保存，而含水在 80% 以上则风味平淡，易酸化不耐保存。蔬菜原料中氮和果胶含量的高低，对制品的色、香、味及脆度都有影响。

（四）温度

由扩散渗透理论可知，温度越高，腌制剂的扩散渗透速度越快。有人曾用饱和食盐水腌制小沙丁鱼，观察食盐的渗透速度，实验结果表明，从腌制到食盐含量为 11.5% 所需时间来看，0℃时为 15℃时的 1.94 倍，为 30℃时的 3 倍，温度平均每升高 1℃，时间可以缩短 13min 左右。但温度越高，微生物生长繁殖也就越迅速，食品在腌制过程中就越容易腐败。特别是对于体积较大的食品原料（如肉类），腌制应该在（2～3℃）条件下进行。

腌制蔬菜时，温度对蛋白质的分解有较大的影响，温度适当增高，可以加速蔬菜腌制过程中的生化反应。温度在 30～50℃时，蛋白质分解酶活性较高，因而大多数咸菜（如榨菜、冬菜等）要经过夏季高温，来提高蛋白质分解酶的活性，使其蛋白质分解。尤其是冬菜要在夏季进行晒坛，使其蛋白质分解，从而有利于冬菜色、香、味等优良品质的形成。

对泡菜来说，需要乳酸菌发酵，适宜于乳酸菌发酵的温度为 26～30℃。在此温度范围内，发酵快，时间短，低于或高于适宜温度，需时就长。

（五）空气

空气对腌制食品的影响主要是氧气的影响。果蔬糖制过程中，果蔬的存在将导致制品的酶促褐变和维生素 C 等还原性物质的氧化损失，采用减压蜜制或减压煮制可以减轻氧化导致的产品品质的下降。肉类腌制时，如果没有还原物质存在，暴露于空气中的肉表面的色素就会氧化，并出现褪色现象。因此，保持缺氧环境将有利于稳定肉制品的色泽。

对于发酵型蔬菜来说，乳酸菌属于厌氧或兼性厌氧型微生物，因此在无氧条件下生长良好。例如，加工泡菜时需要将坛内泡菜压实，装入的泡菜水要将蔬菜浸没，不让其露出液面，盖上坛盖后要在坛沿加水进行水封，这样不但避免了外界空气和微生物的进入，而且发酵时产生的二氧化碳也能从坛沿冒出，并将菜内空气或氧气排除掉，形成缺氧环境。

二、腌制食品中的危害因子与安全品质提升

（一）亚硝酸盐的摄入与减控

1. 亚硝酸盐摄入与健康

1）腌制食品中亚硝酸盐的来源　　亚硝酸盐主要来自蔬菜中含量较高的硝酸盐，蔬菜吸收氮肥或土壤中的氮元素，积累无毒的硝酸盐。在腌制过程中硝酸盐还原菌（肉葡萄球菌、变异微球菌和木糖葡萄球菌等）转变成有毒的亚硝酸盐。之后，亚硝酸盐又渐渐被乳酸菌等细菌利用或分解，浓度达到一个高峰之后又会逐渐下降，乃至基本消失。我国北方地区腌咸菜、酸菜的时间通常需要在一个月以上，南方地区腌酸菜、泡菜也要 20 天以上。一般来说，到 20 天之后亚硝酸盐含量已经明显下降，一个月后是很安全的。真正威胁食品安全的就是那种只腌两三天到十几天的菜，腌制时间超过一个月的蔬菜是可以放心食用的。

肉类腌制时，添加工业合成亚硝酸盐、利用天然植物和果蔬丰富的硝酸盐、等离子体处理蒸馏水和肉糜产生亚硝酸盐是腌肉中亚硝酸盐的重要来源。工业合成亚硝酸盐尽管成本低且易于使用，但考虑到其对人体健康的风险，食品企业和消费者更青睐使用天然来源的亚硝酸盐替代合成亚硝酸盐。一些蔬菜含有内源性硝酸盐，如芹菜、甜菜和生菜的硝酸盐含量较高，将含有硝酸盐和发酵剂培养物的蔬菜汁加入肉后，

资源 9-1

需要在 38～42℃下腌制以确保硝酸盐充分还原为亚硝酸盐。腌制时间是用天然亚硝酸盐来源腌制肉类的重要因素。等离子气相中的氮氧化物通过等离子处理与水分子反应，最后分解生成亚硝酸盐（详细内容见**资源 9-1**）。通过添加等离子处理水腌制的火腿和亚硝酸钠腌制的火腿颜色和脂质氧化没有显著差异。

2）亚硝酸盐对人体健康的影响　　在短时间之内，摄入过量的亚硝酸盐进入人体后将血液中正常的血红蛋白氧化成高铁血红蛋白，造成血红蛋白失去携氧能力，引起组织缺氧中毒，常见的临床症状有头晕、头痛、心率加快、烦躁不安等。一般人体摄入 0.3～0.5g 亚硝酸盐便可引起中毒，超过 3g 则可致死，其中人体对硝酸盐的每日可接受摄入量为 3.7mg/kg，亚硝酸盐的每日可接受摄入量为 0.06mg/kg。同时亚硝酸盐可与食物或胃中的胺反应，生成亚硝基化合物，如亚硝胺，亚硝基化合物可导致人体多种癌症，主要诱发食道癌、胃癌及肠癌等消化系统癌症。

亚硝酸盐进入人体后会转换为硝酸和一氧化氮，它们在降低血压、胃损伤及出血方面具有很好的作用，此外，一氧化氮在调节高血糖、降低运动后肌肉疲劳、防止动脉粥样硬化上有明显的效果。人体母乳中的亚硝酸盐有助于新生儿的生长发育。

3）食品中硝酸盐与亚硝酸盐的限量标准　　我国对食品中的亚硝酸盐的使用制定了严格的限量标准，《食品安全国家标准　食品中污染物限量》（GB 2762—2017）中明确规定，亚硝酸盐在蔬菜及其制品（腌渍蔬菜）中不可超过 20mg/kg，乳粉中不可超过 2mg/kg。《绿色食品　酱腌菜》（NY/T 437—2012）中规定，亚硝酸盐不可超过 4mg/kg。GB 2760 中规定食品中亚硝酸盐限量为：腌腊肉制品、酱卤肉制品、熏烧烤肉类、油炸肉类、西式火腿、肉灌肠类、发酵肉制品、肉罐头类中硝酸盐的含量≤150mg/kg。

2. 亚硝酸盐的减控

1）以酸菜为例

（1）化学法。化学法是通过特定物与腌制过程中产生的亚硝酸盐反应达到去除目的。香辛料中洋葱、

姜、大蒜等包含的有机硫化合物中的巯基可以和亚硝酸盐结合，形成亚硝酸酯，阻断亚硝胺生成。一些具有抗氧化功效的物质，如维生素C、烟酰胺、黄酮类及多酚类等物质可以减少亚硝酸盐的生成，因此包含这些抗氧化物质的山楂、柑橘等均可以清除亚硝酸盐，并且抗氧化物质的联合使用有协同增效作用，增强亚硝酸盐的清除效果。此外，枸杞、蕨菜等富含植物多糖的物质能较好地去除亚硝酸盐，在酸菜中添加抗坏血酸能有效地抑制亚硝酸盐的形成，并且抗坏血酸的添加量与酸菜中亚硝酸盐的含量呈现负相关。这些物质不仅可以调节酸菜风味，还能很好地降低亚硝酸盐含量。

（2）生物法。在酸菜腌制过程中，亚硝酸盐的形成与酸菜中含有硝酸还原酶的细菌密不可分。利用酸菜腌制发酵时乳酸菌在发酵过程中产生的酸性物质能通过化学反应引起亚硝酸盐的降解，产生的亚硝酸盐还原酶能将亚硝酸盐还原成氨和氮，有些乳酸菌代谢生成的细菌素还能抑制亚硝酸盐还原菌的生长，酸菜发酵时大肠杆菌、摩根式变形菌等有害杂菌能加速亚硝酸盐形成，乳酸菌产生的酸性环境能抑制有害杂菌的生成。常见抑制亚硝酸盐生成的乳酸菌包含植物乳杆菌、短乳杆菌和肠系膜明串珠菌等，它们可以赋予酸菜典型的风味和香气，并且混合的乳酸菌发酵剂能增强亚硝酸盐去除率。有学者提出设计3个发酵阶段，即初期的自然发酵环境，硝酸盐还原菌能将硝酸盐还原成亚硝酸盐；发酵中期接种亚硝酸还原酶的乳酸菌，有效发挥酶降解作用；发酵后期接种产酸的乳酸菌，酸降解作用效果好，能进一步降低体系中亚硝酸盐的残留量。

2）以肉制品为例

（1）酶法。通过抑制硝酸盐还原酶活性，亚硝酸盐还原酶将亚硝酸根阴离子（NO_2^-）还原为一氧化氮，达到降解亚硝酸盐的作用。大蒜、洋葱等葱科物质中富含大蒜素，大蒜素能够抑制硝酸盐还原酶的活性，阻断亚硝酸盐的生成。果蔬中含有丰富的有机酸，有机酸能够改变溶液的pH，抑制硝酸盐还原酶的活性，降解亚硝酸盐。在肉的腌制过程中加入亚硝酸盐还原酶和特异性辅酶组成的复合酶腌制剂，亚硝酸盐的残留量降低70%以上。

（2）物理法。适当的微波处理可以降低亚硝酸盐含量，随着微波处理强度增大后，硝酸还原酶蛋白开始变性，酶活性降低或丧失，导致亚硝酸盐含量降低。同样，超高压处理时，压力≤300MPa时，超高压还保留亚硝酸盐还原酶活力，因此可以抑制亚硝峰的产生；当压力达到400MPa时，亚硝酸盐还原酶活性也降低，亚硝峰峰值升高。

延伸阅读

腌制过程中亚硝酸盐的生成机理

　　细菌的硝酸还原作用能够促使形成亚硝酸盐，自然界存在多种硝酸还原菌，包括在酸肉中分离出葡萄球菌、无芽孢杆菌、芽孢杆菌等能产生硝酸还原酶的菌株，在腌鱼中发现的两株革兰氏阴性杆菌，从生牛乳中分离出波茨坦短芽孢杆菌等具有硝酸盐还原能力的细菌。由于硝酸盐还原菌和还原酶的存在，硝酸盐在低温、长时间的腌制过程中被缓慢地转换成亚硝酸盐，亚硝酸盐不稳定，还可进一步分解，还原成氮气和铵根离子。

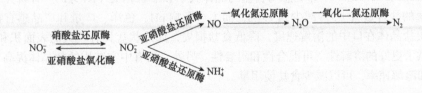

（3）应用替代物。一些蔬菜中含有大量硝酸盐，可作为硝酸盐来源替代直接添加亚硝酸盐。芹菜、菠菜和生菜等蔬菜的硝酸盐含量超过2500mg/kg。由于芹菜汁与肉类的高度相容性不会带来异味，对腌肉制品具有一定的抗氧化和发色功能，芹菜汁常被添加到肉类中用作硝酸盐来源，腌制过程将芹菜汁与细菌发酵剂一同使用，硝酸盐转化为亚硝酸盐，同时保留腌肉产品的特性。

有机酸盐，如乳酸盐、乙酸盐、山梨酸盐被广泛研究用作亚硝酸盐替代物，乳酸盐凭借它的咸味可以增强肉的风味，乳酸还可以改善鲜肉的颜色稳定性和降解亚硝酸盐。山梨酸盐与低含量亚硝酸盐协同使用与高含量亚硝酸盐在腌制过程的抑菌效果相似。

细菌素是由细菌产生的抗微生物蛋白质或肽。乳酸链球菌素是由乳酸链球菌在代谢过程中产生的无毒、高效、天然的防腐剂。有研究表明添加 600mg/kg 乳酸链球菌素和 40mg/kg 亚硝酸盐制作的中式香肠，与按 90mg/kg 添加亚硝酸盐制作的中式香肠品质差异不显著。

亚硝基血红蛋白作为新型且安全的肉品发色剂可以替代亚硝酸盐发色的作用，但在环境中对光敏感，易氧化变色。有人利用新鲜猪血和亚硝酸盐的反应，制备出糖化亚硝基血红蛋白，显示出的良好的稳定性。红曲色素是广泛应用于腌制品的天然色素，可以增强腌制品的风味和色泽，延长保质期。研究表明亚硝基血红蛋白和红曲色素可替代部分亚硝酸盐。

（二）钠盐的摄入与减控

1. 钠盐摄入与健康

1）钠盐摄入的健康　　钠盐作为日常生活中不可缺少的调味料，它在提供咸味的同时改善食品适口性、形成产品的特征风味，满足人们的感官需求。腌制品因其含盐量较高，长期食用容易引起高血压，增加心血管疾病的风险。此外，高盐摄入量还会增加中风、肾结石及胃癌的风险，同时钠盐摄入会影响人体的渗透压平衡，如果体内钠离子失衡，会造成低钠血症和高钠血症，症状表现出恶心、呕吐、头痛等。

2）国内外钠盐摄入情况　　世界卫生组织建议成年人钠盐摄入量限制在 5g/ 天，大约相当于一茶匙的量。而大多数国家民众的盐摄入量都超过该指导量，欧盟国家每天盐摄入量范围为 6～14g。研究显示中国成年人在过去 40 年间平均每天食盐摄入量在 10g，是世界卫生组织推荐量的 2 倍，中国北方居民食盐摄入量达到每天 11.2g，较 20 世纪 80 年代的 12.8g 有所减少。此外，南方居民食盐摄入量则是从平均每天 8.8g 增加到如今的 10.2g。研究还显示，中国 3～6 岁儿童食盐摄入量已达世界卫生组织建议成人食盐摄入量的最高值，年龄更大孩子的平均每天食盐摄入量则接近 9g。

延伸阅读

中国减盐行动

国家层面出台《健康中国行动（2019—2030 年）》，为进一步推进健康中国建设规划新的"施工图"。该行动方案从前端入手，全方位干预健康影响因素，其中一个重要的手段就是控盐。例如，提倡人均每日食盐摄入量不高于 5g；推动"三减三健"（其一为减盐）等宣教活动，推广使用健康"小三件"（其一为限量盐勺）；鼓励生产、销售低钠盐，并在专家指导下推广使用；引导企业在食盐、食用油生产销售中配套用量控制措施（如在盐袋中赠送 2g 量勺），鼓励商店（超市）开设低盐食品专柜；研究完善盐包装标准，在外包装上标示建议每人每日食用合理量；完善健康家庭标准，将文明健康生活方式及盐等控制情况纳入"五好文明家庭"评选标准；校园内避免售卖高盐食品等。

---

2. 钠盐的减控

1）改变盐晶物理形态　　味觉感与食盐的晶体大小和形状相关（图 9-1）。有研究表明使用微粉化的盐将牛肉汉堡的盐含量从 1.5% 减少到 1.0%，而不会影响 pH、色泽、产量和产品感官特性。增加食盐表面积可以加快盐晶体在口中的溶解速度，降低食盐损失，如片状盐具有较大的表面积和较低的堆积密度，为盐晶体提供了更好的溶解性、可混合性和附着性。另外，具有中空结构的盐晶体提高了味觉感受器对它的可获得性和溶解速率，可以减少食盐使用量。

　　正常形状盐　　　　细片盐　　　　　微球盐　　　　树枝状盐　　　　片状盐

图 9-1　不同盐晶形状的盐（Inguglia et al.，2017）

2）钠盐替代物　　合理地使用钠盐替代物，如何最大限度地提高腌制品的持水性和黏结性、不影响腌制品的风味是关键，需要根据腌制品原料类型、生产技术，结合钠盐替代物的特性，选择适宜的替代物种类及添加量。

氯化盐，如氯化钾、氯化钙、氯化镁等是最常用的钠盐替代品，由于氯化盐在使用的过程中易产生苦涩味、金属味，异常的颜色和质地，用氯化钾代替 50% 氯化钠腌制火腿感官特性比较表明，虽然香气、硬度和多汁性差别不大，但其味道较差且有苦味产生。此外，氯化盐影响腌制品的脂质氧化和蛋白质氧化、腌制成熟时间等，钾离子和镁离子的存在减缓了盐渗透，从而影响了水分活度的降低，需要增加后腌制时间以使水分活度降低到合适水平，与 100% 氯化钠腌制相比，用氯化钠和氯化钾混合腌制最多需增加16 天的腌制时间，而用氯化钠、氯化钾、氯化钙和氯化镁组合腌制最多需增加 26 天的腌制时间。

非氯化盐包括磷酸盐、乳酸盐和抗坏血酸钙等。酸味能增强咸味的感知，特定酸会增加额外的盐分，使用乳酸盐替代品生产低盐干腌火腿有助于提高微生物稳定性，用乳酸盐取代 40% 氯化钠对腌猪肉风味没有显著影响，并且咸味有增加的趋势。使用复合磷酸盐可以提高腌制品咸度，一般磷酸盐的添加量为 0.1%～0.4%，过高会损害腌制品的色泽和风味。

一些风味物质，如酵母提取物、氨基酸、柠檬酸等与低钠盐复配具有显著的增咸效果并掩盖低钠盐的苦味。研究表明在用氯化钾取代 50% 和 75% 的氯化钠时，发现加入谷氨酸钠、肌苷酸二钠、鸟苷酸二钠、赖氨酸和牛磺酸可以掩盖因替换产生的不良感官特性，能够生产具有良好感官接受性并且减少约 68% 钠盐的低盐发酵熟香肠。赖氨酸和酵母提取物能降低氯化钾、氯化钙的添加对咸肉产品的不良感官影响，提高了产品的感官接受度。

麦芽糊精、牛奶矿物质或乳制品浓缩物、咸味肽等也是热门的钠盐替代物，这些物质通过与氯化盐复配降低其产生的异味，满足低钠盐带来的适口性。麦芽糊精是一种风味掩盖剂载体，可以将氯化钾包埋在一起，从而有效掩盖氯化钾的异味。牛奶矿物质或乳制品浓缩物是市场上较新的一种盐替代品，除含乳糖外还含有钠、钾、钙等矿物盐。咸味肽中的主要呈味物质为氨基酸，其本身具有咸味，研究表明将 63% 氯化钠、30% 氯化钾和 7% 咸味肽制备低盐干腌猪肉块，成功掩盖了产品的不良风味。

食用海藻是一种新型的钠盐替代品，国外已经小规模应用到市场上。盐生植物海蓬子被认为是可替代氯化钠的一种天然材料，含有膳食纤维、糖、尿酸、胆碱、甜菜碱和大量的矿物质，是最咸的植物材料之一，用生物聚合物（壳聚糖、纤维素、糊精和果胶）包封该植物可以减少钠的吸收，增加钠的排泄，且不影响天然钠的功能，用氯化盐和包埋该植物的生物聚合物制成的低钠香肠外观良好，感官评价与钠盐香肠没有显著差异（图 9-2）。

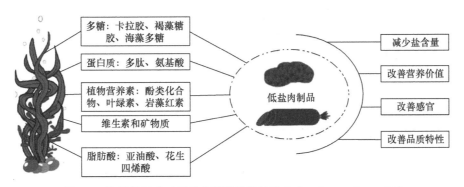

图 9-2　海藻的组成对低盐肉制品质量的影响（Gullón et al., 2021）

3）新型减盐腌制技术　　真空浸渍可以有效减少腌制时间并促使产品中盐的均匀分布。真空浸渍过程中由于流体动力学机制，即通过压力梯度促进溶液吸收而加速了多孔食品中的盐吸收。有人曾采用真空滚揉腌制工艺缩短了腊肉的腌制时间，得到了食用价值良好、口感风味较佳且保存时间较长的产品（图 9-3）。

超高压技术处理食品通常用于减少微生物并延长产品的保质期，在干腌肉制品中使用超高压处理还可以在一定程度上增加咸味，并影响产品的品质，如促进蛋白水解、降低持水性，以及产品的质地、颜色、挥发性物质组成等，600MPa 的超高压处理会增加干腌火腿的咸味、鲜味、亮度和红色，而 300～600MPa

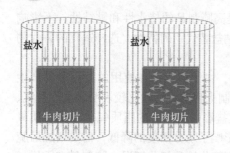

图 9-3　大气压（左）下和施加真空脉冲（右）的腌制牛肉切片的可传质区域（王栋等，2022）

的超高压则会降低干腌火腿的感官特性。

超声波技术是一种非热食品加工技术，声波会通过升高温度和压力产生的空化现象而加速传质效率，一定强度范围内的超声波腌制能缩短腌制时间、提高腌制效率、减少盐的用量并提高低盐干腌肉制品品质，是一种非常有潜力的减盐腌制技术。

脉冲电场技术是一种基于两个电极之间的电流从而诱发电穿孔现象的新兴应用技术，在保证食品营养和感官质量及延长产品保质期方面有很好的应用潜力。在食品腌制中采用脉冲电场技术可增强传质、缩短腌制时间、使食盐快速均匀地分布，并增强人们对盐的感知。

三、食品烟熏加工影响因素及控制

（一）烟熏原料

用作烟熏的原料，最好采用新鲜食材。只要是鲜度良好的鱼、肉和少数的豆制品等都可用作烟熏制品的原料。

脂肪含量过高或过低的原料都不适合用于生产烟熏制品。脂肪含量过高，不仅会引起干燥困难，贮藏性差，而且易使熏烟成分与油一起流失发生油脂氧化，肉面发黄。脂肪太少，味道差，熏烟的香气味难以吸附，肉体过硬，外观差，成品率低，不宜用作冷熏加工。原料适宜的含油量为：冷熏 7%～10%，温熏 10%～15%。

（二）烟熏剂

熏烟是通过对木材控制性燃烧产生，不同的木材产生熏烟有不同的气味。用作烟熏的原料，最好采用树脂少、烟味好且防腐物质含量多的材料，硬木是产生熏烟合适的选择，硬木大多生长缓慢且比较稀少，价格也更加昂贵。常见的硬木有橡木、山毛榉、白蜡木、桦木、枫木和栗子。

木材由可燃部分和不可燃部分组成，可燃部分主要包括多糖、木质素和树脂。硬木主要成分为多糖和木质素，其中多糖主要为纤维素和半纤维素。树脂是软木中的主要成分，如松节油。在硬木中，多糖占木材的 2/3，木质素占木材的 1/3。新切割的木材含有 40%～60% 的水分，不适合作为烟熏材料，含有小于 25% 水分的优质木材是烟熏剂的首选，如果水分含量超过 25%，则认为木材潮湿，不适合作为烟熏的材料。木材燃烧时，除了产生像二氧化碳这样的主要气体和微量的水和一氧化碳之外，还会产生含有多种化学物质的复合混合物。在木材燃烧时，多糖部分会释放出多种脂肪族化合物，当温度达到 280℃ 时，释放出的化合物以醇、醛、酮和酸为主，当温度达到 350℃ 时，木材燃烧会释放出多种酚类化合物，正是这些多酚化合物赋予食品特有的风味。

（三）烟熏温度

烟熏过程中，烟熏温度至关重要。烟熏温度过低导致风味不足，没有达到预期的效果。烟熏温度过高可能导致脂肪氧化，颜色变深，产生较多的有害物质使产品品质下降。在烟熏过程中应当根据产品类型及前处理方式合理控制温度。

（四）烟熏时间

烟熏时间对产品品质和化学危害物的含量均有影响。烟熏时间不足产品水分含量较高，导致微生物繁殖使得产品货架期缩短，若烟熏时间过长，会增加产品的羰基化合物，降低水分含量及水分活度，还会使脂肪氧化、肉体变硬而影响口感。若长时间熏制还会使产品被污染更多对人体不利的化学危害物，如多环芳烃、杂环胺和甲醛等。设置合理的烟熏时间能够赋予产品良好的风味和颜色，保障食品货架期及食用安全性。

（五）烟熏装备

要进行熏制，必须要有烟熏设施（图 9-4）。烟熏设施应具备以下几个条件：①温度和发烟可以自由调

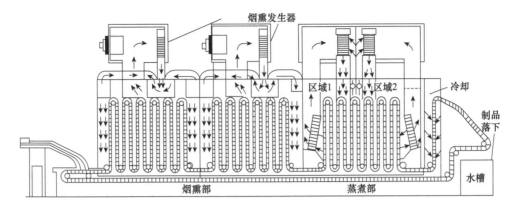

图 9-4　连续式烟熏房设备结构示意图（夏文水，2007）

节；②烟熏室内熏烟能够均匀扩散；③安全防火；④通风条件好；⑤省熏材；⑥节省投资；⑦操作方便；⑧最好也能调节湿度。

（1）烟熏室。烟熏室应建造在干燥的场所，湿气大时，干燥速度慢，产品色泽也差。冷熏室内的熏灶采用混凝土灰泥建造。通风的好坏，常常影响到产品的质量，所以要考虑风向并创造良好的通风条件，在点火时，要注意使扩散到室内各个部位的烟都具有相同的浓度。烟熏室的顶部要装设可调节温度、发烟、通风的百叶窗。为了防火，室内侧壁要用瓦、水泥或石制作，顶部用普通壁即可。

（2）强制送风式烟熏装置。美国在 20 世纪 60 年代末开发的气温调节器，通过风扇使烟熏室内的空气循环，使用煤气或蒸汽作为加热制品的热源，通过循环热风使制品与室温同时加热，中心温度上升到一定值后，由烟熏发生器导入熏烟，烟熏和加热同时进行。备有湿度调节装置，加热循环热风，可以减少制品损耗，加速制品中心温度的上升。烟熏装置有间断式、半连续式和连续式等多种方式。连续式用于大批量生产，间断式用于多品种生产。

（3）烟熏炉。烟熏炉是集蒸煮、烘干、烟熏、上色于一体的全自动烟熏装置，主要用于肉类食品、鱼制品的烟熏工艺，一般采用蒸汽、电或者燃气等提供加热热源。烟雾发生器是烟熏炉的主要部件之一，利用木料、锯末、木粒、方木等多种材料在不完全燃烧下产生熏烟。熏烟的产生受主机的控制。烟熏炉其最突出的优点是：①苯并芘致癌物质含量低，熏制出的食品安全可靠；②烟熏炉能实现机械化、电气化、连续化生产作业，提高生产效率；③烟熏炉生产工艺简单、操作方便、熏制时间短、劳动强度低、不污染环境。

（4）简易烟熏装置。烟熏可以采用各种简易的烟熏装置达到烟熏的目的。有利用酒坛的方法、鼓形罐的方法等。简易装置规模小，便于移动，既经济、制作容易，材料也容易获得。可利用水果箱、旧石油罐等制作。也可以用木箱，四周围包上薄铁皮，上部设有可以启闭的排气孔，下部设置通风口，通风口可设在地面，也可向地下挖 33～66cm 设置。

四、传统烟熏方法的缺点及危害物控制

（一）烟熏加工过程熏烟中的危害物

烟熏可以改善食品的颜色、质地、风味和最终价值，此外，还可以延长保质期。然而，在烟熏过程中会产生许多化学危害物，给烟熏食品带来安全隐患。

（1）多环芳烃。许多烟熏食品加工过程中污染有多环芳烃（polycyclic aromatic hydrocarbon，PAH），这也使得人们对烟熏食品产生了忌讳心理。多环芳烃是指两个以上苯环稠合在一起形成的一类有机化合物，包括萘、蒽、菲等，是石油、煤、木材、天然气、汽油、秸秆、烟草等含碳氢化合物的物质，经不完全燃烧或在还原性热分解生成的污染物。多环芳烃是最早发现且数量最多的化学致癌物，在已查出的 500多种主要致癌物中，有 200 多种属于多环芳香类化合物，其中苯并芘是多环芳香类化合物中最具有代表性的强致癌稠环芳烃，苯并芘含量通常也被用来作为多环芳香类化合物总体污染的标志。

（2）亚硝胺。在烟熏食品中还发现有一种致癌物——亚硝胺（nitrosamine），除了腌制时添加物能使食品污染亚硝胺外，熏烟也可能导致亚硝胺的形成。一氧化氮与食品表面的仲胺（secondary amine）直接相互反应形成亚硝酸盐或硝酸盐，气相中一氧化二氮的存在也能使烟熏食品中亚硝胺与亚硝酸盐含量增加。

（3）杂环胺。杂环胺（heterocyclic aromatic amine，HAA）主要是由食品中的氨基酸、葡萄糖与肌酸（肌酸酐）在高温长时间加工处理下产生的一类多环芳香族化合物，该类物质具有强致癌、致突变作用。其形成主要取决于加工温度，但烹饪时间和方法（包括熏制）、前体浓度、增强剂或抑制剂的存在、脂质或水分含量及酸碱度也会影响杂环胺的生成。

（4）甲醛。烟熏制品表面也含有大量的甲醛，这主要是由于在烟熏过程中，木材在缺氧状态下干馏会生成甲醇，甲醇可以进一步氧化成甲醛，吸附聚集在产品表面。甲醛具有抗菌作用，可以保护熏肉防止腐败，但是它同时也具有很大的毒害作用。甲醛对眼睛及上呼吸道有毒性和致癌性，还能引起白血病。

（二）传统烟熏方法的危害物控制

对于烟熏食品中大多数的化学危害物均可以通过控制烟雾产生的温度、肠衣的类型和烟熏方法（直接或间接）来控制。温度是要考虑的最重要的影响因素，当发烟温度低于 600℃ 时可以有效减少有毒化合物的形成。使用合成肠衣代替天然肠衣可以防止有毒化合物渗透到烟熏食品中。间接烟熏系统（如摩擦或液体烟雾）也可以大大降低食品中的有毒化合物含量。此外，通过控制木材种类、烟熏时间、脂肪含量等方法也能够有效地降低有毒化合物的产生。

（1）控制生烟温度。生烟温度在 400℃ 以下时只生成极微量的苯并芘，而在 600℃ 时，苯并芘的生成量明显增加。目前除了传统的生烟法外，还有两种比较先进的生烟法：一种是湿式法，是利用超高热的蒸汽与空气混合通过木屑而生成熏烟；另一种是摩擦生烟法。这两种方法能控制较低的生烟温度，因此调控生烟温度是控制苯并芘生成的一种途径。

（2）熏烟过滤技术。将直接烟熏（传统的烟熏室直接产生烟）改为间接烟熏方式，间接烟熏方式采用现代的工业炉，设有外部的熏烟发生器，熏烟被引入烟熏室前通过粗棉花等多孔材料加以过滤；或以静电沉淀法加以去除，或以冷却方法使其冷凝去除，均可以显著降低烟熏食品的苯并芘等化学危害物的污染。

（3）隔离保护法。将食品熏制加工前用具有通透性的材料进行包装，该材料能使熏烟的有用成分透过而不让大分子的苯并芘透过，化学危害物被隔离在烟熏食品外面，从而防止烟熏食品遭受苯并芘的污染。

（4）液熏技术。液熏法是用烟熏液替代气体烟进行熏制食品的一种方法。烟熏液以天然植物（如枣核、山楂核等）为原料，经干馏、提纯精制而成，具有与气体烟几乎相同的风味成分，如有机酸、酚及羰基类化合物等，但经过滤提纯，除去了聚集在焦油液滴中的多环芳香类化学危害物。用液熏技术加工成的产品同样可以获得浓郁的烟熏香味，对水产品具有除腥味的作用，对某些肉类食品还有一定的发色和延长货架期的作用。

（5）危害物阻断和消减技术。食品熏制过程污染的化学危害物也会受后续储藏和加工方式的影响，光照，特别是紫外光照射可以显著降低熏肠中多环芳烃的含量，传统哈尔滨红肠熏制后又暴晒的工序一定程度上可以降低危害物含量，微波加热也显现出消减熏制食品中多环芳烃的潜力。熏制食品中化学危害物除了熏烟的外源污染外，在高温作用下，食品内部组分也通过复杂化学反应生成多环芳烃，在熏肠中添加生姜和大蒜等香辛料有助于降低多环芳烃的含量。研究表明这种抑制作用与香辛料的抗氧化剂作用有关，这些成分可能通过干扰或阻断有害物生成过程中的自由基反应，从而抑制有害物的生成。

案例

冷熏鲱和畜肉烟熏加工品的制作

1. 冷熏鲱的制作 整形、沥水后，用 2% 食盐腌制 1 周，然后在流水中脱盐一昼夜，再风干 1 天后，晚上放入熏室熏制（室内温度 18.3～26.6℃），翌晨从熏室中取出风干，使内外水分均匀，如此反复进行 2 周，即得鲱的冷熏制品。从鱼的大小看，鱼越小，质量减少的程度越大。

2. 畜肉烟熏加工品制作 取宰后的畜肉，卤液的组成包括食盐 20%、硝石 1%、香辛料 0.5%，在 6～12℃ 下，浸泡 35h 后放入熏室（30～38℃）干燥 6～8h，再在 35～45℃ 条件下烟熏 48h。各肉片重量均减少 3%～5%，经盐腌后进一步减少，烟熏后，瘦肉的水分含量只剩 60% 左右。

本章小结

1. 腌制主要原理是不同的腌制剂溶于水形成溶液，然后通过扩散和渗透作用进入食品组织内，降低食品内的水分活度，提高其渗透压，借以抑制微生物和酶的活动。烟熏的主要原理是由木材的不完全燃烧产生熏烟，使食品脱水及熏烟具有抗氧化作用抑制微生物生长，延长食品的货架期。

2. 烟熏剂中的有效成分是酚类化合物，这些酚类化合物具有抗氧化性且可以被食品表面吸收而得到烟熏风味，此外，烟中的甲醛、乙酸和木馏油起到杀菌作用。

3. 食品腌制的方法主要有干腌法、湿腌法、动脉注射或肌内注射腌制法、混合腌制法及其他辅助手段腌制法。主要的烟熏方法有冷熏、温熏、热熏、速熏、液熏、静电熏法。

4. 烟熏产生的主要有害物是多环芳烃、亚硝胺、杂环胺、甲醛；它们的减控方法主要有控制生烟温度、熏烟过滤技术、隔离保护法、液熏技术、危害物阻断和消减技术。

【思 考 题】

1. 选择一种蔬菜，设计一种腌菜的加工工艺流程。

2. 以草鱼为原料，设计一种烟熏鱼的加工工艺流程。

3. 如何在腌制过程中有效降低亚硝酸盐的含量。

4. 腌制食品减钠应该注意的事项和途径。

5. 熏烟中有哪些主要成分？它们在熏制食品品质形成中分别发挥怎样的作用？

6. 传统烟熏存在哪些安全隐患？如何在保证产品品质的基础上提高安全性。

参考文献

陈星，沈清武，王燕，等. 2020. 新型腌制技术在肉制品中的研究进展. 食品工业科技，41（2）：345-351.

郭杨，腾安国，王稳航. 2018. 烟熏对肉制品风味及安全性影响研究进展. 肉类研究，32（12）：62-67.

何宇洁. 2012. 液熏灌肠加工工艺研究及其挥发性风味物质的检测. 合肥：合肥工业大学硕士学位论文.

倪思思，樊丽华，廖新浴. 2020. 冷等离子体技术替代肉制品中亚硝酸盐的研究进展. 食品科学，41（11）：233-238.

王栋，张琦，陈玉峰，等. 2022. 干腌肉制品低盐加工技术及其减盐机制研究进展. 食品科学，43（7）：222-231.

夏文水. 2007. 食品工艺学. 北京：中国轻工业出版社.

Adeyeye S A O. 2019. Smoking of fish: a critical review. Journal of Culinary Science & Technology, 17 (6): 559-575.

Fraqueza M J, Laranjo M, Elias M, et al. 2021. Microbiological hazards associated with salt and nitrite reduction in cured meat products: Control strategies based on antimicrobial effect of natural ingredients and protective microbiota. Current Opinion in Food Science, 38: 32-39.

Gullón P, Astray G, Gullón B, et al. 2021. Inclusion of seaweeds as healthy approach to formulate new low-salt meat products. Current Opinion in Food Science, 40: 20-25.

Huang L, Zeng X, Sun Z, et al. 2020. Production of a safe cured meat with low residual nitrite using nitrite Substitutes. Meat Science, 162: 108027.

Inguglia E S, Zhang Z, Tiwari B K, et al. 2017. Salt reduction strategies in processed meat products-A review. Trends in Food Science & Technology, 59: 70-78.

Jo K, Lee S, Yong H I, et al. 2020. Nitrite sources for cured meat products. LWT-Food Science and Technology, 129: 109583.

Kilcast D, Angus F. 2007. Reducing Salt in Foods: Practical Strategies: Elsevier. Cambridge: Woodhead Publishing Ltd. 383.

Li Y, Cai K, Hu G, et al. 2021. Substitute salts influencing the formation of PAHs in sodium-reduced bacon relevant to Maillard reactions. Food Control, 121.

Maga J A. 2018. Smoke in Food Processing. Boca Raton: Crc Press. 168.

Vidal V A, Paglarini C S, Lorenzo J M, et al. 2021. Salted meat products: nutritional characteristics, processing and strategies for sodium reduction. Food Reviews International, 1-20.

第十章

食品的发酵技术

发酵被认为是最古老的食品加工和保存方法之一。在 2013 年，联合国粮食及农业组织将发酵定义为由微生物或动植物来源的复杂含氮物质（酶）所引起的有机物质缓慢分解的过程。它涉及多种微生物混合培养，使微生物或其产物在发酵罐中产生一系列化学变化，进而提高食品品质，包括抑制或消除有害微生物；提高食品营养价值；赋予食品多种风味；延长食品保存期限等。

发酵食品虽具备上述多种益处，但由于微生物参与，使其存在多种不安全因素。在生产发酵食品时，应严格选用原料、注意菌种纯度、在发酵过程中防止有害杂菌污染，以提高发酵食品的安全性。

学习目标

掌握发酵、发酵食品、食品发酵技术等有关概念及其相互关系。

掌握发酵食品生产和加工过程中的发酵条件及过程控制。

掌握传统发酵食品和新型发酵食品的生产技术，了解发酵技术在现代生物技术中的地位。

掌握发酵对食品品质的影响。

掌握发酵食品安全生产的影响因素、评价与控制。

第一节　食品发酵原理

一、食品发酵与微生物

食品发酵需要多种微生物菌群相互协调而完成，这些微生物利用发酵原料中的营养物质自发地进行富集，并通过微生物间的相互作用及微生物与发酵环境间的相互作用，长期驯化逐步形成一个持续变化又相对稳定的微生物群落结构。这些群落中的微生物会随着发酵工艺、营养基质和发酵环境的变化而对自身进行调控。具体介绍请参见第四章第一节。

二、发酵条件及过程控制

发酵是一个较为复杂的生物化学变化过程，受到一些环境条件的影响。目前生产中常见的影响参数主要包括温度、溶解氧、pH、基质浓度、泡沫等。通过控制这些条件，从而控制整个发酵过程。

（一）温度对发酵过程的影响与控制

微生物生长繁殖和进行代谢活动的重要影响因素之一是温度。因此严格保持菌种的生长繁殖和生物合成所需要的最适温度，对稳定发酵过程和缩短发酵周期具有重要意义。

1. 温度对发酵过程的影响

1）温度对微生物的影响　　每种微生物均有最适合其生长的温度范围，在该温度范围下微生物的生长速度最快。此外，微生物在不同生长阶段对温度的敏感性也不同，在较低温度的细菌其延迟期较长，而在最适温度的细菌其延迟期缩短。处于稳定生长期的细菌对温度不敏感。

2）温度对微生物细胞内酶反应的影响　　在适宜的温度内，酶反应的速度随温度的升高而变快。微生物细胞代谢加快，产物提前生成。但是由于热的作用酶很容易失去活性。随着温度的逐渐升高，酶的失活速度也逐渐加快，使得微生物细胞容易衰老，且发酵周期缩短，从而影响最终产物的产量。

3）温度对微生物培养液物理性质的影响 微生物培养液的物理性质会随温度的变化而改变，从而影响微生物细胞的生长，如温度会影响培养液中氧的溶解、传递速度等，进而影响发酵过程。

4）温度对代谢产物生物合成的影响 温度首先影响酶反应的速率，随后改变了菌体的代谢产物合成方向，进而影响微生物的代谢调控机制，最终影响了发酵的动力学特性和代谢产物的生物合成。例如，在苹果醋发酵过程中，温度是影响醋酸菌生长代谢的一个重要因素。在一定温度范围内，醋酸菌的生长代谢随温度的升高而加快，产酸能力也越强。当温度过低，醋酸菌的代谢活动较弱，不能快速生长繁殖，发酵缓慢，产酸速率较低，使得总酸量也偏低；当温度过高，则会加快菌体内酶的失活，使菌体老化，同时导致部分乙酸挥发而损失（杨辉和薛媛媛，2016）。

2. 影响发酵温度的因素

1）发酵热（$Q_{发酵}$） 发酵热是将发酵过程中释放出来的引起温度变化的净热量，以 J/（$m^3 \cdot h$）为单位，包括生物热、搅拌热、蒸发热和辐射热等。

$$Q_{发酵}=Q_{生物}+Q_{搅拌}-Q_{蒸发}-Q_{显}-Q_{辐射}$$

2）生物热（$Q_{生物}$） 微生物在生长繁殖过程中自身所产生的大量的热称为生物热。生物热主要来自营养物质被分解所产生的大量能量。

3）搅拌热（$Q_{搅拌}$） 对于机械搅拌通气式发酵罐，通过机械搅拌带动液体做机械运动，使得液体之间、液体与搅拌器等设备之间发生摩擦，这样机械搅拌的动能就会以摩擦放热的方式，使热量散发于发酵液中，即为搅拌热。

4）蒸发热（$Q_{蒸发}$） 在通气过程中，空气进入发酵罐后就立即与发酵液进行接触，使得大部分气体从发酵液中出来，并带走发酵液的热量，从而使温度下降；而小部分气体和温度较高的发酵液表面接触，液化成水蒸气而使得发酵液放出热量，随后被排出。这部分被排出的水蒸气和空气夹带着的显热（$Q_{显}$）散失到罐外的热量即为蒸发热。

5）辐射热（$Q_{辐射}$） 由于发酵罐温度与罐外温度不同，使得发酵液中有部分热量从罐体向外辐射，从而使罐内热量减少，这部分减少的热量即为辐射热。辐射热的大小取决于发酵罐内外温度差的大小。

3. 发酵过程的温度控制 对于发酵过程的温度控制应采取以下方法：接种后应当适当提高培养温度，这样有利于孢子的萌发或加快微生物的生长、繁殖，此时发酵液的温度是下降的。而当发酵液温度上升时，发酵液温度应是微生物的最适生长温度。此外，在主发酵期时，其温度应低于最适生长温度。在发酵后期时，温度会出现下降，直至发酵成熟即可放罐。而在发酵过程中，若微生物可承受的温度适当高一些，不仅可以减少杂菌污染，还可以减少夏季培养所需的降温设备。因此，筛选和培育耐高温菌种具有重要意义。

（二）溶解氧对发酵过程的影响与控制

在食品发酵工业中所用菌种大多都是好氧菌。因此，对于好氧微生物来说供氧是至关重要的。在好氧深层培养中，氧气的供给是发酵能否成功的关键限制因素之一。

1. 溶解氧对发酵过程的影响 好氧微生物发酵时，主要利用溶解于水中的氧。临界溶解氧浓度（$C_{临}$）指不影响呼吸所需的最低氧浓度。各种微生物的临界氧值以空气氧饱和度 % 表示，也可用单位体积中的溶氧量表示（mmol/L）。在临界溶解氧浓度以下时，溶解氧是菌体生长的限制因素；而当达到临界溶解氧浓度时，溶解氧已不是菌体生长的限制因素。

发酵过程中溶解氧的变化需经过发酵前期、发酵中后期和发酵后期三个阶段。发酵前期：因微生物大量繁殖，需氧量不断增加，这时需氧超过供氧，则溶氧明显下降。发酵中后期：溶解氧的浓度明显受到工艺控制手段影响，如补料的数量、方式等。发酵后期：由于菌体衰老，呼吸减弱，溶解氧浓度逐渐增加，一旦菌体自溶，则溶解氧浓度明显增加。在实际过程中应当控制溶解氧的浓度。如果溶解氧的浓度过高，则代谢异常，菌体会提前自溶；如果溶解氧的浓度过低，会影响微生物的呼吸，导致代谢异常，从而产量降低。

2. 发酵过程中溶解氧的控制 发酵液中氧的传递方程如下：

$$N_v=k_La（c^*-c_L）$$

按照双膜理论，发酵过程中溶解氧的控制涉及因素较多，主要因素有：氧的传递速率（N_v）；溶液中饱和溶解氧浓度（c^*）；溶液主流中的溶解氧浓度（c_L）；以浓度差为推动力的氧传质系数（k_L）；比表面积（a）。$k_L a$ 称为液相体积氧传递系数，又称溶氧系数。

1）提高饱和溶解氧浓度　　影响饱和溶解氧浓度（c^*）的因素有温度、溶液的组成、氧的分压等。培养基的组成和培养温度是根据菌种特性决定的，不能任意改变。但是在分批发酵的后期，可以加入一些灭菌水，以降低发酵液的黏度，从而改善通气效果。

2）降低发酵液中溶解氧浓度　　影响发酵液中溶解氧浓度（c_L）的因素有通气量和搅拌速度等。通过减小通气量或降低搅拌速度可以降低发酵液中溶解氧的浓度。但是发酵液中溶解氧浓度不能低于临界氧浓度，否则会影响微生物的呼吸作用。因此，在实际生产中通过降低发酵液中溶解氧浓度来提高氧传递的推动力有很大局限性。

3）提高液相体积氧传递系数　　影响发酵设备液相体积氧传递系数（$k_L a$）的主要因素有搅拌效率、空气流速、发酵液的物理化学性质、泡沫状态、空气分布器形状和发酵罐的结构等。液相体积氧传递系数随空气流速的增加而增加。但是当空气流速较大时，搅拌器则出现"气泛"现象，此时液相体积氧传递系数不再增加。

（三）pH 对发酵过程的影响与控制

1. pH 对发酵过程的影响　　pH 是微生物生长和产物合成的重要参数，同时也是代谢活动的综合指标。控制 pH 不仅是保证微生物正常生长主要条件之一，还是防止杂菌污染的有效方法，所以对发酵过程中 pH 的控制至关重要。

pH 对微生物的生长繁殖和代谢物形成的影响主要有以下几个方面：第一，pH 会影响酶的活性；第二，pH 会影响微生物细胞膜所带电荷状态，改变细胞膜通透性，从而影响微生物对营养物质的吸收和代谢产物的排泄；第三，pH 会影响培养基中某些组分的解离；第四，pH 会影响氧的溶解和氧化还原电势的高低；第五，pH 会影响孢子发芽。

2. 发酵过程中的 pH 控制　　在实际生产中，pH 调节和控制方法应根据具体情况加以选择。主要方法如下：第一种方法是调节培养基的原始 pH，或向培养基中加入一些缓冲物质，如磷酸盐、碳酸钙等。第二种方法是在发酵过程中加入弱酸或弱碱进行 pH 调节，从而合理控制发酵条件。第三种方法是选用不同代谢速度的碳源和氮源，其种类和比例是调控 pH 的基本条件。第四种方法是根据 pH 变化，流加氨水或液氨进行调节（既可以调节 pH 还能够提供氮源。通常采用自动控制连续流加）。第五种方法是通过流加尿素调节 pH（有规律性且可控制），该方法是目前味精厂等食品企业所普遍采用的。

（四）基质浓度对发酵过程的影响与补料控制

1. 基质浓度对发酵过程的影响　　基质的种类和浓度均会对发酵有影响。因此，选择适当的基质和浓度是提高代谢产物产量的重要方法。高浓度基质会阻碍产物的形成，而且发酵液也较为黏稠，传质效果差，发酵难以进行。基于此，现在一些发酵工厂采用分批补料发酵工艺。

2. 补料控制　　补料指在发酵过程中补充一些维持微生物生长和代谢产物积累所需要的营养物质。补料方式有连续流加、不连续流加或多周期流加等。优化补料速率是补料控制中的关键，由于养分和前体需要维持适当的浓度，而它们则以不同速率被消耗，补料速率根据微生物对营养物质的消耗速率及培养液中最低浓度而确定。

（五）泡沫对发酵过程的影响及其控制

1. 泡沫对发酵过程的影响　　泡沫是气体被分散在少量液体中的胶体体系。泡沫间被一层液膜分隔开而彼此不相连通，一种是在发酵液的液面上，另一种是在黏稠的菌丝发酵液中。泡沫的存在会影响微生物对氧的吸收，继而破坏微生物生理代谢的正常进行，不利于发酵。泡沫的存在还会使发酵液的装料系数减少，从而影响设备的利用率。此外，大量泡沫易造成逃液，会增加污染杂菌的机会，还导致微生物菌体提前自溶，从而促使更多泡沫生成。

2. 发酵过程中泡沫的消除与控制　　目前工业生产中的消泡方法主要有物理消泡法、化学消泡法和机械消泡法。

（1）物理消泡法是改变泡沫的黏度或物性的方法，促使气泡破裂。该方法不会引起泡沫的化学成分发生变化。

（2）化学消泡法是以消泡剂为表面活性剂，使得气泡膜局部机械强度降低，破坏了力的平衡，在力的作用下气泡发生破裂、合并，最终导致泡沫消失。常见的消泡剂包括天然油脂类，如玉米油、豆油、鱼油、棉籽油等；高碳醇类，如十八醇、乙二醇聚合物等；聚醚类，如聚氧丙烯甘油、聚氧乙烯丙烯甘油等；硅酮类，如聚二甲基硅氧烷等。该方法优点是消泡效果显著，作用迅速，用量少，不耗能，是目前常用的消泡方法。缺点是易使杂菌污染发酵液，还会增加下游工段的负担。

（3）机械消泡法就是对气泡进行压缩或施加冲击力，利用压力的急剧变化使泡膜破裂，达到消泡目的。该方法的优点是不需要添加额外物质，减少感染杂菌的机会，不会增加下游工段的负担。缺点是不能从根本上消除泡沫稳定的因素。按其对泡沫发生作用的特点分为离心法、水动力法、气动力法、压缩法和冲击法等。

第二节　食品发酵技术的应用

人类利用微生物进行发酵生产已经有数千年的历史，发酵最初的目的是长期保藏食物和改善食品风味。几千年前，人类就采用传统发酵技术制造酸奶、酱油、醋、面包、酒、泡菜等。随着科学技术的不断发展，一些现代发酵技术涌现出来，开发出了许多新型发酵产品，如各类新型发酵奶、新型酒、发酵饮料等。这些发酵产品营养丰富、风味独特且易于保存，日益受到消费者的青睐，成为大健康行业关注的热点。

视频 10-1

发酵乳的生产过程可查看**视频 10-1**。

一、传统发酵技术的应用

我国传统发酵食品的资源较为丰富，主要以谷物、豆类、果蔬类为主，均是自然发酵，且为多菌种发酵，酶系复杂，所以在发酵过程中需保持各种微生物之间的协调性。通过这些微生物的共同协作，才赋予中国传统发酵食品特有的香气、质地、色泽和口感。但是，因参与发酵过程的菌种均来自自然环境，所以传统发酵得到的产物稳定性难以控制，且容易掺杂有害菌。

食品发酵常用的方法有如下分类。根据发酵基质物理状态分为固态发酵、半固态发酵和液态发酵。固态发酵是指发酵基质呈不流动状态，基质中没有或几乎没有游离水的发酵过程，是我国传统发酵常用的形式，如固态酱油发酵、米醋发酵、大曲酒发酵等。半固态发酵指发酵基质为半流动状态，大的原料颗粒悬浮在液体中的发酵过程，如黄酒、酱油、稀醪发酵等。液态发酵指发酵基质呈流动状态的发酵过程，如啤酒发酵、果醋发酵等。

根据所涉及的主要微生物种类将发酵分为自然发酵和纯种发酵。自然发酵指利用自然环境中的微生物菌群对产品进行发酵的过程，如古代的酿酒、制醋、做酱、酱油、干酪等。该发酵过程有多种微生物参与，其产物多种多样，但发酵过程较难控制，且在多数情况下还依赖于实践经验。纯种发酵指利用单种或多种混合微生物对产品进行发酵的过程。特点是生产周期短，生产易于机械化且干扰因素少。目前，一些传统自然发酵食品正在向纯种发酵方向发展且效果明显。发酵乳制品、肉制品和豆制品的具体介绍请参见其他章节。白酒和传统蔬菜发酵食品的相关介绍如下。

（一）中国白酒酿造

作为世界八大蒸馏酒之一的中国白酒，因其独特风味深受消费者的喜爱，而产生这种独特风味的决定性因素是其特殊的传统发酵工艺。按照生产工艺可以将白酒分为固态法白酒、半固态法白酒和液态法白酒。按照使用的糖化发酵剂将其分为大曲酒、小曲酒和麸曲酒。按酒精含量可以分为高度白酒、中度白酒和低度白酒。按香型分类为酱、浓、清、米、兼香五大香型和其他五小香型。

白酒通常以高粱、玉米、大米、小麦、豌豆和甘薯等为主要原料，经过发酵、蒸馏而制成。白酒的酿造实际上是酿酒微生物生长和代谢的过程，其微生物来源较为丰富。白酒发酵途径及其最终产物的生成受微生物种类、分布和数量等的影响，这些因素直接影响白酒的生产技术水平。因此，研究者们对酿酒微生物的研究逐渐深入。最初通过传统培养的方法分离鉴定得到各种酿酒微生物，并对其发酵特性进行研究。随着生物技术的不断发展，利用变性梯度凝胶电泳、高通量测序技术等可以更加完整准确地分析微生物群落组成，使酿酒微生物体系清晰呈现出来。

针对消费者对白酒口味要求的不断变化，使得复合香型白酒的需求不断上升。不同香型白酒生产工艺之间的相互融合，可以丰富白酒产品的类型，并提高酒体品质。具体工艺流程如图 10-1 所示。

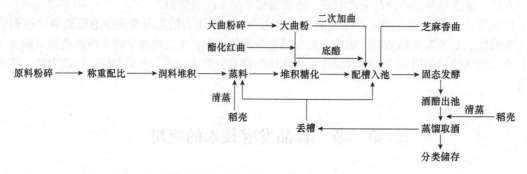

图 10-1　复合香型白酒的生产工艺流程图（程伟等，2018）

（二）传统蔬菜发酵食品

传统蔬菜发酵食品通常是将蔬菜置于一定浓度的食盐溶液中，借助于天然附着在蔬菜表面上的微生物，利用蔬菜泡制切割时流出的汁液进行缓慢的发酵产酸，并利用食盐的高渗透压，以抑制有害微生物的生长，经过 15～30 天发酵而制得。

泡菜是一种深受消费者喜爱的传统蔬菜发酵食品。泡菜的原料多样，制作简单，成本低廉，食用方便，且具有良好的感官特性。以黄瓜泡菜为例，该泡菜入口清脆、酸度可口，且开胃解腻。黄瓜泡菜是利用纯乳酸菌种在适宜的条件下发酵制得，同时还添加一些辅料，使黄瓜风味更加丰满。经过乳酸菌发酵后的黄瓜呈浅黄绿色，色泽自然，且含有较多的含氮物质和适宜的多酚，使得黄瓜泡菜具有较好的抗氧化性，同时其口味更加柔和、适口。黄瓜泡菜的制作工艺如下。

原料 → 预处理 → 清洗 → 沥干 → 切分 → 装坛 → 密封 → 发酵 → 成品泡菜

乳酸菌制剂和糖、姜、蒜等辅料

工艺要点如下：①原料：挑选新鲜脆嫩、大小适中的优良黄瓜；②清洗、沥干：要求完全沥干，表皮没有水分；③切分：将黄瓜切成均匀小块，同时将香辛料切分好；④装坛：将黄瓜、香辛料加入坛中，随后将糖和盐置于水中加热煮沸放凉制成盐卤后再加入，最后加入乳酸菌发酵剂；⑤密封、发酵：盖好坛盖，水封坛沿，静置发酵。

二、现代发酵技术的应用

随着技术的不断发展，为了提高我国传统发酵食品的生产效率、食品安全性和工业化程度等，先进生产工艺、新型生物技术的开发越来越受到人们重视。目前，大多数发酵食品已经采用纯菌种发酵，并采用自动发酵罐控制发酵过程，从而使产品的生产过程更加简单可控。同时将基因工程、细胞工程、合成生物学和分子生物学等前沿生物技术应用于传统发酵食品的生产中，可以定向地改良发酵食品的风味和感官特性，增加其营养成分，消除抗营养分子，并维持发酵食品品质的长期稳定性。

1. 对发酵过程中重要变量进行预测的新技术　　人工神经网络是通过大脑生物神经结构启发而产生的一种先进的计算方法。该网络中有大量的神经元相互连接，此神经元的功能与生物神经元相同，用来传递信息和处理数据，是一种自适应的计算模型。在微生物发酵过程中存在温度、时间、pH 等变量，其内在机理复杂，无法用精确的数学模型描述。基于此，利用神经网络模型可以对发酵过程的重要变量进行有效预测，同时还能输入多个变量对微生物发酵的产量进行预测，从而有效提升得率，改善产品品质。

2. 对关键发酵微生物定向改造的新技术　结合多种技术手段对关键发酵微生物进行定向改造，获得一些功能微生物，主要包括无法培养的功能微生物，获得全新且高效的微生物，还能够编辑关键微生物的遗传信息。

1）CRISPR/Cas 系统　　CRISPR/Cas（clustered regularly interspaced short palindromic repeat/Cas，规律成簇间隔短回文重复 Cas）系统由高度保守的间隔重复序列和 Cas 酶基因共同构成。在 CRISPR 序列中，具有免疫"记忆"功能的重复序列（repeat）和间隔序列（spacer）依次排列。Cas 基因位于 CRISPR 前端附近的一段保守序列，其编码的蛋白酶具有核酸酶和切口酶活性，可以对 DNA 进行剪切和修复。而在 CRISPR 位点与 Cas 序列之间存在一个前导序列，负责启动 CRISPR 序列的转录。

CRISPR/Cas 系统的作用机制主要分三个阶段，分别是获取、表达和干扰。在获取阶段，当外来噬菌体或质粒入侵时，CRISPR/Cas 系统可以识别外来噬菌体或质粒的 DNA 中原型间隔序列和原型间隔序列毗邻序列的位点，产生的 Cas 酶复合物对原型间隔序列进行裂解并整合到宿主细胞的第一个重复序列和前导序列之间，形成"记忆"片段。在表达阶段，CRISPR 序列会在 RNA 聚合酶作用下转录成长链的 CRISPR RNA 前体（pre-crRNA），同时具有核酸内切酶功能的 Cas 蛋白被表达出来，从而对 pre-crRNA 进行特异性的切割，形成较为成熟的 CRISPR crRNA。在干扰阶段，成熟的 CRISPR crRNA 与 Cas 蛋白复合物进行结合，对入侵 DNA 上具有的原型间隔序列毗邻序列进行识别，Cas 蛋白复合物对原型间隔序列毗邻序列位点上的上游 3~8bp 位置进行切割，从而发挥作用。

利用 CRISPR/Cas 系统对基因进行定点编辑，需要对反式激活 crRNA-crRNA 复合体改造，设计出能够被 Cas 蛋白识别并引导其结合靶位点的 sgRNA。CRISPR/Cas 技术可以实现特定位点的基因敲入、敲除，且精确、高效。

CRISPR/Cas 技术在快速定向改造食品发酵菌株方面取得了较好成效，尤其是在细菌、酵母和曲霉等发酵菌株上。CRISPR/Cas 技术对菌株基因组的定点编辑，能够快速获得特异性菌株，并且提高发酵菌株的改良优化效率。例如，酵母发酵会产生潜在的致癌物质氨基甲酸乙酯，利用 CRISPR/Cas 技术对氨基甲酸乙酯合成的关键基因进行敲除，从而改善酵母存在的缺陷。

2）人工重组与调控　　人工重组菌群是在多组学联用的基础上进行探索发酵食品的微生物群落结构和演替规律，并且通过酶系、菌系和物系之间的互作关系来对关键功能菌群进行分析。在此基础上，评估影响菌群的生物因子和非生物因子，并通过模拟发酵来获得重组菌群的最佳比例。微生物组和功能菌群的研究方法主要有宏组学方法、高通量测序和数学模型预测等。例如，通过扩增子测序技术和代谢组学技术来解析白酒发酵过程中的核心菌群，同时将人工合成的菌群用于白酒发酵，这对发酵食品的可操作性和连续性生产均有重要意义。

人工调控菌群通过添加功能微生物来调整菌群的结构，从而使原料转化率提高、风味合成能力及对有害物质的降解能力增强。例如，有研究发现向大曲中接种 *Bacillus velezensis* 和 *Bacillus subtilis* 后增加了微生态系统中物种间相互作用的多样性和复杂性，从而促进了白酒发酵过程中风味代谢产物（如己酸、己酸乙酯和己酸己酯）的生成。

3. 对发酵食品的感知新技术　　发酵食品感知新技术是通过研究食品的感官特性和人类的感觉，明确感官交互作用和味觉多元性，进一步解析大脑处理化学和物理刺激过程以实现感官模拟，理解感官的个体差异，再综合心理学、生理学、物理学、化学、统计学等学科对发酵食品的感官特性进行分析，从而构建"发酵＋食品＋神经生物学＋大数据"的系统化研究体系。

1）基于神经生物学的发酵调控　　基于神经生物学的发酵调控首先是筛选出发酵产品中产生风味的主要成分，明确其在食用后引起舒适或不适的机制，然后制定干预措施，以提升发酵产品食用后的舒适度。再构建舒适度模型，建立动物模型，确定舒适度指标，并开展行为学、体外脑组织培养、高通量筛选及生化和生理学实验，最后开展人体测试和转化研究。

2）基于大数据的风味网络技术　　基于大数据和人工智能技术建立风味网络，以解决风味问题，优化已有的风味，预测可能的风味，还能够开发新型风味和风味食品。利用可穿戴生物传感器的方法实时采集个体数据，并上传至云链上。通过大数据技术将所收集的数据融合起来，统一格式。再用人工智能自然语言处理、图片处理等技术分析处理后的数据，使训练的模型可以感知到人们利用自然语言描述的"美味"或看到图片而联想到的"美味"。从而可以为个人定制独特口味。

基于高通量测序技术分析腐乳自然发酵过程中的微生物多样性可查看**资源 10-1**。

食品发酵工程技术的研究进展可查看**资源 10-2**。

资源 10-1　资源 10-2　资源 10-3

多组学技术可查看**资源 10-3**。

第三节　发酵对食品品质的影响

一、发酵对食品感官特性的影响

由于不同的原辅料、发酵工艺、优势发酵菌种及不同风味物质等因素影响，不同发酵食品具有不同的感官特性，所以关于影响发酵食品感官特性的因素及其变化机理一直是有待深入研究的问题。对于发酵食品感官特性的把控，主要以调控风味物质和异味物质为主。发酵食品中的风味物质分为挥发性和非挥发性两大类。挥发性风味物质是以醇、醛、酮、脂、烃类化合物、挥发性酸类为主，是发酵食品的主要香味来源。非挥发性风味物质是以氨基酸及其衍生物、有机酸、脂肪酸类等化合物为主，这些物质决定了发酵食品的口感。在发酵食品的生产过程中，合理的微生物发酵会使发酵食品具有良好风味，这些风味成分使得发酵食品比其所用的原料更富有吸引力。同时，食品在发酵过程中还会产生一些不良风味，当某些具有不良风味的物质超过一定剂量时，便会产生异味，醇类、硫化物、醛类、多肽和氨基酸为主要异味物质。通过控制原辅料质量、发酵菌种的种类及数目、发酵工艺等条件来达到所需的风味。在许多情况下，发酵过程伴随着产酸与 pH 的降低，导致酸味增强。例如，在食品发酵的过程中糖代谢会产生大量的酸，随着酸味的增加，甜度可能会降低。由于发酵过程中 pH 的降低，导致食品中产生风味成分或风味前体化合物的酶活性降低或完全失活，最后发酵微生物直接代谢前体风味化合物或风味成分。目前，研究发酵食品的特征风味物质和微生物群落的多样性可以使用顶空固相微萃取-气相色谱-质谱联用技术、宏基因组测序等技术进行。通过分析不同发酵食品的风味物质，研究其微生物群落的功能和风味物质的形成机理，从而提高发酵食品的品质。

（一）发酵对发酵乳制品感官特性的影响

发酵乳是以乳或乳粉为原料，经均质或不均质、杀菌或灭菌，再加入乳酸菌发酵剂后保温发酵制成的酸性凝乳状产品。保加利亚乳杆菌和嗜热链球菌是酸乳生产过程中两种重要的特征菌，这两种菌在发酵乳中具有共生关系，混合使用能减少发酵时间。一般通过调节两种菌之间的比例，控制发酵乳的发酵酸度和发酵时间，进而来控制发酵程度。理论上最适接种量为 2%～5%，而在乳品厂中的接种量通常为 1%～4%。乳酸菌发酵产品不仅可以提高产品的营养价值还能改善风味，在发酵过程中产生的乳酸、醋酸、丙酸等有机酸，使食品具有温和的酸味，同时产生的有机酸能与发酵中产生的醇、醛、酮等物质相互作用，形成新的呈味物质。此外，乳酸发酵能消除原料中的异味和怪味，因此经乳酸发酵的食品都具有乳酸发酵特有的风味。发酵乳中的风味物质与发酵乳中的主要微生物代谢活动密切相关，糖酵解、脂肪分解及蛋白水解的过程会产生大量的风味物质，影响发酵乳的感官特性。发酵乳制品风味产生的主要微生物代谢途径如图 10-2 所示。

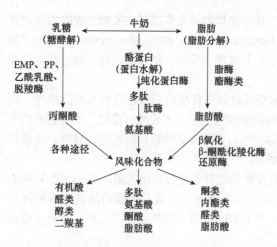

图 10-2　发酵乳制品风味产生的主要微生物代谢途径（孙昕萌等，2021）

EMP 为糖酵解途径，PP 为磷酸戊糖途径

（二）发酵对发酵豆制品感官特性的影响

在发酵过程中，大豆产品中的微生物和酶发挥作

用，产生许多在天然大豆中不存在或含量低的生理活性物质，有益于人体健康。我国传统的大豆发酵食品，如腐乳、豆豉、酱油、豆酱等具有悠久的历史文化，现都已实现商业化生产，其营养价值及生理学特征也得到了现代科学的认证。豆酱作为典型的发酵豆制品，具有传统的生产方法，无论是制曲或发酵都需要多种微生物的参与，发挥多酶体系的作用。豆酱不仅营养丰富，而且还含有较多的生理活性成分，因此深受广大消费者的喜爱。在豆酱发酵过程中，乳酸菌与其风味密切相关，这是由于乳酸菌在酱醪中除了可将精氨酸分解成鸟氨酸外，还可对丝氨酸、苏氨酸和苯丙氨酸等有特异性脱羧基的作用，形成豆酱特有的香气。为了充分发挥发酵豆制品的优势，提高工业化水平，应对发酵微生物进行系统的研究，进一步扩大菌种的选择范围，筛选出优秀的生产菌种，同时根据生产要求对菌种进行改良或将许多菌种混合发酵，以提高产品的营养风味及感官特性。

（三）发酵对发酵肉制品感官特性的影响

发酵肉制品是指在自然或人工控制下，利用微生物或酶的发酵作用，使原料肉发生一系列的生物化学及物理变化，形成独特的风味、色泽和质地且具有较长保质期的一类肉制品。传统发酵肉制品种类繁多，可分为馅状发酵肉制品和块状发酵肉制品。前者主要是指不同种类的发酵香肠，后者则主要包括各类条块状发酵猪、牛、羊肉。发酵微生物具有地域性、多样性的特点，在生产过程中可以改善产品的质地，促进发色，形成良好的风味。传统发酵肉制品因环境中杂菌的混入，与肉中的优势菌群相竞争，所以所制成的产品具有批次不稳定、生产周期长、成本高等缺点。而使用功能性发酵剂能产生芳香化合物、易消化的功能性小分子物质、细菌素及其他抗菌成分，有利于促进发色，减少生物胺、毒素等不利成分的产生，不仅能改善工艺使生产标准化，还能提高肉制品的营养和安全性，为生产和科研提供了广阔的资源条件。

（四）发酵对蔬菜发酵食品感官特性的影响

蔬菜发酵食品通常是以各种蔬菜为原材料，利用发酵微生物，如酵母、乳酸菌和醋酸菌等的活动，控制其生长条件，对蔬菜原料进行发酵而形成的食品。常见的蔬菜发酵食品有酱菜、泡菜等，蔬菜发酵食品主要有人工接种发酵和自然发酵两种发酵方式，在发酵食品的加工过程中，通常会伴随着以乳酸菌为主的微生物生长代谢活动。研究表明经人工接种生产的发酵白菜其感官特性优于经过自然发酵生产的发酵白菜，并且不同菌种的发酵能力同样具有较大差异，通过优化乳酸菌种可以提高发酵食品的品质。此外，与单一发酵乳酸菌相比较，复配乳酸菌具有显著的相互作用，可以明显提升发酵食品的感官特性。

二、发酵对食品营养价值的影响

古代的冷藏保鲜技术并不发达，为了防止食物资源的浪费和方便游牧民族远征，智慧的劳动人民将食品发酵后再储存，这种传统食物保藏的方法被后人代代相传，沿用至今。传统的发酵食品包括发酵乳制品、发酵豆制品、发酵肉制品、发酵蔬菜制品、发酵面制品、发酵茶、发酵酒、发酵醋等。1928年青霉素的发现推动了分子生物学等发酵工程支撑学科的迅速发展与融合，产生了现代发酵工业，现代发酵食品在传统发酵食品的基础上不断推陈出新，将发酵工业与酶工业等多领域结合。食品的发酵不仅能提高食物的可消化性，还可以使食品中的有毒物质分解，产生更多的有益物质，从而提升食品的营养特性。

（一）发酵对食品中蛋白质的影响

1. 发酵对大豆蛋白的影响　　发酵可以使大豆中的蛋白质逐步降解为小分子肽和游离氨基酸，导致蛋白质分子质量的降低，进而增加了大豆蛋白的消化吸收率，有助于调节人体的生理代谢活动。氨基酸的生成不仅大大提高大豆原料的利用率，还能使发酵豆制品产生特殊风味。例如，谷氨酸和天门冬氨酸具有鲜味，丙氨酸和甘氨酸具有甜味等。但如果发酵反应过度会使胱氨酸、甲硫氨酸和组氨酸的含量增加，豆制品会产生苦味。豆奶经发酵后会对大豆蛋白二级结构、表面疏水性、乳化性、起泡性和致敏性等产生影响。研究发现用乳酸菌发酵大豆蛋白能水解 β-伴大豆球蛋白的 α′、α 和 β 亚基，从而降低其致敏性；瑞士乳杆菌几乎可以完全降低β-伴大豆球蛋白的致敏性。豆酱在发酵过程中蛋白质代谢生成组氨酸、酪氨酸、精氨酸，继而被乳酸菌继续分解产生醇类物质；豆酱后熟过程中蛋白质水解的氨基与还原糖的羰基发生羰氨反应，赋予产品独特的颜色及风味。研究表明豆酱中大豆蛋白类物质在微生物作用下能够产生一种生物活性肽，即血管紧张素转化酶（ACE）抑制肽，可以使肽链 C 端二肽残基水解，这种生物活性肽无毒副作用，且具有降血压的功效。纳豆中蛋白质水解使游离氨基酸含量增加，尤其是游离谷氨酸，导致纳豆鲜味加重。

2. 发酵对乳蛋白的影响　　发酵乳制品中，乳蛋白经乳酸菌的一系列蛋白酶和肽酶催化后降解为多种氨基酸，包括丙氨酸、苏氨酸、甘氨酸、丝氨酸和半胱氨酸等，发酵作用使乳蛋白变成微细的凝乳粒，使消化率提高，更易于消化吸收。奶酪在微生物的发酵作用下，蛋白质被分解成氨基酸、肽、胨等小分子物质，因此易被消化，蛋白质转化率达 96%～98%。酪蛋白发生一定程度的降解，所产生的氨基酸是特定的风味化合物的主要前体。

3. 发酵对肉蛋白的影响　　肉制品在发酵过程中乳酸菌对肌肉蛋白有降解作用，肌肉蛋白的降解与内源性蛋白酶和乳酸菌的水解作用密切相关，肌浆蛋白比肌原蛋白更易发生水解。蛋白质在内源酶、内源性氨肽酶及微生物酶的作用下发生水解作用，产生肽类化合物和游离氨基酸，其中部分氨基酸是风味物质，或者作为风味物质的前体，再通过微生物转氨、脱氨及脱羧作用生成醛、酸、醇和酯等芳香化合物。既提高了发酵肉制品的营养价值，又使发酵肉制品中的蛋白质在食用过程中更易于被人体吸收。

（二）发酵对食品中碳水化合物的影响

碳水化合物是由碳、氢、氧三种元素组成的一大类化合物，其广泛存在于各种食物中，如谷类、豆类、玉米、水果、乳制品和蔬菜。碳水化合物是生命细胞结构的主要成分及主要供能物质，并且具有供给能量、抗生酮、节氮和增强肠道功能等作用。

1. 发酵使碳水化合物分解为具有益生作用的糖类　　乳酸菌通过发酵可将乳糖分解成葡萄糖和半乳糖，从而缓解乳糖不耐症。发酵分解生成的葡萄糖和半乳糖，还会进一步产生种类丰富的有机酸，常见的包括乳酸、乙酸、柠檬酸等。有机酸解离产生的 H^+ 积累后会降低环境中的 pH，造成局部酸性环境，从而抑制病原菌的生长，帮助肠道建立正常的菌群环境，调节胃肠道中的菌群结构，从而直接或间接影响机体的血糖代谢，达到降血糖的效果。发酵过程中除了可将大分子碳水化合物分解成葡萄糖和半乳糖，还可以降解碳水化合物生成其他具有益生作用的糖类。在果蔬汁发酵过程中，食物中的多糖降解为单糖或寡（聚）糖，其中一些寡（聚）糖具有很强的润肠通便和降胆固醇能力。另外，发酵过程中产生的低聚糖作为双歧杆菌因子，可以调节肠道菌群平衡，对人体有益。而膳食纤维或低聚糖可作为益生因子，通过调节结肠微生物的生长来降低血脂。

2. 发酵使碳水化合物分解为有益的代谢产物　　碳水化合物经发酵还可以产生多种有益的代谢物，酵母利用含淀粉和糖质原料发酵，不仅能保留原料中的大部分营养成分，还能产生许多有益的微生物代谢产物。它能调节人体的生理功能，如降低胆固醇、改善便秘、调节肠道、增强免疫功能、预防癌症、抑制体内有害物质生成等。

3. 发酵使碳水化合物更易吸收，并能分解不利因子　　食品中的碳水化合物经发酵后更易消化吸收。例如，酵母中的酶能促进营养物质的分解，还会消耗碳水化合物的能量，使发酵食物的脂肪含量较低，故经过发酵的面包、馒头更有利于人体的消化吸收。

发酵可以分解食品中的一些不利因子。在发酵过程中，微生物不但保留了原来食物中的多糖、膳食纤维、生物类黄酮等对机体有益的物质；还能分解某些对人体不利的因子，如豆类中的低聚糖、胀气因子等。此外，食品中的碳水化合物经发酵后还具有解毒作用。

（三）发酵对食品中油脂的影响

脂类是指一大类溶于有机溶剂而不溶于水的化合物，主要包括脂肪和类脂，其中脂类含量可直接影响产品的风味、组织结构、品质、外观和口感等。

1. 发酵影响食品中的脂代谢　　发酵过程中油脂降解速率较快，脂质的分解促进游离脂肪酸，特别是多不饱和脂肪酸的释放。例如，在香肠的生产、加工、贮藏过程中，在微生物作用下油脂降解产生游离脂肪酸，游离脂肪酸会发生脂质氧化、脂肪水解和氧化过程，这些过程是产生风味的前提。但脂质氧化是油脂酸败的主要原因之一，脂肪过度氧化则会导致食品腐败变质，影响食品的安全性。不饱和脂肪酸被氧化成脂质羰基化合物，生成醇、醛、酮等，可通过自由基链式反应形成过氧化物。这些次级反应会产生大量的挥发性化合物。

2. 发酵影响食品中的脂肪氧化 在食品发酵及保藏期间，脂肪会水解产生脂肪氧化产物，同时脂肪和脂肪酸组成比例也会发生变化。有些发酵食品在发酵前期，其脂肪含量会缓慢降低，并且在保藏期间脂肪的含量也会持续下降，进而导致发酵食品的过氧化值持续增加。说明发酵过程中水解和氧化程度逐渐加深，继续保藏，脂肪的不断降解会产生哈喇味，影响感官品质；同时有些发酵食品中硫代巴比妥酸值随发酵保藏时间延长显著增加，后期趋缓，推测脂肪产生次级氧化产物，如丙二醛等风味物质的速率高于产生初级氧化产物的速率，对食品品质有重要影响。未发酵时脂肪酸组成以饱和脂肪酸和单不饱和脂肪酸为主，随发酵保藏时间的延长，多不饱和脂肪酸呈现先下降后回升的趋势，说明短期发酵脂肪酸的降解主要来自多不饱和脂肪酸，长时间发酵可导致所有的脂肪酸发生降解。

3. 发酵微生物对发酵肉制品中油脂的影响 发酵肉制品中微生物对脂肪分解主要体现在微生物产生的脂肪酶可以分解肉中的脂肪，生成短链挥发性脂肪酸和酯类物质，赋予产品特殊风味。在金华火腿中存在的 4 种霉菌，即产黄青霉、圆弧青霉、杂色曲霉和腊叶芽枝霉对脂肪有分解作用，霉菌可生长在发酵肉制品的表面，减少肉制品与氧气和光的直接接触，起到抗酸败作用；发酵肉制品中脂类水解酶——微球菌和葡萄球菌，具有较强的分解脂肪能力，对发酵香肠独特风味的形成发挥了重要的作用，因此被称为香肠的"风味"菌。在肉制品发酵过程中，酵母起到消耗氧气、降低 pH、抑制酸败的作用，也具有分解脂肪、形成过氧化氢酶等能力，因此对改善产品风味、延缓酸败有重要的作用。乳酸菌具备脂质降解的能力，乳酸菌胞外酶可以降解单甘酯、甘油二酯和甘油三酯，而降解甘油三酯的能力较弱。以乳酸菌作为发酵剂研究香肠在成熟过程中游离脂肪酸含量变化，发现微生物对脂肪的水解主要在香肠成熟后期。

脂肪的水解氧化并不是分步进行的，而且水解氧化的程度随着发酵时间的增加也逐渐增加。微生物可以促进脂肪水解氧化，也在一定程度上抑制脂质过氧化，因此选择合适的发酵剂就显得非常重要。

（四）发酵对食品中维生素的影响

维生素在人体内含量极少，却对维持人体健康发挥着重要作用。维生素分为水溶性维生素和脂溶性维生素，其中水溶性微生素有 B 族维生素和维生素 C，脂溶性微生素有维生素 A、维生素 D、维生素 E 和维生素 K。发酵过程对不同发酵食品中维生素有不同程度的影响。

1. 发酵对发酵豆制品中维生素的影响 维生素含量较高，尤其是 B 族维生素，以维生素 B_2 和维生素 B_{12} 表现较为突出，可能是酵母以碳水化合物和脂肪为碳源，经厌氧发酵产生维生素 B_2。维生素 B_2 作为细胞内脱氢酶的主要成分，可参与多种氧化呼吸过程，缺乏时会影响机体的生物氧化，阻碍代谢进程。而放线菌和细菌具有较强的维生素 B_{12} 合成能力，维生素 B_{12} 能促进红细胞发育和成熟、维持机体造血机能及维护神经系统功能等。

2. 发酵对发酵乳制品中维生素的影响 马奶经发酵后，其维生素 E 的含量增加，而驼乳和牦牛乳经发酵后其维生素 A、维生素 E 的含量均下降。脱脂牛乳在发酵前后硫胺素、核黄素和叶酸的含量均有不同程度的增加，而在基础发酵剂中添加益生菌进行发酵，其核黄素含量增加的幅度较高，而硫胺素和叶酸增加的幅度无显著差异。B 族维生素和维生素 E 的增加可提高食品的营养品质，增强抗氧化性，促进机体的新陈代谢和能量转换。

3. 发酵对发酵果蔬制品中维生素的影响 胡萝卜浆、芒果浆和雪梨浆经发酵后，其维生素 C、类胡萝卜素、β-胡萝卜素含量均下降，维生素 C 含量的减少可能是维生素 C 自身不稳定，极易氧化分解，在发酵过程中其可能作为碳源被乳酸菌代谢利用；而胡萝卜素对酸敏感，在酸性环境下其稳定性较差，同时可能存在胡萝卜素酶降解等原因加速降低了发酵过程中胡萝卜素的含量。

4. 发酵对发酵酒制品中维生素的影响 在整个酒精发酵过程中，维生素 C 含量的降低可能是由于氧化和酵母增长引起的。在 0～6 天维生素 C 含量显著下降，在 6 天和 8 天时则无显著差异（$p > 0.05$），随后维生素 C 含量会缓慢减少。由于发酵产生的酸性环境，有利于维生素 C 的稳定，但受氧化作用和酵母生长消耗的影响，会损失部分维生素 C，对其影响较大，从而导致维生素 C 含量逐渐降低。

大多数维生素对温度、光、金属离子和 pH 较为敏感，但不同维生素的敏感程度也存在差异性。经发酵，食品中营造出酸性的环境，B 族维生素和维生素 C 等在酸性环境下较为稳定，有助于维持其在贮藏中的稳定性，但对光、温度和金属离子较为敏感，易氧化分解。而且不同的地区、食品原料、发酵因素均对维生素有不同程度的影响，各因素综合作用从而引起维生素的不同变化。在食品发酵中消耗和代谢部分维生素，从而产生一些 B 族维生素和其他生物活性物质，如多酚类、黄酮类等，提高机体细胞抗氧化能力，延缓衰老，维持神经系统正常功能，促进生长发育等。

（五）发酵对食品中水和无机盐的影响

1. 发酵对食品中水的影响　　发酵对食品中水分影响最大的是水分含量和水分活度。水分含量是指食品中水的多少，但和食品的稳定性与安全性直接相关的并不是水分含量而是水分活度，水分活度代表着水的"状态"和水的"可利用率"。具有相同水分含量的食品其腐败变质程度也会因水分活度的不同而不同。

发酵可以通过 5 种方式调节食品中的水分含量和水分活度来达到提高食品稳定性的效果。第一种方式，许多化学反应都只有在水溶液中才可进行，通过降低食品中的水分活度，使食品中水的存在状态产生变化，结合水的比例增加，体相水的比例减少，使食品中可能发生的酶促反应受到抑制。第二种方式，食品中有许多离子反应。这些反应发生的条件是反应物必须要首先进行离子化或水合作用，而这个作用的条件必须是有足够的体相水才能进行，因此调控可提供的体相水，可以调节食品的稳定性。第三种方式，许多化学反应和生物化学反应都必须有水分子的参加才能进行（如水解反应），若降低水分活度，参加反应的体相水的数量则减少，化学反应的速度也会变慢，调节水分活度可以达到调节发酵食品稳定性的效果。第四种方式，许多以酶为催化剂的酶促反应，水除了可作为反应物外，还能作为底物向酶输送介质，并且通过水化促使酶和底物活化，当水分活度低于 0.8 时可抑制大多数酶的活力；若水分活度降到 0.25～0.30 的范围，则食品中的淀粉酶、多酚氧化酶和过氧化物酶会受到强烈地抑制或丧失其活力（但脂肪酶除外，水分活度在 0.05～0.1 时依旧可保持活性），通过影响酶促反应的速率，实现调节发酵食品稳定性的目的。第五种方式，水分活度是食品中微生物生长的重要指标，发酵食品中的优势菌群可以通过调节水分活度到其最适区间来抑制其他病原或腐败微生物的生长，从而提高食品的稳定性。

2. 发酵对食品中无机盐的影响　　无机盐是存在于食物中的矿物质营养素，细胞中的无机盐大多以离子的形式存在，由有机物和无机物组成。在发酵过程中，各种无机盐的溶解和损失会受到发酵时食品原料种类、温度高低、时间长短和出水量多少等因素的影响。由于大部分的无机盐都是水溶性的，因此发酵过程中产生的水与含无机盐食品接触就会导致无机盐溶解和析出，从而造成无机盐的流失。在发酵过程中，如果温度过高，水分减少，使食品收缩，从而导致食品汁液流出。汁液的流出量随着温度的升高而增加，而在流出的汁液中含有许多的营养成分，其中包括大量的游离态无机盐。许多金属离子以络合物的形式存在，由于它们的结合力很强，所以通常不会发生变化。但是当结合的有机物质被毁坏时，其金属离子也会分离出来。例如，一些富含草酸、植酸、磷酸和其他有机酸的食品原料，在发酵过程中这些不同的有机酸能与无机盐离子结合，如锌、铁、钙、镁等，形成水不溶性盐或化合物，从而阻碍食品原料中无机盐的吸收。食品中的无机盐还会受到发酵时所使用容器的影响，若使用铁制品，在发酵过程中铁锅中的铁溶出，增加产品中铁的含量，进而影响发酵食品的品质。微生物发酵对发酵食品品质的影响如图 10-3 所示。

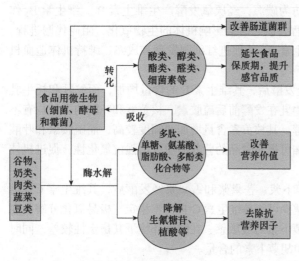

图 10-3　微生物发酵对发酵食品品质的影响
（刘飞翔等，2020）

> **案例**
>
> ### 豆制品发酵
>
> 　　大豆是一种营养成分丰富的粮食作物，通过微生物发酵大豆蛋白质被分解，除了保留部分原有功能性物质，如大豆异黄酮和低聚糖外，还产生了如核苷和核苷酸、磺酸、维生素 B_{12}、谷氨酸等组分，赋予产品更好的营养价值。例如，经微生物发酵制成的腐乳其蛋白质含量丰富，氨基酸种类齐全，100g 腐乳中的必需氨基酸含量即可满足成年人一日需要量。腐乳中还含有核黄素、维生素 B_{12}、硫胺素、烟酸等。大豆、豆粕、小麦等原料经过微生物酶发酵水解成多种氨基酸和糖类，再经过生物化学反应从而形成具有特殊香气色泽的酱油。酱油中富含氨基酸、维生素 B_1、维生素 B_2 及锌、钙、铁、锰等多种人体必需的微量元素。同时酱汁可以产生一种天然的抗氧化成分，并能使放射性物质排出体外，减少自由基对人体造成的损害。

　　在发酵过程中，微生物对于食品品质的影响并不是一成不变的。所以，我们不仅要重点研究微生物之间、微生物与环境的相互作用，还需确定不同微生物及其中间代谢产物对于发酵食品品质的影响。多组学技术，特别是代谢组学，有助于微生物代谢途径及产物生成规律的探索。通过代谢组学方法确定了相关及中间代谢物，就可以推测参与发酵产品的质量和风味形成的生物种类，以实现发酵过程的定向调控，减少有害物质的生成，提高发酵食品的风味及营养品质。

　　近年来，关于发酵装备智能化方面的研究取得了阶段性进展。通过结合高级的数理统计分析、智能化食品发酵装备、智能机器人、图像采集、传感器网络等手段，提高发酵食品的智能化水平，使得在线监测和调控成为可能。这不仅能够提高发酵条件控制的精准度，还提高了食品发酵工程的自动化水平，极大地降低了加工成本及能耗。食品发酵工程的未来发展方向将以食品合成生物学为科学基础，各类组学作为关键技术，智能化装备作为生产载体，对资源进行绿色利用，提升发酵加工效率，提高食品品质和安全性，并最终实现食品营养的精准化和个性化供给。

第四节　发酵食品的安全生产

　　《国民营养计划（2017—2030 年）》《"健康中国 2030"规划纲要》的实施使大健康产业发展势头迅猛。一些生物活性肽、膳食纤维、高蛋白、益生菌和益生元、酵素等备受青睐。因此，发酵食品行业迎来前所未有的发展机遇，但同时也因食品安全问题面临巨大挑战。

一、影响发酵食品安全生产的因素

　　发酵食品中危害人体健康和安全的有毒有害物质有三类：第一类为物理性有害物质，包括砂石、毛发、铁器、放射性残留等；第二类为化学有毒有害物质，包括残留农药、过敏物质及其他有毒有害物质；第三类为生物类有毒有害物质，包括病原微生物、微生物毒素及其他生物毒素。当前危害物主要有：食源性致病菌和毒素、食品添加剂、动植物天然毒素、农药残留、真菌毒素、农业化学控制物质等。这些有毒有害物质的来源主要涉及发酵食品生产过程中所用的菌种、食品原辅料、环境污染及生产工艺和生产设备等环节。

　　在天然发酵中，通常存在着微生物菌群复杂且发酵过程难以控制的问题，从而使发酵食品具有安全风险。发酵食品安全风险主要包括：物理污染、生物性污染、化学污染、转基因的安全性问题。

　　物理污染主要包括放射性污染和异物污染。放射性污染主要来自不同的质地土壤。异物污染主要来自原辅料。目前，许多发酵食品的生产基本还是以作坊式为主，工业化程度低，且生产条件差，从而带来物理性危害隐患。

　　生物性污染主要包括寄生虫性污染、霉菌性污染及细菌性污染。例如，发酵豆制品较容易引起真菌污染，使得两种真菌（毛霉和青霉）产生部分有毒代谢物，人体长期食用会产生致癌风险。而在发酵中产生的黄曲霉素是农产品中最强的一类生物毒素。

化学污染主要是重金属、农药和其他有机污染物。这些污染物主要附着在发酵食品的原材料中，如谷物、豆类，从而对人体有危害作用。此外，在发酵食品生产过程中如果控制不当也会存在化学污染。例如，蔬菜在发酵过程中，若发酵时间、温度和湿度控制不当，则在加工中极易积累亚硝酸盐和有害微生物，从而给产品带来潜在的安全性问题。而在肉制品加工中，如果生产工艺、储藏条件等控制不当，则会有生物胺的累积，从而导致人体中毒。

随着生物技术的发展，转基因产品的安全性也已成为阻碍生物技术在发酵食品工业中应用的关键问题。尽管转基因技术可以提高食品产量，改善食品品质，但是对发酵食品中转基因物质的安全性仍需进一步研究。

二、发酵食品安全危害评价与控制

在食品发酵中，其所用原料、发酵菌株、发酵方法、操作工艺、产生的发酵副产物、微生物污染等均存在安全隐患。因此，准确科学地对发酵食品进行风险识别和安全性评价是控制食品质量安全的前提和保障。

（一）发酵食品的风险识别

发酵食品的潜在风险识别一般是通过国际食品法典委员会（Codex Alimentarius Commission，CAC）的风险分析程序进行的。发酵食品的风险分析应以国际食品法典委员会的一般性决策和《国际食品法典风险分析工作准则》作为指导，从而对化学性危害、微生物危害和营养因素进行有效识别。通过建立完善的风险识别模型，准确分析潜在地风险隐患因子，从而采取有效措施以解决危害。

随着科技的不断发展，用来识别食品安全风险的新技术越来越多，如贝叶斯模型与 Meta 分析技术结合可以来识别风险食品。

（二）发酵食品的安全性评价

食品工业所用菌种包括细菌、酵母、真菌和放线菌，而发酵食品的安全性是以菌种的安全性作为主要评价依据，其中主要包括以下 4 个方面：一是微生物对人体的感染性，也就是菌种的致病性问题；二是生产菌种所产生的有毒代谢产物、抗生素、激素等对人体的潜在危害；三是因利用基因重组技术所引发的食品安全问题；四是微生物在生产过程中的污染问题。

我国常用的评价菌种安全性的方法如下：一是菌的内在性质研究；二是菌的药物动力学研究；三是菌和寄主间的相互作用研究。目前，国际上应用最为广泛的评价手段是现代微生物风险评估技术（microbiological risk assessment）。该技术主要包括目标陈述、危害识别、暴露评估、危害描述和风险描述 5 个步骤。目标陈述主要是评价微生物活动的安全性。危害识别主要是识别通过发酵食品传导的病原体。暴露评估重点在于食物载体和评估在食物消费中某一种特殊致病菌可能摄入的量。危害描述着重分析食物中危害所产生的致病频次、属性、严重程度等定性和定量的信息。风险描述是对上述步骤进行合成，对致病程度和可能感染的人群进行估算，并进行定性和定量的风险评估。该评价手段为控制食品质量安全提供了有效且科学的方法。

（三）发酵食品安全生产的管理与控制

目前主要有三种运用广泛且十分有效的发酵食品安全生产控制体系，分别是 HACCP、ISO 9000 和 GMP。HACCP 体系，即危害分析与关键控制点体系，是应用于食品安全生产中保障食品安全的一种系统方法。ISO 9000 质量管理体系的特点是可以完善组织内部管理，使得质量管理规范化、程序化和法治化，从而保证产品质量稳定。GMP，即良好操作规范，是一种保障产品质量的管理体系。其目的是在食品制造、包装和贮藏等过程中，保证有关人员、建筑、设施和设备均能符合良好的生产条件，防止食品在不卫生条件下或在可能引起污染或品质变坏的环境中被操作，从而确保食品安全和质量稳定。

从目前发酵食品所引发的安全问题来看，今后行业需要实施多方面安全举措。主要包括加强菌种的标准化管理，对菌种的使用历史、来源、分类鉴定、耐药性和遗传稳定性等都要有严格要求，并建立完善的菌株安全性评价方法，从而推动我国菌株研究和应用的不断发展。此外，还应有针对性地改善发酵食品的加工工艺，同时规范技术标准。

案例

食品生物制造过程中生物胺的形成与消除

在发酵食品和发酵酒精饮料生产过程中，一些菌株或者环境中的微生物因为具有氨基酸脱羧酶活性而导致生物胺积累。研究发现，过量的生物胺会对生物体造成不良反应。生物胺中毒性最大的是组胺，其水平偏高会导致头痛、高血压及消化障碍。由于生物胺是热稳定性物质，因此长时间加热和烹调均不能去除已有的生物胺。减少发酵制品中生物胺含量可以通过控制原料、产生物胺微生物的代谢及酶法降解处理等方式。

提高发酵过程效率和调节产品特性的新技术研究进展可查看**资源 10-4**。

资源 10-4

本章小结

1. 发酵是由微生物或动植物来源的复杂含氮物质（酶）所引起的有机物质缓慢分解的过程。食品发酵是利用微生物生长繁殖过程中产生的各种酶使有机物发生氧化还原、分解或合成等生化反应，进而改善食品的营养价值。

2. 食品发酵易受温度、pH、溶解氧、基质浓度、泡沫等环境条件的影响，实际生产中往往通过控制这些条件来控制整个发酵过程。

3. 传统发酵食品大多数采用多菌种自然发酵。现代食品发酵大多数采用纯菌种自动发酵，同时将基因工程、合成生物学、分子生物学等前沿生物技术应用于发酵食品生产中。

4. 对于发酵食品感官特性的把控，主要以风味物质和异味物质的调控为主。发酵可以改善食品的质地和风味，并提高食品营养价值。

5. 发酵食品中危害人体健康安全的三大危害物质包括生物类有毒有害物质、化学有毒有害物质和物理性有毒有害物质。目前主要有三种运用广泛且十分有效的发酵食品安全生产控制体系，分别是 HACCP、ISO 9000 和 GMP。

【思 考 题】

1. 发酵食品的特点有哪些？
2. 具备良好发酵菌种的基本准则是什么？
3. 发酵乳在生产制备的过程中，理论上的最适接种量为多少？乳品加工厂通常采用的接种量是多少？
4. 在发酵肉制品中，微生物具有哪些功能作用？
5. 如何提高发酵食品的稳定性？
6. 结合实际，谈谈我国发酵行业的未来发展。

参考文献

程伟，张杰，潘天全，等. 2018. 一种复合香型白酒的酿造生产工艺分析与探讨. 酿酒，45（3）：41-45.
刘飞翔，董其惠，吴蓉，等. 2020. 不同国家和地区传统发酵食品及其发酵微生物研究进展. 食品科学，41（21）：338-350.
石黎琳，牟方婷，李安，等. 2021. 基于高通量测序技术分析腐乳自然发酵过程微生物多样性. 中国酿造，40（2）：144-149.
孙昕萌，袁惠萍，赵钜阳. 2021. 发酵乳风味及其分析技术研究进展. 食品安全质量检测学报，12（15）：6111-6117.
杨辉，薛媛媛. 2016. 苹果醋混合菌种发酵工艺研究. 陕西科技大学学报，34（6）：135-140.
余中节，赵洁，孙志宏. 2019. 多组学技术在自然发酵乳中的应用. 生物产业技术，4：63-68.
张春月，金佳杨，邱勇隽，等. 2021. 传统与未来的碰撞：食品发酵工程技术与应用进展. 生物技术进展，11（4）：418-429.
周钺，李健，张玉，等. 2019. 多组学技术联用在传统发酵乳品风味代谢调控中的应用研究进展. 食品与发酵工业，45（8）：238-243.

第十一章

食品的包装技术

包装起源于人类为了持续生存而食物贮存需要，同时在现代食品流通中起着越来越重要的作用，尤其在互联网和物联网时代，食品包装技术的迅猛发展和包装形式的千姿百态，既丰富了人们的生活，也逐渐改变了人们的生活方式。国家标准（GB/T 4122.1—2008）规定了包装的定义：为在流通过程中保护产品、方便贮运、促进销售，按一定技术方法而采用的容器、材料及辅助物等的总称；也指为了达到上述目的而在采用容器、材料和辅助物的过程中施加一定技术方法等的操作活动。食品包装即采用适当的包装材料、容器和包装技术，把食品包裹起来，使其在贮运物流过程中保持其价值和原有的状态。

学习目标

掌握环境因素对包装食品品质变化的影响、基本原理及其控制方法。

掌握微生物对包装食品品质变化的影响、基本原理及其控制方法。

掌握包装食品褐变变色、风味改变、油脂氧化的基本原理及控制方法。

掌握食品包装用纸、纸板和纸容器的主要包装性能和适用场合。

掌握食品包装常用塑料树脂及薄膜和复合软包装材料的主要包装性能和适用场合。

掌握食品包装用金属、玻璃包装材料、容器结构及包装性能特点及其发展方向。

掌握食品防潮包装、真空充气包装、改善和控制气氛包装的技术原理和工艺方法。

了解活性包装概念及功能类型方法，掌握脱氧包装的基本原理和方法。

掌握食品无菌包装的特点和处理方法，了解国际无菌包装技术装备。

第一节　食品包装原理

一、环境因素对包装食品品质的影响

食品品质包括食品的色香味、营养价值，应具有的形态、重量及应达到的卫生指标。几乎所有的加工食品都需包装才能成为商品销售。尽管食品是一种品质最易受环境因素影响而变质的商品，但每一种包装食品在设定的保质期内都必须符合相应的质量指标。

食品从原料加工到消费的整个流通环节是复杂多变的，会受到生物和化学性的侵染，受到生产流通过程中诸如光照、氧气、水分、温度、微生物等各种环境因素的影响。图11-1显示了包装食品在流通过程中因环境因素而发生的质量变化，研究这些因素影响规律是食品包装技术的主题。

（一）光照对食品品质的影响

1. 光照对食品的变质作用　现代食品常采用透明包装，使消费者直观产品的感官品质而增加促销性能，但流通销售过程中食品品质会因透过包装的光线而发生变化。光对食品品质的影响很大，可引发并加速食品中营养成分的分解，发生食品腐败变质反应。其主要表现在四个方面：①促使食品中的油脂氧化而酸败；②使色素变色，使植物食品中绿、黄、红色及肉品中的红色发暗或褐变；③引起光敏感性维生素B和维生素C等的破坏，并与其他物质发生不良的化学变化；④引起蛋白质变性。

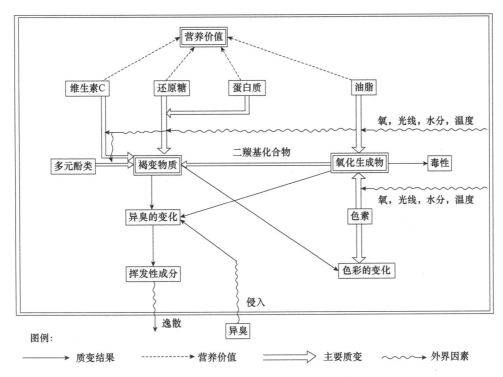

图 11-1　包装食品在流通过程中可能发生的质变

2. 光照对食品的渗透规律　光照能促使食品内部发生一系列的变化是因其具有很高的能量。光照下食品中对光敏感的成分能迅速吸收并转换光能，从而激发食品内部发生变质的化学反应。食品对光能吸收量越多，转移传递越深，食品变质越快、越严重。

食品吸收光能量的多少用光密度表示，光密度越高，光能量越大，对食品变质的作用就越强。根据 Beer-Lamber 定律，光照食品的密度向内层渗透的规律为：

$$I_x = I_i e^{-\mu x} \tag{11-1}$$

式中，I_x 为光线透入食品内部 x 深处的密度；I_i 为光线照射在食品表面处的密度；μ 为特定成分的食品对特定波长光波的吸收系数；x 为光线进入食品的深度。

显然，入射光密度越高，透入食品的光密度也越高，深度也越深，对食品的影响也越大。

食品对光波的吸收量还与光波波长有关，短波长光（如紫外光）透入食品的深度较浅，食品所接收的光密度也较少；而长波长光（如红外光）透入食品的深度较深。此外，食品组成成分各不相同，每一种成分对光波吸收有一定的波长范围；未被食品吸收的光波对变质没有影响。

3. 包装避光机理和方法　要减少或避免光线对食品品质的影响，主要方法是通过包装将光线遮挡、吸收或反射，减少或避免光线直接照射食品；同时防止某些有利于光催化反应因素，如水分和氧气透过包装材料，从而起到间接的防护效果。

根据 Beer-Lamber 定律，透过包装材料照射到食品表面的光密度（I_i）为：

$$I_i = I_o e^{-\mu_p x_p} \tag{11-2}$$

式中，I_o 为食品包装表面的入射光密度；x_p 为包装材料厚度；μ_p 为包装材料的吸光系数。

将此式代入式（11-1），得光线透过包装材料透入食品的光密度为：

$$I_x = I_o e^{-(\mu_p x_p + \mu x)} \tag{11-3}$$

光线在包装材料和食品中的传播和透入的光密度分布规律如图 11-2 所示：包装材料可吸收部分光线，从而减弱光波射入食品的强度，甚至可全部吸收而阻挡光线射入食品。因此，选用不同成分及厚度的包装材料，可达到不同程度的遮光效果。

光线对柔性包装材料的穿透作用如图 11-3 所示：不同包装材料其透光率不同，大部分紫外光可被包装材料有效阻挡，而可见光能大部分透过包装材料；同一种材料内部结构不同，透光率也不同，如高密度聚乙烯（polyethylene，PE）和低密度 PE。此外，材料厚度越厚遮光性能越好。

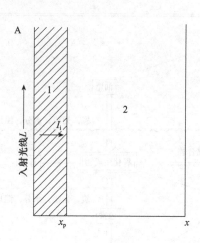
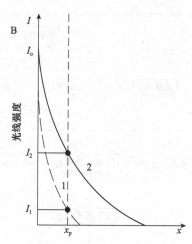

图 11-2　包装食品对光的吸收

A. 包装材料对光线的阻挡吸收（1. 包装材料；2. 食品）；

B. 光线透过包装材料后对食品的渗透（1. 短波长光波；2. 长波长光波）

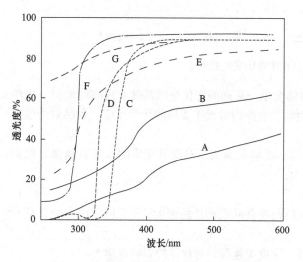

图 11-3　光线对柔性包装材料的穿透作用

A. 89μm 高密度聚乙烯；B. 9μm 蜡纸；C. 28μm
聚偏二氯乙烯；D. 36μm 聚酯；E. 36μm 氯化橡胶；
F. 25μm 醋酸纤维；G. 38μm 低密度聚乙烯

（二）氧对食品品质的影响

氧对食品品质的变化有显著影响：氧使食品中的油脂发生氧化，这种氧化即使是在低温条件下也能进行；油脂氧化产生的过氧化物，不但使食品失去食用价值，而且会发生异臭，产生有毒物质。氧能使食品中的维生素和多种氨基酸失去营养价值，还能使食品的氧化褐变反应加剧，使色素氧化退色或变成褐色；对于食品微生物，大部分细菌由于氧的存在而繁殖生长，造成食品的腐败变质。

食品因氧气发生的品质变化程度与食品包装的氧分压有关，氧化速率随氧分压的提高而加快，与食品所处环境的温度、湿度和时间等因素也有关。氧气对新鲜果蔬的作用则属于另一种情况，由于生鲜果蔬在贮运流通过程中仍在呼吸，需要吸收一定数量的氧气而放出一定量的二氧化碳和水，并消耗一部分营养。

食品包装的主要目的之一，就是通过采用适当的包装材料和一定的技术措施，防止食品有效成分因氧气而造成品质劣化或腐败变质。

（三）水分或湿度对食品品质的影响

一般食品都含有不同程度的水分，这些水分是食品维持其固有性质所必需的。水分对食品品质的影响很大，一方面，水能促使微生物的繁殖，助长油脂的氧化分解，促使褐变反应和色素氧化；另一方面，水分使一些食品发生某些物理变化，如有些食品受潮而发生结晶，使食品干结硬化或结块，有些食品因吸水吸湿而失去脆性和香味等。

食品中的自由水决定了微生物对食品侵袭而引起食品变质的程度，用水分活度（A_w）表示。当食品含水量低于干物质 50% 时，水分含量的轻微变动即可引起 A_w 的极大变动。根据 A_w 可将食品分为三大类：① A_w >0.85 的食品称为湿食品；② A_w=0.6～0.85 的称为中等含水食品；③ A_w<0.6 的称为干食品。各种食品具有的 A_w 值范围表明食品本身抵抗水分的影响能力；食品具有的 A_w 值越低，相对地越不易发生由水带来的生物生化性变质，但吸水性越强，对环境湿度越敏感。因此，控制包装食品环境湿度是保证食品品质的关键。

（四）温度对食品品质的影响

引起食品变质的原因主要是生物和非生物两方面的因素，其中温度都有非常显著的影响。

1. 温度升高对食品品质的影响 在一定湿度和氧气条件下，温度对食品中微生物繁殖和食品变质反应速率的影响很大；在一定温度范围内（10～38℃），食品在恒定水分条件下温度每升高10℃，许多酶促和非酶促的化学反应速率加快1倍，其腐变反应速率将加快4～6倍。温度升高还会破坏食品内部组织结构，严重破坏其品质；过度受热会使食品中的蛋白质变性，破坏维生素特别是含水食品中的维生素C，或因失水而改变物性，失去食品应有的物态和外形；如肉制品在高温杀菌后往往失去了原有的口感和风味。为了有效减缓温度对食品品质的不良影响，现代食品物流采用冷藏和低温防护技术，可有效地延长食品的保质期。

2. 低温对食品品质的影响 温度对食品的影响还表现在低温冻结对食品内部组织结构和品质的破坏。冻结会导致液体食品变质：如果将牛乳冻结，乳浊液即受到破坏，脂肪分离、牛乳蛋白质变性而凝固。易受冷损害的食品不需极度冻结；大部分果蔬采收后为延长其细胞的生命过程，要求适当的低温条件，但有些果蔬在一般冷藏温度4℃下会衰竭或枯死，随之发生包括产生异味、表面斑痕和各种腐烂等变质过程，说明冷藏可以有效保藏食品，但温度并非越低越好。

（五）微生物对食品品质的影响

人类生活在微生物的包围之中，空气、土壤、水及食品中都存在着无数的微生物，完全无菌的食品只限于高温杀菌和无菌包装的食品。虽然大部分微生物对人体无害，但食品中微生物繁殖量超过一定限度食品就要腐败变质，且包装食品对微生物的影响更敏感。

据联合国粮食及农业组织（FAO）统计，全世界每年因微生物污染、腐败而损失的各类食品占总量的10%～20%，由腐败变质导致的食品安全事件近年来也频见报端，我国相关企业在每年出口食品遭遇的国外技术性贸易壁垒中，微生物超标也占据了较大的比例。因此微生物是引起包装食品质量变化最主要的因素，但却很容易被大众忽视。

1. 食品中的主要微生物 与食品有关的微生物种类很多（详见第四章），这里仅举出包装食品中常见的、具有代表性的食品微生物菌属。

1）细菌 细菌在食品中繁殖会引起食品腐败、变色变质而不能食用，其中有些细菌还能引起食物中毒。细菌性食物中毒案例中最多的是肠类弧菌所引起，约占食物中毒的50%；其次是葡萄球菌和沙门氏菌引起的中毒，约占40%；其他常见的能引起食物中毒的细菌有：肉毒梭菌、致病大肠杆菌、魏氏梭状芽孢杆菌、蜡状芽孢杆菌、弯曲杆菌属等。

2）真菌 食品中常见真菌主要为霉菌和酵母。霉菌有发达的菌丝体，其营养来源主要是糖、少量的氮和无机盐，极易在粮食和各种淀粉类食品中生长繁殖。大多数霉菌对人体无害，许多霉菌在酿造或制药工业中被广泛利用。然而，霉菌大量繁殖会引起食品变质，少数菌属在适当条件下还会产生毒素，如黄曲霉毒素、杂色曲霉毒素、黄绿青霉毒素等。

2. 微生物对食品的污染 作为食品原料的动植物在自然界环境中生活，本身已带有微生物，这就是微生物的一次污染。食品原料从自然界中采集到加工成食品，最后被人们所食用为止整个过程所经受的微生物污染，称为食品的二次污染。食品二次污染过程包括食品的运输、加工、包装贮存、流通销售。由于空气环境中存在着大量的游离菌，如城市室外空气中一般含有 10^3～10^5 个/m^3 的微生物，其中大部分是细菌，霉菌约占10%，这些微生物很容易污染食品。因此，在这个复杂的过程中，如果某一环节不注意灭菌和防污染，就可能造成无法挽回的微生物污染，使食品腐败变质。

光、氧、水分、温度及微生物对食品品质的影响是相辅相成、共同存在的，采用科学有效的包装技术和方法避免或减缓这种有害影响，保证食品在流通过程中的质量稳定，更有效地延长食品保质期，是食品包装科学研究解决的主要课题。

二、包装食品中微生物变化及控制

（一）包装食品的微生物变化

1. 因包装发生的环境变化对食品微生物的影响 食品包装能防止环境微生物的污染，同时包装内部气氛也会发生变化，导致包装内微生物相因此而发生变化。以肉为例，生鲜肉经包装后其内部因微生物及肉组织细胞的呼吸而使氧气减少、二氧化碳增加，包装内环境的气相变化反过来又会影响食品中的微生物相，即需氧性细菌比例下降，厌氧菌比例上升，霉菌繁殖受抑制而酵母等会增殖。在包装缺氧状态下，食品腐败产物为大量的有机酸，而在氧气充足的条件下食品腐败时多产生氨和二氧化碳。

2. 包装食品可能引起的微生物二次污染　　如前所述，大部分市售包装食品都会有一定数量的微生物，如果把这些常见微生物都当作污染来处理是不现实的，但弄清在流通过程中食品所含的细菌总数，或明确其菌群组成，不仅有利于从微生物学角度查明食品腐变等质量事故的原因，且对包括加工、包装工艺在内的从食品制造到消费的整个流通过程中的微生物控制有实际的指导意义。

微生物对包装食品的污染，可分为被包装食品本身的污染和包装材料污染两方面。在食品加工制造过程中的各个工艺环节，如果消毒不严或杀菌不彻底，在产品流通过程各阶段的处理，特别是在分装操作中，如果微生物控制条件欠佳等，均有二次污染的可能。随着现代物流货架期或消费周期的延长，不仅会大量繁殖细菌，也会给繁殖较慢的真菌提供蔓延的机会。这种现象在防潮或真空充气包装中也常常发生。

包装材料较易发生真菌污染，特别是纸制包装品和塑料包装材料；在包装容器制造和贮运期间，会受到环境空气中微生物的直接污染。就外包装而言，由于被内装物污染，包装操作时的人工接触，黏附有机物，或吸湿吸附空气中的灰尘等都能导致真菌污染。因此，如果包装原材料存放时间较长且环境质量又差，在包装操作前若不注意包装材料或容器的灭菌处理，包装材料的二次污染则成为包装食品的主要二次污染。

近年来，基于健康角度考虑及人们饮食嗜好的变化，大多数食品逐渐趋于低盐和低糖，且大多采用复合软塑材料包装以提高包装的阻隔保护性，这样处理会助长真菌的污染和繁殖。

霉菌对食品的污染可查看**资源11-1**。

资源11-1

（二）包装食品的微生物控制

1. 包装食品的加热杀菌　　高温可以达到杀菌效果，因而大部分包装食品都要进行加热杀菌，然后才能流通销售。加热杀菌可分为湿热和干热杀菌法：湿热杀菌即利用热水或蒸汽直接加热包装食品杀菌，这是一种最常用的杀菌方法；干热杀菌是利用热风、红外线、微波等加热食品达到杀菌目的。例如，把经过杀菌的食品用热收缩包装薄膜包装后，再用150～160℃的热风加热5～10min，一方面使包装膜收缩，另一方面可以有效地杀死附着在包装材料表面的微生物。

杀菌时间和温度对微生物与食品品质影响的敏感性差异是一种普遍现象。微生物对高温的相对敏感性比食品成分大，温度每上升10℃（18℉），大致能使导致食品变质的化学反应速率加快1倍，而当温度高于微生物最高生长温度时，每上升10℃会使微生物破坏的速率加快10倍。

表11-1为牛乳高温杀菌温度时间对芽孢破坏速度及褐变反应的比较。

表11-1　高温杀菌牛乳温度对加热杀菌时间、褐变、食品营养的影响

加热温度/℃	芽孢破坏相对速率	褐变反应相对速率	完全杀灭杀菌时间	相对褐变程度	杀菌孢子致死时间	食品营养成分保存率/%
100	1	1	600min	10 000	400min	0.7
110	10	2.5	60min	25 000	36min	33
120	100	6.5	6min	6 250	4min	73
130	1 000	15.6	36s	1 560	30s	92
140	10 000	39.0	3.6s	390	4.8s	98
150	100 000	97.5	0.36s	97	0.6s	99

高温可用较短的灭菌时间，只要技术条件可能，对热敏性食品应尽可能采用高温瞬时灭菌处理。例如，对酸性果蔬汁进行巴氏杀菌时，目前一般采用瞬间巴氏杀菌：88℃-1min 或 100℃-12s 或 121℃-2s。尽管三种温度-时间组合其灭菌效果相同，但121℃-2s杀菌处理可在果汁风味和维生素的保留上获得最好质量。

2. 包装食品的冷链物流　　生鲜和调理食品一般都含有较高水分，在常温下短时间贮存流通，就会因微生物大量繁殖而腐败变质，若采用冷藏或低温流通（冷链物流），其腐变反应速率会明显降低。低温贮存流通能降低嗜温性细菌的增殖速度，嗜热性细菌一般也不会繁殖。

冷链物流目前常用方法如下。

（1）低温与真空并用：食品低温贮藏时所产生的代表性腐败菌一般是需氧性假单孢杆菌，而大部分厌氧性细菌的繁殖温度下限为 $2\sim3℃$，若在无氧的低温 $[(0\pm2)℃]$ 环境下保藏食品，可大幅度地延长食品保质期，这种方法称冰温贮藏。

（2）低温和二氧化碳并用：二氧化碳能抑制需氧细菌的繁殖，如果降低包装内的含氧量，再充入二氧化碳进行低温贮藏，能产生更显著的贮藏效果。

（3）冷链物流与冷杀菌并用：如果采用能杀灭食品中所有微生物的杀菌方法，各种生鲜调理食品会产生严重感官品质破坏而失去商品价值，若用冷杀菌技术（如低温等离子体冷杀菌和辐照杀菌技术）杀灭其中的假单孢菌属等特殊腐败菌，进行低温贮藏冷链物流，能有效地延长其货架保鲜期。

视频 11-1

包装食品的低温等离子体冷杀菌可查看**视频 11-1**。

三、包装食品的质量变化及控制

（一）包装食品的褐变及其控制

食品的色泽不仅给人以美感和消费倾向性，也是食用者心理上的一种营养素；食品所具有的色泽好坏，已成为食品品质的一个重要方面。事实上，食品色泽的变化往往伴随着食品内部维生素、氨基酸、油脂等营养及香味的变化。因此，食品包装必须有效地控制其色泽的变化。食品变色是食品变质中最明显的一项，尽管褐变变色的因素很多，但通过适当的包装技术手段可有效地加以控制。

在常温下氧化褐变反应速率比加热褐变反应速率快得多，对易褐变食品必须进行隔氧包装。对于诸如浓缩肉汤和调味液汁类风味食品，即使包装内有少量的残留氧，也能引起褐变变色而降低风味和品质。真空包装和充气包装是常用的隔氧包装，要完全除去包装内部的氧，特别是吸附在食品上的微量氧是困难的，必须在包装中封入脱氧剂，用以吸除包装内的残留氧，并可吸除包装食品在贮运过程中透过包装材料的微量氧，这样处理可长期地保持包装内部的低氧状态，有效防止食品氧化褐变。目前大部分食品采用软塑包装材料，隔氧包装应选用高阻氧复合包装材料。

（二）包装食品的气味变化及其控制

在食品的感观指标中，香味或滋味是评判一种食品优劣的重要指标，控制食品的香味变化也是食品包装所要研究和解决的一大课题。

包装食品的香味变化主要是由于包装及内部食品变质因素产生的异味所造成。追溯风味变化的起因是非常复杂的问题，图 11-4 形象地展示了风味变化及主要因素。食品所固有的芳香是食品主要成分或在加工过程中产生的挥发性成分，应用保香性较好的包装材料来包装，尽可能减少这种香味透过包装逸散。

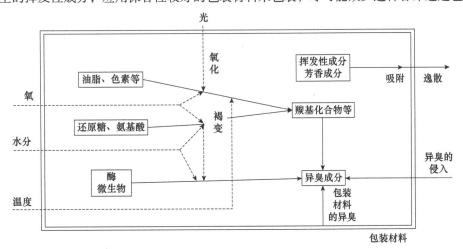

图 11-4 包装食品的风味变化

包装食品贮运过程中因油脂、色素、碳水化合物等食品成分的氧化或褐变而产生的异味会导致食品风味的下降；这种氧化褐变是由残留在包装内部或透过包装材料的氧所引起，故对易氧化褐变食品应采用高阻隔性，特别是阻氧性较好的包装材料进行包装，还可采用控制气氛包装、遮光包装来控制氧化和褐变的产生。

包装材料本身的异臭成分这是引起食品风味变化的一个严重问题，特别是塑料及其复合包装材料的异味。应严格控制直接接触食品的包装材料质量，并控制包装操作过程中可能产生的塑料包装材料过热分解所产生的异味异臭污染食品。

（三）包装食品的油脂氧化及其控制

现代加工食品中大多含油脂成分，油脂不仅能改善食品风味，且在营养上其单位重量能提供更多的热量。油脂一旦氧化变质会发生异臭，不仅失去食用价值，其氧化生成物过氧化物对人体有一定的毒害。因此，食品包装必须研究油脂类食品氧化的影响因素及控制方法。

1. 光线 光能明显地促进油脂氧化，其中紫外线的影响最大。对于包装食品，主要受到橱窗和商店内部荧光灯产生的紫外线照射。为防止包装食品因透明薄膜引发的光氧化，采用红褐色薄膜或铝箔及其复合包装材料等作为富含油脂食品的包装材料。近年来为了提高包装食品的透视性以便吸引消费者，大部分食品依然采用透明性包装，故光线对食品氧化变质的影响一直存在。

2. 氧气 食品中油脂氧化与氧分压密切相关，当氧气降至2%以下时，氧化速度明显下降，故油脂食品常采用真空或充气包装。食品油脂氧化还与接触面积和油脂的稳定性有关，若食品中油脂稳定性差，则极易氧化变质，这时可采用封入脱氧剂的包装方法，使包装内的氧浓度降低到0.1%以下。

3. 水分 干燥食品中化合水的存在对保护食品质量稳定非常重要，过度干燥并失去了化合水的食品，其氧化速度很快；水分的增加又会助长水分解而使游离脂肪酸增加，且会使霉菌和脂肪氧化酶增殖，应尽可能保持食品的较低水分活度。水分对油脂食品氧化影响的复杂性，包装时一般以严格控制其透湿度为保质措施，即不论包装外部的湿度如何变化，采用的包装材料必须使包装内部的相对湿度保持稳定。

（四）包装食品的物性变化

包装食品的物性变化主要因水分变化所引发，无论是生鲜食品还是加工食品，都存在着食品本身失水趋于干燥的脱湿过程或吸收空气中水分的吸湿过程。食品脱湿或吸湿，其物性就会发生变化，干燥时发生裂变和破碎现象，吸湿时发生潮解和固化现象，两者都会引起食品品质风味下降，直至失去商品价值。

资源11-2

1. 食品的脱湿 一般食品含有一定水分，只有在保持食品一定水分条件下，食品才有较好的风味和口感。蔬菜、鱼肉等生鲜食品，其含水量一般在70%～90%，贮存过程中因水分的蒸发，蔬菜会枯萎、肉质变硬，其组织结构劣变；加工食品中，中等含水食品也会因水分散失而使其品质劣变。蛋糕水分蒸发对品质及商品价值的影响见**资源11-2**。

表11-2 各种食品的饱和吸湿量和临界水分

食品	饱和吸湿量/% (20℃，90%RH)	临界水分值/%
椒盐饼干	43	5.00
脱脂奶粉	30	3.50
奶粉	30	2.25
肉汁粉末	60	4.00
洋葱干粉末	35	4.00
果汁粉末	60	—
可可粉末	45	3.00
干燥肉	72	2.25
蔗糖	85	—
干菜（西红柿）	20	—
果脯（苹果）	70	—

注："—"代表没有数据

2. 食品的吸湿

1）平衡相对湿度 每一种食品各有其平衡相对湿度，即在既定温度下食品在周围大气中既不失去水分又不吸收水分的平衡相对湿度。若环境湿度低于这个平衡相对湿度，食品就会进一步散失水分而干燥，若高于这个湿度，则食品会从环境中吸收水分。

2）食品的临界水分值 其指保持食品（物性）质量的极限水分值，超过临界水分值，食品即发生物性质量变化。干燥食品究竟吸收多少水分才会使之质量低劣呢？表11-2列出了几种食品在20℃、90%相对湿度（RH）条件下的饱和吸湿量及质量低劣的极限吸湿量——临界水分值。从表中可知，椒盐饼干的水分含量超过5%时，则引起食品的物性变化，使椒盐饼干失去其酥脆可口的风味。肉汁粉末其水分含量超过4%时，则出现固化潮解等现象。另外，如肉汁粉末、咖啡等易吸湿食品，即使吸收比较低的水分，包装内的粉粒也会黏结成块而失去粉末特性，故确定其质量低劣的临界水分值较低。

干燥食品其临界水分值与饱和吸湿量差别很大，极易吸湿使其含水量超过临界水分值而失去原有物性并变质。因此，必须采用阻气、阻湿性高的包装材料进行包装，并可采用封入吸湿剂的防潮包装方法。

四、包装食品的货架期

（一）食品货架期及其影响因素

1. 食品货架期的定义　大多数食品随着贮藏时间延长其品质下降。食品货架期（shelf life of food）即从成品开始到最终不被消费者接受的这段时间；由于影响因素很多、过程复杂，确定食品货架期成为复杂的食品科学问题。生产商决定食品作为商品的流通方式和货架期，必须考虑生产流通过程影响食品品质的因素和控制成本、贮运流通销售和消费者的方便性，延长货架期的技术运作成本等方面。因此，确定货架期成为食品创新研究开发必不可少的一部分。

2. 影响食品货架期的因素

1）产品的自身特性　包括 pH、水分活度、酶、微生物和反应物的浓度等，这些内在因素可以通过原料成分和加工工艺参数的选择而受到控制。食品易腐败性根据在贮藏期间的性质改变，可分为三种类型：易腐败型、较易腐败型和不易腐败型。食品也可根据货架期的长短可分为：极短货架期产品、中短货架期产品和中长货架期产品。

2）包装材料的性能　包装材料，尤其是纸塑类包装材料对水蒸气、氧气、二氧化碳等各种气体和光线均有渗透性能。对于特定食品，包装材料的渗透性会引发食品氧化、褐变变色和微生物腐败变质等品质变化反应，因此，包装材料的性能极大地影响许多外在因素对食品货架期的影响，也可通过改变包装材料的组成成分、功能、加工参数、包装体系或贮藏环境来改变产品货架期。

3）产品贮运流通环境（外界因素）　外在因素包括温度、湿度、光照、总气压和不同气体的分压等，这些因素可以影响到食品货架期内各种腐败反应的速率。

包装食品的品质下降与包装中物质和热量的转移有关。在物质转移过程中，优先考虑的是物流环境中水蒸气和气体的变化，由于包装材料的渗透性能，包装中氧气和水蒸气的变化会影响食品品质，氮气和二氧化碳的转移也会影响食品品质，因为它们的存在会抑制或降低食品腐败反应的速率。因此，物流环境的气候条件（温度和湿度）在很大程度上影响包装食品腐败的速率，也就影响到食品货架期。

（二）确定食品货架期的方法

研究货架期的方法主要有以下两大类。

1）直接方法　将产品贮藏在预先确定的条件下，其贮藏时间比预期的货架期要长，且在规定的时间内检查食品，考察其开始变质的时间。这是易腐败型食品最常用的方法。

2）间接方法　不易腐败型食品有较长货架期，一般不用整个贮藏试验方法，目前最常用的两种间接方法是动力学模型预测和加速货架期实验。

确定食品货架期的具体方法见**资源 11-3**。

资源 11-3

第二节　食品包装材料及容器

一、纸类包装材料及其包装容器

（一）纸类包装材料的特性及其性能指标

1. 纸类包装材料的特性　纸类包装材料是由纤维交织而成的薄片状网络材料；在现代食品包装中占有非常重要的地位，占包装材料总量的 45%～55%，从食品现代物流发展趋势来看，纸类包装材料的用量会越来越大。

纸类包装制品有：纸箱、纸盒、纸袋、纸质容器等，瓦楞纸板及其纸箱是纸类包装材料制品的主导品种；由多种材料复合而成的复合纸和纸板在食品包装上已部分取代其他包装材料而被广泛应用。

2. 纸及纸板的主要质量指标

（1）定量（W）（GB/T 451.2）：每平方米纸的质量，单位 g/m²。

（2）厚度（d）（GB/T 451.3）：纸样在两测量板之间，一定压力下直接测出的厚度，单位 mm。

（3）紧度（D）（GB/T 451.2）：纸的单位体积重，体现纸的结实与松弛程度，单位 g/cm³。

（4）抗张强度（GB/T 12914）：纸板抵抗施加拉力的能力，即拉断之前所承受的最大拉力，单位 N。

（5）伸长率（GB/T 459）：指纸或纸板受到拉力至拉断，长度增加与原试样长度之比。

（6）破裂强度（GB/T 454）：又称耐破度，指单位面积纸或纸板所能承受的均匀增大的最大垂直压力，单位 MPa（kgf/cm²）。这是一个对包装用纸有特别意义的综合性能指标。

（二）食品包装用纸和纸板

1. 食品用纸和纸板的分类　　纸与纸板按定量和厚度分类：定量在 225g/m² 以下或厚度小于 0.1mm 的称为纸，定量在 225g/m² 以上或厚度大于 0.1mm 的称为纸板。纸用作包装商品、制作纸袋、印刷商标等；纸板则用于生产纸箱、纸盒、纸桶等包装容器。常用包装用纸及纸板如表 11-3 所示。

表 11-3　常用包装用纸及纸板

包装用纸	普通商业包装用纸、一般食品包装纸、牛皮纸、羊皮纸、鸡皮纸、玻璃纸、防潮玻璃纸、糖果包装纸、茶叶袋滤纸、涂布纸、复合纸等
包装用纸板	白纸板、标准纸板、牛皮箱纸板、箱板纸、瓦楞原纸、黄纸板、复合纸板等

2. 瓦楞纸板　　瓦楞纸板是由瓦楞原纸轧制成屋顶瓦片状波纹，然后与两面箱板纸粘合制成，相互并列支撑形成类似三角的结构体，既坚固又富弹性，能承受一定压力。瓦楞形状直接关系到瓦楞纸板的抗压强度及缓冲性能，分 U 型、V 型和 UV 型三种，UV 型缓冲性能好、抗压性能也较好，是目前广泛使用的楞型。

1）瓦楞纸板的楞型　　按国家标准 GB/T 6544—2008 规定，楞型有 A、B、C、E 四种，所有楞型的瓦楞纸板均采用 UV 型瓦楞。

A 型大瓦楞：单位长度内的瓦楞数量少而瓦楞高度大，有较大的缓冲力，适于包装较轻的易碎物品。

B 型小瓦楞：适于包装较重和较硬的物品，多用于罐头、瓶装物品等的包装。

C 型中瓦楞：单位长度内的瓦楞数及瓦楞高度介于 A、B 型之间，性能则接近于 A 型。近年来现代物流产业的高速发展及运输费用上涨，C 型楞纸板应用空间日益增加。

E 型微小瓦楞：瓦楞高度最小，具有平坦表面和较高平面刚度。制造纸盒比普通纸板缓冲性能好；表面光滑可进行较复杂的印刷，大量用于食品的销售包装。

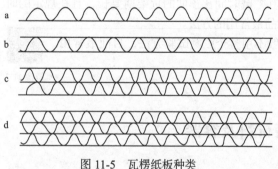

图 11-5　瓦楞纸板种类

2）瓦楞纸板的种类　　如图 11-5 所示，瓦楞纸板的种类可分为以下几种。

单面瓦楞纸板（a）：用于制作瓦楞纸箱的缓冲底板和固定材料。

单瓦楞纸板（b）：在瓦楞芯纸两侧均贴以面纸，制作瓦楞纸箱。

双瓦楞纸板（c）：各方面性能比较好，特别是垂直抗压强度明显提高，多用于制造易损较重及长期保存物品（如新鲜水果等）的包装纸箱。

三瓦楞纸板（d）：结构上可采用 A、B、C、E 各种楞型的组合，其强度比双瓦楞纸板高一些，可以用来包装重物品以代替木箱，一般与托盘或集装箱配合使用。

（三）食品包装纸箱

纸箱与纸盒是主要的纸制包装容器，两者形状相似，没有严格区分界线，习惯上小的称盒、大的称箱。盒一般用于销售包装，箱则多用于运输包装。食品包装纸箱按结构可分为瓦楞纸箱和硬纸板箱两类。

瓦楞纸箱（corrugated box）由瓦楞纸板制作而成，纸板结构中空体积为 60%～70%，具有良好的缓冲减震性能；与相同定量的层合纸板相比，瓦楞纸板的厚度大 2 倍，大大增强了纸板的横向抗压强度，广泛用于运输包装。瓦楞纸箱与各种覆盖物和防潮材料结合制造使用，可大大提高使用性能，拓展使用范围；如防潮瓦楞纸箱可包装水果和蔬菜，也可用于冷冻食品包装；使用塑料薄膜衬套，在箱中可形成密封包装，可以包装易吸潮食品、液体、半液体食品等。

瓦楞纸箱印刷装潢效果好，在现代食品物流中也大量用作销售包装容器。

（四）包装纸盒

纸盒是由纸板裁切、折痕压线，经弯折成形、装订或黏接而制成的中小型销售包装容器。在食品市场上，不仅有图案色彩艳丽、印刷装潢精美的固体食品纸盒，还有盛装牛奶、果汁等流体食品的纸盒；制盒材料也由单一纸板向纸基复合纸板发展。

纸盒作为销售包装容器，具有保护美化商品、促进销售和方便使用的功能；纸盒的种类式样很多，具有灵活、方便、经济的优势，因此被广泛应用于食品包装；通过纸盒包装结构和装潢设计来适应商品特点和要求，并以美观的造型和生动的形象把商品信息传达给消费者，达到促销之目的。

食品包装常用的折叠纸盒见**资源 11-4**。

其他食品用包装纸器查看**资源 11-5**。

资源 11-4　资源 11-5

二、塑料包装材料及其包装容器

塑料是一种以高分子聚合物——树脂为基本成分，再加入一些用来改善其性能的各种添加剂制成的高分子材料。塑料用作包装材料是现代包装技术发展的重要标志，因其原材料来源丰富、成本低廉、性能优良，成为近 50 年来发展最快、用量巨大的包装材料，并逐步取代了玻璃、金属、纸类等传统包装材料，广泛应用于食品包装，体现了现代食品包装形式的丰富多样、流通使用方便的特点，成为食品包装中最主要的包装材料之一。尽管塑料包装材料用于食品包装还存在着某些卫生安全方面的问题，以及包装废弃物的回收处理对环境的污染等问题，但塑料包装材料仍是 21 世纪需求增长最快的食品包装材料之一。

（一）塑料包装材料的主要性能指标

1. 阻透性　包括对水分、水蒸气、气体、光线等的阻隔性能。

1）透气度（Q_g）和透气系数（P_g）　Q_g 指一定厚度材料在一个大气压差条件下、$1m^2$ 面积 24h 内所透过的气体量（在标准状况下），单位 $cm^3/(m^2 \cdot 24h)$。P_g 指单位时间单位压差下透过单位面积和厚度材料的气体量，单位 $cm^3 \cdot cm/(cm^2 \cdot s \cdot cmHg$[①]$)$。

2）透湿度（Q_v）和透湿系数（P_v）　Q_v 指一定厚度材料在一个大气压差条件下、$1m^2$ 面积 24h 内所透过的水蒸气的克数，单位 $g/(m^2 \cdot 24h)$。P_v 指单位时间单位压差下透过单位面积和厚度材料的水蒸气重量，单位 $g \cdot cm/(cm^2 \cdot s \cdot cmHg)$。

3）透水度（Q_w）和透水系数（P_w）　Q_w 指 $1m^2$ 材料在 24h 内所透过的水分重量，单位 $g/(m^2 \cdot 24h)$。P_w 指单位时间单位压差下透过单位面积和厚度材料的水分重量，单位 $g \cdot cm/(cm^2 \cdot s \cdot cmHg)$。

4）透光度（T）　指透过材料的光通量和射到材料表面光通量的比值，单位 %。

2. 稳定性

1）耐高低温性能　温度对塑料包装材料的性能影响很大，温度升高，其强度和刚性明显降低，其阻隔性能也会下降；温度降低会使其塑性和韧性下降而变脆。材料的耐高温性能用温度指标来表示。用于食品的塑料包装材料应具有良好的耐高低温性能。

2）耐老化性　指塑料在加工储存使用过程中在受到光、热、氧、水、生物等外界因素作用下，保持其化学结构和原有性能而不被损坏的能力。

3. 卫生安全性

1）无毒性　塑料由于其组成成分、材料制造、成型加工，以及与之相接触的食品之间的相互关系等原因，存在着有毒物的溶出和对食品的污染问题。这些有毒物为：有毒单体或催化剂残留，有毒添加剂及其分解老化产生的有毒产物等。目前国际上都采用模拟溶媒溶出试验来测定塑料包装材料中有毒物的溶

---

① 1cmHg＝1.333 22×10^3Pa。

出量，并对之进行毒性试验，由此获得对材料无毒性的评价，确定保障人体安全的有毒物质极限溶出量和某些塑料材料的限制使用条件。

2）抗生物侵入性　　指塑料材料包装食品后，在贮存环境中免受生物侵入污染的能力。它与材料的强度、容器密封方式和贮存环境有关。主要包括虫害侵害率和虫害入侵率。

（二）食品包装常用的塑料树脂

1. 聚乙烯（PE）和聚丙烯（PP）

1）聚乙烯（PE）　　为无臭、无毒，乳白色的蜡状固体，大分子，为线型结构，柔韧性好；聚乙烯塑料由 PE 树脂加少量润滑剂和抗氧化剂构成。

PE 主要包装特性：阻水阻湿性好，但阻气性能差；具有良好的化学稳定性，但耐油性稍差；有一定的机械抗拉和抗撕裂强度，柔韧性好；耐低温性很好，能适应食品的冷冻处理，但耐高温性能差，一般不能用于高温杀菌食品的包装；光泽度、透明度不高，印刷性能差，用作外包装需经电晕处理和表面化学处理改善印刷性能；加工成型方便，制品灵活多样，且热封性能很好。PE 树脂本身无毒，添加剂量极少，因此被认为是一种安全性很好的包装材料。

资源 11-6

PE 的主要品种查看**资源 11-6**。

2）聚丙烯（PP）　　密度 $0.90 \sim 0.91 \mathrm{g/cm^3}$，是目前最轻的食品包装用塑料材料。PP 的阻隔性优于 PE，水蒸气和氧气透过率与高密度 PE 相似，但阻气性仍较差；机械性能较好，具有的强度、硬度、刚性都高于 PE；耐高温性优良，可在 $100 \sim 120℃$ 范围内长期使用，无负荷时可在 $150℃$ 使用，耐低温性比 PE 差，$-17℃$ 时性能变脆；光泽度高，透明性好，印刷性差，印刷前表面需经一定处理，但表面装潢印刷效果好；成型加工性能良好但制品收缩率较大，热封性比 PE 差，但比其他塑料要好；卫生安全性高于 PE。

PP 主要制成薄膜材料包装食品，薄膜经定向拉伸处理后〔双向拉伸聚丙烯（BOPP）和单拉伸聚丙烯（OPP）〕的各种性能，包括强度、透明光泽效果、阻隔性比普通薄膜（CPP）都有所提高，尤其是 BOPP，强度是 PE 的 8 倍，吸油率为 PE 的 1/5，故适宜包装含油食品，在食品包装上可替代玻璃纸包装点心、面包等；其阻湿耐水性比玻璃纸好，透明度、光泽性及耐撕裂性不低于玻璃纸，印刷效果不如玻璃纸，但成本可低 40% 左右，且可用作糖果、点心的扭结包装。大多数 BOPP 膜用于快餐、烘烤食品、蛋糕、面制食品、奶酪、咖啡、茶、干果等食品包装，也用于盒类及盘类物品的透明包装和压敏胶带及香烟包装。PP 可制成热收缩膜进行热收缩包装；也可制成透明的其他包装容器或制品；同时还可制成各种形式的捆扎绳、带，在食品包装上用途十分广泛。

2. 聚氯乙烯（PVC）和聚偏二氯乙烯（PVDC）

1）聚氯乙烯（PVC）　　以 PVC 树脂为主体，加入增塑剂、稳定剂等添加剂混合组成。PVC 树脂热稳定性差，长期处于 100℃ 温度下会降解，成型加工时也会发生热分解，一般需加入 2%～5% 的稳定剂。PVC 树脂黏流化温度接近其分解温度，黏流态的流动性也差，需加入增塑剂来改善其成型加工性能；增塑剂量达树脂量 30%～40% 时构成软质 PVC、小于 5% 时为硬质 PVC。PVC 阻气阻油性优于 PE 塑料，阻湿性比 PE 差；化学稳定性优良，透明度、光泽性比 PE 优良；机械性能好，耐高低温性差，一般使用温度为 $-15 \sim 55℃$，有低温脆性；着色性、印刷性和热封性较好。

PVC 树脂本身无毒，但其中的残留单体氯乙烯（VC）有麻醉和致畸致癌作用，用作食品包装材料时应严格控制 VC 残留量，树脂中 VC 残留量 $\leqslant 3 \times 10^{-6} \mathrm{g}$，包装制品小于 $1 \times 10^{-6} \mathrm{g}$ 时，满足食品卫生安全要求。稳定剂是影响 PVC 安全性的另一个重要因素，用于食品包装的 PVC 材料不允许加入铅盐、镉盐、钡盐等较强毒性的稳定剂，应选用低毒且溶出量小的稳定剂。增塑剂也是影响 PVC 安全性的重要因素，用作食品包装的 PVC 应使用邻苯二甲酸二辛酯、二癸酯等低毒品种作增塑剂，使用剂量也应在安全范围内。

PVC 存在的卫生安全问题决定其在食品包装上的使用范围，软质 PVC 增塑剂含量大，卫生安全性差，一般不用于直接接触食品的包装，可利用其柔软性、加工性好的特点制作弹性拉伸膜和热收缩膜；又因其价廉，透明性、光泽度优于 PE 且有一定透气性而常用于生鲜果蔬的包装。硬质 PVC 中不含或含微量增塑剂，安全性好，可直接用于食品包装。

2）聚偏二氯乙烯（PVDC）　　由 PVDC 树脂和少量增塑剂和稳定剂制成。PVDC 软化温度高、接近其分解温度，加热成型困难而难以应用。但 PVDC 用于食品包装具有许多优异的包装性能：阻隔性很高，且受环境温度的影响较小，耐高低温性良好，适用于高温杀菌和低温冷藏；透明性光泽性良好，制成收缩薄膜后的收缩率可达30%～60%，适用于畜肉制品的灌肠包装，但因其热封性较差，薄膜封口强度低，一般需采用高频或脉冲热封合，也可采用铝丝结扎封口。

PVDC膜是一种高阻隔包装材料，其成型加工困难、价格较高；可单独用于食品包装，用于复合制成高性能复合包装材料；PVDC收缩膜主要用于包装冷鲜肉，利用其高收缩、高阻隔性的特点，所包装的冷鲜肉产品不仅有好的外观，同时可长久保持冷鲜肉的新鲜度。由于PVDC良好的熔黏性，涂覆在其他薄膜材料或容器表面，可显著提高阻隔性能，适用于长期保存食品。

3. 聚酰胺（PA）和聚酯（PET）

1）聚酰胺（PA）　通称尼龙（nylon），在食品包装上使用的主要是PA薄膜类制品，卫生安全性好，具有的包装特性为：阻气性优良，但是一种典型的亲水性聚合物，阻湿性差，吸水性强，随吸水量的增加而溶胀，其阻气阻湿性能急剧下降；化学稳定性良好，PA具有优良的耐油性，耐碱和大多数盐液的作用，但水和醇能使尼龙溶胀；抗拉强度较大，但随其吸湿量的增多而使强度降低；耐高低温性优良，正常使用温度范围在−60～130℃，短时耐高温达200℃，但热封性不良（180～190℃），一般常用其复合材料。

PA薄膜大量用于食品包装，为提高其包装性能，可使用拉伸PA薄膜，并与PE、PVDC或CPP等复合，提高防潮阻湿和热封性能，可用于畜肉制品高温蒸煮包装和深度冷冻包装。

2）聚酯（PET）　俗称涤纶，具有较高的强韧性和较好的柔顺性。PET用于食品包装，与其他塑料相比具有许多优良的包装特性：具有优良的阻气、阻湿、阻油等高阻隔性，化学稳定性好；具有其他塑料所不及的高强韧性能，抗拉强度是PE的5～10倍，是PA的3倍，还具有良好的耐磨和耐折叠性；具有优良的耐高低温性能，可在−70～120℃温度下长期使用，短期使用可耐150℃高温，且高低温对其机械性能影响很小；光亮透明，可见光透过率高达90%以上，并可阻挡紫外线；印刷性能较好；卫生安全性好，溶出物总量很小；由于熔点高，故成型加工、热封较困难。

PET制作薄膜用于食品包装有四种形式：未定向透明薄膜，抗油脂性很好，可用来包装含油及肉类制品，还可作食品桶箱盒等容器的衬袋；定向拉伸收缩膜具有高强度和良好热收缩性，可用作畜肉食品收缩包装；PET拉伸薄膜使其强度、阻隔性、透明度、光泽性得到提高，包装性能更优越，大量用于食品包装；PET复合薄膜，如真空涂铝、K涂PVDC等制成高阻隔包装材料，用于高温蒸煮杀菌食品包装和冷冻食品包装。

其他食品包装用塑料树脂可查看**资源11-7**。

资源11-7

（三）软塑料包装材料

软塑料包装材料是指单种塑料薄膜或塑料与塑料的复合薄膜，又是指以塑料为主体，包含纸或铝箔等其他可挠性材料的复合薄膜材料，是食品包装材料的重要组成部分。

1. 常用食品包装塑料薄膜

1）普通塑料膜　指采用挤出吹塑、溶液流涎法及压延成型，未经拉伸处理的一类薄膜，包装性能取决于树脂品种；阻湿性能好的有PVDC、拉伸PP和PE膜，阻气体性优良的有PVA（聚乙烯醇）、PA、PE、PVDC、EVAC（乙烯-乙酸乙烯酯共聚物），耐高温的有CPP、PA、PET、PVDC，适用于高温杀菌食品包装。

2）定向拉伸塑料薄膜（stretched film）　将普通塑料薄膜在其玻璃化至熔点的某一温度条件下拉伸到原长的几倍，张紧状态下在高于其拉伸温度保持几秒进行热处理定型，最后急速冷却至室温，可制得定向拉伸薄膜。经过定向拉伸的薄膜，其抗拉强度、阻隔性能、透明度等都有很大的提高。目前食品包装上使用的单向拉伸膜有OPP、OPS（拉伸聚苯乙烯）、OPET（拉伸聚酯膜）、OPVDC（拉伸聚偏二氯乙烯）等，双向拉伸膜有BOPP、BOPE（双向拉伸聚乙烯）、BOPS（双向拉伸聚苯乙烯）、BOPA（双向拉伸聚酰胺膜）等。

3）热收缩薄膜（shrink film）　未经热处理定型的定向拉伸薄膜称热收缩薄膜。这种热收缩性能被应用于包装食品，对被包装食品具有很好的保护性、商品展示性和经济实用性。目前使用较多的收缩薄膜是PVC、PE、PP，其次有PVDC、PET、EVAC等。

4）弹性（拉伸）薄膜（elastic film）　具有较大的延伸率而又有足够的强度，有良好的拉伸弹性和弹性张力。食品包装上常用的拉伸薄膜有PVC、EVAC、LDPE（低密度聚乙烯）、LLDPE（线型低密度聚乙烯），其中 EVA 和 LLDPE 膜弹性好、自黏性也好，是食品包装常用的理想品种。

2. 复合软包装材料　复合软包装材料是指由两层或两层以上不同品种可挠性材料，通过一定技术组合而成的"结构化"多层材料，所用复合基材有塑料薄膜、铝箔和纸等。根据使用目的将不同的包装材料复合，使其拥有多种综合包装性能，复合包装材料便由此而产生，且已成为食品包装材料最主要的品种和国际性发展方向。

1）食品包装用复合材料的结构要求　内层要求无毒、无味、耐油、耐化学性能好，具有热封性或黏合性，常用的有 PE、CPP、EVA 等热塑性塑料；外层要求光学性能好、印刷性好、耐磨耐热，具有强度和刚性，常用的有 PA、PET、BOPP、PC、铝箔及纸等；中间层要求具有高阻隔性（阻气阻香，防潮和遮光），其中铝箔和 PVDC 是最常用的品种。

复合材料表示方法：从左至右依次为外层、中层和内层材料，如纸 /PE/AL/PE，外层纸提供印刷性能，中间 PE 起黏结作用、AL 提供阻隔性和刚度，内层 PE 提供热封性能。

2）高温蒸煮袋用复合膜　按其杀菌时使用的温度可分为：高温蒸煮袋（121℃杀菌 30min）和超高温蒸煮袋（135℃杀菌 30min），有透明袋和不透明袋；透明复合薄膜可用 PET 或 PA 等薄膜为外层（高阻隔型透明袋使用 K 涂 PET 膜），CPP 为内层，中间层可用 PVDC 或 PVA；不透明复合膜中间层为铝箔。高温蒸煮袋能承受 121℃以上的加热灭菌，对气体、水蒸气具高阻隔性且热封性好、封口强度高；如用 PE 为内层，仅能承受 110℃以下的灭菌温度，故高温蒸煮袋一般采用 CPP 作热封层。由于透明袋杀菌时传热较慢，适用于内容物 300g 以下的小型蒸煮袋，而内容物超过 500g 的应使用铝箔复合的不透明蒸煮袋。

资源 11-8　　高阻隔性薄膜的相关内容可查看**资源 11-8**。

三、金属、玻璃、陶瓷包装材料及容器

（一）金属包装材料及容器

1. 金属包装材料的性能特点　金属材料作为近代罐头食品加工业起步发展的最重要包装材料，其优良性能表现为以下几点。

（1）高阻隔性能：可完全阻隔气、汽、水、油、光等的透过，用于食品包装表现出极好的保护功能，使包装食品有较长的货架寿命。

（2）优良的机械性能：良好的抗拉、抗压、抗弯强度，韧性及硬度，用作食品包装表现出耐压、耐温湿度变化等，包装的食品便于运输贮存，适宜机械自动化包装操作。

（3）容器成型加工工艺性好：能易于制成食品包装所需的各种形状容器、容器加工技术设备成熟，生产效率高，如马口铁罐、铝质二片罐生产线生产速度达 3600 罐 /min，可满足大规模自动化生产需要。

（4）良好的导热性、耐高低温性和耐热冲击性：用作食品包装可适应食品冷、热加工，高温杀菌及杀菌后的快速冷却等加工需要。

缺点是：化学稳定性差、不耐酸碱腐蚀，特别是包装高酸性食物时易被腐蚀，金属离子的析出会影响食品的风味和安全性。为弥补这个缺点，一般需在容器内壁施涂涂料。另一个缺点是价格较贵。

2. 常用金属包装材料

1）镀锡薄钢板　镀锡薄钢板是低碳薄钢板表面镀锡而制成的产品，简称镀锡板，俗称马口铁板，大量用于制造包装食品的各种容器，其他材料容器的盖或底。

2）无锡薄钢板　锡为贵金属，镀锡板成本较高，在满足使用要求前提下由无锡薄钢板替代马口铁用于食品包装，主要有镀铬薄钢板、镀锌板和低碳钢薄板。

3）铝质包装材料　铝在空气中易氧化形成 Al_2O_3 薄膜而保护内部铝材氧化；但铝抗酸碱盐的腐蚀能力差，当 Al 中加入如 Mn、Mg 合金元素时可构成防锈铝合金，其耐蚀性能有很大提高。铝薄板用作罐盖、易拉盖，塑性好的铝薄板可制作深拉罐和变薄拉深罐。

4）铝箔　铝箔是用工业纯铝薄板经多次冷轧、退火加工制成的金属箔材，食品包装用铝箔厚度一般为 0.05～0.07mm，与其他材料复合时所用铝箔厚度为 0.03～0.05mm，甚至更薄。铝箔易受机械损伤及腐蚀而较少单独使用，通常与纸、塑料膜等材料复合使用，具有优良的耐蚀阻透、蔽光密封等性能，大量用于食品真空充气包装、制成蒸煮袋及多层复合袋，也可制作杯、盒、盘的盖材，制成浅盘盒及商标等。

铝箔容器的其他相关内容可查看**资源 11-9**。

资源 11-9

3. 金属包装容器　包装食品用金属容器按形状及容量大小分为桶、盒、罐、管等多种，其中金属罐使用范围最广，使用量最大。食品包装用金属罐按所用材料、结构外形及制罐工艺不同进行分类，如表 11-4 所示，罐体按结构分为三片罐和二片罐，按罐是否有涂层分为素铁罐和涂料罐；按食用时开罐方法不同分为罐盖切开罐、易开盖罐、罐身卷开罐等。

表 11-4　金属罐的分类

结构	形状	工艺特点	材料	代表性用途
三片罐	圆罐或异形罐	压接罐	马口铁、无锡薄钢板	主要用于密封要求不高的食品罐，如茶叶罐、月饼罐、糖果和饼干罐等
		黏接罐	无锡薄钢板、铝	各种饮料罐
		电阻焊罐	马口铁、无锡薄钢板	各种饮料罐、食品罐、化工罐
二片罐	圆罐或异形罐	浅冲罐	马口铁、铝	鱼肉、肉罐头
			无锡薄钢板	水果、蔬菜罐头
		深冲罐（DRD）	马口铁、铝	菜肴罐头
			无锡薄钢板	乳制品罐头
		深冲减薄拉深罐（DWI）	马口铁、铝	各种饮料罐头（主要是碳酸饮料）

（二）玻璃、陶瓷包装材料及容器

玻璃是食品包装四大重要材料之一，使用量占包装材料总量的 10% 左右，其用作食品包装最显著的特点是：高阻隔、光亮透明、化学稳定性好、易成型；但玻璃容器重量大、易破碎这些缺点影响了它在食品包装上的使用，尤其是受到塑料复合包装材料的冲击。因此，玻璃包装制品的高强度、轻量化成为发展方向。

1. 瓶罐玻璃的化学组成及包装特性　玻璃的种类很多，用于食品包装的是钠-钙-硅系玻璃，其主要成分为：SiO_2（60%～75%）、Na_2O（8%～45%）、CaO（7%～16%），此外含有少量的 Al_2O_3（2%～8%）和 MgO（1%～4%）等。

玻璃作为食品包装材料的一个突出优点是具有极好的化学稳定性。玻璃很好地抗气体、水、酸、碱等侵蚀，不与被包装的食品发生作用，具有良好的包装安全性，最适宜婴幼儿食品、药品包装。玻璃对气、汽、水、油等各种物质的透过率为 0，这是它作为食品包装材料的又一突出优点。

玻璃具有良好的透光性，可充分显示内装食品的感官品质。对要求避光的食品，可采用有色玻璃。玻璃耐高温，能经受加工过程的杀菌、消毒、清洗等高温处理，能适应食品微波加工及其他热加工，但玻璃对温度骤变产生的热冲击适应能力差，尤其玻璃较厚、表面质量差时，它所能承受的急变温差更小。

2. 玻璃容器的发展方向　玻璃容器包装食品具有光亮透明、卫生安全、耐压耐热、阻隔性好的优点，但其重量大、易破碎的缺点使其在食品包装上的应用受到限制；轻量瓶、强化瓶为玻璃容器在食品包装竞争中打开了新的局面。

（1）轻量瓶：在保持玻璃容器的容量和强度条件下，通过减薄壁厚，减轻重量制成的瓶称轻量瓶。玻璃容器轻量化程度用重容比表示，即容器重量（g）与其容量（mL）之比，重容比<0.6 为轻量瓶。

（2）高强度轻量瓶：为提高玻璃容器的抗张强度和冲击强度，采取一些强化措施使玻璃容器的强度得以明显提高，强化措施可采用容器的钢化淬火处理、化学钢化处理、表面涂层强化及高分子树脂表面强化等；强化处理后的玻璃瓶称作强化瓶；若强化措施用于轻量瓶，则称高强度轻量瓶。

3. 陶瓷包装容器简介　陶瓷制品用作食品包装容器历史悠久，主要有瓶、罐、缸、坛等形态，用于酒类、咸菜及传统风味食品的包装。制造陶瓷的主要原料有：高岭土（瓷器制造用）或黏土、陶土（陶器制造用）、硅砂及助熔性原料（如长石、白云石、菱镁矿石）等。高岭土的主要成分是 $Al_2O_3 \cdot 2SiO_2 \cdot 2H_2O$。

制造工艺大致为：原料配制→泥坯成型→干燥→上釉→焙烧。

陶瓷材料用于食品包装时应注意彩釉烧制的质量。彩釉是硅酸盐和金属盐类物质，着色颜料也多使用金属盐类物质；这些金属盐类物质中多含有铅、砷、镉等有毒成分，当烧制质量不好时，彩釉未能形成不溶性硅酸盐，而使用陶瓷容器时会发生有毒有害物质的溶出而污染内装食品。所以应注意陶瓷容器的烧制质量，以确保包装食品的卫生安全。

第三节　食品包装技术

一、防潮包装技术

含有一定水分的食品，尤其是对湿度敏感的干制食品，在环境湿度超过其质量所允许的临界湿度时，食品将迅速吸湿而使其含水量增加，达到甚至超过维持质量的临界水分值，从而使食品因水分而引起质量变化。水分含量较多的食品也会因内部水分的散失而发生物性变化，降低或失去原有的风味。从食品组织结构分析，凡具有疏松多孔或粉末结构的食品，与空气中水蒸气的接触面积大，吸湿或失水的速度快，很容易引起食品的物性等品质变化。

防潮包装即采用具有一定阻湿防潮能力的包装材料对食品进行包封，隔绝外界湿度对产品的影响；同时使食品包装内的相对湿度满足产品要求，在保质期内控制在设定的范围内，保护内装食品的质量。

（一）包装食品的湿度变化原因

1. 包装内湿度变化的原因　包装内湿度变化的原因有二：其一是包装材料的透湿而使包装内湿度增加；其二是环境温湿度的变化所引起：在相对湿度确定的条件下，高温时大气中绝对含水量高，温度降低则相对湿度会升高，当温度降到露点温度或以下时，大气中的水蒸气会达到过饱和状态而产生水分凝结。这种温、湿度变化关系与防潮包装有很大的相关性，如果在较高温度下将产品封入包装内，其相对湿度是被包装产品所允许的，当环境温度降低到一定程度时，包装内的相对湿度升高到可能超过被包装产品所允许的条件。所以包装环境相对温湿度条件对防潮包装有重要影响；若产品在较高温湿度条件下进行防潮包装，可能会加速食品的变质。

2. 保证食品质量的临界水分　每一种食品吸湿平衡特性不同，对水蒸气的敏感程度不同，对防潮包装的要求也不同。大多数食品都具有吸湿性，在水分含量未达到饱和之前，其吸湿量随环境相对湿度的增大而增加。每一种食品都有一个允许的保证食品质量的临界水分和吸湿量的相对湿度范围，在这个范围内吸湿或蒸发达到平衡之前，产品的含水量能保持其性能和质量，超过这个湿度范围，则会由于水分的影响而引起品质变化。例如，茶叶在炒制烘干后水分含量约3%，在相对湿度20%时达到平衡；在50%时茶叶的平衡水分为5.5%；在80%时，其平衡水分为13%；当茶叶的水分含量超过5.5%时，茶叶质量急剧下降，因此把水分5.5%作为茶叶保持质量的临界水分含量，在防潮包装时在规定保质期内须保证茶叶的水分含量不超过5.5%。

（二）防潮包装材料及其透湿性

一般气体具有从高浓度向低浓度区域扩散的性质，空气中的湿度也有从高到低的扩散流动性质。要隔断包装内外的这种流动，保持包装内产品所要求的相对湿度，就须采用具有阻湿要求的防潮包装材料。包装材料透湿性能决定于材料的种类和厚度，为判断材料的透湿性能，一般测定其透湿度。

透湿度（Q）指在一定的相对湿度差、一定厚度、一平方米面积薄膜在24h内透过的水蒸气重量值，与环境温度、材料两侧水蒸气压力差（或湿度差）有关，是防潮包装材料的一个重要参数，也是选用包装材料、确定防潮期限、设计防潮工艺的主要依据。

包装材料的透湿度受测定方法和实验条件的影响很大，当改变其测定条件时其透湿度值也随之改变，故各国都制定了透湿度的测定标准。我国的标准测定方法：有效面积$1m^2$的包装材料在一面保持40℃，相对湿度90%，另一面用无水氯化钙进行空气干燥，然后用仪器测定24h内透过包装材料的水蒸气量，测定值就是在40℃、90%RH条件下包装材料的透湿度，单位用$g/(m^2 \cdot 24h)$表示。

资源 11-10

按上述方法测定的包装材料透湿度，可作为防潮包装设计的依据。但实际产品包装时不可能在这种特定条件（40℃，90%RH）下进行，通常环境的温湿度变化较大，在不同温湿度条件下其透湿度有很大差别，当温度高、湿度大时，其水蒸气扩散速度就会增大。

常用防潮包装材料及其透湿度指标可查看**资源 11-10**。

（三）防潮包装方法及其设计

防潮包装的实质问题是：使包装内部的水分不受或少受包装外部环境影响，选用合适的防潮包装材料或吸潮剂及包装技术措施，使包装内部食品水分控制在设定的范围内。

防潮包装具有两方面的意义：其一为防止被包装的含水食品失水；其二为防止环境水分透入包装而使干燥食品增加水分，影响食品品质。

防潮包装设计方法有两种，即常规防潮包装设计和内装吸潮剂的防潮包装设计方法（相关内容可查看**资源 11-11**）。

资源 11-11

二、改善气氛和控制气氛包装技术

改善和控制气氛包装（modified or controlled atmosphere packaging，M&CAP），最常用的方法就是真空和充气包装、改善气氛包装（modified atmosphere packing，MAP）和控制气氛包装（controlled atmosphere packing，CAP）。食品真空和充气包装都是通过改变包装食品环境条件而延长食品的保质期，而 MAP 和 CAP 是在真空充气包装技术基础上的进一步发展。现代食品流通销售模式为生鲜和鲜切农副产品保鲜包装提供了基本条件和无限商机，而 MAP 和 CAP 包装技术为其生鲜品质提供了技术保证。

（一）真空和充气包装

1. 真空包装（vacuum packing）　即把被包装食品装入气密性包装容器，在密闭之前抽真空，使密封后的容器内达到预定真空度的一种包装方法；目的是减少包装内氧气的含量，防止包装食品的霉腐变质，保持食品原有的色、香、味，并延长保质期。附着在食品表面的微生物一般在有氧条件下才能繁殖，真空包装则使微生物的生长繁殖失去条件。

图 11-6 所示为新鲜牛肉真空包装和普通包装在不同贮藏温度下的细菌繁殖情况，两者差异很大，贮藏温度对细菌繁殖影响也很大。图 11-7 说明了真空包装和普通包装的新鲜牛肉在贮藏过程中微生物相的变化情况：普通包装在 1℃下贮藏的牛肉，假单胞杆菌仍在繁殖，14 天时便能看到有明显的腐败；真空包装首先是肠杆菌，其次是乳杆菌和链球菌的繁殖较为显著，贮藏 28 天时能感知稍有臭味，可认为乳杆菌是造成腐败的主要原因。

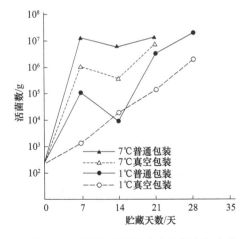

图 11-6　不同包装新鲜牛肉中微生物变化

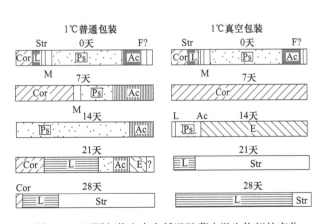

图 11-7　不同包装牛肉在低温贮藏中微生物相的变化

Cor：棒杆菌；L：乳杆菌属；Str：链球菌属；M：微球菌属；
Ps：假单胞菌属；Ac：无色杆菌属；F：黄杆菌属；E：肠杆菌属

对微生物来说，当 O_2 浓度≤1%时繁殖速度急剧下降，在 O_2 浓度为 0.5%时多数细菌将受到抑制而停止繁殖。另外，食品的氧化、变色和褐变等生化变质反应都与氧密切相关，当 O_2 浓度≤1%时，也能有效控制油脂食品的氧化变质。真空包装就是为了在包装内造成低氧而保护食品质量的一种有效包装方法。

食品真空包装的保质效果不仅取决于采用较高真空度的包装机械，也取决于采用正确合理的包装技术，包装后一般还需适当的杀菌和冷藏；加工食品经真空包装后还要经过 80℃，15min 以上的加热杀菌，生鲜食品在真空包装后应在低温状态（10℃以下）下流通和销售。

2. 充气包装（gas packing）

1）充气包装的特点　　在包装内充填一定比例理想气体，目的与真空包装相似，通过破坏微生物赖以生存繁殖的条件，减少包装内部的含氧量及充入一定量理想气体来减缓包装食品的生物生化变质；区别在于真空包装仅是抽去包装内的空气来降低包装内的含氧量，而充气包装是在抽真空后立即充入一定量的理想气体，如 N_2、CO_2 等，或采用气体置换方法，用理想气体置换出包装内的空气。充气包装既有效地保全包装食品质量，又能解决真空包装不足，使内外压力趋于平衡而保护内装食品，并保持包装形体美观。

2）充气包装保质机理　　充气包装常用的充填气体主要有 CO_2、N_2、O_2 及其混合气体，其他很少用到的气体有 CO、NO_2、SO_2、Ar 等。

（1）CO_2。CO_2 在低浓度下能促进微生物的繁殖，但在高浓度下能阻碍大多数需氧菌和霉菌等微生物的繁殖，延长其微生物增长的停滞期和延缓其指数增长期，因而对食品有防霉和防腐作用；但 CO_2 不能抑制厌氧菌和酵母的繁殖生长，若存在这类微生物时还需采用其他气体或方法抑制其增长。在混合气体中 CO_2 的浓度超过 30%就足以抑制细菌增长，在实际应用中，因 CO_2 易通过塑料包装材料逸出和被食品中水分和脂肪吸收，混合气体中 CO_2 的浓度一般超过 50%。

（2）N_2。N_2 在空气中占 78%，作为一种理想惰性气体一般不与食品发生化学作用，包装中提高 N_2 浓度，则相对减少 O_2 浓度，就能产生防止食品氧化和抑制细菌生长的作用。N_2 不直接与食品中的微生物作用，它在充气包装中的作用有两个：一是抑制食品本身和微生物的呼吸；二是作为一种充填气体，保证产品在呼吸包装内的 O_2 后仍有完好外形。对极易氧化变质的食品，充氮包装能有效地延缓食品的氧化变质。

（3）O_2。O_2 在空气中占 21%，是生物赖以生存不可缺少的气体。O_2 的个性活跃，会引起食品变质和加速腐败细菌的生长，一般包装内都不允许存在。生鲜的肉类和鱼贝类，如果处于无氧状态下保存，则维持组织新鲜的氧合肌红蛋白就会还原变成暗褐色而使产品失去生鲜状态乃至商品价值。因此，维持新鲜肉类稳定的生鲜状态必须采用有氧包装。

充气包装应根据被包装食品的性能特点，可选用单一气体或上述三种不同气体组成的理想气体充入包装内，以达到理想的保质效果。一般情况下，N_2 的稳定性最好，可单独用于食品的充气包装而保持其干燥食品的色、香、味；对于那些有一定水分活度、易发生霉变等生物性变质食品，一般用 CO_2 和 N_2 的混合气体充填包装；对于有一定保鲜要求的生鲜食品，则需用一定氧气浓度的理想混合气体充填包装。

资源 11-12

部分生鲜和加工食品充气包装的情况查看**资源 11-12**。

（二）改善气氛和控制气氛包装

1. MA 和 CA 气调系统原理　　MA（modified atmosphere）即改善气氛，指采用理想气体一次性置换，或在气调系统中建立起预定的调节气体浓度，在随后的贮存期间不再受到人为的调整。

CA（controlled atmosphere）即控制气氛，指控制产品周围全部气体环境，即在贮藏期间选用的调节气体浓度一直受到保持稳定的控制。

在图 11-8 所示的薄膜气调包装系统中同时存在着两种过程：一是产品（包括微生物）的生理生化过程，即新陈代谢呼吸过程；二是薄膜透气导致产品与包装内气体的交换过程。这两个过程使薄膜气调系统成为一个动态系统，在一定条件下可实现动态平衡，即产品与包装内环境气体交换速率与包装内气体透过薄膜与大气的交换速率相等。能否在气调期内出现动态平衡点、保持动态平衡相对稳定的能力，这种差异也就被定性为 CA 性或 MA 性。

对于具有生理活性的食品，减少 O_2 提高 CO_2 浓度，可抑制和降低生鲜食品需氧呼吸并减少水分损失，抑制微生物繁殖和酶反应，若过度缺氧则会难以维持生命必需的新陈代谢，或造成厌氧呼吸，产生变味或

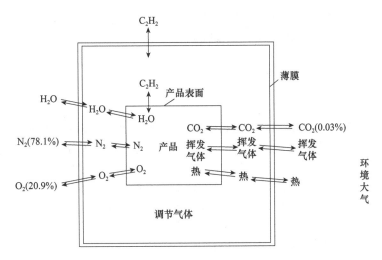

图 11-8　薄膜气调包装系统模式图

不良生理反应而变质腐败。CA 或 MA 不是单纯的排除 O_2，而是改善或控制食品贮存的气氛环境，以尽量显著地延长食品的包装有效期。判断一个气调系统是 CA 型还是 MA 型，关键是看对已建立起来的环境气氛是否具有调整和控制功能。

2. CAP 和 MAP　　改善气氛和控制气氛包装也称气调包装，根据包装薄膜材料对内部气氛的控制程度分为控制气氛包装（CAP）和改善气氛包装（MAP），其包装内的气体组分不同于正常大气环境，一般是氧分压下降、CO_2 升高；MAP 和 CAP 不同之处在于对包装内部气氛是否具有自动调节作用，从这个意义上真空充气包装属于 MAP 范畴。

1）CAP　　主要特征是包装材料对包装内气氛状态有自动调节作用，要求包装材料具有适合的气体可选择透过性，以适应内装产品的呼吸作用。生鲜果蔬产品自身的呼吸特性要求包装材料具有气调功能，能保持稳定的理想气氛状态，以避免因呼吸可能造成的包装缺氧和 CO_2 含量过高。

任何 CAP 系统都应该在低氧和高 CO_2 浓度条件下达到以这两种气体为主体的平衡状态，这时产品的呼吸速率基本等于气体对包装膜的进出速率；系统中的任何因素发生变化都将影响系统的平衡或建立稳定态所需的时间。对果蔬而言，包装膜对 CO_2 和 O_2 渗过系数的比例 O_2/CO_2 也应合理，以适应果蔬的呼吸速度并能维持包装体内一定的 O_2 和 CO_2 浓度。

包装内的理想气氛状态可由包装后产品的呼吸作用自发形成，也可在包装时人为提供。对本来就有较长贮藏寿命，气调是为延长产品贮藏期的产品，可采用自发形成的方式；而对那些只有很短贮存寿命的产品，则可考虑人工提供理想环境气氛。除了维持适宜的包装体内气氛状态稳定外，还可采用活性炭之类的吸附剂来吸附由呼吸代谢产生的乙烯等。对生鲜果蔬，CAP 与低温贮存并用，可获得非常好的保鲜效果。

几种适合新鲜果蔬 CAP 的包装膜透气性能可查看**资源 11-13**。

资源 11-13

2）MAP　　指用一定理想气体组分充入包装，在一定温度条件下改善包装内环境的气氛，并在一定时间内保持相对稳定，从而抑制产品变质过程，延长产品保质期。MAP 适用于呼吸代谢强度较小的产品包装，能有效保持食品新鲜而产生的副作用小。

生鲜肉，如猪、牛、羊肉等红肉采用 MAP 可获得良好保鲜效果：既能保持鲜肉红色又能抑制微生物生长；红肉中含有鲜红色的氧合肌红蛋白，高氧环境可保持肉色鲜红，缺氧环境下还原为淡紫色的肌红蛋白；气调包装时 O_2 浓度需超过 60% 才能保持肉的红色，CO_2 浓度不低于 25% 才能有效抑制微生物。另一类如鸡、鸭等家禽肉，不需维持鲜红的肉色，只需防腐保鲜，保护气体由 CO_2 和 N_2 组成。

MAP 的包装材料须能控制选用混合气体的渗透速率，同时还能控制水蒸气渗透速率。果蔬类产品 MAP 应选用具较好透气性能的材料；用于肌肉食品和焙烤制品的 MAP 的包装材料，应选用较高阻隔性的包装材料，以较长时间维持包装内部的理想气氛，如常选用 OPP、PE、PET、OPA（拉伸聚酰胺膜）等为基材的复合包装膜。

几种产品 MAP 的典型气体混合组成可查看**资源 11-14**。

生鲜肉的 MAP 可查看视频 **11-2**。

资源 11-14　视频 11-2

三、活性包装及脱氧包装技术

（一）活性包装技术

活性包装（active packaging），即在包装材料中或包装空隙内添加或附着一些辅助成分来改变包装食品的环境条件，以增强包装系统性能来保持食品感官品质特性、有效延长货架期的包装技术。活性包装作为现代食品包装技术术语，并进行商业化应用开发还是近几年的事情，其中典型的是脱氧剂、干燥剂等功能性包装辅助成分被装于独立包装小袋，广泛应用于食品包装中。此外，乙烯吸收剂、乙醇释放或发生剂、除味剂、CO_2 释放或吸收剂等功能性包装辅助成分，通过与包装材料的结合等技术方法应用于食品包装。

资源 11-15

活性包装的功能类型可查看**资源 11-15**。

（二）脱氧包装技术

1. 脱氧包装及其应用特点

1）脱氧包装（deoxygen packaging）　　指在包装内封入脱氧剂除去包装内的氧气，使被包装物在氧浓度很低，甚至几乎无氧的条件下保存的一种包装技术，主要用于对氧敏感的易变质食品，如蛋糕、礼品点心、茶叶、咖啡粉、水产加工品和肉制品等的保鲜包装。

脱氧包装与真空包装相比最显著的特点是在密封的包装内可使氧降低到很低水平，甚至产生一个几乎无氧的环境，从而有效控制包装内产品因氧而造成的各种腐败变质，使其降低到最低限度。

资源 11-16

脱氧包装的案例可查看**资源 11-16**。

2）脱氧包装应用特点　　脱氧包装弥补了真空充气包装去氧不彻底的缺点，且操作方便、使用灵活。此外，脱氧包装用于食品具有的显著特点如下。

（1）在食品包装中封入脱氧剂，可在食品生产工艺中不必加入防霉和抗氧化等化学添加剂，从而使食品更安全，有益于人们的身体健康。

（2）采用合适的脱氧剂可使包装内部氧含量降低到 0.1%，食品在接近无氧的环境中贮存，可防止其中的油脂、色素、维生素等营养成分的氧化，较好地保持产品原有色、香、味和营养。

（3）脱氧包装比真空充气包装更有效地防止或延缓需氧微生物所引起的腐败变质，这种包装效果可适当增加食品（如面包）中的水分含量，并可延长保质期。

2. 常用脱氧剂及其作用原理　　脱氧剂的组成有很大差异，但它们的作用原理基本相同，即利用其无机或有机物质与包装内的氧发生化学反应而消耗氧，使氧含量下降到要求的水平，甚至达到基本无氧。目前常用脱氧剂种类有铁系脱氧剂、亚硫酸盐系脱氧剂、葡萄糖氧化酶有机脱氧剂等。

1）铁系脱氧剂　　是目前使用较为广泛的一类脱氧剂。在包装容器内，铁系脱氧剂以还原状态的铁经下列化学反应消耗氧：

$$Fe + 2H_2O \rightarrow \cdots \rightarrow Fe(OH)_2 + H_2 \uparrow$$

$$3Fe + 4H_2O \rightarrow \cdots \rightarrow Fe_3O_4 + 4H_2 \uparrow$$

$$2Fe(OH)_2 + 1/2O_2 + H_2O \rightarrow \cdots \rightarrow 2Fe(OH)_3 \rightarrow \cdots \rightarrow Fe_2O_3 \cdot 3H_2O$$

$$2Fe + 3/2O_2 + 3H_2O \rightarrow \cdots \rightarrow 2Fe(OH)_3 \rightarrow \cdots \rightarrow Fe_2O_3 \cdot 3H_2O$$

以上反应过程受到诸如温度、湿度（水分）及加入到脱氧剂中的辅助成分（助剂）等因素的影响。铁氧化反应形成的终产物有差异，因而消耗的氧量也有不同；理论上铁氧化成氢氧化铁时，1g 铁消耗 0.43g（折合为约 $300cm^3$）的氧气，这相当于 $1500cm^3$ 正常空气中的含氧量，故铁系脱氧剂的除氧能力很强；但铁系氧吸收剂的脱氧速度相对较慢，且脱氧时需要一定量水分的存在。此外，铁氧化时常伴有氢气生成，如何抑制氢气产生是铁系脱氧剂需解决的问题，配制时常需加入具有这一作用的助剂。

2）亚硫酸盐系脱氧剂　　多以连二亚硫酸盐为主剂，以氢氧化钙和活性炭等为助剂。如在助剂中加入适量的碳酸氢钠，则除了能除去包装空间的氧外，还能生成二氧化碳，形成包装内的高二氧化碳环境，可进一步提高对产品的保护效果。

亚硫酸盐系脱氧剂发生的化学反应包括：

$$Na_2S_2O_4 + O_2 \cdots \xrightarrow{H_2O \ 活性炭} Na_2SO_4 + SO_2 \uparrow$$
$$Ca(OH)_2 + SO_2 \rightarrow \cdots \rightarrow CaSO_3 + H_2O$$

如果还需同时产生二氧化碳，则须再加入碳酸氢钠，发生以下的反应：

$$2NaHCO_3 + SO_2 \rightarrow \cdots \rightarrow Na_2SO_3 + H_2O + 2CO_2 \uparrow$$

1g 连二亚硫酸钠大约可消耗 0.184g 氧，即在标准状态下 1g 连二亚硫酸钠可脱除约 130cm³ 的氧，它的脱氧能力不如铁系脱氧剂，但它脱氧速度快，且可生成二氧化碳，这对食品储藏保鲜非常有利。因此，亚硫酸盐系脱氧剂使用效果较好且应用也较广泛。

3. 脱氧剂的反应特性

1）脱氧剂的脱氧速度　脱氧剂根据脱氧速度不同分为速效型和缓效型。图 11-9 给出了几类常用脱氧剂的脱氧反应速率，亚硫酸盐脱氧剂的吸氧速度最快，属于速效型，一般在 1h 左右能使密封容器内游离氧降至 1%，最终达 0.2% 以下；铁系脱氧剂吸氧速度较慢，属于缓效型脱氧剂，达到 0.2% 以下这种程度需 12～24h，但两者绝对脱氧能力无明显差别。在实际使用时，可将两种脱氧剂配合作用，并加入其他助剂，使其脱氧效果既迅速又长期有效；必要时还可加入能产生 CO₂ 的组分，造成缺氧并有 CO₂ 的较理想的气氛环境。

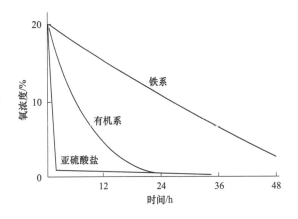

图 11-9　脱氧剂的脱氧速度

2）脱氧剂反应速率与温湿度条件　脱氧剂随包装环境温湿度升高而活性变大，脱氧速度加快。图 11-10 所示为温度对铁系脱氧剂吸氧速度的影响：脱氧剂正常发挥作用的温度为 5～40℃，若低于−5℃，脱氧能力明显下降。图 11-11 为湿度对铁系脱氧剂吸氧速度的影响：脱氧剂正常发挥作用的湿度范围是 60% 以上，当相对湿度低于 50% 时，脱氧能力明显下降。

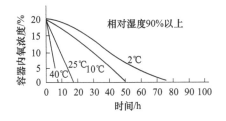

图 11-10　温度对铁系脱氧剂吸氧速度的影响

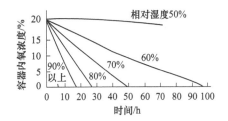

图 11-11　湿度对铁系脱氧剂吸氧速度的影响

3）脱氧剂反应类型　一般脱氧剂需在有水条件下才能发生反应，根据脱氧剂组配时的水分条件，可把脱氧剂分为自力反应型和水分依存型两类。自力反应型脱氧剂自身含有水分，一旦接触空气即可发生吸氧反应，脱氧速度由水分含量、贮藏温度而定。水分依存型脱氧剂自身不含水分，一般在空气中几乎不发生吸氧反应，但一旦感知到高水分食品中的水分时，即发生快速吸氧；此类脱氧剂使用保藏方便。

其他活性包装技术可查看**资源 11-17**。

资源 11-17

四、食品无菌包装技术

（一）无菌包装的特点及意义

1. 无菌包装的特点　所谓食品无菌包装（aseptic package）技术，是指把被包装食品、包装材料容器分别杀菌,并在无菌环境条件下完成充填、密封的一种包装技术。无菌包装与传统灌装工艺及其他所有食品包装比较,最大特点在于:食品单独连续杀菌,包装也单独杀菌,两者相互独立,这就使得无菌包装比普通罐头制品的杀菌耗能量少,且不需用大型杀菌装置,可实现连续杀菌灌装密封,生产效率高。

2. 无菌包装的意义　　无菌包装的食品一般为液态或半液态流动性食品,其特点为流动性好、可进行高温短时杀菌(HTST)或超高温瞬时杀菌(UHT),产品色、香、味和营养素的损失小,如维生素能保存95%,且无论包装尺寸大小,质量都能保持一致,这对热敏感食品,如牛奶、果蔬汁等的风味品质保持具有重大意义。

传统罐头加工使食品无菌,但食品营养成分和风味品质在加工过程中受到严重损害;无菌包装技术使食品单独连续杀菌,很好地解决了传统罐头的缺点,在保证热敏性食品货架寿命的同时,使包装食品营养更丰富,味道更鲜美。目前,无菌包装技术广泛应用于果蔬汁、液态乳类、酱类食品和营养保健类食品的包装;随着消费者对食品营养、风味等要求的日益提高,无菌包装的应用范围将会更加广泛。

(二)无菌包装食品的杀菌方法

资源 11-18

食品无菌包装技术的关键是包装体系的杀菌,即包装食品的杀菌、包装材料和容器的杀菌处理、包装系统设备及操作环境的杀菌处理。

1. 超高温瞬时杀菌(ultra high temperature instantaneous sterilization)　　是把食品在瞬间加热到高温(135℃以上)而达到杀菌目的。其详细介绍可查看**资源11-18**。

2. 高温短时(high temperature short time,HTST)杀菌　　主要用于低温流通的无菌奶和低酸性果汁饮料杀菌,可采用换热器在瞬间把液料加热到100℃以上,然后速冷至室温,可完全杀灭液料中的酵母和细菌,并能保全产品的营养和风味。

(三)无菌包装材料容器及包装系统设备杀菌方法

1. 无菌包装材料容器杀菌方法　　无菌包装材料的杀菌方法视材质而不同,传统无菌包装普遍使用纸塑类多层复合软包装材料或片材热成型容器,这类材料在复合加工时的温度高达200℃左右,相当于对

资源 11-19

包装材料进行了一次灭菌,但储运、印刷等加工过程会重新被微生物污染,如果直接用来包装食品则会造成微生物的二次污染。因此,在无菌包装时必须对包装材料单独进行杀菌处理;纸塑类包装容器的杀菌有物理和化学两种方法:物理方法常用紫外线辐射和电磁波灭菌,化学方法常用 H_2O_2 杀菌。详细内容可查看**资源11-19**。

2. 包装系统设备的杀菌　　无菌包装系统设备杀菌处理一般采用原位清洗系统实施,根据产品类型可按杀菌要求设定清洗程序,常用的工艺路线为:

$$热碱水洗涤 \rightarrow 稀盐酸中和 \rightarrow 热水冲洗 \rightarrow 清水冲洗 \rightarrow 高温蒸汽杀菌$$

食品经杀菌到无菌充填的连续作业生产线上,要防止食品受到来自系统外部的微生物污染,因此在输送过程中,要保持接管处、阀门、热交换器、均质机、泵等的密封性和系统内部保持正压状态,以保证外部空气不进入。同时要求输送线路尽可能简单,以利于清洗。

(四)食品无菌包装系统

1. 纸盒无菌包装系统　　我国主要引进的是 Tetra Pak 公司的利乐砖型、屋顶型包无菌包装系统,21世纪初已经通过集成创新国产化。随着人们健康意识的觉醒,保质期达6~8个月之久的利乐砖型包已经不符合现代养生之道,保质期6~7天的屋顶包终将风靡市场。

1)利乐砖型包无菌包装机　　该机采用卷筒材料输入立式机器进行杀菌、成型、充填和封合,砖形容器由5层至7层材料组成,典型材料结构为:PE/印刷层/纸板/PE铝箔/PE/PE。这种机器采用 H_2O_2 和高温热空气进行包装材料的无菌处理。图11-12为 TBA/9 无菌灌装机工作示意图。

2)采用预成型容器的无菌包装系统　　这种无菌包装系统不用卷筒材料,而是用预先压痕并接缝的筒形材料,在机器无菌区之外预先成型,然后用 H_2O_2 并加热杀菌,用于牛奶和果汁饮料之类的无菌包装,由于纸盒在系统之外已预制好,大大简化了无菌包装系统的纸盒成型部分。

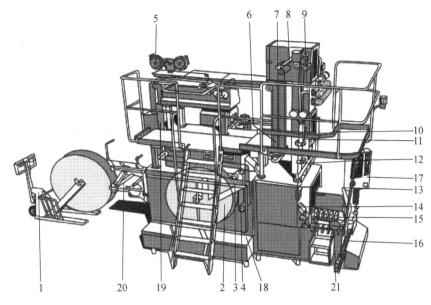

图 11-12　TBA/9 无菌灌装机工作示意图

1. 纸卷车：配有液压提升装置；2. 包装纸卷；3. 马达驱动的滚筒：保证包装纸进料均匀畅顺；4. 惰轮：以启动或停止滚筒（3）；

5. 封条附贴器：纵封时封条从侧边缘黏合使封口紧密结实；6. II₂O₂ 槽；7. 挤压滚筒：以挤压掉包装纸上的过氧化氢；

8. 气帘，喷出高温无菌空气以吹干包装纸；9. 产品灌装管；10. 纵封装置；11. 暂停装置：生产中如有短暂停机，

再开机时设备会先完成仍未封好的纵封；12. 感光器：以监控自动图案校正系统；13. 横封，由两对连续运转的夹爪形成；

14. 灌装好的小包装：按切断后滑落到最后的折叠器；15. 折叠器：包装顶部及底部的角被折好及热封成型；

16. 利乐砖成品从运输带卸放出来；17. 可转动之控制屏；18. 润滑油液压添加处，机器自动洗涤液亦在此处添加进去；

19. 日期打印装置；20. 包装材料接驳工作台；21. 水和洗涤剂混合槽：用于机器外部的自动清洗

2. 塑料瓶（杯）无菌灌装系统　图 11-13 为采用卷筒材料的塑料容器成型/充填/封合无菌灌装系统。该系统采用 H_2O_2 杀菌处理，底部材料带和上部盖材经 H_2O_2 槽浸渍，而后经 4、10 两个加热干燥器使材料带上的 H_2O_2 完全分解蒸发而达到无菌，然后在过压无菌空气环境下完成容器成型、充填和封口。

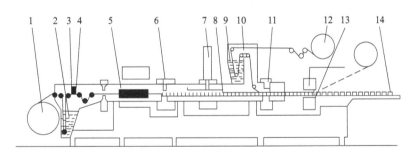

图 11-13　塑料瓶无菌包装系统示意图

1. 材料卷筒；2. 过氧化氢槽；3. 吸气吸液工位；4. 加热干燥器；5. 加热元件；

6. 热塑材料成型（用无菌空气）；7. 无菌充填部位；8. 充填区域（无菌）；9. H_2O_2 浸槽；

10. 加热干燥器；11. 真空封口器；12. 铝箔材料卷筒（上盖）；13. 冲剪模；14. 输出

本章小结

1. 光照、氧气会使食品产生氧化及褐变变色；温度、水分会影响食品氧化褐变、物性变化及微生物等安全品质；环境微生物是造成包装食品腐败变质的主要因素，这五大环境因素相辅相成加快食品的腐败变质，包装的目的就是防控环境因素对包装食品安全品质变化的影响。

2. 因包装发生的环境变化会对食品中微生物相的变化产生影响；包装可能引起食品的微生物二次污染。控制方法：可采用包装食品的加热杀菌；包装食品的冷链物流及冷杀菌，这是目前生鲜调理食品微生物控制技术的发展方向。

3. 常用的食品包装材料有纸类塑料包装材料和金属、玻璃包装材料；发展方向为：纸、塑料类及金属软包装材

料的功能复合，形成高阻隔、耐高温的功能性复合包装材料；环境可降解及纳米功能改性包装材料。

4. 改善气氛包装（MAP）指用一定理想气体组分充入包装，在一定温度条件下改善包装内环境的气氛，并在一定时间内保持相对稳定，从而抑制产品的变质过程，延长产品的保质期。控制气氛包装（CAP）：包装材料对包装内气氛状态有自动调节作用，能适应生鲜果蔬产品自身的呼吸特性，保持稳定的理想气氛状态，以避免因呼吸造成的包装缺氧和 CO_2 含量过高，延长生鲜货架保鲜期。

5. 活性包装即在包装材料中或包装空隙内添加或附着一些辅助成分来改变包装食品的环境条件，以增强包装系统性能来保持食品感官品质特性、有效延长货架期的包装技术。功能类型方法：脱氧剂、干燥剂等功能性包装辅助成分被装于独立包装小袋；乙烯吸收剂、乙醇释放或发生剂、除味剂等功能性包装辅助成分，通过与包装材料的结合应用于食品包装。

【思考题】

1. 包装食品在流通过程中有哪些环境因素对食品品质产生影响？
2. 光照和氧气怎样对食品产生变质作用，包装时怎样考虑减少光照及氧气对食品品质的影响？
3. 试分析因包装发生的环境变化对食品微生物的影响。
4. 试说明食品褐变及变色的主要影响因素及包装控制方法。
5. 试说明包装食品的油脂氧化方式、影响因素及其控制方法。
6. 何谓食品的临界水分值？
7. 简要说明纸类包装材料的主要性能特点和质量指标，以及主要包装用纸和纸板。
8. 试列举塑料材料的主要包装性能指标，说明 Q_g 和 P_g、Q_v 和 P_v 的意义和相互关系。
9. 试说明 PE、PP、PVC、PVDC、PA、PVA、PET、EVA、EVAL 主要包装性能和适用场合。
10. 何谓定向拉伸膜？何谓热收缩薄膜？试列举食品包装上常用的拉伸薄膜和热收缩薄膜。
11. 说明用于食品包装的复合材料结构要求，列举复合工艺方法及其典型复合材料。
12. 试说明 PET/Al/CPP、BOPP/Ny/PE 的复合材料构成、主要包装性能和适用场合。
13. 简述二片罐和三片罐的结构特点。
14. 试说明包装食品的湿度变化原因及防潮包装的实质问题。
15. 试说明 MAP 及 CAP 的含义、主要特征及两者之间的差别和适用场合。
16. 简述真空充气包装及封入脱氧剂包装的保质机理和各自的特点。
17. 试列举说明活性包装技术的特点和意义。
18. 试说明食品无菌包装的特点和意义，并说明无菌包装材料和容器杀菌方法。

参考文献

徐文达. 2009. 食品软包装新技术. 上海. 上海科学技术出版社.
亚伦 L 布洛迪，庄弘，仲 H 韩. 2016. 鲜切果蔬气调保鲜包装技术. 章建浩，胡文忠，郁志芳，等译. 北京. 化学工业出版社.
章建浩. 2009. 生鲜食品贮藏保鲜包装技术. 北京. 中国化学工业出版社.
章建浩. 2009. 食品包装技术. 第 2 版. 北京. 中国轻工业出版社.
章建浩. 2017. 食品包装学. 第 4 版. 北京. 中国农业出版社.
章建浩. 2019. 食品包装. 北京. 科学出版社.
Gordon L R. 2013. Food Packaging: Principles and Practice. 3rd ed. New York: CRC Press, Taylor & Francis Group.
Lee D S, Yam K L, Piergiovanni L. 2008. Food Packaging Science and Technology. Boca Raton: CRC Press, Taylor & Francis Group.

第十二章 食品成分提取分离与精制技术

食品中含有对人体有益的有效成分，对这些活性成分进行提取、分离、纯化和精制，是食品功能活性制备及功能食品开发过程中不可缺少的组成部分。本章重点阐述了几种重要的食品有效成分的提取、分离与精制技术，包括传统提取方法及其比较、新提取技术、分离和制备技术，介绍了相关技术概念、分类和特点，并说明各种提取、分离和精制技术在食品工业中的应用。

学习目标

掌握传统提取技术的适用范围。

掌握超临界及亚临界提取技术的基本原理及技术特点。

掌握膜分离技术的概念与分类。

掌握经典色谱技术的原理及其技术特点。

掌握超微粉碎的概念、分类及其应用。

掌握微胶囊的概念及其应用。

第一节 传统提取技术

一般意义上的有效成分指的是具有一定临床疗效的成分，可依据不同的工作原理对有效成分进行提取。传统提取技术包括溶剂提取法、水蒸气蒸馏法、升华法等。本节仅介绍前两种。

食品中有药用价值的活性物质提取的原理和方法来源于天然药物化学的相关原理和知识。

一、溶剂提取法

溶剂提取法是最常用的提取方法，是根据被提取成分的溶解性能，选用合适的溶剂方法来提取。其作用原理是溶剂穿透药材的细胞膜，溶解可溶性物质，形成细胞内外溶质的浓度差，将溶质渗透出细胞膜。溶剂选择一般遵循相似相溶的原则，所选溶剂能最大限度地提取目标成分，对共存杂质的溶解度小，不能与有效成分发生反应或即使反应也应可逆，且易得安全、绿色环保。溶剂提取法中常用溶剂及其极性关系如图 12-1 所示。

图 12-1　常用有机提取溶剂的种类和特点（程力惠，2010）

传统溶剂提取法主要有煎煮法、浸渍法、渗漉法和回流法。

（一）煎煮法

煎煮法以水为提取溶剂，将样品加水加热煮沸提取，是最传统、经典的提取方法。其简便易行，适用于大多数有效成分的提取。对含挥发性成分和加热易破坏成分不适宜。提取过程中应注意糊化现象、提取液中水溶性杂质较多、长时间放置易发霉等问题，此外，多糖成分含量较高的样品煎煮后黏度较大，后续过滤困难。

（二）浸渍法

将样品装入适当容器，加入溶剂浸渍一定时间，反复多次，合并浸渍液，减压浓缩干燥，选择合适的溶剂可对不同类型、不同极性成分进行提取，不用加热，适于遇热易挥发的成分，以及淀粉、黏液质含量较多样品的提取。以水为提取溶剂时，需防止提取液发霉变质。

（三）渗漉法

渗漉法是将样品粉碎后先装入渗漉器中，用提取溶剂浸渍数小时，然后不断添加新溶剂，使其自上而下通过样品，从渗漉器下部流出，收集流出液。由于提取过程中一直保持浓度差，除具有浸渍法不用加热的优点外，还具有提取效率高的特点，但溶剂消耗多，提取时间长。

（四）回流法

以有机溶剂为回流提取溶剂，在回流装置中加热进行。一般采用反复回流法，第一次回流一定时间后滤出提取液，加入新溶剂重新回流，如此反复多次，合并提取液，减压回收溶剂。其提取效率高于渗漉法，但热不稳定成分不适用。

案例

岩藻黄质的提取

岩藻黄质（fucoxanthin，分子式 $C_{42}H_{58}O_6$）属于类胡萝卜素，广泛存在于藻类，如褐藻、硅藻和海洋浮游植物中。具有较强的抗氧化性，因此有减肥、抗肿瘤、降血糖、保护皮肤等作用。采用渗漉法和回流法提取岩藻黄质。岩藻黄质性质不稳定，容易受到光、热的影响而发生异构化和降解。回流法提取时，加热可以使溶剂内体系分子运动增加，利于活性物质的溶出，同时升高温度也能导致岩藻黄质的降解和异构化；渗漉法在室温条件下进行，一定程度上避免了岩藻黄质的异构化。提取率方面，渗漉法提取得到的浸膏中岩藻黄质的含量较高。

二、水蒸气蒸馏法

水蒸气蒸馏法适用于能随水蒸气蒸馏而不被破坏的难溶于水的成分。这类成分具有挥发性，可随水蒸气溢出，冷凝后可用油水分离器或有机溶剂萃取法将该类成分自馏出液中分离。挥发油、某些具有挥发性的小分子生物碱、小分子酚酸物质等均可用本法提取。

案例

花椒精油的提取

花椒为芸香科植物青椒（香椒、青花椒、山椒、狗椒）*Zanthoxylum schinifolium* Sieb. et Zucc. 或花椒（蜀椒、川椒、红椒、红花椒、大红袍）*Zanthoxylum bungeanum* Maxim. 的干燥成熟果皮及种子，是我国特有的中药材和食用香辛调料。花椒精油是从天然植物花椒果壳中提取出来的具有天然麻辣味的淡黄绿色或黄色油状液体，具有香气浓郁、麻味纯正、使用方便等特点，且有良好的抑菌作用，在食品中能突出食物的辛辣味，在医药和工业方面也用于制作麻醉剂、杀虫灭菌剂等。通过水蒸气蒸馏法提取花椒精油，不仅能收集到挥发性油，花椒中的活性成分会溶解在水相中。花椒水提物有抑菌活性，同时水煮花椒也是中药炮制的重要方式，经水煮花椒后的水相也具有强烈的花椒香味。其中香气是开发产品和质量控制的重要指标。水蒸气蒸馏法操作简便，提取物中的活性成分保留度高，感官评价结果显示，精油的香、椒麻和油脂味比水提物更强，水提物的甜香、酸味和哈喇味比精油更突出。

第二节　新提取技术

近年来，在药效物质和食品中有效成分提取的过程中，涌现出许多新的提取技术，其中超临界提取、亚临界提取、半仿生提取和超声波提取等技术应用较多。

一、超临界提取技术

（一）超临界流体的基本概念

物质有三种状态，气态、液态和固态。当物质所处的温度、压力发生变化时，这三种状态就会相互转化。除此之外，物质还有另外一些状态，如超临界状态。图 12-2 标出了各相存在的区域。在相图中，当气-液两相共存线自三相点延伸到气液临界点后，相界线消失，体系的性质变得均一，不再分为气体和液体，该点称为临界点。与该点相对应的温度和压力分别称为临界温度和临界压力。处于超临界点时的流体密度称为超临界密度（ρ_c），其倒数称为超临界比容（V_c）。图 12-2 中高于临界温度和临界压力的阴影区域称为超临界区。此状态下的流体即为超临界流体（supercritical fluid，SCF）。超临界流体具有类似气体的较强穿透力和类似液体的较大密度和溶解度的特点，有良好的溶剂特性，可作为溶剂进行萃取、分离单体（高福成和郑建仙，2009）。

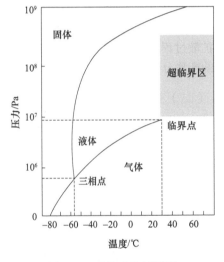

图 12-2　纯物质的压温图
（高福成和郑建仙，2009）

（二）超临界流体萃取技术的特点

超临界流体萃取（supercritical fluid extraction）是一项基于流体（溶剂）在临界点附近某一区域（超临界区）内与待分离混合物中的溶质具有异常相平衡行为和传递性能，以及它对溶质的溶解能力会随压力和温度的改变而在相当宽的范围内变动的特性，而达到溶质分离的技术。1822 年，研究人员首次报道了物质的临界现象，经过近两个世纪，超临界流体技术作为新型分离技术受到世人瞩目，在石油、医药、化工及食品等领域的应用得到了迅猛的发展。超临界流体萃取分离技术在解决很多复杂分离问题上显示出了巨大的优势，如从天然动植物中提取 β-胡萝卜素、不饱和脂肪酸、生物碱等。

作为一种分离技术，超临界流体萃取技术介于蒸馏和液体萃取之间，并结合了两者的特点。作为常规分离方法的替代，其优势特点如下：①操作温度低。能保证萃取物的有效成分不被破坏，对热敏性食品及食品的风味不产生影响，适合对热敏感、易氧化分解成分的提取和分离。②选择性萃取分离有效成分。在最佳工艺条件下，能将提取的成分几乎完全提出，从而大大提高产品收率和资源利用率。③工艺简单、效率高且无污染。在萃取釜内超临界流体有选择地将原料中的组分溶解在其中，然后含有萃取物的超临界流体进入分离釜，在分离釜内将萃取物与超临界流体分离，分离后的超临界流体经过精制可循环利用。

（三）超临界流体的选择

超临界流体作为超临界流体萃取技术的溶剂，其选择尤为重要。一般来说，作为超临界溶剂的物质必须具备以下条件（Hrnčič et al.，2018）：①化学性质稳定，对设备没有腐蚀性；②临界温度接近室温或操作温度；③操作温度应低于萃取对象的氧化分解温度；④临界压力低，选择性高；⑤对萃取对象的溶解度高；⑥来源充足，价格便宜等。

资源 12-1

一些可供使用的超临界流体的临界性质可查看**资源 12-1**。

（四）超临界流体萃取技术的应用

超临界萃取技术常常应用于从天然动植物资源中提取有效成分。纯酯类、生物碱类、胡萝卜素、萜类等化合物因其极性小，可以通过超临界萃取技术得到有效提取。啤酒花中酒花浸膏的提取，食品脱脂，茶叶中茶碱的脱除，烟草中烟碱的脱除，牛肉中胆固醇的脱除，天然物质中香料、精油、色素的提取和纯化，茶叶中茶多酚及儿茶素的提取，植物籽中油脂的萃取，鱼油中二十二碳六烯酸（DHA）和二十碳五烯酸（EPA）的提取和纯化等，都可以通过超临界二氧化碳萃取技术进行分离。

二、亚临界提取技术

（一）亚临界的基本原理

亚临界流体萃取技术（sub-critical fluid extraction technology）是利用亚临界流体作为萃取剂，在密闭、无氧、低压的压力容器内，依据有机物相似相溶的原理，通过萃取物料与萃取剂在浸泡过程中的分子扩散过程，使得固体物料中的脂溶性成分转移到液态的萃取剂中，再通过减压蒸发的过程将萃取剂与目的产物分离，最终得到目标产物的一种新型萃取与分离技术（吴其飞等，2018）。

（二）亚临界溶剂的选择

目前用于食品加工的亚临界溶剂包括丙烷、丁烷、丁烷和丙烷的混合溶剂，以及二甲醚、四氟乙烷、液氨等。丙烷、丁烷是应用最早且最为广泛的亚临界萃取溶剂，两者主要用于脂溶性物质的萃取。二甲醚能与许多极性或非极性溶剂互溶，因此单独使用时既可萃取极性成分也可萃取非极性成分，是理想的多用途亚临界萃取溶剂。液氨是一种理想的极性溶剂，可用来萃取植物多糖、生物碱、色素、植物多酚、植物黄酮、生物苷等各种水溶性物质，是水和乙醇等极性溶剂的理想替代品。四氟乙烷只适用于非食品物料的加工使用。

（三）亚临界提取技术在食品中的应用

亚临界流体萃取技术主要应用于食用植物粉脱脂及副产物油脂萃取。由于某些植物果实本身富含油脂，而高含油食品极易酸败，保质期很短，另外蛋白质具有热敏性，用高沸点溶剂脱脂会容易因为脱溶温度高而造成蛋白质变性。因此，植物粉的脱脂成为保证植物粉品质的关键环节。研究表明，在低温状态下所得的植物粉活性成分得到了充分保留，植物蛋白等成分低变性。另有研究显示用亚临界丙烷对大豆胚芽油、小麦胚芽油和米糠油分别进行萃取，可以较好地保留有效成分甾醇，提高米糠油的稳定性。目前用亚临界流体萃取技术进行工业化生产的物料包括：大豆、花生、芝麻、杏仁、核桃、小麦胚芽、油沙豆、油茶籽、南瓜籽等上百种，同时可以萃取得到相应的植物油，油中的不饱和脂肪酸含量较高。

三、半仿生提取技术

半仿生提取技术（semi-bionic extraction method，SBE 技术）来源于中药药剂学中对中药有效成分的提取应用，是既符合药物经胃肠道转运，工业化生产，体现中医治病综合成分作用特点，又有利于单体成分控制制剂质量的一种中药及其复方的提取技术，随着药食同源活性物质研究和开发的深入，食品来源的有效成分的提取从上述方法中获得了新的研究思路。

半仿生提取技术的工艺条件要适合工业化生产的实际，不能完全与人体条件相同，仅"半仿生"而已，故称为 SBE 技术。又因该技术是模拟口服药物在胃肠道的转运过程，采用选定 pH 的酸性水和碱性水依次连续提取，其目的是提取含目标成分高的"活性混合物"。与纯化学观点的酸碱法不同，SBE 不是针对单体成分溶解度与酸碱度的关系，而是在溶液中加入适量酸或碱，调节 pH 至一定范围使单体成分溶解或析出。

案例

SBE 技术提取石榴皮中的活性成分

石榴皮为石榴科石榴（*Punica granatum* L.）的干燥果皮，临床常用于久泻、久痢等症。它富含鞣质等多种酚类成分，具有抗菌、抗病毒、抗肿瘤、抗氧化、保护胃肠黏膜等药理作用。SBE 技术模拟人体胃肠环境，采用特定酸碱度水依次连续提取，是从生物药剂学角度为口服给药制剂提供的一种新技术。石榴皮中鞣花单宁、没食子单宁等大分子物质脂溶性差，口服给药后血液中几乎检测不到原型成分，而是以鞣花酸、没食子酸及其代谢产物为主。采用 SBE 技术提取时，酸碱环境有利于鞣质的水解，增加鞣花酸等活性成分的提取率。现有食品功能性成分提取中，SBE 技术可协同其他提取工艺，进一步优化并提高目标成分的提取率。例如，超声波协同 SBE 技术提取黑木耳多糖，超声波协同 SBE 技术提取金银花-连翘中的绿原酸、连翘脂苷 A、木犀草苷及连翘苷等成分。

四、超声波提取技术

（一）超声波提取技术的概念

超声波是指在弹性介质中传播的一种震动频率高于 20kHz 的机械波，能产生并传递强大的能量给予媒质（如固体小颗粒或团聚体）。当颗粒内部接受的能量足以克服结构的束缚能时，固体颗粒被破碎，从而促使细胞内有效成分的溶出；这种能量作用于液体，振动处于稀疏状态时，液体会撕裂成很小的空穴，这些空穴一瞬间即闭合，闭合时产生高达几十个大气压的瞬间压力，即称为空化现象。这种空化现象可细化各种物质及制造乳溶液，加速细胞内有效成分的溶出。也就是说，超声波并不能使样品内的分子产生极化，而是在溶剂和样品之间产生声波空化作用，导致溶液内气泡的形成、增长和爆破压缩，从而使固体样品分散，增大样品与萃取溶剂之间的接触面积，提高目标物从固相转移到液相的传质速率。超声波提取是利用超声波的机械效应、空化效应和热效应，通过增大介质分子的运动速度、增大介质的穿透力，从而提取生物的有效成分。此外，超声波还可以产生许多次级效应，如乳化、扩散、击碎、化学效应等，这些作用也促进了植物体中有效成分的溶解，促使有效成分进入介质，并于介质中充分混合，加快了提取进程，并提高了食物中有效成分的提取率。

（二）超声波提取的特点

超声波提取无须高温。在 40～50℃水温下超声波强化萃取，适用于热敏物质的提取，安全性好。常压萃取，操作简单、萃取效率高。超声波强化萃取 20～40min 即可获得最佳提取率，萃取时间仅为传统提取技术的 1/3。萃取充分，萃取量是传统提取技术的 2 倍以上，适用性广，无须加热或加热温度低，萃取时间短，降低能耗。提取物有效成分易于分离、净化，有效成分含量高。但大量提取时效率较低、工业化超声波设备制造难度较大、成本较高。

图 12-3 是超声波提取设备的结构示意图。

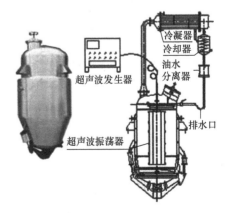

图 12-3 超声波提取设备的结构示意图
（郭孝武，2018）

案例

青蒿素的提取

青蒿素是我国具有自主知识产权并得到国际承认的抗疟特效药，被世界卫生组织广泛推荐。青蒿素是一种含过氧基团的倍半萜内酯，由于其过氧基团预热易分解，易使青蒿素失去药性。而萜类和酯类物质常用溶剂提取，提取时间往往很长，提取率较低。一般在 50℃ 以下采用的石油醚冷浸或搅拌提取，提取率一般在 60% 左右，提取时间一般在 24～48h。而采用循环超声波提取，青蒿素提取率可达到 90%，较常规提取法青蒿素回收率提高 25% 以上，提取时间缩短为30min；石油醚回收率达到 90%，较常规提取方法显著降低提取溶剂的使用量。

五、微波辅助提取技术

（一）微波的基本概念

微波是指频率在 300MHz～300GHz 的电磁波，微波频率比一般的无线电波频率高，通常也称为"超高频电磁波"。微波辅助提取又称微波萃取，是颇具发展潜力的一种新的萃取技术，是微波和传统的溶剂提取法相结合的一种提取方法。被提取的极性分子在微波电磁场中快速转向及定向排列，从而产生撕裂和相互摩擦引起发热，使有效成分易于溶出和释放。依据溶剂极性不同，可以透过溶剂，使物料直接被加热，其热量传递和质量传递是一致的。

微波萃取的技术原理为以下几点。

（1）微波辐射过程是高频电磁波穿透萃取介质到达物料内部的微管束和腺胞系统的过程。由于吸收了微波能，细胞内部的温度将迅速上升，从而使细胞内部的压力超过细胞壁膨胀所能承受的能力，结果细胞破裂，其内的有效成分自由流出，并在较低的温度下溶解于萃取介质中。通过进一步的过滤和分离，即可获得所需的萃取物。

（2）微波所产生的电磁场可加速被萃取组分的分子由固体内部向固液界面扩散的速率。例如，以水作溶剂时，在微波场的作用下，水分子由高速转动状态转变为激发态，这是一种高能量的不稳定状态。此时水分子或者汽化以加强萃取组分的驱动力，或者释放出自身多余的能量回到基态，所释放出的能量将传递给其他物质的分子，以加速其热运动，从而缩短萃取组分的分子由固体内部扩散至固液界面的时间，结果使萃取速率提高数倍，并能降低萃取温度，最大限度地保证萃取物的质量。

（3）由于微波的频率与分子转动的频率相关联，因此微波能是一种由离子迁移和偶极子转动而引起分子运动的非离子化辐射能，当它作用于分子时，可促进分子的转动运动，若分子具有一定的极性，即可在微波场的作用下产生瞬时极化，并以 24.5 亿次/s 的速度做极性变换运动，从而产生键的振动、撕裂和粒子间的摩擦和碰撞，并迅速生成大量的热能，促使细胞破裂，使细胞液溢出而扩散至溶剂中。在微波萃取中，吸收微波能力的差异可使基体物质的某些区域或萃取体系中的某些组分被选择性加热，从而使被萃取物质从基体或体系中分离，进入到具有较小介电常数、微波吸收能力相对较差的萃取溶剂中。

微波萃取的工艺流程如下所示。

原料 → 预处理 → 溶剂与物料混合 → 微波萃取 → 冷却 → 过滤 → 溶剂与组分分离 → 萃取组分

（溶剂 → 预处理）

（二）微波萃取技术在食品工业中的应用

人们对微波技术在提取天然动植物资源中有效成分方面开展了广泛研究。微波萃取对溶剂的极性有要求，要求提取溶剂的极性大，如水、乙醇和乙腈等。适合热稳定成分，即精油、色素、生物碱、黄酮、苷类、多糖等提取，不适蛋白质、肽类等不稳定的化合物。微波萃取速度快、提取充分、收率高、溶剂耗量少、减少了蒸发浓缩等后续处理工艺，加热温度较低、有效成分破坏较少，可连续式生产，处理能力大。微波萃取油脂类化合物目前研究较多，如各种精油、不饱和脂肪酸等。

微波萃取色素类化合物：提取栀子黄色素，其色素的提取率达到 98.2%。微波萃取法提取栀子黄色素与传统浸提法相比具有色素产率高、色价高、节省溶剂、设备简单等优点。

微波萃取多糖类化合物：提取茶多糖，得率为1.56%，茶多糖含糖量为30.93%。与传统提取工艺相比较，微波萃取具有提取时间短、收率高、杂质溶出少等优点。

> **案例**
>
> **微波萃取技术提取玫瑰精油**
>
> 　　野玫瑰精油具有强力的细胞再生和伤口愈合功能，可淡化色素，修复和替换被撕扯的皮肤组织，使皮肤的颜色更均匀。利用微波萃取技术从废弃的蔷薇果种子中提取具有医用价值的野玫瑰果精油，通过3种方法，即超声波、微波、超临界萃取对比，提取率分别为16.25%～22.11%、35.94%～54.75%和20.29%～26.48%，所以微波萃取具有较好的效果。

六、常温超高压提取技术

（一）超高压的概念

超高压提取也称超高冷静压，是指在常温条件下，对原料液施加100～1000MPa的流体静力压，保持一定时间后迅速卸除压力，进而完成整个提取过程。超高压提取有效成分的过程就是溶剂在超高压作用下渗透到固体原料内部，使原料中的有效成分溶解在溶剂中。在预定压力下保持一定时间，使有效成分达到溶解平衡后迅速卸压，在细胞内外渗透压力差的作用下，有效成分迅速扩散到组织周围的提取溶剂中。

升压时：由于施加的压力在几分钟内迅速由常压升为几百兆帕，细胞内部形成了超高压，提取溶剂迅速进入细胞内部；细胞内部在短时间内就会充满溶剂。细胞内部充满溶剂后，细胞壁两侧压力平衡。保压时：细胞内容物与进入细胞内部的溶剂接触，经过一段时间，有效成分溶于这些溶剂中。卸压时：细胞外部的压力减小为零，细胞内部的压力仍然保持平衡时的压力，此时压力差与施加压力时方向相反。由于施加的是超高压，因此这种反方向的压力差也很大。在反方向压力的作用下，细胞壁变形；如果变形超过了其反向变形极限，细胞壁破坏；于是，溶解了有效成分的溶剂排出，与其他溶剂汇合。如果在反方向压力作用下细胞壁的变形仍然没有超过其反向变形极限，细胞内部已经溶解了有效成分的溶剂将通过渗透作用排出，与细胞外溶剂汇合。其工艺流程图如下所示。

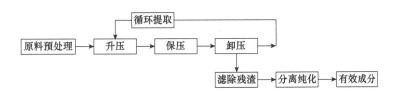

（二）超高压技术在食品工业中的应用

常温超高压提取技术可以使用多种溶剂，包括水、不同浓度的醇和其他有机溶剂，可以从不同的天然产物中提取不同性质（如生物碱、黄酮、皂苷、多糖、挥发油）的有效成分。

超高压提取多糖类物质：多糖是一类重要的具备生物活性的天然产物，由多个相同或者不相同的单糖通过糖苷键连接而成，常以结合的形式存在于植物、动物、真菌等体内，如核蛋白、蛋白多糖、脂多糖等。多糖具有抗肿瘤、抗氧化、抗炎、抗凝血、降血糖、免疫调节等多种功效，对维持生命活动有着很重要的作用，具有广阔的应用前景。

1）超高压提取多酚类物质　　多酚作为主要次级代谢产物之一，广泛存在于植物性食材中，多以复杂的混合物形式存在，在水果中已发现的多酚就有1400多种，并且不断有新的物质被发现，如苹果中的根皮苷、葡萄中的白藜芦醇、柿子中的单宁等。多酚具有抗肿瘤、抗氧化、抗动脉硬化及防止冠心病、高血压、糖尿病等生物活性，已成为现阶段研究的热点。

2）超高压提取皂苷类物质　　皂苷类化合物作为次级代谢产物广泛分布于植物中，是植物防御系统的屏障，以对抗病原体和食草动物。皂苷类化合物按皂苷配基的结构可以分为三萜皂苷和甾体皂苷两大类，如人参皂苷、柴胡皂苷等属于三萜皂苷；麦冬皂苷、薯蓣皂苷等为甾体皂苷。越来越多的研究证明皂苷类化合物具有抗肿瘤、抗炎、免疫调节及神经保护等药理活性，具有较高的研究价值。

案例

西洋参皂苷的提取

　　西洋参皂苷是西洋参中主要的有效成分。三萜类物质为主。西洋参皂苷可以快速祛除疲劳，增加人体的记忆力，延缓衰老，并且还能改善记忆和学习能力。采用不同方法提取西洋参皂苷，即索氏提取法、热回流提取法、超声波辅助提取法、微波辅助提取法、超临界 CO_2 萃取法、超高压提取法 6 种方法，其中超高压提取法所需时间最少、效率最高，所以超高压技术进行西洋参皂苷提取具有更大优势。

超高压提取技术与超声波、微波辅助提取技术的比较见表 12-1。

表 12-1　超高压提取技术与超声波、微波提取技术的比较

提取技术	提取溶剂	介质	提取时间	温度	提取效率	提取物纯度	对组织的破坏程度
超高压	蒸馏水或有机溶剂	流体	通常小于 10min	常温或低于 60℃	高	高	高
微波辅助	蒸馏水或有机溶剂	电磁波	通常小于 10min	中心温度高	较高	较高	高
超声波	蒸馏水或有机溶剂	机械波	通常 30~60min	通常 40~60℃	较高	较高	较高

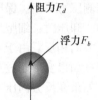

图 12-4　沉降颗粒的受力情况

第三节　分 离 技 术

一、沉降技术

　　沉降技术是指利用分散相与连续相的密度差异，依靠其所受到力场的不同，使密度较重相在重力或离心力作用下发生沉降，从而实现多相分离过程的技术。根据作用力的不同，沉降技术可以分为重力沉降和离心沉降，其原理示意图见图 12-4。

延伸阅读

　　沉降技术在乳制品、油脂、淀粉、饮料加工和餐饮污水处理等领域都有应用。例如，牛奶的净乳、脱脂、细菌分离、酪蛋白提取、无水黄油精制等。在饮料行业中其应用于葡萄汁的澄清处理，啤酒酿造过程中麦芽汁和啤酒的澄清、果肉与果汁的分离、浓缩，以及茶粉生产工艺中的澄清过程。在餐饮污水油分处理中，通过提高重力沉降式油水分离效率可有效去除其中的油分，除油率达到 99.96%。

二、离心技术

（一）离心技术的定义

　　离心分离是通过离心机的高速运转，使离心加速度超过重力加速度的成百上千倍，从而使沉降速度增加，以加速溶液中杂质沉淀并除去的一种方法。其原理是利用离心惯性力或物质的沉降系数或浮力密度，实现物料中固-液相或液-液相的分离操作。比较适合分离含难以沉降过滤的细微粒或絮状物的悬浮液。表 12-2 介绍了两种典型的离心方式的差异。

表 12-2　差速离心与密度梯度离心的区别（李万杰等，2015）

项目	差速离心	密度梯度离心
分离原理	沉降速度差异	沉降速度差异；浮力密度差异
离心速度	低速到高速，逐级递增	固定不变
离心时间	短，但需要反复多次离心	长
产物纯度	较低	高
溶液介质	无特殊要求	能够自成密度或需预制梯度
产物的分布状态	沉淀	悬浮且形成区带
应用范围	病毒、亚细胞结构等	核酸、蛋白质复合体、病毒、亚细胞结构等

（二）离心技术的应用

浓缩椰浆在传统的收集方法中并不是很理想。真空蒸发法中在加热操作过程中易造成芳香成分的挥发。膜分离浓缩法的分离效率极低，耗时长。采用离心分离的方法对椰浆进行浓缩，首次打破了传统热加工浓缩椰浆的方式。用此方法在高速离心过程中不仅保留了椰浆的原有风味也提高了分离效率。在玉米发酵饮料生产中，采用玉米籽粒为原料生产澄清型饮料，经过工艺流程操作后，所获成品在一段时间后，易出现分层现象，影响产品感官品质。为解决这一问题，进一步对糖化液离心工艺进行优化，从而确定在9000r/min 离心转速下所获产品在室温条件下贮藏 45 天，其外观分布均匀，没有沉淀或分层。

三、结晶技术

结晶分离过程为一同时进行的多相非均相传热与传质的复杂过程，影响因素众多，涉及结晶热力学、结晶成核、晶体生长动力学、结晶习性、晶体形态及杂质对结晶过程的影响等方面。众多研究者进行了大量基础性研究，并提出了描述结晶过程的理论，大大丰富了结晶理论，为结晶理论的进一步发展开辟了新领域。研究者认为对结晶过程基础理论和晶体形貌结构特征的研究，对控制晶体的微观结构并获得所期望的材料性能具有重要意义。

（一）结晶技术定义

结晶（crystallization）是指从饱和溶液中凝结，或从气体中凝华出形状一定、分子（或原子、离子）有规则排列的晶体的过程，是分离与纯化的重要步骤。因结晶过程高效、低能耗、污染小等特点，已在制药、食品、化工及石油领域取得了广泛应用。

（二）结晶技术的工业化及其应用

结晶法在实验室操作中通过常规玻璃器皿即可完成，但在化工单元中，操作复杂，涉及的问题较多、难度较大。工业结晶设备主要分冷却式和蒸发式两种。冷却结晶器包括槽式结晶器、Howard 结晶器。蒸发式分为常压蒸发式和真空蒸发式，因真空蒸发效率较高，蒸发式结晶器以真空蒸发为主。蒸发结晶器包括 Krystal-Oslo 结晶器、DTB 结晶器。特定目标产物的结晶具体选用何种类型的结晶器主要依据目标产物的溶解度曲线。如果目标产物的溶解度随温度升高而显著增大，则可采用冷却结晶器或蒸发结晶器，否则只能选用蒸发结晶器。

结晶器是结晶分离的关键设备，合理设计结晶器及结晶工艺是实现结晶分离工业化的可靠保证。多年来结晶分离技术的研究重点集中在结晶器的结构设计及结晶工艺流程的设计。目前工业结晶装置种类繁多，溶液结晶装置有 MSMPR 型结晶器、Swenson DTB 型结晶器、Standard Messo 湍动结晶器等；工业熔融结晶装置则主要有 Brodie 提纯器、KCP 结晶装置、Phillips 结晶装置、MWB 结晶装置和 CCCC 结晶系统。随着结晶分离技术研究的不断深入，一些新型结晶设备正处在研究开发中，如降膜结晶装置与工艺、Bremband 结晶装置与工艺、板式结晶器等。

结晶分离技术在各行业中得到了广泛的应用和推广，如化工、医药、食品等领域。在化工领域中：石油化工中对二甲苯的精制，有机化工中脂肪酸、焦油、蒽、萘等的精制，化肥工业中硝酸铵、尿素、氯化钾等的精制。在医药领域中：青霉素、庆大霉素、维生素C、盐酸帕罗西汀、异喹啉等的精制。在食品领域中：香料生产中八角茴香油、薄荷脑、松油醇、洋茉莉醛等的精制，轻工业中盐、味精、氨基酸、葡萄糖等的精制。在生物领域中：蛋白质、抗生素、核酸等产品的精制。在材料领域中：超细粉和超纯物质的精制。

资源 12-2

结晶技术的特点可查看**资源 12-2**。

四、传统过滤技术和膜分离技术

（一）传统过滤技术

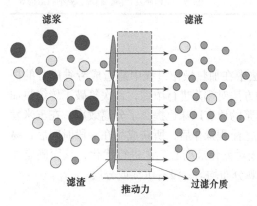

图 12-5 过滤原理示意图

过滤技术是指利用多孔性介质截留固-液悬浮液中的固体粒子，进行固-液分离的技术。其中多孔性介质称为过滤介质；所处理的悬浮液称为滤浆；滤浆中被过滤介质截留的固体颗粒称为滤渣或滤饼；通过过滤介质后的液体称为滤液。驱使液体通过过滤介质的推动力可以是重力、压力或离心力。过滤的原理如图 12-5 所示。

传统过滤技术常用玻璃漏斗和布氏漏斗，也有使用垂熔玻璃滤器、砂滤器，但直到 19 世纪才发明板框压滤机；随后，叶滤机及转鼓（筒）真空过滤机被用于连续操作过滤。从 20 世纪 60 年代兴起的膜分离技术，由于过滤精度较高，粒径控制比较稳定，而且反冲洗容易恢复性能，使其逐渐取代传统的过滤装置。几种过滤技术的优缺点见表 12-3。

表 12-3 几种过滤技术的优缺点比较

类型	优点	缺点	适用状况
垂熔玻璃滤器	化学性质稳定，滤过时无介质脱落，易于清洗，可热压灭菌	价格较贵，易破碎，操作压力不能超过 98kPa，滤后处理较麻烦	适用于注射剂的精滤或膜过滤前的预过滤
砂滤器	价格便宜，方便快捷，集沉淀、絮凝、过滤为一体，净化效率高	只能浅层过滤，不能深度过滤	适用于水的脱色降浊、酒澄清、废水过滤处理
板框压滤机	结构简单，对物料适应性强，过滤面积大，能耗少，运行稳定，价格低	设备笨重，劳动强度大，卫生条件差，易堵塞，滤饼不易取出	适用于食品、制糖、淀粉、饴糖和废水处理等
叶滤机	密闭式操作，简单方便，过滤速度快、效果好且稳定，环保、无物料损耗	结构比较复杂，需密闭加压，造价较高，过滤精度不高	适用于牛奶、酒、明胶和调味品等过滤
转鼓（筒）真空过滤机	连续操作，自动化程度高，生产能力大	附属设备多，投资较高，洗涤不充分，滤饼含水率较高	适用于食品、医药、化学和废水处理等
膜分离	操作方便，滤速快，能耗低，过滤精度高，粒径稳定，膜性能易恢复	膜的寿命有限，膜污染，可降解性较差，价格高	适用于食品、医药、环保、轻工、水处理等

（二）膜分离技术

膜分离技术（membrane separation technology，MST）是指借助天然或人工合成的具有选择透过性的薄膜，在外界能量或化学位差的推动作用下对混合物中溶质和溶剂进行分离、分级、提纯和富集的技术。膜分离现象早在 250 多年以前就被发现，但是膜分离技术是在 20 世纪 60 年代反渗透分离技术成功用于海水脱盐及废水处理才实现工业应用。

根据膜的类型、推动力、分离机制、透过物和截留物的不同，可将膜分离分为微滤（micro-filtration，MF）、超滤（ultra-filtration，UF）、反渗透（reverse-osmosis，RO）、纳滤（nano-filtration，NF）、电渗析（electrodialysis，ED）、膜蒸馏（membrane distillation，MD）和液膜分离（liquid membrane separation，

LM）等方法。表 12-4 列出了这些方法的基本情况。

表 12-4　主要的膜分离方法

膜分离方法	推动力	分离机制	透过物	截留物	膜的类型
微滤（MF）	压力差 0.01～0.2MPa	根据颗粒大小、形态进行分离	水、溶剂和溶解物	0.02～10μm 粒子	多孔膜
超滤（UF）	压力差 0.1～0.5MPa	根据分子特性、大小、形态进行分离	溶剂、粒子和相对分子质量低于 1000 的小分子	相对分子质量为 1000～300 000 的大分子	非对称膜
反渗透（RO）	压力差 1.0～10MPa	优先吸附毛细管流动溶解-扩散	水、溶剂	溶质或悬浮物质	非对称膜或复合膜
纳滤（NF）	压力差 0.5～2.5MPa	根据离子大小、电荷进行分离	水、溶剂（相对分子质量低于 200）	二价盐和溶质（相对分子质量为 200～1000）	复合膜
电渗析（ED）	电位差	反离子经离子交换膜的迁移	电解质离子	非电解质大分子	离子交换膜
膜蒸馏（MD）	膜两侧蒸汽压差	根据组分的挥发性差异进行分离	挥发性大的组分	挥发性小的组分	疏水性膜
液膜分离（LM）	化学反应和浓度差	根据反应促进传递和扩散传递进行分离	电解质离子	非电解质离子	乳状液膜、支撑液膜

知识链接

啤酒的过滤澄清

　　啤酒的过滤澄清需要综合考虑啤酒中悬浮颗粒的性质和大小、啤酒的黏度、操作条件、助滤剂的使用、过滤装置和技术等因素，以提高过滤澄清速率和效果。硅藻土过滤是目前啤酒厂使用最为广泛的一种砂滤器方法，能够不断更新滤床，过滤速度快，产量大，且表面积大，吸附能力强，能过滤 0.1～1.0μm 以下的微粒；由于珍珠岩松散及密度小，过滤速度快和澄清度好，和硅藻土复配对啤酒进行过滤，耗土量明显下降且具有较好的经济成本。聚乙烯吡咯烷酮聚合物与加料罐和泵组成叶滤机，可以有选择性地除去所有的鞣质，去除过程基于与啤酒中酚上的羟基和酰胺基形成氢键以吸附多酚物质。板框压滤机适合于固体含量 1%～10% 的悬浮液的分离，应用于啤酒中酵母和细菌等微生物的过滤。膜分离（如微滤和反渗透）可以使啤酒一次过滤完成，能除去绝大部分的酵母和微小物质，不必再从酵母中回收啤酒，使滤过的啤酒达到无菌状态。

五、分子蒸馏技术

　　分子蒸馏又称短程蒸馏，是伴随真空技术和真空蒸馏技术发展起来的一种特殊的液液分离技术。由于该技术具备蒸馏温度低、受热时间短、分离程度高和环境友好等特点，成功地解决了高沸点、热敏性物料的分离问题。目前，分子蒸馏技术在石油、医药、食品、精细化工和油脂等行业已得到了广泛的应用，特别适用于天然物质的提取和分离。

　　分子蒸馏技术的原理，突破了常规蒸馏依靠沸点差分离物质的原理，而是依靠不同物质分子逸出后的运动平均自由程的差别来实现物质的分离。首先要通过加热提供能量使液体混合物分离，接受足够能量的分子就会逸出液面成为气相分子。不同质量的分子，由于分子有效直径不同，一般小分子的平均自由程较大，大分子的平均自由程较小。在离液面大于大分子平均自由程而小于小分子平均自由程处设置捕集器，使小分子不断被捕集，从而破坏了小分子的动态平衡，使混合物中的小分子不断逸出，而大分子因达不到捕集器而不再从混合液中逸出；这样，液体混合物便达到了分离的目的。

延伸阅读

分子蒸馏技术的应用

分子蒸馏技术在单甘酯生产、不饱和脂肪酸浓缩、精油分离、高碳醇精炼、色素与维生素提纯等方面有较好的应用。例如，可以通过分子蒸馏技术得到纯度大于90%的单甘酯、大于70%的γ-亚麻酸等产品；并可使甜橙精油中分离的巴伦西亚橘烯、芳樟醇、癸醛和辛醛这4种主要成分的含量比甜橙原油提高了33.2倍、8.2倍、15.4倍和3.4倍；可使维生素E浓缩物纯度提高至70%以上；可使蜂蜡皂化后制备的二十八烷醇产品纯度提升至80%～90%；可使类胡萝卜色素与辣椒红色素纯度提高，产品几乎无溶剂残留，色泽鲜亮。

六、色谱技术

色谱技术是一种物理化学分离技术，是根据混合物中各组分在固定相和流动相中吸附能力、分配系数或其他亲和作用性能的差异使混合物分离。当前，色谱技术已经成为最重要的分离分析技术之一，广泛应用于许多领域，如石油化工、有机合成、生理生化、医药卫生、食品安全、农业科学、环境保护，乃至空间探索等。常用色谱技术有以下几种。

1. 气相色谱（gas chromatography，GC）　是一种机械化程度很高的柱色谱分离技术，样品收集和制备后，在色谱柱内分离目标分析物，再由检测器测定色谱柱流出组分的含量。在气相色谱中，将分析物从仪器进样口注入并进入柱箱汽化。气化样品随着惰性气体的流动（流动相）在色谱柱中迁移。样品中的化合物在柱子的固定相和载气之间分配。化合物和固定相之间相互作用的大小决定了分析物的保留时间。在柱的出样口，化合物通过检测器（MS或非MS）时产生信号。色谱图即气相色谱的分离结果。根据色谱图的相应特点，可实现对目标试样成分的定性分析和定量分析。

2. 高效液相色谱（high performance liquid chromatography，HPLC）　又称高压液相色谱、高速液相色谱等，是在经典液相色谱法的基础上，引入了气相色谱理论而迅速发展起来的。HPLC的主要特点是采用了高压输液泵、高灵敏度检测器和高效微粒固定相，将液体混合物中的成分分离、成分定性及定量分析。适于分析高沸点不易挥发、分子质量大、不同极性的有机化合物。HPLC属于通过现代化技术自动分离形成的一种集高速、高效、高分析灵敏度的现代液相色谱新技术。HPLC色谱仪的主要部件有：贮液罐、高压输液泵、进样器、色谱柱、检测器、记录仪和数据处理装置等。

3. 毛细管电泳色谱（capillary electrochromatography，CEC）　又称高效毛细管电泳，是毛细管电泳（capillary electrophoresis，CE）和液相色谱（liquid chromatography，LC）相结合形成的一种高效、快速微分离分析技术，可以分离离子和中性分子。它是利用缓冲溶液的电渗流作为泵，使待分析的分子通过对其具有不同保留程度的第二相从而实现分离。CEC开辟了高效的微分离技术新途径，其基本理论、仪器装置与CE大致类似。它的分离过程包含了电泳和色谱两种机制。

4. 薄层色谱（thin-layer chromatography，TLC）　又称薄层层析，属于固-液吸附色谱，TLC兼备了柱色谱和纸色谱的优点，其常用的固定相为硅胶和氧化铝。展开剂的选择必须根据被分离物质与所选用的吸附剂性质这两者结合起来加以考虑，当被分离物质为弱极性物质时，一般选用弱极性溶剂为展开剂；当被分离物质为强极性物质时，则需选用极性溶剂为流动相。

5. 超临界流体色谱（supercritical fluid chromatography，SFC）　是以超临界流体作为流动相并依靠流动相的溶剂化能力来进行分离、分析的一种崭新的色谱技术。SFC是气相和液相的补充，兼有气相色谱和液相色谱的特点，能分离和分析气相和液相色谱不能解决的一些对象，如可以解决GC分析的难题，用于分析GC难气化的高沸点、低挥发性样品，同时具有比HPLC更高的效率，分析时间更短。

6. 逆流色谱（countercurrent chromatography，CCC）　作为液相色谱的一个新颖分支，是一种高效的液-液分配色谱，通过分析物在互不相溶两相中的分配比的差异实现分离。已广泛地应用于对多肽、药物、手性化合物及天然产物的分离。现代CCC技术主要依靠离心力场的作用来实现固定相的保留。目前商品化的CCC仪器主要可以分为两种体系：流体动力学平衡体系（HDES）和流体静力学平衡体系（HSES）。高速逆流色谱是在逆流色谱技术基础上建立的一种新型的分离比较完全的液-液分配色谱技术。它的固定相和流动相都是液体，由于不需要固体支撑体，物质的分离依据其在两相中分配系数的不同而实现，因而避免了因不可逆吸附而引起的样品损失、失活、变性等问题，不仅使样品能够全部回收，回收的样品更能反映其本来的特性，特别适合于天然生物活性成分的分离。

资源 12-3

色谱技术在食品中的应用可查看**资源 12-3**。

第四节 制备技术

一、超微粉碎技术

（一）超微粉碎的概念

超微粉碎是指基于专用机械设备通过固体或流体动力的传动作用来克服固体内部凝聚力使之破碎，把原材料加工成微米甚至纳米级的微粉。超微细粉末具有一般颗粒所没有的特殊理化性质，可以显著改变原材料的结构和比表面积等，同时产生一些突出的尺寸效应、量子效应，赋予物料良好的特性，如溶解性、分散性、光学性能、磁性能、吸附性、化学反应活性等特性。超微粉碎技术的特点被归纳为：速度快、可低温粉碎，粒径细、分布均匀，节省原料、提高利用率，减少污染，提高发酵和酶解速度，促进营养成分吸收 6 个方面。

（二）超微粉碎的分类

1. 干法粉碎 干法粉碎技术主要依赖研磨、冲击作用来降低粒度，改善干燥原料的质地。食品超微粉的干法生产一般通过冲击法、磨损、切割法等一种或多种方式实现，其装备技术的主要构件由特定的锤、销、圆盘、刀片、高速气流或球磨机等组成，但要依据原材料和最终产品特性合理选择特定的构件。气流粉碎和球磨粉碎是两种主要的干法超微粉碎技术。

（1）气流粉碎是利用压缩空气产生的高速气流带动物料高速运动，使物料间及物料与器壁间发生强烈的碰撞和摩擦，以达到细碎的目的，因而也可称为高速气流粉碎。典型气流粉碎模型如图 12-6（A）所示，相比较其他方法，气流粉碎的能耗高但升温小，适于热敏性物料。

（2）球磨粉碎是一种在球磨机中利用研磨介质之间的挤压力与剪切力来粉碎物料的方法，可分为干法球磨和湿法球磨。球磨设备由一个水平的圆筒体及球磨介质组成，当筒体旋转时球磨介质和物料因离心惯性运动而提升到一定高度，然后自由抛落，使物料加工成细粉，是一种高效、经济且强大的非平衡粉碎方法，且对环境友好。行星式球磨机适合干磨和湿磨，如图 12-6（B）所示，物料通过研磨球和罐子内壁之间的作用力进行研磨。

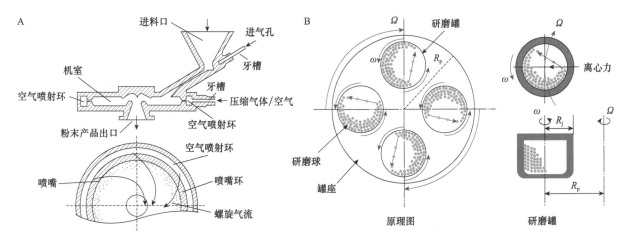

图 12-6 气流粉碎（A）及行星式球磨机（B）原理图（孟庆然，2019）

Ω：行星式球磨仪基于几何中心轴的角速度；ω：行星式球磨仪研磨罐旋转角速度；
R_j：行星式球磨仪研磨罐外周半径；R_p：行星式球磨仪研磨罐中轴与球磨仪几何中心轴间距离

2. 湿法粉碎　　湿法粉碎是以水或其溶液为介质，粉碎固体物料的过程。该技术适用于一些要求物料本身含有油性、水分，或有要求低温、防止挥发、易燃易爆等类型的介质物料，能充分利用介质、研磨腔壁和材料本身之间的碰撞产生的剪切力使悬浮的固体颗粒粉碎至纳米级。主要的湿法超微粉碎技术有胶体磨、高压均质、行星式球磨粉碎、微流化和超声波均质粉碎等。

胶体磨是由定子和转子组成，转子在静态定子内做旋转动作，实现对物料的剪切和研磨。而高压均质有粉碎、乳化、分散和混合功能，物料在均质时，主要是经输送泵使物料通过一个或多个均质阀，最终导致悬浮颗粒尺寸的减小。

（三）超微粉碎技术的应用

超微粉碎的技术自从诞生以来，已广泛应用到调味品、饮料、罐头、冷冻食品、焙烤食品、保健食品等方面，显示出其巨大的发展潜力。表12-5归纳了超微粉碎广泛应用于调味品、饮料、罐头、冷冻食品、焙烤食品、保健食品等方面。

表12-5　超微粉碎技术在多种食品中的应用

食品种类	超微粉碎产品
水果蔬菜类	橘子粉、苹果粉、梨粉、胡萝卜粉、南瓜粉、芹菜粉、菠菜粉、香蕉粉、枣粉、红薯叶粉、豆类蛋白粉、茉莉花粉、脱水蔬菜粉、辣椒粉、西兰花粉等
肉类	牛肉粉、鸡肉粉、猪肉粉、虾粉等
香辛料、调味料类	姜粉、蒜粉、胡椒粉、辣椒粉、香菇粉等
粮食淀粉类	稻米、小麦、燕麦、苦荞、青稞粉、糯米粉、玉米淀粉、黄豆粉、绿豆粉、红豆粉、麦麸粉、花生粉等
营养强化类	骨粉、海带粉、胡萝卜粉、花粉、膳食纤维粉等
水产品类	贝壳粉、螺旋藻粉、珍珠粉、龟鳖粉、鲨鱼软骨粉、牡蛎壳粉
糖果、饮料类	巧克力中糖和可可脂微粉、豆类固体饮料、富钙饮料、速溶绿豆精、植物蛋白饮料、茶叶粉等
药食兼用中药材保健食品类	孢子粉、甘草粉、菊花粉、陈皮粉、枇杷叶粉、绞股蓝粉、桑叶粉、银杏叶粉、麦冬粉、杏仁粉、首乌粉、当归粉、脂肪替代品等

二、微胶囊技术

（一）微胶囊的概念

微胶囊技术是指利用天然的或者合成的高分子包囊材料，将固体的、液体的，甚至是气体的囊核物质包覆形成的一种直径在1～5000nm范围内，具有半透性或密封囊膜的微型胶囊的技术。尺寸介于1～1000nm的微胶囊称为纳米微胶囊。

微胶囊化时被包覆、保护或控制释放的物质称为囊芯或芯材、核或填充物，用来包裹、保护或控制释放芯材的成囊物质称为囊壁或壁材、囊壳、包衣或包材。囊芯与壁材的溶解性能必须是不同的，即水溶性囊芯只能用油溶性壁材包覆，而油溶性囊芯只能用水溶性壁材包覆。可作为芯材的食品成分有：生物活性成分（多糖、多肽、SOD等）、氨基酸、矿物质、维生素、油脂、香精香料等。对壁材的要求首先应无毒，其次是性能稳定、不与芯材发生反应，最后具有一定强度、耐摩擦、耐挤压、耐热等。在食品中的壁材主要以碳水化合物类、植物水溶性胶类和蛋白质类为主，或者三类壁材以混合复配的形式应用以改善其性能。微生物微胶囊是利用酵母等真菌微生物为原料，采用一定的方法使活性物质自由穿透细胞壁和细胞膜进入细胞内的微胶囊。

（二）微胶囊的应用

1. 保护敏感成分　　微胶囊化可使芯材免受外界不良因素干扰，赋予芯材避光，隔绝空气、氧气、温度、湿度等的影响，从而保护食品成分原有的特性，提高其在加工时的稳定性并延长产品的货架寿命。

2. 改变物料性质　　物料形态的改变一般指液态原料变成细微、具有流动性的固体粉末，便于使用、运输、保存和新型食品的开发。例如，粉末油脂的出现促成了咖啡伴侣、维生素强化奶粉等方便食品的开发，粉末香精推进了固体饮料的应用。

3. 掩盖不良风味　　通过微胶囊化技术可以将某些物质进行包裹从而掩盖这些物质的不良味道。例如，作为壁材的环糊精是含有6~12个葡萄糖单元的环状低聚糖，由6、7或8个D-吡喃葡萄糖单元通过α-1,4-糖苷键连接而成的为α-、β-和γ-环糊精，有典型的"锥筒"状的空间结构（图12-7）。

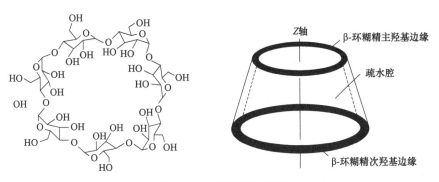

图 12-7　β-环糊精结构图

本章小结

1. 超临界提取技术是基于流体（溶剂）在临界点附近某一区域（超临界区）内与待分离混合物中的溶质具有异常相平衡行为和传递性能，以及它对溶质的溶解能力会随压力和温度的改变而在相当宽的范围内变动的特性，而达到溶质分离的技术。

2. 离心技术是利用离心惯性力或物质的沉降系数或浮力密度，实现物料中固-液相或液-液相的分离操作。常见的离心技术有：沉淀离心、差速离心及密度梯度离心。

3. 膜分离方法的主要类型有微滤（MF）、超滤（UF）、反渗透（RO）、纳滤（NF）、电渗析（ED）、膜蒸馏（MD）、液膜分离（LM）。

4. 经典色谱技术的原理是根据混合物中各组分在固定相和流动相中吸附能力、分配系数或其他亲和作用性能的差异使混合物分离。分为气相色谱、高效液相色谱、毛细管电泳色谱、薄层色谱、超临界流体色谱、逆流色谱。

5. 干法粉碎与湿法粉碎的区别是，干法粉碎是依赖研磨、冲击作用来降低粒度，改善干燥原料的地质。气流粉碎和球磨粉碎是两种主要的干法超微粉碎技术。湿法粉碎以水或其溶液为介质，粉碎固体物料的过程。适用于物料本身含有油性、水分或有要求低温、防止挥发、易燃易爆等类型的介质物料。包含胶体磨、高压均质、行星式球磨粉碎、微流化和超声波均质粉碎等。

6. 环糊精是含有6~12个葡萄糖单元的环状低聚糖，有典型的"锥筒"状的空间结构，形成内疏水、外亲水的两性分子，利用氢键作用、疏水作用及范德华力等进行分子包埋，从而掩盖不良味道。

【思 考 题】

1. 常见的溶剂提取法有哪些？并简述其各自的适用范围。

2. 亚临界流体萃取技术依据的原理是什么？

3. 气相色谱技术的优点和缺点分别是什么？

4. 超临界流体萃取技术的优势是什么？

5. 超微粉碎的定义和技术特点是什么？

6. 什么是微胶囊？微胶囊在食品加工中的主要应用有哪些？

7. 什么是结晶？简述结晶技术在食品有效成分分离中的应用。

8. 影响微波萃取的因素有哪些？

9. 试列出高效液相色谱技术在食品中的应用。

参考文献

陈亮. 2020. 对二甲苯悬浮结晶分离技术进展. 现代化工, 40（2）: 57-61.

程力惠. 2010. 天然药物化学笔记. 北京: 科学出版社.

方建华. 2010. 实验室制备牛奶酪蛋白的技术研究. 畜牧与饲料科学, 31（8）: 83-85.

付建平, 胡居吾, 李雄辉, 等. 2015. 分子蒸馏技术在油脂工业中的应用研究. 粮油加工（电子版）, 15（6）: 41-43, 50.

高福成, 郑建仙. 2009. 食品工程高新技术. 北京: 中国轻工业出版社. 468.

顾佳升. 2016. 牛奶加工单元操作（二）-乳脂肪的分离. 中国乳业, 16（2）: 70-73.

郭孝武. 2018. 超声提取分离新技术. 北京: 化学工业出版社. 333.

韩小月. 2018. 高效液相色谱分离分析几类中药活性成分的研究. 昆明: 云南大学. 75.

郝慧敏, 纵伟. 2021. 超声波协同半仿生法提取黑木耳多糖工艺优化. 食品研究与开发, 42（8）: 109-112.

姜毓圣, 袁惠新, 付双成. 2016. 卧式螺旋卸料沉降离心机内部流场与分离性能的研究. 流体机械, 44（4）: 29-35.

蒋成君, 程桂林. 2020. 共结晶分离技术研究进展. 化工进展, 39（1）: 311-319.

康瑶, 宋建, 刘宝石, 等. 2014. 玉米发酵饮料生产中糖化液离心工艺优化研究. 吉林农业科技学院学报, 23（3）: 1-8.

匡学海. 2017. 中药化学. 第10版. 北京: 中国中医药出版社. 249-253.

李娜. 2016. 蛋白质对测定动物源性食品中农兽药残留的影响及其消除. 烟台: 烟台大学. 91.

李琪, 张娴. 2019. 分子蒸馏技术在有效成分分离提纯中的应用. 食品安全导刊, 19（27）: 57.

李万杰, 胡康棣. 2015. 实验室常用离心技术与应用. 生物学通报, 50（4）: 10-12.

林仙江. 2013. 小球藻活性成分的逆流色谱分离方法研究. 杭州: 浙江工商大学. 84.

刘克海, 陈秋林, 谢晶, 等. 2012. 分子蒸馏法富集甜橙油特征香气成分. 食品科学, 12（10）: 200-203.

卢浩, 刘懿谦, 代品一, 等. 2020. 油水强化分离技术. 化工进展, 39（12）: 4954-4962.

孟庆然. 2019. 超微粉碎对天然可食植物组织理化性质及营养素释放效率影响的研究. 无锡: 江南大学. 140.

牟富君. 2017. 几种高速沉降离心机的发展及应用. 化工机械, 44（3）: 256-260, 301.

祁鲲. 2012. 亚临界溶剂生物萃取技术的发展及现状. 粮食与食品工业, 19（5）: 5-8.

祁鲲. 2016. 亚临界低温萃取技术在天然产物提取中的应用及前景. 安阳: 首届中国亚临界生物萃取技术发展论坛论文集. 2016: 9.

全国化工设备设计技术中心站机泵技术委员会. 2014. 工业离心机和过滤机选用手册. 北京: 化学工业出版社.

邵云飞, 仲梁维. 2015. 重力沉降式油水分离技术的改进. 通信电源技术, 32（6）: 174-177, 193.

陶一荻, 李春林, 吴薇, 等. 2012. 分子蒸馏技术及其在食品行业中的应用. 食品工业科技, 33（3）: 429-432.

滕怀华, 惠锋基, 王斌. 2016. 碟式分离机在褐藻酸钠纯化中的应用. 山东化工, 45（1）: 65-67.

田皓, 刘思德. 2018. 结晶分离技术研究进展. 稀土信息, 18（6）: 32-34.

王京龙, 史磊, 郑丹丹. 等. 2021. 石榴皮半仿生提取工艺的优化. 中成药, 4（6）: 1404-1409.

王娟, 杜静怡, 贾雪颖. 等. 2020. 花椒精油及其水提物的香气活性成分分析. 食品工业科技, 21（20）: 229-241.

吴立军. 2011. 天然药物化学. 第6版. 北京: 人民卫生出版社. 21-29.

吴其飞. 史嘉辰, 孙俊, 等. 2018. 农产品亚临界流体萃取的理论研究现状与趋势. 食品与机械, 34（7）: 164-168.

吴应湘, 许晶禹. 2015. 油水分离技术. 力学进展, 45（1）: 179-216.

徐婷, 韩伟. 2015. 分子蒸馏的原理及其应用进展. 机电信息, 15（8）: 1-8.

曾凡中, 马志强, 王健. 2016. 猪油提取工艺与实践. 中国油脂, 41（9）: 109-110.

张国荣, 陈慧萍, 王国安. 2015. 结晶技术在医药生产中的应用. 应用化工, 44（1）: 154-158.

张慧, 王伟, 付志明. 等. 2014. 渗滤法提取与回流法提取裙带菜中岩藻黄质的比较研究. 中国食品添加剂, 14（9）: 91-95.

张文, 张丽芬, 陈复生, 等. 2018. 超声波提取多糖技术的研究进展. 粮食与油脂, 31（9）: 10-13.

张兆旺. 2017. 中药药剂学. 北京: 中国中医药出版社. 99-100.

赵兵, 余鹏, 王玉春. 2002. 应用2.5升循环超声提取装置提取青蒿素实验研究. 杭州: 第十届全国生物化工学术会议论文集. 全国生物化工学术会议. 467-471.

Hrnčič M K, CÖr D, Verboten M T. et al. 2018. Application of supercritical and subcritical fluids in food processing. Food Quality and Safety, 2 (2): 59-67.

Ketenoglu O, Tekin A. 2015. Applications of molecular distillation technique in food products: IJFS. Italian Journal of Food Science, 27 (3). 277-281.

Nehm S J, Rodríguez-Spong B, Rodríguez-Hornedo N, et al. 2006. Phase solubility diagrams of cocrystals are explained by solubility product and solution complexation. Crystal Growth & Design, 6 (2): 592-600.

Rushton A, Ward A S, Holdich R G. 2005. 固液两相过滤及分离技术. 朱企新, 许莉, 谭蔚, 等译. 北京: 化学工业出版社. 46-50.

Urbanus J, Roelands C P M, Verdoes D, et al. 2010. Cocrystallization as a separation technology: controlling product concentrations by co-crystals. Crystal Growth & Design, 10 (3): 1171-1179.

第三篇

食品加工工艺与产品

第十三章　果蔬制品加工工艺与产品

　　果蔬加工是我国食品工业重要的组成部分，因其原料种类繁多、加工工艺多样，果蔬制品品类极其丰富。果蔬制品加工工艺发展迅速，当代的果蔬加工制品已经不局限于传统意义上的保藏作用，而更关注其色、香、味等感官品质特性，以及对于人体的营养健康品质。本章主要叙述果蔬原料及加工产品、果蔬罐头与果蔬汁、腌制果蔬、干制果蔬、低温及冷冻果蔬与发酵果蔬制品。主要围绕这些产品的原料选择要求、加工工艺及主要的产品质量问题三个方面展开。

学习目标

掌握果蔬原料的主要化学成分。

掌握果蔬罐头的原料要求及主要工艺流程。

掌握果蔬汁的概念及分类。

掌握果蔬汁破碎及榨汁前预处理的主要方法。

掌握腌制蔬菜的分类及代表性产品的特点。

掌握水果糖制品的主要特点及主要工艺要点。

掌握人工干制果蔬的概念及分类。

掌握低温及冷冻果蔬的概念及分类。

掌握发酵果蔬制品的主要类型，了解酵素的各种制备方法。

掌握发酵果酒的主要分类，了解果酒的酿造工艺。

第一节　果蔬原料及加工产品概述

一、果蔬原料特性

　　果蔬中含有多种化学物质，其中次生代谢产物对于健康的功效尤其受到人们的重视。在加工和产品的贮存过程中，这些成分常常发生各种不同的化学变化，从而影响制品的食用品质和营养价值。果蔬加工除了防止腐败变质外，还要尽可能地保存其营养成分和风味品质，这实质上是控制果蔬化学成分的变化。果蔬的化学成分如图 13-1 所示。

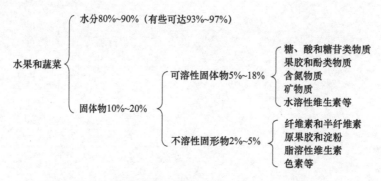

图 13-1　果蔬的化学成分

二、果蔬加工制品的分类

果蔬加工制品有很多种，从鲜食到深加工产品，目前果蔬制品并无明确分类。本章中将根据目前市售各种产品的类型、加工工艺、产品形式等方面的差异进行简单叙述。

1）根据加工原料分类　可以分为水果加工制品和蔬菜加工制品，还可继续以对应水果或者蔬菜原料命名其加工制品。

2）根据加工工艺进行分类　可以分成鲜食果蔬制品（含鲜切果蔬制品）、果蔬罐头、果蔬汁、速冻果蔬制品、干制果蔬制品、腌制果蔬制品、发酵果蔬制品等多种形式。在加工时，采用良好的加工工艺、先进的技术设备，控制好每个加工环节，这样才能生产出高品质的果蔬加工制品。

第二节　果蔬罐头与果蔬汁

一、果蔬罐头

果蔬罐藏是将果蔬原料经预处理后密封在容器中，通过适当杀菌，不含有致病性微生物，也不含有在通常温度下能在其中繁殖的非致病性微生物，在维持密闭和真空的条件下，常温长期保存果蔬的保藏方法。果蔬罐头的基本加工工艺包括原料预处理、装罐、排气、密封、杀菌、冷却、检验与包装等，由于原料和罐头品种不同，具体的操作有所差别。

（一）原料预处理

原料预处理包括原料的分选、洗涤、去皮、修整、热烫与漂洗等，其中分选、洗涤是所有的原料均必须的，其他处理则视原料品种及成品的种类等具体情况而定。

1. 原料的分选与洗涤　分选包括选择和分级。剔除不合格的和虫害、腐烂、霉变的原料，再按原料的大小、色泽和成熟度进行分级。分级多采用分级机，常用的有振动式和滚筒式的两种。振动式分级适合于体积、质量较小的果蔬，滚筒式分级适合于体积较小的圆形果蔬分级。

洗涤果蔬的设备和方法需考虑到原料形状、质地、表面状态、污染程度等因素。常用的有流动水漂洗或喷淋漂洗。质地比较硬、表面耐机械损伤的原料，如李、桃、甘薯、胡萝卜等可采用滚筒式清洗。对于杨梅、草莓等浆果类原料应小批淘洗或在水槽中通入压缩空气翻洗，防止机械损伤及在水中浸泡过久而影响色泽和风味。

2. 原料的去皮与修整　去皮的基本要求是去净表皮而不伤及果肉，同时要求速度快、效率高、费用少。主要有方式有手工去皮、机械去皮、化学去皮、酶法去皮、热力去皮等。

1）手工去皮　手工去皮是应用专用的刀、刨等工具人工削皮，虽然速度慢、效率低、消耗大，但设备费用低，适合大小、形状等差异较大的原料。

2）机械去皮　机械去皮机主要有三大类：第一种是旋皮机，借助刀具利用机械力旋转削去表皮，适用于形状规则且外表皮具有一定硬度的大型果蔬，如苹果、梨等；第二种是擦皮机，利用涂有金刚砂、表面粗糙的转筒或滚轴，借摩擦的作用擦除表皮，适用于大小不匀、形状不规则的原料，如马铃薯等；第三种是专用去皮机械，根据果蔬的特性专门开发的，如青豆专用去皮设备，菠萝、荔枝的专用去皮设备等。

3）化学去皮　采用化学品处理果蔬达到去皮的目的，通常单独采用氢氧化钠、氢氧化钾、碳酸氢钠或者混合碱液处理，为提高效果往往加入一些表面活性剂，提高碱液在果皮中的渗透和分散作用，利用碱液溶解富含果胶的中层细胞将果蔬表皮去除。碱液去皮使用方便、效率高、成本低，适应性广，但是在碱液处理的工序中，为了去除余碱，增加了浸泡、清洗的工序，反复换水，水耗较高。

4）酶法去皮　采用果胶酶、果胶酯酶等使果胶水解，去皮。酶法去皮条件温和，产品质量好，但是影响因素多，生产上不容易精准控制。

5）热力去皮　一般用高温蒸汽或沸水将原料做短时加热后迅速冷却，果蔬表皮因突然受热软化膨胀与果肉组织分离而去除。此法适用于成熟度高的桃、番茄等。

除上述去皮方法外，还有红外线去皮、火焰去皮、冷冻去皮及微生物去皮等方法。

3. 热烫与漂洗 将果蔬原料用热水或蒸汽进行短时间加热处理，热烫后必须急速冷却，保持果蔬的脆嫩度。热烫的终点通常以果蔬中的过氧化物酶完全失活为准。

4. 抽空处理 抽空处理就是利用真空泵等机械造成真空状态，使水果中的空气释放出来，代之以抽空液。抽空液可以是糖水、盐水或护色液，根据被抽果实确定抽空液的种类及浓度。抽空的方法有干抽和湿抽两种。干抽就是将果块置于抽空锅内抽空，然后吸入抽空液完全淹没表层果肉并保持一定时间。湿抽是将果块淹没于抽空液中抽空，在抽去空气的同时渗入抽空液。

（二）装罐

空罐在使用前要进行清洗和消毒。马口铁空罐可先在热水中冲洗，然后放入清洁的沸水中消毒30～60s，倒置沥水备用。罐盖也进行同样处理。

除了液态食品和浆状食品外，一般都要向罐内加注液汁，称为罐液或汤汁。蔬菜罐头多为盐水，果品罐头的罐液一般是糖液。糖液的浓度，依水果种类、品种、成熟度、果肉装量及产品质量标准而定。装罐时罐液的浓度计算方法如式（13-1）所示。

$$Y=(W_3Z-W_1X)/W_2\times100\%\tag{13-1}$$

式中，Y 为需配制的糖液浓度（%）；W_1 为每罐装入果肉重（g）；W_2 为每罐注入糖液重（g）；W_3 为每罐净重（g）；X 为装罐时果肉可溶性固形物含量（%）；Z 为要求开罐时的糖液浓度（%）。

盐水配制时，将食盐加水煮沸，除去上层泡沫，过滤后取澄清液按比例配制成所需浓度。

（三）排气

与肉类罐头相同，果蔬罐头排气的方法也主要是热力排气法、真空排气法和蒸汽喷射排气法三种，但是工艺有所不同。

（四）密封

罐头通过密封（封盖）使罐内食品不再受外界的污染和影响，是罐藏工艺中一项关键性操作，封罐应在排气后立即进行，一般通过封罐机进行。

（五）杀菌

只有通过杀菌才能破坏罐头食品中所含的酶类和微生物，从而达到商业无菌状态，实现长期保存。果蔬罐头杀菌方法有常压杀菌和加压杀菌。其过程包括升温、保温和降温三个阶段。

1）常压杀菌 适用于 pH 在 4.5 以下的酸性和高酸性食品，如水果类、果汁类、酸渍菜类等。常用的杀菌温度是 100℃或以下。将罐头放入杀菌锅（柜）中（玻璃罐杀菌时，水温控制在略高于罐头初温时放入），水量要超过罐头 10cm，继续加热，待达到规定的杀菌温度后开始计算杀菌时间，经过规定的杀菌时间后，取出冷却。

2）加压杀菌 适用于低酸性食品（pH＞4.5）。在完全密封的加压杀菌器中进行，杀菌的温度在100℃以上。高压蒸汽杀菌适用于马口铁罐，高压水杀菌适用于玻璃罐。软罐头需要反压杀菌。

（六）冷却

罐头杀菌后冷却常采用分段冷却的方法，如 80℃、60℃、40℃三段，以免爆裂受损。罐头冷却的最终温度一般控制在 40℃左右，温度过高会影响罐内食品质量，过低则不能利用罐头余热将罐外水分蒸发，造成罐外生锈。冷却后应放在冷凉通风处，未经冷凉不宜入库装箱。

（七）检验与包装

1）检验 罐头食品的检验主要有内容物检查和容器外观检查。罐头食品的指标有感官指标、物理化学指标和微生物指标。

2）包装与贮藏 包装主要是贴商标、装箱、涂防锈油等。涂防锈油的目的为隔离水与氧气，使其不扩散至铁皮。防止罐头生锈除了涂防锈油外还应注意控制仓库温度与湿度变化，避免罐头"出汁"。

二、果蔬汁

根据 GB/T 31121—2014 的分类，果蔬汁是指以水果或蔬菜为原料，采用物理方法（机械方法、水浸提等）制成的可发酵但未发酵的汁液、浆液制品；或在浓缩果蔬汁/浆中加入其加工过程中除去的等量的水分复原制成的汁液、浆液制品。可使用糖或酸味剂调整果蔬汁的口感，可回添香气物质的挥发性风味成分，但这些物质或成分的获取方式必须采用物理方法，且只能来源于同一种水果或蔬菜。可添加通过物理方法从同一种水果或蔬菜获得的香气物质和挥发性风味成分，和（或）通过物理方法从同一种水果和（或）蔬菜中获得的纤维、囊胞（来源于柑橘属水果）、果粒、蔬菜粒，不添加其他物质的产品可声称100%。

（一）果蔬汁的分类

1. 原榨果蔬汁/浆（非浓缩还原果蔬汁/浆）　以水果或蔬菜为原料，通过机械方法直接制成的可发酵但未经发酵的汁液，包括混浊果蔬汁和澄清果蔬汁。

其中 NY/T 3909—2021 定义了采用非热处理加工或巴氏杀菌制成的原榨果蔬汁/浆为鲜榨果蔬汁/浆。

2. 浓缩果蔬汁/浆　指用物理方法从果蔬汁或浆中除去一定比例的天然水分而制成的具有原有果蔬汁或浆特征的、加入其加工过程中除去的等量水分还原后具有果汁/浆或蔬菜汁/浆应有特征的制品。

3. 浓缩还原果蔬汁/浆　指在浓缩果蔬汁/浆中加入与果蔬汁浓缩时失去的天然水分等量的水制成的具有原果蔬色泽、风味和可溶性固形物含量的汁液。

4. 复合果蔬汁/浆　含有不少于两种果汁/浆和（或）蔬菜汁/浆的制品。

（二）果蔬汁的生产工艺

1. 一般工艺流程　果蔬汁的加工工艺大体相似，如图 13-2 所示。

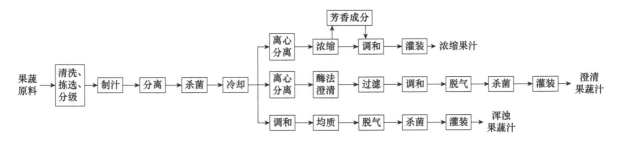

图 13-2　果蔬汁的加工工艺流程

2. 具体工艺流程及说明

1）原料选择　加工果蔬汁的原料要求充分成熟，成熟度高的果实，酶的活性小，果蔬汁不易变色，具有果实固有的风味。要严防病、虫、机械伤果和霉烂果混入。

2）清洗　果蔬原料的清洗效果取决于清洗时间、清洗温度、机械力的作用方式及清洗液的种类、pH、硬度和矿物质含量等因素。添加表面活性剂（去垢剂），可以显著提高清洗效果。

3）拣选　拣选的目的是排除腐败的、破碎的、未成熟的水果及混在原料中的异物。

4）破碎　原料破碎决定了最后的榨汁得率和产品特性。不同的榨汁方法所要求的果蔬浆的粒度各不相同，一般要求在 3~9mm，破碎粒度均匀，有利于出汁，但很难获得破碎粒度一致的果蔬浆颗粒。

（1）热力破碎。把果蔬加热到 80℃左右，果蔬细胞原生质壁变性导致果蔬组织的渗透率显著提高，使出汁变得容易，这种变性作用在 40℃时就会出现，但需要相应的热力作用时间较长。

（2）机械破碎。在生产实践中，作用于果蔬原料的机械破碎力几乎只有压力和剪切力。破碎作业过程中所损失的能量几乎完全转变为果浆泥的热量。可用破碎率（破碎率＝最大水果碎块长度/果蔬原料最大个体长度）来表达破碎机的破碎效果。

5）榨汁前预处理

（1）加热。直接加热果蔬浆。例如，加热到85～90℃，保温90s就可以钝化酶，使蛋白质凝聚，使细胞结构松散，有效促进色素溶解反应、原果胶水解反应等各种化学反应，还能杀灭大部分植物性微生物。但是加热会提高果蔬浆的水溶性果胶含量，从而降低了出汁率。因此，采用果胶含量低的原料，尤其是多酚物质含量适中的原料时可以使用加热工艺。

（2）冷冻预处理。在冰点温度下由于冰晶生长的作用，使果蔬细胞结构遭到破坏，加剧果蔬组织内容物流出，从而提高果蔬的出汁率。低温下，果蔬呼吸作用、酶活力、氧化速率等都会减慢，使得果蔬中的营养物质和活性成分也能得以保存。

（3）酶解法。向果浆泥中添加果胶分解酶，分解果胶的同时保持一定的纤维素酶和半纤维素酶的活性，酶法处理后，果浆泥的黏度应该保持在一定限度之内，使榨出的果蔬原汁具有一定的黏性，酶法处理有室温酶解法、热处理辅助酶解法。通过适度加热提高酶活性、缩短酶解时间，或者迅速升温钝化酶的活性，以控制理想的果浆黏度，可以显著提高出汁率或者色素溶出率，减少果浆氧化、变色及发酵等现象的发生。

6）榨汁　　榨汁是果蔬原汁生产的关键作业之一，其方法随果实的结构、汁液存在的部位和其组织性质及成品的品质要求而异。常用出汁率来表示榨汁效果，影响出汁率的因素主要有挤压压力、果浆泥破碎度、挤压厚度、预排汁的量等。

7）澄清　　澄清指通过澄清剂与果蔬原汁的某些成分产生物理化学反应，达到使果蔬原汁中的浑浊物质沉淀或者是溶解的果蔬原汁成分沉淀的过程。一些较大的固体颗粒可直接通过过滤和离心分离方法除去，而对那些非常细小的，如果胶物质、淀粉、其他多糖类物质、蛋白质、多酚物质及金属离子等，需要用酶法处理和澄清剂处理。常用的酶制剂有果胶酶、淀粉酶等，澄清剂有明胶、硅胶、膨润土、聚酰胺、单宁等。

8）均质　　均质是生产浑浊果蔬汁的必要工序，其目的在于使浑浊果蔬汁中的不同粒度、不同相对密度的果肉颗粒进一步破碎并分散均匀，促进果胶渗出，增加果胶与果汁的亲和力，防止果胶分层及沉淀产生，使果蔬汁保持均一稳定。

9）脱气　　加热杀菌前，必须除去其中的气体，以避免果蔬汁中存在的大量氧气，发生反应而使果蔬汁香气和色泽发生劣变。脱气时易造成挥发性芳香物质的损失，必要时可进行芳香物质的回收。果蔬汁的脱气方法有以下几种。

（1）真空脱气法。真空脱气时，液面上的压力逐渐降低，溶解在果蔬汁中的气体不断逸出，直到总压降至果蔬汁的蒸汽压时，达到平衡状态，此时所有气体已被排出。

（2）气体置换法。将惰性气体，如氮气、二氧化碳等充入果蔬汁中，利用惰性气体、二氧化碳置换果蔬汁中的氧气，从而防止果蔬汁加工中氧化变色。该法挥发性芳香成分的损失小。

（3）酶法脱气法。果蔬汁中加入典型的需氧脱氢酶——葡萄糖氧化酶，可使葡萄糖氧化而生成葡萄糖酸及过氧化氢，接触酶（过氧化氢酶）可使过氧化氢分解为水及氧气，氧气又在葡萄糖氧化成葡萄糖酸的过程中消耗掉。去氧效果显著。

10）浓缩　　在选择浓缩果蔬汁的生产工艺时，必须考虑浓缩果蔬汁成品的质量，使之在稀释复原时，能保持与原汁相似的品质。另外还必须考虑各种果蔬汁的热稳定性。

（1）真空浓缩法。即在减压下使果蔬汁中的水分迅速蒸发，这样既可缩短操作时间，又能保证果蔬汁的质量。浓缩温度一般为25～35℃，不宜超过40℃，真空度为94.7kPa。强制循环式浓缩、降膜式浓缩、片状蒸发式浓缩和离心薄膜蒸发式浓缩在果蔬汁浓缩中广泛应用。其中，降膜式浓缩适合连续操作及高黏度果蔬汁的浓缩，而离心薄膜蒸发式浓缩则适合于高温加热的高浓缩比果蔬汁的浓缩。

（2）冷冻浓缩。冻结时果蔬汁中的水形成冰结晶，分离去除这种冰结晶，果蔬汁中的可溶性固形物被浓缩而得到浓缩果蔬汁。冷冻浓缩没有热变性，不产生加热臭，挥发性风味物质损失少，产品质量较好，热量消耗少。但冷冻浓缩中，冰结晶在生成时要吸入少量的果蔬汁成分，在冰结晶分离时，将造成损失。因此，这种方法在工业上受到很大程度上的限制。

（3）反渗透与超滤工艺。反渗透工艺就是在常温下选择性地从溶液中排除水分的工艺。如果水果原汁受到一个大于渗透压的压力，原汁中的水分就会通过膜渗入到另一侧，从而浓缩水果原汁。如果除水分之外，其他低分子成分也渗入到另一侧，就是超滤工艺，超滤压力为0.1～1MPa，反渗透压力为5～10MPa。

反渗透法和超滤法不需加热，可以在常温下进行分离或浓缩操作，使得产品的品质变化极小；在密封回路中进行操作，不受氧的影响；不发生相的变化，因此挥发性成分损失少。

（4）干燥浓缩工艺。该工艺可排除果蔬原汁内的绝大部分的水分，制成残留含水量为1%～4%的粉状、细粒状或屑状的果蔬原汁粉，主要用于焙烤食品工业和甜食工业，制成布丁粉、水果冰激凌、甜食赋色物质等。

11）芳香物质的回收　　芳香物质主要有酯类、醇类、羟基化合物和其他多种有机物质，是区别各种水果原汁的最重要特征之一。芳香物质在蒸发过程中随蒸发而逸散，为保持原果汁的风味，果汁浓缩前需将这些芳香物质回收，之后再加回到浓缩果汁中。回收可以采用吸附、萃取或蒸馏作业完成。萃取作业可以在低温环境中，在溶液或超临界流体中进行，然后通过蒸馏作业分离芳香物质和萃取剂，蒸馏是根据各成分沸点的不同而使之互相分离，或从难以分离蒸发的物质中分离出液体，蒸馏的简单流程如下。

12）杀菌

（1）热杀菌。常用高温短时杀菌法，即瞬间杀菌法，通过给定的适当加热温度和时间达到杀死微生物的目的。但加热对果蔬汁品质有明显的影响，必须选择合理的加热温度和时间。瞬间杀菌法常采用温度为91～95℃，时间为15～30s，特殊情况下可采用120℃以上3～10s。通常使用瞬时杀菌器、板式热交换器，防止因温度过高、时间过长而致使色泽变深、风味劣化。

（2）非热杀菌。主要包括超高压杀菌、紫外线照射杀菌法等杀菌方法。例如，紫外线照射灭菌法用于苹果汁、柑橘汁、胡萝卜汁及它们的混合汁的杀菌，取得了满意的结果，而且对果蔬汁的风味无任何影响。另外，超高压（通常100～600MPa）杀菌技术也逐渐在工业中得到应用，用于果蔬汁的杀菌可有效保证果蔬汁的原有品质（叶兴乾，2020）。

13）包装　　果蔬汁的包装方法，因果蔬汁品种和容器品种的不同而有所不同，有重力式、真空式、加压式和气体信息控制式等。果蔬汁的灌装，除纸质容器外，几乎都采用热灌装。这种灌装方式由于满量灌装，冷却后果蔬汁容积缩小，容器内形成一定真空度，能较好地保持果蔬汁品质。果蔬汁罐头一般采用装汁机热装罐，装罐后立即密封，罐中心温度控制在70℃，如果采用真空封罐，果蔬汁温度可稍低些。非热杀菌的果蔬汁，可采用冷灌装，且一般先灌装后杀菌，有效防止了果蔬汁杀菌后的二次污染问题。

资源13-1

有关"果蔬罐头对原料的要求"及"果蔬干制对原料的要求"内容可查看**资源13-1**。

案例

苹果汁生产实例

1. 工艺流程概述　　苹果汁是果蔬汁工业中典型的果汁种类，因营养丰富、口味清爽而广受世界各地人民喜欢。苹果汁可以分为澄清苹果汁和浑浊苹果汁，其中澄清苹果汁的工艺流程如下。

原料 → 分选 → 清洗 → 破碎 → 压榨 → 粗滤 → 澄清 → 精滤 → 调整混合 → 杀菌 → 灌装 → 冷却 → 成品

如果是浓缩苹果汁，需要在调整混合之后进行浓缩，当固形物为68%～70%时，经过杀菌、灌装和冷却，形成浓缩苹果汁产品。

2. 操作要点　　进厂的苹果原料应保证无腐烂，在水中浸洗和喷淋清水洗涤，也有用1%氢氧化钠和0.1%～0.2%的洗涤剂中浸泡清洗的方法。用苹果磨碎机或锤击式破碎机破碎至3～8mm大小的碎片，然后用压榨机压榨，苹果常用连续的液压传动压榨机，也可用板框式压榨机或连续螺旋压榨机。苹果汁采用明胶、单宁澄清，单宁0.1g/L，明胶0.2g/L，加入后在10～15℃下静置6～12h，取上清液和下部沉淀分别过滤。

现代苹果汁生产采用酶法和酶、明胶、单宁联合澄清法。苹果汁可用硅藻土过滤机和超滤机进行精滤，即饮式苹果汁常控制可溶性固形物为12%左右、酸0.4%左右，在大于93.3℃的温度下进行巴氏杀菌。苹果汁的包装应采用特殊的涂料罐。

澄清苹果汁常加工成68%～70%的浓缩汁，然后在−10℃左右冷藏，使用大容量车运输，用于加工果汁和饮料。

视频13-1

苹果汁也有生产浑浊汁的，它是筛滤后不经澄清直接进行巴氏杀菌灌装的产品，其关键在于破碎时应加抗坏血酸以防止氧化褐变。

苹果汁的生产工艺可查看视频13-1。

第三节　腌制果蔬

糖制与盐制是果蔬腌制的两种主要方式，其产品包括果脯蜜饯、泡菜、酸菜、咸菜和酱菜等产品。

一、果蔬的糖制

果蔬糖制是利用高浓度糖液的渗透脱水作用，将果品蔬菜加工成糖制品的加工技术。最早的糖制品是利用蜂蜜糖渍饯制而成，称为蜜饯。果蔬糖制品具有高糖、高酸等特点，这不仅改善了原料的食用品质，赋予产品良好的色泽和风味，而且提高了产品货架期和贮运期品质。

（一）糖制品的分类

按加工方法和产品形态，可将果蔬糖制品分为蜜饯类和果酱类两大类。

1. 蜜饯类

1）按产品形态分类　糖制工艺中的烘干工序影响制品的含水量，据此可将蜜饯分为以下两种。

（1）湿态蜜饯：果蔬原料糖制后，按罐藏原理保存于高浓度糖液中，果形完整、饱满，质地细软，味美，呈半透明，如蜜饯海棠、蜜饯樱桃、糖青梅、蜜金橘等。

（2）干态蜜饯：糖制后晾干或烘干，不粘手，外干内湿，半透明，有些产品表面裹一层半透明糖衣或结晶糖粉，如橘饼、蜜李子、蜜桃子、冬瓜条、糖藕片等。

2）按产品特色分类　可将蜜饯分为以下5种。

（1）京式蜜饯：主要代表产品是北京果脯，又称"北蜜""北脯"。状态厚实，口感甜香，色泽鲜丽，工艺考究，如各种果脯、山楂糕、果丹皮等。

（2）苏式蜜饯：主产地苏州，又称"南蜜"。选料讲究，制作精细，形态别致，色泽鲜艳，风味清雅。代表产品有两类：①糖渍蜜饯类，表面微有糖液，色鲜肉脆，清甜爽口，原果风味浓郁，如糖青梅、雕梅、糖佛手、糖渍无花果、蜜渍金橘等；②返砂蜜饯类，制品表面干燥，微有糖霜，色泽清新，形态别致，酥松味甜，如天香枣、白糖杨梅、苏式话梅、苏州橘饼等。

（3）广式蜜饯：以凉果和糖衣蜜饯为代表产品，又称"潮蜜"。主产地广州、潮州、汕头。代表产品有①凉果：指以咸果坯为主要原料、甘草等为辅料制成的糖制品。果品经盐腌、脱盐、晒干，加配调料蜜制，再干制而成，含糖量不超过35%，属低糖制品，外观保持原果形，表面干燥，皱缩，有的品种表面有层盐霜，味甘美，酸甜，略咸，如陈皮梅、话梅、橄榄制品等。②糖衣蜜饯：产品表面干燥，有糖霜，原果风味浓，如糖莲子、糖明姜、冬瓜条、蜜菠萝等。

（4）闽式蜜饯：主产地福建漳州、泉州、福州，以橄榄制品为主产品。制品肉质细腻致密，添加香味突出，爽口而有回味，如大福果、丁香橄榄、加应子、蜜桃片、盐金橘等。

（5）川式蜜饯：以四川内江地区为主产区，有橘红蜜饯、川瓜糖、蜜辣椒、蜜苦瓜等。

2. 果酱类　果酱制品无须保持原来的形状，但应具有原有的风味，一般多为高糖高酸制品。按其制法和成品性质，可分为以下数种。

1）果酱　分为泥状及块状果酱两种。果蔬原料经处理后，打碎或切成块状，加糖（含酸及果胶量低的原料可适量加酸和果胶）浓缩的凝胶制品，如草莓酱、杏酱、苹果酱、番茄酱等。

2）果泥　　一般是将单种或数种水果混合，经软化打浆或筛滤除渣后得到细腻的果肉浆液，加入适量砂糖（或不加糖）和其他配料，经加热浓缩成稠厚泥状，口感细腻，如枣泥、苹果泥等。

3）果冻　　用含果胶丰富的果品为原料，果实软化、压榨取汁，加糖、酸及适量果胶，经加热浓缩后而制得的凝胶制品。该制品应具光滑透明的形状，切割时有弹性，切面柔滑而有光泽，如山楂冻、苹果冻、橘子冻等。

4）果糕　　将果实软化后，取其果肉浆液，加糖、酸、果胶浓缩，倒入盘中摊成薄层，再于50～60℃烘干至不粘手，切块，用玻璃纸包装，如山楂糕等。

5）马茉兰　　一般采用柑橘类原料生产，方法与果冻相同，但配料中要适量加入用柑橘类外果皮切成的块状或条状薄片，均匀分布于果冻中，有柑橘类特有的风味，如柑橘马茉兰。

6）果丹皮　　是用制取的果泥制成的柔软薄片，如山楂果丹皮、柿子果丹皮、桃果丹皮等。

（二）果蔬糖制工艺

1. 蜜饯类加工工艺　　蜜饯类加工工艺流程如图 13-3 所示。

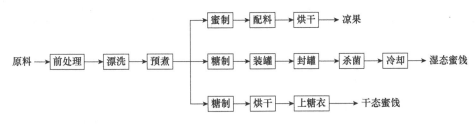

图 13-3　蜜饯类加工工艺流程

1）原料的选择　　糖制品质量主要取决于外观、风味、质地及营养成分。蜜饯类因需保持果实或果块形态，则要求原料肉质紧密，耐煮性强。在绿熟—坚熟时采收为宜。另外，用来糖制的果蔬要有形态美观、色泽一致、糖酸含量高等特点。

2）原料前处理　　果蔬糖制的原料前处理包括分级、清洗、去皮、去核、切分、切缝、刺孔等工序，还应根据原料特性差异、加工制品的不同进行腌制、硬化、硫处理、染色等处理。

（1）去皮、切分、切缝、刺孔。对果皮较厚或含粗纤维较多的糖制原料应去皮，大型果蔬原料宜适当切分成块、条、丝、片等，以便缩短糖制时间。小型果蔬原料，如枣、李、梅等一般不去皮和切分，常在果面切缝、刺孔，加速糖液的渗透。

（2）盐腌。用食盐或加用少量明矾或石灰腌制的果坯，常作为半成品保存方式来延长加工期限，大多作为南方凉果制品的原料。盐坯腌渍包括盐腌、暴晒、回软和复晒四个过程。盐腌有干腌和盐水腌制两种。干腌法适用于果汁较多或成熟度较高的原料，用盐量依种类和贮存期长短而异。

腌制时，分批拌盐，分层入池，铺平压紧，下层用盐较少，由下而上逐层加多，表面用盐覆盖隔绝空气。盐水腌制法适用于果汁稀少或未熟果或酸涩苦味浓的原料，将原料直接浸泡到一定浓度的腌制液中腌制。盐腌结束，可作水坯保存，或经晒制成干坯长期保藏，腌渍程度以果实呈半透明为度。果蔬盐腌后，延长了加工期限，同时可以减轻苦、涩、酸等不良风味。

（3）保脆和硬化。在糖制前对某些原料进行硬化处理，即将原料浸泡于石灰或氯化钙、明矾、亚硫酸氢钙等稀溶液，使钙离子、镁离子与原料中的果胶物质生成不溶性盐类，细胞间相互黏结在一起，提高硬度和耐煮性。

（4）硫处理。为了使糖制品色泽明亮，常在糖煮之前进行硫处理，既可防止制品氧化变色，又能促进原料对糖液的渗透。使用方法有两种：一种是用按原料质量的 0.1%～0.2% 的硫黄，在密闭的容器或房间内点燃硫黄进行熏蒸处理；另一种是预先配好 0.1%～0.15% 的亚硫酸盐溶液，将处理好的原料投入浸泡数分钟。

（5）染色。樱桃、草莓原料，在加工过程中常失去原有的色泽，常需人工染色，以提高感官品质。染色方法是将原料浸于色素液中，或将色素溶于稀糖液中，在糖煮的同时完成染色。

（6）漂洗和预煮。经亚硫酸盐保藏、盐腌、染色及硬化处理的原料，在糖制前均需漂洗或预煮，除去残留的二氧化硫、食盐、染色剂等，避免对制品外观和风味产生不良影响。

3）糖制　　糖制是蜜饯类加工的主要工艺。糖制方法有蜜制（冷制）和煮制（热制）两种。蜜制适用于皮薄多汁、质地柔软的原料；煮制适用于质地紧密、耐煮性强的原料。

（1）蜜制。蜜制是指用糖液进行糖渍，使制品达到要求的糖度。此法的基本特点在于分次加糖，不用加热，能很好地保存产品的色泽、风味、营养价值和应有的形态。适用于含水量高、不耐煮制的原料，如糖青梅、糖杨梅、樱桃蜜饯、无花果蜜饯及多数凉果等。蜜制过程中，糖浓度过高会出现过度失水，影响制品饱满度和产量。通常可采用下列蜜制方法。

a. 分次加糖法：首先将原料投入到40%的糖液中，剩余的糖分2或3次加入，每次提高糖浓度10%～15%，直到糖制品浓度达60%以上。

b. 一次加糖多次浓缩法：每次糖渍后，滤出糖液，将其加热浓缩提高糖浓度，再将原料加入到热糖液中继续糖渍，如此反复多次，最终提高糖制品浓度可达60%以上。利用果蔬组织内外温差加速糖分的扩散渗透，缩短糖制时间。

c. 真空蜜制法：果蔬在真空锅内抽空，使果蔬内部蒸汽压降低，然后破坏锅内的真空，可以促进糖分快速渗入果内。方法是将原料浸入到含30%糖液的真空锅中，抽空40～60min后，消压，浸渍8h；然后将原料取出，放入含45%糖液的真空锅中，抽空40～60min后，消压，浸渍8h，再在60%的糖液中抽空、浸渍至终点。

（2）煮制。煮制分常压煮制和减压煮制两种。常压煮制又分一次煮制、多次煮制和快速煮制三种。减压煮制分为真空煮制和扩散法煮制两种。

a. 一次煮制法：经预处理好的原料在加糖后一次性煮制成功。40%的糖液入锅，倒入处理好的果实。加热使糖液沸腾，果实内水分外渗，糖进入果肉组织，糖液浓度渐稀，然后分次加糖使糖浓度缓慢增高至60%～65%，停火。此法快速、省工，但持续加热时间长，原料易煮烂，色、香、味差，维生素破坏严重，糖分难以达到内外平衡，致使原料失水过多而出现干缩现象。

b. 多次煮制法：将处理过的原料经过多次糖煮和浸渍，逐步提高糖浓度的糖制方法。一般煮制时间短，浸渍时间长。适用于细胞壁较厚，难于渗糖、易煮烂或含水量高的原料。将处理过的原料投入30%～40%的沸糖液中，热烫2～5min，然后连同糖液倒入缸中浸渍。当果肉组织内外糖液浓度接近平衡时，再将糖液浓度提高到50%～60%，制品连同糖液进行第二次浸渍，使果实内部的糖液浓度进一步提高。将第二次浸渍的果实捞出，沥去糖液，烘烤除去部分水分，至果面呈现小皱纹时，即可进行第二次煮制。将糖液浓度提高到65%左右，热煮20～30min直至果实透明，捞出果实，沥去糖液，经人工烘干整形后，即为成品。多次煮制法所需时间长，煮制过程不能连续化、效率低，采用快速煮制法可克服此不足。

c. 快速煮制法：将原料装入网袋中，先在30%热糖液中煮4～8min，取出立即浸入等浓度的15℃糖液中冷却。如此交替进行4或5次，每次提高糖浓度10%，最后完成煮制过程。快速煮制法可连续进行，产品质量高，但糖液需求量大。

d. 真空煮制法：原料在真空和较低温度下煮沸，糖分能迅速渗入果蔬组织里面达到平衡。温度低，时间短，制品色香味形都比常压煮制好。该方法是将之前处理好的原料先投入盛有25%稀糖液的真空锅中，在温度为55～70℃下热处理4～6min，然后提高糖液浓度至40%，在真空条件下保持4～6min，重复3或4次，每次提高糖浓度10%～15%，使产品最终糖液浓度在60%以上。

e. 扩散煮制法：在真空糖制的基础上进行的一种连续化糖制方法，机械化程度高，糖制效果好。先将原料密闭在真空扩散器内，抽空排除原料组织中的空气，然后加入95℃的热糖液，待糖分扩散渗透后，将糖液迅速转入另一扩散器内，再在原来的扩散器内加入较高浓度的热糖液，如此连续进行几次，制品即达要求的糖浓度。

4）烘干与上糖衣　　除糖渍蜜饯外，多数制品在糖制后需进行烘晒，除去部分水分，使表面不粘手，利于保藏。烘干温度不宜超过65℃，烘干后的蜜饯，要求保持完整、饱满、不皱缩、不结晶，质地柔软，含水量为18%～22%，含糖量达60%～65%。

制糖衣蜜饯时，可在干燥后用过饱和糖液浸泡一下取出冷却，使糖液在制品表面上凝结成一层晶亮的糖衣薄膜。使制品不黏结、不返砂，增强保藏性。

5）整理、包装与贮存　　干燥后的蜜饯应及时整理或整形，以获得良好的商品外观。干态蜜饯的包装以防潮、防霉为主，常用阻湿隔气性好的包装材料，如复合塑料薄膜袋等。湿态蜜饯可参照罐头工艺进行装罐，糖液量为成品总净重的45%~55%，然后密封，在90℃温度下杀菌20~40min，然后冷却。对于不杀菌的蜜饯制品，要求其可溶性固形物应达70%~75%，糖分不低于65%。蜜饯贮存的库房要清洁、干燥、通风，尤其是干态蜜饯，库房墙壁要用防湿材料，库温控制在12~15℃，贮藏时糖制品若出现轻度吸潮，可重新进行烘干处理，冷却后再包装。

2. 果酱类加工工艺　果酱类制品是以果蔬加糖及其他配料，经加热浓缩制成。原料在糖制前需先行破碎、软化或磨细、筛滤或压榨取汁等预处理，再按产品类别不同，进行加热浓缩及其他处理。主要工艺流程如图13-4所示。

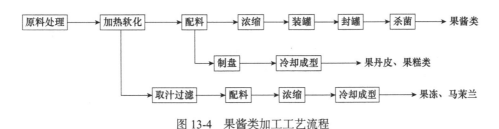

图13-4　果酱类加工工艺流程

1）原料选择及前处理　原料要求含果胶及酸量多，芳香味浓，成熟度适宜。对于含果胶及酸少的果蔬，制酱时需外加果胶及酸。生产时，首先剔除霉烂变质、病虫害严重的不合格果，经过清洗、去皮（或不去皮）、切分、去核（心）等处理。去皮、切分后的原料若需护色，应进行护色处理，并尽快进行加热软化。

2）加热软化　软化时放入清水（或稀糖液）和一定量的果肉。一般软化用水为果肉重的20%~50%。若用糖水软化，糖水浓度为10%~30%。开始软化时，升温要快，不断搅拌，使上下层果块软化均匀，果胶充分溶出。软化时间依品种不同而异，一般为10~20min。

3）取汁过滤　生产果冻、马茉兰等半透明或透明糖制品时，果蔬原料加热软化后，用压榨机压榨取汁。对于汁液丰富的浆果类果实压榨前不用加水，直接取汁，而对肉质较坚硬致密的果实，如山楂、胡萝卜等软化时，加适量的水，以便压榨取汁。压榨后的果渣为了使可溶性物质和果胶更多地溶出，应再加一定量的水软化，再行一次压榨取汁。

4）配料　按原料的种类和产品要求而异，一般要求果肉（果浆）占总配料量的40%~55%，砂糖占45%~60%（其中允许使用淀粉糖浆，用量占总糖量的20%以下）。这样，果肉与加糖量的比例为1:1~1:1.2。为使果胶、糖、酸形成恰当的比例，有利于凝胶的形成，可根据原料所含果胶及酸的多少，必要时添加适量柠檬酸、果胶或琼脂。柠檬酸补加量一般以控制成品含酸量0.5%~1%为宜。果胶补加量以控制成品含果胶量0.4%~0.9%较好。

5）浓缩　其目的在于通过加热均匀，提高浓度，排除果肉中大部分水分，使砂糖、酸、果胶等配料与果肉煮至渗透，改善酱体的组织形态及风味、杀灭有害微生物，破坏酶的活性，有利于制品的保藏。加热浓缩的方法目前主要采用常压和真空浓缩两种方法。

6）装罐密封（制盘）　果酱、果泥等糖制品含酸量高，多以玻璃罐或抗酸涂料铁罐为容器。装罐前容器应彻底清洗、消毒。果酱出锅后应迅速装罐，密封时，酱体温度为80~90℃。果糕、果丹皮等糖制品浓缩后，将黏稠液趁热倒入钢化玻璃、搪瓷盘等容器中，铺平、烘制、切割成型，并及时包装。

7）杀菌冷却　果酱密封后，只要倒罐数分钟，进行罐盖消毒即可。杀菌方法可采用沸水或蒸汽杀菌。杀菌温度及时间依品种及罐型等不同，一般以100℃温度下杀菌5~10min，杀菌后冷却至38~40℃，擦干罐身的水分，贴标装箱。

案例

苹果脯生产

1. 工艺流程

原料选择 → 去皮 → 切分 → 去心 → 硫处理和硬化 → 糖煮 → 糖渍 → 烘干 → 包装 → 成品

2. 操作要点

原料选择：选用果形圆整、果心小、肉质疏松和成熟度适宜的原料。

去皮、切分、去心：手工或机械去皮后，将苹果对半纵切，再用挖核器挖掉果心。

硫处理和硬化：将果块放入0.1%的氯化钙和0.2%～0.3%的亚硫酸氢钠混合液中浸泡4～8h，进行硬化和硫处理。肉质较硬的品种只需进行硫处理。浸泡时上压重物，防止上浮，浸后清水漂洗2或3次备用。

糖煮：在夹层锅内配成40%的糖液25kg，加热煮沸，倒入果块30kg，以旺火煮沸后，再添加上次浸渍后剩余的糖液5kg，重新煮沸。如此反复进行3次，需要30～40min，此时果肉软而不烂，并随糖液的沸腾而膨胀，表面出现细小裂纹。此后再分6次加糖煮制。第1、第2次分别加糖5kg，第3、第4次分别加糖5.5kg，第5次加糖6kg，每次间隔5min，第6次加糖7kg，煮制20min。全部糖煮时间需1～1.5h，待果块呈现透明时可出锅。

糖渍：趁热起锅，将果块连同糖液倒入缸中浸渍24～48h。

烘干：将果块捞出，沥干糖液，摆放在烘盘上，送入烘房，在60～66℃的温度下干燥至不粘手为度，大约需要24h。

整形和包装：烘干后用手捏成扁圆形，剔除黑点、斑疤等，装入食品袋、纸盒，再进行装箱。

3. 产品质量要求　①色泽，浅黄色至金黄色，具有透明感；②组织与形态，呈碗状或块状，有弹性，不返砂，不流汤；③风味，甜酸适度，具有原果风味；④总糖含量为65%～70%，水分含量为18%～20%。

二、蔬菜的腌制

凡利用食盐渗入蔬菜组织内部，以降低其水分活度，提高其渗透压，有选择地控制微生物的发酵和添加各种配料，以抑制腐败菌的生长，增强保藏性能，保持其食用品质的保藏方法，称为蔬菜腌制。其制品则称为蔬菜腌制品，又称酱腌菜或腌菜。

（一）分类

蔬菜腌制品加工可以分为两大类，即发酵性腌制品和非发酵性腌制品。

1. 发酵性腌制品　腌渍时食盐用量较低，在腌制过程中有显著的乳酸发酵现象，利用发酵所产生的乳酸、添加的食盐和香辛料等的综合防腐作用，来保藏蔬菜并增进其风味。这类产品一般都具有较明显的酸味。根据腌渍方法和成品状态不同又分为湿态发酵腌制品和半干态发酵腌制品两种类型。湿态发酵腌制品是用低浓度的食盐溶液浸泡蔬菜或用清水发酵白菜而制成的一类带酸味的蔬菜腌渍品，如泡菜、酸白菜等。半干态发酵腌制品是先将菜体经风干或人工脱去部分水分，然后再行盐腌，让其自然发酵后熟而成的蔬菜腌渍品，如半干态发酵酸菜等。

2. 非发酵性蔬菜腌制品　腌制时食盐用量较高，使乳酸发酵完全受抑制或只能极轻微地进行，其间加入香辛料，主要利用较高浓度的食盐、食糖及其他调味的综合防腐作用，来保藏和增进其风味。依其所含配料、水分多少和风味不同又分为下列三种类型。

1）咸菜类　只进行盐腌，利用较高浓度的盐液来保藏蔬菜，并通过腌制来改进风味，在腌制过程中有时也伴随轻微发酵，同时配以调味品和各种香辛料，其制品风味鲜美可口，如咸大头菜、腌雪里蕻、榨菜等。

2）酱菜类　盐腌的蔬菜再经过酱渍而成。由于吸附了酱料浓厚的鲜美滋味、特有色泽和大量营养物质，其制品具有鲜、香、甜、脆的特点，如酱乳黄瓜、酱萝卜干、什锦酱菜等。

3）糖醋菜类　盐腌的蔬菜再加入糖醋液中浸渍而成。其制品酸甜可口，并利用糖、醋的防腐作用来增强保藏效果，如糖醋大蒜等。

（二）腌制工艺

1. 发酵性腌制品的腌制工艺

1）泡菜　四川泡菜是我国泡菜的典型代表。泡菜因含适宜的盐分并经乳酸发酵，不仅咸酸适口，味美嫩脆，既能增进食欲，帮助消化，又具有保健疗效作用。

（1）原料选择。泡菜以脆为贵，要求蔬菜组织紧密，质地嫩脆，肉质肥厚，粗纤维含量少，腌渍后仍能保持脆嫩状态。原料常用子姜、菊芋、萝卜、胡萝卜、青菜头、黄瓜、莴苣、甘蓝、蒜薹等。

（2）发酵容器。常见有泡菜坛、发酵罐等。泡菜坛：为陶土烧制，有坛沿，利用坛沿水形成"水封口"，隔绝外界空气，自由排出坛内发酵产生的气体，有利于乳酸菌的活动。发酵罐：不锈钢制，能控温，生产量大，但设备投资大。

（3）配制泡菜盐水。配制盐水应选用硬水，硬度在 160mg/L CaO 以上为好，若无硬水，也可在普通水中加入 0.05%～0.1% 的氯化钙或用 0.3% 的澄清石灰水浸泡原料，然后用此水来配制盐水。食盐以精制井盐为佳，海盐、湖盐含镁离子较多，去除镁后方可使用。

（4）预腌出坯。按晾干原料量拌入 3%～4% 的食盐，除去过多水分，同时也除去原料菜中一部分辛辣味。以免泡制时过多地降低泡菜盐水的食盐浓度。欲增强泡菜的硬度，可在预腌同时加入 0.05%～0.1% 的氯化钙。预腌 24～48h，有大量菜水渗出时，取出沥干明水，称出坯。

（5）泡制与管理。入坛泡制，将出坯菜料装入坛内的一半，放入香料包，再装菜料至离坛口 6～8cm 处，加入盐水淹没菜料。切忌菜料露出水面。

原料菜入坛后所进行的乳酸发酵过程，根据微生物的活动和乳酸积累量的多少，可分为以下三个阶段。①发酵初期：菜料刚入坛，pH 较高（pH 6.0 左右），不抗酸的肠膜明串珠菌迅速繁殖，产生乳酸，pH 下降至 5.5～4.5，产出大量 CO_2，从坛沿水中有间歇性气泡放出，逐渐形成嫌气状态，有利于植物乳杆菌、发酵乳杆菌繁殖，迅速产酸，pH 下降至 4.5～4.0，时间 2～3 天，是泡菜初熟阶段。②发酵中期：以植物乳杆菌、发酵乳杆菌为主，细菌数可达（5～10）×10^7/mL，乳酸积累量可达 0.6%～0.8%，pH 3.5～3.8，大肠杆菌、腐败菌等死亡，酵母受到抑制，时间 4～5 天，是泡菜完熟阶段。③发酵后期：植物乳杆菌继续活动，乳酸积累量可达 1.0% 以上，当达到 1.2% 左右时，植物乳杆菌也受到抑制，菌群数量下降，发酵速度缓慢，直到发酵作用停止。此时不属于泡菜而是酸菜了。

泡菜取出后，适当加盐补充盐水，又可加新的菜坯泡制，泡制的次数越多，泡菜的风味越好。多种蔬菜混泡或交叉泡制，其风味更佳。若不及时加新菜泡制，则应加盐，并适量加入大蒜梗、紫苏藤等原料，盖上坛盖，保持坛沿水不干，称为"养坛"，以后可随时加新菜泡制。

在泡菜的完熟、取食阶段，有时会出现长膜生花，此为好气性有害酵母所引起，会降低泡菜酸度。事先将菌膜捞出，否则会使其组织老化，甚至导致腐败菌生长而造成泡菜败坏，然后缓缓加入少量酒精或白酒，或加入洋葱、生姜片等，密封几天花膜可自行消失。

（6）商品包装。成熟泡菜及时包装，品质最佳，长时间贮存则品质下降。

切分整形：泡菜从坛中取出，用不锈钢刀具，切分成适当大小，迅速装袋（罐）。

装袋（罐）：包装容器可用复合塑料薄膜袋、玻璃罐、抗酸涂料铁皮罐等。

（7）杀菌冷却。复合薄膜袋在反压条件下 85～90℃ 热水浴杀菌；500g 装玻璃罐在 40℃ 预热 5min，70℃ 预热 10min，100℃ 沸水浴中杀菌 8～10min，分段冷却。

2）酸菜　　北方以大白菜为原料，四川则多以芥菜为原料。根据腌制方法和成品状态不同，可分为两类，现将其工艺分述如下。

（1）湿态发酵酸菜。多选用叶片肥大、叶柄及中肋肥厚、粗纤维少、质地细嫩的叶用芥菜，以及幼嫩肥大、皮薄、粗纤维少的茎用芥菜。去除不可食部分，适当切分，淘洗干净，晒干，稍萎蔫。按原料重的 3%～4% 加入食盐干腌，入泡菜坛，食盐溶化，菜水渗出，淹没菜料，盖上坛盖，加满坛沿水，任其自然发酵，可接种纯种植物乳杆菌发酵。在发酵初期除乳酸发酵外也有轻微的酒精发酵及醋酸发酵。经半个月至 1 个月，乳酸含量积累达 1.2% 以上，高者可达 1.5% 以上便成酸菜，成熟的酸菜，取出分装至复合薄膜袋，真空封袋，在反压条件下 80～85℃ 热水浴中杀菌 10～15min，迅速冷却。东北、华北一带生产的清水发酵酸白菜，则是将大白菜剥去外叶，纵切成两瓣，在沸水中烫漂 1～2min，迅速冷却。将冷却后的白菜层层交错排列在大瓷缸中，注入清水，使水面淹过菜料 10cm 左右，用重石压实。经 20 天以上自然乳酸发酵即可食用。

（2）半干态发酵酸菜。多以叶用芥菜、长梗白菜和结球白菜为原料，除去烂叶、老叶，削去菜根，晾晒 2～3 天，晾晒至原重的 65%～70%。腌制容器一般采用大缸或木桶。用盐量是每 100kg 晒过的菜用

4～5kg，如要保藏较长时间可酌量增加。腌制时，一层菜一层盐，并进行揉压，要缓慢而柔和，以全部菜压紧实见卤为止。一直腌到距缸沿10cm左右，加上竹栅，压以重物。待菜下沉，菜卤上溢后，还可加腌一层，仍然压上石头，使菜卤漫过菜面7～8cm，任其自然发酵产生乳酸，经30～40天即可腌成。

2. 非发酵性腌制品的腌制工艺

1）咸菜类

（1）咸菜。将晾晒后的净菜依次排入缸内（或池内），按每100kg净菜加食盐6～10kg，依保藏时间的长短和所需口味的咸淡而定。按照一层菜一层盐的方式，并层层搓揉或踩踏，进行腌制。要求搓揉到见菜汁冒出，排列紧密不留空隙，撒盐均匀且底少面多，腌至八九成满时将多余食盐撒于菜面，加上竹栅，压上重物。到第2～3天时，卤水上溢菜体下沉，使菜始终淹没在卤水下面。腌渍所需时间在冬季1个月左右，以腌至菜梗或片块呈半透明而无白心为标准。

（2）榨菜。榨菜生产由于脱水方法不同，又有四川榨菜（川式榨菜）与浙江榨菜（浙式榨菜）之分。前者为自然晾晒（风干）脱水，后者为食盐脱水，形成了两种榨菜品质上的差异。

四川榨菜：四川榨菜具有鲜香嫩脆，咸辣适口，回味返甜，色泽鲜红细腻、块形整齐美观等特色。工艺流程如下。

原料选择 → 剥皮穿串 → 晾晒下架 → 头道盐腌 → 二道盐腌 → 修剪除筋 → 整形分段 →

淘洗上囤 → 拌料装坛 → 后熟清口 → 封口装篓 → 成品

浙江榨菜：浙江因青菜头采收期4～5月正值雨季，难以自然晾晒风干脱水，而采用食盐直接腌制脱水。其加工方法如下。

原料收购 → 剥菜 → 头次腌制 → 头次上囤 → 二次腌制 → 二次上囤 →

修剪挑筋 → 淘洗上榨 → 拌料装坛 → 覆查封口 → 成品

案例

四川榨菜生产实例

1. 原料的选择　青菜头（茎用芥菜）以质地细嫩紧密，纤维质少，菜头突出部浅小，呈圆形或椭圆形为好。

辅料：食盐、辣椒面、花椒、混合香料面（其中包括八角55%、三奈10%、甘草5%、沙头4%、肉桂8%、白胡椒3%、干姜15%）。

2. 工艺流程　青菜头→脱水→腌制发酵→修剪→淘洗→配料装坛→存放后熟→成品。

3. 操作要点

（1）脱水。采用自然风脱水的方式进行，用竹丝将青菜头穿起来，每串4～5kg，风脱水7～10天。根据青菜头采收成熟度不同，脱水之后的下架率在35%～45%。

（2）腌制。在生产上一般分为三个步骤，其用盐量多少是决定品质的关键。一般100kg干菜块用盐13～16kg。第一次腌制（半熟菜块）：100kg干菜块可用盐3.5～4.5kg，以一层菜一层盐的顺序下池，用人工或机械将菜压紧，经过2～3天，利用盐水边淘洗边起池，然后上囤。第二次腌制（毛熟菜块）：把半熟菜仍按100kg半熟菜块加盐7～8kg，一层菜一层盐放入池内，用机械或人工压紧，经7～14天腌制后，淘洗、上囤，上囤24h后，称为毛熟菜块。第三次加盐是装坛时进行的。

（3）修剪去筋及整形。将沥干盐水的毛熟菜块用剪刀或小刀除去老皮、虚边，抽去硬筋，刮尽黑斑烂点，并加以整形，无粗筋、老皮、大小基本一致。并按照销售要求分成若干等级，以后分别进行生产，以作为不同等级商品出售。

（4）淘洗。利用贮盐水池里的盐水，将修剪整形分级过的毛熟菜块，进行淘洗除去泥沙污物，达到清洁卫生的目的（有机械淘洗法和人工淘洗法），淘洗后再次上囷 24h。

（5）拌料。按洗净榨干的毛熟菜块 100kg、食盐 5～6kg、红辣椒面 1.5%～20%、花椒 0.03%、混合香料面 0.10%～0.12% 混合均匀，即可装坛。

（6）装坛密封后熟。坛子应不漏气并经沸水消毒抹干，将已拌好的毛熟菜块分 3～5 次装入坛内，层层压紧。装至坛颈为止，撒红盐层每坛 0.1～0.15kg（红盐：100kg 盐中加入红辣椒面 2.5kg 混合而成）。在红盐上交错盖上 2 或 3 层玉米皮，再用干萝卜叶覆盖，扎紧封严坛口。即可存放后熟，该过程一般需 2 个月左右。

在存入后熟过程中，要观察菜块是否下沉、发霉、变酸，若有这些情况应及时进行清理排除，在存放后熟期间坛内产生翻水现象，待夏天后翻水停止表示已后熟，即可用水泥封口，以便起坛、运输、销售。

方便榨菜：也称小包装榨菜，是以坛装榨菜为原料经切分拌料、称量装袋、抽空密封、防腐保鲜而成。包装袋现普遍采用复合塑料薄膜袋，有聚酯／铝箔／聚乙烯、聚酯／聚乙烯和尼龙／高密度聚乙烯等几种。以聚酯／铝箔／聚乙烯使用较好。

2）酱菜类　　蔬菜的酱制是取用经盐腌保藏的咸坯菜，经去咸排卤后进行酱渍。酱菜加工各地均有传统制品，如扬州的什锦酱菜、绍兴的酱黄瓜、北京酱菜都很有名。优良的酱菜除应具有所用酱料的色香味外，还应保持蔬菜固有的形态和质地脆嫩的特点。

酱渍的方法有三种：一是直接将处理好的菜坯浸没在豆酱或甜面酱的酱缸内；二是在缸内菜坯和酱层层相间地进行酱渍；三是将原料先装入布袋内，然后用酱覆盖，酱与菜坯的比例一般为 5∶5，最少不低于 3∶7。

在酱料中可加入各种调味料酱制成不同花色品种的酱菜，如五香酱菜、辣酱菜；将多种菜坯按比例混合酱渍，或已酱渍好的多种酱菜按比例搭配包装制成八宝酱菜、什锦酱菜。

3）糖醋菜类　　原料以大蒜、萝卜、黄瓜、生姜等为主。各地均有加工，以广东的糖醋酥姜、镇江的糖醋大蒜、糖醋萝卜较为有名。

糖醋大蒜的生产实例可查看**资源 13-2**。

资源 13-2

第四节　干制果蔬

果蔬干制的主要目的是保藏，而且通过干制以后的果蔬，减少了质量和体积，便于运输；果蔬干制品可以调节果蔬生产的淡旺季，有利于解决果蔬周年供应。并且，随着干制技术的提高，干制品的营养接近鲜果和蔬菜，这一古老的食品保存方法依旧具有巨大的发展潜力。

一、原料要求

果蔬干制对原料总的要求是：果品干物质含量高，纤维素含量低，风味好，核小皮薄；蔬菜原料要求肉质厚，组织致密，粗纤维少，新鲜饱满，色泽好，废弃部分少。

大部分果蔬均可进行干制，一些干制蔬菜会改变原来的质构特性。例如，芦笋干制后会失去脆嫩品质，黄瓜干制后失去柔嫩松脆的质地。但是干制蔬菜往往因获得新的特征而别具风味。

二、干制方法

果蔬的干制方法因热量来源不同，可分为自然干制和人工干制两大类。

（一）自然干制

自然干制是利用自然条件，如太阳辐射能、热风等使果蔬干燥。直接受日光曝晒的称为晒干，在通风良好的室内或荫棚下干燥的，称为阴干或晾干。自然干制方法的优点是方法和设备简单，生产成本较低，干制过程中管理比较粗放，能在产地和山区就地进行，一些典型的土特产，如红枣、金针菜、玉兰片、梅菜、萝卜干等通常都采用自然干制。但自然干制时间长，不能人为控制，产品质量较差，干燥时需要较多的劳动力和相当大的场地；制品易遭受污染和灰尘、虫、鼠等的危害；常常受到气候条件的限制等缺点也限制其应用。

（二）人工干制

人工干制不受气候条件的限制，人工控制干燥条件，因此干燥迅速、效率高，干制品的品质优良，完成干燥所需时间短，但需要一定的干制设备，且操作比较复杂、生产成本较高。目前果蔬干制常用的干燥方法有空气对流干燥、滚筒干燥、真空干燥、喷雾干燥和冷冻干燥。良好的干制工艺既要满足良好的制品品质，也要考虑费用经济合理，因此需要合理选择干制工艺。

1）空气对流干燥　　是最常见的果蔬干燥方法，如烘灶、烘房等。干燥在常压下进行，物料可分批或连续地干制，循环或流动的空气可采用直接法或间接法加热、使物料从热空气中获得热量后，完成水分蒸发过程。

2）滚筒干燥　　适宜于番茄酱、马铃薯泥等耐热的果蔬浆类的干燥，为了实现快速干燥，滚筒表面温度一般高达145℃左右，因而制品颜色较深并带有煮熟味。滚筒若连接真空室则可以降低干燥温度，但是设备造价和操作费用高于常压滚筒干燥和喷雾干燥。

3）真空干燥　　适合于在高温条件下易氧化或发生化学变化而变质的食品，能较好地保持食品原有的结构、质地、外观和风味，并可制成轻微膨化制品。真空干燥的气压一般控制在332～665Pa，温度在37～82℃。

4）喷雾干燥　　将液态或者浆状果蔬喷成雾状液滴，悬浮在热空气中进行干燥，制得的果蔬粉品质好、生产过程简单，操作控制方便。

5）冷冻干燥　　在低温下操作能最大限度地保存食品的色香味，特别适合热敏性高和极易氧化的食品干燥，能保存食品中的各种营养成分，产品具有理想的速溶性和快速复水性，并能最好地保持原物料的外观形状。在冻结干燥中，冻结速度对制品的多孔性、复水性、营养成分及冷冻干燥速度等都有影响。因此，在果蔬冷冻干燥过程中，一般采用速冻。

（三）果蔬干制品包装

1. 包装前干制品的处理　　干制品在包装前通常需要做一系列的处理，以提高干制品的质量，延长贮存期，降低包装和运输费用等。

1）回软处理　　回软又称均湿或水分的平衡，其目的是使干制品变软、水分均匀一致。通常产品干制并冷却后，立即堆积于密闭场所，使水分在干制品内部及相互之间进行扩散和重新分布，最后达到含水量一致，产品的质地稍显疲软。果实干制品回软所需时间为1～3天。

2）防虫处理　　烟熏是控制干制品中昆虫和虫卵常用的方法。晒干的果蔬制品最好能在晒场进行烟熏。干制水果贮藏过程中还常定期烟熏以防止虫害发生。氯化苦、氯化氢气体、二氯化乙烯、四氯化碳等烟熏剂也常在果蔬干制品烟熏中使用。

3）速化复水处理　　压片、刺孔和破坏细胞等处理，都可以明显地增加复水速度。例如，当干燥到水分为15%～30%时，在反方向转动的双转辊间对苹果片进行刺孔，再干制到最终水分为5%，这样不仅缩短干燥时间，而且加速干制品的复水速度。

4）压块　　蔬菜干制体积蓬松，容积很大，不利于包装和运输，需要在包装前进行压块处理。通常蔬菜在脱水的最后阶段趁热压块，冷却后则质地变脆而易碎。在压块之前喷热蒸汽可减少破碎率，为避免影响耐贮性，压块后往往采用常温与干燥剂贮放较长时间进行最后干燥。

2. 包装　　包装宜在低温、干燥、清洁和通风良好的环境中进行，最好能进行空气调节并将相对湿度控制在30%以下，避免干制品受灰尘污染、吸潮及害虫侵入。

常用的包装材料有镀锡薄板罐、木箱、纸箱和纸盒等，要注意防潮措施。金属罐、玻璃罐及铝箔真空袋特别适合包装果蔬粉及冷冻干燥制品，避免此类干制品的氧化。应用真空包装或惰性气体包装，对于降低贮藏期间维生素的损失及避免多孔性干制品的吸潮有很好的作用。

3. 贮藏　影响果蔬干制品贮藏的因素很多，如原料的选择与处理，制品的含水量，包装、贮藏条件及技术等。贮藏环境应保持低温而干燥，高温、高湿对脱水果蔬的贮藏危害极大。

4. 复水　干制品的复水性就是新鲜食品干制后能重新吸收水分的程度，一般常用干制品的吸水增重的程度来衡量，一定程度上反映在干制过程中某些品质变化。脱水蔬菜的复水方法是把干菜浸泡在12～16倍重量的冷水里，经半小时，再迅速煮沸并保持沸腾5～7min。

案例

脱水蒜片加工实例

1. 原料选择　选用蒜瓣完整、成熟、无虫蛀，直径4～5cm的蒜头为原料。

2. 剥蒜去衣　可人工剥蒜瓣，并要同时除去附着在蒜瓣上的薄蒜衣。

3. 切片　用切片机切成厚度为0.25cm的蒜片。太厚，烘干后产品颜色发黄；过薄，容易破碎，损耗大。

4. 漂洗　将蒜片放入池或缸内，经过3或4遍漂洗，蒜片基本干净。

5. 甩水　将漂洗过的蒜片置于离心机中甩水1min。

6. 干燥　甩水后的蒜片进行短时摊凉，装入烘盘，每平方米烘盘摊放蒜片1.5～2kg为宜。烘烤温度控制在65～70℃，一般烘6.5～7h，烘干后蒜片含水量为5%～6%。

第五节　低温果蔬及冷冻果蔬

一、低温果蔬

低温果蔬主要是指贮运销过程中控制在0～6℃的果蔬加工制品。主要包括鲜切果蔬和预制调理果蔬制品。

（一）鲜切果蔬

参考GH/T 1341—2021，鲜切果蔬是指以新鲜果蔬为原料，经预冷、挑选、分级、清洗、去皮、切分、去除表面水分、包装等处理后，可以改变其物理形状但仍能保持新鲜状态，采用冷链进行贮运销的定型包装果蔬制品。鲜切果蔬包括即食和即用两种类型。即用指无须清洗，但需经烹调加热使用。为了使包装制品卫生与安全，加工企业应该实行良好规范操作（GMP）和危害分析与关键控制点（HACCP）。

1. 鲜切果蔬产品的工艺流程　鲜切果蔬的加工工艺因原料特点、销售渠道，以及货架期的长短有所差异。参考GB 31652—2021，其一般加工工艺为：

原料选择 → 分级 → 预处理 → 清洗 → 切分（或不切分）→ 护色 → 脱水 → 包装 → 冷藏 → 冷链销售

2. 操作要点

1）预处理　鲜切果蔬的预处理一般包括清洗、去皮、预冷等工序。

2）切分　应在低于12℃条件下进行。通常，切分越小，切分面积越大，越不利于保存。

3）清洗　清洗用水应符合饮用水标准，温度最好低于5℃。也可采取相应的保鲜措施来防止褐变和控制微生物数量，如采用柠檬酸、异抗坏血酸钠、L-半胱氨酸等为护色剂进行复配护色，或者使用氯气或次氯酸钠控制病原菌数量。

4）脱水　切分清洗后的果蔬应立即脱水，避免过多自由水引起微生物过量繁殖而导致腐败。通常采用专用高速离心机进行脱水，以防止对果蔬原料造成机械损伤。

5）包装　包装需及时，包装室必须符合卫生生产条件，维持1～2℃低温，且与洗涤系统分开。包装材料主要有聚氯乙烯（PVG）、聚丙烯（PP）、聚乙烯（PE）和乙烯-乙酸乙烯共聚物（EVA）。可采用自发调节气体包装、活性包装和涂膜包装以延长货架期。气调包装中通常采用高浓度的CO_2和低浓度的O_2

降低鲜切果蔬的呼吸强度，抑制乙烯的合成，延缓组织衰老，但应注意不同果蔬原料对 O_2 和 CO_2 浓度敏感性的阈值（Oliveira et al.，2015）。涂膜能够减少果蔬的呼吸速率和水分的蒸发并增加果蔬表面的光泽，常用的可食性涂膜材料有多糖、蛋白质、脂类和复合材料。有些涂膜材料，如壳聚糖具有良好的抗菌性，能够减少有害微生物造成的产品腐败（Basharat et al.，2018）。

资源 13-3

6）冷藏　　鲜切果蔬的冷藏温度通常控制在 4℃ 左右。部分热带或亚热带的鲜切果蔬产品需适当提高冷藏温度，防止冷害的发生。贮运销全链条进行温度控制，防止产品温度波动。

资源 13-3 为鲜切荸荠案例及鲜切山药案例。

（二）预制调理果蔬制品

预制调理食品一般是指食品原料经适当加工，以包装或散装形式于冷冻、冷藏或常温的条件下储存、流通和售卖，可直接食用或食用前经简单加工的产品。国外用 Prepared foods 或者 Read-to-eat foods 代表此类食品。

预制调理果蔬制品一般需要在低温下贮藏。比较典型的产品是果蔬沙拉类产品。参考 DB 31/2012—2013 标准，其一般加工工艺如下：

原料选择 → 分级 → 预处理 → 清洗 → 切分（或不切分）→ 调味（或不调味）→ 脱水（或不脱水）→ 冷链销售 → 冷藏 → 灭菌 → 包装

预制调理果蔬制品的清洗环节较一般果蔬预处理的清洗更为严格，常用的有臭氧水、次氯酸钠、二氧化氯、电解水、超声波等物理、化学等辅助减菌措施。其中，电解水技术作为一种新型杀菌技术，不仅能高效杀菌，并且无残留毒性、对环境无污染，在果蔬清洗中广泛应用。该技术通过电解装置来电解水，获得电解质溶液，电解水分子生成氢分子、活性氧和羟基自由基，具有强氧化性的离子和自由基可以破坏细菌的细胞膜、氧化降解农药分子，从而起到杀菌、降农残的效果。

预制调理果蔬制品一般不经过热杀菌，以避免风味、口感和热敏性成分的损失。非现制果蔬沙拉经过切分、调味和包装后，可通过超高压、辐照、紫外等非热加工技术进行一定程度的杀菌处理，从而最大限度地保持蔬菜原有的风味、质地和营养成分等，冷藏保质期可达到 3 个月。

案例

预制调理蔬菜沙拉

操作要点：

1）原料选择　　选择七成熟、新鲜、无腐烂、无病虫害、无损伤的原料，包括罗马生菜、紫甘蓝、圣女果、无刺黄瓜、芝麻菜、樱桃萝卜、苦菊、生菜等。

2）清洗、去皮、切分　　用清洗机洗去原料所带的泥沙和其他污物。采用专用去皮机对果实去皮，用切分机对果实、叶片进行切分。

3）调味　　采用色拉酱对切分后的原料进行调味。

4）沥干　　把经过调味后的切分原料沥干水分。

5）包装　　用 PE/EVOH（乙烯-乙烯醇共聚物）膜对切分原料进行包装。

6）灭菌、冷藏　　采用超高压技术（300～600MPa）对包装后的原料灭菌 20min。再将产品及时放入 4℃ 的恒温条件下贮藏。

二、冷冻果蔬

采用降低温度的方式对果蔬进行加工和保藏，根据降低温度的程度，将温度在 0～8℃ 的加工称为冷却或冷藏，而温度在 -1℃ 以下的加工称为冻结或冻藏。经过冷冻加工的果蔬统称为果蔬冷冻制品。冻结技术对果蔬冷冻制品质量及其耐贮藏性有很大的影响，速冻保藏是当前冷冻果蔬加工中对于风味和营养素保存较为理想的方法。经过修整、热烫等预处理的果蔬原料在 -35～-25℃，甚至更低的低温条件下迅速冻结，然后在 -20～-18℃ 冷冻保藏（Li et al.，2018）。

（一）冻结前的原料处理

速冻果蔬的质量取决于原料的性质、处理方法和速冻方法。并不是所有的果蔬都适宜速冻。适宜速冻的果蔬种类有苹果、桃、李、杏、葡萄、草莓、樱桃、菠菜、青豌豆、豆角、胡萝卜、马铃薯、菜花、辣椒、大葱、芦笋、蘑菇等。

1）原料的选择　速冻果蔬原料应选择品种优良、成熟度适宜、能充分体现该产品的色香味特征的原料，并要求质地坚脆、大小长短均匀。一些易腐蔬菜应当日采收、及时加工。加工前要认真挑选、分级，剔除病、烂、霉及老化、枯黄和过于萎蔫的原料。

2）清洗、去皮、去核、切分　清洗之后可进行整果速冻，大型果或果皮比较坚实粗硬或果皮不能食用或含果核的原料，需去皮、去核、切分。例如，草莓要去萼片，苹果、梨要去皮和去籽巢，桃要去皮和去核，青椒要去籽等。切分要根据商品的消费习性，切分成条、段、丁、丝、片、块等，注意均匀一致、规格统一，便于后序操作。

3）热烫和冷却、沥干　为了钝化酶的活性，通常在速冻前对原料进行热烫，保持产品品质。但有些蔬菜，如番茄、黄瓜、木瓜、洋葱、甜椒等无须热烫。热烫后应及时漂洗冷却，避免持续受热，产生煮熟味及微生物污染的隐患。用冷水急速冷却后要充分沥干，否则，菠菜等叶菜会因附着水分量较多，造成积水在包装底部结冰，制品外观受损、净含量不足。沥干常采用离心机或振动筛，使用离心机时既要防止脱水不足也要避免脱水过度。

（二）速冻工艺

1. 茎菜、叶菜　菠菜、甘蓝、白菜、芹菜、葱、洋葱、芦笋等均可进行速冻。

以菠菜为例，速冻工艺流程为如下。

原料的根部长短不齐的，将其剪切齐。一般在干式滚筒中筛除泥沙，如泥沙少时，也可立即洗涤，然后在根部捆成束。先对根部热烫 40～60s，再对叶部热烫 30～40s。

2. 核果类　桃、樱桃、李、杏均可用于速冻，以桃为例简述如下。

白桃、黄桃均可。与罐头对原料要求不同的是，白桃中略带红色者也可用于速冻；另外，罐藏桃原料的香气不像速冻桃的要求高。因此，原料以完熟者为好，未熟原料在加工厂进行追熟，追熟的温度以 25℃以下为好，对每个果实进行严格的选别，只有达到一定熟度才能进行处理。切半、去核、去皮等操作与罐头制作相同。为防止变色，将果肉与 50%～60% 的糖液按 1∶1 比例装入包装容器。糖液中应加入约 0.2% 的抗坏血酸。

资源 13-4

其他常见类型的果蔬速冻工艺操作要点可查看**资源 13-4**。

（三）速冻果蔬的包装

包装是保障速冻果蔬制品贮藏的重要条件，可以有效地防止在冻结和冻藏过程中果蔬的冰结晶升华；防止果蔬在长期贮藏中接触空气而氧化变色、风味变化和营养素损失；防止空气中微生物的污染而引起速冻果蔬腐败变质；便于果蔬产品流通等。用于速冻果蔬制品的包装材料必须能在 -40～-50℃ 的环境中保持柔软，不致发脆、破裂，常用的有 EVA 薄膜和线性聚乙烯等。

为防止产品氧化褐变和干耗，在包装前对于某些产品应镀包冰衣。具体做法是：将产品倾入镀冰槽内，槽中水温不得高于 5℃，产品入水后立即捞出，产品外层镀包上一层薄薄的冰衣。

（四）速冻果蔬的贮藏

大多数微生物在低于 0℃ 的温度下生长活动被抑制。有些嗜冷细菌在 -10℃ 下才停止生长，因而冷冻产品贮藏通常采用的温度为−23～−12℃，而以−18℃为最适用。

速冻果蔬的贮藏寿命与产品的种类、原料的成熟度、原料的处理、冻结方法及贮藏温度有关。在−18℃条件下，果蔬可以贮藏1年以上。

第六节　发酵果蔬制品

发酵是指通过对微生物进行大规模的生长培养，使之发生化学变化和生理变化，从而产生和积累为人们所需要的代谢产物的过程。发酵果蔬制品是以新鲜果蔬为原料，经过酵母菌、乳酸菌、醋酸菌等多种有益微生物发酵而成。主要的发酵果蔬制品有果蔬酵素、果酒、果醋、泡菜等，本节以果蔬酵素和果酒为例，介绍该类产品的定义、分类方式及加工工艺。

一、果蔬酵素

（一）果蔬酵素的分类

果蔬酵素是通过益生菌发酵一种或多种新鲜蔬菜、水果而成的发酵产品。根据酵素产品分类导则QB/T 5324，果蔬酵素依据产品形态、微生物来源和原料类型可以进行简单的分类。

1. 以产品形态分类

1）液态果蔬酵素　　是通过控制发酵条件，经提取、浓缩制成的发酵原液，保留了果蔬最原始的高活性发酵物。产品形态在常温下是液体，如酵素液等。

2）半固态果蔬酵素　　一般是指蔬酵素液持续发酵后，制成的一种更细化、益生菌更为丰富的膏状、胶冻状或胶膜状的产品。液态果蔬酵素经浓缩熬制也可制成膏状酵素产品（朱政等，2019）。

3）固态果蔬酵素　　是指经冷冻干燥或烘干处理，制成便于携带的粉末、颗粒、片状或块状等固态酵素产品，固态果蔬酵素能够提高材料的应用范围，食用方便。

2. 以微生物来源分类

1）自然发酵果蔬酵素　　是指以果蔬为原料，利用原料表面附着的酵母、乳酸菌、曲霉等微生物进行发酵（索婧怡等，2020）。

2）人工接种发酵果蔬酵素　　是指人工接种合适的发酵菌种进行发酵。菌种可以是单一菌种，也可以是多菌种混合。

3. 以发酵原料类型分类

1）单一型果蔬酵素

（1）水果酵素。以一种或多种水果为原料，经微生物发酵而成的酵素食品。水果酵素不仅富含水溶性维生素、植物甾醇和膳食纤维等营养活性成分，还含有多种酚类物质，发酵过程中产生超氧化物歧化酶、谷胱甘肽过氧化物酶等，制品表现出强抗氧化作用（Li et al.，2021；Li et al.，2018）。此外，某些细菌在发酵过程中会产生细菌素，在防腐及病原微生物抑制方面具有一定潜力。

（2）蔬菜酵素。大部分采用多种蔬菜原料混合发酵的方式，将多种蔬菜混合后接种酵母菌、乳酸菌等菌种进行发酵，获得不同的酵素产品。蔬菜酵素中不仅含有丰富的维生素、微量元素（硒、铜和锌等）及生物活性化合物（如酚类、芥子油苷、胆碱、类胡萝卜素和植物雌激素等），还含有低聚糖、可溶性膳食纤维等具有益生作用的成分，通过调节肠道微生态有益人体健康（吴国虹等，2021）。

2）复合型果蔬酵素　　复合型果蔬酵素的生产有两种方式：一种是以混合果蔬作为原料，发酵时加入某些草本植物、食盐等成分作为辅料。不同原料的复合添加，可改善发酵体系的碳氮比，建立良好的缓冲体系，更利于微生物发酵。另一种是将单一或混合的果蔬分别发酵，再取各酵素原液经混合调配制成，该方法突破了因原料种类单一的局限，不仅对发酵条件及市场需求的兼容强，同时能兼顾水果酵素和蔬菜酵素二者的优点。

（二）果蔬酵素的加工工艺

1. 工艺流程　　果蔬酵素加工工艺流程如下。

原料选择 → 预处理 → 切块、制浆或榨汁 → 调配 → 灭菌 → 冷却 → 接种 → 发酵 →

过滤 → 调和 → 灌装密封 → 灭菌冷却 → 检验 → 成品

2. 关键工艺说明

1）原料要求   用于发酵的原料应是新鲜度好、气味芳香、色泽稳定、酸味适度、无病虫害、无霉变的果蔬。在复合果蔬酵素生产中，通常选择质地、色泽相近的果蔬混合进行发酵。例如，可将胡萝卜、番茄与南瓜混合；将萝卜、甘蓝与冬瓜混合；将芹菜、苹果与豆角混合等，可以互相搭配调和营养，而且易于益生菌发酵。

2）原料预处理   主要包括清洗、破碎、加热和酶处理等过程。可参照果蔬汁加工预处理。

3）调配   为保证发酵效果，对于营养组成不足的原料需要合理调配。调配方式可以直接添加相应的营养素，如葡萄糖、脱脂奶粉以补充碳源和氮源，也可通过果蔬的混合来实现。

4）灭菌   原料在发酵前必须进行加热灭菌（自然发酵除外），以杀灭杂菌，保证果蔬的发酵效果。加热温度一般不低于90℃（陈野和刘会平，2014），灭菌后的果蔬应急速冷却降至发酵温度。

5）接种与发酵   按工艺要求在无菌的状态下接入工作发酵剂进行发酵，接种量一般为果蔬总量的4%～5%。发酵温度一般在30～40℃，具体以所选用的菌种而定。

6）调和   目的是改善产品品质，通过合理调和可以改进风味、改善色泽、增加营养，满足市场需求。调和用添加物常用的是糖、酸、着色剂、稳定剂等，视成品状态与特性的要求而定。

7）灌装与杀菌   活菌性果蔬酵素，可灌装密封后置4℃下冷藏保存，无须杀菌。其他产品可采用先杀菌后热灌装（中温灌装、热灌装）或杀菌后无菌灌装的方式，也可采用灌装后热杀菌的方式。参考杀菌条件为：酸性和高酸性蔬菜酵素，80～85℃，保持30min，或高温瞬时杀菌，快速加热至温度达（93±2）℃，维持15～30s；低酸性蔬菜酵素，可采用超高温瞬时杀菌，120℃以上的温度下保持3～5s（秦文和张清，2019）。

二、果酒

从广义上讲，水果经破碎、压榨取汁、发酵或者浸泡等工艺精心调配酿制而成的各种低度饮料酒都可称为果酒。我国习惯上对所有果酒都以其果实原料名称来命名，如葡萄酒、苹果酒、山楂酒、柑橘酒、蓝莓酒、猕猴桃酒及复合果酒等。由于葡萄果实含糖量高，酸度适宜，多酚和香气类物质丰富，非常适合酿酒，葡萄酒是产量最大的果酒。从狭义上讲，人们常把葡萄酒单列出来，认为果酒是指葡萄酒之外的其他水果酒。在国外，主要的果酒品类也有其专属名称，比如葡萄酒称为Wine，苹果酒称为Cider，梨酒称为Perry。

果酒的分类

果酒的种类很多。分类的方法一般有以下几种。第一种是以生产方式来分类，可分为发酵果酒、蒸馏果酒和配制果酒等类型。第二种是以酒中含糖量的多少来分类，分为干酒（含糖量在4g/L以下）、半干酒（含糖量为4～12g/L）、半甜酒（含糖量为12～45g/L）和甜酒（含糖量为45g/L以上）等。第三种是以酒中二氧化碳含量，分为平静果酒（在20℃时，二氧化碳压力小于0.05MPa）和含气果酒（在20℃时，二氧化碳压力大于或等于0.05MPa）。

1. 发酵果酒   是以水果、果汁（浆）等为主要原料，经全部或部分酒精发酵酿制而成的，含有一定酒精度的发酵酒。发酵果酒的主要原料包括鲜果果实、脱水果实、果汁（浆）及浓缩果汁（浆）等，不需要经过蒸馏，产品的酒精含量一般比较低（10%～13%体积百分比）。当酒精含量在10%以上时能较好地防止微生物的危害，有利于果酒的保存。

2. 蒸馏果酒   也称水果白酒，是将果品进行酒精发酵后再经过蒸馏而得的酒，又名白兰地。通常所称的白兰地，是指以葡萄为原料的白兰地。以其他水果酿造的白兰地，应冠以原料水果的名称，如樱桃白兰地、苹果白兰地、李子白兰地等。蒸馏果酒中也以白兰地的产量为最大。

3. 配制果酒   也称果露酒。它是以配制的方法仿拟发酵果酒而制成的，通常是将果实或果皮和鲜花等用酒精或白酒浸泡提取，或用果汁加酒精，再加入糖分、香精、色素等调配成色香味与发酵果酒相似的酒。加料果酒是一种常见的配制果酒，以发酵果酒为基酒，加入植物性芳香物等增香物质或药材等而制成。

4. 含气果酒　　含气果酒是指在 20℃时，二氧化碳压力大于或等于 0.05MPa 的果酒。根据二氧化碳来源方式的不同分为起泡果酒和水果汽酒。起泡果酒中的二氧化碳全部来源于自然发酵，以发酵果酒为酒基，经密闭二次发酵产生大量二氧化碳，这些二氧化碳溶解在果酒中，饮用时有明显刺口感。起泡果酒中经过二次发酵所产生的二氧化碳气泡与泡沫细小均匀，较长时间不易散失。最典型的起泡葡萄酒是香槟酒。香槟是我国认可的地理标志保护产品，仅指法国香槟区按照传统工艺生产的起泡葡萄酒。水果汽酒则是在发酵果酒或配制果酒中人工充入全部或部分二氧化碳而制成的含气果酒。与自然发酵相比，人工充入的二氧化碳气泡较大，保持的时间短。

三、果酒酿造工艺

葡萄酒是我国市场上最典型的果酒，在此以葡萄酒为例叙述发酵果酒的酿造工艺。

（一）工艺流程

果酒酿造工艺流程图如图 13-5 所示。

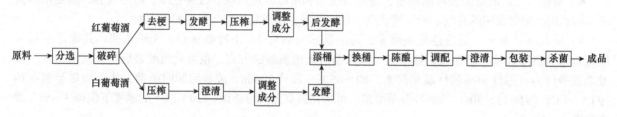

图 13-5　果酒酿造工艺流程图

（二）关键工艺说明

1. 原料的选择　　葡萄的酿酒适应性好，任何葡萄都可以酿出葡萄酒，但只有适合酿酒要求和具有优良质量的葡萄才能酿出优质葡萄酒。

干红葡萄酒要求原料葡萄色泽深、风味浓郁、果香典型、糖分含量高、酸分适中、完全成熟，糖分和色素积累到最高而酸分适宜时采收。

干白葡萄酒要求果粒充分成熟，即将达完熟，具有较高的糖分和浓郁的香气，出汁率高。

特种葡萄酒对原料也有特殊要求（李华和王华，2017），如冰葡萄酒是指将葡萄推迟采收，当气温低于−7℃使葡萄在树枝上保持一定时间，结冰，采收，在结冰状态下压榨，发酵，酿制而成的葡萄酒；贵腐葡萄酒是指在葡萄的成熟后期，葡萄果实感染了灰绿葡萄孢，使果实的成分发生了明显的变化并产生"贵腐"的干缩果粒，用这种葡萄酿制而成的葡萄酒。

2. 发酵液的制备与调整　　包括葡萄的选别、破碎、除梗、压榨、澄清和汁液改良等工序，是发酵前的一系列预处理工艺。为了提高酒质，进厂葡萄应首先进行选别，除去霉变、腐烂果粒；为了酿制不同等级的酒，还应进行分级。

1）破碎与去梗　　将果粒压碎使果汁流出的操作称破碎。破碎后应立即将果浆与果梗分离，这一操作称除梗。酿制红葡萄酒的原料要求除去果梗。酿制白葡萄酒的原料不宜去梗，破碎后立即压榨，利用果梗作助滤层，提高压滤速度。

2）压榨与澄清　　压榨是将葡萄汁或刚发酵完成的新酒通过压力分离出来的操作。红葡萄酒带渣发酵，当主发酵完成后及时压榨取出新酒。白葡萄酒取净汁发酵，故破碎后应及时压榨取汁。澄清是酿制白葡萄酒的特有工序，用澄清汁制取的果酒胶体稳定性高，对氧的作用不敏感，酒色淡，芳香稳定。澄清方法可参照果汁澄清工艺。

3）二氧化硫处理　　二氧化硫处理就是在发酵液或酒中加入二氧化硫，以便发酵能顺利进行或有利于葡萄酒的贮藏。使用的二氧化硫有气体二氧化硫、液体亚硫酸及固体亚硫酸盐等。其用量主要受葡萄原料质量的影响，果汁中的添加量一般在 40～80mg/L，最大使用量不得超高 250mg/L（Maria et al.，2017）。

4）葡萄汁的成分调整　　为了克服原料因品种、采收期和年份的差异，而造成原料中糖、酸及单宁等成分的含量与酿酒要求不相符，必须对发酵原料的成分进行调整，确保葡萄酒质量并促使发酵安全进行。

（1）糖分调整。可补加浓缩果汁（浆）、食用糖等，补加的量，根据成品酒精浓度而定，一般 17～18g/L 的还原糖发酵生成 1% 体积百分比乙醇（Tsegay et al.，2018）。加固体糖时，先用少量果汁将糖溶解，再加到大批果汁中去，以分次加入为好。

（2）酸分调整。酸在葡萄酒发酵中起重要作用，它可抑制细菌繁殖，使发酵顺利进行；使红葡萄酒得到鲜明的颜色；使酒味清爽，并使酒具有柔软感；与醇生成酯，增加酒的芳香；增加酒的贮藏性和稳定性。常用的酸度调节剂有碳酸钙、碳酸氢钾、酒石酸钾等，使用方法可参照果汁调酸工艺。

3. 酒精发酵

1）酒母的制备　　酒母即经扩大培养后加入发酵罐的酵母液，生产上需经扩大后才可加入。酒母制备既费工费时，又易感染杂菌，如有条件，可采用活性干酵母。这种酵母活细胞含量很高（一般为 1.0×10^{10}～3.0×10^{10} 个 /g），贮藏性好，并且使用方便。

2）主发酵及其管理　　将发酵液罐送入发酵容器到新酒出池（桶）的过程称主发酵或前发酵。主发酵阶段主要是酒精生成阶段。

资源 13-5

红葡萄酒和白葡萄酒发酵的主要方式可查看**资源 13-5**。

3）分离和后发酵　　主发酵结束后，应及时出桶，以免酒脚中的不良物质过多渗出，影响酒的风味。分离时先不加压，将能流出的酒放出，这部分称为自流酒。等二氧化碳逸出后，再取出酒渣压出残酒，这部分酒称为压榨酒。压榨酒除酒度较低外，其余成分较自流酒高。最初的压榨酒（占 2/3）可与自流酒混合，但最后压出的酒，酒体粗糙，不宜直接混合，可通过下胶、过滤等净化处理后单独陈酿，也可作白兰地或蒸馏酒精。压榨后的残渣还可供作蒸馏酒或果醋。

4. 苹果酸-乳酸发酵（MLF）　　新酿成的葡萄酒口感较酸，可进行苹果酸-乳酸发酵降酸。其原理是酒中的某些苹果酸-乳酸发酵乳酸菌（如酒明串珠菌）将苹果酸分解成乳酸和二氧化碳等。

葡萄酒酿造中是否应用苹果酸-乳酸发酵，应根据葡萄酒种类、葡萄的含酸量、葡萄品种来决定。一般对于红葡萄酒、起泡酒应进行苹果酸-乳酸发酵，白葡萄酒大多不进行苹果酸-乳酸发酵；含酸量高的葡萄可用苹果酸-乳酸发酵降酸，反之，则应避免；果香过于浓郁可以经苹果酸-乳酸发酵减少果香，果香不足的葡萄则不宜。

5. 陈酿　　新酿成的葡萄酒混浊、辛辣、粗糙、不适宜饮用。必须经过一定时间的贮存，以消除酵母味、生酒味、苦涩味和二氧化碳刺激味等，使酒质清晰透明，醇和芳香。这一过程称为酒的老熟或陈酿。陈酿过程包含成熟、老化和衰老三个阶段。葡萄酒的贮存期并不是越长越好。在贮存期间，需要进行添桶防止产膜酵母的活动、换桶促进澄清和溶解氧气，加速酒的成熟、下胶处理获得澄清透明的葡萄酒，还可以冷热处理加速陈酿。

6. 成品调配　　成品调配主要包括勾兑和调整两个方面。勾兑，即原酒的选择与适当比例的混合，目的在于使不同优缺点的酒相互取长补短，最大限度地提高葡萄酒的质量和经济效益；调整则是指根据产品质量标准对勾兑酒的某些成分进行调整。

7. 过滤　　可采用滤棉过滤、硅藻土过滤、薄板过滤和微孔薄膜过滤。

8. 杀菌、装瓶　　葡萄酒常用玻璃瓶包装，采用软木塞封口，空瓶须浸洗去污，清水冲洗后用 2% 的亚硫酸液冲洗消毒。葡萄酒一般不进行热杀菌，一些含糖量高的甜葡萄酒可采用巴氏杀菌，具体参数参照果蔬汁的杀菌工艺。装瓶后的葡萄酒，再经过一次光检，合格品即可贴标、装箱、入库。软木塞封口的酒瓶应倒置或卧放。

本章小结

1. 果蔬罐头的基本加工工艺包括原料预处理、装罐、排气、密封、杀菌、冷却、检验与包装。

2. 在果蔬汁加工中，酶法澄清是澄清果蔬汁加工工艺中的重要工艺。芳香物质的回收是浓缩果汁加工工艺中的重要工艺。

3. 果蔬腌制是利用高浓度糖或者盐的渗透脱水作用增强保藏性能。果蔬糖制品的最终糖液浓度一般为 60% 以上。

4. 冷冻果蔬的温度控制一般为：果蔬的冷却温度为 0～8℃，冻结温度为−1℃以下。速冻果蔬原料在−35～−25℃下迅速冻结，在−20～−18℃冷冻保藏。

5. 果蔬酵素的关键工艺为原料要求、原料预处理、调配、灭菌、接种发酵、调和、灌装与杀菌。果酒的关键工艺为原料选择、发酵液的制备与调整、酒精发酵、苹果酸-乳酸发酵、陈酿、调配、过滤、杀菌装瓶。

【思 考 题】

1. 果蔬汁生产中常见质量问题有哪些？如何采用合理的方法进行控制？

2. 什么是果蔬的糖制？蜜饯类糖制品按产品传统加工方法的不同可分为哪几类？

3. 简述泡菜的生产工艺流程和关键工艺参数。

4. 速冻果蔬制品原料选择有何要求？

5. 简述果酒酿造的工艺流程和关键工艺参数。

参考文献

陈野，刘会平．2014．食品工艺学．第 3 版．北京：中国轻工出版社，7：30-31．

李华，王华．2017．葡萄酒酿造与质量控制手册．咸阳：西北农林科技大学出版社，5：72-89．

秦文，张清．2019．农产品加工工艺学．北京：中国轻工出版社，7：278-279．

索婧怡，朱雨婕，陈磊，等．2020．食用酵素的研究及发展前景分析．食品与发酵工业，46（19）：271-283．

吴国虹，肖开前，徐吉祥．2021．水果酵素制备及功能作用的研究进展．现代食品，（7）：5-8.

叶兴乾．2020．果品蔬菜加工工业学．北京：中国农业出版社．

朱政，周常义，曾磊，等．2019．酵素产品的研究进展及问题探究．中国酿造，38（3）：10.

Basharat Y, Ovais S, Abhaya K S. 2018. Recent developments in shelf-life extension of fresh-cut fruits and vegetables by application of different edible coatings: A review. LWT - Food Science and Technology, 89: 198-209.

Li D, Zhu Z, Sun D W. 2018. Effects of freezing on cell structure of fresh cellular food materials: A review. Trends in Food Science & Technology, 75: 46-55.

Li T, Jiang T, Liu N, et al. 2021. Biotransformation of phenolic profiles and improvement of antioxidant capacities in jujube juice by select lactic acid bacteria. Food Chemistry, 339: 127859.

Li Z, Teng J, Lyu Y, et al. 2018. Enhanced antioxidant activity for apple juice fermented with *Lactobacillus plantarum* ATCC14917. Molecules, 24 (1): 51.

Liu G, Sun J, He X, et al. 2018. Fermentation process optimization and chemical constituent analysis on longan (*Dimocarpus longan* Lour.) wine. Food Chemistry, 256: 268-279.

Maria R K, Joshi V K, Panesar P S, et al. 2017. Science and Technology of Fruit Wine Production. London: Academic Press, 295-461.

Oliveira M, Abadias M, Usall J, et al. 2015. Application of modified atmosphere packaging as a safety approach to fresh-cut fruits and vegetables-A review. Trends in Food Science & Technology, 46 (1): 13-26.

Tsegay Z T, Sathyanarayana C B, Lemma S M. 2018. Optimization of cactus pear fruit fermentation process for wine production. Foods, 7 (8): 121.

第十四章　粮谷制品加工工艺与产品

　　粮谷制品加工属于我国食品加工业的重要领域，作为传统食品工业的支柱产业，粮谷加工业逐渐向方便化、工程化、功能化、专用化的方向发展。本章以谷类（稻谷、小麦等）加工为主，介绍相关粮谷产品及加工工艺。通过本章的学习，掌握以米、面等谷物为原料加工的主食品相关基本知识，包括产品的种类及特性，典型产品加工的原料选择、加工原理、生产工艺及产品质量控制等。能够综合运用这些理论，分析、解决主食产品工业化生产中存在的问题。了解粮谷制品研究领域的前沿科学与技术问题。

学习目标

掌握粮谷及其制品的分类与基本特性。

掌握加工处理及贮藏因素对粮谷营养价值的影响。

掌握焙烤食品的主要原辅料及其功能。

掌握典型焙烤食品的产品分类、加工原理、生产工艺及质量控制。

掌握典型蒸制类、煮制类主食品加工的主要工艺流程及工艺要点。

第一节　粮谷原料及加工产品概述

　　以粮谷为原料的食物，是人们获取基本营养和能量的主要来源，俗称主食。通常用"五谷"作为粮谷原料的统称。我国古代就有"五谷为养、五果为助、五畜为益、五菜为充"的合理膳食搭配理论。粮谷原料的种植与加工对于农耕民族属于重中之重的头等大事。

一、粮谷分类与化学组成

　　（一）粮谷及其产品分类

　　1. 粮谷及其分类　　粮谷是粮谷作物的种子、果实、块根和块茎的统称。主要粮谷原料的植物学分类可查阅**资源 14-1**。按植物学的科属分类，一般将粮谷原料分为以下三大类。

资源 14-1

　　1）谷类　　包括稻米、小麦、玉米、大麦、燕麦、黑麦、高粱、谷子、糜子、薏苡等禾本科植物的种子，以及双子叶蓼科的荞麦，其中高粱、谷子、糜子、薏苡、荞麦等种植面积和消费量少的谷类，被称为杂粮。谷类原料，一般含有发达的胚乳，主要由淀粉构成。

　　2）豆类　　包括大豆、豌豆、绿豆、小豆、豇豆、蚕豆、菜豆、饭豆等双子叶豆科植物的果实或种子，其中豌豆、绿豆、小豆等种植面积和消费量少的豆类称为杂豆。豆类原料，种子无胚乳，具有两片发达的子叶，蛋白质和脂肪含量丰富。

　　3）薯类　　包括马铃薯、甘薯和木薯等双子叶根茎类植物的块根或块茎等。在植物学分类上，薯类作物分属茄科、旋花科和大戟科。薯类原料，块根或块茎中含有大量的水分，干物质以淀粉为主。

　　2. 粮谷产品及其分类　　粮谷产品是以粮谷为基本原料，采用物理、化学、生物学等基础理论及相应技术手段和设备加工转化，制成供食用及工业、医药等各行业应用的成品和半成品。我国的粮谷产品，从初加工到深加工及副产物综合利用，是一个庞大的、种类和形式非常丰富的领域。根据加工方法和产品类型的差异，粮谷产品大致可分为以下几类。

1）粮谷初加工产品　　以粮谷原料的物理（机械）加工为主的粗加工产品，包括砻谷（脱壳）、碾白（磨粉）的大米、面粉，以及玉米碴、杂粮粉等。粮谷初加工产品不仅是成品粮，也为加工粮谷产品提供基本原料。

2）粮谷食品产品　　以米、面等为原料进行制造的半成品或可直接食用的成品，如挂面、米粉、焙烤食品，以及早餐食品、休闲食品等。我国传统主食品，如馒头、米饭、油条等，已逐步由家庭厨房制作转变为工业化生产。

资源 14-2

3）淀粉类产品　　以富含淀粉的粮谷为原料提取的天然淀粉及淀粉衍生物产品，如玉米淀粉、淀粉糖、变性淀粉，以及酒精、氨基酸等各种转化产品（可查阅**资源 14-2** 的详细介绍）。这些产品不仅作为食品工业的原辅料，还可为医药、化工等多个领域提供原料。

4）蛋白类产品　　以粮谷原料中蛋白质为主制造的传统植物蛋白及新型植物蛋白产品，如豆腐、豆奶、浓缩蛋白、分离蛋白、组织蛋白等，是近年来发展迅猛的一类产品。

5）其他粮谷产品　　包括以粮谷有效成分提取及再利用的产品，如米糠多糖、大豆磷脂、玉米胚芽油、稻壳餐具等。粮谷加工副产物的综合利用，可创造较大的社会经济效益，是粮谷工业的重要经济增长点。

（二）粮谷结构与化学组成

资源 14-3

1. 粮谷结构　　以谷类籽粒为例，除玉米外，谷粒外都有稃（外壳）包裹，除稃后的谷粒为可食部分。各种谷类籽粒形态大小不一，但结构基本相似，主要由皮层、胚乳和胚 3 部分组成（小麦籽粒和大豆籽粒的结构示意图可查阅**资源 14-3**）。

1）皮层　　由多层坚实的角质化细胞构成，除主要成分纤维素、半纤维素外，富含矿物质、粗蛋白和粗脂肪，常因影响食物的口感而被在加工中大量去除。全谷物及其制品，可将此部分的营养物质有效利用。

2）胚乳　　谷类种子的营养贮藏细胞，是主要的食用部分。胚乳由许多淀粉细胞构成，含有大量的淀粉和一定量的蛋白质。

3）胚　　胚是种子萌发的生命中枢，富含脂肪、蛋白质、无机盐、维生素等多种营养素。胚在加工中易与胚乳分离而被除去。

2. 化学组成　　粮谷籽粒包含有机物及无机物，以碳水化合物为主，以及一定量的蛋白质、脂肪，少量无机矿物质和维生素等。不同种类，甚至同一种类的不同品种粮谷，化学组成差异显著。表 14-1 展示了部分粮谷原料及其产品的化学组成。

表 14-1　不同粮谷原料及其常见产品的化学组成（杨月欣，2005）

分类	食物名称	食部/g	能量/kcal	水分/g	蛋白质/g	脂肪/g	膳食纤维/g	碳水化合物/g	视黄醇当量/μg	硫胺素/mg	核黄素/mg	抗坏血酸/mg	钙/mg	铁/mg	锌/mg
谷类	小麦富强粉	100	355	11.6	10.3	1.2	0.3	75.9	0	0.39	0.08	0	5	2.8	1.58
	小麦标准粉	100	344	12.7	11.2	1.5	2.1	71.5	—	0.28	0.08	—	31	3.5	1.64
	米饭（蒸）	100	114	71.1	2.5	0.2	0.4	25.6	—	0.02	0.03	—	6	0.2	0.47
	米粥	100	88.6	1.1	0.3	0.1	9.8	—	—	0.03	—	7.0	0.1	0.2	—
	小米	100	358	11.6	9.0	3.1	1.6	73.5	17.0	0.33	0.10	—	41	5.1	1.87
	小米粥	100	46	89.3	1.4	0.7	—	8.4	—	0.02	0.07	—	10	1.0	0.41
	燕麦片	100	367	9.2	15.0	6.7	5.3	61.6	—	0.30	0.13	—	186	7.0	2.59
豆类	黄豆	100	359	10.2	35.1	16.0	15.5	18.6	37.0	0.41	0.20	—	191	8.2	3.34
	绿豆	100	316	12.3	21.6	0.8	6.4	55.6	22.0	0.25	0.11	—	81	6.5	2.18

续表

分类	食物名称	食部/g	能量/kcal	水分/g	蛋白质/g	脂肪/g	膳食纤维/g	碳水化合物/g	视黄醇当量/μg	硫胺素/mg	核黄素/mg	抗坏血酸/mg	钙/mg	铁/mg	锌/mg
豆类	豌豆	100	313	10.4	20.3	1.1	10.4	55.4	42.0	0.49	0.14	—	97	4.9	2.35
	豆浆	100	13	96.4	1.8	0.7	1.1	0	15.0	0.02	0.02	—	10	0.5	0.24
	豆粕	100	310	11.5	42.6	2.1	7.6	30.2	—	0.49	0.20	—	154	14.9	0.50
	豆腐	100	81	82.8	8.1	3.7	0.4	3.8	—	0.04	0.03	—	164	1.9	1.11
薯类	马铃薯	94	76	79.8	2.0	0.2	0.7	16.5	5.0	0.08	0.04	27.0	8	0.8	0.37
	甘薯（白心）	86	104	72.6	1.4	0.2	1.0	24.2	37.0	0.07	0.04	24.0	24	0.8	0.22
	甘薯（红心）	90	99	73.4	1.1	0.2	1.6	23.1	125.0	0.04	0.04	26.0	23	0.5	0.15
	山药	83	234	56.0	84.8	1.9	0.2	0.8	11.6	7.00	0.05	0.02	5	16.0	0.30
	芋头	84	331	79.0	78.6	2.2	0.2	1	17.1	27.00	0.06	0.05	6	36.0	1.00

注："—"表示无数据

1）蛋白质　谷类蛋白质含6%～14%。从氨基酸组成看，谷类蛋白质属于不完全蛋白，通常赖氨酸含量较少，玉米的限制性氨基酸还包括色氨酸；荞麦中赖氨酸含量较高，甲硫氨酸为限制性氨基酸。小麦中含有面筋蛋白，是小麦粉加工特性的物质基础。

2）脂肪　谷类脂肪含量一般较低，约2%，主要集中于胚。谷类所含脂肪多由不饱和脂肪酸组成，极易氧化酸败造成异味。

3）碳水化合物　谷类碳水化合物含量约为70%，其中90%为淀粉，集中于胚乳的淀粉细胞内。不同粮谷淀粉颗粒的形状、大小差异显著（可查阅**资源14-4**），加工性质也有较大区别。粮谷淀粉所含直链淀粉与支链淀粉的比例一般为1∶3～1∶4。除淀粉外，粮谷中还含有纤维素、半纤维素、糊精及少量可溶性糖。

资源14-4

4）矿物质和维生素　谷类矿物质和维生素主要分布在皮层和胚中，磷、钾相对丰富，B族维生素，尤其是维生素B_1含量较高。谷类一般不含维生素A、维生素C和维生素D。

二、加工、贮藏对粮谷营养价值的影响

（一）粮谷的营养特征

《中国居民膳食指南（2016）》将"食物多样，谷类为主"为首条推荐，粮谷产品的重要性可见一斑。

1）营养丰富，供能充足　粮谷及其加工制品提供了人类所需的50%～80%的热能、40%～70%的蛋白质、60%以上的维生素B_1。农作物中粮谷种植面积占世界总耕地面积的70%以上。粮谷的碳水化合物是食物中提供热量的主要来源，粮谷也是植物蛋白质、富含不饱和脂肪酸油脂的供给源。

2）富含生物活性物质　粮谷不仅含有丰富的膳食纤维、B族维生素，还含有许多具有抗氧化活性及生理功能的成分，包括多酚、类胡萝卜素、生育酚、木酚素、植物甾醇、植酸等，尤其含有如γ-谷维素、烷基间苯二酚及燕麦蒽酰胺等特征活性成分。

（二）加工过程中粮谷营养物质的变化

1. 粮谷初加工与营养物质变化　制粉与碾磨等初加工工艺对粮谷营养品质影响甚大。

粮谷制粉最典型的原料为小麦。小麦制粉工艺的研磨筛理工艺，直接决定了小麦粉中膳食纤维、维生素、矿物质及各种植物化学素等营养物质的含量（可查阅**资源14-5**）。加工精度越高，终产品（小麦粉）中这些营养成分的含量越低。例如，精白小麦粉中的膳食纤维、矿物元素与维生素等的含量不到全麦粉的1/3。精加工的粮谷食品比全谷物食品具有更高的血糖生成指数。

资源14-5

糙米的碾白程度决定了大米的加工等级，同时决定了大米营养物质的含量。例如，抛光工艺去除大米表面麸皮与胚芽的同时，导致B族维生素等皮层中营养物质的大量损失。

2. 热加工与营养物质变化　粮谷食品一般均需经过热处理的熟化加工。热处理可以使蛋白质变性、淀

粉糊化，提高粮谷及制品的消化吸收率。同时，热加工中发生的非酶促褐变，会导致赖氨酸等氨基酸损失，也会形成一些具有抗氧化活性的中间物质，以及发生颜色与风味的改变。另外，热处理还会导致营养物质分子间的相互作用，如直链淀粉-脂质复合物的形成与解聚等。粮谷及其制品热处理过程中，矿物质的变化不显著。

不同热处理方式对营养物质的影响存在差异，如煮制可以导致约40%的B族维生素损失，烘焙加工会造成叶酸损失，湿热处理使淀粉更易糊化。蒸谷米加工中，经过一定的水分与热量的处理，再进行砻谷、碾米。砻谷前的湿热处理调质过程，麸皮中维生素、色素等会进入到胚乳中。因此，蒸谷米不仅提高了碾米工序的生产量和出米率，还强化了成品米的营养、减少了稻谷营养物质的损失。

3. 粮谷的营养强化　　把粮谷食品作为重要营养素强化的载体，是目前最简易可行且成熟的做法。一方面，可在粮谷初加工产品中添加营养强化剂，如小麦粉营养强化包括维生素 B_1、维生素 B_2、叶酸、烟酸、钙、铁、锌等营养素；另一方面，可在粮谷食品配方中以辅料或添加剂的方式，进行营养素的均衡配比。营养强化加工，不仅引起粮谷产品营养质量的变化，还会对色泽与风味等感官特性、贮藏稳定性及卫生质量等产品品质产生影响。

4. 其他加工方式　　粮谷及制品加工中还会应用到酶解、发酵、挤压等加工处理。这些物理、化学及生物加工方式，不仅使产品的营养物质组成与含量发生显著变化，生成的一些中间产物还会对终产品的色、香、味、形等品质产生极大的影响。

（三）贮藏过程中粮谷营养物质的变化

1. 贮藏条件与营养物质变化　　粮谷贮藏涉及诸多粮谷营养与安全问题，包括霉变、虫害与发芽等，这些危害均会造成粮谷营养素的损失。良好的贮藏条件和管理是减少粮谷采后损失的关键。在高温、高水分条件下贮藏的粮谷，易引起微生物及生物酶的活性提高，引起高分子营养物质的降解；不饱和脂肪酸还可发生氧化酸败产生异味。此外，粮谷贮藏的干燥环节，容易产生淀粉糊化及蛋白质变性，从而影响粮谷营养及加工品质。

2. 生理代谢与营养物质变化　　粮谷作为活的有机体，呼吸作用使粮谷内部营养物质不断消耗，呼吸作用越强，消耗的营养成分越多。粮谷水分和贮藏温度是决定粮谷呼吸强弱的关键因素。

粮谷在后熟期的总变化趋势为低分子化合物转变成高分子营养素。例如，氨基酸减少，蛋白质增加；脂肪酸减少，脂肪增加；可溶性糖减少，淀粉增加。

粮谷种子萌发过程中，多种内源酶活力激增，还原糖、维生素、叶绿素等含量大幅提高。萌发还可以降低或消除有毒、有害或抗营养物质的含量，提高蛋白质和淀粉的消化率及一些限制氨基酸、功能性成分和维生素等营养物质的含量。例如，糙米发芽后，不溶性膳食纤维含量下降，可溶性膳食纤维含量增加；钙、镁等矿物质元素受植酸酶作用，由植酸结合态向游离态转变，矿物质的生物有效性提高。目前，萌发处理已成为粮谷无害化、低成本提升营养价值和功能性质的重要手段。

3. 陈化与营养物质变化　　粮谷完成后熟后，随着贮藏时间的延长，即便没有发生发热、霉变或其他危害，其理化性质也会发生变化，称为陈化。粮谷陈化过程中，受生理代谢及内源酶作用，首先出现大量游离脂肪酸，酸度增加，其后进一步氧化产生戊醛、己醛等挥发性化合物，使粮谷产生异味。蛋白质变性甚至水解，游离氨基酸增多。淀粉降解成糊精、麦芽糖，继而还原糖增加，甚至生成二氧化碳和水，或酵解产生乙醇和乳酸。

三、主要粮谷产品

（一）初级加工产品

以成品粮形式存在，主要通过机械碾磨方式制成粒状或粉状的粮谷产品。随着食品加工的工业化程度不断提高，这部分产品的家用比例不断减少，更多作为食品工业原料使用。

1. 小麦粉　　小麦制粉工艺一般可分为清理和制粉两部分。清理流程是小麦入磨前按入磨净麦的质量要求，对小麦进行除杂、分级、表面清理、水分调节和搭配后获得净麦的过程，简称麦路；制粉流程包括研磨、筛理、清粉及打麸（刷麸）等工序，将各制粉工序组合起来，对净麦按一定的产品等级标准进行加工的生产过程，简称粉路。

现代面粉工业生产不仅需要灰分低、出粉率高的面粉，还应满足各种面制食品对面粉原料的要求。在制粉过程中或面粉制成后对面粉进行处理，以改善面粉的营养特性、加工特性，使之达到和满足面制食品所用面粉原料的质量标准和加工需要，称为面粉的后处理。面粉后处理包括营养强化、氧化处理、还原处理、氯化处理、α-淀粉酶活性处理、漂白处理等。

2. 大米 稻谷的初级加工是采用清理、砻谷及砻下物分离、碾米及成品整理等方法，将稻谷制成符合一定质量标准的普通食用大米的过程。碾米工段的副产品，主要是米糠和米糁的混合物（糠糁混合物），还有少量碎米。米糁和碎米的化学成分与整米基本相同，可作为制糖、酿酒等的原料。米糠是糙米的皮层组织和部分米胚，含有较多的脂肪、蛋白质、维生素和生物活性物质等营养成分，可作为榨油、饲料、医药和化工产品的原料。

采用一些特殊工艺还可生产特种米产品，如免淘米、蒸谷米、营养强化米、留胚米等。

（二）蒸煮类产品

蒸煮类产品是以粮谷初级加工产品为主要原料，经过一定工艺制作的需经蒸汽（蒸制）或水煮（煮制）方式熟化方可食用的一类食品。相较于其他熟化方式，蒸煮熟化的温度较低（100～200℃），可以保留粮谷中较多的营养成分。根据工艺差别，可将蒸煮类粮谷产品分为发酵类和非发酵类，如馒头、酸米粉等属于发酵类蒸煮食品；面条、米饭、水饺等属于非发酵类蒸煮食品。

（三）焙烤类产品

焙烤类粮谷产品主要是以小麦粉为主要原料，添加酵母、油脂、盐、糖、蛋、奶等一种或几种辅料，经过搅拌、成型、烘焙、装饰等步骤制成的食品。焙烤产品一般可分为面包、饼干、糕点三大类。

根据成品的品质差别，合理选用小麦粉原料十分重要。例如，主食面包类，以吐司、方包及三明治面包为代表，对小麦粉的面筋要求高；软式餐包类，以美式汉堡包为代表，对小麦粉的面筋要求低于主食类面包。饼干的配方和制作工艺差别较大，对小麦粉的面筋要求不高。糕点类产品普遍需要低面筋的小麦粉。

（四）煎炸类产品

煎炸是以油脂为介质，利用其高效传热与赋予食品优良质地和风味等特性的一种处理方式。煎炸中，食物表面温度迅速升高，水分汽化形成酥脆干燥的质地；油脂的热降解反应、蛋白质与还原糖之间的美拉德反应、焦糖化反应等赋予食品特殊香味和色泽。煎炸类粮谷产品包括烙饼、油条等我国传统食品，以及油炸薯片等休闲食品。虽然煎炸食品酥脆口感、金黄色泽和浓郁风味广受喜爱，但富含淀粉的粮谷食品在煎炸过程中极易产生多环芳烃（PAH）类有害物质，会对人体造成危害。

（五）发酵类产品

以粮谷为原料，利用微生物发酵技术将复杂营养物质分解成小分子物质，赋予产品独特风味和营养的一类食品。粮食酒、酿造调味品是典型的粮谷发酵产品。

中国是酒的故乡和酒文化的发源地，中国的白酒、黄酒和啤酒均以粮谷为主要原料。传统白酒主要以高粱、玉米、大麦、糯米等粮谷为原料，以大曲、小曲和麸曲为糖化发酵剂，采用固态糖化、发酵、甑桶蒸馏，经陈酿、勾调后制成的蒸馏酒。粮谷中的淀粉、蛋白质、脂肪等物质经微生物作用生成乙醇及其他香味成分。粮谷原料及生产工艺千差万别，中国白酒呈现出百花齐放、百家争鸣的态势。

第二节 焙烤食品

一、焙烤食品的原辅料

（一）小麦粉

小麦粉（面粉）是制作面制品最基本和最主要的原料，按照面筋蛋白含量不同，可将面粉分为强筋

资源 14-6

粉、强中筋粉、中筋粉、弱筋粉，进一步按照灰分含量不同又将强筋粉、弱筋粉各分成三级；强中筋粉、中筋粉各分成四级。GB1355—2006《小麦粉》中规定了各等级面粉湿面筋含量（14%含水量）：强筋粉＞32%，筋力强，主要用于加工制作面包、饺子等食品；强中筋粉＞28%；中筋粉＞24%；弱筋粉＜24%，适合制作糕点、饼干等对筋度要求不高的食品。

各种小麦粉的质量指标可查阅**资源 14-6**。

专用小麦粉是根据不同用途面粉质量品质要求，制备的具有一定质量指标及加工特性的专一用途面粉。专用小麦粉大致可分为三类：一类传统专用小麦粉，如糕点、饼干、面包、面条等专用小麦粉；二类预混合小麦粉（预拌粉），按照市场需求生产的配方小麦粉，添加包括酵母、糖、盐等配料及其他添加剂，使用时只需添加适量水和调料，便可制作食品；三类营养强化小麦粉，主要是在小麦粉中添加一种或几种营养强化剂，提高小麦粉的营养价值。

（二）其他原辅料

1）蛋品　　蛋品在面包和蛋糕中普遍使用。常用蛋制品包括新鲜鸡蛋、冷冻鸡蛋、全蛋粉、蛋清粉等。

（1）蛋液蛋白具有良好的起泡性，蛋白胶体具有良好的黏性，使产品疏松多孔并且具有一定弹性和韧性。

（2）蛋黄中较高的磷脂含量，使产品组织均匀细腻，质地疏松。

（3）蛋品经高温烘烤会失水形成带有脆性的凝胶片，可形成面包、糕点的光亮表面。

（4）蛋品可改善焙烤食品的色、香、味、形，并提高其营养价值。

2）乳与乳制品　　其是焙烤食品的重要辅料。常用的乳及乳制品有鲜奶、奶粉、炼乳、干酪等。

（1）乳中蛋白质可提高面团的吸水率、搅拌耐力和发酵耐力，乳中的必需氨基酸、维生素及矿物质，可提高焙烤食品的营养价值。

（2）乳品可增强面筋筋力，延缓焙烤食品老化。

（3）赋予焙烤食品特有的乳香味。

3）糖　　糖是焙烤食品制作中用量最多的辅料，常用的糖制品有白砂糖、糖浆类、低聚糖、新型低热甜味剂等。

（1）单糖是酵母可利用的营养物质，在面包、馒头等产品中可促进面团发酵。

（2）糖参与的焦糖化反应和美拉德反应，使产品具有诱人的颜色和香味。

（3）糖在糕点中起到骨架支撑作用，改善糕点的组织状态，使外形挺拔。

知识扩展

减 糖 策 略

近些年来，减糖生活盛行于广大人群。作为健康的饮食方式，消费者对食品配料越来越敏感，天然甜味剂和低糖产品的需求逐年攀升。针对蔗糖的降糖解决方案——蔗糖口感增强风味剂技术，具有一定的市场推广价值。它是利用添加风味增强剂增强人体对蔗糖甜味感知，通过增强蔗糖甜味受体与蔗糖的结合时间，从而达到在相同甜味感知情况下减少蔗糖的用量。另外，一些香气分子可在较低阈值浓度下，使甜味剂的甜度增加上百倍，如 Advantame（阿斯巴甜和异香兰素的混合物），其甜度为 20 000～40 000，是阿斯巴甜的甜度（100～200）的 100～200 倍。这就是所谓的甜味剂和正变构调节剂之间的协同增效作用。开发以市场需求为导向的新型甜味剂，是今后减糖策略很有前途的研究方向。

4）油脂　　油脂在糕点和饼干中应用较多。常用的油脂包括动物油（猪油、牛羊油等）、植物油（花生油、豆油等）、奶油（稀奶油、人造奶油等）、氢化油等。

（1）油脂具有可塑性。固态油脂（人造奶油、起酥油等）在外力作用下可以改变自身形状，撤去外力后仍能保持一定形状。

（2）油脂的起酥性。油脂能在面团中形成油膜，阻碍面筋网络的形成及淀粉之间的结合，从而降低面团的弹性和韧性，使制品口感酥松。

（3）油脂的充气性。油脂在空气中高速搅打，在油脂内可形成大量小气泡。在蛋糕和面包中加入油脂，可使体积增大；在饼干和酥性糕点中加入油脂，可使产品口感酥松。

（4）油脂具有乳化分散性。油脂良好的乳化分散性，使蛋糕制作时油脂小粒子分布均匀，改善产品的体积和质地；促进油水在韧性饼干面团中分散均匀。

5）水　　水的用量和质量对焙烤食品的最终产品质量至关重要。不同种类的焙烤食品对水质要求不同，一般面包等发酵类食品需使用中等硬度的水，饼干类食品使用软水效果较好。

（1）水的调和与水化作用，促使各种原料混合均匀；面粉中的蛋白质形成面筋；淀粉发生糊化。

（2）水可作为面团温度和黏稠度的调节剂，通过控制添加水分的温度、数量，调节面团温度、硬度及弹性，促进各道工序顺利进行。

（3）水促进生化反应与延长保质期。水分作为一种介质，是面团形成、发酵与焙烤阶段发生生化反应的必需条件，影响制品品质。

6）食盐　　在焙烤食品配料中用量不多，但对品质改良作用明显。

（1）提高产品的风味。盐与其他风味物质相互协调、相互衬托，使产品的风味更加鲜美、柔和。

（2）调节发酵速度。盐的用量超过 1% 时，能产生明显的渗透压，对酵母发酵有抑制作用，降低发酵速度。

（3）增加面筋筋力。盐可以使面筋质地细密，增强面筋的主体网状结构，使面团易于扩展延伸。

（4）改善焙烤食品的内部色泽。

7）其他辅料　　酵母在面团发酵中产生大量的二氧化碳气体。烘烤阶段，二氧化碳受热膨胀使产品体积膨大，组织疏松柔软。酵母特有的发酵香味及促进面筋扩展，对于产品品质提升意义重大。目前焙烤食品中常用鲜酵母（压榨酵母）、活性干酵母和快速活性干酵母。

在焙烤食品制作中还会使用乳化剂、氧化剂、增稠剂、膨松剂、香精香料和食用色素等其他辅料。

二、面包产品的加工

（一）面包及其分类

面包是以小麦粉为主要原料，适当添加酵母、鸡蛋、油脂、糖、盐等辅料，加水调制成面团，经过分割、成形、醒发、焙烤、冷却等工序制成的焙烤食品。目前，常按以下几种方法对面包进行分类。

（1）根据面包柔软度分类，可分为硬式面包和软式面包。硬式面包包括法国棒式面包、荷兰脆皮面包、意大利橄榄形面包、俄罗斯大列巴等；软式面包包括三明治、热狗、汉堡包等。我国和大部分亚洲及美洲国家以生产软面包为主。

（2）根据产品档次和用途分类，可分为主食面包和点心面包。主食面包是以面粉、水、酵母、盐为主要原料，添加的辅料较少，糖用量不超过 10%，油脂低于 6%，如枕形面包、大圆形面包、法式面包等；点心面包则是在制作过程中添加较多的油、糖、蛋、奶等辅料，如水果面包、起酥面包等。

（3）根据成型方法分类，可分为普通面包和花色面包。普通面包的成型简单，样式单一；花色面包则成型复杂，种类多样化，如夹馅面包、表面喷涂面包、油炸面包圈等。

（4）根据使用的原辅料分类，包括全麦面包、杂粮面包、奶油面包、椰蓉面包等。

（二）面团的调制与发酵

1. 面团调制　　面团调制是指将处理过的原辅料按照一定投放顺序和比例进行混合，经搅拌使粉粒相互黏结而形成适合加工的半成品或成品的均匀面团，即面团的形成过程。不同类型的面包，其面团的制作工艺也不同。一般认为，面团中面筋变化大致可分为 6 个阶段。

1）原料混合阶段　　面粉与水等进行搅拌混合，原辅料由分散状态形成粗糙又湿润的面团，这时面筋还未开始形成，手触摸面团感觉粗糙，无弹性和延伸性。

2）面筋形成阶段　　继续混合面团，面筋开始形成，水被面粉全部吸收，面筋将整个面团结合在一起，此时面团仍会粘手，没有延伸性，缺少弹性，易断裂。

3）面筋扩展阶段　　面团持续被揉搓，随着面筋不断形成，面团表面变得光滑有光泽，具有弹性和延伸性，但易断裂。

4）面筋完成阶段　　此阶段面团的面筋完全形成，柔软且有良好的延伸性，面团的表面干糙有光泽且细腻无粗糙感。面团有良好的伸展性和弹性，能拉出均匀的面筋膜。此为搅拌的最佳阶段，即可停止，进行发酵。

5）搅拌过度阶段　　搅拌继续则面筋会被逐渐打断。面团外表呈现含水光泽，失去弹性和延伸性，而且很粘手。此时面团品质下降，会严重影响面包类面制品质量。

6）水化阶段　　若再继续搅拌下去，面筋断裂使面团开始水化，越搅越稀且流动性增大。此时面筋已被彻底破坏，无法再制作面包类面制品。

2. 面团发酵　　面团发酵就是酵母繁殖，在酵母代谢过程中产生的二氧化碳和其他物质，使面团中积累发酵产物，促进面团氧化，柔软伸展。同时在酵母的转化酶、麦芽糖酶等多种酶作用下发生一系列的生化反应，面团中的糖分解为乙醇和二氧化碳。此外，在其他微生物酶的作用下，面团中产生各种氨基酸、有机酸、酯、糖类等易消化物质，使面包蓬松富有弹性，并赋予制品特有的色、香、味、形。

1）直接法（一次发酵法）　　面团搅拌至面筋扩展后直接发酵。此法发酵时间短，工艺流程简单，面包风味厚重。缺点是含水量较低，面团老化快，发酵时间、温度不易控制，易造成过度发酵。此法制作的面包口感一般，适合制作风味面包。此法可进行冷藏发酵。

2）汤种法　　由淀粉质糊化来增加面团的吸水性，延缓面团的老化，此法可看作是改良的直接法。适合做各种吐司。

3）中种法（二次发酵法）　　经过两次搅拌两次发酵的面包生产方法。第一次搅拌的面团为种面团，第二次搅拌为主面团。种面团只有面粉、酵母、水，一般搅拌均匀即可，无须形成强面筋。此法发酵速度快，体积大，麦香味强、口感柔软，保质期长，但操作耗时烦琐。此法可进行冷藏发酵。

4）冷藏发酵法　　面团进行低温长期发酵的生产方法。此法面团发酵完全，风味好，且流程短、操作耗时少。

5）老面法　　使用发酵好的面团和新面团混合使用的方法。此法以往在家庭制作发酵面制品中普遍使用，现已较少应用。

（三）面包加工工艺

根据面包的种类及发酵方法差异，面包生产中常使用：一次发酵法（直接法）、二次发酵法（中种法）、快速发酵法、冷冻面团法等加工工艺。

1. 一次发酵法　　一次发酵法又称直接发酵法，采用一次搅拌、一次发酵的工艺制作面包的方法。通过适当增加酵母添加量和提高发酵温度，以缩短面团发酵时间。目前面包生产普遍使用这种工艺，缩短了生产时间，减少了面团的发酵损耗。一次发酵法制作面包的加工工艺如下所示。

原辅料处理　→　面团调制　→　发酵　→　分块、成型　→　装盘、醒发　→　烘烤　→　冷却

面团发酵（基础发酵、基础醒发）对面包生产至关重要，如面包的保鲜期、口感、柔软度和形状等都会产生很大影响。发酵的较佳温度为27℃，相对湿度为75%，发酵时间30min以上。

分割后的面团需要进行搓圆以便成型。搓圆可使面团形成光滑表皮，利于保留气体，使面团膨胀；光滑表皮可使面团不易粘连，成品面包的表皮光滑，内部组织均匀。

醒发就是把成型好的面团放入醒发箱，面团中的酵母继续发酵使面团体积增大。一般醒发温度35～38℃，相对湿度80%～85%。温度过高，面团内外的温差大，面团醒发不均匀；会使面团的表皮水分蒸发，造成表面结皮，成品表皮厚；超过40℃，乳酸菌繁殖，面包会产生酸味。温度低，醒发过慢，生产周期长，还会出现产品扁平的现象。醒发过度的面包，内部组织粗糙，形状不饱满。

2. 二次发酵法　　二次发酵法是使用两次搅拌、两次发酵制作面包的方法。首先将60%～80%面粉，55%～60%水，以及酵母和改良剂一起进行慢速搅拌，获得表面粗糙而均匀的中种面团（种子

面团）。将中种面团发酵，面团体积增长至原体积的 4～5 倍，将剩余的原辅料（面粉、水、糖、盐、奶粉和油脂等）混入，二次搅拌至面筋充分扩展形成主面团。主面团进行二次发酵，发酵 20～30min 之后整形。甜面包、汉堡包等软式面包均属于二次发酵法制作的面包。二次发酵法制作面包的加工工艺如下所示。

中间醒发是为了使面团产生新的气体增加面团的柔软性和延伸性。一般中间醒发的温度为 27～29℃，空气相对湿度为 70%～75%。

3. 快速发酵法　快速发酵法是采用很短的发酵时间，或无发酵工序制作面包的方法。面团的面筋延展主要靠机械作用及面团改良剂辅助作用完成。面包生产周期为 2.5～3.5h，面包保鲜期短。椰奶包、菠萝包、辫子包等属于快速发酵法制作的面包。快速发酵法制作面包加工工艺如下所示。

原辅料处理 → 和面 → 醒面 → 压片 → 卷条、分块 → 整形 → 摆盘 → 醒发 → 烘烤 → 成品

快速发酵法制作面包，有的醒面（静置），有的不醒面，一般无醒面的面包体积较小。醒面过程有利于面粉进一步水化胀润，形成更多的面筋，改善面筋网络结构，增强持气性。醒面时间一般为 20～30min。

4. 冷冻面团法　冷冻面团法是近几十年采用的创新面包生产加工工艺，将经过搅拌、发酵、整形后的面团进行快速冻结和冷藏，生产时将冷冻面团进行解冻、醒发、烘焙制作面包的方法。冷冻面团法制作面包的加工工艺如下所示。

原辅料处理 → 调粉 → 发酵 → 整形 → 冷冻 → 冷冻面团 → 冷藏解冻 → 醒发 → 烘烤 → 成品

冷冻面团法生产面包的质量，主要取决于酵母、面粉和添加剂的特性，以及冻融条件。冷冻温度低于 -35℃，会造成冷冻面团的质量变差。

冷冻面团法生产面包的方法，现在已出现了多种形式，包括成型面包冷冻方法、未经成型面团冷冻方法、预醒发面团冷冻方法、预烘烤制品冷冻方法等。

知识链接

杂粮面包和全麦面包

随着人们饮食习惯和膳食结构发生改变，食用过多精制食物引起的糖尿病、心血管疾病等现象越来越普遍。由于谷物精细加工损失了大量矿物质、纤维素等营养物质，导致膳食营养素供给结构不平衡。人们的身体健康水平与膳食供给直接相关，膳食营养推荐提出了"食物多样，谷类为主，粗细搭配"的建议。随着杂粮、全谷物及其保健功能被人们逐渐熟知，杂粮面包和全麦面包受到人们的推崇。

杂粮含有丰富的蛋白质、维生素、膳食纤维、矿物质等，这些物质能够增强肠胃蠕动，促进消化及排便，具有降低血胆固醇、降血糖、防治肠道肿瘤、增加饱腹感、预防肥胖及癌症等生理功效。此外酚酸、单宁、植物甾醇等，具有较高的抗氧化特性及生理活性。

全麦面包是由全麦为原料制作的面包，富含B族维生素、纤维素等营养。B族维生素对疲倦、食欲不振、脚气病、癞皮病等具有一定的预防作用。高吸水性的纤维，能使食物膨胀，促进胃肠的蠕动，对便秘具有一定的预防作用。麦麸中含有的水溶性膳食纤维，可与其他食物混合形成胶状，减缓碳水化合物的吸收速度，维持饱腹感，保证血糖浓度的稳定。

杂粮面包和全麦面包存在口感粗糙、质地干硬、缺乏弹性、保质期短等问题，目前有了较大的改善，但还有待开展进一步的研究，以解决市场需求。

三、蛋糕产品的加工

（一）蛋糕及其分类

蛋糕是以面粉、食糖、鸡蛋等为主要原料，经搅打充气，可添加疏松剂等辅料，通过烘烤或汽蒸使组织膨松的一种焙烤食品。蛋糕疏松绵软、适口性好，种类多，通常按原料、搅拌方法及面糊性质的差异，分为以下三类。

1）面糊类蛋糕　　以油脂、砂糖和面粉为主要材料，通过油脂与砂糖的搅拌，拌入足够空气，使蛋糕达到膨发的效果。面糊类蛋糕包括黄蛋糕、白蛋糕、布丁蛋糕等。

2）泡沫类蛋糕　　以蛋、砂糖和面粉为主要材料，通过蛋和砂糖打发，拌入足够空气，使蛋糕达到膨胀松软的效果。泡沫类蛋糕有蛋白类（如天使蛋糕）和海绵类（如海绵蛋糕）等。

3）戚风类蛋糕　　综合面糊类和泡沫类两种蛋糕做法，质地和颗粒与泡沫类蛋糕不同，具有湿润、柔软口感。生日蛋糕、瑞士卷、波士顿派的蛋糕层及装饰用蛋糕均属于戚风类蛋糕。

此外，还有我国特有的清蛋糕（海绵蛋糕），如广式莲花蛋糕、京式桂花蛋糕；油蛋糕，依靠脂肪搅打充气、蛋液与油脂的乳化作用，使制品油润松软，如京式大油糕。

（二）蛋糕加工的基本原理

1. 蛋糕的膨松原理

1）蛋白质的膨松　　蛋白是一种具有起泡性的黏稠胶体，当连续搅打蛋白时，使空气充入蛋液内形成细小的气泡，受热后空气膨胀，蛋糕糊受热膨胀至蛋糕凝固为止。

2）油脂的膨胀　　制作奶油（油）蛋糕时，糖、奶油进行搅拌时，混入大量空气并产生气泡。加入蛋液继续搅拌，气泡随之增多。油脂可塑性、融合性、油性等加工品质决定了膨胀程度。

2. 蛋糕的熟制原理　　熟制是蛋糕制作中最关键环节，包括烘烤和蒸制。焙烤时，制品内部的水分受热蒸发，气泡膨胀，淀粉糊化，疏松剂分解，面筋蛋白质变性而凝固，最后蛋糕体积增大，制品成熟。同时，面糊中糖与氨基酸在高温下发生焦糖化和美拉德反应，使制品具有良好色泽和芳香味。

3. 蛋糕的焙烤原理

1）小麦淀粉的糊化　　小麦淀粉与冷水混合约吸收自重的 30% 水分，稍有膨胀；加热到 55℃以上，淀粉的吸水量迅速增加，形成半透明的胶体。

2）蛋品的热凝固　　鸡蛋蛋白受热，发生变性、聚集和胶凝等变化。当蛋品温度在 74~82℃时，蛋白的聚集和胶凝变化最大。砂糖能显著提高蛋液的凝固温度。

3）烘烤初级阶段　　当奶油面糊的温度上升至 37~40℃，面糊乳状液有较大变化（海绵蛋糕面糊变化不大），其中起酥油、天然奶油和人造奶油等脂肪，固体脂肪指数百分比会随温度升高而减小。

4）烘烤中期阶段　　当蛋糕面糊的温度达 40~70℃，面糊仍是乳状液，脂肪被熔化成油滴，连续的水相中分散着气泡和其他固体原料。随着气泡增大，面糊的体积膨胀，面糊发生自身流动。

5）烘烤后期阶段　　面糊温度达到使面糊凝固时，体积膨胀停止，形成稳定的蛋糕形状，表层在高温下变成棕黄色、水蒸气溢出。

（三）蛋糕加工工艺

蛋糕加工的一般工艺流程如下所示。

鸡蛋、糖 → 搅打 → 加面粉及辅料 → 搅和 → 注模 → 烘烤 → 冷却 → 包装

搅打是蛋糕制作过程中的重要环节，目的是通过鸡蛋和糖或油脂和糖在强烈搅打下形成泡沫，为蛋糕多孔状结构奠定基础。但过度的搅打会破坏蛋白胶体物质的韧性，使其保持气体的能力下降。

注模前需在模具上涂一层油，蛋糊制成后立即注模，此过程应在 15~20min 内完成。时间过长，面粉易下沉，使蛋糕质地变硬。且注模体积为模具的七成为宜，以防烘烤时体积膨胀溢出模外。

烘烤的工艺条件取决于原料种类、蛋糕的薄厚和大小。一般油蛋糕的烘烤温度 180~200℃，烘烤时

间 15～20min；清蛋糕的烘烤温度 180～200℃，烘烤时间 10～15min。长方形大蛋糕所需的炉温低于小花边形蛋糕和圆形蛋糕，但时间较长。

四、饼干产品的加工

（一）饼干及其分类

饼干是以粮谷粉、糖、油脂等为原料，经过调粉（调浆）、成型、烘烤等工序制成的焙烤食品。由于配方和制作工艺差异较大，饼干的种类繁多，有酥性饼干、韧性饼干、发酵饼干、薄脆饼干、曲奇饼干、威化饼干、蛋圆饼干、蛋卷、贴花饼干等产品。

（1）酥性饼干是以小麦粉为主要原料，加入（或不加入）糖、油脂及其他原料，经冷粉工艺调粉、辊压、辊切（冲印）、烘烤制成的烘焙食品。饼干表面花纹明显，结构细密，断面呈现多孔状组织，口感疏松，如奶油饼干、葱香饼干、芝麻饼干、蛋酥饼干等。

（2）韧性饼干是以小麦粉、糖、油脂为主要原料，加入疏松剂、改良剂与其他辅料，经热粉工艺调粉、辊压、辊切（冲印）、烘烤制成的焙烤食品。一般用糖量 30% 以下，用油量 20% 以下。饼干表面平整光滑，有针眼，断面有层次，口感松脆，如牛奶饼、香草饼、蛋味饼、波士顿饼等。

（3）发酵（苏打）饼干是以小麦粉、糖、油脂为主要原料，酵母为疏松剂，加入各种辅料，经发酵、调粉、辊压、叠层、烘烤制成的焙烤食品。发酵饼按其配方分为咸发酵饼和甜发酵饼。

（4）薄脆饼干是以小麦粉、糖、油脂为主要原料，加入调味品等辅料，经调粉、成型、烘烤制成的薄脆焙烤食品。薄脆饼干重量轻，保鲜时间较长。

（5）曲奇饼干是以小麦粉、糖、乳制品为主要原料，加入疏松剂和其他辅料，和面后采用挤注、挤条、钢丝切割等方法成型，烘烤制成的含油脂较高的酥化焙烤食品。饼干具有立体花纹或表面有规则波纹。

（6）威化饼干是以小麦粉（或糯米粉）、淀粉为主要原料，加入乳化剂、疏松剂等辅料，以调粉、浇注、烘烤制成的松脆型焙烤食品，又称华夫饼干。

（7）蛋圆饼干是以小麦粉、糖、鸡蛋为主要原料，加入疏松剂、香精等辅料，以搅打、调浆、浇注、烘烤制成的松脆焙烤食品，又称蛋基饼干。

（8）蛋卷是以小麦粉、糖、鸡蛋为主要原料，加入疏松剂、香精等辅料，以搅打、调浆（发酵或不发酵）、浇注或挂浆、烘烤卷制制成的松脆焙烤食品。

（9）贴花饼干是以小麦粉、糖、油脂为主要原料，加入乳制品、蛋制品、疏松剂、香料等辅料，经和面、成型、烘烤、冷却、表面裱花粘糖花、干燥制成的疏松焙烤食品。

（二）饼干加工的基本过程

饼干加工的基本过程如下。

原辅料预处理 ⟶ 面团调制 ⟶ 面团辊轧 ⟶ 成型 ⟶ 烘烤 ⟶ 冷却 ⟶ 包装 ⟶ 成品

1. 面团调制　　不同类型的饼干，面团调制的过程存在差异，一般均包括原辅料均匀混合、固体原料溶解在液体中、面筋蛋白的水化及面筋网络扩展、面团充气等过程。在调制面团时，应在最短的时间内达到需要的面筋形成量。面团离开调粉机后，伴随面团温度的降低，面团的延伸性有所降低。

2. 辊轧　　辊轧也称辊压，由旋转的成对轧辊对面团施以挤压、摩擦等作用，使其形成薄厚均匀、表面光滑、延伸性和可塑性适中的面带。饼干面带的辊压过程一般由两对或三对轧辊来完成。

3. 成型　　饼干成型主要由摆动式冲印成型机、辊印成型机、挤条成型机、钢丝切割机、挤注成型机、辊印成型机等成型设备完成。

挤注成型和挤出成型饼干的配料比其他种类的饼干复杂，形状也不规则。挤出成型是用钢丝切割来处理非常黏的饼干面团和含有坚果、燕麦片等粗颗粒的饼干面团形成饼干坯。挤注成型是挤出成型的一种特殊形式，将稀的面糊浇注到特制的容器或输送带上，直接生成饼干坯。

4. 焙烤　　饼干的焙烤是将生饼干坯变成熟饼干的过程。焙烤过程中饼干会发生水分含量的降低、体积的膨胀、膨松剂分解、淀粉和蛋白质结构与性质变化、微生物与淀粉酶变化、颜色及风味等一系列物理、化学和生物化学变化。

第三节 米粉、面条及方便面

一、米粉产品的加工

（一）米粉及其分类

米粉是以大米为原料，经发酵或不经发酵，蒸煮糊化后成型制成的条状、丝状、片状的米制品。作为我国南方地区的传统主食品，米粉的种类繁多，名称大多按照地域命名。

按照食用特点，米粉可分为蒸煮型和即食方便型。按照是否进行发酵，米粉分为发酵型和非发酵型。按照产品水分含量差异，可分为鲜湿米粉、半干米粉和干米粉。按照成型工艺差异，可将米粉分为切粉和榨粉两大类。

（二）米粉加工的基本原理

米粉加工的基础是淀粉的糊化和老化。

淀粉的糊化。米粉经适当糊化处理，能形成具有一定弹性和强度的半透明凝胶，凝胶的黏弹性、强度等特性对米粉的口感、速食性能及凝胶体的加工、成型性能等均有较大影响。与面粉不同，大米中不含有面筋，米粉的柔韧性主要来自大米淀粉糊化后形成的凝胶。

淀粉的老化。完全糊化的淀粉，在较低温度下自然冷却或缓慢脱水干燥，糊化时破坏的淀粉分子氢键会发生再度结合，胶体离水使部分分子重新有序排列，结晶沉淀，发生老化（回生、凝沉）。老化淀粉难以复水，消化吸收率低。淀粉老化特性的强弱取决于淀粉的种类、含水量、温度等因素。

需经发酵工序制成的酸米粉，在发酵过程中，受直链淀粉含量增加及发酵产物乳酸作用，凝胶强度增强；支链淀粉含量的降低及酸性环境，使凝胶体系淀粉重结晶受阻，提高了凝胶抗老化性能；脂肪和蛋白质的溶出，增强了米粉的组织结构和有序结构，口感韧性好；经乳酸菌发酵，维生素、氨基酸、矿物质等从淀粉中游离出来，增强了米粉营养，改善了风味。酸米粉发酵过程中，微生物菌群发生较大变化，菌群变化的差异直接影响米粉的风味和品质。

（三）米粉加工工艺

1. 切粉加工工艺 切粉的生产工艺流程如下所示。

原料 → 洗米 → 浸泡 → 磨浆 → 滤布脱水 → 落浆蒸煮 → 冷却 → 湿水切粉 → 切条 → 干燥 → 干米切粉

大米浸泡的目的是使大米充分吸水膨胀，米粒含水量可达35%～40%，利于磨浆。浸米的水量、浸泡时间可根据大米品种和终产品来决定。

磨浆是加水研磨浸泡米，制成介于固体与液体之间的可流动糊状米浆，含水量为50%～60%。

在蒸粉机内使米浆受热糊化进行蒸粉。米浆注入蒸粉机的落浆槽中，均匀地进入蒸粉糊化带。把蒸熟的粉片常温冷却，即为湿米切粉。通过干燥工序将水分降到28%～30%，制成干米切粉。

2. 榨粉加工工艺 湿榨米粉的生产工艺流程如下所示。

原料 → 洗米 → 浸泡 → 磨浆 → 脱水 → 混合 → 蒸坯 → 挤片 → 榨条 → 蒸煮 → 水洗（风冷）→ 疏松成型

榨米粉在蒸坯前需脱水，含水率降至35%～38%为宜。含水率高，会造成榨条互相粘连、表面不光滑；含水率低，蒸坯膨胀糊化困难。蒸坯时糊化程度控制在75%～85%。糊化度高，榨条弹性不足，不耐蒸煮；糊化度低，料坯缺乏韧性，容易断条。物料水分、蒸煮时间、温度、蒸汽压力等决定了糊化程度。

榨条是把片状蒸坯经榨粉机制成扁状粉条的过程。榨粉机的进料速度与压力，对米粉的机械性能和榨条的顺利生产至关重要。

蒸煮是在初蒸料坯的基础上，通过复蒸达到进一步糊化，米粉实现最后的定型。

经过蒸煮的粉条，表面带有胶性溶液，黏性较大，需通过冷风道、松丝机等及时冷却松条。经过2次蒸煮的米粉含水量达45%以上，为湿榨米条。经过干燥工序，将含水量降至13%～14%，制成干榨米条。

二、面条产品的加工

（一）面条及其分类

面条是面粉加水制成面团，经压制、擀制或抻制制成条状或小片状的面制主食产品，如常见的挂面、方便面、冷冻面、生鲜面等。

面条的分类方法众多，根据是否使用生产设备可分为机制面条和手工面条。根据加工工艺可分为挤压面条、拉伸面条和压延面条。根据面条含水量可分为干面、半干面、鲜湿面。根据面条的食用制作方法可分为汤面、拌面、炒面、捞面、焖面、烩面、蒸面等。同时，还有很多具有我国地方特色、中外闻名的面条，如兰州拉面、武汉热干面、岐山臊子面、山西刀削面、北京炸酱面、重庆小面、上海阳春面、陕西油泼面、河南烩面、广东云吞面、四川担担面、扬州炒面等。

（二）面条加工的基本原理

面条的工业化生产普遍采用压延法制作。将面粉、水和其他物料混合，经足够时间和适当搅拌，面粉中淀粉粒充分膨胀饱满，面筋蛋白质吸水膨胀互相结合形成湿面筋，这些面筋网状结构，把膨胀的淀粉粒包围起来，其他不溶性和可溶性物质也进入到面筋网结构中，从而形成了弹性、延伸性和可塑性良好的优质面团。静置熟化后，将成熟面团通过两个大直径的辊筒压成10mm厚的面片，再经压辊连续压延6～8道，使面片达到成品所要求的厚度（1～2mm），通过切面机进行切条成型，即为成品。

（三）挂面的加工工艺

挂面是由湿面条挂在面杆上干燥而得名。为了改善挂面的食用品质，常在配料中加入少许的食用碱或盐，也可添加蔬菜粉、全蛋粉、谷朊粉等，增强挂面产品的质构特性，丰富挂面产品的营养。挂面加工工艺如下所示。

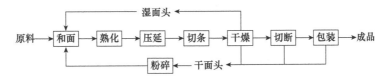

图14-1是挂面加工的简易设备流程示意图。

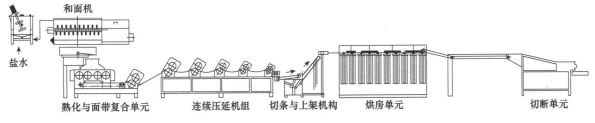

图14-1　挂面加工的流程示意图（Gary，2010）

和面加水量30%～35%，和面用水温度25～30℃。经过和面机的搅拌作用，面团温度上升到37～40℃，此温度是面筋形成的最佳温度。和面时间一般夏季7～8min，冬季10～15min。

压延是将松散颗粒状的面团加工成面带，又称压片。压延的效果直接影响面带的组织结构。挂面面带的制作，一般采用复合压延。影响压延效果的因素主要包括压延比和压延速率。

经压延、切条制出的湿面条含水量为32%～35%，符合长期贮存运输要求的干面条含水量低于

14.5%，两者之差的水分须在干燥工序中去除。干燥过程是面条生产中最难控制的环节，与成品质量及工厂效益直接相关。

视频 14-1　　　从小麦到挂面的全链条加工可扫码查看**视频 14-1**。

三、方便面产品的加工

（一）方便面及其分类

方便面又称"速煮面""即食面"，是适应现代化生活快节奏需要的一种方便食品。在方便面生产过程中，利用波纹成型装置将直线型面条扭曲成波浪状，可防止直线型面条蒸煮黏结，折花后脱水快，食用复水时间短。

通常情况下，根据方便面的干燥脱水形式，分为油炸方便面和非油炸方便面。根据包装形式，可以分为袋装方便面和杯（碗）装方便面。根据食用方式可分为干拌面、泡面和香脆面。此外，根据消费者的喜好和需求，生产企业还开发了众多口味、多种料包的特色方便面。

（二）方便面加工的基本原理

方便面的加工是将面粉、水分和各种辅料充分混合搅拌，和面后熟化，使面筋网络充分延伸。之后进行连续压延、切条和成型，成型后的面条通过汽蒸熟化，使其中的蛋白质变性，淀粉高度 α 化，然后借助油炸或热风干燥工艺，将煮熟面条进行快速干燥，减少面条水分，延长保质期。这样制得的产品不但易保存，而且易复水食用。

采用油炸干燥方式脱水的油炸方便面，干燥速度快，α 化度高，面条有微孔，复水性好，但含油高，易酸败且成本高。采用热空气干燥的热风干燥面，干燥温度低，速度慢，α 化度低，复水性较差，但不易酸败变质，保存时间长，成本低。

（三）方便面的加工工艺

方便面的加工工艺如下所示。

原料 → 和面 → 熟化 → 压延 → 切条 → 折花 → 蒸煮 → 入模 → 热风（或油炸）干燥 → 脱模 → 冷却 → 加汤料包 → 包装 → 热风（或油炸）干燥方便面

资源 14-7

与挂面加工不同，切条折花可生产出具有独特的波浪形花纹的面条。面条成型通常由波纹成型机完成（结构示意图可查看**资源 14-7**）。

经蒸煮的波纹面块含水量高，需经干燥去除水分，同时使其组织与形状固定，易于包装与贮存。在热风干燥中，干热空气的温度一般大于淀粉的糊化温度（70～80℃），相对湿度低于70%，干燥时间35～45min，面块的最终含水率为8%～10%。油炸干燥是将蒸熟的面块放入140～150℃的棕榈油中脱水定型，提高面条的糊化程度，降低老化速度，也有利于包装贮存。由于油温较高，面块中的水分迅速汽化逸出，并在面条中产生许多微孔，因而其复水性优于热风干燥方便面。

知识链接

小麦与方便面的历史

小麦原为美索不达米亚平原的野生植物，其栽培历史悠久。据记载，10 000 年前的（新）石器时代就已有了栽培。目前，全世界所有粮谷作物中，小麦的播种面积和产量均居第一位。世界以小麦为主食的人口占世界总人口的 1/3 以上。小麦的种植在我国已有 4000～5000 年的历史，现今种植面积约 4.5 亿亩 [①]，高于水稻、玉米，居第一位，但产量居第二位。

---

① 1 亩≈666.67m²。

小麦在远古就被杵捣食用，其后发展为石磨加工。自商品经济开始发展，就有加工小麦的磨坊。18世纪葡萄牙人首创辊式磨粉机，其后出现的机械化连续生产形成了现代化的面粉工业。

方便面最早由日本日清公司1958年推向市场，当即受到消费者的欢迎，在短期内便普及全日本且逐渐在全世界推广。我国于20世纪80年代初依靠进口设备形成了方便面生产的工业化规模，国产化设备出现于80年代末。早期的方便面都是用纸或复合薄膜袋包装，短短几十年便产生了很多品种和口味的产品。随着人们生活节奏的不断加快，方便面行业飞速发展，营养化、功能化的方便面已成为主流产品。

第四节　中式主食

一、中式主食概述

（一）中式主食及其分类

具有我国传统特色、食用人口众多的粮谷主食品统称为中式主食。随着食品科技不断进步，在消费需求拉动下，工业化主食逐渐走上大众餐桌，主食产业化和中式快餐工业化成为产业优化升级的有效途径。

中式主食以原料来源划分，可分成以下三类：①面制主食品，如面条（挂面、鲜湿面、方便面）、馒头、饺子、油条等；②米制主食品，如米饭、米粉（线）、粥品、汤圆等；③杂粮主食品，如杂粮面条、糌粑、烤栳栳等。

（二）中式面点

中式面点是我国传统餐饮制造行业中一般被称作"白案"的主食品，以粮食、果蔬、肉品、鱼虾等为主要原料，以包捏技法等手段，经过熟化制成的食品。我国具有悠久的饮食文化，中式面点的种类非常多，产品的馅料、原辅料、成型方式等千差万别。

根据成型形态分类，中式面点可大致包括包类、饺类、糕类、卷类、饼类、酥类、条类，以及其他类，如常见的烧卖、粽子、麻花及馒头等产品。

根据主产地域分类，有"南味"和"北味"，具体又分广式、苏式、京式等三大流派。广式面点有叉烧包、虾饺、甘露酥、马蹄糕、粉果等品种。苏式面点有淮安汤包、三丁包、千层油糕、苏州船点、糕团等品种。京式面点有豌豆黄、芸豆卷、银丝卷、家常饼等品种。

根据面团性质分类，一般分为水调面团、膨松面团、油酥面团、米粉面团和其他面团等。

根据成熟方法分类，分为煮、蒸、煎、炸、烤、烙等。

二、方便米饭的加工

（一）方便米饭及其分类

方便米饭是由大规模工业化生产，经过或不经过简单烹调，风味、口感、外形与普通米饭基本一致的主食品。利用新技术，如生物技术、挤压技术、微波技术、速冻技术等，开发的方便米饭，产品种类繁多。根据是否进行脱水处理，可分为脱水方便米饭和非脱水方便米饭（保鲜方便米饭）两大类，脱水方便米饭依据脱水方式又可分为α-脱水方便米饭、膨化米饭等。在方便米饭产品中，以α-脱水方便米饭最常见。

速冻（冷冻）米饭是将煮好的米饭放在−40℃的超低温环境中急速冷冻后获得的产品。此产品在−18℃贮藏条件下可保质1年。

无菌包装米饭是将煮好的米饭封入气密性容器，煮饭和包装均在无菌条件中进行的产品。煮好的米饭包装后不再进行加热，米饭的风味和口感较好。此产品常温下可保质 6 个月。

冷藏米饭是在流通过程中处于冷藏状态，通过采用低温抑菌的方法来保持方便米饭的新鲜度和良好口感。此产品在冷藏库中可保质 2 个月。

干燥（脱水）米饭是将煮好的米饭通过热风、冻结或膨化等快速干燥工序生产的产品。由于重量轻，保存时间长，产品应用范围广。此产品在常温下可保质 3 年。

罐头米饭是将煮好的米饭密封入金属罐，然后进行高温杀菌的产品。此产品在常温下可保存 3 年，特殊情况下甚至可以保存到 5 年。蒸煮袋（软罐头）米饭，则是采用具有气密性的包装袋容器，产品常温下可保质 1 年。

（二）方便米饭的加工工艺

方便米饭的加工基础是淀粉的糊化和回生。大米中淀粉含量 70% 以上，加热会发生糊化，水分和温度可控制淀粉糊化程度。糊化后的米粒快速脱水，糊化淀粉的分子结构被固定，从而抑制淀粉的老化回生。回生的淀粉会使制品出现僵硬呆滞的外观、夹生米饭的口感，体内的淀粉酶无法消化。因此，常选择支链淀粉含量较高的粳米或糯米为原料生产方便米饭。

常见的 α-方便米饭的加工工艺如下所示。

大米 → 淘洗 → 浸泡 → 汽蒸 → 米饭 → 离散 → 干燥 → 冷却 → 方便米饭

浸泡处理能够有效提高米饭的糊化程度。控制浸泡时间、温度、加水量和溶液成分，能够明显改善方便米饭的风味和营养。乙醇、磷酸盐、柠檬酸盐、乳化剂等添加剂，常应用于方便米饭的制作。也可通过酶处理，促进淀粉吸水，提高淀粉的糊化程度。

蒸煮是大米淀粉糊化的过程，是产品的黏弹性、完整度、风味等品质形成的关键步骤。蒸煮的压力、加水量、温度和时间是重要的蒸煮工艺技术参数。常用常压蒸煮、高压蒸煮和微波蒸煮等蒸煮方法。

蒸煮后的米饭因水分含量高（65%～70%）、易结团，干燥前需要离散操作。离散的方法有冷水离散、热水离散和机械离散等。冷水离散简单易行，但易出现回生；60～70℃的热水离散后的米饭，口感好、无夹生感、易搓散、饭粒完整率高。离散后还应沥干表面浮水，或采用风力吹干表面浮水。

米饭干燥主要采用热风干燥、微波干燥和真空冷冻干燥等方式。热风干燥的方便米饭，色泽比新鲜米饭颜色偏黄、米粒形状容易被破坏，但复水性较好。真空冷冻干燥，可以最大限度地保持新鲜米饭的色、香、味、形和维生素等营养，干燥后产品的复水性好。缺点是能耗大、成本高。

三、馒头的加工

馒头也叫馍馍，起源于中国，是我国人民，特别是北方人民的传统面食，被誉为古代中华面食文化的象征。馒头消费量在北方面食结构中约占 2/3，在全国面制品中约占 46%，是非常重要的中式主食。

（一）馒头及其分类

馒头是以小麦粉、水为原料，酵母作为主要发酵剂制作面团，经过发酵蒸熟制成的我国传统主食品。根据加工方式的不同，可分为手工馒头和机制馒头。根据工艺与产品风味和口感不同，馒头一般可以分为以下几种。

1）北方硬面馒头　　山东、山西、河北等地区生产，形状有刀切馒头、机制圆馒头、手揉长形杠子馒头等。山东地区的戗面馒头是典型代表，传统上是用面肥作发酵剂进行和面，发酵后面团兑入一定的碱水，再加入一定比例干面粉进行反复揉面后制作的馒头。

2）软性北方馒头　　中原地带，如河南、陕西、安徽、江苏等地区生产，形状有手工制作的圆馒头、方馒头和机制圆馒头等。普通馒头的制作一般均属于此类制品。

3）南方软面馒头　　南方地区生产，颜色较白，多数带有甜味、奶味、肉味等。主要的馒头形式有手揉圆馒头、刀切方馒头、体积较小的麻将馒头等。

此外还有添加其他原料，如玉米面、高粱面、红薯面、小米面、荞麦面等生产的花色馒头产品。添加蛋白质、氨基酸、维生素、纤维素、矿物质等营养素的营养强化馒头。以特制小麦面粉，如雪花粉、强筋粉、糕点粉等为主要原料生产的点心馒头等。

（二）馒头加工的基本原理

馒头的生产和面包类似，只是馒头是通过汽蒸的方式熟化，面包是通过焙烤的方式熟化。馒头生产的基本原料是面粉、酵母和水，可加少许的盐和糖。馒头加工工艺可分为直接成型醒发工艺、一次发酵二次和面工艺和二次发酵工艺等。

主要原料小麦粉的蛋白质含量对馒头生产工艺和产品质量有较大影响，一般要求蛋白质含量为10%～13%，筋力中等或中等偏强为宜。蛋白质含量、筋力适宜的面团，保气性好，制作的馒头表面色泽白亮，内部结构呈细小蜂窝状，富有弹性和韧性。蛋白质含量高的面团，虽然体积大，但发酵时间长、成品表面色泽偏灰、风味较差，且容易产生水泡；蛋白质含量低的面团，馒头筋力差，体积小，无嚼劲。

水的作用是溶解面粉中的可溶性物质，调节面团的稠度，形成面筋；使淀粉膨胀和糊化；促进酵母生长；促进酶对面粉中淀粉和蛋白质的水解。水的硬度会影响馒头的品质，一般使用中硬度的水比较适宜。另外，酸性条件利于面团发酵，水的 pH 5.0～5.8 适宜酵母生长。

酵母的加入量大，发酵力强，发酵时间短，但用量超过限度，会引起发酵力减退。

（三）馒头的加工工艺

馒头直接成型醒发生产工艺如下所示。

面粉、酵母、水 → 和面 → 静置 → 成型 → 醒发 → 蒸制 → 冷却 → 包装 → 馒头

直接成型醒发工艺具有生产流程短、生产效率高、劳动强度小、面团黏性低、利于成型等优点，是普遍使用的馒头加工工艺。面团未经过发酵，酵母未大量增殖，一般可通过适当延长醒发时间，增加酵母的使用量，以便达到馒头所需风味和营养。

1）和面　　和面机中边搅拌边缓慢加入 30℃ 水活化过的活性干酵母，干酵母用量为面粉量的0.5%～1.0%。搅拌均匀后加入温水和面，加水量为面粉量的 40%～45%。具体加水量由面粉筋力、破损淀粉含量、面粉含水量等决定。和面 7～9min，搅拌至无干面，表面光滑为宜。

2）静置　　将和好的面团放在温度 30℃、相对湿度 80% 环境中静置 10min，使面筋得到进一步松弛和伸展，利于成型。

3）成型　　通常采用双辊螺旋揉搓成型机迅速将面团揉搓成表面光滑的馒头坯。

4）醒发　　将成型好的馒头坯放入温度 35℃、相对湿度 85% 的发酵室，醒发 70～90min 至有酒香味、色泽白净、滋润发亮为止。

5）蒸制　　将醒发好的馒头坯放入温度达到 100℃ 的蒸笼，汽蒸 25～30min。

6）冷却、包装　　在室温下充分冷却后，进行产品包装。

一次发酵二次和面工艺是将大部分面粉、酵母和水调制成软质面团，在较短时间内完成发酵，再加入剩余面粉和其他辅料，和面后进行成型醒发。酵母经活化和繁殖，发酵潜力增加，可缩短醒发时间，利于馒头坯的成型。软质面团改善了面团流变性、有利于酵母增殖。另外，面团中的生化反应产生了明显香甜风味和营养物质，面筋在发酵过程中进一步形成良好的网络结构。对于易破坏面筋组织结构、不利于发酵的辅料，可在发酵后的第二次和面时加入。该工艺的缺点是发酵后面团的黏性大，成型技术要求高，生产流程和生产周期长等。

二次发酵生产工艺可使酵母充分增殖，产生大量的风味物质和营养物质，提高馒头品质。但二次发酵法流程长、生产效率低，现在生产中已较少应用。

四、汤圆产品的加工

（一）汤圆及其分类

汤圆是以糯米粉为主要原料，经和面、调制制作外皮，内包各种馅心，通过成型工艺搓圆制作的方便主食

品。汤圆是深受我国人民喜爱的传统糯米制品，随着速冻技术的快速发展，冷冻汤圆的消费市场越来越大。

根据馅心的不同，汤圆可分为黑芝麻汤圆、豆沙汤圆、水果汤圆、巧克力汤圆、肉馅汤圆、酸奶汤圆、蔬菜汤圆等。

根据面皮调制的方法，汤圆可分为蒸煮法、热烫法和冷水调粉法三类。

（1）蒸煮法是将糯米粉加水搅拌，常压蒸煮后用凉水冷却，再加入糯米粉、水搅拌混合，揉捏成型，包馅，速冻，冷冻贮藏。

（2）热烫法是将水磨糯米粉加入70%左右的沸水，搅拌揉搓至粉团表面光洁，包馅，速冻，冷冻贮藏。此法的原理与蒸煮法类似，但劳动强度和能耗较大。

（3）冷水调粉法是采用冷水调粉，并加入一定量的改良剂。该法工艺简单，降低了成本，能够保持糯米原有的糯香味，且糯米粉是生粉，无回生现象。

汤圆更像是包饺子。先制备糯米粉团，放置几小时后挤压成圆片形状，把准备好的馅料包入糯米皮中，搓成圆形。不同细度糯米粉制作的汤圆品质不同。汤圆表皮有水分，黏稠不易保存。速冻技术，使汤圆工业化程度大幅提升。

北方元宵是以馅为基础，糯米面粉为外立面的食品。先将馅料制成大小合适的立方块，然后把馅块放入摇晃的簸箕上，并倒上适量糯米粉。随着馅料互相撞击、糯米面沾到馅料表面即可制成元宵。元宵的外皮很薄、发干，水煮时糯米粉才吸收水分变糯。

（二）汤圆的加工工艺

汤圆的生产工艺有直接成型法和磨浆成型法两类。直接成型法的加工工艺简单，设备投入小，易开展生产。磨浆成型法的产品质量略好，但是生产工艺复杂，设备投入大，产品质量不易控制。

下面以速冻黑芝麻汤圆的制作为例，介绍汤圆的加工工艺。

1）原料处理　　挑选品质优良的黑芝麻（白芝麻）、核桃仁等，将芝麻磨成芝麻酱，核桃去皮、炸酥、碾碎至合适大小。将小麦粉旺火蒸10～15min，用于调节馅心的软硬度，缓解油腻感。

2）水磨米粉　　将糯米、粳米按一定比例混合，冷水浸泡至米粒疏松后，用清水冲掉米酸味，晾干后与同质量的水进行磨浆。磨浆后将粉浆脱除部分水。

3）调制馅心　　将处理后的芝麻酱、核桃仁及油脂、饴糖、熟面等一起搅拌，用饴糖、3%～5%的羟甲基纤维素钠乳液来调节馅心的黏度和软硬度。馅心保持一定的稠度，可避免出现汤圆受挤压而馅心流出的现象。

4）调节米粉面团　　将调制好的水磨米粉取1/3，投入沸水3～5min后制成熟芡。剩余的2/3水磨米粉投入机器中打碎，再将熟芡加入，滴少量植物油搅匀至米粉细腻、光洁、不黏为止。

根据气温调节芡的用量。芡的用量多，皮粉粘连，不易成形；芡的用量少，产品易出现裂纹。植物油具有保水作用，可有效避免或减轻速冻汤圆贮存中出现的开裂问题。

5）成型　　成型工艺是将粉团和馅心制成汤圆的过程。为保证汤圆光洁、不偏心，须控制粉团的水分含量，使粉团具有一定的柔软度；面皮中的乳化油可增加粉团延展性。

6）速冻　　将成型的汤圆迅速放入−40℃的速冻室，使汤圆中心温度10～20min降至−12℃以下。速冻可使汤圆内外降温一致，细小、均匀的冰晶，保证了产品的质地均匀。

7）包装　　包装材料应有一定的机械强度，密封性强。成品包装后存于−18℃冷库。速冻汤圆在贮存和运输过程中应避免温度波动，否则产品表面将有不同程度的熔化，再冻结，造成冰晶不匀，产品受压易开裂。

知识链接

中央厨房在餐饮企业中的地位和作用

中央厨房又称中心厨房，是将原料按照菜单制作成成品或半成品，配送到各连锁经营店后需经二次加热或重新组合销售，也可以直接加工成成品或组合后直接配送销售。

　　"中央厨房"的概念早期是由国外引入，其主要作用是为连锁餐饮店提供成品或半成品。几十年前国外连锁餐饮业就开始重视并建设中央厨房工程。在发达国家，中央厨房工程还有服务学生午餐和社会零售店的作用。

　　连锁经营带来的标准化操作、工厂化配送、规模化经营和科学化管理，保证了餐饮行业的健康快速发展。随着餐饮业的连锁式或加盟店式经营模式的快速发展，标准化、规范化管理在餐饮业逐步实现。在保证连锁餐饮店的经营规范化方面，中央厨房所发挥的作用越来越凸显。中央厨房是整个企业的运转核心，也是店面建设的保障。中央厨房在生产内容和管理要求等方面属于工业产业，而不仅是餐厅厨房的延伸。不管是西式快餐，还是中式快餐，均有强大的生产和配送系统，连锁企业通过中央厨房确保菜单中菜品的标准化、生产工厂化、经营连锁化和管理科学化。连锁经营的发展催生了中央厨房，中央厨房的建立也为连锁餐饮企业的规模扩张和安全经营提供了重要支撑。二者的发展是一个互动的过程。

　　中央厨房不仅服务于快餐业，也推动了我国传统小吃业的发展，使食品产业中产品分销模式发生了深刻的变革。这种经营方式实现了成本控制、质量保证的双保险，同时能够提供更多的产品品种。

本章小结

　　1. 粮谷是粮谷作物的种子、果实、块根和块茎的统称。按植物学的科属分类，一般将粮谷原料分为谷类、豆类、薯类三大类。初加工、热加工、营养强化及其他加工处理，以及贮藏条件、生理代谢、陈化等贮藏因素，均会对粮谷营养价值产生影响。

　　2. 焙烤食品的各种原辅料的加工特性，在产品生产中起着主要作用。面团调制分为6个阶段：原料混合、面筋形成、面筋扩展、面筋完成、搅拌过度、水化阶段。面团发酵包括直接法、汤种法、中种法、冷藏发酵法、老面法等主要方法。蛋糕加工主要包含膨松原理、熟制原理、焙烤原理。

　　3. 米粉分为切粉和榨粉两大类，加工基础是淀粉糊化、淀粉老化，发酵米粉还涉及发酵中发生的变化。压延、干燥是挂面的主要工序。波纹成型（切条折花）是方便面的独特工序。

　　4. 方便米饭有脱水和非脱水两大类产品，加工工艺的蒸煮、离散、干燥为主要工序。

　　5. 馒头生产常用直接成型醒发工艺、一次发酵二次和面工艺、二次发酵工艺三种主要加工工艺。

【思考题】

1. 简述谷类基本籽粒的结构特征。
2. 简述加工过程对粮谷原料营养成分的影响。
3. 请简述油脂在焙烤食品中的作用。
4. 简述面团发酵的几种不同方法。
5. 简述蛋糕蓬松的原理。
6. 简述二次发酵法制作面包的加工工艺。
7. 简述切粉和榨粉的加工工艺。
8. 简述挂面、方便面加工工艺的不同。
9. 简述方便米饭的加工工艺。
10. 简述馒头的三种主要加工工艺。
11. 简述速冻黑芝麻汤圆的加工工艺。

参考文献

董海洲. 2008. 焙烤工艺学. 北京：中国农业出版社.

郭顺堂，刘贺. 2013. 中央厨房——中国食品产业新的增长极. 食品科技，38（3）：290-295.

李里特. 2011. 食品原料学. 第2版. 北京：中国农业出版社.

李明菲. 2016. 不同热处理方式对小麦粉特性影响研究. 郑州：河南工业大学.

李新华, 董海洲. 2016. 粮油加工学. 第 3 版. 北京：中国农业大学出版社.

蔺毅峰, 杨萍芬, 晁文. 2011. 焙烤食品加工工艺与配方. 第 2 版. 北京：化学工业出版社.

刘强, 田建珍, 李佳佳. 2011. 中国传统主食馒头的研究概述. 粮谷流通技术, 5：36-39.

柳青, 黄广学, 张江宁, 等. 2021. 响应面法优化核桃营养代餐粉配方的研究. 沈阳农业大学学报, 52（1）：8-16.

卢雨菲. 2020. 复合杂粮面包的研制及其冷冻面团加工特性的研究. 哈尔滨：哈尔滨商业大学.

马梦泽, 吴洁, 姚潇, 等. 2021. 专利视角下的食品专用小麦粉种类发展研究. 现代面粉工业, 35（4）：6.

沈正荣. 2000. 挤压膨化技术及其应用概况沈正荣. 食品与发酵工业, 26（5）：74-78.

孙宝国. 2019. 国酒. 北京：化学工业出版社.

孙睿男, 任新平. 2020. 主食产业化、中式快餐工业化发展趋势研究. 现代食品, 1（2）：54-55.

谭斌, 谭洪卓, 刘明, 等. 2010. 粮食（全谷物）的营养与健康. 中国粮油学报, 4：107-114.

王绍清, 王琳琳, 范文浩, 等. 2011. 扫描电镜法分析常见可食用淀粉颗粒的超微形貌. 食品科学, 32（15）：74-79.

魏益民, 王振华, 张影全. 2020. 挂面干燥技术. 北京：中国轻工业出版社.

吴海霞. 2016. 蛋糕的分类探讨. 轻工科技, 11：14-16.

杨月欣. 2005. 中国食物成分表. 北京：北京医科大学出版社.

张敏, 周凤英. 2010. 粮食储藏学. 北京：科学出版社.

张雪. 2017. 粮油食品工艺学. 北京：中国轻工业出版社.

张裕中, 张军. 1998. 共挤压型休闲食品的挤压加工技术. 粮谷与食品工业, 3：3-8.

周景文, 张国强, 赵鑫锐, 等. 2020. 未来食品的发展：植物蛋白肉与细胞培养肉. 食品与生物技术学报, 39（10）：1-8.

朱蓓薇, 孙娜, 李冬梅, 等. 2020. 传统主食制造产业发展现状与对策研究. 中国工程科学, 22（6）：151-157.

朱明霞, 白婷, 靳玉龙, 等. 2020. 杂粮面包的研究进展. 粮谷流通技术, 7：7-12.

Bouvier J M, Campanella O H. 2014. Extrusion Processing Technology (Food and Non-Food Biomaterials). New Jersey: John Wiley & Sons Ltd. 518.

Gary G H. 2010. Asian Noodles: Science, Technology, and Processing. New Jersey: Wiley. 113.

第十五章　植物油脂加工工艺与产品

　　油脂工程技术属于粮油加工行业中的一个主要分支，包括相关加工原理、工艺流程、生产设备、产品质量控制和生产管理等各个环节。本章介绍的植物油脂加工工艺与产品，主要包括植物油料预处理、油脂制取、油脂精炼及油脂深加工等内容。通过本章的学习，掌握植物油脂制取与加工的相关概念、基本原理、加工工艺，了解相关生产设备与质量控制因素，能够综合运用这些基本理论，分析几种典型植物油产品的加工过程。

学习目标

掌握植物油料的基本概念和组成特征。

掌握油料预处理阶段各工序的基本概念、加工方法。

掌握油脂制取阶段主要制油方式的加工原理、工艺过程。

掌握油脂精炼各道工序的加工原理、基本工艺过程。

掌握油脂的改性与调制的概念和主要方法。

第一节　植物油料的预处理

一、植物油料

　　含油率 10% 以上，具备工业制油价值的种子、果实或农产品加工副产物等植物性原料，统称为植物油料，简称油料。全世界的油料品种繁多，分布范围广，成分复杂。

　　（一）植物油料的分类

　　植物油料的分类有多种方法，按作物种类可分为草本油料（如大豆、亚麻籽、油菜籽）和木本油料（如棕榈）；按栽培区域可分为大宗油料、区域性油料、野生油料与热带油料等。从制油角度考虑，通常按照含油率的高低将油料分为高油分（30% 以上）和中低油分两大类。

　　世界性大宗油料有大豆、油菜籽、棉籽、花生仁、油棕果、葵花籽、芝麻、亚麻籽、红花籽、蓖麻籽、巴巴苏籽、椰子干和油橄榄等。我国特有油料有油桐籽、乌桕籽与油茶籽等。

　　（二）油料的化学组成与特性

　　油料的种类多，其化学组成及含量存在较大差别。油料大都含有脂肪、蛋白质、碳水化合物，以及脂肪酸、类脂、维生素、水分及灰分等物质。常用油料的主要化学成分见表 15-1。

表 15-1　常用油料的主要化学成分（%）

名称	水分	脂肪	蛋白质	磷脂	碳水化合物	粗纤维	灰分
大豆	9～14	16～20	30～45	1.5～3.0	25～35	6	4～6
花生仁	7～11	40～50	25～35	0.5	5～15	1.5	2
棉籽	7～11	35～45	24～30	0.5～0.6	—	6	4～5

续表

名称	水分	脂肪	蛋白质	磷脂	碳水化合物	粗纤维	灰分
油菜籽	6～12	37～47	16～26	1.2～1.8	25～30	15～20	3～4
芝麻	5～8	50～58	15～25	—	15～30	6～9	4～6
葵花籽	5～7	45～54	30.4	0.5～1.0	12.6	3	4～6
米糠	10～15	13～22	12～17	—	35～50	23～30	8～12
玉米胚	—	35～56	17～28		5.5～8.0	2.4～5.2	7～16
小麦胚	14	14～16	28～38	—	14～15	4.0～4.3	5～7

注："—"表示无数据

1. 脂肪　　脂肪俗称油脂，是油料的主要化学成分，制油就是提取油料中油脂的过程。纯净的油脂不含游离脂肪酸，但油料未完全成熟及加工、储存不当，会引起植物油中游离脂肪酸含量增加，降低食用油的品质。酸价不仅是毛油和食用油品质的一项重要指标，也是油脂精炼中计算碱炼的加碱量、炼耗比等主要技术经济指标的依据。

2. 蛋白质　　油料中蛋白质的含量较高，特别是制油后剩余的饼粕副产物，是植物蛋白产品的主要原料。制油就是将蛋白质等非油态基质与液态油实现有效分离的过程。油料蛋白质的性质直接影响植物油脂的制取。除醇溶蛋白外，其他蛋白质都不溶于有机溶剂；蛋白质在加热、干燥、压力及有机溶剂等作用下，会发生变性；蛋白质可以与糖类发生作用，生成不易去除的呈色化合物；可以与棉籽中的棉酚作用，生成结合棉酚。油料蛋白的这些性质及特性，是制油工艺及操作参数选择的主要依据，进而影响食用油品质及植物蛋白饼粕的质量。

油料中的酶类，如脂肪酶、脂肪氧化酶、磷脂酶，以及某些油料特有的尿素酶、芥子酶等，对于油料加工和利用影响显著。

3. 磷脂　　油料中的磷脂主要是甘油与羧酸和磷脂形成的二羧酸甘油磷酸酯（磷酸甘油酯），磷脂酰胆碱（卵磷脂）和磷脂酰乙醇胺（脑磷脂）是两种重要的磷脂物质。油料种类不同，磷脂含量差异较大，以大豆和棉籽中含量最多。

作为一类重要的油脂伴随物，制油过程中，磷脂与油脂一起被分离形成毛油。虽然磷脂是构成细胞膜的主要成分，具有多种生理功能，若油脂精炼程度低，食用油中的磷脂，在高温烹调时会产生泡沫、使油色变黑，影响油脂的使用性能和安全性；磷脂吸水形成的胶团会降低油脂的储藏稳定性。

4. 蜡　　蜡质主要存在于油籽皮壳内，油料中米糠含蜡量较高。蜡的熔点较甘油三酸酯高，常温下呈固态黏稠状；蜡能溶于油脂中，溶解度随温度变化差异显著，在低温时会从油脂中析出影响食用油的外观；蜡的存在会使食用油的透明度降低、口感变劣，降低油脂的食用品质。

5. 色素　　纯净的甘油三酸酯是无色液体，食用油的颜色主要取决于油料的色素类物质，以及制油过程中产生的呈色物质。油料中的叶绿素、类胡萝卜素、黄酮色素及花色苷等油溶性色素，能够被活性白土或活性炭吸附除去，也可以在碱炼过程中被皂脚吸附。

6. 糖类　　糖类高温下能与蛋白质发生美拉德反应，褐变产物使油脂颜色加深；糖的焦糖化反应，也会导致食用油的颜色加深。这些制油过程中产生的呈色物质，油脂精炼较难去除。

7. 维生素　　油料中含有丰富的维生素，尤其是脂溶性维生素 E，具有较强的抗氧化作用，不仅具有较高的营养价值，还能防止油脂氧化酸败，增加食用油的储藏稳定性。油脂精炼的程度越高，食用油中的维生素 E 含量越低。

8. 其他物质　　油料中还含有甾醇、灰分，以及烃类、醛类、酮类及醇类等物质，这些物质的含量不高，对油脂生产的影响较小。

个别油料中还含有一些特殊成分，如大豆中的尿素酶、胰蛋白酶抑制素、凝血素，棉籽中的棉酚，芝麻中的芝麻素和芝麻酚，菜籽中的含硫化合物等。

（三）主要油籽原料

1. 大豆　　豆科大豆属，一年生草本植物。豆荚内含有 1～4 粒种子，其直径为 5.0～9.8mm，由胚和种皮两部分组成,分别占种子重量的 92% 和 8% 左右。大豆含有 16%～22% 油脂及 40% 左右蛋白质,油脂和蛋白质几乎都集中在胚中的子叶内。大豆起源于我国,已有 5000 年种植史。大豆除作为重要的油料、优质植物蛋白质原料外,低聚糖、异黄酮、维生素 E、皂苷、核酸等多种活性物质也被深度研究和开发。

2. 油菜籽　十字花科芸薹属,一年生草本植物。成熟的种子多为球形,直径为 1.27～2.05mm。我国的油菜籽种植面积和产量居世界首位。传统的油菜籽属于高芥酸和高芥子苷品种,油中含芥酸 20%～55%,芥子苷 3%～8%。随着人们对菜籽油芥酸、芥子苷水解产物(硫化物)使菜籽油产生辛辣刺激气味和毒性的相关研究不断深入,双低油菜品种(芥酸含量低于 3%,芥子苷含量低于 0.1%)的产量已达世界油菜籽总产量的一半以上。

3. 花生　豆科落花生属,一年生草本植物。带壳的果实为花生果,脱壳后为花生仁。花生仁由种皮(红衣)和胚组成,胚为两片白色肥硕的子叶。花生果的含仁率一般为 68%～72%,花生仁的含油率随品种不同而异,一般为 40%～51%,还含有 25%～35% 的蛋白质,以及植物固醇、皂角苷、白藜芦醇等生物活性物质。此外,花生红衣中富含具有止血功能的维生素 K。花生主要在亚洲、非洲和美洲种植,我国是世界第一花生生产大国,其次为印度。

4. 棉籽　锦葵科棉属,包括草棉、树棉及陆地棉,属一年或多年生草本或亚灌木至灌木植物。棉籽是棉花的种子,有坚硬的外壳和棉绒,壳仁比例随品种不同而异。棉籽仁中一般含油脂 30%～45%,蛋白质 31%～38%。由于棉籽色素腺中棉酚的存在,棉籽制油工艺、饼粕综合利用等需要进行特殊工艺和处理。

5. 葵花籽　菊科向日葵属,一年生草本植物。葵花籽由果皮(壳)和种子组成,种子是由种皮、两片子叶和胚组成。葵花籽一般分为食用型、油用型、中间型三种类型:食用型含壳率为 40%～60%,籽仁含油率为 30%～50%,多为黑底白纹的果皮;油用型含壳率为 25%～35%,籽仁含油率为 45%～60%,果皮多为黑色或灰条纹。中间型介于上述两者之间,产量较高。

6. 芝麻　胡麻科胡麻属,一年生草本植物。种子呈扁平椭圆形,有白、黄、棕红和黑色等多种颜色,一般黄色和白色芝麻的含油量高,棕红色次之,黑芝麻最低。芝麻由种皮、胚和胚乳三部分组成,含有 45%～55% 的油脂和 17%～27% 的蛋白质。占整粒重 15%～20% 的种皮中含有 2%～3% 草酸,由其产生的草酸钙会使芝麻产品具有强烈的苦涩味。

二、油料的清理与生坯制备

(一)油料的清理

油料在收获、运输和储藏过程中会混入杂质,一般杂质含量为 1%～6%。油料在储藏之前通常进行初步清理,但会存在少量杂质,这些杂质在制油过程中会降低油料出油率,影响食用油及副产品的品质,甚至不能保证油脂生产的顺利进行。因此,油料进入生产车间后,还需要进一步清理,将杂质含量降到工艺要求的范围内,以保证生产的工艺效果和产品质量。

1. 油料清理的目的和要求　油料中所含杂质可分为有机杂质、无机杂质和含油杂质三类。无机杂质主要有灰尘、泥沙、石子、金属等;有机杂质主要有茎叶、皮壳、蒿草、麻绳、粮粒等;含油杂质主要是病虫害粒、不完善粒、异种油料等。

在油脂制取之前对油料进行有效清理和除杂,可以降低油脂损失以提高出油率,保障油脂、饼粕及油脂副产物的质量,减轻设备的磨损以延长设备使用寿命,提高设备对油料的有效处理量以提高生产效率,避免生产事故以保证安全生产,减少和消除车间的灰尘飞扬以改善生产环境等。

对油料清理的要求是尽量除净杂质,且油料清理的工艺流程简短、设备简单、除杂效率高。各种油料经过清选后,不得含有石块、铁杂、麻绳、草等杂质。一般要求净料中杂质含量的最高限额:花生仁为 0.1%,大豆、棉籽、油菜籽、芝麻为 0.5%;杂质(下脚料)中油料含量的最高限额:大豆、棉籽、花生仁为 0.5%,油菜籽、芝麻为 1.5%。

2. 油料清理的方法及设备　对油料杂质进行清理的原理,主要是根据油籽与杂质在粒度、相对密度、形状、表面特性、硬度、磁性、气体动力学等物理性质上的差异,采用筛选、磁选、风选、比重分选等方法和设备,将油料中的杂质去除。

1)筛选　　筛选是利用油料和杂质的颗粒大小差别,借助含杂油料与筛面的相对运动,通过筛孔将粒度大于或小于油料的杂质清除的一种除杂方法。油厂常用的筛选设备有初清筛、振动筛、平面回转筛、旋转筛等。

2)风选　　根据油料与杂质的密度和气体动力学性质差别,利用重力和风力分离油料中杂质的方法称为风选。风选主要是去除油料中的重量较轻的杂质(轻杂)及灰尘,也可用于去除金属、石块等重量较大的杂质(重杂),还可用于油料剥壳后的仁壳分离。

制油工厂所用的风选设备大多与筛选设备联合使用,如吸风平筛、振动清理筛、平面回转筛等设备,配上吸风或吹风的管道与配套装置。也有专用的风选除杂和风选仁壳分离的设备,如风力分选器就是专门用于清除棉籽中重杂的一种风选设备。

3)比重分选　　比重分选是根据油籽与杂质的相对密度及悬浮速度差别,利用具有一定运动特性的倾斜筛面和气流的联合作用,达到分级进而去除杂质的一种除杂方法。

比重去石机就是典型的比重分选设备。常用的吸风式比重去石机,工作时去石机内为负压,可有效地防止灰尘外扬,且单机产量大,但需要单独配置吸风除尘系统;吹风式比重去石机,自身配有风机,结构简单,但工作条件较差且产量小,仅用于小型油脂加工厂。

4)磁选　　磁选是利用杂质与油料的磁性差异,利用磁场作用清除油料中金属杂质的除杂方法。金属杂质在油料中含量虽不高,但它们的危害极大,容易造成设备,特别是一些高速运转设备的损坏,甚至可能导致严重的安全生产事故,因此,磁性杂质必须清除干净。磁选设备可分为永久磁铁装置和电磁除铁装置两种。

形状、大小与油料相近或相等,且相对密度与油料相差不显著的泥块(石块),称为并肩泥(石)。油菜籽、大豆、芝麻中经常混有较多的并肩泥(石)。并肩泥的清理是利用泥块和油料的机械性能不同,先对含杂油料进行碾磨或打击,将其中的并肩泥粉碎即磨泥,然后将泥灰筛选或风选除去。磨泥使用的设备主要有碾磨机、胶辊磨泥机、立式圆打筛等。并肩石主要是通过比重去石机去除。

(二)油料的剥壳与破碎

1. 油料的剥壳及仁壳分离　　剥壳是带壳油料制油前的一道重要工序。油料的皮壳中含油率低,会吸附油脂,降低出油率。对于花生、棉籽、葵花籽等带壳油料,皮壳重量占比在20%以上,这些物料须经剥壳处理后才能用于制油。剥壳可以提高出油率,提高毛油和饼粕的质量;减轻对设备的磨损,增加设备的有效生产量;利于轧坯等后续工序的进行及皮壳的综合利用等。剥壳工序的要求是剥壳率高,漏籽少,粉末度小,而且利于剥壳后的仁壳分离。

常用的油料剥壳方法和设备主要包括以下几种。

(1)借助粗糙面的碾搓作用使皮壳破碎,如利用圆盘剥壳机对棉籽、花生、油桐籽、油茶籽等进行剥壳。

(2)借助与壁面或打板的撞击作用使皮壳破碎,如利用离心式剥壳机对葵花籽进行剥壳。

(3)借助锐利面的剪切作用使皮壳破碎,如利用刀板剥壳机、齿辊剥壳机对棉籽进行剥壳。

(4)借助轧辊的挤压作用使皮壳破碎,如利用轧辊剥壳机对蓖麻籽进行剥壳。

(5)借助高速气流的摩擦作用使皮壳破碎。

剥壳方法和设备,应根据油料的种类、皮壳的特性、油料的形状和大小、壳仁之间的附着情况等进行选择。

油料经剥壳后,成为含有整仁、壳、碎仁、碎壳及未剥壳整籽的混合物,必须将这些混合物有效地分离以进行分类处理。生产上,常根据仁、壳、籽等组分的形状、大小及气体动力学性质等方面的差别,采用筛选和风选的方法将其分离。大多数剥壳设备带有筛选和风选系统组成的联合设备,以简化生产工艺,同时完成剥壳和分离过程。

2. 油料的破碎

1)干燥　　为了保证油料加工过程的工艺效果,经常需要对油料进行干燥处理,以调整油料或料坯中水分含量。不同工序对油料水分含量的要求不同,即每道工序均有最适含水量的要求。同时,干燥后油料要求无焦糊和夹生现象。

在制油工厂普遍应用对流干燥和传导干燥，常用的干燥设备为塔式热风干燥机、回转式干燥机、振动流化床和网带式气流干燥机等。经过干燥处理后的油料，可以获得更好的破碎效果。

2）破碎　　破碎的目的首先是使油料具有较小的粒度，以符合轧坯条件；其次是油料破碎后表面积增大，利于软化时温度和水分的传递。另外，对于颗粒较大的预压榨饼块，也需要将其破碎成为较小的饼块，才有利于浸出制油。

破碎后的油料要求粒度均匀，不出油，不成团，少成粉。破碎时需要控制油料到最适含水量，否则水分含量高，油料不易破碎，容易被压扁、出油、成团，还会出现破碎设备不易进料等现象；水分含量低，将增大物料粉末度，容易成团。此外，油料温度也对破碎效果产生影响。

油料破碎的方法有撞击、剪切、挤压及碾磨等几种形式。目前，油厂常用的破碎设备有齿辊破碎机、锤式破碎机、圆盘剥壳机等。

（三）油料的软化与轧坯

油脂制取前，油料需要制成具有一定大小和形状的料坯，便于油脂的提出。油料的生坯制备，通常包括油料的破碎、软化和轧坯等工序。应根据油料的种类和制油工艺，合理设计生坯制备的工艺流程。

1. 油料的软化　　软化是对油料的水分和温度进行调节，改变油料的硬度和脆性，使其具有合适的可塑性，为后续的轧坯创造良好条件的工序。尤其对含油量低、含水分低的油料，轧坯前的软化工序必不可少。软化处理可以降低轧坯时的物料粉末度、避免黏辊现象，保证坯片质量；可以减少轧辊的机器振动，利于轧坯的正常生产。

根据油料的种类和含水率，制定软化操作的工艺参数。油料含水率高，软化温度低，软化时间长。同时，还应根据轧坯效果灵活调整软化工艺条件，保证软化后的料坯具有适宜的弹性、可塑性及均匀性。

油厂常用的软化设备有层式软化锅和滚筒软化锅等。

2. 油料的轧坯　　轧坯就是利用机械作用将油料由粒状制成片状的过程。轧坯的主要目的是破坏油料的细胞组织结构，缩短油路，提高浸出或压榨时的出油速度和出油率。另外，轧坯后的片状料坯，表面积增加，料坯变薄，提高熟坯制备的效率和均匀性。

油料种类和制油工艺不同，选择料坯的适宜厚度有所差别。高油分油料的料坯厚，低油分的料坯薄；直接浸出工艺的料坯薄，预榨浸出的料坯厚。对轧坯的基本要求是料坯薄而均匀，粉末度小，不漏油。通常，油料的坯片厚度，大豆 0.3mm 以下，棉仁 0.4mm 以下，菜籽 0.35mm 以下，花生仁 0.5mm 以下。粉末度要求，20 目筛下物不超过 3%。

根据轧辊排列方式，轧坯设备可分为直列式轧坯机和平列式轧坯机两类。直列式轧坯机有三辊轧坯机和五辊轧坯机，平列式轧坯机有单对辊轧坯机（可查看**资源 15-1**）和双对辊轧坯机。直列式轧坯机由于辊面压力和生产能力小，目前应用较多的是平列式单对辊轧坯机。

资源 15-1

三、油料的熟坯制备

油料生坯经过湿润、加热、蒸坯、炒坯等处理转变为熟坯的过程称为蒸炒，也称油料的熟坯制备。

（一）蒸炒的基本理论

蒸炒可以通过湿热处理，改变料坯的微观结构、化学组成及物理性状等，提高出油率、改善油脂和饼粕质量。蒸炒过程中，油料细胞结构被彻底破坏，蛋白质凝固变性，油脂聚集，油脂黏度和表面张力降低，料坯的弹性和塑性得到调整，酶类被钝化，某些成分发生变化（如油脂与蛋白质结合、磷脂吸水膨胀、棉籽坯中棉酚与蛋白质结合）等。

蒸炒方法一般可分为干蒸炒和湿润蒸炒两种。根据油料品种和用途，合理选择蒸炒工艺及参数，促进油脂的凝聚，提高出油率和生产效率。

干蒸炒只对料坯或油籽进行加热，不进行湿润，是采用加热与蒸坯相结合的蒸炒方法，最终保证熟坯的温度和水分适合制油要求。这种蒸炒方法一般适用于特种油料的预处理，如制取小磨香油时芝麻的蒸炒，制取浓香花生油时花生仁的蒸炒，可可籽榨油时对可可籽的蒸炒等。

　　湿润蒸炒是蒸炒开始时添加水分或喷入直接蒸汽，当生坯达到最优蒸炒水分后再进行蒸坯，使料坯中的水分、温度及结构性能发生变化，达到适于油脂提取的要求。油脂企业大多采用这种蒸炒方法进行熟坯制备。

（二）蒸炒的设备与工艺

　　湿润蒸炒的设备主要是蒸炒锅，有立式和卧式两种类型。卧式蒸炒锅一般在大型螺旋榨油机上作为调整炒锅使用。

资源15-2

　　1. 湿润　　湿润的方法有加热水法、喷直接蒸汽法、加水和喷直接蒸汽混合法。湿润水分为13%～15%，在设备条件许可的情况下可适当提高加水量。高水分蒸炒是指料坯湿润后水分达到16%以上，一般适用于压榨法制油。棉籽生坯应采用高水分蒸坯，湿润水分含量最高可达18%～22%。润湿阶段在层式蒸炒锅（其结构示意图可查看**资源15-2**）的上层进行，一般装料量控制在80%～90%，保持本层蒸炒锅排气孔密闭。

　　2. 蒸坯　　生坯湿润后应在较密闭的条件下继续加热，使料坯表面吸收的水分渗透到内部，并通过一定时间的加热，促使蛋白质等物质发生较大变化。为使料坯有充分的时间与水分接触，保证料坯的湿润均匀及蒸坯效果，料坯应蒸透蒸匀。蒸坯阶段在层式蒸炒锅的中层进行，一般装料量控制80%左右，保持本层蒸炒锅排气孔密闭，防止水分散失，充分发挥料坯的自蒸作用。经过蒸坯，料坯温度提高至95～100℃，湿润与蒸坯时间一般为50～60min。

　　3. 炒坯　　炒坯主要是加热去水，使料坯达到适宜取油的较低含水量。炒坯阶段在层式蒸炒锅的底层进行。为尽快排除料坯中的水分，须将排气孔打开，一般装料量控制在40%左右。炒坯后出料温度达到105～110℃，水分含量为5%～8%。

　　压榨法制油工艺中，经蒸炒的料坯在进入榨油机前，还需在榨机炒锅中进一步调整水分含量和温度，以满足高温、低水分入榨要求。料坯的入榨水分和温度因油料品种和压榨工艺的不同存在差异，一般含油量较高的油料入榨水分低，预榨工艺比直接压榨工艺的入榨水分高、入榨温度较低。例如，油菜籽、花生等直接压榨工艺的入榨水分含量1.0%～1.5%，入榨温度125～130℃；预榨工艺的入榨水分含量4%～5%，入榨温度110～115℃。

　　4. 均匀蒸炒　　均匀蒸炒对保证熟坯质量的一致性有重要作用，包括水分含量、塑性、粒度等各方面的熟坯特性一致。为保证均匀蒸炒，生产中可以采取以下措施。

　　保证进入蒸炒锅的生坯质量（水分、坯厚及粉末度等）合格和稳定；均匀进料；湿润操作稳定一致，防止结团；落料控制机构灵活有效，料位均匀一致；保证足够的蒸炒时间；加热要充分稳定，保证供给蒸汽的质量及流量稳定，空气和冷凝水的排除及时；保证各层蒸炒锅的合理排汽；回榨料坯的掺入不要过于集中等。

（三）挤压膨化预处理

　　油料的挤压膨化预处理是指利用挤压膨化设备将油料制成膨化状颗粒物料，处理后的物料可以直接进行油脂提取的一种油料预处理工艺。我国近年在油料挤压膨化浸出工艺和设备的研究与应用处于领先地位，并在大豆、菜籽及棉籽制油工艺中被广泛应用。

　　1. 挤压膨化的目的　　油料经挤压膨化后，容重增大，多孔性增加，油料细胞结构被彻底破坏，酶类被钝化。这使得膨化物料浸出时，溶剂对料层的渗透性极大改善，浸出溶剂使用量减小，浸出速率提高，混合油浓度增大，湿粕残油率降低。浸出设备和湿粕脱溶设备的产量增加，浸出毛油的品质提高，浸出生产的溶剂损耗及蒸汽消耗显著降低。

　　2. 挤压膨化的过程　　油料由喂料机送入挤压膨化机，料坯沿着螺旋螺杆向前移动，同时受到封闭空间不断缩小的强烈挤压作用，料坯密度不断增大。由于料坯与螺旋轴和机膛内壁的摩擦发热及直接蒸汽的注入，料坯受到剪切、混合、高温、高压的联合作用，油料细胞结构被彻底破坏，蛋白质变性，酶类钝化，容重增大，游离的油脂聚集在膨化料粒的内外表面。料坯被挤出膨化机的模孔时，压力骤然降低，造成料坯水分迅速汽化，料坯受到强烈的膨胀作用，形成组织疏松、内部多孔的膨化物。膨化物在膨化机末端的模孔处被切割成颗粒物料。

3. 挤压膨化设备 目前，油料挤压膨化设备大致可分为三类：用于低油分油料生坯的 Solvex 膨化机，即闭壁式挤压膨化机；用于高油分油料生坯的 Hivex 膨化机，即开槽壁式挤压膨化机；用于整粒油籽或破碎油籽的 Dox 膨化机。

根据油料品种、制油工艺及膨化机型的不同，油料挤压膨化工艺存在差异。油料膨化前，一般需进行水分和温度的调节，而从膨化机排出的膨化料粒温度和湿度都较高，且松软易碎，需经过干燥和冷却才能符合取油的要求。

最早采用挤压膨化浸出工艺的油料是米糠，米糠含有 16%～22% 的油脂，且粉末度大，溶剂浸出时料层的渗透性差，湿粕中含有的过量溶剂难以脱溶。同时米糠含有大量的脂肪酶，很容易使米糠的油脂分解，造成米糠油酸价升高。米糠挤压膨化不仅可以钝化脂肪酶，还可以把米糠转变成多孔的膨化状颗粒，改善油脂浸出效果、提高产品质量。

第二节 油脂的制取

植物油脂制取工业有着悠久的历史，从远古时代的原始手工压榨，发展到现代的液压机、螺旋榨油机的机械压榨，从流传至今的水代法制油工艺，发展到目前普遍使用的溶剂萃取的浸出法制油工艺，以及由此衍生出的水酶法制油、超临界流体萃取制油等工艺，可以说植物油脂制取工艺的革新变化，也是人类科技进步史的一个缩影。

一、压榨法制油（压榨花生油的加工可查看视频 15-1）

借助机械外力作用，将油脂从油料中挤压出来的制油方法称为压榨法制油。根据压榨时榨料所受压力的大小及压榨取油的深度，压榨法制油可分为一次压榨和预压榨。与其他取油方法相比，压榨法制油具有工艺简单、配套设备少、对油料品种适应性强、生产灵活、油品质量好、风味纯正等优点，但也存在生产效率低、油饼残油率高、压榨过程动力消耗大、零部件易磨损等缺点。

视频 15-1

（一）压榨法制油的基本原理

1. 压榨过程 在压榨制油过程中，榨料粒子主要发生的是物理变化，如物料变形、油脂分离、摩擦生热、水分蒸发等，由于温度、水分、微生物等影响，也会发生一些生物化学方面的变化，如蛋白质变性、酶的钝化和破坏、某些物质之间的结合等。

压榨时，榨料粒子在压力作用下内外表面相互挤紧，致使其液体部分和凝胶部分分别产生两个不同过程，即油脂从榨料空隙中被挤压出来、榨料粒子受压变形形成坚硬的油饼，两个过程同时进行。油脂的榨出过程如图 15-1 所示。压榨开始，料坯粒子开始变形，在个别接触处结合，粒子间空隙缩小，空气（蒸汽）放出，油脂开始从空隙中压出（图 15-1B）；压榨进行中，粒子进一步变形结合，空隙更缩小，油脂大量被榨出，油路尚未封闭（图 15-1C）；压榨后期，粒子结合完成，通道横截面突然缩小，油路显著封闭，油脂已很少榨出（图 15-1D）；解除压力后的油饼，由于弹性变形而膨胀生成细孔，大量的裂缝会将未排走的油重新吸入。

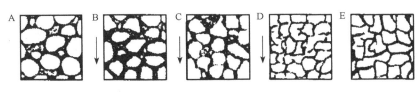

○ 受压榨固体颗粒　➥ 油脂　⬚ 空气、蒸汽　—→ 油脂的移动方向

图 15-1　榨料在受压下的油脂压榨过程示意图

A. 原始物料；B. 开始阶段；C. 主要阶段；D. 结束阶段；E. 油饼

2. 压榨制油的必要条件 根据液体沿毛细管运动和通过多孔介质运动的规律可知，为了尽量榨出

油脂，满足压榨过程的下列条件是必需的。

1）榨料通道中油脂的液压越大越好　压榨时传导于油脂的压力越大，油脂的液压也越大。油料压榨过程中，施于榨料上的压力只有一部分传给油脂，其余部分则用来克服粒子的变形阻力。要使克服凝胶骨架阻力的压力所占比例降低，必须改善榨料的结构力学性质。但是，提高榨料上的压力超过某种限度，就会使流油通道封闭和收缩，影响出油效率。

2）榨料中流油毛细管的直径越大越好、数量越多越好（即多孔性越大越好）　压榨过程中，压力必须逐步地提高，突然提高压力会使榨料过快地压紧，使油脂的流出条件变坏，并且在压榨的第一阶段中，由于迅速提高压力而使油脂急速分离，榨料中的细小粒子被急速的油流带走，增加了压榨毛油中的含渣量。

榨料的多孔性是直接影响排油速度的重要因素。要求榨料的多孔性在压榨过程中，随着变形仍能保持到最后，以保证油脂流出至最小值。

3）流油毛细管的长度越短越好　流油毛细管（油路）长度越短，即榨料层厚度越薄，流油的暴露表面越大，则排油速度越快。

4）压榨时间在一定限度内要尽量长些　压榨过程中应有足够的时间，保证榨料内油脂的充分排出，但是时间太长，则因流油通道变窄甚至闭塞而奏效甚微。

5）受压油脂的黏度越低越好　黏度低，油脂在榨料内运动的阻力小，有利于出油。生产中主要是通过蒸炒提高榨料的温度，降低油脂黏度。

3. 影响压榨取油效果的主要因素　压榨取油效果取决于许多因素，包括榨料结构和压榨条件两方面。此外，榨油设备结构及其选型也将影响出油效果。详细内容可查看**资源15-3**。

资源15-3

（二）榨油机及其工作过程

油料种类繁多，榨油设备应具有生产能力大、出油效率高、操作维护方便、一机多用、动力消耗少等特点。目前，榨油设备主要分为间歇式生产的液压榨油机和连续式生产的螺旋榨油机两类。

1. 液压榨油机　液压榨油机是按照液体静压力传递原理，以液体作为压力传递的介质，对油料进行挤压而将油脂榨出的一种榨油设备。榨油机由液压系统和榨油机本体两大部分组成，具有结构简单、操作方便、动力消耗少、能够加工多种油料等特点。适用于油料品种多、生产量小的小型油厂。

根据榨料暴露于空间的形式，液压榨油机可分为开式、半开式和闭式三种。根据油饼叠放的位置，分为卧式、立式（其结构示意图可查看**资源15-4**）和斜式。这些榨油机的原理相同，结构形式相似，都是将预先在制饼机中制成的熟坯（饼包）置于榨板间的空隙内进行榨油操作。

资源15-4

2. 螺旋榨油机　螺旋榨油机是由旋转着的螺旋轴在榨膛内的推进作用，使榨料连续地向前推进，同时，由于螺旋轴上榨螺螺距的缩短和根圆直径的增大，以及榨膛内径的减小，使榨膛空间体积不断缩小而对榨料产生压缩压榨作用，油脂从榨笼缝隙中挤压流出，同时残渣被压成饼块从榨膛末端排出。螺旋榨油机具有连续化生产、单机处理量大、劳动强度低、出油效率高、饼薄易粉碎等特点。

榨料在实际的推进过程中的运动状态十分复杂，它同时受到许多阻力作用。榨料粒子的运动轨迹是一条螺距不断增加的螺旋线，它恰恰与榨螺螺距的变化规律相反。图15-2所示为螺旋榨油机的结构示意图，主要工作部件是喂料装置、螺旋轴、榨笼、调饼装置及传动变速装置等。

3. 毛油除渣　压榨所得毛油中含有许多细小的饼渣，也称油渣。油渣的含量随入榨料坯性质、压榨条件、榨机结构的不同而变化，一般可达2%～15%。压榨毛油中饼渣的存在，对毛油输送、暂存及油脂精炼均会产生不良影响。

对油渣分离的要求是分离后的毛油含渣量尽量低，分离出的饼渣残油尽量少，且分离工艺应简短。采用重力沉降的一步分离工艺，分离后的毛油含杂量可降至1%左右；采用重力沉降与过滤结合的两步分离工艺，可使分离后的毛油含杂量降至0.1%～0.3%。分离出的饼渣含油率一般为20%～50%。

（三）菜籽油的加工工艺

菜籽油俗称菜油，是我国主要食用油之一，在我国长江流域及西南、西北等地盛产。目前，菜籽制油的工艺包括炒籽压榨、冷榨、浸出及水酶法等多种方式。与其他制油方法相比，传统压榨制油工艺可使产品具有香味浓郁、营养丰富、氧化稳定性强等特点。

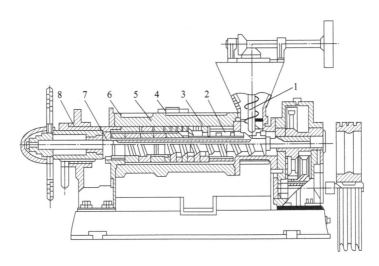

图 15-2　螺旋榨油机示意图

1. 喂料螺旋；2. 榨条段；3. 螺旋轴；4. 榨圈段；5. 上、下榨笼骨架；6. 榨螺；7. 压紧螺母；8. 调节螺丝

　　市场上的浓香菜籽油多采用炒制和物理压榨技术，俗称"小榨"，菜籽品种的筛选和工艺调控是浓香菜籽油生产的关键因素。其工艺流程如下。

菜籽　→　预处理　→　炒制　→　调制压榨　→　适度精炼　→　浓香菜籽油

　　1）原料　　选取新鲜油菜籽，要求籽粒饱满，未成熟籽粒及霉变籽粒含量低。菜籽水分含量不超过 8%。

　　2）清理　　采用筛选、风选、比重分选及磁选设备去除原料中的各种杂质；通过菜籽分选机分选出未成熟及霉变籽粒。清理后菜籽含杂量不超过 0.5%。

　　3）炒制　　选用滚筒炒籽机，炒籽温度在 150～180℃，排烟温度低于 240℃，根据原料水分控制炒制时间为 20～40min。捻开菜籽，菜籽仁发黄即可。

　　4）调制压榨　　采用螺旋榨油机，辅助蒸炒后料坯的入榨温度 130～150℃，入榨水分 1.5%，机榨饼含油低于 7%，出饼厚度约 1.5mm。

　　5）适度精炼　　毛油去除悬浮油渣后，采用传统的低温物理精炼工艺，加入适当比例的食盐水，除去磷脂等杂质。

　　6）成品　　经重力自然沉降数日后获得浓香菜籽油终产品。产品质量符合菜籽油国家标准 GB 1536—2004，以及浓香菜籽油团体标准 T/CCOA 1—2019 的要求。

二、浸出法制油

　　浸出法制油是利用溶剂溶解油脂，将油料的油脂溶解于溶剂组成溶液（混合油），与油料的固体残渣（粕）分离的一种制油方法。浸出法制油的出油率高，干粕残油率 1% 左右，粕的质量好；能够连续、自动化生产，降低能耗和加工成本，提高劳动生产率。浸出法制油的主要缺点是毛油质量较差，采用易燃易爆的溶剂，对生产的安全性要求较高。目前，油厂大多选用六号溶剂油作为浸出溶剂。

　　（一）浸出法制油的基本原理

　　1. 浸出法取油过程　　浸出过程是利用油脂能够溶解在选定溶剂中，将油脂从固体油料传递到流动液体流（溶剂或混合油）的传质过程。传质动力主要是油脂在溶剂中的浓度差，主要通过分子扩散和对流扩散两种形式完成。

　　如图 15-3 所示，箭头表示在扩散过程中被溶解油脂分子运动的方向，箭头的数量与箭头之间距离粗略地反映了溶液中油脂分子的浓度。料坯厚度（L）和界面层厚度（δ）之间的比例为假设数值。根据溶质扩散的基本特性，油脂浸出的过程大致可划分为三个阶段：第一阶段，油脂从料坯内部到料坯外表面的分子扩散；第二阶段，通过界面层的分子扩散；第三阶段，油脂从

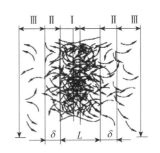

图 15-3　单个料坯中油脂浸出过程示意图

界面层到移动混合油的对流扩散。浸出大量料坯中的油脂时,浸出是在固定床层或者悬浮状态中进行,是一个传质动态平衡的过程。

2. 影响浸出的因素　影响浸出效果的因素众多,各种因素对浸出过程的影响用数学模型进行定量很困难,目前还没有一个准确的模型可以描述该过程。

1）料坯结构与性质的影响　扩散途径第一阶段(从料坯内部到外表面的分子扩散)决定了整个浸出过程的效率。

(1)油料的内部结构。根据油脂与物料结合的两种形式,浸出过程在时间上可以划分为两个阶段:第一阶段提取游离的油脂,即处于料坯内外表面的油脂,一般是在浸出后10min内完成不低于85%油脂的提取;第二阶段提取处于细胞内部的油脂,即未破坏或局部变形的细胞和二次结构缝隙内的油脂。

(2)油料的外部结构。油料的外部结构主要是指料坯的大小和厚度,以及不同料坯之间的相互凝聚。为了使油料与溶剂接触的表面积最大,料坯应该尽量小。但当料坯的粒径小于0.5mm,溶剂在料坯层的渗透率大大降低,造成粕中残油率升高;细小的粉末,也容易被溶剂夹带,造成混合油含渣量增加。

(3)油料的组成成分。料坯对于溶剂和水的吸附能力和持留能力,称为湿粕含溶量。湿粕含溶量应该尽量小,以保证浸出器中溶剂的自然沥干,并减少混合油之间的相互渗混现象,同时可以降低湿粕溶剂蒸脱的压力。油料的化学组成是湿粕含溶量的决定因素。

(4)油料的水分含量。浸出过程中水分会影响溶剂的润湿、油脂的扩散,以及料坯的结构力学性质。同时,料坯吸水膨胀,会减少料坯内部的孔隙度。浸出最适水分含量主要取决于油料特性、浸出工艺及浸出设备等因素。

2）浸出过程的温度影响　浸出过程的温度由油料温度、溶剂温度和它们的数量之比所决定。浸出过程的温度直接影响到油脂浸出速度和深度。浸出温度高,分子的无规则热运动加强,溶剂和油脂的黏度下降,可以减小传质阻力,增大单位时间的传质量,因而油脂的扩散速度提高。

3）浸出时间的影响　油料的浸出深度与浸出时间有着密切的关系,在具有相同内外部结构的油料中,浸出时间是决定浸出效果的关键因素。油料在浸出过程中的残油率,随时间的延长而降低,当残油率达到一定程度后,降低的幅度会大大减小。浸出设备不同,油脂浸出时间差异显著。

4）浓度差和溶剂比的影响　采用溶剂或混合油与料坯的逆流接触方式,可以保持料坯内外的混合油始终存在较高的浓度差。单位时间内供给的溶剂越多,混合油的浓度差越大、流动速度越快,但增大溶剂量,会导致最终混合油浓度的下降,从而增加混合油处理量。

(二)浸出制油的主要工艺

浸出制油的工艺,主要包括油脂浸出、湿粕脱溶、混合油处理,以及溶剂回收等几道工序。工艺流程如图15-4所示。

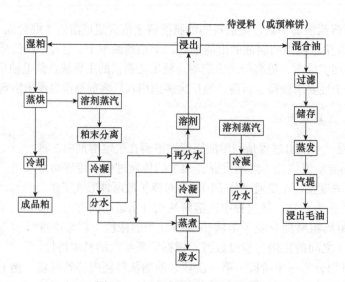

图 15-4　浸出制油的工艺流程

1. 油脂浸出　　油脂的浸出可分为间歇式浸出法和连续式浸出法。

间歇式浸出法主要是用新鲜溶剂对油料进行浸泡，浸泡一段时间后排出混合油。浸出后的物料可用新鲜溶剂再次浸泡，一直重复此操作直到油脂尽量完全被提取出来为止。此法具有设备简单，投资少，电耗与溶耗低，适应性强等优点，比较适用于小型企业、小批量生产；主要缺点是溶剂用量大、出粕工作劳动强度大、操作烦琐。

为减少溶剂用量、提高混合油浓度，以及提高生产效率，可以采用 3 或 4 个浸出罐串联成浸出罐组进行连续化生产：装料→浸泡→下压→上蒸→卸料。物料与溶剂（混合油）为逆流接触。

浸出罐的结构示意图可查看**资源 15-5**。

连续式浸出法是采用逆流原理在一个设备内进行连续操作的工艺。图 15-5 是油脂企业普遍使用的平转式浸出器结构示意图。这种多阶段逆流喷淋式浸出器，具有运行可靠、动力消耗低、占地面积小、混合油浓度高且含杂少，以及浸出效果好等优点。

资源 15-5

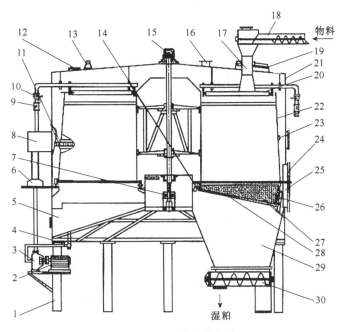

图 15-5　平转式浸出器

1. 底座；2. 电机；3. 混合油循环泵；4，10. 阀门；5. 油斗；6. 减速器；7. 轴承；8. 动箱；
9. 管道视镜；10. 齿条；12. 平视镜；13. 视孔灯；14. 滚轮；15. 主轴；16. 气体管；17. 进料管；
18. 封闭绞龙；19. 人孔；20. 喷液器；21. 外壳；22. 转子；23. 链条；24. 检修孔；25. 托轮轴；
26. 外轨；27. 假底；28. 内轨；29. 落料斗；30. 双绞龙

料坯由绞龙进入浸出器料格，通过转子绕主轴做逆时针低速转动，运行到卸料口湿粕落入出粕斗。湿粕进入粕脱溶系统。溶剂和混合油在浸出器的料格和混合油油斗间流动，由 7 个油斗和 8 个喷管构成循环系统。依次进行多次喷淋和溢流，最后混合油从浓混合油斗抽出送往蒸发系统。

2. 混合油处理　　从浸出器出来的混合油需将油脂从溶剂中分离出来。根据油脂与溶剂的沸点不同，将混合油进行蒸发和汽提，获得溶剂残留符合要求的油脂。

混合油中混有的固体粕末，应在蒸发前去除，一般要求混合油中固杂含量不超过 0.02%。

混合油蒸发大多采用二次连续蒸发工艺，通常使用升膜式长管蒸发器进行处理（其结构示意图可查看**资源 15-6**）。第一长管蒸发器和第二长管蒸发器的结构基本相同，加热面积根据工艺进行相应设计。

资源 15-6

由于混合油的沸点随浓度的增大而升高，混合油中残留溶剂的去除，仅靠蒸发难以实现。汽提即水蒸气蒸馏，应用道尔顿和拉乌尔定律的基本原理，使溶剂分子在较低的温度下以沸腾状态从混合油中扩散

资源 15-7

（分离）出来，达到去除溶剂的作用。混合油汽提常用层碟式汽提塔（其结构示意图可查看**资源15-7**）、管式汽提塔等设备。

3. 湿粕脱溶　　浸出器出来的湿粕，一般含有 25%～35% 溶剂和水分。利用加热解析将湿粕中溶剂进行脱除的处理，称为湿粕蒸脱。常用高料层蒸烘机、DTDC 蒸脱机等设备。为减少蛋白质变性，高温短时闪蒸脱溶的低温脱溶工艺，常用于食用蛋白原料的处理。低温脱溶装置由闪蒸式蒸发器和罐式蒸脱器两部分组成。

从蒸脱机出来的粕，可进一步采用层式调节器、流化床干燥（冷却）机、粕冷却塔或气力输送器，调节温度和水分。一般粕的温度不高于 40℃、含水量 8%～13%、溶剂残留 0.07% 以下，可以进行运输及储藏。

4. 溶剂回收　　油脂浸出使用的溶剂是循环使用的。溶剂回收关系到企业生产的成本和经济效益，还涉及毛油和粕的质量、废气废水排放、生产安全等众多问题。油脂浸出生产中的溶剂回收，包括溶剂蒸气的冷凝和冷却、溶剂和水的分离、废水与废气中溶剂的回收等。

湿粕蒸脱机、混合油蒸发器、汽提塔等设备排出的溶剂气体，通常饱和溶剂蒸气可采用冷凝器进行冷凝冷却后直接回收；对于溶剂和水蒸气一起冷凝的混合液，需要经分水处理后，方可进行循环使用。

空气和溶剂接触形成含溶剂的空气，称作自由气体。这部分溶剂的回收通常采用冷冻剂冷冻、液体吸收剂吸收、固体吸附剂吸附等回收方法。

溶剂不能完全被回收，存在不可避免的溶剂消耗，包括成品油、成品粕、废水、废气中残留的溶剂，一般为 0.3～1.5g/ 吨料。此外还有跑冒滴漏的损失。油料特性、浸出工艺与设备，以及生产规模和管理水平等不同，均会造成溶剂消耗的较大差别。

（三）大豆油的加工工艺

大豆油主要在我国东北、华北、华东和中南区域生产。作为中低油分油料，以及主要的植物蛋白源，大豆目前普遍使用直接浸出制油工艺。

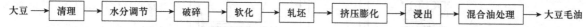

大豆 → 清理 → 水分调节 → 破碎 → 软化 → 轧坯 → 挤压膨化 → 浸出 → 混合油处理 → 大豆毛油

1）清理　　初清后的大豆在清理车间，经过筛选设备、风选设备、比重去石机，以及磁选设备进一步清理，杂质含量降到 0.5% 以下。

2）水分调节　　调整大豆水分含量 10%～15%，含水低可用饱和蒸汽或水喷射；含水高需要干燥。为保证湿润一致性，须有一定的水分均匀时间。

3）破碎　　大豆破碎成 4～6 瓣，破碎豆的粉末通过 20 目 /in 筛不超过 3%。

4）软化　　大豆的含油量低，可塑性差，轧坯前需要进行软化。轧坯温度取决于大豆水分含量。一般控制大豆含水分量为 13%～15%，软化温度 70～80℃，软化时间 15～30min。

5）轧坯　　轧坯机处理后，坯片厚度 0.3～0.5mm。

6）挤压膨化　　经调整处理后的坯片水分含量 10%～11%，温度 60～65℃。在挤压机内挤压温度 110～200℃，停留 1～3min。膨化机处理后的料粒温度 100～110℃，水分含量 10%～12%。料粒经冷却干燥，含水量达到 8%～9%，温度 50℃左右。

7）浸出　　以六号溶剂油在平转式浸出器 55～57℃条件下浸出 60～120min，溶剂比 0.3∶1～0.6∶1。浸出后混合油浓度 25%～35%，湿粕含溶量 20%～30%。

8）混合油处理　　混合油预处理采用过滤、沉降或离心方式，控制混合油固杂含量不超过 0.02%。采用二次长管蒸发器进行混合油蒸发，一蒸混合油进口温度 60～65℃、混合油出口温度 80～85℃、混合油出口浓度 60% 左右、间接蒸汽压力 0.2～0.3MPa；二蒸混合油进口温度 80～85℃、混合油出口温度 95～100℃、混合油出口浓度 90%～95%、间接蒸汽压力 0.3～0.4MPa。汽提塔进一步处理混合油，混合油进口温度 90～100℃、毛油出口温度 110～115℃、毛油出口总挥发物含量＜0.3%、间接蒸汽压力 0.4MPa、直接蒸汽压力 0.05MPa、直接蒸汽喷入量（以混合油量计）0.3～1.4。

最终，浸出法毛油中溶剂残留 50～500ppm[①]。毛油通过过滤机送入精炼车间进行精炼。

知识链接

豆　粕

　　豆粕是大豆经提取油脂后的副产品，我国大豆年产量占世界总产量的 9%，约 1.64×10^7 吨，居世界第三位，是豆粕的主要消费国。随着国际原料价格上涨，特别是植物蛋白替代动物蛋白行业的发展，对豆粕及其产品的需求矛盾不断深化。在各种植物蛋白原料中，如棉籽粕、菜籽粕、花生粕等，大豆粕的蛋白质质量分数最高，且各种氨基酸含量丰富、比例平衡，如赖氨酸达 2.5%～3.0%，色氨酸 0.6%～0.7%，甲硫氨酸 0.5%～0.7%。因此，豆粕成为最具潜力的植物蛋白源。

　　按照提取的方法不同，豆粕可以分为一浸豆粕和二浸豆粕两种。饲料豆粕国家标准中（GB/T 19541—2017），以粗蛋白质、粗纤维和赖氨酸的含量作为分等定级的依据，将豆粕分为特级品、一级品、二级品和三级品四个等级；食用大豆粕国家标准（GB/T 13382—2008），以粗蛋白质、粗纤维为依据，将豆粕分为一级、二级两个等级。作为一种高蛋白质原料，豆粕除制作牲畜、家禽及水产养殖的饲料和食用植物蛋白外，还可用于糕点食品、健康食品、宠物食品及化妆品和抗生素等产品领域。

　　在豆粕利用中，需要关注影响产品消化利用率的一些抗营养因子，如蛋白酶抑制剂、凝集素等，降低蛋白质的消化利用率；酚类单宁和寡糖等，降低碳水化合物的消化利用率；植酸影响矿物质的利用率；皂苷、异黄酮和糖苷等，刺激机体的免疫体系等。通常采用物理、化学和生物学等方法使大豆抗营养因子失活、钝化。相比于早期的热处理和添加化学物质的方法，通过添加适宜酶制剂或用微生物发酵处理的生物学方法，在分解大豆中抗营养因子方面更具优势。世界范围内，对抗营养因子等生物活性物质的提取和利用研究，一直在不断深入完善。

三、水剂法制油

（一）水剂法制油的基本原理

　　水剂法制油是利用油料蛋白溶于稀碱或稀盐水溶液的特性，借助水介质进行取油的制油方法。水剂法以水为溶剂，产品安全性好，在制取高品质油脂的同时，还可以获得变性程度较小的蛋白粉及淀粉渣等产品。水剂法提取的油脂颜色浅、酸价低，比较适用于高油分油料制油。

　　随着生物酶制剂的广泛应用，利用对油料组织及脂多糖、脂蛋白等复合体有降解作用的酶制剂处理油料（水酶法），可以显著提高水剂法制油的出油率。

（二）水酶法制油的主要工艺

　　水酶法制油的工艺流程如下所示。

油料 → 清理 → 破碎 → 浸泡磨浆（水）→ 热处理 → 酶降解 → 固液分离（渣）→ 液相沉淀 → 浓缩破乳 → 分离 → 油 / 蛋白质

　　水酶法制油一般可分为 4 个阶段：破碎、酶解、离心和破乳。为提高出油率，通常应用加热、微波、超声波、挤压膨化、酶法和蒸汽闪爆等方式对原料进行预处理，破坏细胞结构。糖酶和蛋白酶是水酶法油脂提取常用的酶制剂，糖酶包括纤维素酶、果胶酶、半纤维酶、淀粉酶和葡聚糖酶等。选择合适的酶制剂及酶解工艺，是水酶法油脂提取工业化应用的基础。此外，在油脂提取过程中，磷脂、蛋白质和细胞碎片

---

　　① 1ppm $= 1 \times 10^{-6}$。

与油脂形成稳定的乳状液，导致油脂的提取率较低。受油料成分和性质的影响，不同油料形成的乳状液性质差异显著。有效地破坏乳状液的稳定性，提高出油率及产品品质的破乳工艺，是目前国内外水酶法油脂提取的技术瓶颈。

乳状液界面蛋白质存在双电层，可发生静电排斥作用，使乳状液保持稳定，油滴无法聚集。乙醇属于水溶性破乳剂，破乳机理在于乙醇的亲水基团对构成界面膜的蛋白质亲水端具有吸附力，从而破坏界面膜的稳定性，使乳状液失稳，同时乙醇能够使乳状液中起乳化作用的蛋白质变性，实现乳状液破乳、释放油脂的作用。加入 $CaCl_2$ 溶液，解离的 Ca^{2+} 可以中和蛋白质所带负电荷，破坏蛋白质的双电层结构，促使油滴间聚集，实现破乳。有关调节 pH 破坏水酶法油脂提取乳状液的稳定性，对于不同油料研究结果存在明显差异。这应该与油料组成与特性、粉碎方式及酶制剂等差异直接相关。

（三）花生油的加工工艺

花生水剂法制油的工艺流程如图 15-6 所示。

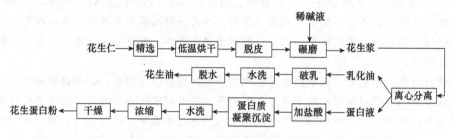

图 15-6　花生水剂法制油的工艺流程

1）花生仁预处理　采用筛选清理花生仁至杂质<0.1%，于<70℃低温烘干至水分<5%，冷却至40℃以下后采用砻谷机脱除花生红皮，花生仁含皮率不超过 2%。

2）碾磨　干法碾磨成细度低于 10μm 颗粒，碾磨后的浆状液以油为主，悬浮液不乳化。

3）浸取　采用带搅拌的立式浸出罐利用稀碱液浸取，固液比 1：8，调节氢离子浓度到 pH8.0～8.5，浸取温度 62～65℃，浸取时间为 30～60min，保温 2～3h，上层为乳化油，下层为蛋白液。

4）乳化油破乳　乳化油含水分 24%～30%，蛋白质 1% 左右，采用机械法破乳。调 pH 4～6 后加热至 40～50℃剧烈搅拌，使蛋白质沉淀，水被分离出来。利用超高速离心机将清油和蛋白液分开，清油经水洗、加热及真空脱水，成为成品花生油。

5）蛋白液分离　卧式螺旋离心机分离蛋白液中的残渣，管式超速离心机或碟片式离心机分离蛋白浆和油。

6）蛋白浆的浓缩干燥　离心分离出来的蛋白浆，75℃灭菌后进入升膜式浓缩锅，在真空度88～90kPa、55～65℃条件下浓缩至水分小于 70% 送入喷雾干燥塔，最后干燥成花生浓缩蛋白产品。

7）淀粉残渣处理　离心机分离获得的淀粉残渣，经水洗、干燥后得到含 10% 蛋白质和 30% 粗纤维的淀粉渣粉。

四、其他制油工艺

（一）水代法制油与小磨芝麻油

1. 水代法制油的基本原理　水代法是"以水代油法"的简称，是根据油料中非油物质对油和水的亲和力不同，以及油水之间的密度不同，将油脂与亲水性的蛋白质、碳水化合物等分开。它是我国特有的制油方法，主要用于传统的小磨芝麻油的生产。

水代法取油的基本过程是，将油料细胞内蛋白质凝固变性，使分散的微小油滴聚集。当这种凝胶体被磨细成为酱状后，固体粒子（蛋白质、碳水化合物及蛋白质与其他物质的结合体）同时被油和水所浸润，向料中加水，固体粒子吸水体积增大，表面能降低，使原来被油占据的固体粒子表面被水取代。固体粒子表面失去对油的亲和能力，油与固体粒子得以分离。

2. 小磨芝麻油的工艺流程　水代法制取小磨芝麻油的工艺流程如图 15-7 所示。

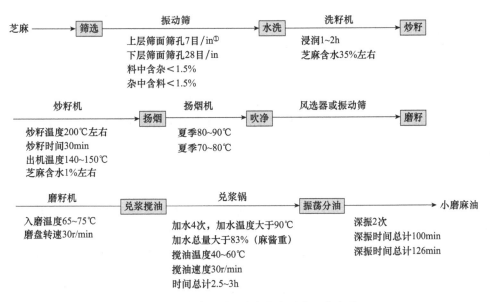

图 15-7　水代法制取小磨芝麻油的工艺流程

小磨香油采用直接火炒籽。炒籽的作用是使蛋白质变性，利于油脂取出，只有高温炒的芝麻，香味才浓郁。芝麻炒到接近 200℃ 时，蛋白质基本完全变性，中性油脂含量最高，超过 200℃ 烧焦后，部分中性油溢出，油脂含量降低。炒籽时开始大火，炒至 20min 芝麻外表鼓起来改用文火炒，翻炒均匀。炒熟后，泼炒籽量 3% 左右的冷水，再炒 1min 出烟后出锅。炒好的芝麻用手捻即出油，呈咖啡色，生熟一致。

炒籽后，内部油脂聚集，磨酱越细越好。麻酱温度不低于 40℃ 进入搅油锅兑浆搅油，这是完成以水代油的最关键的工序。非油物质在加水量适度时能将油尽可能替代出来，另一方面生成渣浆的黏度和表面张力可达最优，利于振荡分油（俗称"墩油"）和撇油。

（二）超临界流体萃取制油与小麦胚芽油

1. 超临界流体萃取制油　超临界流体萃取是利用超临界流体，在温度高于临界温度、压力高于临界压力下作为萃取剂，从油料中分离油脂的一种制油方法。超临界流体具有介于液体与气体之间的物化性质，接近液体的密度使其具有较高的溶解度，接近气体的黏度使其具有较高的流动性，扩散系数介于液体和气体之间，因此对萃取物具有较佳的渗透性。超临界流体在常压和室温下为气体，萃取后易与油脂分离，可调节压力、温度和引入夹带剂等调整超临界流体的溶解能力。

超临界二氧化碳萃取设备由萃取和分离两大部分组成（可查看**资源 15-8** 见详情）。在特定的温度和压力下，油料同流体充分接触，可溶成分进入流体相；萃取达到平衡后，通过温度和压力调节，液态油与超临界流体分离。整个工艺过程可以是连续的、半连续的或间歇的。由于高压运行，设备及整个管路系统的耐压性能要求较高。

资源 15-8

2. 小麦胚芽油　小麦胚芽油的生产工艺如下所示。

小麦胚芽 → 干燥 → 粉碎 → 装料密封 → 升温升压至萃取条件 → 超临界 CO_2 萃取循环 → 减压分离 → 小麦胚芽油

采用干燥后的新鲜小麦胚芽，经粉碎机粉碎后装入萃取釜，保证 CO_2 储罐出口的一定压力，同时调节系统的温度、压力至设定值。通过变频调速器调节 CO_2 流量稳定，使超临界 CO_2 流体在设定的压力、温度、流量条件下进行萃取循环。当达到设定的萃取时间后，调节分离釜的减压阀减压至常压，使 CO_2 失去溶解能力，并收集小麦胚芽油，最后经离心分离机净化得到小麦胚芽油产品。生产过程可通过自动监控提高系统的安全可靠性，并降低运行成本。

———————

① 1in＝2.54cm。

第三节　油脂的精炼

粗油（毛油）中除了含有中性油脂外，由于油料生长、储存和加工等影响，还混有数量不等的各类非甘油酯成分（杂质）。应用物理、物理化学或化学方法将粗油中的杂质脱除的工艺称为精炼。

一、毛油与精炼

（一）毛油的组成

毛油属于胶体体系，根据杂质在中性油中的存在状态，可分为悬浮杂质、水分、胶溶性杂质、脂溶性杂质及其他杂质等几类。它们的存在不仅影响油品的品质，还会促进油脂的酸败。

悬浮杂质（机械杂质）是指在制油或储运过程中混入粗油中的一些泥沙、料胚粉末、饼渣、纤维、草屑及其他固体杂质（即乙醚或石油醚不溶物）。

胶溶性杂质以 $1nm \sim 0.1\mu m$ 的粒子分散在油中呈溶胶状态，包括磷脂、蛋白质、黏液质和糖基甘油二酯等。其存在状态受水分、温度及电解质的影响而改变。

脂溶性杂质是呈真溶液状态溶于油脂中的一类杂质，主要有脂肪酸、甾醇类、脂溶性维生素及色素、烃类、脂肪醇（以高级脂肪酸酯-蜡的形式存在），以及甘油一酯、甘油二酯、甘油、醛、酮、树脂等，还有由于环境、设备或包装器具的污染而带入的微量元素，一些油料的特殊成分，如棉酚、芝麻素等。

除以上几类物质外，毛油中还会存在多环芳烃、黄曲霉毒素及农药等其他杂质。

根据毛油中杂质的特性不同，常用的精炼工艺包括毛油中机械杂质的去除、脱胶、脱酸、脱色、脱臭、脱蜡等。

（二）机械杂质的去除

毛油精炼前应先除去以悬浮状态存在于油脂中的机械杂质。这些杂质不仅会促进油脂的酸败，还会妨碍后续工艺的顺利进行。

1）沉降法　　利用油和杂质之间的密度不同并借助重力将它们自然分开的方法。所用设备简单，凡能存油的容器均可利用。但这种方法沉降时间长、效率低。

2）过滤法　　借助重力、压力、真空或离心力的作用，在一定温度条件下使用滤布过滤的方法，油脂能通过滤布而杂质留存在滤布表面从而达到分离的目的。

3）离心分离法　　利用离心力的作用去除油渣为离心分离法。进行过滤分离或沉降分离离心分离效果好、生产连续化、处理能力大，而且滤渣中含油少，但设备成本较高。

二、油脂脱胶

将粗油中的胶溶性杂质脱除的工艺称为脱胶。脱胶的方法包括水化脱胶、酸炼脱胶、吸附脱胶、热凝聚脱胶及化学试剂脱胶等。油脂工业应用最普遍的是水化脱胶法。

（一）油脂脱胶原理与方法

水化脱胶是利用磷脂等胶溶性杂质的亲水性，将一定量的热水或稀碱、食盐、磷酸等电解质水溶液，在搅拌下加入热的毛油中，使其中的胶溶性杂质吸水凝聚沉降分离的一种脱胶方法。

毛油中发生水化作用的磷脂胶团具有混合双分子层的结构，该结构的稳定程度及水化胶团的絮凝状况决定了脱胶分离效果和水化油脚的含油量。磷脂分子与水作用的排列情况如图15-8所示。当粗油脂中含水量很少时，磷脂呈内盐式结构，此时极性很弱，能溶于油中。当毛油中加入一定量的水，磷脂的亲水极性基团与水接触，进入水相，疏水基团存于油相，化学结构由内盐式转变为水化式。随着吸水量的增加，磷脂由含水胶束转变为有规则的定向排列。分子中的疏水基团伸入油相尾尾相接；亲水基团伸向水相，形成脂质分子层。小颗粒的胶体在极性引力作用下，相互聚焦形成絮凝状胶团。双分子层中夹带了一定数量的水分子，相对密度的增大，为沉降和离心分离创造了条件。

水化脱胶油中还含有非水化磷脂，即磷脂酸和脑磷脂的钙镁复盐。对于这类磷脂酰基结合弱极性基团的磷脂，具有在酸性和碱性条件下可以解离，解离的磷脂形成不溶于油的水合液态晶体的性质。在生产中可用磷酸或柠檬酸调节体系 pH，以及添加氢氧化钠水溶液的絮凝剂或者磷脂酶，脱除非水化磷脂。

水化脱胶按生产方式可分为间歇式和连续式。间歇式水化脱胶按操作温度和加水方式可分为高温、中温、低温及直接蒸汽水化等方法。

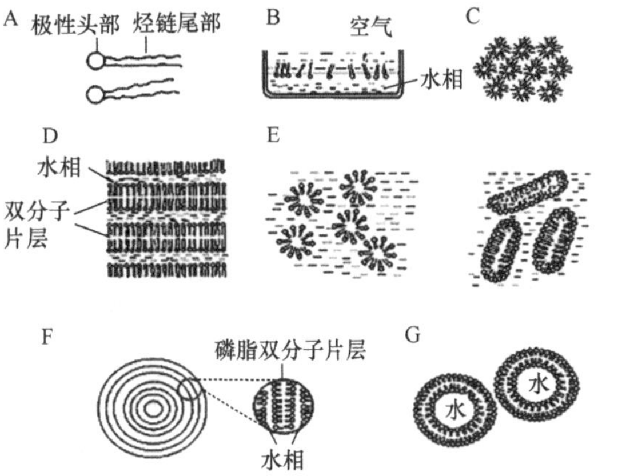

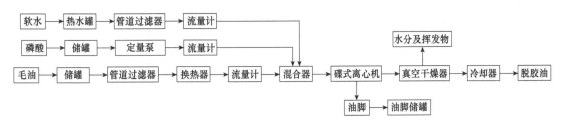

图 15-8　磷脂分子与水作用时表现的特殊排列示意图
A. 磷脂分子；B、C. 单分子层，是磷脂分子没有形成多层分子累积时的状态；D. 多分子层；E. 分子囊泡；F. 多层脂质体；G. 絮凝胶团

（二）油脂脱胶工艺

脱胶工艺主要包括预处理、加水（或直接蒸汽）水化、分离、水化油干燥和油脚处理等，设备主要为水化器、分离器及干燥器等。工艺流程如图 15-9 所示。

图 15-9　脱胶的工艺流程

1）预处理　毛油首先需要进一步过滤去除悬浮杂质，过滤后的毛油含杂控制在 0.2% 以下。其后将毛油加热到 80～85℃。

2）加水水化　将 90℃软水、磷酸与毛油充分混合。磷酸等电解质的选用需根据毛油品质、脱胶油的质量、水化工艺或水化操作情况确定。对于只在油相与水相的相界面发生水化作用的非均态反应，为获得足够接触界面，除注意加水时喷洒均匀外，还要借助机械混合，在反应器中反应 40min 左右。在处理胶质含量低的油脂时，连续水化脱胶工艺需扩大水化反应器的容量或增设沉降罐，以确保胶粒的良好凝聚，获得好的脱胶效果。水化罐和沉降罐可相互通用。

3）分离　间歇式操作可采用静置沉降方式分离油脚，连续式生产主要使用离心机进行分离。

4）水化油干燥　分离获得的含水 0.2%～0.5% 脱胶油加热升温至 95℃左右，进入真空干燥器脱水，真空干燥器内操作绝对压力为 4kPa。干燥后的油进入冷却器冷却到 40℃，转入脱胶油储罐。

5）油脚处理　分离的油脚可用沸水和食盐处理，提取油脚中的油脂。也可转入皂脚调和罐加热调和至分离稠度后泵入脱皂机进行油与油脚的分离。

三、油脂脱酸

未精炼的粗油中均含有一定数量的游离脂肪酸，油脂脱除游离脂肪酸的过程称为脱酸。脱酸的方法有碱炼、蒸馏、溶剂萃取及酯化等方法，其中应用最广泛的为碱炼脱酸。

（一）油脂脱酸原理与方法

碱炼脱酸是用碱中和油脂中的游离脂肪酸，所生成的皂吸附部分其他杂质从油中分离的精炼方法。用于中和游离脂肪酸的碱有烧碱、火碱、纯碱和氢氧化钙等。脂肪酸与碱液进行的界面化学反应，属于非均态胶体化学反应，过程如图 15-10 所示。

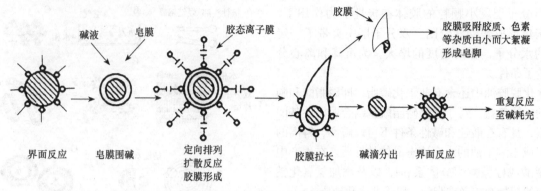

图 15-10　碱炼脱酸的过程示意图

碱炼过程中，随着单分子皂膜在碱滴表面形成水化皂膜，游离脂肪酸分子在其周围做定向排列。被包围在皂膜里的碱滴，受浓度差的影响，不断扩散到水化皂膜的外层，继续与游离脂肪酸反应，使皂膜不断加厚，逐渐形成较稳定的胶态离子膜。随着胶态离子膜不断膨胀扩大，自身结构变得松散。受重力影响被拉长的胶粒，在搅拌情况下与胶膜分离。分离出来的碱滴又与游离脂肪酸反应形成新的皂膜。如此周而复始地进行，直至碱耗完为止。

碱炼脱酸工艺可分为间歇式和连续式。间歇式碱炼脱酸按操作温度和碱浓度可分为高温淡碱、低温浓碱及纯碱-烧碱工艺等。连续式碱炼脱酸一般分为长混碱炼工艺和短混碱炼工艺。碱炼脱酸的主要设备有精炼罐、油碱比配机、混合器、洗涤罐、脱水机、皂脚调和罐及干燥器等。

（二）油脂脱酸工艺

连续长混碱炼的工艺，由泵将含固体杂质小于 0.2% 的过滤粗油泵入板式热交换器预热到 30~40℃后，与由比例泵定量的浓度为 85% 的磷酸（占油质量的 0.05%~0.20%）一起进入混合器进行充分混合。磷酸调质是为除去油中的非水化磷脂。经过处理的混合物到达滞留混合器，与经油碱比配系统定量送入的经过预热的碱液进行中和反应。反应时间 10min 左右的油-碱混合物，进入板式热交换器迅速加热至 75℃左右，通过脱皂离心机进行油-皂分离。分离出的含皂脱酸油经板式热交换器加热至 85~90℃后，进入混合机，与由热水泵送入的热水进行充分洗涤后，进入脱水离心机分离洗涤废水，分离出的脱酸油去真空干燥器连续干燥后，进入脱色工段或储存。

四、油脂脱色

纯净的甘油三酯液态呈无色，固态呈白色。由于色素及组分变化等会使油脂形成一定的色泽。油脂脱色常用吸附脱色法，此外还有加热脱色、氧化脱色、化学试剂脱色法等。经过脱色处理的油脂，不仅达到了改善油色、脱除胶质的目的，还可有效地脱除一些微量金属离子及其他物质。

（一）油脂脱色原理与方法

利用某些对色素具有较强选择性吸附作用的物质（如漂土、活性白土、活性炭等），在一定条件下吸附油脂中的色素及其他杂质，从而达到脱色目的的方法，称为吸附脱色法。

吸附剂对色素及其他杂质的吸附作用，是色素等杂质与吸附剂颗粒表面之间的特殊亲和力所呈现的一种表面现象。吸附剂的内部各原子（或原子团）的吸引力平均分配到周围的原子（或原子团）上，使引力场达饱和状态；若吸附剂具有极多的超微凹凸表面，原子的引力场无法饱和，具有化合价力的剩余力（剩余价力），则会发生松懈的化学反应。这种松懈的反应致使周围的溶质分子更易聚结而呈现吸附现象。

吸附脱色可分为间歇式和连续式工艺。一定数量油脂分批地与定量吸附剂混合脱色，即为间歇式脱色；油脂不断地与脱色剂混合脱色，达到吸附平衡后又连续过滤分离，这种操作工艺称为连续式脱色。使用的设备主要是脱色罐及连续脱色塔。

（二）油脂脱色工艺

油脂常规连续脱色，是经过脱胶或碱炼的油经板式换热器，与脱色过滤后的油脂进行换热后进入加热器，加热至110℃左右进入脱色器。活性白土及其他吸附剂与待脱色油在脱色器中充分混合。在脱色器内真空度为96～98.7kPa，温度105～110℃，搅拌反应20～30min。达到吸附平衡的混合物泵入立式叶片过滤机进行过滤，过滤后的油打入精滤器进一步净化。从精滤器过滤后的脱色油与待脱色油在板式换热器完成换热，再在冷却器冷却到50℃左右进入下道工段或中间储罐。立式叶片过滤机中废白土由蒸汽吹干排出。

五、油脂脱臭

甘油三酯是无味的，但天然油脂都具有不同程度的气味。油脂脱臭不仅可除去油中的臭味物质，改善食用油的风味，还能提高油脂的烟点及储藏安全性。脱臭的方法有蒸汽脱臭法、气体吹入法、加氢法、聚合法和化学药品脱臭法等几种，其中蒸汽脱臭法是应用最广、效果较好脱臭方法。

（一）油脂脱臭原理与方法

蒸汽脱臭是利用油脂中的臭味物质和甘油三酯的挥发度差异，在高温高真空条件下，借助水蒸气蒸馏的原理，使油脂中引起臭味的挥发性物质在脱臭器内与水蒸气一起逸出而达到脱臭的目的。

蒸汽脱臭可分为间歇式、半连续式和连续式工艺，使用蒸馏釜（塔）主要有层板式、填料式、水平浅盘式脱臭塔等设备。薄膜式填料脱臭塔的设计，使软塔脱臭系统实现了油脂的薄膜脱臭。

脱臭设备的结构设计关系到汽提过程的汽-液相平衡，应能保证汽提蒸汽在最理想的相平衡条件下，与游离脂肪酸及臭味组分获得最大程度的饱和。直接蒸汽量（汽提蒸汽量）对于间歇式设备一般为5%～8%（占油量），半连续式设备为4.5%，连续式为4.0%左右。

（二）油脂脱臭工艺

连续式脱臭，油料首先在喷雾型脱气器中脱气，在外部换热器中加热至最高加工温度。热油脂进入脱臭塔，通过水蒸气进行汽提、脱臭和热脱色。脱臭后的油脂进入换热器中预冷却，然后回到脱臭器中，在后脱臭浅盘中再经过真空和汽提水蒸气的作用。油脂再次经换热器和外部冷却器冷却，然后经过滤机送至储存罐。

汽提脱臭过程中，低分子的醛类、酮类及游离脂肪酸最容易蒸馏出来，随着脱臭过程的加深，油脂内原有游离脂肪酸经脱臭后几乎完全被除去。因此，以游离脂肪酸造成的蒸馏损耗应包括油脂脱臭前的游离脂肪酸的含量及油脂被汽提蒸汽水解所生成的脂肪酸。此外，在许多脱臭装置中，由于汽提蒸汽的机械作用引起的油脂飞溅现象，会产生脱臭损耗。

延伸阅读

菜籽油的精炼

过滤毛油升温至30～32℃，以60r/min进行搅拌，除去油中气泡。加入油重0.1%～0.2%的磷酸再搅拌0.5h左右。

加碱中和：以液体烧碱和泡花碱混合液进行碱炼。先60r/min快速搅拌10～15min，再27r/min慢速搅拌40min。

静置沉淀：中和后的油升温至50～52℃，继续慢速搅拌10min至油皂分离，关闭间接蒸汽静置沉淀6h左右后，将油皂分离。

水洗：分离皂脚的净油搅拌条件下升温至85℃，加入约占油重15%的90℃盐碱水（含0.4%烧碱和0.4%工业盐），静置0.5h后放出下层废水，控制油温35℃再喷入沸水（清水）。同样，静置0.5h后再放掉下层废水。如此水洗两三次。

预脱色：将碱炼后的净油吸入预脱色锅内，升温至90℃。在98.7kPa真空度下干燥脱水0.5h

后，吸入少量酸性白土，搅拌20min预脱色后，将油冷却至70℃送入压滤机过滤。

脱色：将预脱色的油吸入脱色锅内，在98.7kPa以上的真空度下将油升温至90℃，吸入酸性白土和活性白土，继续搅拌脱色10min。最后将冷却至70℃的脱色油送入压滤机过滤。

脱臭：脱色油吸入脱臭锅内，将油加热至90～100℃时，开始喷射直接蒸汽。油温升至185℃时，以三级蒸汽喷射泵抽真空，维持400～667Pa条件下脱臭约5h。脱臭后将油冷却至30℃，过滤后即得精炼菜籽油。

六、油脂脱蜡

油脂中含有少量的蜡就能使油品浊点升高，透明度和消化吸收率降低，造成产品的气味、滋味和适口性变差。脱蜡方法从工艺上分为常规法、碱炼法、表面活性剂法、凝聚剂法、脲包合法、静电法及综合法等。各种方法采用的辅助脱蜡手段有所差异，但基本原理均属于常规法冷冻结晶及分离。

（一）油脂脱蜡原理与方法

常规脱蜡是根据蜡与油脂的熔点差异及蜡在油脂中的溶解度随温度降低而变小的物理性质，通过冷却析出晶体蜡（或蜡和助晶剂混合体），经过滤或离心分离而达到蜡油分离的过程。

蜡是一种带有弱亲水基团的亲脂性化合物。温度高于40℃时，蜡分子间力与油脂的分子间力相差不大，蜡显示出在油脂中的可溶性（亲脂性）。当温度降到30℃以下时，蜡分子间力与油脂分子间力的差异明显增大，从而显示出在油中的不可溶性。随着温度下降，含蜡油脂逐渐析出蜡质晶粒，成为油溶胶，蜡晶为分散质，油脂为分散剂。随着存放时间的延长，蜡的晶粒逐渐增大而变成悬浮体慢慢沉降下来。借助机械手段将含蜡油脂的悬浊液中的蜡晶分离出来，实现脱蜡的目的。

常规脱蜡法也称单纯机械分离脱蜡法，采用两次结晶分离。分离方法常用压滤、袋滤及离心分离等。其中压滤和袋滤法使用较为普遍。

（二）油脂脱蜡工艺

结晶是物理变化过程，速度较慢。油中蜡质结晶过程可分为三步：①熔融含蜡油脂的过冷却；②过饱和；③晶核的形成和晶体的成长。蜡熔点较高，在常温下就可自然结晶析出。自然结晶的晶粒很小，而且大小不一，有些在油中胶溶，使油和蜡的分离难以进行。因此，在结晶前，必须调节油温，使蜡晶全部熔化，然后人为控制结晶过程，才能创造良好的分离条件。

冷冻压滤脱蜡，第一次结晶温度控制在25℃，过滤压力维持在294～343kPa。滤出的清油温度降至20℃以下，结晶24h以后，再进行一次过滤。生产中，为了提高过滤速度，可加助滤剂以改善滤渣的性能，确保滤饼层形成良好的过滤通道。

第四节 油脂的深加工

一、油脂的改性

油脂改性是通过改变甘油三酸酯的组成和结构，使油脂的物理性质和化学性质发生改变，使之适应某种用途。油脂的氢化、酯交换和分提是油脂改性的三种主要方法，也是生产食品专用油脂的三大主要工艺。

（一）油脂的氢化

油脂氢化是指液态油脂在一定条件（催化剂、温度、压力、搅拌）下，与氢气发生加成反应，油脂分子中的双键饱和的一种油脂改性方法。根据氢化深度的不同，油脂氢化分为极度氢化和局部（轻度）氢化。经过氢化处理的油脂称为氢化油，极度氢化的油脂又称硬化油。

氢化反应是液相（油）、固相（催化剂）和气相（氢气）参与的非均相界面反应。图 15-11 表征了油脂催化氢化的过程。催化剂表面的活化中心具有剩余键力，与氢分子和油脂分子中的双键电子云互相影响，削弱并打断 H—H 和 C＝C 中的 σ 键形成了氢-催化剂-双键不稳定复合体。在一定条件下复合体分解，双键碳原子首先与一个氢原子加成，生成半氢化中间体，然后再与另一个氢原子加成饱和，并立即从催化剂表面解吸扩散到油脂主体中，从而完成加氢过程。

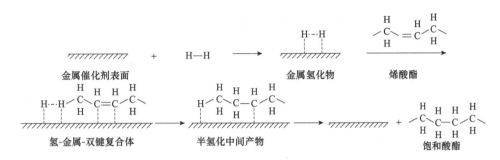

图 15-11　油脂催化氢化的过程

氢化反应的温度、压力、搅拌和催化剂是最主要的影响因素。尽管氢化油脂产品在很大程度上取决于油脂和催化剂的种类，但对于同种油脂和催化剂，改变氢化反应条件，可得到不同品质的氢化油。

（二）油脂的酯交换

油脂酯交换是甘油三酸酯与脂肪酸、醇、自身或其他酯类作用，产生酰基交换而形成新酯的一种油脂改性方法。目前酯交换已被广泛地应用于各种专用油脂、表面活性剂、乳化剂、生物柴油等领域。

根据酯交换反应中的酰基供体的种类不同，可将酯交换分为酸解、醇解及酯-酯交换。根据酯交换反应中所使用的催化剂不同，酯交换分化学酯交换反应和酶法酯交换反应。使用甲醇钠催化剂进行随机酯交换的工艺比较常用。

（三）油脂的分提

油脂加工中，为使碳原子和饱和度相差较大的脂肪酸构成的油脂进行分级，需要进行油脂分提。分提就是通过控制油脂的冷却结晶过程，把油脂分成低熔点液相（液油）及高熔点固脂（硬脂）的油脂改性方法。

冬化是指除去 4~10℃下油中析出固体的加工方法，包括冷却油和固体分离两个阶段。分凝与冬化类似，将油冷却到过饱程度，发生结晶和晶体生长，然后固相和液相分离。只是，冬化将油在低温下保持 12~24h 冷却，液固两相经过滤分离；分凝使用热机械法分离甘油三酯，通过逐步冷却使得 β 和 β′ 型晶体大量形成，从而易于晶体的分离。

二、油脂的调制

每一种油脂制品都具有一定的性质，有些制品要用几种油脂，甚至一些配料搭配，以便取长补短，改善油脂的某些性能。

（一）油脂调制的方法

调和、乳化、急冷捏合、均质是调制的主要方法。可根据各种油脂制品的功能特性，全部或部分地使用这些方法进行加工。

如人造奶油的生产，有固体脂和液体油，还需有水、乳化剂等一同调和，并经各道工序加工成均匀的可塑性产品。

（二）人造奶油的加工

人造奶油是食用油添加水及其他辅料，经乳化、急冷捏合成具有天然奶油特色的可塑性的液态 W/O

型乳状液食品。人造奶油的油脂含量一般在 80% 左右。

人造奶油生产工艺包括原料准备和冷却塑化两部分。前道工序为油相和水相的分别混合、计量及油水相的混合乳化；后道工序主要进行连续冷却塑化及产品包装等。

1）调和　　料油按一定比例经计量后进入调和锅调匀。油溶性添加物（乳化剂、着色剂、抗氧剂、香味剂、油溶性维生素等）用油溶解后混入调和锅。水溶性添加物用经杀菌处理的水溶解成均匀的溶液备用。

2）乳化　　乳化的目的是使水相均匀而稳定地分散在油相中，而水相的分散程度对产品的品质影响很大。加工普通人造奶油，可将 60℃ 油脂与水（含水溶性添加物）在乳化锅内迅速搅拌，形成油包水型乳化液。香料在乳化操作结束时加入。

3）冷却塑化　　乳状液应立即送往冷却塑化工序进行加工。采用密闭式连续急冷塑化装置，将油水的乳化状态通过激冷固定下来，并使制品进一步乳化和具有可塑性。这个过程通过激冷和机械捏合两个步骤完成。

急冷筒利用液态氨或氟利昂使乳状液急速冷却，温度降到 10～20℃ 时，生成细小的结晶粒子，由于受到强有力的搅拌，成为过冷液；过冷液在静止状态下会形成固体脂结晶的网状结构，如形成硬度大的整体，则不具可塑性。因而，须通过高效的捏合机将网状结构用机械的方式打破，慢慢重新形成结晶，降低稠度，增强可塑性。

4）包装、熟成　　从捏合机出来的人造奶油为半流体，经成型机或不经成型立即包装。包装好的人造奶油置于比熔点低 10℃ 的仓库中保存 2～5 天，使结晶完成。

（三）调和油的加工

食用植物调和油就是用两种及两种以上的食用植物油调配制成的食用油脂。《食品安全国家标准植物油》（GB 2716—2018）中明确提出"食用植物调和油的标签标识应注明各种食用植物油的比例"，并鼓励在食用植物调和油标签标识中，注明产品中大于 2% 脂肪酸组成的名称和含量，且对格式和要求都有明确规定。根据人们的食用习惯和市场需求，可以生产出风味调和油、营养调和油、煎炸调和油等产品。

各种油脂的调配比例主要是根据单一油脂的脂肪酸组成及其特性，调配成满足不同消费人群需要的产品。调和油的生产关键在配方，加工较简便，在全精炼车间均可调制。调制风味调和油时，先计量全精炼的油脂，将其在搅拌的情况下升温到 35～40℃，按比例加入浓香味的油脂或其他油脂，继续搅拌 30min，即可储藏或包装。如调制多不饱和脂肪酸含量较高的营养油，则要在常温下进行调和，并加入一定量的维生素 E。如调制饱和程度较高的煎炸油，调和时温度可达 50～60℃。

本章小结

1. 油料预处理的清理，是根据物理性质的差异，采用筛选、磁选、风选、比重分选等方法和设备将物料与杂质分离的过程。生坯制备包括油料的破碎、软化和轧坯等工序。蒸炒即熟坯制备，采用的湿润蒸炒方法主要包括湿润、蒸坯、炒坯及均匀蒸炒等。

2. 压榨法制油过程中榨料粒子和油脂在压榨各阶段发生不断变化。液压榨油机和螺旋榨油机的压榨制油过程满足压榨制油的必要条件。

3. 浸出法制油主要依靠油脂能够溶解在溶剂中，从而将油脂从固体油料传递到流动溶剂或混合油中的传质过程。油脂浸出分为三个阶段。浸出制油的工艺主要包括油脂浸出、混合油处理、湿粕脱溶，以及溶剂回收等工序。

4. 毛油中悬浮杂质（机械杂质）通过物理方法去除，胶溶性杂质通过脱胶等物理化学和物理方法去除，脂溶性杂质通过脱酸、脱色、脱臭等化学、物理化学和物理方法去除。

5. 水化脱胶是利用磷脂等胶溶性杂质的亲水性，使其吸水凝聚沉降分离的方法。碱炼脱酸是利用碱中和游离脂肪酸，生成的皂吸附其他杂质从油中分离的方法。吸附脱色是利用吸附剂吸附油脂中色素及其他杂质的方法。蒸汽脱臭是利用挥发度差异，借助水蒸气蒸馏的原理，去除挥发性物质的方法。常规脱蜡是利用熔点差异，通过冷却结晶及分离达到蜡油分离的方法。

6. 油脂的氢化、酯交换和分提是油脂改性的三种主要方法。调和、乳化、急冷捏合、均质是调制的主要方法。

【思考题】

1. 简述油料预处理的主要工艺过程。

2. 简述几种制取植物油脂方法的原理及优缺点。

3. 以菜籽油加工为例，简述压榨法制油的加工工艺。

4. 以大豆油生产为例，简述浸出法制油的工艺。

5. 水代法制油的基本原理是什么？简述小磨香油的加工工艺。

6. 简述毛油的组成。

7. 简述油脂精炼的过程及原理。

8. 简述油脂改性的定义和常用方法。

9. 油脂调制的主要方法是什么？简述人造奶油的生产工艺。

参考文献

胡燕，袁晓晴．2017．食用油脂精炼新技术研究进展．食品研究与开发，38（14）：214-218．

李书国，陈辉，李雪梅，等．2002．超临界CO$_2$流体萃取小麦胚芽油工艺的研究．食品科学，8：151-153．

李新华，董海洲．2016．粮油加工学．第3版．北京：中国农业大学出版社．

严晞霆．2011．油脂精炼工艺技术的探讨与应用．中国洗涤用品工业，3：78-84．

杨小佳，王金水，管军军，等．2013．豆粕的营养价值及影响因素．粮食与饲料工业，3：44-46．

仪凯，彭元怀，李建国．2017．我国食用油脂改性技术的应用与发展．粮食与油脂，30（2）．1-3．

张佰生，张淑梅．1999．制油技术知识（九）．中国棉花加工，1：42-46．

张剑，姬鹏宇．2017．国内酯交换技术研发进展．山东化工，46（10）：79-81．

张敏．2016．米糠深加工技术．北京：科学出版社．

张雪．2017．粮油食品工艺学．北京：中国轻工业出版社．

张振山，康媛解，刘玉兰．2018．植物油脂脱色技术研究进展．河南工业大学学报（自然科学版），39（1）：121-126．

朱科学，朱振，周惠明．2006．小麦胚芽油及胚芽蛋白质国内外研究进展．粮食与油脂，7：6-9．

左青．1996．人造奶油制取工艺．中国油脂，5：38-40．

Maung M S，Kiew C K，张永飞．2000．半连续式油脂脱臭工艺系统．中国油脂，25（6）：65-68．

第十六章　大豆制品加工工艺与产品

随着地球人口的增长和气候温暖化，可利用耕地和水资源越发短缺，保障粮食生产和蛋白供给的压力逐渐增大。据联合国粮农组织预测，2050 年世界人口将达到 97 亿，人类社会的可持续发展面临挑战。大豆蛋白营养价值较高，可与乳、蛋等动物蛋白相媲美，是优质的植物蛋白。因此，发展大豆食品是解决蛋白质供给和蛋白营养不足问题的有效途径。大豆蛋白具有降血脂、减少血清胆固醇、降低心血管疾病发生风险等功能，因此，增加大豆食品并减少动物食品的摄入更有益于身体健康。另外，生产相同数量的植物蛋白其土地、水资源的消耗量及碳足迹也远低于动物食品，如生产 1kg 牛肉排放 12.0kg 的 CO_2，而生产 1kg 大豆仅产生 0.2kg 的 CO_2。因此，发展大豆食品可减少碳排放，减少土地的生产压力，有助于我国 2030 年实现碳达峰、2050 年实现碳中和的发展目标。

学习目标

了解大豆原料及产业现状。

掌握大豆基本组成、大豆原料的分类及加工制品的种类。

掌握豆乳粉产品种类、加工原理及工艺，以及质量安全控制。

掌握豆腐和再制豆制品的种类、加工原理及工艺，以及凝固剂的作用原理。

掌握大豆蛋白制品的概念及其功能特性、应用领域。

掌握大豆蛋白粉、大豆浓缩蛋白、大豆分离蛋白及大豆组织蛋白的加工原理及工艺。

第一节　大豆原料及加工产品概述

一、大豆原料特征

资源 16-1

大豆，俗称"黄豆"，古时称为"菽"，与茶、桑等植物一同被称为改变了世界的中国植物，是我国十大粮食作物和四大油料作物之一，产量居世界第 4 位。大豆种子富含 35%～42% 蛋白质和 17%～22% 脂肪，是加工豆腐、豆浆蛋白饮料、豆酱、纳豆等蛋白食品和调味品的原料，也是重要的油料。此外，大豆还含有许多有益于人体健康的微量成分，大豆的成分含量因品种和产地也会有很大的差异，具体详情查看**资源 16-1**。

（一）蛋白质

大豆种子中蛋白质主要分为清蛋白（20%）和贮藏蛋白（80%），前者主要是具有生理活性的酶类及胰蛋白酶抑制剂等抗营养因子，后者为 5～8μm 不具有生理活性的、存在于细胞内的蛋白体颗粒，是种子发芽所需氮素的主要来源，也是食品加工提取和利用的主要成分。

资源 16-2

大豆蛋白按沉降系数可分为 2S、7S、11S 和 15S，若按免疫学分类，则分为大豆球蛋白（glycinin）和 α、β、γ-伴大豆球蛋白（α、β、γ-conglycinin）（详情可查看**资源 16-2**）。2S 主要是大豆清蛋白，7S 是一种含有 3.8% 甘露糖和 1.2% 糖胺的糖蛋白，而 11S 几乎不含糖，15S 在亚基组成上与 11S 一致，是更大的 11S 聚集体。7S 和 11S 是贮藏蛋白的主要成分，即 β、γ-伴大豆球蛋白和大豆球蛋白占 70%～80%。7S、11S 共同的氨基酸组成特征是均含有较高的谷氨酸（17%～25%）和天冬氨酸（10%～12.6%），二者合计可高达45%，这些酸性氨基酸约有一半为酰胺态，不同的是11S含有的色氨酸、亮氨酸、胱氨酸是7S的5～6倍，而7S的赖氨酸含量稍高，含硫氨基酸较少。半胱氨酸的含量与蛋白质形成凝胶时的二硫键有关，对食品物性有很大影响。

（二）脂质

1. 中性脂肪　中性脂肪是大豆脂质的主要成分，其组成为亚油酸（51%～57%）、油酸（32%～36%）、亚麻酸（2%～10%）等不饱和脂肪酸，以及棕榈酸和硬脂酸等饱和脂肪酸（含量均为4%～7%）。不饱和脂肪酸占到了80%，会引起大豆制品脂肪氧化"哈败"。

2. 磷脂　磷脂是一种具有表面活性剂功能复合脂，油料种子中大豆磷脂含量较高，占油脂的1.5%～4%，主要是磷脂酰胆碱（卵磷脂）、磷脂酰丝氨酸、磷脂酰肌醇等。磷脂是细胞膜的主要成分，对保护心血管健康有重要的作用。

3. 脂溶性维生素　大豆中含有脂溶性维生素E（生育酚），约占油脂的0.2%，其中δ-生育酚占30%，γ-生育酚占60%，α-生育酚占10%，β-生育酚含量甚微。生育酚具有抗氧化作用，其中δ-生育酚、γ-生育酚的抗氧化效果最强，但是精制油脂中生育酚含量减少。除抗氧化外，生育酚类还有维生素E的效果，其中α-生育酚的效果最强。另外，生育酚具有促进血流的作用，因而也用于治疗皮肤干裂、冻疮等。

4. 类固醇　类固醇主要为豆固醇、β-谷固醇、菜油固醇等，主要存在于大豆油中，有明显的降血脂、消炎、抗溃疡、抗癌作用，广泛应用在医药和食品行业中。

（三）糖类

大豆淀粉含量很少，仅为0.4%～0.9%，但低聚糖和多糖等含量可达25%。低聚糖的含量因大豆品种和产地而不同，一般为9%～11%。低聚糖主要是蔗糖（5%）、水苏糖（4%）、棉子糖（1.1%）及微量的毛蕊糖等。大豆低聚糖甜度仅有蔗糖的70%，在肠道内不易被吸收，易产生气体而被称为胀气因子，但大豆低聚糖具有促进肠道双歧杆菌增殖、调整肠道菌群结构和改善便秘的功能，是很好的益生元。

大豆子叶细胞壁中多糖成分为酸性果胶、阿拉伯半乳聚糖等。大豆种皮含有的多糖几乎是不溶性，由α-纤维素、半乳甘露聚糖、酸性多糖、半纤维素等构成。

大豆中的复合糖类主要包括糖蛋白、皂苷、异黄酮等。β、γ-伴大豆球蛋白就是糖蛋白。β-伴大豆球蛋白结构中含有三种6、7、8个甘露糖分子低聚糖链，它们与2个分子N-乙酰糖胺结合，然后通过天冬酰胺链接到蛋白分子上。

大豆中皂苷含量为0.5%，胚轴中浓度较高，但是80%以上分布在子叶。大豆皂苷分为A、B和E三种类型，在苷元C-3位置直接结合葡萄糖醛酸（其结构图可查看**资源16-3**）。结合在糖苷上的糖有半乳糖、葡萄糖、鼠李糖、木糖等。另一个特征是C-22位结合糖的非还原末端被乙酰化。大豆皂苷有很强的发泡性，在加工中易产生大量泡沫，造成"假沸"现象。此外，大豆皂苷具有抗氧化、抗血脂、抗胆固醇的作用，还表现出苦味、收敛性等味感。

资源16-3

大豆异黄酮以染料木素、大豆苷元和大豆黄素3种苷元及它们各自的3种糖苷共12种形式存在。苷元形式的异黄酮含量很少，不足异黄酮总量的3%。大多数以丙二酰化、乙酰化葡萄糖苷的形式存在。大豆异黄酮在体内激素水平不同的条件下既可表现为弱雌激素活性，也可以表现为抗雌激素活性，因此又被称作雌激素水平调节器。但糖苷型的异黄酮与雌激素受体的亲和力较低，苷元型的生理活性相对较高。与皂苷不同，异黄酮中结合的糖只有葡萄糖。大豆黄素有强烈的收敛味，经糖苷酶水解后收敛味更强。大豆异黄酮的种类、呈味阈值和不同部位的含量可查看**资源16-4**。

资源16-4

（四）灰分及无机成分

大豆的灰分为5%左右，钾为1.8%，磷为0.78%，镁为0.3%，钠、钙、硫均约为0.24%。其中磷、镁、钙的含量对豆制品加工有很重要的影响。尤其是磷，它来自无机磷、植酸盐、磷脂和核酸，其中70%的磷是植酸（盐）。植酸盐与钙、镁结合，影响矿物质的吸收利用。

二、大豆加工制品种类

资源 16-5

根据《大豆食品分类》（SB/T 10687—2012），我国大豆加工制品主要分为熟制大豆、豆粉、豆浆、豆腐、豆腐脑、豆腐干、腌渍豆腐、腐皮、腐竹、膨化豆制品、发酵豆制品、大豆蛋白、毛豆制品及其他豆制品共 14 大类，14 大类物质又可以分为众多小类，如豆粉可以分为烘焙大豆粉、大豆粉、膨化大豆粉等小类，豆腐分为充填豆腐、嫩豆腐、老豆腐、油炸豆腐、冻豆腐等小类。其他大类具体小类名称可查看**资源 16-5**。

第二节　豆　乳　粉

一、豆乳粉产品概述

豆乳粉是一种粉状或微粒状即溶固体饮料。它诞生于食品灌装技术和物流落后的经济不发达时期，解决了豆乳难以长期储存保质和运输的难题。豆乳粉有含乳的豆奶粉和不含乳速溶豆粉。速溶豆粉不含胆固醇和乳糖，更适于牛乳蛋白过敏及患有乳糖不耐症的人群食用，作为配料也应用于饮料、冰淇淋及焙烤食品等。

《速溶豆粉和豆奶粉》（GB/T 18738—2006）规定，Ⅰ类为大豆经磨浆，去渣，加入或不加入白砂糖，添加或不添加鲜乳（或乳粉）及其他辅料，加热灭酶，浓缩，喷雾干燥而制成的产品，蛋白质含量在 18%以上。Ⅱ类为上述工艺中未经去渣和真空浓缩工艺而制得的蛋白质含量在 15% 以上的产品，其中含有约 1.0% 以上的不溶性膳食纤维。此外，按理化指标又可以将上述产品细分为普通型、高蛋白型、低糖型、低糖高蛋白型和其他型。

二、豆乳粉加工原理

大豆中的蛋白质、脂肪等营养成分经水提取成为液态的豆乳，然后经热处理使胰蛋白酶抑制剂等抗营养因子失去生理活性，确保食品安全，再配料、杀菌、浓缩和喷雾干燥成粉体。

（一）大豆营养成分的提取

大豆蛋白质、脂肪等营养成分主要存在于大豆子叶细胞内蛋白体和油脂体中，在强烈机械力破碎和水的作用下溶解或分散在水中。提高大豆原料和水的比例（1∶5～1∶12）或 pH（7～8）可提高大豆蛋白的提取率，但是水比例过高会加大后续浓缩工序的能耗和时间，降低生产效率。pH 过高会影响产品的色泽和气味，同时还会有降低氨基酸（赖氨酸）营养性的风险。

（二）大豆中的抗营养因子及其活性的钝化

大豆中存在多种抗营养因子，包括胰蛋白酶抑制剂、脂肪氧化酶、大豆凝集素、脲酶、致甲状腺肿素等。胰蛋白酶抑制剂会抑制胰蛋白酶的活性，影响大豆蛋白的消化吸收。大豆凝集素能引起血红细胞凝集，还可能与小肠壁上皮细胞表面特异性受体结合，导致肠组织损伤、肠腔糜烂等；脲酶分解酰胺和尿素产生二氧化碳和氨，可能导致机体产生氨中毒；致甲状腺肿素的主要成分是硫代葡萄糖苷分解产物，可能导致甲状腺肿大或碘代谢异常。脂肪氧化酶除了与豆腥味的形成有关，还被称为"抗维生素因子"，可以专一性催化含顺，顺-1,4-戊二烯结构的多元不饱和脂肪酸及其脂肪酸酯的加氧反应，生成氢过氧化物，增加维生素 B_{12} 的损耗量，进而影响机体出现维生素缺乏症。

上述生理活性物质不但影响营养成分的消化吸收，而且还会引起呕吐、头晕等食品安全问题。生产中可通过热处理的方法钝化其活性，使其达到安全水平。通常用脲酶活性来判断物料加工过程中的受热程度，脲酶阳性表示物料受热不充分产品有食品安全风险。

（三）喷雾干燥

喷雾干燥是将液体物料雾化脱水成粉体的方法，其原理是将过滤器过滤的空气由鼓风机送入加热器中加热至 145℃ 左右，然后再送入喷雾干燥塔。与此同时，浓缩豆乳（温度为 55~60℃）借助于压力或高速离心力的作用，通过雾化器将物料雾化为直径 100~150μm 的微粒，微粒在与干燥介质（热空气）接触的瞬间，强烈的热交换使豆乳微粒中绝大部分水分被干燥介质除去，进而成干燥粉末沉降在干燥塔底部，经出粉装置连续卸出，冷却后即为成品。

虽然热空气温度很高，但由于雾化后的豆乳微粒中的水分在瞬间（1/100~1/20s）被蒸发，汽化潜热较大，因此豆乳粉受热温度不会超过 60℃，蛋白质也不会因受热而明显变性。但也需要同时掌握好排风温度，排风温度既不能过高也不能过低。温度过低水分蒸发不充分产品水分大，过高会使雾滴粒子外层迅速干燥，使颗粒表面硬化，也会影响水分蒸发。

（四）豆乳粉的速溶性

豆乳粉速溶性是指用水冲调时粉体迅速在水中快速分散、溶解成均一状液体的性质。因此，豆乳粉速溶性是满足消费者消费体验要求和评价豆乳粉产品质量的重要指标。

有以下因素影响豆乳粉的速溶性。

（1）豆乳粉颗粒状态。豆乳粉团粒结构的表面越粗糙、多孔的结构越多，与水的接触面积越大，水由表面向颗粒内部渗透的速度也就越快，豆乳粉的溶解性也相应提高；粉的颗粒越小，总表面积越大，溶解速度也会提高，但过小的颗粒表面能过高，影响粉的流散性，与水接触后形成干粉团，反而不利于分散和溶解。

（2）豆乳粉颗粒相对密度。需要接近或大于水的密度，使粉体在水中悬浮或逐渐下沉并不断和水分子相互作用而溶解，否则粉体密度小，漂浮在水面，与水接触不充分而难溶解。实际生产中粉体密度可用容重表示，较大的容重有利于水面上的粉体向水下运动，而容重小的粉体容易漂浮在水面并形成表面湿润、内部干燥的粉团。

（3）粉体流散性。指粉体自然堆积时静止角的大小。静止角越小，流散性越好，粉体容易分散，不易结团；决定粉体流散性的主要因素是颗粒之间的摩擦力，表面干燥、粒度均匀、颗粒大且外形更接近球形的粉体摩擦力小，流散性越好。

三、豆乳粉加工工艺及配料

豆乳粉的加工工艺主要包括制浆、配料和制粉三大环节。制浆的方法不同决定了豆乳粉加工工艺的种类，配料的不同决定了豆乳粉花色品种，而各种豆乳粉的制粉环节大同小异。

Ⅰ类：大豆→制浆→分离除渣→豆乳→原料配合→杀菌、脱臭→真空浓缩→均质→喷雾干燥→冷却→计量和包装。

Ⅱ类：大豆→制浆→含渣豆乳→原料配合→杀菌、脱臭→均质→喷雾干燥→冷却→包装。

以下以Ⅰ类豆乳粉的生产工艺为例，介绍豆乳粉加工的操作要点。

（一）豆乳的制备

目前主要的生产方法有湿法、干法和半干法 3 种。湿法加工工艺是 20 世纪早期的豆乳粉加工方法。其主要加工过程是将大豆清洗浸泡后进行磨浆，将浆渣分离得到的浆液进行配料和杀菌热处理。干法加工工艺一般是利用大功率工业射频技术，将大豆原料置于电磁场和高温的环境下干燥灭酶，再配合粉碎制粉工艺制成干豆粉，但该法加工的豆粉冲饮时易沉淀和分层。半干法加工工艺是将大豆干燥脱皮后，采用蒸汽灭酶处理，加热水粗磨，然后再经胶体磨细磨，浆渣分离后得到浆液。半干法加工的豆乳粉工艺路线较湿法简单，且灭酶、去除豆腥味的效果优于干法，因而半干法也是目前豆乳粉行业普遍采用的加工方法。

湿法加工工艺：大豆→清选→浸泡→磨浆→浆渣分离→豆乳。

干法加工工艺：大豆→清选→干燥灭酶→脱皮→粉碎制粉→加水调浆→豆乳。

半干法加工工艺：大豆→清选→烘干→脱皮→灭酶→粗磨→精磨→浆渣分离→豆乳。

（二）原料配合

为提高豆乳粉溶解性，在物料配料环节常添加蔗糖及糊精、表面活性剂、还原剂等。此外还可添加油脂、维生素等辅料。但添加的辅料要充分溶解和过滤后再添加到配料罐中。添加油脂或乳化稳定剂时，应先将这些原料经胶体磨或均质机充分乳化后再进行添加。

（三）杀菌

豆乳中最常出现问题是由微生物引发的安全问题和腐败问题。豆乳富含蛋白质，pH 为 6.8～8.0，是非常适合微生物生长代谢和繁殖的培养基。因此，豆乳配料后应尽快进行杀菌。豆乳进行热杀菌时，还要破坏残留的酶类及部分抗营养因子的活性。为提高灭酶效率，配合好的物料要进行一定时间的加热处理，同时还要防止大豆蛋白热变性过度，因此需要选择合适的杀菌方法和条件。常采用超高温瞬时灭菌法，温度为 130～150℃，保温 0.5～4s。

（四）真空浓缩

浓缩是采用加热的方法排出豆乳中的部分水分，从而提高豆乳的固形物含量，节省喷雾干燥过程的热蒸汽和能耗，提高干燥设备能力，降低生产成本。目前常用的方法是降膜真空浓缩，即减压加热蒸发，温度 50～55℃，真空度 80～93kPa。此外，还需要控制豆乳浓度，以达到浓缩终点固形物含量为 22% 左右为宜。当然，浓缩物料的固形物浓度越高越有利于增加粉体相对密度，减少喷雾干燥的能耗。但是，浓度过高会增大物料的黏度甚至会凝胶化，不利于喷雾干燥。因此，浓缩倍率也要视物料的具体状态而定。

真空浓缩效果：①减压降低豆乳沸点，减少营养成分的热损失，提高豆乳粉色泽和风味；②减少蛋白质过度变性，降低豆乳黏度增加速度，减少挂壁，提高传热效率，便于设备清洗；③提高热蒸汽与豆乳的温差，增大设备单位面积及单位时间内传热量，加快浓缩进程，提高效率；④大大降低豆乳粉颗粒内部空气含量，产品的颗粒较粗大、致密和坚实，增大相对密度，增强流动性、分散性、可湿润性和冲调性，同时有利于产品包装操作和贮藏。

（五）均质

均质时脂肪球和凝聚的蛋白质颗粒在剪切力、冲击力与空穴效应的共同作用下破碎变小，形成了均匀的分散体系，减缓了粒子的沉降速度，同时也防止了蛋白质沉降和脂肪上浮，增加了物料在加工过程的稳定性，同时还可以降低豆乳的黏稠度，有利于喷雾干燥。生产中通常采用二级均质，一级均质压力为 18～30MPa，二级为 5～7MPa。特别是Ⅱ类豆乳粉的生产，因省去了分离除渣工序，产品中纤维含量较高，口感较为粗糙，最好进行两次均质。

（六）喷雾干燥

根据物料被雾化的方式喷雾干燥法分为离心喷雾干燥法和压力喷雾干燥法两种。

1. 离心喷雾干燥法　　离心喷雾干燥法中喷盘转速、喷孔直径、进风温度、排风温度等因素都会对豆乳粉体颗粒的相对密度和流散性等性质产生影响。喷盘转速高，喷孔小，会导致喷头喷出的液滴减小，粉体微粒易包裹气体，减小粉体相对密度；反之相对密度增大。当喷头喷出的液体过大时，会导致豆乳粉不能完全干燥，有湿心，还挂壁、流浆。进风温度主要影响豆乳粉的含水量，进风温度越高，豆乳粉的含水量越低，溶解性越差，色泽变深暗。通常控制进料的温度为 50～55℃，离心盘转速为 3000～7000r/min，进风温度控制在 150～160℃，排风温度为 80～90℃。

2. 压力喷雾干燥法　　压力喷雾干燥法同样要求进料温度在 50～55℃，高压泵压力为 7.5～8.0MPa，喷孔直径为 3.1～3.4mm，干燥塔的进风温度控制在 140～150℃，排风温度为 80～85℃，排风相对湿度为 10%～13%，干燥时干燥塔负压控制在 98～196Pa。

（七）冷却、筛粉、包装

干燥塔喷出的豆乳粉应及时进行冷却处理。冷却最好采用流化床进行。空气经冷却、净化后吹入，将豆乳粉的温度降至 18℃以下；同时，流化床还可以回收细粉，再循环送回干燥塔内与刚雾化的豆乳微粒接触、干燥，重新形成更大的豆乳粉颗粒。无流化床装置时，也可直接将豆乳粉收集于粉箱中，过夜自然冷却。

冷却后的豆乳粉过 20～30 目筛即可包装。豆乳粉目前应用较多的包材是聚乙烯薄膜袋，这种包装可使豆乳粉的保质期达 3 个月。此外还有聚偏二氯乙烯薄膜，这种膜具有防水性好、气密性好的优点。当豆乳粉需要长期保存时，最好采用复合薄膜、充氮袋或马口铁罐包装。而且采用充氮包装，可省去冷却环节，使豆乳粉中氧气残留量减少，提高产品的保藏性能。

四、豆乳粉质量及安全控制

（一）豆乳粉的产品质量要求

豆乳粉质量要符合国家标准（GB/T 18738—2006）有关规定，要求豆乳粉色泽为淡黄色或乳白色的粉状或微粒状，无结块。在标准内将Ⅰ类豆乳粉分为普通型、高蛋白型、低糖型、低糖高蛋白型及其他型；Ⅱ类豆乳粉分为普通型、低糖型和其他。不同类型中理化成分要求不同，如普通型要求水分≤4.0%、蛋白质≥18.0%、脂肪≥8.0%、总糖≤60.0%。豆乳粉的感官要求、其他分类及其理化指标要求详见表16-1至表16-3。

表16-1　豆乳粉的感官要求（GB/T 18738—2006）

项目	要求
色泽	淡黄色或乳白色，其他型产品应符合添加辅料后该产品应有的色泽
外观	粉状或微粒状，无结块
气味和滋味	具有大豆特有的香味及该品种应有的风味，口味纯正，无异味
冲调性	润湿下沉快，冲调后易溶解，允许有极少量团块
杂质	无正常视力可见外来杂质

表16-2　Ⅰ类豆乳粉的理化要求（GB/T 18738—2006）

项目		Ⅰ类				
		普通型	高蛋白型	低糖型	低糖高蛋白型	其他型
水分 /%	≤	4.0	4.0	4.0	5.0	4.0
蛋白质 /%	≥	18.0	22.0	18.0	32.0	18.0
脂肪 /%	≥	8.0	6.0	8.0	12.0	8.0
总糖（以蔗糖计）/%	≤	60.0	50.0	45.0	20.0	55.0
灰分 /%	≤	3.0	3.0	5.0	6.5	5.0
溶解度 /（g/100g）	≥	97.0	92.0	92.0	90.0	92.0
总酸（以乳酸计）/（g/kg）	≤	10.0				
脲酶活性	定性法	阴性				
	定量法 /（mg/g）　≤	0.02				
总砷（以As计）/（mg/kg）	≤	0.5				
铅（Pb）/（mg/kg）	≤	1.0				
铜（Cu）/（mg/kg）	≤	10.0			20.0	10.0

表16-3　Ⅱ类豆乳粉的理化要求（GB/T 18738—2006）

项目		Ⅱ类		
		普通型	低糖型	其他型
水分 /%	≤	4.0		
蛋白质 /%	≥	15.0		
脂肪 /%	≥	8.0		
总糖（以蔗糖计）/%	≤	60.0	45.0	60.0
灰分 /%	≤	5.0	5.0	5.0
溶解度 /（g/100g）	≥	88.0	85.0	85.0

续表

项目		II类		
		普通型	低糖型	其他型
沉淀指数	≤	0.2		
总酸（以乳酸计）/（g/kg）	≤	10.0		
脲酶活性	定性法	阴性		
	定量法/（mg/g）≤	0.02		
总砷（以As计）/（mg/kg）	≤	0.5		
铅（Pb）/（mg/kg）	≤	1.0		
铜（Cu）/（mg/kg）	≤	10.0		

表16-4　豆乳粉的微生物要求

项目		指标
菌落总数/（cfu/g）	≤	30 000
大肠菌群/（MPN/100g）	≤	90
致病菌（沙门氏菌、志贺氏菌、金黄色葡萄球菌）		不得检出
霉菌/（cfu/g）	≤	100

（二）豆乳粉卫生安全要求

卫生指标反映了加工环境生物污染和卫生控制状况。豆乳粉标准规定了细菌总数、大肠菌群、霉菌的限量值，具体限量值详见表16-4。同时也规定了不得检出沙门氏菌、志贺氏菌、金黄色葡萄球菌等致病菌。

（三）豆腥味产生的原因和控制方法

豆腥味来源于脂肪氧化酶（LOX）氧化降解不饱和脂肪酸后形成的醛、酮、酯、酸等挥发性物质，加工中通常采用热处理的方式钝化脂肪氧化酶。

1. 康奈尔法（热磨法）　在磨浆前用约0.2%的碳酸钠水溶液在15～30℃浸泡大豆4～8h。沥去浸泡水后，另加含有约0.05%的碳酸氢钠的沸水磨浆，并保证浆料在高于80℃的条件下维持10～15min，即可钝化脂肪氧化酶，减少豆乳原料的豆腥味。

2. 伊利诺伊法　该方法是热磨法与均质工艺的结合。将大豆用含约0.5%的碳酸氢钠的微碱性水在室温下浸泡4～10h。然后将浸泡后的大豆加热煮沸20～40min，经磨碎后调节pH至7.1，在90℃、25MPa的条件下进行均质从而减少豆乳的豆腥味。

3. 热烫法　将大豆在80℃以上的水中热烫并保持一段时间以钝化脂肪氧化酶。未经浸泡的脱皮豆或浸泡过的整粒豆需在80℃以上保温18～20min，90℃以上保温13～15min，而在沸水中仅需保温10～12min；对于未浸泡过的整粒豆，80℃以上需保温30～60min，在沸水中也需保温20min以上。

4. 半干法　这种方法的思路是在大豆脱皮前，采用干法灭酶，而后进行湿法破碎，兼有干法和湿法的优点。首先利用高温热空气对大豆进行瞬时加热，一般干热处理条件为温度120～200℃，时间为10～30s，脱皮率在96%以上；其次立即加入约85℃的热水进行磨浆；最后再经细磨以提高蛋白质的提取率。

（四）热处理确保产品安全

大豆中生理活性物质安全性在上述部分有所论述。活性残留是导致豆乳粉食品安全问题的主要原因，通常采用热处理法使活性物质失活或钝化，其合格的标志是脲酶活性为阴性。热处理灭活包括烤制、微波等干热处理和蒸汽、蒸煮等湿热处理。

（五）提高豆乳粉溶解性

1. 添加蔗糖及糊精的方法　在豆乳中加入适量蔗糖和糊精能增加豆乳粉分散性和溶解度。这是由于蔗糖分子大量的—OH基团部分替代了水分子的作用，使大豆蛋白能保持较好的持水性。这种方法操作简单，但糖的引入容易使微生物和酶类产生耐热性，影响杀菌和灭酶的效果。另外，在喷雾时也会增加豆乳的黏度，影响干燥效果，容易粘壁和形成团块。故工业上经常将糊精与蔗糖混合使用，添加糊精量为豆乳的 2%～3%，蔗糖为豆乳的 9%。此外，也可以在完成喷粉后的豆乳粉中混入蔗糖、乳糖、葡萄糖等。

2. 添加表面活性剂　　豆乳粉乳化性能不好也影响分散和溶解性。表面活性剂可以起到一定的助溶、增溶、分散及增稠作用，常用的表面活性剂有酪蛋白酸钠、蔗糖酯等。添加一定量的酪蛋白酸钠能提高豆乳粉溶解度。而蔗糖酯的亲水亲油平衡值（HLB）在 13 以上时，能有效与水中的蛋白质密切接触，防止蛋白聚合物的形成，从而提高溶解的速度。蔗糖脂肪酸酯与酪蛋白酸钠有协同作用，同时加入效果会更好。

3. 添加还原剂　　在豆乳中添加抗坏血酸、碳酸氢钠、半胱氨酸等，可抑制二硫键的形成，防止黏度增加，提高豆乳粉的溶解度。

4. 酶解　　采用酶水解蛋白质为分子质量较小的多肽，降低豆乳黏度，提高浓缩效率。但该方法应用时要注意，水解程度控制不当会产生苦味，使豆乳失去了原有的风味，对豆乳粉的口感和风味会造成不良影响。

5. 调节 pH　　通常采用 10% 的碳酸氢钠溶液调节杀菌前豆乳的 pH。生产全脂豆乳粉的豆乳 pH 控制在 6.4 左右，生产脱脂豆乳粉的豆乳 pH 控制在 6.4～6.6。

6. 物理改性　　是指利用热能、声能、机械能等物理作用方式，改变蛋白质的高级结构，提高大豆蛋白溶解性，从而改善大豆蛋白的功能特性。超声波产生空穴效应能打断蛋白质的四级结构，释放出小分子亚基或肽；超高压均质处理会使大豆蛋白分子解聚成亚基单元，使暴露极性基团增多，增强蛋白质的水化作用。此外，还有红外线、微波等加热处理。物理改性具有费用低、无毒副作用、作用时间短、对产品营养性能影响较小等优点。

7. 化学改性　　是指通过化学手段在大豆蛋白中引入带负电荷基团、磷酸基团等各种功能基团。化学改性以酰化、磷酸化和糖基化最为普遍。但目前化学改性方法多应用于大豆蛋白，且新试剂的引入对蛋白质在食品上的应用是否安全还未明确，所以此方法多用于理论研究。

8. 喷涂大豆磷脂及造粒　　大豆磷脂是天然的非离子两性表面活性剂，具有优良的乳化性、扩散性和浸润性，与水有较好的亲和性，添加或喷涂到豆乳粉上，同时采用流化床造粒工艺，增大豆乳粉粒径有利于使豆乳粉形成较大的颗粒，可提高产品的分散性和水溶性。

第三节　豆　腐

一、豆腐制品概述

豆腐是用凝固剂使豆乳凝固之后经过或不经过压制工艺形成的凝块状食品。豆腐起源于 2000 年前的汉代，之后传到了日本和东南亚诸国。近年来，在欧美等国家也开始流行。

加工豆腐使用的凝固剂主要分为盐类、酸类、酶类及其他有凝固助剂作用的多糖类。在南方，硫酸钙是主要的凝固剂，制作的豆腐叫南豆腐；而在北方卤水（主成分为氯化钙和氯化镁）使用得比较多，制作的豆腐含水量低且较硬，称为北豆腐。传统豆腐制作中还有用发酵的豆乳清（俗称酸浆，pH 4 左右）制作豆腐，这种豆腐略有酸味，称为酸浆豆腐，主要分布在我国西部和北方地区。葡萄糖酸内酯作为一种缓释型的酸，常用于制作不经压制的、高含水量的内酯豆腐（也叫盒装豆腐），具有更软、更滑的质地，很受消费者欢迎。近年来，谷氨酰胺转氨酶（TGase）也开始用于豆腐生产，可增加豆腐的韧性。

为适应消费市场的创新需要，我国市场上也出现了一些新兴的豆腐类产品。例如，以大豆分离蛋白为原料加工的千叶豆腐；单杯灌装后高温下凝固的休闲"豆花"，以及豆乳凝固后经破乳、压制后制成的扁平状的休闲"豆腐干"等。

以下主要讲述豆腐的加工工艺及凝固剂，关于豆干等再制豆制品加工内容可查看**资源 16-6**。

资源 16-6

二、豆腐加工原理

（一）基础原料——豆乳

豆乳是豆腐加工的基础原料，豆乳的制备过程和质量对豆腐的品质和出品率有极大的影响。大豆籽粒经浸泡溶胀、加水研磨破碎后使大豆蛋白体、脂肪球及植酸、糖等成分溶出，再经加热煮沸后形成豆乳。加热处理要满足两个基本要求：一是满足食品安全要求，使豆乳中的生理活性因子失活，脲酶呈阴性；二是使豆乳蛋白质适当变性，改变蛋白质存在状态，使豆乳蛋白具有形成高质量凝胶或凝块的能力，提高产品得率和品质。

豆乳热处理过程中，大豆蛋白发生变性、解离，同时重新结合成蛋白聚集体粒子（直径大于40nm）和非粒子（小于40nm）。加热前后豆乳中的蛋白粒子组分及其存在状态有很大差异，如图16-1所示，生豆乳粒子主要是磨碎的蛋白颗粒和可溶解的蛋白质，颗粒70%以上是以二硫键和疏水作用结合的11S酸性和碱性多肽，而可溶性蛋白组分主要是7S蛋白。加热到75℃时β-伴大豆球蛋白发生热变性并伴有α亚基、α′亚基完全解离，而大豆球蛋白的酸性多肽、碱性多肽在加热至85～90℃后发生变性和解离；与此同时二硫键连接的碱性B亚基与β亚基发生重排，通过静电相互作用形成蛋白粒子的内核，而酸性多肽、α′亚基和α亚基通过疏水相互作用和氢键作用形成蛋白粒子外围部分。此外，大豆乳清蛋白中的脂肪氧化酶、β-淀粉酶和凝集素与7S的β亚基分别以二硫键和非共价键方式参与蛋白聚集体粒子的形成。在这一过程中，脂肪球由最初未变性蛋白包裹的非游离状态成为可分离的游离状态。

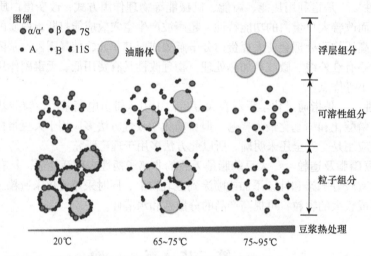

彩图　　　图16-1　豆乳热处理过程及蛋白粒子聚集体形成模型（Peng et al.，2016）

（二）豆腐的形成过程

豆乳凝固过程主要包括两个阶段：①蛋白质的热变性（前述）；②蛋白质表面的负电荷被凝固剂的质子或盐离子中和，静电斥力减弱，促进蛋白质分子相互靠近发生疏水性相互作用和形成双硫键，蛋白凝胶化。酸和钙镁盐的加入均会使豆乳的pH下降，最终在pH5.8～6.0时形成凝乳，但蛋白质并未达到等电点（pI＝4.5）。

豆乳粒子蛋白对Ca^{2+}和H^+更加敏感，当加入凝固剂降低蛋白质净电荷时，可溶性蛋白优先聚集形成新粒子蛋白，然后再和原粒子蛋白与脂肪球结合，最后相互聚集成凝胶网络。豆乳蛋白粒子比例越高，凝乳质地就越坚硬，即豆腐断裂压力与蛋白粒子含量存在正相关关系。

以盐类凝固剂诱导的凝固过程为例，如图16-2所示，在豆乳中添加Ca^{2+}（或Mg^{2+}）时，豆乳中的游离植酸及结合在蛋白组分上的植酸优先捕获Ca^{2+}（或Mg^{2+}），形成不可电离的植酸钙（镁）盐吸附在蛋白质表面，这一过程降低了Ca^{2+}（或Mg^{2+}）与蛋白质直接发生相互作用的概率，并使蛋白质凝固反应的活化能升高，延缓凝胶网络形成速率，豆腐的质构被大大改善，这对不同种类豆腐加工和品质调控有重要的意义。

三、凝固剂

（一）盐类凝固剂

盐类凝固剂使用较多的为钙盐和镁盐两类。

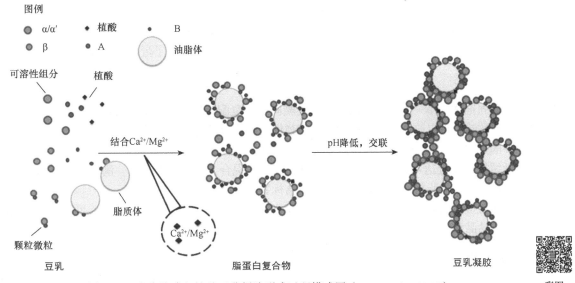

图例
　α/α'　　植酸　　　B
　β　　　A

可溶性组分　　植酸　　　　　　　　　　　油脂体

脂质体

结合Ca²⁺/Mg²⁺　　　　　　　　　pH降低，交联

颗粒微粒

Ca²⁺/Mg²⁺

豆乳　　　　　　　　　　　脂蛋白复合物　　　　　　　　　豆乳凝胶

彩图

图 16-2　含脂肪球和植酸豆乳凝胶形成过程模式图（Peng et al.，2016）

常用的钙盐为石膏，成分是硫酸钙，是南豆腐常用的凝固剂，添加量为 2.2～2.8kg/100kg 大豆。硫酸钙与豆乳反应缓慢，凝固过程相对容易控制，得到的石膏豆腐表面光滑，产率也高，缺点是豆腐的口感平淡，且硫酸钙在水中的溶解度很低，易沉淀，不适合在低温时加入，因而也常与其他凝固剂混合使用。

常用的镁盐为卤水（液体）或卤片（固体），成分是氯化镁，是北豆腐常用的凝固剂，添加量为 2～5kg/100kg 大豆（以固体卤片计）。氯化镁是完全电解质，镁离子解离速度快，使豆乳迅速凝乳，形成的豆腐凝块结构粗糙多孔，易排水，得率低于石膏豆腐，但是质地较硬、风味较好。盐卤主要成分除氯化镁外，还有硫酸镁、氯化钠、氯化钾等，具有苦味。盐卤的浓度通常为 28°Bé，也可以低至 15°Bé 左右。28°Bé 的盐卤添加量约为 10kg/100kg 大豆。

（二）酸类凝固剂

酸类凝固剂主要包括葡萄糖酸内酯、发酵的豆乳清（也称酸浆）、有机酸和无机酸。

葡萄糖酸-δ-内酯外观上呈白色结晶或结晶性粉末，易溶于水，在低温时比较稳定，需在 4℃储藏，是内酯豆腐的主要凝固剂。葡萄糖酸-δ-内酯溶于水后在常温下缓慢或加热会快速水解为葡萄糖酸。葡萄糖酸可降低豆乳的 pH，减少豆乳蛋白的负电性和蛋白质间静电斥力，促使蛋白分子相互靠近和结合，发生酸凝固。由于加入内酯后加热至 80℃以上约 1h，因此内酯豆腐不但出品率和生产效率高，而且产品货架期也较长。无黄浆水排出，废水排放也少。但内酯豆腐凝胶强度低，容易破碎，不利于烹调，且口味平淡，略带酸味。

酸浆是将制作豆腐时压制得到的豆乳清（黄浆水）经过微生物（主要是乳酸菌、醋酸菌等）发酵作用而成。主要产酸微生物为乳酸菌、链球菌、酵母、霉菌，如短乳杆菌、棒状乳杆菌、弯曲乳杆菌、融合魏斯氏菌、弧形乳杆菌、白地霉等。有机酸是酸浆的重要成分，主要包括乳酸、酒石酸、醋酸、柠檬酸、富马酸、丙酮酸、苹果酸、丁二酸等。酸浆豆腐保水性好，口感清新，同时略带甘甜和独特豆香味。

醋酸、乳酸和柠檬酸等有机酸也可以作为大豆蛋白的凝固剂，但在生产中很少使用。

（三）酶类凝固剂

酶类凝固剂主要为转谷氨酰胺酶和蛋白酶。酶类凝固剂主要是通过酶促进蛋白质分子共价键彼此连接，从而形成凝胶网络。TG 酶催化反应机理见图 16-3。

转谷氨酰胺酶的添加量为 10～40U/g 蛋白质，适宜的温度为 20～50℃，随温度升高催化能力增强，但

A
$$Gln-\underset{\underset{O}{\|}}{C}-NH_2 + H_2N-R \xrightarrow{TG} Gln-\underset{\underset{O}{\|}}{C}-NH-R + NH_3$$

B
$$Gln-\underset{\underset{O}{\|}}{C}-NH_2 + H_2N-Lys \xrightarrow{TG} Gln-\underset{\underset{O}{\|}}{C}-NH-Lys + NH_3$$

C
$$Gln-\underset{\underset{O}{\|}}{C}-NH_2 + HON \xrightarrow{TG} Gln-\underset{\underset{O}{\|}}{C}-OH + NH_3$$

图 16-3　TG 酶催化反应机理图
A. 酰胺基转移反应；B. 谷氨酰胺残基和赖氨酸残基交联反应；
C. 脱酰胺基化反应

温度超过 60℃很快失活。酶的适宜 pH 为 6～8，超过 8h 酶活力下降。

商品蛋白酶多为中性和碱性蛋白酶，在一定条件下可以使豆乳凝固。但与盐类和酸类凝固剂相比，制成的豆腐凝胶强度较低，乳清的压榨分离效果也较差，这些问题严重限制了蛋白酶作为凝固剂的应用。

（四）混合凝固剂

通常复配凝固剂优于单一凝固剂。酸类与盐类凝固剂的复配使用较为广泛，既可以丰富口味，减少酸类凝固剂带来的酸味，可以改善质构，增加韧性和弹性，解决豆腐易碎的问题。

乳化型凝固剂是一种液态盐类凝固剂，具有缓释效果，稳定油包水（W/O）和水包油包水（W/O/W）型凝固剂可延缓凝固反应达 45s，实现凝固剂与豆乳的均匀混合，提高凝乳品质，满足不同类型豆制品生产的需求。不足是存在油脂析出的问题。不适于清洁标签类产品的生产。

此外，多糖对蛋白食品的质构具有改善作用，将壳聚糖等多糖与凝固剂复配使用，可以提高豆腐的凝胶强度，改善产品品质。

四、豆腐加工工艺

无论哪种豆腐，加工制作过程均分成两步：第一步是将大豆浸泡、制浆加工豆乳；第二步是向熟豆乳中加入凝固剂，使其凝固成型，压榨或不压榨形成的豆乳凝胶或凝块，即豆腐。

1. 南豆腐、北豆腐的加工工艺

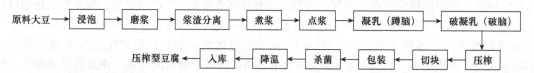

2. 内酯豆腐的加工工艺

下面以南豆腐和北豆腐的工艺流程为例，介绍豆腐加工工艺的操作要点。工艺流程和设备可查看视频 16-1。

视频 16-1

（一）原料处理

豆腐生产要选择蛋白质含量高的大豆品种。选择色泽光亮，籽粒大小均匀、饱满、无虫蛀和破瓣，收获后 3 个月以上一年以内的大豆为好。大豆浸泡前必须进行清选处理，清除原料中碎石、泥土、枯草、铁屑等杂质，以及碎豆、裂豆、蛀虫豆和其他异粮杂质，否则严重影响产品的卫生质量，而且也影响设备的使用寿命。大豆清选可用振动筛和比重去石机，通过筛网去除较大杂质，其中的吸风装置去除轻杂质，磁选装置去除细小金属杂质。

（二）制浆

1. 浸泡　　浸泡使大豆籽粒吸水、膨胀软化，在磨制过程中蛋白质、脂肪等物质就更容易从细胞中游离出来。一般要求浸泡后的大豆重量为原大豆的 2～2.2 倍。浸泡吸水不充分会影响磨制提取效果；若浸泡时间过长，部分可溶性物质流失会增加损失，而且这一过程中微生物会繁殖，浸泡液 pH 降低，不利于蛋白质溶出，影响产品的品质。浸泡温度过高会导致部分蛋白质析出，影响产品的质量和出品率。一般在夏天温度较高的情况下大豆浸泡 6～8h，冬天 10～14h。近年来，为保证产品品质和出品率稳定性，一些企业选用控温浸泡罐进行低温浸泡（4℃），控制微生物的繁殖，保证产品风味等质量的稳定性，也保障了作业环境的清洁。

2. 磨浆　　磨浆就是将浸泡适度的大豆，加入一定比例的水，然后用砂轮磨或粉碎机进行磨碎，使大豆的细胞组织破裂，蛋白质等成分从细胞中随水溶出，形成豆糊。磨浆程度对提取效率有很大影响，磨制程度轻，颗粒较大，蛋白质不能很好地溶出，并随着浆渣分离而损失。磨制过细过碎，提高蛋白提取率，但是易堵塞分离筛孔不利于分离，同时细小的纤维也会进入浆料，会影响豆乳蛋白凝胶网络形成，导致产品口感变差。磨浆机有砂轮磨、陶瓷磨、钢磨等，豆腐加工采用耐高温材质的磨片，耐磨损，使用寿命长。

3. 浆渣分离　　浆渣分离是指将豆糊中不溶性纤维等豆渣成分分离的过程。一般采用螺旋式挤压分离机和离心式浆渣分离机。螺旋挤压分离机是利用螺旋挤压绞龙将豆糊逐渐推向挤压室底部，同时增加垂直方向的压力，迫使豆浆挤出筛网，豆渣被不断地推向卸料口，当堆积达到卸料阈值时，则从卸料口排出，实现浆渣分离。该方法分离效率高，作业噪音低。离心分离是较传统的分离方法，是将物料添加到高速旋转的、带有筛网的锥形转毂中，在离心力的作用下可溶性成分穿过筛网，而豆渣则在离心力作用下沿切线方向从排渣口排出，从而实现浆渣分离。该方法分离高效，但噪音大，浆料混入空气较多。为提高大豆原料转化效率，浆渣分离要进行三次，前两次得到的豆渣经稀释进行再次磨浆和分离，第三次是将豆渣加水再分离，分离液则用于头道浆的研磨，这种做法称为"两磨三甩"。浆渣分离常用的有熟浆与生浆浆渣分离法，也称为熟浆工艺和生浆工艺。①熟浆工艺，即先煮制豆糊，然后进行浆渣分离。这种豆浆中可溶性多糖含量相对较高，加工的豆腐持水性强，豆腥味少。②生浆工艺，即磨浆后直接进行浆渣分离，然后将生豆浆煮熟。该法制作的豆腐产品有弹性和韧劲。

4. 煮浆　　通过高温煮沸使蛋白质发生热变性，以利于蛋白在凝固剂的诱导下发生凝固反应；此外还有消除豆浆中的胰蛋白酶抑制剂、凝血素等抗营养因子的生理活性、消除豆腥味、杀灭微生物、增加豆香味的作用。

1）煮浆工艺　　关键参数是煮浆温度和时间。为使蛋白质变性以利于蛋白凝固，煮浆温度一般为95～98℃，5～10min，如果煮浆温度低或时间短，豆浆无法煮熟，那么豆乳蛋白很难凝固，在成型阶段就会被挤压排出，造成蛋白流失。但是煮浆温度过高或时间过长，也会导致豆腐的弹性等质构性质发生劣化。豆浆在煮制过程中易产生大量泡沫，产生"假沸"现象，使蛋白变性不充分，脲酶呈阳性，蛋白凝乳效果差，流失严重，甚至会产生食品安全隐患。这是由于豆浆在加工过程中蛋白包裹了大量的空气，一经加热便产生大量泡沫；另外，大豆皂苷也有很强的发泡能力。泡沫阻止了热传递，降低了加热效率，生产上常采用硅油等消泡剂去除泡沫。

2）煮浆方式　　分为常压和微压煮浆法。传统方式是常压下通过间歇式夹层锅和溢流连续式热交换煮浆系统。但是常压间歇式加热难以控制，批次之间稳定性差，操作烦琐，产能低；而溢流连续加热方式由于豆浆中含有空气形成"气堵"使热传递效率下降，蛋白质热变性程度不一，严重影响后续产品的品质。目前大型工业化生产中普遍采用的是微压煮浆法，此方法采用密闭罐体，在一定压力下提高温度（105～108℃），提高了煮浆效率和豆乳香气，改善了口感，豆腐产品硬度、弹性、咀嚼性也都进一步提升。全自动微压煮浆系统是利用密闭罐加热豆浆，罐体内部有排气阀门、放浆阀门及温度传感器。该系统煮浆过程不使用消泡剂，自动完成进料、料液脱气、煮制和卸料的过程。

（三）凝固成型

凝固成型环节主要是调配熟浆，添加凝固剂，在热与凝固剂作用下使溶胶状态豆浆转变为凝胶状态，经压榨或不压榨成型而形成产品的过程。调配熟浆主要是根据不同产品的类型调配熟浆温度、浓度及pH以适应点浆凝固的需要。

1. 点浆凝固　　点浆环节又称点脑、点花，是豆腐生产中的关键工序，主要是把凝固剂按照一定浓度、一定比例和添加方式加到合适温度的熟豆浆中，豆乳蛋白逐渐相互结合形成凝胶或凝块的过程。影响点浆效果的因素很多，包括大豆品种和质量、水质、凝固剂的种类和质量、煮浆温度、点浆温度、豆浆的浓度与pH、凝固时间及搅拌方法等。

下面主要介绍温度、豆浆浓度、凝固剂添加比例及点浆速率等因素对点浆效果的影响。

1）点浆温度　　豆乳温度的高低与蛋白质凝固的速率相关。点浆温度过高，导致粒子聚集速率加快，形成的凝胶网格过小，保水性差，豆腐产品的弹性小，硬度高，凝胶品质很差；点浆温度过低，凝乳速率变慢，凝乳（豆脑）的含水量过多，缺少弹性，容易破碎。一般北豆腐的点浆温度以78～80℃为最佳；石膏豆腐的点浆温度可以稍高，一般为80～85℃。

2）豆浆浓度　　常言说"浆稀点不嫩，浆稠点不老"，是指豆浆中的蛋白质含量多少与点浆成型与豆腐产品质量的关系。豆浆浓度太低，点脑后形成的凝乳（脑花）太小，保水性差，产品硬度高。豆浆浓度太高，点浆时，凝固剂与蛋白质反应过快，导致形成较大脑花，造成凝胶不均匀和出现"白浆"现象。

3）凝固剂添加比例 凝固剂的添加比例受到蛋白质含量、点脑温度的影响。凝固剂添加量少，无法充分地进行凝固，使得豆腐硬度降低；当凝固剂添加量过多，会出现凝胶不均和得率下降等问题。

4）点浆搅拌速率 搅拌速率直接影响脑花（凝乳块）形成的大小，从而影响豆腐产品的质量。点浆搅拌速率过慢，凝固的速率缓慢，形成的豆脑花体积增大，豆腐硬度降低，而且还会增加凝固剂的使用量；点浆搅拌速率过快，凝固的速率变快，形成的豆脑花体积小，豆腐硬度增加，如前面所述，豆脑花的品质直接影响豆腐的质量。

2. 凝乳（蹲脑） 又称养浆、养花或涨浆，是豆乳蛋白凝固过程的延续，即在点浆完成后，浆内还有少量未参与形成凝胶网络结构的蛋白质，形成的网状结构也不牢固，所以需要蹲脑20～25min，使蛋白质分子与凝固剂进一步作用，加强凝胶的网络结构，提升产品品质。

3. 压榨成型 在压榨成型前需要对凝乳进行破坏，即破脑。为使凝固成型过程中排出凝胶网络结构中的大量水分，需要对凝乳进行不同程度破碎，使凝胶包裹的水分能够一定程度的析出，从而加工成不同质量要求的豆腐产品。压榨成型就是将破脑的豆花转移到豆腐箱和豆腐包布中压榨，一方面按要求排出不同程度的黄浆水，另一方面将打破的蛋白质凝胶通过压力进行促进结合。但压榨时加压不可过大，否则容易破坏凝胶整体组织结构，而且会堵塞包布孔，水分不易排出。目前压榨设备主要有液压榨和气压榨，且压榨生产线已实现了自动化。

4. 切块、包装 在豆腐压榨成型后，脱去包布，按要求整型。使用机械自动切块装盒设备，将豆腐放置在托板上并送入水槽内进行切块，以防止豆腐破碎，接着机械完成切块装盒操作，再用封膜包装机封口，进行巴氏杀菌。

以上工艺要点主要适于南豆腐、北豆腐的生产，二者的生产原理、工艺过程及许多操作方法和工艺条件也都基本相似，只是凝固剂和凝固温度不同。

内酯豆腐生产工艺在原料处理及制浆环节与南、北豆腐是一致的，而不同之处如下。

1）脱气 在内酯豆腐生产过程中有对豆浆脱气的环节，主要是为了排出豆浆中的气体，保证产品的表面光洁、质地和口感细嫩，否则会造成豆腐产品含有大量的气孔。一般在工业化生产中主要是将煮熟的豆浆利用真空脱气罐进行脱气。

2）混合 低温熟浆与凝固剂混合，保持混合后温度低于30℃，不发生絮凝反应。

3）充填装盒 将混合凝固剂后的豆浆定量充填到包装盒中，并封口，此时仍为液体状态。

4）杀菌冷却 将充填好的灌装盒置入沸水杀菌槽内进行加热，当盒内高于30℃时豆乳和降解的葡萄糖酸开始反应，温度升高至65℃反应逐渐剧烈，当温度达到80℃，豆浆完全凝固，在盒内形成内酯豆腐，然后取出进行冷却。这一过程称之为"升温成型"。

第四节 大豆蛋白制品

一、大豆蛋白的功能特性

大豆蛋白的功能特性（functional property）是指大豆蛋白在制取、加工、配制和储藏的过程中对产品性能产生影响的某些物理和化学性质。

（一）溶解性

当水分子对蛋白质分子的作用大于蛋白质分子之间的作用力时蛋白质就表现出溶解性，通常是用大豆蛋白在水溶液中溶解的程度表示。溶解性是大豆蛋白发挥各种功能特性的前提，在食品加工中发挥着重要作用，如大豆蛋白的提取、乳化、起泡和凝胶形成等。

大豆蛋白在不同的pH下其溶解性有很大差异（图16-4）。大豆蛋白在其等电点pH4.5时溶解度最低，随着

pH逐渐远离等电点时，蛋白质的溶解度迅速增加。这是由于在等电点处，蛋白质所带电荷被中和，蛋白质各氨基酸残基之间的静电排斥力消失，水分子的结合能力减弱，导致蛋白质分子聚集。远离等电点时，蛋白质的荷电性恢复，蛋白质逐渐又被溶解。利用这一性质可以对大豆蛋白进行提取和分离等加工。大豆蛋白的等电点（pI＝4.5）是各亚基性质复合的结果，实际上，因亚基氨基酸组成不同，各亚基有不同的等电点，7S的α、α′、β亚基的等电点分别是4.9、5.2、5.7，而11S的酸性亚基（A）和碱性亚基（B）分别是4.75～5.4和8.0～8.5。

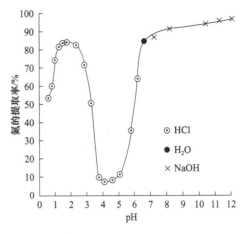

图16-4　大豆蛋白在不同
pH下的溶解性差异

大豆贮藏蛋白主要是球蛋白，盐能促进蛋白质的溶解。根据盐的种类大豆蛋白在离子强度 I＝0.5下其溶解效果顺序如下，越往左溶解度越小，易盐析；相反，越往右蛋白质越易水合，表现为较强的盐溶性，但过多的盐会导致盐析。

阴离子：$F^-<Cl^-<SO_4^{2-}<Br^-<I^-$；阳离子：$Ca^{2+}>Mg^{2+}>Li^+>Na^+>K^+$。

（二）凝胶性

大豆蛋白在一定浓度下（＞7%）经热诱导和冷却，或在酸、盐等凝固剂的诱导下蛋白质分子之间通过分子间力形成具有一定持水能力的网络结构，即凝胶化。分子间力是指静电相互作用、氢键、疏水性相互作用等非共价键及二硫键等。这些分子间力受大豆蛋白组成、浓度、加热温度和时间、pH、离子强度和变性剂等各种因素的影响。11S蛋白形成的凝胶硬度远大于7S，根据大豆蛋白中11S/7S的比例可调节蛋白凝胶类制品的硬度、弹性等质构品质。这一特性已广泛用于豆制品、肉制品等食品的加工。

（三）乳化性

亲水性氨基酸和疏水性氨基酸赋予了大豆蛋白两亲性的结构，具有表面活性剂效果。大豆蛋白分布于油水界面能够降低油滴表面张力，产生乳化作用，形成水包油（O/W）型的乳液。在乳液中蛋白质覆盖在油滴表面，防止粒子之间的聚合，维护乳浊液的稳定。

蛋白质与油滴结合发挥乳化作用除了蛋白质表面有一定的疏水性和亲水性区域外，还需要蛋白质有一定的柔软性和刚性的平衡。蛋白质柔软的结构有利于蛋白质在油滴界面上进行变形和重排，促进乳化；另外，为了使乳化稳定，在某种程度上需要蛋白质有坚固的结构，也就是具有一定的刚性，只有参与乳化的蛋白质达到柔软性和刚性的平衡状态才能表现出良好的乳化性。大豆球蛋白（11S）的乳化性弱于β-伴大豆球蛋白（7S），这是由于11S较7S结构中存在较多的二硫键，蛋白质有较强刚性的缘故。采用蛋白酶对蛋白质进行适当地水解可一定程度上提高大豆蛋白的乳化性。另外，pH对大豆蛋白乳化性有较大的影响。蛋白质溶液的pH越接近等电点，乳化性就越小，反之就增加。当离子强度在0.05以下时，乳化性随离子强度的增加而增强，0.05以上时乳化性趋于稳定。

（四）发泡性

利用蛋白质发泡性可加工蛋糕、冰淇淋等发泡性食品。蛋白质的发泡性原理类似于乳化，只不过是与蛋白质结合的疏水性物质换成了空气，但不同的是发泡性需要蛋白质有更强的疏水性，且能使蛋白质在空气表面形成薄膜。显然蛋白质的亲水性、柔软性、疏水性、刚性的平衡对大豆蛋白的发泡性和发泡稳定性起到更为重要的作用。大豆蛋白经一定水解后其发泡性更强，商品泡打粉就是根据这一原理加工而成的。大豆蛋白的发泡性评价包括发泡能力和形成泡沫的稳定性两个方面。大豆蛋白的发泡性与乳化性类似，蛋白质等电点附近发泡能力弱，气泡易破裂，稳定性差；提高蛋白质浓度，可增强发泡性但稳定性降低。

（五）吸油性

大豆蛋白的吸油性是蛋白质乳化性的一种体现，主要是指组织化的大豆粉吸附脂肪或与脂肪的结合能力。大豆蛋白吸附脂肪可达 65%～130%，而且在 15～20min 中可达最大值。将大豆粉用于油炸食品中，蛋白质在油炸时受热变性并在表面形成膜，从而会阻止油过多地被吸收。

（六）吸水性和保水性

大豆蛋白表面含有极性氨基酸残基，因而与水分子有很强的结合能力。当大豆蛋白被置于相对湿度较大的环境时，蛋白质分子吸附或结合水的能力称为吸水性；相反，当蛋白质分子置于相对湿度较低或在离心力场中其表现出的保存水分的能力称为蛋白质的保水性。大豆蛋白在等电点时保水能力最低。利用这种性质将大豆蛋白添加到其他食品中可增强产品的保水性和产品的柔软性，改善食用品质。

二、大豆蛋白产品概述

大豆蛋白产品是以大豆或低温未变性脱脂豆粕为原料，去除或部分去除原料中的非蛋白质成分（如水分、脂肪、碳水化合物等），蛋白质含量不低于 40% 的产品。大豆蛋白所含人体必需的氨基酸种类齐全，是完全蛋白质，是为数不多的可取代动物蛋白的植物蛋白。不同蛋白质产品的功能特性和用途详见图 16-5。

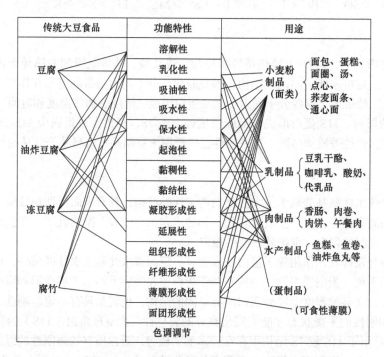

图 16-5　大豆蛋白制品的功能特性及其应用

（一）大豆蛋白粉

大豆蛋白粉是大豆经清选、脱皮、脱脂等工艺加工而成的蛋白质含量（干基，N×6.25）不低于 50% 的粉状产品。在实际加工分为全脱脂蛋白粉、半脱脂大豆蛋白粉和全脂大豆蛋白粉。其中，半脱脂、半活性大豆蛋白粉主要用于冰淇淋等冷饮制品，全脱脂蛋白粉或半脱脂蛋白粉通过脱腥处理后应用于奶粉，在谷类与肉类加工中添加大豆蛋白粉，可得到植物蛋白与动物蛋白营养均衡的制品。

（1）脱脂大豆蛋白粉是以脱皮、脱脂豆粕为原料加工制成的蛋白质含量 50%～65%（含 50%、不含 65%）、脂肪含量 ≤2.0% 的大豆蛋白粉产品。

（2）半脱脂大豆蛋白粉是以脱皮大豆榨油后生成的豆饼为原料，加工制成的脂肪含量为 5%～10%、蛋白质含量为 45%～50%（含 45%、不含 50%）的大豆蛋白粉。

（3）全脂大豆蛋白粉是以脱皮不脱脂的大豆为原料、加工制成的蛋白质含量为 32%～45%、脂肪含量为 15%～20% 的大豆蛋白粉。

（二）大豆分离蛋白

大豆分离蛋白（soy protein isolate，SPI）是将脱脂的大豆进一步去除所含非蛋白质成分后得到的一种精制大豆蛋白产品，蛋白质含量≥90%（以干基计），氮溶解指数（NSI）≥85%、粗纤维含量≤1.0%、水分≤7%，灰分≤6.0%。与其他大豆蛋白产品相比，生产大豆分离蛋白不仅要从低温未变性豆粕中去除可溶性糖、灰分及其他各种微量组分，还要去除不溶性的非蛋白高分子成分，如不溶性纤维及其残渣。

大豆分离蛋白被广泛地应用于乳制品、肉制品、面制品、方便食品及婴儿食品等加工。肉制品中添加大豆分离蛋白主要是改善肉制品弹性、保水、保油等性质，提高肉制品整体质感。在乳制品中主要用于加工配方奶粉、冰淇淋冷饮等。

（三）大豆浓缩蛋白

大豆浓缩蛋白（soy protein concentrated，SPC）是以低温未变性脱脂豆粕为原料，除去其中可溶性糖、灰分及其他可溶性的低分子非蛋白质成分后制得的干基蛋白质含量在70%以上的大豆蛋白制品。大豆浓缩蛋白主要应用于肉制品加工，烘焙食品、营养食品等。

（四）大豆组织（拉丝）蛋白

大豆组织蛋白以浓缩大豆蛋白（蛋白质含量为70%）、低温脱脂豆粕粉、大豆分离蛋白等为原料，加入一定的水分和其他蛋白等配料，在双螺杆挤压机内，经加温、加压、成型等形成具有一定组织结构的蛋白产品。该产品具有与肉类相似的咀嚼感，被称为大豆组织蛋白（soy protein textured，SPT）。

大豆组织蛋白具有良好的保油性、保水性和吸水性。在食品工业中主要用作肉制品的添加物，增加蛋白质含量、改善产品的风味、降低成本。除此之外，组织蛋白还用于方便休闲食品的加工，以及利用大豆组织蛋白具有"肉状"组织结构的特点加工植物基肉制品。

三、大豆蛋白粉加工工艺

（一）大豆蛋白粉生产加工工艺

如前文所述不同种大豆蛋白粉主要区别于所用原料，但加工工艺路线基本相同。其加工工艺如下。

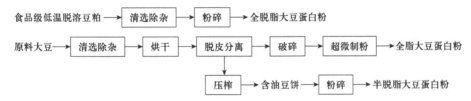

以全脂大豆蛋白粉为例，大豆蛋白粉整体工艺过程说明如下：大豆先经过干法清选除杂后，采用干热法水分烘干至8%～11%后破碎脱皮，脱皮率要求达到90%以上，最后经锤式粉碎机或磨碎机进行粉碎、分级。该工艺要求尽量不采用强烈加热处理，烘干时要高温瞬时，避免直接用蒸汽，以保证大豆蛋白粉的NSI值在80%以上。

1. 前处理　包括清选、去杂、去石、去铁屑等，烘干前原料大豆水分应≤13%。

2. 烘干　烘干机中大豆表层水分汽化，伴随引风装置将热气排出机外，由于热交换，使大豆水分不断扩散到表层被汽化散失，从而达到烘干的目的。烘干机工作温度设定为68～70℃，工作气压为0.15～0.2MPa、处理时间为45min。

3. 脱皮分离　将烘干处理后含水量≤10%的原料大豆送入脱皮分离机中，经磨盘搓动和风机分选，使大豆脱皮率≥95%。脱皮后的大豆进行粉碎。

4. 粉碎　制粉是加工大豆蛋白粉最关键的工序。全脂大豆蛋白粉是将脱皮破碎后的大豆进行粉碎，而半脱脂或全脱脂大豆粉则分别是将脱皮脱脂的破碎大豆和食用豆粕进行粉碎。目前国内外制粉粉碎机多为冲击式粉碎机，如锤式粉碎机、轴流式粉碎机、旋转板式粉碎机等。

5. 分级　在实际生产中，大豆蛋白粉分级采用干式气流分级装置，如自由涡流式分级器、强制气流分级器等。经过分级的大豆蛋白粉，由于粒度的差异，其蛋白质含量也会有所差异，有报告指出，粒度在 5～20μm 的豆粉蛋白质含量较高。

（二）脱腥大豆蛋白粉生产加工工艺

大豆蛋白粉脱腥处理得到的产品为非活性大豆蛋白粉，是根据大豆蛋白粉中"酶"的活性将产品分为活性大豆蛋白粉和非活性大豆蛋白粉。大豆中含有生理活性成分，包括脲酶、脂肪氧化酶、胰蛋白酶抑制剂等，在加热高温条件下，这些成分的活性能够被灭活或钝化。其加工工艺如下。

原料 → 清选除杂 → 调湿 → 分离 → 灭酶 → 脱皮分离 → 破碎 → 超微制粉 → 大豆蛋白粉

调湿工序在调湿器内完成，为了后续利于灭菌脱腥，调湿后的水分应为 11%～13%；分离是为了进一步除掉带菌豆、破碎豆及不成熟豆；灭酶则是脱腥的关键工序，在专用的加热处理器中完成，加热至豆内温度一般为 100～110℃（加热室温度为 150～160℃），处理时间为 5～7min。日本生产脱腥豆粉主要采用挤压膨化的方法进行灭酶脱腥。

四、大豆分离蛋白加工工艺——碱提酸沉法

（一）工艺原理

大部分低温脱脂豆粕中的蛋白质能溶解于稀碱溶液。用稀碱溶液浸提低温脱脂豆粕，过滤或离心分离去除豆粕中多糖等不溶性物质，调节浸出液的 pH 至 4.5 左右，使蛋白质处于等电点状态而凝集沉淀，沉淀物经分离和洗涤、中和、干燥，即得到大豆分离蛋白。

（二）工艺流程

工艺流程如下：

低温脱脂豆粕 → 一次浸提 → 粗滤 → 二次浸提 → 分离 → 酸沉 → 二次分离 → 破凝乳 → 调 pH → 杀菌 → 喷粉 → 成品

（三）影响大豆分离蛋白产品质量的主要因素

1. 原料 所用原料须无霉变，含杂质量少，蛋白质含量高（在 45% 以上）。而且原料必须是经过清洗、脱皮脱脂、低温或闪蒸脱溶后的低温未变性豆粕。

2. 粉碎程度 工业化生产中通常采用有机溶剂法脱脂后的豆粕为原料，其大小是整理大豆被破碎后压成厚度为 0.15～0.3mm 的豆片，一般以此为原料与水混合进行浸提。

3. 浸提工艺 在浸提工序中，主要有加水量、浸提温度、浸提时间和 pH 等因素影响蛋白质的溶出率及浸提效率。加水量一般控制在原料的 12～20 倍，虽然加水量越多，蛋白溶出率和浸提效率越高，但是超过一定量时不仅会导致后续酸沉困难，蛋白质损失量增加，影响产品得率，还会增加生产成本。提高浸提温度能提高浸提效率，但温度过高会导致蛋白质变性，增加料液黏度，导致后续分离困难，如温度高于 55℃还会影响产品性能，浸提能耗也会增高，增加生产成本。一般浸提温度控制在 30～55℃，但注意此温度范围微生物极易繁殖，易引起污染和酸败。浸提时间主要影响蛋白质的溶出率，在一定条件下，浸提时间越长，蛋白质溶出率越高，当浸提时间达到 50min，蛋白质的溶出呈现一种动态的平衡状态。浸提液 pH 一般控制在 7.0～8.5。当 pH＞7 时，蛋白质溶出率随 pH 的增高而增加，但是当浸提 pH＞9 时，大豆蛋白在强碱性长时间作用下氨基酸会发生胱赖反应，不仅使赖氨酸失去营养价值，还会影响产品风味。

4. 酸沉工艺 酸沉工序中最关键的是加酸速率和搅拌速率。酸沉时搅拌速率宜慢不宜快，一般控制在 30～40r/min，如果操作不佳，在达到等电点时，蛋白质凝集下降速度缓慢，上清液仍浑浊，降低蛋白质酸沉得率，影响后续操作。

五、大豆浓缩蛋白加工工艺

大豆浓缩蛋白的生产工艺主要有三种：含水乙醇浸提法、稀酸浸提法、湿热浸提法。

1. 含水乙醇浸提法　含水乙醇浸提法的特点是可以有效浸提豆粕中的呈色、呈味物质，而且有较好的浸出效果，可以得到色泽浅、异味轻的优质产品，出品率相对较高。缺点是工业生产中乙醇的回收问题，回收的乙醇含有大豆特有的异臭味，需要分离纯化。

2. 稀酸浸提法　稀酸浸提法生产的大豆浓缩蛋白有色泽浅、异味小、蛋白质 NSI 值高、功能性好的特点，但蛋白质出品率相对较低，酸碱耗量大，而且大量含糖的废水黏度大，后期处理困难。

3. 湿热浸提法　湿热浸提法由于采用加热处理，大豆中的少量糖与蛋白质反应生成一些呈色、呈味物质，产品色泽深、异味大，蛋白质还会发生不可逆变性，丧失部分功能特性，限制应用范围。

综上，稀酸浸提法耗水量大、存在环保问题；湿热浸提法耗能高、生产效率低，这两种方法目前均未被工业化生产采用，广泛采用的是含水乙醇浸提法。

（一）工艺原理

1. 含水乙醇浸提法　根据一定浓度的乙醇溶液可使大豆蛋白变性而失去可溶性的原理，利用含水乙醇浸提豆粕，浸出非蛋白质成分，得到不溶物，经脱溶、干燥可得到大豆浓缩蛋白。

2. 稀酸浸提法　根据蛋白质溶解度曲线，蛋白质等电点溶解度最低的特性，先用 pH4.5 的稀酸溶液调节浸出液 pH，将脱脂豆粕中的低分子可溶性蛋白成分浸提出来，然后离心分离使蛋白质沉淀、中和、干燥得到浓缩大豆蛋白。

3. 湿热浸提法　湿热浸提法是利用大豆蛋白质对热敏感的特性，用蒸汽或与热水一同加热豆粕，蛋白质受热变性后水溶性降低至 10% 以下，然后把水浸提出的低分子物质（多为水溶性糖类）分离，然后即可得到大豆浓缩蛋白。

（二）工艺流程

工艺流程如下：

脱脂豆粕 → 粉碎 → 浸提 → 分离 → 不溶性物质 → 洗涤 → 干燥 → 浓缩大豆蛋白

（三）操作要点

1. 粉碎　原料豆粕在浸提前粉碎至 0.15～0.30mm 或过 40～80 目筛。

2. 浸提

1）含水乙醇浸提法　在豆粕粉中连续喷入 60%～70% 的含水乙醇（加入 1:7～1:10 的含水乙醇），不断搅拌浸提 30min。

2）稀酸浸提法　在脱脂豆粉中加入 10 倍水，缓慢加入盐酸，不断搅拌，调节 pH 至 4.4～4.6，浸提时间为 40～60min。

3）湿热浸提法　将豆粕粉采用蒸汽处理，或将脱脂豆粉与 2～3 倍的水混合，边搅拌边加热，然后冻结，放置在 −2～−1℃ 温度下冷藏。

3. 分离洗涤　含水乙醇浸提法采用 70%～80% 的含水乙醇洗涤 10～15min；稀酸浸提法中采用 55℃ 温水洗涤两次；湿热浸提法采用 60℃ 温水洗涤。分离采用过滤或离心分离即可。

4. 干燥　多采用真空干燥和喷雾干燥。

六、大豆组织（拉丝）蛋白加工工艺

目前生产大豆组织蛋白的工艺主要有两种，即挤压膨化法和纺丝黏结法，但生产应用的主要是挤压膨化法。此外还有海藻酸钠法、湿热法、冻结法等方法。使用的原料可以是食用豆粉，也可以是浓缩蛋白或分离蛋白及一些添加剂。现阶段大豆组织蛋白加工设备主要有单螺杆挤压膨化机与双螺杆挤压膨化机。目前几乎所有企业应用的是双螺杆挤压机。挤压机器结构主要包括：进料装置、机筒、螺旋轴、成型压膜、

切割装置、加热系统、传动装置等。

（一）挤压膨化法

1. 工艺原理　脱脂大豆蛋白粉或浓缩蛋白加入一定量的水分进行调和，然后在螺杆的推动下物料进入挤压机中，在挤压机中物料通过螺杆高速摩擦生热和机腔外加热的内外作用所形成的高温和高压下呈熔融状态，蛋白质变性，结果使大豆蛋白质分子中次级键破坏，肽链松散，在机械剪切力的联合作用下，蛋白质发生变性后的定向排列，形成一定的组织结构，最后在物料挤出的瞬间，水分急剧蒸发，温度压力骤降，从而形成多孔的组织化大豆蛋白。

2. 工艺流程　工艺流程如下：

原料 → 粉碎 → 调和 → 挤压膨化 → 脱水干燥 → 成型

3. 工艺要点

1）原料　原料蛋白质含量与蛋白质溶解度影响大豆组织蛋白产品品质。提高蛋白质含量，有利于挤出物的组织化和纤维化形成。当蛋白质含量超过70%后，挤出物的纤维化非常明显，但是当低于50%，纤维化不够明显；蛋白质的溶解度高也有利于组织化的形成，一般要求氮溶解指数不低于50%。

2）调和　主要是将粉碎后的原料加入适量的水、改良剂及调味料。目前，挤压法生产组织化的拉丝蛋白分为低水分挤压（20%~40%）和高水分挤压（40%~80%），前者生产的产品水分较低，易储存，但是使用时需要复水；后者加工的产品组织结构更接近肉制品的质构，口感好，但也存在需要杀菌保质的问题。加水量是调和步骤中关键的工序，影响挤压膨化后产品组织化或纤维化的效果。适量水会有利于挤压膨化的进行，产量高，组织化效果好，当加水量不适宜，不仅会造成进料缓慢，而且会导致纤维组织变差。加水量视原料的组成和产品性能要求而定，一般低水分挤压要求加水量在30%~50%。挤压膨化生产使用的改良剂一般是碱，主要是碳酸氢钠和碳酸钠，添加量一般在1.0%~2.5%。一般把粉料的pH调节到7.5~8.5，这样有利于产品的口感及组织结构的形成。

3）挤压膨化　生产中，大豆组织蛋白成型的关键就在于挤压膨化工序中的加热温度和进料量。这两个因素直接决定大豆组织蛋白产品色泽是否均一、有无硬芯、是否富有弹性、复水性、组织化的强弱等质量品质。进料量及均匀度影响大豆组织蛋白的质量，在生产中也特别注意不能空料，否则不但产品不均一，而且容易喷爆、焦煳。挤压膨化温度的高低决定机腔膨化区内压力的大小，影响蛋白质组织结构的形成效果。低变性原料温度要求相对较低，高变性原料相对温度要求较高。一般低水分挤压要求入口温度应控制在80℃左右，出口温度不应低于180℃。而高水分挤压在挤出端需要加冷却装置，使挤出物的温度控制在90℃左右。挤压膨化的温度控制适当不仅可以保证良好的产品质量，还可以有效地使大豆中的胰蛋白酶抑制剂、脂肪氧化酶等一些抗营养物质失活，改善大豆蛋白的消化吸收性，提高大豆蛋白的营养效价。

4）脱水干燥　对于低水分挤压产品采用普通鼓风干燥、真空干燥或流化床干燥等方式。烘干后的产品含水量均应达到约6%；烘干不可过度，不然产品过于酥脆，不易贮运。

（二）纺丝黏结法

纺丝黏结法工艺原理是将高纯度的大豆分离蛋白溶解在碱溶液中，在碱的作用下大豆蛋白质分子发生变性，许多次级键断裂，大部分已伸展的蛋白质亚基形成具有一定黏度的纺丝液。将这种纺丝液通过数千个小孔的隔膜，挤入含有食盐的醋酸溶液中，蛋白质凝固析出并形成丝状，同时通过拉伸使其延伸，蛋白质分子之间发生一定程度的定向排列，从而形成纤维。将蛋白纤维用黏合剂黏结压制，就可得到大豆组织蛋白。其工艺流程及要点可查看**资源16-7**。

资源16-7

本章小结

1. 豆乳粉是以大豆为主要原料，经半干法或湿法制浆、配料、浓缩和喷雾干燥制得的粉状或微粒状的固体饮料。

2. 豆腐是以大豆为原料，经制浆、热处理和添加凝固剂使豆乳凝固之后经过或不经过压榨排水工艺制得的凝块状食品。加工原理是豆乳蛋白经热处理发生变性、解离形成蛋白聚集体粒子和可溶性蛋白（非粒子），在凝固剂作用下蛋白质表面的负电荷被中和，静电斥力减弱，可溶性蛋白优先聚集形成新粒子蛋白，然后再相互聚集形成凝胶网络。

3. 豆腐凝固剂分为石膏（硫酸钙）、卤水或卤片（氯化镁）盐类凝固剂，葡萄糖酸内酯（GDL）、发酵的豆乳清（酸浆）、乳酸等有机酸酸类凝固剂和转谷氨酰胺酶、蛋白酶等酶类凝固剂。

4. 大豆蛋白产品是以低温未变性脱脂豆粕为原料，去除或部分去除原料中脂肪、碳水化合物等非蛋白质成分制得的蛋白质含量不低于40%的产品，其中碱提酸沉法制备大豆分离蛋白是将豆粕在30～55℃、pH7.0～8.5条件下浸提、在pH4.5进行离心分离，然后再经中和与喷雾干燥制得的蛋白含量在90%以上的大豆蛋白产品。

5. 大豆组织（拉丝）蛋白是以低温脱脂豆粕粉、大豆分离蛋白等为原料，加入一定的水和其他配料，在双螺杆挤压机内，经混合、加温、加压、熔融和冷却等形成具有一定组织结构的蛋白产品。

【思考题】

1. 简述豆乳粉生产过程中真空浓缩、均质、喷雾干燥对加工过程和产品品质的影响。
2. 简述大豆中抗营养因子及加工中如何消除其影响。
3. 简述豆腐加工形成过程及其原理。
4. 思考盐类凝固剂、酸类凝固剂、酶类凝固剂及混合凝固剂作用的异同点及产品特点。
5. 思考影响豆腐质构品质的主要因素。
6. 思考在碱提酸沉工艺中影响大豆分离蛋白质量品质的主要因素。

参考文献

李荣和，姜浩奎. 2010. 大豆深加工技术. 北京：中国轻工业出版社.

李新华，董海洲. 2016. 粮油加工学. 第3版. 北京：中国农业大学出版社.

马涛，张春红. 2016. 大豆深加工. 北京：化学工业出版社.

山内文男，太久保一良. 1992. 大豆の科学. 日本：株式会社朝倉書店.

石彦国. 2005. 大豆制品工艺学. 第2版. 北京：中国轻工业出版社.

殷涌光，刘静波. 2005. 大豆食品工艺学. 北京：化学工业出版社.

张振山. 2018. 中式非发酵豆制品加工技术与装备. 北京：中国农业科学技术出版社.

赵良忠，尹乐斌. 2016. 豆制品加工技术. 北京：化学工业出版社.

Peng X Y, Ren C G, Guo S T. 2016. Particle formation and gelation of soymilk: Effect of heat. Trends in Food Science & Technology, 8 (54): 138-147.

Wolf W J, Nelsen T C. 1996. Partial purification and characterization of the 15S globulin of soybeans, a dimer of glycinin. Journal of Agricultural & Food Chemistry, 44 (3): 785-791.

第十七章　乳制品加工工艺与产品

乳制品作为日常饮食中补充蛋白质和钙的重要来源，对人类健康和营养均衡具有重要意义。本章将围绕乳制品加工工艺及产品展开，主要包括原料乳、液体乳、乳粉、浓缩乳制品、乳脂类产品、干酪、冷冻饮品、其他乳制品。

学习目标

掌握乳的化学组成及特性。

掌握液态乳、乳粉、炼乳、干酪的定义及分类。

掌握典型乳制品（如巴氏杀菌乳、灭菌乳、发酵乳、全脂乳粉、脱脂乳粉、加糖炼乳、天然干酪、再制干酪、乳糖、冰淇淋）的基本工艺流程及关键工艺参数。

掌握乳脂类产品的分类及用途。

了解真空浓缩的特点及操作要点，以及影响浓缩的因素。

第一节　原料乳及加工产品概述

一、乳的生物合成及泌乳

乳中含有幼畜生长发育所需的一切营养成分，其组成成分及含量受畜种、饲料、饲喂方式、生存环境、泌乳期、胎次、年龄、个体特性等因素影响。

合成乳脂肪的脂肪酸源于乳腺上皮组织自身合成和血液中长链脂肪酸周转两种途径。乳牛乳腺中存在的脂肪酸合成酶系会生成 $C_4 \sim C_{16}$ 的脂肪酸，其中乳腺合成的脂肪酸占脂肪酸总量的 60%，其余 40% 直接由血液吸收而来。脂肪酸乙酰化是乳脂肪合成的重要步骤。

90% 以上的乳蛋白由乳腺从血液中摄取氨基酸合成，从粗面内质网核糖体开始，由信号肽引导进入内质网腔，并在内质网和高尔基体内进行磷酸化、糖基化等修饰，再由分泌泡转运到上皮细胞顶膜，通过胞吐方式释放到腺泡腔中。反刍动物初乳中的免疫球蛋白来源于血液，由腺泡上皮选择性转运进入初乳和常乳中。乳糖以血液中葡萄糖为原料，在腺泡细胞中形成。其生物合成是泌乳乳腺腺泡上皮细胞特有的功能，在高尔基体内进行。乳糖是乳汁的渗透压调节剂，可从周围细胞质中汲水而维持乳汁的体积。矿物质是乳腺分泌上皮细胞对血浆中矿物质进行选择性吸收的结果，其中某些被乳腺吸收和浓缩。乳中钙、磷、钾、镁、碘的浓度常高于血液中的，而钠、氯、碳酸氢盐的浓度则低于血液中的。乳中维生素从饲料中经血液转运而来。脂溶性维生素 A、维生素 D、维生素 E、维生素 K 在乳中与脂肪球结合，前三者源于饲料，维生素 K 主要依靠肠道微生物合成。各种水溶性维生素存在于乳的脱脂部分。反刍动物乳中 B 族维生素主要由瘤胃微生物合成，单胃动物乳中则主要来自饲料。多数动物能合成维生素 C，其在乳中较为稳定。

乳腺组织分泌细胞将血液摄取营养物质后生成的乳分泌到腺泡腔内，即为乳的分泌。富含甘油三酯的脂类微粒从细胞中释放进入乳导管，同时乳腺上皮细胞中的特定蛋白及乳糖、矿物质、水分共同排出到细胞外。为完成该过程，高尔基体与血浆膜溶合形成分泌泡囊，将乳成分排入导管细胞。乳的分泌过程包括诱导泌乳和维持泌乳两个阶段。

二、乳的化学组成及特性

乳是哺乳动物为哺育幼儿从乳腺分泌的一种白色或稍带黄色的不透明液体，是哺乳动物出生后最适于消化吸收的全价食物。其主要组成和含量如表 17-1 所示。

表 17-1　乳中主要成分及含量（%，*m/m*）（李里特，2011）

成分	平均含量	范围	占干物质的平均含量
水	87.1	85.3～88.7	—
非脂乳固体	8.9	7.9～10	—
脂肪（占干物质）	31	22～38	—
乳糖	4.6	3.8～5.3	36
脂肪	4.0	2.5～5.5	31
蛋白质 *	3.3	2.3～4.4	25
酪蛋白	2.6	1.7～3.5	20
矿物质	0.7	0.57～0.83	5.4
有机酸	0.17	0.12～0.21	1.3

* 非蛋白态未包括；"—" 表示无数据

乳蛋白质的异质性不仅表现在蛋白质种类和遗传变异体上，还表现在蛋白质翻译后的修饰上，如磷酸化、糖基化、二硫键的形成及蛋白质水解。乳蛋白质至少由 10 种蛋白质组成，约 4/5 为酪蛋白，其余主要是清蛋白，另外几种是在质量上可忽略不计的蛋白质和酶。

乳脂质是乳中主要的能量物质和重要营养成分，主要由三酰甘油组成，是由多种饱和和不饱和脂肪酸组成的复杂混合物，还含磷脂、胆固醇、游离脂肪酸、甘油二酯等其他类脂。乳脂中的磷脂成分和某些长链不饱和脂肪酸具有多种生理活性，可作为体内某些生理活性物质的前体。乳脂中某些成分还具抗菌、抗癌、抗氧化等作用。

乳糖是哺乳动物乳汁中特有的糖类，也是乳中最主要的碳水化合物。由于葡萄糖 C-1 位置上的 OH 基和 H 基结合位置不同，从而构成了右旋性大、水溶性低的 α-乳糖及右旋性小，溶解度、甜度均较高的 β-乳糖，构型如图 17-1 所示。

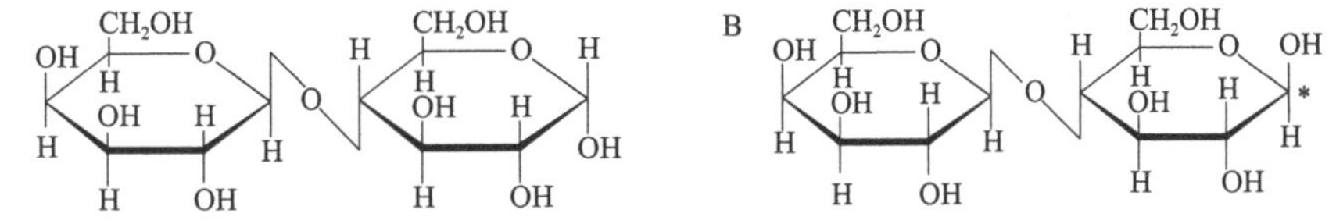

图 17-1　乳糖的结构图（李里特，2011）
A．α-乳糖结构式；B．β-乳糖结构式

乳中的矿物质主要有钠、钾、镁、钙、磷、氯等，还含有铁、碘、铜、锰、锌、钴、硒、铬、钼、锡、钒、氟、硅、镍等微量元素。其存在形式主要有与有机酸和无机酸结合，呈可溶性盐形式；与乳蛋白质结合形成胶体状态；被乳中的脂肪等吸附。矿物质的构成及存在形式对乳的理化特性、加工特性及其在肠道中被吸收和利用的能力等有较大影响。

乳中含有所有已知的维生素，初乳中一些维生素含量较高，特别是维生素 A、维生素 D、胡萝卜素和维生素 E、维生素 B_1、维生素 B_2、维生素 B_6、烟酸、叶酸、肌醇。初乳中维生素 C 含量与常乳差不多，泛酸和生物素含量则比常乳低。在泌乳期，乳中维生素含量并没有多大变化。

乳中的酶主要有脂肪酶与酯酶、胞质酶、磷酸酶、过氧化物酶、黄嘌呤氧化酶、过氧化氢酶、L-乳酸脱氢酶、超氧化物歧化酶、半乳糖基转移酶、巯基氧化酶、溶菌酶肽聚糖 *N*-乙酰胞壁质水解酶、谷胱酰转移酶、氨基-5-谷胱酰转移酶、淀粉酶、核糖核酸酶等。牛奶中含有核酸和核苷酸及作为游离基以微摩尔浓度存在于乳中的嘧啶和嘌呤，它们是乳中非蛋白氮的组成部分，其组分和浓度在不同种类泌乳动物乳中有所不同。对某些给定品种，此类物质组成和浓度是专一的，具有重要生理作用，在新生儿膳食中发挥重要作用。

三、原料乳中的微生物

乳是乳制品加工的主要原料，也是微生物生长的良好培养基。一般来讲，原料乳中的微生物主要是细菌、酵母、霉菌、立克次体、病毒等。污染微生物主要有病原微生物、致腐性微生物、有益微生物。原料乳中的微生物与季节、挤奶方式等密切相关。一般而言，夏季微生物含量明显高于冬春两季。与手工挤奶相比，机械化挤奶的微生物数量明显较低。原料乳中的微生物来源包括体内、体外两个渠道。

1. 内源性污染　　即源自牛体内部的微生物。即使为健康奶牛，其乳汁中仍含 500～1000 个 /mL 细菌。当卫生管理不良、遭到严重污染或乳房呈病理状态时，细菌数量和种类会急剧上升，甚至还有病原菌。此外，乳房和乳头周围的外伤也常成为生鲜牛乳的细菌污染源。

2. 外源性污染　　主要包括奶牛体表、空气、挤乳器具、集乳用具、冷却设备、乳罐车、工作人员等与鲜牛乳密切相关的环境因素和设备。

原料乳中常见病原菌主要为葡萄球菌属、链球菌属、弯曲杆菌属、耶尔森氏菌属、沙门氏菌属、大肠杆菌、李斯特氏菌属、立克次体等；常见腐败性微生物为革兰氏阴性无芽孢杆菌、革兰氏阳性杆菌和芽孢杆菌、棒状杆菌、一些乳酸菌及霉菌、酵母等；常见的有益微生物包括乳酸菌、双歧杆菌、丙酸杆菌等。此外，还可能含病毒、噬菌体等微生物。

四、乳制品的分类及产品

乳制品的产品形态多种多样，按照我国食品工业标准体系，可划分为液体乳（如巴氏杀菌乳、灭菌乳、发酵乳、调制乳）、乳粉（如全脂乳粉、脱脂乳粉、调制乳粉、婴幼儿配方乳粉）、浓缩乳制品（如淡炼乳、加糖炼乳、调制炼乳）、乳脂类产品（如稀奶油、奶油、无水奶油）、干酪（如原干酪、再制干酪）、冷冻饮品（如冰淇淋、雪糕）和其他乳制品（如干酪素、乳糖、乳清粉）。

第二节　液　体　乳

一、概述

液体乳是由健康奶牛所产的鲜乳汁，经有效加热杀菌方法处理后，分装出售的饮用牛乳。

液体乳主要包含巴氏杀菌乳、灭菌乳、调制乳和发酵乳四大类。根据国家统计局资料显示，2020 年，我国液体乳产量高于 2600 万吨，同比增长接近 6.0%，占乳制品产量的比重超过 90.0%。随着消费者对乳制品需求量的不断增大，营养、口感和风味要求也持续增高，发展趋势随之变化。营养上，不断突破原有配方，在低碳水化合物、低脂肪和高蛋白方面不断创新，以适应当今消费者需求，如功能型乳品、功能型强化乳品及高品质巴氏杀菌奶的出现均受到了消费者青睐。工艺上，尽可能保留其活性成分，提高营养价值，在"鲜"的基础上不断塑造提升，目前已经商用的技术有陶瓷膜过滤技术、高压杀菌技术和短时热蒸汽杀菌技术等。风味上，不断进行口味蔓延和升级，通过添加物体现健康，用口味丰富的乳品满足消费者需求。整体上，主要围绕消化健康、提升优质蛋白含量、不断创新风味及减少糖摄入展开。随着对特种乳的功能挖掘，多物种液体乳的多元化产品也逐渐进入视野，除牛乳和山羊乳外，包括骆驼乳、绵羊乳、牦牛乳等近年来也较为活跃。

二、巴氏杀菌乳

依据我国标准《食品安全国家标准 巴氏杀菌乳》（GB 19645—2010）规定，巴氏杀菌乳是仅以生牛（羊）乳为原料，经巴氏杀菌等工序制得的液体产品。巴氏杀菌乳在冷藏条件（2～6℃）下货架期一般为 7 天，其风味、营养价值和其他性质与新鲜原料乳差异很小。一般巴氏杀菌乳的生产工艺流程如图 17-2 所示。

原料乳的验收 → 预处理 → 标准化 → 均质 → 巴氏杀菌 → 灌装 → 冷藏

图 17-2　巴氏杀菌乳的生产工艺流程（李晓东，2011）

1. 原料乳的验收及预处理　　原料乳的验收要按照国家标准《食品安全国家标准 生乳》（GB 19301—2010）中规定的指标收购；预处理需在没有达到巴氏杀菌的条件时就停止。

2. 真空脱气　　应使用真空脱气罐，以除去细小的分散气泡和溶解氧。

3. 标准化　　我国部分脱脂巴氏杀菌乳的脂肪含量为 1.0%～2.0%，全脂巴氏杀菌乳的脂肪含量 ≥3.1%，脱脂巴氏杀菌乳脂肪含量≤0.5%。

4. 均质　　巴氏杀菌乳一般采用二级均质，即第一级均质使用较高的压力（16.7～20.6MPa），第二级均质使用低压（3.4～4.9MPa）。

5. 巴氏杀菌　　乳品厂中常用的方法是高温短时杀菌（HTST），这是一种连续式的巴氏杀菌方法，即牛乳在 72～75℃保持 15～20s 再冷却。

6. 灌装　　通常采用一次性容器（如纸盒、塑料袋等）进行无菌灌装。

7. 巴氏杀菌乳的货架期　　购买后在冷藏（低于 7℃）的条件下可以保存 7 天。

有关巴氏杀菌乳国家标准见 GB 19645—2010。

三、灭菌乳

依据我国标准《食品安全国家标准 灭菌乳》（GB 25190—2010）规定，灭菌乳分超高温灭菌乳和保持灭菌乳。超高温灭菌乳是指以生牛（羊）乳为原料，添加或不添加复原乳，在连续流动的状态下，加热到至少 132℃并保持很短时间的灭菌，再经无菌灌装等工序制成的液体产品；保持灭菌乳是指以生牛（羊）乳为原料，添加或不添加复原乳，无论是否经过预热处理，在灌装并密封之后经灭菌等工序制成的液体产品。

超高温灭菌乳的生产工艺流程如下。

原料乳验收 → 预处理 → UHT灭菌 → 无菌包装 → 贮存

1. 原料乳的验收及预处理　　原料乳的验收标准及预处理同巴氏杀菌乳。

2. 超高温瞬时灭菌（UHT 灭菌）　　UHT 灭菌方法有直接加热法和间接加热法两种。

1）直接加热法　　分为直接喷射式（蒸汽喷入产品中）和直接混注式（产品喷入蒸汽中）。

2）间接加热法　　分为板式加热、管式加热和刮板加热。以管式热交换器为基础的间接 UHT 系统加工中，牛乳温度变化大致为：原料乳经巴氏杀菌后 4℃→预热至 75℃→均质 75℃→加热至 137℃→保温 137℃→冷却至 6℃→无菌贮罐（6℃）→无菌包装 6℃。

3. 无菌包装　　将杀菌后的牛乳，在无菌条件下装入事先灭菌的容器内。经超高温灭菌及冷却后的灭菌乳，应立即进行无菌包装，无菌灌装系统是生产 UHT 产品不可缺少的。

4. 贮存　　经无菌包装的 UHT 灭菌乳，在室温下可贮存 6 个月以上。

有关灭菌乳国家标准见 GB 25190—2010。

四、调制乳

依据我国标准《食品安全国家标准 调制乳》（GB 25191—2010）规定，调制乳是以不低于 80% 的生牛（羊）乳或复原乳为主要原料，添加其他原料或食品添加剂或营养强化剂，采用适当的杀菌或灭菌等工艺制成的液体产品。目前，市场上成分调整乳种类很多，根据产品特性可以分为强化乳（在普通牛乳的基础上添加其他营养成分，如钙、维生素、DHA、花生四烯酸、膳食纤维等制成的调制乳）、调味乳（在乳中添加调味成分，如可可粉、咖啡、可溶性茶粉等制成的不同风味的产品）。

1. 维生素强化乳　　几乎所有乳品企业都有强化维生素的乳制品，包括牛乳、酸牛乳、乳粉等。根据维生素对热的敏感性不同，可以将强化维生素牛乳的生产工艺分为两种。

1）热敏感性维生素　　生产这类产品一定要注意避免对维生素进行热杀菌（图 17-3）。

2）热稳定性维生素　　这类产品加工比较简单，可直接将维生素（如维生素 D、维生素 E）直接投

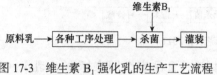

图 17-3 维生素 B₁ 强化乳的生产工艺流程
（张和平和张列兵，2012）

入配料缸，然后进行均质、杀菌、灌装等操作。

2. 低乳糖牛乳 普通牛乳经乳糖酶水解后，乳糖含量降低，消费者饮用时可以缓解消化道的压力。一般来说，牛乳中的乳糖降低 50% 就可以较好地克服乳糖不耐症的问题。

有关调制乳国家标准见 GB 25191—2010。

五、发酵乳

发酵乳为以生牛（羊）乳或乳粉为原料，经杀菌、发酵后制成的 pH 降低的产品。

除酸奶以外，世界各地大约有 400 多个不同传统和工业化生产的发酵乳品种，这些类型的发酵乳的制作工艺有很多相似之处。图 17-4 列出了相关类型发酵乳制作的基本流程。

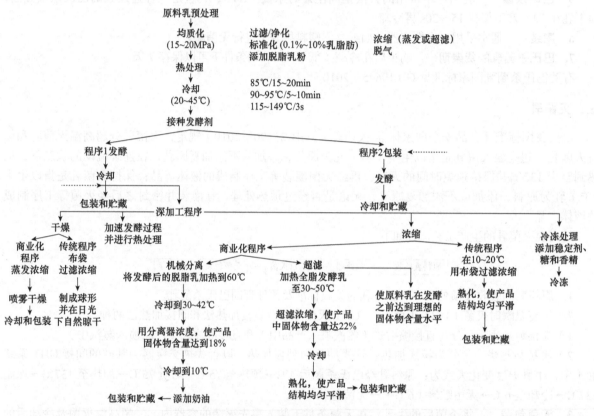

图 17-4 发酵乳生产工艺流程
图中带箭头的虚线指生产中添加不同类型的风味成分

酸乳为以生牛（羊）乳或乳粉为原料，经杀菌、接种嗜热链球菌和保加利亚乳杆菌（德氏乳杆菌保加利亚亚种）发酵制成的产品。可分为凝固型酸乳（发酵过程在包装容器中进行，使成品因发酵而保留其凝乳状态）、搅拌型酸乳（成品先发酵后灌装制得，发酵后的凝乳已在灌装前和灌装过程中搅碎成黏稠状组织状态）、浓缩酸乳（将一般酸乳中的部分乳清除去得到的浓缩产品，因其除乳清的方式和干酪类似，又称酸乳干酪）。

（一）凝固型酸乳的生产工艺

凝固型酸乳的生产工艺如图 17-5 所示。

（1）标准化：一般采用添加乳粉的方法进行固形物强化，乳粉添加量一般为 2%。

（2）配料：将原料乳加热到 50℃左右，加砂糖，继续升温至 65℃，用泵循环通过过滤器进行过滤。

（3）预热：经 55～65℃预热，再进入均质机。

（4）均质：于 8.0～10.0MPa 压力下均质，再返回杀菌器杀菌。

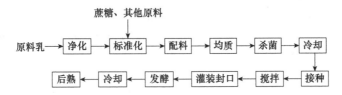

图 17-5 凝固型酸乳的生产工艺流程（陈历俊和乔为仓，2010）

（5）杀菌和冷却：均质后的原料基液在杀菌部和保持部加热到 90℃，保持 5min，然后冷却到 43～45℃。

（6）接种：接种温度控制在 42～43℃，接种量视发酵剂的种类和活力而定，一般直投式菌种的接种量为 10～20U/t；继代式菌种的接种量为 2%～3%。

（7）灌装：接种后经充分搅拌的牛乳立即连续灌装到零售容器中。

（8）发酵：发酵温度一般为 41～42℃。

（9）冷却：冷却至 5℃左右，目的是终止发酵，迅速而有效地抑制酸乳中乳酸菌生长。

（10）后熟：冷藏温度一般在 2～7℃，12～24h 完成。

凝固型酸乳的生产工艺可查看**视频 17-1**。

视频 17-1

（二）搅拌型酸乳的生产工艺及操作要点

搅拌型酸乳的生产工艺如图 17-6 所示。

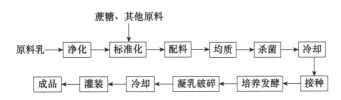

图 17-6 搅拌型酸乳的生产工艺流程（陈历俊和乔为仓，2010）

（1）发酵：搅拌型酸乳生产的培养条件为 42～43℃，2.5～3h。

（2）凝乳破碎：通过机械力破碎凝胶体，使凝胶体的粒子直径达到 0.01～0.4mm。

（3）冷却：发酵结束后迅速降温至 15～22℃。

（4）灌装：均匀混合酸乳和果料后，直接流入灌装机进行灌装。

（三）其他发酵乳制品

其他发酵乳制品还有常温酸乳（即巴氏杀菌酸奶，经乳酸菌发酵后，再次经过热处理，杀灭酸奶中的活乳酸菌，可以在常温下销售和存放）、开菲尔（Kefir，一种发源于世界第一长寿山区高加索的发酵乳，发酵由开菲尔启动）、酸马奶酒（也称马奶酒，是以新鲜马奶为原料，经乳酸菌和酵母等微生物共同自然发酵形成的酸性低酒精含量乳饮料）。

第三节 乳 粉

一、概述

狭义乳粉定义：仅以牛乳或羊乳为原料，经浓缩、干燥制成的粉末状产品。

广义乳粉定义：以生乳或乳粉为原料，添加或不添加食品添加剂和食品营养强化剂等辅料，经脱脂或不脱脂、浓缩干燥或干混合的粉末状产品。此类产品中乳固体应不低于 70%，即全脂型乳蛋白质不低于 16.5%，脂肪不低于 18%，脱脂型乳蛋白不低于 22%。

目前，我国乳制品行业经多年快速发展后，市场规模位居世界前列，婴幼儿配方乳粉占据重要位置，

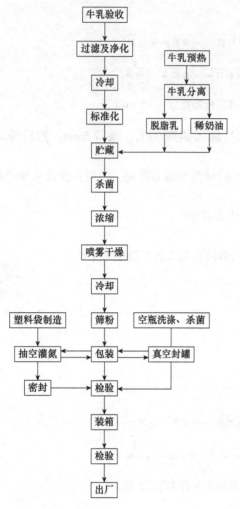

图 17-7 一般乳粉的生产工艺流程（郭本恒，2003）

且保持较快发展，羊奶粉、有机粉、进口粉等高端产品发展迅猛，产品整体质量显著改善，国内消费者信心仍有待加强。乳粉品种多样，但其生产主要包括收乳、标准化、杀菌、干燥、调配等过程。一般乳粉生产工艺见图 17-7。乳粉厂的产品一般包括全脂乳粉、脱脂乳粉、炼乳、奶油、乳清粉、奶油粉、食品专用粉和其他调配乳粉等。一般来说，乳粉质量除各项理化、微生物指标外，还要求无抗生素，这是质量发展的必然趋势。产品质量稳定除生产工艺保证外，原料乳的验收也是关键保障。

二、全脂乳粉

全脂乳粉是含有全部稀奶油的乳粉，用标准化后的全脂乳生产，其蛋白质含量不低于非脂乳固体的 34%，脂肪含量不低于 26% 的粉末状产品。可通过全脂乳与脱脂乳混合实现标准化。牛乳预处理时，其蛋白质、脂肪、乳固体等指标应达到要求，且大部分乳粉是在中等温度范围内产生的，标准化后的全脂乳浓缩到固形物含量 45%～50% 后进行喷雾干燥。尽管乳粉颗粒表面有少量的游离脂肪，但浓缩乳均质后可使其含量降到最低程度。全脂乳粉分为速溶乳粉和非速溶乳粉，区别在于所用的喷雾干燥形式是否喷涂了作为表面活性剂的卵磷脂，因为乳粉表面的游离脂肪影响复水，附聚的全脂乳粉只有在 40℃ 以上时才能速溶，而喷涂卵磷脂后的全脂乳粉在冷水中也能速溶。乳粉中卵磷脂含量为 0.1%～0.3%，卵磷脂的载体油含量为 0.6%～1.5%。

黄油是常用的油载体，有时为了节省成本，也可用植物油。

全脂乳粉中的乳脂肪会导致氧化和酸败，所以在喷雾干燥前常加入抗氧化剂。通常使用丁基羟基茴香醚（BHA）、二丁基羟基甲苯（BHT）、没食子酸丙酯，现也常用维生素 C、维生素 E。全脂乳粉生产工艺一般是鲜乳经标准化、消毒后进入真空浓缩，总固体含量达 42%～46%，由泵打入保温缸暂存，然后进行喷雾。雾滴在干燥室内与热空气经热交换后干燥成乳粉。

三、脱脂乳粉

全脂乳脱去稀奶油所剩部分为脱脂乳，脂肪含量<0.1%。脱脂乳粉可用作加工其他食品的原料，或供特殊营养需求消费者食用。对于老年人，消化不良的婴儿，腹泻、胆囊疾患、高脂症、慢性胰腺炎等患者有一定益处，特别适宜肥胖而又需要补充营养的人群饮用。脱脂乳粉因其脂肪含量较少，易保存，不易发生氧化，是制作饼干、糕点、冰淇淋等的最好原材料。脱脂乳粉生产只要将脱脂乳蒸发浓缩再喷雾干燥即可得到。通过不同热处理，乳蛋白具不同特性，适合不同用途，且不同喷雾干燥系统和加工技术生产的乳粉的物理特性也有不同。广义上，按照加工方式可分为低热脱脂乳粉、中热脱脂乳粉、高热脱脂乳粉。

低热脱脂乳粉主要用于干酪生产，用于生产干酪、酸奶用乳的标准化和制备干酪发酵剂。为使乳清蛋白变性程度尽量低，且保证不含乳清蛋白及酪蛋白复合物，生产低热脱脂乳粉时，脱脂乳的热处理温度应尽量低一点，但需保证微生物数量达到卫生指标。脱脂乳粉的选择对干酪和酸奶生产很重要，为避免发酵剂的抑制作用，不能使用含抗生素的牛乳。

大多数脱脂乳粉属于中热脱脂乳粉。其预热温度较高，乳清蛋白氮指数（WPNI）范围较宽。生产乳清蛋白变性程度不同的乳粉时，预热处理工序类型选择较多。蛋白质变性程度和变性方式、乳中乳清蛋白-乳清蛋白复合物和酪蛋白-酪蛋白复合物的比例取决于乳粉的最终应用。中热脱脂乳粉作为配料被广泛应用于巧克力糖果和一些含蔗糖糖果产品的生产中，同时也应用于再制炼乳、冰淇淋、甜食、汤和调味料及各种冷饮或热饮中。它具有多功能性质，可提供乳化、持水、增稠等作用及各种颜色和风味。在某些产品中，其增白作用明显；对于颜色有特定要求的产品，则可通过美拉德褐变反应增色。中热脱脂乳粉制造常用再湿附聚速溶乳粉的生产方法。

高热脱脂乳粉主要用于生产再制淡炼乳，尤其是高温下热稳定性好的脱脂乳粉。乳粉产品成分要求加入黄油后，复水制得液态乳，在经二次均质来保证乳浊液中脂肪的稳定性。加入卡拉胶可防止脂肪分离，加入卵磷脂作乳化剂可保持体系稳定。要提高牛乳蛋白的热稳定性就需要热稳定性好的稳定剂，如磷酸盐和柠檬酸盐。

四、调配乳粉

除以上工业用乳粉，乳粉厂还生产可直接食用的调配乳粉，即在乳粉中添加食品营养强化剂和其他配料而制成的粉末状产品。目前，除传统的全脂加糖乳粉、高钙乳粉、中老年乳粉、学生乳粉外，又出现了各种食品专用粉，以满足不同食品需要。

婴幼儿配方乳粉指以新鲜牛乳为原料，以母乳中各营养元素的种类和比例为基准，添加适量乳清蛋白、多不饱和脂肪酸、乳糖、复合维生素、复合矿物质等，达到配方乳粉的蛋白质、脂肪酸、碳水化合物、维生素、矿物质母乳化的目的。作为母乳替代品，其可满足3岁以下婴幼儿的生长发育和营养需求。根据适用于不同的月龄阶段，可分为婴儿配方乳粉（0～6个月龄）、较大婴幼儿配方乳粉（6～12月龄）、幼儿配方乳粉（12～36月龄）。

目前，调配乳粉中还有很多食品专用粉产品出现，以更细的市场细分满足不同行业、不同产品的需要，如咖啡专用粉、冰淇淋专用粉、饼干专用粉等。

第四节　浓缩乳制品

一、概述

乳的浓缩指利用外界的推动力将乳中水分除去的过程。其目的主要包括两个方面：第一，缩小乳体积，浓缩可除去70%～80%的水分，便于包装运输；第二，提高产品质量，浓缩可使乳的干物质含量提高，改善色泽。浓缩乳制品的种类主要是炼乳，按成品是否加糖分为加糖炼乳（甜炼乳）和不加糖炼乳（淡炼乳）；按成品是否脱脂可分为全脂炼乳、半脱脂炼乳和脱脂炼乳；按特殊工艺要求，可分为强化炼乳、花色炼乳和调制炼乳等。伴随浓缩乳制品类的相关行业标准不断出台和执行，对浓缩乳制品的发展产生了正面促进作用。持续加大科技支持，从原料生产、新原料补充、新包装材料应用及储运各环节加大质量控制力度，确保浓缩乳制品的高质量发展是未来浓缩乳制品的主要发展趋势。

二、淡炼乳

淡炼乳是以生乳和（或）乳制品为原料，添加或不添加食品添加剂和营养强化剂，经加工制成的黏稠状产品。淡炼乳也称无糖炼乳，是将牛乳浓缩到1/2.5～1/2后装罐密封，然后再进行灭菌的一种炼乳。淡炼乳的生产工艺流程如下。

牛乳 → 标准化 → 预热 → 浓缩 → 均质 → 冷却 → 再标准化 → 装罐 → 灭菌 → 贮存

1）原料乳的质量要求　　淡炼乳在生产工艺中需经高温灭菌。

2）原料乳的标准化　　淡炼乳规定的乳干物质含量通常为8%脂肪和18%非脂乳固体。

3）预热杀菌　　一般采用95～100℃、10～15min的杀菌，有利于提高热稳定性。

4）浓缩　　乳的浓缩经常采用多效降膜蒸发器，浓缩终点的判定常采用波美计进行测定。

5）均质　　采用二段均质，第一段压力为15～25MPa，第二段为5～10MPa。

6）冷却　　均质后的浓缩乳需迅速冷却至 10℃ 以下。

7）再标准化　　目的是调整乳干物质浓度使其合乎要求，也称浓度标准化。

8）加稳定剂　　加入柠檬酸钠、磷酸二氢钠、磷酸氢二钠可使可溶性钙、镁减少，增强了酪蛋白的热稳定性。

有关淡炼乳的国家标准见 GB 13102—2010。

三、甜炼乳

甜炼乳是以生乳和（或）乳制品、食糖为原料，添加或不添加食品添加剂和营养强化剂，经加工制成的黏稠状产品。加糖炼乳在牛乳中加入约 16% 的蔗糖，并浓缩到原来体积 40% 左右。其生产工艺流程如下。

牛乳 → 标准化 → 预热 → 加糖 → 浓缩 → 调整黏度 → 冷却结晶 → 灌装 → 贮存

1）预热杀菌　　预热条件一般为 75℃ 以上保持 10～20min 及 80℃ 左右保持 5～10min。

2）加糖　　主要使用蔗糖，添加量为原料乳的 15%～16%。

3）浓缩　　浓缩时牛乳温度一般保持在 49～59℃。

4）调整黏度　　生产中要根据情况，适当调整工艺条件，保持产品质量稳定。

5）冷却　　迅速冷却至常温，防止成品变稠，发生褐变。

6）乳糖结晶　　冷却结晶过程要求创造适当的条件，促使乳糖形成"多而细"的结晶。

7）灌装　　由于甜炼乳灌装后不再杀菌，所以灌装机和容器应经过严格的消毒。

有关甜炼乳的国家标准见 GB 13102—2010。

四、调制炼乳

调制炼乳是以生乳和（或）乳制品为主料，添加或不添加食糖、食品添加剂和营养强化剂，添加辅料，经加工制成的黏稠状产品。调制炼乳分为调制甜炼乳和调制淡炼乳，其生产工艺分别同甜炼乳和淡炼乳类似。主要工艺参数如下。

1）原辅材料验收　　包括鲜乳和（或）乳粉并使用植物油替代部分或全部乳脂肪。

2）预热均质　　一般采用二次均质。第一次在配料后先将物料预热至 70～75℃ 进行均质，采用二级均质压力，一级压力为 12MPa，二级压力为 4MPa；第二次均质在浓缩后冷却至 65%～70% 进行，一级压力一般为 13MPa，二级压力为 4MPa。

3）杀菌　　调制淡炼乳生产时，若加入原料鲜乳，其杀菌工艺参考淡炼乳预热杀菌工艺；若全部使用乳粉和其他原料，杀菌工艺一般采用 85～92℃、30s 即可。

4）其他工艺　　调制淡炼乳生产的浓缩及其他工艺与淡炼乳相同。

调制淡炼乳的质量控制要点基本与淡炼乳相同。由于调制淡炼乳使用的原料种类较多，可能引起产品质量问题的因素也较多，需特别关注原辅材料质量和生产工艺的控制。

五、其他浓缩乳制品

除了上述浓缩乳制品外，还有一些浓缩产品，如浓缩乳酪、浓缩乳清、浓缩脱脂乳等，有一些属于直接消费的产品，有一些则是加工成半成品或工业用产品，见表 17-2。

表 17-2　其他浓缩乳与乳粉的化学组成比较（%）

产品	乳糖	蔗糖	蛋白质	盐类	脂肪	水
浓缩乳酪	15.0	—	11.2	2.4	1.4	70.0
浓缩甜酪乳	15.0	42.0	11.2	2.4	1.4	28.0
酪乳粉	47.9	—	36.0	7.8	4.5	3.5
脱脂淡炼乳	16.2	—	11.1	2.5	0.2	70.0
脱脂甜炼乳	16.2	42.0	11.1	2.5	0.2	28.0

续表

产品	乳糖	蔗糖	蛋白质	盐类	脂肪	水
脱脂乳粉	52.1	—	35.7	8.0	1.0	3.2
浓缩乳清	51.3	—	10.1	6.0	0.6	32.0
浓缩甜乳清	28.7	38.0	5.6	3.4	0.3	24.0
乳清粉	72.7	—	14.2	8.5	0.6	4.0

注："—"表示无数据

第五节　乳脂类产品

一、概述

乳脂肪是乳中的主要能量物质和重要营养成分，是已知的组成和结构最为复杂的脂质。作为有价值的能量来源，乳脂类产品在许多国家都是传统膳食的一部分。乳脂产品包括稀奶油、奶油、无水奶油、冰淇淋、含乳脂涂抹产品、乳脂混合物、乳脂甜点、奶油粉等。

二、稀奶油

依据我国标准《食品安全国家标准 稀奶油、奶油和无水奶油》（GB 19646—2010）规定，稀奶油是以乳为原料，分离出的含脂肪的部分，添加或不添加其他原料、食品添加剂和营养强化剂，经加工制成的脂肪含量10%~80%的产品。依据稀奶油脂肪含量，可将其分为以下几种。

1）中高脂稀奶油　脂肪含量在48%~80%，包括中脂稀奶油（脂肪含量48%）、浓缩稀奶油（如凝结稀奶油，脂肪含量≥55%）和高脂稀奶油（脂肪含量70%~80%）。中脂稀奶油用于欧式糕点加工，充分搅打后质地非常黏稠；凝结稀奶油为英国西南部传统食品，通常作为茶点和餐后甜点；高脂稀奶油为一种塑性稀奶油，具有涂抹性。

2）搅打稀奶油（whipping cream）　脂肪含量30%~40%，用于西餐、焙烤和蛋糕裱花。

3）酸性稀奶油（sour cream）　脂肪含量10%~40%，用作调料、零食和蔬菜蘸料、酱汁和调味品的配料等。

4）一次性分离稀奶油　脂肪含量18%~35%，如咖啡稀奶油。

5）低脂稀奶油（half or single cream）　脂肪含量10%~18%，用于咖啡及浇淋水果、甜点和谷物类早餐。

稀奶油的生产工艺流程见图17-8。稀奶油的质量控制主要需要改善稀奶油的稳定性和絮凝性（clustering）。在稀奶油生产过程中很难避免其在杀菌或灭菌时凝结，然而，灭菌稀奶油产品在充分均质后能防止稀奶油迅速沉淀及脂肪球聚合。均质对稳定性弱的稀奶油在热凝结时起重要作用。均质压力越大，热稳定性越差。稀奶油乳脂絮凝会在比较低的均质压力下出现。所以，必须寻找中间产物，尽可能将脂肪球分割开来。在实际生产中，往往通过在均质奶油团结构中添加稳定剂防止絮凝的产生。

稀奶油的原料质量、加工过程、包装和存放条件，以及成品在市场的流通环节都会对产品质量产生影响。常见的质量问题有以下几点。

1）形成不良风味　原料乳的不良风味在后续稀奶油的分离浓缩中会被放大，使缺陷更加明显。可对原料乳和分离出的稀奶油进行脱气处理，注意控制脱气压力，防止脂肪球破坏。稀奶油易吸收环境中风味，要特别注意选用的包材和存放环境，防止不良风味迁移。

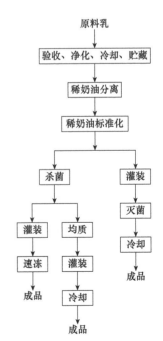

图 17-8　稀奶油的生产工艺流程
（顾瑞霞，2010）

2）微生物污染　腐败微生物产生的脂肪酶和蛋白酶有较强的耐热性，不仅容易引起腐败味或者苦味，还会造成产品质地变厚或者形成凝胶，由于脂肪对于微生物有一定保护作用，建议稀奶油的杀菌温度和强度略强于牛乳。

3）氧化缺陷　加工设备中金属成分，如铜离子和铁离子等，会促使脂肪氧化产生不良风味，如"纸箱味""金属味""油脂味""鱼腥味"等。太阳光、荧光甚至普通的自然光都会导致稀奶油产生不良风味，选择特殊材质的包装，能在一定程度上降低产品的氧化风险。

4）产品物理缺陷和稳定性　稀奶油产品加工中，脂肪分离、均质和泵送等机械处理都可能破坏脂肪球膜，影响成品黏度，严重时会导致脂肪结块、沉淀或者形成奶油栓，合适的均质工艺能够有效防止脂肪层上浮和相分离现象。

三、奶油

依据我国标准（GB 19646—2010）规定，奶油是指以乳和（或）稀奶油（经发酵或者不发酵）为原料，添加或者不添加其他原料、食品添加剂和营养强化剂，经加工制成的脂肪含量不小于80%的产品。奶油常被分成两种主要类型：甜性奶油和发酵（酸性）奶油。甜性奶油的风味平淡、细腻，有稀奶油味，而发酵奶油的风味则更为强烈，有丁二酮风味。

奶油的加工工艺流程如图17-9所示。主要工艺步骤如下。

图 17-9　奶油的生产工艺流程

1）稀奶油的预处理　含巴氏杀菌、真空加热脱臭、冷却、微生物和（或）物理成熟。原料稀奶油酸度应低于0.135%，温度低于6℃，无抗生素等抑制剂，感官指标与常规奶油类似。

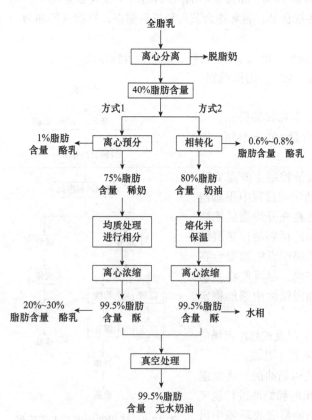

图 17-10　以稀奶油（方式1）和奶油（方式2）为原料制作无水奶油的工艺流程（刘振民，2019）

2）机械搅拌　成熟后稀奶油调整至合适温度，送到搅拌器中，利用机械冲击力使脂肪球膜破坏而形成团块，这一过程为"搅拌"。

3）洗涤、加盐、添加色素和调味料　洗涤可去除奶油粒表面的酪乳和调整奶油的硬度，加盐能增加风味和抑制微生物繁殖，加入色素可保持奶油色泽的一致性。

4）压炼　指将奶油粒压成奶油层的过程。制造良好的奶油在−20℃、10℃和20℃的贮藏条件下可以至少保存2年、20天和10天。在冷藏期间，由于铜元素的存在而导致自氧化的发生是影响奶油品质的主要因素，在加工过程中即使是微量的铜污染也应该严格阻止。

四、无水奶油

依据我国标准（GB 19646—2010）规定，无水奶油是指以乳和（或）奶油或稀奶油（经发酵或者不发酵）为原料，添加或者不添加食品添加剂和营养强化剂，经加工制成的脂肪含量不小于99.8%的产品。

制备无水奶油的原料为新鲜稀奶油或者奶油（甜性和酸性奶油、含盐或不含盐），以二者为原料的生产工艺流程如图17-10所示。在生产中，所用原料稀奶油或者奶油本身应无化学和微生物等污染，避免引起产品质量和风味缺陷。稀奶油原料至少采用85℃处理，以杀灭有害微生物，钝化脂肪酶，防止脂肪酶分解脂肪形成游离氨基酸，产生游离氨基酸是造成产品不良风味的主要因素。以奶油为原料时，首先加热至60～70℃熔化。采用板式热交换器的加热方式可有效避免空气进入。熔融奶油通过一系列的分离器进行浓缩，同时去除沉淀物。浓缩后，继续加热至90～95℃，最后经真空干燥后包装。

第六节　干酪及其制品

一、概述

　　干酪营养丰富，是最主要的乳制品类别之一。据国家统计局资料显示，2020年，国内干酪产量接近200万吨，同比增长率高于2.0%，总量接近总乳制品的6.0%。目前，国内干酪的消费市场正在迅速扩大，随着我国乳业发展与国民生活水平的改善，干酪及其制品的生产与消费也将成为我国乳品工业新的增长点。

二、干酪

　　干酪指在乳中加入适量的乳酸菌和凝乳酶，在乳蛋白（主要是酪蛋白）凝固后排出乳清，并将凝块压成所需形状而制成的产品。制成后未经发酵成熟的产品，称为新鲜干酪；经长时间发酵成熟而制成的产品，称为成熟干酪。国际上将这两种干酪统称为天然干酪。干酪分类十分复杂，国际上常把干酪分为天然干酪、再制干酪和干酪食品。按干酪的质地、脂肪含量和成熟情况进行分类也是比较通行的方法。

　　普通天然干酪加工的基本工艺流程见图17-11。

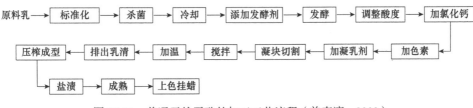

图17-11　普通天然干酪的加工工艺流程（曾寿瀛，2003）

　　1）原料的预处理　　生产干酪的原料奶必须新鲜（牛奶18°T，羊奶10～14°T），且不应含有任何抑菌物质。检验合格后再进行预处理。实际生产中，多采用60℃、30min或71～75℃、15s进行原料杀菌。

　　2）添加发酵剂和预酸化　　原料乳经杀菌后，冷却至30～32℃，直接泵入干酪槽，加入1%～2%活化好的发酵剂，30～32℃充分搅拌3～5min，发酵30～60min，最后酸度控制在0.18%～0.22%。加入发酵剂可将乳糖发酵为乳酸，提高凝乳酶活性，缩短凝乳时间，促进切块后凝块中乳清的析出，更重要的是在成熟过程中，发酵剂利用本身的各种酶类促进干酪的成熟，防止杂菌滋生。

　　3）加入添加剂与调整酸度　　为改善凝固性能，提高产品质量，可在每100kg原料乳中添加5～20g的氯化钙（$CaCl_2$），改变盐类平衡，促进凝块形成。为使产品色泽一致，还应在原料中加入胭脂树橙（annatto）的碳酸钠抽出液，根据颜色要求每1000kg加入30～60g。为防止、抑制产气菌，还可加入适量硝酸盐（要精确计算）。由于发酵酸度很难控制稳定一致，为保证产品质量，生产上一般用1mol盐酸将原料酸度调整为0.21%左右。

　　4）添加凝乳酶和凝乳的形成　　根据凝乳酶效价和原料质量计算出酶的用量，用1%的食盐水将酶配成2%的溶液，加入到原料乳中，充分搅拌2～3min，加盖，在28～30℃下保温约30min，使乳凝固并达到要求。

　　5）凝块切割　　在达到适当硬度的凝乳表面切割出深约2cm、长约5cm的小口，用食指从切口处插入凝块约3cm，当手指上挑时，如裂面整齐平滑，指上无小片凝块残留，渗出乳清澄清透明，则可开始切割。切割时需用干酪刀，应注意动作轻稳，防止切割不均或过碎。

　　6）凝块的搅拌及加温　　凝块切割后即可用干酪耙或干酪搅拌器轻轻搅拌，15min后搅拌速度可稍微加快。与此同时，在干酪槽的夹层里通入温水渐渐升温，严格限制，初始时每3～5min升高1℃，当温度升至35℃时，则每隔3min升高1℃。当温度达到最终要求（具体根据干酪品种而定）时，停止加热并维持此温度一段时间，且继续搅拌。

7）排出乳清　在搅拌升温的后期，乳清的酸度达0.17%～0.18%时，凝块收缩至原来的一半大小，这时可根据经验用手检查凝乳颗粒的硬度和弹性决定是否马上排出乳清。排出乳清有多种方式，不同的方式得到的干酪的组织结构不同。常见方式有捞出式、吊带式和堆积式。

8）压榨成型　压榨是指对装在模中的凝乳颗粒施加一定的压力，可进一步排掉乳清，使凝乳颗粒成块，并形成一定的形状，同时表面变硬。

9）加盐　加盐可改变干酪风味、组织状态和外观，延缓乳酸发酵进程，抑制腐败微生物生长，还可降低水分，控制干酪成品中水分。干酪加盐的方法有：将食盐撒布在干酪料中，并在干酪槽中混合均匀；将食盐涂布在压榨成型后的干酪表面；将压榨成型后的干酪置于盐水中腌渍，盐水的浓度第一天到第二天为17%～18%，以后保持在20%～23%。为了防止干酪内部产生气体，盐水的温度应保持在8℃左右。腌渍时间一般为4天，采用上述几种方法的混合。

10）干酪的成熟　新鲜干酪，如农家干酪和稀奶油干酪一般认为是不需要成熟的，而契达干酪、瑞士干酪等则是成熟干酪。干酪成熟是指人为地将新鲜干酪置于较高或较低的温度下，长时间存放，通过有益微生物和酶的作用，使新鲜的凝块转变成具有独特风味、组织状态和外观的过程。成熟干酪一般局限于用凝乳酶凝乳制成的干酪。不同干酪成熟时要求的温度（2～16℃）和时间长度（2～48个月）差别很大。干酪凝块积压成型后，首先将表面擦干，挂蜡或用塑料膜密封，涂上一些油，然后放入成熟室，定期反转、加盐或清洗。

有关干酪的国家标准见GB 5420—2021。

三、再制干酪

以干酪（比例大于15%）为主要原料，加入乳化盐，添加或不添加其他原料，经加热、搅拌、乳化等工艺制成的产品为再制干酪。一般可将其分为加工干酪、干酪食品、涂抹干酪三种。

加工干酪的生产工艺流程如图17-12所示。

$$\boxed{原料干酪的选择} \rightarrow \boxed{前处理与配合} \rightarrow \boxed{切断、粉碎} \rightarrow \boxed{熔融、乳化} \rightarrow \boxed{充填、包装}$$

图17-12　再制干酪加工工艺流程（张和平和张列兵，2012）

关键工艺要求及参数如下。

1）原料干酪的选择　原料干酪的品质直接决定了再制干酪成品的品质，因此对原料进行验收时，除常规理化和微生物指标外，还需对其进行感官评定。

2）前处理与配合　原料干酪在加工处理前用纯净水清洗后，去硬外皮，依其成熟度、水分含量等适量配合。

3）切断、粉碎　将干酪切成较大条块状后，进行细分切割，用粉碎机粉碎称量后，放入熔融釜中，确保其在生产过程正常熔化。有时，在切割中可加入其他一些配料。

4）熔融、乳化　熔融过程是再制干酪生产中最重要的阶段，其主要目的是保证"奶油化"。主要工艺参数是熔化温度、熔化时间、搅拌速度。涂抹再制干酪需较高的熔化温度、较长的熔化时间、较快的搅拌速度。切片、切块再制干酪则与之相反。

5）充填、包装　将熔化的涂布干酪导入适当容器或模子中，包装、密封、冷却，并在5～10℃冷藏。

关于再制奶酪的国家标准见GB 25192—2010。

第七节　冷冻饮品

一、概述

根据中国焙烤食品糖制品工业协会发布的资料，2020年国内冷冻饮品总产量接近200万吨，其中冰淇淋为主要涵盖产品。结合国外近几年冰淇淋研发和产品上市情况，其将朝着能满足多种需求的全方位、多层次、宽范围方向发展。

二、冰淇淋

以饮用水、乳和（或）乳制品、蛋制品、水果制品、豆制品、食糖、食用植物油等的一种或多种为原辅料，添加或不添加食品添加剂和（或）食品营养强化剂，经混合、灭菌、均质、冷却、老化、冻结、硬化等工艺制成的体积膨胀的冷冻饮品。包括全乳脂冰淇淋、半乳脂冰淇淋、植脂冰淇淋。含乳冰淇淋的一般生产工艺如图17-13所示。

关键工艺要求及参数如下。

1）原料混合　按照规定配方，将鲜奶、脱脂乳粉、蛋黄粉等混合，水浴加热至40℃；将明胶、瓜尔胶、单甘酯与蔗糖混合均匀，用热水溶解，缓慢加入到体系中；最后，加入一定量稀奶油，混合均匀。

2）杀菌　一般采用巴氏杀菌法，杀菌条件一般为间歇式巴氏杀菌68℃、30min，高温短时巴氏杀菌80℃、25s，超高温巴氏杀菌100～128℃、3～40s。若使用淀粉，则必须提高杀菌温度或延长杀菌时间。

3）均质　目的是使冰淇淋组织细腻、黏度增加、稳定性和持久性提高。一般而言，均质温度为60～65℃，均质

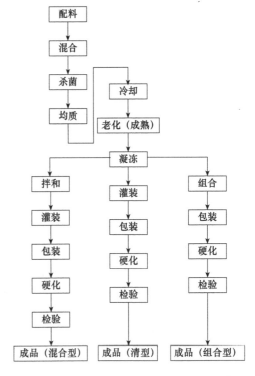

图17-13　冰淇淋的一般生产工艺（张和平和张佳程，2019）

压力为第一段14～18MPa、第二段3～4MPa。其作用有：使脂肪球细小均一，避免脂肪上浮及脂肪层形成；使更多乳化剂、蛋白质等均匀分布到脂肪球表面，起胶体层保护作用，提高混合料的搅打性能，缩短成熟时间及搅打时间，使制品组织细腻；节省部分乳化剂、稳定剂，扩大原料选择范围；使混合料液更加均匀，黏度增加，改善制品熔化特性。

4）冷却　均质完成后，使料液温度迅速降至4℃，并按比例加入原料液。

5）老化　为提高成品膨胀率、改善成品组织状态，将混合均匀的料液置于4℃老化12h。其作用包括提高蛋白质与稳定剂的水合作用；防止脂肪上浮及酸度增加和游离水析出，缩短凝冻时间，改善冰淇淋组织状态；促进破乳化作用及脂肪的聚集，干物质越高，老化时间越短。

6）凝冻　将老化后的物料加入冰淇淋机中，在强制搅拌下进行冷冻，同时，使空气呈微小的气泡均匀地分布于混合料中。

7）灌装　可包装的容器有杯子、蛋卷等，填充后加盖，随后通过速冻隧道，最终于−20℃冷冻以进行硬化。

8）硬化　将冰淇淋装于容器内，于−20℃速冻硬化并保存待用。速冻硬化对冰淇淋的成型起着至关重要的作用，硬化速度越快，冰淇淋形成的冰晶颗粒越小，得到的产品口感越细腻；反之，硬化速度慢，冰晶颗粒大且多，冰淇淋口感差。

关于冰淇淋的质控见国家标准GB/T 31114—2014。

三、雪糕

雪糕是以饮用水、乳和（或）乳制品、蛋制品、水果制品、豆制品、食糖、食用植物油等的一种或多种为原辅料，添加或不添加食品添加剂和（或）食品营养强化剂，经混合、灭菌、均质、冷却、成型、冻结等工艺制成的冷冻饮品。

雪糕的一般生产工艺如图17-14所示。

关键工艺要求及参数如下。

1）混合料配制　可先将黏度低的原料（如水、牛乳等）加入，黏度高或含水分低的原料（如冰蛋、全脂甜炼乳、可可脂）等依次加入，经混合后制成混合料液。

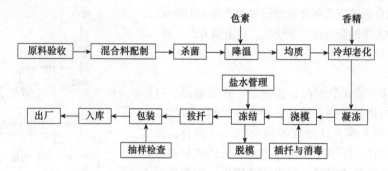

图 17-14　雪糕的一般生产工艺（苏东海，2010）

2）杀菌、均质、冷却　杀菌条件一般为 85～87℃，5～10min；均质条件为 60～70℃，15～17MPa。均质后的料液可直接进入冷却缸，温度降至 4～6℃。

3）浇模　冷却好的混合料需要快速硬化，因此要将混合料灌装到一定模型的模具中，此称为浇模。浇模之前要将模具（模盘）、模盖、扦子进行杀菌。

4）插扦　要求插得整齐端正，不得有歪斜、漏插及未插牢现象。

5）冻结　雪糕的冻结有直接冻结法和间接冻结法。冻结速度越快，产生的冰结晶就越小，质地越细；相反则产生的冰结晶大、质地粗。

6）脱模　需用烫模盘槽，条件为 48～54℃，数秒，以能脱模为准。烫模后应立即嵌入拔扦架上，用金属钳用力夹住雪糕扦子，将一排雪糕送往包装台。

关于雪糕的质控见国家标准 GB/T 31119—2014。

第八节　其他乳制品

一、蛋白类产品

乳蛋白类产品是指牛乳蛋白含量超过 50% 且不含有脂肪的产品。目前可生产的乳蛋白类产品有三种类型：全乳蛋白（含有酪蛋白和乳清蛋白）、乳清蛋白和酪蛋白（干酪素）。传统的乳蛋白制品加工包括干酪、干酪素、乳白蛋白和共沉淀物等。近年膜技术的发展促进了一些新产品，如浓缩乳清蛋白（WPC）和浓缩乳蛋白（MPC）的诞生。不同原料加工乳蛋白制品的简单流程如图 17-15 所示。加工方式的不同会直接影响乳蛋白类产品中乳蛋白质的组成和性质，乳蛋白制品的成分和功能特性对于其功能特性极其重要。

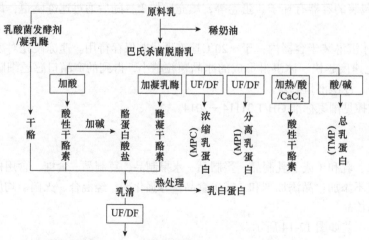

图 17-15　各种不同原料加工乳蛋白质产品的简单流程图（张和平和张列兵，2012）

UF/DF 为超滤/渗滤

在生产中，如何提高乳蛋白浓度，去除其他的非脂乳固形物（乳糖和盐分），是保持和改善乳蛋白质功能特性的核心。各种乳蛋白产品组成和制备方法见表17-3。

表17-3 各种乳蛋白制品[①]及其组成概览（张和平和张列兵，2012）

产品	制备方法	原料	基本成分 /%			
			粗蛋白	碳水化合物	灰分	脂肪
浓缩乳蛋白	超滤	脱脂乳	42～85	1～46	7.1～8.2	
分离乳蛋白	超滤	脱脂乳	86～92	～1	～6	～1.8
共沉物	加热＋钙盐处理[④]	脱脂乳	～85	～1	～8	～2
酸性干酪素	酸凝固	脱脂乳	83～95	0.1～1	2.3～3	～2
酪蛋白酸钠	酸凝＋NaOH	脱脂乳	81～88	0.1～0.5	～4.5	～2
酶凝干酪素	凝乳酶凝固	脱脂乳	79～83	～0.1	7～8	～1
分离乳清蛋白	离子交换	乳清	85～92	2～8	1～6	～1
浓缩乳清蛋白	超滤	乳清	50～85	8～40	1～6	<1
浓缩乳清蛋白	电渗析＋乳糖结晶	乳清	27～37	40～60	1～10	～4
乳清粉[②]	喷雾干燥	乳清	～11	～73	～8	～1
乳清复合物	偏磷酸盐	乳清	～55	～13	～13	～5
乳清复合物	CMC	乳清	～50	～20[③]	～8	～1
乳清复合物	铁＋多聚磷酸盐	乳清	～35	～1	～54	～1
乳白蛋白	加热＋酸处理	乳清	～78	～10	～5	～1

注：①产品常干燥至水分含量3%～8%；②此处作为比较；③含CMC（羧甲基纤维素）；④或采用pH结合热处理的方法

二、乳糖类产品

在乳品工业中，乳糖类产品主要有乳糖和乳清粉两类。乳清粉是最简单的乳清产品，是乳清经浓缩和结晶后喷雾干燥制得。乳糖是乳清的主要成分，是乳清综合利用的副产品，它在食品、医药等方面应用广泛。乳糖生产方法主要有结晶法、碱土金属沉淀法和有机溶剂沉淀法，其中结晶法最为常用，生产工艺流程见图17-16。

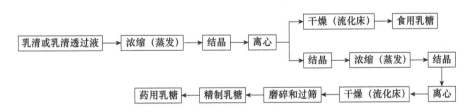

图17-16 结晶法（以乳清或乳清透过液为原料）生产乳糖的工艺流程图（顾瑞霞，2010）

1）原料及其预处理 乳清及其超滤透过物是生产乳糖的基本原料。从乳清中去除蛋白质可以提高乳糖结晶效率。

2）乳清的浓缩 真空蒸发浓缩应用较多，可将乳清浓缩至干物质含量为60%～70%，乳糖含量达到54%～55%，反渗透浓缩技术应用成本较低，但浓缩最大限度固形物在20%左右，一般只限于乳清预浓缩工序。

3）乳糖的结晶 通过冷却操作实现乳糖从浓缩乳清中结晶析出，有间歇式和连续式两种方法，目前间歇式应用较多，主要是自然结晶法和强制结晶法。

4）结晶的分离 生产中主要利用离心脱水机使乳糖结晶与糖液分离，以除去残存的母液和大部分盐类。

5）乳糖的干燥 脱水离心后乳糖含水量为10%～15%，采用干燥处理后含水量不应超过1%～1.5%，呈乳黄色分散状，制得的粗制乳糖成品率为牛乳总量的3%～3.4%。

6）母液回收与二次结晶　　在分离、洗涤和脱水后收集到的母液中，乳糖含量约为牛乳总乳糖含量的1/3，并含有蛋白质和盐类，要先去除蛋白类杂质，再浓缩，结晶体与二次母液的分离操作与从净化乳清制造乳糖相同。

7）乳糖的精制　　粗制乳糖含有蛋白质、灰分等不纯物，主要采用活性炭吸附法和离子交换树脂法进行乳糖精制，获得的精制乳糖得率约为牛乳中乳糖的一半（2.35%左右），占粗制乳糖原料的68%～70%。

本章小结

1. 乳是哺乳动物为哺育幼儿从乳腺分泌的一种白色或稍带黄色的不透明液体，富含蛋白质、乳脂肪、乳糖、矿物质、维生素、酶等营养物质，是哺乳动物出生后最适于消化吸收的全价食物。

2. 发酵乳是以生牛（羊）乳或乳粉为原料，经杀菌、发酵后制成的pH降低的产品。酸乳是以生牛（羊）乳或乳粉为原料，经杀菌、接种嗜热链球菌和保加利亚乳杆菌（德氏乳杆菌保加利亚亚种）发酵制成的产品。

3. 淡炼乳是将牛乳浓缩到1/2.5～1/2后装罐密封，然后再进行灭菌的一种炼乳。其浓缩经常采用多效降膜蒸发器，浓缩终点的判定常采用波美计进行测定。加糖炼乳在牛乳中加入约16%的蔗糖，并浓缩到原来体积的40%左右。冷却结晶过程要求创造适当的条件，促使乳糖形成"多而细"的结晶。

4. 不同加热方式生产的脱脂乳粉应用范围不同，低热脱脂乳粉主要用于干酪和酸奶的生产，要求不含抗生素；中热脱脂乳粉作为配料应用于糖果、冰淇淋、甜食、汤和调味料及各种饮品中；高热脱脂乳粉主要用于生产再制淡炼乳。

5. 干酪成熟是指人为地将新鲜干酪置于较高或较低的温度下，长时间存放，通过有益微生物和酶的作用，使新鲜的凝块转变成具有独特风味、组织状态和外观的过程。干酪加盐可以改变干酪的风味、组织状态和外观，延缓乳酸发酵进程，抑制腐败微生物生长，加盐还可以降低水分，起到控制干酪成品中水分的作用。

【思考题】

1. 简述乳中的主要成分有哪些。
2. 简述凝固型酸乳、搅拌型酸乳和浓缩酸乳的制作工艺的基本流程。
3. 简述速溶乳粉与非速溶乳粉的加工工艺区别。
4. 简述稀奶油的生产工艺流程。
5. 哪种类型的奶酪可能更适合中国人口味？简述理由。
6. 简述冰淇淋在生产过程中出现冰晶的原因及控制方法。

参考文献

陈历俊，乔为仓. 2010. 酸乳加工与质量控制. 北京：中国轻工业出版社.

顾瑞霞. 2010. 乳与乳制品工艺学. 北京：中国计量出版社.

郭本恒. 2003. 乳粉. 北京：化学工业出版社.

郭本恒，刘振民. 2015. 干酪科学与技术. 北京：中国轻工业出版社.

郭成宇，吴红艳，许英一. 2016. 乳与乳制品工程技术. 北京：中国轻工业出版社.

李里特. 2011. 食品原料学. 第2版. 北京：中国农业出版社.

李晓东. 2011. 乳品工艺学. 北京：科学出版社.

蔺毅峰. 2006. 冰淇淋加工工艺与配方. 北京：化学工业出版社.

刘振民. 2019. 乳脂及乳脂产品科学与技术. 北京：中国轻工业出版社.

骆承庠. 2010. 乳与乳制品工艺. 北京：中国农业出版社.

任国谱，肖莲荣，彭湘莲. 2013. 乳制品工艺学. 北京：中国农业科学技术出版社.

苏东海. 2010. 乳制品加工技术. 北京：中国轻工业出版社.

曾寿瀛. 2003. 现代乳与乳制品加工技术. 北京：中国农业出版社.

张和平，张佳程. 2019. 乳品工艺学. 北京：中国轻工业出版社.

张和平，张列兵. 2012. 现代乳品工业手册. 第2版. 北京：中国轻工业出版社.

第十八章　肉制品加工工艺与产品

本章介绍的肉制品的加工主要包括肠类制品、火腿制品、腌腊肉制品、酱卤肉制品、熏烧烤肉制品、干肉制品、油炸肉制品、调理肉制品的加工工艺等内容。

学习目标

能够从组织学和化学角度指出肉的组成。

掌握肌肉的三个加工性能（凝胶性、乳化性、保水性）及其影响因素。

掌握肉制品的分类。

能够描述腌腊肉制品、酱卤肉制品、火腿制品和香肠制品的基本特征、基本加工工艺。

第一节　原料肉及加工产品概述

一、肉的基本组成

生活中对于"肉"的定义是能够用于食用的动物体组织，但从科学研究的角度上讲，肉指动物的肌肉组织和脂肪组织及附着于其中的结缔组织、骨骼组织、微量的神经和血管。这些组织的构造、性质及其含量直接影响肉品质量、加工用途和商品价值，肌肉组织、脂肪组织、骨骼组织和结缔组织在整个胴体中的比率与屠宰动物的种类、品种、性别、年龄和营养状况等因素密切相关（表 18-1）。

表 18-1　肉中各种组织占胴体重量的百分比（%）（孔保华和韩建春，2011）

项目	牛肉	猪肉	羊肉
肌肉组织	57～62	39～58	49～56
脂肪组织	3～16	15～45	4～18
骨髓组织	17～29	10～18	7～11
结缔组织	9～12	6～8	20～35
血液	0.8～1	0.6～0.8	0.8～1

在组织学上，肌肉组织分为骨骼肌、心肌和平滑肌三类。所有肌肉的基本构造单位都是肌纤维，肌纤维由肌原纤维、肌浆、肌质网及肌膜组成，各肌纤维间通过肌内膜隔开。根据收缩特性、微观结构、色泽、ATP 酶活性等特性，肌纤维被分为：红肌纤维、白肌纤维和中间型纤维。家畜体内的大多数肌肉是由其中的两种或三种类型的肌纤维混合而成，全部由红肌纤维或白肌纤维构成的肌肉较少。结缔组织是肌肉中的另一重要部分，其作为机体的保护组织将动物体内不同部位联结和固定在一起。结缔组织主要由胶状的基质、丝状的纤维和细胞组成。基质为含有黏多糖和蛋白质；纤维主要包括胶原纤维、弹性纤维和网状纤维；细胞主要包括纤维细胞、肥大细胞、浆细胞和脂肪细胞等。脂肪是肉的另一重要组成部分，其组成单位为借助结缔组织联结在一起的脂肪细胞。蓄积在肌肉内的脂肪可使肉呈现出大理石花纹样，是评定肉品质的一个重要指标，对肉品加工也有着重要的影响。

从化学角度，肉的组成主要包括蛋白质、脂肪、水分、浸出物、维生素和矿物质。与肉制品加工密切相关的是水分、蛋白质和脂肪。水分作为肉中含量最多的物质，其含量及存在状态影响肉的品质、贮藏性和加工性能。肉中的水分主要有三种存在形式：结合水、不易流动水和自由水。其中，借助极性基团与静电引力作用结合在蛋白质分子周围的水分子被称为结合水；存在于肌原纤维和肌质网之间的水被称为不易流动水，约占肉中总水分含量85%；存在于细胞间隙和组织间隙的水被称为自由水。蛋白质是肉中最重要的组分，决定着肉的质构、营养、风味、保水性、乳化性和凝胶特性。蛋白质在肌肉中主要以肌原纤维蛋白、肌浆蛋白和结缔组织蛋白的形式存在。肌原纤维蛋白和结缔组织蛋白对肉品加工特性，特别是热诱导凝胶、乳化等的影响特别大，而肌浆蛋白中的肌红蛋白对肉制品的色泽影响特别大，是肉制品加工中需要重点关注的蛋白质。脂肪因动物种类、饲养、个体等而存在很大差异，肉中的脂肪主要为甘油三酯（约占90%）和磷脂，其组成成分——脂肪酸有20多种，但最主要的为棕榈酸、硬脂酸两种饱和脂肪酸，以及油酸、亚油酸两种不饱和脂肪酸。

二、肉的加工特性

肉的加工特性主要包括保水性、凝胶性、乳化性等，根据不同功能特性的性质，进行稳定机制、影响因素、参数测定、肉制品品质评价指标等的研究。

（一）保水性

肉的保水性是指当肌肉受到外力作用时，其保持原有水分与添加水分的能力。不易流动水和自由水是参与肉保水性的主要水分形式。除此之外，肌细胞结构的完整性、蛋白质的空间结构等对肉的保水性具有决定作用。在肉制品加工中，很多工艺（如冻结、解冻、斩拌、腌制、滚揉、加热）会破坏细胞膜的完整性导致肉的保水性发生变化，一些辅料（如多聚磷酸盐、转谷氨酰胺酶等）通过蛋白交联作用增加肉制品的保水性。另有一些酸性（如磷酸、醋酸）或碱性（如碳酸氢钠，俗称小苏打）辅料通过调节肉的pH达到改善肉的保水性的目的。当肉的pH在5～8时，肌肉蛋白质所带负电荷随pH增加而增加，电荷的增加使肌原纤维之间距离增大，提高肉的保水性。当肉的pH在蛋白质等电点（5.0～5.4）附近时，静电荷减少使纤维之间斥力减小，保水性降低。除pH外，一定浓度的盐溶液也能使负电荷增加以增强肌原纤维之间的斥力使纤维间空隙加大，可使肉的保水性得到提高。

（二）凝胶性

肉中盐溶性蛋白分子解聚后在加热或其他条件下交联而形成的集聚体称为肌肉蛋白凝胶。碎肉制品或乳化类制品的质构、切片性、保水性和产品得率等与肌肉蛋白凝胶的微细结构和流变特性有密切关系。蛋白质的凝胶性对肉品体系的保水性、质构等有重要影响，蛋白凝胶通过毛细管作用，维持水分含量。在过度加热或低pH、低NaCl条件下，蛋白质会进一步聚集成大孔径，降低保水性。

蛋白质凝胶的质构和强度的影响因素很多，主要包括内在因素（蛋白质浓度和成分）和外在因素（加热温度、pH、离子强度及添加的其他食品成分）。有研究表明，高浓度蛋白质形成的凝胶强度要大于低浓度蛋白质凝胶，而在相同浓度条件下肌球蛋白凝胶强度要远远大于肌原纤维蛋白。

（三）乳化性

乳化是将不易混溶的两种液体（如水和脂肪）中的一种以小滴状或小球状均匀分散于另一种液体中的过程，肉的乳化通过斩拌工序实现。其中以小滴状分散的称为分散相，而容纳分散相的液体称为连续相。在肉的乳浊液中分散相主要是固体或者液体脂肪，连续相是含有盐类和蛋白质的水溶液体系。

肌肉蛋白质具有既能与水结合也能与脂肪结合的两亲性，同时盐溶液蛋白在形成包裹脂肪微粒和油滴的蛋白膜过程中具有重要作用。瘦肉组织中的盐溶液蛋白质被高浓度的盐溶液提取出来后降低了油水间的界面张力，从而达到乳化的目的。相关研究表明，肉蛋白中乳化性最强的蛋白为肌原纤维蛋白（主要是肌球蛋白和肌动蛋白），其后依次为肌浆蛋白和结缔组织蛋白。

肉制品加工过程中，影响肉蛋白乳化特性的因素主要有以下几种。

1）原料　包括原料肉的种类、品种、肌肉类型、脂肪（油）种类、蛋白质脂肪比等。

2）加工工艺　包括斩拌时间、斩拌温度、物料添加顺序等。

3）辅料　包括食盐、多聚磷酸盐、食用胶等。

三、肉制品分类

肉制品是以畜禽肉或其可食副产品等为主要原料，添加或不添加辅料，经腌、腊、卤、酱、蒸、煮、熏、烤、烘焙、干燥、油炸、成型、发酵、调制等有关工艺加工而成的生或熟的肉类制品。按照 GB/T 26604—2011 肉制品分类中对肉制品按照加工工艺进行分类，具体如下。

（一）腌腊肉制品

1）咸肉类　　包括咸猪肉等肉类制品。
2）腊肉类　　包括四川腊肉、广式腊肉、湖南腊肉等肉类制品。
3）腌制肉类　　包括风干禽肉、腌制鸭、腌制肉排、腌制猪肘、腌制猪肠和生培根等肉类制品。

（二）酱卤肉制品

1）酱卤肉类　　包括酱肉、卤肉及肉类副产品，酱鸭、盐水鸭、扒鸡等肉类制品。
2）糟肉类　　包括糟肉、糟鹅、糟爪、糟翅、糟鸡等肉类制品。
3）白煮肉类　　包括白切羊肉、白切鸡等肉类制品。
4）肉冻类　　包括肉皮冻、水晶肉等肉类制品。

（三）熏烧焙烤肉制品

1）熏烤肉类　　包括熏肉、烤肉、熏肚、熏肠、烤鸡腿、熟培根等肉类制品。
2）烧烤肉类　　包括盐焗鸡、烤乳猪、叉烧肉、烤鸭等肉类制品。
3）焙烤肉类　　包括肉脯等肉类制品。

（四）干肉制品

包括肉干、肉松、肉脯等肉类制品。

（五）油炸肉制品

包括炸肉排、炸鸡翅、炸肉串、炸肉丸、炸乳鸽等肉类制品。

（六）肠类肉制品

1）火腿肠类　　包括猪肉肠、鸡肉肠、鱼肉肠等肉类制品。
2）熏煮香肠类　　包括热狗肠、法兰克福香肠、维也纳香肠、啤酒香肠、红肠、香肚、无皮肠、香肠、血肠等肉类制品。
3）中式香肠类　　包括风干肠、腊肠、腊香肚等肉类制品。
4）发酵香肠类　　包括萨拉米香肠等肉类制品。
5）调制香肠类　　包括松花蛋肉肠、肝肠、血肠等肉类制品。
6）其他肠类　　包括台湾烤肠等肉类制品。

（七）火腿肉制品

1）中式火腿类　　包括金华火腿、宣威火腿、如皋火腿、意大利火腿等生火腿的肉类制品。
2）熏煮火腿类　　包括盐水火腿、熏制火腿等肉类制品。

（八）调制肉制品

包括咖喱肉、各类肉丸、肉卷、肉糕、肉排、肉串等肉类制品。

（九）其他类肉制品

以上未包含的肉类制品。

第二节　肉制品的加工

一、腌腊肉制品加工

（一）腌腊肉制品简介

腌腊肉制品是指将原料肉（畜禽肉）与盐（或盐卤）和香辛料一起进行腌制，并在适宜的温度条件下进行风干、成熟等加工工艺而最终形成的具有独特腌腊风味的肉制品。腌腊肉制品具有耐储藏、色泽美观、风味独特等特点，深受消费者喜爱。

1）耐储藏　　腌腊肉制品属于水分活度（A_w）为 0.60～0.90 的半干水分食品，具有很好的耐储存性。在腌制过程中，食盐渗透到原料肉组织内部，使水分活度下降，产生了一定的抑菌效果；经过后续的脱水干燥过程，水分流失，水分活度进一步下降，是保证产品储藏性的关键。有的产品还经过烟熏，对抑制有害菌的生长繁殖、减缓脂肪氧化酸败有一定的积极作用；另外，产品中添加的硝酸盐或亚硝酸盐可以发挥辅助的抑菌和防腐败作用，延长产品的储藏期。

2）色泽美观　　腌腊肉制品色泽美观，不仅是因为在加工时加入了亚硝酸盐或硝酸盐能促进产品发色，而且色泽与产品中的微生物有较大的相关性，如葡萄球菌和微球菌等，能促进产品产生较好的颜色。另外，有的产品经过烟熏等处理也会使产品产生特有的颜色。

3）风味独特　　腌腊肉制品风味形成的途径主要有三种。一是不饱和脂肪酸经过氧化生成过氧化物，进一步分解为挥发性羰基化合物，如酮、醛、酸等，而羟基脂肪酸水解、脱水、环化生成具有肉香味的内酯化合物。二是脂肪、蛋白质等前体物质的降解，其中脂类分解产生醛类、酮类等芳香类化合物，蛋白质分解产生氨基酸等滋味物质。三是氨基酸和还原糖之间发生美拉德反应，生成噻吩、咪唑、吡啶、环烯硫化物等多种挥发性肉类风味化合物。

（二）典型腌腊肉制品加工

1. 板鸭加工　　板鸭又称"贡鸭"，是咸鸭的一种。我国很多地方都有板鸭的加工和食用风俗，种类较多。其中江苏南京板鸭、福建建瓯板鸭、江西南安板鸭和四川建昌板鸭被农业农村部官方认定为"中国四大品牌板鸭"。板鸭有腊板鸭和春板鸭两种。腊板鸭是从小雪到立春时段加工的产品，这种板鸭腌制透彻，能保藏 3 个月之久；春板鸭是从立春到清明时段加工的产品，这种板鸭保藏期没有腊板鸭时间长，一般只有 1 个月左右。板鸭体肥、皮白、肉红、肉质细嫩、风味鲜美，是一种久负盛名的传统产品。其简要的生产工艺过程如下：

原料 → 宰杀及前处理 → 干腌 → 卤制 → 滴卤叠坯 → 晾挂

1）原料　　板鸭要选择体长身高、胸腿肉发达、两翅下有核桃肉、体重在 1.75～2kg 的活鸭作原料。活鸭在屠宰前用稻谷饲养一段时间使之膘肥肉嫩。这种鸭脂肪熔点高，在温度高的时候也不容易滴油酸败。这种经过稻谷催肥的鸭制成的板鸭叫"白油板鸭"，是板鸭中的上品。

2）宰杀及前处理　　肥育好的鸭子宰杀前禁食 12～24h，充分饮水。用麻电法（60～70V）将活鸭致昏，采用颈部或口腔宰杀法进行宰杀放血。宰杀后 5～6min 内，用 65～68℃的热水浸烫脱毛，之后用冰水浸洗 3 次，时间分别为 10min、20min 和 60min，以除去皮表残留的污垢，使表皮洁白，同时降低鸭体温度，达到"四挺"，即头、颈、胸、腿挺直，外形美观。去除翅、脚，在右翅下开一长约 4cm 的直形口子，摘除内脏，然后用冷水清洗，至肌肉洁白。压折鸭胸前三叉骨，使鸭体呈扁长形。

3）干腌　　前处理后的光鸭沥干水分，进行擦盐处理。擦盐前，100kg 食盐中加入 125g 茴香或其他香辛料炒制，可增加产品风味。腌制时每 2kg 光鸭加盐 125g 左右。先将 90g 盐从右翅下开口处装入腔内，将鸭反复翻动，使盐均匀布满腔体，剩余的食盐均用于体外，其中大腿、胸部两旁肌肉较厚处及颈部刀口处需较多施盐。于腌制缸内腌制约 20h。该过程中为了使腔体内盐水快速排出，需进行扣卤：提起鸭腿，撑开肛门，将盐水放出。擦盐后 12h 进行第一次扣卤操作，之后再叠入腌制缸中，再经 8h 进行第二次扣卤操作。目的是使鸭体腌透的同时渗出肌肉中血水，使肌肉洁白美观。

4）卤制　也称复卤。第二次扣卤后，从刀口处灌入配好的老卤，叠入腌制缸中。并在上层鸭体表层稍微施压，将鸭体压入卤缸内距卤面1cm下，使鸭体不浮于卤汁上面，经24h左右即可。

延伸阅读

卤 的 配 制

卤有新卤和老卤之分。新卤配制时每50kg水加炒制的食盐35kg，煮沸成饱和溶液，澄清过滤后加入生姜100g、茴香25g、葱150g，冷却后即为新卤。用过一次后的卤俗称老卤，环境温度高时，每次用过后，盐卤需加热煮沸杀菌；环境温度低时，盐卤用4或5次后需重新煮沸；煮沸时要撇去上浮血污，同时补盐，维持盐卤密度为1.180~1.210。

5）叠坯　把滴净卤水的鸭体压成扁平形，叠入容器中。叠放时须鸭头朝向缸中心，以免刀口渗出血水污染鸭体。叠坯时间为2~4天，接着进行排坯与晾挂。

6）排坯与晾挂　把叠在容器中的鸭子取出，用清水清洗鸭体，悬挂于晾挂架上，同时对鸭体整型，拉平鸭颈，拍平胸部，挑起腹肌。排坯的目的是使鸭体肥大好看，同时使鸭子内部通风。然后挂于通风处风干。晾挂间需通风良好，不受日晒雨淋，鸭体互不接触，经过2~3周即为成品。

2. 腊肉加工　腊肉是我国典型的腌腊肉制品之一，香气浓郁，口感醇厚，营养丰富，风味独特，有悠久的历史。一般是指肉类经过腌制之后再经过烘烤或者烟熏的方式加工而成，在加工过程中，发生一系列物理化学变化使产品具有独特的风味和口感。腊肉一般在寒冷的腊月（十二月）进行加工，所以称之为腊肉。我国腊肉品种很多，风味各有特色。按产地分，有广东腊肉、四川腊肉、云南腊肉和湖南腊肉等。腊肉色泽粉红，香味浓郁，肉质脆嫩。

虽然腊肉品种繁多，但加工过程大同小异，以广东腊肉为例，其简要工艺流程如下：

原料 → 预处理 → 腌制 → 烘烤或熏制 → 包装

1）原料　选肥瘦层次分明的去骨五花肉或其他部位的肉，一般肥瘦比例为5:5或4:6，修刮净皮层上的残毛及污垢。

2）预处理　将适于加工腊肉的原料，除去前后腿，将腰部肉剔去全部肋条骨、椎骨和软骨，边沿修割整齐后，切成长33~40cm，宽1.5~2cm的肉坯。肉坯顶端斜切一个0.3~0.4cm的吊挂孔，便于肉坯悬挂。肉坯于30℃左右的温水中漂洗2min左右，除去肉条表面的浮油、污物。取出后沥干水分。

3）腌制　一般采用干腌法或湿腌法腌制。按表18-2配方用10%清水溶解配料，倒入容器中，然后放入肉坯，搅拌均匀，每隔30min搅拌翻动一次，于20℃下腌制4~6h，腌制温度越低，腌制时间越长，腌制结束后，取出肉条，沥干水分。

表18-2　腊肉腌制配方（周光宏，2020）

品名	原料肉	食盐	砂糖	曲酒	酱油	亚硝酸盐	调味料
用量/kg	100	3	4	2.5	3	0.01	0.1

4）烘烤或熏制　肉坯完成腌制出缸后，挂于烘架上，肉坯之间应留有2~3cm的间隙，以便于通风。烘房的温度是决定产品质量的重要参数，腊肉因肥肉较多，烘烤或熏制温度不宜过高，一般将温度控制在40~50℃为宜。温度高，滴油多，成品率低；温度低，水分蒸发不足，易发酸，色泽发暗。广式腊肉一般需要烘烤24~70h，烘烤时间与肉坯的大小和产品的终水分含量要求有关。烘烤或熏制结束时，产品皮层干燥，瘦肉呈玫瑰红色，肥肉透明或呈乳白色。熏烤常用木炭、锯木粉、瓜子壳、糠壳和板栗壳等作为烟熏燃料，在不完全燃烧的条件下进行熏制，使肉制品产生独特的腊香和熏制风味。

5）包装　烘烤后的肉条，送入通风干燥的晾挂室中晾挂冷凉，等肉温降到室温时即可包装。传统上腊肉一般用防潮蜡纸包装，现在一般采用真空包装，在20℃可以有3~6个月的保质期。

腊肉现代化生产技术与传统加工技术在工艺流程方面基本一致，都包括腌制和烘烤或烟熏等环节。区别主要在于引进了工业化的设备，如真空滚揉机、盐水注射机、烟熏炉等。设备的引进有助于适应工业化生产，使加工过程更加标准化，同时缩短了生产周期，能够大批量生产。在腌制阶段，使用盐水注射机将盐水注入肉坯中，借助真空滚揉的方式加快腌制过程。滚揉后在低温腌制间进行腌制。之后进行烘干。然后使用烟熏液在烟熏炉中进行烟熏。

3. 咸肉加工　　咸肉是指经食盐和其他调料腌制，不经过干燥脱水和烘熏过程加工而成的肉制品，腌制是其主要加工步骤。经过腌制产生了丰富的滋味物质，因此腌肉制品滋味鲜美，深受消费者喜爱，但咸肉没有经过干燥脱水和发酵成熟过程，挥发性风味成分产生不足，没有独特的气味。作为一种传统的大众化肉制品和简单的贮藏方法，咸肉在我国各地都有生产，种类繁多。

我国咸肉种类较多，根据其规格和加工部位，可分为连片、段头、小块咸肉和咸腿。连片指用整个半个猪胴体，去头尾、带脚爪骨皮而加工的产品。段头是指用去后腿及猪头、带骨皮前爪的猪肉体加工的产品。小块咸肉是指用带皮骨的分割肉进行加工的产品。咸腿，也称为香腿，是用带骨皮的猪的后腿加工而成的产品。

咸肉的简要工艺流程如下：

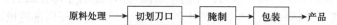

原料处理 ⟶ 切划刀口 ⟶ 腌制 ⟶ 包装 ⟶ 产品

1）**原料选择和处理**　　选择经过卫生检验合格、屠宰时放血充分的鲜肉。因为放血不充分会使腌制后的肉质发黑。鲜肉在腌制前需充分冷却，避免腌制后发生异味。割除血管、淋巴及横膈膜等。

2）**切划刀口**　　为了提高盐分的扩散速度，快速在肉组织内部建立起抑制微生物生长繁殖的渗透压，在原料上切出刀口，增大渗透面积。刀口深浅及多少取决于肌肉厚薄和腌制的气温。温度在 10～15℃ 时，刀口大而深；温度在 10℃ 以下时，可不切刀口或少开口。该步骤在传统工艺上也称"开刀门"。

3）**腌制**　　为了防止原料肉腐败变质，保障产品质量，腌制温度最好控制在 0～4℃。温度高腌制速度快，但易发生腐败。肉结冰时，腌制过程停止，并且在解冻后会产生汁液流失。

（1）干腌法。腌制时先用少量盐涂擦均匀，等排出血水后再擦上大量食盐，堆起来腌制。腌制中每隔 5 天左右上下调换翻堆一次，同时补加食盐，经过 25～30 天腌制结束。盐的添加量为每 100kg 原料肉用食盐 14～20kg，硝酸钠 50～75g。

（2）湿腌法。用开水配制 22%～35% 的食盐饱和溶液，加入 0.7%～1.2% 的硝酸钠。盐液的用量控制为原料肉重的 30%～40%。肉面加盖并施压使原料肉完全浸没于腌制液中。每隔 4～5 天上下翻堆一次，腌制 15～20 天。用过的盐液经煮沸、过滤、补盐和硝酸盐后可反复使用。

4）**成品**　　成品咸肉表面清洁，呈苍白色。瘦肉质地紧密，弹性较好，切面平整，呈玫瑰色。脂肪呈白色，质地坚实，无酸败现象，成品率约为 85%。

随着社会的发展，消费者对健康饮食越来越重视。咸肉在腌制过程中食盐添加量过高，导致成品中钠含量较高，长期使用可能会导致健康问题。因此，在工业生产中常用 KCl 和 $CaCl_2$ 部分替代钠盐，以降低产品中的钠含量。可通过控温控湿腌制工艺来减少腌制时间，缩短产品的加工周期。

二、酱卤肉制品加工

（一）酱卤肉制品概述

酱卤肉制品是鲜（冻）畜禽肉和可食副产品加调味料和香辛料，以水为介质，经过预煮或浸泡、煮制及酱制（卤制）等加工工艺进行生产而成的熟肉类制品。酱卤肉制品作为我国传统的肉制品，具有悠久的历史，主要特点是色泽美观、香气浓郁、可直接食用，深受消费者喜爱。目前，我国多数地方都有酱卤肉制品的生产，但由于各地的饮食消费习惯和加工过程中所用配料及加工工艺的不同，促进了产品的多样性，形成了各具地方特色的酱卤肉制品。按照加工工艺的不同，主要将其分为白煮肉类、酱卤肉类和糟肉类。

1）**白煮肉类**　　是将原料肉处理后经腌制（或不腌制），在水（或盐水）中煮制而成。白煮肉类制作简单，仅用少量食盐，基本不加其他的调味料；煮制时间相对较短，煮制温度也较低，主要特点是尽可能地保持了原料自身的色泽和风味。一般在食用时切成薄片，蘸取调料汁以增加口感。代表性产品有白斩鸡、盐水鸭、白切肉等。

2）酱卤肉类　　是指在水中加入食盐、酱油等调味料和香辛料，一起煮制而成。产品主要特点是香气浓郁、味道鲜美、颜色酱红、肉感细嫩。根据产品的特点，酱卤肉类又可分为酱制品（红烧肉）、酱汁制品、卤制品、蜜汁制品、糖醋制品5种。

3）糟肉类　　是指使用酒糟或者陈年香糟代替酱汁或卤汁制作的一类产品。它是将原料肉经白煮后，再使用"酒糟或香糟"糟制的冷食熟肉类制品。主要特点是保持了原料固有的色泽和酒曲香气，风味独特。

（二）典型酱卤肉制品加工

1. 盐水鸭加工　　盐水鸭是中国传统特色肉制品，以其特有的风味、质地和口感而闻名，深受消费者喜爱。起源于江苏南京，是国内典型的传统巴氏杀菌肉制品之一。其特点是鸭体表面洁白，鸭肉微红鲜嫩，皮肥骨香，肥而不腻，香鲜味美，具有"香、酥、嫩"的特点。传统的盐水鸭要求"用熟盐揉搓，用老卤水炖，彻底晾干，煮熟"。其生产工艺流程如下：

原料选择 → 宰杀 → 干腌 → 抠卤 → 复卤 → 煮制 → 冷却、包装 → 成品

1）原料选择及宰杀　　选用3～5月龄、稻谷催肥的仔鸭为原料。宰杀时采用颈部切断三管法放血，在60～68℃条件下的热水中浸烫，依次进行脱毛、切去两翅和两脚。另外，在右翅下方切出一个6～7cm月牙形口，掰断2～3根肋骨，从开口处取出内脏、气管、食管和血管，用清水把鸭体清洗干净，冷却1～2h，之后沥水晾干约1h。

2）干腌　　将食盐与八角按100∶6的比例在锅中进行炒制，炒干并出现八角香味时即可。腌制时，炒盐的添加量为鸭胴体重的6%～6.5%。先约75%的盐从开口处装入体内，反复翻动，尽可能使盐均匀分布在体内，之后将剩余25%的盐用于体外腌制，肌肉较厚的部位如大腿和胸部肌肉处应适当使用较多的盐。擦盐后将鸭体放入缸中，放置时将鸭体腹部朝上。腌制时间应该随着腌制温度的高低不断变化，一般情况下为2～4h。

3）抠卤　　为了使体腔内渗出的血水排出，需要从肛门处将血水放出。腌制一段时间后进行第一次抠卤，2h时后进行第二次抠卤。

4）复卤　　也称为湿腌。复卤的盐卤分为新卤和老卤，新卤是用清水和食盐配制而成，按照配方（表18-3）加入清水和调料在锅中煮沸，冷却至室温即成新卤。100kg的盐卤每次大概可卤35只鸭，每卤制一次之后要进行盐的补充，进行卤制时保持盐浓度为饱和状态。盐卤在使用5或6次需要进行煮沸，撇除浮沫、杂物等，防止变质。复卤时，将卤汁灌满鸭的体腔，并使鸭体保持在卤汁液面以下，卤制时间在2～4h即可出锅。

表 18-3　盐水鸭卤水配方

品名	清水	食盐	葱	生姜	八角
用量 /kg	100.00	0.036	0.075	0.050	0.015

5）烘坯　　腌制完成后的鸭体沥干盐卤，然后转移至烘房内以除去水分。烘房的温度一般控制在40～50℃，烘制时间一般为20min左右，烘至鸭体表色未变时即可取出散热。

6）上通　　用直径2cm、长10cm左右的中空竹管从肛门处插入，称为"上通"。从开口处向鸭体中装入姜2或3片、八角2粒、葱1根，然后用开水浇烫鸭体的表面，使鸭体肌肉收缩，外皮绷紧，外形饱满，更为美观。

7）煮制　　在清水中加入适量的姜、葱、八角，待煮沸后将鸭体放入锅中，开水会很快进入鸭体。而此时的鸭体腔内外水温不平衡，应该立即倒出体腔内的汤水，再放入锅中。同时向锅中加入总水量1/6的冷水，目的是使鸭体内外水温趋于平衡。然后进行加热焖煮，时间为15～20min，待水温约90℃时停止加热，进行第二次倒汤，加入少量冷水，再焖10～15min。然后再加热，水温始终维持在85℃左右。当腿

肉和胸肉变软时，即可停止煮制。

8）冷却、包装　将盐水鸭冷却至室温，进行真空包装或托盘包装。

延伸阅读

盐水鸭的现代化工业生产工艺

与传统工艺相似，基本加工原理相同。工业化生产主要包括胴体预处理、腌制和成熟、煮制、预冷、包装与杀菌 5 个环节。胴体预处理在流水线上进行。该环节的温度应该控制在 12～15℃。腌制时，采用干腌和湿腌混合腌制的方法，腌制时温度控制在 0～4℃，干腌时间为 5～6h，湿腌（复卤）时间为 2～3h。成熟过程时把鸭胴体传送至晾胚间，成熟时间大概为 12～18h。生产线控制鸭体进入煮制锅，煮制环节严格控制焖煮锅的温度，保持 90℃左右，焖煮时间大概为 35min。该过程结束后进入预冷车间，之后进行包装灭菌。此外，在现代化加工生产过程中，也可借助真空复卤机，使加工过程更为高效。

2. 肴肉加工　肴肉是以猪腿子肉和猪皮为主要原料，经过腌制、煮制、熬卤、成型等加工工艺制作而成，主要特点是皮白肉红、卤冻透明、光洁晶莹、香味浓郁、肥而不腻，属于传统工艺与现代肉制品加工技术相结合的一种凝胶型肉制品。其生产工艺流程如下：

原料选择及整理 → 腌制 → 煮制 → 整形 → 凝冻 → 成品

1）原料选择及整理　选取猪前后腿（以前蹄膀制作的肴肉为最好），除去肩胛骨、髋骨等，刮净表皮上的残毛，用清水清洗干净。

2）腌制　用食盐均匀揉擦整理好的蹄膀表皮，用盐量约为 6%，然后将其放置于老卤液中腌制 5～7 天，中间翻动 3 或 4 次，腌好后取出于清水中浸泡 8h 左右，去除多余食盐，除去涩味，同时刮除表皮上的污物，用清水洗净。使用老卤有利于增加产品的滋味和气味。腌制时的温度控制在 8℃以下，减缓微生物污染，避免产生异味。

3）煮制　按表 18-4 中的配方，以 1∶1（肉∶水）配煮制调味盐水，取清水加入调料煮沸 1h，撇去表层浮沫，使其澄清。蹄膀放入锅中，皮朝上，逐层摆叠，最上一层皮面向下，将上述澄清盐水倒入锅中，并用竹箅盖好，使蹄膀全部浸没在汤中。加热到沸腾，保持 1.5～2h。再将蹄膀在锅内上下调整位置，继续煮 3～4h。

表 18-4　肴肉煮制液配方

品名	鲜腿	食盐	白糖	曲酒	明矾	生姜	香辛料
用量 /kg	100.00	8.50	0.50	0.50	0.02	0.50	0.20

4）整形　将猪蹄膀放入特定的容器中，皮朝下，叠压在一起，并稍许加压，经 20～30min，盘内有汁液流出。将汁液倒入蒸煮锅中，加热至沸腾。然后加入明矾 30g、水 5kg，再煮到沸腾。取冷却到 40℃左右的蒸煮液于盛放蹄膀的容器中，使汁液淹没肉面。

5）凝冻　将盛装猪蹄膀的容器转移至 4℃的冷库中，至蹄膀和蒸煮液凝冻彻底，即成为晶莹剔透的成品水晶肴肉。

3. 烧鸡加工　烧鸡是我国传统酱卤肉制品中最具特色产品之一，具有造型美观、色泽鲜艳、黄里带红、味香肉嫩、咸淡适口等特点。烧鸡在全国大多地区都有生产，根据不同地域的饮食特点，在酱卤时添加不同的香辛料及在加工方式上进行调整，形成了各具地方特色的烧鸡，如河南道口烧鸡、安徽符离集烧鸡、辽宁沟帮子熏鸡、山东德州扒鸡并称为"中国四大名鸡"。不同品种的烧鸡加工过程各具特点，但基本原理和主要工艺过程相似。以河南道口烧鸡为例，其简要工艺流程如下：

原料选择 → 宰杀 → 造型 → 油炸 → 煮制 → 成品

1）原料选择和宰杀　　选择6个月龄、体重为1～1.25kg的雏鸡。宰杀前禁食12～24h，通常采用颈部宰杀法进行放血，刀口尽可能地要小，充分放血后在64℃左右的热水中进行浸烫，然后煺毛，用清水清洗干净，使鸡胴体洁白；在颈根处开一个小口，取出嗉囊和口腔内污物；腹下开膛，将全部内脏掏出，用清水冲洗干净，去除鸡爪，割去肛门。

2）造型　　道口烧鸡有自己独特的造型，将鸡体腹部向上，用刀将肋骨切开，撑开鸡腹，两侧大腿插入腹下刀口内，将两翅交叉放入鸡口腔内，使鸡体成为一个类似半圆的造型，用清水清洗干净，挂起来沥水。

3）油炸　　以蜂蜜：水为3：7的比例进行糖蜜水的配制，将蜂蜜水均匀地涂抹在鸡体全身，晾干后放入150～180℃的植物油中进行炸制1min左右，待鸡体的颜色呈柿黄色时捞出。油炸温度对产品有很大影响，温度不够时，鸡体颜色不好；温度过高时，容易导致产品焦化，影响产品色泽、口感和风味。

4）煮制　　道口烧鸡独特之处在于"要想烧鸡香，八料加老汤"的加工诀窍，八种料见表18-5。以100只鸡为基准，加入表中辅料。首先将各种香辛料放入料包中置于锅底，然后将鸡体在锅中摆放整齐，加入老卤。卤煮时，需保持鸡体浸没在卤汤之下。沸腾后加入亚硝酸盐，之后于90～95℃保温，保温的时间与鸡胴体的大小有关，熟制后立即出锅。该过程应小心操作，确保鸡的造型不散不破。

表18-5　烧鸡煮制液配方

品名	食盐	肉桂	草果	砂仁	良姜	陈皮	丁香	豆蔻	白芷
用量/kg	2.50	0.09	0.03	0.015	0.09	0.03	0.003	0.015	0.09

5）成品　　最终产品应色泽鲜艳，呈柿黄色，鸡体完整，鸡皮不破不裂，肉质软嫩，有浓郁的香味。

烧鸡的现代化工业生产主要包括宰杀、清洗、喷蜜、油炸和卤制等环节，自动化传送轨道上安装吊篮，吊篮内的鸡依次经过喷蜜、油炸和卤制。整个生产过程自动化程度高，大幅度提高了生产效率，且统一的加工参数使产品的品质更加稳定。

4. 酱汁肉加工　　酱汁肉产品形状整齐，皮糯肉嫩，肥而不腻，色泽鲜艳，香润可口。以苏州酱汁肉为例，其加工工艺流程如下：

原料选择与整理　→　红曲米水的制备　→　煮制　→　酱制　→　酱汁的调制　→　成品

1）原料选择与整理　　一般选用猪整块肋条肉（中段），清洗表面的毛发、污垢等，切除脊椎骨得到整片方肋条肉，然后开条，肉条宽4cm。肉条切好后再切成4cm方形小块。

2）红曲米水的制备　　将红曲米磨成粉，放入袋中，置于锅内，倒入沸水，加盖，待沸水冷却至不烫手时，轻轻揉搓，加速色素的溶解，直至袋内红曲米粉成渣，汁液发稠为止，即成红曲米水，待用。

3）煮制　　先将清水煮沸，根据原料大小（表18-6），白煮30～45min，捞起后用清水洗净备用。

表18-6　酱汁肉配方

品名	猪肉	食盐	白糖	绍酒	葱	姜	桂皮	八角	红曲米
用量/kg	100.00	3.00	5.00	4.00	2.00	0.20	0.20	0.20	1.20

4）酱制　　将香辛料与葱、姜一起放于纱布袋内入锅，加盖用大火煮沸60min，加酒，再次煮沸后，将红曲米汁均匀地浇在肉上，并加入80%的白糖，再加盖中火焖煮40min，至汤收干发稠，肉呈深樱桃红色，肉已开始酥烂时即可。出锅前将剩余的20%白糖均匀地撒在肉上，等待糖溶化后，即为成品。

5）酱汁的调制　　取肉出锅后的剩余汤汁，用小火煎熬，并不断搅拌，以防止发焦，使酱汁成稀糯糊状，酱汁黏稠、细腻。

5. 酱牛肉　　酱牛肉是我国传统肉制品的典型代表，在国内大多数地方都有生产，但是由于各地的饮食习惯、煮制时所用的配料和加工方式有所不同，使酱卤牛肉产品各具地方特色，如北京的月盛斋酱牛肉、山西平遥牛肉等。以月盛斋酱牛肉为例，其简要的工艺流程如下：

原料选择及整理　→　调酱　→　装锅　→　酱制　→　成品

1）原料选择及整理　　将原料肉切成重约 1kg，厚度不超过 40cm 的肉块，清洗干净备用。

2）调酱　　将黄酱和适量的水一起进行搅拌，把酱渣捞出，在锅中煮沸，时间为 1h，撇除汤面上的酱沫，盛入容器内备用。

3）装锅　　将原料肉按肉质老嫩分别放在锅内不同位置，一般肉质较老的放下层，肉质较嫩的放上层，然后将调好的汤液倒入锅中，进行酱制。

4）酱制　　煮沸后加入调料（表 18-7），并在肉上加盖竹箅将肉完全压入水中，煮沸 4h 左右。撇除表面的浮物。在煮制过程中，每隔一段时间翻动一次，使肉块均匀受热。然后根据汤汁的多少适当补充老汤和食盐。小火煨煮，使肉入味。待浮油上升、汤汁减少时，将火力继续减少，最后封火煨焖，待肉全部成熟时即可出锅。

表 18-7　酱牛肉产品配方

品名	牛肉	食盐	八角	桂皮	丁香	砂仁	黄酱
用量 /kg	100.00	3.50	0.70	0.13	0.13	0.13	10.00

6. 红烧肉加工　　红烧肉是我国传统菜肴，以其肥而不腻、瘦而不柴、软烂适度、色泽红亮、味道浓香、鲜美可口的特点深受人们的喜爱。其工艺流程如下：

原料选择与预处理（原料选择、清洗、切块、焯水）→ 大火烧开（调味、加水、大火烧开）→ 小火焖焙 → 大火收汁 → 成品

1）原料选择与预处理　　选择近软肋处五花肉，清洗干净，将肉切成 3cm×3cm×4cm 的小块，然后焯水，用清水冲洗干净后备用；将锅烧热，将焯水的肉块放入锅中进行煸炒，直至将油煸出，肉块变成金黄色。

2）大火烧开　　锅洗净烧热，放入少量油，放入小料用中火炒出香味。加入五花肉、糖和酱油，使五花肉上色（表 18-8）。翻炒一段时间，确保肉块上色牢固后，再加入热开水，加水量约为肉量的 1.5 倍，然后加入料酒、米醋等，用大火煮沸。

表 18-8　红烧肉配方

品名	五花肉	食盐	糖	葱	姜	老抽	料酒
用量 /kg	100.00	2.00	5.00	5.00	4.00	4.00	5.00

3）小火焖焙　　红烧肉在烧制时应先用大火煮沸，中小火长时间焖焙至熟，最后大火稠浓卤汁。具体焖烧时间和火力大小应根据肉块的大小和多少来决定。

4）大火收汁　　待肉块口感绵软、酥烂，汤汁约为原料的 50% 时，则改用大火收汁，将稠卤汁全部吸附到肉块上面。

三、火腿加工

（一）干腌火腿加工

干腌火腿是以带骨猪后腿或前腿为主要原料，经修整、干腌、风干、成熟等主要工艺加工而成的风味生肉制品，生食、熟食均可，是一类著名的传统肉制品。我国干腌火腿品种很多，著名的产品有浙江的金华火腿、云南的宣威火腿和江苏的如皋火腿等，其中以金华火腿最为著名。欧洲的西班牙伊比利亚火腿、意大利帕尔玛火腿也很出名。

干腌火腿的加工工艺大同小异，主要区别在于原料、腌制剂成分及加工技术参数。著名的干腌火腿传统上大都有其独特的猪种要求，在腌制剂方面，我国传统干腌火腿一般仅用食盐腌制，目前多数在食盐中混合少量硝酸盐。干腌火腿的共同特点是其需要经过长时间的成熟过程，有的长达 24 个月，有的短至 4～6 个月。火腿的风味主要取决于成熟温度和成熟时间，成熟温度越高，时间越长，则火腿的风味越强烈。

传统金华火腿是在自然条件下加工的，且只能在浙江省金华地区进行加工，从冬季腌制开始至秋季加

工至成品，需要 8～10 个月。目前，采用控温、控湿和自动通风的发酵间，有效突破了干腌火腿加工的季节性限制。

金华火腿是以我国著名地方猪种——金华猪（俗称"两头乌"）的后腿为原料，原料要求新鲜，皮薄，骨细，无伤无破，无断骨、无脱臼；腿心饱满，肌肉完整且鲜红，肥膘较薄且洁白；大小适当，经修整、冷却、腌制、浸洗、晒腿、整型、发酵成熟、堆叠后熟等工艺过程加工而成，具体加工工序极为繁杂，全部过程包括 90 多道工序，其中腌制、洗晒、风干和成熟是其关键工艺过程。

其加工过程如下。

1）原料选择　　选取经过充分冷却的猪后腿。

2）修整　　原料腿在腌制前必须加以修整，或称为"修坯"。

修整有三个作用：一是加速腌制时食盐的渗透，因而在修整时要去除部分腿皮，使较多的肌肉外露，形成猪腿的"肉面"，而留下的腿皮则构成"皮面"。二是使火腿有完美和统一的外形，因而在修整中一般都要削除部分的骨头、脂肪和表面的碎肉。三是防止腐败变质，在修坯时将血管中的瘀血挤出，并去除残毛、污物，使皮面光洁。

3）腌制　　腌制是金华火腿加工中最关键的环节。腌制库温度 5～10℃，相对湿度 75%～85%时，腌制效果最好。腌制过程中的用盐技术也是极为关键的，腿大肉厚则多用盐，腌制时间长；腿小肉薄则用盐少，腌制时间短；气温高、湿度大则大量用盐，气温低、湿度小则相反。通常用盐量控制在6.5%～7.5%。

腿坯的腌制时间为 30 天左右，腌制期间上盐 5～7 次，一般不添加硝酸盐或亚硝酸盐。7 次上盐的数量和部位各不相同，其要求为：头盐上滚盐，大盐雪花飞，三盐四盐扣骨头，五盐六盐保签头。

现代生产技术中已经可以采用自动撒盐设备对火腿进行上盐，提高了火腿上盐量的可控度、统一性和生产效率。

有关"自动撒盐工艺"的视频内容可查看**视频 18-1**。

视频 18-1

4）浸泡洗刷　　为除去腿表面多余的盐分和污物，需对其进行浸泡洗刷。传统方式是将腌好的腿除放入洗净的浸腿池，肉面朝下，水温 5～10℃，浸泡 4～6h 后，用竹刷顺着肌纤维方向进行刷洗。洗刷后再次放入清洁水中浸泡 16～18h，进行二次洗刷。现在生产技术中则是采用高压喷淋的方式，通过自动输送滑轨对火腿进行清洗，整个清洗过程需要 5～10min。该方法不仅可以保证清洗过程中的安全卫生，还能够大幅度降低用水量。

5）晒腿、整型　　晒腿对火腿的质量至关重要。传统工艺中多采用日晒的方式，晒腿时将大小相似的两条左右腿配对套在绳子两端，悬挂在晒架上进行日晒，悬挂 1～2h 即可除去悬蹄壳，刮去皮面水迹和油污，并加盖印章。晒腿时间因天气状况、日照强度、气温高低、湿度大小及风速等情况而定，一般连续7 个日晒，肌肉表面出油，失重占腌后腿重的 10% 左右即可进入发酵室发酵。现代生产技术一般是采用室内低温脱水的方式，温度控制在 16～18℃，室内相对湿度为 40%～60%，整个脱水过程要求脱水间循环风畅通。

6）发酵成熟　　发酵成熟是火腿风味形成的关键时期，控制发酵室小气候是火腿正常发酵的关键。发酵室要求通风良好，气温在 15～37℃，前低后高，前期温度 15～25℃，后期温度 30～37℃，相对湿度以 60%～70% 为最佳。在火腿发酵期间，水分散失等会影响火腿的外观。因此，在 4 月 10 日左右要将火腿从发酵架上取下进行修割整型，称为"修干刀"。此次修整一般为火腿的最后修整，修割完毕要将火腿进行继续发酵，其间要注意加强管理，防止虫害、鼠害，至 8 月中旬气温开始下降时结束发酵。

7）落架堆叠　　火腿发酵结束后即可落架并移入成品库堆叠后熟。首先要将火腿表面的霉菌孢子及灰尘刷干净，并在表面涂一层植物油，然后再放入成品库进行堆叠后熟。堆叠时底层皮面向下，堆高8～10 层为宜。堆叠初期 5 天要翻一次堆，15 天后每周翻一次堆，1 个月后每半个月翻一次堆，2 个月后每个月翻一次堆。一般堆叠后熟 1～2 个月即为成品，此时要用竹签检查三签部位香气，按标准将火腿分成不同的等级。

（二）熏煮火腿加工

熏煮火腿是熟肉制品中火腿类的主要产品，是西式肉制品中主要的制品之一。虽名曰火腿，但它与干腌火腿截然不同，它是用大块肉经整型修割（剔去骨、皮、脂肪和结缔组织）、盐水注射、滚揉、充填入特定肠衣或模具中，再经熟制、烟熏（或不烟熏）、冷却等工艺制成的熟肉制品，包括盐水火腿、方腿、圆腿、庄园火腿等。熏煮火腿由于选料精良，加工工艺科学合理，采用低温巴氏杀菌，故可以保持肉的鲜香味，产品组织细嫩，色泽均匀鲜艳，口感良好。其加工工艺流程如下：

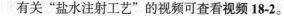

原料肉的整理 → 盐水配制 → 盐水注射 → 滚揉按摩 → 充填 → 蒸煮、烟熏 → 冷却 → 成品

1）原料肉的选择及修整　原则上经过充分冷却的猪臀腿肉和背腰肉，如选用冷冻肉，宜在冷库进行解冻。PSE肉（肉色苍白、质地松软、有汁液渗出，俗称"白肌肉"）与DFD肉（肉色深、质地硬、切面干，俗称"黑切肉"）均不适合作为熏煮火腿的原料。原料肉经修整，去除皮、骨、结缔组织膜、脂肪、筋、腱，使其成为纯精肉，然后按肌纤维方向将原料肉切成不小于300g的大块。修整时，应尽可能少地破坏肌肉的纤维组织，尽量保持肌肉的自然生长块型。

2）盐水配制及注射　注射腌制所用的盐水，主要成分为食盐、亚硝酸盐、糖、磷酸盐、抗坏血酸钠及防腐剂、香辛调味料等。按配方要求，用0～4℃的软化水充分地溶解并过滤，配制成注射盐水。盐水注射的关键是确保按照配方要求，将所有的添加剂均匀准确地注射到肌肉中。

视频18-2

有关"盐水注射工艺"的视频可查看视频18-2。

3）滚揉按摩　滚揉和按摩是熏煮火腿加工中的一个非常重要的操作单元。将经过盐水注射的肌肉放置在一个鼓状容器或带有垂直搅拌浆的容器内进行处理的过程可称为滚揉和按摩，该过程需要在0～5℃的环境下进行。滚揉和按摩可以提高溶质的扩散速度和渗透均匀性，加速腌制过程，并提高最终产品的均一性；改善制品的色泽，增加色泽的均匀性；它还有助于肌球蛋白和α-辅肌动蛋白的提取，改善制品的黏结性和切片性；并且降低蒸煮损失及时间，提高低品质肉的附加值及产品的品质。

4）充填　滚揉以后的肉料，要通过真空火腿压模机进行成型，充填火腿的模具种类繁多，形状各异。模盖设有弹簧以保持火腿表面平整光滑，减少切片损失。为避免肉料内有气泡，造成蒸煮损失或切片时出现气孔现象，填充压模时要抽真空。

5）蒸煮与冷却　水煮和蒸汽加热是熏煮火腿最常用的两种加热方式。其中充入肠衣内的火腿多在全自动烟熏室内完成熟制，这类产品一般采用低温巴氏杀菌，使火腿中心温度达到68～72℃即可。当原料肉的卫生品质较差时，杀菌温度可稍微提高，但不宜超过80℃。蒸煮后的火腿应立即进行冷却。采用水浴熏蒸加热的产品，采用流水冷却，中心温度冷却到40℃以下。采用烟熏室进行熟制的产品，可用喷淋冷却水冷却，水温10～12℃为宜，产品中心温度达27℃时，送入0～7℃冷却间，冷却至中心温度1～7℃时，再进行脱模包装。

（三）压缩火腿

以猪肉、牛肉、羊肉、马肉为原料，经腌制，充填入肠衣或模具中，再经蒸煮、烟熏（或不烟熏）、冷却等工艺制成的熟肉制品。压缩火腿对原料的种类、形状无过多要求，根据原料肉的种类，压缩火腿可分为猪肉火腿、牛肉火腿、兔肉火腿、鸡肉火腿、混合肉火腿等；根据对肉切碎程度的不同，可分为肉块火腿、肉粒火腿、肉糜火腿等。压缩火腿加工工艺简单，产品形态多样，其中以方火腿、圆火腿等最为常见。压缩火腿具有良好的成型性、切片性、适宜的弹性、鲜嫩的口感和很高的出品率，在西式肉制品中占有很大比重。典型压缩火腿的配方和工艺如下。

1. 基本配料　原料肉100kg，食盐3.5kg，白糖2kg，三聚磷酸钠600g，味精250g，异抗坏血酸钠20g，亚硝酸钠7g，红曲米60g，淀粉8kg，水32kg。

2. 加工工艺

1）原料与处理　选用猪的臀腿肉，瘦肉的占比率应大于95%，经修整去除筋、腱、结缔组织后，切成3～5cm大小的肉块。

2）滚揉　按照配方要求，用冷水将所有配料溶解后，同原料肉一起倒入滚揉机内，在（2±2）℃条件下滚揉16～20h（每滚揉45min，休息15min），然后加入淀粉再继续滚揉30min。

3）填充　用灌肠机将滚揉好的原料肉定量充入肠衣内并打卡封口。

4）熟制 将灌好的火腿挂在肉车上，推入全自动烟熏室，用80℃温度熟制至火腿中心温度超过75℃，然后在70℃温度下烟熏20min～1h（根据产品的直径不同而确定不同的烟熏时间），烟熏结束后，需要将产品冷却至10℃以下。

5）包装 将充分冷却的火腿进行真空包装，在0～10℃条件下贮存、运输和销售。

四、香肠制品加工

（一）中式香肠加工

中式香肠是以肉类为原料，辅以食盐、白糖、香料等斩拌均匀后灌入动物或人造肠衣，再经自然风干或热加工及成熟过程而制成的中国特色肉制品，是中国肉类制品中品类最多的一大类产品。中式香肠的原料肉粒较大，自然风干后，肉与脂肪粒分明可见，肉香浓郁，干爽而不油腻，以其独特的浓郁香味、口感醇厚、明亮的色泽及耐储藏的特点深受消费者的喜爱。中式香肠种类繁多，风味差异很大，但生产方法大致相同，其工艺流程如下：

原料肉的选择与修整 → 切丁 → 配料 → 腌制 → 灌制 → 漂洗 → 晾晒或烘烤 → 包装 → 成品

1）原料的选择与处理 传统的中式香肠主要以新鲜猪肉为原料。瘦肉以后腿肉最好，肥肉以背部脂肪为好。原料肉经过修整，去掉筋腱、骨头和皮，先切成50～100g大小的肉块，然后瘦肉用绞肉机以0.4～1.0cm的筛孔板绞碎，肥肉切成0.6～1.0cm大小的肉丁。肥肉丁切好后用温水清洗一次，以除去浮油及杂质，沥干水分待用，肥肉、瘦肉要分别存放处理。

2）配料 常用的配料有食盐、糖、酱油、料酒、硝酸盐、亚硝酸盐；使用的调味料主要有大茴香、豆蔻、小茴香、桂皮、白芷、丁香、山奈、甘草等，中式香肠的配料里一般不用淀粉和肉豆蔻粉。

3）腌制 按配料要求将原料肉和辅料混合均匀。拌料时可逐渐加入20%左右的温水，以调节黏度和硬度，使肉馅滑润致密。混合料于腌制室内腌制1～2h，当瘦肉变为内外一致的鲜红色，内陷中有汁液渗出，手摸触感坚实、不绵软、表面有滑腻感，即完成腌制。此时加入料酒拌匀，即可灌制。

4）灌制 将肠衣套在灌肠机灌嘴上，使肉馅均匀地灌入肠衣中。要掌握松紧程度，不要过紧或过松。用天然肠衣灌制时，干或盐渍肠衣要在清水中浸泡柔软，洗去盐分后使用。

5）排气 用排气针扎刺湿肠，排出内部空气，以避免在晾晒或烘烤时产生爆肠现象。

6）捆线结扎 捆线结扎的长度依具体产品的规格而定。一般每隔10～20cm用细线结扎一道。生产枣肠时，每隔2～2.5cm用细棉线捆扎分节，挤出多余肉馅，使成枣形。

7）漂洗 将湿肠用35℃清水漂洗，除去表面油垢，然后挂在晾晒架或烘烤架上。

8）晾晒或烘烤 将悬挂好的香肠在日光下晾晒2～3天。在日晒过程中，有胀气的部分应针刺排气。晚间送入房内烘烤，温度保持在40～60℃，烘烤温度是很重要的加工参数，需要合理控制焙烤过程中的质、热传递速度，达到快速脱水目的。一般采用梯度升温程序，开始过程温度控制在较低状态，随生产过程的延续，逐渐升高温度。焙烤过程温度太高，易造成脂肪熔化，同时瘦肉也会烤熟，影响产品的风味和质感，使色泽变暗，成品率降低；温度太低则难以达到脱水干燥的目的，易造成产品变质。一般经三昼夜的烘晒，然后将半成品挂到通风良好的场所风干10～15天即得成品。

9）包装 中式产品有散装和小袋包装销售两种方式，可根据消费者的要求进行选择。利用小袋进行简易包装或进行真空、气调包装，可有效防止产品销售过程中的脂肪氧化现象，提高产品的卫生品质。

（二）熏煮香肠加工

熏煮香肠是一类以畜禽肉为主要原料，经修整、腌制、斩拌等工艺制作的熟肉制品。熏煮香肠种类很多，根据我国各地风味特点，在西式风味的基础上，通过配料和制作工艺的改进，实现了产品的"中式西作"，使产品的风味和品质具有中国地方特色。该类产品适合于规模化、工厂化生产，是我国肉制品加工行业产量最多的产品之一。熏煮香肠品种很多，特点各不相同，生产过程也不完全一样。其一般生产工艺及制作方法如下：

原料整理 → 腌制 → 绞肉、斩拌 → 充填 → 烘烤 → 蒸煮 → 烟熏 → 包装 → 成品

1）原料整理　　选用热鲜肉、冷却肉或冻肉。为了提高腌制的均匀性和可控性，将肥瘦肉分开，瘦肉中所带脂肪不超过5%，肥肉中所带瘦肉不超过3%，瘦肉切成2cm厚的薄片，肥肉切丁，分别放置。

2）腌制　　将混合盐（主要成分食盐、复合磷酸盐、亚硝酸盐、抗坏血酸等）与整理好的瘦肉均匀混合，于2~4℃腌制1~3天。肥肉只加入3%~4%的食盐腌制，于2~4℃腌制2~3天。

3）绞肉及斩拌　　为了破坏肉的组织结构，使肌球蛋白溶出，与脂肪乳化，形成均一的产品质构，需要进行绞肉和斩拌工序。虽然绞肉和斩拌都可以达到破碎肌肉组织结构的目的，但产生的结果有所区别。绞肉过程产生较大的摩擦力和挤压力，易造成肌细胞的破坏，影响到产品的黏弹性；斩拌可产生较好的乳化效果，有利于产品质构的改善、提高黏弹性。斩拌有真空斩拌和常压斩拌两种方式。真空斩拌可避免大量空气混入肉糜，对于减小微生物的污染、防止脂肪氧化、稳定肉色、保证产品风味具有积极意义，另外真空斩拌还有利于产品质构的改善，提高黏弹性。

绞肉机的构成如图18-1所示，不同尺寸和不同形状并且含有不同脂肪比例的肉块通过绞制，形成肥瘦均匀的圆柱形颗粒。绞肉筒中螺杆或螺旋推进器将肉输送并压入绞肉网孔板中，旋转的刀切割被压入的肉，并帮助其进入绞肉孔板的孔中。绞肉机孔板的尺寸决定肉粒的直径，网孔的厚度和刀片的数量决定圆柱形肉粒的长度。

斩拌机的结构如图18-2所示，它的构成有两部分，即一个用来盛肉的旋转的金属锅及轴向旋转的用来搅拌和切割肉的刀片。斩拌机常常用于一个批次香肠料混合，然后混合料输送入乳化机中以获得需要的结构。一个斩拌机基本在轴上有一套6把刀，刀和锅的速度及刀片的锋利程度是影响其效果的主要因素。

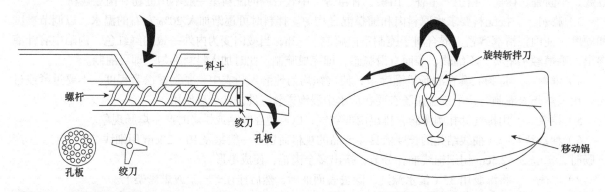

图18-1　绞肉机示意图（Pearson and Gillette，2012）　　图18-2　斩拌机示意图（Pearson and Gillette，2004）

4）充填　　充填时要求松紧适度、均匀，充填后及时打卡或结扎。

5）烘烤　　烘烤的效果及烘烤的时间与肠衣的性质、状态、周围介质温度、湿度、空气与烟的混合物成分、浓度及在产品表面分布的均匀性有关。烘烤可使肠衣和贴近肠衣的馅层具有较高的机械强度，不易破损，同时使产品色泽均匀表面呈现褐红色，采用塑料肠衣生产时一般不进行烘烤，而直接进行蒸煮。

6）蒸煮　　蒸煮可使蛋白质变性凝固，破坏酶的活力及杀死微生物，促使风味形成。该工艺步骤也称杀菌。根据产品的类型和保藏条件，可进行高温蒸煮（高温杀菌）和低温蒸煮（巴氏杀菌）。进行高温蒸煮的产品，可以在常温下贮藏销售。而低温蒸煮的法兰克福香肠、哈尔滨大众红肠等需在冷藏条件下销售。

7）烟熏　　根据产品的特点，烟熏或不烟熏。用塑料肠衣加工的香肠，因肠衣的气密性好，不需要进行烟熏。该类产品蒸煮、冷却后直接进行包装。用天然肠衣、胶原肠衣或纤维素肠衣加工的香肠，可进行烟熏。这样的产品在蒸煮后肠衣变得湿软，存放时容易引起灌肠表面产生黏液或生霉。烟熏可以除去产品中的部分水分，肠衣也随之变干，肠衣表面产生光泽并使肉馅呈红褐色，赋予产品特殊香味，增加产品的防腐能力。

案例

法兰克福肠加工

1. 配料

1）纯肉制品　牛肉50kg，普通猪碎肉33kg，冰屑25kg，盐2.5kg，玉米糖浆1.6kg，白胡椒208g，肉豆蔻52g，异抗坏血酸钠44g，亚硝酸钠13g。

2）加奶粉制品　普通猪肉碎（瘦肉：肥肉=8：2）50kg，瘦牛肉7kg，冰屑20kg，脱脂奶粉2kg，盐2kg，胡椒90g，甜辣椒90g，辣椒素45g，肉豆蔻45g，异抗坏血酸钠38g，亚硝酸钠11g。

2. 加工方法　采用3mm孔板将冷却至0～2℃的原料肉绞碎，再用斩拌机斩拌，首先用低速斩拌至肉有黏着性时，加入总量2/3的冰屑和辅料，然后快速斩拌至肉馅温度为4～6℃，再加入剩余的冰屑，当肉馅终温低于12℃时停止斩拌。将肉馅充入肠衣并打结后，先在45℃，相对湿度95%下烘烤10～15min，然后再采用55℃蒸煮，至产品中心温度达67℃，即为成品。

（三）发酵香肠加工

发酵香肠是指将绞碎的肉、动物脂肪同糖、盐、发酵剂和香辛料等混合后灌入肠衣，经过微生物发酵而成的肉制品。其基本加工工艺及操作要点如下：

原料肉预处理 → 绞肉 → 配料 → 腌制 → 充填 → 发酵 → 干燥 → 烟熏 → 包装

1）原料肉预处理　原料肉通常选用猪肉、牛肉和羊肉等，pH应为5.6～5.8。脂肪一般为猪背膘。

2）绞肉　绞肉前原料肉的温度需要严格控制，一般瘦肉在0～4℃，脂肪在8℃左右。根据产品的类型确定肉糜粒度的大小，肉馅中脂肪粒度应在2mm左右。

3）配料　先将瘦肉斩拌至合适粒度，然后再加入脂肪进一步斩拌至合适粒度，最后加入食盐、腌制剂、发酵剂等。为防止混料搅拌过程中大量空气混入，最好使用真空搅拌机。若采用的发酵剂为冻干菌，需先将发酵剂放在室温下复活18～24h后再使用，接种量一般为10^6～10^7cfu/g。

4）腌制　传统方法是将肉馅放在4～10℃的条件下腌制2～3天。现代生产工艺中一般没有独立的腌制工艺，肉糜在混合均匀后直接充填、发酵。在相对较长的发酵过程中完成腌制操作。

5）充填　要求充填均匀，肠坯松紧适度，肉糜的温度控制在4℃以下。为了避免气体混入肉糜中，提高产品质构的均匀性，一般用真空灌肠机灌制，降低破肠率，延长产品的货架期。

6）发酵　一般采用恒温发酵。对于干发酵香肠，发酵温度控制为21～24℃，相对湿度为75%～90%，发酵时间为1～3天。对于半干发酵香肠，发酵温度控制为30～37℃，相对湿度为75%～90%，发酵时间为8～20h。

7）干燥与熏制　干燥的程度影响到产品的物理化学性质、食用品质和保质期。对于干发酵香肠，发酵结束后进入干燥间进一步脱水。干燥室的温度为7～13℃，相对湿度为70%～72%，干燥时间依据产品大小而定，干发酵香肠的成熟时间一般为10天到3个月。

干发酵香肠不需要烟熏，因干发酵香肠的水分活度和pH较低，贮运和销售过程不需要冷藏。对于半干发酵香肠，发酵后通常需要蒸煮至产品中心温度68℃以上，之后再进行干燥、烟熏和冷藏。

五、熏烧烤肉制品加工

（一）熏烧烤肉制品简介

熏烧烤肉制品是指经腌制或熟制后的肉，以熏烟、高温气体或固体、明火等为介质热加工制成的肉制品。通常分为熏烤制品和烧烤制品两大类。中式熏烧烤肉制品包括北京烤鸭、叉烧肉、广东脆皮乳猪等，具有地方特色的熏烧烤肉制品有盐焗鸡、叫花鸡、烤全羊等。而国外同类产品以培根、巴西烤肉、日式烧肉、韩国烧烤等为代表。

烧烤加工方式包括明炉烧烤、焖炉烧烤、无烟烧烤和微波烧烤 4 种，其中无烟烧烤又可分为无烟远红外气热烧烤和无烟远红外电热烧烤两类。熏制方式包括冷熏法、温熏法、焙熏法、电熏法、液熏法 5 种。烟熏具有呈味、发色、杀菌和抗氧化等作用。

由于高温熏烤的制作特点，熏烧烤肉制品中不可避免地存在一些有害物质，如多环芳烃和杂环胺等，它们具有很强的致癌和致突变性，因此，在这类产品制作过程中应注意控制加热温度和时间，减少上述有害物的产生。

（二）几种熏烧烤肉制品的加工

1. 叉烧加工　　叉烧是一种传统的中式熏烧烤肉制品，具有色香味形都很好的特点。其主要工艺流程如下：

1）配方　　按 100kg 瘦猪肉计，酱油 5000g（生抽 4000g，老抽 1000g），食盐 1500g，曲酒 2000g，蚝油 1400g，亚硝酸钠 6g，麦芽糖 5000g，大蒜、五香粉适量，将麦芽糖和酱油按 4∶1 混合，配制叉烧酱。

2）制作工艺

（1）原料选择。取猪背脊肉，剔除结缔组织和脂肪后，沿肌纤维方向切成长 10cm，宽 5cm，厚 2cm 左右的肉条，并以温水清洗后沥干水分。

（2）滚揉腌制。将肉条放入真空滚揉机中，按比例加入酱油、白砂糖和食用盐进行滚揉腌制，正转 20min 后暂停 10min，再反转 20min，转速 6r/min，腌制 4h，滚揉全过程温度控制在 10℃ 以下。滚揉结束后，加入曲酒和香辛料等拌匀。

（3）挂炉烤制。将肉条整齐地穿到铁签上，并在肉条表面均匀涂抹叉烧酱后将铁签挂入预热至 100℃ 的烤炉内。烤制时，使炉温逐渐上升至 200℃，烤制 30min 后即得成品。

2. 烤鸭加工　　烤鸭发源于南北朝时期的建康（就是现在的南京），在明朝时迁都北京，烤鸭作为宫廷美食之一带到北京，形成了北京烤鸭。南京烤鸭的制作重点在于红卤，而北京烤鸭的成败关键是果木炭火。其工艺流程如下：

选料 → 造型 → 冲洗烫皮 → 浇挂糖色 → 灌汤打色 → 烤制 → 包装 → 保藏

1）选料（以北京烤鸭为例）　　使用活重 2.5kg 以上的填肥鸭。

2）造型　　先剥离颈部食道周围的结缔组织，打开气门，向鸭体皮下脂肪与结缔组织之间充气，使鸭体保持膨大壮实的外形。然后从腋下开一小口，取出全部内脏，用 8～10cm 长的秫秆由切口塞入膛内充实体腔，使鸭体造型美观，易于烤制均匀。

3）冲洗烫皮　　通过腋下切口用 4～8℃ 的清水反复冲洗胸腹腔，直到洗净为止。用钩子钩住鸭胸部上端 4～5cm 外的颈椎骨，提起鸭坯用沸水淋烫表皮，使表皮的蛋白质凝固，减少烤制时脂肪的流出，达到表皮酥脆的效果。

4）浇挂糖色　　将麦芽糖与水按 1∶6 混合溶解，将糖水熬煮成棕红色。按每只鸭 100～150g 糖水进行浇挂，用汤勺先浇淋两肩，后淋两侧。此步骤可改善鸭体表面色泽，增加表皮的酥脆性和适口性。浇挂后在阴凉处晾干。

5）灌汤打色　　向腹腔内灌入 70～100mL 100℃ 的开水。开水受热汽化，形成外烤内蒸的加热模式，进而获得外焦里嫩的产品质地。为了防止色泽不均，在灌汤后需进行二次浇挂糖色，方法同上。

6）烤制　　将鸭坯挂在炉中，烤炉温度 230～250℃。将鸭体右侧刀口向火，使体腔内开水迅速汽化，待右侧鸭坯烤制成橘黄色时，旋转鸭体，烘烤胸部、下肢等部位，反复烘烤至鸭体全身呈枣红色为止，烤制时间一般为 30～40min。

3. 培根加工　　培根具有浓郁的烟熏香味。根据产地分为英式、美式和意式等，英式培根选用猪背脊肉，而美式培根选用猪五花肉作为原料。以美式培根为例，其基本工艺流程如下：

1）培根配方　按每100kg原料肉，食盐8kg，硝酸钠50g。

2）制作工艺

（1）选料。选猪带肥膘0.3～0.5cm五花肉（1#肉，露出红肉面积不超过10%）、不带肥膘五花肉（2#肉，肌肉露出）和前腿肉（Ⅱ号肉），比例为1∶0.85∶0.15。去除结缔组织并修整成300mm×230mm×35mm的长方体。

（2）注射液配制。将食盐与硝酸钠溶解于适量水中，充分搅拌后再加入清水至浓度为15°Bé。

（3）注射。按30%的盐水注射率进行注射，注射完毕后剩余的盐水在滚揉时加入。

（4）滚揉、腌制。将注射后的猪Ⅱ号肉用孔径10mm的孔板绞碎。滚揉时，先将注射后五花肉1#、2#和与其重量对应的剩余盐水同时放入滚揉机中滚揉2h，再将绞制后的Ⅱ号肉及盐水加入，滚揉4h。全过程转速8r/min，真空度90%以上，温度控制在6～8℃。滚揉结束后，控制温度为0～4℃腌制24～36h。

（5）压模。在模具内铺一层玻璃纸，将五花肉1#铺在模具底部，利用碎肉修正边缘，再放置五花肉2#，剔骨面朝上，排空气泡后用玻璃纸盖严，扣上模具盖后进行抽真空处理，使真空度达到90%以上并将模具锁扣紧，最后入烟熏炉进行热加工。

（6）蒸煮。在55℃下干燥50min，再升温至70℃蒸煮90min；之后进行喷淋10min。

（7）冷却脱模。在0～4℃下冷却至20℃以下，进行脱模操作。

（8）烟熏。将脱模后的培根放入烟熏炉中，调节温度为65℃，烟熏30～40min；再保持65℃，干燥30～40min；当表面呈金黄色后降温至50℃继续干燥10min。

六、干肉制品加工

干肉制品是指将肉先经熟加工，再成型干燥，或先成型再经热加工制成的可直接食用的熟肉制品。成品呈小的片状、条状、粒状、团粒状、絮状。干肉制品主要包括肉干、肉脯和肉松三大类。下面以肉干为例，介绍干肉制品的加工。

1. 工艺流程

2. 工艺要点

1）原料选择　传统肉干大多选用猪肉和牛肉为原料，以新鲜的后腿及前腿瘦肉为最佳，不得有异味。

2）预处理　将选好的原料肉去除皮、脂肪、筋腱、淋巴、血管等不宜加工的部分，然后顺肌纤维方向将肉切成质量为500g左右的肉块。在容器中加入洁净的清水，使肉完全浸没，浸泡0.5～1h，再用清水漂洗干净后沥干备用。

3）预煮与成型　利用清水直接对肉进行煮制，一般不加任何辅料，但有时为了去除腥味等，添加原料肉质量1%～2%的鲜姜或其他香辛料。将肉放入蒸煮锅后，加清水以淹没全部肉块为度，烧煮至沸腾，保持40～60min，以肉块切面呈粉红色、无血水为宜，此时肉块中心温度为（55±5）℃。煮肉过程中及时撇去肉汤中的污物和油沫。

4）切坯　肉块冷凉后，根据需要切成片状、条状或丁状。一般肉片、肉条以厚0.3～0.5cm、长3～5cm为宜，如切成肉丁则控制大小为1cm³。

5）复煮　取一部分预煮的肉汤（约为半成品的1/2）入锅，按照配方加入配料，白砂糖、食盐、酱油等可溶性辅料直接加入，不溶性的香辛料经适度破碎处理后，用纱布包裹后加入。大火熬煮，待汤汁变浓稠后，将肉片、肉丁或肉条倒入锅内，小火慢煮，并不时轻轻翻动，防止粘锅，待汤汁快干时，改用文火收汤，此时宜加入味精和料酒，汤汁完全干后出锅。

6）干燥脱水　肉干脱水的方法主要有三种：烘干法、炒干法和油炸法。

（1）烘干法。将肉坯平铺在不锈钢筛网上，放入烘房或烘箱，温度控制在 50～60℃，烘烤 4～8h。烘烤开始前 1～2h 每 20～30min 翻动肉坯 1 次，之后每隔 1～2h 可调换 1 次网盘的位置并翻动肉坯 1 次。干燥至肉坯发硬变干，含水量在 18% 左右即可。

（2）炒干法。肉坯复煮后，在原锅内（也可另换炒锅）用文火加温，用锅铲不停地贴锅翻炒，炒到肉坯表面微微出现绒毛时，含水量在 18% 左右即可。

（3）油炸法。鲜肉直接切坯，用 2/3 的辅料（其中料酒、白糖、味精后放）与肉坯拌匀，腌渍 10～20min 后，投入已加热到 135～150℃ 的植物油中炸制，至肉坯表面呈微黄色（或颜色更深）时捞出，滤净余油，再加入料酒、白糖、味精和剩余的 1/3 的辅料拌匀即可。油炸过程同时完成肉坯的熟化和脱水，产品具有独特的色泽和油炸风味，在一些特定的肉干产品（如一种四川麻辣牛肉干）的制作中常采用油炸法。

7）冷却及包装　　干燥后，应及时冷却至室温，进行包装即为成品。

资源18-1　　有关肉松和肉脯加工的内容可查看**资源 18-1**。

七、调理肉制品加工

调理肉制品是以禽畜肉为主要原料，经过绞制或切制后添加调味料和其他辅料，再经滚揉、搅拌、调味或预加热等工艺加工而成的非即食类肉制品。大多数调理肉制品需在冷藏或冷冻条件下贮藏、运输及销售，食用前需经加热处理。

根据加工程度，调理肉制品分为预热调理肉制品和预制调理肉制品；根据成品生熟程度可分为熟制品、半熟制品和生制品；根据贮存条件，可分为冷藏（0～4℃）和冷冻（−18℃）调理肉制品。下面以骨肉相连为例，介绍生鲜调理肉制品的加工工艺。

1. 工艺流程　　骨肉相连是一种将鸡胸肉和鸡软骨经滚揉腌制等加工工序，再用竹签间隔串联，并于 −18℃ 下贮存的食品，食用前需经过烤制、微波加热等处理。其工艺流程如下：

原料预处理　→　腌制　→　穿串　→　包装　→　冷冻保藏

2. 操作要点

1）原料预处理　　取鸡胸肉和软骨，切丁，肉块大小约 2cm×2cm×2cm，软骨的长宽约 2cm。肉丁和软骨丁的比例为 7：3 较为适宜。

2）腌制　　将腌料与冰水搅拌均匀配成腌制液，贮藏在 0～4℃ 下备用；之后将鸡胸肉和软骨与腌制液混匀，之后放入滚揉机，进行间歇式真空滚揉 3h，转速为 8～10r/min，每次转 10min 后停 10min；或采用连续式真空滚揉 50min。滚揉后，在 0～4℃ 下静置腌制 20～24h，使腌制液充分摄入肉丁中。

3）穿串　　用竹签将鸡胸肉和鸡软骨间隔穿插，一般每串 7 块肉 3 块骨，首尾皆为肉，且不露签头。

4）包装、冷冻保藏　　骨肉相连串在 −30℃ 下速冻，真空包装，置于 −18℃ 冷藏。

资源18-2　　有关调理猪肉和鸡排加工的内容可查看**资源 18-2**。

本章小结

1. 肉是指动物的肌肉组织和脂肪组织，以及附着于其中的结缔组织、骨骼组织、微量的神经和血管。在组织学上，肌肉组织分为骨骼肌、心肌和平滑肌三类。从化学角度，肉的组成主要包括蛋白质、脂肪、水分、浸出物、维生素和矿物质。

2. 肉的加工特性主要包括凝胶性、乳化性、保水性等，根据不同功能特性的性质，可进行稳定机制、影响因素、参数测定、肉制品品质评价指标等的研究。

3. 肉制品可分为如下 9 大类：腌腊肉制品、酱卤肉制品、熏烧焙烤肉制品、干肉制品、炸肉制品、肠类肉制品、火腿肉制品、调制肉制品、其他类肉制品。

4. 腌腊肉制品是指将原料肉（畜禽肉）与盐（或盐卤）和香辛料一起进行腌制，并在适宜的温度条件下进行风干、成熟等加工工艺而最终形成的，具有独特腌腊风味的肉制品。关键加工工艺是腌制、风干成熟。

5. 酱卤肉制品是鲜（冻）畜禽肉和可食副产品加调味料和香辛料，以水为介质，经过预煮或浸泡、煮制及酱制

（卤制）等加工工艺进行生产而成的熟肉类制品。关键加工工艺是卤制。

【思 考 题】

1．以牛肉为原料，设计一种蒸煮香肠的加工工艺流程。

2．根据所学知识，设计一种酱卤肉制品的加工工艺流程。

3．以鸡肉为原料，设计风干肉制品的加工工艺流程。

参考文献

孔保华，韩建春．2011．肉品科学与技术．第2版．北京：中国轻工业出版社．

许丽娜，张绪霞，罗欣．2006．油炸鸡肉制品生产中的品质问题研究．食品与药品，8（6）：58-62．

张东，李洪军，甘潇，等．2017．响应面优化腊肉脉动真空滚揉腌制工艺．食品与发酵工业，43（10）：124-130．

赵改名．2009．特色酱排骨的加工．农产品加工，9：19-20．

赵嘉越，张一敏，罗欣．2018．熏烧烤肉制品包装方式研究进展．食品与发酵工业，44（4）：279-286．

周光宏．2020．畜产品加工学．第2版．北京：中国农业出版社．

Lawrie R A, Ledward D A. 2006. Lawrie's Meat Science. 6th ed. Woodhead: CRC Press.

Merlo T C, Lorenzo J M, Saldaña E, et al. 2021. Relationship between volatile organic compounds, free amino acids, and sensory profile of smoked bacon.Meat Science, 181: 108596.

Pearson A M, Gillette T A. 2012. Processed Meats. 2nd ed. New York: Springer-Verlag New York Inc.

第十九章　蛋制品加工工艺与产品

本章主要介绍禽蛋的基本结构、化学组成、蛋与蛋制品的分类及常见蛋制品的加工工艺；蛋制品主要包括再制蛋、干蛋制品、液蛋制品、冰蛋制品及其他蛋制品的加工等内容。

学习目标

掌握禽蛋的基本构造。

掌握禽蛋的蛋壳、蛋清和蛋黄的化学组成。

掌握蛋清与蛋黄的加工特性。

掌握皮蛋的加工原理。

掌握液态蛋的加工流程及技术要点。

掌握蛋粉加工的工艺流程及技术要点。

第一节　蛋的基本性质

一、蛋的构造

（一）蛋的整体结构

蛋主要由蛋壳、蛋白和蛋黄三部分组成。各组成部分在蛋中所占的比例与家禽的品种、年龄、产蛋季节、蛋的大小和饲养条件有关。

禽蛋具有一定形状，一头较大称为蛋的钝端，另一头较小称为蛋的锐端，其平面上投影为椭圆形，结构如图 19-1 所示。

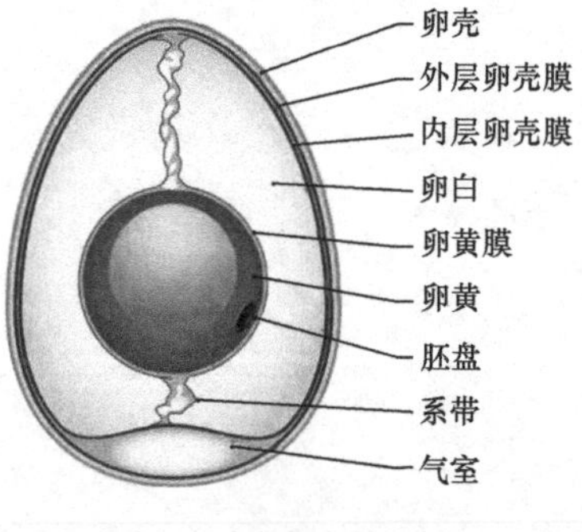

（二）蛋壳的构造

蛋壳部分由外蛋壳膜、石灰质硬壳和蛋壳下膜所构成。

图 19-1　蛋的基本结构

卵壳
外层卵壳膜
内层卵壳膜
卵白
卵黄膜
卵黄
胚盘
系带
气室

1. 外蛋壳膜　鲜蛋的蛋壳表面覆盖着一层黏液形成的膜，称为外蛋壳膜，也称壳上膜、壳外膜或角质层。它是由一种无定形结构、透明、可溶性的胶质黏液干燥而形成的膜。完整的薄膜能透气、透水、可防止微生物侵入蛋内。该膜厚度不等，平均为 10μm。外蛋壳膜有封闭气孔的作用，可以阻止蛋内水分蒸发、二氧化碳逸散及外部微生物侵入。

2. 蛋壳　蛋壳又称石灰质硬壳，是包裹着鲜蛋内容物外面的一层硬壳，它有使蛋具有固定形状及保护蛋白、蛋黄的作用，但其质脆，不耐碰撞或挤压。蛋壳的厚度一般为 270～370μm。蛋壳是由两部分组成：①相互交织的蛋白纤维和颗粒组成基质，位于蛋壳的内侧；②有间隙的方解石晶体形成外层的海绵状层。

3. 蛋壳内膜　壳下膜是由两层紧紧相贴的膜组成的，其内层紧贴蛋清，称蛋白膜；外层紧贴石灰质蛋壳，称为内蛋壳膜，结构如图 19-2 所示。蛋白膜及内蛋壳膜都是由很细的纤维交错呈网状结构。内蛋壳膜的纤维粗，网状结构空隙大，较厚，其厚度为 41.1～60.0μm。蛋离体后，由于突遇低温，蛋内容物收缩，并在蛋的钝端两层膜分开，形成双凸透镜似的空间，称为气室。随着水分蒸发，气室也不断增大，因此，气室的大小反映蛋的新鲜度。

（三）蛋白的构造

蛋白的构造如图19-3所示。蛋白膜之内就是蛋白，即蛋清，它是一种胶体物质。占蛋总质量的45%～60%，其颜色为微黄色。刚产下的鲜蛋，蛋白分为四层蛋白，由外向内其分别是，第一层外层稀薄蛋白，吸附在蛋白膜上，成水样液态，具有流动性，占蛋白总体积的23.3%；第二层中层浓厚蛋白，因为其中约含0.3%的纤维状黏蛋白，故较黏稠，占蛋白总体积的57.3%；第三层内层稀薄蛋白，占蛋白总体积的16.8%；第四层为系带膜状层，占蛋白总体积的2.6%，该层也称浓厚蛋白。可见，蛋白按其形态分为两种，即稀薄蛋白和浓厚蛋白，位置相互交替。

彩图

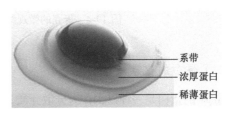
系带
浓厚蛋白
稀薄蛋白

图19-2　蛋壳内膜的微观结构（Nys et al.，2011）　　　　图19-3　鸡蛋内部结构图

此外，在蛋清中，位于蛋黄两端各有一条浓厚的白色条带状物，称作系带。系带的作用是将蛋黄固定在蛋的中心，系带由浓厚蛋白构成，新鲜禽蛋的系带很粗，有弹性。

（四）蛋黄的构造

蛋黄位于蛋的中央，呈球状，外包蛋黄膜。

1. 蛋黄膜　　蛋黄膜是包围在蛋黄内容物外面的透明薄膜，厚度为16μm，占蛋黄重的2%～3%。

2. 蛋黄内容物的结构　　蛋黄膜内即为蛋黄内容物。蛋黄是浓稠不透明的黄色乳状物，中央为白色蛋黄，形状似细颈烧瓶状，瓶底位于蛋黄中心，瓶颈向外延伸，直达蛋黄膜下托住胚盘，胚盘在蛋黄表面，即蛋黄中心通入蛋黄外部的细颈上部有一个色淡、细小的圆状物，如果它是一个受精卵则称为胚胎，直径为3～5mm，而没受精的卵称为胚珠，直径为2.5mm。受精蛋的胚胎在适宜的外界温度下，很快便会发育。

白色蛋黄的外围被深黄色和浅黄色蛋黄由里向外分层排列，形成深浅相间的层次，但浅黄色蛋黄仅占全蛋黄的5.0%。可以把蛋黄看成在一种蛋白质（卵黄球蛋白）溶液中含有多种悬浮颗粒的复杂体系。

二、蛋的化学性质

（一）蛋壳的化学成分

蛋壳主要由无机物构成，占整个蛋壳的94%～97%。有机物占蛋壳的3%～6%。无机物中主要是碳酸钙，约占93%，其次为1.0%碳酸镁、磷酸钙及磷酸镁。有机物中主要为蛋白质，属于胶原蛋白，其中约有16%的氮、3.5%的硫，禽蛋的种类不同，蛋壳的化学组成也有差异。

1. 蛋壳膜　　蛋壳膜又可分为外蛋壳膜和内蛋壳膜。外蛋壳膜是覆盖于蛋壳最外部的一层极薄的无定形被膜，是一种角质的黏液蛋白，其厚度不等，约10μm，含有85%～87%的蛋白质，3.5%～3.7%的糖类，2.5%～3.5%的脂质和3.5%的灰分。

2. 蛋壳　　蛋壳中的无机物以碳酸钙为主，这些无机物的结晶以乳头核为中心呈放射状生长，主要由方解石结晶（主要成分是碳酸钙）和含有镁及钙的白云石结晶所组成。Mg^{2+}在蛋壳中分布不均匀，由壳的外侧向内侧逐渐减小。比较不同强度的蛋壳中钙、镁、磷、钠的含量，强度大的含镁稍多，这是因为白云石比方解石更硬，因此，Mg^{2+}与蛋壳强度有直接关系。蛋壳的微观结构如图19-4所示。

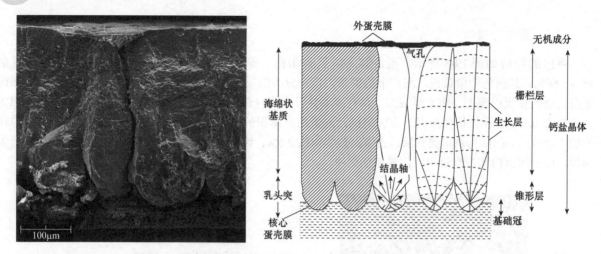

图 19-4　蛋壳的微观结构图（Nys et al., 2011；彭增起，2018）

（二）蛋白的化学成分

禽蛋中的蛋白是一种以水作为分散介质、以蛋白质作为分散相的胶体物质。蛋白的结构不同，所含的蛋白质种类不同。

1. 水分　禽蛋蛋白中的水分含量为 85%～89%，但各层之间有所不同。例如，外层稀薄蛋白的水分含量为 89%，中层浓厚蛋白的水分含量为 84%，内层稀薄蛋白的水分含量为 86%，系带膜状层的水分含量为 82%。

2. 蛋白质　在蛋白中，蛋白质的含量为总量的 11%～13%。现在已从蛋白中分离出近 40 种不同的蛋白质，含量较多的蛋白质有 12 种，近年来，对它们的性质有些了解，但仍有待进一步研究。蛋白中几种主要的蛋白质的种类、特性及氨基酸含量如下。

1）卵白蛋白　蛋白中的卵白蛋白在其等电点时用硫铵或硫酸钠盐析，容易得到卵白蛋白的针状结晶，经重结晶可得高纯度精制标准样品。卵白蛋白质在蛋白中的含量最多，约占蛋白质的 54%，它是一个近于球形的磷酸糖蛋白，是蛋白中蛋白质的代表类型，其中包含所有的必需氨基酸。

2）卵伴白蛋白或卵铁传递蛋白　卵伴白蛋白是一种糖蛋白，含 1.4% 胺己糖和 0.8% 六碳糖，热变形温度 58～67℃。此种蛋白质是近似于血清铁传递蛋白的蛋白质，每个蛋白质分子中有 2 个配位中心可与铁、铜或锌等金属离子结合形成稳定的络合物。

3）卵黏蛋白　卵黏蛋白是糖蛋白，约占 3.5%，是浓厚层蛋白，具有像凝胶一样的结构，显示较高的黏性，以韧性的细微纤维形式存在。卵黏蛋白能抑制病毒所致的血球凝集作用。

4）卵类黏蛋白　卵类黏蛋白约占蛋白中蛋白质的 11%，是一种热稳定性高的糖蛋白。相对分子质量为 28 000，等电点约为 pH 4.1，卵类黏蛋白具有抑制蛋白酶活性的重要作用。

5）溶菌酶　溶菌酶能够溶解细胞壁中的 N-乙酰神经氨酸和 N-乙酰氨基葡萄糖之间的 β-1, 4-糖苷键。固有抗菌特性。其等电点为 pH 10.7，相对分子质量为 14 300，pH 5～9，单体可聚结成两体。溶菌酶分子含 129 个氨基酸残基和 4 个二硫键。溶菌酶的热钝化与溶液的 pH 和温度有关。溶菌酶溶解在磷酸盐缓冲液中，当 pH 小于 9 时，63℃加热 10min，酶活变化不显著。然而，在 pH 大于 9 的缓冲液中，65℃下加热 10min，其活力降低 30%。

3. 碳水化合物　蛋白中的碳水化合物分两种状态存在。一种与蛋白质结合，呈结合状态存在；另一种呈游离状态。碳水化合物在蛋白中的含量很少，主要是葡萄糖、乳糖和果糖。葡萄糖的含量在鸡蛋白中为 0.41%，鸭蛋白中为 0.55%，鹅蛋白中为 0.51%。

4. 脂质　新鲜蛋中含有微量的脂质，约含 0.25%，中性脂质和复合脂质的组成比是 6：1～7：1。中性脂质中游离脂肪和游离固醇是主要成分，复合脂质中神经鞘磷脂和脑苷酯类是主要成分。

5. 蛋白中的酶　蛋白中除含有溶菌酶外，还有三丁酸甘油酯酶、肽酶、磷酸酶、过氧化氢酶等。过氧化氢酶的最适 pH 为 8，最适温度为 20℃，50℃以上的温度可使其失活。另外，初生蛋含细菌量少即与此酶有关。

6. 维生素和色素　蛋白中含有的维生素种类较少，主要为维生素 B_2，因此，干燥后的蛋白呈现浅黄色。

7. 灰分　蛋白中的无机成分主要有钾、钠、钙、镁、磷等。

（三）蛋黄的化学成分

禽蛋的蛋黄的主要成分是蛋白质、脂肪、矿物质及多种维生素等。

1. 脂质　蛋黄中的脂质通常指蛋黄油，约占蛋黄总重的30%，以甘油三酯为主要的中性脂质含量约为65%，磷脂约为30%，胆固醇约占4%。

1）甘油三酯　主要由不同的脂肪酸和甘油组成的混合甘油三酯，其中油酸34.55%、十六碳烯酸12.26%、硬脂酸9.26%、花生四烯酸0.07%、软脂酸29.77%、亚油酸10.09%、十四碳酸2.05%。

2）磷脂　主要包括磷脂酰胆碱（卵磷脂）73%、磷脂酰乙醇胺（脑磷脂）15%、溶血磷脂酰胆碱6%。

2. 蛋白质　蛋黄中的蛋白质多为磷蛋白和脂肪结合而形成的脂蛋白。主要包括低密度脂蛋白65%、卵黄球蛋白10%、卵黄高磷蛋白4%和高密度脂蛋白16%等。

3. 碳水化合物　蛋黄中的碳水化合物主要以葡萄糖为主，也含有少量的乳糖，占蛋黄重的0.2%～1.0%。碳水化合物的存在形式主要是和蛋白质相结合，如葡萄糖和卵黄高磷蛋白、卵黄球蛋白结合，半乳糖与磷脂结合。

4. 色素　蛋黄中含有较多的色素，所以蛋黄呈现黄色或橙黄色，其中大部分为脂溶性色素，如胡萝卜素、叶黄素；水溶性色素以玉米黄色素为主。每100g蛋黄中含有约0.3mg叶黄素、0.031mg玉米黄素和0.03mg胡萝卜素。

知识拓展

谈虎色变的胆固醇

鸡蛋中含有丰富的优质蛋白，还有各种微量营养成分，对健康大有裨益。但蛋黄中含有一定量的脂肪和比较多的胆固醇，大约为400mg。对于一个成年人来讲，体重70kg的人，每日身体需要额外获取的胆固醇其实只有200～300mg。这就是流言"每天只能吃一个鸡蛋""鸡蛋黄不能吃，吃了容易得'三高'"的来源。通过学习和仔细分析不难发现，这些流言存在很多误区。

首先"三高"中所指的是血液中的胆固醇含量，而非食物中的含量。人体内的胆固醇绝大多数是自身合成的，出现"三高"的患者，是机体代谢出现了问题。其次，人体对胆固醇的吸收是"自带上限"的，前面说了，胆固醇主要是靠自身合成，额外的补充也就在200～300mg。超过了这个标准，身体将逐步减少对胆固醇的吸收，也就是说鸡蛋吃得越多，胆固醇的吸收率越低，大部分是被身体代谢出去了，并不会引起胆固醇升高。最后，食物中的胆固醇处于酯化状态，被吸收率很低。所以，即使食物中含有较多的胆固醇，对于人体胆固醇的平衡影响也不大。因此，最新的《美国膳食指南》不再限制从食物中吸收的胆固醇的量。

实际上，鸡蛋的优质蛋白、各种微量成分，并不存在"多了不能吸收"的问题。对于血脂、胆固醇等指标正常的人群，多吃点鸡蛋也没有什么问题。

需要注意的是，即便鸡蛋的营养优质，它也只是食谱的一部分。如果食谱中已经有了很多鸡蛋所富含的"优质成分"，那么鸡蛋的"不足"就值得重视，减少鸡蛋的食用量就有必要。反之，如果食谱中缺乏鸡蛋所提供的优质成分，而胆固醇、饱和脂肪之类的"受控成分"不多，那么多吃鸡蛋的好处就远远超过了可能的坏处。前者比如营养过剩的"富贵病"人群，而后者诸如世界上某些贫困地区连饭都吃不饱的人群。这其实是对一个有特定条件的饮食建议的曲解。对于饮食全面均衡的人群，"每天吃一个鸡蛋"是比较合适的。但这个"合适"并不是因为"吃多了不能吸收"，而是在饮食均衡的前提下，多吃鸡蛋带来的价值有限，而不利的影响增加了。

第二节　蛋与蛋制品的特性和分类

一、禽蛋的理化特性

（一）蛋液的凝固点

鲜鸡蛋蛋清的凝固点为 62～64℃，平均凝固点为 63℃；蛋黄的凝固点为 68～71.5℃，平均凝固点为 69.5℃；全蛋液的凝固点为 72～77℃，平均凝固点为 74.2℃。蛋白种类与所在环境盐分的不同使其热凝固点也不同，其中卵黏蛋白与卵类黏蛋白的热稳定性最好。

（二）蛋液的密度与黏度

蛋液的相对密度与蛋的新鲜程度有关，鲜鸡蛋的相对密度为 1.080～1.090，新鲜鸭蛋、鹅蛋和火鸡蛋的相对密度约为 1.085，蛋中各构成部位的相对密度也不相同，蛋壳的相对密度为 1.740～2.130，蛋清的相对密度为 1.046～1.052，蛋黄的相对密度较小，为 1.029～1.030，所以当蛋内系带消失后，蛋黄会向上浮起贴在蛋壳上。蛋在存放期间，由于蛋白质分解及溶剂化减弱，使蛋清、蛋黄的黏度降低。

（三）蛋内容物的 pH

鲜蛋清的 pH 为 7.6～7.9，蛋清在贮存期间其内部的二氧化碳会逸出，使其 pH 升高，最高可达 9.0～9.7。鲜蛋黄的 pH 约为 6.0，贮存期间变化缓慢，最高可增至 6.4～6.9，而当脂肪酸败后，其 pH 会下降。

二、禽蛋的加工特性

（一）蛋清的凝胶性

当卵清蛋白受热、盐、酸、碱或机械作用时会发生凝固。蛋的凝固是蛋清中蛋白质结构变化的结果，此变化使蛋液变稠，由溶胶的流体状变为固体或半流体状。

1. 热凝胶　蛋清中几乎都是球蛋白，鸡蛋球蛋白凝胶一般是由随机凝集和"面包串"结构组成，或者是两者的混合结构组成。凝胶形成过程中存在三种形态：未变性的蛋白质、高度变性的无序蛋白质和在从无序状态向未变性状态展开的路径中明显存在动态的中间体，这种中间体状态被称为"溶融球蛋白状态"，它被定义为含有与未变性状态相似的二级结构而三级结构展开的紧凑的球形分子。从受热时的未变性状态到溶融球蛋白的转变及这种部分变性的形式主要与热凝胶的形成有关。随着蛋白质的展开，变性的蛋白质分子将会和相邻结构相似的未展开蛋白质分子相互作用。这种相互作用导致了高分子质量凝集物的形成。凝集物之间的进一步反应将会使得凝胶的三维网络结构更加稳定，同时还可以保留大量的水分，从而形成稳定的鸡蛋蛋白凝胶。

2. 酸、碱凝胶　蛋清在 pH 2.3 以下或 pH12.0 以上会形成凝胶，在 pH 2.3～12.0 则不会形成凝胶。这一特性对鸡蛋蛋清作为辅料在面包、糕点等酸性食品及皮蛋、糟蛋等的加工中具有重要意义。

酸性凝固的凝胶呈乳浊色，不会自动液化。蛋清碱诱导凝胶的过程中，蛋白质逐渐发生变性，导致蛋白质分子的天然结构解体，维系蛋白质分子间化学作用力的次级键，如疏水相互作用、静电相互作用等发生重大改变，蛋白质分子中的游离巯基发生氧化或通过 2 个巯基转换反应生成二硫键，并且蛋清蛋白分子从天然状态到变性状态的变化还包括二级构象变化，如 α 螺旋、β 折叠和无规则卷曲含量都发生比较明显的变化。

3. 蛋黄的冷冻凝胶化　蛋黄在 −6℃冷冻或贮存时因其黏度剧增而形成凝胶，解冻后也不会完全恢复蛋黄原有状态，这一特性限制了冰蛋黄在食品中的应用。在一定温度范围内，温度越低凝胶化速度越快。蛋黄的凝胶化与低密度脂蛋白有关，为抑制蛋黄的冷冻凝胶化，可在冷冻前添加 8% 的蔗糖、甘油、糖浆、磷酸盐或 2% 的食盐，用脂肪酶、蛋白分解酶处理可以抑制蛋黄的凝胶化，此外机械处理，如均质、研磨等可降低蛋黄的黏度。

（二）蛋清的起泡性

泡沫是分散在含有可溶性表面活性剂的连续液体或半固体的分散体系。均匀分布的泡沫可以赋予食品均匀、软滑、细腻的质地与亮度，能提高风味物质的分散性与可觉察性。蛋白质溶液在食品体系中形成泡沫的质量与蛋白质溶液的界面张力、黏度及起泡时输入的能量有关。蛋白质的泡沫性包括蛋白质的起泡性和泡沫稳定性。泡沫稳定性是指泡沫形成后能保持一定时间，并具有一定抗破坏能力，这是实际应用的必要条件。盐离子浓度、pH、脂肪含量、加热温度、搅拌时间等对蛋清蛋白质的起泡性有重要影响。

（三）蛋黄的乳化性

蛋清蛋白质分子中含有亲水性基团和亲油性基团，所以蛋清蛋白质具有乳化性。蛋清蛋白质的乳化性与其内在质量有关，又受应用环境或介质的影响。溶液的pH与离子强度为主要影响因素。等电点时其乳化性与乳化稳定性最差。此外温度与食品中的蔗糖对蛋清蛋白的乳化性与乳化稳定性也有影响，当温度在25～60℃时，乳化性与乳化稳定性均增强，高于60℃后则逐渐降低。

三、蛋制品的分类及技术要求

（一）蛋制品的分类

按照中华人民共和国国家标准GB 2749《蛋与蛋制品》对蛋与蛋制品分类，具体如下。

1. 鲜蛋　　各种家禽生产的、未经加工或仅用冷藏法、液浸法、涂膜法、消毒法、气调法、干藏法等贮藏方法处理的带壳蛋。

2. 蛋制品

1）液蛋制品　　以鲜蛋为原料，经去壳、加工处理后制成的蛋制品，如全蛋液、蛋黄液、蛋白液等。

2）干蛋制品　　以鲜蛋为原料，经去壳、加工处理、脱糖、干燥等工艺制成的蛋制品，如全蛋粉、蛋黄粉、蛋白粉等。

3）冰蛋制品　　以鲜蛋为原料，经去壳、加工处理、冷冻等工艺制成的蛋制品，如冰全蛋、冰蛋黄、冰蛋白等。

4）再制蛋　　以鲜蛋为原料，添加或不添加辅料，经盐、碱、糟、卤等不同工艺加工而成的蛋制品，如皮蛋、咸蛋、咸蛋黄、糟蛋、卤蛋等。

（二）技术要求

技术要求主要包括原料要求、感官要求、污染物限量、农药残留限量和兽药残留限量、微生物限量、食品添加剂和食品营养强化剂等技术要求。

第三节　再　制　蛋

再制蛋，是指在保持蛋原形的情况下，主要经过碱、食盐、酒糟等加工处理后制成的蛋制品，包括皮蛋、糟蛋和咸蛋三种。一般多使用鸭蛋和鸡蛋为原料，但鸡蛋含水量相对较多且体积较小，因此，在用料时应稍多一些，其成熟期一般比鸭蛋短。

一、皮蛋

皮蛋是我国最著名的蛋制品，皮蛋又叫松花蛋、变蛋。成熟后的皮蛋，其蛋白呈棕褐色或绿褐色凝胶体，有弹性，蛋白凝胶体内有松针状的结晶花纹，故名松花蛋；其蛋黄呈深浅不同的墨绿、草绿、茶色的凝固体（溏心皮蛋蛋黄中心呈橘黄色浆糊状），其色彩多样、变化多端，故又称变蛋。皮蛋的种类很多，按蛋黄的凝固程度不同分溏心皮蛋和硬心皮蛋；按加工辅料不同分五香皮蛋、糖皮蛋等品种。

皮蛋形成的基本原理主要是蛋白质遇碱发生变性而凝固。加工中所使用的生石灰（CaO）和纯碱（Na_2CO_3）在水中可生成强碱氢氧化钠（NaOH）。当蛋白和蛋黄遇到一定浓度的氢氧化钠后，由于其中蛋白质分子结构受到破坏而发生变性，蛋白部分蛋白质变性后形成具有弹性的凝胶体。蛋黄部分则因蛋白质变性和脂肪皂化反应形成凝固体。加工时若溶液中氢氧化钠浓度过高，已经凝固的蛋白质又会重新水解而液化，蛋黄变硬，同时，产品碱味重。若氢氧化钠浓度过低，将不利于蛋白的凝固，产品较软，成熟时间长。

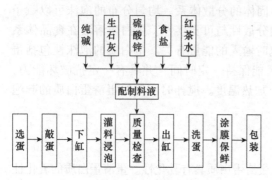

图 19-5 浸泡法加工皮蛋的工艺流程
（周光宏，2019）

加工皮蛋的方法主要采用浸泡法、包泥法。包泥法主要为传统加工方法，存在着产量低，难以适应现代化工业生产，另外对泥料的品质要求也比较高，稍有不慎，容易出现食品安全问题。这里以浸泡法为例，介绍皮蛋的加工工艺。具体的工艺流程见图 19-5。

技术要点

1. 料液的配制　溏心皮蛋和硬心皮蛋最主要的差别是强碱的浓度，一般硬心皮蛋的碱液浓度为 4.5%～5.5%，溏心皮蛋的碱液浓度为 1.5%～2.5%。各地加工皮蛋的配料配方（以浸泡 100kg 鸭蛋计）如表 19-1 所示。

表 19-1　各地加工皮蛋的料液配方（kg）（周光宏，2019）

辅料	北京	上海	广州	天津	四川	湖南	湖北	浙江	江苏	山东
沸水	100	100	100	100	100	100	100	100	100	100
纯碱	7.2	5.45	6.5	7.5	7.5	6.5	6.1	6.25	5.3	7.8
生石灰	28	21	24	28	25	30	27	16	21.1	29
氧化铅	0.75	0.42	0.25	0.3	0.4	0.25	0.3	0.25	0.35	0.5
食盐	4.0	5.45	5	3	5.2	5.0	4.7	3.5	5.5	2.8
红茶末	3.0	1.3	2.5	3	2.5	2.5	3.5	0.63	1.27	1.13

传统腌制工艺中添加氧化铅的主要作用是在腌制过程中堵塞气孔，易形成溏心皮蛋或防止碱液过度进入蛋中。但铅容易在人体内蓄积，危害健康。现代无铅工艺中，采用 $CuSO_4$、$ZnSO_4$、ZnO 等替代，使皮蛋中铅含量小于 3mg/kg，符合食品安全标准。

2. 装缸与浸泡　码放时应轻拿轻放，一层一层地横放摆实，最上层蛋应离缸口 15cm 左右，然后将配好并经冷却的料液徐徐灌入缸内，至料液完全淹没鸭蛋为止，并加竹篾、木棍压住，防止加料液后鸭蛋上浮。

3. 成熟期的管理　成熟期的管理工作对皮蛋的质量有重要影响。应控制室温为 20～24℃，同时勤观察、勤检查。

4. 出缸　成熟的皮蛋在手中抛掷时有轻微的弹颤感；灯光透视时蛋呈灰黑色或琥珀色，蛋小头端呈红色或棕黄色；剖开检查时，蛋白凝固良好、光洁、不粘壳，呈墨绿色，蛋黄呈绿褐色。一般情况下，皮蛋浸泡的时间为 30～40 天，夏季气温高，浸泡时间稍短，冬季浸泡时间可适当延长。出缸后的皮蛋应先用冷开水洗净蛋表面的碱液和污物，然后晾干。

5. 涂膜　经检验后的皮蛋要及时涂膜，涂膜剂多为液体石蜡，可延长皮蛋的保质期。

6. 包装　为确保产品的质量，尽量延长皮蛋的保质期，成熟的皮蛋经检验合格后最好先包装再密封贮藏，贮藏环境以 15～20℃为宜。若将皮蛋装入纸箱（或蛋缸）贮藏，贮存室应干燥、阴凉、无异味。

二、糟蛋

糟蛋是用优质的鲜鸭蛋经优良的糯米酒糟糟渍而成的一种再制蛋。其蛋白呈乳白色胶冻状，蛋黄呈橘红色的半凝固状态，营养丰富，气味芬芳，滋味鲜美，风味独特，为我国特有的冷食佳品。以浙江省的平湖糟蛋和四川省的叙府糟蛋最为著名。以平湖糟蛋为例，具体的加工方法如图 19-6 所示。

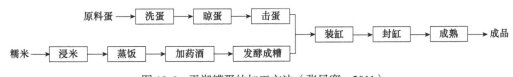

图 19-6　平湖糟蛋的加工方法（张凤宽，2011）

技术要点

1. 酒糟制备　将符合要求的糯米洗净，用水浸泡，使米粒吸水膨胀，蒸制成饭。而后冷开水冲淋降温至适宜霉菌和酵母繁殖的温度（30℃左右），沥去水分，倒入缸中，拌上研成粉末的酒药，封口发酵。优质酒糟色白，味香而带甜，酒精含量在 15% 左右。

2. 击蛋　轻敲击蛋壳，使蛋壳出现裂纹，以便糟制时酒糟液通过蛋壳上的裂纹渗入蛋内。

3. 装缸　于消毒后的坛内铺上一层糟（约 4kg），摊平。将破壳的蛋大头朝上，直插入酒糟内，其密度以蛋间有糟、蛋在糟中能旋转自如为合适。放妥一层蛋后，再铺糟 4kg，依照上法放蛋一层。如此一层糟一层蛋，直至装满坛为止。最上面铺上 9kg 糟，并在糟的上面均匀地撒一层盐，勿使盐下沉直接与蛋接触，要使盐粒浮在糟的上面逐渐溶解。每坛装蛋 120 枚，用糟 14.5～17kg，盐 1.7～1.85kg。

4. 成熟　蛋从落坛到糟渍成熟一般要经过 5 个月左右，在此期间，须逐月检查其质量状况。

第一个月：与鲜蛋基本相似，只是蛋壳上击破的裂缝较明显。

第二个月：蛋壳上的裂缝加大，蛋壳与壳下膜逐渐分离，蛋白仍为液体状态，蛋黄开始凝结。

第三个月：蛋壳与壳下膜分离，蛋黄已全部凝结，蛋白开始凝结。

第四个月：蛋壳与壳下膜脱开 1/3，蛋白呈乳白状，蛋黄带微红色。

第五个月：蛋已糟制成熟，蛋壳大部分脱落，仅有小部分附着，只需轻轻一剥即可脱去。蛋白已凝成乳白色的胶冻状，蛋黄呈橘红色的柔软状态即为成品。

三、咸蛋

咸蛋又名腌蛋、盐蛋、味蛋。很早以前我国劳动人民就将家禽蛋置于盐水中贮藏，经过盐水浸泡的蛋，长时间存放不变质，而且具有独特风味，因而这种用盐水贮藏蛋的方法变成了加工咸蛋的方法。具体的工艺路线如图 19-7 所示。

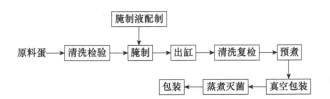

图 19-7　草灰法加工工艺流程（张凤宽，2011）

操作要点

1. 腌制液配制　咸蛋加工用的辅料主要是食盐。一般选择纯洁的再制盐或海盐。食盐浓度一般大于 20%，便于盐分向蛋内的渗入和蛋内水分的扩散，为了提高盐类的渗透效果，腌制液中也会添加约 5% 的高度白酒，用于提高蛋壳膜的通透性；风味上也会少量添加花椒、八角（大料）、桂皮等。除白酒外的辅料混合后，需要煮沸灭菌，杀灭微生物，降低腌制过程中可能出现的安全风险，待冷却后加入白酒混匀后备用。

2. 腌制　将已挑选合格的鲜蛋放入缸或塑料大桶内，装至离缸（桶）口 5～6cm 时，将蛋面摆平，盖上一层竹篾片子或塑料网片，再用 3～5 根粗竹片压住网片，以防灌料后鲜蛋上浮。然后将配制好的料液缓缓灌入腌制缸内，料液必须将蛋全部淹没下去，再将缸或桶盖上塑料布达到密封的作用。腌蛋的成熟快慢主要取决于食盐的渗透速度，而食盐的渗透速度又受温度的影响。为此，应适当控制成熟室的温度、湿度。一般情况下，夏季需 20～30 天，春季、秋季需 40～50 天即可成熟。

3. 预煮　将清洗后的咸蛋，按不同等级，分别装入不同的预煮容器里，进行预煮，一般达到 90℃即可。预煮目的是使蛋白凝固，减少抽真空时的破损，提高效益。

4. 蒸煮灭菌　在常规热杀菌过程中，包装材料常会发生袋内压力大于袋外压力而引起胀袋或破袋的现象，所以真空包装的食品通常采用反压高温杀菌，在 121℃，20min 杀菌后，在减少蒸气前要将空气补入，保证袋内压力与袋外压力一致，当袋内温度降到 100℃以下时，相应增加冷水进入量，从而提高成品率。

第四节　干 蛋 制 品

蛋粉的加工主要是利用高温在短时间内，使蛋液中的大部分水分脱去，制成含水量为 4.5% 左右的粉状制品。包括全蛋粉、蛋白粉、蛋黄粉及蛋白片。

一、蛋粉的加工

蛋粉包括全蛋粉、蛋白粉及蛋黄粉。蛋粉的加工方法与奶粉一样，可以采用压力喷雾或离心喷雾法进行喷雾干燥，即先将蛋液经过搅拌过滤，除去蛋壳及杂质，使蛋液均匀，然后经喷嘴雾化喷入进入干燥塔内，形成微粒与热空气相遇，瞬时即可除去水分而落到底部形成蛋粉，过筛、包装即为成品。生产蛋白粉时，需将蛋白液进行发酵，以除去其中的碳水化合物。具体工艺流程如图 19-8 所示。

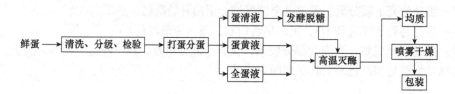

图 19-8　蛋粉加工工艺流程图

技术要点

1. 搅拌过滤　经搅拌过滤以除去碎蛋壳、系带、蛋黄膜、蛋壳膜等物，使蛋液组织状态均匀，否则容易堵塞喷雾器的喷孔和沟槽，有碍喷雾工作的正常进行，而且会造成产品水分含量不均。搅拌过滤设备和方法与冰蛋生产相同，为了更有效地滤除杂质，除用机械过滤外，喷雾前再用细筛过滤，使工艺顺利进行并提高成品质量。

2. 脱糖　蛋液中含有游离葡萄糖，如蛋黄中约有 0.2%，蛋清中约有 0.4%，全蛋中约有 0.3%。如果直接把蛋液加工干燥，在贮藏期间，葡萄糖的羰基与蛋白质的氨基发生美拉德反应，使干燥产品出现褐变，溶解度下降，变味及质量降低。因此，蛋液（尤其是蛋白液）在干燥前必须除去葡萄糖，俗称"脱糖"。脱糖的方式主要以酵母脱糖、酶法脱糖（葡萄糖氧化酶）的方式为主。

3. 均质　在脱糖与高温灭酶工序后，蛋液中会有少量蛋白质变性出现聚集的情况，然后通过胶体磨或高压均质机进一步分散物料，确保后续喷雾干燥过程中不会堵塞喷嘴，同时保证产品品质均一稳定。

4. 喷雾干燥　将蛋液在 15～25MPa 的压力下，经喷嘴喷出呈雾化状。雾滴与经空气过滤器过滤和加热器加热的热风进入干燥室，热空气和雾滴在干燥塔内进行热交换，蛋液即干燥呈粉末。

二、蛋白片

蛋白片是指鲜鸡蛋的蛋白液经发酵、干燥等加工处理制成薄片的结晶状制品。可广泛应用于食品工业，如作为加工冰糖及糖精的澄清剂、点心的起泡剂，在冰淇淋、巧克力粉、清凉饮料、饼干等产品中均有使用。具体工艺流程如图 19-9 所示。

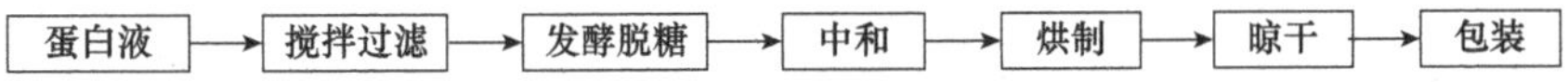

蛋白液 → 搅拌过滤 → 发酵脱糖 → 中和 → 烘制 → 晾干 → 包装

图 19-9 蛋白片加工工艺流程（迟玉杰，2018）

技术要点

1. 发酵 加工干蛋白时，半成品需进行发酵。发酵的目的是除去混入蛋白中的蛋黄、胚盘和蛋白中的碳水化合物及其他杂质。使干燥时便于脱水，增加成品溶解度，提高打擦度，防止成品色泽变深等。将经过搅拌后的蛋白液，倒入已经杀菌的木桶或缸中（倒入量不要超过容积的3/4），随即加盖纱布。发酵温度一般控制在33～35℃，必要时可提高至37℃，湿度控制在80%左右。

2. 中和 蛋白液经发酵后呈酸性，在烘制过程中会产生气泡。并且由于酸度高，不耐贮藏，因此需用氨水中和至 pH 7.0～7.2。

3. 烘制 采用浅盘水浴干燥。

4. 晾干和包装 烘干后的蛋白片还含有很多水分（24%左右），必须平铺在盘上，在40～50℃的温室内晾放4～5h，至蛋白片发碎裂声，水分降至15%左右时，进行拣选。拣选是将大片捏成约1cm长的小块，并将碎屑、潮块等拣出，分别处理。拣选的大片，称重后倒入木箱，上盖白布或木盖，放置48～72h，使水分均匀。然后检验水分和发泡能力，合格后包装。

第五节 液蛋制品

一、蛋液的加工

由于蛋液在使用时省去了打蛋及处理蛋壳的操作，因此在发达国家的食品工业及家庭中受到广泛欢迎，成为代替鲜蛋消费的产品。蛋液生产的具体工艺流程见图19-10。

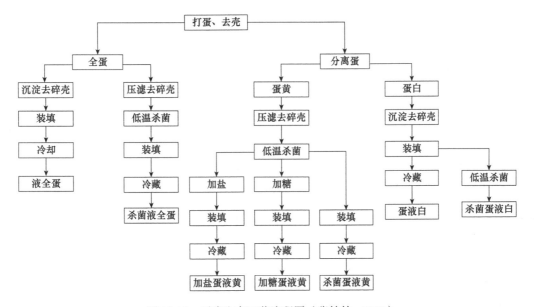

图 19-10 蛋液生产工艺流程图（张柏林，2011）

操作要点

1. 原料蛋的预处理 加工蛋液制品（干蛋白、干蛋粉、冰蛋品等），都必须事先取得半成品，即蛋液，再用蛋液加工成各种产品。将鲜蛋制成蛋液半成品前的选择、清洗、消毒的过程，也就是鲜蛋的预处理过程。

2. 打蛋、去壳与过滤　无论何种蛋液制品都要经过打蛋、去壳、过滤等工序。一般是洗蛋干燥后将其送到打蛋车间进行打蛋，并在此之前检查蛋的质量，剔除洗蛋过程中的破壳蛋。打蛋方法可分为机械打蛋和人工打蛋，视蛋量多少而选择。

3. 蛋液的混合与过滤　蛋内容物并非均匀一致，为使所得的蛋液组织均匀，要将打蛋后的蛋液混合，这一过程是通过搅拌实现的。蛋液过滤即除去碎蛋壳、蛋壳膜、蛋黄膜及系带等杂物的过程，同时也起到搅拌混合作用。搅拌过滤的方法由于搅拌过滤的用具形式不同而有差异。

4. 蛋液的杀菌　原料蛋在洗蛋、打蛋去壳以至蛋液混合、过滤处理的过程中，均可能受微生物的污染，而且蛋经打蛋去壳后即失去了一部分防御体制，因此生蛋液应经杀菌方可保证卫生安全。蛋液的巴氏杀菌又称为巴氏消毒，是在最大限度地保持蛋液营养成分不受损失的条件下，加热彻底消灭蛋液中的致病菌，最大限度地减少杂菌数的一种加工措施。我国对全蛋液的巴氏杀菌要求是64.5℃，3min；蛋黄液一般是68℃，3min。蛋清液多采用加压巴氏杀菌，提高管路流速，减少蛋清热聚集，一般是60℃，3.5min。

5. 杀菌后冷却　杀菌之后的蛋液需要根据使用目的而迅速冷却。若供原工厂使用，可冷却至15℃左右；若以冷却蛋或冷冻蛋形式出售，则需要迅速冷却至2℃左右，然后再充填至适当容器中。根据FAO/WHO的建议，蛋液在杀菌后急速冷至5℃时，可以贮藏24h；若急速冷却至7℃，则仅能贮藏8h。经搅拌过滤的蛋液也要及时预冷，以达到防止蛋液中微生物生长繁殖的目的。预冷是在预冷罐中进行。预冷罐内装有蛇形管，管内装有流动着的制冷剂（-8℃的氯化钙水溶液），蛋液在罐内冷却至4℃左右即可。如不进行巴氏杀菌时，可直接包装。

6. 充填、包装及输送　蛋液充填容器容量通常为12.5~20kg装的方形或圆形马口铁罐，其内壁镀锌或衬聚乙烯袋。容器盖为广口的，以充取方便。

二、浓缩蛋液的加工

蛋液的水分含量高，容易腐败，因此仅能进行低温短时间贮藏。为使蛋液方便运输或使其在常温下增加贮藏时间，近年来出现所谓浓缩蛋液。浓缩蛋液主要分为以下两种。第一种，全蛋加糖或盐后浓缩使其含水量减少及水分活性降低，因而可在室温或较低温度下运输贮藏。第二种，将蛋清水分除去一部分，以减少其包装、贮藏、运输的费用。浓缩蛋液的加工流程如下：

原料蛋 → 检验 → 预冷 → 清洁 → 检验 → 打蛋/分蛋 → 过滤 → 灭菌 → 浓缩

操作要点

1. 浓缩蛋白液的生产　蛋白中含有88%水分和12%固形物，故若用浓缩方法将蛋白的部分水分除去，可节省其包装、贮藏及运输费用。目前，蛋白的浓缩利用反渗透法或超过滤法，一般将蛋白浓缩至含固形物为原来的2倍，经此浓缩的蛋白，有些葡萄糖、灰分等低分子化合物与水一同被膜透过而被除去，用反渗透法浓缩的蛋白由于失去了钠，因此在加水还原时其起泡所需时间加长，泡沫容积小，所调制的蛋糕容积也小。

2. 浓缩蛋黄液的生产　鸡蛋有热凝固的特性，所以不能采用常用的加热浓缩方法，一般采用加糖浓缩方法。全蛋液在60~70℃开始凝固，而加糖后的全蛋液，其凝固温度会有较大的提高。

3. 浓缩全蛋液的生产　全蛋液中水分约占75%，固形物成分占25%。在100份全蛋液中加入50份蔗糖，进行均质化后，在60~65℃的温度下减压浓缩（真空釜中），至总固形物为72%左右。全蛋液、蛋黄液的浓缩除在真空釜中进行外，高黏度的蛋液常使用刮除型滚筒干燥器，这种圆筒形热交换器内借高速旋转轴扩大蛋的传热面积，并将轴上的薄层状蛋液连续刮下而浓缩。浓缩后在70~75℃温度下加热杀菌，然后在热状态下装罐密封。

第六节　冰蛋制品

冰蛋是经过低温冷冻的去壳鲜蛋，它的品种有冰鸡全蛋（简称冰全蛋）、冰鸡蛋白（简称冰白）、冰鸡蛋黄（简称冰黄）。冰蛋的加工工艺流程如图19-11所示。其前部分加工过程，如原料蛋检查至杀菌结束完全与蛋液加工相同。

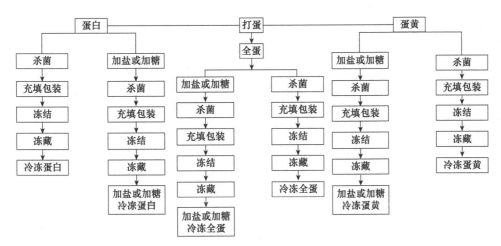

图 19-11　冰蛋的加工工艺流程（张柏林，2011）

操作要点

1. 装听　装听又称为装桶或灌桶，装听的目的是便于速冻与冷藏。装听时，将经过消毒和称过重的马口铁听（或内衬无毒塑料袋的纸板盒）放在秤上，听口（或盒口）对准盛有蛋液的预冷罐的输出管，打开开关，蛋液即流入听内，达到规定的质量时，关闭开关，蛋听由秤上取下，随后加盖，用封盖机将听口封固，再送至急冻间进行急冻。

2. 急冻　蛋液装听后，运送到急冻间，顺次排列在氨气排管上进行急冻。听与听之间要留有间隙，以利于冷气流通。冷冻间温度应保持在−20℃以下，使听内四角蛋液冻结均匀结实，以便缩短急冻时间和防止听身膨胀。在急冻间温度为−23℃的条件下，经过72h的急冻，蛋液温度可以降到−13℃以下，这时即可视为达到急冻要求，并将冰蛋经过包装转入冷藏库内冷藏。

第七节　其他蛋制品

一、蛋黄酱

蛋黄酱是利用蛋黄的乳化作用，以精制植物油或色拉油、食醋、蛋黄为基本成分，添加调味物质加工而成的一种乳化状半固体食品。它含有人体必需的亚油酸、维生素A、维生素B、蛋白质及卵磷脂等成分，营养价值较高。可直接用于调味佐料、面食涂层和油脂类食品。该产品是西餐中常用的调味品，属调味沙司的一种，也是世界上使用范围最广的调味料之一，其风味比一般油脂醇厚。

用于蛋黄酱生产所用原辅料种类很多，不同配方所用的原辅料的种类也有较大的差异，且各种原辅料的特性、用量、质量及使用方法等对蛋黄酱的品质、性状等有着重要影响。蛋黄酱生产所用的原辅料主要包括鸡蛋、植物油、食醋、香辛料、食盐、糖等。一般沙拉性调料蛋黄酱生产配方为：蛋黄10%，植物油70%，芥末1.5%，食盐2.5%，食用白醋（含醋酸6%）16%。该配方产品的特点是：淡黄色，较稀，可流动，口感细腻、滑爽，有较明显的酸味。其理化性质为：水分活度0.879，pH 3.5。蛋黄酱的加工工艺流程如下：

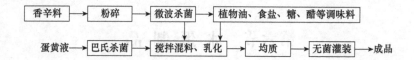

操作要点

1. 蛋黄液杀菌 对蛋黄液进行杀菌处理,目前主要采用加热杀菌,在杀菌时应注意蛋黄是一种热敏性物料,容易变性凝固,大型企业多采用加压巴氏杀菌设备,提高蛋黄液在管道内流速,防止聚集粘连。压力为 0.15MPa,温度 65~70℃,保持时间 3min。

2. 辅料处理 将食盐、糖等水溶性辅料溶于食醋中,巴氏杀菌后过滤备用。将芥末等香辛料粉碎,再进行微波杀菌备用。

3. 搅拌混料、乳化 先将除植物油以外的辅料投入到蛋黄液中,搅拌均匀。然后在不断搅拌下,缓慢加入植物油,随着植物油的加入,混合液的黏度增大,逐渐调整搅拌速度,使加入的油尽快分散。搅拌混料的温度应控制 15~20℃,便于形成良好的乳化体系,以提高产品整体的稳定性。

4. 均质 蛋黄酱是一种多成分的复杂体系,为了使产品组织均匀一致,质地细腻,外观及滋味均匀,进一步增强乳化效果,用胶体磨进行均质处理是必要的。

二、鸡蛋干

鸡蛋干是以鸡蛋液为原料,经过香辛卤料卤制得到的一种营养丰富、口感独特的蛋制品,其外观和色泽与传统的豆腐干类似。目前,市面上的鸡蛋干产品种类繁多、口味各异,鸡蛋干工艺、包装、设备及相关专利产品也层出不穷,并逐渐对其加工工艺进行更多的基础研究。

蛋干在制作过程中以蛋液为主要原料配适量的食盐、糖、味精、香辛卤料等,其外观和色泽与传统豆腐干食品相似。蛋干还可佐餐配菜,适合炒、拌、烩、烧、火锅等,可调成各种口味,形成别具一格、既美味又营养的休闲食品。蛋干味美可口、营养价值高,发展前景广阔。目前蛋干加工水平参差不齐,加工工艺标准化程度低。其加工工艺流程如下:

技术要点

1. 均质 通过胶体磨或高压均质机进一步混合物料,使热成型的产品组织细腻。

2. 脱气 通过真空脱气机去除蛋液中溶解的气体,减少热成型过程中蜂窝眼的产生,另外脱气可以降低贮藏期间的产品氧化,以提高保质期。

3. 加热成型 将预处理的蛋液置于模具中,加热使其中心温度达到 75~85℃,并维持 15~25min。

4. 卤制 增加香气和风味,另外可以使鸡蛋干脱水,进一步提高鸡蛋干的口感。

5. 烘烤 使鸡蛋干表面干燥,为方便包装做准备。

6. 灭菌 将得到的鸡蛋干半成品真空包装,然后再高压蒸汽杀菌,得到鸡蛋干成品;高压蒸汽杀菌的温度为 100~110℃,时间在 10min 以上。

三、鸡蛋中功能性成分的提取

鸡蛋具有很高的营养价值,不但含有丰富的蛋白质和脂质,而且还是维生素类和矿物质类的良好供给源,是一种完全食品。鸡蛋中含有大量生理活性物质,如溶菌酶、卵铁传递蛋白、卵黄球蛋白、卵黄高磷蛋白、低密度脂蛋白及高密度脂蛋白等,还含有丰富的磷脂质、涎酸类化合物等生理活性成分。被人们称为"功能性成分的宝库"。

（一）溶菌酶

溶菌酶（lysozyme）是一种专门作用于微生物细胞壁的水解酶，又称细胞壁溶解酶，分子质量约为14 000，是一种化学性质非常稳定的蛋白质。蛋清中的溶菌酶占其蛋白质总量的 3.5% 左右，是生产溶菌酶的主要来源。溶菌酶作为一种非特异性免疫因素，具有抗菌、抗病毒、抗肿瘤等作用，被广泛应用于医疗、食品防腐及生物工程等方面。

1. 从蛋清中提取溶菌酶的工艺流程　目前，工业上常常结合多种方法生产溶菌酶，以提高产品提取率、活力和纯度。下面介绍的工艺即联合应用了多种方法，其工艺流程如下：

蛋清液 —→ 搅拌过滤 —→ 树脂吸附 —→ 低温静置 —→ 上柱洗脱 —→ 超滤浓缩 —→ 冷冻干燥 —→ 成品

2. 操作要点

1）吸附　　在室温条件将处理过的鸡蛋清慢速搅拌，并加入活化处理后的树脂，使树脂全部悬浮在蛋清中，静置吸附一段时间后过滤，将树脂与蛋清液分开，用少量水洗涤树脂，并将洗涤液与处理后蛋清合并，调节蛋清溶液 pH 为中性。

2）洗脱　　将分离后的树脂，加入 2 倍树脂体积的水搅拌洗涤，漂去上层泡沫，滤去水，反复洗涤几次。将水洗后的树脂装柱。用 0.1～0.2mol/L 的 NaCl 溶液洗脱，除去杂蛋白，达到用 20% 三氯醋酸检查洗出液时不出现浑浊为止。然后用 NaCl 溶液洗脱，收集洗脱液。

3）超滤浓缩　　洗脱液采用超滤技术进行分离浓缩，使用截留量为 10kDa 的超滤膜，控制氮气压力进行超滤脱盐及浓缩，浓缩到原始体积的 1/8 左右。

4）冷冻干燥　　经过前处理的溶菌酶液，需要进行冻结后再升华干燥。冻结温度必须低于酶液的相点温度。需要速冻，冻结速度越快，酶制品中结晶越小，对其结构破坏越小。冷冻温度低，干酶制品较疏松且白度好。

（二）蛋黄油和蛋黄卵磷脂

蛋黄中含有丰富的蛋黄油，蛋黄油中主要成分有甘油三酯、少量的游离脂肪酸、色素等。蛋黄甘油三酯是人类重要的营养物质，在人体代谢氧化时能产生大量的热量。由于蛋黄油的脂肪酸组成与人乳相似，因此被用作婴儿配方食品中的基础油。它还可作为危重患者高营养全静脉脂肪乳剂的辅剂，对患者康复和维持生命发挥重要作用。此外，蛋黄油也可作为乳化剂，用于制造肥皂；医药上可用于治溃疡及风湿等；部分产品也可供油画工业使用。

卵磷脂是一种广泛分布在动植物中的含磷脂类生理活性物质，化学名称为磷脂酰胆碱。通常情况下呈淡黄色透明或半透明的蜡状或黏稠状态。研究表明，卵磷脂具有乳化、增溶、润湿、抗氧化、发泡与蛋白结合及防止淀粉老化等多种理化功能。此外，卵磷脂也是生物膜的构成成分，是神经递质——乙酰胆碱的主要来源，可以修复线粒体，参与机体代谢。同时，卵磷脂还可促使胆固醇和蛋白质分子之间的结合，抑制动脉粥样硬化的发生和改善动脉壁的组织结构。纯度高达 98% 以上的高纯度卵磷脂更是载药脂质体和脂微球的首选乳化剂，是制药行业不可或缺的药用辅料。

超临界法提取蛋黄油、蛋黄卵磷脂的工艺流程如下：

蛋黄粉 —→ 超临界CO₂萃取 —→ 蛋黄油 —→ 加入夹带剂 —→ 蛋黄卵磷脂

操作要点

1）原料进料量对蛋黄油萃取率的影响　　进料量对蛋黄油的提取率的影响较大，而对蛋黄油的纯度影响较小。在超临界萃取过程中，进料量过少，没有充分利用萃取空间，还可造成高压 CO_2 在萃取釜内出现涡旋，不利于萃取，而当进料量过多时，物料压得过于结实，则阻碍了 CO_2 的通过，也会影响萃取结果。

2）CO_2 流量对蛋黄油萃取率的影响　　CO_2 流量的变化对蛋黄油的萃取有很大的影响，当 CO_2 流量增加时，它流经原料层的速度增加，从而增大萃取过程的传质推动力，使传质速率加快。一般超临界流体流量越大，则萃取速率越快，所需萃取时间越短，萃取越充分，萃取效率越高。

3）夹带剂的选择　　超临界 CO_2 流体能够有效地提取非极性的脂类物质，蛋黄卵磷脂有极性，所以需要在提取蛋黄油后添加带有极性的夹带剂，将蛋黄卵磷脂再提取出来，后经过蒸发乙醇得到蛋黄卵磷脂纯品，蛋黄卵磷脂纯度能够达到90%以上。

（三）蛋清蛋白质水解物的制备技术

近年来，由于功能食品的空前发展，肽吸收理论的证实，研究蛋白质水解物中低肽分子对人体机能的调节作用已成为新的热点问题。蛋清蛋白质的氨基酸组成与人的氨基酸组成很接近，是食物中最理想的优质蛋白质，利用酶水解蛋清蛋白质，生成多肽的混合物，改善蛋清蛋白质的功能性质，通过控制其水解度，可提高蛋白的吸收率，拓宽它的应用范围。蛋清蛋白质水解物可作为功能食品基料，应用于医药和食品工业。

1. 蛋清蛋白质水解物制备的工艺流程　　其工艺流程如下：

原料蛋 → 预处理 → 变性水解 → 精制 → 喷雾干燥

2. 操作要点

1）预处理　　产蛋及运输过程中环境的污染，蛋壳上含有大量的微生物，是造成微生物污染的来源，为防止蛋壳上微生物进入蛋液内，通常在打蛋前将蛋壳洗净并杀菌。洗涤过的蛋壳上还含有很多细菌，因此应立即消毒以减少蛋壳上的细菌。将洗涤后的鲜蛋采用紫外照射杀菌 5min，经消毒后的蛋用温水清洗，然后迅速晾干，以减少微生物污染。

2）水解　　以加热变性后的一定浓度的蛋清为底物，再调节所需水解温度、水解液 pH，加入一定量的酶进行水解。水解过程中不断搅拌，并维持一定 pH。

3）精制　　水解过程中由于肽键的断裂，一些巯基化合物释放出来，使水解物具有异味，影响产品品质。异味的浓淡程度与温度相关，温度越高，异味越大，当温度高于 50℃ 时，异味明显。当温度低于20℃ 时，异味不明显。去除异味有许多方法，如使用活性炭选择性分离，苹果酸等有机酸及果胶、麦芽糊精的包埋等。

4）喷雾干燥　　蛋清肽喷雾干燥时，入口温度较高，这主要与它酶解后主要产物寡肽和氨基酸有关。喷雾干燥过程与进风温度关系较大，进风温度越高，干燥效果越好，若温度过高，会加重美拉德反应，使产品颜色变黄，同时蛋清肽粉中糖类成分受高热后黏性增高，使其黏壁性增加，影响产出率。因此，选择适宜的入口温度，可有效控制成品水分含量，降低美拉德反应发生的程度。

知识拓展

"假鸡蛋"和"人造鸡蛋"

"假鸡蛋"新闻在近几年可谓是层出不穷，但纵观这些报道，总是无法给假鸡蛋勾勒出一个清晰统一的轮廓。尽管制作假鸡蛋的资料在网上很多，但实际操作起来却发现困难重重。那么这些与真鸡蛋差别较大的异常蛋又是什么呢？

1. 假鸡蛋

（1）"橡皮蛋"。"假鸡蛋"报道中最常出现的就是质地像橡胶、弹性非常大的"橡皮蛋"。蛋鸡饲料中含有过多的棉籽粕就能造成这样的异常蛋。棉籽粕中的游离棉酚、环丙烯脂肪酸等成分能与色素结合，使蛋清、蛋黄变色，并将蛋黄中的脂肪转化为硬脂酸而使蛋黄呈橡胶状。另外鸡蛋受冻，使蛋黄中的水分减少，蛋黄的水分脱去以后，蛋黄呈胶状，煮熟后更为坚硬，弹性也更大，也易变成所说的"橡皮蛋"。

（2）"蛋包蛋"。有的鸡蛋会出现"蛋包蛋"的现象，有两层蛋壳。这是由于输卵管出现逆向蠕动，让刚形成的鸡蛋又重新"包装"了一次。

（3）"无黄蛋"。至于烧烤摊出现的"无黄蛋"，母鸡也有本事生出来，那是因为母体的产卵构造误将大块蛋白当作蛋黄包裹了起来；这种蛋一般体型较小，因此更能作为淘汰品流入不正规摊位。

如果买到了异常的鸡蛋，要慎重食用，因为它们可能暗示着母鸡的生理机能出现了异常。但是以上所述的情况属于厂家和销售商的品质检查不过关，要和涉及造假的"假鸡蛋"区别开。

2. 人造鸡蛋

其实"beyond egg"（人造鸡蛋）并不是一种新的鸡蛋品种，而是一种粉状的植物提取物，在食品制作时，一种能够代替鸡蛋作用的植物提取物。Hampton Creek Foods 公司总共尝试了 1500 种不同植物的组合，最终的配方中包含了来自豌豆、高粱和其他另外 11 种植物的提取物。而使用这种替代物所制作出的蛋黄酱和蛋糕，无论从口感、味道或是营养价值的角度上看，都与普通鸡蛋差别不大。相比于普通鸡蛋，"beyond egg"的价格要更便宜，保质期也更长。此外，"beyond egg"不含胆固醇，对某些特定人群而言，比普通鸡蛋更为适合。实际上，"beyond egg"目的也都只是取代鸡蛋在食品加工中的作用，而并非具有鸡蛋形态的仿真产品。因此，"beyond egg"其实不是蛋，而是一种来源于植物原料、能模拟鸡蛋口感与味道的食物。鸡蛋代替物是常见的商品，和"假鸡蛋"是完全不同的概念。

本章小结

1. 禽蛋的结构由外至内可分为蛋壳、蛋白、蛋黄。蛋白中主要的蛋白质为卵白蛋白，禽蛋的脂质几乎都存在蛋黄内，主要以脂蛋白的形式存在。

2. 禽蛋的主要加工特性包括蛋清凝胶性、起泡性和蛋黄的乳化性，判断禽蛋是否新鲜，可通过禽蛋气室大小、密度、蛋清 pH 等方式判断。

3. 根据中华人民共和国国家标准 GB 2749《蛋与蛋制品》中对蛋与蛋制品的分类，可分为鲜蛋和蛋制品，其中蛋制品主要分为干蛋制品、液蛋制品、冰蛋制品、再制蛋和其他蛋制品，常见的皮蛋、卤蛋、咸蛋均属于再制蛋。

【思 考 题】

1. 禽蛋的蛋壳、蛋清和蛋黄各部分的化学组成分别有哪些？

2. 蛋清蛋白质凝胶是如何形成的，加热温度与离子强度对凝胶性有何影响？

3. 试述皮蛋的加工机理。

4. 糟蛋的加工原理和方法与皮蛋的有何不同？

5. 试述一下咸蛋的加工原理、工艺流程。

6. 简述液态蛋的加工流程及技术要点。

7. 简述蛋白片的加工过程中脱糖的目的及意义。

参考文献

迟玉杰. 2018. 蛋制品加工技术. 第 2 版. 北京：中国轻工业出版社.

褚庆环. 2007. 蛋品加工技术. 北京：中国轻工业出版社.

李灿鹏，吴子健. 2013. 蛋品科学与技术. 北京：中国质检出版社，中国标准出版社.

李洪军. 2021. 畜产食品加工学. 第 2 版. 北京：中国农业大学出版社.

李晓东，张兰威. 2005. 蛋品科学与技术. 北京：化学工业出版社.

刘静波，林松毅. 2008. 功能食品学. 北京：中国轻工业出版社.

马美湖. 2003. 禽蛋制品生产技术. 北京：中国轻工业出版社.

马美湖. 2020. 蛋与蛋制品加工学. 第 2 版. 北京：中国农业出版社.

彭增起，毛学英，迟玉杰. 2018. 新编畜产食品加工工艺学. 北京：科学出版社.

张柏林. 2011. 畜产品加工学. 北京：化学工业出版社.

张凤宽. 2011. 畜产品加工学. 郑州. 郑州大学出版社.

郑坚强. 2007. 蛋制品加工工艺与配方. 北京：化学工业出版社.

周光宏. 2019. 畜产品加工学. 第 2 版. 北京：中国农业出版社.

Nys Y, Bain M, Immerseel F V. 2011. Improving the safety and quality of eggs and egg product Volume 1. Woodhead Publishing Limited. 633.

第二十章　水产制品加工工艺与产品

我国是世界第一水产大国，水产品关乎我国的食物安全和人民健康。水产品加工业是连接一产和三产的桥梁纽带，其重要性日益凸显。我国的水产食品加工业已形成冷冻制品、干制品、腌制品、烟熏制品、罐藏食品、休闲食品、鱼糜制品、功能保健食品等系列产品。本章以水产食品加工为主线，内容包括水产食品原料、各类水产食品的加工工艺及生产实例、水产功能食品等。

学习目标

掌握水产食品加工原料的主要品种。

掌握水产冷冻制品的分类。

掌握水产干制品的概念与分类。

掌握水产腌制品的分类及各类水产腌制品的概念。

掌握水产硬罐头食品加工的主要工艺流程及工艺要点。

掌握水产罐制品常见的质量问题，了解预防措施。

掌握冷冻鱼糜加工的主要工艺流程及工艺要点。

掌握鱼糜制品加工的主要工艺流程及工艺要点。

掌握水产食品的功效成分可分为哪些类型，了解各类功效成分的制备方法。

第一节　水产品原料及加工产品概述

水产食品原料是指具有一定经济价值和食用价值的、生活于海洋或内陆水域的水生生物。按其生物学特性，可分为动物性原料和植物性原料。动物性原料主要包括鱼类、甲壳类、贝类、头足类等；植物性原料主要是藻类，我国产量较大的包括海带、裙带菜、紫菜、江蓠等。我国是世界第一水产大国，2020年水产品总产量6549.02万吨，其中海水产品产量3314.38万吨，占总产量的50.61%；淡水产品产量3234.64万吨，占总产量的49.39%。

一、动物性水产原料

（一）鱼类

鱼类是最重要的水产动物性原料，2020年我国总产量达3521.02万吨，其中海水鱼类产量823.75万吨，占总产量的23.40%，主要品种包括带鱼、鳀鱼、蓝圆鲹等；淡水鱼类产量2697.27万吨，占总产量的76.60%，主要品种包括草鱼、鲢鱼、鳙鱼等。

1. 海水鱼类

1）带鱼　带鱼又称刀鱼、牙鱼、白带鱼，是我国最主要的海产经济鱼类，2020年我国捕捞总产量达到903 435t，在海水鱼类捕捞产量中位列第一。带鱼鱼体呈长带状，尾细长，一般体长为60～120cm，体重200～400g。带鱼体表呈银灰色，无鳞，肉质细腻，味道鲜美，除鲜销外，还加工成冻品、鱼糜制品、罐头制品、腌制品、干制品等。

2）鳀鱼　鳀鱼又名鳀抽条、海蜓等，是一种生活在温带海洋中上层的小型鱼类，2020年我国捕捞总产量达到 609 882t，在海水鱼类捕捞产量中位列第二。鳀鱼鱼体细长，一般体长 8～12cm，体重 5～15g。鳀鱼由于体型较小，主要用于附加值较低的饲料用鱼粉、鱼油和鱼干的加工，也有部分加工成冻品、鱼糜制品、罐头制品、干制品、调味品等供人食用。

3）鲐鱼　鲐鱼又称白腹鲭、日本鲭，2020 年我国捕捞总产量达到 392 556t。鲐鱼鱼体呈纺锤形，尾柄细短，横切面近圆形，一般体长 20～40cm，体重 150～400g。鲐鱼鱼肉结实，味道鲜美，除鲜销外，还加工成冻品、腌制品、罐制品、干制品等。

4）海鳗　海鳗又称鳗鱼、灰海鳗、狼牙鳝，是我国重要的海产经济鱼类之一，2020 年捕捞总产量达到 309 073t。鳗鱼体延长，头部细长呈锥状，鱼体前部为圆筒状，后部侧扁，一般体长 35～60cm，体重 1000～2000g。海鳗营养丰富，少刺多肉，鱼肉肉质鲜嫩，鳞片细小，除鲜食、烤制外，还加工成即食蒲烧鳗鱼、蒲烧鳗鱼罐头，以及风味独特的鳗鲞、烤鳗鱼鱼片、鳗鱼鱼丸、鳗鱼肠等制品。

5）大黄鱼　大黄鱼又称黄鱼、黄金龙、大黄花鱼，是我国海水养殖产量最高的鱼类，2020 年养殖产量可达 254 062t，捕捞产量也达到 46 017t。大黄鱼鱼体长，呈椭圆形，侧扁，尾柄细长，一般体长为 30～40cm，体重为 450～1000g。大黄鱼的肉质细腻鲜嫩，鱼刺较少且规则集中，除鲜销外，传统的加工工艺主要是盐渍和晒干，如咸香大黄鱼、糟香大黄鱼、风味半咸干大黄鱼。此外，还可加工成即食休闲制品、罐头制品、熏制品及黄鱼肚、黄鱼胶等。

6）鳕鱼　鳕鱼又称鳘鱼，2018 年世界海洋捕捞阿拉斯加狭鳕总量达到 $3.397×10^6$t、大西洋鳕鱼总量达到 $1.218×10^6$t。鳕鱼体长形，稍侧扁，头较大，尾柄显著，一般体长 25～80cm，体重为 4～10kg。鳕鱼味道鲜美，鱼肉厚实刺少，营养价值高，其胴体主要加工成冻品、鱼糜制品、干制品、烘烤熟食制品等，其肝可制鱼肝油。其中，冻品是最主要的加工产品，包括冷冻鱼片、鱼段、鱼块及半成品的面包糠裹鳕鱼排等。

7）金枪鱼　金枪鱼又称金枪鱼族、鲔鱼、吞拿鱼，在世界海洋渔业生产中占有重要经济地位。金枪鱼族包含 5 属 15 种金枪鱼，各物种之间的体型差别很大，一般体长为 1～3m，体重 200～400kg。2018 年，世界金枪鱼和类金枪鱼总体的捕获量超过 790 万吨，其中黄鳍金枪鱼的捕捞量为 145.8 万吨。金枪鱼经济价值较高，鱼肉肥美，富含 DHA、EPA 等。金枪鱼的前腹部和中腹部油脂丰富、口感细腻，可作为鲜食生鱼的刺身原料，其鱼肉还被加工成罐头制品、冷冻金枪鱼切片、切块、切板等。此外，金枪鱼内脏和鱼头的眼窝可用于提取金枪鱼油，金枪鱼脾脏中分离的胰岛素可以用于治疗糖尿病，鱼骨中提取的鱼胶原蛋白肽已经应用在食品、化妆品等领域。

2. 淡水鱼类

1）草鱼　草鱼又称鲩、草鲩、黑青鱼等，是我国淡水养殖的"四大家鱼"之一，2020 年养殖总产量达到 5 571 083t，在我国淡水鱼养殖产量中位列第一。草鱼体长筒形，腹无圆棱，头前部稍扁，口弧形，无须，体为淡茶黄色，背部青灰略带草绿，腹部灰白色。一般食用草鱼体重为 1000～1500g，体长 30～60cm。草鱼肉厚、肉质白嫩、韧性高、味道鲜美，肌间细刺少。除鲜销外，主要加工成罐头制品、熏制品和鱼糜制品等。

2）鲢鱼　鲢鱼又名白鲢、水鲢、鲢子，也是我国淡水养殖的"四大家鱼"之一。2020 年养殖产量达到 3 812 899t，在我国淡水鱼养殖产量中位列第二。鲢鱼体态侧扁，呈纺锤形，背部青灰色，两侧及腹部白色。头较大，眼睛位置偏低，腹部狭窄隆起似刀刃，自胸部直至肛门为腹棱。一般食用鲢鱼重量为 500～1000g。鲢鱼肉质软嫩且细腻，刺细小且多。除鲜食外，鲢鱼加工制品主要以鱼糜制品为主，其次加工成罐头制品和干制品等。

3）罗非鱼　罗非鱼原产非洲，是一种热带性中小型鱼类，是联合国粮农组织（FAO）向全世界推广的优良养殖品种之一。2020 年养殖产量达到 1 655 410t，在我国淡水鱼养殖产量中位列第六位。罗非鱼体侧扁，背稍高，背鳍较长，尾鳍末端略呈圆形。口大唇厚，下颌稍长于上颌。体黄棕色，会随栖息环境变化而适应性改变。食用罗非鱼重量约为 500g。罗非鱼肉厚且肉质细腻，味道鲜美，略有甜味，其蛋白质氨基酸组成与人体氨基酸组成类似，利于人体消化吸收。此外，罗非鱼无肌间刺，只有肌间骨刺，适用于加工。我国罗非鱼加工产品比较单一，主要以冻罗非鱼片和冻全鱼为主要初级加工产品出口。随着罗非鱼精深加工的不断开展，鱼糜制品、干制品和熏制品等制品也开始成为罗非鱼的主要加工方式。

（二）甲壳类

甲壳类是一种体表具有坚硬外壳的无脊椎动物，2020 年我国总产量达 8 005 513t，其中海水养殖和海洋捕捞产量 358 5821t，占总产量的 44.79%，主要品种包括南美白对虾、斑节对虾、中国对虾、日本对虾、鹰抓虾、虾姑、三疣梭子蟹、青蟹等；淡水养殖和淡水捕捞产量 4 419 692t，占总产量的 55.21%，主要品种包括罗氏沼虾、青虾、克氏原螯虾、中华绒螯蟹等。

1. 南美白对虾　南美白对虾，学名凡纳对虾，又称万氏对虾、白对虾，是世界三大养殖虾之一，2020 年我国养殖总产量达 1 862 937t。南美白对虾体色为浅青灰色，步足呈白垩状，全身不具斑纹，体长可达 23cm，体重 40~60g。南美白对虾肉质鲜美弹嫩，优质蛋白和不饱和脂肪酸含量高，市场上多以鲜品、冻品（速冻整虾）、冷冻调理食品（速冻虾仁、单冻煮虾、冷冻炸虾等）、常温调理食品（即食烤虾、即食熏虾、虾干、虾罐头、醉虾、盐渍虾等）为主。此外，其加工副产品，如虾头、虾壳中呈味氨基酸含量高且营养丰富，可制成虾黄酱、虾调味精、酱油等调味料。

2. 克氏原螯虾　克氏原螯虾俗称"小龙虾"，是最主要的淡水养殖虾，2020 年我国总产量达 2 393 699t。克氏原螯虾呈圆筒状，青色或暗红色，甲壳坚硬，成体长 5~12cm，体重 25~50g。克氏原螯虾肉质松软，纤维细嫩，目前以鲜销为主，市场上也出现冷冻调理食品（速冻虾尾）、常温调理食品（卤制虾尾、虾尾罐头等）。此外，其加工副产物，如虾头、虾壳所占比重大，可以用来提取甲壳素、几丁聚糖、虾青素等。

3. 南极磷虾　南极磷虾又称大磷虾，被称为"蛋白质资源库"。南极磷虾身体几乎透明，壳薄且伴有红色斑点，眼睛大而突出，成体长 3~6cm，体重约 2g。肉质饱满细腻，晶莹剔透，富含蛋白质、矿质元素、磷脂、不饱和脂肪酸，同时富含蛋白消化酶、虾青素等多种活性物质。主要产品形式有南极磷虾粉和南极磷虾油。磷虾粉作为动物的营养饲料通过船载加工快速处理而成，可有效避免自溶酶等因素致其品质下降；磷虾油采用磷虾粉或磷虾肉为原料提取而来，富含磷脂、ω-3 脂肪酸等成分。此外，市场上还有磷虾干、磷虾酱、磷虾罐头等产品。

4. 三疣梭子蟹　三疣梭子蟹又称海蟹，是我国重要的海水经济蟹类，2020 年海水养殖和捕捞总产量达 525 525t。梭子蟹头胸部大多呈浅灰绿色伴有细小颗粒，蟹足为紫红色带白色斑点，胃、心区有三个明显的疣状突起，平均体重 400g。三疣梭子蟹肉质细嫩鲜美，主要以鲜品、冷冻调理食品（速冻蟹块、炝蟹、蟹棒）、常温调理食品（蟹肉罐头）等形式进行销售。此外，由于三疣梭子蟹味道鲜美，还可制成蟹黄粉、蟹黄酱、蟹籽酱等调味品。

（三）贝类

1. 牡蛎　牡蛎，也被称为生蚝、海蛎子、蛎黄、蚵仔等，是世界上产量最大的养殖贝类，也是中国养殖产量最大的经济贝类，2020 年我国养殖总产量达到 5 424 632t。牡蛎主要构造包括壳、鳃、内脏、闭壳肌和外套膜等，除壳以外的部分构成了牡蛎的整个软体组织，是食用和加工的主要部位。目前牡蛎主要以生鲜销售为主。由于生鲜牡蛎易腐败变质，为了延长贮藏期，国内常将牡蛎加工成干制品、罐头制品和调味品等。牡蛎富含糖原、活性肽、牛磺酸、多不饱和脂肪酸、维生素和矿物质等活性成分，因此也被开发成各种营养保健食品。

2. 蛤　蛤类全世界已发现有 35 属 199 种，是我国沿海地区重要的海产经济贝类之一，主要的经济性品种有菲律宾蛤仔、文蛤、四角蛤蜊等。2020 年我国蛤类养殖总产量达到 4 217 649t，在海水养殖贝类中位列第二。蛤类主要由壳、鳃、内脏、闭壳肌和外套膜等部分构成，除壳以外的软组织部分均可食。蛤类肉质细腻、味道鲜美，目前国内蛤类主要以带壳活体鲜销，部分以冷冻生鲜食品的方式包装出售，也被加工成干制品、罐头制品、冷冻调理食品、调味品等。

3. 扇贝　扇贝种类繁多，常见的重要经济扇贝品种主要包括栉孔扇贝、海湾扇贝、虾夷扇贝和华贵栉孔扇贝等。扇贝的养殖在我国海水养殖中具有重要的经济地位，我国 2020 年的扇贝养殖总产量高达 1 746 238t。扇贝属于滤食性双壳贝类，由贝壳、闭壳肌、外套膜、腮、生殖腺、消化腺等部分构成，其中可食部分闭壳肌（即扇贝柱）较大，味道鲜美。扇贝除鲜销外，加工方式主要以干制品加工为主，冷冻生鲜食品、罐头制品、冷冻调理食品、调味品等加工方式也逐渐兴起。

4. 鲍鱼 鲍鱼,又名"鳆鱼",中国是世界第一养鲍大国,2020年我国养殖总产量高达203 485t。鲍鱼其实并非鱼类,而是一种单壳贝类,贝壳较大,呈椭圆形或长卵圆形。鲍鱼可食部分主要是闭壳肌、足部肌肉、外套膜和内脏,其腹足肌肉发达、味道鲜香可口,含有丰富的蛋白质与较多的维生素和微量元素,且脂肪、胆固醇含量低。鲍鱼多用于高档宴席和鲜销,传统加工主要是加工成干制品,现在一般加工成冷冻生鲜食品或罐头制品。

（四）其他类

1. 鱿鱼类 鱿鱼又称柔鱼、枪乌贼,是最常见的海洋头足类动物,2020年中国的捕捞总产量达到295 666t,而2018年全球的捕捞总产量达到2 448 352t。鱿鱼体态呈圆锥形,体色苍白,有淡褐色斑,头大,前方生有触足,尾端的肉鳍呈三角形。鱿鱼的可食部分（包括胴体、裙边和头足）比例高达体质量的80%左右,胴体可加工成冷冻制品（如鱿鱼卷、鱿鱼圈、鱿鱼片等）、干制品（如鱿鱼干和鱿鱼丝）等；头足可加工成鱿鱼足片、即食鱿鱼头、鱿鱼须等；其加工副产物,如内脏可以用于提取鱼油,鱿鱼皮可以制作胶原蛋白。

2. 海参 海参是海洋中最常见的棘皮类动物。2020年我国养殖产量达196 564t。大部分海参的体形呈扁平圆筒状,两端稍细,一般体长为20～40cm,身体柔软且收缩性很大。海参的前端口周生有10～30个触手,背面有4～6行疣足,腹面有3行管足。海参体壁是海参的主要食用部位,由胶原纤维、微纤维、蛋白聚糖和其他一些可溶及不可溶的成分组成。鲜活海参体内含有自溶酶,使得其在离开海水一段时间后将会发生自溶,因此鲜活海参不易贮存和运输。目前,市场上的海参产品多以干海参、即食海参、盐渍海参为主。此外,由于富含胶原蛋白、多糖、肽、必需氨基酸、微量元素、维生素、皂苷、脑苷脂等活性成分,海参口服液、海参胶囊、海参功能成分提取物和营养素类产品、保健食品应运而生。

3. 海蜇 海蜇是生长在海洋中营浮游生活的大型暖水性水母类,2020年我国总产量达到218 998t。海蜇通体呈半透明,通常为白色、青色或微黄色,可分为伞体（25～60cm）、胃柱、肩板、口腕（8枚）、棒状附属器、生殖腺、环肌。伞体和口腕为海蜇的主要食用部位。由于海蜇水分含量极高,捕到的海蜇如不立即加工,很快就会腐败变质。在海蜇加工工序中,先用较高浓度的矾,使海蜇迅速脱水,使蜇体蛋白达到一定程度的浓缩,然后再用一定比例的盐、矾混合物腌渍,使蜇体所含水继续均匀渗出；并使蛋白质等有机成分逐渐凝固,加工成海蜇制品。对于加工后的产品,通常将伞体部称作海蜇皮,将口腕部称作海蜇头。

二、植物性水产原料

（一）海带

海带又称马兰、江白菜,是一种潮下带冷水性黑藻,2020年我国养殖总产量达到1 651 573t。海带藻体呈褐色长带状、无分枝、质地柔软黏滑,由固着器、柄和叶状体三部分组成,叶状体为其可食用部分。藻体一般长度为2～4m,宽度为30cm左右,较大个体长度可达6m,宽度可达60cm。海带营养价值高,富含碘、褐藻酸及甘露醇,广泛应用于食品、医药和化工行业。在食品行业中,通常加工成海带干制品、海带酱、海带酱油、海带糖等产品。

（二）裙带菜

裙带菜又称海芥菜,是一种潮下带温水性海藻,2020年我国养殖总产量达到225 604t。裙带菜藻体由固着器、柄和叶状体三部分组成,其柄为圆柱状,叶片扁平,中肋隆起,边缘渐薄,常形成羽状裂片,其叶状体为可食用部分。裙带菜富含胶质、纤维及多种维生素,不仅是一种可食用的经济褐藻,还可以作为提取褐藻酸的原料进行综合利用,通常可加工成盐渍品、干制品、调味制品、发酵制品等。

（三）紫菜

紫菜又称索菜,2020年我国养殖总产量达到222 018t。紫菜藻体由固着器、柄和叶状体三部分组成,叶状体为其可食用部分。叶片是由单层（少数种类由2或3层）细胞构成的单一或具分叉的膜状体,其体长因种类不同而异，自数厘米至数米不等。紫菜营养价值高，其蛋白质含量较高，并含有丰富的碘、维生素和无机盐等微量元素，通常加工成干紫菜、调味紫菜、紫菜酱、紫菜糜制品等产品。

第二节　常规水产品加工

一、水产冷冻制品

冷冻水产品是以水产品为原料，经适当前处理后快速冻结并低温贮藏的水产品。水产品水分含量高，富含蛋白质、氨基酸和不饱和脂肪酸等营养物质，在加工、贮藏过程中易受到微生物侵蚀，体内酶活性、营养成分氧化等的影响，导致异味产生，以及营养价值降低，货架期缩短。冷冻是目前一种调节水产品在不同季节和不同区域满足消费者需求的重要手段，可抑制或延缓微生物和酶的作用，降低非酶反应和氧化反应速率，保持水产品的营养品质。2020 年我国水产冷冻品达 1475.91 万吨，占水产加工品总量的70.59%，占水产品总产量的 22.54%。

水产冷冻食品按对原料的前处理方式分为生鲜水产冷冻食品和即食调理水产冷冻食品两大类。生鲜水产冷冻食品又可分为对原料仅进行形态处理的初级加工品（如冷冻鱼片、鱼段，冷冻虾、贝）和加入辅料、调味料的调味冷冻食品（如拌粉鱼条、拌粉虾，加料鱼片、鱼排等）。即食调理水产冷冻食品是指经烹调的水产冷冻食品，包括油炸类制品（如油炸拌粉鱼、油炸鱼糜、油炸虾球等）、蒸煮类制品（如水发鱼丸、蒸鱼糕、鱼虾肉饺等）、烧烤类制品（如烤鳗鱼、烤鱼卷、烤鱼糕等）。即食调理水产冷冻食品不经烹调或只需简单加热即可食用，但对卫生要求很高。

（一）生鲜冷冻水产食品

生鲜冷冻水产食品的原料覆盖了几乎所有动物性水产品原料，主要产品包括冻鱼片、冻鱼排、冻鱼块、冻虾仁、冻墨鱼、冻鱿鱼、冻贝等，是我国出口水产品的重要形式。下面以代表性的冻鱼片加工、冻鱼条加工来分别阐述初级冷冻加工品和调味冷冻加工品的加工工艺。

鱼类冷冻食品的加工原料主要是体型较大的白肉鱼类，包括海水鱼类的鳕鱼、鲽鱼、鲑鱼等，多为冻品；淡水鱼类的罗非鱼、草鱼等，多为鲜品。冻鱼片的生产工艺包括原料选择、解冻（针对冻品原料）、去鳞、切片、整形、浸盐水、冻结、镀冰衣、包装、冷藏。原料鱼要选择鲜度好、品质优的原料，最好要处于僵硬期或僵硬期前。浸盐水是为了使表层肌肉紧缩洁净，减少解冻时汁液流失，增加风味。切片、整形时，要注意除去鱼片上的骨刺、黑膜、鱼皮和血痕等杂物。冻结一般采用平板冻结或隧道式冻结装置，以达到快速降温。为了加快冻结速度，减小冰晶带来的机械损失以提高冻品品质，包括磁场、电场、超声、高压等辅助冷冻技术近年来大受关注。考虑消费的方便性，结合镀冰衣处理的单冻已成为主流，可防止冻结贮藏过程中鱼片表面干燥、变色或油烧，保持制品的品质。冻鱼块是将原料分割成片状鱼排，然后在鱼排外裹上黄油浆，蘸面包粉，油炸，待冷却后装盘、速冻即可。

（二）即食调理水产冷冻食品

即食调理水产冷冻食品主要以鱼类、虾类、贝类、海参等为原料，经前处理、熟制、冷却、速冻、包装等工序制成的冷冻贮存的产品。与常温贮藏即食水产品相比，即食调理水产冷冻食品一般不需要独立的杀菌工序，杀菌由熟制工序完成，避免了常规高温高压杀菌过程对水产制品的感官品质及营养价值带来的破坏。然而，产品在熟制后还会经历冷却、包装等工序，存在细菌二次污染的可能性，因此，对于生产环境的卫生要求较高。有些企业为了避免细菌二次污染对即食调理水产冷冻食品食用安全性的不利影响，会在包装后进行杀菌，但杀菌的温度、时间都要显著低于常温贮藏的即食水产品。

视频 20-1

即食海参的生产工艺可查看视频 20-1。

冷冻水产品在长途运输、贮藏及销售过程中，存在温度波动造成冷冻水产品出现反复冻融的现象。冻融会直接导致冷冻水产品肌肉中的冰晶发生重结晶现象，冰晶生长过程中水分的迁移会夺走与蛋白质表面结合的水，造成蛋白质聚集变性，溶解度下降，也会加剧脂肪氧化，同时冰晶的生长会给肌肉肌纤维带来不可逆的机械损伤，肌肉组织结构遭到破坏，从而引起解冻时大量的汁液流失、肌肉质构变差、色泽变暗、风味变差、营养流失等一系列品质劣化现象，最终导致水产品食用品质下降。为了控制和延缓冷冻水产品的品质劣化，除了控制环境温度外，添加具有保水、抗冻、抗氧化功能的添加物，采用新型的解冻方式以缩短解冻时间，这些都是有效的方法。

二、水产干制品

干制水产品是以水产品为原料，直接或经过盐渍、预煮、调味后在自然或人工条件下干燥脱水制成的水产品。干制不仅能保持水产品的营养，还会因加工而产生消费者喜爱的风味。2020 年我国水产干腌制品产量达 138.32 万吨，占海水加工产品总量的 8.24%，占水产加工品总产量的 6.62%。

水产干制品加工通常采用自然或人工干燥脱水。自然干燥法有晒干、风干、阴干；人工干燥法有烘烤、热风干燥、冷冻升华干燥等，可以人工控制温度、干燥速度，保证制品品质不受气候影响。干制前，通常根据原料品种及性质特点差异，采用不同的原料前处理方式，藻类和小型鱼类通常可直接干制；大型鱼类刮去鳞片，双刀剖开，第一刀沿脊骨背开，第二刀翻开脊骨，摊平、整形后干制；贝类、虾等开壳后取可食部干制。根据原料特点及加工要求，采取生干、煮干、盐干和调味干制等不同方法，生产各种风味的产品。常规加热干燥需要升高加热温度，产品容易产生外焦内生的现象，近年来微波加热、真空冷冻干燥等技术已应用于水产品加工中。与常规干燥相比，产品经微波加热干燥时，其内外各部分能均匀地产生热量。真空冷冻干燥技术通常在低温、高真空环境下进行的，对食品的色香味及营养成分有较好的保留。

（一）生干品

生干品又称淡干品，是生鲜水产品直接干燥而成的制品。原料多为体型小，肉质薄而易于迅速干燥的鱼、贝、虾、头足类和藻类，主要制品有墨鱼干、鱿鱼干、鱼肚（鱼鳔胶）、鳗鲞、银鱼干、虾干、干紫菜、干海带等，不少是风味良好的海产珍品。生干品的优点是原料性质变化小，复水性好，水溶性营养成分流失少，能保持原有风味，色泽佳。但因原料未经盐渍、预煮等处理，在晒干、风干过程中易受气候影响而变质，且自身所含的酶类仍具活性，容易引起制品在贮藏中的质量变劣。干燥完全的生干品一般不易腐败，但贮藏中应注意防止吸湿、发霉、生虫和油烧。

（二）煮干品

煮干品是水产品经煮熟后干燥的制品，又称熟干品，主要适于体小、肉厚、水分多、扩散蒸发慢、容易变质的小型鱼类和虾、贝类。煮熟的目的是通过加热使原料肌肉蛋白质凝固脱水和肌肉组织收缩疏松，从而在干燥过程中加速水分扩散，避免变质，加热煮熟还可以杀死细菌和破坏体组织酶类的活性，但煮熟时肌肉中会有部分水溶性蛋白和呈味物流失。为了加速脱水，煮时可在水中加 3%～10% 的食盐。煮干制品主要有海蜇、鲲鳇干、虾皮、虾米、牡蛎干、淡菜、蛏干、干鲍、干贝、海参等。

（三）盐干品

盐干品是盐腌与干燥相结合的一种水产加工食品。以生鲜鱼为例，经前处理后，马上盐渍，其用盐量为原料重量的 20% 左右。经盐渍后，由于食盐的扩散和渗透作用而引起生鲜品脱水，同时食盐通过细胞膜渗透到生鲜品的肌体组织内部，直至体内盐分与卤水的浓度达到平衡为止。盐渍后的原料立即进行干燥便可制成盐干品。盐干品有保藏持久之优点，缺点是风味较差。常见的盐干水产品有黄鱼鲞、劳子鱼（孔鳐）干、鲲鱼干、鳗鲞等。

（四）调味干制品

以鱼类等水产品为原料，经过调味料拌和（或）浸渍后干燥，或先将原料干燥至半干后浸调味料再干燥，最后烘烤熟化的产品，包括属于中间水分食品一类的制品。其特点是水分活度低、保藏性和风味口感良好，携带方便，品位、价格较一般干制品高。主要制品有各种调味的鱼片、鱼干、鱼松、海带、紫菜等。

案例

调味鱼松的加工

　　鱼松是原料鱼经蒸煮、采肉、炒松、加调味料、炒干制成的蓬松而柔软的纤维状制品，深黄色，风味良好，食用方便，耐久贮藏，为中国的传统食品。不同原料鱼类的肌纤维长短不同，原料肉色泽、风味等都有一定差异，制成的鱼松状态、色泽及风味各不相同。鱼松制品易被人体消化吸收，对儿童和病患的营养摄取很有帮助。

　　1. 工艺流程

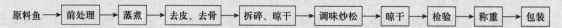

原料鱼 → 前处理 → 蒸煮 → 去皮、去骨 → 拆碎、晾干 → 调味炒松 → 晾干 → 检验 → 称重 → 包装

　　2. 操作要点　　前处理包括去头、去鳞、去内脏，洗净和沥水；把鱼放入垫了纱布的蒸笼内蒸熟15min左右，趁热抖肉，拣出骨、筋、皮，并将肉撕碎；锅内放入生猪油等熬熟后，将鱼肉倒入，先行压榨脱水，再放入平底砂捣碎，搓散，用文火炒至鱼肉捏在手上能自选散开为止，用竹刷子充分炒松，约需20min；鱼肉变松后即可撒入调味液，鱼松用调味料为砂糖、味精、精盐、酱油、植物油和黄酒、香料等，待收至汤尽，肉色微黄，用振荡筛除去小骨刺等物；可用平锅或炒松用的蒸干机进行炒拌，压松，炒干后人工搓松，至毛绒状为止；成品冷却后包装，包装袋最好采用复合薄膜或罐头装。制品水分含量为12%～13%，用塑料袋真空包装，常温下可保藏3个月以上。

三、水产腌制品

　　水产品腌制是用食盐、食醋、食糖、酒糟、香料等其他辅助材料对水产品原料进行处理以增加风味、稳定颜色、改善结构、延长保质期的加工过程。它的特点是生产设备简单，操作简易，产品具有独特风味。水产腌制品主要包括盐腌制品、糟腌制品和发酵腌制品。

　　（一）盐腌制品

　　食盐腌制是水产品腌制的代表性方法，是指水产品与食盐等辅助材料接触，食盐向水产品渗入，水产品的水分溶出，同时降低了水产品的水分活度，抑制微生物的生长发育、酶的活力和溶氧量等，从而抑制水产品的腐败变质。盐腌制品主要包括咸带鱼、咸大马哈鱼、咸黄鱼、海蜇、咸鲟鱼卵（鱼子酱）、咸鲑鱼卵（大马哈鱼卵）等。

　　盐渍法分为干盐渍法、盐水渍法和混合盐渍法。具体如下。

　　1）干盐渍法　　是在水产品原料表面直接撒上适量的固体食盐，通过干盐和水产品溶出的水分形成的食盐溶液而进行盐渍的方法。该方法的优点主要是易于脱除水产品中的水分，操作简便；缺点是食盐溶液的形成需要一定时间，水产品与空气接触面积大，加速了脂肪的氧化，一般适合低脂水产品的加工。同时，固体盐粒无法在水产品中完全均匀地分布。因此，会存在不同水产品甚至同一个水产品不同部位盐渍效果不一致的现象。

　　2）盐水渍法　　又称湿腌法，是将水产品放入食盐溶液中进行腌制。该方法的优点是食盐的渗透比较均匀，水产品不与空气接触，基本不会产生脂肪氧化，且可以调节盐度，获得高质量的水产腌制品；缺点是需要及时补充食盐，且用盐量较高。

　　3）混合盐渍法　　是结合干盐渍和盐水渍法的复合方法。将敷有干盐的水产品逐层排列在盛有人工盐水的容器中，水产品表面的干盐可以及时溶解在渗出液里形成饱和盐溶液，避免盐水被冲淡；此外该方法可迅速形成盐水，在盐渍开始阶段也不易变质；食盐的渗透比较均匀，能避免水产品在空气中停留时间过长，从而避免脂肪氧化。

　　为了降低食盐用量和缩短腌制时间，真空滚揉腌制、高压辅助腌制、超声波辅助腌制等新型的快速腌制加工技术被应用于水产品加工。真空滚揉腌制技术是在真空状态下，将水产品和腌制液在真空滚揉机内旋转，使盐水的分布均匀，从而提升腌制速率和腌制效果，避免腌制过程中蛋白质、氨基酸等营养成分的损失。高压辅助腌制技术是指在高压状态下，将水产品和腌制液在高压滚揉机中腌制，一方面可提高腌制效率，保持水产品原有的色香味和营养成分；另一方面在腌制过程中可杀灭微生物，延长产品货架期。超声波辅助腌制技术是指将水产品和腌制液放入超声波中，超声振荡一定的时间，使腌制液迅速且均匀地分散到水产品组织中。

（二）糟腌制品

糟腌制品，又称糟醉制品或糟渍制品，是以水产品为原料，在食盐腌制的基础上，使用酒酿、酒糟和酒类进行腌制而成的产品，主要包括糟黄鱼、糟鲳鱼、醉泥螺、醉蟹、糟腌虾酱等。糟腌加工可分为盐脱水和糟制成熟两个阶段。盐脱水是指使用食盐对水产品进行腌制，食盐向水产品渗入，水产品的水分溶出，降低了水产品的水分含量。在糟制成熟过程中，酒酿、酒糟和酒类中的酒精具有防腐作用，同时微生物所分泌的酶能分解部分腥味物质，也能促进水产品蛋白质的分解，这些复杂的生化过程使水产制品具有独特的发酵醇香味。糟腌制品在腌制和储藏过程中，要注意密封存放，一方面可防止酒精的挥发；另一方面可以隔绝空气，避免好气性细菌生长繁殖导致的腐败变质。

（三）发酵腌制品

发酵腌制品为盐渍过程中自然发酵熟成或盐渍时直接添加各种促进发酵与增加风味的辅助材料加工而成的水产制品。主要包括在盐渍过程中依靠鱼虾等本身的酶类和嗜盐菌类对蛋白质分解制得的制品，如中国的酶香鱼、虾蟹酱、鱼露，日本的盐辛、北欧的香料渍鲱等，以及添加辅助发酵材料的制品，如鱼鲊制品、糠渍制品等。由于微生物和水产品自身组织酶类的作用，水产品在较长时间的盐渍过程中逐渐失去新鲜水产品的组织和风味特点，从而形成腌制品独特风味的过程。在发酵腌制过程中，蛋白质在酶的作用下分解为短肽、游离氨基酸和胺等，是成熟腌制品风味的来源。部分脂肪分解产生小分子挥发性醛类物质而赋予发酵腌制品一定的芳香味，因此高脂腌制水产品的风味通常高于低脂腌制水产品。

案例

水产腌制品咸黄鱼的加工

1. 工艺流程

原料处理 → 加盐 → 腌渍 → 压石 → 沥卤 → 包装 → 成品

2. 操作要点

1）原料处理　　选择鲜度良好，规格一致的黄鱼为原料，剔除鳞片和内脏，并用水清洗干净。

2）加盐　　根据不同情况可选择抄盐法、拌盐法和撞盐法。抄盐法是将黄鱼倒在抄盐板上，撒盐抄拌，使食盐均匀附着在鱼体上，待腌。拌盐法是指将鱼倒在拌盐板上，逐条揭开两鳃盖，腹部朝上，加鱼重8%的食盐放入鳃内，再压闭鳃盖，将鱼放在盐堆里拌盐，使鱼体黏附盐粒，待腌。撞盐法是指将鱼和盐倒入操作台上，用圆形木棒从鳃盖边捅入腹腔，直达肛门后抽出，不能捅破腹壁，以免影响发酵。接着用木棒将盐塞入腹腔，同时向两边鳃内塞盐。然后把鱼在盐堆里蘸拌，使鱼体附着盐粒，待腌。

3）腌渍　　在腌渍池的底部撒一层食盐，放入待腌鱼。一层鱼一层盐，至九成满，在顶部加盐。总用盐量为秋、冬季32%左右，春、夏季35%左右。

4）压石　　腌渍1～2天后铺上一层硬竹片，上压石块，石块重量为鱼重的15%～20%。至卤水淹没鱼体不露出卤水面为宜。

5）沥卤　　成品捞起时先要在盐卤中洗涤干净，然后沥干卤水。

6）包装、成品　　将咸黄鱼称重后，进行真空包装，经过检验合格后即成品。

其他水产腌制品的加工可查看**资源20-1**（盐渍海参的加工和酶香鱼的加工）。

资源20-1

四、水产熏制品

水产熏制是指利用燃料的不完全燃烧时所产生的烟气熏制水产品，从而赋予水产品独特的风味并且延长水产品保藏的方法，经过烟熏的水产品即水产熏制品。烟熏的目的是形成独特的烟熏风味，防止腐败变质，发色，预防氧化。水产熏制品主要有烟熏鲑鱼、烟熏鲱鱼、烟熏鳕鱼等。

熏制的方法主要包括冷熏法、温熏法、热熏法（焙熏）和液熏法。①冷熏法是指将熏室的温度控制在水产品蛋白质不产生热凝固的温度区（15～23℃），进行连续长时间（2～3周）熏干的方法，其制品具有长期保藏性。②温熏法是指将熏室温度控制在较高温度（30～80℃），进行较短时间（3～8h）熏干的方法，该方法的目的是赋予制品独特的风味。其制品水分为55%～65%，盐分为2.5%～3.0%，保存时间较短。③热熏法（焙熏）是指将熏室的温度控制在120～140℃，进行短时间（2～4h）熏干，其制品水分含量高，贮藏性差。④液熏法是指将阔叶树材烧制木炭时产生的熏烟冷却，除去焦油等，其水溶性部分称为熏液。预先用水或稀盐水将上述熏液稀释3倍左右，将水产品放熏制液中浸渍10～20h，干燥即可。

案例

烟熏鲑鱼的加工

1. 工艺流程

原料处理 → 盐渍 → 修整 → 脱盐 → 风干 → 熏干 → 包装 → 成品

2. 操作要点

1）原料处理　将新鲜红鲑鱼，取背肉和腹肉，用水清洗干净。

2）盐渍　采用混合盐渍法，将鱼肉抹上盐，按鱼皮向下、肉向上地逐层排列，然后注入足够的25°Bé食盐水（25℃）。

3）修整　盐渍后的鲑鱼肉切除腹巢等容易发生色变及油脂氧化的部位。

4）脱盐　洗净鱼片，置于脱盐槽内吊挂脱盐。根据盐渍时盐水的浓度和水温调整脱盐时间。一般盐水密度为22～23°Bé，水温44℃，需脱盐120～150h。

5）风干　将脱盐后的鱼片悬挂在通风良好的室内，风干72h，至鱼体表面风干出现光泽。风干不足，不利于上色；干燥过度，表面会出现硬化干裂。

6）熏干　温度一般根据大气温度、原料情况而定。一般采用3.6m²、高度6m、吊挂4层，气温10℃、熏室温度18℃，熏材2～7处，烟熏3～5天，5天后增加火源，温度最高控制在24℃，再熏干约15天。熏制结束后，拭去表面尘埃，以1～1.3m的高度覆盖好后卷蒸3～4天，使鱼块水分平衡，色泽均匀良好。

7）包装　将烟熏鱼块称重后用真空包装，经过检验合格后即成品。

五、水产罐头制品

水产罐头制品是以水产品为原料，经过加工处理、装罐、密封、加热杀菌等工序加工成的商业无菌的罐装食品。罐制水产品不仅可以通过调味加工等工艺改善水产品的质构及色、香、味等感官特性，提高食品中营养成分的可消化性和可利用率，还可以通过杀菌工艺灭活微生物，钝化酶，延长货架期，而且罐头食品便于携带、运输、贮存，不易破损，耐久藏，可常年供应市场，因此深受消费者的青睐。2020年我国水产罐头制品产量达32.99万吨，占水产加工品总量的1.58%。水产罐头制品按包装材料的质地又可分为水产硬罐头制品和水产软罐头制品。水产硬罐头制品是指传统的罐头食品，采用金属容器、玻璃容器等硬质材料包装的罐头制品；水产软罐头制品是用复合塑料薄膜袋来装置食品，并经杀菌后能长期保存的袋装罐头制品，由于包装容器是柔软的，故称为"软罐头"。

（一）硬罐头制品

常见的水产硬罐头制品按调味方式及原料类别可分为油浸（熏制）类、调味类、清蒸类和藻类四大类。油浸（熏制）类水产罐头是指将处理过的原料预煮（或熏制）后装罐，再加入含有精制植物油及含有简单调味料糖、盐的调味油等工序制成的水产罐头食品，如油浸鲭鱼、油浸烟熏鱼、油浸贻贝、油浸烟熏牡蛎等罐头；调味类水产罐头是指将处理好的原料盐渍脱水（或油炸）后装罐，再加入调味料等工序制成的水产罐头食品。这类产品又可分为红烧、茄汁、爆烤、鲜炸、葱烧、五香、豆豉、酱油等，如茄汁鲭鱼、葱烤鲫鱼、豆豉鲮鱼、辣味带鱼、咖喱鱼片、红烧花蛤、酱油墨鱼等罐头；清蒸类水产罐头是指将处理好的原料经预煮脱水（或在柠檬酸水中浸渍）后装罐，再加入精盐、味精而制成的水产罐头食品，又称原汁水产罐头。这类产品保持了原料水产原有的独特风味和色泽，如清蒸对虾、清蒸蟹、原汁贻贝、清汤蛏等罐头；藻类罐头是指选用新鲜、冷藏或干燥良好的藻类，经加工处理、预煮或不预煮，分选装罐后调味或不调味而制成的水产罐头食品，如海带罐头等。

罐头的基本加工工艺如下：

加工过程中的每个环节都需要严格控制质量，一旦操作失误就会影响到最终产品的质量。

1）原料的分选　　原料分选的目的在于剔除不合格的原料，并按照原料的大小和质量进行分级。新鲜原料需通过洗涤除去水产品表面附着的泥沙、部分微生物等。如原料采用冷冻半成品，则需要进行解冻，根据不同产品的原料特性和工艺要求的不同，可采用空气解冻、水解冻、电解冻和电介质解冻等方法。其中水解冻包括常压水解冻（流动水式、淋水式）和高压水解冻；电解冻包括低频电解冻（欧姆加热式、电阻加热式）、高频电解冻、高压脉冲解冻和超声解冻；电介质解冻包括射频解冻和微波解冻。

2）原料的前处理　　完成分选后的鲜活原料要进行剖杀，一般经过摔打或电击头部致其昏晕后再进行剖杀，接着对产品所需的部分进行修整和切块，如大型鱼类需要沿鳃盖切去头、鳍、去鳞或去皮、剖腹、去内脏、剔去骨刺，再进行流水洗涤清除表面血液、黑膜等杂物后，再对鱼肉进行切块处理。部分鱼类还需进行沥血处理，如鳝鱼一般沥血时间需要 10～15min。贝类需要先进行去壳取肉再剔除不可食用部分，如鲍鱼需去除内脏和口部。根据加工工艺需要，双壳贝类也可先煮制开壳后取肉，再去除内脏团。原料经修整切块后需进行重复清洗，注意为防止鱼肉等水产品的蛋白质变性，水温应控制在 10℃以下。

3）调味前处理　　部分加工工艺需要对原料进行腌渍前处理，一般情况下将配置好的饱和盐水稀释至原料盐渍所需的浓度，也可根据产品特点，在调味汁中添加白砂糖、味精、料酒、生姜、花椒、大料等调味料用于去腥提鲜，最后固定料液比和盐渍时间。盐渍过程要求原料全部浸没在盐水中。

4）预加工　　预加工环节的主要目的是脱去原料中的部分水分，使固形物达到一定标准，避免罐内汤汁混浊，同时稳定色泽，改善组织质构，杀灭部分微生物。根据产品类型不同，预加工环节分为蒸煮、油炸和烟熏三种。蒸煮是直接将样品放入沸水或者蒸汽中进行短时间的加热处理。蒸煮时间依水产品的种类、个体大小及设备条件等的不同而异；油炸是将根据大小区分的已沥干的水产品加入到预热至沸腾状（180～220℃）的植物油中油炸，油温的高低根据水产品种类不同可做适当调整，油炸时间的长短根据油温、产品块大小、原料种类决定，要保证油炸后的产品嫩度合适，色泽均匀；对于烟熏，首先需对样品通过阶段式升温烘干（低于 70℃），达到一定脱水率后再进行烟熏处理。烟熏过程应注意对空气湿度的控制，提高干燥和烟熏效率，避免长时间烘干导致微生物繁殖引起的水产品的腐败变质。

5）装罐、注液　　原料经过预加工处理后立即装罐，以免变质、色变。罐头容器以玻璃瓶、金属罐、三片罐、二片罐、锡焊罐等为主。装罐前必须对容器进行清洗和消毒，对于一次性使用容器，采用热水浸泡及沸水或蒸汽热烫；对于回收性容器需先以 2%～3% 的氢氧化钠溶液浸泡，后以温水冲洗，最后用沸水或蒸汽热烫，以避免细菌污染。装罐同时注入汤汁，包括辅助材料，如动植物油、食盐、酱油、白砂糖、味素或其他调味品，以调味。罐头生产用水必须符合相关标准要求。灌装工艺要求迅速，且保证固形物含量，要保留适当顶隙保证罐内经排气后能产生真空。

6）排气及密封　　装罐时需要在保证密实、减少罐内空气残留使封罐后可以达到一定真空度的前提下，留有顶隙避免在排气产生真空度后杀菌过程中罐体发生形变、裂缝，或玻璃罐盖发生破裂等现象。排气方法一般有热灌装法、加热封罐排气法、喷蒸汽封罐排气法和真空封罐排气法，前三种统称热力排气法。排气在防止好氧微生物生长繁殖和减轻金属罐内壁氧化腐蚀的同时，能有效减缓营养成分的破坏及感官品质的劣变。金属罐和玻璃罐的密封不同，金属罐密封是在机械的作用下，罐盖和罐身边沿分别形成罐盖钩和罐身钩，相互勾合并紧贴，形成"二重卷边"结构，在其与罐盖钩中的密封胶的共同作用下达到密封；玻璃罐则是通过瓶盖和瓶口的良好结合形成密封，根据结合方式分为卷封、旋封和套封三种。

7）杀菌　　为确保罐头产品的质量和安全性，密封后的罐头应尽快进行杀菌处理。水产品罐头在工业生产中常用的杀菌方式有高压热杀菌、常压水杀菌、含气调理杀菌和微波杀菌等。传统的高压杀菌有高压蒸汽杀菌和高压水杀菌两种，水产品大多属于低酸性食品，必须采用100℃以上的高温杀菌方式。高温蒸汽杀菌是最常见的一种，而水产罐头中大直径的扁罐和玻璃罐头一般采用高压水杀菌，其特点是杀菌时能够平衡罐内的压力。高压热杀菌能够在贮运过程中保证水产品微生物方面安全，但热杀菌在一定程度上会破坏罐头的营养、色泽和味道。因此，目前针对如何缓解热杀菌引起的罐头品质变化问题也成为研究热点。部分pH在4.5以下的中高酸性水产罐头食品可采用常压沸水杀菌；含气调理杀菌技术是通过注入稀有气体，减少氧气接触，再进行密封来延长产品的保质期。这种方法不会破坏食品中原有的营养，也不会影响食品原有的色泽、味道和口感；微波杀菌是依托电磁场的热效应与生物效应的共同作用，使食品中的微生物死亡或丧失活力，以此来达到延长保质期的目的。这种方法具有加热时间短、升温速度快、能耗较小、杀菌均匀且对营养成分与风味物质的破坏与损失少等优点。

8）冷却　　杀菌完成后，罐温应迅速冷却至38~40℃。冷却方法一般分为加压冷却（即反压冷却）和常压冷却。加压冷却主要用于高温高压杀菌，特别是高压杀菌后罐体容易变形损坏的罐头；常压冷却主要用于常压杀菌和部分高压杀菌的罐头，可在杀菌釜内冷却，也可在冷却池中浸泡流动水冷却或喷淋冷却。注意冷却用水必须符合用水标准。

9）检查　　冷却后的罐头需经过一系列检查合格后才能进入贴标、装箱、入库、运输等后处理环节，包括：①外观检查，保证封口完好、罐身无内凹和外凸；②罐头放置在最适微生物生长温度及足够的时间，一般采用（37±2）℃下保温7天，观察罐头有无胀罐、真空度下降等现象；③敲检，根据小棒敲击检查的声音是否发生真空度下降、长菌产气或容器漏气等情况；④真空计抽检罐头的真空度情况；⑤随机抽样开罐检查重量、固形物含量、感官品质、微生物检验等。

（二）软罐头制品

软罐头以蒸煮袋包装最为普遍，主要有透明蒸煮袋和铝箔蒸煮袋两种，是由两层、三层或多层不同基材复合而成的材料。软罐头具有包装材料和容器重量轻、体积小、质地柔软、携带和储存方便，容易开启食用的特点。

软罐头的基本加工工艺如下：

原料的分选 → 前处理（修整、切块）→ 清洗 → 调味前处理 → 预加工 → 装袋 → 抽真空及密封 →

杀菌 → 冷却 → 检查

除灌装、抽真空、密封及杀菌工艺与硬性罐头的生产有所区别外，其他工艺过程基本相同。

（1）软罐头的灌装工艺有两种。一种是将复合薄膜做成卷材，在自动包装机上把配制好的定量分份的食品直接包装；另一种装袋法是将复合薄膜先制成袋子，然后再将食品装入袋内封口的工艺。

（2）抽真空及密封是软罐头生产的关键性操作，一般采用真空热熔密封封口，即抽取一定真空度后在限定的短时间内通过热熔压合、冷却使塑料薄膜之间熔融黏接达到密封。真空度的高低与软罐头食品能贮存期有很大的关系。但因软罐头的包装具有自由变形的特点，随着真空度的增加，包装袋的变形越大，影响产品的外观。既要保证软罐头有足够的真空度，又要尽量减少包装容器及内容物的过度变形。一般水产食品软罐头的真空度以700mmHg为宜，鱼糜制品（丸类）软罐头的真空度以500mmHg为宜。因为封口后进行杀菌时，须经受120℃左右或更高的温度，在整个贮藏及销售过程中还必须保持牢固和密闭，因此对其密封性能和渗漏率要求较高。两层透明袋热封温度为160~180℃，三或四层不透明铝箔袋热封温度为180~220℃。

（3）软罐头与硬罐头制品都需要杀菌工艺以达到较长时间贮存的效果，但不同点在于软罐头采用的复合软包装材料厚度小、传热快，使得杀菌时间比同等容量的硬包装的罐头短，可以使食品免予过度杀菌，以减少营养的损失，保持原有的风味，并且可以节省能源、降低成本。在高压杀菌时要注意在升温过程中应增加空气反压，以防随着杀菌温度的上升，软罐头内部压力增大，造成软罐头破袋。对于中高酸性的水产软罐头食品，可以采用常压水杀菌。不同的杀菌方式可用的蒸煮袋材料不同，由于材料组合不同，分为低温型、中温型和高温型蒸煮袋。其中，只用于100℃以下的低温型蒸煮袋一般很少用于水产品软罐头。除热杀菌外，冷杀菌技术也可应用于水产软罐头制品。如超高压杀菌技术，在密闭容器内用液体介质传压对软罐头施以100～1000MPa的压力来杀灭微生物，且能够较好地保持水产品固有的营养成分、质构、风味、色泽和新鲜度等。

（4）软罐头杀菌后的冷却环节需格外注意，特别是在冷却的开始阶段，内压过大最容易产生引起包装袋破裂的压力差，所以要导入加压的冷却水进行反压冷却，加压随着温度的逐渐降低而慢慢减少，直至平衡。降压结束后，须将罐头产品迅速冷却至室温以防止嗜热菌生长。

（三）水产罐头中常见的质量问题及预防措施

罐头食品通过密封及杀菌等加工处理后可实现食品长期保存，但受到加工过程中的不同因素的影响，水产品罐头常出现品质劣变，如微生物引起的腐坏变质，化学反应产生的胀罐、罐壁腐蚀或穿孔，以及物理性的排气不充分或装罐量过高引发的氧化或胀罐等。

1. 微生物引起的腐坏变质

1）细菌性胀罐 罐内微生物生长导致产酸产气后产生的胀罐现象，水产罐头中常见的导致细菌性胀罐的菌种是嗜热性厌氧芽孢菌和嗜温性厌氧芽孢菌。

2）平酸腐败现象 罐内微生物生长只产酸不产气，罐内容物腐败变质，酸度增加，罐外观无明显变化，需开罐检验可辨别。水产罐头中常见的导致此类现象的平酸菌是嗜热性需氧芽孢菌和嗜温性需氧芽孢菌。

水产品本身带有的或贮运过程中污染的微生物，在适宜条件下生长繁殖，分解水产品的蛋白质、氨基酸、脂肪等成分产生有异臭味和毒性的物质，致使水产品腐败变质，因此应注意从生产源头剔除不新鲜、品质差的原料，以避免由原料带来的产品品质劣化；避免加工不及时导致密封杀菌前微生物的大量繁殖；在加工过程中也应注意各个加工工艺的严格把控，车间环境与设备的卫生管理工作，注意配料预处理设备、罐体和管路、灌装和封口设备的定期清洗和消毒；密封前适当的排气可防止好氧微生物生长繁殖；注意罐盖及其卷边的大小，注意抽样检查卷边的密封性；采用适当的杀菌方式以保证达到商业无菌要求。

2. 化学反应引起的质量问题

1）氢胀 罐内容物酸度过高使罐内壁腐蚀产生氢气，一段时间积累后产生的胀罐现象。

2）硫化黑变现象 致黑梭状芽孢杆菌可分解鱼、虾、贝类中的含硫蛋白质产生硫化氢，硫化氢与罐内壁的铁反应生成黑色硫化亚铁物质，沉积在罐内壁或食品上，导致水产品变黑、变臭。为防止黑变现象，要选用新鲜原料，加工过程中避免与铁、铜工具接触，控制用水及配料中的金属离子含量；铁罐应采用抗硫涂料罐，防止罐内壁的机械损伤，装罐时筛除内壁有漏斑的容器；尽量缩短热加工时间；水煮液中加入少量酸度调节剂（如柠檬酸、酒石酸等溶液）使内容物保持微酸性（pH 6左右）。

3）黏罐现象 常见于鱼罐头制品，生鱼肉及鱼皮具有一定黏性，在先装罐后加热的情况下，接触罐壁部分首先凝固，胶原蛋白受热溶解产生明胶化，冷却后极易黏附于罐壁，致使皮肉分离出现黏罐现象。为防止黏罐现象，需选用新鲜度高的原料；也可在罐底衬以硫酸纸；或在罐内壁涂油或0.5%的硅树脂溶液；也可采用脱模涂料罐，以减少黏罐现象。

4）玻璃状结晶现象 清蒸鱼、贝类罐头在贮藏过程中，容易产生无色透明的玻璃状结晶，这是由于磷酸镁与蛋白质分解产生的氨在热杀菌时生成磷酸镁铵（$MgNH_4PO_4$），冷却后溶解度降低使结晶析出，在贮藏过程中不断积累至肉眼可见的结晶。为防止玻璃状结晶析出现象，需保证原料的新鲜程度，在不对成品风味产生不良影响的情况下可采用浸酸处理；提高杀菌后冷却速度，快速度过30～50℃的结晶容易形成区；添加聚合磷酸盐，乙二胺四乙酸（EDTA）、植酸等螯合剂与镁离子生成稳定的螯合物，从而防止结晶析出；或添加明胶、琼脂类增稠剂提高罐头汁液黏稠度，以减缓结晶析出速度。

5）血蛋白凝结现象 茄汁鱼罐头、油浸鱼罐头内容物表面及空隙间的豆腐状物质是凝结渗出的血蛋白，是热凝性可溶蛋白受热凝固而成。可通过提高原料新鲜度，充分洗涤以去除血污，结合充分沥血和盐渍处理除去部分盐溶性热凝性蛋白，同时加热时迅速升温，使热凝性蛋白未渗出至鱼肉表面前在鱼肉内部就凝固，来减少和防止血蛋白的产生。

6）味变现象　　苦、臭、辣、哈喇等异味是水产品罐头劣变的主要变味表现。苦味是由于水产品的内脏，特别是一些鱼类的苦胆未去净或杀菌过度导致焦糖化反应等造成；臭味是由于水产品蛋白质的分解产物硫化氢、氨气等引起；哈喇味是由于水产品脂肪氧化的次级产物丙烯醛等引起，多发生在多脂鱼、蛤蜊等罐头产品中；辣味是由于水产品中的组氨酸在细菌酶作用下脱去羧基形成组胺，当组胺含量积累较高时，产品有明显辣味，且容易引起过敏性食物中毒。因此，在生产水产品罐头时对原料的新鲜度必须控制，同时加工工艺各步骤严格把控，以避免水产品罐头产生变味现象。

7）色变现象。水产品罐头的变色问题比较复杂，与水产品的种类、特性、化学成分、加工方法及工艺配方等都有密切关系。按颜色分类举例如下。

（1）褐变现象。调味类罐头食品应用的酱油和糖在热加工、杀菌及贮藏过程中容易引发过度美拉德反应产生褐变。防止褐变反应需选用新鲜原料，选择合适的调味料配比，降低加工和贮藏温度，尽量降低水分活度，也可通过酸度调节剂适当降低 pH 来减缓褐变。

（2）黄变现象。脂溶性类胡萝卜素可通过组织中的脂肪浸染原来不含此色素的组织。例如，清蒸类牡蛎罐头在室温长期贮藏后，牡蛎肝脏中的类胡萝卜素可向肌肉转移，使本来白色肉的部分变成橙黄色。控制产品贮藏温度在20℃以下可以得到一定的抑制。

（3）蓝变现象。蟹肉罐头生产过程中除经常出现的变色问题除褐变外，还有蓝变。主要是由于蟹肉加热产生了硫化氢和血液中的铜形成硫化铜而变蓝。为了防止蓝变，最好用低温煮熟法剥取蟹肉，适当控制杀菌加热时间，也可用 EDTA、柠檬酸等螯合剂浸泡处理。

（4）褪色现象。在热加工、杀菌过程中高温导致水产品中类胡萝卜素受到破坏，色素损失。因此，防止褪色的方法主要是降低热加工和杀菌的温度和时间。若采用素铁罐，鲑、鳟、金枪鱼类（红色肉）和虾类也会褪色，因此宜采用涂料铁罐。

3. 物理原因引起的质量问题

1）胀罐　　装罐太满导致顶隙不足，或真空度太低而导致胀罐。为防止胀罐现象，装罐时注意固形物的含量，罐头顶隙度大小应合适，严格控制装罐量。

2）罐体的跳盖、突角现象　　由于罐头容器破损裂漏导致霉菌生长，汤汁上或产品表面出现灰褐色凝絮状斑点。多出现在杀菌冷却时温度或压力急剧下降导致。因此要控制降温、降压速度不要太快，在进行常压冷却时，禁止将冷水直接喷淋到罐体上，以避免此现象发生。

案例

原汁鲍鱼罐头的加工

1. 工艺流程

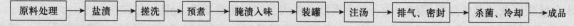

原料处理 → 盐渍 → 搓洗 → 预煮 → 腌渍入味 → 装罐 → 注汤 → 排气、密封 → 杀菌、冷却 → 成品

2. 操作要点

1）原鲜鲍鱼　　洗净后用不锈钢刀剥壳取出鲍鱼肉，并除尽内脏，漂洗干净。

2）盐渍、搓洗　　按鲍鱼个体大小分别用 1% 食盐腌渍 8～12h。先用搓洗机搅拌 5～10min，清水冲洗去盐水，剪去嘴及外套膜，刷洗，去尽黑膜。

3）预煮　　保持 80℃ 煮 20min（水∶肉＝3∶1），煮后用流动水冷透，漂洗 1 次。

4）腌渍入味　　鲍鱼肉放入调味汤汁中腌渍入味。

5）装罐　　罐型 170，净重 170g，鲍肉 100g（大小鲍鱼分开装罐），汤汁 70g（汁温 80℃ 以上）。

6）排气、密封　　热排气密封时，中心温度 85℃，10min；真空密封时，真空度为 0.053～0.06MPa。

7）杀菌、冷却　　杀菌公式（排气）为 15min-70min-20min/115℃ 冷却。

六、海藻加工

我国海藻加工业始于 20 世纪 60 年代，以海带、江蓠、紫菜、裙带菜等的加工产品为主。2020 年，我国藻类加工总量达 104.81 万吨，占水产加工品总量的 5.01%，占水产品总产量的 1.60%。海藻类加工产品按照加工程度可以大致分为初级加工产品和深加工产品两大类。初级加工是藻类加工的基础，其产品可以作为加工原料进一步加工或可直接食用。目前藻类的初级加工产品主要有海藻干制品、海藻盐渍品、水煮即食海藻（海藻调味制品等）等。深加工产品是以藻类或藻类初级加工产品为原料，经过一定加工处理得到的产品。目前海藻深加工产品主要有：海藻饮品、海藻胶胨产品、海藻发酵食品（海藻酒、海藻醋、海藻酱油等）、营养保健产品（胶囊、片剂、口服液等）、仿生食品（人造海蜇皮、人造海参等）等。

第三节　鱼糜及鱼糜制品加工

鱼糜是以可食用鱼类为原料，经前处理、采肉、漂洗、脱水精滤后，加入抗冻剂（如糖、山梨糖醇、磷酸盐等）搅拌，制得具有凝胶特性的浓缩肌原纤维蛋白，一般需冷冻后低温贮藏。而鱼糜制品是将冷冻鱼糜解冻，加入 2%～3% 食盐及其他佐料进行擂溃，成型凝胶化后进行蒸煮、油炸、焙烤烘干等加热或干燥处理，制得富有弹性的具有独特风味的凝胶食品。鱼糜制品种类繁多，可分为蒸煮类（水发鱼丸、鱼糕、虾丸、鱼卷、鱼面）、油炸类（油炸鱼丸、天妇罗、炸鱼饼）、焙烤类（烤鱼卷、烤鱼片）、灌肠类（鱼肉火腿、鱼肉香肠）和模拟食品（模拟扇贝柱、模拟牛肉、模拟蟹虾肉）等。

鱼糜制品因其独特的凝胶特性、高营养价值和食用方便广受国内外消费者喜爱，已成为人们日常饮食中最常见的食物之一。我国鱼糜制品加工业发展飞速，2020 年我国鱼糜制品加工总量达 126.77 万吨，占水产加工品总量的 6.06%。

一、热诱导鱼糜凝胶的形成机制

鱼糜制品的凝胶性能直接影响鱼糜制品的品质优劣。鱼糜蛋白的热致凝胶过程通常分成凝胶化、凝胶劣化和鱼糕化三个阶段。凝胶化是指 50℃ 以下，肌球蛋白与肌动蛋白由于初步的热变性在蛋白之间形成不稳定的相互作用，由此产生较为松散的凝胶网络结构。凝胶劣化指的是当温度进一步升高至 50～70℃，内源性组织蛋白酶损害之前的弱交联体系，造成凝胶结构劣化。鱼糕化指的是当温度越过劣化带后，肌球蛋白和肌动蛋白发生强烈热变性，形成稳定的不可逆交联结构，呈现非透明状的、有序的状态，使鱼糜凝胶强度显著增加。目前关于热诱导肌球蛋白形成凝胶的机制主要遵循 Samejima 的理论，肌原纤维蛋白中的肌球蛋白（myosin）是形成鱼糜凝胶的关键蛋白，在加热、变性和聚集的作用下蛋白质分子的构象和作用力改变，蛋白质分子间形成三维网状结构。在肌球蛋白胶凝过程中，肌球蛋白的头部先发生凝聚，然后尾部发生交联。温度为 35℃ 时，肌球蛋白头部或颈部展开，通过头-头相连形成二聚物和低聚物；温度达到 40℃ 时，头部发生紧密聚集而尾部呈现放射状分布；48℃ 时，低聚物和由两个或多个低聚物组成的聚集体共同存在；温度进一步升高至 50～60℃ 时，发生尾-尾相连，低聚物进一步发生聚集，形成凝胶网络。肌球蛋白的变性、聚集过程，与分子间作用力的变化有关。在鱼糜凝胶化过程中，参与蛋白质的交联的主要分子间作用力包括疏水相互作用、静电作用、氢键及共价键。

二、加工工艺

（一）冷冻鱼糜的加工工艺

冷冻鱼糜的加工工艺如下：

原料鱼 →　前处理（去头去内脏）　→　采肉　→　漂洗　→　脱水、精滤　→　搅拌（加抗冻剂）　→　称量、包装　→　冻结及冻藏

1）原料鱼　狭鳕、白姑鱼、金线鱼、金枪鱼、梅童鱼、海鳗、带鱼等海水鱼类，鲢鱼、鳙鱼、青鱼、草鱼等淡水鱼类，乌贼、鱿鱼、章鱼等头足类，是制作冷冻鱼糜主要原料。鱼糜凝胶品质与原料鱼种类密切相关。一般来说，海水鱼的凝胶性能优于淡水鱼，白肉鱼（普通肉）优于红肉鱼（暗色肉），硬

骨鱼优于软骨鱼。原料鱼的鲜度对鱼糜凝胶形成能力具有决定性作用。随着鲜度降低，肌肉中蛋白质发生变形，失去亲水性，凝胶形成能力降低。从经济角度考虑，近年来资源丰富、价格低廉的淡水鱼类和沙丁鱼、金线鱼、黄姑鱼、红鲷等低值海水鱼类是冷冻鱼糜加工的重要原料，通过工艺改进、增加弹性增强剂可改善鱼糜的弹性和色泽。我国作为淡水鱼养殖大国，鲢、鳙、草鱼已成为我国生产冷冻鱼糜的重要原料。

2）前处理　　原料鱼以刚捕获的新鲜或冰鲜鱼为好，如用冻鱼，则先进行解冻，一般用自然解冻和水解冻。一般体型大的鱼多采用流水解冻，体型小的鱼根据生产时间需要，多采用空气解冻或淋水解冻。原料鱼洗涤后去鳞或皮、去头、去内脏，较大的鱼体进行分段，再进行二次洗涤清除腹腔内残余内脏、血液、黑膜等。为抑制原料新鲜度下降，防止鱼肉蛋白变性，处理应在低温下快速进行。洗涤重复2或3遍，水温控制在10℃以下，可加入碎冰降温。

3）采肉　　金枪鱼、旗鱼类等大型鱼用刀去皮后采肉，而一般的原料鱼用采肉机采肉，采肉时鱼肉温升不能超过3℃。采肉机种类较多，有滚筒式、圆盘压碎式、履带式等。以滚筒式采肉机为例，利用带孔滚筒和传动的橡胶带的相互压榨运动将鱼肉挤入采肉桶内，而把鱼皮、鱼骨留在采肉桶外，由刮刀送出机外。滚筒孔直径显著影响鱼糜产量及品质。孔径过小，采肉能力差，得率低；孔径过大，则皮、骨、小刺、腹膜等混入鱼肉中，制品质量较差。通常根据鱼的大小和新鲜程度来选择孔径大小，一般为3～5mm。采肉机使用时还要注意调节压力大小。压力太小，采肉率低；压力太大，鱼肉混入骨刺和皮，影响产品质量。一般采用二次采肉，第一次采得的用于加工冷冻鱼糜，第二次采得的用于加工油炸鱼糜等低档产品。

4）漂洗　　一般采用冰水漂洗，水温控制在10℃以下，漂洗次数和用水量根据原料鱼的种类、鲜度和产品要求而定。对于白肉鱼和介于白色肉和红色肉之间的鱼类，一般采用清水漂洗，漂洗次数根据产品要求而定，一般为2或3次。鱼肉与水比例一般为1∶10～1∶5，迅速搅拌8～10min，静置10min，倾去表面漂洗液，重复2或3次。对于多脂红肉鱼采用稀盐碱水漂洗，一般鱼肉与稀盐碱水的比例为1∶6～1∶4，漂洗2或3次。头足类动物的漂洗需要在酸性或中性pH下进行等电点沉淀或采用酸洗法。

漂洗是鱼糜加工过程中非常重要的工序，通过对采肉后分离的碎鱼肉进行漂洗，可除去鱼肉中的有色物质、气味、脂肪、残余的皮及内脏碎屑、血液、水溶性蛋白、无机盐类等杂质，浓缩肌动球蛋白，提高鱼糜的色泽、气味及凝胶性能。然而，漂洗也会导致鱼糜失去具有特殊风味的物质，如肌苷-5-单磷酸（IMP）、游离氨基酸、肽、有机酸、脂类等，导致鱼糜风味下降。

5）脱水、精滤　　最后一次漂洗时，可加入0.1%～0.3%的食盐，降低鱼肉持水性，以利脱水。精滤的目的是通过机械挤压，将鱼肉从细网目中挤出，分离鱼刺、鱼筋、鱼骨。脱水、精滤过程可以采用先预脱水，再精滤，最后再脱水的工艺，也可以采用先脱水，再精滤的工艺。对于第一种工艺，应先用回转筛预脱水，将鱼肉的含水量降低到80%左右。再用网孔直径一般为0.5～0.8mm的精滤机精滤，最后用脱水设备脱水。对于第二种工艺，应先用脱水设备脱水，然后用网孔直径为1.0～1.5mm的精滤机精滤。脱水方法也有两种：一种是用螺旋压榨机机械脱水，另一种是用离心机离心脱水。白肉鱼类在pH 6.9～7.3下脱水效果较好，红肉鱼在pH 6.7较好，可用柠檬酸或乙酸调节pH。不管用哪种工艺，温度均应控制在10℃以下，避免导致蛋白质变性和蛋白质功能的丧失。

6）搅拌　　精滤后的鱼糜转入搅拌机或斩拌机，加入抗冻剂搅拌均匀。抗冻剂是在冷冻储存期间与肌原纤维蛋白相互作用以防止其变化的添加剂，可以防止蛋白质变性，并通过结合蛋白质的官能团来稳定其功能和结构特性。常用抗冻剂，如白砂糖、山梨糖醇（8%～9%）、聚磷酸盐（0.2%～0.3%）等。搅拌时间5～10min，温度控制在10℃以下，以防鱼肉温度升高影响最终产品的质量，通常使用配备冷却装置的搅拌机。

7）称量、包装　　制备好的鱼糜输入包装充填机，由螺杆旋转加压挤出一定形状的条块，袋装，放入冻结盘中。

8）冻结及冻藏　　采用平板冻结机进行速冻，冻结温度为-35℃，时间为3～4h，使鱼糜中心温度达到-20℃。完全冷冻后，将冷冻鱼糜装盒，并打印标注鱼的原料、使用的添加剂类型、生产日期、生产商名称、鱼糜质量标准等信息。冷冻鱼糜的储藏温度要在-20℃以下，如需保存一年以上，要求储藏温度为-25℃。冻存期间应注意温度保持，尽量避免温度波动。重复的温度波动会引起鱼糜的冷冻变性和冰晶的生长，影响鱼糜品质。

（二）以冷冻鱼糜为原料加工鱼糜制品的工艺

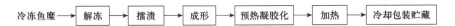

冷冻鱼糜 → 解冻 → 擂溃 → 成形 → 预热凝胶化 → 加热 → 冷却包装贮藏

1）解冻　　冷冻鱼糜原料先进行半解冻，解冻方法可采用自然解冻、温水解冻、蒸汽解冻和流水解冻等。一般采用自然解冻，在室温下放置一段时间后，进切块机切成小块待用。

2）擂溃　　擂溃分为三步：空擂、盐擂、调味擂。空擂进一步破坏鱼肉纤维组织，时间3~5min；然后加入2%~3%食盐继续擂溃20~30min，促进鱼糜中盐溶性蛋白的溶出形成溶胶，赋予鱼糜制品弹性；最后加入各种辅料。总擂溃时间30~45min。整个擂溃过程在低温（0~10℃）下进行。随着消费者健康意识的加强，低盐鱼糜制品应运而生。低盐鱼糜是将盐添加量降为0~1%或使用氯化钾、氯化镁、氯化钙和锌盐等盐替代品，不仅能改善鱼糜凝胶特性，也能进一步降低心血管疾病和其他与盐相关的健康疾病的风险。

在实际生产中，还会添加一些外源添加物来改善鱼糜凝胶强度，应用比较广泛的有淀粉类、非肌肉蛋白、无机盐类和亲水胶类等。淀粉类物质包括小麦淀粉、玉米淀粉、马铃薯淀粉、蜡质玉米淀粉和木薯淀粉等，依靠自身的强持水性使鱼糜凝胶网络结构更紧密，从而增强其凝胶强度。淀粉添加量一般在4%~12%。非肌肉蛋白主要包括面筋蛋白、蛋清蛋白、乳清浓缩蛋白和一些动物血浆蛋白，通过自身的凝胶性来达到改善鱼糜凝胶强度的效果。影响鱼糜凝胶强度的无机盐类主要包括氯化钠、磷酸盐和钙离子。其中食盐和多聚磷酸盐通过促进盐溶性蛋白溶出增强凝胶强度，钙离子则通过激活内源性转谷氨酰胺酶（TGase）来催化蛋白质之间的交联作用，从而形成更牢固的微观网状结构。也可通过直接在鱼糜中添加TGase，TGase添加后，通过肌肉蛋白分子间形成共价键使蛋白质分子更紧密地结合在一起，提高蛋白质的弹性和紧实度，改善鱼糜制品品质。TGase的添加量一般为0.1%~0.3%。亲水胶类（如魔芋胶、果胶、卡拉胶、黄原胶、槐豆胶等）自身可以分散或者溶解到水中，通过自身的凝胶性起到改善鱼糜凝胶性能的效果。亲水胶体的添加量视种类而定。

此外，为了赋予鱼糜制品特殊的滋味，还需添加油脂和各种调味料与香辛料，如糖、谷氨酸钠、黄酒、香辛料、辣椒、葱姜蒜、胡椒、食用色素及其他添加剂等。

3）成形　　按照实际生产要求，将擂溃后的鱼糜加工成各种形状，常见的成形机有鱼丸成形机、三色年糕成形机、鱼卷成形机、天妇罗万能成形机、鱼香肠自动充填结扎机、各种模拟制品的成形机等。需要注意的是，成形操作与擂溃操作需接连进行，二者不能间隔时间过久，否则，擂溃后的鱼糜在室温下放置会产生凝胶化现象而失去黏性和塑性，导致无法成形。应极力避免成形前的凝胶化。

近年来，3D打印技术逐渐向食品领域发展，鱼糜凭借其较高的可接受度和自身优良特性成为适用于食品3D打印的优势原料之一。黏度是影响鱼糜3D打印效果的主要因素，黏度过大，易堵塞3D打印机，造成打印不顺畅和断层现象；黏度过低又会导致无法保持打印的立体形状。因此，鱼糜通常与其他物料进行复配后再进行打印，最常添加的是淀粉。

4）凝胶化（成形后加热前）　　鱼糜在成形之后加热之前，需经过凝胶化阶段，以增加鱼糜制品的弹性和保水性。凝胶化温度带包括：高温凝胶化（35~40℃，30~90min）、中温凝胶化（15~20℃，18h）、低温凝胶化（5~10℃，18~42h）及二段凝胶化（先30℃，70min的高温凝胶化，然后7~10℃，18h的低温凝胶化）。工业生产中常采用二段凝胶化。

5）加热　　加热可通过蒸、煮、焙、烤、炸任意一种或多种结合方法来实现，加热设备常用自动蒸煮机、自动烘烤机、鱼丸鱼糕油炸机、鱼卷加热机和微波加热设备等。一般采用两段式加热，成形鱼糜先在一个特定的凝胶化温度带中进行预加热，使其从凝胶化形成网络结构，然后进行85~95℃的高温加热30~40min，使鱼糜制品的中心温度达到80~85℃，不仅可以快速通过凝胶化劣化温度带，还可达到加热杀菌目的，延长货架期。

6）冷却包装贮藏　　加热完毕的制品在清洁场所进行迅速冷却，可设立多层连续冷却装置，用空气鼓风冷却，冷却后包装，-10℃以下冷库贮藏。

（三）以新鲜鱼肉为原料加工鱼糜制品的工艺

鱼糜制品的加工可以冷冻鱼糜为原料，也可以直接用新鲜鱼肉加工而成。以鲜活或冷冻鱼为原料，从前处理到脱水工艺，应按照前面冷冻鱼糜的加工工艺进行操作，之后进行加盐、擂溃、斩拌成型、加热等后续操作。其工艺流程如下：

原料鱼 → 前处理 → 清洗 → 采肉 → 漂洗 → 精滤、脱水 → 擂溃 → 成形 → 预热凝胶化 → 加热 → 冷却包装 → 鱼糜制品

案例

鱼糜制品——模拟蟹肉的加工

1. 工艺流程

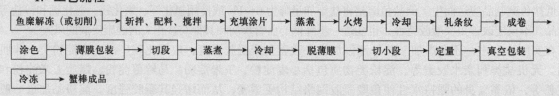

鱼糜解冻（或切削）→ 斩拌、配料、搅拌 → 充填涂片 → 蒸煮 → 火烤 → 冷却 → 轧条纹 → 成卷 → 涂色 → 薄膜包装 → 切段 → 蒸煮 → 冷却 → 脱薄膜 → 切小段 → 定量 → 真空包装 → 冷冻 → 蟹棒成品

2. 操作要点

1）鱼糜解冻　　可采用自然空气解冻、高频解冻机解冻或平板解冻机解冻，解冻的最终温度在-2～3℃较为适宜。此外，最好用切割机直接将冷冻鱼糜切成20mm厚的薄片，直接送入斩拌配料。

2）涂片蒸煮　　将鱼糜送入充填涂膜机的送肉泵贮料斗内，贮料斗的夹层内放冰水，以防鱼糜温度提高（控制温度<10℃）。经充填涂膜机的平口型喷嘴"T形狭缝"，形成1.5～2.5cm厚、12～22cm宽的薄带，粘在不锈钢片传送带上。薄片状的鱼糜随着传送带送入蒸汽箱，经90℃、30s的湿热加热处理，此处蒸煮的目的是使涂片定型稳定（并非蒸熟）。

3）火烤冷却　　薄片状的鱼糜随着传送带送入明火，进行干热，火源为液化气，火苗距涂片3cm，火烤时间为40s。火烤前要在涂片边缘喷淋清水，以防火烤后涂片与白钢板相粘连。薄片状的鱼糜经传送带的传送开始自然冷却，冷却后的温度在35～40℃，冷却使蟹棒涂片富有弹性。

利用带条纹的轧辊与涂片挤压以形成深度为1mm×1mm，间距为1mm的条纹，使成品表面接近于蟹肉表面的条纹，再将蟹棒薄片利用集束器自动卷成束状，卷层为4层。

4）涂色包膜　　选用与虾蟹的颜色相似的红色素，色素涂在卷的表面（占总表面积的2/5～1/2），可采用直接涂在集束表面或涂在包装涂膜上两种方式，当薄膜包在集束表面时，色素即可附着在制品的表面上。随着制品不断推出，聚乙烯薄膜会自动将其包装并热合封口。将包装薄膜的制品切成段，段长50cm，装箱，再进行后续蒸煮、冷却。

5）脱膜切段　　制品经冷却后薄膜需要脱衣，脱薄膜时要注意制品的防断裂、变形及操作卫生，以免受到二次污染。切小段可有两种切法。①斜切段：斜切角为45°，斜切刀距为40mm；②横切段：一般段长100mm左右，也可按不同要求切成不同长度的段，以利于消费者自由改刀。切段由切段机完成，以制品的进料速度和刀具旋转速度来调整段长。

6）包装运输　　用聚乙烯袋真空包装后，整形、冷冻。蟹棒属于冷冻食品，贮存运输包括销售的温度条件要在-15℃以下。

3. 成品要求　　肉质结实有韧性，具有咸中略带甜的鲜美海鲜风味，极具仿真效果。

第四节　水产功能食品加工

一、油脂类功能食品

海洋功能性油脂，泛指来源于海洋生物，富含EPA和（或）DHA等欧米伽-3多不饱和脂肪酸（ω-3 PUFA）的油脂。EPA是体内前列腺素、白三烯的前体，DHA是大脑、视网膜等神经系统膜磷脂的主要成分，均具有重要的营养价值。EPA 和 DHA 在体内虽可以通过 α-亚麻酸（ALA）转化，但转化率仅为 10%～20%。因此，从食物和（或）膳食补充剂中摄取 EPA 和 DHA 是提高体内这些脂肪酸水平的有效方法。近年来的研究表明，ω-3 PUFA 作为人体重要的生命活性物质，能有效促进人体生长发育，具有防治糖尿病、心脑血管疾病和抗癌、抗炎、降血脂等重要的生理功能和保健作用，被广泛用于食品、药品等领域。海洋功能油脂产品类型多样，最简单的是将其直接包封成软胶囊，近年来多采用微囊化技术将其加工成粉末油脂，再进一步加工成胶丸、冲剂、糖果等产品形式，或是作为营养强化剂或功能性组分添加到婴幼儿配方食品等特殊膳食用食品、保健食品甚至各类普通食品中。

（一）海洋油脂的提取

目前，商业化的海洋功能脂质，其原料来源主要有鱼类、藻类、南极磷虾等，下面以上述 3 种油脂为例介绍一下油脂提取及精制工艺。

天然鱼油多来自于鱼粉加工过程，是鱼及其废弃物经蒸煮、压榨和分离得到的。鱼及其副产物先蒸煮、再压榨，固形物用于加工鱼粉，而汁液经离心后密度较低的鱼油即可分离出来。该法工艺简单，适于船上加工，但提取效率较低。为了提高提取效率，有机溶剂萃取法也用于鱼油的提取。将粉碎后的鱼肉糜送入提取罐，加入正己烷等有机溶剂进行萃取，萃取液再脱除有机溶剂即可得鱼油。近年来，酶解法、超临界流体萃取法等绿色提取方法也用于鱼油的提取。酶解法是利用蛋白酶降解原料促进油脂的释放，酶解液再通过离心分离得到鱼油。相比蒸煮-压榨法，酶解法的提取条件更温和，提取效率也更高，但成本也较高。超临界流体萃取法是将干燥、粉碎的原料置于超临界流体萃取设备中提取鱼油，提取效率较高，所得鱼油杂质含量低、品质好，但设备投资较大，生产成本也较高。粗提鱼油杂质较多，需要经过脱胶、脱酸、脱色、脱臭等精炼工艺后，制得精制鱼油，才可应用于食品领域。鱼油的精炼工艺与食用植物油基本一致，但鱼油中脂肪酸的不饱和程度较高，易发生氧化，因此精炼时条件尽量温和，也可预先在粗鱼油中添加抗氧化剂，减少氧化的发生。

藻类生长繁殖速度快、合成油脂能力强，是油脂萃取的优质原料。藻油 DHA 和（或）EPA 含量高，感官品质好，在食品领域的应用日趋广泛。微藻是真核生物，细胞壁的存在阻碍了藻油的提取，因此破壁是决定藻油提取效率的关键因素。破壁方法分为机械方法和非机械方法。机械方法主要包括超声波法、珠磨法、反复冻融法、高压匀浆法、微波法、脉冲电场法、蒸汽喷发法等；非机械方法主要包括酸法、酶法、表面活性剂等方法。破壁后的微藻原料，可通过有机溶剂浸出法、超临界流体萃取法、亚临界流体萃取法提取藻油，也可利用酶解法直接提取藻油，但所用酶既有蛋白酶，又有纤维素酶。

近年来，南极磷虾作为新兴的海洋功能脂质原料备受关注。南极磷虾油富含 DHA 和 EPA，且其主要存在于磷脂中。与乙酯型、甘油三酯型相比，磷脂型 ω-3 PUFA 稳定性好，消化吸收速度快，而且在体内代谢为磷脂和 ω-3 PUFA 两部分，两者的生理功能具有协同效应。磷脂属于极性脂，因此工业上多采用极性较强的乙醇为溶剂提取南极磷虾油，也可采用超临界流体萃取法提取南极磷虾油，但提取过程中要添加乙醇作为夹带剂，否则很难有效提取磷脂。磷脂具有亲水性，与水接触时吸水膨胀，较难分离，因此传统的精炼方法不适用于南极磷虾油。目前，市售的南极磷虾油大多只经过了过滤、吸附等物理方法除杂，油脂成分较为复杂。

（二）油脂中 EPA 和 DHA 的富集

海产油脂，尤其是鱼油中 EPA 和 DHA 的含量不高，可以通过分离纯化提高其含量，常用的方法包括低温结晶法、尿素包合法、分子蒸馏法等。

低温结晶法是依据饱和脂肪酸熔点较高在低温下易结晶、不饱和脂肪酸熔点较低在低温下不易结晶实现分离的，为了减少饱和脂肪酸结晶过程中会夹带 PUFA 造成损失，一般会加入溶剂进行低温结晶，促进结晶形成、提高纯度和产率。低温结晶法简单易行，既适用于甘油三酯，又适用于游离脂肪酸，但富集效率较低，需要多次结晶才能得到纯度较高的 PUFA 产品，导致原料损失较多。尿素包合法的原理是尿素分子在结晶过程中可与饱和、单不饱和脂肪酸形成稳定的晶体包合物从溶液中析出，而 EPA 和 DHA 等 PUFA 有多个双键导致其不易与尿素形成稳定的包合物。经过滤除去饱和、单不饱和脂肪酸与尿素形成的包合物，就能得到较高纯度的 PUFA 混合物。尿素包合法多以游离脂肪酸或脂肪酸甲酯 / 乙酯为原料，一般不直接用于甘油三酯的分离。

分子蒸馏法是蒸馏法的一种，其原理是利用分子的平均自由程的差异来实现分离的。分子质量越小，沸点越低，则分子的运动平均自由程越大；分子质量越大，则分子的运动平均自由程越小。该方法一般在高度真空下进，以降低蒸馏温度，且以脂肪酸甲酯 / 乙酯为原料时分离效果更佳。

二、多肽类功能食品

海洋功能性肽根据来源可分为两大类：①自然存在于海洋生物中的天然功能性肽；②通过蛋白酶解产生的功能性肽。研究表明，海洋功能性肽具有抗氧化、抗菌、抗肿瘤、抗血栓、抗高血压、免疫调节等功效，产品通常以粉状冲剂为主，或者作为营养强化剂或功能性组分添加到固体饮料、保健食品甚至各类普通食品中。

海洋生物活性肽的制备方法主要有直接提取法和降解法。直接提取法效率低、成本高，食品工业中较少使用。降解法是将大分子质量的蛋白质分解为分子质量较小结构（较蛋白质简单的肽），包括化学水解法、酶解法和发酵法。化学水解法包括酸水解法和碱水解法，工艺相对简单，生产成本低，但水解条件难以控制，氨基酸易破坏，产品质量不稳定；酶解法是指蛋白质类物质经蛋白酶的催化作用生成氨基酸和多肽的过程，操作简单，提取周期快，酶解程度容易控制且提取物稳定性良好，但容易产生苦味肽；发酵法是一种新的制备生物活性肽方法，利用微生物发酵过程产生的蛋白酶将蛋白质分子分解成多肽或游离氨基酸，发酵的同时还会产生蛋白酶以外的酶来降解复杂的碳水化合物和脂质，工艺简单，生产成本低。

生物活性肽制备后还要除杂，如脱盐、脱苦等。常用的脱盐方法有离子交换树脂脱盐、大孔树脂脱盐、纳滤膜分离脱盐等。常用的脱苦方法主要有吸附分离法、掩盖法等。对于生物活性肽的分离纯化，现阶段常用的方法有膜分离技术和色谱技术等。

三、多糖及寡糖类功能食品

海洋功能性多糖及寡糖是一大类海洋生物活性物质，按来源可分为海洋动物多糖、海洋植物多糖及海洋微生物多糖。海洋动物多糖包括甲壳类动物的甲壳素，软骨鱼骨中的硫酸软骨素，棘皮动物海参、海星中的硫酸多糖，软体动物扇贝、鲍鱼等中的糖胺聚糖等。海洋植物多糖主要是从藻类中提取的海藻多糖、褐藻多糖、岩藻多糖及琼胶、卡拉胶等。海洋功能寡糖是通过化学、物理及生物酶法降解海洋性功能多糖得到的小分子糖链，如生物酶解壳聚糖制备的壳寡糖，生物酶解藻类多糖制备的褐藻胶寡糖、岩藻寡糖、琼胶寡糖、卡拉胶寡糖等。研究表明，海洋多糖及寡糖类物质具有抗氧化、抗肿瘤、抗病毒、抗心血管疾病、免疫调节等生理功能，已广泛应用于食品、药品及化妆品等领域。

目前，海洋功能多糖常用的提取方法有热水浸提法、水提醇沉法、酸提法、碱提法和酶解法等。以从软骨鱼鱼骨中提取硫酸软骨素为例，为提高提取率和纯度，采用碱解-酶解法提取，将蒸煮后的鱼骨干燥粉碎，加入稀碱提取硫酸软骨素，提取的滤液用碱性蛋白酶酶解杂蛋白，再使用乙醇沉降，除去水溶性部分保留沉降，烘干后就得到硫酸软骨素。制备的海洋功能多糖经过化学解法降、物理法降解及酶降解可以获得海洋功能寡糖。目前，酶法降解是制备海洋寡糖的有效方法，使用特异性酶或非特异性的纤维素酶、琼胶酶的酶法降解，根据使用酶的特性制定相应的反应条件，降解条件温和，绿色环保，产物得率高、活性高、均一性好。

提取制备的海洋多糖及寡糖需要分离纯化以提升品质。纯化过程中，首先要除去蛋白质、色素及小分子杂质，常用方法包括透析、超滤、膜分离和柱层析等。

四、其他水产功能食品

除油脂、多肽和多糖及寡糖类水产功能食品外，水产品中还富含其他具有较强生物功能性的组分，如以虾青素为代表的类胡萝卜素、以海参皂苷和角鲨烯为代表的萜类化合物、以牡蛎牛磺酸为代表的非蛋白氨基酸，以及以乌贼墨黑色素为代表的生物色素等，都具有开发成功能食品的潜质。

本章小结

1. 常见的水产食品原料包括鱼类、甲壳类、贝类、头足类、棘皮类、藻类等。

2. 水产冷冻食品分为生鲜水产冷冻食品和即食调理水产冷冻食品；水产品干制工艺包括生干、煮干、盐干和调味干制等；水产腌制品主要包括盐腌制品、糟腌制品和发酵腌制品，其中盐渍法可分为干盐渍法、盐水渍法和混合盐渍法；水产熏制品的加工方法主要包括冷熏法、温熏法、热熏法（焙熏）和液熏法。

3. 水产硬罐头食品的基本加工工艺：原料的分选→前处理（修整、切块）→清洗→调味前处理→预加工→装罐、注液→排气及密封→杀菌→冷却→检查。导致其品质劣化的原因包括微生物因素、化学因素和物理因素。

4. 冷冻鱼糜的基本加工工艺：原料鱼→前处理（去头去内脏）→采肉→漂洗→脱水、精滤→搅拌（加抗冻剂）→称量包装→冻结冻藏；以冷冻鱼糜为原料加工鱼糜制品的基础的基本加工工艺：冷冻鱼糜→解冻→擂溃→成形→预热凝胶化→加热→冷却包装。

5. 水产食品功效成分主要包括油脂、蛋白质及多肽、多糖及寡糖、类胡萝卜素、萜类化合物、非蛋白氨基酸类、生物色素类等。

【思 考 题】

1. 以毛虾为原料，试设计一种干虾皮的基本加工工艺流程。

2. 根据所学知识，设计一种糟制大黄鱼产品的简要生产工艺。

3. 以草鱼为原料，设计冷冻鱼糜加工的基本加工工艺流程。

4. 水产硬罐头食品加工中，装罐后排气的原因是什么？有哪些方法？

5. 设计一种盐渍海带的基本加工工艺流程。

参考文献

步营，沈艳奇，李月，等 . 2020. 即食调味鲅鱼产品开发及杀菌条件对其品质的影响 . 中国调味品，45（4）：5.

蔡一芥，马申嫣，程佳琦，等 . 2019. 克氏原螯虾壳高值化利用的研究进展 . 食品工业科技，40（10）：334-338，344.

陈丽娜，温宇旗，韩国庆，等 . 2018. 生物活性肽制备工艺的研究进展 . 农产品加工，（9）：6.

国家海洋局科技司，辽宁省海洋局《海洋大辞典》编辑委员会 . 1998. 海洋大辞典 . 沈阳：辽宁人民出版社 .

李翰卿，马俪珍，陈胜军，等 . 2021. 鸢乌贼加工与质量安全控制技术研究进展 . 肉类加工，35（7）：55-59.

刘明玉 . 2000. 中国脊椎动物大全 . 沈阳：辽宁大学出版社 .

潘丽，常振刚，陈娟，等 . 2019. 虾青素的生理功能及其制剂技术的研究进展 . 河南工业大学学报（自然科学版），40（6）：123-129.

秦益民 . 2019. 海洋功能性食品配料：褐藻多糖的功能与应用 . 北京：中国轻工业出版社 . 84-87.

全国水产技术推广总站 . 2015. 2015 水产新品种推广指南 . 北京：中国农业出版社 . 159.

涂宝峰 . 2020. 罐头食品的加工工艺研究 . 中国新技术新产品，424（18）：81-82.

王联珠，赵艳芳，李娜，等 . 2021. 海藻产品质量安全风险研究 . 中国渔业质量与标准，11（2）：12-24.

王伟 . 2010. 水产品加工中的质量安全问题及防控措施 . 湖南农机：学术版，37（11）：224-226.

王钰，倪继龙，李敏杰，等 . 2021. 鲌鱼低温冻藏过程中脂肪氧化特性 . 肉类研究，35（6）：63-68.

吴书建，张佳男，高世珏，等 . 2019. 南美白对虾虾头制备鲜味水解物的研究 . 食品工业科技，40（4）：34-42，50.

薛静，陈师师，周聃，等 . 2021. 生食章鱼制品贮藏期间品质变化的研究 . 中国食品学报，24（2）：249-254.

杨位杰，洪美铃，邱珊红，等 . 2015. 水产类食品加工过程中的食品质量与安全 . 中外食品工业：下，（1）：102-104.

张光杰，杨利珍，袁超，等 . 2017. 角鲨烯开发及应用研究进展 . 粮食与油脂，30（12）：7-10.

《中国农业百科全书》编辑部 . 1994. 中国农业百科全书：水产业卷 . 北京：中国农业出版社 .

中华人民共和国农业农村部 . 2018. NY/T 1712—2018，绿色食品 干制水产品 . 北京：中国农业出版社 .

周丽珍，李艳，孙海燕，等 . 2014. 膜技术分离纯化花生蛋白酶解液制备活性短肽 . 中国油脂，39（10）：6.

朱蓓薇，董秀萍 . 2019. 水产品加工学 . 北京：化学工业出版社 .

朱蓓薇，薛长湖 . 2016. 海洋水产品加工与食品安全 . 北京：科学出版社 . 123-129.

朱蓓薇，曾名湧 . 2010. 水产品加工工艺学 . 北京：中国农业出版社 .

朱蓓薇，张敏 . 2015. 食品工艺学 . 北京：科学出版社 . 548.

FAO. 2020. The State of World Fisheries and Aquaculture 2020. Sustainability in Action. Rome.14-17.

第二十一章 软饮料加工工艺与产品

软饮料工艺学是食品工艺学的一个分支学科，是根据技术上先进、经济上合理的原则，研究软饮料生产中的原材料、半成品和成品的加工过程和方法的一门学科。在软饮料生产过程中，技术先进包括工艺和设备先进两个部分，要达到工艺先进就需要了解和掌握工艺技术参数对加工制品品质的影响。因此，本章对软饮料生产的原辅材料要求及加工特性进行叙述，同时，也介绍了各类软饮料（碳酸饮料、果蔬汁饮料、含乳饮料、植物蛋白饮料、茶饮料、固体饮料、特殊用途饮料等）的生产工艺等内容。

学习目标

掌握软饮料的概念和分类。

掌握软饮料生产使用的原材料的特性。

掌握碳酸饮料的定义和分类及二氧化碳的作用。

掌握果蔬汁的加工工艺。

掌握乳饮料的定义及分类。

掌握配制型乳饮料和发酵型乳饮料的定义及加工工艺。

掌握植物蛋白饮料的定义和加工工艺。

掌握茶饮料的定义、分类及加工工艺。

掌握瓶装水的定义和分类。

第一节 概 述

一、我国软饮料工艺现状

（一）我国软饮料发展的现状

我国软饮料行业发展速度较快，从20世纪80年代开始，随着改革开放进程不断加快，由国外的可口可乐和百事可乐、国内的天府可乐和健力宝共同掀起了国内的碳酸饮料浪潮。目前，国内软饮料行业逐步进入平稳的温和增长期，销售金额由2014年的4652.16亿元增长至2019年的5785.60亿元，年均复合增长率为4.46%。

瓶装水取代碳酸饮料成为行业主要产品，电商渠道比重持续上升。未来，我国软饮料行业将呈现品种多元化、营养健康、高质量高品质等趋势。

（二）我国软饮料行业存在的问题

尽管我国软饮料行业发展取得了一系列可喜成果，但仍存在一些突出问题有待解决。

整体发展水平不高、加工度较低；企业规模小、布局分散，竞争力弱、效益欠佳；企业研发力量薄弱，技术创新不足；食品安全形势依然严峻，治理监管缺乏长效机制；食品工业与上下游产业衔接不力，食品工业竞争力提升受限；不同行业品牌成熟度差距大，城乡市场开发力度失衡；管理机构多而散，缺乏统一的协调机制；食品工业结构不合理，产业升级难度大。

二、软饮料的概念和分类

（一）软饮料的概念

"软饮料"在不同的国家有不同的概念。我国将软饮料规定为乙醇含量在 0.5% 以下的饮用品，此规定与习惯称谓的饮料相近，但与规范的"饮料"概念——通常能使人愉快的、供人们消耗性消费的任何液体饮品的总称相对照，则只是"饮料"的一个部分，即软饮料通常指的是所谓的非酒精饮料。

软饮料是以解渴为主要目的饮用品，因此，不包括口服液之类的专用于保健和医疗作用的制品，但软饮料不排除其本身附加有其他作用。由于口服液的工艺与有些软饮料的工艺相近，有些人也习惯性地将其纳入软饮料。

（二）软饮料的分类

对软饮料有各种不同的分类方法，我国的国家标准以使用原料、产品形态及作用作为出发点，将饮料分为以下 10 类。碳酸饮料类、果汁（浆）及果汁饮料类、蔬菜汁饮料类、含乳饮料类、植物蛋白饮料类、瓶装饮用水类、茶饮料类、固体饮料类、特殊用途饮料类、其他用途饮料类。

另外，按软饮料的加工工艺，可以将其分为如下 4 类。

（1）采集型：采集天然资源，不加工或有简单的过滤、杀菌等处理的产品，如天然矿泉水；

（2）提取型：天然水果、蔬菜或其他植物经破碎、压榨或浸提、抽提等工艺制取的饮料，如果汁、菜汁或者其他植物性饮料；

（3）配制型：用天然原料和添加剂配制而成的饮料，包括充二氧化碳的汽水；

（4）发酵型：包括酵母、乳酸菌等发酵制成的饮料，包括杀菌的和不杀菌的。

第二节　软饮料生产的原辅料及其处理

一、软饮料用水及水处理

水是软饮料中占比例最大的成分，有的种类的软饮料本身就是水，如瓶装水，因此，水的质量也就关系到软饮料的质量。软饮料生产厂家的水源有各种不同的情况，有的只有天然水源，需要制造厂对天然水进行全面处理；也有的有自来水源，可以只对自来水中不符合软饮料用水要求的指标进行处理。

为达到水质要求，针对原水的水质不同，采取不同的水处理方法。但是，只靠一种水处理单元操作是不可能达到水质要求的。为达到软饮料用水的水质要求，必须将数种水处理的单元操作相结合。常见的水处理的方法包括：澄清、过滤、软化、脱气和杀菌等。

二、软饮料生产使用的原材料

软饮料的风味，除去少数用植物原料本身直接制取的果汁和蔬菜汁外，多数要用不同的配料加以调整，以满足消费者的不同需求。

（一）甜味剂

软饮料中使用的甜味剂（料）有白砂糖、葡萄糖、果葡糖浆等，还有各种天然的和人工合成的甜味剂（料）。

（二）酸味剂

酸在软饮料中除能调节口味外，还对杀菌条件、色泽变化等造成影响，是与产品质量密切相关的一种成分。酸所形成的酸感强弱主要由氢离子浓度决定，阴离子的影响则主要表现在味感上。酸味与甜味相互间存在减效作用，少量的苦味或涩味物质有使酸感增强的作用，温度升高也会使酸感增强。在软饮料中使用的酸主要是有机酸（柠檬酸、酒石酸、苹果酸、乳酸），只有一种无机酸，即磷酸应用在可乐型饮料中。

（三）香精、香料

凡是能发香的物质都可以叫作香料。在香料工业中，为了便于区别原料和产品，把一切来自自然界动、植物的或经人工分离、合成而得的发香物质叫香料；而把使用这些天然、人工合成的香料为原料，经过调香，有时加入适当的稀释剂配制而成的多成分混合体叫香精。一般软饮料生产中多使用由专门公司生产的香精。一些大型的企业公司或集团，有较强的技术实力，也自己进行调配。香精是具有决定性作用的、关系到软饮料风味好坏的成分。

香料工业日常所需用的芳香原料至少有数百种，它们的香气各不相同，有些是错综复杂的，有些是单调呆板的，有些是芬芳馥郁的，有些是恶臭难闻的，香气强度上也有很大差异。除少数品种外，一般都不单独使用。调香者将多种香料经过细心的调配，调合成香气优越的各种不同的香精产品，供消费者选用。在选用香精时，主要是靠嗅觉判断，嗅觉的敏锐程度及是否经过训练，对判断结果有着重要影响。

（四）色素

软饮料的色泽是评价其质量的一项重要指标。来自天然植物原料的色素，在加工中由于受到热、光、酸碱度、氧等的影响而脱色、褪色或变色，为了保持其色泽，需要进行人工补色；通过补色或调色，还可以克服原料本身参差不齐的天然色。用于软饮料的色素按来源不同分为食用合成色素和食用天然色素。

（五）二氧化碳

饮料中二氧化碳的溶解量对饮料质量有一定的影响，尤其是对风味复杂多样的饮料，二氧化碳含量对其甜酸呈味影响很大，甚至可完全改变风味、口感。例如，柑橘橙类饮料，含有易挥发的萜类物质，二氧化碳量过大时，会破坏香味而让人感觉出苦味；二氧化碳量过少时，会失去碳酸饮料的特色，难以给消费者轻微的刺激，满足不了消费者的心理需求（这主要通过二氧化碳在饮料中的分压大小来表征）。

（六）其他食品添加剂

除以上之外，饮料中使用的其他食品添加剂还有包括：乳化剂和乳化稳定剂，防腐剂，抗氧化剂，包埋稳定剂，酶制剂，助滤剂，泡沫剂和消泡剂等。

三、包装容器及材料

（一）金属容器及材料

软饮料使用的金属包装材料有镀锡薄钢板、镀铬薄钢板和铝板。镀锡薄钢板俗称马口铁，是两面镀有纯锡的低碳钢板，为传统的制罐材料。

软饮料使用的金属包装容器有三片罐和两片罐之分。三片罐是指罐的底、盖和筒身是由三片金属板组合而成的，两片罐是由两片金属原板分别制成的盖和经冲拔再经拉伸制成的罐筒组成的。

（二）玻璃容器及材料

虽然现代冶金工业、石油化工工业及材料科学的不断发展，使多用途的镀锡薄钢板、铝、塑料、复合材料以至专用包装材料相继出现，大量冲击着传统的玻璃瓶市场，引起激烈的竞争，但玻璃瓶具有的独特性能并不能被其他材料完全代替，世界各国的瓶罐产量仍在不断增长。玻璃瓶的主要缺点是机械强度低、易破损和盛装单位物品的重量大。现今在该行业内就这些问题已进行了不少的研究工作，如改进工艺、增加强度、轻量化、表面处理、被膜瓶技术等。

（三）塑料容器及材料

塑料是以高分子化合物为主要原料，添加稳定剂、着色剂、润滑剂及增塑剂等组分而得的合成材料。塑料包装材料的最大特点是可以通过人工的方法很方便地调节材料性能，以满足各种不同的需要，如防潮、隔氧、保香、蔽光等。制成为软饮料包装容器的塑料主要有聚乙烯、聚氯乙烯、聚丙烯、聚酯等。

（四）复合薄膜容器及材料

一种单层的塑料薄膜往往不能完全满足保护商品、美化商品及适应加工的要求，于是人们开发了用两层或三层以上的种类相同或不同的包装材料黏结在一起制成的复合材料。这种复合材料克服了单一材料的缺点，而得到单一材料不可能具备的优良性能。目前，复合材料在食品包装中已占有主要地位。

（五）纸质容器及材料

纸质容器实际上大部分是复合材料，只不过在材料中加入了纸板，由于纸板的支撑，使原来不能直立放置的容器可以在货架上摆放。比较早开发复合纸质容器的是瑞典的 Tetra Pak 公司（利乐公司），其产品称之为利乐包。

纸质包装中还有一种是以涂布聚乙烯材料的纸制成的、在冷藏条件下流通消费的屋脊形包装，此类包装由于阻隔性能较差，因此不能用于需要长期保存的产品。

纸质材料目前还广泛应用在饮料杯上。

第三节　碳酸饮料

一、概述

（一）定义与分类

碳酸饮料即含二氧化碳气的饮料，俗称汽水。在软饮料中，碳酸饮料所占比例一直较高，是软饮料中的主要产品。

碳酸饮料可以分为如下几类。

1）果汁型　　　指原果汁含量不低于 2.5% 的碳酸饮料。

2）果味型　　　指以食用香精为主要赋香剂，以及原果汁含量低于 2.5% 的碳酸饮料。

3）可乐型　　　含有焦糖色素、可乐香精、水果香精或类似可乐果、水果香型的带辛香和果香混合香气的碳酸饮料。无色可乐不含焦糖色素。

4）低热量型　　　以甜味剂全部或部分代替糖类的各型碳酸饮料和苏打水，其热量不高于 75kJ/100mL。

5）其他型　　　为除上述 4 种以外的含有植物提取物或非果香型的食用香精或赋香剂的碳酸饮料，如姜汁汽水等。

（二）碳酸饮料生产的工艺类型

汽水的生产工艺流程有两种：一种是配好调味糖浆后，将其灌入包装容器，再灌装碳酸水（即充入二氧化碳的水），称为现调式（图 21-1）；另一种是将调味糖浆和碳酸水定量混合后，再灌入包装容器中，称为预调式（图 21-2）。

二、碳酸饮料的生产工艺

（一）糖浆的制备

生产中，经常将砂糖制备成较高浓度的溶液，称之为原糖浆。再以原糖浆添加柠檬酸、色素、香精等各种配料，制备成调味糖浆，如将原糖浆之外的配料预先配合，则称为原浆。美国可口可乐公司及国内一些知名厂家即出售原浆，供灌装厂使用，灌装厂只需将原浆加处理水调配，即成调味糖浆。根据生产厂条

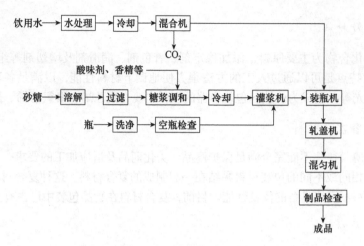

图 21-1　现调式碳酸饮料生产工艺流程图

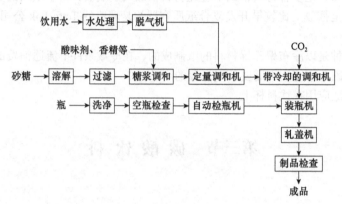

图 21-2　预调式碳酸饮料生产工艺流程图

件，而还可以使用原生厂的商标牌号。

1. 原糖浆制备

包括以下步骤：

糖的溶解 → 糖浆浓度的测定 → 糖液配制 → 糖液过滤

2. 调味糖浆的调配过程　　首先，将已过滤的原糖浆转移入配料罐中，罐应选取不锈钢材料，内装搅拌器，并有容积刻度。当原糖浆加到一定容积时，在不断搅拌下，将各种所需之配料按先后次序加入（如系固体，则应事先加水溶解过滤）。一般加料次序如下：

原糖浆 → 苯甲酸钠溶液 → 糖精钠 → 酸溶液 → 果汁 → 香精 → 色素 → 水

要在不断搅拌的情况下投入各种原料，调配完毕后即测定糖浆浓度，测定方法与测定原糖浆相同。同时抽小量糖浆加碳酸水后，观察色泽，进行品味，检查是否与标准样符合。

配制好的果味糖浆应立即装瓶，尤其对混浊型饮料来说。如储存时间过长，会发生分层。装瓶时应经常搅拌糖浆。糖精钠和苯甲酸钠应在加酸之前加入，否则糖精钠和苯甲酸钠易被酸性糖浆析出结晶而再难溶化。

（二）饮料的碳酸化

二氧化碳是碳酸饮料不可缺少的成分。饮料的碳酸化是在一定的压力和温度下，在一定时间内，水吸收二氧化碳形成碳酸的过程，也称为二氧化碳饱和作用或碳酸化作用（carbonation）。碳酸化的程度会直接影响碳酸饮料的质量和口味，也是碳酸饮料生产的重要工艺之一。

1. 二氧化碳在碳酸饮料中的主要作用　　①碳酸在人体内吸热分解，把体内热量带出来起到清凉作用；②二氧化碳还能抑制好气性微生物的生长繁殖；③当二氧化碳从汽水中逸出时，能带出香味，增强风味；④二氧化碳可以形成一种使人舒服的刹口感。

2. 二氧化碳的溶解量　　二氧化碳在液体中的溶解量依下列因素而定：气液体系的绝对压力和液体的温度；二氧化碳气体的纯度和液体中存在的溶质的性质；气体和液体的接触面积和接触时间。在温度不变的情况下，压力增加，溶解度也随之增加。在 0.49MPa 以下压力时，溶解度-压力曲线近似于一条直线，也就是服从亨利定律（即"当温度不变时，溶解气体的体积与绝对压力成正比"）。

3. 碳酸化系统的组成

1）二氧化碳调压站　　二氧化碳调压站是一个根据所供应二氧化碳气体的压力和混合机所需的压力进行调节的设备。工厂所购二氧化碳多为液体状的，装于耐压钢瓶内或以槽车运送，也可以固体形式（干冰）出售。大型汽水厂多备有大型储气罐，可直接连接槽车或接钢瓶组合架（或连接净化器）。储气罐可作一级降压设备，如用干冰则须有气化设备。钢瓶中盛有液体二氧化碳，打开出口即挥发成气体，压力可达 7.84MPa。

2）水冷却器　　古老的水冷却装置是蛇形管，外加冰冷却。后来改用有搅拌器的水箱，内加排管，排管作为蒸发器，即直接通入氨或氟代烷使水箱中的水降温；也可以用排管作为冷却器，通入低温盐水（氯化钙水溶液）或酒精溶液作为冷却介质。薄膜式冷却器是用一组平行焊接连在一起的排管组成的，管中通入冷却介质，管上有一个水散布器使水成细流在排管上形成薄膜下流，降低水温。小型的冷却器是用两片波纹板焊而成，中间通过冷却介质，水的细流形成薄膜顺波纹板曲折下流而降温。这种冷却装置有的被利用在混合机内，使水边降温边碳酸化。目前多数用板式热交换器作冷却器，一般放在混合机前或脱气机前，也可以放在混合机后作二次冷却用。

3）混合机　　混合机的形式多种多样，下面常用的几种可以单独用，也可以组合起来用。①碳酸化罐：这是一普通的受压容器，外层有绝热材料，用时充以碳酸气，有排空气口，碳酸化罐可以作为碳酸水或成品的储存罐，也可以在上部装上喷头或塔板或薄膜冷却器，使水分散以利于碳酸化过程的进行。②填料塔：水喷洒在塔中的填料上（玻璃球或瓷环），以扩大接触面积和延长碳酸化时间。其可以作为可变或不可变饱和度的混合机，一般只用作水的碳酸化。这种塔过去也作为水的脱气机使用。③文丘里管（喷射式混合机）：水或成品通过一个文丘里管，咽喉处连接二氧化碳进口。当加压的水流经咽喉处时流速加快，注入的二氧化碳与水在通过咽喉后，由于压差使水爆裂成细滴，增加了碳酸化的效果。

4）碳酸化的实践　　在现调的灌装方式中，一般糖浆不再进行碳酸化。所以水在碳酸化时，含气量常需要比预期成品的高，以补偿未碳酸化糖浆所需。无论是用现调法还是预调法，水或成品在混合机中或储存罐中都在一定的温度和压力之下形成饱和溶液或不饱和溶液，效率高的混合机由于接触面积大和时间长，足以形成饱和溶液；而效率低的混合机则只能形成不完全饱和溶液。

（三）洗瓶

汽水的传统包装物是玻璃瓶。洗瓶剂通常用碱，选择碱时要考察其去污力、杀菌力、润湿力、易冲去性等条件。杀菌力最强、去污力也好的当推烧碱（NaOH），通常用 3.5%～4% 的碱液。为了增强其他能力（如易冲去性），有的用复碱（如 60% 烧碱、40% 纯碱 Na_2CO_3 或 Na_2SiO_3），还有的用复合磷酸钠或焦磷酸钠以增强对水的软化能力，避免瓶子在热碱水中冲洗时结垢。近来有用复合葡萄糖酸钠的。洗瓶用碱不可过浓，以免腐蚀玻璃。通常为了杀菌，碱液要加温到 60～65℃，瓶子和碱液的接触时间通常不低于10min。

（四）灌装封口

灌装生产线的一般过程如图 21-3 所示。

图 21-3　灌装生产线的流程示意图

（五）检验、贴标与装箱

在装瓶生产线上，洗净后的空瓶和轧盖后的成品都应当检验。除抽样作内容物的检验外，逐瓶进行肉眼检验是必要的，尤其空瓶检查是关键。汽水和其他食品一样，都必须执行国家的食品标签通用标准，包括要标明品名、商标、制造厂、生产日期和批次、配料表、保质期或保存期、厂址等。可以采用专用瓶或专用盖或贴标签来实现上述要求。专用瓶是指瓶上有凸字或印字以表现品名、商标、制造厂等固定不变的内容，将其他内容在瓶盖上表现。汽水的大包装可以用木箱、塑料箱或纸板箱。塑料箱是瓶装汽水的最主要的包装形式，中间有隔挡，有全高和半高的两种。

第四节　果汁和蔬菜汁饮料

果汁和蔬菜汁是由优质的新鲜水果和蔬菜（少数采用干果为原料），经挑选、洗净、榨汁或浸提等方法制得的汁液，是果蔬中最有营养价值的成分，风味佳美，容易被人体吸收，有的还有医疗效果。果汁可以直接饮用，也可以制成各种饮料，是良好的婴儿食品和保健食品，还可作为其他食品的原料。

一、果汁饮料生产的一般工艺

果汁饮料有天然果汁（原果汁）饮料、果汁饮料、带果肉果汁饮料等，这些饮料的主要原料可以变化，但生产的基本原理和过程大致相同，一般是经过果实原料预处理，压榨或浸提，澄清和过滤，均质，脱气，浓缩，成分调整，包装和杀菌等工序。对于混浊果汁，则不经过过滤。

其一般工艺流程如下：

原料的清洗、挑选 → 压榨或浸提 → 澄清和过滤 → 均质和脱气 → 果汁的混合 → 浓缩 → 杀菌和灌装

二、混浊果汁——柑橘类饮料

（一）天然柑橘汁生产工艺

天然柑橘汁是指含果汁100%的原果汁，其生产工艺流程见图21-4。

（二）柑橘果汁饮料和果汁清凉饮料生产工艺

含柑橘果汁饮料的制造工艺基本相同。果汁饮料中除果汁含量外，其他成分是糖和酸，并添加优质的香精和着色剂。此类饮料制造关键是果汁成分以外的各种成分的调和技术，关键在于如何突出新鲜和清凉感，突出柑橘原有的特色。特别要注意的是成品和生产过程中的微生物污染，生产用水的物理化学变化，酶作用引起的果汁分离及褐变现象等。

含柑橘果汁饮料的生产工艺流程图如图21-5所示。

三、澄清果汁——苹果汁

浓缩苹果清汁的生产工艺如图21-6所示。

四、蔬菜汁

蔬菜的营养价值举世公认。蔬菜汁可作饮料，也可与汤类混合调饮。目前，蔬菜汁商品大部分作为儿童食品或健康食品销售。任何一种新鲜蔬菜经过清洗、修整、热烫等预处理后，进行破碎、分离除去粗大颗粒，或对破碎后的浆体进行压榨，便可获得相应的菜汁。一般可从修整后的蔬菜中榨取60%～90%的蔬菜汁。

依据加工方式不同，可将蔬菜汁分为以下6类。

（1）用番茄、大黄等酸性蔬菜制得的菜汁，可在较低的温度下进行杀菌处理。

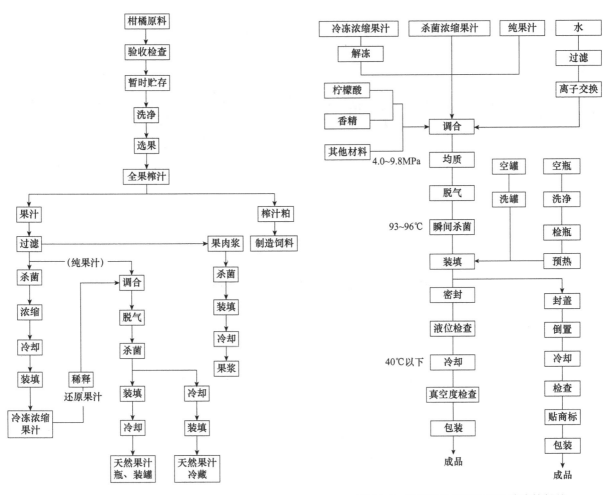

图 21-4　天然柑橘汁的生产工艺流程图

图 21-5　柑橘果汁饮料和果汁清凉饮料的
生产工艺流程图

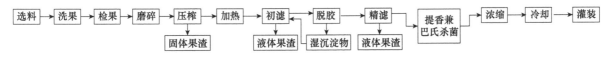

图 21-6　浓缩苹果清汁的生产工艺流程图

（2）用高酸性蔬菜制得的果蔬汁，如柠檬、菠萝、番茄、泡菜及大黄汁酸化的混合菜汁。

（3）用其他有机或无机酸酸化的菜汁，酸化菜汁均可用低温杀菌。

（4）从发酵蔬菜中得到的汁液，可直接以其原状饮用，或在低温杀菌之后饮用，这一类中最主要的商品是泡菜汁。

（5）在健康食品店中用低酸性蔬菜鲜榨的菜汁，供即刻饮用。

（6）未经酸化的低酸性蔬菜汁或其混合汁，这类菜汁必须进行高温杀菌。

案例

番茄汁的加工工艺

番茄汁是番茄酱未经浓缩的制品。番茄汁可作为很多混合蔬菜汁的基础原料，也是沙司的主要原料。第二篇已作过介绍，下面仅列出番茄汁、番茄混合汁的工艺流程。

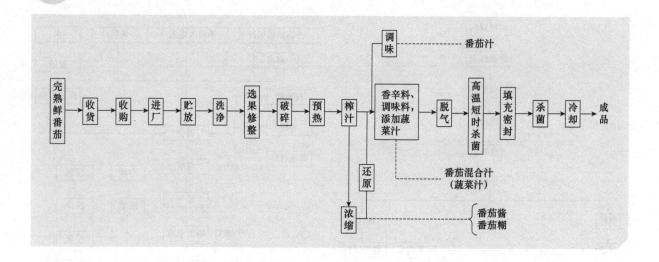

第五节 乳饮料及植物蛋白饮料

一、乳饮料的定义及分类

（一）定义

乳饮料是以鲜乳或乳制品为原料（经发酵或未经发酵），经加工制成的制品。

（二）乳饮料的种类

我国将含乳饮料分为配制型含乳饮料和发酵型含乳饮料两类。①配制型含乳饮料是以鲜乳或乳制品为原料，加入水、糖液、酸味剂等调制而成的制品。成品中蛋白质含量不低于10g/L的称乳饮料，蛋白质含量不低于7g/L的称乳酸饮料。②发酵型含乳饮料是以鲜乳或乳制品为原料，经乳酸菌类培养发酵制得的乳液中加入水、糖液等调制而成的制品。成品中蛋白质含量不低于10g/L的称乳酸菌乳饮料，蛋白质含量不低于7g/L的称乳酸菌饮料。

二、配制型含乳饮料

配制型含乳饮料主要品种有咖啡乳饮料、水果乳饮料、巧克力乳饮料、红茶乳饮料、鸡蛋乳饮料等。

资源21-1

（一）咖啡乳饮料

咖啡乳饮料的生产工艺流程如图21-7所示。具体操作流程可查看**资源21-1**。

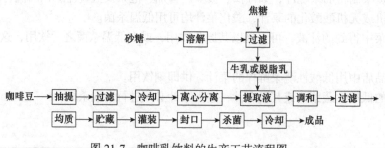

图21-7 咖啡乳饮料的生产工艺流程图

（二）水果乳饮料

水果乳饮料的生产工艺流程如图21-8所示。其中，①果汁为浓缩的澄清果汁；②稳定剂为藻酸丙二醇酯（PGA）、羧甲基纤维素钠（CMC）、低甲氧基果胶（LM）；③有机酸为柠檬酸；④糖类：白砂糖，改善风味，防止沉淀。

（三）巧克力乳饮料

巧克力乳饮料是用含乳脂肪 2.5% 以上、无脂固形物 3.5% 的乳制品，10% 左右的可可糖浆（用可可粉、砂糖、香精、稳定剂等配成）及水混合均质后，经杀菌处理而制得的产品。

可可乳饮料的生产工艺流程与咖啡乳饮料的基本相似。只是在选用原料时一般选用可可粉，采用可可豆经焙炒后加入的较少。

三、发酵型含乳饮料

发酵型含乳饮料包含乳酸菌饮料和乳酸菌乳饮料。

发酵型含乳饮料的通用工艺流程如图 21-9 所示。

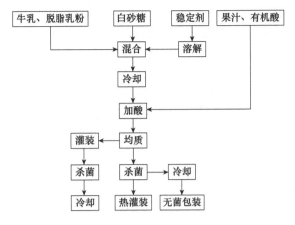

图 21-8　水果乳饮料的生产工艺流程图

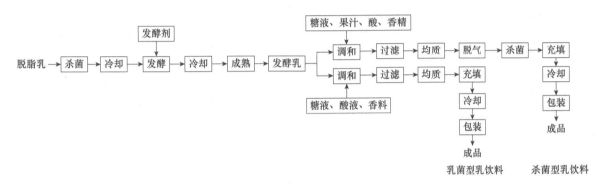

图 21-9　发酵型含乳饮料的通用生产工艺流程图

发酵型乳酸菌饮料的制作方法可查看**资源 21-2**。

四、乳饮料的稳定性

乳饮料中的蛋白粒子很不稳定，总是倾向于凝集沉淀，严重时乳蛋白沉淀，上部成为透明溶液。占乳蛋白 80% 的酪蛋白是高分子的两性电解质，其等电点约在 pH4.6。此时，阳性基和阴性基的电荷相等，蛋白质会完全凝集而沉淀。当在乳饮料中加酸或果汁进行调制，以及生产发酵型乳饮料时，pH 下降，更接近等电点 pH4.6，使本来就不稳定的蛋白质粒子更加不稳定，更容易凝集沉淀。为此，可采取如下措施：①添加稳定剂（乳饮料常用藻酸丙二醇酯、羧甲基纤维素钠等）；②多添加砂糖；③均质处理；④若添加果汁，应将其进行澄清处理。

五、植物蛋白饮料

植物蛋白饮料是用蛋白质含量较高的植物的果实、种子或核果类、坚果类的果仁为原料，经加工制得的制品。成品中蛋白质含量不低于 5g/L。

植物蛋白饮料的生产工艺可查看**资源 21-3**。

第六节　茶　饮　料

一、概述

茶树的栽培和茶叶的加工起源于我国。茶是我国古老而文明的饮料，从发明到利用有数千年的历史，被誉为中华民族的"国饮"。茶叶含有丰富的生理活性物质，目前人们已鉴定出的化学成分有500多种，这些物质对人体的药理功能是茶叶作为人类重要饮料的决定因素。现代化学和药理研究证明，茶叶所含的生物碱绝大多数是咖啡碱及少量的可可碱、茶叶碱等黄嘌呤类衍生物。此外，茶叶中还含有游离儿茶素或酯型儿茶素及多种维生素、矿物质、蛋白质和糖等，因此，饮茶不仅可以生津止渴，还具有许多保健功能。

我国茶叶资源丰富，文化历史悠久。可以预言，茶饮料将成为21世纪的世界性饮料。

二、茶饮料的主要原辅料

（一）茶叶的分类

茶叶一般分为绿茶、白茶、黄茶、青茶、红茶、黑茶及再加工茶。

（二）茶叶的主要成分及功能性作用

1. 茶叶中的主要成分　包括茶多酚类、生物碱、蛋白质和氨基酸、可溶性糖、色素、维生素、矿物质和香气物质等。

2. 功能性作用　包括①补充人体水分；②增强营养物质：茶叶中含有丰富的营养物质，六大营养素含量齐全，特别是维生素、氨基酸、矿物质含量丰富，不仅种类多，而且含量高；③医疗保健作用。

（三）茶饮料用水

水是茶饮料加工中最重要的原料之一，通常纯茶饮料中的可溶性固形物含量为0.20%～0.50%，果汁或果味茶饮料固形物含量在20%以下，因而水在茶饮料中的比重一般超过80%。水质的好坏对茶饮料品质有明显的影响，水中的离子组成及含量、溶氧量、有机物含量，以及水的pH和种类等都会影响茶饮料的色泽、滋味、香气和澄清度等品质。因此，了解茶饮料用水的要求及其选用和处理技术，对保证茶饮料的质量至关重要。

茶饮料是一种特殊的嗜好性饮料产品，对水质的要求较高，特别是纯茶饮料用水要求一般要高于软饮料用水标准，不仅应符合无色、无味、低硬度和低微生物含量等基本要求，对水中钙、镁、铁等离子的含量有更高的控制指标。

三、茶饮料的定义及分类

（一）定义

茶饮料是用水浸泡茶叶，经抽提、过滤、澄清等工艺制成的茶汤或茶汤中加入水、糖液、酸味剂、食用香精、果汁或植（谷）物抽提液等调制而成的制品。

（二）茶饮料的分类

我国将茶饮料分为如下4种。

（1）茶汤饮料：是将茶汤（或浓缩液）直接灌装到容器中的制品。

（2）果汁茶饮料：是在茶汤中加入水、原果汁（或浓缩果汁）、糖液、酸味剂等调制而成的制品。成品中果汁含量不低于50g/L。

（3）果味茶饮料：是在茶汤中加入水、食用香精、糖液、酸味剂等调制而成的制品。

（4）其他茶饮料：是在茶汤中加入植（谷）物抽提液、糖液、酸味剂等调制而成的制品。

四、生产工艺

（一）罐装茶饮料的一般生产工艺

罐装茶饮料的一般生产工艺如下：

茶叶 → 热浸提 → 过滤 → 茶浸提液 → 调配 → 过滤 → 加热灌装 → 密封 → 杀菌 → 冷却 → 检验

灌装茶饮料的制作方法可查看**资源21-4**。

资源 21-4

（二）果汁茶饮料的生产工艺

果汁茶饮料的生产工艺如下：

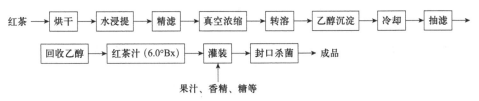

红茶 → 烘干 → 水浸提 → 精滤 → 真空浓缩 → 转溶 → 乙醇沉淀 → 冷却 → 抽滤 →

回收乙醇 ← 红茶汁（6.0°Bx）→ 灌装 → 封口杀菌 → 成品

果汁、香精、糖等

第七节 特殊用途饮料

人体生长、发育所需要的营养素从食品中获取。但人类生活环境和生理状态十分复杂多变，如在高温或低温下劳动生活，在有害环境中工作，以及特殊的生理状态等，往往需要特殊营养或功能成分的调节、补充。特殊饮料就是通过调整饮料中天然营养素的成分和含量的比例，以适应某些特殊人群营养需要的制品。

特殊饮料分为以下三类。

1）运动饮料 营养素的成分和含量能适应运动员或参加体育锻炼的人群的运动生理特点的特殊营养需要，并能提高运动能力的制品。

2）营养素饮料 添加适量的食品营养强化剂以补充某些人群特殊营养需要的制品。

3）其他特殊用途饮料 为适应特殊人群的需要而调制的制品，如低热量饮料等。

第八节 瓶 装 水

瓶装水是密封于塑料瓶、玻璃瓶或其他容器中的不含任何添加剂可直接饮用的水。瓶装水是食品工业企业灌装加工生产的饮用水。瓶装的概念不应局限于玻璃瓶或塑料瓶装，它泛指任何种类的用于装水的封闭容器，包括易拉罐、塑料桶、纸包装等。包装材料不含对人体有危害的物质，也不会对水的气味、颜色、嗅味或细菌质量产生不利的影响。

瓶装水一般分为饮用天然矿泉水、饮用纯净水和其他饮用水三种。

1. 饮用天然矿泉水 我国国家标准（GB 8537—2018）对饮用天然矿泉水的定义是：从地下深处自然涌出的或经人工揭露的、未受污染的地下矿水；含有一定的矿物盐、微量元素或二氧化碳气体；在通常情况下，其化学成分、流量、水温等在天然波动范围内相对稳定。

2. 饮用纯净水 饮用纯净水是以符合生活饮用水卫生标准的水为水源，采用蒸馏法、电渗析法、离子交换法、反渗透法及其他适当的加工方法，去除水中的矿物质、有机成分、有害物质及微生物等加工制成的水。

3. 其他饮用水 其他饮用水是由符合生活饮用水卫生标准的采自地下形成流至地表的泉水或高于自然水位的天然蓄水层喷出的泉水或深井水等为水源加工制得的水。

本章小结

1. **软饮料的概念**：乙醇含量在0.5%以下的饮用品。

2. **按软饮料的加工工艺**，可以将其分为：采集型、提取型、配制型和发酵型四类。

3. **二氧化碳在碳酸饮料中的主要作用**：①碳酸在人体内吸热分解，把体内热量带出来起到清凉作用；②二氧化碳还能抑制好气性微生物的生长繁殖；③当二氧化碳从汽水中逸出时，能带出香味，增强风味；④能形成使人舒服的刹口感。

4. 含乳饮料可以分为配制型含乳饮料和发酵型含乳饮料两类。

5. 乳酸菌饮料是指以乳或乳制品为原料，经乳酸菌发酵制得的乳液中加入水，以及食糖和（或）甜味剂、酸味剂、果汁、茶、咖啡、植物提取液等的一种或几种调制而成的饮料。根据其是否经过杀菌处理而区分为杀菌（非活菌）型和未杀菌（活菌）型。

6. 植物蛋白饮料生产工艺流程可分为：①选料及原料的预处理；②浸泡、磨浆；③浆渣分离；④加热调制；⑤真空脱臭；⑥均质；⑦灌装杀菌。

7. 茶饮料的定义是指用水浸泡茶叶，经抽提、过滤、澄清等工艺制成的茶汤或茶汤中加入水、糖液、酸味剂、食用香精、果汁或植（谷）物抽提液等调制而成的制品。

8. 瓶装水一般分为饮用天然矿泉水、饮用纯净水和其他饮用水三种。

【思考题】

1. 为什么要对饮料用水进行处理？
2. 在软饮料生产中，色素的使用、香精香料的使用应注意哪些问题？
3. 果蔬汁饮料生产中，清汁、浊汁、浓缩汁的工艺有什么区别？
4. 以橙子为原料，设计浑浊性橙子饮料生产工艺并叙述其主要操作要点。
5. 天然矿泉水与淡水的主要区别是什么？

参考文献

都凤华，谢春阳. 2011. 软饮料工艺学. 郑州：郑州大学.

胡小松，李积宏，崔雨林. 1995. 现代果蔬汁加工工艺学. 北京：中国轻工业出版社.

邵长富，赵晋府. 1987. 软饮料工艺学. 北京：中国轻工业出版社.

赵晋府. 1999. 食品工艺学. 第2版. 北京：中国轻工业出版社. 253-364.

Schobinger Kados. 1992. 果蔬汁饮料工艺学. 杜朋编译. 北京：农业出版社.

第二十二章　调味品加工工艺与产品

调味品是食品加工过程中不可或缺的基本配料，能够赋予食物甘、咸、苦、辛、酸等层次丰富而又独特的风味，中国璀璨的饮食文化也得益于种类繁多的调味品的使用。目前，随着食品工业的发展和餐饮业的兴盛，调味品在生产工艺、质量、品类等方面取得了长足的进步。本章概述了我国调味品行业的发展现状及调味品的分类；重点阐述了发酵调味料，如酱油、醋、调味料酒、毛豆腐、豆瓣酱、豆豉等的种类、工艺流程和操作要点；此外，针对火锅底料、烹饪用中式菜肴复合调味料和复合调味酱等调味料的加工工艺和举例进行了叙述。

学习目标

掌握调味品的定义和分类。

掌握大宗发酵调味品不同生产工艺要点和差别。

了解中国传统发酵调味品关键工艺点。

掌握复合调味料的定义。

了解中国特色复合调味料的关键工艺点。

第一节　调味品概述

调味品是指在饮食、烹饪和食品加工中广泛应用的，用于调和滋味、气味，并具有去腥、除膻、解腻、增香、增鲜等作用的产品。

2020 年，我国调味品行业的市场规模为 3950 亿元，同比增长 18.05%。2014～2020 年，我国调味品行业的市场规模从 2595 亿元增加至 3950 亿元，年均复合增速为 7.25%。2020 年我国调味品行业的产量为 1627.1 万吨，同比增长 13.87%。2014～2020 年，我国调味品行业的产量从 739.1 万吨增加至 1627.1 万吨，年均复合增速为 14.06%。时至今日，调味品工业是现代食品工业的重要组成部分之一。

GB/T 20903《调味品分类》按照终端产品将调味品分为 17 类，包括食用盐、食糖、酱油、食醋、味精、芝麻油、酱类、豆豉、腐乳、鱼露、蚝油、虾油、橄榄油、调味料酒、香辛料和香辛料调味品、复合调味料和火锅调料。

目前，食盐作为居民生活的必需调味品，市场渗透率高，已发展到成熟阶段。传统发酵类调味料因其风味特色鲜明、健康属性强等特性深受消费者喜爱，其中酱油、食醋、黄酒等在行业中已拥有一定的市场规模，体量较大，目前处于稳步发展阶段；随着川菜市场的火爆，豆豉、豆瓣酱等传统川渝地区调味品需求量日渐增加。我国复合调味料起步相对较晚，目前处于快速发展期，近几年，随着居民消费水平的提高及消费习惯的转变，复合调味品迎来发展新机遇，火锅底料、中式复合调味料等产品迅速抢占消费市场，且仍具较大增长潜力和空间。

第二节　发酵调味料

一、酱油

酱油是指以大豆和（或）脱脂大豆、小麦和（或）小麦粉和（或）麦麸为主要原料，经微生物发酵制成的具有特殊色、香、味的液体调味品。酱油最早起源于中国，由传统的"豆酱"演变而来，生产历史悠久且具有民族特色，我国酱油生产量约占世界总产量的 60%，2020 年我国酱油产量达到 700 万吨。

（一）分类

（1）依据 GB/T 20903《调味品分类》，按照调味品终端产品对酱油进行分类，可分为以下几种。

a. 酿造酱油。以大豆和（或）脱脂大豆、小麦和（或）麸皮为主要原料，经微生物发酵制成的具有特殊色、香、味的液体调味品。

b. 配制酱油。以酿造酱油为主体（以全氮计不得少于 50%），与酸水解植物蛋白调味液、食品添加剂等配制而成的液体调味料。

c. 铁强化酱油。按照标准在酱油中加入一定量的乙二胺四乙酸铁钠（NaFeEDTA）制成的营养强化调味品。

（2）按照生产工艺分类可分为以下两种。

a. 高盐稀态发酵酱油。原料经蒸煮、曲霉菌制曲后与盐水混合成稀醪，再经发酵制成的酱油。

b. 低盐固态发酵酱油。原料经蒸煮、曲霉菌制曲后与盐水混合成固态酱醅，再经发酵制成的酱油。

（二）酱油生产工艺

1. 高盐稀态发酵酱油　　通过加入一定量盐水，使酱醪呈流动状态进行发酵生产的酱油。产品以滋味鲜美，酱香、醇香、酯香浓郁为特点，但产品色泽较浅，发酵周期相对较长。广式酱油多采用此法酿造。

1）工艺流程　　如图 22-1 所示。

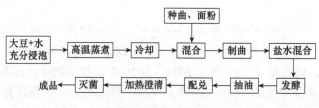

图 22-1　高盐稀态发酵酱油酿造工艺流程

2）操作要点

（1）原料要求。根据 SB/T 10312，大豆、小麦、小麦粉和麸皮应符合 GB 2715 的规定；酿造用水应符合 GB 5749 的规定；食用盐应符合 GB/T 5461 的规定；食品添加剂应选用 GB 2760 中允许使用的食品添加剂。

（2）原料处理。大豆除杂后按照 3 倍重量加水常温浸泡，期间换水 1 或 2 次。浸至豆粒膨胀有弹性，表皮无皱纹，皮肉易分开，将豆粒切开无干心现象时为适度。浸渍充分的大豆，晾至无水滴出后送至蒸料罐中，蒸至熟豆呈淡褐色，伴有熟豆香味，组织柔软，手感绵软。

（3）种曲制备。菌种可选择米曲霉、酱油曲霉等蛋白酶活力强、不产毒、不变异、酶系适合酱油生产，适应环境能力强，符合相关标准的菌种，菌种移接应在无菌环境中进行。制备过程中应严格控制杂菌污染，通过向种曲机夹层通冷水或温水及内部风扇排热，并适时送入新鲜无菌空气，种曲培养约 72h。种曲质量要求为孢子数 50 亿个 /g 曲（干基）以上，孢子发芽率应不低于 90%。成熟的种曲应置于通风、干燥、低温、洁净的环境中保存。

（4）制曲培养。曲室、曲池及用具必须清洁灭菌。种曲用量为原料的 0.1%～0.3%（g/g），接种温度在（30±2）℃，种曲应先与 5 倍量左右的面粉混合搓碎，再与熟豆充分混合，使种曲的孢子和面粉黏附豆粒表面。料层厚度控制在 30cm 以内，初进池的曲料含水量控制在 45% 左右，品温调整为 30～32℃。当曲料面层发白并开始结块，品温达到 35℃ 时，将品温降至 30～32℃；品温回升且曲料再次结块时，要进行第二次翻曲。制曲后期，嫩黄色的孢子产生，室温维持在 30～32℃，以利于孢子生长。最终制得酱油曲质量要求为：水分 28%～32%，蛋白酶活力 1000 单位 /g 曲（干基）以上。

（5）发酵。在酱油曲中加入原料量 2～2.5 倍的质量浓度约 19% 的食盐溶液，均匀拌湿后进入发酵罐内。制醪后第三天起进行抽油淋浇，淋油量约为原料量的 10%，其后每隔 7 天淋油一次，注意在酱醪表面均匀淋浇并控制流速，避免破坏酱醪的多孔性状。发酵期经历 3～6 个月，豆粒松软溃烂，酱醪呈暗褐色，醪液氨基酸态氮含量约为 1g/100mL，且前后 7 天变化较小，即醪已成熟，可进行抽油操作。抽油后，头滤渣继续用 19% 食盐溶液浸泡，10 天后进行二次抽油；二滤渣继续用加盐后的四滤油和 19% 食盐溶液浸泡 10 天至放出三滤油；三滤渣改用 80℃ 热水浸泡一夜后放出四滤油，抽出的四滤油应立即加盐，使浓度达 19%，供下批浸泡二滤酱渣使用。四滤渣的含盐量应低于 2g/100g，氨基酸含量低于 0.05g/100g。

（6）配兑、加热澄清和灭菌。各滤生酱油的质量应按《酱油、食醋、酱类的检验方法》进行检测，然后按产品等级标准进行配兑。经配兑的酱油加热至 90℃，送进沉淀罐静置沉淀 7 天。静置澄清的酱油，巴氏杀菌后即为成品。

2. 低盐固态发酵工艺　　以脱脂大豆、麸皮为主要原料采用低盐（酱醪含盐量为 7% 左右）固态（酱醪水分 50%～58%）方法酿造酱油，发酵周期较短，产品色泽深、滋味鲜和酱香味浓。与高盐稀态发酵工艺相比，主要在原料处理、制曲、发酵与浸出等环节存在差异。

1）工艺流程　　如图 22-2 所示。

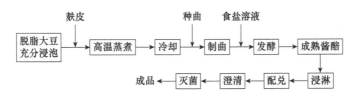

图 22-2　低盐固态发酵酱油酿造工艺流程

2）操作要点

（1）原料处理。根据 SB/T 10311，脱脂大豆应粗细均匀，要求颗粒大小为 2～3mm，2mm 以下的粉末量不超过 20%。脱脂大豆应先以 80℃ 左右热水进行浸润适当时间后，再混入麸皮，拌匀，蒸料。蒸至熟料呈淡黄褐色，蓬松发软，无硬心，表面无浮水，有香味，无异味。要求熟料水分含量 46%～50%。

（2）制曲。熟料冷却至 45℃ 时，接入种曲，种曲用量为原料量的 2‰～4‰，混合均匀后，移入曲池制曲。曲料厚度在 25～30cm，应保持松散，制曲过程中应控制品温 28～32℃，最高不得超过 35℃，曲室相对湿度在 90% 以上，在制曲过程中应进行 2 或 3 次翻曲。成曲曲料疏松有弹性，菌丝丰满，呈嫩黄绿色，具有成曲特有香味，无异味；成曲水分含量 26%～33%，蛋白酶活每克曲（干基）不得少于 1000单位。

（3）发酵。配制食盐水，浓度约为 13%，温度 45～55℃。将成曲和盐水充分搅拌后入池，使酱醪水分含量为 50%～58%。可在酱醪表面加盖封面盐或用塑料薄膜（无毒）封盖酱醪表面，以防表层形成氧化层。入池发酵温度以 40～45℃ 为宜，在发酵过程中移池的次数一般为 1 或 2 次，第一次应在 9～10 天进行，第二次其间隔时间可在 7～8 天。酱醪质量要求为：红褐色，有光泽不发乌，柔软松散，有酱香，酸度适中，无苦涩等异味。

（4）浸淋。可将成熟酱醪移入浸出池浸出，也可原池浸出，具体视工艺条件而定。以上一批二淋油为抽提液，对酱醪津淋，浸出温度 80～90℃，浸出时间不少于 6h（原池津淋时间应适当延长），津淋后释放头油；加入上一批三淋油继续津淋，浸出时间不少于 4h，可释放二淋油；再加入 60℃ 热水，浸泡 2h 左右，滤出三淋油。淋油出渣结束后，应将浸出池内酱渣清除，并清洗干净。头油和二淋油可按相应标准经配兑、澄清、灭菌等程序即为成品。三淋油作为下一批抽提液使用。

二、醋

食醋是单独或混合使用各种含有淀粉、糖的物料、食用酒精，经微生物发酵酿制而成的液体酸性调味品（GB 2719）。食醋酿造在我国已有 3000 多年的历史，最早的制醋工艺可追溯至西周。我国目前约有 6000 多家食醋生产厂家，食醋年产量约 300 万吨。由于原料、地理环境、气候条件、生活习惯和生产方式等方面的差异，食醋在全国不同地区制作工艺和产品特色也有所差异，产生了镇江香醋、山西老陈醋、永春老醋、独流（老）醋等地理标志产品。

（一）分类

1. 按终端产品分类　依据 GB/T 20903《调味品分类》，可将食醋分为酿造食醋和配制食醋两大类。配制食醋是指以酿造食醋为主要原料（以乙酸计不得低于 50%），与食用冰乙酸、食品添加剂等混合配制而成的调味食醋。

2. 按发酵方式分类

1）固态发酵醋　以粮食及其副产品为原料，采用固态醋醅发酵酿制而成的食醋。产品具有色泽深艳、香味浓郁、酸味柔和、回甜醇厚等优点，如山西老陈醋、镇江香醋和四川保宁醋（麸醋）等均采用此法生产。

2）液态发酵醋　以粮食、糖类、果类或酒精等为原料，采用液态醋醪发酵酿制而成的食醋，如福建永春老醋、葡萄醋和苹果醋等均采用此法生产。

3）固液态结合发酵醋　食醋酿造过程中原料液化、糖化和酒精发酵阶段均为液体发酵，再经过固态工艺进行乙酸发酵。

（二）加工工艺

1. 固态发酵醋工艺　以山西老陈醋为例进行介绍。山西老陈醋是以高粱、麸皮为主要原料，以稻壳和谷壳为辅料，以大麦、豌豆为原料制作的大曲作为糖化发酵剂，经酒精发酵后采用固态醋酸发酵，再经熏醅、陈酿等工艺酿制而成，具有"绵、酸、香、甜、鲜"的产品特点（GB/T 19777）。

1）工艺流程　如图 22-3 所示。

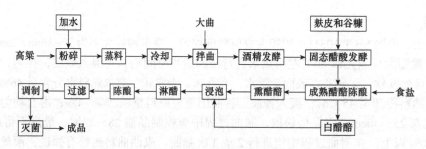

图 22-3　固态发酵醋酿造工艺流程

2）操作要点

（1）原辅料。高粱符合 GB/T 8231 的要求，精选去除病斑粒、虫蚀粒、生霉粒、生芽粒、热损伤粒和杂质；麸皮符合 GB 2715 的规定，去除霉变颗粒、虫蚀颗粒、热损伤颗粒和杂质；裸大麦应符合 GB/T 11760、豌豆应符合 GB/T 10460 的要求，所选谷壳、稻壳应清洁，不得有霉变、结块现象；食用盐符合 GB/T 5461 的要求；生产用水符合 GB 5749 的要求。

（2）原料处理。高粱经精选除杂和粉碎处理，加入原料重量 50%～60% 的水拌匀后静止 8～12h，使原料充分润湿。将润料打散蒸料（1.5～2h），焖料 15min 以上，继续加入生料质量 50% 的热水（70～80℃）浸焖至稀糊状，冷却，控制冷却环境防止外源微生物污染。

（3）拌曲。发酵过程中所需的曲霉菌、酵母、醋酸菌主要来自大曲。提前 2h 将大曲用水按比例混合均匀备用。待高粱冷却至 28～30℃ 时加入大曲，反复翻拌均匀。

（4）酒精发酵。将发酵室温度控制在 20～25℃，料温温度控制在 28～32℃，敞口发酵 3 天；然后密封进行后发酵，在品温不高于 24℃下发酵约 15 天，完成酒精发酵并获得成熟酒醪。成熟酒醪表面有一层褐色澄清液，具有浓郁的酒香和酯香，无不良气味。

（5）醋酸发酵。酒精发酵完成后，进入醋酸发酵阶段。主要工序为拌醋醅、接火、移火、翻醅和陈酿。先将麸皮和谷糠按一定比例加入缸内并翻拌均匀制成醋醅，然后移入醋酸发酵装备内。取上批醋酸发酵 3～4 天、醅温达到 38～45℃的优良醅子作为火醅接种至醋醅中，接种量为 10%，接种方式为将火醅埋于新拌的醋醅中上部，发酵 12～14h 后，料温上升到 38～43℃时进行抽醅，再和未接种的醋醅适当抽搅一次。继续发酵 24h 至醅温达 38～42℃后称为火醅，即可移火。取火醅 10% 按上法给下批醅子进行接火。在醋酸发酵过程中，品温控制在 40℃左右，接火后 3～4 天进入醋酸发酵旺盛期，9～10 天后料温自然下降完成醋酸发酵。将成熟的醋醅移到陈酿装备内装满压实，密封后陈酿 10～15 天。

（6）熏醅。取约 50% 陈酿好的醋醅放入熏缸，于 70～80℃下间接加热熏醅 4～6 天，每天倒缸一次，使醋醅的颜色逐渐由黄色变褐色直至呈深褐色，熏醅可以有效增加醋的色泽和熏香味。

（7）淋醋。取剩余的 50% 陈酿醋醅倒入淋醋装备中，先加入上一次淋醋的二淋醋醅液浸泡 4h，再加入清水至 2 倍醋醅质量，继续浸泡 12h，淋取得到一淋醋。加热一淋醋至 90℃后倒入以浸泡熏醅 12h，再一次进行淋醋得到棕红色醋液称为熏醋，也称原醋、半成品醋。用水浸泡以取原醋的醋醅和熏醅，淋取得到二、三淋醋供循环使用。

（8）陈酿。将原醋装入陈酿装备内，经"夏伏晒，冬捞冰"半年以上陈酿时间。

（9）过滤与灭菌。采用过滤设备去除陈醋中的沉淀和悬浮物，提高产品品质。121℃，15s 超高温瞬时灭菌。

2. 液态发酵醋工艺　福建永春老醋属于典型液态发酵醋。永春老醋以优质糯米为主要原料，以红曲米为糖化发酵剂，经酒精发酵后采用液态醋酸发酵，经三年以上陈酿而成。其色呈琥珀，口感"酸而不涩、酸中带甜"（GB/T 26531）。

1）工艺流程　　如图 22-4 所示。

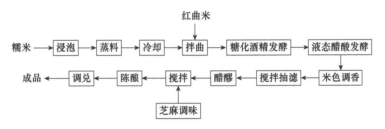

图 22-4　液态发酵醋酿造工艺流程

2）操作要点

（1）原辅料。糯米应符合 GB 2715 规定；红曲米应符合 GB 1886.19 规定；食用盐符合 GB/T 5461 的规定；芝麻符合 GB/T 11761 的规定；生产用水水质符合 GB 5749 的规定。

（2）原料处理。将糯米洗净浸泡，加入适量清水使米粒浸透又不生酸。浸透后，捞出沥水，并用清水不断冲洗白浆直至清水出现为止，然后适当沥干。将沥干的糯米充分蒸熟。

（3）拌曲。待糯米饭冷却至 35～38℃，加入红曲米，迅速翻拌均匀，并及时入缸。

（4）淀粉糖化、酒精发酵。在已拌曲的糯米饭中加入适量冷开水，迅速翻拌均匀使饭、曲、水充分混合，铺平后进入以糖化为主的发酵阶段，此时通过调整加水次数、加水温度及温度调节等措施控制糖化品温在 38℃。24h 后，饭粒糊化，发酵醪清甜时，可再次加入适量冷水，搅拌均匀，进入以酒精发酵为主的发酵阶段，此时品温可达 38℃左右。后续每天搅拌 1 次，在第 5 天左右加入适量由晚粳米制得的米香液。期间定期搅拌直至红酒糟沉淀。生产周期 70 天左右，酒精体积分数 10%（V/V）左右。

（5）醋酸发酵。采用分次添加液体深层发酵法酿醋，分期分批地将红酒液（醋醪）用泵抽取放入半成品醋液中，每缸抽出和添加 50% 左右，即将第 1 年醋液抽取 50% 于第 2 年的醋缸中，将第 2 年醋液抽取 50% 于第 3 年的醋缸中，将第 3 年已成熟的老醋抽取 50% 于成品缸中，依次抽取和添加进行醋酸发酵和陈酿。在第 1 年醋缸进行液体发酵时，加入占醋液 4% 的炒熟芝麻作为调味料用。醋酸发酵期间需每周搅拌 1 次。将品温控制在 25℃左右以便醋酸菌良好繁殖，缸内液体表面具有菌膜。菌膜以色灰有光泽为佳。

（6）成品。将第 3 年陈酿成熟、酸度在 80g/L 以上的老醋抽出过滤于成品缸中，按每百斤老醋加入 2% 白糖的比例添加经醋液煮沸溶化后的白糖，搅拌均匀后静止让其自然沉淀，抽取澄清的老醋包装，即得成品。

三、调味料酒

调味料酒是以发酵酒、蒸馏酒或食用酒精成分为主体，添加食用盐，添加或不添加植物香辛料，配制加工而成的液体调味品。调味料酒的主要作用是除去动物性食品中的腥味物质及膻味物质，并增加肉品中的香气成分，从而赋予肉品良好的风味感知。料酒的主要成分乙醇对腥味物质具有良好的溶解作用，能在高温加热过程中与腥味物质一同挥发；料酒中的氨基酸能与食盐结合生成鲜味成分氨基酸钠盐或与糖发生美拉德反应，提味增香。2007 年 SB/T 10416《调味料酒》指出，合格的调味料酒中的酒精度不低于 10%，食盐含量（以氯化钠计）不低于 10g/L，氨基酸态氮含量（以氮计）不低于 0.2g/L，总酸含量（以乳酸计）不高于 5g/L。其中食用盐含量不低于 10g/L 这一规定，标志了调味料酒属于调味品，不适合日常饮用，从而与饮料酒有了明显区别。据中国调味品协会统计，参与 2018 年中国调味品著名品牌 100 强的 16 家调味料酒企业中，调味料酒产品的总产量为 28.9 万吨，销售收入达 15.4 亿元。

以稻米为原料发酵后配制而成的调味料酒又称作发酵型料酒，我国家庭中经常使用的黄酒料酒就属于发酵型料酒。下面以发酵型料酒为例介绍加工工艺（T/ZZB 0527）。

（一）工艺流程

调味料酒酿造工艺如图 22-5 所示。

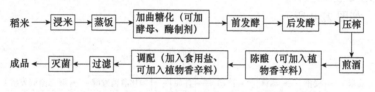

图 22-5　调味料酒酿造工艺流程

（二）操作要点

1）原料要求　稻米等粮食原料应符合 GB 2715 的规定；生产用水应符合 GB 5749 的规定；食用盐应符合 GB 2721 的规定；香辛料应符合 GB/T 15691 和 GB/T 12729.1 的规定，清洗时只需在清水中洗去表面灰尘，避免长时间浸泡，以免损失香气；酿酒酵母应符合 GB 31639 的规定；酶制剂应符合 GB 1886.174 的规定；焦糖色应符合 GB 1886.64 的规定；其他食品添加剂应符合 GB 2760 要求。

2）原料处理　包括浸米和蒸饭两个步骤。浸米能使淀粉吸水膨胀，有利于蒸煮时糊化。传统工艺使用缸来浸米，而工业生产时则使用浸米池。浸米时温度不宜过高，时间为 2～3 天，水分吸收量为 25%～30%；浸至用手指掐米粒能成粉状，无粒心为宜。蒸饭使淀粉糊化便于后期糖化发酵，且具有杀菌作用，避免杂菌对糖化发酵过程的污染。蒸饭时应注意蒸煮时间，蒸至米饭外硬内松为宜，时间过长会使米粒黏结成团，阻碍后续糖化发酵。一般来说，对于糯米和精白度高的软质粳米，常压蒸煮 15～20min 即可；对于硬质粳米和籼米则要在蒸饭中途追加热水和适当延长蒸饭时间。

3）糖化　将蒸熟的米饭用洁净的冷水从上淋下，迅速冷却至适宜发酵及微生物繁殖的温度（约 30℃），随后落入发酵罐。向发酵罐中加入曲、药酒并混合均匀，在 27℃左右静置糖化 2～3 天。糖化的程度会直接影响后期发酵时的酒精度及风味，糖化过程常常与发酵过程同时并行。

4）前发酵　随着糖化进行，品温会缓慢升高，进入前发酵阶段。前发酵又称主发酵，是通过酵母等多种微生物将糖分转变为酒精，同时产生多种风味物质的过程，属于生产发酵型调味料酒时的关键工序之一。前发酵一般在 3～5 天完成，过程中需要注意控制发酵温度在 30～31℃。前发酵过程中会产生大量的热量和二氧化碳，这会抑制酵母的作用，导致发酵过程停止。因此需要通过搅拌等方法来调节发酵温度，同时使酵母呼吸及促进二氧化碳排出。

5）后发酵　　前发酵后，酒醪中仍有残余的淀粉及尚未变成酒精的糖分，需要继续糖化和发酵，这时可以将前发酵后的酒醪转移入后发酵罐中，控制品温和室温在15～18℃静置发酵。后发酵过程相对缓慢，一般需要20～30天才能完成；这是因为经前发酵后的酒醪中酒精浓度较高（体积百分比约13%），对糖化和酒精发酵具有抑制作用。

6）压榨、煎酒　　后发酵结束后，通过压榨使得酒液与酒糟分离，得到酒液。传统工艺中的压榨设备为木榨，生产效率低，劳动强度大。现代工艺中一般选用水压机、螺旋压榨机和板框空气压榨机等压榨设备。煎酒是将压榨后的酒液在85～90℃加热15min的过程，其目的是杀灭酒液中的微生物、破坏残存酶的活性，同时去除酒液中醛类物质所引起的不良挥发性杂味，并促进蛋白质等胶体物质凝固沉淀，提高酒液的品质。

7）陈酿、调配　　陈酿是将酒液贮存老熟的过程，其间发生着氧化、酯化等化学变化。新酿制的酒，香气淡、口感粗且不均匀、刺激感强，经过一段时间的贮存后，酒质会变得柔和醇厚。随着贮存时间的增长，酒液的颜色也会逐渐变深，这是由贮存过程中酒中的糖分和氨基酸发生美拉德反应所致。此外，在贮存过程中，酒液的pH也会由于氧化作用而增大。陈酿过程中，贮存温度应控制在5～20℃，时间一般为6～10个月。陈酿后，可将食盐等溶解于水中，再将食盐水、香辛料浸提液（可以没有）、基酒按照一定比例混匀进行调配。

8）过滤、灭菌　　将调配好的料酒进行过滤，过滤好的料酒进行巴氏杀菌。

四、其他发酵类调味品

（一）毛豆腐

毛豆腐因经发酵霉制表面长有一层白色绒毛（白色菌丝）而得名（图22-6），也称霉豆腐，原产地是徽州和川渝地区，是具有地方性和传承性特色食品。毛豆腐通过微生物发酵作用，将大豆的腥味、抗营养因子等不足之处克服，同时产生有机酸、醇、酯、氨基酸等多种香气成分，以及硫胺素、核黄素、尼克酸、钙和磷等营养成分。除此之外，毛豆腐发酵过程中产生的核黄素含量比豆腐中的高6～7倍。

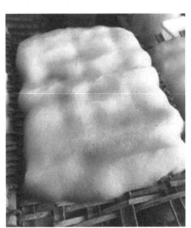

彩图　　　　图22-6　雅致放射毛霉制曲

1. 工艺流程　　工艺流程如下：

原料选择 → 浸泡 → 制浆 → 煮浆 → 点浆 → 加压成形 → 划块 → 接种培养 → 搓毛 → 食用盐腌制 → 拌料和装坛 → 封口

2. 操作要点

1）原料选择　　颗粒饱满、色泽橙黄且蛋白质含量高的优质黄豆，如'黑河49''铁丰37''东农48''辽东21''合丰43''垦丰17''哈北46'等是适合加工毛豆腐的大豆品种。

2）浸泡　　将黄豆置于4倍重量，75～95℃的热水中浸泡，直至黄豆膨胀到两瓣劈开成平板。浸泡时间为冬季12～15h，春、秋季8～10h，夏季5～6h。浸泡过程中，最好每隔3h换一次水，以去除杂质，避免微生物生长导致变质。

3）制浆　　将浸泡后的黄豆与8倍重量清水混合，放入磨浆机中磨碎至用手指捻摸无颗粒感，呈乳白色，再经过200～350目过滤除去豆渣，得到豆浆。泡熟的黄豆经磨细后，包裹在蛋白质外围的细胞膜破裂，大豆中可溶性物质特别是蛋白质溶出，吸附水分子而形成乳白色豆浆。

4）煮浆　　将细磨后的豆浆快速煮沸至100℃，加热过程中注意搅拌，防止粘锅，同时除去煮沸后豆浆表面凝结的皮，将熟豆浆冷却。加热豆浆不仅可以起到杀菌、除异味、提高营养价值和延长保质期的作用，还可以灭活大豆生物体中的抗营养因子，同时生成豆浆香味，使豆浆蛋白质发生热变性，为点浆凝聚创造必要条件。

5）点浆　　点浆是影响毛豆腐品质的关键工艺。待浆液温降至85℃左右时，先把豆浆上下均匀翻动，再缓慢加入凝固剂（如石膏水、盐卤水或葡萄糖酸内酯），搅拌均匀，除去泡沫，静置凝固15～20min，得到豆腐花。将点浆温度控制在85℃十分关键，若浆温过高，加入凝固剂时会加速蛋白质凝固物过度脱水收缩，导致豆腐粗硬；若浆温太低，会造成豆脑疏散，使部分有效物质随黄泔水流失。

6）加压成型　　将上述的豆腐花经250～400目过滤后，压制30min出模成型，得到豆腐白坯。

7）划块　　将豆腐白坯趁鲜切成2cm方块。在划块之前，整板豆腐一定要摆正，不可歪斜，尽量减少废品率，提高正品率。一般每1kg大豆的出坯率1.7～1.8kg。

8）接种培养（一次发酵）　　将切好块的豆腐块以1～3cm的间距摆放在笼格上，用喷雾器均匀地喷洒含有培养基培养的毛霉菌悬浮液，然后放置于发酵室内进行培养，温度控制在20～25℃。在接种24h后应翻笼1次，调节上下温差，补给空气，使毛霉菌正常繁殖。通过间歇倒笼，降低品温，直至制曲成熟。

9）搓毛　　培养结束后，戴上无菌手套，将豆腐坯表面的菌丝按倒，使絮状菌丝将豆腐坯包住，有利于保持产品的外形；同时，将块与块之间的菌丝搓断，把连接的豆腐块分开。

10）食盐腌制（二次发酵）　　将搓毛后的豆腐块整齐码放，按一层豆腐坯一层盐的方法码满。加盐时，下层盐少一些，向上逐层增加。其作用为使盐分在豆腐中充分渗透，使菌丝与毛坯收缩，失水变硬，经后发酵不松散，使其缓慢水解，呈味且防腐。

11）拌料　　将二次发酵后的豆腐坯放于装有干辣椒粉、花椒粉、五香粉添、米酒、茶叶等辅料调和的拌料装备中，裹上一层拌料后放入陶土坛中，加入五香辣椒油，淹没豆腐坯，即初步制成产品。

12）包装　　传统方式：主要为坛装，装坛时避免装得过紧，防止发酵不完全，中间有夹心；也不能装歪，以免影响产品外观。现代工业化方式：主要为玻璃/塑料瓶灌装，采用半自动或全自动流程方式进行包装，包括洗瓶，自动灌装。自动灌装包括两个部分，一部分以毛豆腐质量为标准出料，另一部分以灌装液体积为标准出料，两部分同时进行，完成灌装流程。

13）封口　　传统方式：选好合适的坛盖，再以盐水密封；要严防漏气，漏气使酒精蒸发，不仅易染杂菌，使腐乳发霉变质，还会使毛豆腐风味大打折扣。现代工业化方式：工业化封口与前述包装流程一体化进行，包括灌装后的自动上盖、真空旋盖、胶帽收缩、贴标，以及喷码5个步骤，该过程可以实现全线自动化进行。但贴标和喷码两个步骤也可以手动进行，从而降低设备成本。

（二）郫县豆瓣酱

郫县豆瓣被誉为"川菜之魂"，是中国地理标志产品。其制作工艺被列为第二批国家级非物质文化遗产名录，产品具有色泽油润、辣味突出、辣椒颗粒明显、回味香甜等特点。郫县豆瓣产业的发展壮大，给地方经济和社会发展带来了明显的经济效益和社会效益。郫县豆瓣成为地理标志产品保护以前，郫都区豆瓣产品总产量20万吨，销售收入总额6亿元，利税总额约5000万元。实施地理标志保护以后，郫县豆瓣总产量达到96万吨，较之保护前增长了4倍以上；实现工业产值75亿元，较之保护前增长了12.5倍；出口创汇达600万美元，已成为川渝调味品的支柱产业之一。

1. 工艺流程　　郫县豆瓣的生产流程主要包括甜瓣子酿制、辣椒坯盐渍和复合发酵3个主要工艺阶段，若生产佐餐豆瓣辣酱还需要配制各种风味辅料后熟生香。

1）甜瓣子酿制　　其工艺流程如下：

　选豆　→　豆瓣淘洗　→　豆瓣浸泡　→　拌面接种　→　曲房灭菌消毒　→　制曲　→　翻曲　→　闷缸　→　晒露发酵

2）辣椒坯盐渍　　其工艺流程如下：

　辣椒筛选　→　清洗　→　粉碎　→　辣椒酱的腌制

3）复合发酵　　辣椒酱和原豆瓣酱的复合发酵流程如下：

　辣椒酱+原豆瓣酱　→　混合　→　晒露发酵

4）佐餐豆瓣辣酱的后熟生香　　在成熟四川豆瓣辣酱中添加预先制备好的香油、红油、金钩、牛肉、鸡丝等风味辅料，充分混匀后再经短时后酵生香即可。

2. 操作要点

1）原料选择　辣椒品种为'二金条'，选择鲜红无虫蛀无变质的鲜椒；胡豆可选用新鲜青皮中等颗粒的二流板胡豆。

2）甜瓣子酿制

（1）选豆。蚕豆瓣粒大饱满，均匀，有光泽，无霉变，通过严格筛选去掉杂物。

（2）豆瓣淘洗。将豆瓣用清水清洗，不断搅拌，使杂草、豆荚等杂物浮出，沙粒等沉降，弃去上浮和底部的杂物，并冲洗数次放出浊水，直至清洗干净。

（3）豆瓣浸泡。干豆瓣装入篓筐中，热水淹没干豆瓣，在95℃的开水中烫瓣2~3min。将烫好的豆瓣放入35~40℃温水中冷却5~6min，在冷却过程不断对豆瓣进行搅拌，冷却至豆瓣中心温度为40℃。

（4）接种。将适量面粉与蚕豆充分混合均匀，再接入沪酿3.042米曲霉菌种，接种量为0.5g/100g，翻拌均匀后入曲房制曲。注意曲房使用前需清洗、灭菌和消毒。

（5）制曲。豆瓣传统法制曲采取"生料制黄（子），晾晒扬衣"的工艺。通常在高温高湿的夏季进行，使环境中自然存在的米曲霉孢子在蚕豆瓣上生长繁殖，分泌酿造豆瓣需要的各种酶类，因成曲呈黄绿色所以叫制黄子。"衣"指米曲霉的孢子，有苦涩味，成曲经过晾晒水分减少便于扬出孢子，避免产品有苦涩味，在晾晒过程中紫外线的照射消灭成曲中的有害微生物，有利于制醅发酵。制曲方式主要有晒席制曲、簸箕制曲和厚层通风制曲。晒席制曲是在地板上铺晒席，把曲料堆积在席上制曲；簸箕制曲是把曲料装入簸箕制曲架制曲。这两种方法简单易行，成曲质量也较好，但效率低。

（6）工业化豆瓣制曲生产采取厚层通风制曲，将曲料放入曲床内，厚度6~8cm，保持厚度均匀，曲房保持25~28℃，品温控制在33~37℃，相对湿度90%。曲房设专人管理。

（7）翻曲。制曲14h左右后曲结块，人工翻曲一次，品温不超过35℃；曲料入房20h左右，再进行第二次翻曲，其后不再翻曲；一般培养2~3天后，成曲呈现茂盛的黄绿色孢子（严防老化成深褐色）即可出曲。

（8）闷缸。按要求配制盐水，然后将豆瓣曲放入闷缸装备中与盐水混合均匀，避光封盖，闷缸4~6天，一般豆酱的盐浓度为10g/100g。

（9）发酵。传统豆瓣生产的发酵环节成为晒露发酵，是将豆瓣白天翻晒，晚上夜露，上面用纱窗布盖住，防止苍蝇、蚊虫、蟑螂进入，下雨用棕盖避雨。由于采用常温发酵，缸中上层温度高，下层温度低，并有结块曲，因此需每1~2天翻缸1次；此外，根据天气及发酵情况适度增加翻酱次数，高温期要加快搅拌、翻晒。经3~4个月后豆瓣变为红褐色，即为原豆瓣酱醅。现代工业化豆瓣生产的发酵环节是将制曲成熟的豆瓣转移至发酵池中铺平，按配料标准将食盐溶化成盐水加入到池中，盐水的温度控制在50℃左右，并且保证加入盐水后的豆瓣温度在42℃左右。豆瓣发酵的前两天每天对蚕豆瓣进行"浇淋"2次，让盐分均匀后进行封池发酵，发酵过程发酵池中心温度控制在42℃左右，发酵时间15天，发酵到第10天时间时，应将池表面的豆瓣翻到池中间进行发酵，保证产品颜色一致。

3）辣椒坯盐渍

（1）原料筛选、清洗。辣椒要色泽鲜艳、饱满，严格筛选去杂及霉变腐烂的辣椒；将去柄的辣椒至于清水搅拌清洗多次。

（2）粉碎。将辣椒用辊式粉碎机粉碎，使辣椒皮碎而籽未碎。

（3）腌制。传统辣椒生产的腌制环节是将碎辣椒放入缸（池）中，放一层辣椒加一层食盐，食盐下层少加、上层多加，边加边压实，加至八成满后用食盐封盖平整，每100kg碎辣椒用食盐17~18kg（含盖面盐），盖面盐上用竹席铺盖，上压竹片或木板，板上再压重石，随着渗透作用的产生，渗出的卤汁淹没竹席，隔绝辣椒与空气接触，抑制有害微生物生长，减少对维生素C的破坏。腌制期间要经常检查，发现水分蒸发要及时补充淡盐水，以保持卤经常淹没竹席，最终辣椒醅含盐量为14.5%~15.5%。现代工业化辣椒胚生产的腌制环节是将粉碎的鲜辣椒在下池时按16~18g/100g比例添加食盐，下盐原则为下少上多，一层椒醅一层盐。下池量以鲜椒醅表面距池面20~30cm为宜。刚下池的椒醅每天至少要让盐水循环一次，在循环时必须用盐水将整个池面浇淋，以保证盐分均匀；若椒醅发胀、发烫和盐渍池表面出现异常现象等，应加大盐水循环频率和增加循环时间。待椒醅水循环一周后，进行盐分检测，盐分达到平衡后则进行封池。先将椒醅平整，并压紧椒醅池内四周，在椒醅表面均匀撒入一层盐，压紧的椒醅池四周用盐填平，再盖上塑料膜，塑料膜与池边用盐压实（观察孔也要捂实），避免空气进入。

4）豆瓣酱的发酵

（1）混合：将甜瓣子和辣椒坯等体积混合后再装缸，表面扒平。

（2）晒露发酵：其操作同甜瓣子的晒露发酵。经3～4个月后豆瓣酱成熟，加盖后不再翻晒，以防老化。

（三）永川豆豉

豆豉，原名"幽菽"。古时称大豆为"菽"，幽菽是大豆煮熟后，经过幽闭发酵而成的意思，后来更名为豆豉。豆豉最早记载于汉朝的《史记》，但其生产历史则可追溯到先秦时期，其主要产地为我国长江流域及其以南地区，故有"南人嗜豉、北人嗜酱"之说。永川豆豉享有"川菜之神"的美誉，距今已有300多年历史。因川渝地区气候潮湿适宜毛霉生长，所以永川特产毛霉型豆豉。2008年，永川豆豉酿制技艺被列入国家非物质文化遗产名录，也是中国地理标志产品。重庆市永川区豆豉生产企业年生产永川豆豉约2万吨。

1. 工艺流程　工艺流程如下：

原料选择 → 清洗 → 浸泡 → 蒸煮 → 冷却 → 接种 → 制曲 → 下架 → 洗曲 → 后熟发酵 → 豆豉

2. 操作要点

1）原料选择　黄豆或者黑豆原料符合GB 1352规定，颗粒硕大、饱满、肉多、粒径大小基本一致的；充分成熟，表皮无皱，有光泽。

2）浸泡　按2倍量加水泡豆2h，水温20～25℃。以豆膨胀无破皮，手感有劲，豆皮不易脱离为宜，浸泡后豆子含水量达到45g/100g最佳。

3）蒸煮　通常是在一个标准大气压下121℃煮1h，所煮豆粒熟而不烂，内无生心，颗粒完整；有豆香味，无豆腥味，用手指压豆粒即烂，豆肉呈粉状，含水量52g/100g左右。

4）制曲　曲室是多层架子构成，每个架子上放置有簸箕或晒席（图22-7）。将蒸煮好的豆料入室摊在簸箕或晒席上，摊料时要做到四周厚，中间薄，料层随气温升高而变薄。然后接入毛霉菌种，种曲先用无菌水冷却到20℃左右，按1%接种量混合均匀，再接种到黄豆上面，料厚2～3cm。制曲周期一般为10～20天，入房温度为5～18℃，品温为5～12℃，入室3～5天后豆粒可见白色霉点，8～12天菌丝生长整齐，且有少量褐色孢子生成，16～20天毛霉转老，菌丝由白色转为灰色即可下架。下架质量要求：根据毛衣长稳，曲料菌丝丰满，孢子量大并紧裹豆料，有一定的香味，无酸味、异味。用手指掐断豆粒，有棕色，成曲含水量一般为30～35g/100g。

彩图

图 22-7　永川豆豉传统制曲

5）洗曲　将发酵成熟的坯子打散成颗粒状，以干豆计，每50kg加盐9kg，白酒0.5kg，依据胚子湿度加水0.5～2.5kg混合均匀，并用手或机械搓揉处理，尽量去掉孢子和菌丝。

6）后熟发酵　将去毛的黄豆入坛装满，然后用塑料膜覆盖密封，再盖上盖子。发酵9～12个月，豆豉变为棕褐色而有光泽。味鲜而回甜，粒酥软不烂，豆豉香浓而鲜美可口。

延伸阅读

毛　霉　属

毛霉属于接合菌门、藻状菌纲、毛霉目、毛霉科下的一个大属，在自然环境中普遍存在。其中总状毛霉（*Mucor racemosus*）、高大毛霉（*M. mucedo*）、鲁氏毛霉（*M. rouxianus*）是常见的发酵工业菌株，常被用于制作传统发酵制品，如豆豉、腐乳等。工业发酵菌株能够产生蛋白酶、糖化酶、纤维素酶，可以有效促进发酵的正向进行，可以促进大豆异黄酮的转化及γ-亚油酸的产生。

　　总状毛霉属于毛霉属下一个种，以孢囊孢子、接合孢子和厚垣孢子繁殖。菌落呈疏松絮状，初白色后浅黄至褐灰色，孢囊梗初不分生，后以不规则总状分枝，孢子囊球形，浅黄色至黄褐色。总状毛霉属于中温霉菌，温度过高不能生长，适宜20～30℃条件下生长。总状毛霉不仅可以用于制作传统发酵食品，其细胞壁能提取具有抑菌性的壳聚糖。目前研究已经证明总状毛霉是永川毛霉型豆豉制曲阶段的核心微生物，其丰度最高可达60%以上，在制曲阶段占绝对优势。其在制曲阶段能分泌大量胞外酶，降解大分子营养素，促进发酵正向进行，并对豆豉后发酵期细菌、酵母的生长至关重要，对豆豉风味物质的形成非常关键。

　　目前工业上米曲霉豆豉的生产已经全面使用发酵剂（米曲霉菌粉和酶制剂），而毛霉型豆豉则依赖于曲室环境和老曲的保留，复杂的制曲菌系使得不同毛霉批次之间的稳定性非常差。筛选出能够具有宽温度带生长能力、蛋白酶活力旺盛的毛霉菌株，对毛霉型豆豉发酵剂的开发至关重要。丝状真菌一般产生碱性和中性蛋白酶，研究发现总状毛霉蛋白酶水解植物蛋白质的水解苦味较低。总状毛霉常被用于腐乳制作，在豆腐白胚上进行总状毛霉的生长条件和酶活力筛选的研究较多，主要根据菌丝的长度及产生的蛋白酶活力的高低进行筛选。西南大学索化夷团队在2019～2020年，首次完成了总状毛霉的全基因组测序，基因组大小为42.6Mb。对其安全性进行预测，发现其基因组不能构成完整的真菌毒素代谢通路，缺少产生真菌毒素的基因基础，证实其用于发酵产品的安全性。该成果的完成标志着毛霉型豆豉（永川豆豉）直投式发酵剂的研发及品质改善有了理论基础。研究团队进一步针对速成豆豉豉香风味不足的问题，解析豉香风味构成，筛选嗜盐增香酵母，通过强化增香菌群的作用，增加速成豆豉豉香风味。这对于传统食品现代化改造具有积极的推动作用。

第三节　复合调味料

一、火锅底料

　　火锅底料是火锅风味的精髓，其是指以动植物油、食用盐、香辛料等为原料，加或不加辣椒、豆瓣酱等调味料，按一定配比和工艺加工制成，用于调制火锅汤的调味料。2016～2020年期间，我国火锅底料行业市场规模已从125.0亿元增长至187.7亿元，累计增长50.2%，并且随着火锅餐饮业的发展而不断发展。

（一）火锅底料的分类

　　我国地域宽广，各地的饮食习惯也不尽相同。在火锅底料方面，不同地区在配料和风味方面具有各自的特点。按火锅底料产品的形态可分为：液态火锅底料、半固态火锅底料、固态火锅底料三种类型。其中，液态火锅料是指预包装火锅底料内容物在常温下呈液体状、易流动；半固态火锅料是指预包装火锅底料内容物在常温下呈固液混合态，易改变形态；固态火锅料是指预包装火锅底料内容物在常温下呈固态，不易改变形态。

（二）火锅底料加工通用工艺

1. 工艺流程　　工艺流程如下：

原辅料 → 原辅料预处理 → 配料 → 炒（熬）制 → 成形（固体底料）→ 灌（包）装 → 杀菌 → 外包装 → 成品

2. 操作要点

1）原辅料要求　　食用动物油脂应符合 GB 10146 规定；食用植物油应符合 GB 2716 规定；食用盐应符合 GB/T 5461 规定；香辛料应符合 GB/T 12729.1 和 GB/T 15691 规定；辣椒应符合 GB/T 30382 规定；豆瓣酱应符合 GB 2718 规定；其他原辅料应符合相应的食品安全标准和有关规定；生产用水应符合 GB 5749 规定。

2）原料预处理　　根据不同产品需要，对原料进行预处理，包括：一些固体原料，如花椒、干辣椒、香辛料等的去杂、粉碎；一些专用复合酱料的制备，如川渝红油火锅制作中，部分企业会按照自身配方炒制辣椒酱，也称为糍粑辣椒；一些干制原料，如菌类、香辛料粉等的复水；一些生鲜原料需进行去杂、清洗、沥干、整形等处理。具体预处理工艺的选择依据终端产品的需求进行。

3）配料　　根据不同产品品质要求，将原辅料按比例混合。

4）炒（熬）制　　炒（熬）制步骤是火锅底料品质形成的关键步骤，通过炒（熬）制风味物质逐步形成。通常炒制温度在110～150℃，很多企业炒制过程中逐步添加原辅料，并在每步调整炒制温度。熬制通常用于液态和半固体底料生产中。

5）成形　　固态火锅底料需经过成形工艺。底料炒制后降温至80～90℃，灌入包装袋中，密封；对于有形状要求的底料则灌入模具中，3～8℃冷却成形。有形状要求的底料成形后脱模、包装。

6）灌（包）装　　半固态和液态火锅底料，炒（熬）制后降温至80～90℃，直接热灌装，灌装后封口冷却。也有一些液态和半固体火锅底料，灌装温度较低，需要后续进行杀菌处理。

7）杀菌　　川渝地区火锅底料通常采用热灌装，没有杀菌工艺，但在灌装车间应该尽可能保持环境清洁。一些灌装温度较低的火锅底料，需进行杀菌，可根据产品特点和品质要求选择巴氏杀菌或高温杀菌，以确保产品达到货架期要求。

视频 22-1

现代火锅底料生产线可查看**视频 22-1**。

案例

红油火锅底料加工工艺

红油火锅底料使用了包括牛油、辣椒、姜、蒜、豆瓣酱、香辛料等20多种原料，呈现出麻、辣、鲜、香、烫、甘、醇的特点。

1. 参考原料比例　　牛油80.00kg、老姜2.00kg、洋葱2.00kg、豆瓣6.40kg、干辣椒7.30kg、朝天椒2.00kg、大板椒1.60kg、辣椒面0.40kg、红花椒0.80kg、小茴香（粗碎）0.20kg、灵草（粗碎）0.05kg。

2. 工艺流程　　工艺流程如下：

原辅料预处理 → 炒制牛油 → 加姜、蒜 → 加豆瓣 → 加糍粑辣椒 → 加水发香料 → 油渣分离 → 热灌装 → 冷却成形 → 外包装 → 成品

3. 操作要点

1）原材料预处理　　辣椒粉、红花椒、小茴香（粗碎）、灵草（粗碎）用适当清水水发备用；糍粑辣椒制作：干辣椒、朝天椒、微辣小椒、大板椒混合，用煮椒机95℃蒸煮，搅碎备用。

2）炒制　　牛油下锅，加热至150℃，保持20～30min；下入老姜、大蒜控制油温约120℃，炒制3～5min，至姜蒜表面微黄；下入豆瓣，117℃炒制10～20min，使豆瓣发硬；下入糍粑辣椒，炒制温度控制在约115℃，炒制15～20min；下入水发后的香辛料，炒至辣椒皮亮皮，加入水发辣椒粉，温度约125℃，炒制3～5min即可。

3）油渣分离　　将炒制完成的底料置于离心机中，进行油渣分离，弃去渣料。

4）热灌装　　将火锅底料降温至80～90℃，直接热灌装，灌装后封口，冷却成形。

资源 22-1

海鲜火锅底料加工工艺可查看**资源 22-1**。

延伸阅读

李 氏 辣 度

红辣椒中含有20多种辣椒素类物质，其中以辣椒素和二氢辣椒素为主，占其总含量的80%～90%。与其他次要辣椒素类物质相比，这两种化合物对人类感官的刺激程度大约是其2倍。

传统的辛辣度评级最初由斯科维尔热量单位（SHU）测量，它表示物质被稀释到无法感知到辛辣味的次数。该法在较低的刺激度条件下准确度较好，而在测量高刺激度时，其在较宽范围内的辨别力较差。此外采用高效液相色谱等方法可以测定辣椒素物质含量，但因复杂辛辣体系辣味与其他味道有交互作用，同样无法准确评价辣度。在此背景下，重庆德庄实业（集团）有限公司、西南大学、重庆计量质量检测研究院等单位研究人员联合构建了麻辣火锅底料感官结合辣椒素类物质含量分析的辣度评价方法，暂时命名为"李氏辣度"（LSU）。

研究人员基于感官评价建立了一个类比酒精度数的模型，以"°"为单位的LSU来表示麻辣火锅的辣度，并将LSU固定在12°和75°之间，同时使用12°、36°、45°、52°、65°、75°分别代表微、低、中、高、超、特辣度的代表度数，在此基础上探究了麻辣烫中LSU和主要辣椒素含量（CMC）的相关性，并基于相关性结果反复修正，并最终构建了拟合良好的回归模型［LSU=10.369ln（CMC）+ 65.264，相关系数（R^2）=0.9817，显著性值（p）<0.001］，证明评价结果可信。目前李氏辣度已经在部分麻辣火锅底料企业中应用。

二、烹饪用中式菜肴复合调味料

复合调味料是指用两种或两种以上的调味品配制，经特殊加工而成的调味料。中式菜肴复合调味料是指主要用于中式菜肴烹饪的复合调味料。目前对于中式菜肴烹饪用复合调味料上缺乏明确分类，按照产品用途大致可分为炒制类、煮制类、蒸制类、调配类等。炒制类中式菜肴复合调味料是指用于炒制菜肴调味的产品，常见产品包括鱼香肉丝、麻婆豆腐、宫保鸡丁等复合调味料；煮制类中式菜肴复合调味料包括水煮类和卤煮类两种，前者常见产品包括水煮鱼、酸菜鱼、水煮肉片等调味料，后者常见产品为各种卤料；蒸制类中式菜肴复合调味料是指用于蒸制菜肴调味料，常见产品包括蒸肉粉等；调配类中式菜肴复合调味料主要指用于凉菜调配的调味料，常见产品如蒜泥白肉、麻辣鸡等调味料。

烹饪用中式菜肴复合调味料通用加工工艺包括以下环节。

1. 工艺流程　　工艺流程如下：

原料预处理 → 呈味热处理 → 干燥 → 灌（包）装 → 灭菌 → 外包 → 成品

2. 操作要点

1）原辅料要求　　中式菜肴类复合调味料产品繁多，原料来源广泛，所有原料应符合相应食品标准和相关规定。

2）原料预处理　　根据不同产品品质要求和原料特性，进行除杂、清洗、沥干、切分、粉碎、打浆、溶解、浸提、预煮、调配等预处理。

3）呈味热处理　　将调配好原辅料通过炒制、熬煮、浸提等工序，使之呈现预期的风味品质，期间通过调控温度、时间、配比等工艺参数获得相应品质。

4）浓缩干燥　　将呈味后的产品采用真空浓缩等手段进行浓缩，随后采用喷雾干燥、流化床造粒等方式进行干燥处理，部分粉状调味料常采用此工艺。

5）灌（包）装　　流体态的调味料根据产品成分和性质可采用热灌装或冷却后灌装，热灌装工艺为产品降温至80℃后直接灌装，灌装后封口冷却；非热灌装的液体产品，需要后续进行杀菌处理。固态调味料直接定量包装即可。

6）杀菌　　低温灌装产品需进行杀菌，可根据产品特点和品质要求选择巴氏杀菌或高温杀菌，以确保产品达到货架期要求。

回锅肉调味料及蒸肉粉的制作工艺流程可查看**资源22-2**。

三、复合调味酱

复合调味酱是指以两种或两种以上的调味品为主要原料，添加或不添加其他辅料，加工而成的呈酱状的复合调味料。主要包括风味酱、沙拉酱等。

资源22-2

（一）风味酱

风味酱是指以肉类、鱼类、贝类、果蔬、植物油、香辛调味料、食品添加剂和其他辅料配合制成的具有某种风味的调味酱。由于产品类型丰富，风味适宜性广，应用方便，生产周期短，工艺过程易于控制，风味酱行业的发展具有较高的经济效益，且在未来市场中仍具有广阔的前景。

风味酱加工基本工艺主要包含原料预处理、制酱、灌装、杀菌、外包等。具体以鲜味杂酱生产工艺为例予以说明。

1. 参考原料配方　猪肉丁 100kg，豆瓣酱 70kg，青葱 20kg，精油 7kg，蒜头 2kg，味精 0.5kg，白砂糖 20kg，胡椒粉 1kg，酱油 3kg，老姜 10kg。

2. 工艺流程　工艺流程如下：

原料预处理 → 制酱 → 灌装 → 杀菌 → 冷却 → 贴标 → 成品

3. 操作要点

1）原料要求　所有原料应符合相应食品标准和相关规定。

2）原料处理　猪肉洗净沥干后切至 0.5cm 左右的肉丁，然后与青葱末、大蒜泥在约 120℃油中炒制 3～5min。

3）制酱　将肉丁放入热油中，继续炒制，然后加入准备好的豆瓣酱、青葱、蒜头、味精、老姜、酱油进行搅拌，再加入胡椒粉。最后加入糖粉，继续炒制至肉末颜色变为暗红色为止。

4）灌装、杀菌　将上述制好的肉酱灌装后杀菌，杀菌条件为升温 10min，110℃保温 20min，降温 10min，然后冷却至 40℃左右。

（二）沙拉酱

沙拉酱属于西式调味品，以植物油、酸性配料（食醋、酸味剂）为主料，辅以变性淀粉、甜味剂、食盐、香料、乳化剂、增稠剂等配料，经混合搅拌、乳化均质制成的酸味半固体乳化调味酱。其实质是利用乳化剂的乳化特性，通过不断搅拌使油相均匀分散在水相中，形成稳定的水包油型（O/W）乳状液。传统沙拉酱是以含蛋黄食品配料为乳化剂，随着食品工业的发展，更多种类的乳化剂被用于沙拉酱生产中。

以低脂沙拉酱生产工艺为例介绍如下。

1. 参考原料配方　色拉油 45.0kg，白醋 12kg，鸡蛋 10kg，黄原胶 0.1kg，砂糖 10.0kg，食盐 2.0kg，胡椒粉 0.2kg，海藻酸钠 0.2kg，藻酸丙二醇酯 0.2kg，山梨酸钾 0.05kg，复合抗氧化剂 0.02kg，味精 0.4kg，水 12.93kg。

2. 工艺流程　工艺流程如下：

原料预处理（鸡蛋清洗消毒，食品胶溶胀） → 混合调制 → 真空混合乳化（植物油、食醋） → 均质 → 灌装 → 杀菌 → 成品

3. 操作要点

1）原料要求　植物油应符合 GB 2716 规定；含蛋黄配料应符合 GB 2749 规定；食醋应符合 GB 2719 规定；食品添加剂符合 GB 2760 规定；生产用水符合 GB 5749 规定。

2）原料预处理　鲜鸡蛋用清水洗净，使用前用 1% 的高锰酸钾溶液浸泡几分钟后捞出，打蛋去壳；将相关食品胶体按相应要求提前浸泡水合。

3）制酱　将全部原料分别称量后，将少量的原辅料用水溶化，除植物油、醋以外，全部倒入真空乳化机中，开启搅拌使其充分混合，呈均匀的混合液。边搅拌边徐徐加入植物油，加油速度宜慢不宜快，当油加至 2/3 时，将醋慢慢加入，再将剩余油加入，直至搅成黏稠的浆糊状。为了得到组织细腻的沙拉酱，避免分层，用胶体磨进行均质，胶体磨转速控制在 3600r/min 左右。

4）灌装、杀菌　将上述制备的酱体灌装后进行巴氏杀菌。

本章小结

1. 调味品按照终端产品可分为 17 类，包括食用盐、食糖、酱油、食醋、味精、芝麻油、酱类、豆豉、腐乳、鱼露、蚝油、虾油、橄榄油、调味料酒、香辛料和香辛料调味品、复合调味料和火锅调料。

2. 酱油生产工艺分为高盐稀态发酵工艺和低盐固态发酵工艺，二者主要差异在原料处理、制曲、发酵与浸出等环节。

3. 食醋生产工艺主要包含以酵母为主的酒精发酵和以醋酸菌为主的醋酸发酵两步，主要分为固态发酵工艺和液态发酵工艺。

4. 调味料酒的生产工艺主要包括原料处理、糖化、前发酵、后发酵、压榨、煎酒、陈酿、调配、过滤、灭菌等工艺。

5. 其他发酵类调味品包括毛豆腐、豆瓣酱和豆豉，生产均是通过霉菌发酵产生特有风味，其核心工艺是控制霉菌发酵的条件。

6. 火锅底料产品按形态可分为液态火锅底料、半固态火锅底料、固态火锅底料三种类型，其通用工艺主要包括原料预处理、配料、炒（熬）制、成形、灌（包）装及杀菌等工艺。

7. 中式菜肴复合调味料是指主要用于中式菜肴烹饪的复合调味料，主要使用两种或两种以上的调味品配制，经特殊加工而成的调味料，主要工艺包括原料预处理、呈味热处理、浓缩干燥、灌（包）装及杀菌等工艺。

8. 复合调味酱是指以两种或两种以上的调味品为主要原料，添加或不添加其他辅料，加工而成的呈酱状的复合调味料，主要包括风味酱、沙拉酱、蛋黄酱等，其工业化生产的核心在于特征风味物质产生及其在货架期内的保持。

【思 考 题】

1. 调味品按照终端产品主要分为哪些类？
2. 高盐稀态发酵酱油和低盐固态发酵酱油的加工工艺有哪些差别？
3. 简述固态发酵醋和液态发酵醋加工工艺的要点。
4. 郫县豆瓣的生产流程中的 3 个阶段是什么？
5. 什么叫复制调味品，有哪些？
6. 简述火锅底料的通用加工工艺。
7. 思考我国传统发酵调味品向现代化和标准化生产发展的途径。

参考文献

杜连起. 2006. 风味酱类生产技术. 北京：化学工业出版社.

范俊峰，李里特，张艳艳，等. 2005. 传统大豆发酵食品的生理功能. 食品科学，（1）：250-254.

郭晓强，陈朝晖，王卫，等. 2008. 复合川菜调味料生产工艺的研制. 成都大学学报（自然科学版），（1）：11-15.

胡晓倩，李长江，吴永祥，等. 2019. 徽州呈坎罗氏毛豆腐营养成分及浸提液抗氧化活性的研究. 食品与发酵工业，45（18）：101-106.

江新业，刘雪妮. 2020. 复合调味料生产技术与配方. 北京：化学工业出版社.

李德建. 2018. 重庆火锅全书. 重庆：西南师范大学出版社.

刘红. 2020. 基于苦荞与糯米发酵开发调味料酒关键技术研究. 成都：西华大学.

刘坚. 1982. 福建永春老醋. 中国酿造，（1）：30-31.

索化夷，赵欣，骞宇，等. 2015. 永川毛霉型豆豉在发酵过程中微生物总量与区系变化规律. 食品科学，36（19）：124-131.

吴芳英. 2019. 沙拉酱的研究现状及进展. 绿色科技，（20）：162-164.

徐清萍. 2009. 酱类制品生产技术. 北京：化学工业出版社.

徐清萍. 2019. 调味品生产工艺与配方. 北京：中国纺织出版社.

姚娟. 邓放明. 陆宁. 2012. 自然发霉条件下腐乳醅中优势微生物的分离与初步鉴定. 食品工业科技，33（11）：209-211.

余小映. 韩文芳. 黄丽. 等. 2013. 蒸肉粉的加工工艺研究. 食品工业，34（8）：83-86.

贠建民，张卫兵，赵连彪. 2007. 调味品加工工艺与配方. 北京：化学工业出版社.

McDougall J I. 2021. Globalization of Sichuan hot pot in the "new era". Asian Anthropology, 20 (1): 77-92.

Sun J, Ma M, Sun B, et al. 2021. Identification of characteristic aroma components of butter from Chinese butter hotpot seasoning. Food Chemistry, 338, 127838.

Zhang Y, Zeng T, Wang H, et al. 2021. Correlation between the quality and microbial community of natural-type and artificial-type Yongchuan Douchi. LWT, 140, 110788.

Zheng L, Zhang Q, Li Z, et al. 2020. Exposure risk assessment of nine metal elements in Chongqing hotpot seasoning. RSC Advances, 10 (4): 1971-1980.

第二十三章

未来食品

随着多学科与新技术的深度交叉融合，科学技术的蓬勃发展对食品领域的创新发展、食品新兴业态的构创、全球食品产业结构优化和健康持续发展发挥了巨大的助推作用。未来食品科学是一门新兴的前沿交叉学科，以食品组学、食品合成生物学、食品感知科学、营养学、材料科学等为基础，依托新一代信息技术、颠覆性生物技术、革命性新材料技术、人工智能技术、先进制造技术，加工制造更健康、更安全、更营养、更美味、更高效、更持续的食品，是未来人类生存和发展的基本保障。

学习目标

掌握未来食品科学的定义。

掌握未来食品业态的概念。

掌握食品合成生物学原理。

掌握食品增材制造分类和基本原理。

掌握食品工业机器人内涵。

掌握精准营养食品制造原理。

第一节　未来食品概述

新一轮科技革命和产业变革方兴未艾，给人类发展带来了深刻变化，为解决和应对全球性发展难题和挑战提供了新路径。未来食品是基于食品多组学研究技术，利用系统生物学和大数据分析手段，解析不同食品营养组分、加工方式、膳食模式等与人体健康的关系，采用食品工业机器人，增材智能制造等技术生产更安全、更健康、更美味的食品。未来食品依托食品增材制造技术、食品纳米技术、食品工业机器人技术和食品微生物技术等，形成食品组学、合成生物学和感知科学三大科学，塑造细胞工厂等新业态。

一、未来食品技术与科学

（一）未来食品技术

进入新时期以来，全球新一轮科技革命和产业变革正在重构全球创新版图、重塑全球经济结构。以合成生物学、基因编辑、人工智能、再生医学等为代表的生命科学领域孕育新的食品变革，融合机器人、数字化、新材料的先进制造技术正在加速推进制造业向智能化、绿色化转型。未来食品技术主要包括以下几类。

1. 食品增材制造技术　是指基于离散-堆积原理，由食品组分三维数据驱动直接制造食品产品的科学技术体系，是一种"自下而上"通过材料累加的制造技术手段。其中3D、4D等多维打印技术是典型代表，被普遍认为是一种颠覆性技术，可实现加工制造从减材、等材到增材的巨大转变，改变了传统制造的理念和模式。

2. 食品纳米技术　是指在生产、加工或包装过程中采用了纳米技术手段或工具的食品技术，主要包括纳米食品加工、纳米包装材料和纳米检测技术。

3. 食品工业机器人　　是利用视觉、力觉、触觉、接近觉、距离觉、姿态觉、位置觉等传感器，实现人在食品分拣、分切、包装等环节的高灵敏、高精度、高效率操作的机器替代。食品工业机器人将更加多样化，其应用范围也将不断扩大，将变得越来越安全，更快且更可靠，并且能够处理更多种类和更多的产品。

4. 未来食品微生物技术　　是利用海量生物数据库，基于酶家族进化及序列保守性分析，设计蛋白或核酸序列探针，挖掘具有高催化活性的新型食品酶；利用酶结构解析、理性或半理性设计、高通量筛选等技术手段，对食品酶进行分子改造，优化其应用适应性；构建食品酶的高效分泌表达系统，并通过强化跨膜转运，实现其规模化制备；突破酶固定化、多酶耦联及酶膜分离耦合等技术瓶颈，构建高效酶催化体系，实现食品主要组分、功能配料和添加剂的酶法制备的食品加工技术。

（二）未来食品科学

未来食品技术通过全链条科技交叉融合创新形成未来食品的三大科学，即食品组学、食品合成生物学和食品感知学，为食品营养与健康食品创制，以及食品加工制造高技术发展形成强有力的科技支撑，引发食品产业的深刻变革。

食品组学是一个包含广泛学科的新概念，在 2009 年被首次定义为：借助先进的组学技术研究食物和营养需求领域问题，从而增强消费者的良好状态。目前，食品组学指的是包括食品组分及其对食品加工与生物制造过程的影响科学，并包括食品在人体的消化、吸收对人体健康的影响科学。

食品合成生物学是在传统食品制造技术基础上，以食品组分分子合成与生产为目标，以实现食品组分的定向、高效、精准制造为目的，利用系统生物学知识，借助工程科学概念，将工程学原理与方法应用于遗传工程与细胞工程，从基因组合成、基因调控网络与信号转导路径，到细胞的人工设计与合成，到食品规模化生物生产的系统科学。

食品感知学指的是基于大脑处理视觉、嗅觉、触觉、味觉等化学和物理刺激过程所产生的神经元精细调节，研究食品感官交互作用和味觉多元性，靶向构建基于智能仿生识别的系列模型，实现感官模拟及个体差异化分析的科学。

二、未来食品产品与业态

未来食品技术和科学赋能释放科技活力，推进未来食品发展，构成未来食品发展框架，支撑未来食品领域的健康和有序发展，诞生了重组食品、3D 打印食品和纳米食品等未来食品产品，并形成了细胞工厂、中央智慧厨房、食品智能制造和精准营养食品制造为代表的未来食品发展四大新业态。

（一）未来食品产品

多学科交叉融合创新是未来食品科技的核心竞争，全球食品科技创新已从单一环节的创新转变为全产业链的链条式交叉融合创新。未来食品科学和技术将加速未来食品产品发生根本性的变革。作为未来食品的代表，植物蛋白肉与细胞培养肉等新型重组肉在健康、安全、环保等方面均较传统养殖肉类具有显著优势。3D 打印技术已经取得了巨大的发展，一些组织、公司甚至是个人都开始投入时间和资源来开发创新3D 打印食品。此外，纳米技术制造的纳米食品也开始受到人们的青睐。

（二）未来食品业态

随着生物技术、人工智能、大数据技术和先进制造等技术领域的快速兴起和蓬勃发展，未来食品产业发展也趋向形成了四个新的业态。①细胞工厂是将生物细胞设计成一个"加工厂"，以细胞自身的代谢机能作为"生产流水线"，以酶作为催化剂，通过计算机辅助设计高效、定向的生产路线，并且通过基因技术强化有用的代谢途径，从而将生物细胞改造成一个合格的产品"制造工厂"。②中央智慧厨房是通过数据打通农场种养、净菜加工、冷链配送、智能烹饪到手机点餐、食材溯源等全流程，实现"端云一体"，物流、信息流、资金流高度集成，相互增值，为用户提供安全、味美、高效的智能餐饮服务。③食品智能制造是利用食品装备智能控制系统及相关工业应用软件、故障诊断软件和工具、传感和通信系统，实现人、设备与产品的实时联通、精确识别、有效交互与智能控制。④精准营养食品制造也叫个性化营养干预，是以个人基因组信息为基础，结合蛋白质组、代谢组等相关信息，为普通人群或亚健康人群量身设计出最佳营养方案，以期达到更精准的一门定制营养健康模式。

第二节　未来食品生物制造

随着全球环境污染加剧、气候持续变化和人口不断增长，如何保障安全、营养和可持续的食品供给面临巨大挑战。未来食品生物制造技术因其具有可预测、可再造、可调控等优势正在重塑世界，既是解决现有食品安全与营养问题的重要技术，也是面对未来食品可持续供给挑战的主要方法。

一、食品合成生物学

（一）食品合成生物学的内涵

合成生物学是 21 世纪初新兴的生物学研究领域，是在阐明并模拟生物合成的基本规律之上，达到人工设计并构建新的、具有特定生理功能的生物系统。食品合成生物学在传统食品制造技术基础上，采用合成生物学技术，特别是食品微生物基因组设计与组装、食品组分合成途径设计与构建等，创建具有食品工业应用能力的人工细胞、多细胞人工合成系统，以及无细胞人工合成系统，将可再生原料转化为重要食品组分、功能性食品添加剂和营养化学品，实现更安全、更营养、更健康和可持续的食品获取方式。

（二）食品合成生物学的应用

1. 改善蛋白质中氨基酸组成　　蛋白质是人体维持正常生长代谢必不可少的重要营养成分之一，人体生长过程中需要的必需氨基酸只能通过饮食摄入，但植物性蛋白质由于氨基酸种类较少，人体长期只食用植物性蛋白质易形成营养缺乏。因此，通过基因选育和克隆的方式对植物中合成必需氨基酸的基因进行调整，改善植物蛋白质中氨基酸的组成，从而提高食品的营养价值。

2. 增加油脂的来源　　油脂是构成和维持生命活动的基本物质，也是重要的工业原料。传统的食用油脂主要来源动植物。由于微生物油脂含有比动植物油脂更高、更丰富，且多种生理活性的不饱和脂肪酸，加之微生物具有营养简单、生长繁殖快、易变异、可工业化大规模培养等优势，因此微生物产油脂具有广阔的开发应用前景。目前利用合成生物学技术对产油微生物甘油三酯生物合成和代谢调控机制的研究已取得了重要进展，发现了大量的具有高产油能力或其油脂组成中富含稀有脂肪酸的产油微生物资源，提高了微生物产油的效率。日本、德国、美国等国家目前已有商品菌油面市。

3. 改良食品碳水化合物　　研究发现大多数稀有糖对机体有特殊的功能，能作为一些抗糖食物的添加剂，但稀有糖目前从自然界获取的来源有限，产量低，并且生产制备稀有糖的成本高于普通糖类。所以，基于合成生物学策略，研究人员调整了稀有糖原的表达，优化了稀有糖代谢表达过程，可使产量扩大数倍，提升生物工程水平，促进相关产业发展。

二、食品细胞工厂

（一）细胞工厂的定义

细胞工厂可以笼统地定义为利用细胞的代谢来实现物质的生产加工。利用细胞工厂生产肉类、牛奶、鸡蛋、糖、油脂等人造食物，颠覆传统的食品加工方式，形成一种更加安全、更加营养、更加健康和可持续的新型食品生产模式将会成为未来食品工业发展的趋势之一。细胞工厂的宿主选择范围较广，微生物细胞、动物细胞和植物细胞均可以被开发作为细胞工厂，就目前而言，细胞工厂的改造主要在微生物细胞中进行。因此，以微生物细胞工厂为例，由于微生物细胞自身酶系种类、转化效率和代谢途径的限制，要将微生物细胞改造成为细胞工厂，与组学分析、高速计算机技术和分子改造技术的最新进展息息相关，解析微生物细胞的基因、蛋白质、网络和代谢过程中的本质，在分子、细胞和生态系统尺度上，多水平、多层次地认识和改造微生物，经过人工控制的重组和优化，对微生物细胞代谢的物质和能量流进行重新分配，从而充分发掘微生物细胞广泛的物质分解和优秀的化学合成能力，可以快速地构建出生产各种人造食品的细胞工厂。

（二）食品细胞工厂的设计构建

细胞工厂可以使得食品生产途径从"服从"食品微生物对食品的"改造"，转变为"驯化"甚至"创造"微生物对食品进行特定的工作。为了实现这种转变，需要"自上而下"的目标导向策略和"自下而上"的工程搭建策略同时发展。首先，"自上而下"的目标导向指的是以生产具有某种特性的发酵食品或具有某种生理功能的食品组分为目标，鉴定参与目标物形成的底盘微生物及其代谢或合成途径，进而对这些途径进行优化或创建。鉴定参与产物生物合成的基因可以利用一些存储已知代谢反应信息的数据库，如KEGG、MetaCyc 和 BRENDA 等。组学技术和计算生物学为候选基因的挖掘，以及合成途径的预测和设计提供了技术手段。确定了微生物的改造方案之后，就需要按照"图纸"进行"自下而上"的工程搭建。进行搭建的基础一是易于改造及适宜食品组分生产的底盘微生物，二是可用于建立通用模块的标准化生物元件。

细胞工厂的设计与构建是未来食品生物制造的核心技术，一般细胞工厂的设计构建由底盘细胞筛选、生物元件及模块优化、细胞生产功能优化组成。细胞工厂的设计是精细而复杂的，随着系统生物学、合成生物学、计算机科学等新学科、新技术的快速发展，奠定了食品细胞工厂高效构建的理论和技术基础。相信在不久的将来，将有越来越多设计精密、含有更多更复杂的基因元件并且控制更加方便的细胞工厂出现并应用于食品工业生产中，能够为食品产业做出巨大贡献，同时可以降低能源与生态压力，彻底解决食品原料和生产方式过程中存在的不可持续的问题。

三、人造重组食品

（一）细胞培养肉

全球肉制品需求不断增长，使全球农业和肉类工业面临巨大挑战，人们不得不探索更加可持续的肉制品生产体系。以植物蛋白和动物细胞培养为基础的人造肉生产技术取得了一系列突破，并开始逐步实现商业化，对现有基于畜牧养殖业的肉制品生产加工体系产生了巨大冲击。细胞培养肉在成本、营养、健康、安全、环保等方面均较传统肉类有显著优势，是未来肉类产品生产的重要发展趋势。细胞培养肉在满足人类对肉类需求的同时，也不耗费饲料和水，不需要培育和屠宰动物，不需要进行垃圾废物处理，可将有害温室气体排放量减少96%，在解决人类对肉类的需求的同时还解决了传统养殖业带来的社会和环境问题。

（二）植物基食品

1. 植物基肉制品　　植物基肉制品是以植物蛋白为原料，主要通过挤压等技术生产具有类似肉类质构、口感和风味的仿肉制品。植物基肉制品是近几年较为火热且具有广阔前景的"人造肉"产品。植物蛋白素肉的原料具有多样性，大豆蛋白、豌豆蛋白和花生蛋白是我国目前研究比较深入且已有一定规模的商业化产品的蛋白原料。其中，以大豆蛋白为原料的植物基肉制品的应用在我国较为普遍。根据植物基肉制品生产的水分含量可将其分为低水分产品（水分含量为20%～40%）和高水分产品（水分含量为40%～80%）。目前，我国市场主要以低水分植物基肉制品为主，产品大多为火腿肠、辣条、豆干等。而高水分植物基肉制品由于技术尚不够成熟，消费者接受程度低等原因，在我国市场上规模较小。

2. 植物基饮料　　近年来，随着人们膳食结构中摄入肉、蛋、乳类等动物源食物的数量持续提升，高血压、心脏病、肥胖等慢性疾病的发病率也在不断上升。而植物来源的食物因不含对上述疾病有促进作用的饱和脂肪酸、胆固醇等物质，且富含具有抗氧化活性的多酚、黄酮等植物化学物质，成为有健康意愿的人们调整膳食结构的重要选择。植物基饮料一般指不添加动物源食品原料，以植物性食品为主研发的具有营养价值的饮料，包括谷物饮料、果蔬饮料、混合饮料等，其中谷物饮料是指以谷物为原料加工制成的饮料产品，是谷物食品的重要组成部分。基于消费者渴求健康、自然的产品，以及如今的饮料行业倾向于选择不含酒精、添加剂和防腐剂的功能饮料的前提下，植物基饮料自然就成为市场上的重头戏。

第三节 食品增材与智能制造

一、食品增材制造

增材制造（additive manufacturing，AM），也被广泛称为 3D 打印（3D printing），是 20 世纪 80 年代诞生的一项革命性技术。目前，3D 打印技术在机械工程、航空、医疗、食品等领域中得到广泛应用。随着生活水平不断提高，健康饮食理念深入人心，越来越多的人追求个性化、美观化的营养饮食。传统食品加工技术很难完全满足这些需求，3D 食品打印技术不仅能自由搭配、均衡营养，以满足各类消费群体的个性化营养需求；还可以改善食品品质，根据人们情感需求改变食物形状，增加食品的趣味性。

（一）食品 3D 打印的基本原理

食品 3D 打印主要分为以下三个部分。

1. 数字建模 建立打印模型时，可以使用 CAD 等三维绘图软件进行设计；也可以使用三维扫描仪，直接对相应物体进行轮廓和造型识别，将模型信息存入计算机中。

2. 路径规划 获取了三维模型的信息后，计算机会将三维立体图像分解成一层层的二维平面图像。一般来讲，分割层数越多，打印的精度越高，但同时花费时间越长，成本越高。在使用 3D 打印技术时，还需要针对所用材料的特性和精度要求来决定打印的层数。确定二维平面图像后，计算机规划好每层的打印路径。打印路径往往对最终的成品效果影响较大。

3. 实际打印 相关硬件根据存入的路径信息进行操作，最终打印出成品。根据不同材料选用不同机器。打印过程中，需要分别对打印速度、喷头温度、挤出量等因素进行控制，这样才能保证最后成品的质量。

（二）食品加工中 3D 打印方法

目前，可应用于食品加工的 3D 打印方法主要包括四种类型：挤出成型技术、选择性激光烧结技术、黏结剂喷射打印技术和喷墨打印技术。这些打印技术具有不同的方法 / 技术特点，适用范围也不尽相同（图 23-1）。

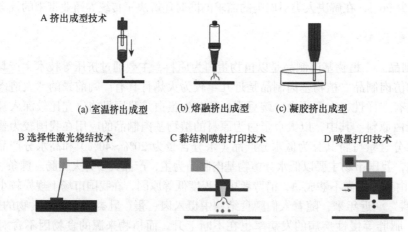

A 挤出成型技术

　　(a) 室温挤出成型　　(b) 熔融挤出成型　　(c) 凝胶挤出成型

B 选择性激光烧结技术　　　C 黏结剂喷射打印技术　　　D 喷墨打印技术

图 23-1 食品加工中几种常见的 3D 打印类型

1. 挤出成型 挤出成型 3D 打印是目前主要的食品 3D 打印方法。根据打印温度和打印材料状态的不同，挤出成型技术可分为室温挤出成型、熔融挤出成型和凝胶挤出成型三种方式。

室温挤出成型不需要温度控制，但要求打印原料具有适当的材料黏弹性，它允许材料通过细孔挤出喷嘴，并支持沉积后的产品结构。但是，该种形式打印的产品一般需要通过油炸、蒸煮和烘烤等后处理方法进行熟化。

熔融挤出成型又名熔融沉积成型，是一种通过加热固体或半固体原料，使其熔化为液体被挤出后在平台上凝固成型的技术。加热点温度通常设置得略高于原料熔点。熔融挤出成型打印的物体必须有支撑结构，否则在从下向上打印的过程中，上层悬空的部分就会掉落。

与前两种挤出成型方式不同，凝胶挤出成型在食品领域的应用更为广泛，可进行水凝胶、肉类、水果和蔬菜等材料的打印。食品材料在打印前通常需要经过热处理、酶交联、离子交联等预处理以形成凝胶体系，从而具有良好的打印性能。

2. 选择性激光烧结技术 选择性激光烧结技术是通过激光的照射，使粉末状颗粒吸收能量，进而烧结定型的技术。打印进程中，利用刀片或滚筒在平台上均匀铺上一层粉末，然后使用激光按照规划路径塑造出轮廓。激光辐射被粉末颗粒吸收，产生局部加热，引起相邻颗粒的软化、熔化和固化。然后，平台下降一层的高度，在已烧结的层上方再进行粉末沉积；重复操作，直至打印完成。该技术由于需要将粉末熔化，因此适用于熔点相对较低的糖和富含糖的粉末。但是，在实际情况中，打印过程往往会因为不同粉末的特性而变得复杂。

3. 黏结剂喷射打印技术 黏结剂喷射打印在原理上与选择性激光烧结相似。在打印过程中，黏结剂被选择性地喷到材料层的特定区域上，将当前的粉体薄层和之前及之后的薄层黏结在一起，从而经逐层组合后形成复杂的3D结构。食品3D打印的黏结剂也可以作为打印产品风味和色泽的调节剂，从而丰富产品的口味和颜色。目前，可食用黏结剂多为糖和淀粉的混合物与水或醇的混合溶液，但产品中过高的糖含量不利于身体健康，所以选取低能量的替代物作为黏结剂是食品黏结剂喷射打印需要解决的问题。

黏结剂喷射打印具有加工速度快、成本低等优点，但产品的光滑度不够，需要高温固化等后处理加工。目前，该种技术主要用于糖粉和淀粉粉末的3D打印。基于黏合剂喷射技术，西英格兰大学研究人员使用糖和淀粉混合物制造了复杂的食品结构。

4. 喷墨打印技术 与挤出成型打印不同，喷墨打印不用于逐层沉积以获得立体打印产品，而常用于打印二维图像。食品喷墨打印的"油墨"通常为低黏度材料，如奶油、意大利面酱等，其不具有足够的机械强度来保持3D结构。打印过程中，流动的材料经喷嘴分配到食品表面（如饼干、蛋糕和披萨）的某些特定区域，从而起到装饰和填充的目的。喷墨打印有连续喷墨打印和按需喷墨打印两种类型。连续喷墨打印机通过恒定频率振动的压电晶体连续地喷射"油墨"来完成图像打印。在按需喷墨打印机中，"油墨"则通过阀门施加的压力从喷嘴喷出。一般来说，按需喷墨打印的打印速度比连续喷墨打印要慢，但所产生图像的分辨率和精确度更高。

二、食品智造工业机器人

（一）食品工业机器人的概念

工业机器人是面向工业领域的多关节机械手或多自由度的机器装置，它能自动执行工作，是靠自身动力和控制能力来实现各种功能的一种机器。具有拟人化、可编程、通用性等特点。受食品工业上升趋势影响，工业机器人在食品加工、包装分拣等领域表现抢眼。随着制造商相继在细分领域取得突破，未来食品工业中的机器人份额将会进一步提升。应用到食品工业中的食品工业机器人可定义为，由计算机控制的高度自动化机械手，能连续不断、高精确度、可靠高效地完成重复性工作。

食品工厂中采用的工业机器人具有以下特点和优势：可替代重复劳动，使得食品生产效率提高；减少人员接触，使得食品卫生安全控制可靠；可适应特殊的高温和特殊环境条件，降低直接劳动力成本；可替代重载和复杂包装环节，减少人员受伤；由于技术先进、精密，可采用连续工作或多头工作方式，工作效率很高，降低人工成本，而且废品率及故障率低，有效减少资源消耗和环境污染（图23-2）。

（二）食品工业机器人的发展趋势

随着机械手末端操作器、视觉系统、传感器、高性能处理器、人工智能等机器人本体技术和辅助技术的不断发展，搭建具有复杂感知能力的智能控制系统和具有高精度高灵活性机器人的难度逐渐降低，食品工业机器人将更加多样化，其应用范围也将不断扩大，将变得越来越安全，更快且更可靠，并且能够处理更多种类和更大数量的产品。

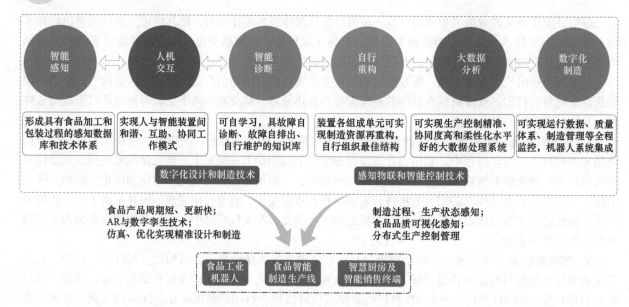

图 23-2   食品工业机器人技术与应用

　　同时由于食品产业发展不仅要求机器人可替代某些重复的人工任务，还需要支持和强化决策过程，因此机器人技术和人工智能技术的快速融合也促进了食品工业机器人的发展。目前利用深度学习算法，通过反复试验和测量误差来实现抓取随机放置的物品，可以确保准确率达到 90%。人工智能的潜在应用非常广泛。例如，通过预先安排维护和订购备件来识别具有高故障风险的机器人，以最大程度地减少停机时间；通过分析视觉系统和传感器数据来优化机器人的运动，以减少完成任务所需时间；联网的机器人可一起学习，以减少学习新任务所需时间。此外，将人工智能与机器视觉系统相结合使得机器人能够识别出有缺陷的产品并将其从生产过程中移除，从而促进质量控制领域的重大发展。随着人工智能研究的逐渐成熟，食品工业机器人将应用到食品生产供应链的每一个环节，并将发掘出前所未有的全新应用领域。

　　未来以"深度感知、智慧决策、自动执行"为主体指导框架，以将仿生技术、传感技术、微电子技术、人工智能技术等集成应用于食品制造过程，开发具有自我运动规划、多轴联动、自主动作执行的新一代食品制造工业机器人，服务于食品加工、成型、包装、分拣、垛码等工序。通过自主感测及可伸缩的纳米导电材料，创制柔软、可伸缩、可随意变形、可感知外在环境因子、肌肉运动等优势的柔性化机器人，更适应食品加工不同工序的需要。最后，系统地规划和选择最适合特定食品产业应用的工业机器人，以确保快速推广，成为食品工业机器人的未来趋势。

三、3D 打印食品

（一）军事和太空食品

　　当前发达国家正在广泛研究军用 3D 打印技术在后勤保障中的运用，军用 3D 打印技术将极大缩短军队供应链，降低后勤保障成本，甚至引起军队后勤系统发生革命性变化。食品 3D 打印技术在军用食品生产中具有多个优势，如①允许士兵在战场上按需制作餐食；②可根据士兵的营养和能量需求进行个性化定制；③可以通过以原料形式而不是以最终产品形式储存来延长食品材料的保质期。

　　现阶段，由于食品的冷藏和冷冻需要耗费大量的飞船资源，航天员都是食用事先包装好的食品，这种食品不仅口味差、种类少，各种营养成分都被降低，而且偏重。因此，目前的航空食品体系无法满足载人火星或其他长期深空探索任务中乘员的营养需求，也不能满足 5 年保质期的要求。3D 打印食品可以根据航天员的营养需求、健康状况和口味而定制，满足个性化的要求。因此，3D 打印技术不仅能减轻太空船的重量，还可以使用类似技术制造工具等物品。

（二）老年食品和儿童食品

　　咀嚼和吞咽食物困难是老年人常见的问题，医学上将这个问题称为"吞咽困难"。德国科技公司

Biozoon 最近推出了一种叫"Smoothfood"的 3D 打印食品，将肉类、糖类食品和蔬菜被挤压成立即可食、容易咀嚼的食物，以解决老人的进食困难问题。荷兰的 Foodjet 公司通过新型打印头将高黏度的食材打印到大规模生产的食品上，比如饼干和面包，将原始食材与可安全消化的固态介质混合做成墨水，再打印成食品。所以，该公司生产的 3D 打印食品有很多的优点，比如没有明显的层间痕迹，足够结实，不会轻易损坏塌陷，与食物的原始状态很相似但更柔软，并且带有胶装纹理，在口腔中很容易溶化，而后面这几点正是老年人最需要的。

儿童每日需摄入适当的能量、维生素和矿物质来满足生长所需，但由挑食（尤其如蔬菜）引起的营养失衡很容易影响儿童的身体健康和生长发育。将食材打印成具有有趣形状和丰富色彩的食品可能更容易吸引儿童食用，从而改善其饮食习惯和营养平衡。意大利福贾大学研究人员通过食品 3D 打印将蘑菇、白豆、香蕉和牛奶打印成了具有章鱼形状的儿童营养零食。因为具有新颖的外观，该款零食一经打印就获得了儿童的青睐。此外，他们还根据零食为儿童提供营养的相关标准对打印零食的配方进行了优化，使打印零食在具有理想外观的基础上为儿童提供更均衡和丰富的营养。

（三）甜食和休闲食品

甜食和休闲食品是食品产业中重要的组成部分。近些年，食品 3D 打印技术也已经被逐步应用于甜食和休闲食品加工领域。在巧克力 3D 打印方面，2012 年英国埃克塞特大学与 Choc Edge 公司合作推出了世界上第一款商用 3D 巧克力打印机 Choc Creator，该打印机采用注射式"打印头"进行巧克力的 3D 打印。2015 年 3D Systems 公司与 Hershey 公司合作，开发了一款名为 CocoJet 的挤出型巧克力打印机，该打印机可以打印各种形状的巧克力。2013 年，武汉巧意科技有限公司发布了最新款巧克力 3D 打印机 Choc Creator 2.0，并迅速打开国内巧克力 3D 打印机市场。2014 年，郑州乐彩科技股份有限公司研发了一款新型的巧克力 3D 打印机，其最大的亮点在于将巧克力材料的加热装置设置成圆管状，使巧克力材料能够均匀受热，从而具有更好的打印性能。

在糖果 3D 打印方面，2007 年，CandyFab 项目首次使用糖粉来制作 3D 打印糖果，并且推出了基于选择性激光烧结技术的打印机。基于选择性激光烧结技术，荷兰 TNO 公司用糖粉生产了许多不同形态的糖果。两名伦敦学生发明了一款名为 GumJet 3D 的打印机来打印吸引人的口香糖。德国 Wacker 公司设计的口香糖 3D 打印机则可以使用果汁、椰子和植物提取物来制作口香糖，并生产出了许多口感和味道不同的口香糖。

四、纳米结构食品

纳米食品具有提高营养、增强体质、预防疾病、恢复健康、调节身体节律和延缓衰老等功能。目前的纳米食品主要有钙、硒等矿物质制剂，维生素制剂，添加营养素的钙奶与豆奶，纳米茶和各种纳米功能食品。与传统的加工方法相比，食品纳米技术生产的纳米结构食品具有新的口味、质地、稠度和乳液稳定性。

延伸阅读

低脂产品

纳米结构食品的一个典型例子是低脂产品，比如基于纳米乳液制备的冰淇淋，其油脂含量显著低于常规全脂冰淇淋，但是质地上和全脂一样"柔滑"。除此之外，由含有纳米水滴的纳米胶束制备出的蛋黄酱与全脂蛋黄酱相比，有着相似的口感和质感，但脂肪含量大大减少。这些产品为消费者提供了"健康"的选择，而不会影响口味或质地。在面制品中，压缩饼干由于其密度大，硬度高，较难吞咽，采用微粉特性的物料制作的压缩饼干，有较好的流动相方便下咽。肉是人类日常饮食中的重要组成部分，不仅仅因为它的营养价值，还因为它独特的风味。由于肉含有很多微米/纳米级肌肉纤维，肉中的风味物质在咀嚼过程中才会缓慢释放出来。有研究者设想在植物蛋白的基础上利用纳米技术生产出相似结构的"素肉"产品，具有和动物肉类相似的风味和口感。利用食品纳米颗粒制备技术和手段对食品物料进行尺寸纳米化处理，会使得物料展现出更优良的理化性质，如采用超微粉碎技术制备的绿茶粉比普通绿茶粉具有更强的抗氧化能力，且绿茶香气更浓郁。利用高压均质处理后牛奶后，乳中的脂肪球尺寸会降低，牛奶的口感和稳定性会提高。

第四节　精准营养食品制造

一、精准营养

精准营养，即量身定制的营养，旨在进行安全、高效的个体化营养干预，以达到维持机体健康，有效预防和控制疾病发生发展的目的。精准营养作为精准医学的重要分支，日益受到营养学界的广泛关注。精准营养旨在考察个体遗传背景、生活特征（膳食、运动、生活习惯等）、代谢指征、肠道微生物特征和生理状态（营养素水平、疾病状态等）因素基础上，进行安全、高效的个体化营养干预，以达到维持机体健康、有效预防和控制疾病发生发展的目的。

精准营养的概念可以从以下三个层次来定义。

第一个层次是指对饮食和生活方式进行分析与干预。例如，通过基于图形识别、语言识别、可穿戴设备等技术的研发，帮助人们在短时间内了解生活和运动状态，实现针对性数据的收集、应用型算法的开发、预测模型的建立，从而建立相关饮食的营养数据库和测量现有生活习惯的调控，或者进行膳食补充剂及保健品干预等。

第二个层次为表观分析及干预，指包括传统的体检检测结果和医院检测的一些指标。这个层面上的个性化营养目前普遍缺乏标志物和方法，一些用在医学上的检测物并不能直接用在营养学的评级上。营养健康标志物主要用来评价个体的健康状况，干预后的效果也是通过各种标志物来评价。因此，表观型适用于评价一个人前期的营养健康状况及干预后的效果。采用快捷、廉价的个性化检测方法和仪器，得到个体健康数据库和健康标准，再进行多指标的数据运算后，提供个性化预测及干预方案。

第三个层次是基因型分析及干预，主要包括基因测序，健康、代谢、疾病有关的单核苷酸多态性（SNP）分析，人群队列研究及肠道种群宏基因组检测等。这可以作为营养干预的指导，但是由于短期效果很难评估，还是需要依托第二层次，就是表观型的数据来评价。这一层次的新技术包括相关基础研究、数据解读及分析与预测模型。

精准营养的三个层次并非孤立，相互之间都有影响。就个体而言，每个人对食物的需求存在差异，同一个人在不同年龄段需要干预的侧重和效果也存在差异，即使是在一天的 24h 之内，我们的营养需求也不同，人体的一些表观型指标、微生物组成也是处于一个动态变化的过程。随着年龄增长和环境变化，疾病也在发生发展，个体营养健康处于一个动态的平衡。

二、未来营养食品制造

未来食品遵循现代食品制造业高科技、智能化、多梯度、全利用、低能耗、高效益、可持续的国际发展趋势，发展现代食品制造技术。其中，在营养健康方面，以营养健康为目标，突破营养功能组分稳态化保持与靶向递送、营养靶向设计与健康食品精准制造、主食现代化等高新技术。

（一）营养食品靶向制造

营养食品靶向制造不强调营养的基本功能，经过严格的筛选和评价功能成分需求，再通过科学合理的加工富集技术和理性设计验证，实现功能成分的稳态化保持。简单而言，营养食品靶向制造就是通过靶向性地强化食物中的特殊功能因子，制备特定营养支持的新型食品，以实现干预疾病发生的目的。

营养靶向食品既不是药品，也不是普通食品，更有别于现有的保健食品，其特点如下。

（1）全食物组方，食品来自食品、药食同源或新资源食品原料，并经过严格筛选组方而成，符合国家安全法规，食用安全有保障。

（2）靶向明确，食物原料中筛选的功能因子有明确的靶向性，靶向特定的分子靶标、病原组织和目标人群。

（3）高效稳定，功效因子在加工过程中实现稳态化富集，并保持高效稳定。

营养食品靶向制造主要有三个层面：特定的分子靶标、特定的组织器官和特定人群。随着精准营养的发展，采用多组学联合技术可以实现人群的精细划分，从而进行精准的全营养食物加工。对食品靶标的精细化分，尤其是基因型和分子标志物的靶向调控，可以填补基因检测与个性化精准健康之间的空白，形成以基因型为基础的营养靶向食品应用模式。

（二）营养食品个性化定制

个性化定制将成为食品营养健康领域的发展方向之一，越来越多的消费者开始转向个性化定制的饮食，这将是食品制作公司的重要增长机遇。目前企业为消费者提供的个性化定制服务一般流程为：收集个人信息、个体营养评估、提供营养建议/定制营养食品。

（1）收集个人信息。一般对消费者的营养进行个性化定制时，首先需要手机消费者的个体信息，包括基因组信息、肠道微生物组信息、生物代谢物信息、饮食行为、体育运动信息等。

（2）个体营养评估。针对收集到的信息及一些指标的检测结果，有专业咨询师进行解读，并有专业人员提供健康建议，进行健康指导。一些智能应用APP也可以根据检测结果提供营养建议。

（3）提供营养建议/定制营养食品。目前，已经有许多公司为客户提供个性化的精准营养服务，这些精准营养的参与在于精准度和体验，涉及技术、检测指标、服务标准和后续产品的制作和持续体验及效果等方面。

虽然精准营养还处于初级阶段，但随着科技的发展，会逐渐形成一个完整的精准营养的个性化服务产业体系，而且是一种有机的、完美融合的商业模式、生产模式、经营模式、管理模式、服务模式。未来更智能化的方式将随时随地收集人们的生命数据，每个人都将建有自己的个人健康账户，通过大数据和算法得到个人的健康状况，根据设定的目标，人工智能技术提供定制的营养干预计划，并随时监督和调整方案，及时反馈效果。我们每个人在任何时间、任何地方的个性化的精准营养控制将在未来实现。

本章小结

1. 未来食品科学包括食品组学、食品合成生物学和食品感知学。

2. 未来食品业态包括细胞工厂、中央智慧厨房、食品智能制造和精准营养食品制造。

3. 食品组学是借助先进的组学技术研究食物和营养需求领域问题，从而增强消费者的良好状态。

4. 食品合成生物学是利用系统生物学知识，借助工程科学概念，将工程学原理与方法应用于遗传工程与细胞工程，从基因组合成、基因调控网络与信号转导路径，到细胞的人工设计与合成，到食品规模化生物生产的系统科学。

5. 食品感知学是基于大脑处理视觉、嗅觉、触觉、味觉等化学和物理刺激过程所产生的神经元精细调节，研究食品感官交互作用和味觉多元性，靶向构建基于智能仿生识别的系列模型，实现感官模拟及个体差异化分析的科学。

6. 食品增材制造的方法有挤出成型技术、选择性激光烧结技术、黏结剂喷射打印技术、喷墨打印技术。

7. 精准营养，即量身定制的营养，旨在进行安全、高效的个体化营养干预，以达到维持机体健康，有效预防和控制疾病发生发展的目的。

【思 考 题】

1. 细胞工厂的设计构建分为哪几个步骤？

2. 食品3D打印的基本原理是什么？

3. 精准营养的三个层次是什么？

参考文献

陈坚. 2019. 中国食品科技：从2020到2035. 中国食品学报，19：1-5.

陈培战，王慧. 2016. 精准医学时代下的精准营养. 中华预防医学杂志，50（12）：1036-1042.

冯旭，宋明星，倪笑宇，等. 2019. 工业机器人发展综述. 科技创新与应用，（24）：52-54.

黄赣辉，邓少平. 2016. 人工智能味觉系统：概念、结构与方法. 化学进展，4：134-140.

刘元法，陈坚. 2021. 未来食品科学与技术. 北京：科学出版社. 9.

卢秉恒，李涤尘. 2013. 增材制造（3D打印）技术发展. 机械制造与自动化，42（4）：7-10.

梅星星. 2019. 纳米食品应用研究进展. 食品研究与开发，40（2）：202-210.

王守伟，陈曦，曲超. 2017. 食品生物制造的研究现状及展望. 食品科学，38（9）：287-292.